高等代数与解析几何

（上册）

陈　跃　裴玉峰　编著

科　学　出　版　社

北　京

内 容 简 介

　　本书是作者根据多年从事高等代数与解析几何课程教学的经验编写而成的. 本书分上、下两册. 上册主要包括: 空间向量、平面与直线、矩阵初步与 n 阶行列式、矩阵的秩与线性方程组、多项式、矩阵的相似与若尔当标准形; 下册主要包括: 常用曲面、二次型与矩阵的合同、线性空间、线性变换、欧氏空间. 本书在编写中将二次型及其矩阵的特征值这一历史上的经典问题作为引入整个课程内容的一条叙述主线, 将高等代数与解析几何有机地结合起来. 本书合理地引入了每一个重要概念, 给出了主要定理的推理步骤, 设置了不少经典例题和习题来指导学生理解和运用这些定理.

　　本书可以作为高等院校数学专业本科生的教材, 也可以作其他相关专业的教学参考书.

图书在版编目(CIP)数据

　　高等代数与解析几何: 全 2 册/陈跃, 裴玉峰编著. —北京: 科学出版社, 2019.8

　　ISBN 978-7-03-061309-7

　　Ⅰ. ①高⋯　Ⅱ. ①陈⋯　②裴⋯　Ⅲ. ①高等代数-高等学校-教材②解析几何-高等学校-教材　Ⅳ. ①O15②O182

　　中国版本图书馆 CIP 数据核字(2019) 第 102958 号

责任编辑: 张中兴　梁　清/责任校对: 杨聪敏
责任印制: 赵　博/封面设计: 迷底书装

科 学 出 版 社 出版
北京东黄城根北街 16 号
邮政编码: 100717
http://www.sciencep.com

三河市骏杰印刷有限公司印刷
科学出版社发行　各地新华书店经销

*

2019 年 8 月第　一　版　　开本: 720 × 1000 1/16
2024 年 7 月第十一次印刷　印张: 37 3/4
字数: 756 000

定价: 98.00 元(上下册)
(如有印装质量问题, 我社负责调换)

前　　言

　　"高等代数与解析几何" 课程是数学系很重要的一门基础课程, 由原 "高等代数" 和 "空间解析几何" 两门课程合并而成, 其中高等代数占有较大的比重. 通过学习这门课程, 本科低年级学生可以初步掌握线性代数、多项式代数和空间解析几何的基本知识和方法, 培养基本的逻辑推理能力, 了解代数学与几何学之间深刻的内在关联, 同时为后面学习多元微积分、微分方程、概率统计、泛函分析、近世代数和数值计算等课程打下必要的基础. "高等代数与解析几何" 课程中较为抽象的代数与几何理论和大量的形式推理在培养学生的抽象思维能力、符号运算能力、空间想象能力和逻辑推理能力方面, 有着其他数学课程难以替代的重要作用.

　　传统 "高等代数" 的课程内容比较抽象, 把 "高等代数" 与 "空间解析几何" 这两门课程合并起来, 非常有利于用直观的 3 维欧氏空间几何形象来揭示高等代数概念高度浓缩的内涵, 使学生更好地理解所学的理论, 同时也使原来很紧密的高等代数课程结构得到了有效的疏解. 实际上, 高等代数的思想方法往往来源于 3 维空间的解析几何, 我们甚至可以在很大程度上把高等代数看成高维空间的解析几何.

　　现代数学教育的研究表明, 学生学习与理解数学的过程与数学的发展历程有着明显的相似性, 一般来说, 对于在历史上经过较长时间艰难形成的数学概念和理论, 学生学习和理解起来也会感到很困难, 所以最好是大学数学课程内容的安排尽量接近于数学发展的实际历史进程. 在历史上, 从古希腊时期低维欧氏空间中几何与代数的具体素材出发, 经历了近千年的发展后, 才在 17 世纪产生了解析几何和微积分, 再经过了两百多年的时间, 在 19 世纪后期抽象出了高维的几何空间的概念, 然后在 20 世纪初期由于研究泛函分析中函数空间的需要而产生了线性空间和线性变换的理论, 这个理论的产生凝聚了之前包括行列式、矩阵论、微分方程和积分方程在内的大量研究成果.

　　在线性代数的历史发展进程中, 二次型及其矩阵的特征值问题起到了一个引导的作用, 因为它直接指向了后来的 "对角化" 这一核心主题. 早在 18 世纪中期, 欧拉在研究化简二次曲面方程时已经隐约得到了 3 个变量的主轴定理, 即通过求解三阶特征方程得到了 3 个特征值, 并且这 3 个特征值正好是方程化简后相关二次型的系数. 到了 19 世纪初期, 柯西正是在研究 3 个变量的二次型的过程中才引入了一般的 n 个变量的二次型和它们的特征值等基本概念, 并且从中得到了著名的主轴定理. 令人感到有些不可思议的是, 当时只有行列式, 而没有矩阵的概念和方法. 今天的矩阵特征值概念是凯莱在 19 世纪中期创建矩阵论的过程中正式提出的, 而线性变换特征值的概念一直要等到 20 世纪初研究积分方程的求解时才慢慢产生.

本书先在上册的第 5 章讲矩阵的特征值与对角化, 然后在下册的第 9 章进一步讲线性变换的特征值与对角化. 这样的安排不仅与历史发展的过程相吻合, 也在总体上有不少好处. 首先, 矩阵的特征值对学生来说容易理解, 而线性变换的特征值则比较难理解. 其次, 先讲了矩阵的特征值后, 就可以从解析几何中化简二次曲线与二次曲面方程的角度来引出一般的二次型和主轴定理, 从而使 "高等代数" 与 "空间解析几何" 这两门课的内容有机地结合起来. 最后, 避免了传统课程中只能将线性替换化简二次型与用主轴定理化简二次型分开来讲的弊端 (造成学生往往重视前者而忽视后者). 先讲矩阵的特征值和对角化的做法也为后面顺利讲解线性变换的特征值与对角化作好了充分的准备. 由于求特征值和特征向量时要用到行列式、线性方程组和多项式的相关知识, 所以我们也可以把矩阵的特征值看成联系整个课程各部分内容的一个中心纽带.

我们将新的 "高等代数与解析几何" 课程分成了从具体到抽象的三个板块 (大致相当于三个学期的课程所包含的内容).

第一个板块包括了第 1—3 章, 主要讲授 3 维空间向量的运算、平面与直线的方程、矩阵理论初步、n 阶行列式、n 维向量空间 $\mathbb{F}^n$ 中的线性相关理论、矩阵的秩与线性方程组解的结构等内容. 对学生来说, 这些内容比较容易理解, 并且有不少代数与几何思想方法和技巧方面的训练.

1.1 节用推导二阶和三阶线性方程组的克拉默法则的方式来引出二阶和三阶行列式的概念, 并证明它们的基本性质. 然后, 1.2 节 —1.4 节用一种简洁的方式给出了空间向量的线性运算、内积、外积和混合积的定义, 并且充分运用了三阶行列式来推导和表示这些向量运算的基本性质, 还证明了包括混合积及双重外积在内的一些向量恒等式. 1.5 节和 1.6 节分别讲授传统空间解析几何课程中的平面方程与空间直线方程等内容.

2.1 节着重讲解经典的高斯消元法, 用它来求解一般的线性方程组, 在使学生初步掌握了求解所有三种类型的线性方程组的同时, 还从中自然引出了系数矩阵 (及增广矩阵) 与矩阵的行初等变换的基本概念等. 然后, 2.2 节 —2.4 节讲述了矩阵最初步的理论, 包括了矩阵的加法、数乘、乘法和求逆矩阵的运算及其主要性质, 还有矩阵的转置、分块与初等矩阵等内容. 接下来, 从 2.5 节开始讲 n 阶行列式, 我们把 n 阶行列式放在矩阵理论的后面讲的理由是, 这样可以比较准确地讲清楚行列式的概念, 即它本质上是一个具有 n^2 个自变量的多元函数, 是从属于 n 阶方阵的, 反映了方阵本身的基本性质. 关于行列式的定义, 我们也采用了按照一行 (或列) 展开的简单定义 (而不是一般书上的完全展开式定义), 这样不仅可以看成对前面讲的二阶与三阶行列式之间关系的推广, 而且还能避开非常复杂的有关 n 阶行列式性质的推导过程. 当学生学会了怎样计算一般的 n 阶行列式之后, 我们就可以在 2.6 节进一步展现行列式与矩阵之间的紧密联系: 推导矩阵乘积的行列式公式, 用伴随矩阵表示逆矩阵和证明一般 n 元线性方程组的克拉默法则, 并且充分运用了初等矩阵来简化有关证明 (例如证明矩阵乘积的行列式公式).

第 3 章则更深入地探讨了矩阵论的核心概念 —— 矩阵的秩. 首先作为下册讲线性空间之前的铺垫, 3.1 节充分展开了对抽象的 n 维向量空间 $\mathbb{F}^n$ 中向量组线性相关、线性无关和线性表出理论的讲解, 其中我们用同解线性方程组和 3 维空间向量的共线与共面条件来引入向量组线性相关的基本概念. 3.2 节仔细讨论了向量组线性表出和极大无关组的概念, 并且用行 (列) 向量组的秩来定义矩阵的秩, 还突出了简化阶梯阵与行初等变换的作用, 因为这使得有关矩阵秩的性质的讲解更加透彻, 计算也更加简单. 然后, 3.3 节用矩阵秩的精练语言重新描述了线性方程组解空间的 (几何) 结构, 使学生的注意力从计算求解转向证明整个解空间的性质. 3.4 节将矩阵秩与分块矩阵结合起来, 进一步给出了矩阵的等价 (即相抵) 标准形和分块矩阵的秩等有用的技巧.

第二个板块包括了第 4—7 章, 这四章包含了传统高等代数和空间解析几何课程中比较精彩的内容, 它们依次讲授了一元多项式、矩阵的特征值与对角化、矩阵的若尔当标准形、常用曲面的方程、n 维向量空间 $\mathbb{R}^n$ 中的正交理论、二次型理论等内容.

第 4 章讲授一元多项式的经典理论. 为了使学生更好地理解这章后面要讲的有理数域上多项式的性质, 我们在该章开头先用一小节简要讲述了初等数论中的一些必备知识, 然后依次讲多项式的四则运算、最大公因式、标准分解式、多项式的重根及有理数域上的多项式等常规内容. 为了与学生的初等代数知识相衔接, 该章还介绍了一般的多项式根与系数关系定理.

第 5 章实际上由两部分内容组成: 矩阵的特征值与若尔当标准形. 5.1 节从容易理解的求方阵的高次幂问题中引入矩阵特征值与特征向量的概念, 然后给出 n 阶方阵可对角化的必要条件是具备 n 个线性无关的特征向量. 5.2 节讲解矩阵特征值的基本性质时, 我们只假定了矩阵的特征多项式可以分解成一次因式的乘积 (而不是简单地假定只讨论复矩阵的特征值), 从而可以准确地表述可对角化矩阵的充分必要条件. 5.3 节从矩阵的对角化自然地引出了两个方阵相似的概念, 并讨论相似矩阵的基本性质. 接下来作为从可对角化矩阵到不可对角化矩阵之间的过渡, 5.4 节仔细研究了最简单的二阶线性常微分方程组的求解问题, 并对其不可对角化的二阶系数矩阵引入了二阶若尔当标准形的概念. 5.5 节顺势引出了三阶若尔当标准形的概念, 并且着重讲解了如何用初等变换把三阶特征矩阵化成对角矩阵, 从而得到三阶不可对角化矩阵的若尔当标准形的基本方法. 在作了以上两节的充分准备后, 5.6 节正式展开对一般的 n 阶方阵的若尔当标准形的讲解. 通过仔细化简 n 阶若尔当矩阵的特征矩阵, 使学生弄清楚若尔当矩阵中的若尔当块与初等因子的对应关系, 这样就能够用初等变换方法求出所有 n 阶方阵的特征矩阵的初等因子, 从而可以顺利写出其若尔当标准形, 于是便彻底地解决了所有矩阵的对角化问题. 5.7 节给出了 5.6 节先行引用的两个定理结论的全部证明过程.

第 6 章的主要内容是空间常用曲面的方程, 并为第 7 章讲二次曲面方程及二次型的化简做好准备. 6.1 节以球面和空间圆作为代表分别介绍曲面的方程和空间曲线的方程. 6.2 节讲柱面、锥面和旋转面的方程, 在这里为了简化这些曲面的方程, 我们分别将柱面的母线方向设定为坐标轴的方向, 将锥面的顶点设在坐标系的原点, 以及将对称轴设为旋转轴, 并且着重强调了在多元微积分中很有用的射影柱面方程. 6.3 节介绍了学生必须熟悉的 5 种典型二次曲面的标准方程. 6.4 节主要讲两种二次曲面上的直母线族的方程, 由此可加深对于直纹曲面的理解.

第 7 章主要讲授经典的二次型理论, 它在本课程中起到了承前启后的作用. 首先作为化简一般的 n 元二次型的铺垫, 7.1 节系统地介绍了平面直角坐标系的旋转和平移公式, 由此就可以将所有的平面二次曲线分成 9 种类型. 然后为了在高维空间 $\mathbb{R}^n$ 中 "旋转" 坐标轴, 7.2 节讲了如何用施密特正交化方法来产生正交矩阵, 从而在 7.3 节中就可以用正交线性替换来化简二次曲面方程和一般的二次型, 并且得到主轴定理, 这个经典定理充分显示了第 5 章所引入的矩阵特征值与对角化对于理解二次型的重要作用, 并为后面讲的线性变换的对角化埋下伏笔. 7.4 节 —7.6 节介绍了用一般的非退化线性替换 (即配方法) 化简 n 元二次型的古典方法, 包括了复二次型与实二次型的标准形, 以及实正定二次型 (正定矩阵) 的性质等内容, 并从中抽象出了矩阵合同的概念及合同矩阵的标准形. 由于该章充分运用了之前学习过的有关矩阵理论、线性方程组与行列式的很多知识点, 所以它可以使学生对矩阵论的综合知识水平有一个较大的提升.

第三个板块包括了第 8—10 章, 它们分别讲授一般的线性空间理论、线性变换的理论和一般的欧氏空间理论. 在有了第二板块的内容作为准备和铺垫后, 学生可以更好地理解和掌握作为本课程核心内容的线性空间和线性变换基础理论.

第 8 章讲线性空间及其子空间的构造. 8.1 节的主要内容是线性空间的定义, 这是一个比高维向量空间 $\mathbb{F}^n$ 还要抽象的几何空间概念, 然而其丰富的思想内涵却很难从线性空间定义的字面上解读出来. 为此我们根据线性空间概念在 20 世纪初期人们研究函数空间时的产生过程, 以微积分中的有关积分技巧、泰勒展开式及傅里叶级数等例子说明建立函数空间的必要性, 并且着重强调正确理解线性空间定义中的 8 条公理. 8.2 节以向量空间 $\mathbb{F}^n$ 的线性相关理论为基础, 平行展开线性空间的线性相关理论, 并给出基、维数和向量坐标的定义. 基对于刻画一个线性空间来说是至关重要的. 8.3 节讲同一个线性空间中两个基之间的过渡矩阵与坐标变换, 其中介绍了比较有用的形式矩阵记号及其性质. 8.4 节 —8.6 节分别介绍了子空间及其基、子空间的交与和及其维数的计算、多个子空间的直和等内容, 由此就可以根据需要把一个有限维线性空间分解成它的一系列子空间的直和, 从而彻底弄清楚线性空间的内部结构.

第 9 章属于本书中内容最抽象的一章, 它在第 8 章的基础上, 将前面各章的主要内容综合了起来. 首先为了简要说明线性变换的用处, 9.1 节举了一个初等几何中仿射变换的例子, 从中引入了线性变换的定义, 再用关于空间平面的投影变换与反射变换来引导出线性变换的加法与数乘等运算的概念. 9.2 节确定了线性变换与矩阵之间自然的对应关系, 这为运用矩阵理论的各项结论做好了准备. 9.3 节则进一步给出了线性变换的核与线性方程组的解空间、线性变换值域的维数与矩阵的秩之间的紧密联系. 9.4 节 —9.6 节主要研究线性变换的对角化问题, 由此给出了矩阵对角化的几何意义, 其中线性变换的不变子空间是准对角矩阵的几何表现, 而线性变换是否可对角化则完全取决于其特征子空间的直和是否等于全空间. 当一个线性变换不可对角化时 (此时对应的矩阵也不可对角化), 我们特别运用了根子空间和循环不变子空间等概念讲清楚了若尔当标准形的几何意义, 即可以将全空间分解成一些子空间的直和, 使得该线性变换在每个子空间上的性态都较为简单.

第 10 章主要介绍应用比较广泛的欧氏空间. 10.1 节讲解欧氏空间的定义时, 着重强调了在同一个线性空间中可以赋予许多不同内积的想法, 并突出了度量矩阵的作用 (尽管度量矩阵的名称只在习题中出现). 10.2 节运用第 7 章中已经学过的施密特正交化方法, 求出有限维欧氏空间的标准正交基. 10.3 节讲正交补子空间和任一向量在子空间上的正交投影, 其中特别运用了正交投影的最短距离性质证明了应用很广的傅里叶级数的系数公式, 以及求出了在统计学中很重要的最小二乘直线的系数. 10.3 节和 10.4 节分别介绍正交变换和对称变换, 它们都是欧氏空间上具备良好性质的线性变换, 前者是初等平面几何中旋转与轴反射运动的推广, 而后者则可以在后续的泛函分析课程中推广为无限维希尔伯特空间的自伴算子, 它具有与主轴定理类似的性质.

我们在本书的编写中尽量站在学生的角度, 突出重点, 努力讲清楚抽象概念和理论的内涵 (包括其思想来源与相关的几何意义等), 特别对线性空间和线性变换这两个中心概念就更是如此. 本书对几乎每一个重要概念都尽可能地给出要引入的理由, 例如, 对矩阵、矩阵的乘法、逆矩阵、行列式、秩、特征值、对角化、若尔当标准形、正交化、二次型、正定二次型、子空间、直和、线性变换的运算、核与值域、不变子空间、根子空间、欧氏空间、正交投影等概念的引入都是这样. 本书还比较细致地安排了不少典型的例题, 指出学生容易忽视的地方, 并在每节之后安排了足够数量的习题供学生练习.

本书是在原有讲义的基础上整理修改而成的, 周才军教授在教学过程中对本书的编写给予了细致的指导和热情的帮助, 还仔细地审阅了本书的初稿, 提出了宝贵的修改意见. 我们也参考了宋传宁、王丽、张建刚、孙浩等几位教师的部分讲稿和他们的修改建议, 在此表示我们的衷心感谢! 我们感谢董超平、孙浩、张建刚、陈晓煜、袁丽霞、周才军、王丽、徐万元、范金萍等老师提出的宝贵建议，以及林晓婷、高逸源、丁文倩、孔纪宁、欧梦寒、陆珺仪、李欣蔚、顾才武、陈怡飞、张一民、王硕硕、顾远致、薛晓言、路东晋、黄梓晟、孙喆等同学指出书中的打印错误. 本书在编写和出版过程中得到了上海师范大学数理学院和数学系领导的鼎力支持, 得到了上海市教委本科教学教师激励计划和上海高校高峰高原学科建设计划的资助, 在此表示深切谢意! 此外本书在编写过程中参考了已有的教材和书籍, 获益匪浅, 列举在参考文献中以表谢意.

　　限于编者水平, 书中定有不妥之处, 恳请使用本书的教师与读者指正 (e-mail: pei@shnu.edu.cn).

编　者

2018 年 11 月

目　　录

第 1 章　空间向量、平面与直线

1.1　二阶与三阶行列式

行列式是一个常用的代数工具. 第 2 章将系统地学习一般行列式的基本理论, 这里先介绍本章所需的二阶与三阶行列式的初步知识.

1.1.1　二阶行列式

对二元一次方程组 (以后称为二元线性方程组)

$$\begin{cases} a_1 x + b_1 y = d_1, \\ a_2 x + b_2 y = d_2 \end{cases} \tag{1.1}$$

来说, 我们假定 $a_1 b_2 - a_2 b_1 \neq 0$. 现进行加减消元, 将第一个方程两边乘 b_2, 分别减去第二个方程两边乘 b_1, 消去 y, 可得二元线性方程组 (1.1) 的解的公式

$$x = \frac{b_2 d_1 - b_1 d_2}{a_1 b_2 - a_2 b_1}, \quad y = \frac{a_1 d_2 - a_2 d_1}{a_1 b_2 - a_2 b_1}. \tag{1.2}$$

为了便于记忆, 引入记号

$$\begin{vmatrix} a & b \\ c & d \end{vmatrix} = ad - bc, \tag{1.3}$$

则上述解的公式 (1.2) 可以表示成

$$x = \frac{\begin{vmatrix} d_1 & b_1 \\ d_2 & b_2 \end{vmatrix}}{\begin{vmatrix} a_1 & b_1 \\ a_2 & b_2 \end{vmatrix}}, \quad y = \frac{\begin{vmatrix} a_1 & d_1 \\ a_2 & d_2 \end{vmatrix}}{\begin{vmatrix} a_1 & b_1 \\ a_2 & b_2 \end{vmatrix}}. \tag{1.4}$$

记号 (1.3) 被称为二阶行列式, 有了这个记号, 解的公式 (1.4) 可以这样理解: 分别将分母的行列式中第 1 列与第 2 列换成方程组 (1.1) 中等式右边的两个常数 d_1 与 d_2(上下位置不变), 就得到第 1 个公式和第 2 个公式中的分子. 公式 (1.4) 中分母的行列式称为线性方程组 (1.1) 的**系数行列式**, 它对方程组的解有直接的影响. 公式 (1.4) 也称为二元情形的线性方程组的**克拉默法则**, 它能使用的前提条件是系数行列式不等于零.

例 1.1　用克拉默法则求解二元线性方程组

$$\begin{cases} 2x - 3y = 12, \\ 3x + 7y = -5. \end{cases}$$

解　因为系数行列式

$$\begin{vmatrix} 2 & -3 \\ 3 & 7 \end{vmatrix} = 2 \times 7 - 3 \times (-3) = 23 \neq 0,$$

所以可以运用克拉默法则. 又因为

$$\begin{vmatrix} 12 & -3 \\ -5 & 7 \end{vmatrix} = 12 \times 7 - (-5) \times (-3) = 69,$$

$$\begin{vmatrix} 2 & 12 \\ 3 & -5 \end{vmatrix} = 2 \times (-5) - 3 \times 12 = -46,$$

从而得到方程组的解为 $x = \dfrac{69}{23} = 3, y = -\dfrac{46}{23} = -2.$　　　　□

例 1.2　求解线性方程组

$$\begin{cases} nx + y = n + 1, \\ x + ny = 2n, \end{cases} \quad n \neq \pm 1.$$

解　因为 $n \neq \pm 1$, 所以系数行列式 $\begin{vmatrix} n & 1 \\ 1 & n \end{vmatrix} = n^2 - 1 = (n+1)(n-1) \neq 0$, 因此可以运用克拉默法则, 得到解为

$$x = \frac{\begin{vmatrix} n+1 & 1 \\ 2n & n \end{vmatrix}}{\begin{vmatrix} n & 1 \\ 1 & n \end{vmatrix}} = \frac{n(n-1)}{(n+1)(n-1)} = \frac{n}{n+1},$$

$$y = \frac{\begin{vmatrix} n & n+1 \\ 1 & 2n \end{vmatrix}}{\begin{vmatrix} n & 1 \\ 1 & n \end{vmatrix}} = \frac{(2n+1)(n-1)}{(n+1)(n-1)} = \frac{2n+1}{n+1}.$$　　　　□

起初我们引入二阶行列式的记号 (1.3) 是为了便于记忆解的公式, 但是不久就发现它有明显的几何意义: 二阶行列式 $\begin{vmatrix} a & b \\ c & d \end{vmatrix}$ 的绝对值 $|ad - bc|$ 是以平面向量

$\begin{pmatrix} a \\ b \end{pmatrix}$ 与 $\begin{pmatrix} c \\ d \end{pmatrix}$ 为邻边的平行四边形的面积 (注: 本书中所有的向量都用列向量来表示分量, 而不是像通常解析几何课本中用行向量来表示分量, 这主要是为了以后便于对向量作映射与变换), 在图 1.1 中, 向量 $\overrightarrow{OA} = \begin{pmatrix} a \\ b \end{pmatrix}$ 与 $\overrightarrow{OC} = \begin{pmatrix} c \\ d \end{pmatrix}$ 是平行四边形 $OABC$ 两邻边上的向量. 这个平行四边形的面积 S 是 $\triangle OHC$ 的面积加上梯形 $HFBC$ 的面积, 再减去 $\triangle OEA$ 和 $\triangle AGB$ 的面积及矩形 $EFGA$ 的面积, 所以

$$S = \frac{1}{2}cd + \frac{1}{2}a(d+(b+d)) - \frac{1}{2}ab - \frac{1}{2}cd - bc = ad - bc.$$

由于向量 $\begin{pmatrix} a \\ b \end{pmatrix}$ 与 $\begin{pmatrix} c \\ d \end{pmatrix}$ 的前后位置关系的不同可以导致 $ad - bc$ 取负数, 所以为了得到非负的面积值, 应该取 $ad - bc$ 的绝对值.

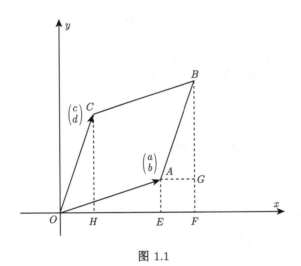

图 1.1

从这个二阶行列式的几何意义马上可以得出两个向量共线 (即平行于同一直线) 的充要条件是行列式等于零, 也就是这两个向量的分量对应成比例. 例如, $\begin{pmatrix} 2 \\ 5 \end{pmatrix}$ 与 $\begin{pmatrix} -4 \\ -10 \end{pmatrix}$ 就是两个共线的向量. 此时行列式 $\begin{vmatrix} 2 & 5 \\ -4 & -10 \end{vmatrix} = 0$. 然而我们一般是写 $\begin{vmatrix} 2 & -4 \\ 5 & -10 \end{vmatrix} = 0$, 这样就与列向量的分量写法一致了. 这是因为对于行列式 $\begin{vmatrix} a & b \\ c & d \end{vmatrix}$ 来说, 有 "转置不变" 的性质, 即 $\begin{vmatrix} a & b \\ c & d \end{vmatrix}$ 的值总是与 $\begin{vmatrix} a & c \\ b & d \end{vmatrix}$ 的值相等. 这个性质以及下面的其他性质预示着行列式将是一个很有用的概念.

定理 1.1   二阶行列式有以下性质:

(1) $\begin{vmatrix} a & b \\ c & d \end{vmatrix} = \begin{vmatrix} a & c \\ b & d \end{vmatrix}$;(转置不变)

(2) $\begin{vmatrix} ka & b \\ kc & d \end{vmatrix} = \begin{vmatrix} a & kb \\ c & kd \end{vmatrix} = \begin{vmatrix} ka & kb \\ c & d \end{vmatrix} = \begin{vmatrix} a & b \\ kc & kd \end{vmatrix} = k\begin{vmatrix} a & b \\ c & d \end{vmatrix}$;(行与列可以提出常数)

(3) $\begin{vmatrix} a \pm a_1 & b \\ c \pm c_1 & d \end{vmatrix} = \begin{vmatrix} a & b \\ c & d \end{vmatrix} \pm \begin{vmatrix} a_1 & b \\ c_1 & d \end{vmatrix}$, $\begin{vmatrix} a & b \pm b_1 \\ c & d \pm d_1 \end{vmatrix} = \begin{vmatrix} a & b \\ c & d \end{vmatrix} \pm \begin{vmatrix} a & b_1 \\ c & d_1 \end{vmatrix}$,

$\begin{vmatrix} a \pm a_1 & b \pm b_1 \\ c & d \end{vmatrix} = \begin{vmatrix} a & b \\ c & d \end{vmatrix} \pm \begin{vmatrix} a_1 & b_1 \\ c & d \end{vmatrix}$,

$\begin{vmatrix} a & b \\ c \pm c_1 & d \pm d_1 \end{vmatrix} = \begin{vmatrix} a & b \\ c & d \end{vmatrix} \pm \begin{vmatrix} a & b \\ c_1 & d_1 \end{vmatrix}$;(行或列的线性拆分)

(4) $\begin{vmatrix} a & b \\ c & d \end{vmatrix} = - \begin{vmatrix} b & a \\ d & c \end{vmatrix} = - \begin{vmatrix} c & d \\ a & b \end{vmatrix}$. (交换两行或两列, 行列式改变符号)

证明   只证明 (3) 中的第 1 个等式的正号情形, 其他等式的证明都是类似的, 即利用二阶行列式的定义直接打开行列式进行计算就行.

$$\begin{vmatrix} a + a_1 & b \\ c + c_1 & d \end{vmatrix} = (a + a_1)d - (c + c_1)b = (ad - bc) + (a_1 d - bc_1)$$

$$= \begin{vmatrix} a & b \\ c & d \end{vmatrix} + \begin{vmatrix} a_1 & b \\ c_1 & d \end{vmatrix}.$$

□

1.1.2   三阶行列式

下面我们按照同样的思路, 继续求三元一次方程组 (以后称为三元线性方程组)

$$\begin{cases} a_1 x + b_1 y + c_1 z = d_1, \\ a_2 x + b_2 y + c_2 z = d_2, \\ a_3 x + b_3 y + c_3 z = d_3 \end{cases} \tag{1.5}$$

的解的公式 (即三元情形的克拉默法则), 只是现在多了一个未知数, 计算量比较大一些.

首先, 假定线性方程组 (1.5) 的三个方程中的未知量系数都不成比例, 这是因为如果成比例, 很容易导致无解或者无穷多解的情形 (它们将在第 3 章中作彻底的研究). 不妨设 $\dfrac{b_2}{b_3} \neq \dfrac{c_2}{c_3}$, 即 $\begin{vmatrix} b_2 & c_2 \\ b_3 & c_3 \end{vmatrix} \neq 0$. 将线性方程组 (1.5) 中的第 2, 3 个方程写

成如下 "二元" 线性方程组

$$\begin{cases} b_2 y + c_2 z = d_2 - a_2 x, \\ b_3 y + c_3 z = d_3 - a_3 x \end{cases}$$

的形式, 即暂时把 x 看成常数, 然后就可以运用二元情形线性方程组的克拉默法则 (1.4) 和定理 1.1 得到

$$y = \frac{\begin{vmatrix} d_2 - a_2 x & c_2 \\ d_3 - a_3 x & c_3 \end{vmatrix}}{\begin{vmatrix} b_2 & c_2 \\ b_3 & c_3 \end{vmatrix}} = \frac{1}{\begin{vmatrix} b_2 & c_2 \\ b_3 & c_3 \end{vmatrix}} \left(\begin{vmatrix} d_2 & c_2 \\ d_3 & c_3 \end{vmatrix} - x \begin{vmatrix} a_2 & c_2 \\ a_3 & c_3 \end{vmatrix} \right),$$

$$z = \frac{\begin{vmatrix} b_2 & d_2 - a_2 x \\ b_3 & d_3 - a_3 x \end{vmatrix}}{\begin{vmatrix} b_2 & c_2 \\ b_3 & c_3 \end{vmatrix}} = \frac{1}{\begin{vmatrix} b_2 & c_2 \\ b_3 & c_3 \end{vmatrix}} \left(\begin{vmatrix} b_2 & d_2 \\ b_3 & d_3 \end{vmatrix} - x \begin{vmatrix} b_2 & a_2 \\ b_3 & a_3 \end{vmatrix} \right)$$

$$= \frac{1}{\begin{vmatrix} b_2 & c_2 \\ b_3 & c_3 \end{vmatrix}} \left(x \begin{vmatrix} a_2 & b_2 \\ a_3 & b_3 \end{vmatrix} - \begin{vmatrix} d_2 & b_2 \\ d_3 & b_3 \end{vmatrix} \right).$$

这里上式最后一个等式是利用了行列式的交换两列改变正负号的性质. 接下来, 把求出的 y 与 z 的值代入线性方程组 (1.5) 中的第 1 个方程, 得到只含有 x 的方程

$$\left(a_1 \begin{vmatrix} b_2 & c_2 \\ b_3 & c_3 \end{vmatrix} - b_1 \begin{vmatrix} a_2 & c_2 \\ a_3 & c_3 \end{vmatrix} + c_1 \begin{vmatrix} a_2 & b_2 \\ a_3 & b_3 \end{vmatrix} \right) x = d_1 \begin{vmatrix} b_2 & c_2 \\ b_3 & c_3 \end{vmatrix} - b_1 \begin{vmatrix} d_2 & c_2 \\ d_3 & c_3 \end{vmatrix} + c_1 \begin{vmatrix} d_2 & b_2 \\ d_3 & b_3 \end{vmatrix}.$$
$$\tag{1.6}$$

现在引入三阶行列式的记号

$$\begin{vmatrix} a & b & c \\ d & e & f \\ g & h & j \end{vmatrix} = a \begin{vmatrix} e & f \\ h & j \end{vmatrix} - b \begin{vmatrix} d & f \\ g & j \end{vmatrix} + c \begin{vmatrix} d & e \\ g & h \end{vmatrix}. \tag{1.7}$$

它用 "按照第 1 行展开" 的方式, 将三阶行列式值的计算归结为一些二阶行列式值的计算. 具体来说, (1.7) 式右边第 1 项中的行列式是将左边行列式中 a 所在的第 1 行第 1 列划去后剩下的二阶行列式 (也称为**余子式**), (1.7) 式右边第 2 项中的行列式是将左边行列式中 b 所在的第 1 行第 2 列划去后剩下的余子式, (1.7) 式右边第 3 项中的行列式是将左边行列式中 c 所在的第 1 行第 3 列划去后剩下的余子式. 特别值得注意的是, (1.7) 式右边第 2 项的符号为负, 不少初学者容易忘记这个负号, 导致在计算三阶行列式值时出错.

有了三阶行列式的记号后, (1.6) 式可以写为

$$\begin{vmatrix} a_1 & b_1 & c_1 \\ a_2 & b_2 & c_2 \\ a_3 & b_3 & c_3 \end{vmatrix} x = \begin{vmatrix} d_1 & b_1 & c_1 \\ d_2 & b_2 & c_2 \\ d_3 & b_3 & c_3 \end{vmatrix}.$$

前面曾经假定的线性方程组 (1.5) 的未知量系数 "不成比例" 的条件可以准确地表示为

$$\begin{vmatrix} a_1 & b_1 & c_1 \\ a_2 & b_2 & c_2 \\ a_3 & b_3 & c_3 \end{vmatrix} \neq 0. \tag{1.8}$$

这在后面讲空间向量的混合积与线性相关理论时会给出确切的解释. 在 (1.8) 式的条件下, 可解出线性方程组 (1.5) 的一个未知量为

$$x = \frac{\begin{vmatrix} d_1 & b_1 & c_1 \\ d_2 & b_2 & c_2 \\ d_3 & b_3 & c_3 \end{vmatrix}}{\begin{vmatrix} a_1 & b_1 & c_1 \\ a_2 & b_2 & c_2 \\ a_3 & b_3 & c_3 \end{vmatrix}}. \tag{1.9}$$

用同样的方法可以继续解出另两个未知量的值是

$$y = \frac{\begin{vmatrix} a_1 & d_1 & c_1 \\ a_2 & d_2 & c_2 \\ a_3 & d_3 & c_3 \end{vmatrix}}{\begin{vmatrix} a_1 & b_1 & c_1 \\ a_2 & b_2 & c_2 \\ a_3 & b_3 & c_3 \end{vmatrix}}, \quad z = \frac{\begin{vmatrix} a_1 & b_1 & d_1 \\ a_2 & b_2 & d_2 \\ a_3 & b_3 & d_3 \end{vmatrix}}{\begin{vmatrix} a_1 & b_1 & c_1 \\ a_2 & b_2 & c_2 \\ a_3 & b_3 & c_3 \end{vmatrix}}. \tag{1.10}$$

解的公式 (1.9) 和 (1.10) 一起称为三元情形线性方程组的克拉默法则. 和二元情形的克拉默法则 (1.4) 完全类似的是: 这里的三个分母还是线性方程组 (1.5) 的系数行列式, 而三个分子则分别是将方程组 (1.5) 中等式右边的三个常数 d_1, d_2 与 d_3(上下位置不变) 分别替代系数行列式中的第 1, 2, 3 列而得到的三个行列式. 注意三元情形的克拉默法则能使用的前提条件是 (1.8) 成立, 即系数行列式不为零.

例 1.3　计算行列式

$$\begin{vmatrix} 2 & 6 & 3 \\ 3 & 15 & 7 \\ 4 & -9 & 4 \end{vmatrix}.$$

解 由行列式定义 (1.7) 得

$$\begin{vmatrix} 2 & 6 & 3 \\ 3 & 15 & 7 \\ 4 & -9 & 4 \end{vmatrix} = 2\begin{vmatrix} 15 & 7 \\ -9 & 4 \end{vmatrix} - 6\begin{vmatrix} 3 & 7 \\ 4 & 4 \end{vmatrix} + 3\begin{vmatrix} 3 & 15 \\ 4 & -9 \end{vmatrix}$$

$$= 2(3)\begin{vmatrix} 5 & 7 \\ -3 & 4 \end{vmatrix} - 6(4)\begin{vmatrix} 3 & 7 \\ 1 & 1 \end{vmatrix} + 3(3)\begin{vmatrix} 1 & 5 \\ 4 & -9 \end{vmatrix}$$

$$= 6(41) - 24(-4) + 9(-29) = 81.$$ □

例 1.4 用克拉默法则求解线性方程组

$$\begin{cases} x - 2y + 2z = -1, \\ 3x + 2y + 2z = 9, \\ 2x - 3y - 3z = 6. \end{cases} \tag{1.11}$$

解 由于系数行列式

$$\begin{vmatrix} 1 & -2 & 2 \\ 3 & 2 & 2 \\ 2 & -3 & -3 \end{vmatrix} = \begin{vmatrix} 2 & 2 \\ -3 & -3 \end{vmatrix} - (-2)\begin{vmatrix} 3 & 2 \\ 2 & -3 \end{vmatrix} + 2\begin{vmatrix} 3 & 2 \\ 2 & -3 \end{vmatrix}$$

$$= 0 + 2(-13) + 2(-13) = -52 \neq 0,$$

所以可以运用克拉默法则.

$$x = \frac{1}{-52}\begin{vmatrix} -1 & -2 & 2 \\ 9 & 2 & 2 \\ 6 & -3 & -3 \end{vmatrix} = -\frac{1}{52}\left(-\begin{vmatrix} 2 & 2 \\ -3 & -3 \end{vmatrix} - (-2)\begin{vmatrix} 9 & 2 \\ 6 & -3 \end{vmatrix} + 2\begin{vmatrix} 9 & 2 \\ 6 & -3 \end{vmatrix} \right)$$

$$= -\frac{-4(39)}{52} = 3,$$

$$y = \frac{1}{-52}\begin{vmatrix} 1 & -1 & 2 \\ 3 & 9 & 2 \\ 2 & 6 & -3 \end{vmatrix} = -\frac{1}{52}\left(\begin{vmatrix} 9 & 2 \\ 6 & -3 \end{vmatrix} - (-1)\begin{vmatrix} 3 & 2 \\ 2 & -3 \end{vmatrix} + 2\begin{vmatrix} 3 & 9 \\ 2 & 6 \end{vmatrix} \right) = -\frac{-52}{52} = 1,$$

$$z = \frac{1}{-52}\begin{vmatrix} 1 & -2 & -1 \\ 3 & 2 & 9 \\ 2 & -3 & 6 \end{vmatrix} = -\frac{1}{52}\left(\begin{vmatrix} 2 & 9 \\ -3 & 6 \end{vmatrix} - (-2)\begin{vmatrix} 3 & 9 \\ 2 & 6 \end{vmatrix} + (-1)\begin{vmatrix} 3 & 2 \\ 2 & -3 \end{vmatrix} \right) = -\frac{52}{52} = -1,$$

即线性方程组的解为 $x = 3, y = 1, z = -1$. □

和二阶行列式一样, 三阶行列式也有许多有用的性质.

定理 1.2　三阶行列式有以下性质:

(1) $\begin{vmatrix} a & b & c \\ d & e & f \\ g & h & j \end{vmatrix} = \begin{vmatrix} a & d & g \\ b & e & h \\ c & f & j \end{vmatrix}$;(转置不变)

(2) $\begin{vmatrix} ka & b & c \\ kd & e & f \\ kg & h & j \end{vmatrix} = \begin{vmatrix} a & kb & c \\ d & ke & f \\ g & kh & j \end{vmatrix} = \begin{vmatrix} a & b & kc \\ d & e & kf \\ g & h & kj \end{vmatrix} = k \begin{vmatrix} a & b & c \\ d & e & f \\ g & h & j \end{vmatrix}$;(列可以提出常数)

(3) $\begin{vmatrix} a \pm a_1 & b & c \\ d \pm d_1 & e & f \\ g \pm g_1 & h & j \end{vmatrix} = \begin{vmatrix} a & b & c \\ d & e & f \\ g & h & j \end{vmatrix} \pm \begin{vmatrix} a_1 & b & c \\ d_1 & e & f \\ g_1 & h & j \end{vmatrix}$; (列的线性拆分, 第 2, 3 列情形类似)

(4) $\begin{vmatrix} b & a & c \\ e & d & f \\ h & g & j \end{vmatrix} = \begin{vmatrix} a & c & b \\ d & f & e \\ g & j & h \end{vmatrix} = \begin{vmatrix} c & b & a \\ f & e & d \\ j & h & g \end{vmatrix} = - \begin{vmatrix} a & b & c \\ d & e & f \\ g & h & j \end{vmatrix}$.(交换任意两列, 行列式改变符号)

证明　只证明 (1) 和 (2) 中关于第 1 列的等式, 其余等式的证明都是类似的.

$$\begin{vmatrix} a & b & c \\ d & e & f \\ g & h & j \end{vmatrix} = a \begin{vmatrix} e & f \\ h & j \end{vmatrix} - b \begin{vmatrix} d & f \\ g & j \end{vmatrix} + c \begin{vmatrix} d & e \\ g & h \end{vmatrix}$$

$$= a(ej - fh) - b(dj - fg) + c(dh - eg)$$

$$= a(ej - fh) - d(bj - ch) + g(bf - ce)$$

$$= a \begin{vmatrix} e & h \\ f & j \end{vmatrix} - d \begin{vmatrix} b & h \\ c & j \end{vmatrix} + g \begin{vmatrix} b & e \\ c & f \end{vmatrix} = \begin{vmatrix} a & d & g \\ b & e & h \\ c & f & j \end{vmatrix}.$$

再由定理 1.1 中的 (2),

$$\begin{vmatrix} ka & b & c \\ kd & e & f \\ kg & h & j \end{vmatrix} = ka \begin{vmatrix} e & f \\ h & j \end{vmatrix} - b \begin{vmatrix} kd & f \\ kg & j \end{vmatrix} + c \begin{vmatrix} kd & e \\ kg & h \end{vmatrix}$$

$$= ka \begin{vmatrix} e & f \\ h & j \end{vmatrix} - kb \begin{vmatrix} d & f \\ g & j \end{vmatrix} + kc \begin{vmatrix} d & e \\ g & h \end{vmatrix} = k \begin{vmatrix} a & b & c \\ d & e & f \\ g & h & j \end{vmatrix}. \qquad \square$$

有了以上这些性质, 可以简化三阶行列式的计算. 例如例 1.3 中, 第 2 列的公因子 3 可以提出, 从而有

$$\begin{vmatrix} 2 & 6 & 3 \\ 3 & 15 & 7 \\ 4 & -9 & 4 \end{vmatrix} = 3 \begin{vmatrix} 2 & 2 & 3 \\ 3 & 5 & 7 \\ 4 & -3 & 4 \end{vmatrix} = 3 \left(2 \begin{vmatrix} 5 & 7 \\ -3 & 4 \end{vmatrix} - 2 \begin{vmatrix} 3 & 7 \\ 4 & 4 \end{vmatrix} + 3 \begin{vmatrix} 3 & 5 \\ 4 & -3 \end{vmatrix} \right)$$

$$= 3(2(41) - 2(-16) + 3(-29)) = 81.$$

定理 1.2 中 "转置不变" 的性质 (1) 是一个很基本的性质, 它告诉我们, 把行列式第 1, 2, 3 列分别变成第 1, 2, 3 行 (同时也就把第 1, 2, 3 行变成第 1, 2, 3 列), 行列式的值不变. 有了这个性质, 那么定理 1.2 中其余的性质就都有相应的关于行的性质, 即行可以提出常数, 行可以线性拆分, 以及交换任意两行, 行列式改变符号等. 从定理 1.2 中性质 (2) 还可以推出: 如果三阶行列式的某一行 (或列) 都是 0, 该行列式值一定为零. 此外, 从定理 1.2 的性质 (4), 我们也可以推出以下有用的定理.

定理 1.3　如果三阶行列式有两行 (或两列) 相同, 那么该行列式的值为零.

证明　不妨设第 1 行与第 2 行相同, 由于交换这两行后行列式改变符号

$$\begin{vmatrix} a & b & c \\ a & b & c \\ g & h & j \end{vmatrix} = - \begin{vmatrix} a & b & c \\ a & b & c \\ g & h & j \end{vmatrix},$$

将右边的行列式移到左边合并后得

$$2 \begin{vmatrix} a & b & c \\ a & b & c \\ g & h & j \end{vmatrix} = 0,$$

所以有

$$\begin{vmatrix} a & b & c \\ a & b & c \\ g & h & j \end{vmatrix} = 0. \qquad \square$$

例 1.5　计算以下行列式的值:

$$(1) \begin{vmatrix} -6 & 8 & 2 \\ 15 & -20 & 5 \\ 3 & 4 & -1 \end{vmatrix}; \quad (2) \begin{vmatrix} -2 & 3 & 1 \\ 503 & 201 & 298 \\ 5 & 2 & 3 \end{vmatrix}.$$

解 (1) 第 1, 2 行均有常数可以提出

$$\begin{vmatrix} -6 & 8 & 2 \\ 15 & -20 & 5 \\ 3 & 4 & -1 \end{vmatrix} = 2(5) \begin{vmatrix} -3 & 4 & 1 \\ 3 & -4 & 1 \\ 3 & 4 & -1 \end{vmatrix} = 10(3)(4) \begin{vmatrix} -1 & 1 & 1 \\ 1 & -1 & 1 \\ 1 & 1 & -1 \end{vmatrix}$$

$$= 120(0 - (-2) + 2) = 480.$$

(2) 首先利用线性拆分的性质, 这样可以简化行列式的计算.

$$\begin{vmatrix} -2 & 3 & 1 \\ 503 & 201 & 298 \\ 5 & 2 & 3 \end{vmatrix} = \begin{vmatrix} -2 & 3 & 1 \\ 500+3 & 200+1 & 300-2 \\ 5 & 2 & 3 \end{vmatrix}$$

$$= \begin{vmatrix} -2 & 3 & 1 \\ 500 & 200 & 300 \\ 5 & 2 & 3 \end{vmatrix} + \begin{vmatrix} -2 & 3 & 1 \\ 3 & 1 & -2 \\ 5 & 2 & 3 \end{vmatrix}$$

$$= 100 \begin{vmatrix} -2 & 3 & 1 \\ 5 & 2 & 3 \\ 5 & 2 & 3 \end{vmatrix} + (-2)(7) - 3(19) + 1$$

$$= 100(0) - 70 = -70. \qquad \square$$

1.1.3 三元齐次线性方程组

最后, 我们简要讨论一下一种常见的特殊三元线性方程组——齐次线性方程组

$$\begin{cases} a_1x + b_1y + c_1z = 0, \\ a_2x + b_2y + c_2z = 0, \\ a_3x + b_3y + c_3z = 0, \end{cases} \tag{1.12}$$

即等式右边的常数都是零. 这个方程组显然有零解, 即 $x = y = z = 0$. 然而除了零解之外, 齐次线性方程组还可能有其他的非零解.

例如, 线性方程组

$$\begin{cases} 7x + 2y - z = 0, \\ 2x - 2y - 2z = 0, \\ x + 2y + z = 0 \end{cases} \tag{1.13}$$

除了零解外, 还有一个非零解: $x = 1, y = -2, z = 3$(容易验证这个非零解的任意倍数 $x = k, y = -2k, z = 3k$ 都满足方程组, 因此该方程组其实有无穷多个解). 事实上, 一个三元齐次线性方程组是否有非零解, 与它的系数行列式是否为零密切相关.

定理 1.4   如果齐次线性方程组 (1.12) 有非零解, 那么它的系数行列式必为零.

证明   (反证) 假如线性方程组 (1.12) 的系数行列式

$$D = \begin{vmatrix} a_1 & b_1 & c_1 \\ a_2 & b_2 & c_2 \\ a_3 & b_3 & c_3 \end{vmatrix} \neq 0,$$

那么由三元情形的克拉默法则 (1.9),

$$x = \frac{1}{D} \begin{vmatrix} 0 & b_1 & c_1 \\ 0 & b_2 & c_2 \\ 0 & b_3 & c_3 \end{vmatrix} = 0.$$

同理有 $y = z = 0$, 即线性方程组 (1.12) 只有零解, 没有非零解. 这与定理的假设矛盾, 所以线性方程组 (1.12) 的系数行列式必为零.   □

我们看到, 前面具有非零解的齐次线性方程组 (1.13) 的系数行列式确实为零:

$$\begin{vmatrix} 7 & 2 & -1 \\ 2 & -2 & -2 \\ 1 & 2 & 1 \end{vmatrix} = 2 \begin{vmatrix} 7 & 2 & -1 \\ 1 & -1 & -1 \\ 1 & 2 & 1 \end{vmatrix} = 2(7 - 2(2) - 3) = 0.$$

习　题　1.1

1. 计算下列行列式的值:

(1) $\begin{vmatrix} -3 & 7 \\ -2 & 5 \end{vmatrix}$;

(2) $\begin{vmatrix} a+b & c+d \\ b & d \end{vmatrix}$;

(3) $\begin{vmatrix} 1 & 2 & 3 \\ 3 & 1 & 2 \\ 2 & 3 & 1 \end{vmatrix}$;

(4) $\begin{vmatrix} 1 & -3 & 4 \\ 2 & 0 & -5 \\ 3 & -1 & 7 \end{vmatrix}$;

(5) $\begin{vmatrix} a & c & b \\ b & a & c \\ c & b & a \end{vmatrix}$;

(6) $\begin{vmatrix} -1 & 2 & 2 \\ 2 & -1 & 2 \\ 2 & 2 & -3 \end{vmatrix}$;

(7) $\begin{vmatrix} 0 & x & y \\ x & 0 & z \\ y & z & 0 \end{vmatrix}$;

(8) $\begin{vmatrix} -1 & \frac{3}{2} & \frac{1}{2} \\ \frac{2}{3} & -1 & \frac{1}{3} \\ \frac{2}{5} & \frac{3}{5} & -\frac{1}{5} \end{vmatrix}$;

(9) $\begin{vmatrix} 10 & 8 & 2 \\ 15 & 3 & 12 \\ 21 & 4 & 17 \end{vmatrix}$;

(10) $\begin{vmatrix} -ab & ac & ae \\ bd & -cd & de \\ bf & cf & -ef \end{vmatrix}$.

2. 用克拉默法则求以下线性方程组的解:

(1) $\begin{cases} 3x + 2y = 5, \\ 2x - y = 8; \end{cases}$

(2) $\begin{cases} 2x - y + 4 = 0, \\ x + 3y - 33 = 0; \end{cases}$

(3) $\begin{cases} 2x - 8 = 3y, \\ 7x - 5y + 5 = 0; \end{cases}$

(4) $\begin{cases} x + y = 5, \\ (a - 1)x + 2y = 2(a + 2), \end{cases} \quad a \neq 3;$

(5) $\begin{cases} 3x + 4y = 5, \\ 5x - 3y = 2; \end{cases}$

(6) $\begin{cases} x + y - 2z = -3, \\ 5x - 2y + 7z = 22, \\ 2x - 5y + 4z = 4; \end{cases}$

(7) $\begin{cases} x + 2y - 4z = 11, \\ 2x - 3y = 2, \\ y - 4z = 1; \end{cases}$

(8) $\begin{cases} 2x - y - 3z = 1, \\ \dfrac{1}{2}x - \dfrac{1}{2}y - \dfrac{1}{2}z = 1, \\ 3x + 2y - 5z = 0. \end{cases}$

3. 证明以下等式:

(1) $\begin{vmatrix} a & kb & c \\ d & ke & f \\ g & kh & j \end{vmatrix} = k \begin{vmatrix} a & b & c \\ d & e & f \\ g & h & j \end{vmatrix};$

(2) $\begin{vmatrix} a & b & c + c_1 \\ d & e & f + f_1 \\ g & h & j + j_1 \end{vmatrix} = \begin{vmatrix} a & b & c \\ d & e & f \\ g & h & j \end{vmatrix} + \begin{vmatrix} a & b & c_1 \\ d & e & f_1 \\ g & h & j_1 \end{vmatrix};$

(3) $\begin{vmatrix} d & e & f \\ a & b & c \\ g & h & j \end{vmatrix} = - \begin{vmatrix} a & b & c \\ d & e & f \\ g & h & j \end{vmatrix};$

(4) $\begin{vmatrix} a & b & a \\ d & e & d \\ g & h & g \end{vmatrix} = 0;$

(5) $\begin{vmatrix} a & b & c \\ d & e & f \\ g & h & j \end{vmatrix} = aej + bfg + dch - ceg - bdj - afh.$

4. 证明公式 (1.10).

1.2　空间向量的线性运算

1.2.1　空间向量的加法与数乘

中学数学介绍了平面向量和空间向量的初步知识, 本章主要讲空间向量运算. 我们把一个写成列的形式的三元实数组 $\begin{pmatrix} x \\ y \\ z \end{pmatrix}$ 称为一个**空间向量**, 并且用一个黑体字母 **r** 来表示 [①], 写成 $\mathbf{r} = \begin{pmatrix} x \\ y \\ z \end{pmatrix}$, 其中的 x, y, z 称为分量, 我们可以把 **r** 想象

_____
① 本书空间向量用黑正体表示.

成一个起点在原点、终点在 (x, y, z) 的有向线段 (箭线). 在这里, 要注意向量 $\begin{pmatrix} x \\ y \\ z \end{pmatrix}$ 与习惯上写的 (x, y, z) 在写法上的区别. 我们把所有空间向量的集合记为 $\mathbb{R}^3 \Big($ 同样, 所有平面向量 $\begin{pmatrix} x \\ y \end{pmatrix}$ 的集合记为 $\mathbb{R}^2 \Big)$.

现在定义两个向量的**加法**为它们的对应分量相加, 即如果 $\mathbf{r} = \begin{pmatrix} x \\ y \\ z \end{pmatrix}$ 和 $\mathbf{p} = \begin{pmatrix} u \\ s \\ t \end{pmatrix}$, 则

$$\mathbf{r} + \mathbf{p} = \begin{pmatrix} x+u \\ y+s \\ z+t \end{pmatrix}. \tag{1.14}$$

再定义一个实数 c 与向量 $\mathbf{r}$ 的**数乘**为用 c 去乘 $\mathbf{r}$ 的每一个分量:

$$c\mathbf{r} = c\begin{pmatrix} x \\ y \\ z \end{pmatrix} = \begin{pmatrix} cx \\ cy \\ cz \end{pmatrix}.$$

我们记 $\mathbf{e}_1 = \begin{pmatrix} 1 \\ 0 \\ 0 \end{pmatrix}, \mathbf{e}_2 = \begin{pmatrix} 0 \\ 1 \\ 0 \end{pmatrix}, \mathbf{e}_3 = \begin{pmatrix} 0 \\ 0 \\ 1 \end{pmatrix}$, 称它们为**基向量**. 这样, 空间直角坐标系的 x 轴就由 $\mathbf{e}_1$ 的所有数乘向量组成: $x\mathbf{e}_1 = x\begin{pmatrix} 1 \\ 0 \\ 0 \end{pmatrix} = \begin{pmatrix} x \\ 0 \\ 0 \end{pmatrix}$, y 轴和 z 轴也可以作类似的解释. 任何向量 $\mathbf{r}$ 都可以唯一地分解成三个坐标轴上向量的和:

$$\mathbf{r} = \begin{pmatrix} x \\ y \\ z \end{pmatrix} = \begin{pmatrix} x \\ 0 \\ 0 \end{pmatrix} + \begin{pmatrix} 0 \\ y \\ 0 \end{pmatrix} + \begin{pmatrix} 0 \\ 0 \\ z \end{pmatrix} = x\mathbf{e}_1 + y\mathbf{e}_2 + z\mathbf{e}_3.$$

从几何上看, $\mathbf{r}$ 就是图 1.2 中长方体的对角线向量. 另外 (1.14) 式里两个向量的和 $\mathbf{r} + \mathbf{p}$ 的几何意义从图 1.3 中也可以看得很清楚: 如果将 $\mathbf{p}$ 的起点放在 $\mathbf{r}$ 的终点处, 那么 $\mathbf{p}$ 的终点就是 $\mathbf{r} + \mathbf{p}$ 的终点. 这也可以理解成向量加法的 "平行四边形法则": 如果把两个向量 $\overrightarrow{OA}, \overrightarrow{OB}$ 作为邻边组成一个平行四边形 $OACB$(图 1.4), 那么对角线向量 $\overrightarrow{OC} = \overrightarrow{OA} + \overrightarrow{OB}$.

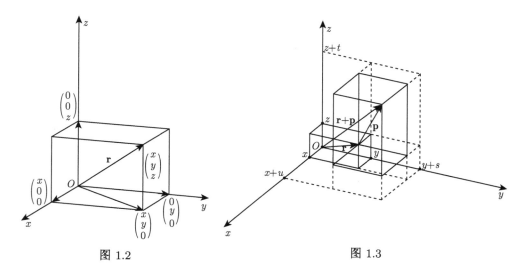

图 1.2   图 1.3

两个向量 **r** 与 **p** 的**差**定义为 $\mathbf{r}+(-\mathbf{p})=\mathbf{r}-\mathbf{p}$, 它的几何意义是: 差 $\mathbf{r}-\mathbf{p}$ 的起点在 **p** 的终点, 差 $\mathbf{r}-\mathbf{p}$ 的终点落在 **r** 的终点上 (图 1.5). 这样, 在图 1.4 的平行四边形中, 除了一条对角线是 $\overrightarrow{OC}=\overrightarrow{OA}+\overrightarrow{OB}$ 外, 另一条对角线就是 $\overrightarrow{BA}=\overrightarrow{OA}-\overrightarrow{OB}$.

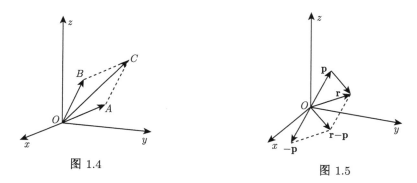

图 1.4   图 1.5

定理 1.5 $\forall \mathbf{a},\mathbf{b},\mathbf{c}\in\mathbb{R}^3$ 和 $\forall k,l\in\mathbb{R}$, 以下八条性质成立:

(1) $\mathbf{a}+\mathbf{b}=\mathbf{b}+\mathbf{a}$;

(2) $(\mathbf{a}+\mathbf{b})+\mathbf{c}=\mathbf{a}+(\mathbf{b}+\mathbf{c})$;

(3) 存在着一个向量**0**使得对所有 $\mathbf{a}$, $\mathbf{a}+\mathbf{0}=\mathbf{a}=\mathbf{0}+\mathbf{a}$;

(4) 对任何 $\mathbf{a}$, 存在一个向量 $-\mathbf{a}$ 使得 $\mathbf{a}+(-\mathbf{a})=\mathbf{0}$;

(5) $k(\mathbf{a}+\mathbf{b})=k\mathbf{a}+k\mathbf{b}$;

(6) $(k+l)\mathbf{a}=k\mathbf{a}+l\mathbf{a}$;

(7) $k(l\mathbf{a})=(kl)\mathbf{a}$;

(8) 对每个 $\mathbf{a}$, $1\mathbf{a}=\mathbf{a}$.

证明 每条性质的证明都归结为分量 (实数) 的有关性质, 例如, 对 (1) 中

$$\mathbf{a} = \begin{pmatrix} x \\ y \\ z \end{pmatrix} \text{ 和 } \mathbf{b} = \begin{pmatrix} u \\ s \\ t \end{pmatrix}, \text{ 由 (1.14) 式, 得}$$

$$\mathbf{a} + \mathbf{b} = \begin{pmatrix} x+u \\ y+s \\ z+t \end{pmatrix} = \begin{pmatrix} u+x \\ s+y \\ t+z \end{pmatrix} = \mathbf{b} + \mathbf{a}. \qquad \square$$

1.2.2 向量共线的条件

如果 $\mathbf{a}$ 和 $\mathbf{b}$ 是 $\mathbb{R}^3$ 中的向量, s 和 t 是两个实数, 那么我们称表达式

$$s\mathbf{a} + t\mathbf{b}$$

为 $\mathbf{a}$ 与 $\mathbf{b}$ 的**线性组合**. 其中的一个特殊情形是: 称 $s\mathbf{a}$ 是与 $\mathbf{a}$ **共线**(即平行) 的向量,

即两个共线的向量的分量是对应成比例的, 例如 $\mathbf{p} = \begin{pmatrix} 3 \\ -1 \\ 2 \end{pmatrix}$ 与 $\mathbf{q} = \begin{pmatrix} 6 \\ -2 \\ 4 \end{pmatrix}$ 就是

共线的向量. 一般来说, 如果两个非零向量 $\mathbf{a} = \begin{pmatrix} a_1 \\ a_2 \\ a_3 \end{pmatrix}$ 和 $\mathbf{b} = \begin{pmatrix} b_1 \\ b_2 \\ b_3 \end{pmatrix}$ 共线, 那么

就有

$$\frac{a_1}{b_1} = \frac{a_2}{b_2} = \frac{a_3}{b_3},$$

其中当有某些分量为零时, 对应的另一个分量也必定为零, 例如, $\begin{pmatrix} 2 \\ 0 \\ -1 \end{pmatrix}$ 与 $\begin{pmatrix} -6 \\ 0 \\ 3 \end{pmatrix}$

就是这样一对共线的向量.

定理 1.6 $\mathbb{R}^3$ 中两个非零向量 $\mathbf{a}$ 与 $\mathbf{b}$ 共线的充要条件是存在不全为零的两个实数 s 与 t, 使得

$$s\mathbf{a} + t\mathbf{b} = \mathbf{0}. \qquad (1.15)$$

证明 如果存在不全为零的两个数 s 和 t, 使得 $s\mathbf{a} + t\mathbf{b} = \mathbf{0}$, 不妨设 $s \neq 0$, 从而得

$$\mathbf{a} = -\frac{t}{s}\mathbf{b},$$

即 $\mathbf{a}$ 与 $\mathbf{b}$ 共线.

反过来, 设 $\mathbf{a}$ 与 $\mathbf{b}$ 共线, 那么一定存在实数 s, 使得 $\mathbf{b} = s\mathbf{a}$, 即

$$s\mathbf{a} + (-1)\mathbf{b} = \mathbf{0},$$

其中 s 与 -1 不全为零.　　　　　　　　　　　　　　　　　　　□

1.2.3　向量共面的条件

接下来考虑 $\mathbb{R}^3$ 中的三个向量 $\mathbf{a}, \mathbf{b}$ 与 $\mathbf{c}$, 如果它们中有一个向量是另外两个向量的线性组合, 那么就称这三个向量是**共面**的, 由向量加法的平行四边形法则, 此时它们必平行于空间同一个平面. 例如, $\mathbf{a} = \begin{pmatrix} 2 \\ 1 \\ 3 \end{pmatrix}$, $\mathbf{b} = \begin{pmatrix} -1 \\ 0 \\ -2 \end{pmatrix}$ 与 $\mathbf{c} = \begin{pmatrix} 5 \\ 2 \\ 8 \end{pmatrix}$ 就是共面的, 这是因为

$$\mathbf{c} = 2\mathbf{a} + (-1)\mathbf{b}.$$

而向量 $\begin{pmatrix} 1 \\ 0 \\ 0 \end{pmatrix}$, $\begin{pmatrix} 0 \\ 1 \\ 0 \end{pmatrix}$ 与 $\begin{pmatrix} 0 \\ 0 \\ 1 \end{pmatrix}$ 就不是共面的, 这是因为不可能把 $\begin{pmatrix} 1 \\ 0 \\ 0 \end{pmatrix}$ 写成 $s\begin{pmatrix} 0 \\ 1 \\ 0 \end{pmatrix}$ $+ t\begin{pmatrix} 0 \\ 0 \\ 1 \end{pmatrix}$ 的形式, 也不可能将 $\begin{pmatrix} 0 \\ 1 \\ 0 \end{pmatrix}$ 及 $\begin{pmatrix} 0 \\ 0 \\ 1 \end{pmatrix}$ 分别写成其余两个向量的线性组合, 下面给出判断三个向量是否共面的一个比较实用的方法.

定理 1.7　$\mathbb{R}^3$ 中三个非零向量 $\mathbf{a}, \mathbf{b}$ 和 $\mathbf{c}$ 共面的充要条件是存在不全为零的三个实数 k, s 与 t, 使得

$$ka + sb + tc = 0. \tag{1.16}$$

证明　如果存在不全为零的三个实数 k, s 与 t 使得上式成立, 不妨设 $k \neq 0$, 则有

$$\mathbf{a} = -\frac{s}{k}\mathbf{b} - \frac{t}{k}\mathbf{c},$$

因此 $\mathbf{a}, \mathbf{b}$ 和 $\mathbf{c}$ 共面. 反过来设 $\mathbf{a}, \mathbf{b}, \mathbf{c}$ 共面, 那么不妨设 $\mathbf{c}$ 是 $\mathbf{a}$ 和 $\mathbf{b}$ 的线性组合, 即存在实数 s 与 t, 使得

$$\mathbf{c} = s\mathbf{a} + t\mathbf{b}.$$

移项后得

$$s\mathbf{a} + t\mathbf{b} + (-1)\mathbf{c} = \mathbf{0},$$

其中 s, t 与 -1 不全为零.　　　　　　　　　　　　　　　　　□

定理 1.8 如果 $\mathbb{R}^3$ 中三个非零向量 $\mathbf{a} = \begin{pmatrix} a_1 \\ a_2 \\ a_3 \end{pmatrix}$, $\mathbf{b} = \begin{pmatrix} b_1 \\ b_2 \\ b_3 \end{pmatrix}$ 和 $\mathbf{c} = \begin{pmatrix} c_1 \\ c_2 \\ c_3 \end{pmatrix}$ 共面, 则

$$\begin{vmatrix} a_1 & b_1 & c_1 \\ a_2 & b_2 & c_2 \\ a_3 & b_3 & c_3 \end{vmatrix} = 0.$$

证明 由定理 1.7, $\mathbf{a}, \mathbf{b}$ 和 $\mathbf{c}$ 共面的充要条件是存在不全为零的实数 k, s 与 t, 使得

$$k\mathbf{a} + s\mathbf{b} + t\mathbf{c} = \mathbf{0},$$

即有

$$k \begin{pmatrix} a_1 \\ a_2 \\ a_3 \end{pmatrix} + s \begin{pmatrix} b_1 \\ b_2 \\ b_3 \end{pmatrix} + t \begin{pmatrix} c_1 \\ c_2 \\ c_3 \end{pmatrix} = \begin{pmatrix} ka_1 + sb_1 + tc_1 \\ ka_2 + sb_2 + tc_2 \\ ka_3 + sb_3 + tc_3 \end{pmatrix} = \begin{pmatrix} 0 \\ 0 \\ 0 \end{pmatrix}.$$

这也就是

$$a_1(k) + b_1(s) + c_1(t) = 0,$$

$$a_2(k) + b_2(s) + c_2(t) = 0,$$

$$a_3(k) + b_3(s) + c_3(t) = 0.$$

这三个等式说明齐次线性方程组

$$\begin{cases} a_1 x + b_1 y + c_1 z = 0, \\ a_2 x + b_2 y + c_2 z = 0, \\ a_3 x + b_3 y + c_3 z = 0 \end{cases}$$

确实有非零解 $x = k, y = s, z = t$. 因此由定理 1.4 得

$$\begin{vmatrix} a_1 & b_1 & c_1 \\ a_2 & b_2 & c_2 \\ a_3 & b_3 & c_3 \end{vmatrix} = 0.$$

$\square$

例 1.6 已知向量 $\mathbf{a}, \mathbf{b}, \mathbf{c}$ 如下:

$(1)\ \mathbf{a} = \begin{pmatrix} 6 \\ 12 \\ -3 \end{pmatrix}, \mathbf{b} = \begin{pmatrix} 2 \\ 4 \\ -1 \end{pmatrix}, \mathbf{c} = \begin{pmatrix} -1 \\ 1 \\ 0 \end{pmatrix};$

(2) $\mathbf{a} = \begin{pmatrix} -1 \\ 1 \\ 0 \end{pmatrix}$, $\mathbf{b} = \begin{pmatrix} 2 \\ 1 \\ 4 \end{pmatrix}$, $\mathbf{c} = \begin{pmatrix} -3 \\ 5 \\ 7 \end{pmatrix}$;

(3) $\mathbf{a} = \begin{pmatrix} 1 \\ 2 \\ 3 \end{pmatrix}$, $\mathbf{b} = \begin{pmatrix} 4 \\ 1 \\ 2 \end{pmatrix}$, $\mathbf{c} = \begin{pmatrix} 6 \\ 5 \\ 8 \end{pmatrix}$.

试判别它们是否共面. 若共面能否将 $\mathbf{c}$ 表达成 $\mathbf{a}, \mathbf{b}$ 的线性组合? 若能表示, 写出表达式.

解 (1) 因为 $\mathbf{a} = 3\mathbf{b}$, 可以把 $\mathbf{a} = 3\mathbf{b}$ 写成 $\mathbf{a} = 3\mathbf{b} + 0\mathbf{c}$, 即 $\mathbf{a}$ 是 $\mathbf{b}$ 与 $\mathbf{c}$ 的线性组合, 所以 $\mathbf{a}, \mathbf{b}, \mathbf{c}$ 共面. 然而由于向量等式 $\mathbf{c} = s\mathbf{a} + t\mathbf{b}$ 或线性方程组

$$\begin{cases} 6s + 2t = -1, \\ 12s + 4t = 1, \\ -3s - t = 0 \end{cases}$$

无解, 所以 $\mathbf{c}$ 不能表达成 $\mathbf{a}, \mathbf{b}$ 的线性组合 (我们看到 $\mathbf{a}$ 与 $\mathbf{b}$ 是共线的, 但是 $\mathbf{a}$ 与 $\mathbf{c}$ 不共线).

(2) 因为

$$\begin{vmatrix} -1 & 2 & -3 \\ 1 & 1 & 5 \\ 0 & 4 & 7 \end{vmatrix} = -(-13) - 2(7) - 3(4) = -13 \neq 0,$$

所以 $\mathbf{a}, \mathbf{b}, \mathbf{c}$ 不共面.

(3) 由向量等式 $\mathbf{c} = s\mathbf{a} + t\mathbf{b}$ 得线性方程组

$$\begin{cases} s + 4t = 6, \\ 2s + t = 5, \\ 3s + 2t = 8, \end{cases}$$

其解为 $s = 2, t = 1$, 因此 $\mathbf{c} = 2\mathbf{a} + \mathbf{b}$, 由此可得 $\mathbf{a}, \mathbf{b}, \mathbf{c}$ 共面. □

习 题 1.2

1. 化简向量 $(x - y)(\mathbf{a} + \mathbf{b}) - (x + y)(\mathbf{a} - \mathbf{b})$.

2. 已知 $\mathbf{a} = \begin{pmatrix} 1 \\ 2 \\ -1 \end{pmatrix}$, $\mathbf{b} = \begin{pmatrix} 3 \\ -2 \\ 2 \end{pmatrix}$, 求 $\mathbf{a} + \mathbf{b}$, $\mathbf{a} - \mathbf{b}$ 和 $3\mathbf{a} - 2\mathbf{b}$.

3. 试从向量方程组 $\begin{cases} 3\mathbf{x} + 4\mathbf{y} = \mathbf{a}, \\ 2\mathbf{x} - 3\mathbf{y} = \mathbf{b} \end{cases}$ 解出向量 $\mathbf{x}, \mathbf{y}$(即把它们写成 $\mathbf{a}, \mathbf{b}$ 的线性组合).

4. 在平行四边形 $ABCD$ 中,

(1) 设对角线 $\overrightarrow{AC} = \mathbf{a}, \overrightarrow{BD} = \mathbf{b}$, 求 $\overrightarrow{AB}, \overrightarrow{BC}, \overrightarrow{CD}, \overrightarrow{DA}$ (即把它们写成 $\mathbf{a}, \mathbf{b}$ 的线性组合)(图 1.6).

(2) 设边 BC 和 CD 的中点为 M 和 N, 且 $\overrightarrow{AM} = \mathbf{p}, \overrightarrow{AN} = \mathbf{q}$(图 1.7), 求 $\overrightarrow{BC}, \overrightarrow{CD}$(即把它们写成 $\mathbf{p}, \mathbf{q}$ 的线性组合).

5. 设一直线上三点 A, B, P 满足 $\overrightarrow{AP} = \lambda \overrightarrow{PB}(\lambda \neq -1)$, O 是空间直角系的原点, 见图 1.8. 求证:

$$\overrightarrow{OP} = \frac{\overrightarrow{OA} + \lambda \overrightarrow{OB}}{1 + \lambda}.$$

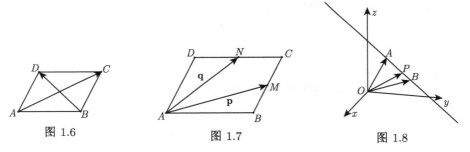

图 1.6   图 1.7   图 1.8

注: 当我们把 $\overrightarrow{OP} = \begin{pmatrix} x \\ y \\ z \end{pmatrix}, \overrightarrow{OA} = \begin{pmatrix} x_1 \\ y_1 \\ z_1 \end{pmatrix}, \overrightarrow{OB} = \begin{pmatrix} x_2 \\ y_2 \\ z_2 \end{pmatrix}$ 代入到上式后, 就得到熟悉的定比分点公式:

$$x = \frac{x_1 + \lambda x_2}{1 + \lambda}, \quad y = \frac{y_1 + \lambda y_2}{1 + \lambda}, \quad z = \frac{z_1 + \lambda z_2}{1 + \lambda},$$

其中当 $\lambda = 1$ 时, 得到中点公式

$$x = \frac{x_1 + x_2}{2}, \quad y = \frac{y_1 + y_2}{2}, \quad z = \frac{z_1 + z_2}{2}.$$

6. 已知线段 AB 被点 $C(2, 0, 2)$ 和 $D(5, -2, 0)$ 三等分, 试求这个线段两端点 A 与 B 的坐标.

7. 已知向量 $\mathbf{a}, \mathbf{b}, \mathbf{c}$ 的分量如下:

(1) $\mathbf{a} = \begin{pmatrix} 6 \\ 4 \\ 2 \end{pmatrix}, \mathbf{b} = \begin{pmatrix} 6 \\ 0 \\ 3 \end{pmatrix}, \mathbf{c} = \begin{pmatrix} 0 \\ 3 \\ -1 \end{pmatrix}$;

(2) $\mathbf{a} = \begin{pmatrix} 0 \\ -1 \\ 2 \end{pmatrix}, \mathbf{b} = \begin{pmatrix} 0 \\ 2 \\ -4 \end{pmatrix}, \mathbf{c} = \begin{pmatrix} 1 \\ 2 \\ -1 \end{pmatrix}$;

(3) $\mathbf{a} = \begin{pmatrix} 1 \\ 2 \\ 3 \end{pmatrix}, \mathbf{b} = \begin{pmatrix} 2 \\ -1 \\ 0 \end{pmatrix}, \mathbf{c} = \begin{pmatrix} 0 \\ 5 \\ 6 \end{pmatrix}$;

(4) $\mathbf{a} = \begin{pmatrix} -1 \\ 3 \\ 2 \end{pmatrix}, \mathbf{b} = \begin{pmatrix} 4 \\ -6 \\ 2 \end{pmatrix}, \mathbf{c} = \begin{pmatrix} -3 \\ 12 \\ 11 \end{pmatrix}$.

试判别它们是否共面, 能否将 $\mathbf{c}$ 表示成 $\mathbf{a}, \mathbf{b}$ 的线性组合? 若能表示, 写出表达式.

8. 证明三个向量 $\lambda\mathbf{a} - \mu\mathbf{b}, \mu\mathbf{b} - \nu\mathbf{c}, \nu\mathbf{c} - \lambda\mathbf{a}$ 共面.

9. 已知三角形三顶点 $P_i(x_i, y_i, z_i)(i = 1, 2, 3)$. 求 $\triangle P_1P_2P_3$ 的重心 (即三角形三中线的公共点) 的坐标.

10. 设 P_1, P_2, P_3 是空间 $\mathbb{R}^3$ 中的三点, O 是空间直角坐标系的原点, 记 $\overrightarrow{OP_i} = \mathbf{r}_i(i = 1, 2, 3)$, 试证: P_1, P_2, P_3 三点共线的充要条件是存在不全为零的实数 $\lambda_1, \lambda_2, \lambda_3$ 使得

$$\lambda_1\mathbf{r}_1 + \lambda_2\mathbf{r}_2 + \lambda_3\mathbf{r}_3 = \mathbf{0},$$

并且 $\lambda_1 + \lambda_2 + \lambda_3 = 0$.

11. 仿照 $\mathbb{R}^3$ 中两个向量加法的几何意义, 画图表示 $\mathbb{R}^2$ 中的两个向量加法的几何意义.

1.3   内   积

1.3.1   内积及其主要性质

和平面向量内积一样, 空间中的内积也是表达空间几何性质的有力工具. 我们定义空间向量的**内积** (也称点积或数量积) 为

$$\mathbf{a} \cdot \mathbf{b} = \begin{pmatrix} a_1 \\ a_2 \\ a_3 \end{pmatrix} \cdot \begin{pmatrix} b_1 \\ b_2 \\ b_3 \end{pmatrix} = a_1b_1 + a_2b_2 + a_3b_3, \tag{1.17}$$

注意两个向量的内积是一个数量, 例如

$$\begin{pmatrix} 2 \\ 4 \\ 5 \end{pmatrix} \cdot \begin{pmatrix} 3 \\ 1 \\ -4 \end{pmatrix} = 2(3) + 4(1) + 5(-4) = -10.$$

三个基向量之间的内积特别简单: $\mathbf{e}_1 \cdot \mathbf{e}_2 = \begin{pmatrix} 1 \\ 0 \\ 0 \end{pmatrix} \cdot \begin{pmatrix} 0 \\ 1 \\ 0 \end{pmatrix} = 0, \mathbf{e}_1 \cdot \mathbf{e}_1 = \begin{pmatrix} 1 \\ 0 \\ 0 \end{pmatrix} \cdot \begin{pmatrix} 1 \\ 0 \\ 0 \end{pmatrix} = 1$, 类似有 $\mathbf{e}_1 \cdot \mathbf{e}_3 = \mathbf{e}_2 \cdot \mathbf{e}_3 = 0$ 和 $\mathbf{e}_2 \cdot \mathbf{e}_2 = \mathbf{e}_3 \cdot \mathbf{e}_3 = 1$.

定理 1.9 内积 (1.17) 具有以下基本性质: $\forall \mathbf{a}, \mathbf{b}, \mathbf{c} \in \mathbb{R}^3$ 及 $\forall k \in \mathbb{R}$, 有

(1) $\mathbf{a} \cdot \mathbf{b} = \mathbf{b} \cdot \mathbf{a}$;

(2) $(\mathbf{a} + \mathbf{b}) \cdot \mathbf{c} = \mathbf{a} \cdot \mathbf{c} + \mathbf{b} \cdot \mathbf{c}$;

(3) $(k\mathbf{a}) \cdot \mathbf{b} = k(\mathbf{a} \cdot \mathbf{b})$;

(4) 当 $\mathbf{a} \neq \mathbf{0}$ 时, $\mathbf{a} \cdot \mathbf{a} > 0$.

证明 只证明 (3), 其余都是容易的.

$$(k\mathbf{a}) \cdot \mathbf{b} = \begin{pmatrix} ka_1 \\ ka_2 \\ ka_3 \end{pmatrix} \cdot \begin{pmatrix} b_1 \\ b_2 \\ b_3 \end{pmatrix} = (ka_1)b_1 + (ka_2)b_2 + (ka_3)b_3$$

$$= k(a_1b_1 + a_2b_2 + a_3b_3) = k(\mathbf{a} \cdot \mathbf{b}). \qquad \square$$

由 $\mathbb{R}^3$ 中的勾股定理可知, 从原点 O 到点 $A(a_1, a_2, a_3)$ 的距离是 $\sqrt{a_1^2 + a_2^2 + a_3^2}$, 我们把这个数值定义为向量 $\mathbf{a} = \overrightarrow{OA} = \begin{pmatrix} a_1 \\ a_2 \\ a_3 \end{pmatrix}$ 的 **长度**, 记为 $|\mathbf{a}|$. 例如, $\left| \begin{pmatrix} 2 \\ -1 \\ -2 \end{pmatrix} \right| = \sqrt{9} = 3$, 以及对每个 i 有 $|\mathbf{e}_i| = 1$ 和 $|\mathbf{0}| = 0$.

由于 $\mathbf{a} \cdot \mathbf{a} = \begin{pmatrix} a_1 \\ a_2 \\ a_3 \end{pmatrix} \cdot \begin{pmatrix} a_1 \\ a_2 \\ a_3 \end{pmatrix} = a_1^2 + a_2^2 + a_3^2$, 所以 $|\mathbf{a}| = \sqrt{\mathbf{a} \cdot \mathbf{a}}$ 或者 $|\mathbf{a}|^2 = \mathbf{a} \cdot \mathbf{a}$, 并且对任意实数 c, 总是有 $|c\mathbf{a}| = \sqrt{c\mathbf{a} \cdot c\mathbf{a}} = \sqrt{c^2 \mathbf{a} \cdot \mathbf{a}} = |c|\sqrt{\mathbf{a} \cdot \mathbf{a}} = |c||\mathbf{a}|$, 其中 $|c| = \sqrt{c^2}$ 是 c 的绝对值. 当 $\mathbf{a} \neq \mathbf{0}$ 时, $\mathbf{a}^0 = \dfrac{1}{|\mathbf{a}|}\mathbf{a}$ 总是一个单位向量, 即 $|\mathbf{a}^0| = 1$. 例如, $\begin{pmatrix} \frac{2}{3} \\ -\frac{1}{3} \\ -\frac{2}{3} \end{pmatrix}$ 和基向量 $\mathbf{e}_i (i = 1, 2, 3)$ 都是单位向量.

内积除了可以表示向量的长度, 还可以表示两个向量 $\mathbf{a}$ 与 $\mathbf{b}$ 之间的夹角 θ. 设 $\mathbf{a} = \overrightarrow{OA}, \mathbf{b} = \overrightarrow{OB}$, 则 $\overrightarrow{BA} = \mathbf{a} - \mathbf{b}$. 在 $\triangle OAB$ 中应用余弦定理 (图 1.9), 可得

$$|\mathbf{a} - \mathbf{b}|^2 = |\mathbf{a}|^2 + |\mathbf{b}|^2 - 2|\mathbf{a}||\mathbf{b}| \cos\theta. \tag{1.18}$$

由于从定理 1.9 的结论可以推得

$$|\mathbf{a} - \mathbf{b}|^2 = (\mathbf{a} - \mathbf{b}) \cdot (\mathbf{a} - \mathbf{b}) = \mathbf{a} \cdot \mathbf{a} - 2\mathbf{a} \cdot \mathbf{b} + \mathbf{b} \cdot \mathbf{b}$$

$$= |\mathbf{a}|^2 + |\mathbf{b}|^2 - 2\mathbf{a} \cdot \mathbf{b}, \tag{1.19}$$

比较 (1.18) 式与 (1.19) 式可得

$$\mathbf{a} \cdot \mathbf{b} = |\mathbf{a}||\mathbf{b}| \cos \theta. \tag{1.20}$$

因此当 $\mathbf{a}, \mathbf{b}$ 都不等于 $\mathbf{0}$ 时, 它们的夹角余弦就是

$$\cos \theta = \frac{\mathbf{a} \cdot \mathbf{b}}{|\mathbf{a}||\mathbf{b}|} \quad (0 \leqslant \theta \leqslant \pi). \tag{1.21}$$

例如, 当 $\mathbf{a} = \begin{pmatrix} 3 \\ 3 \\ -1 \end{pmatrix}, \mathbf{b} = \begin{pmatrix} 5 \\ -1 \\ 2 \end{pmatrix}$ 时, $\mathbf{a} \cdot \mathbf{b} = 3(5) + 3(-1) + (-1)2 = 10, |\mathbf{a}| = \sqrt{19}, |\mathbf{b}| = \sqrt{30}$, 所以 $\cos \theta = \frac{\sqrt{10}}{\sqrt{57}}$.

从 (1.20) 式得到, 两个非零向量 $\mathbf{a}, \mathbf{b}$ 互相垂直的充要条件是 $\mathbf{a} \cdot \mathbf{b} = 0$, 这是内积最常用到的性质, 例如在求一个空间平面方程时, 只要知道了任何一个与该平面垂直的非零向量 (称为**法向量** (图 1.10)), 那么所有与该平面平行的向量都与法向量垂直, 这样, 从内积等于零就可以导出平面方程.

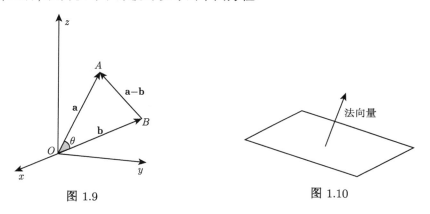

图 1.9   图 1.10

例 1.7 已知 $\mathbf{a} + 3\mathbf{b}$ 与 $7\mathbf{a} - 5\mathbf{b}$ 垂直, 且 $\mathbf{a} - 4\mathbf{b}$ 与 $7\mathbf{a} - 2\mathbf{b}$ 垂直, 求 $\mathbf{a}, \mathbf{b}$ 的夹角.

解 由条件和定理 1.9 得

$$(\mathbf{a} + 3\mathbf{b}) \cdot (7\mathbf{a} - 5\mathbf{b}) = 7\mathbf{a} \cdot \mathbf{a} + 16\mathbf{a} \cdot \mathbf{b} - 15\mathbf{b} \cdot \mathbf{b} = 0, \qquad ①$$

$$(\mathbf{a} - 4\mathbf{b}) \cdot (7\mathbf{a} - 2\mathbf{b}) = 7\mathbf{a} \cdot \mathbf{a} - 30\mathbf{a} \cdot \mathbf{b} + 8\mathbf{b} \cdot \mathbf{b} = 0, \qquad ②$$

从 ① 式分别减去 ② 式的两边, 得 $\mathbf{b} \cdot \mathbf{b} = 2\mathbf{a} \cdot \mathbf{b}$, 再用 8 乘 ① 式两边加上 15 乘 ② 式的两边, 得 $\mathbf{a} \cdot \mathbf{a} = 2\mathbf{a} \cdot \mathbf{b}$, 因此有 $|\mathbf{a}|^2 = |\mathbf{b}|^2$, 或 $|\mathbf{a}| = |\mathbf{b}|$, 将这些等式代入夹角公式, 得

$$\cos \theta = \frac{\mathbf{a} \cdot \mathbf{b}}{|\mathbf{a}||\mathbf{b}|} = \frac{\mathbf{a} \cdot \mathbf{b}}{|\mathbf{a}|^2} = \frac{\mathbf{a} \cdot \mathbf{b}}{\mathbf{a} \cdot \mathbf{a}} = \frac{1}{2},$$

即 $\mathbf{a}, \mathbf{b}$ 的夹角为 $\dfrac{\pi}{3}$. □

1.3.2 投影向量

内积的另一个用处是求向量 $\mathbf{a}$ 在非零向量 $\mathbf{b}$ 方向上的投影向量, 它是使向量 $\mathbf{a} - t\mathbf{b}$ 与 $\mathbf{b}$ 垂直的那个向量 $t\mathbf{b}$,

$$0 = (\mathbf{a} - t\mathbf{b}) \cdot \mathbf{b} = \mathbf{a} \cdot \mathbf{b} - t\mathbf{b} \cdot \mathbf{b}.$$

可以把这个向量 $t\mathbf{b}$ 记为 $\mathbf{a_b}$, 即有

$$\mathbf{a_b} = t\mathbf{b} = \left(\frac{\mathbf{a} \cdot \mathbf{b}}{\mathbf{b} \cdot \mathbf{b}}\right) \mathbf{b}. \tag{1.22}$$

图 1.11 和图 1.12 分别给出了 $\mathbf{a}, \mathbf{b}$ 的夹角为锐角和钝角的两种情形, 前者的投影向量与 $\mathbf{b}$ 同向, 后者的投影向量与 $\mathbf{b}$ 反向.

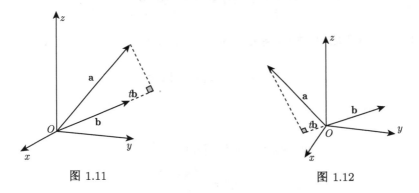

图 1.11 　　　　　　　　　　　　 图 1.12

例 1.8 已知三点 $A(1,0,0), B(3,1,1), C(2,0,1)$, 且 $\overrightarrow{BC} = \mathbf{a}, \overrightarrow{AB} = \mathbf{b}$, 求 $\mathbf{a}$ 在 $\mathbf{b}$ 上的投影向量.

解 由已知条件, $\mathbf{a} = \begin{pmatrix} -1 \\ -1 \\ 0 \end{pmatrix}, \mathbf{b} = \begin{pmatrix} 2 \\ 1 \\ 1 \end{pmatrix}$, 所以 $\mathbf{a} \cdot \mathbf{b} = -3, |\mathbf{b}| = \sqrt{6}$, 从而由公式 (1.22) 得

$$\mathbf{a_b} = \left(\frac{\mathbf{a} \cdot \mathbf{b}}{|\mathbf{b}|^2}\right) \mathbf{b} = -\frac{3}{6}\mathbf{b} = -\frac{1}{2}\mathbf{b} = \begin{pmatrix} -1 \\ -\dfrac{1}{2} \\ -\dfrac{1}{2} \end{pmatrix}.$$

□

利用投影向量 $\mathbf{a_b}$ 可以求以 $\mathbf{a}, \mathbf{b}$ 为边张成的平行四边形的面积 (图 1.13).

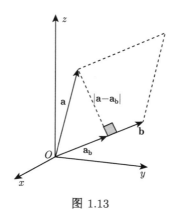

图 1.13

定理 1.10　以 $\mathbf{a}, \mathbf{b}$ 为边张成的平行四边形面积 S 是

$$S = \sqrt{(\mathbf{a} \cdot \mathbf{a})(\mathbf{b} \cdot \mathbf{b}) - (\mathbf{a} \cdot \mathbf{b})^2}. \tag{1.23}$$

证明　S 等于底 $|\mathbf{b}|$ 乘以高 $|\mathbf{a} - \mathbf{a_b}|$, 首先, 由直角三角形的勾股定理得

$$|\mathbf{a}|^2 = |\mathbf{a} - \mathbf{a_b}|^2 + |\mathbf{a_b}|^2,$$

再由公式 (1.22) 得

$$\begin{aligned}
|\mathbf{a} - \mathbf{a_b}|^2 &= |\mathbf{a}|^2 - |\mathbf{a_b}|^2 \\
&= |\mathbf{a}|^2 - \left| \left(\frac{\mathbf{a} \cdot \mathbf{b}}{\mathbf{b} \cdot \mathbf{b}} \right) \mathbf{b} \right|^2 \\
&= |\mathbf{a}|^2 - \frac{(\mathbf{a} \cdot \mathbf{b})^2}{|\mathbf{b}|^4} |\mathbf{b}|^2 \\
&= (\mathbf{a} \cdot \mathbf{a}) - \frac{(\mathbf{a} \cdot \mathbf{b})^2}{|\mathbf{b}|^2} \\
&= \frac{(\mathbf{a} \cdot \mathbf{a})(\mathbf{b} \cdot \mathbf{b}) - (\mathbf{a} \cdot \mathbf{b})^2}{|\mathbf{b}|^2},
\end{aligned}$$

即有

$$|\mathbf{a} - \mathbf{a_b}| = \frac{\sqrt{(\mathbf{a} \cdot \mathbf{a})(\mathbf{b} \cdot \mathbf{b}) - (\mathbf{a} \cdot \mathbf{b})^2}}{|\mathbf{b}|},$$

因此,

$$S = |\mathbf{a} - \mathbf{a_b}||\mathbf{b}| = \sqrt{(\mathbf{a} \cdot \mathbf{a})(\mathbf{b} \cdot \mathbf{b}) - (\mathbf{a} \cdot \mathbf{b})^2}.$$

$\square$

例 1.9 已知空间三点 $A(1,2,3)$, $B(2,-1,5)$, $C(3,2,-5)$，试求: (1) $\triangle ABC$ 的面积; (2) $\triangle ABC$ 的 AB 边上的高 (图 1.14).

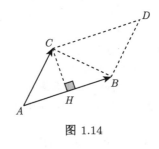

图 1.14

解 (1) $\triangle ABC$ 的面积 $= \dfrac{1}{2}$ 平行四边形 $ABCD$ 的面积, 记

$$\mathbf{a} = \overrightarrow{AB} = \begin{pmatrix} 1 \\ -3 \\ 2 \end{pmatrix}, \quad \mathbf{b} = \overrightarrow{AC} = \begin{pmatrix} 2 \\ 0 \\ -8 \end{pmatrix},$$

则 $\mathbf{a} \cdot \mathbf{a} = 14, \mathbf{b} \cdot \mathbf{b} = 68, \mathbf{a} \cdot \mathbf{b} = -14$, 由定理 1.10,

$$\begin{aligned} \triangle ABC\text{的面积} &= \frac{1}{2}\sqrt{(\mathbf{a}\cdot\mathbf{a})(\mathbf{b}\cdot\mathbf{b}) - (\mathbf{a}\cdot\mathbf{b})^2} \\ &= \frac{1}{2}\sqrt{14(68) - (-14)^2} = \frac{1}{2}\sqrt{14(54)} = 3\sqrt{21}. \end{aligned}$$

(2) 因为 $|\overrightarrow{AB}| = |\mathbf{a}| = \sqrt{14}$, 所以高

$$|\overrightarrow{CH}| = \frac{2\triangle ABC\text{的面积}}{|\overrightarrow{AB}|} = \frac{2(3\sqrt{21})}{\sqrt{14}} = 3\sqrt{6}. \qquad \square$$

习 题 1.3

1. 已知向量 $\mathbf{a}, \mathbf{b}$ 互相垂直, 向量 $\mathbf{c}$ 与 $\mathbf{a}, \mathbf{b}$ 的夹角都是 $60°$, 且 $|\mathbf{a}| = 1, |\mathbf{b}| = 2, |\mathbf{c}| = 3$, 试求:

(1) $(\mathbf{a} + \mathbf{b})^2$;

(2) $(\mathbf{a} + \mathbf{b}) \cdot (\mathbf{a} - \mathbf{b})$;

(3) $(\mathbf{a} - 2\mathbf{b}) \cdot (\mathbf{b} - 3\mathbf{c})$;

(4) $(\mathbf{a} + 2\mathbf{b} - \mathbf{c})^2$.

2. 已知等边三角形 ABC 的边长为 1, 且 $\overrightarrow{BC} = \mathbf{a}, \overrightarrow{CA} = \mathbf{b}, \overrightarrow{AB} = \mathbf{c}$, 求 $\mathbf{a} \cdot \mathbf{b} + \mathbf{b} \cdot \mathbf{c} + \mathbf{c} \cdot \mathbf{a}$.

3. 已知 $\mathbf{a}, \mathbf{b}, \mathbf{c}$ 两两垂直, 且 $|\mathbf{a}| = 1, |\mathbf{b}| = 2, |\mathbf{c}| = 3$, 求 $\mathbf{d} = \mathbf{a} + \mathbf{b} + \mathbf{c}$ 的长, 以及它与 $\mathbf{a}, \mathbf{b}, \mathbf{c}$ 的夹角.

4. 证明: 向量 $\mathbf{a}$ 垂直于向量 $(\mathbf{a} \cdot \mathbf{b})\mathbf{c} - (\mathbf{a} \cdot \mathbf{c})\mathbf{b}$.

5. 已知 $|\mathbf{a}| = 2, |\mathbf{b}| = 5$, $\mathbf{a}$ 与 $\mathbf{b}$ 的夹角为 $\dfrac{2\pi}{3}$, $\mathbf{p} = 3\mathbf{a} - \mathbf{b}$, $\mathbf{q} = \lambda\mathbf{a} + 17\mathbf{b}$, 问系数 λ 取何值时 $\mathbf{p}$ 与 $\mathbf{q}$ 垂直.

6. 已知平行四边形以 $\mathbf{a} = \begin{pmatrix} 2 \\ 1 \\ -1 \end{pmatrix}$, $\mathbf{b} = \begin{pmatrix} 1 \\ -2 \\ 1 \end{pmatrix}$ 为两边, 求

(1) 它们的边长和内角;

(2) 它的两对角线长和夹角.

7. 已知 $\triangle ABC$ 三顶点 $A(0,0,3), B(4,0,0), C(0,8,-3)$, 试求:

(1) 三角形三边长;

(2) 三角形三内角;

(3) 三角形三中线长;

(4) 角 A 的角平分线向量 $\overrightarrow{AD}$(终点 D 在 BC 边上).

8. 已知 $\triangle ABC$ 三顶点 $A(5,1,-1), B(0,-4,3), C(1,-3,7)$, 试求:

(1) $\triangle ABC$ 的面积;

(2) $\triangle ABC$ 的三条高的长.

9. 已知 $\mathbf{a} = \begin{pmatrix} 2 \\ 3 \\ 1 \end{pmatrix}, \mathbf{b} = \begin{pmatrix} 5 \\ 6 \\ 4 \end{pmatrix}$, 试求:

(1) 以 $\mathbf{a}, \mathbf{b}$ 为边的平行四边形的面积;

(2) 该平行四边形的两条高的长.

1.4 外积与混合积

1.4.1 外积的定义与计算公式

设 $\mathbf{a} = \begin{pmatrix} a_1 \\ a_2 \\ a_3 \end{pmatrix}$ 和 $\mathbf{b} = \begin{pmatrix} b_1 \\ b_2 \\ b_3 \end{pmatrix}$ 是 $\mathbb{R}^3$ 中的两个非零向量, 如果向量 $\mathbf{x} = \begin{pmatrix} x_1 \\ x_2 \\ x_3 \end{pmatrix}$

同时与 $\mathbf{a}, \mathbf{b}$ 都垂直, 即有 $\mathbf{a} \cdot \mathbf{x} = 0$ 和 $\mathbf{b} \cdot \mathbf{x} = 0$, 或者可以写成线性方程组

$$\begin{cases} a_1 x_1 + a_2 x_2 + a_3 x_3 = 0, & \text{①} \\ b_1 x_1 + b_2 x_2 + b_3 x_3 = 0. & \text{②} \end{cases}$$

为了求出这个向量 $\mathbf{x}$, 用 b_1 乘①的两边, 再减去 a_1 乘②的两边, 得到

$$(a_2 b_1 - a_1 b_2)x_2 + (a_3 b_1 - a_1 b_3)x_3 = 0, \tag{1.24}$$

同样, 用 b_2 乘①的两边, 再减去 a_2 乘②的两边, 得到

$$(a_1 b_2 - a_2 b_1)x_1 + (a_3 b_2 - a_2 b_3)x_3 = 0. \tag{1.25}$$

对于联立方程 (1.24) 与 (1.25) 来说, 有一个解

$$x_1 = a_2 b_3 - a_3 b_2, \quad x_2 = a_3 b_1 - a_1 b_3, \quad x_3 = a_1 b_2 - a_2 b_1. \tag{1.26}$$

后面我们将看到, 这个解所确定的向量包含了丰富的几何性质, 所以值得作出以下的定义.

定义 1.1 外积

向量 $\mathbf{a} = \begin{pmatrix} a_1 \\ a_2 \\ a_3 \end{pmatrix}$ 和 $\mathbf{b} = \begin{pmatrix} b_1 \\ b_2 \\ b_3 \end{pmatrix}$ 的**外积** $\mathbf{a} \times \mathbf{b}$ 是以下这个向量:

$$\mathbf{a} \times \mathbf{b} = \begin{pmatrix} a_2 b_3 - a_3 b_2 \\ a_3 b_1 - a_1 b_3 \\ a_1 b_2 - a_2 b_1 \end{pmatrix}. \tag{1.27}$$

这样定义的 $\mathbf{a} \times \mathbf{b}$ 一定与 $\mathbf{a}$ 及 $\mathbf{b}$ 都垂直, 即如果令 $\mathbf{x} = \mathbf{a} \times \mathbf{b}$, 则必有 $\mathbf{a} \cdot \mathbf{x} = 0$, 这是因为

$$\mathbf{a} \cdot \mathbf{x} = a_1(a_2 b_3 - a_3 b_2) + a_2(a_3 b_1 - a_1 b_3) + a_3(a_1 b_2 - a_2 b_1)$$

$$= a_1 a_2 b_3 - a_1 a_3 b_2 + a_2 a_3 b_1 - a_1 a_2 b_3 + a_1 a_3 b_2 - a_2 a_3 b_1 = 0.$$

同理有 $\mathbf{b} \cdot \mathbf{x} = 0$. 不仅如此, 还可以证明: 向量 $\mathbf{a} \times \mathbf{b}$ 的方向符合 "右手法则", 即当右手四指从 $\mathbf{a}$ 方向转到 $\mathbf{b}$ 方向 (转角 θ 小于 180°) 时, 大拇指的指向就是 $\mathbf{a} \times \mathbf{b}$ 的方向, 见图 1.15.

例如, 由外积定义 (1.27), 可以得到 $\mathbf{e}_1 \times \mathbf{e}_2 = \mathbf{e}_3, \mathbf{e}_2 \times \mathbf{e}_3 = \mathbf{e}_1, \mathbf{e}_1 \times \mathbf{e}_3 = -\mathbf{e}_2$ 等.

外积定义中的三个分量都是二阶行列式, 由此外积 $\mathbf{a} \times \mathbf{b}$ 可以重新写成

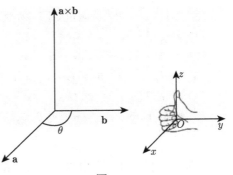

图 1.15

$$\mathbf{a} \times \mathbf{b} = \begin{pmatrix} \begin{vmatrix} a_2 & a_3 \\ b_2 & b_3 \end{vmatrix} \\ -\begin{vmatrix} a_1 & a_3 \\ b_1 & b_3 \end{vmatrix} \\ \begin{vmatrix} a_1 & a_2 \\ b_1 & b_2 \end{vmatrix} \end{pmatrix} = \begin{vmatrix} a_2 & a_3 \\ b_2 & b_3 \end{vmatrix} \mathbf{e}_1 - \begin{vmatrix} a_1 & a_3 \\ b_1 & b_3 \end{vmatrix} \mathbf{e}_2 + \begin{vmatrix} a_1 & a_2 \\ b_1 & b_2 \end{vmatrix} \mathbf{e}_3, \tag{1.28}$$

所以有

$$\mathbf{a} \times \mathbf{b} = \begin{vmatrix} \mathbf{e}_1 & \mathbf{e}_2 & \mathbf{e}_3 \\ a_1 & a_2 & a_3 \\ b_1 & b_2 & b_3 \end{vmatrix}. \tag{1.29}$$

虽然这个 "行列式" 的第一行的元素不是数量, 但是展开后就是 (1.28) 式, 从而可以帮助我们记忆外积的定义, 称这种行列式为 "形式行列式", 对这种行列式的计算可以运用 1.1 节讲的三阶行列式的各项性质.

例 1.10 已知 $\mathbf{a} = \begin{pmatrix} 2 \\ 1 \\ 4 \end{pmatrix}$ 和 $\mathbf{b} = \begin{pmatrix} -3 \\ 7 \\ 5 \end{pmatrix}$, 求 $\mathbf{a} \times \mathbf{b}$.

解 由 (1.29) 式,

$$\mathbf{a} \times \mathbf{b} = \begin{vmatrix} \mathbf{e}_1 & \mathbf{e}_2 & \mathbf{e}_3 \\ 2 & 1 & 4 \\ -3 & 7 & 5 \end{vmatrix} = \begin{vmatrix} 1 & 4 \\ 7 & 5 \end{vmatrix} \mathbf{e}_1 - \begin{vmatrix} 2 & 4 \\ -3 & 5 \end{vmatrix} \mathbf{e}_2 + \begin{vmatrix} 2 & 1 \\ -3 & 7 \end{vmatrix} \mathbf{e}_3$$

$$= (-23)\mathbf{e}_1 - (22)\mathbf{e}_2 + 17\mathbf{e}_3 = \begin{pmatrix} -23 \\ -22 \\ 17 \end{pmatrix}. \qquad \square$$

1.4.2 外积的主要用途

定理 1.11 外积具有以下基本性质:

(1) $\forall \mathbf{a} \in \mathbb{R}^3, \mathbf{a} \times \mathbf{a} = \mathbf{0}$;

(2) $\forall \mathbf{a}, \mathbf{b} \in \mathbb{R}^3, \mathbf{b} \times \mathbf{a} = -\mathbf{a} \times \mathbf{b}$;

(3) $\forall \mathbf{a}, \mathbf{b}, \mathbf{c} \in \mathbb{R}^3, \mathbf{a} \times (\mathbf{b} + \mathbf{c}) = \mathbf{a} \times \mathbf{b} + \mathbf{a} \times \mathbf{c}$;

(4) $\forall k \in \mathbb{R}, \mathbf{a}, \mathbf{b} \in \mathbb{R}^3, (k\mathbf{a}) \times \mathbf{b} = k(\mathbf{a} \times \mathbf{b}) = \mathbf{a} \times (k\mathbf{b})$;

(5) 设 $\mathbf{a}, \mathbf{b}$ 的夹角为 $\theta (0 \leqslant \theta \leqslant \pi)$, 则 $|\mathbf{a} \times \mathbf{b}| = |\mathbf{a}||\mathbf{b}| \sin \theta$.

证明 对于 (1), 由定理 1.3, $\mathbf{a} \times \mathbf{a} = \begin{vmatrix} \mathbf{e}_1 & \mathbf{e}_2 & \mathbf{e}_3 \\ a_1 & a_2 & a_3 \\ a_1 & a_2 & a_3 \end{vmatrix} = \mathbf{0}$, 其余性质 (2), (3), (4) 都可以用 (1.29) 式及行列式性质直接证明. 对于 (5), 等式右端的 $|\mathbf{a}||\mathbf{b}| \sin \theta$ 就是以 $\mathbf{a}, \mathbf{b}$ 为边的平行四边形面积 S. 而由定理 1.10 得

$$\begin{aligned} S^2 &= (\mathbf{a} \cdot \mathbf{a})(\mathbf{b} \cdot \mathbf{b}) - (\mathbf{a} \cdot \mathbf{b})^2 \\ &= (a_1^2 + a_2^2 + a_3^2)(b_1^2 + b_2^2 + b_3^2) - (a_1 b_1 + a_2 b_2 + a_3 b_3)^2 \\ &= a_1^2 b_1^2 + a_1^2 b_2^2 + a_2^2 b_1^2 - (a_1 b_1)^2 - 2a_1 b_1 a_2 b_2 \\ &\quad + a_2^2 b_2^2 + a_2^2 b_3^2 + a_3^2 b_2^2 - (a_2 b_2)^2 - 2a_2 a_3 b_2 b_3 \\ &\quad + a_3^2 b_3^2 + a_1^2 b_3^2 + a_3^2 b_1^2 - (a_3 b_3)^2 - 2a_1 a_3 b_1 b_3 \\ &= (a_2 b_3 - a_3 b_2)^2 + (a_3 b_1 - a_1 b_3)^2 + (a_1 b_2 - a_2 b_1)^2 = |\mathbf{a} \times \mathbf{b}|^2. \end{aligned}$$

因此, $|\mathbf{a} \times \mathbf{b}| = S = |\mathbf{a}||\mathbf{b}| \sin \theta$. $\qquad \square$

由上面这个定理可知, 对于求三角形与平行四边形面积的问题, 除了运用定理 1.10, 也可以用外积来做, 例如, 例 1.9 中用内积计算的 $\triangle ABC$ 的面积可以这样计算: 因为 $\mathbf{a} = \begin{pmatrix} 1 \\ -3 \\ 2 \end{pmatrix}$ 和 $\mathbf{b} = \begin{pmatrix} 2 \\ 0 \\ -8 \end{pmatrix}$, 所以

$$\mathbf{a} \times \mathbf{b} = \begin{vmatrix} \mathbf{e}_1 & \mathbf{e}_2 & \mathbf{e}_3 \\ 1 & -3 & 2 \\ 2 & 0 & -8 \end{vmatrix} = \begin{pmatrix} 24 \\ 12 \\ 6 \end{pmatrix} = 6 \begin{pmatrix} 4 \\ 2 \\ 1 \end{pmatrix}, \tag{1.30}$$

因此,

$$\triangle ABC \text{的面积} = \frac{1}{2}|\mathbf{a} \times \mathbf{b}| = \frac{6}{2}\sqrt{4^2 + 2^2 + 1^2} = 3\sqrt{21}.$$

此外, 从定理 1.11 中 (5) 的证明过程, 也可以得到一个恒等式

$$(\mathbf{a} \times \mathbf{b}) \cdot (\mathbf{a} \times \mathbf{b}) = (\mathbf{a} \cdot \mathbf{a})(\mathbf{b} \cdot \mathbf{b}) - (\mathbf{a} \cdot \mathbf{b})^2. \tag{1.31}$$

外积的第二个用处是求平面的法向量和空间直线的方向向量 (即与直线平行的向量).

例 1.11 求通过空间三点 $A(1, 4, 6), B(-2, 5, -1), C(1, -1, 1)$ 的平面的一个法向量.

解 由于向量 $\overrightarrow{AB} \times \overrightarrow{AC}$ 同时垂直于 $\overrightarrow{AB}$ 和 $\overrightarrow{AC}$, 因此 $\overrightarrow{AB} \times \overrightarrow{AC}$ 就垂直于通过 A, B, C 的平面, 从而它可以成为这个平面的法向量. 因为 $\overrightarrow{AB} = \begin{pmatrix} -3 \\ 1 \\ -7 \end{pmatrix}$, $\overrightarrow{AC} = \begin{pmatrix} 0 \\ -5 \\ -5 \end{pmatrix}$, 所以

$$\overrightarrow{AB} \times \overrightarrow{AC} = \begin{vmatrix} \mathbf{e}_1 & \mathbf{e}_2 & \mathbf{e}_3 \\ -3 & 1 & -7 \\ 0 & -5 & -5 \end{vmatrix} = \begin{pmatrix} -40 \\ -15 \\ 15 \end{pmatrix}.$$

这样, 向量 $\begin{pmatrix} -40 \\ -15 \\ 15 \end{pmatrix}$ 就是这个平面的一个法向量, 实际上这个法向量的任何非零倍都是这个平面的法向量, 例如, $\begin{pmatrix} 8 \\ 3 \\ -3 \end{pmatrix}$ 也是这个平面的法向量. □

例 1.12　已知两个相交平面的法向量分别是 $\mathbf{n}_1 = \begin{pmatrix} 1 \\ -1 \\ -4 \end{pmatrix}, \mathbf{n}_2 = \begin{pmatrix} 2 \\ 1 \\ -2 \end{pmatrix}$, 求它们的交线的一个方向向量 (图 1.16).

解　由于两个平面的法向量不平行, 这两个平面相交, 并且它们的交线同时落在这两个平面上, 因此交线的方向向量必定同时垂直于这两个平面的法向量, 从而两个法向量的外积可以成为这条交线的方向向量.

$$\mathbf{n}_1 \times \mathbf{n}_2 = \begin{vmatrix} \mathbf{e}_1 & \mathbf{e}_2 & \mathbf{e}_3 \\ 1 & -1 & -4 \\ 2 & 1 & -2 \end{vmatrix} = \begin{pmatrix} 6 \\ -6 \\ 3 \end{pmatrix},$$

和平面法向量类似的是, 除了 $\begin{pmatrix} 6 \\ -6 \\ 3 \end{pmatrix}$ 可以作为这条交线的方向向量, 它的任何非

零倍 $\left(\text{例如, 向量 } \begin{pmatrix} 2 \\ -2 \\ 1 \end{pmatrix}\right)$ 都是这条交线的方向向量.　　　　　□

外积的第三个作用是求平行六面体的体积. 记以向量 $\mathbf{a}, \mathbf{b}, \mathbf{c}$ 为邻边的平行六面体的体积为 V, 且 $\mathbf{c}$ 与 $\mathbf{a} \times \mathbf{b}$ 的夹角为 φ, 先考虑 φ 角为锐角的情形 (图 1.17), 则由定理 1.11(5), 该平行六面体的底面积为 $|\mathbf{a} \times \mathbf{b}|$, 高为 $|\mathbf{c}| \cos \varphi$, 因此体积 V 为

$$V = |\mathbf{a} \times \mathbf{b}||\mathbf{c}| \cos \varphi = (\mathbf{a} \times \mathbf{b}) \cdot \mathbf{c}.$$

如果 $\mathbf{c}$ 与 $\mathbf{a} \times \mathbf{b}$ 所夹的角为钝角, 则 $\cos \varphi < 0$, 此时就有 $V = -(\mathbf{a} \times \mathbf{b}) \cdot \mathbf{c}$. 综合两种情形, 取绝对值后就得到平行六面体的体积公式

$$V = |(\mathbf{a} \times \mathbf{b}) \cdot \mathbf{c}|. \tag{1.32}$$

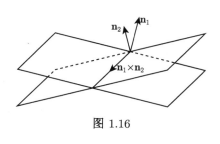

图 1.16

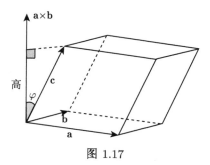

图 1.17

1.4.3　混合积

出现在上面体积公式中的数 $(\mathbf{a} \times \mathbf{b}) \cdot \mathbf{c}$ 也称为**混合积**, 意为既有外积, 又有

内积, 由于混合积是一个内积, 所以它也是一个数. 设 $\mathbf{a} = \begin{pmatrix} a_1 \\ a_2 \\ a_3 \end{pmatrix}$, $\mathbf{b} = \begin{pmatrix} b_1 \\ b_2 \\ b_3 \end{pmatrix}$,

$\mathbf{c} = \begin{pmatrix} c_1 \\ c_2 \\ c_3 \end{pmatrix}$, 则由 (1.28) 式可得混合积的计算公式

$$
\begin{aligned}
(\mathbf{a} \times \mathbf{b}) \cdot \mathbf{c} &= c_1 \begin{vmatrix} a_2 & a_3 \\ b_2 & b_3 \end{vmatrix} - c_2 \begin{vmatrix} a_1 & a_3 \\ b_1 & b_3 \end{vmatrix} + c_3 \begin{vmatrix} a_1 & a_2 \\ b_1 & b_2 \end{vmatrix} \\
&= \begin{vmatrix} c_1 & c_2 & c_3 \\ a_1 & a_2 & a_3 \\ b_1 & b_2 & b_3 \end{vmatrix} = - \begin{vmatrix} a_1 & a_2 & a_3 \\ c_1 & c_2 & c_3 \\ b_1 & b_2 & b_3 \end{vmatrix} \\
&= \begin{vmatrix} a_1 & a_2 & a_3 \\ b_1 & b_2 & b_3 \\ c_1 & c_2 & c_3 \end{vmatrix}.
\end{aligned}
\tag{1.33}
$$

其中后面两个等式用到了行列式 "两行交换, 改变符号" 的性质. (1.32) 式与 (1.33) 式一起给出了三阶行列式的几何意义: 三阶行列式的绝对值代表了相关平行六面体的体积.

例 1.13 已知四面体的四个顶点坐标 $A(2, 3, 1), B(4, 1, -2), C(6, 3, 7), D(-5, 4, 8)$, 求这个四面体的体积.

解 由初等几何知道, 该四面体体积 V_1 等于以 $\overrightarrow{AB}, \overrightarrow{AC}, \overrightarrow{AD}$ 为邻边的平行六面体体积的 $\dfrac{1}{6}$. 先由向量 $\overrightarrow{AB} = \begin{pmatrix} 2 \\ -2 \\ -3 \end{pmatrix}$, $\overrightarrow{AC} = \begin{pmatrix} 4 \\ 0 \\ 6 \end{pmatrix}$, $\overrightarrow{AD} = \begin{pmatrix} -7 \\ 1 \\ 7 \end{pmatrix}$ 来计算混合积

$$
(\overrightarrow{AB} \times \overrightarrow{AC}) \cdot \overrightarrow{AD} = \begin{vmatrix} 2 & -2 & -3 \\ 4 & 0 & 6 \\ -7 & 1 & 7 \end{vmatrix} = 2(-6) - (-2)(70) - 3(4) = 116,
$$

所以,

$$
V_1 = \frac{116}{6} = \frac{58}{3}. \qquad \square
$$

如果 (1.32) 式中的平行六面体体积等于零, 那么此时向量 $\mathbf{a}, \mathbf{b}, \mathbf{c}$ 必定是共面的, 反过来, 从 $\mathbf{a}, \mathbf{b}, \mathbf{c}$ 共面可以推出以它们为邻边的平行六面体的体积为零, 也就是混合积等于零, 因此以下定理成立.

定理 1.12 三个向量 $\mathbf{a}, \mathbf{b}, \mathbf{c}$ 共面的充要条件是 $(\mathbf{a} \times \mathbf{b}) \cdot \mathbf{c} = 0$.

换句话说, 如果 (1.33) 式中的三阶行列式不为零, 那么以其中三行作为分量的三个向量 $\mathbf{a}, \mathbf{b}, \mathbf{c}$ 就不共面. 定理 1.12 其实也给出了定理 1.8 的几何意义. 混合积还有以下所谓 "轮换不变" 的性质.

> **定理 1.13**　对任意三向量 $\mathbf{a}, \mathbf{b}, \mathbf{c} \in \mathbb{R}^3$, 有
>
> $$(\mathbf{a} \times \mathbf{b}) \cdot \mathbf{c} = (\mathbf{b} \times \mathbf{c}) \cdot \mathbf{a} = (\mathbf{c} \times \mathbf{a}) \cdot \mathbf{b}.$$

证明　由公式 (1.33) 得

$$(\mathbf{b} \times \mathbf{c}) \cdot \mathbf{a} = \begin{vmatrix} b_1 & b_2 & b_3 \\ c_1 & c_2 & c_3 \\ a_1 & a_2 & a_3 \end{vmatrix} = - \begin{vmatrix} b_1 & b_2 & b_3 \\ a_1 & a_2 & a_3 \\ c_1 & c_2 & c_3 \end{vmatrix}$$

$$= \begin{vmatrix} a_1 & a_2 & a_3 \\ b_1 & b_2 & b_3 \\ c_1 & c_2 & c_3 \end{vmatrix} = (\mathbf{a} \times \mathbf{b}) \cdot \mathbf{c}.$$

同理, 有另一等式成立. $\qquad\square$

例 1.14　设三向量 $\mathbf{a}, \mathbf{b}, \mathbf{c}$ 满足 $\mathbf{a} \times \mathbf{b} + \mathbf{b} \times \mathbf{c} + \mathbf{c} \times \mathbf{a} = \mathbf{0}$, 证明: $\mathbf{a}, \mathbf{b}, \mathbf{c}$ 共面.

证明　让 $\mathbf{a} \times \mathbf{b} + \mathbf{b} \times \mathbf{c} + \mathbf{c} \times \mathbf{a} = \mathbf{0}$ 的两边与 $\mathbf{c}$ 作内积:

$$(\mathbf{a} \times \mathbf{b}) \cdot \mathbf{c} + (\mathbf{b} \times \mathbf{c}) \cdot \mathbf{c} + (\mathbf{c} \times \mathbf{a}) \cdot \mathbf{c} = 0. \tag{1.34}$$

但是由混合积轮换不变的性质与 $\mathbf{c} \times \mathbf{c} = \mathbf{0}$, 可得

$$(\mathbf{b} \times \mathbf{c}) \cdot \mathbf{c} = (\mathbf{c} \times \mathbf{c}) \cdot \mathbf{b} = \mathbf{0} \cdot \mathbf{b} = 0,$$

或者也可以从 $\mathbf{b}, \mathbf{c}, \mathbf{c}$ 共面及定理 1.12 直接得出 $(\mathbf{b} \times \mathbf{c}) \cdot \mathbf{c} = 0$. 同样有 $(\mathbf{c} \times \mathbf{a}) \cdot \mathbf{c} = 0$, 将它们代入 (1.34) 式, 得到 $(\mathbf{a} \times \mathbf{b}) \cdot \mathbf{c} = 0$, 因此 $\mathbf{a}, \mathbf{b}, \mathbf{c}$ 共面. $\qquad\square$

1.4.4　双重外积

在本节的最后, 我们把前面的恒等式 (1.31) 适当推广得到下面的 "拉格朗日恒等式": 对任何 $\mathbf{a}, \mathbf{b}, \mathbf{c}, \mathbf{d} \in \mathbb{R}^3$, 有

$$(\mathbf{a} \times \mathbf{b}) \cdot (\mathbf{c} \times \mathbf{d}) = (\mathbf{a} \cdot \mathbf{c})(\mathbf{b} \cdot \mathbf{d}) - (\mathbf{a} \cdot \mathbf{d})(\mathbf{b} \cdot \mathbf{c}). \tag{1.35}$$

为此先证明一个 "双重外积" 公式:

$$(\mathbf{a} \times \mathbf{b}) \times \mathbf{c} = (\mathbf{a} \cdot \mathbf{c})\mathbf{b} - (\mathbf{b} \cdot \mathbf{c})\mathbf{a}. \tag{1.36}$$

设 $\mathbf{a} = \begin{pmatrix} a_1 \\ a_2 \\ a_3 \end{pmatrix}, \mathbf{b} = \begin{pmatrix} b_1 \\ b_2 \\ b_3 \end{pmatrix}, \mathbf{c} = \begin{pmatrix} c_1 \\ c_2 \\ c_3 \end{pmatrix}$，则由外积的定义 (1.27) 式, 有

$$
\begin{aligned}
(\mathbf{a} \times \mathbf{b}) \times \mathbf{c} &= \begin{pmatrix} a_2 b_3 - a_3 b_2 \\ a_3 b_1 - a_1 b_3 \\ a_1 b_2 - a_2 b_1 \end{pmatrix} \times \begin{pmatrix} c_1 \\ c_2 \\ c_3 \end{pmatrix} = \begin{vmatrix} \mathbf{e}_1 & \mathbf{e}_2 & \mathbf{e}_3 \\ a_2 b_3 - a_3 b_2 & a_3 b_1 - a_1 b_3 & a_1 b_2 - a_2 b_1 \\ c_1 & c_2 & c_3 \end{vmatrix} \\
&= \begin{pmatrix} a_3 b_1 c_3 + a_2 b_1 c_2 - a_1 b_3 c_3 - a_1 b_2 c_2 \\ a_1 b_2 c_1 + a_3 b_2 c_3 - a_2 b_1 c_1 - a_2 b_3 c_3 \\ a_2 b_3 c_2 + a_1 b_3 c_1 - a_3 b_2 c_2 - a_3 b_1 c_1 \end{pmatrix} \\
&= (a_1 c_1 + a_2 c_2 + a_3 c_3) \begin{pmatrix} b_1 \\ b_2 \\ b_3 \end{pmatrix} - (b_1 c_1 + b_2 c_2 + b_3 c_3) \begin{pmatrix} a_1 \\ a_2 \\ a_3 \end{pmatrix} \\
&= (\mathbf{a} \cdot \mathbf{c}) \mathbf{b} - (\mathbf{b} \cdot \mathbf{c}) \mathbf{a}.
\end{aligned}
$$

在证明拉格朗日恒等式时, 我们可以将 (1.35) 式的左边看成一个混合积, 即若设 $\mathbf{p} = \mathbf{c} \times \mathbf{d}$, 由混合积的轮换不变性质和双重外积公式, 可得

$$
\begin{aligned}
(\mathbf{a} \times \mathbf{b}) \cdot (\mathbf{c} \times \mathbf{d}) &= (\mathbf{a} \times \mathbf{b}) \cdot \mathbf{p} = (\mathbf{p} \times \mathbf{a}) \cdot \mathbf{b} \\
&= ((\mathbf{c} \times \mathbf{d}) \times \mathbf{a}) \cdot \mathbf{b} = ((\mathbf{c} \cdot \mathbf{a}) \mathbf{d} - (\mathbf{d} \cdot \mathbf{a}) \mathbf{c}) \cdot \mathbf{b} \\
&= (\mathbf{a} \cdot \mathbf{c})(\mathbf{b} \cdot \mathbf{d}) - (\mathbf{a} \cdot \mathbf{d})(\mathbf{b} \cdot \mathbf{c}).
\end{aligned}
$$

例 1.15 求正四面体 $ABCD$ 任意两个面的夹角.

解 设正四面体三条邻边的向量为 $\mathbf{p}, \mathbf{q}, \mathbf{r}$(图 1.18), 每条边的边长为 h, 则 $\mathbf{q} \times \mathbf{p}$ 和 $\mathbf{q} \times \mathbf{r}$ 分别是相邻两个面的法向量. 而两个面的夹角就是这两个法向量的夹角 θ, 这样, 由向量的夹角公式 (1.21) 和拉格朗日恒等式 (1.35), 可得

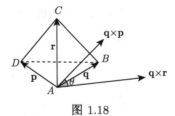

图 1.18

$$
\begin{aligned}
\cos \theta &= \frac{(\mathbf{q} \times \mathbf{p}) \cdot (\mathbf{q} \times \mathbf{r})}{|\mathbf{q} \times \mathbf{p}||\mathbf{q} \times \mathbf{r}|} = \frac{(\mathbf{q} \cdot \mathbf{q})(\mathbf{p} \cdot \mathbf{r}) - (\mathbf{q} \cdot \mathbf{r})(\mathbf{p} \cdot \mathbf{q})}{|\mathbf{q}||\mathbf{p}| \sin \frac{\pi}{3} |\mathbf{q}||\mathbf{r}| \sin \frac{\pi}{3}} \\
&= \frac{h^2 \left(\frac{1}{2} h^2\right) - \frac{1}{2} h^2 \left(\frac{1}{2} h^2\right)}{\frac{3}{4} h^4} = \frac{1}{3}.
\end{aligned}
$$

所以两个面的夹角是 $\arccos \dfrac{1}{3}$. $\qquad\square$

习　题　1.4

1. 已知 $|\mathbf{a}| = 1, |\mathbf{b}| = 5, \mathbf{a} \cdot \mathbf{b} = 3$, 试求:

(1) $|\mathbf{a} \times \mathbf{b}|$;

(2) $|(\mathbf{a} + \mathbf{b}) \times (\mathbf{a} - \mathbf{b})|^2$;

(3) $|(\mathbf{a} - 2\mathbf{b}) \times (\mathbf{b} - 2\mathbf{a})|^2$.

2. 已知 $\mathbf{a} + \mathbf{b} + \mathbf{c} = \mathbf{0}$, 证明: $\mathbf{a} \times \mathbf{b} = \mathbf{b} \times \mathbf{c} = \mathbf{c} \times \mathbf{a}$.

3. 已知 $\mathbf{a} = \begin{pmatrix} 2 \\ -3 \\ 1 \end{pmatrix}, \mathbf{b} = \begin{pmatrix} 1 \\ -2 \\ 3 \end{pmatrix}$, 求与 $\mathbf{a}, \mathbf{b}$ 都垂直, 且满足如下之一的向量 $\mathbf{c}$.

(1) $\mathbf{c}$ 为单位向量;

(2) $\mathbf{c} \cdot \mathbf{d} = 10$, 其中 $\mathbf{d} = \begin{pmatrix} 2 \\ 1 \\ -7 \end{pmatrix}$.

4. 已知 $\mathbf{a} = \begin{pmatrix} 2 \\ 3 \\ 1 \end{pmatrix}, \mathbf{b} = \begin{pmatrix} 5 \\ 6 \\ 4 \end{pmatrix}$, 试求:

(1) 以 $\mathbf{a}, \mathbf{b}$ 为边的平行四边形面积;

(2) 该平行四边形两条高的长.

5. 已知三角形的三个顶点 $A(5, 1, -1), B(0, -4, 3), C(1, -3, 7)$, 试求:

(1) $\triangle ABC$ 的面积;

(2) $\triangle ABC$ 三条高的长.

6. 证明: 向量 $\mathbf{a}$ 与 $\mathbf{b}$ 共线的充要条件是 $\mathbf{a} \times \mathbf{b} = \mathbf{0}$.

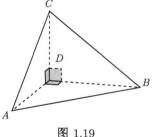

图 1.19

7. 已知四面体 $ABCD$ 中三条边 AD, BD, CD 两两垂直 (图 1.19), 并且记四个三角形 $\triangle ABC, \triangle ABD, \triangle BCD, \triangle ACD$ 的面积分别为 S, S_1, S_2, S_3. 请用中学立体几何与向量外积两种方法证明:

$$S^2 = S_1^2 + S_2^2 + S_3^2.$$

8. 证明: $\forall \mathbf{a}, \mathbf{b}, \mathbf{c} \in \mathbb{R}^3, ((\mathbf{a} + \mathbf{b}) \times (\mathbf{b} + \mathbf{c})) \cdot (\mathbf{c} + \mathbf{a}) = 2(\mathbf{a} \times \mathbf{b}) \cdot \mathbf{c}$.

9. 试用混合积判别以下向量是否共面, 如果不共面, 求出以它们为三邻边做成的平行六面体体积.

(1) $\mathbf{a} = \begin{pmatrix} 3 \\ 4 \\ 5 \end{pmatrix}, \mathbf{b} = \begin{pmatrix} 1 \\ 2 \\ 2 \end{pmatrix}, \mathbf{c} = \begin{pmatrix} 9 \\ 14 \\ 16 \end{pmatrix}$;

$(2)\ \mathbf{a} = \begin{pmatrix} 3 \\ 0 \\ -1 \end{pmatrix}, \mathbf{b} = \begin{pmatrix} 2 \\ -4 \\ 3 \end{pmatrix}, \mathbf{c} = \begin{pmatrix} -1 \\ -2 \\ 2 \end{pmatrix}.$

10. 已知四点 A, B, C, D 坐标, 试判别它们是否共面, 如果不共面, 求以它们为顶点的四面体体积和从顶点 D 所引出的高的长.

(1) $A(1,0,1), B(4,4,6), C(2,2,3), D(10,14,17)$;

(2) $A(2,3,1), B(4,1,-2), C(6,3,7), D(-5,4,8)$.

11. 记三向量 $\overrightarrow{OA} = \mathbf{r}_1, \overrightarrow{OB} = \mathbf{r}_2, \overrightarrow{OC} = \mathbf{r}_3$, 证明 $\mathbf{p} = \mathbf{r}_1 \times \mathbf{r}_2 + \mathbf{r}_2 \times \mathbf{r}_3 + \mathbf{r}_3 \times \mathbf{r}_1$ 垂直于 ABC 平面.

12. 已知 $\mathbf{a} = \begin{pmatrix} 1 \\ 0 \\ -1 \end{pmatrix}, \mathbf{b} = \begin{pmatrix} 1 \\ -2 \\ 0 \end{pmatrix}, \mathbf{c} = \begin{pmatrix} -1 \\ 2 \\ 1 \end{pmatrix}$, 求 $(\mathbf{a} \times \mathbf{b}) \times \mathbf{c}$ 和 $\mathbf{a} \times (\mathbf{b} \times \mathbf{c})$.

13. 证明以下恒等式:

(1) $(\mathbf{a} \times \mathbf{b}) \cdot (\mathbf{c} \times \mathbf{d}) + (\mathbf{a} \times \mathbf{c}) \cdot (\mathbf{d} \times \mathbf{b}) + (\mathbf{a} \times \mathbf{d}) \cdot (\mathbf{b} \times \mathbf{c}) = 0$;

(2) $(\mathbf{a} \times \mathbf{b}) \times (\mathbf{a} \times \mathbf{d}) = ((\mathbf{a} \times \mathbf{b}) \cdot \mathbf{d})\mathbf{a}$;

(3) $(\mathbf{a} \times \mathbf{b}) \times \mathbf{c} + (\mathbf{b} \times \mathbf{c}) \times \mathbf{a} + (\mathbf{c} \times \mathbf{a}) \times \mathbf{b} = \mathbf{0}$;

(4) $\mathbf{a} \times (\mathbf{a} \times ((\mathbf{b} \times \mathbf{a}) \times \mathbf{a})) = (\mathbf{a} \cdot \mathbf{a})^2 \mathbf{b} - (\mathbf{a} \cdot \mathbf{a})(\mathbf{a} \cdot \mathbf{b})\mathbf{a}$.

14. 已知 $\mathbf{a}$ 与 $\mathbf{b}$ 不共线, 证明 $\mathbf{a} \times (\mathbf{a} \times \mathbf{b})$ 与 $\mathbf{b} \times (\mathbf{a} \times \mathbf{b})$ 也不共线.

15. 证明 $\mathbf{a}, \mathbf{b}, \mathbf{c}$ 共面的充要条件是 $\mathbf{b} \times \mathbf{c}, \mathbf{c} \times \mathbf{a}, \mathbf{a} \times \mathbf{b}$ 共面.

1.5 平面方程

1.5.1 平面方程的计算

平面是空间中最简单的曲面, 除了可以由它上面的三点唯一确定外, 还可以由该平面的一个法向量和平面上的一点所唯一确定 (图 1.20). 设平面的一个法向量是 $\mathbf{n} = \begin{pmatrix} A \\ B \\ C \end{pmatrix}$, 它上面的一个已知点是 $P_0(x_0, y_0, z_0)$, $P(x, y, z)$ 是该平面上的任意一点, 那么点 P 在平面上的充要条件是 $\mathbf{n}$ 垂直于 $\overrightarrow{P_0 P}$, 即有 $\mathbf{n} \cdot \overrightarrow{P_0 P} = 0$. 由于 $\overrightarrow{P_0 P} = \begin{pmatrix} x - x_0 \\ y - y_0 \\ z - z_0 \end{pmatrix}$, 所以就得到平面的方程

$$A(x - x_0) + B(y - y_0) + C(z - z_0) = 0. \qquad (1.37)$$

这个基本方程被称为平面的**点法式**方程, 它在求平面方程的问题中用得比较多.

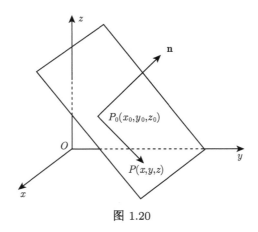

图 1.20

例 1.16 已知 $M_1(1, -2, 3)$ 和 $M_2(3, 0, -1)$ 两点, 求线段 M_1M_2 的垂直平分面的方程.

解 因为向量 $\overrightarrow{M_1M_2} = \begin{pmatrix} 2 \\ 2 \\ -4 \end{pmatrix}$ 垂直于所求平面, 所以可以看成法向量, 则取 M_1 与 M_2 的中点 $(2, -1, 1)$ 作为已知点, 代入点法式方程得

$$2(x - 2) + 2(y + 1) - 4(z - 1) = 0,$$

化简得垂直平分面的方程为 $x + y - 2z + 1 = 0$.   □

例 1.17 求通过三点 $P_1(1, 3, 2), P_2(3, -1, 6), P_3(5, 2, 0)$ 的平面的方程.

解 这三点确定了两个平行于所求平面的向量 $\overrightarrow{P_1P_2} = \begin{pmatrix} 2 \\ -4 \\ 4 \end{pmatrix}$ 和 $\overrightarrow{P_1P_3} = \begin{pmatrix} 4 \\ -1 \\ -2 \end{pmatrix}$, 它们的外积垂直于该平面, 因此可以作为法向量 $\mathbf{n}$:

$$\mathbf{n} = \overrightarrow{P_1P_2} \times \overrightarrow{P_1P_3} = \begin{vmatrix} \mathbf{e}_1 & \mathbf{e}_2 & \mathbf{e}_3 \\ 2 & -4 & 4 \\ 4 & -1 & -2 \end{vmatrix} = \begin{pmatrix} 12 \\ 20 \\ 14 \end{pmatrix},$$

取 $P_1(1, 3, 2)$ 作为已知点 (取其他两点作为已知点也能得到相同结果, 读者可以一试), 有

$$12(x - 1) + 20(y - 3) + 14(z - 2) = 0,$$

化简得所求平面为 $6x + 10y + 7z - 50 = 0$.   □

如果将点法式方程 (1.37) 中的括号乘开化简, 并记常数 $D = -(Ax_0 + By_0 + Cz_0)$, 则得到平面最常用的**一般方程**

$$Ax + By + Cz + D = 0, \tag{1.38}$$

其中 A, B, C 不全为零 (法向量不是零向量). 在平面的一般方程中, 可以从变量 x, y, z 的系数直接看出该平面的法向量 (见本节习题中的第 7 题), 例如, 平面 $2x + y - 3z - 5 = 0$ 的一个法向量就是 $\begin{pmatrix} 2 \\ 1 \\ -3 \end{pmatrix}$, 在求平面的方程时, 总是指求平面的一般方程.

例 1.18 求通过两点 $M_1(3, -5, 1)$ 和 $M_2(4, 1, 2)$, 并且垂直于平面 $x - 8y + 3z - 1 = 0$ 的平面方程.

解 由于所求平面与已知平面 $x - 8y + 3z - 1 = 0$ 垂直, 所以已知平面的法向量 $\mathbf{n}_1 = \begin{pmatrix} 1 \\ -8 \\ 3 \end{pmatrix}$ 平行于所求平面 (图 1.21), 另一个平行于所求平面的向量是 $\overrightarrow{M_1M_2} = \begin{pmatrix} 1 \\ 6 \\ 1 \end{pmatrix}$, 因此可以取它们的外积

$$\mathbf{n} = \mathbf{n}_1 \times \overrightarrow{M_1M_2} = \begin{vmatrix} \mathbf{e}_1 & \mathbf{e}_2 & \mathbf{e}_3 \\ 1 & -8 & 3 \\ 1 & 6 & 1 \end{vmatrix} = \begin{pmatrix} -26 \\ 2 \\ 14 \end{pmatrix}$$

作为所求平面的法向量, 再取 $M_1(3, -5, 1)$ 作为该平面的已知点, 代入点法式方程得

$$-26(x - 3) + 2(y + 5) + 14(z - 1) = 0.$$

化简得所求平面为 $13x - y - 7z - 37 = 0$. □

例 1.19 求通过一点 $M(2, 1, 2)$ 以及两个平面 π_1: $x + y - z = 0$ 与 π_2: $2x - 3z - 1 = 0$ 的交线的平面方程.

解 记所求的平面为 π, 画出示意图 (图 1.22), 首先要在平面 π_1 与 π_2 的交线上找一点 A, 即求解一个有多个解的方程组:

$$\begin{cases} x + y - z = 0, \\ 2x - 3z - 1 = 0, \end{cases} \tag{1.39}$$

任取 $x = 0$, 代入后解关于 y 和 z 的二元一次方程组, 得 $y = z = -\dfrac{1}{3}$, 因此 A 点坐

标是 $\left(0, -\dfrac{1}{3}, -\dfrac{1}{3}\right)$ (当然也可以在交线上取其他点, 这不影响解题的结果, 读者可以一试).

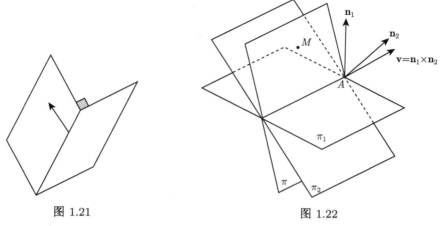

图 1.21   图 1.22

接下来为了求出平面 π 的法向量 $\mathbf{n}$, 需要找出两个平行于平面 π 的向量, 一个是向量 $\overrightarrow{AM} = \begin{pmatrix} 2 \\ \dfrac{4}{3} \\ \dfrac{7}{3} \end{pmatrix}$, 另一个是平面 π_1 与 π_2 交线的方向向量 (因为此交线落在平面 π 上). 这里就和例 1.12 一样, 交线的方向向量 $\mathbf{v}$ 由平面 π_1 的法向量 $\mathbf{n}_1 = \begin{pmatrix} 1 \\ 1 \\ -1 \end{pmatrix}$ 和平面 π_2 的法向量 $\mathbf{n}_2 = \begin{pmatrix} 2 \\ 0 \\ -3 \end{pmatrix}$ 作外积而产生:

$$\mathbf{v} = \mathbf{n}_1 \times \mathbf{n}_2 = \begin{vmatrix} \mathbf{e}_1 & \mathbf{e}_2 & \mathbf{e}_3 \\ 1 & 1 & -1 \\ 2 & 0 & -3 \end{vmatrix} = \begin{pmatrix} -3 \\ 1 \\ -2 \end{pmatrix}.$$

这样, 平面 π 的法向量是

$$\mathbf{n} = \overrightarrow{AM} \times \mathbf{v} = \begin{vmatrix} \mathbf{e}_1 & \mathbf{e}_2 & \mathbf{e}_3 \\ 2 & \dfrac{4}{3} & \dfrac{7}{3} \\ -3 & 1 & -2 \end{vmatrix} = \begin{pmatrix} -5 \\ -3 \\ 6 \end{pmatrix},$$

从而平面 π 的方程是

$$-5(x - 0) - 3\left(y + \dfrac{1}{3}\right) + 6\left(z + \dfrac{1}{3}\right) = 0,$$

化简后得平面 π 的方程为 $5x + 3y - 6z - 1 = 0$.   □

1.5.2 平面束方法

其实, 像这样的求通过两平面交线的平面方程问题还有一个更简洁的方法——平面束方法, 这个经典方法的想法是先写出通过两平面交线的所有的平面方程, 然后用给定条件在其中找到所求的平面方程. 例如, 在例 1.19 中, 通过两个平面 π_1 与 π_2 的交线的所有平面 (称为平面束) 方程一定具有如下的形式:

$$\lambda(x + y - z) + \mu(2x - 3z - 1) = 0, \tag{1.40}$$

其中 λ 和 μ 是不全为零的两个常数 (这还是一个一次方程, 所以代表一个平面). 这是因为平面 π_1 与 π_2 的交线上的点的坐标必然同时满足 $x + y - z = 0$ 和 $2x - 3z - 1 = 0$, 因此交线上的点的坐标也满足方程 (1.40), 即平面 (1.40) 一定通过平面 π_1 与 π_2 的交线. 当 λ 与 μ 取各个实数时 (它们不同时为零), 就得到了所有的通过交线的平面 (图 1.23). 由于所求的平面通过点 $M(2, 1, 2)$, 该点坐标就满足平面束方程 (1.40), 代入 M 的坐标后得

$$\lambda(2 + 1 - 2) + \mu(4 - 6 - 1) = 0,$$

即 $\lambda = 3\mu$, 再将此结果代入 (1.40) 式得

$$3\mu(x + y - z) + \mu(2x - 3z - 1) = 0,$$

这里 $\mu \neq 0$(否则与 λ, μ 不全为零矛盾), 上式两边除 μ 后, 整理得到所求平面的方程为

$$5x + 3y - 6z - 1 = 0.$$

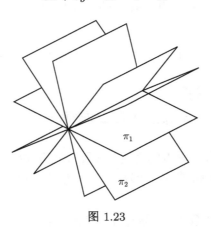

π_1

π_2

图 1.23

一般来说, 通过两平面 $A_1x + B_1y + C_1z + D_1 = 0$ 和 $A_2x + B_2y + C_2z + D_2 = 0$ 的交线的平面束方程是

$$\lambda(A_1x + B_1y + C_1z + D_1) + \mu(A_2x + B_2y + C_2z + D_2) = 0, \tag{1.41}$$

其中 λ 和 μ 是不全为零的两个实数.

例 1.20　求通过平面 $\pi_1 : x + 5y + z = 0$ 与 $\pi_2 : x - z + 4 = 0$ 的交线, 并且与平面 $x - 4y - 8z + 12 = 0$ 成 $\dfrac{\pi}{4}$ 角的平面方程.

解　通过平面 π_1 与 π_2 交线的平面束方程是

$$\lambda(x + 5y + z) + \mu(x - z + 4) = 0,$$

它的法向量是 $\mathbf{n} = \begin{pmatrix} \lambda + \mu \\ 5\lambda \\ \lambda - \mu \end{pmatrix}$, 已知平面的法向量是 $\mathbf{n}_1 = \begin{pmatrix} 1 \\ -4 \\ -8 \end{pmatrix}$, 由条件, 这两个法向量的夹角为 $\dfrac{\pi}{4}$, 所以由向量夹角公式得

$$\pm \frac{\sqrt{2}}{2} = \frac{\mathbf{n} \cdot \mathbf{n}_1}{|\mathbf{n}||\mathbf{n}_1|} = \frac{(\lambda + \mu) - 20\lambda - 8(\lambda - \mu)}{9\sqrt{(\lambda + \mu)^2 + (5\lambda)^2 + (\lambda - \mu)^2}},$$

两边平方后化简得

$$\frac{(9\mu - 27\lambda)^2}{81(27\lambda^2 + 2\mu^2)} = \frac{1}{2},$$

再化简得到

$$\lambda(3\lambda + 4\mu) = 0,$$

因此得 $\lambda = 0$(此时 $\mu \neq 0$, 可取 $\mu = 1$) 和 $\lambda : \mu = 4 : (-3)$, 所求的两个平面方程是

$$x - z + 4 = 0 \quad \text{和} \quad 4(x + 5y + z) - 3(x - z + 4) = 0$$

或

$$x - z + 4 = 0 \quad \text{与} \quad x + 20y + 7z - 12 = 0. \qquad \square$$

1.5.3　点到平面的距离公式

下面推导空间一点 $P_0(x_0, y_0, z_0)$ 到已知平面 $\pi : Ax + By + Cz + D = 0$ 的距离公式 (图 1.24),

设通过 P_0 且与平面 π 垂直的直线与平面 π 交于 $Q(x_1, y_1, z_1)$(Q 称为 P_0 的垂足), 则点 P_0 到平面 π 的距离 $d = |\overrightarrow{QP_0}|$, 又因为向量 $\overrightarrow{QP_0}$ 与平面 π 的法向量 $\mathbf{n} = \begin{pmatrix} A \\ B \\ C \end{pmatrix}$ 平行, 所以存在实数 k, 使得 $\overrightarrow{QP_0} = k\mathbf{n} = \begin{pmatrix} kA \\ kB \\ kC \end{pmatrix}$, 而 $\overrightarrow{QP_0} = \begin{pmatrix} x_0 - x_1 \\ y_0 - y_1 \\ z_0 - z_1 \end{pmatrix}$, 因此有

$$kA = x_0 - x_1, \quad kB = y_0 - y_1, \quad kC = z_0 - z_1.$$

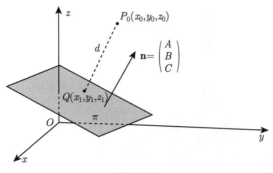

图 1.24

另一方面, 因为 Q 点在平面 π 上, 所以它的坐标 (x_1, y_1, z_1) 应该满足平面 π 的方程, 从上面三个式子解出 $x_1 = x_0 - kA, y_1 = y_0 - kB, z_1 = z_0 - kC$ 后代入平面 π 的方程, 得等式

$$A(x_0 - kA) + B(y_0 - kB) + C(z_0 - kC) + D = 0.$$

从而可以解出

$$k = \frac{Ax_0 + By_0 + Cz_0 + D}{A^2 + B^2 + C^2},$$

这样就从上式得到点 P_0 到平面 π 的距离公式

$$
\begin{aligned}
d &= |\overrightarrow{QP_0}| = |k\mathbf{n}| = \sqrt{(kA)^2 + (kB)^2 + (kC)^2} \\
&= |k|\sqrt{A^2 + B^2 + C^2} = \frac{|Ax_0 + By_0 + Cz_0 + D|}{A^2 + B^2 + C^2}\sqrt{A^2 + B^2 + C^2} \\
&= \frac{|Ax_0 + By_0 + Cz_0 + D|}{\sqrt{A^2 + B^2 + C^2}}.
\end{aligned}
\tag{1.42}
$$

例 1.21 用点到平面的距离公式证明习题 1.4 第 7 题中的结论. 即如果四面体的三条边 AD, BD, CD 两两垂直 (图 1.25), 且记 $\triangle ABC, \triangle ABD, \triangle BCD, \triangle ACD$ 的面积分别为 S, S_1, S_2, S_3, 则有 $S^2 = S_1^2 + S_2^2 + S_3^2$.

解 如图 1.25 设直角坐标系, 且设顶点 $A(a, 0, 0), B(0, b, 0), C(0, 0, c), D(0, 0, 0)$. 这样三个三角形的面积分别为 $S_1 = \frac{1}{2}ab, S_2 = \frac{1}{2}bc, S_3 = \frac{1}{2}ac$. 并且 A, B, C 三点所在平面的 "截距式" 方程 (a, b, c 称为截距) 是

$$\frac{x}{a} + \frac{y}{b} + \frac{z}{c} = 1. \tag{1.43}$$

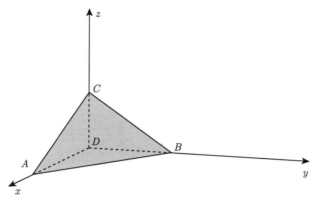

图 1.25

由公式 (1.42), 原点到这个平面的距离是

$$h = \frac{|-1|}{\sqrt{\dfrac{1}{a^2} + \dfrac{1}{b^2} + \dfrac{1}{c^2}}} = \frac{abc}{\sqrt{b^2c^2 + a^2c^2 + a^2b^2}}. \tag{1.44}$$

现在将 $\triangle ABC$ 看成这个四面体的底面, 那么它的高就是距离 h, 容易看出这个四面体的体积是 $\dfrac{1}{6}abc$, 因此从

$$\frac{1}{3}Sh = \frac{1}{6}abc$$

可得 $S = \dfrac{abc}{2h}$, 再将 (1.44) 式中的 h 代入得到

$$S = \frac{1}{2}\sqrt{b^2c^2 + a^2c^2 + a^2b^2},$$

两边平方后就得到等式

$$S^2 = \frac{1}{4}(a^2b^2 + b^2c^2 + c^2a^2) = S_1^2 + S_2^2 + S_3^2. \qquad \Box$$

1.5.4　平面作图

每一个不通过原点且不平行于坐标轴的平面方程都可以化成截距式方程 (1.43), 例如, 平面 $4x + 6y - 3z - 24 = 0$ 就能写成 $\dfrac{x}{6} + \dfrac{y}{4} - \dfrac{z}{8} = 1$, 从而可以在坐标轴上找出截距, 画出该平面的一部分 (图 1.26),

我们要学会画一些简单的平面图形.

例 1.22　画出五个平面 $y = 0, z = 0, 3x + y = 6, 3x + 2y = 12, x + y + z = 6$ 所围成的立体的图形.

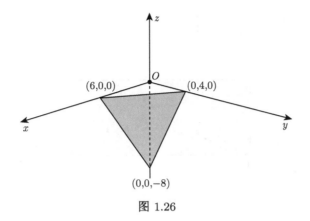

图 1.26

解 $y = 0$ 与 $z = 0$ 分别是 xOz 和 xOy 坐标面, 它们都是方程最简单的特殊平面, 法向量分别是 $\mathbf{e}_2$ 和 $\mathbf{e}_3$. 平面

$$3x + y = 6$$

的方程中缺少变量 z, 其法向量 $\mathbf{n} = \begin{pmatrix} 3 \\ 1 \\ 0 \end{pmatrix}$ 垂直于 z 轴, 因此这类平面必与 z 轴平行. 为了画图, 可以求它与 x 轴、y 轴的交点, 它们分别是 $(2, 0, 0)$ 和 $(0, 6, 0)$, 画出它们的连线, 再过这两点画与 z 轴平行的两条相等线段, 然后连线这两个线段另一端, 就画出了该平面的一部分 (图 1.27).

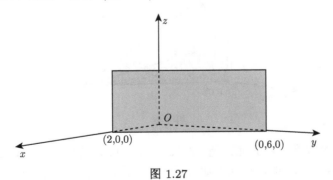

图 1.27

对于第 4 个平面

$$3x + 2y = 12,$$

可以画出类似的图形 (图 1.28).

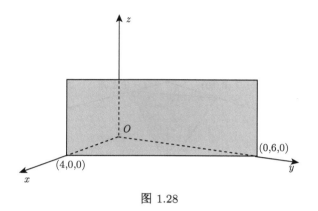

图 1.28

第 5 个平面

$$x + y + z = 6$$

的图形类似于图 1.25, 只是现在的三个截距都是 6. 最后, 将这五个平面画在一起, 就围成了一个如图 1.29 的空间立体 (在 "数学分析" 课程中, 我们将学会如何计算这样的空间立体的体积).　　　　　　　　　　　　　　　　　　　　　　　□

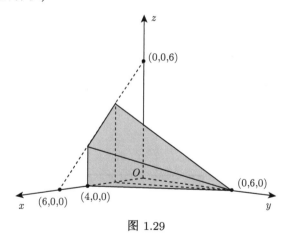

图 1.29

　　学生有一个容易疑惑的地方是, 像 $3x + 2y = 12$ 这样的方程在过去平面解析几何中是表示一条直线, 但在空间中却表示一个平面, 由于这个方程中缺少变量 z, 这就意味着此平面上所有点的坐标中对 z 没有任何限制, 所以这样的平面必与 z 轴平行, 这和从法向量角度看 (法向量与 z 轴垂直) 是一致的. 一般来说, 方程

$$Ax + By + Cz + D = 0$$

所表示的特殊平面有以下规律:

(1) 当且仅当 $D = 0$ 时, 平面通过原点.

(2) 当且仅当 $D \neq 0$, $C = 0(B = 0$ 或 $A = 0)$ 时, 平面平行于 z 轴 (y 轴或 x 轴); 当且仅当 $D = 0$, $C = 0(B = 0$ 或 $A = 0)$ 时, 平面通过 z 轴 (y 轴或 x 轴).

(3) 当且仅当 $D \neq 0$, $B = C = 0(A = C = 0$ 或 $A = B = 0)$ 时, 平面平行于 yOz 坐标面 (xOz 面或 xOy 面); 当且仅当 $D = 0$, $B = C = 0(A = C = 0$ 或 $A = B = 0)$ 时, 平面即为 yOz 坐标面 (xOz 面或 xOy 面).

例 1.23 求通过 x 轴与点 $A(4, -3, -1)$ 的平面方程.

解 因为平面通过 x 轴, 可设它的方程为 $By + Cz = 0$(或 $y + kz = 0$), 代入点 A 的坐标后得 $C = -3B$, 所以平面的方程为

$$y - 3z = 0. \qquad \square$$

习 题 1.5

1. 已知平面通过 $A(a, 0, 0), B(0, b, 0), C(0, 0, c)$ 三点, 且 a, b, c 都不为零, 证明该平面的方程为 $\dfrac{x}{a} + \dfrac{y}{b} + \dfrac{z}{c} = 1$.

2. 求下列平面的方程:

(1) 通过点 $M_1(3, 1, -1)$ 和 $M_2(1, -1, 0)$ 且平行于向量 $\begin{pmatrix} -1 \\ 0 \\ 2 \end{pmatrix}$;

(2) 通过点 $M_1(1, -5, 1)$ 和 $M_2(3, 2, -2)$ 且垂直于 xOy 坐标面;

(3) 通过点 $M_1(2, -1, 1)$ 和 $M_2(3, -2, 1)$ 且平行于 x 轴;

(4) 通过点 $M(3, 2, -4)$ 且在 x 轴和 y 轴上截距分别为 -2 和 -3;

(5) 与平面 $5x + y - 2z + 3 = 0$ 垂直且通过 y 轴;

(6) 原点向所求平面上作垂线的垂足为 $P(2, 9, -6)$;

(7) 通过点 $M_1\left(1, \dfrac{5}{3}, \dfrac{7}{3}\right)$ 和 $M_2\left(0, \dfrac{5}{3}, \dfrac{4}{3}\right)$ 且垂直于平面 $x + y + z - 1 = 0$;

(8) 通过平面 $x + y - 1 = 0$ 与平面 $2x - y + z = 0$ 的交线且与平面 $x - y + 1 = 0$ 垂直;

(9) 通过平面 $4x - y + 3z - 1 = 0$ 与平面 $x + 5y - z + 2 = 0$ 的交线且与 y 轴平行;

(10) 通过平面 $6x + 2y + 3z - 6 = 0$ 与平面 $x - y - z - 1 = 0$ 的交线且与三个坐标面构成的四面体体积为 3;

(11) 与平面 $x - 2y + 3z - 4 = 0$ 平行且通过点 $Q(1, -2, 2)$;

(12) 与平面 $x + 3y + 2z = 0$ 平行且与三个坐标面构成的四面体体积为 6;

(13) 通过点 $M_1(0, 0, 1)$ 和 $M_2(3, 0, 0)$ 且与 xOy 坐标面成 $60°$ 角;

(14) 与原点的距离为 6 且在三坐标轴 Ox, Oy 与 Oz 上的截距之比为 $a : b : c = -1 : 3 : 2$.

3. 求点 $M(-2, 4, 3)$ 到平面 $2x - y + 2z + 3 = 0$ 的距离.

4. 求两个平行平面 $x + 2y - 4z + 1 = 0$ 与 $\dfrac{x}{4} + \dfrac{y}{2} - z - 3 = 0$ 的距离, 并且证明: 两平行平面 $Ax + By + Cz + D_1 = 0$ 与 $Ax + By + Cz + D_2 = 0$ 的距离是 $\dfrac{|D_1 - D_2|}{\sqrt{A^2 + B^2 + C^2}}$.

5. 求与平面 $2x - y - 2z - 3 = 0$ 及平面 $3x + 2y + 6z - 1 = 0$ 的距离都相等的点的轨迹.

6. 分别画出以下平面的图形:

(1) $2x + 3y + 4z = 12$;

(2) $z = 4$;

(3) $3x + 2y = 6$;

(4) $6x - 3y + 4z = 6$;

(5) $x + 2z = 4$.

7. 证明: 平面 $Ax + By + Cz + D = 0$ 平行于 x 轴且不通过 x 轴的充分必要条件是 $D \neq 0, A = 0$.

1.6   空 间 直 线

1.6.1   直线标准方程的计算

在空间中, 直线是最简单的曲线. 以前在平面解析几何中, 一个点和一个方向 (表现为斜率或倾斜角) 可以确定一条直线. 同样, 在空间中, 也可以由一个点 $P_0(x_0, y_0, z_0)$ 和一个方向向量 (与直线平行的非零向量)$\mathbf{v} = \begin{pmatrix} a \\ b \\ c \end{pmatrix}$ 来唯一确定一条直线 l(图 1.30).

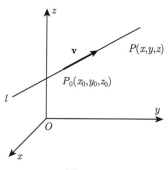

图 1.30

设 $P(x, y, z)$ 是直线 l 上任意一点, 由于向量 $\overrightarrow{P_0P} = \begin{pmatrix} x - x_0 \\ y - y_0 \\ z - z_0 \end{pmatrix}$ 与方向向量 $\mathbf{v}$ 平行, 所以存在参数 $t \in \mathbb{R}$, 使得 $\overrightarrow{P_0P} = t\mathbf{v}$, 代入这两个向量的分量, 就得到三个等式

$$x - x_0 = at, \quad y - y_0 = bt, \quad z - z_0 = ct,$$

移项后得到直线 l 的参数方程

$$\begin{cases} x = x_0 + at, \\ y = y_0 + bt, \\ z = z_0 + ct. \end{cases} \tag{1.45}$$

我们称方向向量 $\mathbf{v}$ 的三个分量 a, b, c 为方向数. 在 (1.45) 式中, 每一个参数 t 都唯一对应了直线 l 的一个点. 例如, 通过点 $P_0(5, 1, -3)$ 且方向向量 $\mathbf{v} = \begin{pmatrix} 1 \\ -4 \\ 2 \end{pmatrix}$ 的直线的参数方程是

$$\begin{cases} x = 5 + t, \\ y = 1 - 4t, \\ z = -3 + 2t. \end{cases}$$

在这条直线上, 参数 $t = 1$ 对应了点 $(6, -3, -1)$, $t = 0$ 对应了点 P_0, $t = -1$ 对应了点 $(4, 5, -5)$ 等.

例 1.24　求从点 $A(1, 0, -2)$ 向平面 $2x - 2y - z + 2 = 0$ 所作垂线的垂足坐标.

解　因为垂线和平面垂直, 所以这个平面的法向量可以作为这条垂线的方向向量, 因此 $\mathbf{v} = \begin{pmatrix} 2 \\ -2 \\ -1 \end{pmatrix}$, 由垂线通过 A 点可得垂线的参数方程

$$\begin{cases} x = 1 + 2t, \\ y = -2t, \\ z = -2 - t. \end{cases}$$

而垂足点既在垂线上, 又在平面上, 因此垂足的坐标同时满足垂线方程和平面方程. 这样就可以将上述垂线参数方程代入平面方程, 得到关于 t 的一元一次方程

$$2(1 + 2t) + 4t - (-2 - t) + 2 = 0,$$

它的解是 $t = -\dfrac{2}{3}$, 从而垂足点坐标为 $\left(-\dfrac{1}{3}, \dfrac{4}{3}, -\dfrac{4}{3} \right)$.　　　　□

上例说明了直线参数方程的一个重要作用是在已知直线上找到所求点的坐标. 应该指出的是, 直线的参数方程并不唯一确定. 例如, 对前面那条通过点 $P_0(5, 1, -3)$ 且方向向量为 $\mathbf{v} = \begin{pmatrix} 1 \\ -4 \\ 2 \end{pmatrix}$ 的直线, 也可以取该直线上另一点 $(6, -3, -1)$ 作为已知点, 写出的参数方程就是

$$\begin{cases} x = 6 + t, \\ y = -3 - 4t, \\ z = -1 + 2t. \end{cases}$$

或者也可以换一个与向量 $\mathbf{v}$ 平行的向量 $\begin{pmatrix} 2 \\ -8 \\ 4 \end{pmatrix}$, 作为该直线的方向向量, 此时写

出的参数方程为

$$\begin{cases} x = 5 + 2t, \\ y = 1 - 8t, \\ z = -3 + 4t. \end{cases}$$

换句话说, 每条直线所取得的三个方向数 a, b, c 可以相差一个非零倍数.

现在先设直线 l 的三个方向数 a, b, c 都不为零, 那么将 (1.45) 式的三个方程中的参数 t 消去 (即从三个方程中解出 t 后令其相等), 得到连起来的两个等式

$$\frac{x - x_0}{a} = \frac{y - y_0}{b} = \frac{z - z_0}{c}. \tag{1.46}$$

这个 (1.46) 式就称为直线的**标准方程**(也称为对称式方程), 其中清楚地显示了直线 l 上一个点和方向向量的关键信息.

如同在求平面方程时要将结果写成平面的一般方程那样, 我们在求直线方程时, 都是指求出直线的标准方程. 如果直线 l 的方向数 a, b, c 中有一个数为零, 例如, $c = 0$, 标准方程应该写成

$$\begin{cases} \dfrac{x - x_0}{a} = \dfrac{y - y_0}{b}, \\ z = z_0. \end{cases}$$

此时直线 l 完全落在平面 $z = z_0$ 上. 读者应该写出 $a = 0$ 或 $b = 0$ 时的标准方程, 并思考 a, b, c 中两个数为零时的情形.

例 1.25　求通过 $M_1(3, 2, 4)$ 和 $M_2(1, 0, -1)$ 的直线方程, 并求出该直线与 yOz 坐标面的交点坐标.

解　取 M_1 作为已知点, 方向向量是 $\mathbf{v} = \overrightarrow{M_1 M_2} = \begin{pmatrix} -2 \\ -2 \\ -5 \end{pmatrix} = -\begin{pmatrix} 2 \\ 2 \\ 5 \end{pmatrix}$, 直线方程是

$$\frac{x - 3}{2} = \frac{y - 2}{2} = \frac{z - 4}{5}. \tag{1.47}$$

为了求直线与 yOz 面的交点, 可以把直线方程写成参数方程形式, 然后像例 1.24 那样将参数方程代入 yOz 面的方程 $x = 0$, 求出 t 后再求交点坐标, 也可以在直线的标准方程 (1.47) 中直接代入 $x = 0$(为什么?) 后得

$$-\frac{3}{2} = \frac{y - 2}{2} = \frac{z - 4}{5},$$

从中解得 $y = -1$ 和 $z = -\dfrac{7}{2}$, 因此直线与 yOz 面的交点坐标是 $\left(0, -1, -\dfrac{7}{2}\right)$.　　□

例 1.26　求通过 $M_1(3, 4, -1)$ 和 $M_2(-2, 4, 6)$ 的直线方程.

解 取 M_1 作为已知点, 方向向量是 $\mathbf{v} = \overrightarrow{M_1 M_2} = \begin{pmatrix} -5 \\ 0 \\ 7 \end{pmatrix}$, 由于此时存在一个方向数 $b = 0$, 因此直线的方程是

$$\begin{cases} \dfrac{x-3}{-5} = \dfrac{z+1}{7}, \\ y = 4. \end{cases}$$ □

例 1.27 求两平面 $x - y - z + 4 = 0$ 与 $x + 3y - 3z - 8 = 0$ 交线的方程.

解 首先如例 1.12 那样, 先求出这条交线的方向向量 $\mathbf{v}$, 它由这两个平面的法向量 $\mathbf{n}_1 = \begin{pmatrix} 1 \\ -1 \\ -1 \end{pmatrix}$ 和 $\mathbf{n}_2 = \begin{pmatrix} 1 \\ 3 \\ -3 \end{pmatrix}$ 作外积产生

$$\mathbf{v} = \mathbf{n}_1 \times \mathbf{n}_2 = \begin{vmatrix} \mathbf{e}_1 & \mathbf{e}_2 & \mathbf{e}_3 \\ 1 & -1 & -1 \\ 1 & 3 & -3 \end{vmatrix} = \begin{pmatrix} 6 \\ 2 \\ 4 \end{pmatrix} = 2 \begin{pmatrix} 3 \\ 1 \\ 2 \end{pmatrix}.$$

其次求该交线上一个点的坐标作为已知点, 一般简单起见, 可以取其与坐标面的交点, 例如取该交线与 xOy 面的交点. 由于 xOy 面上所有点的坐标都满足方程 $z = 0$, 所以该交线与 xOy 面的交点应当满足下列三元线性方程组

$$\begin{cases} x - y - z + 4 = 0, \\ x + 3y - 3z - 8 = 0, \\ z = 0. \end{cases}$$

这个方程组的解 $x = -1, y = 3, z = 0$ 给出了该交线上一个点的坐标 $(-1, 3, 0)$, 因此交线的方程为

$$\frac{x+1}{3} = \frac{y-3}{1} = \frac{z}{2}.$$ □

除了直线的标准方程与参数方程之外, 我们也可以将两个平面 $A_1 x + B_1 y + C_1 z + D_1 = 0$ 和 $A_2 x + B_2 y + C_2 z + D_2 = 0$ 的方程联立得方程组

$$\begin{cases} A_1 x + B_1 y + C_1 z + D_1 = 0, \\ A_2 x + B_2 y + C_2 z + D_2 = 0 \end{cases} \tag{1.48}$$

作为这两个平面交线的方程 (称为直线的**一般方程**). 这样, 例 1.27 就是要找出直线

$$\begin{cases} x - y - z + 4 = 0, \\ x + 3y - 3z - 8 = 0 \end{cases}$$

的标准方程. 线性方程组 (1.48) 与我们之前接触的三元线性方程组 (1.5) 很不一样, 这里方程的个数 (2 个) 少于未知量的个数 (3 个), 这样的方程组可能有无穷多个解 (为什么?), 其中的每一个解都是线性方程组 (1.48) 所表示直线上一个点的坐标. 换句话说, 线性方程组 (1.48) 的几何意义就是表示空间中的一条直线.

1.6.2　空间直线的异面与相交

在求直线方程的问题中, 有一类题目涉及两条相交的直线. 过去在平面中, 如果两条直线不平行, 那么一定相交, 但在空间中, 存在既不平行, 又不相交的两直线, 它们被称为**异面**直线. 我们一般用直线的方向向量来判断两直线是否平行, 而对于两直线是否相交, 可以用参数方程来确定.

例 1.28　判断下列各对直线是否平行、异面或相交; 如果异面, 求出它们之间的最短距离; 如果相交, 求出它们的交点.

(1) $\begin{cases} x - 2y + 2z = 0, \\ 3x + 2y - 6 = 0 \end{cases}$ 与 $\begin{cases} x + 2y - z - 11 = 0, \\ 2x + z - 14 = 0; \end{cases}$

(2) $\dfrac{x-3}{3} = \dfrac{y-8}{-1} = \dfrac{z-3}{1}$ 与 $\dfrac{x+3}{-3} = \dfrac{y+7}{2} = \dfrac{z-6}{4}$;

(3) $\begin{cases} x = t, \\ y = 2t + 1, \\ z = -t - 2 \end{cases}$ 与 $\dfrac{x-1}{4} = \dfrac{y-4}{7} = \dfrac{z+2}{-5}$.

解　(1) 首先, 求出两条直线的方向向量分别为

$$\mathbf{v}_1 = \begin{vmatrix} \mathbf{e}_1 & \mathbf{e}_2 & \mathbf{e}_3 \\ 1 & -2 & 2 \\ 3 & 2 & 0 \end{vmatrix} = \begin{pmatrix} -4 \\ 6 \\ 8 \end{pmatrix} = -2 \begin{pmatrix} 2 \\ -3 \\ -4 \end{pmatrix}$$

和

$$\mathbf{v}_2 = \begin{vmatrix} \mathbf{e}_1 & \mathbf{e}_2 & \mathbf{e}_3 \\ 1 & 2 & -1 \\ 2 & 0 & 1 \end{vmatrix} = \begin{pmatrix} 2 \\ -3 \\ -4 \end{pmatrix},$$

由此看出两个方向向量平行. 其次, 将第一条直线的两个方程与坐标面 $y = 0$ 联立, 求出其与该坐标面的交点坐标为 $A(2, 0, -1)$. 由于 A 的坐标不满足第二条直线的方程, 因此第二条直线不通过 A 点, 即这两条直线平行 (图 1.31).

(2) 由于这两条直线的方向向量 $\mathbf{v}_1 = \begin{pmatrix} 3 \\ -1 \\ 1 \end{pmatrix}$ 和 $\mathbf{v}_2 = \begin{pmatrix} -3 \\ 2 \\ 4 \end{pmatrix}$ 不平行 (分量不成比例), 所以它们不平行. 如果这两条直线相交, 那么它们的参数方程中各有一个

参数 t 和 s 对应了那个相交点, 而相交点的三个坐标 x, y, z 是相同的, 因此有三个等式

$$3 + 3t = -3 - 3s,$$
$$8 - t = -7 + 2s,$$
$$3 + t = 6 + 4s.$$

从前面两个等式可解得 $t = -19, s = 17$, 但它们不满足第三个等式, 所以就没有参数 t 和 s 的值满足这三个等式, 即这两条直线没有交点, 因此它们是异面直线.

我们考虑这两条异面直线 l_1 与 l_2 所在的两个平行平面 π_1 与 π_2(图 1.32), 则两条异面直线之间的最短距离就是这两个平行平面的距离. 可以先求出平面 π_2 的方程, 然后在平面 π_1 上找出一点 Q, 则点 Q 到平面 π_2 的距离就是平行平面 π_1 与 π_2 的距离. 现在两平行平面 π_1 与 π_2 公共的法向量 $\mathbf{n}$ 既垂直于方向向量 $\mathbf{v}_1$, 又垂直于方向向量 $\mathbf{v}_2$, 因此法向量 $\mathbf{n}$ 可以取

$$\mathbf{n} = \mathbf{v}_1 \times \mathbf{v}_2 = \begin{vmatrix} \mathbf{e}_1 & \mathbf{e}_2 & \mathbf{e}_3 \\ 3 & -1 & 1 \\ -3 & 2 & 4 \end{vmatrix} = \begin{pmatrix} -6 \\ -15 \\ 3 \end{pmatrix} = -3 \begin{pmatrix} 2 \\ 5 \\ -1 \end{pmatrix}.$$

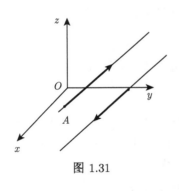

图 1.31

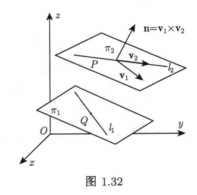

图 1.32

另外, 在第二条直线 l_2 的参数方程中取 $s = 0$ 得到平面 π_2 上一点 $P(-3, -7, 6)$, 则平面 π_2 的点法式方程是

$$2(x + 3) + 5(y + 7) - (z - 6) = 0 \quad 或 \quad 2x + 5y - z + 47 = 0.$$

再在第一条直线 l_1 的参数方程中取 $t = 0$ 得到平面 π_1 上一点 $Q(3, 8, 3)$, 那么根据前述分析, 直线 l_1 与 l_2 之间的最短距离就是点 Q 与平面 π_2 的距离 d, 即

$$d = \frac{|2(3) + 5(8) - 3 + 47|}{\sqrt{2^2 + 5^2 + (-1)^2}} = \frac{90}{\sqrt{30}} = 3\sqrt{30}.$$

(3) 由于两条直线的方向向量 $\mathbf{v}_1 = \begin{pmatrix} 1 \\ 2 \\ -1 \end{pmatrix}$ 和 $\mathbf{v}_2 = \begin{pmatrix} 4 \\ 7 \\ -5 \end{pmatrix}$ 不平行, 所以它们

不平行. 同样让两条直线的参数方程 $\begin{cases} x = t, \\ y = 2t + 1, \\ z = -t - 2 \end{cases}$ 与 $\begin{cases} x = 1 + 4s, \\ y = 4 + 7s, \\ z = -2 - 5s \end{cases}$ 中对应的坐

标相等:

$$t = 1 + 4s,$$
$$2t + 1 = 4 + 7s,$$
$$-t - 2 = -2 - 5s.$$

由前面的两个等式中解出 $t = 5$ 和 $s = 1$, 它们满足第三个等式, 说明这两条直线相交, 并且相交点就是参数 $t = 5$(或 $s = 1$) 所对应的点 $(5, 11, -7)$.　　□

　　例 1.29　求通过点 $P_0(-1, 0, 4)$ 且平行于平面 $\pi : 3x - 4y + z - 10 = 0$, 并与直线 $l_1 : \dfrac{x + 1}{3} = \dfrac{y - 3}{1} = \dfrac{z}{2}$ 相交的直线方程.

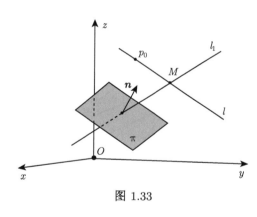

图 1.33

　　解　记所求直线为 l, 由于已知直线 l_1 的方向向量 $\mathbf{v}_1 = \begin{pmatrix} 3 \\ 1 \\ 2 \end{pmatrix}$ 与平面 π 的法向量 $\mathbf{n} = \begin{pmatrix} 3 \\ -4 \\ 1 \end{pmatrix}$ 的内积 $\mathbf{v}_1 \cdot \mathbf{n} = 7 \neq 0$, 所以 $\mathbf{v}_1$ 与 $\mathbf{n}$ 不垂直, 因此直线 l_1 与平面 π 不平行, 这样直线 l_1 与平面 π 相交 (图 1.33). 记直线 l 与已知直线 l_1 交于点 M, 由于点 M 在直线 l_1 上, 而直线 l_1 的参数方程为

$$\begin{cases} x = -1 + 3t, \\ y = t + 3, \\ z = 2t. \end{cases}$$

所以可设点 M 的坐标为 $(-1 + 3t, 3 + t, 2t)$. 另一方面, 直线 l 的方向向量 $\mathbf{v}$ 可取为向量 $\overrightarrow{P_0M}$:

$$\mathbf{v} = \overrightarrow{P_0M} = \begin{pmatrix} 3t \\ 3 + t \\ 2t - 4 \end{pmatrix}. \tag{1.49}$$

因为直线 l 平行于平面 π, 所以直线 l 的方向向量 $\mathbf{v}$ 与平面 π 的法向量 $\mathbf{n}$ 垂直, 它们的内积 $\mathbf{v} \cdot \mathbf{n} = 0$, 即

$$3(3t) - 4(3 + t) + (2t - 4) = 0,$$

解出 $t = \dfrac{16}{7}$, 从而代入 (1.49) 式得直线 l 的方向向量 $\mathbf{v} = \begin{pmatrix} \dfrac{48}{7} \\ \dfrac{37}{7} \\ \dfrac{4}{7} \end{pmatrix} = \dfrac{1}{7}\begin{pmatrix} 48 \\ 37 \\ 4 \end{pmatrix}$, 因此直线 l 的方程是

$$\frac{x + 1}{48} = \frac{y}{37} = \frac{z - 4}{4}.\qquad\square$$

1.6.3 点到空间直线的距离公式

在本节的结尾, 我们推导 $\mathbb{R}^3$ 空间中的点到空间直线的距离公式. 设 $M_0(x_0, y_0, z_0)$ 是已知点, 现在求点 M_0 到已知直线

$$l : \frac{x - x_1}{a} = \frac{y - y_1}{b} = \frac{z - z_1}{c}$$

的距离 d(图 1.34), 其中 $M_1(x_1, y_1, z_1)$ 是直线 l 上的已知点, $\mathbf{v} = \begin{pmatrix} a \\ b \\ c \end{pmatrix}$ 是直线 l 的方向向量. 考虑以 $\mathbf{v}$ 和向量 $\overrightarrow{M_1M_0}$ 为两边构成的平行四边形, 这个平行四边形的面积为 $|\mathbf{v} \times \overrightarrow{M_1M_0}|$, 显然点 M_0 到直线 l 的距离等于平行四边形的面积 $|\mathbf{v} \times \overrightarrow{M_1M_0}|$ 除以底边长 $|\mathbf{v}|$, 即有

$$d = \frac{|\mathbf{v} \times \overrightarrow{M_1M_0}|}{|\mathbf{v}|}.$$

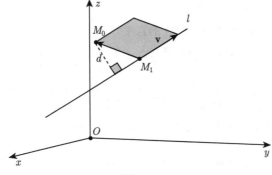

图 1.34

例 1.30　求点 $M_0(2,3,-1)$ 到直线 $\begin{cases} 2x-2y+z+3=0, \\ 3x-2y+2z+17=0 \end{cases}$ 的距离.

解　先在已知直线方程中令 $x=0$, 求出其上的一点坐标 $M_1\left(0, -\dfrac{11}{2}, -14\right)$,

然后从相交于此直线的两个平面的法向量 $\mathbf{n}_1 = \begin{pmatrix} 2 \\ -2 \\ 1 \end{pmatrix}$ 和 $\mathbf{n}_2 = \begin{pmatrix} 3 \\ -2 \\ 2 \end{pmatrix}$ 求出直线

的方向向量 $\mathbf{v}$, 即

$$\mathbf{v} = \mathbf{n}_1 \times \mathbf{n}_2 = \begin{vmatrix} \mathbf{e}_1 & \mathbf{e}_2 & \mathbf{e}_3 \\ 2 & -2 & 1 \\ 3 & -2 & 2 \end{vmatrix} = \begin{pmatrix} -2 \\ -1 \\ 2 \end{pmatrix}.$$

又因为向量 $\overrightarrow{M_1M_0} = \begin{pmatrix} 2 \\ \dfrac{17}{2} \\ 13 \end{pmatrix}$, 所以外积

$$\mathbf{v} \times \overrightarrow{M_1M_0} = \begin{vmatrix} \mathbf{e}_1 & \mathbf{e}_2 & \mathbf{e}_3 \\ -2 & -1 & 2 \\ 2 & \dfrac{17}{2} & 13 \end{vmatrix} = \begin{pmatrix} -30 \\ 30 \\ -15 \end{pmatrix} = 15 \begin{pmatrix} -2 \\ 2 \\ -1 \end{pmatrix}.$$

因此点 M_0 到直线的距离是

$$d = \frac{|\mathbf{v} \times \overrightarrow{M_1M_0}|}{|\mathbf{v}|} = \frac{15\sqrt{(-2)^2+2^2+(-1)^2}}{\sqrt{(-2)^2+(-1)^2+2^2}} = 15. \qquad \square$$

习　题　1.6

1. 求下列各直线的方程:

(1) 通过点 $A(-3,0,1)$ 和 $B(2,-5,1)$ 的直线;

(2) 通过点 $M(1,0,-2)$ 且与两直线 $\dfrac{x-1}{1} = \dfrac{y}{1} = \dfrac{z+1}{-1}$ 和 $\begin{cases} \dfrac{x}{1} = \dfrac{y-1}{-1}, \\ z=-1 \end{cases}$ 垂直的直线;

(3) 通过点 $M(2,-3,-5)$ 且与平面 $6x-3y-5z+2=0$ 垂直的直线;

(4) 通过点 $M(3,-2,1)$ 且与直线 $\dfrac{x-2}{2} = \dfrac{y+1}{-2} = \dfrac{z}{1}$ 垂直相交的直线;

(5) 通过点 $M(1,2,3)$ 且平行于两平面 $\pi_1 : x-2y+3z-4=0, \pi_2 : 2x-3y+4z-5=0$ 的直线;

(6) 通过点 $P(1,1,1)$ 在平面 $\pi : x+2y+3z-6=0$ 上, 且与 xOy 坐标面交成最大角的直线.

2. 求下列各平面的方程:

(1) 通过点 $P(2,0,-1)$ 且又通过直线 $\dfrac{x+1}{2} = \dfrac{y}{-1} = \dfrac{z-2}{3}$ 的平面;

(2) 通过直线 $\dfrac{x-2}{1} = \dfrac{y+3}{-5} = \dfrac{z+1}{-1}$ 且与直线 $\begin{cases} 2x - y + z - 3 = 0, \\ x + 2y - z - 5 = 0 \end{cases}$ 平行的平面;

(3) 通过直线 $\dfrac{x-1}{2} = \dfrac{y+2}{-3} = \dfrac{z-2}{2}$ 且与平面 $3x + 2y - z - 5 = 0$ 垂直的平面.

3. 求下列各点的坐标:

(1) 在直线 $\dfrac{x-1}{2} = \dfrac{y-8}{1} = \dfrac{z-8}{3}$ 上与原点相距 25 的点;

(2) 关于直线 $\begin{cases} x - y - 4z + 12 = 0, \\ 2x + y - 2z + 3 = 0 \end{cases}$ 与点 $P(2,0,-1)$ 对称的点.

4. 求点 $M(1,3,5)$ 到直线 $\dfrac{x+30}{6} = \dfrac{y}{2} = \dfrac{z+\frac{5}{2}}{-1}$ 的距离.

5. 求点 $P(-1,2,3)$ 到直线 $\begin{cases} x + 2y - 2z + 3 = 0, \\ x + y + 14 = 0 \end{cases}$ 的距离.

6. 求直线 $l_1 : \dfrac{x}{2} = \dfrac{y-1}{-1} = \dfrac{z+1}{1}$ 与 $l_2 : \begin{cases} x = 1, \\ \dfrac{y}{1} = \dfrac{z-2}{-1} \end{cases}$ 之间的最短距离, 以及它们的公垂线方程.

7. 在平面 $\pi : x + 2y - z - 3 = 0$ 上求一条直线的方程, 使得它通过平面 π 与直线 $l : \begin{cases} \dfrac{x+1}{2} = \dfrac{z+1}{1}, \\ y - 1 = 0 \end{cases}$ 的交点且与 l 垂直.

8. 求通过点 $M(1,-1,2)$ 与直线 $\dfrac{x+1}{1} = \dfrac{y-1}{-1} = \dfrac{z+1}{2}$ 相交且与平面 $2x + y - z + 3 = 0$ 平行的直线方程.

9. 求通过点 $P(4,0,-1)$ 且与两直线 $\begin{cases} x + y + z = 1, \\ 2x - y - z = 2 \end{cases}$ 与 $\begin{cases} x - y - z = 3, \\ 2x + 4y - z = 4 \end{cases}$ 都相交的直线方程.

第2章 矩阵初步与 n 阶行列式

2.1 高斯消元法

2.1.1 数域和数学归纳法

在讨论矩阵、行列式以及多项式时, 我们需要考虑系数所在的数域.

定义 2.1 数域

设 $\mathbb{F}$ 是复数集 $\mathbb{C}$ 的一个子集. 若 $\mathbb{F}$ 满足

(1) $\mathbb{F}$ 中至少有一个不等于零的数;

(2) $\forall a, b \in \mathbb{F}$, $a + b, a - b, ab, \in \mathbb{F}$, 并且当 $b \neq 0$ 时, $\dfrac{a}{b} \in \mathbb{F}$,

则称 $\mathbb{F}$ 是一个 **数域**.

显然, 有理数域 $\mathbb{Q}$、实数域 $\mathbb{R}$ 和复数域 $\mathbb{C}$ 都是数域, 但是整数集 $\mathbb{Z}$ 不是数域.

例 2.1 证明数集 $\mathbb{F} = \{a + b\sqrt{2} \mid a, b \in \mathbb{Q}\}$ 是一个数域, 这个数域通常记为 $\mathbb{Q}(\sqrt{2})$.

证明 显然 $0, 1 \in \mathbb{Q}(\sqrt{2})$, 所以满足定义的条件 (1). $\forall a + b\sqrt{2}, c + d\sqrt{2} \in \mathbb{Q}(\sqrt{2})$,

$$(a + b\sqrt{2}) \pm (c + d\sqrt{2}) = (a \pm c) + (b \pm d)\sqrt{2} \in \mathbb{Q}(\sqrt{2}),$$

其中, 由于 $\mathbb{Q}$ 是数域, 所以 $a \pm c, b \pm d \in \mathbb{Q}$. 又同理有

$$(a + b\sqrt{2})(c + d\sqrt{2}) = (ac + 2bd) + (bc + ad)\sqrt{2} \in \mathbb{Q}(\sqrt{2}).$$

再设 $c + d\sqrt{2} \neq 0$, 则一定有 $c - d\sqrt{2} \neq 0 \Big($否则若 $c - d\sqrt{2} = 0$, 那么在 $d = 0$ 时, 有 $c = 0$, 与 $c + d\sqrt{2} \neq 0$ 矛盾, 在 $d \neq 0$ 时, 推出 $\sqrt{2} = \dfrac{c}{d} \in \mathbb{Q}$, 也不可能 $\Big)$. 从而

$$\frac{a + b\sqrt{2}}{c + d\sqrt{2}} = \frac{(a + b\sqrt{2})(c - d\sqrt{2})}{(c + d\sqrt{2})(c - d\sqrt{2})} = \frac{ac - 2bd}{c^2 - 2d^2} + \frac{bc - ad}{c^2 - 2d^2}\sqrt{2} \in \mathbb{Q}(\sqrt{2}). \qquad \square$$

下面的定理表明, 有理数域是最小的数域.

定理 2.1 任何数域都包含有理数域 $\mathbb{Q}$.

证明 设 $\mathbb{F}$ 是一个数域, 则由定义中的条件 (1), 存在 $a \in \mathbb{F}$ 且 $a \neq 0$, 再由定义中的条件 (2), 有 $\dfrac{a}{a} = 1 \in \mathbb{F}$, 以及 $a - a = 0 \in \mathbb{F}$. 用 1 与它自己重复相加, 可

得自然数集 $\mathbb{N} \subseteq \mathbb{F}$, 再由 $\mathbb{F}$ 对减法封闭可知, 对 $\forall b \in \mathbb{N}$ 都有 $0 - b = -b \in \mathbb{F}$, 即得 $\mathbb{Z} \subseteq \mathbb{F}$. 最后又由于任一有理数都可以表示成两个整数的商 (除数不为零), 以及 $\mathbb{F}$ 对除法的封闭性, 可知 $\mathbb{F}$ 必含有有理数域 $\mathbb{Q}$. $\qquad\square$

在高等代数中, 经常需要用到数学归纳法. 数学归纳法有两种, 我们在中学里主要学的是 "第一数学归纳法", 也就是在证明一个与正整数 n 有关的命题时, 先证明当 $n = 1$ 时该命题成立, 然后在假设命题对 $n = k$ 时成立的条件下, 证明该命题对 $n = k + 1$ 也成立. 除了第一数学归纳法以外, 我们还需要以下的 "第二数学归纳法":

(1) 先证明命题当 $n = 1$ 时成立;

(2) 假设命题对于一切小于 n 的正整数成立, 然后在此归纳假设下证明该命题对 n 也成立.

在完成了以上两条的证明后, 我们就可以断言该命题对一切正整数都成立. 第二数学归纳法与第一数学归纳法的区别在于: 后者是从 $n = 1$ 成立推出 $n = 2$ 成立, 再从 $n = 2$ 成立推出 $n = 3$ 也成立, $\cdots$. 即每次由前一个正整数成立一定推出对后一个正整数成立, 这样就可以推出命题对一切的正整数成立. 而前者在证明命题对每一个正整数 n 成立时, 都要假定该命题对在 n 之前的所有正整数成立, 这样也可以推出该命题对一切的正整数都成立. 两个数学归纳法实际上是等价的, 它们都反映了整数集 $\mathbb{Z}$ 的本质特征, 即可以从有限的探讨而推知无限. 下面来举例说明第二数学归纳法的用法.

例 2.2　证明: 任何大于 1 的正整数 n 可以写成素数 (或质数) 之积, 即

$$n = p_1 p_2 \cdots p_m,$$

其中 $p_i (1 \leqslant i \leqslant m)$ 是素数.

证明　当 $n = 2$ 时, 结论显然成立. 假设命题对小于 n 的正整数成立, 则当 n 是素数时, 命题已经成立; 而当 n 是合数时, 一定存在两个大于 1 的正整数 a 和 b, 使得 $n = ab$. 这里 a 和 b 显然都小于 n(不然如果设 $a \geqslant n$, 则有 $b \leqslant 1$, 这不可能), 因此由归纳假设, 存在素数 q_j 和 $r_k (1 \leqslant j \leqslant s, 1 \leqslant k \leqslant t)$, 使得 $a = q_1 q_2 \cdots q_s, b = r_1 r_2 \cdots r_t$, 因此

$$n = ab = q_1 q_2 \cdots q_s r_1 r_2 \cdots r_t,$$

即 n 可以写成素数的乘积. 从而命题对一切大于 1 的正整数都成立. $\qquad\square$

从上例看到, 第二数学归纳法不一定是从 $n = 1$ 的情形开始证明的, 只要是排在最前面的正整数就行. 有时候还需对排在第二个的正整数也证明命题结论, 如下例所示.

例 2.3 设 $r = \sqrt{a+1} + \sqrt{a}$，其中 a 为某一正整数. 证明：$a_n = r^{2n} + r^{-2n} - 2$ 对于任意正整数 n 都是 4 的倍数.

证明 当 $n = 1$ 时,

$$
\begin{aligned}
a_1 &= r^2 + r^{-2} - 2 = r^2 + \frac{1}{r^2} - 2 \\
&= \left(r - \frac{1}{r} \right)^2 = \left(\sqrt{a+1} + \sqrt{a} - \frac{1}{\sqrt{a+1} + \sqrt{a}} \right)^2 \\
&= (2\sqrt{a})^2 = 4a,
\end{aligned}
$$

命题成立. 当 $n = 2$ 时,

$$
\begin{aligned}
a_2 &= r^4 + r^{-4} - 2 = \left(r^2 + \frac{1}{r^2} \right)^2 - 4 \\
&= (2 + 4a)^2 - 4 = 16a(a+1),
\end{aligned}
$$

命题也成立. 假设命题对小于 n 的正整数也成立, 由于当 $n > 2$ 时, 有

$$
\begin{aligned}
\left(r^2 + \frac{1}{r^2} \right) a_{n-1} &= \left(r^2 + \frac{1}{r^2} \right) \left(r^{2(n-1)} + \frac{1}{r^{2(n-1)}} - 2 \right) \\
&= \left(r^{2n} + \frac{1}{r^{2n}} - 2 \right) + \left(r^{2(n-2)} + \frac{1}{r^{2(n-2)}} - 2 \right) - 2 \left(r^2 + \frac{1}{r^2} - 2 \right) \\
&= a_n + a_{n-2} - 2a_1,
\end{aligned}
$$

所以,

$$
\begin{aligned}
a_n &= \left(r^2 + \frac{1}{r^2} \right) a_{n-1} - a_{n-2} + 2a_1 \\
&= (2 + 4a)a_{n-1} - a_{n-2} + 8a.
\end{aligned}
$$

现在由归纳假设, a_{n-1} 和 a_{n-2} 都是 4 的倍数, 因此 a_n 也是 4 的倍数. 从而命题对任意正整数都成立. $\qquad\square$

2.1.2 高斯消元法中的初等变换

在自然科学和社会科学的各个领域中, 有许多数学问题都归结为一般的 n 元线性方程组的求解. 设 $x_1, x_2, \cdots, x_n$ 是 n 个未知量, 那么一般的 n 元线性方程组的标准形式是

$$
\begin{cases}
a_{11}x_1 + a_{12}x_2 + \cdots + a_{1n}x_n = b_1, \\
a_{21}x_1 + a_{22}x_2 + \cdots + a_{2n}x_n = b_2, \\
\qquad \cdots\cdots \\
a_{m1}x_1 + a_{m2}x_2 + \cdots + a_{mn}x_n = b_m,
\end{cases} \tag{2.1}
$$

其中 m 是方程的个数, $a_{ij}(i = 1, 2, \cdots, m, j = 1, 2, \cdots, n)$ 是第 i 个方程中含 x_j 项的**系数**, $b_i(i = 1, 2, \cdots, m)$ 是**常数项**. 如果将一组数 $c_1, c_2, \cdots, c_n$ 分别代替上述方程组中的未知量 $x_1, x_2, \cdots, x_n$, 使方程组中 m 个等式都成立, 则称 $x_1 = c_1, x_2 = c_2, \cdots, x_n = c_n$ 是线性方程组 (2.1) 的一个解, 有时我们也将这个解写成 n 维解向量的形式:

$$\begin{pmatrix} x_1 \\ x_2 \\ \vdots \\ x_n \end{pmatrix} = \begin{pmatrix} c_1 \\ c_2 \\ \vdots \\ c_n \end{pmatrix}.$$

最简单的线性方程组是中学里学过的二元一次方程组和三元一次方程组, 对它们进行求解的方法主要是加减消元法. 这个方法的原理是将原方程化成容易求解的与原方程组同解的线性方程组. 例如, 在三元线性方程组

$$\begin{cases} 2x + y - z = -1, \\ x - 2y + z = 5, \\ 3x - y - 2z = 0 \end{cases} \tag{2.2}$$

中, 先将第一个方程与第二个方程交换位置, 得到同解的方程组

$$\begin{cases} x - 2y + z = 5, \\ 2x + y - z = -1, \\ 3x - y - 2z = 0. \end{cases} \tag{2.3}$$

然后将 (2.3) 式的第一个方程的 -2 倍和 -3 倍分别加到第二个和第三个方程, 得到同解的线性方程组

$$\begin{cases} x - 2y + z = 5 \\ 5y - 3z = -11, \\ 5y - 5z = -15, \end{cases}$$

再将第二个方程的 -1 倍加到第三个方程 (也就是用第三个方程的两边减去第二个方程的两边), 得到 "阶梯" 形的同解方程组

$$\begin{cases} x - 2y + z = 5, \\ 5y - 3z = -11, \\ -2z = -4, \end{cases} \tag{2.4}$$

现再将第三个方程乘以 $-\dfrac{1}{2}$, 得 $z = 2$, 将它的 -1 倍和 3 倍分别加到第一个方程和

第二个方程, 得到同解的方程组

$$\begin{cases} x - 2y \phantom{+{}} = 3, \\ \phantom{x-{}} 5y \phantom{+{}} = -5, \\ \phantom{x-2y+{}} z = 2, \end{cases}$$

最后, 将这里的第二个方程乘以 $-\dfrac{1}{5}$, 得 $y = -1$, 再将它的 2 倍加到第一个方程, 得到原方程组的唯一解为 $x = 1, y = -1, z = 2$.

这个求解线性方程组的标准方法被称为 **高斯消元法**. 分析一下它的过程, 实际上是反复对线性方程组进行以下三种所谓的 "**初等变换**":

(1) 用一个非零的数乘以某个方程;

(2) 变换两个方程的位置;

(3) 将一个方程的 k 倍加到另一个方程上.

容易证明: 这三种初等变换都把线性方程组变为同解的线性方程组. 这是高斯消元法之所以有效的关键所在. 事实上, 高斯消元法是求解所有一般的 n 元线性方程组 (2.1) 的最基本的方法.

2.1.3　解线性方程组时遇到的三种情况

在中学里讨论的线性方程组基本上都是方程个数与未知量个数相等的情形, 并且都只有唯一的解, 然而一般的线性方程组却远没有这样简单. 例如, 考虑线性方程组

$$\begin{cases} x + y + 2z = 1, \\ -3x + 5y + z = -2, \\ -x + 7y + 5z = 2. \end{cases} \tag{2.5}$$

将第一个方程的 3 倍和 1 倍分别加到第二个方程和第三个方程, 得到同解的线性方程组

$$\begin{cases} x + y + 2z = 1, \\ 8y + 7z = 1, \\ 8y + 7z = 3, \end{cases}$$

再把这里第二个方程的 -1 倍加到第三个方程, 得到同解的线性方程组

$$\begin{cases} x + y + 2z = 1, \\ 8y + 7z = 1, \\ 0z = 2. \end{cases} \tag{2.6}$$

不论 x, y, z 取什么值, 最后一个 "方程" ("方程" 两字的本意是 "含有未知量的等式") $0z = 2$ 都是不可能成立的, 因此原线性方程组 (2.5) 就是无解的.

再举一个有无穷多解的线性方程组:

$$\begin{cases} x+ \ y -2z = 6, \\ 2x +3y -3z = 14, \\ 3x +5y -4z = 22. \end{cases} \tag{2.7}$$

将第一个方程的 -2 倍和 -3 倍分别加到第二个方程和第三个方程, 得到同解的线性方程组

$$\begin{cases} x + y -2z = 6, \\ y+ \ z = 2, \\ 2y +2z = 4, \end{cases}$$

再用第二个方程的 -2 倍加到第三个方程, 得到 $0 = 0$, 于是原方程组与下列只有两个方程的三元线性方程组同解:

$$\begin{cases} x + y -2z = 6, \\ y+ \ z = 2. \end{cases}$$

如果取未知量 z 为任意数 p(像 z 这样的未知量称为 "自由未知量"), 则上述方程组就转化为二元线性方程组, 继续用高斯消元法, 也就是将第二个方程的 -1 倍加到第一个方程, 再移项得到

$$\begin{cases} x = 4 + 3p, \\ y = 2 - p, \\ z = p. \end{cases}$$

随着 p 取各种不同的数值, 得到原线性方程组的无穷多个解: $x = 4 + 3p, y = 2 - p, z = p$, 也称为**通解**.

我们可以从几何的角度来理解线性方程组 (2.2), (2.5) 和 (2.7) 所代表的情形, 如果这些三元线性方程组中的每一个方程都表示空间中的一个平面, 那么线性方程组 (2.2) 中三个方程所表示的三个平面的法向量是

$$\mathbf{n}_1 = \begin{pmatrix} 2 \\ 1 \\ -1 \end{pmatrix}, \quad \mathbf{n}_2 = \begin{pmatrix} 1 \\ -2 \\ 1 \end{pmatrix}, \quad \mathbf{n}_3 = \begin{pmatrix} 3 \\ -1 \\ -2 \end{pmatrix}.$$

因为由这三个列向量组成的三阶行列式

$$\begin{vmatrix} 2 & 1 & 3 \\ 1 & -2 & -1 \\ -1 & 1 & -2 \end{vmatrix} = 2(5) - (-3) + 3(-1) = 10 \neq 0,$$

所以由第 1 章中判别三向量共面的充要条件 (定理 1.8) 得, 这三个法向量不共面. 这样, 这三个平面在空间中必相交于唯一的一点 (图 2.1). 而对于线性方程组 (2.5) 来说, 由于它没有解, 所以空间没有一点同时位于该方程组中三个方程所表示的三个平面上, 并且又因为此时的三个平面法向量

$$\mathbf{n}_1 = \begin{pmatrix} 1 \\ 1 \\ 2 \end{pmatrix}, \quad \mathbf{n}_2 = \begin{pmatrix} -3 \\ 5 \\ 1 \end{pmatrix}, \quad \mathbf{n}_3 = \begin{pmatrix} -1 \\ 7 \\ 5 \end{pmatrix}$$

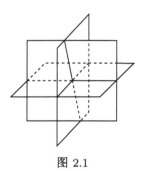

图 2.1

所组成的三阶行列式

$$\begin{vmatrix} 1 & -3 & -1 \\ 1 & 5 & 7 \\ 2 & 1 & 5 \end{vmatrix} = 18 + 3(-9) - (-9) = 0,$$

即这三个平面的法向量是共面的, 所以可以画出此时的三个平面的示意图 (图 2.2). 最后一个线性方程组 (2.7) 有无穷多个解, 可以类似地验证它的三个方程所表示的三个平面的法向量是共面的, 因此三个平面必相交于同一条直线 (图 2.3), 这条直线上每一个点的坐标都是线性方程组 (2.7) 的一个解.

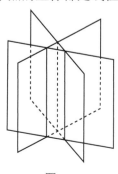

图 2.2

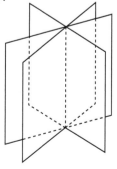

图 2.3

2.1.4 对线性方程组的增广矩阵进行初等变换

为了对一般的 n 元线性方程组更好地运用高斯消元法来进行求解, 有必要引入矩阵这一重要的工具. 这是因为线性方程组 (2.1) 的全部信息都已经包含在系数 a_{ij} 和常数项 b_i 中了. 我们可以只对系数 a_{ij} 和常数项 b_i 来进行运算, 而不必涉及具体的变量 x_i. 当然在这里系数 a_{ij} 和常数项 b_i 的位置是至关重要的. 按照位置顺序写成的一个矩形的数表称为**矩阵**, 在这个数表的两边要加上两个大括号. 例如线性方程组 (2.1) 的系数矩阵和包含了常数项的增广矩阵分别是

$$\begin{pmatrix} a_{11} & a_{12} & \cdots & a_{1n} \\ a_{21} & a_{22} & \cdots & a_{2n} \\ \vdots & \vdots & & \vdots \\ a_{m1} & a_{m2} & \cdots & a_{mn} \end{pmatrix} \text{和} \begin{pmatrix} a_{11} & a_{12} & \cdots & a_{1n} & b_1 \\ a_{21} & a_{22} & \cdots & a_{2n} & b_2 \\ \vdots & \vdots & & \vdots & \vdots \\ a_{m1} & a_{m2} & \cdots & a_{mn} & b_m \end{pmatrix}.$$

矩阵中每个位置上的数称为该位置的元素. 很明显, 当我们在对线性方程组 (2.1) 进行三种初等变换时, 就相当于对上述增广矩阵作以下的变换.

定义 2.2　矩阵的行初等变换

(1) 用一个非零的数乘矩阵的某一行 (即乘以这一行中的每个元素);

(2) 交换矩阵中两行的位置;

(3) 将一行的 k 倍加到另一行上 (即一行中的每个元素都乘以 k, 然后一起加到另一行中位于同列的元素上).

以上的三种变换称为矩阵的行初等变换. 我们用 r_i 表示矩阵的第 i 行, 用记号 kr_i 表示第一种初等变换: k 乘第 i 行 $(k \neq 0)$; 用 $r_i \leftrightarrow r_j$ 表示第二种初等变换: 第 i 行与第 j 行互换; 用 $kr_i + r_j$ 表示第三种初等变换: k 乘第 i 行后加到第 j 行以取代原来的第 j 行. 下面分别用矩阵和这些记号来表示前面的三个例子所实施的高斯消元法求解过程, 其中的每一个矩阵都分别对应了前面所列的一个同解的线性方程组.

线性方程组 (2.2) 的求解过程是

$$\begin{pmatrix} 2 & 1 & -1 & -1 \\ 1 & -2 & 1 & 5 \\ 3 & -1 & -2 & 0 \end{pmatrix} \xrightarrow{r_1 \leftrightarrow r_2} \begin{pmatrix} 1 & -2 & 1 & 5 \\ 2 & 1 & -1 & -1 \\ 3 & -1 & -2 & 0 \end{pmatrix} \xrightarrow[-3r_1+r_3]{-2r_1+r_2} \begin{pmatrix} 1 & -2 & 1 & 5 \\ 0 & 5 & -3 & -11 \\ 0 & 5 & -5 & -15 \end{pmatrix}$$

$$\xrightarrow{-r_2+r_3} \begin{pmatrix} 1 & -2 & 1 & 5 \\ 0 & 5 & -3 & -11 \\ 0 & 0 & -2 & -4 \end{pmatrix} \xrightarrow{-\frac{1}{2}r_3} \begin{pmatrix} 1 & -2 & 1 & 5 \\ 0 & 5 & -3 & -11 \\ 0 & 0 & 1 & 2 \end{pmatrix}$$

$$\xrightarrow[3r_3+r_2]{-r_3+r_1} \begin{pmatrix} 1 & -2 & 0 & 3 \\ 0 & 5 & 0 & -5 \\ 0 & 0 & 1 & 2 \end{pmatrix} \xrightarrow{\frac{1}{5}r_2} \begin{pmatrix} 1 & -2 & 0 & 3 \\ 0 & 1 & 0 & -1 \\ 0 & 0 & 1 & 2 \end{pmatrix}$$

$$\xrightarrow{2r_2+r_1} \begin{pmatrix} 1 & 0 & 0 & 1 \\ 0 & 1 & 0 & -1 \\ 0 & 0 & 1 & 2 \end{pmatrix}, \tag{2.8}$$

最后一个矩阵表明线性方程组 (2.2) 的解是 $x=1, y=-1, z=2$. 线性方程组 (2.5)
的求解过程是

$$\begin{pmatrix} 1 & 1 & 2 & 1 \\ -3 & 5 & 1 & -2 \\ -1 & 7 & 5 & 2 \end{pmatrix} \xrightarrow[r_1+r_3]{3r_1+r_2} \begin{pmatrix} 1 & 1 & 2 & 1 \\ 0 & 8 & 7 & 1 \\ 0 & 8 & 7 & 3 \end{pmatrix} \xrightarrow{-r_2+r_3} \begin{pmatrix} 1 & 1 & 2 & 1 \\ 0 & 8 & 7 & 1 \\ 0 & 0 & 0 & 2 \end{pmatrix}, \tag{2.9}$$

这里最后一个矩阵的第三行对应了一个矛盾 "方程": $0=2$, 所以线性方程组 (2.5)
无解.

线性方程组 (2.7) 的求解过程是

$$\begin{pmatrix} 1 & 1 & -2 & 6 \\ 2 & 3 & -3 & 14 \\ 3 & 5 & -4 & 22 \end{pmatrix} \xrightarrow[-3r_1+r_3]{-2r_1+r_2} \begin{pmatrix} 1 & 1 & -2 & 6 \\ 0 & 1 & 1 & 2 \\ 0 & 2 & 2 & 4 \end{pmatrix} \xrightarrow{-2r_2+r_3} \begin{pmatrix} 1 & 1 & -2 & 6 \\ 0 & 1 & 1 & 2 \\ 0 & 0 & 0 & 0 \end{pmatrix}$$

$$\xrightarrow{-r_2+r_1} \begin{pmatrix} 1 & 0 & -3 & 4 \\ 0 & 1 & 1 & 2 \\ 0 & 0 & 0 & 0 \end{pmatrix}, \tag{2.10}$$

最后一个矩阵对应了两个方程: $x-3z=4$ 和 $y+z=2$, 其中的自由未知量 z 可以
取任意数 p, 从而得到线性方程组 (2.7) 的通解为 $x=4+3p, y=2-p, z=p$.

(2.8) 式, (2.9) 式和 (2.10) 式的最后那个矩阵都是**阶梯形矩阵**, 即在这种矩阵
中, 每个非零行的第一个非零元素 (下面称为 "主元") 出现在上一行第一个非零元
素 (即主元) 的右边, 同时没有一个非零行出现在全零行的下面. 例如, 矩阵

$$\left(\begin{array}{cccccc} 2 & 0 & 1 & 3 & 4 & 0 \\ 0 & 1 & -1 & 2 & 0 & 1 \\ 0 & 0 & 0 & -2 & 0 & 7 \\ 0 & 0 & 0 & 0 & 0 & 0 \end{array}\right)$$

就是一个阶梯形矩阵. 本书在运用高斯消元法求解线性方程组时, 除了遇到像 (2.9) 式的最后那个矩阵中出现的矛盾 "方程" $0 = d(d \neq 0)$ 情形而停止外, 一般都要求将矩阵化到如 (2.8) 式和 (2.10) 式的最后那种矩阵——**简化阶梯阵**, 即在首先是阶梯形矩阵的条件上, 再加上 "每个非零行的主元是 1, 并且在每个包含主元的列 (称为 "主列") 中, 除了主元 1 以外的其余元素都是零" 这样的条件. 例如

$$\left(\begin{array}{ccccc} 1 & 2 & 0 & -\dfrac{1}{2} & -\dfrac{3}{2} \\ 0 & 0 & 1 & \dfrac{1}{2} & \dfrac{13}{6} \\ 0 & 0 & 0 & 0 & 0 \end{array}\right)$$

就是一个简化阶梯阵, 主列是第 1 列和第 3 列. 简化阶梯阵的一个好处是可以从矩阵中直接写出线性方程组的唯一解或者通解. 在求得阶梯形矩阵后, 应从最下面一个非零行中确定主元, 先将其变成 1, 然后将其所在主列的其他元素变成 0, 再逐个往上重复这个步骤, 就可以得到简化阶梯阵.

例 2.4 解线性方程组

$$\begin{cases} x + y + z + w = 6, \\ \quad - y - z + w = 0, \\ 2x + 4y + z - 2w = -1, \\ 3x + y - 2z + 2w = 3. \end{cases}$$

解 对含有 4 个未知量的线性方程组的增广矩阵进行如下的初等变换:

$$\left(\begin{array}{ccccc} 1 & 1 & 1 & 1 & 6 \\ 0 & -1 & -1 & 1 & 0 \\ 2 & 4 & 1 & -2 & -1 \\ 3 & 1 & -2 & 2 & 3 \end{array}\right) \xrightarrow[-3r_1+r_4]{-2r_1+r_3} \left(\begin{array}{ccccc} 1 & 1 & 1 & 1 & 6 \\ 0 & -1 & -1 & 1 & 0 \\ 0 & 2 & -1 & -4 & -13 \\ 0 & -2 & -5 & -1 & -15 \end{array}\right)$$

$$\xrightarrow[-2r_2+r_4]{2r_2+r_3} \left(\begin{array}{ccccc} 1 & 1 & 1 & 1 & 6 \\ 0 & -1 & -1 & 1 & 0 \\ 0 & 0 & -3 & -2 & -13 \\ 0 & 0 & -3 & -3 & -15 \end{array}\right) \xrightarrow{-r_3+r_4} \left(\begin{array}{ccccc} 1 & 1 & 1 & 1 & 6 \\ 0 & -1 & -1 & 1 & 0 \\ 0 & 0 & -3 & -2 & -13 \\ 0 & 0 & 0 & -1 & -2 \end{array}\right)$$

$$\xrightarrow{-r_4}
\begin{pmatrix}
1 & 1 & 1 & 1 & 6 \\
0 & -1 & -1 & 1 & 0 \\
0 & 0 & -3 & -2 & -13 \\
0 & 0 & 0 & 1 & 2
\end{pmatrix}
\xrightarrow[\substack{-r_4+r_2 \\ 2r_4+r_3}]{-r_4+r_1}
\begin{pmatrix}
1 & 1 & 1 & 0 & 4 \\
0 & -1 & -1 & 0 & -2 \\
0 & 0 & -3 & 0 & -9 \\
0 & 0 & 0 & 1 & 2
\end{pmatrix}$$

$$\xrightarrow{-\frac{1}{3}r_3}
\begin{pmatrix}
1 & 1 & 1 & 0 & 4 \\
0 & -1 & -1 & 0 & -2 \\
0 & 0 & 1 & 0 & 3 \\
0 & 0 & 0 & 1 & 2
\end{pmatrix}
\xrightarrow[-r_3+r_1]{r_3+r_2}
\begin{pmatrix}
1 & 1 & 0 & 0 & 1 \\
0 & -1 & 0 & 0 & 1 \\
0 & 0 & 1 & 0 & 3 \\
0 & 0 & 0 & 1 & 2
\end{pmatrix}$$

$$\xrightarrow{-r_2}
\begin{pmatrix}
1 & 1 & 0 & 0 & 1 \\
0 & 1 & 0 & 0 & -1 \\
0 & 0 & 1 & 0 & 3 \\
0 & 0 & 0 & 1 & 2
\end{pmatrix}
\xrightarrow{-r_2+r_1}
\begin{pmatrix}
1 & 0 & 0 & 0 & 2 \\
0 & 1 & 0 & 0 & -1 \\
0 & 0 & 1 & 0 & 3 \\
0 & 0 & 0 & 1 & 2
\end{pmatrix},$$

上述最后的矩阵对应于线性方程组

$$\begin{cases}
x = 2, \\
y = -1, \\
z = 3, \\
w = 2,
\end{cases} \tag{2.11}$$

所以线性方程组有唯一解 $x = 2, y = -1, z = 3, w = 2$. □

例 2.5　解线性方程组

$$\begin{cases}
x + y & -3w - u = 2, \\
x - y + 2z - w & = 1, \\
4x - 2y + 6z + 3w - 4u = 8, \\
2x + 4y - 2z + 4w - 7u = 9.
\end{cases}$$

解　对含有 5 个未知量的线性方程组的增广矩阵进行如下的初等变换:

$$\begin{pmatrix}
1 & 1 & 0 & -3 & -1 & 2 \\
1 & -1 & 2 & -1 & 0 & 1 \\
4 & -2 & 6 & 3 & -4 & 8 \\
2 & 4 & -2 & 4 & -7 & 9
\end{pmatrix}
\xrightarrow[\substack{-4r_1+r_3 \\ -2r_1+r_4}]{-r_1+r_2}
\begin{pmatrix}
1 & 1 & 0 & -3 & -1 & 2 \\
0 & -2 & 2 & 2 & 1 & -1 \\
0 & -6 & 6 & 15 & 0 & 0 \\
0 & 2 & -2 & 10 & -5 & 5
\end{pmatrix}$$

$$\xrightarrow[r_2+r_4]{-3r_2+r_3} \begin{pmatrix} 1 & 1 & 0 & -3 & -1 & 2 \\ 0 & -2 & 2 & 2 & 1 & -1 \\ 0 & 0 & 0 & 9 & -3 & 3 \\ 0 & 0 & 0 & 12 & -4 & 4 \end{pmatrix} \xrightarrow{-\frac{4}{3}r_3+r_4} \begin{pmatrix} 1 & 1 & 0 & -3 & -1 & 2 \\ 0 & -2 & 2 & 2 & 1 & -1 \\ 0 & 0 & 0 & 9 & -3 & 3 \\ 0 & 0 & 0 & 0 & 0 & 0 \end{pmatrix}$$

$$\xrightarrow{\frac{1}{9}r_3} \begin{pmatrix} 1 & 1 & 0 & -3 & -1 & 2 \\ 0 & -2 & 2 & 2 & 1 & -1 \\ 0 & 0 & 0 & 1 & -\frac{1}{3} & \frac{1}{3} \\ 0 & 0 & 0 & 0 & 0 & 0 \end{pmatrix} \xrightarrow[-2r_3+r_2]{3r_3+r_1} \begin{pmatrix} 1 & 1 & 0 & 0 & -2 & 3 \\ 0 & -2 & 2 & 0 & \frac{5}{3} & -\frac{5}{3} \\ 0 & 0 & 0 & 1 & -\frac{1}{3} & \frac{1}{3} \\ 0 & 0 & 0 & 0 & 0 & 0 \end{pmatrix}$$

$$\xrightarrow{-\frac{1}{2}r_2} \begin{pmatrix} 1 & 1 & 0 & 0 & -2 & 3 \\ 0 & 1 & -1 & 0 & -\frac{5}{6} & \frac{5}{6} \\ 0 & 0 & 0 & 1 & -\frac{1}{3} & \frac{1}{3} \\ 0 & 0 & 0 & 0 & 0 & 0 \end{pmatrix} \xrightarrow{-r_2+r_1} \begin{pmatrix} 1 & 0 & 1 & 0 & -\frac{7}{6} & \frac{13}{6} \\ 0 & 1 & -1 & 0 & -\frac{5}{6} & \frac{5}{6} \\ 0 & 0 & 0 & 1 & -\frac{1}{3} & \frac{1}{3} \\ 0 & 0 & 0 & 0 & 0 & 0 \end{pmatrix},$$

此时, 最后一个简化阶梯阵所对应的同解线性方程组是

$$\begin{cases} x & +z & -\dfrac{7}{6}u = \dfrac{13}{6}, \\ & y-z & -\dfrac{5}{6}u = \dfrac{5}{6}, \\ & & w-\dfrac{1}{3}u = \dfrac{1}{3}. \end{cases} \tag{2.12}$$

这里主元所对应的未知量是 x, y 和 w, 其余的两个未知量 z 和 u 就是自由未知量, 它们可以取任意值: $z = p$ 和 $u = q$, 将它们代入上述线性方程组后就可以解出 x, y 和 w, 从而得到原线性方程组的通解为

$$x = \frac{13}{6} - p + \frac{7}{6}q, \quad y = \frac{5}{6} + p + \frac{5}{6}q, \quad z = p, \quad w = \frac{1}{3} + \frac{1}{3}q, \quad u = q. \qquad \square$$

例 2.6 解线性方程组

$$\begin{cases} x - y - 2z - 5w = 10, \\ 2x - 2y - z - 8w = 15, \\ 4x - 4y + z - 14w = 32, \\ -3x + 3y + 11w = -20. \end{cases}$$

解   对增广矩阵进行初等变换:

$$\begin{pmatrix} 1 & -1 & -2 & -5 & 10 \\ 2 & -2 & -1 & -8 & 15 \\ 4 & -4 & 1 & -14 & 32 \\ -3 & 3 & 0 & 11 & -20 \end{pmatrix} \xrightarrow[3r_1+r_4]{\substack{-2r_1+r_2 \\ -4r_1+r_3}} \begin{pmatrix} 1 & -1 & -2 & -5 & 10 \\ 0 & 0 & 3 & 2 & -5 \\ 0 & 0 & 9 & 6 & -8 \\ 0 & 0 & -6 & -4 & 10 \end{pmatrix}$$

$$\xrightarrow[2r_2+r_4]{-3r_2+r_3} \begin{pmatrix} 1 & -1 & -2 & -5 & 10 \\ 0 & 0 & 3 & 2 & -5 \\ 0 & 0 & 0 & 0 & 7 \\ 0 & 0 & 0 & 0 & 0 \end{pmatrix},$$

最后一个矩阵的第三行对应了一个矛盾 “方程”: $0 = 7$, 所以原线性方程组无解. □

2.1.5   线性方程组的求解定理

以上三个例子实际上概括了求解 n 元线性方程组时遇到的所有情形: 有唯一解、无解或有无穷多解. 这是因为对于一般的 n 元线性方程组 (2.1) 而言, 可假设 x_1 的 m 个系数不全为 0(否则线性方程组可视为 $x_2, x_3, \cdots, x_n$ 的 $n-1$ 个未知量的线性方程组). 通过换行总能使第一个方程中 x_1 的系数不为 0, 因此不妨设 $a_{11} \neq 0$, 再用第三种初等变换, 可将后 $m-1$ 个方程 x_1 的系数全消为 0, 即它的增广矩阵变为

$$\begin{pmatrix} a_{11} & a_{12} & \cdots & a_{1n} & b_1 \\ a_{21} & a_{22} & \cdots & a_{2n} & b_2 \\ \vdots & \vdots & & \vdots & \vdots \\ a_{m1} & a_{m2} & \cdots & a_{mn} & b_m \end{pmatrix} \longrightarrow \begin{pmatrix} a_{11} & a_{12} & \cdots & a_{1n} & b_1 \\ 0 & a'_{22} & \cdots & a'_{2n} & b'_2 \\ \vdots & \vdots & & \vdots & \vdots \\ 0 & a'_{m2} & \cdots & a'_{mn} & b'_m \end{pmatrix}.$$

用类似的方法分析第 2 行到第 m 行, 若 $a'_{22}, a'_{32}, \cdots, a'_{m2}$ 不全为 0(否则考察 $a'_{23}, a'_{33}, \cdots, a'_{m3}$), 不妨设 $a'_{22} \neq 0$, 再用第三种初等变换, 将后 $m-2$ 个方程中 x_2 的系数全消为 0. 重复这个过程, 可以将增广矩阵变换成如下的阶梯形矩阵:

$$\begin{pmatrix} c_{11} & \cdots & c_{1i_2} & \cdots & c_{1i_r} & \cdots & c_{1n} & d_1 \\ 0 & \cdots & c_{2i_2} & \cdots & c_{2i_r} & \cdots & c_{2n} & d_2 \\ \vdots & & \vdots & & \vdots & & \vdots & \vdots \\ 0 & \cdots & 0 & \cdots & c_{ri_r} & \cdots & c_{rn} & d_r \\ 0 & \cdots & 0 & \cdots & 0 & \cdots & 0 & d_{r+1} \\ 0 & \cdots & 0 & \cdots & 0 & \cdots & 0 & 0 \end{pmatrix}. \tag{2.13}$$

这里的 $c_{11} = a_{11}$, 它和 $c_{2i_2}, \cdots, c_{ri_r}$ 一样都是不为 0 的主元. 如果 $d_{r+1} \neq 0$, 那么就和例 2.6 中最后那个矩阵一样, 表明线性方程组 (2.1) 没有解. 如果 $d_{r+1} = 0$, 则

接下来用第一种初等变换将所有的主元都变成 1, 然后用第三种初等变换把主列里的其他元素都变成 0, 最后得到增广矩阵的简化阶梯阵, 其所对应的同解线性方程组可以如同 (2.12) 式右边的线性方程组那样写成

$$\begin{cases} x_{i_1} & +c'_{1i_{r+1}}x_{i_{r+1}} + \cdots + c'_{1i_n}x_{i_n} = d'_1, \\ & x_{i_2} & +c'_{2i_{r+1}}x_{i_{r+1}} + \cdots + c'_{2i_n}x_{i_n} = d'_2, \\ & \cdots\cdots \\ & x_{i_r} & +c'_{ri_{r+1}}x_{i_{r+1}} + \cdots + c'_{ri_n}x_{i_n} = d'_r. \end{cases} \tag{2.14}$$

这里的 $i_1, i_2, \cdots, i_n$ 是 $1, 2, \cdots, n$ 的一个排列, 例如在 (2.12) 式的线性方程组中, 未知量依次是 $x = x_1, y = x_2, z = x_3, w = x_4, u = x_5$, 而 $i_1 = 1, i_2 = 2, i_3 = 4, i_4 = 3, i_5 = 5$, 这样就有 $x_{i_1} = x_1 = x, x_{i_2} = x_2 = y, x_{i_3} = x_4 = w, x_{i_4} = x_3 = z, x_{i_5} = x_5 = u$, 并且阶梯形矩阵非零行的个数 $r = 3$, 自由未知量是 z 和 u.

现在对于线性方程组 (2.1) 的同解方程组 (2.14) 来说, 又分两种情况:

(1) $r = n$, 此时就和线性方程组 (2.11) 一样, 线性方程组 (2.1) 有唯一解, 就是 $x_{i_t} = d'_t, t = 1, 2, \cdots, n$.

(2) $r < n$, 此时将 $n - r$ 个未知量 $x_{i_{r+1}}, \cdots, x_{i_n}$ 作为自由未知量, 它们可以依次取任意的数 $p_{i_{r+1}}, \cdots, p_{i_n}$, 代入方程组 (2.14) 后, 就得到通解为

$$x_{i_1} = d'_1 - c'_{1i_{r+1}}p_{i_{r+1}} - \cdots - c'_{1n}p_{i_n},$$
$$x_{i_2} = d'_2 - c'_{2i_{r+1}}p_{i_{r+1}} - \cdots - c'_{2n}p_{i_n},$$
$$\cdots\cdots$$
$$x_{i_r} = d'_r - c'_{ri_{r+1}}p_{i_{r+1}} - \cdots - c'_{rn}p_{i_n},$$
$$x_{i_{r+1}} = p_{i_{r+1}},$$
$$\cdots\cdots$$
$$x_{i_n} = p_{i_n}.$$

由于 $p_{i_{r+1}}, \cdots, p_{i_n}$ 可以任意取值, 所以得到线性方程组 (2.1) 的无穷多个解.

我们将上述结果总结为以下的定理.

定理 2.2 (非齐次线性方程组求解定理) 对线性方程组 (2.1) 的增广矩阵运用高斯消元法, 可以得到阶梯形矩阵 (2.13). 如果其中的 $d_{r+1} \neq 0$, 那么线性方程组 (2.1) 无解, 如果 $d_{r+1} = 0$, 那么线性方程组 (2.1) 有解, 并且当 $r = n$ 时有唯一解, 当 $r < n$ 时有无穷多解.

在线性方程组 (2.1) 中, 如果常数项 b_i 全为 0, 那么就称为**齐次线性方程组**, 否则称为**非齐次线性方程组**. 齐次线性方程组有一个显然的解: $x_1 = x_2 = \cdots = x_n = 0$, 它称为齐次线性方程组的零解.

什么情况下齐次线性方程组有非零解? 我们先来看一下最简单的例子:

$$\begin{cases} x + y + z = 0, \\ 3x - 2y + z = 0. \end{cases}$$

这个齐次线性方程组表示了由两个经过原点的平面相交而成的一条经过原点的直线, 这条直线上除去原点以外所有的点的坐标都是这个齐次线性方程组的非零解. 推而广之, 当一个齐次线性方程组中方程的个数小于未知量的个数时, 这个齐次线性方程组必有非零解.

定理 2.3 (齐次线性方程组非零解存在定理)　如果在齐次线性方程组

$$\begin{cases} a_{11}x_1 + a_{12}x_2 + \cdots + a_{1n}x_n = 0, \\ a_{21}x_1 + a_{22}x_2 + \cdots + a_{2n}x_n = 0, \\ \quad\quad \cdots\cdots \\ a_{m1}x_1 + a_{m2}x_2 + \cdots + a_{mn}x_n = 0 \end{cases} \tag{2.15}$$

中有 $m < n$, 则它一定有非零解.

证明　对齐次线性方程组 (2.15) 的增广矩阵实施高斯消元法, 得到阶梯形矩阵 (2.13). 由于常数项全为 0, 所以有 $d_{r+1} = 0$, 因此齐次线性方程组有解, 又因为 $r \leqslant m < n$, 根据定理 2.2 知齐次线性方程组有无穷多解, 所以一定有零解以外的非零解. $\qquad\square$

习　题　2.1

1. 证明: 所有形如 $a + b\sqrt{p}$ 的数 (其中 $a, b \in \mathbb{Q}$, $\mathbb{Q}$ 是有理数域, p 为素数) 组成一个数域, 用 $\mathbb{Q}(\sqrt{p})$ 表示.

2. 证明: 两个数域的交集还是一个数域.

3. 集合 $S = \left\{ \dfrac{m}{2^n} \,\middle|\, m, n \in \mathbb{Z} \right\}$ 是数域吗? 说明理由.

4. 已知实数 x 满足 $x + \dfrac{1}{x} = 2\cos\alpha$. 证明: 对任何正整数 n, 有 $x^n + \dfrac{1}{x^n} = 2\cos n\alpha$.

5. 证明斐波那契数列 $F_0 = 1, F_1 = 1, F_{n+2} = F_{n+1} + F_n (n = 0, 1, \cdots)$ 的通项公式是

$$F_n = \frac{1}{\sqrt{5}} \left(\left(\frac{1 + \sqrt{5}}{2} \right)^{n+1} - \left(\frac{1 - \sqrt{5}}{2} \right)^{n+1} \right).$$

6. 用行初等变换将下列矩阵化为阶梯形矩阵:

$$(1) \begin{pmatrix} 1 & 7 & 2 & 8 \\ 2 & 14 & 4 & 10 \\ -1 & -7 & 3 & 7 \end{pmatrix};$$

$$(2) \begin{pmatrix} 2 & -2 & -1 & -8 & 15 \\ 1 & -1 & -2 & -5 & 10 \\ 4 & -4 & 1 & -14 & 25 \\ -3 & 3 & 0 & 11 & -20 \end{pmatrix}.$$

7. 用高斯消元法解下列线性方程组:

$$(1) \begin{cases} x - 2y + z + w = 1, \\ x - 2y + z - w = -1, \\ x - 2y + z + w = 5; \end{cases}$$

$$(2) \begin{cases} 2x + y - 5z + w = 8, \\ x + 4y - 7z + 6w = 0, \\ x - y - z - 4w = 4, \\ x + 4y - 5z + 7w = -1; \end{cases}$$

$$(3) \begin{cases} x - y - z + w = 80, \\ x - y + z - 3w = 1, \\ x - y - 2z + 3w = -\dfrac{1}{2}; \end{cases}$$

$$(4) \begin{cases} x + 3y - 4z + 2w = 0, \\ 3x - y + 2z - w = 0, \\ -2x + 4y - z + 3w = 0, \\ 3x + 9y - 7z + 6w = 0; \end{cases}$$

$$(5) \begin{cases} x + 2y + 3z = 4, \\ 4x + 5y + 6z = 7, \\ 7x + 8y + 9z = 10; \end{cases}$$

$$(6) \begin{cases} 2x - y - z + w = 2, \\ x + y - 2z + w = 4, \\ 4x - 6y + 2z - 2w = 4, \\ 3x + 6y - 9z + 7w = 9; \end{cases}$$

$$(7) \begin{cases} x + 2y + 3z - w = 1, \\ 3x + 2y + z + w = 1, \\ 2x + 3y + z + w = 1, \\ 2x + 2y + 2z - w = 1, \\ 5x + 5y + 2z = 2; \end{cases}$$

$$(8) \begin{cases} -x - 2y + 11z - 3w = 15, \\ -2x + y + 2z - 4w + 3u = -3, \\ 6x - y - 2z - 10w - 3u = -21, \\ -5x + 2y + 4z - 5w + 6u = -1. \end{cases}$$

8. 用行初等变换将下列矩阵化为简化阶梯阵:

$$(1) \begin{pmatrix} 2 & 1 & -3 & 1 & -1 \\ 1 & 2 & -2 & 2 & 0 \\ -1 & 3 & 2 & -2 & 5 \end{pmatrix};$$

$$(2) \begin{pmatrix} 3 & 2 & 0 & 5 & 0 \\ 3 & -2 & 3 & 6 & -1 \\ 2 & 0 & 1 & 5 & -3 \\ 1 & 6 & -4 & -1 & 4 \end{pmatrix};$$

$$(3) \begin{pmatrix} 1 & 1 & -3 & -1 & 1 \\ 3 & -1 & -3 & 4 & 4 \\ 1 & 5 & -9 & -8 & 0 \end{pmatrix}.$$

9. 证明: 当 $m < n$ 时, 若 m 个方程 n 个未知量的线性方程组有解, 就一定有无穷多解.

10. 证明: 当齐次线性方程组有一个非零解时, 必有无穷多解.

11. 试给出无解和有无穷多解的二元线性方程组的两个例子, 并且用图形说明其几何意义.

2.2 矩阵的运算

在 2.1 节, 我们为了求解线性方程组而引入了矩阵的概念和它的行初等变换. 实际上, 矩阵是一个应用广泛, 并且具有丰富性质的数学工具, 它可以看成向量的某种形式的推广: 这是一个形状为矩形的数表, 对它还能够定义包括加、减、乘、除 (即求逆矩阵) 在内的各种运算.

定义 2.3　矩阵

由 mn 个数排成的 m 行 n 列矩形数表

$$A = \begin{pmatrix} a_{11} & a_{12} & \cdots & a_{1n} \\ a_{21} & a_{22} & \cdots & a_{2n} \\ \vdots & \vdots & & \vdots \\ a_{m1} & a_{m2} & \cdots & a_{mn} \end{pmatrix} \tag{2.16}$$

称为一个 $m \times n$ 矩阵, 其中 a_{ij} 称为矩阵的第 i 行第 j 列元素.

本节用大写字母表示矩阵, 也可以将 (2.16) 式中的矩阵写成 $A = (a_{ij})_{m \times n}$ 或 $A_{m \times n}$, 要仔细观察和熟悉矩阵的每一行与每一列中元素的两个下标的含义及规律. 例如, 在矩阵 (2.16) 中第 2 行元素 $a_{21}, a_{22}, \cdots, a_{2n}$ 的第一个下标全是行数 2, 第 3 列元素 $a_{13}, a_{23}, \cdots, a_{m3}$ 的第二个下标全是列数 3.

2.2.1　各种特殊矩阵

在本书中, 全体 $m \times n$ 矩阵的集合记为 $M_{m,n}$. 有时为了指出矩阵中元素 a_{ij} 是实数还是复数, 用 $M_{m,n}(\mathbb{R})$ 和 $M_{m,n}(\mathbb{C})$ 分别表示实矩阵和复矩阵的集合. 例如, $A \in M_{m,n}(\mathbb{R})$ 就表示 A 是一个元素全为实数的矩阵. 本书除特别指明外, 一般总是假定 A 的元素在一个数域 $\mathbb{F}$ 中, 此时也称 A 是数域 $\mathbb{F}$ 上的矩阵, 记为 $A \in M_{m,n}(\mathbb{F})$, 并且 "常数" 一词也指在相应数域 $\mathbb{F}$ 中的常数. 当 $m = n$ 时, $m \times n$ 矩阵称为方阵或 n 阶矩阵, 数域 $\mathbb{F}$ 上全体 n 阶矩阵的集合记为 $M_n(\mathbb{F})$.

以下是矩阵的一些例子:

$$A = \begin{pmatrix} 2 & 1 \\ 0 & -1 \\ 4 & 7 \end{pmatrix}, \quad B = \begin{pmatrix} 2 & 4 & 3 & -1 \\ 4 & -1 & 0 & 1 \end{pmatrix}, \quad C = \begin{pmatrix} 1 & 3 \\ 2 & 4 \end{pmatrix},$$

$$D = (3 \quad 1 \quad -1), \qquad E = \begin{pmatrix} 2 \\ -1 \end{pmatrix}, \qquad F = (2),$$

其中, A 是 3×2 矩阵; B 是 2×4 矩阵; C 是 2 阶方阵; D 是 1×3 矩阵; E 是 2×1 矩阵; F 是 1×1 矩阵, 它其实就是一个数, 因此可以写 $F = (2) = 2$. 像 D 这样只有一行的矩阵

$$(a_1 \quad a_2 \quad \cdots \quad a_n)$$

也称为行向量 (或行矩阵). 有时为避免元素之间的混淆, 行向量也记作

$$(a_1, a_2, \cdots, a_n).$$

而像 E 这样只有一列的矩阵

$$\begin{pmatrix} b_1 \\ b_2 \\ \vdots \\ b_n \end{pmatrix}$$

称为列向量或 (列矩阵). 很明显, 列向量是空间向量的直接推广.

另外, 还有一些比较特殊的矩阵. 例如, 元素全为零的 $m \times n$ 矩阵称为**零矩阵**, 有时记为 $0_{m \times n}$(或者只记为 0). n 阶方阵

$$A = \begin{pmatrix} a_{11} & & & \\ & a_{22} & & \\ & & \ddots & \\ & & & a_{nn} \end{pmatrix}$$

称为**对角矩阵**, 其中 $a_{11}, a_{22}, \cdots, a_{nn}$ 位于方阵的主对角线上, 其他未标出的元素都是 0. 为了节约书写空间, 人们经常将对角矩阵记为 $A = \mathrm{diag}(a_{11}, a_{22}, \cdots, a_{nn})$. 对角矩阵中最常见的是**单位矩阵**

$$I_n = \begin{pmatrix} 1 & & & \\ & 1 & & \\ & & \ddots & \\ & & & 1 \end{pmatrix},$$

简记为 I, 这是一个主对角线元素都是 1, 其他元素全是 0 的 n 阶矩阵.

还有一种对角矩阵是**纯量矩阵**$A = \mathrm{diag}(c, c, \cdots, c)$, 其中 c 是常数, 纯量矩阵也可以记为 cI. 特殊形态的矩阵还包括**上三角矩阵**

$$\begin{pmatrix} a_{11} & a_{12} & \cdots & a_{1n} \\ & a_{22} & \cdots & a_{2n} \\ & & \ddots & \vdots \\ & & & a_{nn} \end{pmatrix},$$

其中的元素满足条件: 当 $i > j$ 时, $a_{ij} = 0$. 类似地, 有**下三角矩阵**

$$\begin{pmatrix} a_{11} & & & \\ a_{21} & a_{22} & & \\ \vdots & \vdots & \ddots & \\ a_{n1} & a_{n2} & \cdots & a_{nn} \end{pmatrix},$$

其中的元素满足条件: 当 $i < j$ 时, $a_{ij} = 0$.

对于 $A = (a_{ij})_{m \times n}$ 和 $B = (b_{ij})_{s \times t}$ 来说, 如果 $m = s, n = t$, 则称 A 与 B 是**同型矩阵**. 例如,

$$\begin{pmatrix} 2 & 4 \\ 1 & 0 \\ -1 & 1 \end{pmatrix} \quad \text{与} \quad \begin{pmatrix} 3 & 6 \\ -1 & 7 \\ 10 & 8 \end{pmatrix}$$

就是同型矩阵. 对于同型矩阵 $A = (a_{ij})_{m \times n}, B = (b_{ij})_{m \times n}$, 如果 $a_{ij} = b_{ij}, i = 1, 2, \cdots, m, j = 1, 2, \cdots, n$, 则称矩阵 A 与 B **相等**, 记为 $A = B$, 这与两个向量相等的含义是一样的. 例如, 有两个 2×3 矩阵

$$A = \begin{pmatrix} 3 & 0 & 4 \\ -1 & 2 & a \end{pmatrix} \quad \text{和} \quad B = \begin{pmatrix} 3 & c & z \\ x & 2 & 1 \end{pmatrix},$$

并且已知 $A = B$, 则有 $x = -1, z = 4, a = 1, c = 0$.

2.2.2　矩阵的加法和数乘

下面我们介绍矩阵的加法.

定义 2.4　矩阵的加法

设 $A = (a_{ij})_{m \times n}, B = (b_{ij})_{m \times n}$ 是两个 $m \times n$ 矩阵, 则矩阵 $C = (c_{ij})$ 称为 A 与 B 的**和**, 其中 $c_{ij} = a_{ij} + b_{ij} (i = 1, 2, \cdots, m; j = 1, 2, \cdots, n)$, 记为 $C = A + B$.

矩阵 A 与 B 的减法 $A - B$ 的定义和上述加法的定义是类似的, 只要将加号改为减号, 两个不同型的矩阵不能相加或相减.

例 2.7　分别对以下两对矩阵求和 $A + B$ 与差 $A - B$:

(1) $A = \begin{pmatrix} 1 & -1 & 2 \\ 0 & 1 & 3 \end{pmatrix}$ 与 $B = \begin{pmatrix} 2 & 1.5 & 6 \\ -3 & 2 & 0 \end{pmatrix}$;

(2) $A = \begin{pmatrix} 1 & 0 \\ 3 & -4 \end{pmatrix}$ 与 $B = \begin{pmatrix} 1 & 1 & 2 \\ 0 & -2 & 0 \end{pmatrix}$.

解 (1) 由于 A 与 B 是同型矩阵, 所以

$$A + B = \begin{pmatrix} 1+2 & -1+1.5 & 2+6 \\ 0+(-3) & 1+2 & 3+0 \end{pmatrix} = \begin{pmatrix} 3 & 0.5 & 8 \\ -3 & 3 & 3 \end{pmatrix},$$

$$A - B = \begin{pmatrix} 1-2 & -1-1.5 & 2-6 \\ 0-(-3) & 1-2 & 3-0 \end{pmatrix} = \begin{pmatrix} -1 & -2.5 & -4 \\ 3 & -1 & 3 \end{pmatrix}.$$

(2) 由于 A 是 2 阶方阵, B 是 2×3 矩阵, 所以 A 与 B 不是同型矩阵, 不能求和与差. □

对于矩阵 $A = (a_{ij})_{m \times n}$ 来说, 矩阵

$$\begin{pmatrix} -a_{11} & -a_{12} & \cdots & -a_{1n} \\ -a_{21} & -a_{22} & \cdots & -a_{2n} \\ \vdots & \vdots & & \vdots \\ -a_{m1} & -a_{m2} & \cdots & -a_{mn} \end{pmatrix}$$

称为矩阵 A 的**负矩阵**, 记为 $-A$.

定理 2.4 设 A, B, C 是三个同型矩阵, 则成立以下的加法性质.
(1) 交换律: $A + B = B + A$;
(2) 结合律: $A + (B + C) = (A + B) + C$;
(3) $A + 0 = 0 + A = A$, 其中 0 是与 A 同型的零矩阵;
(4) $A + (-A) = 0$, 其中 0 也是与 A 同型的零矩阵.

证明 由于矩阵的相加就是对应位置的元素相加, 所以由数的加法性质就可以得到矩阵加法的这四个性质. □

定义 2.5 矩阵的数乘
设 $A = (a_{ij})_{m \times n}$, k 是一个常数, 则矩阵 $(ka_{ij})_{m \times n}$ 称为数 k 与矩阵 A 的数乘, 记为 kA.

例 2.8 已知

$$A = \begin{pmatrix} 1 & -2 & 3 \\ 7 & 4 & -6 \end{pmatrix},$$

求 $2A, (-3)A, 0A, 1A, (-1)A$.

解 由定义, 得

$$2A = \begin{pmatrix} 2(1) & 2(-2) & 2(3) \\ 2(7) & 2(4) & 2(-6) \end{pmatrix} = \begin{pmatrix} 2 & -4 & 6 \\ 14 & 8 & -12 \end{pmatrix},$$

同理有

$$(-3)A = \begin{pmatrix} -3 & 6 & -9 \\ -21 & -12 & 18 \end{pmatrix}, \quad 0A = \begin{pmatrix} 0 & 0 & 0 \\ 0 & 0 & 0 \end{pmatrix},$$

$$1A = \begin{pmatrix} 1 & -2 & 3 \\ 7 & 4 & -6 \end{pmatrix}, \quad (-1)A = \begin{pmatrix} -1 & 2 & -3 \\ -7 & -4 & 6 \end{pmatrix}. \qquad \square$$

从上例知道, $1A = A$, 并且 $(-1)A$ 就是 A 的负矩阵 $-A$. 此外, 前面的纯量矩阵 aI 实际上就是数 a 与单位矩阵 I 的数乘. 矩阵的数乘有以下性质.

定理 2.5　设 A 和 B 是同型矩阵, k 和 l 是两个常数, 则有
(1) $k(A + B) = kA + kB$;
(2) $(k + l)A = kA + lA$;
(3) $(kl)A = k(lA)$;
(4) $1A = A, 0A = 0, (-1)A = -A$.

证明　由于矩阵的数乘是将矩阵的每一个元素都乘以同一个常数, 那么由数的乘法性质就可以得到矩阵数乘的这四个性质.　　　　　　　　　　　　　　□

2.2.3　矩阵的乘法

矩阵的乘法是矩阵最重要的一种运算. 大约两百年前, 大数学家高斯在研究数论中二元二次型

$$q_{11}x^2 + 2q_{12}xy + q_{22}y^2 \tag{2.17}$$

的时候, 已经有了关于矩阵乘法的思想萌芽, 只是那时还没有矩阵的正式定义. 高斯需要对二元二次型 (2.17) 连续进行两次换元的变换, 第一次变换

$$\begin{cases} x = ax' + by', \\ y = cx' + dy' \end{cases} \tag{2.18}$$

把变量 x, y 换成 x', y', 第二次变换

$$\begin{cases} x' = a_1x'' + b_1y'', \\ y' = c_1x'' + d_1y'' \end{cases} \tag{2.19}$$

又把变量 x', y' 换成了 x'', y'', 经过了这两次变换后, 他得到了变量 x, y 与变量 x'', y'' 之间新的变换关系式, 即把 (2.19) 式代入 (2.18) 式后可得

$$\begin{cases} x = a(a_1x'' + b_1y'') + b(c_1x'' + d_1y'') \\ \quad = (aa_1 + bc_1)x'' + (ab_1 + bd_1)y'', \\ y = c(a_1x'' + b_1y'') + d(c_1x'' + d_1y'') \\ \quad = (ca_1 + dc_1)x'' + (cb_1 + dd_1)y'', \end{cases} \tag{2.20}$$

在有了矩阵的语言后, 我们可以说变换式 (2.18) 和 (2.19) 实际上分别是由系数矩阵

$$\begin{pmatrix} a & b \\ c & d \end{pmatrix} \quad 和 \quad \begin{pmatrix} a_1 & b_1 \\ c_1 & d_1 \end{pmatrix} \tag{2.21}$$

确定的. 而新变换式 (2.20) 也由系数矩阵

$$\begin{pmatrix} aa_1 + bc_1 & ab_1 + bd_1 \\ ca_1 + dc_1 & cb_1 + dd_1 \end{pmatrix} \tag{2.22}$$

完全确定. 连续进行两次换元变换相当于将 (2.21) 式中的两个矩阵 "相乘", 其结果就是 (2.22) 式中的矩阵, 因此我们可以有以下矩阵 "乘积" 等式

$$\begin{pmatrix} a & b \\ c & d \end{pmatrix} \begin{pmatrix} a_1 & b_1 \\ c_1 & d_1 \end{pmatrix} = \begin{pmatrix} aa_1 + bc_1 & ab_1 + bd_1 \\ ca_1 + dc_1 & cb_1 + dd_1 \end{pmatrix}. \tag{2.23}$$

(2.23) 式实际上就是 19 世纪中叶英国数学家凯莱对 2 阶方阵正式定义的矩阵乘法, 注意等号右边矩阵中位于第 1 行第 1 列的元素是等号左边第一个矩阵的第 1 行与第二个矩阵的第 1 列的对应元素乘积的和:

$$(a \quad b) \begin{pmatrix} a_1 \\ c_1 \end{pmatrix} = aa_1 + bc_1,$$

等号右边矩阵中位于第 1 行第 2 列的元素是等号左边第一个矩阵的第 1 行与第二个矩阵的第 2 列的对应元素乘积的和:

$$(a \quad b) \begin{pmatrix} b_1 \\ d_1 \end{pmatrix} = ab_1 + bd_1,$$

等号右边矩阵中其他元素的获得也有相似的规律.

现在我们定义的矩阵的乘法并不局限于方阵的相乘, 只要第一个矩阵的列数与第二个矩阵的行数相等, 就可以定义它们的乘法, 设 $A = (a_{ij})_{m \times n}$ 是 $m \times n$ 矩阵, $B = (b_{ij})_{n \times p}$ 是 $n \times p$ 矩阵, 先定义 A 的第 i 行

$$(a_{i1} \quad a_{i2} \quad \cdots \quad a_{in})$$

与 B 的第 j 列

$$\begin{pmatrix} b_{1j} \\ b_{2j} \\ \vdots \\ b_{nj} \end{pmatrix}$$

的**行列积**为

$$a_{i1}b_{1j} + a_{i2}b_{2j} + \cdots + a_{in}b_{nj} = \sum_{k=1}^{n} a_{ik}b_{kj}.$$

用下式表示这个行列积的计算过程:

$$(a_{i1} \quad a_{i2} \quad \cdots \quad a_{in}) \begin{pmatrix} b_{1j} \\ b_{2j} \\ \vdots \\ b_{nj} \end{pmatrix} = a_{i1}b_{1j} + a_{i2}b_{2j} + \cdots + a_{in}b_{nj}.$$

例如, 对于矩阵

$$A = \begin{pmatrix} 1 & -1 & 2 \\ 0 & 1 & 3 \end{pmatrix} \quad 和 \quad B = \begin{pmatrix} 1 & -1 & -3 \\ 1 & 2 & 4 \\ 1 & 3 & 6 \end{pmatrix},$$

则 A 的第 1 行与 B 的第 2 列的行列积为

$$(1 \quad -1 \quad 2) \begin{pmatrix} -1 \\ 2 \\ 3 \end{pmatrix} = 1(-1) + (-1)2 + 2(3) = 3,$$

A 的第 2 行与 B 的第 3 列的行列积为

$$(0 \quad 1 \quad 3) \begin{pmatrix} -3 \\ 4 \\ 6 \end{pmatrix} = 0(-3) + 1(4) + 3(6) = 22.$$

定义 2.6　矩阵的乘法

设 $A = (a_{ij})_{m \times n}$ 是 $m \times n$ 矩阵, $B = (b_{ij})_{n \times p}$ 是 $n \times p$ 矩阵, 则矩阵 $C = (c_{ij})$ 称为 A 与 B 的乘积, 记为 $C = AB$, 它的第 i 行第 j 列元素 c_{ij} 就是 A 的第 i 行与 B 的第 j 列的行列积:

$$c_{ij} = \sum_{k=1}^{n} a_{ik}b_{kj}. \tag{2.24}$$

特别注意: 如果矩阵 A 的列数与矩阵 B 的行数不相等, 则不存在矩阵乘积 AB.

例 2.9 设

$$A = \begin{pmatrix} 1 & -1 & 2 \\ 0 & 1 & 3 \end{pmatrix}, \quad B = \begin{pmatrix} 1 & -1 & -3 \\ 1 & 2 & 4 \\ 1 & 3 & 6 \end{pmatrix},$$

求 AB. 另一个矩阵乘积 BA 存在吗?

解

$$AB = \begin{pmatrix} (1 \ \ -1 \ \ 2)\begin{pmatrix} 1 \\ 1 \\ 1 \end{pmatrix} & (1 \ \ -1 \ \ 2)\begin{pmatrix} -1 \\ 2 \\ 3 \end{pmatrix} & (1 \ \ -1 \ \ 2)\begin{pmatrix} -3 \\ 4 \\ 6 \end{pmatrix} \\ (0 \ \ 1 \ \ 3)\begin{pmatrix} 1 \\ 1 \\ 1 \end{pmatrix} & (0 \ \ 1 \ \ 3)\begin{pmatrix} -1 \\ 2 \\ 3 \end{pmatrix} & (0 \ \ 1 \ \ 3)\begin{pmatrix} -3 \\ 4 \\ 6 \end{pmatrix} \end{pmatrix}$$

$$= \begin{pmatrix} 2 & 3 & 5 \\ 4 & 11 & 22 \end{pmatrix}.$$

由于 B 是 3×3 矩阵, A 是 2×3 矩阵, B 的列数 3 与 A 的行数 2 不相等, 所以不存在矩阵乘积 BA. □

下面两例说明: 即便 AB 与 BA 都存在, 它们也可能不相等, 因此矩阵的乘法不满足交换律.

例 2.10 设

$$A = \begin{pmatrix} 0 & -3 \\ 3 & -1 \end{pmatrix}, \quad B = \begin{pmatrix} 1 & 2 \\ 2 & 1 \end{pmatrix},$$

求 AB 和 BA.

解

$$AB = \begin{pmatrix} 0 & -3 \\ 3 & -1 \end{pmatrix}\begin{pmatrix} 1 & 2 \\ 2 & 1 \end{pmatrix} = \begin{pmatrix} -6 & -3 \\ 1 & 5 \end{pmatrix},$$

$$BA = \begin{pmatrix} 1 & 2 \\ 2 & 1 \end{pmatrix}\begin{pmatrix} 0 & -3 \\ 3 & -1 \end{pmatrix} = \begin{pmatrix} 6 & -5 \\ 3 & -7 \end{pmatrix}.$$ □

例 2.11 设

$$A = \begin{pmatrix} 1 \\ 2 \\ 6 \end{pmatrix}, \quad B = \begin{pmatrix} 1 & \frac{1}{2} & \frac{1}{3} \end{pmatrix},$$

求 AB 和 BA.

解

$$AB = \begin{pmatrix} 1 \\ 2 \\ 6 \end{pmatrix} \begin{pmatrix} 1 & \dfrac{1}{2} & \dfrac{1}{3} \end{pmatrix} = \begin{pmatrix} 1 & \dfrac{1}{2} & \dfrac{1}{3} \\ 2 & 1 & \dfrac{2}{3} \\ 6 & 3 & 2 \end{pmatrix}.$$

$$BA = \begin{pmatrix} 1 & \dfrac{1}{2} & \dfrac{1}{3} \end{pmatrix} \begin{pmatrix} 1 \\ 2 \\ 6 \end{pmatrix} = 1 + 1 + 2 = 4. \qquad \square$$

例 2.12   设

$$A = \begin{pmatrix} 4 & 2 & 1 \\ 1 & -3 & 2 \\ 5 & 7 & 0 \end{pmatrix}, \quad B = \begin{pmatrix} 7 \\ 2 \\ 0 \end{pmatrix},$$

求 AB.

解

$$AB = \begin{pmatrix} 4 & 2 & 1 \\ 1 & -3 & 2 \\ 5 & 7 & 0 \end{pmatrix} \begin{pmatrix} 7 \\ 2 \\ 0 \end{pmatrix} = \begin{pmatrix} 32 \\ 1 \\ 49 \end{pmatrix}. \qquad \square$$

像上例中的 $m \times n$ 矩阵乘 $n \times 1$ 矩阵是经常出现的矩阵乘法, 其结果是一个 $m \times 1$ 矩阵 (即列向量). 前面讲的高斯使用的换元变换 (2.18) 与 (2.19) 就可以用矩阵的乘积表示成

$$\begin{pmatrix} x \\ y \end{pmatrix} = \begin{pmatrix} ax' + by' \\ cx' + dy' \end{pmatrix} = \begin{pmatrix} a & b \\ c & d \end{pmatrix} \begin{pmatrix} x' \\ y' \end{pmatrix} \qquad (2.25)$$

和

$$\begin{pmatrix} x' \\ y' \end{pmatrix} = \begin{pmatrix} a_1 x'' + b_1 y'' \\ c_1 x'' + d_1 y'' \end{pmatrix} = \begin{pmatrix} a_1 & b_1 \\ c_1 & d_1 \end{pmatrix} \begin{pmatrix} x'' \\ y'' \end{pmatrix}. \qquad (2.26)$$

这样, 连续进行这两次换元变换就相当于把 (2.26) 式代入 (2.25) 式的右边, 再由矩阵的乘积 (2.23) 式得到新变换式:

$$\begin{aligned} \begin{pmatrix} x \\ y \end{pmatrix} &= \begin{pmatrix} a & b \\ c & d \end{pmatrix} \begin{pmatrix} a_1 & b_1 \\ c_1 & d_1 \end{pmatrix} \begin{pmatrix} x'' \\ y'' \end{pmatrix} \\ &= \begin{pmatrix} aa_1 + bc_1 & ab_1 + bd_1 \\ ca_1 + dc_1 & cn_1 + dd_1 \end{pmatrix} \begin{pmatrix} x'' \\ y'' \end{pmatrix}. \end{aligned} \qquad (2.27)$$

(2.27) 式与 (2.20) 式是完全一致的.

又如, 2.1 节介绍的 n 元线性方程组 (2.1) 可以用矩阵的乘法重新表达如下:

$$\begin{pmatrix} a_{11} & a_{12} & \cdots & a_{1n} \\ a_{21} & a_{22} & \cdots & a_{2n} \\ \vdots & \vdots & & \vdots \\ a_{m1} & a_{m2} & \cdots & a_{mn} \end{pmatrix} \begin{pmatrix} x_1 \\ x_2 \\ \vdots \\ x_n \end{pmatrix} = \begin{pmatrix} b_1 \\ b_2 \\ \vdots \\ b_m \end{pmatrix}.$$

若记

$$A = \begin{pmatrix} a_{11} & a_{12} & \cdots & a_{1n} \\ a_{21} & a_{22} & \cdots & a_{2n} \\ \vdots & \vdots & & \vdots \\ a_{m1} & a_{m2} & \cdots & a_{mn} \end{pmatrix}, \quad X = \begin{pmatrix} x_1 \\ x_2 \\ \vdots \\ x_n \end{pmatrix}, \quad \beta = \begin{pmatrix} b_1 \\ b_2 \\ \vdots \\ b_m \end{pmatrix},$$

则线性方程组就写成了简洁的矩阵形式

$$AX = \beta. \tag{2.28}$$

如果再记零向量

$$0 = \begin{pmatrix} 0 \\ \vdots \\ 0 \end{pmatrix}_{m \times 1},$$

那么齐次线性方程组 (2.15) 就是

$$AX = 0.$$

2.2.4 矩阵乘法的性质

在证明矩阵乘法性质时, 需要用到双重求和符号的性质. 设有 mn 个数相加

$$\begin{aligned} s = & c_{11} + c_{12} + \cdots + c_{1n} \\ & + c_{21} + c_{22} + \cdots + c_{2n} \\ & + \cdots \\ & + c_{m1} + c_{m2} + \cdots + c_{mn}, \end{aligned} \tag{2.29}$$

可以先把每一行相加得到 m 个和

$$\sum_{j=1}^{n} c_{1j}, \quad \sum_{j=1}^{n} c_{2j}, \quad \cdots, \quad \sum_{j=1}^{n} c_{mj},$$

再把这 m 个和相加起来, 此时求和指标 i 是从 1 加到 m:

$$s = \sum_{j=1}^{n} c_{1j} + \sum_{j=1}^{n} c_{2j} + \cdots + \sum_{j=1}^{n} c_{mj} = \sum_{i=1}^{m} \left(\sum_{j=1}^{n} c_{ij} \right). \tag{2.30}$$

也可以先把每一列相加后得到 n 个和

$$\sum_{i=1}^{m} c_{i1}, \sum_{i=1}^{m} c_{i2}, \cdots, \sum_{i=1}^{m} c_{in},$$

然后把这 n 个和加起来, 这时的求和指标 j 是从 1 加到 n:

$$s = \sum_{i=1}^{m} c_{i1} + \sum_{i=1}^{m} c_{i2} + \cdots + \sum_{i=1}^{m} c_{in} = \sum_{j=1}^{n} \left(\sum_{i=1}^{m} c_{ij} \right). \tag{2.31}$$

由 (2.30) 和 (2.31) 两式得

$$\sum_{i=1}^{m} \left(\sum_{j=1}^{n} c_{ij} \right) = \sum_{j=1}^{n} \left(\sum_{i=1}^{m} c_{ij} \right),$$

即双重求和式子可以交换求和的顺序.

定理 2.6　矩阵乘法有如下性质 (假设下面的矩阵乘法和矩阵加法都能进行).
(1) 结合律: $(AB)C = A(BC)$;
(2) 分配律: $A(B + C) = AB + AC, (B + C)A = BA + CA$;
(3) 对单位矩阵 I, $IA = A, AI = A$;
(4) 对零矩阵 0, $0A = 0, A0 = 0$;
(5) 对常数 k, $(kA)B = A(kB) = k(AB)$.

证明　这里只证明 (1) 和 (3) 中的后面一个等式, 其余的证明留给读者完成.

(1) 设 $A = (a_{ij})$ 是 $p \times n$ 矩阵, $B = (b_{ij})$ 是 $n \times m$ 矩阵, $C = (c_{ij})$ 是 $m \times q$ 矩阵, 由矩阵相乘的定义知 $(AB)C$ 与 $A(BC)$ 都是 $p \times q$ 矩阵, 记 d_{ij} 是 $(AB)C$ 的第 i 行第 j 列元素, d'_{ij} 是 $A(BC)$ 的第 i 行第 j 列元素. 由 (2.24) 式知 AB 的第 i 行是

$$\left(\sum_{k=1}^{n} a_{ik}b_{k1}, \sum_{k=1}^{n} a_{ik}b_{k2}, \cdots, \sum_{k=1}^{n} a_{ik}b_{km} \right),$$

它与 C 的第 j 列

$$\begin{pmatrix} c_{1j} \\ c_{2j} \\ \vdots \\ c_{mj} \end{pmatrix}$$

的行列积就是 d_{ij}, 因此,

$$
\begin{aligned}
d_{ij} &= \left(\sum_{k=1}^n a_{ik}b_{k1} \right) c_{1j} + \left(\sum_{k=1}^n a_{ik}b_{k2} \right) c_{2j} + \cdots + \left(\sum_{k=1}^n a_{ik}b_{km} \right) c_{mj} \\
&= \sum_{k=1}^n a_{ik}b_{k1}c_{1j} + \sum_{k=1}^n a_{ik}b_{k2}c_{2j} + \cdots + \sum_{k=1}^n a_{ik}b_{km}c_{mj} \\
&= \sum_{l=1}^m \left(\sum_{k=1}^n a_{ik}b_{kl}c_{lj} \right).
\end{aligned}
\tag{2.32}
$$

而对乘积 $A(BC)$ 来说, d'_{ij} 是 A 的第 i 行 $(a_{i1}, a_{i2}, \cdots, a_{in})$ 与 BC 的第 j 列

$$
\begin{pmatrix}
\sum\limits_{l=1}^m b_{1l}c_{lj} \\
\sum\limits_{l=1}^m b_{2l}c_{lj} \\
\vdots \\
\sum\limits_{l=1}^m b_{nl}c_{lj}
\end{pmatrix}
$$

的行列积, 即有

$$
\begin{aligned}
d'_{ij} &= a_{i1} \sum_{l=1}^m b_{1l}c_{lj} + a_{i2} \sum_{l=1}^m b_{2l}c_{lj} + \cdots + a_{in} \sum_{l=1}^m b_{nl}c_{lj} \\
&= \sum_{l=1}^m a_{i1}b_{1l}c_{lj} + \sum_{l=1}^m a_{i2}b_{2l}c_{lj} + \cdots + \sum_{l=1}^m a_{in}b_{nl}c_{lj} \\
&= \sum_{k=1}^n \left(\sum_{l=1}^m a_{ik}b_{kl}c_{lj} \right).
\end{aligned}
\tag{2.33}
$$

由于双重求和式子可以交换求和的顺序, 所以由 (2.32) 和 (2.33) 两式可知 $d_{ij} = d'_{ij}$, 这也就证明了 $(AB)C = A(BC)$.

(3) 设 $A = (a_{ij})$ 是 $m \times n$ 矩阵, $I = I_n$ 是 n 阶单位矩阵, 则由矩阵乘积的定义, AI 的第 i 行第 j 列元素是 A 的第 i 行 $(a_{i1}, a_{i2}, \cdots, a_{in})$ 与 I 的第 j 列

$$
\begin{pmatrix}
0 \\
0 \\
\vdots \\
1 \\
\vdots \\
0
\end{pmatrix}
\leftarrow 第j个
$$

的行列积, 它正好就是 a_{ij}, 所以有 $AI = A$.　　　　　　　　　　　　　　　□

有了矩阵乘法的结合律, 我们就可以归纳地定义方阵 A 的方幂 (请思考其中的缘由):

$$A^{k+1} = A^k A, \quad k = 1, 2, 3, \cdots,$$

并且 A 的方幂具有性质: 对任意正整数 k 和 l, 有

$$A^k A^l = A^{k+l} \quad \text{和} \quad (A^k)^l = A^{kl}.$$

因为矩阵乘法不满足交换律, 所以 $(AB)^k$ 和 $A^k B^k$ 一般不会相等.

设 $f(x) = a_n x^n + a_{n-1} x^{n-1} + \cdots + a_1 x + a_0$ 是 x 的多项式, A 是方阵, 则可以定义**多项式矩阵**:

$$a_n A^n + a_{n-1} A^{n-1} + \cdots + a_1 A + a_0 I, \tag{2.34}$$

其中的 I 是与 A 同阶的单位矩阵. 记 (2.34) 式的矩阵为 $f(A)$, 它是一个和 A 同阶的方阵. 如果 $g(x)$ 是另一个多项式, 则由于 $f(x)g(x) = g(x)f(x)$, 所以必有以下矩阵等式:

$$f(A)g(A) = g(A)f(A).$$

例如, 有等式

$$(A + I)(A^2 - A + I) = (A^2 - A + I)(A + I) = A^3 + I.$$

例 2.13　已知 $A = \begin{pmatrix} a & b \\ c & d \end{pmatrix}$, 证明: $A^2 - (a+d)A + (ad - bc)I = 0$.

证明　因为

$$A^2 = \begin{pmatrix} a & b \\ c & d \end{pmatrix} \begin{pmatrix} a & b \\ c & d \end{pmatrix} = \begin{pmatrix} a^2 + bc & ab + bd \\ ac + cd & bc + d^2 \end{pmatrix},$$

$$-(a+d)A = -(a+d) \begin{pmatrix} a & b \\ c & d \end{pmatrix} = \begin{pmatrix} -a^2 - ad & -ab - bd \\ -ac - cd & -ad - d^2 \end{pmatrix},$$

$$(ad - bc)I = (ad - bc) \begin{pmatrix} 1 & 0 \\ 0 & 1 \end{pmatrix} = \begin{pmatrix} ad - bc & 0 \\ 0 & ad - bc \end{pmatrix},$$

所以这三个矩阵等式经过两边相加后, 得到右边是一个 2×2 零矩阵, 因此有

$$A^2 - (a+d)A + (ad - bc)I = 0.$$ 　　　　　　　　　□

在本书的后面我们将把例 2.13 的结论推广到所有 n 阶方阵 A 的情形 (定理 5.8).

例 2.14 已知 $A = \begin{pmatrix} 1 & 2 \\ 0 & 4 \end{pmatrix}$, 求 A^6.

解

$$A^2 = \begin{pmatrix} 1 & 2 \\ 0 & 4 \end{pmatrix} \begin{pmatrix} 1 & 2 \\ 0 & 4 \end{pmatrix} = \begin{pmatrix} 1 & 10 \\ 0 & 16 \end{pmatrix},$$

$$A^3 = \begin{pmatrix} 1 & 2 \\ 0 & 4 \end{pmatrix} \begin{pmatrix} 1 & 10 \\ 0 & 16 \end{pmatrix} = \begin{pmatrix} 1 & 42 \\ 0 & 64 \end{pmatrix},$$

$$A^6 = A^3 A^3 = \begin{pmatrix} 1 & 42 \\ 0 & 64 \end{pmatrix} \begin{pmatrix} 1 & 42 \\ 0 & 64 \end{pmatrix} = \begin{pmatrix} 1 & 2730 \\ 0 & 4096 \end{pmatrix}. \qquad \square$$

在求方阵的高次幂时, 有时我们需要用到下面的矩阵二项式的展开公式:

$$\text{当}AB = BA\text{时}, \ (A+B)^n = A^n + C_n^1 A^{n-1} B + \cdots + C_n^{n-1} A B^{n-1} + B^n. \quad (2.35)$$

注意, 这里的条件 $AB = BA$ 是必不可少的, 例如, 在 $n = 2$ 时, 若 $AB \neq BA$, 则只能有

$$(A+B)^2 = (A+B)(A+B) = A^2 + AB + BA + B^2,$$

而不能有完全平方公式 $(A+B)^2 = A^2 + 2AB + B^2$.

例 2.15 已知

$$A = \begin{pmatrix} k & 1 & 0 \\ 0 & k & 1 \\ 0 & 0 & k \end{pmatrix},$$

求 A^{100}.

证明 先将矩阵 A 写成

$$A = \begin{pmatrix} k & 0 & 0 \\ 0 & k & 0 \\ 0 & 0 & k \end{pmatrix} + \begin{pmatrix} 0 & 1 & 0 \\ 0 & 0 & 1 \\ 0 & 0 & 0 \end{pmatrix} = kI + N$$

的形式, 其中 I 是 3 阶单位矩阵, 另一个矩阵

$$N = \begin{pmatrix} 0 & 1 & 0 \\ 0 & 0 & 1 \\ 0 & 0 & 0 \end{pmatrix}$$

具有性质:

$$N^2 = \begin{pmatrix} 0 & 0 & 1 \\ 0 & 0 & 0 \\ 0 & 0 & 0 \end{pmatrix}, \quad N^n = 0, \quad \text{当} n \geqslant 3. \tag{2.36}$$

因为由定理 2.6 中的 (3) 与 (5) 可得

$$(kI)N = k(IN) = kN = k(NI) = N(kI),$$

即 kI 与 N 的乘积可交换, 所以由 (2.35) 式和 N 的性质 (2.36) 得

$$A^{100} = (kI+N)^{100} = (kI)^{100} + 100(kI)^{99}N + 4950(kI)^{98}N^2 \text{(其余矩阵皆为} 3\times 3 \text{零矩阵)}$$

$$= \begin{pmatrix} k^{100} & 0 & 0 \\ 0 & k^{100} & 0 \\ 0 & 0 & k^{100} \end{pmatrix} + \begin{pmatrix} 0 & 100k^{99} & 0 \\ 0 & 0 & 100k^{99} \\ 0 & 0 & 0 \end{pmatrix} + \begin{pmatrix} 0 & 0 & 4950k^{98} \\ 0 & 0 & 0 \\ 0 & 0 & 0 \end{pmatrix}$$

$$= \begin{pmatrix} k^{100} & 100k^{99} & 4950k^{98} \\ 0 & k^{100} & 100k^{99} \\ 0 & 0 & k^{100} \end{pmatrix}. \qquad \Box$$

例 2.16　求与 $\begin{pmatrix} 1 & 1 \\ 0 & 1 \end{pmatrix}$ 可交换的所有方阵.

解　这样的方阵只能是 2 阶方阵, 因此可设为 $\begin{pmatrix} a & b \\ c & d \end{pmatrix}$, 即有

$$\begin{pmatrix} 1 & 1 \\ 0 & 1 \end{pmatrix} \begin{pmatrix} a & b \\ c & d \end{pmatrix} = \begin{pmatrix} a & b \\ c & d \end{pmatrix} \begin{pmatrix} 1 & 1 \\ 0 & 1 \end{pmatrix}.$$

两边计算出矩阵乘积得

$$\begin{pmatrix} a+c & b+d \\ c & d \end{pmatrix} = \begin{pmatrix} a & a+b \\ c & c+d \end{pmatrix}.$$

因此有 $a+c = a$ 和 $b+d = a+b$, 所以 $c = 0, d = a$. 所有与 $\begin{pmatrix} 1 & 1 \\ 0 & 1 \end{pmatrix}$ 可交换的矩

阵是 $\begin{pmatrix} a & b \\ 0 & a \end{pmatrix}$. $\qquad \Box$

习　题　2.2

1. 计算:

(1) $\begin{pmatrix} 1 & 2 & 3 \\ 2 & 4 & 6 \\ 3 & 6 & 9 \end{pmatrix} \begin{pmatrix} -1 & -2 & -4 \\ -1 & -2 & -4 \\ 1 & 2 & 4 \end{pmatrix}$;

(2) $\begin{pmatrix} 1 & -1 & 0 & 2 \\ -2 & 0 & 3 & 4 \end{pmatrix} \begin{pmatrix} 1 & 2 & -1 \\ 2 & 1 & -2 \\ 3 & 0 & 5 \\ 0 & 3 & 4 \end{pmatrix}$;

(3) $\begin{pmatrix} 3 & 1 & 1 \\ 2 & 1 & 2 \\ 1 & 2 & 3 \end{pmatrix} \begin{pmatrix} 1 & 1 & -1 \\ 2 & -1 & 0 \\ 1 & 0 & 1 \end{pmatrix}$;

(4) $\begin{pmatrix} a & b & c \\ c & b & a \\ 1 & 1 & 1 \end{pmatrix} \begin{pmatrix} 1 & a & c \\ 1 & b & b \\ 1 & c & a \end{pmatrix}$;

(5) $(2 \quad 3 \quad -1) \begin{pmatrix} 1 \\ -1 \\ -1 \end{pmatrix}$, $\begin{pmatrix} 1 \\ -1 \\ -1 \end{pmatrix} (2 \quad 3 \quad -1)$;

(6) $(x_1 \quad x_2 \quad x_3) \begin{pmatrix} a_{11} & a_{12} & a_{13} \\ a_{21} & a_{22} & a_{23} \\ a_{31} & a_{32} & a_{33} \end{pmatrix} \begin{pmatrix} x_1 \\ x_2 \\ x_3 \end{pmatrix}$;

(7) $\begin{pmatrix} 2 & 0 & 0 \\ 0 & 1 & 0 \\ 0 & 1 & 2 \end{pmatrix} \begin{pmatrix} 2 & 3 & 1 \\ -1 & 1 & 0 \\ 0 & 1 & 2 \end{pmatrix} \begin{pmatrix} 1 & 0 & 0 \\ 0 & 1 & 0 \\ 3 & 0 & 1 \end{pmatrix}$;

(8) $\begin{pmatrix} 2 & 1 & 1 \\ 3 & 1 & 0 \\ 0 & 1 & 2 \end{pmatrix}^2$; 　(9) $\begin{pmatrix} 3 & 2 \\ -4 & -2 \end{pmatrix}^5$;

(10) $\begin{pmatrix} 1 & 1 \\ 0 & 1 \end{pmatrix}^n$; 　(11) $\begin{pmatrix} \cos\theta & -\sin\theta \\ \sin\theta & \cos\theta \end{pmatrix}^n$;

(12) $\begin{pmatrix} 1 & -1 & -1 & -1 \\ -1 & 1 & -1 & -1 \\ -1 & -1 & 1 & -1 \\ -1 & -1 & -1 & 1 \end{pmatrix}^2$, $\begin{pmatrix} 1 & -1 & -1 & -1 \\ -1 & 1 & -1 & -1 \\ -1 & -1 & 1 & -1 \\ -1 & -1 & -1 & 1 \end{pmatrix}^n$;

(13) $\begin{pmatrix} k & 1 & 0 \\ 0 & k & 1 \\ 0 & 0 & k \end{pmatrix}^n$.

2. 已知 $A = \begin{pmatrix} 2 & 2 \\ 3 & -1 \end{pmatrix}, f(x) = x^2 - x - 8, g(x) = x^3 - 3x^2 - 2x + 4$, 求 $f(A), g(A)$.

3. 已知 $A = \begin{pmatrix} 2 & 1 & 1 \\ 3 & 1 & 2 \\ 1 & -1 & 0 \end{pmatrix}, f(\lambda) = \lambda^2 - \lambda - 1$, 求 $f(A)$.

4. 求与 $\begin{pmatrix} 0 & 1 & 0 \\ 0 & 0 & 1 \\ 0 & 0 & 0 \end{pmatrix}$ 可交换的所有矩阵.

5. 设 $A = \mathrm{diag}(a_1, a_2, \cdots, a_n)$, 其中 $a_i \neq a_j (\forall i \neq j)$, 证明: 与 A 可交换的矩阵只能是对角矩阵.

6. 用 E_{ij} 表示第 i 行第 j 列的元素为 1, 其余元素为零的 n 阶方阵, $A = (a_{ij})$ 也是 n 阶方阵, 证明:

(1) 如果 $AE_{12} = E_{12}A$, 那么当 $k \neq 1$ 时, $a_{k1} = 0$; 当 $k \neq 2$ 时, $a_{2k} = 0$.

(2) 如果 $AE_{ij} = E_{ij}A$, 那么当 $k \neq i$ 时, $a_{ki} = 0$; 当 $k \neq j$ 时, $a_{jk} = 0$, 且 $a_{ii} = a_{jj}$.

(3) 如果 A 与所有的 n 阶方阵可交换, 那么 A 一定是纯量矩阵, 即 $A = aI$.

7. 设 AB 都是 n 阶方阵且 $AB = BA$, 证明:

(1) $(A + B)(A - B) = A^2 - B^2$;

(2) $(A + B)^2 = A^2 + 2AB + B^2$;

(3) $(A + B)^n = A^n + \mathrm{C}_n^1 A^{n-1}B + \cdots + \mathrm{C}_n^{n-1}AB^{n-1} + B^n$.

8. 举例说明下列命题是错误的:

(1) 如果 $A^2 = 0$, 则 $A = 0$;

(2) 如果 $A^2 = A$, 则 $A = 0$ 或 $A = I$;

(3) 如果 $AB = AC$ 且 $A \neq 0$, 则 $B = C$.

9. 设 $A = \begin{pmatrix} 1 \\ 2 \\ 3 \end{pmatrix} \begin{pmatrix} 1 & \dfrac{1}{2} & \dfrac{1}{3} \end{pmatrix}$, 求 A^k.

10. 设 $A + aB = \begin{pmatrix} 3 & 3 \\ 2 & 4 \end{pmatrix}, A + B = I, AB = 0$,

(1) 求数 a 和矩阵 A, B;

(2) 证明: $(A + aB)^k = A + a^k B$.

2.3 矩阵的转置与分块

2.3.1 矩阵的转置

在矩阵的应用中, 有一类矩阵比较重要, 那就是对称矩阵. 在这种矩阵中, 如果将行与列全部对调, 那么矩阵不变, 例如, 矩阵

$$A = \begin{pmatrix} 1 & -2 & -4 \\ -2 & 4 & 3 \\ -4 & 3 & 1 \end{pmatrix}$$

就是这样的一个对称矩阵. 如果在上述矩阵左边乘一个行向量 $(x, y, 1)$, 然后在右边乘一个列向量 $\begin{pmatrix} x \\ y \\ 1 \end{pmatrix}$, 再令所得到的数为零, 就得到了平面上的一条二次曲线:

$$(x, y, 1) A \begin{pmatrix} x \\ y \\ 1 \end{pmatrix} = x^2 - 4xy + 4y^2 - 8x + 6y + 1 = 0.$$

同样, 对应于空间的每一个二次曲面, 也都有一个类似的对阵矩阵.

为了描述对称矩阵, 我们需要矩阵转置的概念.

定义 2.7　矩阵的转置

$m \times n$ 矩阵

$$A = \begin{pmatrix} a_{11} & a_{12} & \cdots & a_{1n} \\ a_{21} & a_{22} & \cdots & a_{2n} \\ \vdots & \vdots & & \vdots \\ a_{m1} & a_{m2} & \cdots & a_{mn} \end{pmatrix}$$

的**转置**矩阵是互换 A 的行与列而得到的 $n \times m$ 矩阵, 记为 A^{T}, 即

$$A^{\mathrm{T}} = \begin{pmatrix} a_{11} & a_{21} & \cdots & a_{m1} \\ a_{12} & a_{22} & \cdots & a_{m2} \\ \vdots & \vdots & & \vdots \\ a_{1n} & a_{2n} & \cdots & a_{mn} \end{pmatrix}.$$

由此定义, 如果记 $A^T = (a'_{ij})$, 那么对所有的 $i, j, a'_{ij} = a_{ji}$, 即 A^T 的第 i 行第 j 列元素就是 A 的第 j 行第 i 列元素, 注意 A^T 的第 i 列元素依次就是 A 的第 i 行元素, 并且 A^T 不再是 $m \times n$ 矩阵.

例 2.17 对下列矩阵 A, 求 A^T:

$$(1)\ A = \begin{pmatrix} 1 & -2 & 2 \\ 3 & 0 & 4 \\ -6 & 4 & 2 \end{pmatrix}; \quad (2)\ A = \begin{pmatrix} 3 & 1 & 1 & 0 \\ 0 & 2 & 5 & -1 \end{pmatrix}.$$

解 求 A^T 就是把 A 的第 1 行放在 A^T 的第 1 列, A 的第 2 行放在 A^T 的第 2 列, 往后依此类推. 对 (1) 中的 A,

$$A^T = \begin{pmatrix} 1 & 3 & -6 \\ -2 & 0 & 4 \\ 2 & 4 & 2 \end{pmatrix}.$$

而对 (2) 中的 A,

$$A^T = \begin{pmatrix} 3 & 0 \\ 1 & 2 \\ 1 & 5 \\ 0 & -1 \end{pmatrix}.$$

此时, 尽管 A 是 2×4 矩阵, A^T 却是 4×2 矩阵. □

定义 2.8 对称矩阵

如果一个方阵 A 满足条件 $A^T = A$, 那么就称 A 为**对称矩阵**. 方阵 $A = (a_{ij})$ 是对称矩阵的充要条件是对所有的 i 和 j 都有 $a_{ij} = a_{ji}$.

例如, 在本节开头的那个三阶矩阵 A 就是对称矩阵, 这是因为

$$A^T = \begin{pmatrix} 1 & -2 & -4 \\ -2 & 4 & 3 \\ -4 & 3 & 1 \end{pmatrix} = A.$$

或者沿方阵的主对角线, 可以看到对称矩阵有一种 "斜对称" 的性质.

定理 2.7 矩阵的转置有以下性质:

(1) $(A^T)^T = A$;

(2) $(A + B)^T = A^T + B^T$;

(3) $(kA)^T = kA^T$, 其中 k 是常数;

(4) $(AB)^T = B^T A^T$ (注意顺序相反).

证明 这里只证 (4), 其余由读者证. 设 $A = (a_{ij})_{m \times n}, B = (b_{ij})_{n \times p}$, 则 $(AB)^{\mathrm{T}}$ 与 $B^{\mathrm{T}} A^{\mathrm{T}}$ 都是 $p \times m$ 矩阵, 下面证它们每一个元素相等. 由于 AB 的第 i 行第 j 列的元素是 $\sum_{k=1}^{n} a_{ik} b_{kj}$, 所以由转置矩阵的定义得: $(AB)^{\mathrm{T}}$ 的第 i 行第 j 列元素为

$$\sum_{k=1}^{n} a_{jk} b_{ki}. \tag{2.37}$$

另一方面, 因为 B 的第 i 列是 $\begin{pmatrix} b_{1i} \\ \vdots \\ b_{ni} \end{pmatrix}$, 所以 B^{T} 的 i 行就是 $(b_{1i} \cdots b_{ni})$, 又因为 A 的第 j 行是

$$(a_{j1} \quad \cdots \quad a_{jn}),$$

所以 A^{T} 的第 j 列是 $\begin{pmatrix} a_{j1} \\ \vdots \\ a_{jn} \end{pmatrix}$, 从而矩阵乘积 $B^{\mathrm{T}} A^{\mathrm{T}}$ 的第 i 行第 j 列元素是 B^{T} 的第 i 行与 A^{T} 的第 j 列的行列积:

$$(b_{1i} \quad \cdots \quad b_{ni}) \begin{pmatrix} a_{j1} \\ \vdots \\ a_{jn} \end{pmatrix} = a_{j1} b_{1i} + \cdots + a_{jn} b_{ni} = \sum_{k=1}^{n} a_{jk} b_{ki}. \tag{2.38}$$

这样由 (2.37) 式与 (2.38) 式的相等就可以得出 $(AB)^{\mathrm{T}} = B^{\mathrm{T}} A^{\mathrm{T}}$. $\qquad\square$

例 2.18 已知向量 $\alpha = \begin{pmatrix} a \\ b \\ c \end{pmatrix}$, 其中分量满足条件 $a^2 + b^2 + c^2 = 2$, 设 $H = I_3 - \alpha\alpha^{\mathrm{T}}$, 求 H^2, 并证明 H 是对称矩阵.

解 由矩阵乘法的结合律得

$$\begin{aligned} H^2 &= (I_3 - \alpha\alpha^{\mathrm{T}})(I_3 - \alpha\alpha^{\mathrm{T}}) \\ &= I_3 - \alpha\alpha^{\mathrm{T}} - \alpha\alpha^{\mathrm{T}} + (\alpha\alpha^{\mathrm{T}})(\alpha\alpha^{\mathrm{T}}) \\ &= I_3 - 2\alpha\alpha^{\mathrm{T}} + \alpha(\alpha^{\mathrm{T}}\alpha)\alpha^{\mathrm{T}}, \end{aligned} \tag{2.39}$$

因为由已知条件 $a^2 + b^2 + c^2 = 2$, 所以

$$\alpha^{\mathrm{T}}\alpha = (a \quad b \quad c) \begin{pmatrix} a \\ b \\ c \end{pmatrix} = a^2 + b^2 + c^2 = 2,$$

$\alpha^{\mathrm{T}}\alpha = 2$ 是一个数, 代入 (2.39) 式中的 $\alpha(\alpha^{\mathrm{T}}\alpha)\alpha^{\mathrm{T}}$ 后得

$$\alpha(2)\alpha^{\mathrm{T}} = 2(\alpha\alpha^{\mathrm{T}}),$$

因此 (2.39) 式成为

$$H^2 = I_3 - 2\alpha\alpha^{\mathrm{T}} + 2\alpha\alpha^{\mathrm{T}} = I_3.$$

接下来, 由定理 2.7 的各项矩阵转置性质, 有

$$\begin{aligned}
H^{\mathrm{T}} &= (I_3 - \alpha\alpha^{\mathrm{T}})^{\mathrm{T}} = I_3^{\mathrm{T}} - (\alpha\alpha^{\mathrm{T}})^{\mathrm{T}} \\
&= I_3 - (\alpha^{\mathrm{T}})^{\mathrm{T}}\alpha^{\mathrm{T}} = I_3 - \alpha\alpha^{\mathrm{T}} \\
&= H,
\end{aligned}$$

所以 H 是对称阵.　　　　　　　　　　　　　　　　　　　　　　　　　□

2.3.2 分块矩阵

在对较大的矩阵做乘法时, 可以用虚线将其划分成几个小块矩阵, 然后把这些小块矩阵当成普通的数那样, 运用矩阵的乘法进行运算, 就可以得到与不分块所进行的计算一样的结果. 这对于有较多零元素的矩阵来说特别方便.

例如, 可以对如下两个矩阵 A 与 B 这样进行分块:

$$A = \begin{pmatrix} 1 & -1 & 0 \\ 2 & 3 & 0 \\ 0 & 0 & 1 \\ 0 & 0 & 6 \end{pmatrix} = \begin{pmatrix} C_{2\times 2} & 0_{2\times 1} \\ 0_{2\times 2} & D_{2\times 1} \end{pmatrix},$$

$$B = \begin{pmatrix} 1 & -1 & 2 \\ 3 & 2 & 1 \\ 1 & 1 & 0 \end{pmatrix} = \begin{pmatrix} E_{2\times 3} \\ F_{1\times 3} \end{pmatrix},$$

矩阵乘法分块的规则是: 分成小块矩阵后, 它们之间可以相乘, 并且 A 分块后以分块矩阵作为元素的 "列数" 与 B 分块后以分块矩阵作为元素的 "行数" 要相等. 现在将上述小块矩阵当成普通的数运用矩阵乘法, 可得

$$AB = \begin{pmatrix} C & 0 \\ 0 & D \end{pmatrix} \begin{pmatrix} E \\ F \end{pmatrix} = \begin{pmatrix} CE + 0F \\ 0E + DF \end{pmatrix} = \begin{pmatrix} CE \\ DF \end{pmatrix} = \begin{pmatrix} -2 & -3 & 1 \\ 11 & 4 & 7 \\ 1 & 1 & 0 \\ 6 & 6 & 0 \end{pmatrix},$$

$$\tag{2.40}$$

其中 CE 和 DF 都是容易计算的矩阵乘积:

$$CE = \begin{pmatrix} 1 & -1 \\ 2 & 3 \end{pmatrix} \begin{pmatrix} 1 & -1 & 2 \\ 3 & 2 & 1 \end{pmatrix} = \begin{pmatrix} -2 & -3 & 1 \\ 11 & 4 & 7 \end{pmatrix},$$

$$DF = \begin{pmatrix} 1 \\ 6 \end{pmatrix} \begin{pmatrix} 1 & 1 & 0 \end{pmatrix} = \begin{pmatrix} 1 & 1 & 0 \\ 6 & 6 & 0 \end{pmatrix}.$$

读者可以自己不分块地直接计算矩阵乘积 AB, 会发现结果与 (2.40) 式完全一致.

例 2.19 用分块矩阵的方法计算下列矩阵的乘积 AB:

$$A = \begin{pmatrix} 3 & 2 & 0 & 0 \\ 1 & -1 & 0 & 0 \\ 0 & 0 & 1 & 2 \\ 0 & 0 & 2 & 6 \end{pmatrix}, \quad B = \begin{pmatrix} 0 & 1 & 1 & 0 \\ 1 & 1 & 0 & 1 \\ 2 & 7 & 0 & 0 \\ -3 & 6 & 0 & 0 \end{pmatrix}.$$

解 先划分矩阵

$$A = \begin{pmatrix} 3 & 2 & 0 & 0 \\ 1 & -1 & 0 & 0 \\ \hline 0 & 0 & 1 & 2 \\ 0 & 0 & 2 & 6 \end{pmatrix} = \begin{pmatrix} A_1 & 0 \\ 0 & A_2 \end{pmatrix},$$

$$B = \begin{pmatrix} 0 & 1 & 1 & 0 \\ 1 & 1 & 0 & 1 \\ \hline 2 & 7 & 0 & 0 \\ -3 & 6 & 0 & 0 \end{pmatrix} = \begin{pmatrix} B_1 & I \\ B_2 & 0 \end{pmatrix},$$

再计算得

$$AB = \begin{pmatrix} A_1 & 0 \\ 0 & A_2 \end{pmatrix} \begin{pmatrix} B_1 & I \\ B_2 & 0 \end{pmatrix} = \begin{pmatrix} A_1 B_1 & A_1 \\ A_2 B_2 & 0 \end{pmatrix}$$

$$= \begin{pmatrix} 2 & 5 & 3 & 2 \\ -1 & 0 & 1 & -1 \\ -4 & 19 & 0 & 0 \\ -14 & 50 & 0 & 0 \end{pmatrix}. \qquad \square$$

灵活多变的矩阵分块乘法不仅使计算简便, 还被运用于理论上的推导.

例 2.20   设 A 是 $m \times n$ 矩阵, 如果对任意 $n \times 1$ 的列矩阵 X 都有 $AX = 0$, 证明: $A = 0$.

证明   记 A_j 是矩阵 A 的第 j 列, $j = 1, 2, \cdots, n$, 则 A 可划分为 n 个分块列矩阵 (即列向量):

$$A = (A_1 \quad A_2 \quad \cdots \quad A_n),$$

再记 $e_i = (0 \quad \cdots \quad 1 \quad \cdots \quad 0)^{\mathrm{T}}$ 是 $n \times 1$ 列向量矩阵, 其中第 i 个元素为 1, 其余元素为 0. 由于 X 可以取任意列向量, 所以对 $i = 1, 2, \cdots, n$, 取 $X = e_i$, 得

$$Ae_i = (A_1 \quad A_2 \quad \cdots \quad A_n) \begin{pmatrix} 0 \\ \vdots \\ 1 \\ \vdots \\ 0 \end{pmatrix} = A_i = 0.$$

因为 A 的每一个列向量都是零向量, 所以 $A = 0$.   □

在上例中, 虽然对矩阵 A 进行了分块, 但对列矩阵 e_i 没有分块, 我们还是把 e_i 中的每一个元素都理解成了 1×1 矩阵, 从而符合了分块矩阵相乘的规则. 类似的矩阵分块方法也应用于两个矩阵乘积是零矩阵的情形:

$$A_{m \times n} B_{n \times p} = 0_{m \times p}.$$

此时, 对 B 按列进行分块: $B = (B_1 \quad B_2 \quad \cdots \quad B_p)$, 由于 A 可以和 B 相乘, 所以 A 也可以与 B_j 进行相乘 $(j = 1, 2, \cdots, p)$, 而 B 分块后以分块列矩阵作为元素的 "行数" 还是 1, 所以当然可与作为 1×1 的 "分块" 矩阵的 A 相乘, 从而得到

$$AB = A(B_1 \quad B_2 \quad \cdots \quad B_p) = (AB_1 \quad AB_2 \quad \cdots \quad AB_p) = 0,$$

因此对 $j = 1, 2, \cdots, p$, $AB_j = 0$, 即这些 B_j 都是齐次线性方程组 $AX = 0$ 的解.

一般而言, 设 A 为 $m \times l$ 矩阵, B 为 $l \times n$ 矩阵, 它们分别划分成如下的分块矩阵:

$$A = \begin{pmatrix} A_{11} & \cdots & A_{1s} \\ \vdots & & \vdots \\ A_{t1} & \cdots & A_{ts} \end{pmatrix}, \quad B = \begin{pmatrix} B_{11} & \cdots & B_{1r} \\ \vdots & & \vdots \\ B_{s1} & \cdots & B_{sr} \end{pmatrix},$$

其中 $A_{i1}, A_{i2}, \cdots, A_{is}$ 的列数分别等于 $B_{1j}, B_{2j}, \cdots, B_{sj}$ 的行数, 则

$$AB = \begin{pmatrix} C_{11} & \cdots & C_{1r} \\ \vdots & & \vdots \\ C_{t1} & \cdots & C_{tr} \end{pmatrix},$$

其中

$$C_{ij} = \sum_{k=1}^{s} A_{ik}B_{kj} \quad (i = 1, \cdots, t; j = 1, \cdots, r).$$

分块矩阵的加法和数乘是简单的. 设 A 与 B 是同型矩阵, 对它们采用相同的分块法, 得

$$A = \begin{pmatrix} A_{11} & A_{12} & \cdots & A_{1s} \\ A_{21} & A_{22} & \cdots & A_{2s} \\ \vdots & \vdots & & \vdots \\ A_{t1} & A_{t2} & \cdots & A_{ts} \end{pmatrix}, \quad B = \begin{pmatrix} B_{11} & B_{12} & \cdots & B_{1s} \\ B_{21} & B_{22} & \cdots & B_{2s} \\ \vdots & \vdots & & \vdots \\ B_{t1} & B_{t2} & \cdots & B_{ts} \end{pmatrix},$$

其中的分块矩阵 A_{ij} 和 B_{ij} 都是同型矩阵 $(i = 1, 2, \cdots, t; j = 1, 2, \cdots, s)$, 则 A 与 B 的和是

$$A + B = \begin{pmatrix} A_{11} + B_{11} & A_{12} + B_{12} & \cdots & A_{1s} + B_{1s} \\ A_{21} + B_{21} & A_{22} + B_{22} & \cdots & A_{2s} + B_{2s} \\ \vdots & \vdots & & \vdots \\ A_{t1} + B_{t1} & A_{t2} + B_{t2} & \cdots & A_{ts} + B_{ts} \end{pmatrix}.$$

数 k 乘矩阵 A 是分块矩阵

$$kA = \begin{pmatrix} kA_{11} & kA_{12} & \cdots & kA_{1s} \\ kA_{21} & kA_{22} & \cdots & kA_{2s} \\ \vdots & \vdots & & \vdots \\ kA_{t1} & kA_{t2} & \cdots & kA_{ts} \end{pmatrix}.$$

此外, 分块矩阵 A 的转置矩阵也不难从定义导出为

$$A^{\mathrm{T}} = \begin{pmatrix} A_{11}^{\mathrm{T}} & A_{21}^{\mathrm{T}} & \cdots & A_{t1}^{\mathrm{T}} \\ A_{12}^{\mathrm{T}} & A_{22}^{\mathrm{T}} & \cdots & A_{t2}^{\mathrm{T}} \\ \vdots & \vdots & & \vdots \\ A_{1s}^{\mathrm{T}} & A_{2s}^{\mathrm{T}} & \cdots & A_{ts}^{\mathrm{T}} \end{pmatrix}.$$

例 2.21　设有实矩阵 $A = (a_{ij})_{m \times n}$ 满足 $A^{\mathrm{T}} A = 0$, 证明 $A = 0$.

证明　把 A 用列向量表示为 $A = (A_1 \quad A_2 \quad \cdots \quad A_n)$, 那么

$$A^{\mathrm{T}} A = \begin{pmatrix} A_1^{\mathrm{T}} \\ A_2^{\mathrm{T}} \\ \vdots \\ A_n^{\mathrm{T}} \end{pmatrix} (A_1 \quad A_2 \quad \cdots \quad A_n) = \begin{pmatrix} A_1^{\mathrm{T}} A_1 & A_1^{\mathrm{T}} A_2 & \cdots & A_1^{\mathrm{T}} A_n \\ A_2^{\mathrm{T}} A_1 & A_2^{\mathrm{T}} A_2 & \cdots & A_2^{\mathrm{T}} A_n \\ \vdots & \vdots & & \vdots \\ A_n^{\mathrm{T}} A_1 & A_n^{\mathrm{T}} A_2 & \cdots & A_n^{\mathrm{T}} A_n \end{pmatrix} = 0,$$

因此对 $j = 1, 2, \cdots, n$, 有

$$A_j^{\mathrm{T}} A_j = (a_{1j} \quad a_{2j} \quad \cdots \quad a_{mj}) \begin{pmatrix} a_{1j} \\ a_{2j} \\ \vdots \\ a_{mj} \end{pmatrix} = 0,$$

即有

$$a_{1j}^2 + a_{2j}^2 + \cdots + a_{mj}^2 = 0, \quad j = 1, 2, \cdots, n.$$

由于所有的 a_{ij} 都是实数, 所以

$$a_{1j} = a_{2j} = \cdots = a_{mj} = 0, \quad j = 1, 2, \cdots, n.$$

因此 $A = 0$.　　　　　　　　　　　　　　　　　　　　　　　　　　　　　□

习　题　2.3

1. 设 $A = \begin{pmatrix} 1 & 2 & 1 \\ 1 & 1 & -1 \\ 1 & -1 & 1 \end{pmatrix}, B = \begin{pmatrix} 1 & 2 & 3 \\ -1 & -2 & 4 \\ 0 & 5 & 1 \end{pmatrix}$, 求 $A^{\mathrm{T}} B$.

2. 设

$$A = \begin{pmatrix} a_{11} & a_{12} & a_{13} & a_{14} \\ a_{21} & a_{22} & a_{23} & a_{24} \\ a_{31} & a_{32} & a_{33} & a_{34} \\ a_{41} & a_{42} & a_{43} & a_{44} \end{pmatrix}, \quad N = \begin{pmatrix} 0 & 1 & 0 & 0 \\ 0 & 0 & 1 & 0 \\ 0 & 0 & 0 & 1 \\ 0 & 0 & 0 & 0 \end{pmatrix},$$

求 NA, AN, NN^{T} 和 $A - NN^{\mathrm{T}} A$.

3. 设 A, B 都是 $n \times n$ 的对称矩阵, 证明: AB 也对称当且仅当 A, B 可交换.

4. 设 A 是实对称矩阵且 $A^2 = 0$, 证明: $A = 0$.

5. 矩阵 $A = (a_{ij})_{n \times n}$ 称为反对称的, 如果 $A^{\mathrm{T}} = -A$. 证明:

(1) A 的对角线元素 $a_{ii} = 0 (i = 1, 2, \cdots, n)$;

(2) 任一 $n \times n$ 矩阵都可写成一个对称矩阵和一个反对称矩阵的和.

6. 设 $\alpha \in M_{1,n}(\mathbb{R})$ 且 $\alpha \neq 0$, $A = I - \alpha^{\mathrm{T}}\alpha$, 证明: $A^2 = A$ 的充要条件是 $\alpha\alpha^{\mathrm{T}} = 1$.

7. 设 A 是 n 阶方阵, 如果对任意 n 元列向量 β, 都有 $\beta^{\mathrm{T}}A\beta = 0$, 则 $A^{\mathrm{T}} = -A$, 即 A 是反对称矩阵.

8. 设 A 是 n 阶非零对称矩阵, 证明: 存在 n 元列向量 γ, 使得 $\gamma^{\mathrm{T}}A\gamma \neq 0$.

9. 设 A, B 都是 n 阶方阵, 且 A 为对称阵, 证明: $B^{\mathrm{T}}AB$ 也是对称阵.

10. 用分块矩阵的乘法, 计算下列矩阵的乘积 AB:

(1) $A = \begin{pmatrix} 1 & -1 & 0 & 0 \\ 0 & 0 & 1 & 2 \\ 0 & 0 & 3 & 1 \\ 0 & 0 & -1 & 4 \end{pmatrix}$, $B = \begin{pmatrix} 1 & 3 & 0 & 0 \\ -1 & -1 & 1 & 0 \\ 0 & 0 & 0 & 2 \\ 0 & 0 & 0 & -1 \end{pmatrix}$;

(2) $A = \begin{pmatrix} 1 & 2 & 0 & 0 & 0 \\ 2 & 8 & 0 & 0 & 0 \\ 0 & 0 & 1 & 0 & 1 \\ 0 & 0 & 2 & 3 & 2 \\ 0 & 0 & 3 & 1 & 1 \end{pmatrix}$, $B = \begin{pmatrix} 1 & 3 & 0 & 0 & 0 \\ 2 & 8 & 0 & 0 & 0 \\ 1 & 0 & 1 & 0 & 1 \\ 0 & 1 & 2 & 3 & 2 \\ 2 & 3 & 3 & 1 & 1 \end{pmatrix}$;

(3) $A = \begin{pmatrix} 1 & 0 & 1 & 0 & 0 \\ 0 & 2 & 1 & 0 & 0 \\ 3 & 1 & 0 & 0 & 0 \\ 0 & 0 & 0 & -2 & 0 \\ 0 & 0 & 0 & 0 & -2 \end{pmatrix}$, $B = \begin{pmatrix} 1 & 0 & 0 & 0 & 0 \\ 0 & 2 & 0 & 0 & 0 \\ 0 & 0 & 3 & 0 & 0 \\ 0 & 0 & 0 & -1 & 3 \\ 0 & 0 & 0 & 4 & 2 \end{pmatrix}$.

11. 分别用上三角矩阵的定义和分块矩阵 (数学归纳法) 两种方法证明: 两个上三角矩阵的乘积仍是上三角矩阵.

2.4 方阵的逆矩阵

2.4.1 逆矩阵的概念和性质

19 世纪中叶, 英国数学家凯莱在研究线性方程组的求解问题时, 提出了逆矩阵的概念. 首先, 他把具有 n 个未知量、n 个方程的线性方程组写成了矩阵的简洁形式 (即 (2.28) 式):

$$AX = \beta, \tag{2.41}$$

其中 n 阶方阵 A 是系数矩阵, X 是由 n 个未知量组成的列向量, β 是由 n 个常数项组成的列向量. 线性方程组 (2.41) 实际上可以看成一元一次方程 $ax = b$ 的推广, 而对于后者来说, 当 $a \neq 0$ 时, 有唯一的解 $x = a^{-1}b$, 其中的 a^{-1} 是系数 a 的倒数,

或称为 a 的 "逆", 它满足的条件是

$$a^{-1}a = 1. \tag{2.42}$$

凯莱发现, 线性方程组 (2.41) 的解也可以有类似的表达方式. 当系数矩阵 A 满足相当于 $a \neq 0$ 的条件时 (对二元和三元的线性方程组而言, 这个条件就是系数行列式不等于零), 一定存在 n 阶方阵 B, 使得

$$BA = I. \tag{2.43}$$

对比 (2.42) 和 (2.43) 两式, 凯莱把这个类似于 a^{-1} 的矩阵 B 记为 A^{-1}, 并称它为矩阵 A 的逆矩阵, 即有

$$A^{-1}A = I. \tag{2.44}$$

这样, 凯莱就用逆矩阵 A^{-1} 去左乘线性方程组 (2.41) 的两边, 由于 (2.44) 式成立, 所以得到

$$X = IX = A^{-1}AX = A^{-1}\beta, \tag{2.45}$$

从而就把求解线性方程组的问题转化成了求逆矩阵的问题.

这里举一个最简单的二元线性方程组的例子. 设有线性方程组

$$\begin{cases} x + y = 2, \\ 3x + 4y = 1, \end{cases} \quad \text{或写成} \quad \begin{pmatrix} 1 & 1 \\ 3 & 4 \end{pmatrix} \begin{pmatrix} x \\ y \end{pmatrix} = \begin{pmatrix} 2 \\ 1 \end{pmatrix}, \tag{2.46}$$

可以求得系数矩阵 $A = \begin{pmatrix} 1 & 1 \\ 3 & 4 \end{pmatrix}$ 的逆矩阵是 $A^{-1} = \begin{pmatrix} 4 & -1 \\ -3 & 1 \end{pmatrix}$. 这是因为

$$A^{-1}A = \begin{pmatrix} 4 & -1 \\ -3 & 1 \end{pmatrix} \begin{pmatrix} 1 & 1 \\ 3 & 4 \end{pmatrix} = \begin{pmatrix} 1 & 0 \\ 0 & 1 \end{pmatrix} = I. \tag{2.47}$$

现在用逆矩阵 A^{-1} 左乘 (2.46) 式的两边, 由于 (2.47) 式成立, 所以有

$$\begin{pmatrix} x \\ y \end{pmatrix} = I \begin{pmatrix} x \\ y \end{pmatrix} = A^{-1}A \begin{pmatrix} x \\ y \end{pmatrix} = A^{-1} \begin{pmatrix} 2 \\ 1 \end{pmatrix} = \begin{pmatrix} 4 & -1 \\ -3 & 1 \end{pmatrix} \begin{pmatrix} 2 \\ 1 \end{pmatrix} = \begin{pmatrix} 7 \\ -5 \end{pmatrix},$$

因此线性方程组 (2.46) 的解是 $x = 7, y = -5$. 尽管在这个简单例子中, 用逆矩阵求解的方法可能不如直接使用加减消元法简便, 但却显示了逆矩阵概念的思想来源. 另一方面, 由于矩阵乘法不满足交换律, 还应该考察用 A^{-1} 右乘 A 的结果:

$$AA^{-1} = \begin{pmatrix} 1 & 1 \\ 3 & 4 \end{pmatrix} \begin{pmatrix} 4 & -1 \\ -3 & 1 \end{pmatrix} = \begin{pmatrix} 1 & 0 \\ 0 & 1 \end{pmatrix} = I.$$

这说明了一个一般结论: 一旦矩阵 A 的逆矩阵存在, 则不管用它左乘还是右乘 A, 都会得到单位矩阵.

定义 2.9 方阵的逆矩阵

设 A 是 n 阶方阵, 如果存在 n 阶方阵 B 使得

$$AB = BA = I, \tag{2.48}$$

则称 A 是可逆矩阵, B 是 A 的一个**逆矩阵**, 若不存在满足 (2.48) 式的矩阵 B, 则称 A 是**奇异矩阵**.

如果 B 和 C 都是 A 的逆矩阵, 那么由定义和矩阵乘法的结合律, 可得

$$B = BI = B(AC) = (BA)C = IC = C.$$

这样, 可逆矩阵 A 的逆矩阵是唯一的, 记 A 的逆矩阵为 A^{-1}, 于是有

$$AA^{-1} = A^{-1}A = I.$$

并不是每个方阵都是可逆的, 例如, 矩阵 $A = \begin{pmatrix} 1 & 0 \\ 0 & 0 \end{pmatrix}$ 就是一个奇异矩阵, 这是因为对任何二阶方阵 $B = (b_{ij})$,

$$BA = \begin{pmatrix} b_{11} & b_{12} \\ b_{21} & b_{22} \end{pmatrix} \begin{pmatrix} 1 & 0 \\ 0 & 0 \end{pmatrix} = \begin{pmatrix} b_{11} & 0 \\ b_{21} & 0 \end{pmatrix}.$$

显然, BA 不可能等于 I.

例 2.22 求线性方程组 (2.46) 中系数矩阵 A 的逆矩阵.

解 设 $A^{-1} = \begin{pmatrix} b_{11} & b_{12} \\ b_{21} & b_{22} \end{pmatrix}$, 因为 $A^{-1}A = I$, 所以有

$$\begin{pmatrix} b_{11} & b_{12} \\ b_{21} & b_{22} \end{pmatrix} \begin{pmatrix} 1 & 1 \\ 3 & 4 \end{pmatrix} = \begin{pmatrix} b_{11} + 3b_{12} & b_{11} + 4b_{12} \\ b_{21} + 3b_{22} & b_{21} + 4b_{22} \end{pmatrix} = \begin{pmatrix} 1 & 0 \\ 0 & 1 \end{pmatrix},$$

从而得到线性方程组

$$\begin{cases} b_{11} + 3b_{12} = 1, \\ b_{11} + 4b_{12} = 0, \\ b_{21} + 3b_{22} = 0, \\ b_{21} + 4b_{22} = 1. \end{cases}$$

解出得 $b_{11} = 4, b_{12} = -1, b_{21} = -3, b_{22} = 1$, 所以 $A^{-1} = \begin{pmatrix} 4 & -1 \\ -3 & 1 \end{pmatrix}$.　　　□

　　如果用上例求每个元素的方法来求 n 阶矩阵的逆矩阵, 那么就要解一个 n^2 元的庞大的线性方程组, 因此这个方法并不实用.

　　例 2.23　验证下面两个矩阵互为逆矩阵:

$$\begin{pmatrix} -1 & 2 & -1 \\ -6 & 3 & 0 \\ 4 & -2 & 1 \end{pmatrix} \quad 与 \quad \begin{pmatrix} \frac{1}{3} & 0 & \frac{1}{3} \\ \frac{2}{3} & \frac{1}{3} & \frac{2}{3} \\ 0 & \frac{2}{3} & 1 \end{pmatrix}. \tag{2.49}$$

　　解　因为

$$\begin{pmatrix} -1 & 2 & -1 \\ -6 & 3 & 0 \\ 4 & -2 & 1 \end{pmatrix} \begin{pmatrix} \frac{1}{3} & 0 & \frac{1}{3} \\ \frac{2}{3} & \frac{1}{3} & \frac{2}{3} \\ 0 & \frac{2}{3} & 1 \end{pmatrix} = \begin{pmatrix} 1 & 0 & 0 \\ 0 & 1 & 0 \\ 0 & 0 & 1 \end{pmatrix},$$

$$\begin{pmatrix} \frac{1}{3} & 0 & \frac{1}{3} \\ \frac{2}{3} & \frac{1}{3} & \frac{2}{3} \\ 0 & \frac{2}{3} & 1 \end{pmatrix} \begin{pmatrix} -1 & 2 & -1 \\ -6 & 3 & 0 \\ 4 & -2 & 1 \end{pmatrix} = \begin{pmatrix} 1 & 0 & 0 \\ 0 & 1 & 0 \\ 0 & 0 & 1 \end{pmatrix},$$

所以 (2.49) 式中的两个矩阵互为逆矩阵.　　　□

　　例 2.24　设方阵 A 满足等式 $A^2 + 2A - 2I = 0$, 证明: A 可逆, 并求 A^{-1}.

　　证明　先将等式 $A^2 + 2A - 2I = 0$ 改写成 $(A + 2I)A = 2I$, 然后两边除 2, 得

$$\frac{1}{2}(A + 2I)A = I.$$

又由定理 2.6 中的 (5), 有

$$A\left(\frac{1}{2}(A + 2I)\right) = \frac{1}{2}(A^2 + 2A) = \frac{1}{2}(2I) = I,$$

所以按照定义 2.9 可知 A 可逆, 且

$$A^{-1} = \frac{1}{2}(A + 2I).$$　　　□

定理 2.8 可逆矩阵有以下性质:

(1) 单位矩阵 I 可逆, 并且 $I^{-1} = I$;

(2) 如果 A 可逆, 则 A^{-1} 也可逆, 并且 $(A^{-1})^{-1} = A$;

(3) 如果 n 阶矩阵 A, B 都可逆, 则 AB 也可逆, 并且 $(AB)^{-1} = B^{-1}A^{-1}$(顺序相反);

(4) 如果 A 可逆, 则 A^{T} 也可逆, 并且 $(A^{\mathrm{T}})^{-1} = (A^{-1})^{\mathrm{T}}$;

(5) 如果 A 可逆, 数 $k \neq 0$, 则 kA 也可逆, 并且 $(kA)^{-1} = \dfrac{1}{k}A^{-1}$.

证明 (1) 因为 $II = I$, 所以 $I^{-1} = I$;

(2) 因为 A 可逆, 所以有

$$A^{-1}A = AA^{-1} = I,$$

因此 A^{-1} 也可逆, 且 A 是 A^{-1} 的逆矩阵, 即 $(A^{-1})^{-1} = A$.

(3) 因为

$$(AB)(B^{-1}A^{-1}) = A(BB^{-1})A^{-1} = AIA^{-1} = AA^{-1} = I,$$

以及

$$(B^{-1}A^{-1})(AB) = B^{-1}(A^{-1}A)B = B^{-1}IB = B^{-1}B = I,$$

所以 AB 可逆, 且 $(AB)^{-1} = B^{-1}A^{-1}$.

(4) 由定理 2.7 的 (4) 可得

$$A^{\mathrm{T}}(A^{-1})^{\mathrm{T}} = (A^{-1}A)^{\mathrm{T}} = I^{\mathrm{T}} = I,$$

以及

$$(A^{-1})^{\mathrm{T}}A^{\mathrm{T}} = (AA^{-1})^{\mathrm{T}} = I^{\mathrm{T}} = I,$$

所以 A^{T} 可逆, 并且 $(A^{\mathrm{T}})^{-1} = (A^{-1})^{\mathrm{T}}$.

(5) 由定理 2.6 的 (5) 和定理 2.5 的 (3), 得

$$(kA)\left(\frac{1}{k}A^{-1}\right) = \frac{1}{k}(kA)A^{-1} = \left(\frac{1}{k} \cdot k\right)AA^{-1} = I,$$

同理有

$$\left(\frac{1}{k}A^{-1}\right)(kA) = I,$$

所以 $(kA)^{-1} = \dfrac{1}{k}A^{-1}$. □

运用数学归纳法, 可以把定理 2.8 的性质 (3) 推广到多个可逆矩阵相乘的情形, 即如果 $A_1, A_2, \cdots, A_m$ 是 m 个 n 阶可逆矩阵, 则乘积矩阵 $A_1 A_2 \cdots A_m$ 也可逆, 并且

$$(A_1 A_2 \cdots A_m)^{-1} = A_m^{-1} A_{m-1}^{-1} \cdots A_2^{-1} A_1^{-1}. \tag{2.50}$$

注意上式中的相反顺序. 如果在 (2.50) 式中, $A_1 = A_2 = \cdots = A_m = A$, 则有

$$(A^m)^{-1} = (A^{-1})^m.$$

例 2.25　设 A, B 均为 n 阶对称阵, 且 A 与 $I + AB$ 都可逆, 证明: $(I+AB)^{-1}A$ 也是对称阵.

证明　本题需要用到矩阵转置和可逆的多项性质, 特别是定理 2.8 中的性质 $(2), (3), (4)$ 以及 $A^{\mathrm{T}} = A, B^{\mathrm{T}} = B$ 等条件, 本题的目标是证明等式

$$((I + AB)^{-1}A)^{\mathrm{T}} = (I + AB)^{-1}A.$$

因为

$$((I + AB)^{-1}A)^{\mathrm{T}} = A^{\mathrm{T}}((I + AB)^{-1})^{\mathrm{T}} = A((I + AB)^{\mathrm{T}})^{-1}$$

$$= A(I + (AB)^{\mathrm{T}})^{-1} = A(I + B^{\mathrm{T}}A^{\mathrm{T}})^{-1}$$

$$= (A^{-1})^{-1}(I + BA)^{-1} = ((I + BA)A^{-1})^{-1}$$

$$= (A^{-1} + BAA^{-1})^{-1} = (A^{-1} + IB)^{-1}$$

$$= (A^{-1} + A^{-1}AB)^{-1} = (A^{-1}(I + AB))^{-1}$$

$$= (I + AB)^{-1}(A^{-1})^{-1} = (I + AB)^{-1}A,$$

所以 $(I + AB)^{-1}A$ 是对称阵.　　　　　　　　　　　　　　　　　　　　□

2.4.2　初等矩阵

不仅逆矩阵的概念起源于解线性方程组, 对逆矩阵的深入研究也离不开线性方程组. 从 2.1 节知道, 求解线性方程组的高斯消元法的基本原理是: 对线性方程组的增广矩阵不断进行三种行初等变换, 直至得出最简单的同解方程组, 从而求出原线性方程组的解.

人们发现, 行初等变换可以通过左乘一个被称为初等矩阵的特殊矩阵来加以实现. 例如, 对于三元一次方程组 (2.2) 来说, 在它的求解过程 (2.8) 式中一共作了九

次行初等变换, 第一个行初等变换 (交换第 1, 2 两行) 可以用初等矩阵

$$E_1 = \begin{pmatrix} 0 & 1 & 0 \\ 1 & 0 & 0 \\ 0 & 0 & 1 \end{pmatrix} \tag{2.51}$$

左乘该线性方程组的增广矩阵来实现, 即

$$\begin{pmatrix} 0 & 1 & 0 \\ 1 & 0 & 0 \\ 0 & 0 & 1 \end{pmatrix} \begin{pmatrix} 2 & 1 & -1 & \vdots & -1 \\ 1 & -2 & 1 & \vdots & 5 \\ 3 & -1 & -2 & \vdots & 0 \end{pmatrix} = \begin{pmatrix} 1 & -2 & 1 & \vdots & 5 \\ 2 & 1 & -1 & \vdots & -1 \\ 3 & -1 & -2 & \vdots & 0 \end{pmatrix}. \tag{2.52}$$

第二个行初等变换 (第 1 行的 -2 倍加到第 2 行) 可以用初等矩阵

$$E_2 = \begin{pmatrix} 1 & 0 & 0 \\ -2 & 1 & 0 \\ 0 & 0 & 1 \end{pmatrix} \tag{2.53}$$

继续左乘 (2.52) 式中右边的矩阵, 即

$$\begin{pmatrix} 1 & 0 & 0 \\ -2 & 1 & 0 \\ 0 & 0 & 1 \end{pmatrix} \begin{pmatrix} 1 & -2 & 1 & \vdots & 5 \\ 2 & 1 & -1 & \vdots & -1 \\ 3 & -1 & -2 & \vdots & 0 \end{pmatrix} = \begin{pmatrix} 1 & -2 & 1 & \vdots & 5 \\ 0 & 5 & -3 & \vdots & -11 \\ 3 & -1 & -2 & \vdots & 0 \end{pmatrix}.$$

第三个和第四个初等变换都和第二个初等变换类似, 而第五个行初等变换 $\left(\text{第 3 行}\right.$ 乘 $\left.-\dfrac{1}{2}\right)$ 可以通过左乘初等矩阵

$$E_5 = \begin{pmatrix} 1 & 0 & 0 \\ 0 & 1 & 0 \\ 0 & 0 & -\dfrac{1}{2} \end{pmatrix} \tag{2.54}$$

来实现 (读者自己验证), 这样依次左乘了所有的九个初等矩阵 (它们分别对应了九个行初等变换) $E_1, E_2, \cdots, E_9$ 后, 就得到了相当于 (2.8) 式的矩阵等式

$$E_9 \cdots E_2 E_1 \begin{pmatrix} 2 & 1 & -1 & \vdots & -1 \\ 1 & -2 & 1 & \vdots & 5 \\ 3 & -1 & -2 & \vdots & 0 \end{pmatrix} = \begin{pmatrix} 1 & 0 & 0 & \vdots & 1 \\ 0 & 1 & 0 & \vdots & -1 \\ 0 & 0 & 1 & \vdots & 2 \end{pmatrix}. \tag{2.55}$$

如果记原线性方程组 (2.2) 的系数矩阵和常数项向量为

$$A = \begin{pmatrix} 2 & 1 & -1 \\ 1 & -2 & 1 \\ 3 & -1 & -2 \end{pmatrix} \quad \text{和} \quad \beta = \begin{pmatrix} -1 \\ 5 \\ 0 \end{pmatrix},$$

则 (2.55) 式用分块矩阵表示出来就是

$$E_9 \cdots E_2 E_1 (A \quad \beta) = (I \quad \beta').$$

由分块矩阵的乘法规则可得

$$E_9 \cdots E_2 E_1 A = I \tag{2.56}$$

和

$$E_9 \cdots E_2 E_1 \beta = \beta' = \begin{pmatrix} 1 \\ -1 \\ 2 \end{pmatrix}, \tag{2.57}$$

由 (2.56) 式可知 A 的逆矩阵是

$$A^{-1} = E_9 \cdots E_2 E_1, \tag{2.58}$$

将上式代入 (2.57) 式后得 $\beta' = A^{-1}\beta$, 这正是原线性方程组 $AX = \beta$ 的解. 注意在 (2.58) 式中, 逆矩阵写成了一系列初等矩阵的乘积, 它揭示了逆矩阵与行初等矩阵的内在联系. 逆矩阵的这个基本性质在下面将帮助我们迅速地求出一个 n 阶矩阵的逆矩阵.

　　以上的三种初等矩阵 (2.51),(2.53) 和 (2.54) 分别对应了三种行初等变换. 一般的定义如下.

定义 2.10   初等矩阵

单位矩阵 I 经过一次行初等变换得到的矩阵称为**初等矩阵**. 它们一共有三种:

(1) 在 I 的第 i 行乘非零的数 c, 得

$$E(i(c)) = \begin{pmatrix} 1 & & & & & & & \\ & \ddots & & & & & & \\ & & 1 & & & & & \\ & & & c & & & & \\ & & & & 1 & & & \\ & & & & & \ddots & & \\ & & & & & & 1 \end{pmatrix} \quad (i\text{行});$$

(2) 交换 I 的第 i 行和第 j 行, 得

$$E(i,j) = \begin{array}{c} \\ \\ (i行) \\ \\ \\ (j行) \\ \\ \\ \\ \end{array} \begin{pmatrix} 1 & & & & & & & & & \\ & \ddots & & & & & & & \\ & & 1 & & & & & & \\ & & & 0 & \cdots & & 1 & & \\ & & & \vdots & 1 & & & & \\ & & & & & \ddots & & & \\ & & & & & & 1 & & \\ & & & 1 & \cdots & & 0 & & \\ & & & & & & & 1 & \\ & & & & & & & & \ddots & \\ & & & & & & & & & 1 \end{pmatrix}.$$

(3) 把 I 的第 i 行的 d 倍加到第 j 行, 得

$$E(i(d),j) = \begin{array}{c} \\ \\ \\ (i行) \\ \\ (j行) \\ \\ \\ \end{array} \begin{pmatrix} 1 & & & & & \\ & \ddots & & & & \\ & & 1 & & & \\ & & \vdots & \ddots & & \\ & & d & \cdots & 1 & \\ & & & & & \ddots & \\ & & & & & & 1 \end{pmatrix}.$$

下面的定理正式确立了初等矩阵与初等变换的直接联系.

定理 2.9 对一个 $n \times p$ 矩阵 A 作行初等变换相当于用相应的 n 阶初等矩阵左乘 A.

证明 首先记 $1 \times n$ 行向量 $u_i = (0 \ \cdots \ \overset{i}{1} \ \cdots \ 0), i = 1, 2, \cdots, n$, 即第 i 个元素为 1, 其余元素均为 0, 那么三种初等矩阵就可以分别记为

$$E(i(c)) = \begin{pmatrix} u_1 \\ \vdots \\ cu_i \\ \vdots \\ u_n \end{pmatrix} (i行),$$

$$E(i,j) = \begin{array}{c} \\ \\ (i\text{行}) \\ \\ \\ (j\text{行}) \\ \\ \\ \\ \end{array} \begin{pmatrix} u_1 \\ \vdots \\ u_j \\ \vdots \\ u_i \\ \vdots \\ u_n \end{pmatrix},$$

$$E(i(d),j) = \begin{array}{c} \\ \\ \\ (i\text{行}) \\ \\ \\ (j\text{行}) \\ \\ \\ \end{array} \begin{pmatrix} u_1 \\ \vdots \\ u_i \\ \vdots \\ du_i + u_j \\ \vdots \\ u_n \end{pmatrix},$$

并且对 $i = 1, 2, \cdots, n$, 以下的矩阵乘积

$$u_i A = (0 \quad \cdots \quad \overset{i}{1} \quad \cdots \quad 0) \begin{pmatrix} a_{11} & \cdots & a_{1p} \\ \vdots & & \vdots \\ a_{i1} & \cdots & a_{ip} \\ \vdots & & \vdots \\ a_{n1} & \cdots & a_{np} \end{pmatrix} = (a_{i1} \quad \cdots \quad a_{ip}) = \gamma_i$$

正好就是 A 的第 i 行. 现在由分块矩阵的乘法, 得

$$E(i(c))A = \begin{pmatrix} u_1 \\ \vdots \\ cu_i \\ \vdots \\ u_n \end{pmatrix} A = \begin{pmatrix} u_1 A \\ \vdots \\ cu_i A \\ \vdots \\ u_n A \end{pmatrix} (i\text{行}) = \begin{pmatrix} \gamma_1 \\ \vdots \\ c\gamma_i \\ \vdots \\ \gamma_n \end{pmatrix} (i\text{行}),$$

这相当于 A 的第 i 行乘 c,

$$E(i,j)A = \begin{pmatrix} u_1 \\ \vdots \\ u_j \\ \vdots \\ u_i \\ \vdots \\ u_n \end{pmatrix} A = \begin{pmatrix} u_1 A \\ \vdots \\ u_j A \\ \vdots \\ u_i A \\ \vdots \\ u_n A \end{pmatrix} = \begin{pmatrix} \gamma_1 \\ \vdots \\ \gamma_j \\ \vdots \\ \gamma_i \\ \vdots \\ \gamma_n \end{pmatrix},$$

这相当于交换 A 的第 i 行和第 j 行,

$$E(i(d),j)A = \begin{pmatrix} u_1 \\ \vdots \\ u_i \\ \vdots \\ u_j + du_i \\ \vdots \\ u_n \end{pmatrix} A = \begin{pmatrix} u_1 A \\ \vdots \\ u_i A \\ \vdots \\ u_j A + du_i A \\ \vdots \\ u_n A \end{pmatrix} = \begin{pmatrix} \gamma_1 \\ \vdots \\ \gamma_i \\ \vdots \\ \gamma_j + d\gamma_i \\ \vdots \\ \gamma_n \end{pmatrix},$$

这相当于将 A 的第 i 行的 d 倍加到第 j 行上. □

容易证明三类初等矩阵都是可逆矩阵, 读者可以验证它们的逆矩阵分别是

$$(E(i(c)))^{-1} = E\left(i\left(\frac{1}{c}\right)\right); \quad (E(i,j))^{-1} = E(i,j); \quad (E(i(d),j))^{-1} = E(i(-d),j).$$

$$(2.59)$$

定理 2.9 使我们对求解线性方程组的高斯消元法有了更深一层的理解, 其中所作的一系列行初等变换相当于用一连串可逆的初等矩阵去左乘线性方程组的增广矩阵, 使之变成一个简化阶梯阵. 从这个过程可以抽象出以下的概念.

定义 2.11   矩阵的行等价

对于两个同型矩阵 A 和 B 来说, 如果存在一连串的初等矩阵 $E_1, E_2, \cdots, E_k$, 使得

$$B = E_k E_{k-1} \cdots E_1 A,$$

则称 B **行等价**于 A.

换句话说, 如果矩阵 B 是由矩阵 A 通过一系列的行初等变换而得到, 那么 B 行等价于 A. 容易证明以下两个性质:

(1)　如果 A 行等价于 B, 则 B 也行等价于 A;

(2)　如果 A 行等价于 B, B 行等价于 C, 则 A 也行等价于 C.

定理 2.10 (可逆矩阵的判定定理 I)　设 A 是 n 阶方阵, 那么以下条件等价:

(1) A 是可逆矩阵;

(2) 齐次线性方程组 $AX = 0$ 只有零解;

(3) A 行等价于 I;

(4) A 是初等矩阵的乘积.

证明　(1) $\Rightarrow$ (2): 已知 A 是可逆矩阵, 设 $X = \eta$ 是齐次线性方程组 $AX = 0$ 的解, 则

$$\eta = I\eta = (A^{-1}A)\eta = A^{-1}(A\eta) = A^{-1}0 = 0,$$

因此齐次线性方程组 $AX = 0$ 只有零解.

(2) $\Rightarrow$ (3): 我们对齐次线性方程组 $AX = 0$ 的系数矩阵 A 作行初等变换后得到简化阶梯阵 B, 即 A 行等价于 B. 因为行初等变换不改变线性方程组的解, 所以 $AX = 0$ 与 $BX = 0$ 同解, 再由条件 "$AX = 0$ 只有零解" 可知 $BX = 0$ 也只有零解. 注意矩阵 B 既是一个简化阶梯阵, 又是一个方阵, 则它的对角线元素都是 1. 这是因为若 B 的对角线上有一个元素为 0, 那么 B 必有一行是全零行, 从而齐次线性方程组 $BX = 0$ 的方程个数必小于未知量的个数, 这样就由定理 2.3 得知 $BX = 0$ 有非零解, 而这与 "$BX = 0$ 只有零解" 是矛盾的. 所以 B 的对角线上元素全为 1, 而其他元素都是 0, 这样就得 $B = I$, 即 A 行等价于 I.

(3) $\Rightarrow$ (4): 因为 A 行等价于 I, 由定义可知, 存在一连串的初等矩阵 $E_1, E_2, \cdots$, E_k, 使得

$$A = E_k E_{k-1} \cdots E_1 I = E_k E_{k-1} \cdots E_1,$$

这样, A 就写成了初等矩阵的乘积.

(4) $\Rightarrow$ (1): 设 A 是初等矩阵的乘积, 而初等矩阵都是可逆矩阵, 因此由定理 2.8 的 (3) 可知 A 也是可逆矩阵.　　　　　　　　　　　　　　　　　　□

例 2.26　判断矩阵

$$A = \begin{pmatrix} 2 & 4 & 6 \\ 4 & 5 & 6 \\ 14 & 16 & 18 \end{pmatrix} \tag{2.60}$$

是否可逆.

证明 对 A 作初等变换:

$$A \xrightarrow[{-7r_1+r_3}]{-2r_1+r_2} \begin{pmatrix} 2 & 4 & 6 \\ 0 & -3 & -6 \\ 0 & -12 & -24 \end{pmatrix} \xrightarrow{-4r_2+r_3} \begin{pmatrix} 2 & 4 & 6 \\ 0 & -3 & -6 \\ 0 & 0 & 0 \end{pmatrix} = B.$$

B 的最后一行全为 0, 所以 A 不可能等价于 I, 因此 A 是奇异阵. □

例 2.27 已知

$$A = \begin{pmatrix} 1 & 2 \\ 3 & 4 \end{pmatrix},$$

试将 A 写成初等矩阵的乘积.

解 先对 A 实施初等变换, 使其变成单位矩阵:

$$A \xrightarrow{-3r_1+r_2} \begin{pmatrix} 1 & 2 \\ 0 & -2 \end{pmatrix} \xrightarrow{r_2+r_1} \begin{pmatrix} 1 & 0 \\ 0 & -2 \end{pmatrix} \xrightarrow{-\frac{1}{2}r_2} \begin{pmatrix} 1 & 0 \\ 0 & 1 \end{pmatrix}.$$

再由行初等变换与初等矩阵的关系 (定理 2.9) 得

$$\begin{pmatrix} 1 & 0 \\ 0 & -\frac{1}{2} \end{pmatrix} \begin{pmatrix} 1 & 1 \\ 0 & 1 \end{pmatrix} \begin{pmatrix} 1 & 0 \\ -3 & 1 \end{pmatrix} A = I.$$

这样, 可以解出 A:

$$A = \begin{pmatrix} 1 & 0 \\ -3 & 1 \end{pmatrix}^{-1} \begin{pmatrix} 1 & 1 \\ 0 & 1 \end{pmatrix}^{-1} \begin{pmatrix} 1 & 0 \\ 0 & -\frac{1}{2} \end{pmatrix}^{-1}.$$

最后, 由初等矩阵的逆矩阵公式 (2.59) 得

$$A = \begin{pmatrix} 1 & 0 \\ 3 & 1 \end{pmatrix} \begin{pmatrix} 1 & -1 \\ 0 & 1 \end{pmatrix} \begin{pmatrix} 1 & 0 \\ 0 & -2 \end{pmatrix}.$$ □

2.4.3 用初等变换求逆矩阵

如果 n 阶方阵 A 是一个可逆矩阵, 那么 A 必行等价于 I, 或者 I 行等价于 A, 即存在一系列初等矩阵 $E_1, E_2, \cdots, E_k$ 使得

$$E_k E_{k-1} \cdots E_1 A = I, \tag{2.61}$$

在 (2.61) 式的两边右乘 A^{-1} 可得

$$E_k E_{k-1} \cdots E_1 I = A^{-1}. \tag{2.62}$$

从 (2.61) 和 (2.62) 两式可知, 当我们用一系列行初等变换把 A 化成了 I 时, 相同的这一系列行初等变换也可以同时把 I 化成 A^{-1}, 这就给我们提供了一个计算逆矩阵 A^{-1} 的实用方法: 先构造一个扩大的 $n \times 2n$ 矩阵

$$(A \quad I), \tag{2.63}$$

然后对它依次施行以上初等矩阵 $E_1, E_2, \cdots, E_k$ 所代表的行初等变换, 由 (2.61) 式和 (2.62) 式可知这些行初等变换将矩阵 (2.63) 化成了以下简化阶梯阵

$$(I \quad A^{-1}),$$

此时, 右边的一半就是逆矩阵 A^{-1}.

例 2.28   设

$$A = \begin{pmatrix} 2 & 1 & -3 \\ 1 & 2 & -2 \\ 1 & -3 & -2 \end{pmatrix},$$

求 A^{-1}.

解   因为

$$(A \quad I) \xrightarrow{\frac{1}{2}r_1} \left(\begin{array}{ccc:ccc} 1 & \frac{1}{2} & -\frac{3}{2} & \frac{1}{2} & 0 & 0 \\ 1 & 2 & -2 & 0 & 1 & 0 \\ 1 & -3 & -2 & 0 & 0 & 1 \end{array} \right)$$

$$\xrightarrow[-r_1+r_3]{-r_1+r_2} \left(\begin{array}{ccc:ccc} 1 & \frac{1}{2} & -\frac{3}{2} & \frac{1}{2} & 0 & 0 \\ 0 & \frac{3}{2} & -\frac{1}{2} & -\frac{1}{2} & 1 & 0 \\ 0 & -\frac{7}{2} & -\frac{1}{2} & -\frac{1}{2} & 0 & 1 \end{array} \right)$$

$$\xrightarrow[\frac{2}{3}r_2]{-\frac{2}{7}r_3} \left(\begin{array}{ccc:ccc} 1 & \frac{1}{2} & -\frac{3}{2} & \frac{1}{2} & 0 & 0 \\ 0 & 1 & -\frac{1}{3} & -\frac{1}{3} & \frac{2}{3} & 0 \\ 0 & 1 & \frac{1}{7} & \frac{1}{7} & 0 & -\frac{2}{7} \end{array} \right)$$

$$\xrightarrow[-\frac{1}{2}r_2+r_1]{-r_2+r_3}
\begin{pmatrix}
1 & 0 & -\dfrac{4}{3} & \vdots & \dfrac{2}{3} & -\dfrac{1}{3} & 0 \\
0 & 1 & -\dfrac{1}{3} & \vdots & -\dfrac{1}{3} & \dfrac{2}{3} & 0 \\
0 & 0 & \dfrac{10}{21} & \vdots & \dfrac{10}{21} & -\dfrac{2}{3} & -\dfrac{2}{7}
\end{pmatrix}$$

$$\xrightarrow{\frac{21}{10}r_3}
\begin{pmatrix}
1 & 0 & -\dfrac{4}{3} & \vdots & \dfrac{2}{3} & -\dfrac{1}{3} & 0 \\
0 & 1 & -\dfrac{1}{3} & \vdots & -\dfrac{1}{3} & \dfrac{2}{3} & 0 \\
0 & 0 & 1 & \vdots & 1 & -\dfrac{7}{5} & -\dfrac{3}{5}
\end{pmatrix}$$

$$\xrightarrow[\frac{4}{3}r_3+r_1]{\frac{1}{3}r_3+r_2}
\begin{pmatrix}
1 & 0 & 0 & \vdots & 2 & -\dfrac{11}{5} & -\dfrac{4}{5} \\
0 & 1 & 0 & \vdots & 0 & \dfrac{1}{5} & -\dfrac{1}{5} \\
0 & 0 & 1 & \vdots & 1 & -\dfrac{7}{5} & -\dfrac{3}{5}
\end{pmatrix},$$

所以

$$A^{-1} = \begin{pmatrix}
2 & -\dfrac{11}{5} & -\dfrac{4}{5} \\
0 & \dfrac{1}{5} & -\dfrac{1}{5} \\
1 & -\dfrac{7}{5} & -\dfrac{3}{5}
\end{pmatrix} = \frac{1}{5}\begin{pmatrix}
10 & -11 & -4 \\
0 & 1 & -1 \\
5 & -7 & -3
\end{pmatrix}. \qquad \square$$

例 2.29 解线性方程组

$$\begin{cases}
2x + y - 3z = -1, \\
x + 2y - 2z = 0, \\
x - 3y - 2z = 5.
\end{cases}$$

解 这个线性方程组的系数矩阵就是上例中的可逆矩阵, 因此这个方程组的解是

$$X = A^{-1}\beta = \frac{1}{5}\begin{pmatrix}
10 & -11 & -4 \\
0 & 1 & -1 \\
5 & -7 & -3
\end{pmatrix}\begin{pmatrix}
-1 \\
0 \\
5
\end{pmatrix} = \frac{1}{5}\begin{pmatrix}
-30 \\
-5 \\
-20
\end{pmatrix} = \begin{pmatrix}
-6 \\
-1 \\
-4
\end{pmatrix}. \qquad \square$$

例 2.30　已知矩阵

$$A = \begin{pmatrix} 3 & 0 & 2 \\ 0 & 4 & 0 \\ 5 & 0 & 3 \end{pmatrix}, \quad B = \begin{pmatrix} -1 & 0 & 0 \\ 0 & 1 & 0 \\ 0 & 0 & 0 \end{pmatrix},$$

求矩阵方程 $AY + 3B = BA + 3Y$ 中的未知方阵 Y.

解　将等式中两项移项后整理得

$$(A - 3I)Y = BA - 3B,$$

再将已知矩阵代入得

$$\begin{pmatrix} 0 & 0 & 2 \\ 0 & 1 & 0 \\ 5 & 0 & 0 \end{pmatrix} Y = \begin{pmatrix} 0 & 0 & -2 \\ 0 & 1 & 0 \\ 0 & 0 & 0 \end{pmatrix}.$$

用初等变换求逆矩阵:

$$\left(\begin{array}{ccc:ccc} 0 & 0 & 2 & 1 & 0 & 0 \\ 0 & 1 & 0 & 0 & 1 & 0 \\ 5 & 0 & 0 & 0 & 0 & 1 \end{array}\right) \xrightarrow{r_1 \leftrightarrow r_3} \left(\begin{array}{ccc:ccc} 5 & 0 & 0 & 0 & 0 & 1 \\ 0 & 1 & 0 & 0 & 1 & 0 \\ 0 & 0 & 2 & 1 & 0 & 0 \end{array}\right)$$

$$\xrightarrow[\frac{1}{5}r_1]{\frac{1}{2}r_3} \left(\begin{array}{ccc:ccc} 1 & 0 & 0 & 0 & 0 & \frac{1}{5} \\ 0 & 1 & 0 & 0 & 1 & 0 \\ 0 & 0 & 1 & \frac{1}{2} & 0 & 0 \end{array}\right),$$

所以

$$\begin{pmatrix} 0 & 0 & 2 \\ 0 & 1 & 0 \\ 5 & 0 & 0 \end{pmatrix}^{-1} = \begin{pmatrix} 0 & 0 & \frac{1}{5} \\ 0 & 1 & 0 \\ \frac{1}{2} & 0 & 0 \end{pmatrix}, \tag{2.64}$$

从而解出矩阵 Y 为

$$Y = \begin{pmatrix} 0 & 0 & \frac{1}{5} \\ 0 & 1 & 0 \\ \frac{1}{2} & 0 & 0 \end{pmatrix} \begin{pmatrix} 0 & 0 & -2 \\ 0 & 1 & 0 \\ 0 & 0 & 0 \end{pmatrix} = \begin{pmatrix} 0 & 0 & 0 \\ 0 & 1 & 0 \\ 0 & 0 & -1 \end{pmatrix}. \qquad \square$$

习 题 2.4

1. 设

$$A = \begin{pmatrix} a & b \\ c & d \end{pmatrix},$$

假定 $ad - bc \neq 0$, 证明:

$$A^{-1} = \frac{1}{ad - bc} \begin{pmatrix} d & -b \\ -c & a \end{pmatrix}.$$

2. 应用上题结论求以下矩阵的逆矩阵:

(1) $\begin{pmatrix} 7 & 2 \\ 3 & 1 \end{pmatrix}$;   (2) $\begin{pmatrix} 4 & 3 \\ 2 & 2 \end{pmatrix}$;   (3) $\begin{pmatrix} -1 & 2 \\ 3 & 6 \end{pmatrix}$;   (4) $\begin{pmatrix} \cos\theta & -\sin\theta \\ \sin\theta & \cos\theta \end{pmatrix}$.

3. 设 A, B 都是 n 阶方阵, 且 $AB = A$, $B \neq I$, 证明 A 是奇异矩阵.

4. 设 A 是 n 阶矩阵且 $A^2 = 0$, 证明 $I - A$ 是可逆矩阵, 并且 $(I - A)^{-1} = I + A$.

5. 设 A 是 n 阶方阵且 $A^{k+1} = 0$, 证明 $I - A$ 是可逆矩阵, 并且

$$(I - A)^{-1} = I + A + A^2 + \cdots + A^k.$$

6. 满足条件 $A^2 = A$ 的矩阵被称为幂等矩阵, 验证以下幂矩阵都是幂等矩阵:

(1) $\begin{pmatrix} \frac{2}{3} & \frac{1}{3} \\ \frac{2}{3} & \frac{1}{3} \end{pmatrix}$;   (2) $\begin{pmatrix} 1 & 0 \\ 1 & 0 \end{pmatrix}$;   (3) $\begin{pmatrix} \frac{1}{4} & \frac{1}{4} & \frac{1}{4} \\ \frac{1}{4} & \frac{1}{4} & \frac{1}{4} \\ \frac{1}{2} & \frac{1}{2} & \frac{1}{2} \end{pmatrix}$.

7. 设 A 是一个幂等矩阵, 证明

(1) $I - A$ 也是一个幂等矩阵;

(2) $I + A$ 是可逆矩阵并且 $(I + A)^{-1} = I - \frac{1}{2} A$.

8. 设 D 是一个 n 阶对角矩阵, 其对角元素为 0 或 1, 证明:

(1) D 是幂等矩阵;

(2) 若 B 是一个可逆矩阵且 $A = BDB^{-1}$, 则 A 是幂等矩阵.

9. 设 $P^{-1}AP = N$, 其中

$$P = \begin{pmatrix} -1 & -4 \\ 1 & 1 \end{pmatrix}, \quad N = \begin{pmatrix} -1 & 0 \\ 0 & 2 \end{pmatrix},$$

求 A^{11}.

10. 如果 $AB = A + B$, 证明 A 与 B 可交换, 且 $A - I$ 可逆.

11. 设矩阵 A, B 及 $A + B$ 都可逆, 证明 $A^{-1} + B^{-1}$ 也可逆, 并求其逆矩阵.

12. 设 A 是一个对称可逆矩阵, 证明 A^{-1} 也是对称矩阵.

13. 设

$$A = \begin{pmatrix} 2 & 1 \\ 6 & 4 \end{pmatrix}.$$

(1) 把 A 写成初等矩阵的乘积;

(2) 把 A^{-1} 写成初等矩阵的乘积.

14. 设

$$A = \begin{pmatrix} 3 & -1 & 5 \\ 2 & -1 & 3 \\ 4 & 1 & 8 \end{pmatrix},$$

把 A 写成初等矩阵的乘积.

15. 设

$$A = \begin{pmatrix} 2 & 1 & 1 \\ 6 & 4 & 5 \\ 4 & 1 & 3 \end{pmatrix}.$$

(1) 求初等矩阵 E_1, E_2, E_3, 使得

$$E_3 E_2 E_1 A = U,$$

其中 U 是上三角矩阵;

(2) 求出 E_1, E_2, E_3 的逆矩阵, 并求出矩阵 $L = E_1^{-1} E_2^{-1} E_3^{-1}$, L 是什么矩阵? 验证 $A = LU$.

16. 已知 A 行等价于 B, 证明 B 也行等价于 A.

17. 如果 A 行等价于 B, B 行等价于 C, 证明 A 行等价于 C.

18. 证明任意两个 n 阶可逆方阵是行等价的.

19. 证明 B 行等价于 A 当且仅当存在可逆矩阵 M 使得 $B = MA$.

20. 设 A, B 都是 n 阶方阵, 且设 $C = AB$, 如果 B 是奇异矩阵, 证明: C 必是奇异矩阵.

21. 判断矩阵

$$A = \begin{pmatrix} 1 & 4 & 1 & 0 \\ 2 & 1 & -1 & -3 \\ 1 & 0 & -3 & -1 \\ 0 & 2 & -6 & 3 \end{pmatrix}$$

是否可逆.

22. 设 U 是 $n \times n$ 上三角矩阵, 并且它的对角线元素均不为零, 证明: U 是可逆矩阵, 且 U^{-1} 也是上三角矩阵.

23. 如果 $A \in M_n(\mathbb{R})$, 且有 $A^{\mathrm{T}} A = A A^{\mathrm{T}} = I$, 则称 A 是一个正交矩阵. 设 A, B 都是正交矩阵, 证明:

(1) $A^{-1} = A^{\mathrm{T}}$, 且 A^{-1} 也是正交矩阵;

(2) AB 是正交矩阵;

(3) 如果 $A + B$ 是正交矩阵, 则 $(A + B)^{-1} = A^{-1} + B^{-1}$.

24. 证明: 具有 n 个方程 n 个未知量的线性方程组 $AX = \beta$ 有唯一解的充要条件是 A 是可逆矩阵.

25. 求下列矩阵的逆矩阵:

$(1)\ \begin{pmatrix} 2 & 5 \\ 1 & 3 \end{pmatrix};$ $\qquad (2)\ \begin{pmatrix} 1 & 1 & 1 \\ 2 & 1 & 0 \\ -3 & -3 & -5 \end{pmatrix};$ $\qquad (3)\ \begin{pmatrix} 0 & 1 & 2 \\ 1 & 1 & 4 \\ 2 & -1 & 0 \end{pmatrix};$

$(4)\ \begin{pmatrix} 1 & 2 & 2 \\ 2 & 1 & -2 \\ 2 & -2 & 1 \end{pmatrix};$ $\qquad (5)\ \begin{pmatrix} 3 & 3 & -4 & -3 \\ 0 & 6 & 1 & 1 \\ 5 & 4 & 2 & 1 \\ 2 & 3 & 3 & 2 \end{pmatrix};$ $\qquad (6)\ \begin{pmatrix} 1 & 1 & 1 & 1 \\ 1 & 1 & -1 & -1 \\ 1 & -1 & 1 & -1 \\ 1 & -1 & -1 & 1 \end{pmatrix};$

$(7)\ \begin{pmatrix} 2 & 1 & 0 & 0 & 0 \\ 0 & 2 & 1 & 0 & 0 \\ 0 & 0 & 2 & 1 & 0 \\ 0 & 0 & 0 & 2 & 1 \\ 0 & 0 & 0 & 0 & 2 \end{pmatrix};$ $\qquad (8)\ \begin{pmatrix} 1 & -1 & 2 & -3 & 4 \\ 0 & 1 & -1 & 2 & -3 \\ 0 & 0 & 1 & -1 & 2 \\ 0 & 0 & 0 & 1 & -1 \\ 0 & 0 & 0 & 0 & 1 \end{pmatrix}.$

26. 用求逆矩阵的方法解线性方程组

$$\begin{cases} x & + z = 1, \\ 3x + 3y + 4z = 2, \\ 2x + 2y + 3z = 3. \end{cases}$$

27. 求解下列矩阵方程:

$(1)\ \begin{pmatrix} 4 & 1 & -2 \\ 2 & 2 & 1 \\ 3 & 1 & -1 \end{pmatrix} Y = \begin{pmatrix} 1 & -3 \\ 2 & 2 \\ 3 & -1 \end{pmatrix};$ $\quad (2)\ Y \begin{pmatrix} 0 & 2 & 1 \\ 2 & -1 & 3 \\ -3 & 3 & -4 \end{pmatrix} = \begin{pmatrix} 1 & 2 & 3 \\ 2 & -3 & 1 \end{pmatrix}.$

28. 设

$$A = \begin{pmatrix} 1 & -1 & 0 \\ 0 & 1 & -1 \\ -1 & 0 & 1 \end{pmatrix},$$

求满足矩阵方程 $AY = 2Y + A$ 的矩阵 Y.

29. 设 A 是 n 阶可逆矩阵, B 是 $n \times p$ 矩阵, 证明矩阵 $(A\ B)$ 的简化阶梯阵为 $(I\ C)$, 其中 $C = A^{-1}B$.

2.5 方阵的行列式

本节将把第 1 章中介绍的二阶与三阶行列式推广到一般的 n 阶行列式. 我们已经看到, 要判断空间中的三个向量是否共面, 可以通过考察由三个向量组成的三阶行列式是否为零来确定 (见定理 1.8 和定理 1.12). 具体来说, 设空间的 3 个向量

分别是

$$\alpha = \begin{pmatrix} a_1 \\ a_2 \\ a_3 \end{pmatrix}, \quad \beta = \begin{pmatrix} b_1 \\ b_2 \\ b_3 \end{pmatrix}, \quad \gamma = \begin{pmatrix} c_1 \\ c_2 \\ c_3 \end{pmatrix},$$

则以它们的分量为列可以组成一个方阵

$$A = \begin{pmatrix} a_1 & b_1 & c_1 \\ a_2 & b_2 & c_2 \\ a_3 & b_3 & c_3 \end{pmatrix},$$

而三阶行列式实际上就是以方阵中 9 个元素作为自变量的一个 "多元" 函数: 它为每个三阶方阵都指定了一个数——三阶行列式, 并且还把这个数记为

$$|A| = \begin{vmatrix} a_1 & b_1 & c_1 \\ a_2 & b_2 & c_2 \\ a_3 & b_3 & c_3 \end{vmatrix}. \tag{2.65}$$

我们从共面的定义以及向量混合积的几何意义证明了 α, β, γ 共面的充要条件是 (2.65) 式中的行列式 $|A| = 0$.

同样, n 阶行列式也是为每个 n 阶方阵指定了一个数, 它是刻画 n 阶方阵性质的有力工具, 也是一般的 n 元线性方程组的克拉默法则中必需的一个基本概念, 此外它还可以用来判断一个 n 阶方阵是否可逆.

应该指出, 我们只能对 $n \times n$ 的方阵来定义行列式, 对于一个一般的不是方阵的 $n \times m$ 矩阵, 虽然不能直接定义行列式, 但是可以抽出其中的一部分元素, 按照这些元素原来的行列位置来形成较小的方阵, 从而也有相应的较小的行列式 (称为 "子式"), 它们在第 3 章中可以用来描述矩阵的 "秩" 的概念.

2.5.1　n 阶行列式的定义

我们首先来重新考察三阶行列式的定义. 三阶方阵

$$A = \begin{pmatrix} a_{11} & a_{12} & a_{13} \\ a_{21} & a_{22} & a_{23} \\ a_{31} & a_{32} & a_{33} \end{pmatrix} \tag{2.66}$$

的行列式 $|A|$ 其实是通过二阶行列式定义的:

$$|A| = \begin{vmatrix} a_{11} & a_{12} & a_{13} \\ a_{21} & a_{22} & a_{23} \\ a_{31} & a_{32} & a_{33} \end{vmatrix} = a_{11} \begin{vmatrix} a_{22} & a_{23} \\ a_{32} & a_{33} \end{vmatrix} - a_{12} \begin{vmatrix} a_{21} & a_{23} \\ a_{31} & a_{33} \end{vmatrix} + a_{13} \begin{vmatrix} a_{21} & a_{22} \\ a_{31} & a_{32} \end{vmatrix},$$

其中的 3 个二阶行列式分别是 a_{11}, a_{12}, a_{13} 这三个元素的余子式, 它们可以分别记为

$$M_{11} = \begin{vmatrix} a_{22} & a_{23} \\ a_{32} & a_{33} \end{vmatrix}, \quad M_{12} = \begin{vmatrix} a_{21} & a_{23} \\ a_{31} & a_{33} \end{vmatrix}, \quad M_{13} = \begin{vmatrix} a_{21} & a_{22} \\ a_{31} & a_{32} \end{vmatrix},$$

从而三阶行列式的定义是

$$|A| = a_{11}M_{11} - a_{12}M_{12} + a_{13}M_{13}. \tag{2.67}$$

三阶行列式也可以通过其他的余子式来计算. 矩阵 (2.66) 中每个元素 a_{ij} 都有各自的余子式 M_{ij}, 它就是把矩阵 (2.66) 中的第 i 行和第 j 列划去后剩下的二阶方阵的行列式. 例如, a_{23} 的余子式是把矩阵 (2.66) 中的第 2 行和第 3 列划去后剩下的二阶方阵的行列式:

$$M_{23} = \begin{vmatrix} a_{11} & a_{12} \\ a_{31} & a_{32} \end{vmatrix}.$$

为了消除三阶行列式的定义 (2.67) 式右边第二项的负号, 再利用 a_{ij} 的两个下标 i 和 j, 引入以下记号:

$$A_{ij} = (-1)^{i+j}M_{ij}, \quad i = 1,2,3, \quad j = 1,2,3,$$

它称为元素 a_{ij} 的**代数余子式**. 例如, 第 1 行的 3 个元素的代数余子式分别为

$$A_{11} = (-1)^{1+1}M_{11} = M_{11},$$
$$A_{12} = (-1)^{1+2}M_{12} = -M_{12},$$
$$A_{13} = (-1)^{1+3}M_{13} = M_{13}.$$

这样, 三阶行列式的定义 (2.67) 式可以写成更加整齐的形式:

$$|A| = a_{11}A_{11} + a_{12}A_{12} + a_{13}A_{13}, \tag{2.68}$$

即三阶行列式等于第 1 行的 3 个元素与各自代数余子式的乘积的和.

让人感到有些惊异的是, 三阶行列式也可以用第 2 行或第 3 行的元素及其代数余子式来计算. 例如, 按照通常的三阶行列式的定义 (2.68) 式求出以下行列式的值是

$$|A| = \begin{vmatrix} 1 & -2 & 2 \\ 4 & 1 & -3 \\ 2 & 1 & 1 \end{vmatrix} = \begin{vmatrix} 1 & -3 \\ 1 & 1 \end{vmatrix} - (-2)\begin{vmatrix} 4 & -3 \\ 2 & 1 \end{vmatrix} + 2\begin{vmatrix} 4 & 1 \\ 2 & 1 \end{vmatrix}$$

$$= 4 - (-2)(10) + 2(2) = 28.$$

现在, 我们按照第 2 行来展开计算, 即让第 2 行的 3 个元素分别乘以各自的代数余子式, 然后再求和, 即

$$|A| = a_{21}A_{21} + a_{22}A_{22} + a_{23}A_{23}, \tag{2.69}$$

其中 $a_{21} = 4$ 的代数余子式是用 $(-1)^{2+1}$ 乘以把 a_{21} 所在的第 2 行和第 1 列划去后剩下的二阶方阵的行列式:

$$A_{21} = (-1)^{2+1} \begin{vmatrix} -2 & 2 \\ 1 & 1 \end{vmatrix} = -(-2-2) = 4,$$

而 $a_{22} = 1$ 和 $a_{23} = -3$ 的代数余子式分别是

$$A_{22} = (-1)^{2+2} \begin{vmatrix} 1 & 2 \\ 2 & 1 \end{vmatrix} = -3, \quad A_{23} = (-1)^{2+3} \begin{vmatrix} 1 & -2 \\ 2 & 1 \end{vmatrix} = -5,$$

因此 (2.69) 式就是

$$|A| = \begin{vmatrix} 1 & -2 & 2 \\ 4 & 1 & -3 \\ 2 & 1 & 1 \end{vmatrix} = 4(4) + (-3) + (-3)(-5) = 28.$$

如果按照第 3 行来展开计算该行列式的值, 也会得到同样的值 28(读者自己进行验算).

由于二阶和三阶行列式都具有转置不变性 (定理 1.1 和定理 1.2), 所以如果按照每一列来展开计算以上这个三阶行列式的值, 也会得到相同的值. 例如, 我们选择按照第 3 列展开来计算上面这个三阶行列式, 先求出相关的 3 个代数余子式为

$$A_{13} = (-1)^{1+3} \begin{vmatrix} 4 & 1 \\ 2 & 1 \end{vmatrix} = 2,$$

$$A_{23} = (-1)^{2+3} \begin{vmatrix} 1 & -2 \\ 2 & 1 \end{vmatrix} = -5,$$

$$A_{33} = (-1)^{3+3} \begin{vmatrix} 1 & -2 \\ 4 & 1 \end{vmatrix} = 9,$$

从而有

$$|A| = a_{13}A_{13} + a_{23}A_{23} + a_{33}A_{33}$$
$$= 2(2) + (-3)(-5) + (9) = 28.$$

(读者不妨选择第 1 列或第 2 列来计算, 都会得出同样的三阶行列式的值.)

可以预见, 四阶行列式也是通过按照某一行 (或列) 展开, 而归结为 4 个三阶行列式的计算. 具体来说, 如果按照第 1 行展开来计算四阶方阵

$$A = \begin{pmatrix} a_{11} & a_{12} & a_{13} & a_{14} \\ a_{21} & a_{22} & a_{23} & a_{24} \\ a_{31} & a_{32} & a_{33} & a_{34} \\ a_{41} & a_{42} & a_{43} & a_{44} \end{pmatrix} \tag{2.70}$$

的行列式 $|A|$, 则由现在的 4 个代数余子式 $A_{1j}(j = 1, 2, 3, 4,$ 它等于 $(-1)^{1+j}$ 乘以将矩阵 (2.70) 的第 1 行和第 j 列划去后剩下的三阶方阵的行列式) 可得

$$\begin{aligned} |A| =& a_{11}A_{11} + a_{12}A_{12} + a_{13}A_{13} + a_{14}A_{14} \\ =& a_{11}\begin{vmatrix} a_{22} & a_{23} & a_{24} \\ a_{32} & a_{33} & a_{34} \\ a_{42} & a_{43} & a_{44} \end{vmatrix} - a_{12}\begin{vmatrix} a_{21} & a_{23} & a_{24} \\ a_{31} & a_{33} & a_{34} \\ a_{41} & a_{43} & a_{44} \end{vmatrix} \\ &+ a_{13}\begin{vmatrix} a_{21} & a_{22} & a_{24} \\ a_{31} & a_{32} & a_{34} \\ a_{41} & a_{42} & a_{44} \end{vmatrix} - a_{14}\begin{vmatrix} a_{21} & a_{22} & a_{23} \\ a_{31} & a_{32} & a_{33} \\ a_{41} & a_{42} & a_{43} \end{vmatrix}. \end{aligned} \tag{2.71}$$

用同样的方法, 再通过四阶行列式来定义五阶行列式, 用五阶行列式来定义六阶行列式, $\cdots$, 用 $n-1$ 阶行列式定义 n 阶行列式. 我们就是用这种 "归纳定义" 的方法来给出 n 阶行列式的定义.

定义 2.12　n 阶行列式

n 阶方阵

$$A = \begin{pmatrix} a_{11} & \cdots & a_{1n} \\ \vdots & & \vdots \\ a_{n1} & \cdots & a_{nn} \end{pmatrix} \tag{2.72}$$

的**行列式** $|A|$ 是一个数, 它通过以下的方式来得到.

(1) 选择 A 的任意一行 (第 i 行): $(a_{i1} \quad a_{i2} \quad \cdots \quad a_{in})$, 记 M_{ij} 为 A 中划去元素 a_{ij} 所在的第 i 行和第 j 列, 由剩下的元素按原来的排法构成一个 $n-1$ 阶方阵的行列式

$$M_{ij} = \begin{vmatrix} a_{11} & \cdots & a_{1,j-1} & a_{1,j+1} & \cdots & a_{1n} \\ \vdots & & \vdots & \vdots & & \vdots \\ a_{i-1,1} & \cdots & a_{i-1,j-1} & a_{i-1,j+1} & \cdots & a_{i-1,n} \\ a_{i+1,1} & \cdots & a_{i+1,j-1} & a_{i+1,j+1} & \cdots & a_{i+1,n} \\ \vdots & & \vdots & \vdots & & \vdots \\ a_{n1} & \cdots & a_{n,j-1} & a_{n,j+1} & \cdots & a_{nn} \end{vmatrix},$$

这称为元素 a_{ij} 的**余子式**, 再记

$$A_{ij} = (-1)^{i+j}M_{ij},$$

这称为元素 a_{ij} 的**代数余子式**, 则归纳地定义 n 阶方阵 A 的行列式为

$$|A| = a_{i1}A_{i1} + a_{i2}A_{i2} + \cdots + a_{in}A_{in},$$

这称为**按第 i 行展开**.

(2) 选择 A 的任意一列 (第 j 列):

$$\begin{pmatrix} a_{1j} \\ a_{2j} \\ \vdots \\ a_{nj} \end{pmatrix},$$

A_{ij} 的含义同上, 则一样地定义

$$|A| = a_{1j}A_{1j} + a_{2j}A_{2j} + \cdots + a_{nj}A_{nj},$$

这称为**按第 j 列展开**.

我们可以证明: 在运用以上定义计算行列式时, 无论选取哪一行或哪一列来展开, 都会得到同一个值.

例 2.31　计算行列式

$$\begin{vmatrix} 1 & -2 & 4 & 0 \\ 7 & 3 & 0 & 3 \\ -1 & 1 & -4 & 0 \\ 0 & 3 & 2 & 1 \end{vmatrix}.$$

解　由 (2.71) 式知道, 四阶行列式展开后有 4 个三阶行列式, 所以总共有 $4 \times 6 = 24$ 项, 为了避免繁琐的计算过程, 我们总是选择那些具有较多 0 元素的行

(或列) 进行展开. 在这个行列式的各行与各列中, 第 4 列的零最多, 所以按第 4 列展开得

$$
\begin{vmatrix} 1 & -2 & 4 & 0 \\ 7 & 3 & 0 & 3 \\ -1 & 1 & -4 & 0 \\ 0 & 3 & 2 & 1 \end{vmatrix} = 3 \underbrace{\begin{vmatrix} 1 & -2 & 4 \\ -1 & 1 & -4 \\ 0 & 3 & 2 \end{vmatrix}}_{\text{按第 1 列展开}} + \underbrace{\begin{vmatrix} 1 & -2 & 4 \\ 7 & 3 & 0 \\ -1 & 1 & -4 \end{vmatrix}}_{\text{按第 3 列展开}}
$$

$$
= 3 \left(\begin{vmatrix} 1 & -4 \\ 3 & 2 \end{vmatrix} - (-1) \begin{vmatrix} -2 & 4 \\ 3 & 2 \end{vmatrix} \right) + \left(4 \begin{vmatrix} 7 & 3 \\ -1 & 1 \end{vmatrix} - 4 \begin{vmatrix} 1 & -2 \\ 7 & 3 \end{vmatrix} \right)
$$

$$
= 3(14 - 16) + (4(10) - 4(17)) = -34.
$$

例 2.32 由行列式定义证明

$$
\begin{vmatrix} a_1 & a_2 & a_3 & a_4 & a_5 \\ b_1 & b_2 & b_3 & b_4 & b_5 \\ c_1 & c_2 & 0 & 0 & 0 \\ d_1 & d_2 & 0 & 0 & 0 \\ u_1 & u_2 & 0 & 0 & 0 \end{vmatrix} = 0.
$$

证明 先按第 3 行展开:

$$
\begin{vmatrix} a_1 & a_2 & a_3 & a_4 & a_5 \\ b_1 & b_2 & b_3 & b_4 & b_5 \\ c_1 & c_2 & 0 & 0 & 0 \\ d_1 & d_2 & 0 & 0 & 0 \\ u_1 & u_2 & 0 & 0 & 0 \end{vmatrix} = c_1 \underbrace{\begin{vmatrix} a_2 & a_3 & a_4 & a_5 \\ b_2 & b_3 & b_4 & b_5 \\ d_2 & 0 & 0 & 0 \\ u_2 & 0 & 0 & 0 \end{vmatrix}}_{\text{按第 3 行展开}} - c_2 \underbrace{\begin{vmatrix} a_1 & a_3 & a_4 & a_5 \\ b_1 & b_3 & b_4 & b_5 \\ d_1 & 0 & 0 & 0 \\ u_1 & 0 & 0 & 0 \end{vmatrix}}_{\text{按第 3 行展开}}
$$

$$
= c_1 d_2 \begin{vmatrix} a_3 & a_4 & a_5 \\ b_3 & b_4 & b_5 \\ 0 & 0 & 0 \end{vmatrix} - c_2 d_1 \begin{vmatrix} a_3 & a_4 & a_5 \\ b_3 & b_4 & b_5 \\ 0 & 0 & 0 \end{vmatrix} = 0.
$$

例 2.33 计算行列式

$$
\begin{vmatrix} 1 & 2 & -3 & 1 \\ -5 & 1 & -2 & 5 \\ 0 & 0 & 0 & 0 \\ -4 & -6 & 3 & 12 \end{vmatrix}.
$$

解 按第 3 行展开, 由于第 3 行全是零, 所以该行列式等于 0 与 4 个三阶行列式乘积的和, 即行列式为 0. 这个例子说明, 如果一个方阵有一行 (或一列) 全为 0, 那么它的行列式等于 0.

例 2.34　证明: 设 A 为上三角矩阵:

$$A = \begin{pmatrix} a_{11} & a_{12} & \cdots & a_{1n} \\ & a_{22} & \cdots & a_{2n} \\ & & \ddots & \vdots \\ & & & a_{nn} \end{pmatrix},$$

则 $|A| = a_{11}a_{22}\cdots a_{nn}$.

证明　先按第 1 列展开:

$$|A| = a_{11} \underbrace{\begin{vmatrix} a_{22} & a_{23} & \cdots & a_{2n} \\ & a_{33} & \cdots & a_{3n} \\ & & \ddots & \vdots \\ & & & a_{nn} \end{vmatrix}}_{\text{按第 1 列展开}} = a_{11}a_{22} \underbrace{\begin{vmatrix} a_{33} & \cdots & a_{3n} \\ & \ddots & \vdots \\ & & a_{nn} \end{vmatrix}}_{\text{一直按第 1 列展开}}$$

$$= \cdots = a_{11}a_{22}\cdots a_{n-2,n-2} \begin{vmatrix} a_{n-1,n-1} & a_{n-1,n} \\ 0 & a_{nn} \end{vmatrix}$$

$$= a_{11}a_{22}\cdots a_{nn}. \qquad\qquad\qquad\qquad \square$$

这个例子说明上三角矩阵的行列式是很容易计算的: 只要把对角线元素相乘即得行列式的值. 计算行列式的一个基本方法是: 先利用下面将要介绍的行列式的性质把原行列式化成上三角矩阵的行列式, 然后就容易得到原行列式的值.

例 2.35　对于 $n \geqslant 3$, 计算行列式

$$D = \begin{vmatrix} 0 & \cdots & 0 & 1 & 0 \\ 0 & \cdots & 2 & 0 & 0 \\ \vdots & & \vdots & \vdots & \vdots \\ n-1 & \cdots & 0 & 0 & 0 \\ 0 & \cdots & 0 & 0 & n \end{vmatrix}.$$

解　先按第 n 行展开:

$$D = (-1)^{2n}n \underbrace{\begin{vmatrix} & & & 1 \\ & & 2 & \\ & \ddots & & \\ n-1 & & & \end{vmatrix}}_{\text{按第 1 列展开}} = (-1)^{(n-1)+1}n(n-1) \underbrace{\begin{vmatrix} & & & 1 \\ & & 2 & \\ & \ddots & & \\ n-2 & & & \end{vmatrix}}_{\text{按第 1 列展开}}$$

$$= (-1)^{(n-1)+1}(-1)^{(n-2)+1}n(n-1)(n-2) \underbrace{\begin{vmatrix} & & & 1 \\ & & 2 & \\ & \ddots & & \\ n-3 & & & \end{vmatrix}}_{\text{一直按第 1 列展开}}$$

$$= (-1)^{(n-1)+1}(-1)^{(n-2)+1}(-1)^{(n-3)+1}\cdots(-1)^{2+1}n!$$
$$= (-1)^{(n-1)+(n-2)+\cdots+2+1}(-1)^{n-3}n! = (-1)^{\frac{(n-1)(n-2)}{2}}n!. \qquad \square$$

例 2.36　计算 $n(n>1)$ 阶行列式

$$D = \begin{vmatrix} a & & & & b \\ & a & & & \\ & & \ddots & & \\ & & & a & \\ b & & & & a \end{vmatrix}.$$

解　先按第 n 行展开:

$$D = (-1)^{n+1}b \underbrace{\begin{vmatrix} & & & b \\ a & & & \\ & \ddots & & \\ & & a & \end{vmatrix}}_{\text{按第 1 行展开}} + (-1)^{2n}a \begin{vmatrix} a & & & \\ & a & & \\ & & \ddots & \\ & & & a \end{vmatrix}$$

$$= (-1)^{n+1}(-1)^{1+(n-1)}b^2 \begin{vmatrix} a & & \\ & \ddots & \\ & & a \end{vmatrix} + a^n$$

$$= -a^{n-2}b^2 + a^n = a^{n-2}(a^2 - b^2). \qquad \square$$

2.5.2　n 阶行列式的性质

和二、三阶行列式一样, (2.72) 式中 n 阶方阵 $A = (a_{ij})_{n \times n}$ 的行列式也有类似于定理 1.1 和定理 1.3 的常用性质.

> **定理 2.11**(转置不变)　行列式的行列互换, 行列式不变, 即 $|A^{\mathrm{T}}| = |A|$.

证明　用数学归纳法证明定理的结论对任意阶数 n 的行列式 $|A|$ 成立. 当 $n = 1$ 时, 结论显然成立. 假设定理的结论对 $n = k$ 成立, 即 k 阶方阵的行列式转置不变, 则对 $k+1$ 阶方阵的行列式

$$|A| = \begin{vmatrix} a_{11} & \cdots & a_{1k} & a_{1,k+1} \\ \vdots & & \vdots & \vdots \\ a_{k1} & \cdots & a_{kk} & a_{k,k+1} \\ a_{k+1,1} & \cdots & a_{k+1,k} & a_{k+1,k+1} \end{vmatrix}$$

来说, 如果按第 $k+1$ 行展开, 那么相关的代数余子式 $A_{k+1,j}(j = 1, 2, \cdots, k+1)$ 中的行列式都是 k 阶行列式, 因此由归纳假设, 它们的转置不变. 这样,

$$|A| = a_{k+1,1}A_{k+1,1} + a_{k+1,2}A_{k+1,2} + \cdots + a_{k+1,k+1}A_{k+1,k+1}$$

$$= (-1)^{k+2}a_{k+1,1}\begin{vmatrix} a_{12} & \cdots & a_{1,k+1} \\ \vdots & & \vdots \\ a_{k2} & \cdots & a_{k,k+1} \end{vmatrix} + (-1)^{k+3}a_{k+1,2}\begin{vmatrix} a_{11} & a_{13} & \cdots & a_{1,k+1} \\ \vdots & \vdots & & \vdots \\ a_{k1} & a_{k3} & \cdots & a_{k,k+1} \end{vmatrix}$$

$$+ \cdots + (-1)^{2k+2}a_{k+1,k+1}\begin{vmatrix} a_{11} & \cdots & a_{1k} \\ \vdots & & \vdots \\ a_{k1} & \cdots & a_{kk} \end{vmatrix}$$

$$= (-1)^{k+2}a_{k+1,1}\begin{vmatrix} a_{12} & \cdots & a_{k2} \\ \vdots & & \vdots \\ a_{1,k+1} & \cdots & a_{k,k+1} \end{vmatrix} + (-1)^{k+3}a_{k+1,2}\begin{vmatrix} a_{11} & \cdots & a_{k1} \\ a_{13} & \cdots & a_{k3} \\ \vdots & & \vdots \\ a_{1,k+1} & \cdots & a_{k,k+1} \end{vmatrix}$$

$$+ \cdots + (-1)^{2k+2}a_{k+1,k+1}\begin{vmatrix} a_{11} & \cdots & a_{k1} \\ \vdots & & \vdots \\ a_{1k} & \cdots & a_{kk} \end{vmatrix}$$

$$= \begin{vmatrix} a_{11} & \cdots & a_{k1} & a_{k+1,1} \\ \vdots & & \vdots & \vdots \\ a_{1k} & \cdots & a_{kk} & a_{k+1,k} \\ a_{1,k+1} & \cdots & a_{k,k+1} & a_{k+1,k+1} \end{vmatrix} = |A^{\mathrm{T}}|,$$

$$\underbrace{\qquad\qquad\qquad\qquad\qquad\qquad\qquad}_{\text{按第}k+1\text{列展开}}$$

即结论对 $n = k+1$ 也成立, 因此定理的结论对任意阶数的行列式都成立. □

有了行列式转置不变的定理 2.11, 我们就知道行与列的地位是对等的, 即对于行成立的性质, 对于列也同样成立. 因此在下面关于行列式的性质定理的证明中, 只证明对于行成立的性质.

定理 2.12 交换行列式 $|A|$ 中两行 (列) 的位置, 行列式反号.

证明 交换行列式 $|A|$ 的第 i 行与第 j 行后, 得到的行列式是 $|E(i,j)A|$, 其中的 $E(i,j)$ 是与第二种行初等变换相对应的初等矩阵. 我们的目的是证明

$$|E(i,j)A| = -|A|. \tag{2.73}$$

同样对行列式的阶数 n 运用数学归纳法进行证明. 当 $n = 2$ 时, 交换两行的二阶初等矩阵只有

$$E = \begin{pmatrix} 0 & 1 \\ 1 & 0 \end{pmatrix},$$

因此

$$|EA| = \left| \begin{pmatrix} 0 & 1 \\ 1 & 0 \end{pmatrix} \begin{pmatrix} a_{11} & a_{12} \\ a_{21} & a_{22} \end{pmatrix} \right| = \begin{vmatrix} a_{21} & a_{22} \\ a_{11} & a_{12} \end{vmatrix}$$
$$= a_{12}a_{21} - a_{11}a_{22} = -|A|,$$

所以结论对 $n = 2$ 成立. 假设结论对 $n = k \geqslant 2$ 成立, 即交换 k 阶行列式的两行, 行列式改变符号. 现在考虑 $n = k+1$ 的情形, 即交换 $k+1$ 阶方阵 A 中的第 i 行和第 j 行, 得到矩阵 $E(i,j)A$. 将 $k+1$ 阶行列式 $|E(i,j)A|$ 按第 m 行展开 $(m \neq i$ 且 $m \neq j)$ 得

$$|E(i,j)A| = a_{m1}A'_{m1} + a_{m2}A'_{m2} + \cdots + a_{m,k+1}A'_{m,k+1}, \tag{2.74}$$

在这里, 含有第 i 行和第 j 行相关元素的 k 阶代数余子式 $A'_{mj}(j = 1, 2, \cdots, k+1)$ 可以看成交换 a_{mj} 在 $|A|$ 中的代数余子式 A_{mj} 的与 i 行, j 行相关的两行后所得到的行列式, 由归纳假设知道

$$A'_{mj} = -A_{mj} \quad (j = 1, 2, \cdots, k+1), \tag{2.75}$$

再将 (2.75) 式代入 (2.74) 式, 可得

$$|E(i,j)A| = -(a_{m1}A_{m1} + a_{m2}A_{m2} + \cdots + a_{m,k+1}A_{m,k+1}) = -|A|,$$

即结论对 $n = k + 1$ 也成立, 因此定理的结论对任意阶数的行列式都成立.　　□

定理 2.13　如果行列式 $|A|$ 中有两行 (列) 相同, 那么行列式为零.

证明　如果交换 A 的这两个相同的行, 则由定理 2.12, 所得的新矩阵的行列式是 $-|A|$, 然而新矩阵还是等于 A, 因此

$$|A| = -|A|,$$

即 $|A| = 0$.　　□

定理 2.14　非零的数 c 乘行列式 $|A|$ 的一行 (列), 相当于用这个数乘这个行列式, 即行 (列) 的公因子可以提出来.

证明　设 A 的第 i 行乘以数 c, 得到的新矩阵为

$$E(i(c))A = \begin{pmatrix} a_{11} & a_{12} & \cdots & a_{1n} \\ \vdots & \vdots & & \vdots \\ ca_{i1} & ca_{i2} & \cdots & ca_{in} \\ \vdots & \vdots & & \vdots \\ a_{n1} & a_{n2} & \cdots & a_{nn} \end{pmatrix}.$$

则按第 i 行展开行列式 $|E(i(c))A|$ 得

$$\begin{aligned} |E(i(c))A| &= ca_{i1}A_{i1} + ca_{i2}A_{i2} + \cdots + ca_{in}A_{in} \\ &= c(a_{i1}A_{i1} + a_{i2}A_{i2} + \cdots + a_{in}A_{in}) = c|A|. \end{aligned} \tag{2.76}$$

□

定理 2.15　如果行列式 $|A|$ 中两行 (列) 成比例, 那么行列式为零.

证明　由定理 2.13 和定理 2.14 可得

$$|A| = \begin{vmatrix} a_{11} & a_{12} & \cdots & \cdots & a_{1n} \\ \vdots & \vdots & & & \vdots \\ a_{i1} & a_{i2} & \cdots & \cdots & a_{in} \\ \vdots & \vdots & & & \vdots \\ ka_{i1} & ka_{i2} & \cdots & \cdots & ka_{in} \\ \vdots & \vdots & & & \vdots \\ a_{n1} & a_{n2} & \cdots & \cdots & a_{nn} \end{vmatrix} = k \begin{vmatrix} a_{11} & a_{12} & \cdots & \cdots & a_{1n} \\ \vdots & \vdots & & & \vdots \\ a_{i1} & a_{i2} & \cdots & \cdots & a_{in} \\ \vdots & \vdots & & & \vdots \\ a_{i1} & a_{i2} & \cdots & \cdots & a_{in} \\ \vdots & \vdots & & & \vdots \\ a_{n1} & a_{n2} & \cdots & \cdots & a_{nn} \end{vmatrix} = 0. \qquad \square$$

定理 2.16 如果行列式 $|A|$ 中某一行 (列) 是两组数的和, 则这个行列式等于两个行列式之和, 这两个行列式分别以这两组数作为该行 (列), 而其余各行 (列) 与原行列式对应各行 (列) 相同.

证明 由行列式定义,

$$\begin{vmatrix} a_{11} & \cdots & a_{1n} \\ \vdots & & \vdots \\ a_{i1}+b_{i1} & \cdots & a_{in}+b_{in} \\ \vdots & & \vdots \\ a_{n1} & \cdots & a_{nn} \end{vmatrix} = (a_{i1}+b_{i1})A_{i1} + \cdots + (a_{in}+b_{in})A_{in}$$

$$= (a_{i1}A_{i1} + \cdots + a_{in}A_{in}) + (b_{i1}A_{i1} + \cdots + b_{in}A_{in})$$

$$= \begin{vmatrix} a_{11} & \cdots & a_{1n} \\ \vdots & & \vdots \\ a_{i1} & \cdots & a_{in} \\ \vdots & & \vdots \\ a_{n1} & \cdots & a_{nn} \end{vmatrix} + \begin{vmatrix} a_{11} & \cdots & a_{1n} \\ \vdots & & \vdots \\ b_{i1} & \cdots & b_{in} \\ \vdots & & \vdots \\ a_{n1} & \cdots & a_{nn} \end{vmatrix}. \qquad \square$$

定理 2.17 把行列式 $|A|$ 中一行 (列) 的某个倍数加到另一行 (列), 行列式的值不变.

证明 假定将 A 的第 i 行的 d 倍加到第 j 行, 即用初等矩阵 $E(i(d),j)$ 左乘 A, 现在由定理 2.15 和定理 2.16 可得新行列式的值为

$$|E(i(d),j)A| = \begin{vmatrix} a_{11} & \cdots & a_{1n} \\ \vdots & & \vdots \\ a_{i1} & \cdots & a_{in} \\ \vdots & & \vdots \\ a_{j1}+da_{i1} & \cdots & a_{jn}+da_{in} \\ \vdots & & \vdots \\ a_{n1} & \cdots & a_{nn} \end{vmatrix}$$

$$= \begin{vmatrix} a_{11} & \cdots & a_{1n} \\ \vdots & & \vdots \\ a_{i1} & \cdots & a_{in} \\ \vdots & & \vdots \\ a_{j1} & \cdots & a_{jn} \\ \vdots & & \vdots \\ a_{n1} & \cdots & a_{nn} \end{vmatrix} + \begin{vmatrix} a_{11} & \cdots & a_{1n} \\ \vdots & & \vdots \\ a_{i1} & \cdots & a_{in} \\ \vdots & & \vdots \\ da_{i1} & \cdots & da_{in} \\ \vdots & & \vdots \\ a_{n1} & \cdots & a_{nn} \end{vmatrix} = |A|. \qquad (2.77)$$

$\square$

　　下面利用行列式的性质来计算一些比较典型的行列式, 其中定理 2.17 所讲的性质用得最多, 它可以在保持行列式值不变的前提下, 产生尽可能多的零元素. 例如, 对于例 2.31 中的四阶行列式, 将它的第 1 行加到第 3 行, 再按第 3 行展开, 得

$$\begin{vmatrix} 1 & -2 & 4 & 0 \\ 7 & 3 & 0 & 3 \\ -1 & 1 & -4 & 0 \\ 0 & 3 & 2 & 1 \end{vmatrix} = \begin{vmatrix} 1 & -2 & 4 & 0 \\ 7 & 3 & 0 & 3 \\ 0 & -1 & 0 & 0 \\ 0 & 3 & 2 & 1 \end{vmatrix} = -(-1)^5 \begin{vmatrix} 1 & 4 & 0 \\ 7 & 0 & 3 \\ 0 & 2 & 1 \end{vmatrix} = -34.$$

这比例 2.31 的解法简单.

　　例 2.37　计算行列式

$$\begin{vmatrix} 2 & 1 & -1 & 5 \\ 2 & 3 & 0 & 4 \\ -5 & 4 & -7 & -8 \\ 1 & -1 & 2 & 3 \end{vmatrix}.$$

　　解　(方法一) 由于上三角矩阵的行列式很容易计算 (见例 2.34), 所以可以先设法将原行列式化成上三角的行列式, 同时为了避免复杂的分数计算, 可运用交换

两行和提取公因式等行列式性质, 并且利用第三种行初等变换的相关记号.

$$\begin{vmatrix} 2 & 1 & -1 & 5 \\ 2 & 3 & 0 & 4 \\ -5 & 4 & -7 & -8 \\ 1 & -1 & 2 & 3 \end{vmatrix} = - \begin{vmatrix} 1 & -1 & 2 & 3 \\ 2 & 3 & 0 & 4 \\ -5 & 4 & -7 & -8 \\ 2 & 1 & -1 & 5 \end{vmatrix} \xrightarrow[\substack{5r_1+r_3}]{\substack{-2r_1+r_2 \\ -2r_1+r_4}} - \begin{vmatrix} 1 & -1 & 2 & 3 \\ 0 & 5 & -4 & -2 \\ 0 & -1 & 3 & 7 \\ 0 & 3 & -5 & -1 \end{vmatrix}$$

交换第 1 行与第 4 行 　　　　　　　　　　　　交换第 2 行与第 3 行

$$= \begin{vmatrix} 1 & -1 & 2 & 3 \\ 0 & -1 & 3 & 7 \\ 0 & 5 & -4 & -2 \\ 0 & 3 & -5 & -1 \end{vmatrix} \xrightarrow[\substack{3r_2+r_4}]{\substack{5r_2+r_3}} \begin{vmatrix} 1 & -1 & 2 & 3 \\ 0 & -1 & 3 & 7 \\ 0 & 0 & 11 & 33 \\ 0 & 0 & 4 & 20 \end{vmatrix}$$

$$= 11(4) \begin{vmatrix} 1 & -1 & 2 & 3 \\ 0 & -1 & 3 & 7 \\ 0 & 0 & 1 & 3 \\ 0 & 0 & 1 & 5 \end{vmatrix} \xRightarrow{-r_3+r_4} 44 \begin{vmatrix} 1 & -1 & 2 & 3 \\ 0 & -1 & 3 & 7 \\ 0 & 0 & 1 & 3 \\ 0 & 0 & 0 & 2 \end{vmatrix}$$

$$= 44(-1)(2) = -88.$$

(方法二) 此题也可以直接运用行列式按行 (列) 展开的定义来做.

$$\begin{vmatrix} 2 & 1 & -1 & 5 \\ 2 & 3 & 0 & 4 \\ -5 & 4 & -7 & -8 \\ 1 & -1 & 2 & 3 \end{vmatrix} \xrightarrow[\substack{5r_4+r_3}]{\substack{-2r_4+r_1 \\ -2r_4+r_2}} \begin{vmatrix} 0 & 3 & -5 & -1 \\ 0 & 5 & -4 & -2 \\ 0 & -1 & 3 & 7 \\ 1 & -1 & 2 & 3 \end{vmatrix} = (-1)^{4+1} \begin{vmatrix} 3 & -5 & -1 \\ 5 & -4 & -2 \\ -1 & 3 & 7 \end{vmatrix}$$

按第 1 列展开

$$\xrightarrow[\substack{5r_3+r_2}]{\substack{3r_3+r_1}} - \begin{vmatrix} 0 & 4 & 20 \\ 0 & 11 & 33 \\ -1 & 3 & 7 \end{vmatrix} = -(-1)(-1)^{3+1} \begin{vmatrix} 4 & 20 \\ 11 & 33 \end{vmatrix}$$

按第 1 列展开

$$= 4(11) \begin{vmatrix} 1 & 5 \\ 1 & 3 \end{vmatrix} = -88.$$ □

例 2.38　计算行列式

$$\begin{vmatrix} 1 & 7 & -2 & 3 \\ -1 & -11 & 2 & 2 \\ 2 & 4 & -4 & 7 \\ 3 & 2 & -6 & -5 \end{vmatrix}.$$

解　因为第 3 列是第 1 列的 -2 倍, 所以由定理 2.15, 该行列式为 0.　□

例 2.39　计算行列式

$$\begin{vmatrix} 1 & 2 & 3 & 4 \\ 5 & 6 & 7 & 8 \\ 9 & 10 & 11 & 12 \\ 13 & 14 & 15 & 16 \end{vmatrix}.$$

解　当用第 2 行减去第 1 行后, 第 2 行就变成一个元素全是 4 的行 (这个关于两行之间的减法其实是通过将第 1 行的 -1 倍加到第 2 行而实现的, 所以第 1 行不能变成元素全是 4 的行), 对第 3 行也重复同样的步骤, 就可由定理 2.15 得到该行列式也等于 0:

$$\begin{vmatrix} 1 & 2 & 3 & 4 \\ 5 & 6 & 7 & 8 \\ 9 & 10 & 11 & 12 \\ 13 & 14 & 15 & 16 \end{vmatrix} \xrightarrow[\ -r_1+r_3\ ]{\ -r_1+r_2\ } \begin{vmatrix} 1 & 2 & 3 & 4 \\ 4 & 4 & 4 & 4 \\ 8 & 8 & 8 & 8 \\ 13 & 14 & 15 & 16 \end{vmatrix} = 0.\qquad\square$$

例 2.40　计算 n 阶行列式

$$\begin{vmatrix} 1+a_1 & 1 & 1 & \cdots & 1 \\ 1 & 1+a_2 & 1 & \cdots & 1 \\ 1 & 1 & 1+a_3 & \cdots & 1 \\ \vdots & \vdots & \vdots & & \vdots \\ 1 & 1 & 1 & \cdots & 1+a_n \end{vmatrix},\text{其中}\, a_i \neq 0(i = 1, 2, \cdots, n).$$

解

$$\underbrace{\begin{vmatrix} 1+a_1 & 1 & 1 & \cdots & 1 \\ 1 & 1+a_2 & 1 & \cdots & 1 \\ 1 & 1 & 1+a_3 & \cdots & 1 \\ \vdots & \vdots & \vdots & & \vdots \\ 1 & 1 & 1 & \cdots & 1+a_n \end{vmatrix}}_{\text{将第 2 行至第 } n \text{ 行都减去第 1 行}} = \underbrace{\begin{vmatrix} 1+a_1 & 1 & 1 & \cdots & 1 \\ -a_1 & a_2 & 0 & \cdots & 0 \\ -a_1 & 0 & a_3 & \cdots & 0 \\ \vdots & \vdots & \vdots & & \vdots \\ -a_1 & 0 & 0 & \cdots & a_n \end{vmatrix}}_{\text{第 1 列提出 } a_1, \cdots, \text{第 } n \text{ 列提出 } a_n}$$

$$= a_1 a_2 \cdots a_n \begin{vmatrix} 1 + \dfrac{1}{a_1} & \dfrac{1}{a_2} & \dfrac{1}{a_3} & \cdots & \dfrac{1}{a_n} \\ -1 & 1 & 0 & \cdots & 0 \\ -1 & 0 & 1 & \cdots & 0 \\ \vdots & \vdots & \vdots & & \vdots \\ -1 & 0 & 0 & \cdots & 1 \end{vmatrix}$$

$\underbrace{}$ 将第 2 列至第 n 列都加到第 1 列

$$= \left(\prod_{i=1}^{n} a_i \right) \begin{vmatrix} 1 + \displaystyle\sum_{i=1}^{n} \dfrac{1}{a_i} & \dfrac{1}{a_2} & \dfrac{1}{a_3} & \cdots & \dfrac{1}{a_n} \\ 0 & 1 & 0 & \cdots & 0 \\ 0 & 0 & 1 & \cdots & 0 \\ \vdots & \vdots & \vdots & & \vdots \\ 0 & 0 & 0 & \cdots & 1 \end{vmatrix}$$

$$= \left(\prod_{i=1}^{n} a_i \right) \left(1 + \sum_{i=1}^{n} \frac{1}{a_i} \right).$$

这里用到了连乘符号 $\prod$. □

例 2.41 计算行列式

$$\begin{vmatrix} 1 & 2 & 3 & \cdots & n \\ 2 & 3 & 4 & \cdots & 1 \\ 3 & 4 & 5 & \cdots & 2 \\ \vdots & \vdots & \vdots & & \vdots \\ n & 1 & 2 & \cdots & n-1 \end{vmatrix}.$$

解 这个行列式的特点是每一行的元素之和都等于 $1 + 2 + 3 + \cdots + n = \dfrac{n(n+1)}{2}$, 对于这类每行之和都等于一个常数 m 的行列式, 一般可以将所有的列加到某一列, 然后在这一列提出常数 m, 这一列就会变成全是 1 的列, 再运用各行之间的减法, 就能产生许多 0.

$$\begin{vmatrix} 1 & 2 & 3 & \cdots & n \\ 2 & 3 & 4 & \cdots & 1 \\ 3 & 4 & 5 & \cdots & 2 \\ \vdots & \vdots & \vdots & & \vdots \\ n & 1 & 2 & \cdots & n-1 \end{vmatrix} = \frac{n(n+1)}{2} \begin{vmatrix} 1 & 2 & 3 & \cdots & n \\ 1 & 3 & 4 & \cdots & 1 \\ 1 & 4 & 5 & \cdots & 2 \\ \vdots & \vdots & \vdots & & \vdots \\ 1 & 1 & 2 & \cdots & n-1 \end{vmatrix}$$

将第 2 列至第 n 列加到第 1 列并提出公因子 　　　　从最后一行起, 每行减去它前面一行

$$= \frac{n(n+1)}{2} \begin{vmatrix} 1 & 2 & 3 & \cdots & n \\ 0 & 1 & 1 & \cdots & 1-n \\ 0 & 1 & 1 & \cdots & 1 \\ \vdots & \vdots & \vdots & & \vdots \\ 0 & 1-n & 1 & \cdots & 1 \end{vmatrix} = \frac{n(n+1)}{2} \begin{vmatrix} 1 & 1 & \cdots & 1-n \\ 1 & 1 & \cdots & 1 \\ \vdots & \vdots & & \vdots \\ 1-n & 1 & \cdots & 1 \end{vmatrix}$$

$$\underbrace{}_{\text{按第 1 列展开}} \qquad \underbrace{}_{\text{将第 2 列至第 } n-1 \text{ 列加到第 1 列}}$$

$$= \frac{n(n+1)}{2} \begin{vmatrix} -1 & 1 & \cdots & 1-n \\ -1 & 1 & \cdots & 1 \\ \vdots & \vdots & & \vdots \\ -1 & 1 & \cdots & 1 \end{vmatrix} = \frac{n(n+1)}{2} \begin{vmatrix} 0 & 0 & \cdots & 0 & -n \\ 0 & 0 & \cdots & -n & 0 \\ \vdots & \vdots & & \vdots & \vdots \\ 0 & -n & \cdots & 0 & 0 \\ -1 & 1 & \cdots & 1 & 1 \end{vmatrix}$$

$$\underbrace{}_{\text{从第 1 行起, 每行减去最后一行}} \qquad \underbrace{}_{\text{按第 1 列展开}}$$

$$= (-1)^{n+1} \frac{n(n+1)}{2} \begin{vmatrix} & & & -n \\ & & -n & \\ & \cdots & & \\ -n & & & \end{vmatrix} = -\frac{n^{n-1}(n+1)}{2} \begin{vmatrix} & & & 1 \\ & & 1 & \\ & \cdots & & \\ 1 & & & \end{vmatrix}$$

$$\underbrace{}_{\text{每行提出公因子}} \qquad \underbrace{}_{\substack{\text{将第 } n-2, \cdots, 1 \text{列进行相邻} \\ \text{两列互换调到第 } 1, \cdots, n-2 \text{列}}}$$

$$= (-1)^{(n-3)+\cdots+2+1+1} \frac{n^{n-1}(n+1)}{2} \begin{vmatrix} 1 & & & \\ & 1 & & \\ & & \ddots & \\ & & & 1 \end{vmatrix}$$

$$= (-1)^{\frac{n(n-1)}{2}} \frac{n^{n-1}(n+1)}{2}. \qquad\qquad\qquad\qquad\qquad \Box$$

例 2.42　证明行列式

$$D_n = \begin{vmatrix} a_1^{n-1} & a_2^{n-1} & \cdots & a_n^{n-1} \\ a_1^{n-2} & a_2^{n-2} & \cdots & a_n^{n-2} \\ \vdots & \vdots & & \vdots \\ a_1 & a_2 & \cdots & a_n \\ 1 & 1 & \cdots & 1 \end{vmatrix}$$

等于所有可能的差 $a_i - a_j$ 的乘积, 其中 $1 \leqslant i < j \leqslant n$, 也就是

$$D_n = \prod_{1 \leqslant i < j \leqslant n} (a_i - a_j).$$

证明 对行列式 D_n 的阶数 n 运用数学归纳法来进行证明. 当 $n = 2$ 时有

$$D_2 = \begin{vmatrix} a_1 & a_2 \\ 1 & 1 \end{vmatrix} = a_1 - a_2,$$

所以结论对 $n = 2$ 已经成立. 假设结论对 $n = k$ 成立, 则有

$$D_k = \prod_{1 \leqslant i < j \leqslant k} (a_i - a_j), \tag{2.78}$$

则对阶数为 $n = k + 1$ 的行列式:

$$D_{k+1} = \begin{vmatrix} a_1^k & a_2^k & \cdots & a_{k+1}^k \\ a_1^{k-1} & a_2^{k-1} & \cdots & a_{k+1}^{k-1} \\ \vdots & \vdots & & \vdots \\ a_1 & a_2 & \cdots & a_{k+1} \\ 1 & 1 & \cdots & 1 \end{vmatrix}$$

$$\underbrace{}_{\text{从第 1 行起, 每行减去它下面一行的 } a_{k+1} \text{倍}}$$

$$= \begin{vmatrix} a_1^{k-1}(a_1 - a_{k+1}) & a_2^{k-1}(a_2 - a_{k+1}) & \cdots & a_k^{k-1}(a_k - a_{k+1}) & 0 \\ a_1^{k-2}(a_1 - a_{k+1}) & a_2^{k-2}(a_2 - a_{k+1}) & \cdots & a_k^{k-2}(a_k - a_{k+1}) & 0 \\ \vdots & \vdots & & \vdots & \vdots \\ a_1(a_1 - a_{k+1}) & a_2(a_2 - a_{k+1}) & \cdots & a_k(a_k - a_{k+1}) & 0 \\ a_1 - a_{k+1} & a_2 - a_{k+1} & \cdots & a_k - a_{k+1} & 0 \\ 1 & 1 & \cdots & 1 & 1 \end{vmatrix}$$

$$\underbrace{}_{\text{按第 } k+1 \text{ 列展开后, 提出公因式}}$$

$$= (a_1 - a_{k+1})(a_2 - a_{k+1}) \cdots (a_k - a_{k+1}) \begin{vmatrix} a_1^{k-1} & a_2^{k-1} & \cdots & a_k^{k-1} \\ a_1^{k-2} & a_2^{k-2} & \cdots & a_k^{k-2} \\ \vdots & \vdots & & \vdots \\ a_1 & a_2 & \cdots & a_k \\ 1 & 1 & \cdots & 1 \end{vmatrix}$$

$$\underbrace{\qquad\qquad\qquad\qquad\qquad\qquad\qquad\qquad}_{\text{运用归纳假设 (2.78) 式}}$$

$$= (a_1 - a_{k+1})(a_2 - a_{k+1}) \cdots (a_k - a_{k+1}) \prod_{1 \leqslant i < j \leqslant k} (a_i - a_j)$$

$$= \prod_{1 \leqslant i < j \leqslant k+1} (a_i - a_j),$$

即结论对 $n = k + 1$ 也成立, 从而对一切正整数 $n \geqslant 2$ 都成立.　　　　　□

2.5.3　行列式的完全展开式

n 阶行列式实际上还有另一个定义, 那就是行列式的 "完全展开式" 定义, 它可以帮助我们加深对于行列式概念的理解.

n 阶行列式本质上是一个特殊的具有 n^2 个自变量的多项式函数. 例如, 二阶行列式

$$\begin{vmatrix} a_{11} & a_{12} \\ a_{21} & a_{22} \end{vmatrix} = a_{11}a_{22} - a_{12}a_{21} \tag{2.79}$$

就是一个具有 $2^2 = 4$ 个自变量的多项式函数 $\Big($ 或者可以写成 4 元函数 $f(x, y, z, w) = \begin{vmatrix} x & y \\ z & w \end{vmatrix} = xw - yz$ 的形式, 这样看得更清楚 $\Big)$, 随着元素变量 $a_{11}, a_{12}, a_{21}, a_{22}$ 取各种不同的数值, 能得到相应的方阵 $\begin{pmatrix} a_{11} & a_{12} \\ a_{21} & a_{22} \end{pmatrix}$ 的行列式值. 同样, 三阶行列式也是一个具有 $3^2 = 9$ 个自变量的多项式函数, 它共有 $3! = 6$ 项:

$$\begin{vmatrix} a_{11} & a_{12} & a_{13} \\ a_{21} & a_{22} & a_{23} \\ a_{31} & a_{32} & a_{33} \end{vmatrix} = a_{11} \begin{vmatrix} a_{22} & a_{23} \\ a_{32} & a_{33} \end{vmatrix} - a_{12} \begin{vmatrix} a_{21} & a_{23} \\ a_{31} & a_{33} \end{vmatrix} + a_{13} \begin{vmatrix} a_{21} & a_{22} \\ a_{31} & a_{32} \end{vmatrix}$$

$$= a_{11}a_{22}a_{33} + a_{12}a_{23}a_{31} + a_{13}a_{21}a_{32}$$

$$- a_{11}a_{23}a_{32} - a_{12}a_{21}a_{33} - a_{13}a_{22}a_{31}. \tag{2.80}$$

但是如果想要写出四阶行列式的全部 $4! = 24$ 项, 就不是一件容易的事, 为此必须要找出行列式展开式中每一项的规律. 二阶行列式 (2.79) 的右边两项都是两个元

素的乘积, 这两个元素位于不同的行、不同的列 (每个元素的两个下标中, 第一个下标是行标, 第二个下标是列标, 分别指明元素的行列位置), 每一项的行标排列都是固定的 12, 而两项列标的排列是 12 和 21, 它们分别对应于正号和负号.

三阶行列式 (2.80) 的右边每一项都是 3 个元素的乘积, 这 3 个元素也位于不同的行、不同的列, 它们的行标排列都是固定的 123(表示它们分别来自第 1, 2, 3 行), 而它们的列标排列中, 对应正号的 3 个排列是

$$123, 231, 312,$$

对应负号的 3 个排列是

$$132, 213, 321.$$

我们可以用一个被称为 "逆序数" 的数字来刻画对应于正负号的这两类不同的排列. 如果在一个由 $1, 2, \cdots, n$ 这 n 个数字组成的排列 $i_1 i_2 \cdots i_n$ 中, 一个大的数排在一个小的数之前, 就称这两个数构成一个逆序, 一个排列的逆序总数称为这个排列的**逆序数**, 并且用记号 $\tau(i_1 i_2 \cdots i_n)$ 来表示. 例如, 在排列 2413 中, 从前往后数, 就有 21, 41, 43 这 3 个逆序, 因此逆序数 $\tau(2413) = 3$. 这样, 二阶行列式 (2.79) 中两项的列标排列的逆序数就是 $\tau(12) = 0, \tau(21) = 1$, 正好可以用来控制两项的正负号. (2.79) 式可以重新写成如下的形式:

$$\begin{vmatrix} a_{11} & a_{12} \\ a_{21} & a_{22} \end{vmatrix} = (-1)^{\tau(12)} a_{11} a_{22} + (-1)^{\tau(21)} a_{12} a_{21}$$
$$= \sum_{i_1 i_2} (-1)^{\tau(i_1 i_2)} a_{1i_1} a_{2i_2}, \qquad (2.81)$$

其中求和跑遍 1, 2 的所有排列. 同样, 三阶行列式 (2.80) 中对应正号的 3 个列标排列的逆序数分别是

$$\tau(123) = 0, \quad \tau(231) = 2, \quad \tau(312) = 2,$$

它们都是偶数 (所以 123, 231, 312 都称为 "偶排列"), 而对应负号的 3 个列标排列的逆序数分别是

$$\tau(132) = 1, \quad \tau(213) = 1, \quad \tau(321) = 3,$$

它们都是奇数 (因此 132, 213, 321 都称为 "奇排列"), 这些逆序数同样也可以用来

控制每一项的正负号. 三阶行列式 (2.80) 可重新写成以下的形式:

$$
\begin{vmatrix} a_{11} & a_{12} & a_{13} \\ a_{21} & a_{22} & a_{23} \\ a_{31} & a_{32} & a_{33} \end{vmatrix} = (-1)^{\tau(123)} a_{11} a_{22} a_{33} + (-1)^{\tau(231)} a_{12} a_{23} a_{31} + (-1)^{\tau(312)} a_{13} a_{21} a_{32}
$$

$$
+ (-1)^{\tau(132)} a_{11} a_{23} a_{32} + (-1)^{\tau(213)} a_{12} a_{21} a_{33} + (-1)^{\tau(321)} a_{13} a_{22} a_{31}
$$

$$
= \sum_{i_1 i_2 i_3} (-1)^{\tau(i_1 i_2 i_3)} a_{1 i_1} a_{2 i_2} a_{3 i_3}, \tag{2.82}
$$

其中的求和跑遍 $1, 2, 3$ 的所有排列. 推广 (2.81) 和 (2.82) 两式, 就可以得出 n 阶行列式中每一项的一般规律.

> **定理 2.18**　设 $A = (a_{ij})$ 是 n 阶方阵, 则它的行列式 $|A|$ 等于
>
> $$
> |A| = \sum_{i_1 i_2 \cdots i_n} (-1)^{\tau(i_1 i_2 \cdots i_n)} a_{1 i_1} a_{2 i_2} \cdots a_{n i_n}, \tag{2.83}
> $$
>
> 其中的求和跑遍 $1, 2, \cdots, n$ 的所有排列 $i_1 i_2 \cdots i_n$.

　　证明　用数学归纳法证明. (2.81) 式表明结论对 $n = 2$ 成立. 假设结论对 $n = k \geqslant 2$ 成立, 那么对于 $k + 1$ 阶行列式 $|A|$ 来说, 先按第 1 行展开得

$$
|A| = a_{11} A_{11} + a_{12} A_{12} + \cdots + a_{1, k+1} A_{1, k+1} = \sum_{j=1}^{k+1} a_{1j} A_{1j}, \tag{2.84}
$$

这里的每个代数余子式 $A_{1j}(j = 1, 2, \cdots, k+1)$ 都是 k 阶行列式, 因此由归纳假设得到

$$
A_{1j} = (-1)^{1+j} \begin{vmatrix} a_{21} & \cdots & a_{2, j-1} & a_{2, j+1} & \cdots & a_{2, k+1} \\ \vdots & & \vdots & \vdots & & \vdots \\ a_{k+1, 1} & \cdots & a_{k+1, j-1} & a_{k+1, j+1} & \cdots & a_{k+1, k+1} \end{vmatrix}
$$

$$
= (-1)^{1+j} \sum_{i_2 i_3 \cdots i_{k+1}} (-1)^{\tau(i_2 i_3 \cdots i_{k+1})} a_{2 i_2} a_{3 i_3} \cdots a_{k+1, i_{k+1}}, \tag{2.85}
$$

其中的求和跑遍 $1, \cdots, j-1, j+1, \cdots, k+1$ 的所有排列. 现在将 (2.85) 式代入 (2.84) 式得

$$
|A| = \sum_{j=1}^{k+1} \sum_{i_2 i_3 \cdots i_{k+1}} (-1)^{j+1} (-1)^{\tau(i_2 i_3 \cdots i_{k+1})} a_{1j} a_{2 i_2} \cdots a_{k+1, i_{k+1}}, \tag{2.86}
$$

由于 $(-1)^2 = 1$, 所以上式中每一项的符号可以改写为

$$(-1)^{j+1}(-1)^{\tau(i_2 i_3 \cdots i_{k+1})} = (-1)^{j-1+\tau(i_2 i_3 \cdots i_{k+1})},$$

注意到 $i_2 i_3 \cdots i_{k+1}$ 是 $1, 2, \cdots, j-1, j+1, \cdots, k+1$ 的一个排列, 若记 $i_1 = j$, 则 $i_1 i_2 \cdots i_{k+1}$ 是 $1, 2, \cdots, k+1$ 的一个排列, 并且在 $i_1 = j$ 后面比 j 小的数只有 $1, 2, \cdots, j-1$, 因此逆序数

$$\tau(i_1 i_2 \cdots i_{k+1}) = j - 1 + \tau(i_2 i_3 \cdots i_{k+1}).$$

再把两个求和符号合并, (2.86) 式就写成了

$$|A| = \sum_{i_1 i_2 \cdots i_{k+1}} (-1)^{\tau(i_1 i_2 \cdots i_{k+1})} a_{1i_1} a_{2i_2} \cdots a_{k+1, i_{k+1}},$$

其中的求和跑遍 $1, 2, \cdots, k+1$ 的所有排列 $i_1 i_2 \cdots i_{k+1}$, 这样, 结论对 $n = k+1$ 也成立, 从而定理的结论对任意阶数的行列式都成立. □

(2.83) 式称为行列式 $|A|$ 的**完全展开式**, 不少教材采用它来作为行列式的定义, 由此出发经过比较复杂的推导, 可以推出 "行列式按一行 (列) 展开定理", 而这也就是本书对行列式的定义, 因此两种行列式定义实际上是等价的.

例 2.43 求行列式

$$D = \begin{vmatrix} -x & 1 & 2 & 3 \\ x & x & 1 & 2 \\ 1 & 2 & x & 3 \\ x & 1 & 2 & 2x \end{vmatrix}$$

的展开式中 x^3 的系数.

解 记这个四阶行列式的元素为 $a_{ij}(i, j = 1, 2, 3, 4)$, 则由定理 2.18 得

$$D = \sum_{i_1 i_2 i_3 i_4} (-1)^{\tau(i_1 i_2 i_3 i_4)} a_{1i_1} a_{2i_2} a_{3i_3} a_{4i_4},$$

其中的求和跑遍 $1, 2, 3, 4$ 的排列 $i_1 i_2 i_3 i_4$. 由观察得知 D 的展开式中只有两项是含有 x^3 的, 它们分别是

$$(-1)^{\tau(2134)} a_{12} a_{21} a_{33} a_{44} = -1 \cdot x \cdot x \cdot 2x$$

和

$$(-1)^{\tau(4231)} a_{14} a_{22} a_{33} a_{41} = -3 \cdot x \cdot x \cdot x,$$

因此 x^3 的系数是 -5. □

习   题   2.5

1. 用行列式的定义计算下列行列式:

(1) $\begin{vmatrix} 0 & 1 & 0 & 0 \\ 1 & 0 & 1 & 0 \\ 0 & 1 & 0 & 1 \\ 0 & 0 & 1 & 0 \end{vmatrix}$;

(2) $\begin{vmatrix} 5 & 6 & 0 & 0 \\ 1 & 5 & 6 & 0 \\ 0 & 1 & 5 & 6 \\ 0 & 0 & 1 & 5 \end{vmatrix}$;

(3) $\begin{vmatrix} 5 & 3 & -1 & 2 & 0 \\ 1 & 7 & 2 & 5 & 2 \\ 0 & -2 & 3 & 1 & 0 \\ 0 & -4 & -1 & 4 & 0 \\ 0 & 2 & 3 & 5 & 0 \end{vmatrix}$;

(4) $\begin{vmatrix} x & y & 0 & \cdots & 0 & 0 \\ 0 & x & y & \cdots & 0 & 0 \\ \vdots & \vdots & \vdots & & \vdots & \vdots \\ 0 & 0 & 0 & \cdots & x & y \\ y & 0 & 0 & \cdots & 0 & x \end{vmatrix}$ (n阶);

(5) $\begin{vmatrix} 0 & 0 & \cdots & 0 & 1 \\ 0 & 0 & \cdots & 2 & 0 \\ \vdots & \vdots & & \vdots & \vdots \\ 0 & n-1 & \cdots & 0 & 0 \\ n & 0 & \cdots & 0 & 0 \end{vmatrix}$;

(6) $\begin{vmatrix} 0 & 1 & 0 & \cdots & 0 \\ 0 & 0 & 2 & \cdots & 0 \\ \vdots & \vdots & \vdots & & \vdots \\ 0 & 0 & 0 & \cdots & n-1 \\ n & 0 & 0 & \cdots & 0 \end{vmatrix}$.

2. 证明下列等式:

(1) $\begin{vmatrix} a^2 & ab & b^2 \\ 2a & a+b & 2b \\ 1 & 1 & 1 \end{vmatrix} = (a-b)^3$;

(2) $\begin{vmatrix} a_1+b_1x & a_1x+b_1 & c_1 \\ a_2+b_2x & a_2x+b_2 & c_2 \\ a_3+b_3x & a_3x+b_3 & c_3 \end{vmatrix} = (1-x^2) \begin{vmatrix} a_1 & b_1 & c_1 \\ a_2 & b_2 & c_2 \\ a_3 & b_3 & c_3 \end{vmatrix}$;

(3) $\begin{vmatrix} 1 & a^2 & a^3 \\ 1 & b^2 & b^3 \\ 1 & c^2 & c^3 \end{vmatrix} = (ab+bc+ca) \begin{vmatrix} 1 & a & a^2 \\ 1 & b & b^2 \\ 1 & c & c^2 \end{vmatrix}$.

3. 计算下列行列式:

(1) $\begin{vmatrix} 5 & 1 & 1 & 1 \\ 1 & 5 & 1 & 1 \\ 1 & 1 & 5 & 1 \\ 1 & 1 & 1 & 5 \end{vmatrix}$;   (2) $\begin{vmatrix} -1 & 3 & 1 & 2 \\ 1 & 1 & 2 & 0 \\ -1 & 2 & 0 & 3 \\ 1 & 1 & 3 & 5 \end{vmatrix}$;

$$(3) \begin{vmatrix} 2 & 1 & 4 & 1 \\ 3 & -1 & 2 & 1 \\ 1 & 2 & 3 & 2 \\ 5 & 0 & 6 & 2 \end{vmatrix}; \qquad (4) \begin{vmatrix} -2 & 5 & -1 & 3 \\ 1 & -9 & 13 & 7 \\ 3 & -1 & 5 & -5 \\ 2 & 8 & -7 & -10 \end{vmatrix};$$

$$(5) \begin{vmatrix} x & y & x+y \\ y & x+y & x \\ x+y & x & y \end{vmatrix}; \qquad (6) \begin{vmatrix} 1 & \frac{1}{2} & 0 & 1 & -1 \\ 2 & 0 & -1 & 1 & 2 \\ 3 & 2 & 1 & \frac{1}{2} & 0 \\ 1 & -1 & 0 & 1 & 2 \\ 2 & 1 & 3 & 0 & \frac{1}{2} \end{vmatrix};$$

$$(7) \begin{vmatrix} a & 0 & \cdots & 0 & 0 & \cdots & 0 & b \\ 0 & a & \cdots & 0 & 0 & \cdots & b & 0 \\ \vdots & \vdots & & \vdots & \vdots & & \vdots & \vdots \\ 0 & 0 & \cdots & a & b & \cdots & 0 & 0 \\ 0 & 0 & \cdots & b & a & \cdots & 0 & 0 \\ \vdots & \vdots & & \vdots & \vdots & & \vdots & \\ 0 & b & \cdots & 0 & 0 & \cdots & a & 0 \\ b & 0 & \cdots & 0 & 0 & \cdots & 0 & a \end{vmatrix} (2n 阶).$$

4. 计算下列 n 阶行列式 $(n > 1)$:

$$(1) \begin{vmatrix} 0 & 1 & 1 & \cdots & 1 \\ 1 & 0 & 1 & \cdots & 1 \\ 1 & 1 & 0 & \cdots & 1 \\ \vdots & \vdots & \vdots & & \vdots \\ 1 & 1 & 1 & \cdots & 0 \end{vmatrix}; \qquad (2) \begin{vmatrix} 1 & 3 & 3 & 3 & \cdots & 3 \\ 3 & 2 & 3 & 3 & \cdots & 3 \\ 3 & 3 & 3 & 3 & \cdots & 3 \\ 3 & 3 & 3 & 4 & \cdots & 3 \\ \vdots & \vdots & \vdots & \vdots & & \vdots \\ 3 & 3 & 3 & 3 & \cdots & n \end{vmatrix};$$

$$(3) \begin{vmatrix} 1 & 2 & 3 & \cdots & n-1 & n \\ 1 & -1 & 0 & \cdots & 0 & 0 \\ 0 & 2 & -2 & \cdots & 0 & 0 \\ \vdots & \vdots & \vdots & & \vdots & \vdots \\ 0 & 0 & 0 & \cdots & 2-n & 0 \\ 0 & 0 & 0 & \cdots & n-1 & 1-n \end{vmatrix}; \qquad (4) \begin{vmatrix} a & b & \cdots & b \\ b & a & \cdots & b \\ \vdots & \vdots & & \vdots \\ b & b & \cdots & a \end{vmatrix};$$

$(5)\begin{vmatrix} -a_1 & a_1 & 0 & \cdots & 0 & 0 \\ 0 & -a_2 & a_2 & \cdots & 0 & 0 \\ \vdots & \vdots & \vdots & & \vdots & \vdots \\ 0 & 0 & 0 & \cdots & -a_{n-1} & a_{n-1} \\ 1 & 1 & 1 & \cdots & 1 & 1 \end{vmatrix};\quad (6)\begin{vmatrix} a_1-b_1 & a_1-b_2 & \cdots & a_1-b_n \\ a_2-b_1 & a_2-b_2 & \cdots & a_2-b_n \\ \vdots & \vdots & & \vdots \\ a_n-b_1 & a_n-b_2 & \cdots & a_n-b_n \end{vmatrix};$

$(7)\begin{vmatrix} n & n-1 & \cdots & 3 & 2 & 1 \\ n & n-1 & \cdots & 3 & 3 & 1 \\ n & n-1 & \cdots & 5 & 2 & 1 \\ \vdots & \vdots & & \vdots & \vdots & \vdots \\ n & 2n-3 & \cdots & 3 & 2 & 1 \\ 2n-1 & n-1 & \cdots & 3 & 2 & 1 \end{vmatrix};\quad (8)\begin{vmatrix} 1 & 2 & 3 & \cdots & n-1 & n \\ 1 & 1 & 2 & \cdots & n-2 & n-1 \\ 1 & x & 1 & \cdots & n-3 & n-2 \\ \vdots & \vdots & \vdots & & \vdots & \vdots \\ 1 & x & x & \cdots & 1 & 2 \\ 1 & x & x & \cdots & x & 1 \end{vmatrix}.$

5. 证明下列等式 (n 为正整数, 且 $n > 1$):

$(1)\begin{vmatrix} 0 & \cdots & 0 & a_{1n} \\ 0 & \cdots & a_{2,n-1} & a_{2n} \\ \vdots & & \vdots & \vdots \\ a_{n1} & \cdots & a_{n,n-1} & a_{nn} \end{vmatrix} = (-1)^{\frac{n(n-1)}{2}} a_{1n} a_{2,n-1} \cdots a_{n1};$

$(2)\begin{vmatrix} 1 & 2 & 3 & \cdots & n \\ 2 & 2 & 0 & \cdots & 0 \\ 3 & 0 & 3 & \cdots & 0 \\ \vdots & \vdots & \vdots & & \vdots \\ n & 0 & 0 & \cdots & n \end{vmatrix} = \left(2 - \frac{n(n+1)}{2}\right) n!;$

(3) (范德蒙德行列式) $\begin{vmatrix} 1 & 1 & 1 & \cdots & 1 \\ a_1 & a_2 & a_3 & \cdots & a_n \\ a_1^2 & a_2^2 & a_3^2 & \cdots & a_n^2 \\ \vdots & \vdots & \vdots & & \vdots \\ a_1^{n-1} & a_2^{n-1} & a_3^{n-1} & \cdots & a_n^{n-1} \end{vmatrix} = \prod_{1 \leqslant j < i \leqslant n}(a_i - a_j);$

$(4)\begin{vmatrix} \cos\theta & 1 & 0 & \cdots & 0 & 0 \\ 1 & 2\cos\theta & 1 & \cdots & 0 & 0 \\ 0 & 1 & 2\cos\theta & \cdots & 0 & 0 \\ \vdots & \vdots & \vdots & & \vdots & \vdots \\ 0 & 0 & 0 & \cdots & 2\cos\theta & 1 \\ 0 & 0 & 0 & \cdots & 1 & 2\cos\theta \end{vmatrix} = \cos n\theta;$

(5) $\begin{vmatrix} a_1 & b_2 & \cdots & b_n \\ c_2 & a_2 & \cdots & 0 \\ \vdots & \vdots & & \vdots \\ c_n & 0 & \cdots & a_n \end{vmatrix} = \prod_{i=1}^{n} a_i - (b_2 c_2 a_3 \cdots a_n + a_2 b_3 c_3 a_4 \cdots a_n + \cdots + a_2 \cdots a_{n-1} b_n c_n);$

(6) $\begin{vmatrix} 1 & 1 & \cdots & 1 \\ x_1 & x_2 & \cdots & x_n \\ \vdots & \vdots & & \vdots \\ x_1^{n-2} & x_2^{n-2} & \cdots & x_n^{n-2} \\ x_1^{n} & x_2^{n} & \cdots & x_n^{n} \end{vmatrix} = \left(\sum_{i=1}^{n} x_i \right) \prod_{1 \leqslant j < i \leqslant n} (x_i - x_j).$

6. 设 $x \neq y$, 计算 n 阶行列式

$$D_n = \begin{vmatrix} a & x & \cdots & x \\ y & a & \cdots & x \\ \vdots & \vdots & & \vdots \\ y & y & \cdots & a \end{vmatrix}.$$

2.6　行列式的应用

本节主要给出了行列式对研究和描述矩阵性质的一些应用, 包括方阵乘积的行列式公式、用伴随矩阵来表示逆矩阵, 以及 n 元线性方程组的克拉默法则等内容.

2.6.1　方阵乘积的行列式

设 A, B 都是 n 阶方阵, 则矩阵乘积的行列式公式 $|AB| = |A||B|$ 是行列式理论中最基本的一个公式. 实际上, 我们在上一节推导行列式的性质时, 就已经证明了这一重要公式的特殊情形.

定理 2.19　设 A 是 n 阶方阵, E 是 n 阶初等矩阵, 则

$$|EA| = |E||A|.$$

证明　当 E 是第一种初等矩阵 $E(i(c))$ 时, 由于 $|E(i(c))| = c$, 所以由 (2.76) 式立即得

$$|E(i(c))A| = |E(i(c))||A|.$$

当 E 是第二种初等矩阵 $E(i, j)$ 时, 它的行列式 $|E(i, j)| = -1$, 所以 (2.73) 式就是

$$|E(i, j)A| = |E(i, j)||A|,$$

当 E 是第三种初等变换 $E(i(d), j)$ 时, 由于 $|E(i(d), j)| = 1$, 所以由 (2.77) 式得

$$|E(i(d), j)A| = |E(i(d), j)||A|,$$

这样, 定理的结论成立.　　　　　　　　　　　　　　　　　　　　　　　　　　　　　□

如果 $E_1, E_2, \cdots, E_k$ 是一系列的初等矩阵, 那么由数学归纳法容易证得以下等式:

$$|E_k E_{k-1} \cdots E_1 A| = |E_k||E_{k-1}| \cdots |E_1||A|. \tag{2.87}$$

特别, 当 $A = I$ 时, 有

$$|E_k E_{k-1} \cdots E_1| = |E_k||E_{k-1}| \cdots |E_1|. \tag{2.88}$$

定理 2.20 (矩阵乘积的行列式公式)　若 A, B 是 n 阶方阵, 则

$$|AB| = |A||B|.$$

证明　(1) 若 A 是可逆方阵, 则由定理 2.10 可知, A 是初等矩阵的乘积:

$$A = E_k E_{k-1} \cdots E_1,$$

所以由 (2.87) 和 (2.88) 两式得

$$\begin{aligned}
|AB| &= |E_k E_{k-1} \cdots E_1 B| = |E_k||E_{k-1}| \cdots |E_1||B| \\
&= |E_k E_{k-1} \cdots E_1||B| = |A||B|.
\end{aligned}$$

(2) 如果 A 是奇异矩阵, 此时对 A 作行初等变换后得到简化阶梯阵 U, 即存在一系列初等矩阵 $E_1, E_2, \cdots, E_k$ 使得

$$U = E_k E_{k-1} \cdots E_1 A, \tag{2.89}$$

且由于 A 是奇异矩阵, 所以 U 的最后一行必是全零行 (否则 A 就是可逆方阵了). 现将 (2.89) 式改写成

$$A = E_1^{-1} E_2^{-1} \cdots E_k^{-1} U. \tag{2.90}$$

而由 (2.59) 式可知逆矩阵 $E_1^{-1}, E_2^{-1}, \cdots, E_k^{-1}$ 也都是初等矩阵, 因此同样由 (2.87) 式得

$$|A| = |E_1^{-1} E_2^{-1} \cdots E_k^{-1} U| = |E_1^{-1}||E_2^{-1}| \cdots |E_k^{-1}||U|.$$

但是 U 的最后一行也是全零行, 因此由行列式的性质得 $|U| = 0$, 从而 $|A| = 0$. 另一方面, 由 (2.87) 和 (2.90) 两式可得

$$|AB| = |E_1^{-1} E_2^{-1} \cdots E_k^{-1} UB| = |E_1^{-1}||E_2^{-1}| \cdots |E_k^{-1}||UB|,$$

其中矩阵 UB 的最后一行是全零行, 因此 $|UB| = 0$, 代入上式即得 $|AB| = 0$, 这样 $|AB| = |A||B|$ 成立. □

例 2.44   设 $A, B \in M_n(\mathbb{R})$ 是正交矩阵, 如果 $|A| + |B| = 0$, 证明: $|A + B| = 0$.

证明   由正交矩阵的定义 (见习题 2.4 中的第 23 题) 得

$$A^{\mathrm{T}}A = AA^{\mathrm{T}} = B^{\mathrm{T}}B = I,$$

因此由矩阵乘积的行列式公式和行列式转置不变的性质, 有

$$1 = |I| = |A^{\mathrm{T}}A| = |A^{\mathrm{T}}||A| = |A||A| = |A|^2,$$

即 $|A|^2 = 1$, 又因为 $|A| + |B| = 0$, 即 $|B| = -|A|$, 所以再由矩阵乘积的行列式公式和行列式转置不变可得

$$\begin{aligned}
|A + B| &= |AI + IB| = |AB^{\mathrm{T}}B + AA^{\mathrm{T}}B| \\
&= |A(B^{\mathrm{T}} + A^{\mathrm{T}})B| = |A||B^{\mathrm{T}} + A^{\mathrm{T}}||B| \\
&= -|A|^2|(B + A)^{\mathrm{T}}| = -|B + A| \\
&= -|A + B|,
\end{aligned}$$

从而有 $2|A + B| = 0$, 即 $|A + B| = 0$. □

定理 2.21 n 阶方阵 A 是奇异矩阵的充要条件是 $|A| = 0$.

证明   必要性已经在定理 2.20 的第 (2) 部分证明中得到. 下面只证充分性. 假设 $|A| = 0$, 若 A 是可逆矩阵, 则由定理 2.10 可知 A 是初等矩阵的乘积:

$$A = E_k E_{k-1} \cdots E_1,$$

而由乘积矩阵的行列式公式和初等矩阵的行列式不为零可知

$$|A| = |E_k||E_{k-1}| \cdots |E_1| \neq 0,$$

但是这与 $|A| = 0$ 矛盾, 因此 A 必是奇异矩阵. □

从定理 2.21 立即得到以下的判定定理.

定理 2.22 (可逆矩阵的判定定理 II) n 阶方阵 A 是可逆矩阵的充要条件是 $|A| \neq 0$.

行列式是否为零是判断矩阵是否可逆的常用方法. 例如, 对于矩阵

$$A = \begin{pmatrix} 2 & 4 & 6 \\ 4 & 5 & 6 \\ 14 & 16 & 18 \end{pmatrix},$$

由于其行列式

$$|A| = \begin{vmatrix} 2 & 4 & 6 \\ 4 & 5 & 6 \\ 14 & 16 & 18 \end{vmatrix} = 4 \begin{vmatrix} 1 & 2 & 3 \\ 4 & 5 & 6 \\ 7 & 8 & 9 \end{vmatrix} \xrightarrow[\ -r_1+r_3\ ]{-r_1+r_2} 4 \begin{vmatrix} 1 & 2 & 3 \\ 3 & 3 & 3 \\ 6 & 6 & 6 \end{vmatrix} = 0,$$

所以 A 是奇异矩阵. 这个矩阵在例 2.26 中曾经是用行初等变换来判断是否可逆的.

对于方阵 A, 如果有方阵 B 使得 $AB = I$, 则由矩阵乘积的行列式公式得

$$|A||B| = |AB| = |I| = 1,$$

所以 $|A| \neq 0$, 因此由定理 2.22 可知 A 是可逆矩阵. 因此, 要判断 A 是否可逆, 不必像定义 2.9 那样, 既检验 $AB = I$, 又检验 $BA = I$, 只要检验其中一个式子成立就可以了, 即若有 $AB = I$, 则必有 $B = A^{-1}$ 及 $A = B^{-1}$.

例 2.45　设方阵 A, 满足矩阵等式 $3A^3 + 2A^2 - 21A + 15I = 0$, 证明 A 和 $A - 2I$ 都可逆, 并求出它们的逆矩阵.

证明　由 $3A^3 + 2A^2 - 21A + 15I = 0$ 可得 $A(3A^2 + 2A - 21I) = -15I$, 即有

$$A\left(-\frac{1}{15}(3A^2 + 2A - 21I)\right) = I,$$

因此 A 一定可逆, 并且

$$A^{-1} = -\frac{1}{15}(3A^2 + 2A - 21I).$$

又因为

$$3x^3 + 2x^2 - 21x + 15 = (x - 2)(3x^2 + 8x - 5) + 5,$$

所以有矩阵等式

$$(A - 2I)(3A^2 + 8A - 5I) + 5I = 3A^3 + 2A^2 - 21A + 15I = 0,$$

即有

$$(A - 2I)\left(-\frac{1}{5}(3A^2 + 8A - 5I)\right) = I,$$

因此 $A - 2I$ 也可逆, 且

$$(A - 2I)^{-1} = -\frac{1}{5}(3A^2 + 8A - 5I). \qquad \square$$

2.6.2 用伴随矩阵表示逆矩阵

为了构造出可逆矩阵 A 的逆矩阵, 我们还需要一个以 A 的所有代数余子式作为元素的新矩阵, 它称为 A 的伴随矩阵. 下面的定理给出了 A 的代数余子式所满足的最基本关系式.

> **定理 2.23** 设 $A = (a_{ij})$ 是 n 阶方阵, 其元素 a_{ij} 的代数余子式是 A_{ij}, 则成立关系式
> $$a_{i1}A_{j1} + a_{i2}A_{j2} + \cdots + a_{in}A_{jn} = \begin{cases} |A|, & i = j, \\ 0, & i \neq j. \end{cases}$$

证明 当 $i = j$ 时, 定理的结论就是行列式 $|A|$ 按第 i 行展开的定义式. 当 $i \neq j$ 时 (不妨假定 $i < j$), 重新构造另一个行列式:

$$D = \begin{vmatrix} a_{11} & a_{12} & \cdots & a_{1n} \\ \vdots & \vdots & & \vdots \\ a_{i1} & a_{i2} & \cdots & a_{in} \\ \vdots & \vdots & & \vdots \\ a_{i1} & a_{i2} & \cdots & a_{in} \\ \vdots & \vdots & & \vdots \\ a_{n1} & a_{n2} & \cdots & a_{nn} \end{vmatrix}.$$

D 与 $|A|$ 的区别仅在于第 j 行, 因此对这两个行列式来说, 它们的每个第 j 行元素的代数余子式都是相同的. 由于 D 的第 i 行与第 j 行相同, 所以 $D = 0$. 另一方面, 按第 j 行展开行列式 D 得到

$$a_{i1}A_{j1} + a_{i2}A_{j2} + \cdots + a_{in}A_{jn} = D = 0. \qquad \square$$

n 阶方阵 $A = (a_{ij})$ 的伴随矩阵 A^* 也是一个 n 阶方阵, 它的每个元素都是原矩阵 A 的代数余子式:

$$A^* = \begin{pmatrix} A_{11} & A_{21} & \cdots & A_{n1} \\ A_{12} & A_{22} & \cdots & A_{n2} \\ \vdots & \vdots & & \vdots \\ A_{1n} & A_{2n} & \cdots & A_{nn} \end{pmatrix}. \tag{2.91}$$

注意伴随矩阵 A^* 的所有元素的下标顺序与 A 的元素 a_{ij} 的下标顺序是颠倒的, 即 A^* 的第 i 行第 j 列元素是 A_{ji}, 而不是习惯上的 A_{ij}. 之所以这样是因为要运用定

理 2.23 来获得以下的矩阵等式:

$$AA^* = \begin{pmatrix} a_{11} & a_{12} & \cdots & a_{1n} \\ a_{21} & a_{22} & \cdots & a_{2n} \\ \vdots & \vdots & & \vdots \\ a_{n1} & a_{n2} & \cdots & a_{nn} \end{pmatrix} \begin{pmatrix} A_{11} & A_{21} & \cdots & A_{n1} \\ A_{12} & A_{22} & \cdots & A_{n2} \\ \vdots & \vdots & & \vdots \\ A_{1n} & A_{2n} & \cdots & A_{nn} \end{pmatrix}$$

$$= \begin{pmatrix} |A| & 0 & \cdots & 0 \\ 0 & |A| & \cdots & 0 \\ \vdots & \vdots & & \vdots \\ 0 & 0 & \cdots & |A| \end{pmatrix} = |A|I, \tag{2.92}$$

如果 A 是奇异矩阵, 则 $|A| = 0$, 从 (2.92) 式得 $AA^* = 0$. 如果 A 是可逆矩阵, 则 $|A| \neq 0$, 从 (2.92) 式可得

$$A\left(\frac{1}{|A|}A^*\right) = I,$$

这样便证明了以下定理.

> **定理 2.24**　当 $|A| \neq 0$ 时,
>
> $$A^{-1} = \frac{1}{|A|}A^*.$$

　　虽然定理 2.24 用伴随矩阵 A^* 将逆矩阵 A^{-1} 明确地表示出来, 但是当 A 的阶数 n 比较高时, 要运用此定理来计算逆矩阵 A^{-1}, 其计算量是很大的, 因此一般还是用初等变换的方法来计算逆矩阵. 下面对两个低阶的可逆矩阵, 运用伴随矩阵的方法来计算它们的逆矩阵, 以加深对伴随矩阵的理解.

　　假定二阶方阵

$$A = \begin{pmatrix} a_{11} & a_{12} \\ a_{21} & a_{22} \end{pmatrix}$$

是可逆的, 则容易得到 $A_{11} = a_{22}, A_{12} = -a_{21}, A_{21} = -a_{12}, A_{22} = a_{11}$, 因此有

$$A^{-1} = \frac{1}{|A|}\begin{pmatrix} A_{11} & A_{21} \\ A_{12} & A_{22} \end{pmatrix} = \frac{1}{a_{11}a_{22} - a_{12}a_{21}}\begin{pmatrix} a_{22} & -a_{12} \\ -a_{21} & a_{11} \end{pmatrix}.$$

例 2.46　已知

$$A = \begin{pmatrix} 0 & 1 & 2 \\ 1 & 1 & -1 \\ 2 & 4 & 0 \end{pmatrix},$$

求 A^* 和 A^{-1}.

解 由于下标顺序颠倒, 伴随矩阵容易算错, 所以这里先计算 (2.91) 式中伴随矩阵 A^* 的转置矩阵, 这样就和 A 的元素下标顺序一致了. 此外还要注意代数余子式本身所携带的正负号.

$$A^* = \begin{pmatrix} \begin{vmatrix} 1 & -1 \\ 4 & 0 \end{vmatrix} & -\begin{vmatrix} 1 & -1 \\ 2 & 0 \end{vmatrix} & \begin{vmatrix} 1 & 1 \\ 2 & 4 \end{vmatrix} \\ -\begin{vmatrix} 1 & 2 \\ 4 & 0 \end{vmatrix} & \begin{vmatrix} 0 & 2 \\ 2 & 0 \end{vmatrix} & -\begin{vmatrix} 0 & 1 \\ 2 & 4 \end{vmatrix} \\ \begin{vmatrix} 1 & 2 \\ 1 & -1 \end{vmatrix} & -\begin{vmatrix} 0 & 2 \\ 1 & -1 \end{vmatrix} & \begin{vmatrix} 0 & 1 \\ 1 & 1 \end{vmatrix} \end{pmatrix}^{\mathrm{T}}$$

$$= \begin{pmatrix} 4 & -2 & 2 \\ 8 & -4 & 2 \\ -3 & 2 & -1 \end{pmatrix}^{\mathrm{T}} = \begin{pmatrix} 4 & 8 & -3 \\ -2 & -4 & 2 \\ 2 & 2 & -1 \end{pmatrix},$$

又因为

$$|A| = \begin{vmatrix} 0 & 1 & 2 \\ 1 & 1 & -1 \\ 2 & 4 & 0 \end{vmatrix} = -2 + 2(2) = 2,$$

所以

$$A^{-1} = \frac{1}{|A|}A^* = \frac{1}{2}\begin{pmatrix} 4 & 8 & -3 \\ -2 & -4 & 2 \\ 2 & 2 & -1 \end{pmatrix} = \begin{pmatrix} 2 & 4 & -\dfrac{3}{2} \\ -1 & -2 & 1 \\ 1 & 1 & -\dfrac{1}{2} \end{pmatrix}. \qquad \square$$

下面几个例题都与伴随矩阵有关, 其中用到了 n 阶行列式的常用等式

$$|cA| = c^n|A|, \tag{2.93}$$

这是因为行列式 $|cA|$ 的每一行都有公因子 c 可以提出, 所以 n 个行就提出了 n 个 c.

例 2.47 设 A 为三阶方阵, 且 $|A| = 0.5$, 求 $|(3A)^{-1} - 2A^*|$ 的值.

解 因为 $(3A)^{-1} = \dfrac{1}{3}A^{-1}$, 并且

$$A^{-1} = \frac{1}{|A|}A^* = \frac{1}{0.5}A^* = 2A^*,$$

所以

$$|(3A)^{-1} - 2A^*| = \left| \frac{1}{3}A^{-1} - A^{-1} \right| = \left| -\frac{2}{3}A^{-1} \right|$$
$$= \left(-\frac{2}{3} \right)^3 |A^{-1}| = -\frac{8}{27}|A^{-1}|. \tag{2.94}$$

又从矩阵乘积的行列式公式, 得

$$|A^{-1}||A| = |A^{-1}A| = |I| = 1,$$

所以

$$|A^{-1}| = \frac{1}{|A|} = \frac{1}{0.5} = 2,$$

代入 (2.94) 式便得

$$|(3A)^{-1} - 2A^*| = -\frac{8}{27}(2) = -\frac{16}{27}. \qquad \square$$

例 2.48   设 A 是 n 阶方阵, 证明

$$|A^*| = |A|^{n-1}. \tag{2.95}$$

证明   (1) 若 $A = 0$, 则显然 $A^* = 0$, 此时命题结论成立.

(2) 若 $A \neq 0$, 且 A 为奇异矩阵, 则由定理 2.21 知 $|A| = 0$, 从而由 (2.92) 式得

$$AA^* = |A|I = 0. \tag{2.96}$$

若此时 A^* 是可逆矩阵, 那么在 (2.96) 式的两边右乘 $(A^*)^{-1}$, 可得

$$A = AI = A(A^*(A^*)^{-1}) = (AA^*)(A^*)^{-1} = 0,$$

而这与条件 "$A \neq 0$" 矛盾, 所以 A^* 必为奇异矩阵, 因此再从定理 2.21 得 $|A^*| = 0$, (2.95) 式还是成立.

(3) 若 A 是可逆矩阵, 则 $|A| \neq 0$. 我们在等式 $AA^* = |A|I$ 的两边取行列式, 并注意 (2.93) 式的性质, 可得

$$|A||A^*| = |AA^*| = ||A|I| = |A|^n|I| = |A|^n,$$

由于 $|A| \neq 0$, 所以由上式得

$$|A^*| = |A|^{n-1}. \qquad \square$$

例 2.49 已知四阶方阵 A 的伴随矩阵是

$$A^* = \begin{pmatrix} 1 & 0 & 0 & 0 \\ 0 & 1 & 0 & 0 \\ 1 & 0 & 1 & 0 \\ 0 & -3 & 0 & 8 \end{pmatrix},$$

且矩阵 Y 满足矩阵方程 $AYA^{-1} = YA^{-1} + 3I$, 求矩阵 Y.

解 由已知条件可得 $|A^*| = 8$, 再由 (2.95) 式可得

$$|A^*| = |A|^3 = 8,$$

所以 $|A| = 2$. 将矩阵方程 $AYA^{-1} = YA^{-1} + 3I$, 变形为

$$(A - I)Y = 3A,$$

由于不知道矩阵 A, 所以用矩阵 A^* 左乘上式两边, 可得

$$(|A|I - A^*)Y = 3|A|I, \tag{2.97}$$

其中用到了等式 $A^*A = |A|I$(读者自己证明). 在 (2.97) 式中代入 $|A| = 2$ 就得到方程的解为

$$Y = 6(2I - A^*)^{-1}.$$

先求出矩阵

$$2I - A^* = \begin{pmatrix} 2 & 0 & 0 & 0 \\ 0 & 2 & 0 & 0 \\ 0 & 0 & 2 & 0 \\ 0 & 0 & 0 & 2 \end{pmatrix} - \begin{pmatrix} 1 & 0 & 0 & 0 \\ 0 & 1 & 0 & 0 \\ 1 & 0 & 1 & 0 \\ 0 & -3 & 0 & 8 \end{pmatrix} = \begin{pmatrix} 1 & 0 & 0 & 0 \\ 0 & 1 & 0 & 0 \\ -1 & 0 & 1 & 0 \\ 0 & 3 & 0 & -6 \end{pmatrix},$$

再用初等变换方法求出它的逆矩阵:

$$\left(\begin{array}{cccc:cccc} 1 & 0 & 0 & 0 & 1 & 0 & 0 & 0 \\ 0 & 1 & 0 & 0 & 0 & 1 & 0 & 0 \\ -1 & 0 & 1 & 0 & 0 & 0 & 1 & 0 \\ 0 & 3 & 0 & -6 & 0 & 0 & 0 & 1 \end{array} \right) \xrightarrow[-3r_2+r_4]{r_1+r_3} \left(\begin{array}{cccc:cccc} 1 & 0 & 0 & 0 & 1 & 0 & 0 & 0 \\ 0 & 1 & 0 & 0 & 0 & 1 & 0 & 0 \\ 0 & 0 & 1 & 0 & 1 & 0 & 1 & 0 \\ 0 & 0 & 0 & -6 & 0 & -3 & 0 & 1 \end{array} \right)$$

$$\xrightarrow{-\frac{1}{6}r_4} \left(\begin{array}{cccc:cccc} 1 & 0 & 0 & 0 & 1 & 0 & 0 & 0 \\ 0 & 1 & 0 & 0 & 0 & 1 & 0 & 0 \\ 0 & 0 & 1 & 0 & 1 & 0 & 1 & 0 \\ 0 & 0 & 0 & 1 & 0 & \frac{1}{2} & 0 & -\frac{1}{6} \end{array} \right).$$

即有

$$(2I - A^*)^{-1} = \begin{pmatrix} 1 & 0 & 0 & 0 \\ 0 & 1 & 0 & 0 \\ 1 & 0 & 1 & 0 \\ 0 & \dfrac{1}{2} & 0 & -\dfrac{1}{6} \end{pmatrix}.$$

因此矩阵方程的解是

$$Y = \begin{pmatrix} 6 & 0 & 0 & 0 \\ 0 & 6 & 0 & 0 \\ 6 & 0 & 6 & 0 \\ 0 & 3 & 0 & -1 \end{pmatrix}. \qquad \Box$$

2.6.3　n 元线性方程组的克拉默法则

n 元线性方程组的克拉默法则是三元一次方程组的克拉默法则 (即 (1.8) 和 (1.9) 两式) 的直接推广, 它的证明用到了伴随矩阵.

定理 2.25 (克拉默法则)　设 A 是 n 阶可逆矩阵, $\beta = (b_1, b_2, \cdots, b_n)^{\mathrm{T}}$ 是 n 维向量, 用 D_i 表示将 β 代替 n 阶行列式 $|A|$ 的第 i 列而得到的行列式, 即

$$D_i = \begin{vmatrix} a_{11} & \cdots & a_{1,i-1} & b_1 & a_{1,i+1} & \cdots & a_{1n} \\ a_{21} & \cdots & a_{2,i-1} & b_2 & a_{2,i+1} & \cdots & a_{2n} \\ \vdots & & \vdots & \vdots & \vdots & & \vdots \\ a_{n1} & \cdots & a_{n,i-1} & b_n & a_{n,i+1} & \cdots & a_{nn} \end{vmatrix}, \tag{2.98}$$

则线性方程组 $AX = \beta$ 的唯一解 $X = (x_1, x_2, \cdots, x_n)^{\mathrm{T}}$ 的各个分量为

$$x_i = \frac{D_i}{|A|}, \quad i = 1, 2, \cdots, n.$$

证明　因为 A 可逆, 所以由定理 2.22 知道 $|A| \neq 0$, 再由定理 2.24 可得

$$X = A^{-1}\beta = \frac{1}{|A|}A^*\beta$$

$$= \frac{1}{|A|} \begin{pmatrix} A_{11} & A_{21} & \cdots & A_{n1} \\ A_{12} & A_{22} & \cdots & A_{n2} \\ \vdots & \vdots & & \vdots \\ A_{1n} & A_{2n} & \cdots & A_{nn} \end{pmatrix} \begin{pmatrix} b_1 \\ b_2 \\ \vdots \\ b_n \end{pmatrix}$$

$$= \frac{1}{|A|} \begin{pmatrix} b_1 A_{11} + b_2 A_{21} + \cdots + b_n A_{n1} \\ b_1 A_{12} + b_2 A_{22} + \cdots + b_n A_{n2} \\ \vdots \\ b_1 A_{1n} + b_2 A_{2n} + \cdots + b_n A_{nn} \end{pmatrix},$$

所以对 $i = 1, 2, \cdots, n$, 有

$$x_i = \frac{b_1 A_{1i} + b_2 A_{2i} + \cdots + b_n A_{ni}}{|A|} = \frac{D_i}{|A|},$$

其中的第 2 个等号是通过将行列式 (2.98) 按第 i 列展开而得到的. □

例 2.50 解线性方程组

$$\begin{cases} 2x - y + 3z + 2w = 6, \\ 3x - 3y + 3z + 2w = 5, \\ 3x - y - z + 2w = 3, \\ 3x - y + 3z - w = 4. \end{cases}$$

解 该线性方程组的系数矩阵行列式为

$$\begin{vmatrix} 2 & -1 & 3 & 2 \\ 3 & -3 & 3 & 2 \\ 3 & -1 & -1 & 2 \\ 3 & -1 & 3 & -1 \end{vmatrix} \xrightarrow[\substack{2r_4+r_1 \\ 2r_4+r_2 \\ 2r_4+r_3}]{} \begin{vmatrix} 8 & -3 & 9 & 0 \\ 9 & -5 & 9 & 0 \\ 9 & -3 & 5 & 0 \\ 3 & -1 & 3 & -1 \end{vmatrix} = - \begin{vmatrix} 8 & -3 & 9 \\ 9 & -5 & 9 \\ 9 & -3 & 5 \end{vmatrix} = -70,$$

并且用常数项替代系数行列式第 1 列所得行列式是

$$D_1 = \begin{vmatrix} 6 & -1 & 3 & 2 \\ 5 & -3 & 3 & 2 \\ 3 & -1 & -1 & 2 \\ 4 & -1 & 3 & -1 \end{vmatrix} \xrightarrow[\substack{2r_4+r_1 \\ 2r_4+r_2 \\ 2r_4+r_3}]{} \begin{vmatrix} 14 & -3 & 9 & 0 \\ 13 & -5 & 9 & 0 \\ 11 & -3 & 5 & 0 \\ 4 & -1 & 3 & -1 \end{vmatrix} = - \begin{vmatrix} 14 & -3 & 9 \\ 13 & -5 & 9 \\ 11 & -3 & 5 \end{vmatrix} = -70,$$

类似地, 可以求出 $D_2 = D_3 = D_4 = -70$, 所以线性方程组的解是 $x = y = z = w = \dfrac{-70}{-70} = 1$. □

例 2.51 设 $a_1, a_2, \cdots, a_n$ 是互不相同的实数, $b_1, b_2, \cdots, b_n$ 是已知实数, 证明: 存在唯一的次数小于 n 的实系数多项式函数 $f(x) = c_1 x^{n-1} + c_2 x^{n-2} + \cdots + c_{n-1} x + c_n$ 使得

$$f(a_i) = b_i, \quad i = 1, 2, \cdots, n.$$

证明   若有这样的多项式函数存在, 则成立下列 n 个等式:

$$c_1 a_1^{n-1} + c_2 a_1^{n-2} + \cdots + c_{n-1} a_1 + c_n = b_1,$$
$$c_1 a_2^{n-1} + c_2 a_2^{n-2} + \cdots + c_{n-1} a_2 + c_n = b_2, \tag{2.99}$$
$$\cdots\cdots$$
$$c_1 a_n^{n-1} + c_2 a_n^{n-2} + \cdots + c_{n-1} a_n + c_n = b_n.$$

因此我们可以看到, 所求多项式函数 $f(x)$ 的各个系数 $c_1, c_2, \cdots, c_n$ 是以下线性方程组

$$\begin{cases} a_1^{n-1} x_1 + a_1^{n-2} x_2 + \cdots + a_1 x_{n-1} + x_n = b_1, \\ a_2^{n-1} x_1 + a_2^{n-2} x_2 + \cdots + a_2 x_{n-1} + x_n = b_2, \\ \qquad\qquad\cdots\cdots \\ a_n^{n-1} x_1 + a_n^{n-2} x_2 + \cdots + a_n x_{n-1} + x_n = b_n \end{cases} \tag{2.100}$$

的解. 然而, 这个线性方程组系数矩阵 A 的行列式

$$|A| = \begin{vmatrix} a_1^{n-1} & a_1^{n-2} & \cdots & a_1 & 1 \\ a_2^{n-1} & a_2^{n-2} & \cdots & a_2 & 1 \\ \vdots & \vdots & & \vdots & \vdots \\ a_n^{n-1} & a_n^{n-2} & \cdots & a_n & 1 \end{vmatrix} = \begin{vmatrix} a_1^{n-1} & a_2^{n-1} & \cdots & a_n^{n-1} \\ a_1^{n-2} & a_2^{n-2} & \cdots & a_n^{n-2} \\ \vdots & \vdots & & \vdots \\ a_1 & a_2 & \cdots & a_n \\ 1 & 1 & \cdots & 1 \end{vmatrix}$$

正是例 2.42 中的 n 阶行列式 D_n, 由那里的计算结果得

$$|A| = \prod_{1 \leqslant i < j \leqslant n} (a_i - a_j),$$

因为 $a_1, \cdots, a_n$ 是互不相同的实数, 所以对所有满足 $1 \leqslant i < j \leqslant n$ 的 i 与 j 都有 $a_i - a_j \neq 0$, 从而有 $|A| \neq 0$, 因此系数矩阵 A 是可逆矩阵, 这样, 线性方程组 (2.100) 有唯一解 $x_1 = c_1, x_2 = c_2, \cdots, x_n = c_n$, 它们通过克拉默法则而求出:

$$c_i = \frac{D_i}{|A|}, \qquad i = 1, 2, \cdots, n.$$

由于 $a_1, \cdots, a_n, b_1, \cdots, b_n$ 都是实数, 所以由上式计算出的 $c_1, c_2, \cdots, c_n$ 也都是实数, 它们全部满足 (2.99) 式中的 n 个等式, 即存在唯一的次数小于 n 的实系数多项式函数 $f(x) = c_1 x^{n-1} + c_2 x^{n-2} + \cdots + c_{n-1} x + c_n$, 使得

$$f(a_i) = b_i, \quad i = 1, 2, \cdots, n. \qquad\qquad \square$$

习 题 2.6

1. 证明: 若 A 是对合矩阵 (即满足 $A^2 = I$ 的矩阵), 则 $|A|$ 的绝对值等于 1.

2. 证明: 若 A 是幂等矩阵 (即满足 $A^2 = A$ 的矩阵), 则 $|A| = 0$ 或 1.

3. 设 A, B, C 是 n 阶方阵, 且满足 $AB = I$, 证明: $|ACB| = |C|$.

4. 设 A, B 是 n 阶方阵, 证明: $|AB| = |BA|$.

5. 证明: 奇数阶的反对称矩阵 (即满足 $A^T = -A$ 的矩阵) 一定是奇异矩阵.

6. 设

$$|A| = \begin{vmatrix} a & b & c & d \\ -b & a & d & -c \\ -c & -d & a & b \\ -d & c & -b & a \end{vmatrix}.$$

(1) 计算 $|AA^T|$; (2) 计算 $|A|$.

7. 已知 n 阶方阵 $A \neq 0$, 证明: 存在一个非零方阵 B 使得 $AB = 0$ 的充要条件是 $|A| = 0$.

8. 设

$$A = \begin{pmatrix} 2 & 1 & -2 \\ 5 & 2 & 0 \\ 3 & a & 4 \end{pmatrix},$$

B 是三阶非零方阵, 使得 $AB = 0$, 求 a 的值.

9. 设方阵 A 满足 $A^2 - 2A + 4I = 0$, 证明 $A + I$ 和 $A - 3I$ 都可逆, 并求它的逆矩阵.

10. 设方阵 A 满足 $A^3 - A^2 - 4A + 5I = 0$, 证明 $A - 2I$ 是可逆矩阵, 并求它的逆矩阵.

11. 已知 A, B 是 n 阶方阵, 且 A 与 $AB - I$ 都可逆, 证明 $BA - I$ 也可逆.

12. 已知 A 是三阶方阵, 且 $|A| = \dfrac{1}{2}$, 计算 $|(2A)^{-1} - 5A^*|$.

13. 设 A 是 n 阶方阵, 证明:

(1) 当 A 可逆时, $(A^{-1})^* = (A^*)^{-1}$;

(2) $(A^*)^T = (A^T)^*$.

14. 设 A^* 是 n 阶方阵 A 的伴随矩阵, 证明: $||A^*|A| = |A|^{n^2-n+1}$.

15. 设实矩阵 $A = (a_{ij})_{n \times n}$ 满足 $a_{ij} = A_{ij}(i, j = 1, 2, \cdots, n)$, 且 $a_{nn} = -1(n \geqslant 3)$.

(1) 证明 A 可逆且 $|A| = 1$;

(2) 解线性方程组 $AX = \varepsilon_n$, 其中 $X = (x_1, x_2, \cdots, x_n)^T, \varepsilon_n = (0, \cdots, 0, 1)^T$.

16. 用求伴随矩阵的方法求下列矩阵的逆矩阵 A^{-1}:

(1) $A = \begin{pmatrix} 1 & 1 & -1 \\ 2 & 1 & 0 \\ 1 & -1 & 0 \end{pmatrix}$; (2) $\begin{pmatrix} 2 & 2 & 3 \\ 1 & -1 & 0 \\ -1 & 2 & 1 \end{pmatrix}$.

17. 已知

$$A = \begin{pmatrix} 2 & 1 & 0 \\ 1 & 0 & 1 \\ 0 & 3 & 0 \end{pmatrix}.$$

(1) 对矩阵方程 $AYA = YA + 2A$, 求矩阵 Y.

(2) 对矩阵方程 $A^*YA = A^{-1} + 2A^{-1}Y$, 求矩阵 Y.

(3) 对矩阵方程 $AYA^{-1} = AY + 3I$, 求矩阵 Y.

18. 已知四阶方阵 A 的伴随矩阵是

$$A^* = \begin{pmatrix} 2 & 1 & 0 & 0 \\ 3 & 2 & 0 & 0 \\ 0 & 0 & 2 & -2 \\ 0 & 0 & 2 & 2 \end{pmatrix}.$$

求满足矩阵方程 $AYA^* = YA^* + 6I$ 的矩阵 Y.

19. 用克拉默法则解下列线性方程组:

(1) $\begin{cases} x + y + z + w = 5, \\ x + 2y - z + 4w = -2, \\ 2x - 3y - z - 5w = -2, \\ 3x + y + 2z + 11w = 0; \end{cases}$
(2) $\begin{cases} x + 2y + 3z - 2w = 6 \\ 2x - y - 2z - 3w = 8, \\ 3x + 2y - z + 2w = 4, \\ 2x - 3y + 2z + w = -8; \end{cases}$

(3) $\begin{cases} ax_1 + bx_2 + \cdots + bx_n = c_1, \\ bx_1 + ax_2 + \cdots + bx_n = c_2, \\ \quad\quad \cdots\cdots \\ bx_1 + bx_2 + \cdots + ax_n = c_n, \end{cases}$ 　其中 $(a-b)(a+(n-1)b) \neq 0$.

20. 设 $a_1, \cdots, a_n$ 互不相同, b 是任意数, 用克拉默法则证明线性方程组

$$\begin{cases} x_1 + x_2 + \cdots + x_n = 1, \\ a_1 x_1 + a_2 x_2 + \cdots + a_n x_n = b, \\ \quad\quad \cdots\cdots \\ a_1^{n-1} x_1 + a_2^{n-1} x_2 + \cdots + a_n^{n-1} x_n = b^{n-1} \end{cases}$$

有唯一解, 并求出这个解.

21. 讨论当 λ 取何值时, 齐次线性方程组

$$\begin{cases} (1-\lambda)x - 2y + 4z = 0, \\ 2x + (3-\lambda)y + z = 0, \\ x + y + (1-\lambda)z = 0, \end{cases}$$

(1) 只有零解; (2) 有非零解.

22. 求一个 3 次实系数多项式函数 $f(x)$, 使得 $f(1) = 2, f(2) = 1, f(3) = 4, f(4) = 3$.

第3章　矩阵的秩与线性方程组

3.1　n 维向量空间 $\mathbb{F}^n$ 中向量组的线性相关性

为了弄清楚每个 n 元线性方程组解的集合的结构, 我们需要引入高维向量空间的概念. 例如, 对于 4 元一次线性方程组

$$\begin{cases} 3x - 2y + z - w = 0, \\ 7x + y + 4z + 2w = 0, \end{cases} \tag{3.1}$$

它的解可以看成 4 维向量空间 $\mathbb{R}^4$ 中的两个 "超平面" 的 "交线". 就像在普通 3 维空间 $\mathbb{R}^3$ 中一个一次齐次方程代表了一个过原点的 2 维平面一样, 上述方程组 (3.1) 中的每个方程都代表了一个过原点的 3 维的 "超平面", 两个 "超平面" 的 "交线" 就应该是 4 维空间中的一个 2 维 "平面". 虽然 4 维 (以及 4 维以上的) 空间都不能直观想象, 但却可以通过代数计算来准确地描述这些高维抽象空间的几何性质. 例如, 可以像 $\mathbb{R}^3$ 空间一样定义 4 维的向量和它们的内积, 并且内积为零同样代表了 4 维空间中的 "垂直" 关系, 这样, 方程 $3x - 2y + z - w = 0$ 就代表 "法向量" $\alpha = (3, -2, 1, -1)^{\mathrm{T}}$ 与该方程表示的 "超平面" 上每一点所确定的向量 $\beta = (x, y, z, w)^{\mathrm{T}}$ 的内积 $\alpha \cdot \beta = 0$, 从而 α 与 β 互相 "垂直".

又如, 在 4 维空间中也有 "直线" 的概念, 并且可以用参数方程来刻画. 例如, 通过点 M $(1, 2, 0, -1)$ 且方向向量为 $\gamma = (1, 1, 1, 2)^{\mathrm{T}}$ 的 "直线" 的参数方程为 $\overrightarrow{OP} = \overrightarrow{OM} + t\gamma$, 其中 O 是原点, $P(x, y, z, w)$ 是 "直线" 上的任意一点. 这个参数方程也可以写成

$$\begin{cases} x = 1 + t, \\ y = 2 + t, \\ z = t, \\ w = -1 + 2t. \end{cases}$$

如果还要计算该 "直线" 与"坐标超平面" $w = 0$ 的交点, 那么就可从上面第 4 个方程求得 $t = \dfrac{1}{2}$, 从而交点就是 $\left(\dfrac{3}{2}, \dfrac{5}{2}, \dfrac{1}{2}, 0 \right)$.

3.1.1 n 维向量空间

> **定义 3.1 n 维向量**
>
> n 个数域 $\mathbb{F}$ 中的数 $a_1, a_2, \cdots, a_n$ 组成的有序数组
> $$\alpha = \begin{pmatrix} a_1 \\ a_2 \\ \vdots \\ a_n \end{pmatrix} \tag{3.2}$$
>
> 称为 $\mathbb{F}$ 上的 n 维**向量**, 其中 a_i 称为向量 α 的第 i 个**分量**$(i = 1, 2, \cdots, n)$. 向量 α 可以等同于一个 $n \times 1$ 矩阵, 为了节省书写空间, 常用矩阵转置的符号将 (3.2) 中的向量 α 记为 $\alpha = (a_1, a_2, \cdots, a_n)^{\mathrm{T}}$, 如果向量的所有分量都是 0, 就称其为**零向量**, 也记为 0 (与数字 0 的区别不难根据上下文来确定).

与 3 维向量的相等一样, n 维向量的相等也归结为向量分量的相等.

> **定义 3.2 n 维向量的相等**
>
> 两个 n 维向量 $\alpha = (a_1, a_2, \cdots, a_n)^{\mathrm{T}}$ 和 $\beta = (b_1, b_2, \cdots, b_n)^{\mathrm{T}}$ 称为**相等**的向量, 当且仅当对应的分量全相等, 即 $a_i = b_i, i = 1, 2, \cdots, n$.

例如, 某个线性方程组有一个解 $x = 2, y = 1, z = 0, w = -1$, 如果记向量 $X = (x, y, z, w)^{\mathrm{T}}$, $\beta = (2, 1, 0, -1)^{\mathrm{T}}$, 则这个解可以表示成向量的等式: $X = \beta$.

> **定义 3.3 n 维向量的加法**
>
> 两个 n 维向量 $\alpha = (a_1, a_2, \cdots, a_n)^{\mathrm{T}}$ 与 $\beta = (b_1, b_2, \cdots, b_n)^{\mathrm{T}}$ 的**和** $\alpha + \beta$ 定义为
> $$\alpha + \beta = (a_1 + b_1, a_2 + b_2, \cdots, a_n + b_n)^{\mathrm{T}}.$$

例如, 两个 5 维向量 $(3, 7, -6, 2, -1)^{\mathrm{T}}$ 与 $(1, 0, -2, -3, 6)^{\mathrm{T}}$ 的和是向量:
$$(3 + 1, 7 + 0, -6 + (-2), 2 + (-3), -1 + 6)^{\mathrm{T}} = (4, 7, -8, -1, 5)^{\mathrm{T}}.$$

> **定义 3.4 n 维向量的数乘**
>
> 数域 $\mathbb{F}$ 中的数 k 与 n 维向量 $\alpha = (a_1, a_2, \cdots, a_n)^{\mathrm{T}}$ 的数乘是一个 n 维向量 $k\alpha$:
> $$k\alpha = (ka_1, ka_2, \cdots, ka_n)^{\mathrm{T}}.$$
>
> 若取 $k = -1$, 则得到 α 的**负向量**$-\alpha = (-a_1, -a_2, \cdots, -a_n)^{\mathrm{T}}$, 这样, α 与另一个 n 维向量 β 的**差**就是向量 $\alpha + (-\beta)$, 记为 $\alpha - \beta$.

例如, 对于向量 $\alpha = (-1, 2, 0, 4)^{\mathrm{T}}$, 有 $-7\alpha = (7, -14, 0, -28)^{\mathrm{T}}, 0\alpha = (0, 0, 0, 0)^{\mathrm{T}}$.

定义 3.5　n 维向量空间 $\mathbb{F}^n$

在定义了上述 n 维向量的加法和数乘后, 全体 n 维向量组成的集合称为 **n 维向量空间**, 记为 $\mathbb{F}^n$.

与 3 维向量空间 $\mathbb{R}^3$ 中的加法与数乘所具有的性质 (见定理 1.5) 一样, n 维向量空间 $\mathbb{F}^n$ 中的加法与数乘也有以下类似的基本性质.

> **定理 3.1**　设 $\alpha, \beta, \gamma \in \mathbb{F}^n$, $k, l \in \mathbb{F}$, 则 n 维向量的加法与数乘有以下八条性质:
>
> (1) $\alpha + \beta = \beta + \alpha$;
>
> (2) $(\alpha + \beta) + \gamma = \alpha + (\beta + \gamma)$;
>
> (3) $\alpha + 0 = \alpha$;
>
> (4) $\alpha + (-\alpha) = 0$;
>
> (5) $1\alpha = \alpha$;
>
> (6) $k(l\alpha) = (kl)\alpha$;
>
> (7) $k(\alpha + \beta) = k\alpha + k\beta$;
>
> (8) $(k + l)\alpha = k\alpha + l\alpha$.

证明　这里每个性质都可以归结为向量的分量所满足的数域性质, 因此定理的结论明显成立. 　　　　　　　　　　　　　　　　　　　　　　　　□

从定理 3.1 可推出: 若 $k\alpha = 0$, 则 $k = 0$ 或 $\alpha = 0$. 这是因为如果 $k \neq 0$, 则有

$$\alpha = 1\alpha = \left(\frac{1}{k} \cdot k \right) \alpha = \frac{1}{k}(k\alpha) = \frac{1}{k}0 = 0.$$

3.1.2　$\mathbb{F}^n$ 中向量的线性表出

就像 $\mathbb{R}^3$ 中的向量那样, $\mathbb{F}^n$ 中的向量也有线性组合. 例如, 若记 $\mathbb{F}^n$ 中 n 个单位向量为

$$\varepsilon_1 = \begin{pmatrix} 1 \\ 0 \\ 0 \\ \vdots \\ 0 \end{pmatrix}, \quad \varepsilon_2 = \begin{pmatrix} 0 \\ 1 \\ 0 \\ \vdots \\ 0 \end{pmatrix}, \quad \cdots, \quad \varepsilon_n = \begin{pmatrix} 0 \\ 0 \\ 0 \\ \vdots \\ 1 \end{pmatrix},$$

则 $\mathbb{F}^n$ 中的任何向量 $\alpha = (a_1, a_2, \cdots, a_n)^{\mathrm{T}}$ 都可以写成单位向量的线性组合:

$$\alpha = \begin{pmatrix} a_1 \\ a_2 \\ \vdots \\ a_n \end{pmatrix} = \begin{pmatrix} a_1 \\ 0 \\ \vdots \\ 0 \end{pmatrix} + \begin{pmatrix} 0 \\ a_2 \\ \vdots \\ 0 \end{pmatrix} + \cdots + \begin{pmatrix} 0 \\ 0 \\ \vdots \\ a_n \end{pmatrix} = a_1 \varepsilon_1 + a_2 \varepsilon_2 + \cdots + a_n \varepsilon_n.$$

定义 3.6　线性组合

设 $\alpha_1, \alpha_2, \cdots, \alpha_m \in \mathbb{F}^n$, $k_1, k_2, \cdots, k_m \in \mathbb{F}$, 称向量

$$\beta = k_1 \alpha_1 + k_2 \alpha_2 + \cdots + k_m \alpha_m$$

是 $\alpha_1, \alpha_2, \cdots, \alpha_m$ 的**线性组合**, 或称向量 β 可由 $\alpha_1, \alpha_2, \cdots, \alpha_m$ **线性表出**.

　　线性表出的概念是 $\mathbb{R}^3$ 中向量的共线与共面概念的直接推广, 它反映了 $\mathbb{F}^n$ 中向量之间最基本的几何关系. 正如 $\mathbb{R}^3$ 中的某个向量不一定能够写成另外两个向量的线性组合一样, $\mathbb{F}^n$ 空间中的向量也不一定能写成另外一些向量的线性组合, 我们可以通过解相关的线性方程组来判断是否能这样做.

　　例 3.1　已知 $\alpha_1 = (-1, 0, 1, 2)^{\mathrm{T}}$, $\alpha_2 = (3, 4, -2, 5)^{\mathrm{T}}$, $\alpha_3 = (0, 4, 1, 11)^{\mathrm{T}}$, $\beta = (1, -1, 0, 0)^{\mathrm{T}}$, $\gamma = (5, 4, -4, 1)^{\mathrm{T}}$, 试确定 β 和 γ 能否由 $\alpha_1, \alpha_2, \alpha_3$ 线性表出, 如果可以线性表出, 写出其线性表示式.

　　解　设 $\beta = x\alpha_1 + y\alpha_2 + z\alpha_3$, 此向量等式按照分量写出来就得到线性方程组

$$\begin{cases} -x + 3y \quad\quad\quad = 1, \\ \quad\quad 4y + 4z = -1, \\ \quad x - 2y + z = 0, \\ 2x + 5y + 11z = 0. \end{cases} \tag{3.3}$$

对它的增广矩阵作行初等变换:

$$\begin{pmatrix} -1 & 3 & 0 & 1 \\ 0 & 4 & 4 & -1 \\ 1 & -2 & 1 & 0 \\ 2 & 5 & 11 & 0 \end{pmatrix} \xrightarrow[2r_1+r_4]{r_1+r_3} \begin{pmatrix} -1 & 3 & 0 & 1 \\ 0 & 4 & 4 & -1 \\ 0 & 1 & 1 & 1 \\ 0 & 11 & 11 & 2 \end{pmatrix} \xrightarrow{-11r_3+r_4} \begin{pmatrix} -1 & 3 & 0 & 1 \\ 0 & 4 & 4 & -1 \\ 0 & 1 & 1 & 1 \\ 0 & 0 & 0 & -9 \end{pmatrix},$$

由此可知线性方程组 (3.3) 无解, 这表明 β 不能由 $\alpha_1, \alpha_2, \alpha_3$ 线性表出. 又设 $\gamma = x\alpha_1 + y\alpha_2 + z\alpha_3$, 则可按分量写出线性方程组

$$\begin{cases} -x + 3y \quad\quad\quad = 5, \\ \quad\quad 4y + 4z = 4, \\ \quad x - 2y + z = -4, \\ 2x + 5y + 11z = 1. \end{cases} \tag{3.4}$$

对它的增广矩阵作行初等变换:

$$
\begin{pmatrix}
-1 & 3 & 0 & 5 \\
0 & 4 & 4 & 4 \\
1 & -2 & 1 & -4 \\
2 & 5 & 11 & 1
\end{pmatrix}
\xrightarrow[\frac{1}{4}r_2]{\substack{r_1+r_3 \\ 2r_1+r_4}}
\begin{pmatrix}
-1 & 3 & 0 & 5 \\
0 & 1 & 1 & 1 \\
0 & 1 & 1 & 1 \\
0 & 11 & 11 & 11
\end{pmatrix}
\xrightarrow[-r_1]{\substack{-r_2+r_3 \\ -11r_2+r_4}}
\begin{pmatrix}
1 & -3 & 0 & -5 \\
0 & 1 & 1 & 1 \\
0 & 0 & 0 & 0 \\
0 & 0 & 0 & 0
\end{pmatrix},
$$

由此得与线性方程组 (3.4) 同解的线性方程组为

$$
\begin{cases}
x - 3y & = -5, \\
y + z = 1.
\end{cases}
$$

所以线性方程组 (3.4) 的解是 $x = 3t - 5, y = t, z = 1 - t$. 这样就得到了线性表示式

$$
\gamma = (3t - 5)\alpha_1 + t\alpha_2 + (1 - t)\alpha_3. \qquad \square
$$

为什么要研究高维空间 $\mathbb{F}^n$ 中向量的线性表出? 这里先举一个解线性方程组的例子来说明线性表出的用处. 例 2.5 对线性方程组

$$
\begin{cases}
x + y & -3w - u = 2, \\
x - y + 2z - w & = 1, \\
4x - 2y + 6z + 3w - 4u = 8, \\
2x + 4y - 2z + 4w - 7u = 9
\end{cases} \tag{3.5}
$$

的增广矩阵作了一系列行初等变换后, 可以使最后得到的 4×6 矩阵中有一个全零行, 这显示了线性方程组 (3.5) 中有一个方程是 "多余" 的. 事实上, 线性方程组 (3.5) 的增广矩阵

$$
\begin{pmatrix}
1 & 1 & 0 & -3 & -1 & 2 \\
1 & -1 & 2 & -1 & 0 & 1 \\
4 & -2 & 6 & 3 & -4 & 8 \\
2 & 4 & -2 & 4 & -7 & 9
\end{pmatrix} \tag{3.6}
$$

的 4 个行向量都分别代表了线性方程组 (3.5) 中的 4 个方程, 我们可以把这 4 个 6 维空间 $\mathbb{F}^6$ 中的行向量按照本书的统一约定写成列向量的形式:

$$
\alpha_1 = \begin{pmatrix} 1 \\ 1 \\ 0 \\ -3 \\ -1 \\ 2 \end{pmatrix}, \quad
\alpha_2 = \begin{pmatrix} 1 \\ -1 \\ 2 \\ -1 \\ 0 \\ 1 \end{pmatrix}, \quad
\alpha_3 = \begin{pmatrix} 4 \\ -2 \\ 6 \\ 3 \\ -4 \\ 8 \end{pmatrix}, \quad
\alpha_4 = \begin{pmatrix} 2 \\ 4 \\ -2 \\ 4 \\ -7 \\ 9 \end{pmatrix}.
$$

并且用与例 3.1 一样的方法, 可以把 α_4 写成 $\alpha_1, \alpha_2, \alpha_3$ 的线性方程组合 (见习题 3.1 的第 3 题)

$$\alpha_4 = \frac{5}{3}\alpha_1 - 5\alpha_2 + \frac{4}{3}\alpha_3. \tag{3.7}$$

这个线性表示式说明: 若将线性方程组 (3.5) 中第一个方程的两边乘 $\frac{5}{3}$, 加上第 2 个方程两边的 (-5) 倍, 再加上第 3 个方程两边的 $\frac{4}{3}$ 倍, 就立即得到第 4 个方程. 换句话说, 在线性方程组 (3.5) 中, 第 4 个方程完全是 "多余" 的, 去掉这个方程所得到的新线性方程组

$$\begin{cases} x + y & -3w - u = 2, \\ x - y + 2z - w & = 1, \\ 4x - 2y + 6z + 3w - 4u = 8 \end{cases}$$

与线性方程组 (3.5) 是同解的 (实际上, 由于关系等式 (3.7) 的存在, 去掉任何一个方程所得的新线性方程组都是线性方程组 (3.5) 的同解方程组). 在线性方程组中去掉所有的 "多余" 方程, 无疑是求解过程的第一步, 而对增广矩阵作行初等变换使之变成有全零行的阶梯形矩阵, 其实就是在做这件事. 例如, 把增广矩阵 (3.6) 第 1 行的 $\left(-\frac{5}{3}\right)$ 倍, 第 2 行的 5 倍和第 3 行的 $\left(-\frac{4}{3}\right)$ 倍一起加到第 4 行, 由 (3.7) 式可知第 4 行就变成了全零行.

3.1.3　向量组的线性相关与线性无关

在 $\mathbb{R}^3$ 空间中, 共线或共面的向量组分别有以下两个充要条件 (见定理 1.6 和定理 1.7):

$$\alpha \text{ 与 } \beta \text{ 共线 } \iff \text{ 存在不全为零的数 } s, t \text{ 使得 } s\alpha + t\beta = 0, \tag{3.8}$$

$$\alpha, \beta, \gamma \text{ 共面 } \iff \text{ 存在不全为零的数 } k, s, t \text{ 使得 } k\alpha + s\beta + t\gamma = 0. \tag{3.9}$$

其中的符号 "$\iff$" 表示充要条件. 共线与共面的定义一开始是用线性表出的语言来写的, 而后来得到的 (3.8) 与 (3.9) 这两个等价命题的语言特点是: 对相关向量组中的每一个向量都 "一视同仁", 即不需要将某个特定向量写成向量组中其余向量的线性组合. 这种语言更能体现空间向量的几何特性, 并且更加灵活和便于应用, 因此值得推广到高维的向量空间 $\mathbb{F}^n$ 中.

定义 3.7　线性相关与线性无关

设 $\alpha_1, \alpha_2, \cdots, \alpha_m \in \mathbb{F}^n$, 如果存在不全为零的 m 个数 $k_1, k_2, \cdots, k_m$ 使得

$$k_1\alpha_1 + k_2\alpha_2 + \cdots + k_m\alpha_m = 0, \tag{3.10}$$

则称向量组 $\alpha_1, \alpha_2, \cdots, \alpha_m$ **线性相关**, 如果不存在这样的不全为零的数 k_1, $k_2, \cdots, k_m \in \mathbb{F}$ 使得 (3.10) 式成立, 则称向量组 $\alpha_1, \alpha_2, \cdots, \alpha_m$ **线性无关**.

按照这个定义, $\mathbb{R}^3$ 中共线向量组和共面向量组都是线性相关的, 而不共线的两个向量, 以及不共面的 3 个向量都是线性无关的.

容易从定义 3.7 得到以下向量组线性无关定义的等价表述是:

> 向量组 $\alpha_1, \alpha_2, \cdots, \alpha_m$ 线性无关定义的充分必要条件是: 如果
>
> $$k_1\alpha_1 + k_2\alpha_2 + \cdots + k_m\alpha_m = 0$$
>
> 成立, 则必有 $k_1 = k_2 = \cdots k_m = 0$.

例 3.2 判断例 3.1 中的向量组 $\alpha_1 = (-1, 0, 1, 2)^{\mathrm{T}}, \alpha_2 = (3, 4, -2, 5)^{\mathrm{T}}, \alpha_3 = (0, 4, 1, 11)^{\mathrm{T}}$ 的线性相关性.

解 要判断一个向量组是线性相关, 还是线性无关, 主要看能否找到定义 3.7 中的那一组不全为零的数 k_i, 为此可设有 3 个数 k_1, k_2, k_3 使得

$$k_1\alpha_1 + k_2\alpha_2 + k_3\alpha_3 = 0,$$

按照分量写出上述等式, 可得齐次线性方程组

$$\begin{cases} -k_1 + 3k_2 & = 0, \\ 4k_2 + 4k_3 = 0, \\ k_1 - 2k_2 + k_3 = 0, \\ 2k_1 + 5k_2 + 11k_3 = 0. \end{cases} \tag{3.11}$$

对增广矩阵作行初等变换:

$$\begin{pmatrix} -1 & 3 & 0 & 0 \\ 0 & 4 & 4 & 0 \\ 1 & -2 & 1 & 0 \\ 2 & 5 & 11 & 0 \end{pmatrix} \xrightarrow[2r_1+r_4]{r_1+r_3} \begin{pmatrix} -1 & 3 & 0 & 0 \\ 0 & 4 & 4 & 0 \\ 0 & 1 & 1 & 0 \\ 0 & 11 & 11 & 0 \end{pmatrix} \xrightarrow[r_2\leftrightarrow r_3, -r_1]{\substack{-4r_3+r_2 \\ -11r_3+r_4}} \begin{pmatrix} 1 & -3 & 0 & 0 \\ 0 & 1 & 1 & 0 \\ 0 & 0 & 0 & 0 \\ 0 & 0 & 0 & 0 \end{pmatrix},$$

因此得线性方程组 (3.11) 的同解方程组为

$$\begin{cases} k_1 - 3k_2 & = 0, \\ k_2 + k_3 = 0. \end{cases}$$

从中可得线性方程组 (3.11) 的一个非零解为 $k_1 = 3, k_2 = 1, k_3 = -1$, 即有不全为零的三个数 $3, 1, -1$ 使得

$$3\alpha_1 + 1\alpha_2 + (-1)\alpha_3 = 0.$$

所以向量组 $\alpha_1, \alpha_2, \alpha_3$ 线性相关.   □

例 3.3   判断向量组 $\alpha_1 = (1, 1, 0, -3, -1, 2)^{\mathrm{T}}$, $\alpha_2 = (1, -1, 2, -1, 0, 1)^{\mathrm{T}}$, $\alpha_3 = (4, -2, 6, 3, -4, 8)^{\mathrm{T}}$ 的线性相关性.

解   设有 3 个数 k_1, k_2, k_3 使得 $k_1\alpha_1 + k_2\alpha_2 + k_3\alpha_3 = 0$, 按照分量写出这个等式, 得齐次线性方程组

$$\begin{cases} k_1 + k_2 + 4k_3 = 0, \\ k_1 - k_2 - 2k_3 = 0, \\ \quad\quad 2k_2 + 6k_3 = 0, \\ -3k_1 - k_2 + 3k_3 = 0, \\ -k_1 \quad\quad - 4k_3 = 0, \\ 2k_1 + k_2 + 8k_3 = 0. \end{cases} \tag{3.12}$$

对增广矩阵作行初等变换:

$$\begin{pmatrix} 1 & 1 & 4 & 0 \\ 1 & -1 & -2 & 0 \\ 0 & 2 & 6 & 0 \\ -3 & -1 & 3 & 0 \\ -1 & 0 & -4 & 0 \\ 2 & 1 & 8 & 0 \end{pmatrix} \xrightarrow[\substack{r_1+r_5 \\ -2r_1+r_6}]{\substack{-r_1+r_2 \\ 3r_1+r_4}} \begin{pmatrix} 1 & 1 & 4 & 0 \\ 0 & -2 & -6 & 0 \\ 0 & 2 & 6 & 0 \\ 0 & 2 & 15 & 0 \\ 0 & 1 & 0 & 0 \\ 0 & -1 & 0 & 0 \end{pmatrix}$$

$$\xrightarrow[\substack{r_5+r_6 \\ -\frac{1}{2}r_2 \\ \frac{1}{9}r_4}]{\substack{r_2+r_3 \\ r_2+r_4}} \begin{pmatrix} 1 & 1 & 4 & 0 \\ 0 & 1 & 3 & 0 \\ 0 & 0 & 0 & 0 \\ 0 & 0 & 1 & 0 \\ 0 & 1 & 0 & 0 \\ 0 & 0 & 0 & 0 \end{pmatrix} \xrightarrow[\substack{-3r_4+r_2 \\ r_2\leftrightarrow r_5 \\ r_3\leftrightarrow r_4}]{\substack{-r_5+r_1 \\ -r_5+r_2 \\ -4r_4+r_1}} \begin{pmatrix} 1 & 0 & 0 & 0 \\ 0 & 1 & 0 & 0 \\ 0 & 0 & 1 & 0 \\ 0 & 0 & 0 & 0 \\ 0 & 0 & 0 & 0 \\ 0 & 0 & 0 & 0 \end{pmatrix},$$

由此得与线性方程组 (3.12) 同解的线性方程组

$$\begin{cases} k_1 \quad\quad\quad = 0, \\ \quad k_2 \quad\quad = 0, \\ \quad\quad k_3 = 0. \end{cases}$$

即线性方程组 (3.12) 只有零解, 所以向量组 $\alpha_1, \alpha_2, \alpha_3$ 线性无关.   □

例 3.4   证明: n 维 "阶梯形" 向量组

$$\alpha_1 = \begin{pmatrix} a_{11} \\ 0 \\ 0 \\ \vdots \\ 0 \end{pmatrix}, \quad \alpha_2 = \begin{pmatrix} a_{12} \\ a_{22} \\ 0 \\ \vdots \\ 0 \end{pmatrix}, \quad \cdots, \quad \alpha_m = \begin{pmatrix} a_{1m} \\ \vdots \\ a_{mm} \\ \vdots \\ 0 \end{pmatrix}$$

$(a_{ii} \neq 0, i = 1, 2, \cdots, m, m \leqslant n)$ 线性无关.

证明 设有 m 个数 $k_1, k_2, \cdots, k_m$ 使得 $k_1\alpha_1 + k_2\alpha_2 + \cdots + k_m\alpha_m = 0$, 按照分量写出这个等式的线性方程组

$$\begin{cases} a_{11}k_1 + & a_{12}k_2 + \cdots + a_{1m}k_m = 0, \\ & a_{22}k_2 + \cdots + a_{2m}k_m = 0, \\ & \qquad \cdots\cdots \\ & \qquad\qquad a_{mm}k_m = 0, \end{cases} \tag{3.13}$$

由已知条件, 这个关于未知量 $k_1, k_2, \cdots, k_m$ 的齐次线性方程组的系数行列式

$$\begin{vmatrix} a_{11} & a_{12} & \cdots & a_{1m} \\ 0 & a_{22} & \cdots & a_{2m} \\ \vdots & \vdots & & \vdots \\ 0 & 0 & \cdots & a_{mm} \end{vmatrix} = a_{11}a_{22}\cdots a_{mm} \neq 0,$$

由克拉默法则计算得到齐次线性方程组 (3.13) 只有零解:

$$k_1 = k_2 = \cdots = k_m = 0,$$

即向量组 $\alpha_1, \alpha_2, \cdots, \alpha_m$ 线性无关. □

例 3.4 的一个特例是 $\mathbb{F}^n$ 中 n 个单位向量 $\varepsilon_1, \varepsilon_2, \cdots, \varepsilon_n$ 线性无关.

前面两个例子都是在证明所给的向量组线性无关, 而如果已知一个向量组线性无关, 该怎样运用这个条件呢? 下面的例子给出了答案.

例 3.5 在 $\mathbb{R}^n$ 中已知向量 $\beta_1 = \alpha_1 + \alpha_2, \beta_2 = \alpha_2 + \alpha_3, \beta_3 = \alpha_3 + \alpha_1$, 并且向量组 $\beta_1, \beta_2, \beta_3$ 线性无关, 证明: 向量组 $\alpha_1, \alpha_2, \alpha_3$ 线性无关.

证明 设有数 k_1, k_2, k_3 使得 $k_1\alpha_1 + k_2\alpha_2 + k_3\alpha_3 = 0$, 我们的目标是证明

$$k_1 = k_2 = k_3 = 0.$$

此时若从条件 "$\beta_1, \beta_2, \beta_3$ 线性无关" 出发, 则再设

$$l_1\beta_1 + l_2\beta_2 + l_3\beta_3 = 0,$$

可得
$$l_1 = l_2 = l_3 = 0.$$

但是无法由此证得 $k_i = 0$. 关键是要找到 l_i 与 k_i 之间的联系. 为此, 从已知的三个等式
$$\beta_1 = \alpha_1 + \alpha_2, \quad \beta_2 = \alpha_2 + \alpha_3, \quad \beta_3 = \alpha_3 + \alpha_1 \tag{3.14}$$
中先解出 $\alpha_1, \alpha_2, \alpha_3$ 这三个向量:
$$\alpha_1 = \frac{1}{2}(\beta_1 - \beta_2 + \beta_3), \quad \alpha_2 = \frac{1}{2}(\beta_1 + \beta_2 - \beta_3), \quad \alpha_3 = \frac{1}{2}(-\beta_1 + \beta_2 + \beta_3), \tag{3.15}$$
再将它们代入 $k_1\alpha_1 + k_2\alpha_2 + k_3\alpha_3 = 0$, 通过合并同类项整理得
$$(k_1 + k_2 - k_3)\beta_1 + (-k_1 + k_2 + k_3)\beta_2 + (k_1 - k_2 + k_3)\beta_3 = 0.$$

此时再用条件 "$\beta_1, \beta_2, \beta_3$ 线性无关", 就可知 $\beta_1, \beta_2, \beta_3$ 的三个系数 (就是上述的 l_1, l_2, l_3) 必须为零, 从而得到线性方程组
$$\begin{cases} k_1 + k_2 - k_3 = 0, \\ -k_1 + k_2 + k_3 = 0, \\ k_1 - k_2 + k_3 = 0. \end{cases}$$

从中用加减消元法解得 $k_1 = k_2 = k_3 = 0$, 这样便证明了向量组 $\alpha_1, \alpha_2, \alpha_3$ 线性无关.　　　　　　□

读者还可以注意以下几个简单结论:

(1) 包含零向量的向量组一定线性相关, 这是因为对向量组 $\alpha_1 = 0, \alpha_2, \cdots, \alpha_m$ 来说, 存在不全为零的数 $1, 0, \cdots, 0$ 使得
$$1 \cdot 0 + 0 \cdot \alpha_2 + \cdots + 0 \cdot \alpha_m = 0.$$

(2) 单个非零的向量 α 线性无关. 这是因为若有 $k\alpha = 0$, 则由 $\alpha \neq 0$, 得 $k = 0$.

(3) 若 $\alpha_1, \alpha_2, \cdots, \alpha_m$ 中的一部分向量 (称为部分组) 线性相关, 则 $\alpha_1, \alpha_2, \cdots, \alpha_m$ 也线性相关. 不妨设前 r 个向量 $\alpha_1, \cdots, \alpha_r$ 线性相关, 则存在不全为零的数 $k_1, \cdots, k_r$ 使得
$$k_1\alpha_1 + \cdots + k_r\alpha_r = 0,$$
从而得到
$$k_1\alpha_1 + \cdots + k_r\alpha_r + 0\alpha_{r+1} + \cdots + 0\alpha_m = 0,$$
其中的系数 $k_1, \cdots, k_r, 0, \cdots, 0$ 同样不全为零, 因此 $\alpha_1, \cdots, \alpha_r, \alpha_{r+1}, \cdots, \alpha_m$ 线性相关.

3.1.4　关于线性相关性的几个基本定理

线性相关概念作为高维向量空间 $\mathbb{F}^n$ 中的一个基本几何概念, 其所涉及的各种情形是比较复杂的, 不像低维的 $\mathbb{R}^3$ 空间只有共线与共面两种情形. 因此我们需要一些与线性相关定义等价的判定定理.

定理 3.2　n 维向量 $\alpha_1, \alpha_2, \cdots, \alpha_m (m \geqslant 2)$ 线性相关的充要条件是其中至少有一个向量是其余向量的线性组合.

证明　设 $\alpha_1, \alpha_2, \cdots, \alpha_m$ 线性相关, 即存在不全为零的 $k_1, k_2, \cdots, k_m$ 使得

$$k_1\alpha_1 + k_2\alpha_2 + \cdots + k_m\alpha_m = 0,$$

不妨设 $k_1 \neq 0$, 则可解出向量

$$\alpha_1 = -\frac{k_2}{k_1}\alpha_2 - \cdots - \frac{k_m}{k_1}\alpha_m,$$

即 α_1 是其余向量的线性组合. 反过来, 若在 $\alpha_1, \alpha_2, \cdots, \alpha_m$ 中有一个向量 (不妨设为 α_m) 是其余向量的线性组合

$$\alpha_m = l_1\alpha_1 + l_2\alpha_2 + \cdots + l_{m-1}\alpha_{m-1},$$

则有

$$l_1\alpha_1 + l_2\alpha_2 + \cdots + l_{m-1}\alpha_{m-1} + (-1)\alpha_m = 0,$$

由于其中的系数 $l_1, l_2, \cdots, l_{m-1}, -1$ 不全为零, 所以 $\alpha_1, \alpha_2, \cdots, \alpha_m$ 线性相关.　　□

有时, 线性表示式并不唯一.　例如在例 3.1 中, 线性表示式

$$\gamma = (3t - 5)\alpha_1 + t\alpha_2 + (1 - t)\alpha_3$$

随着 t 取不同的值, 可得到许多不同的线性表示式. 下面的定理给出了其中的原因.

定理 3.3　设 n 维向量 $\alpha_1, \alpha_2, \cdots, \alpha_m$ 线性无关, 且 $\alpha_1, \cdots, \alpha_m, \beta$ 线性相关, 则向量 β 可由 $\alpha_1, \alpha_2, \cdots, \alpha_m$ 线性表出, 并且表示式唯一.

证明　因为向量组 $\alpha_1, \alpha_2, \cdots, \alpha_m, \beta$ 线性相关, 所以存在不全为零的数 $k_1, k_2, \cdots, k_m, k_{m+1}$ 使得

$$k_1\alpha_1 + k_2\alpha_2 + \cdots + k_m\alpha_m + k_{m+1}\beta = 0.$$

如果 $k_{m+1} = 0$, 那么 $k_1, k_2, \cdots, k_m$ 不全为零, 并且有

$$k_1\alpha_1 + k_2\alpha_2 + \cdots + k_m\alpha_m = 0,$$

但是这与 $\alpha_1, \alpha_2, \cdots, \alpha_m$ 线性无关矛盾, 所以 $k_{m+1} \neq 0$, 于是

$$\beta = -\frac{k_1}{k_{m+1}}\alpha_1 - \cdots - \frac{k_m}{k_{m+1}}\alpha_m,$$

即 β 可由 $\alpha_1, \alpha_2, \cdots, \alpha_m$ 线性表出. 假如 β 有两种不同的线性表示式:

$$\beta = k_1\alpha_1 + k_2\alpha_2 + \cdots + k_m\alpha_m = l_1\alpha_1 + l_2\alpha_2 + \cdots + l_m\alpha_m,$$

则有

$$(k_1 - l_1)\alpha_1 + (k_2 - l_2)\alpha_2 + \cdots + (k_m - l_m)\alpha_m = 0,$$

其中的系数 $k_1 - l_1, k_2 - l_2, \cdots, k_m - l_m$ 不全为零, 这同样与 $\alpha_1, \alpha_2, \cdots, \alpha_m$ 线性无关矛盾, 因此 β 的线性表出唯一.   □

从定理 3.3 可知, 例 3.1 中的向量 γ 之所以不能唯一地表示成 $\alpha_1, \alpha_2, \alpha_3$ 的线性组合, 是因为向量组 $\alpha_1, \alpha_2, \alpha_3$ 线性相关. 事实上, 由例 3.2 知, $\alpha_1, \alpha_2, \alpha_3$ 确实是线性相关的, 它们满足关系等式

$$3\alpha_1 + \alpha_2 - \alpha_3 = 0.$$

定理 3.3 的另一个说明实例是 (3.7) 式, 它给出了 6 维向量的一个线性表示式

$$\alpha_4 = \frac{5}{3}\alpha_1 - 5\alpha_2 + \frac{4}{3}\alpha_3,$$

由例 3.3 知道, 上式中的向量 $\alpha_1, \alpha_2, \alpha_3$ 是线性无关的, 所以上式是 α_4 由 $\alpha_1, \alpha_2, \alpha_3$ 线性表出的唯一表示式.

我们也可以从解线性方程组的角度来给出向量组线性相关的判别条件. 设 n 维向量组是

$$\alpha_1 = \begin{pmatrix} a_{11} \\ a_{21} \\ \vdots \\ a_{n1} \end{pmatrix}, \quad \alpha_2 = \begin{pmatrix} a_{12} \\ a_{22} \\ \vdots \\ a_{n2} \end{pmatrix}, \quad \cdots, \quad \alpha_m = \begin{pmatrix} a_{1m} \\ a_{2m} \\ \vdots \\ a_{nm} \end{pmatrix}. \tag{3.16}$$

按照线性相关的定义, 确定向量组 $\alpha_1, \alpha_2, \cdots, \alpha_m$ 是否线性相关, 相当于是讨论向量方程

$$x_1\alpha_1 + x_2\alpha_2 + \cdots + x_m\alpha_m = 0$$

是否有非零解的问题. 利用分块矩阵的乘法, 上式可写成矩阵方程的形式

$$(\alpha_1 \ \alpha_2 \ \cdots \ \alpha_m) \begin{pmatrix} x_1 \\ x_2 \\ \vdots \\ x_m \end{pmatrix} = 0,$$

而这其实就是线性方程组

$$
\begin{pmatrix}
a_{11} & a_{12} & \cdots & a_{1m} \\
a_{21} & a_{22} & \cdots & a_{2m} \\
\vdots & \vdots & & \vdots \\
a_{n1} & a_{n2} & \cdots & a_{nm}
\end{pmatrix}
\begin{pmatrix}
x_1 \\
x_2 \\
\vdots \\
x_m
\end{pmatrix} = 0. \tag{3.17}
$$

由此可得以下定理.

定理 3.4　n 维向量组 (3.16) 线性相关的充要条件是齐次线性方程组 (3.17) 有非零解.

由定理 3.4 立即可得以下结论: $\mathbb{F}^n$ 中任意 $n+1$ 个向量必线性相关. 这是因为此时在线性方程组 (3.17) 中, 方程的个数 n 小于未知量的个数 $m = n+1$, 所以由定理 2.3 可知齐次线性方程组 (3.17) 有非零解, 再由定理 3.4 得知这 $n+1$ 向量线性相关.

下面只考虑线性方程组 (3.17) 中 $m = n$ 时的情形, 记此时线性方程组 (3.17) 的系数矩阵为

$$
A = (\alpha_1 \ \alpha_2 \ \cdots \ \alpha_n) =
\begin{pmatrix}
a_{11} & a_{12} & \cdots & a_{1n} \\
a_{21} & a_{22} & \cdots & a_{2n} \\
\vdots & \vdots & & \vdots \\
a_{n1} & a_{n2} & \cdots & a_{nn}
\end{pmatrix},
$$

未知向量为 $X = (x_1, x_2, \cdots, x_n)^{\mathrm{T}}$, 则从线性方程组 $AX = 0$ 的性质出发可推得确定向量组 $\alpha_1, \alpha_2, \cdots, \alpha_n$ 是否线性相关的一个判别方法.

定理 3.5　n 个 n 维向量 $\alpha_1, \alpha_2, \cdots, \alpha_n$ 线性相关的充要条件是 $|A| = 0$, 其中

$$
A = (\alpha_1 \ \alpha_2 \ \cdots \ \alpha_n).
$$

证明　若 $\alpha_1, \alpha_2, \cdots, \alpha_n$ 线性相关, 则由定理 3.4 可得线性方程组 $AX = 0$ 有非零解, 此时若 $|A| \neq 0$, 则由定理 2.22 可知 A 是可逆矩阵, 再由定理 2.10 可知 $AX = 0$ 只有零解, 这与 $AX = 0$ 有非零解矛盾, 所以必有 $|A| = 0$.

反过来, 若 $|A| = 0$, 由定理 2.21 可知 A 是奇异矩阵, 此时若线性方程组 $AX = 0$ 只有零解, 那么由定理 2.10 可知 A 是可逆矩阵, 这与 A 是奇异矩阵相矛盾, 因此 $AX = 0$ 必有非零解, 从而由定理 3.4 得知 $\alpha_1, \alpha_2, \cdots, \alpha_n$ 线性相关.　　□

这个常用定理是空间 $\mathbb{R}^3$ 中三个向量共面的充要条件 (定理 1.8 和定理 1.12) 的高维推广.

例 3.6 判断 4 维向量组 $\alpha_1 = (1,4,1,0)^{\mathrm{T}}, \alpha_2 = (1,0,-3,-1)^{\mathrm{T}}, \alpha_3 = (2,1,-1,-3)^{\mathrm{T}}, \alpha_4 = (0,2,-6,3)^{\mathrm{T}}$ 的线性相关性.

解 应用定理 3.5, 即从以 $\alpha_1, \alpha_2, \alpha_3, \alpha_4$ 作为列向量的方阵 A 的行列式来判断. 因为

$$|A| = \begin{vmatrix} 1 & 1 & 2 & 0 \\ 4 & 0 & 1 & 2 \\ 1 & -3 & -1 & -6 \\ 0 & -1 & -3 & 3 \end{vmatrix} \xrightarrow[-r_1+r_3]{-4r_1+r_2} \begin{vmatrix} 1 & 1 & 2 & 0 \\ 0 & -4 & -7 & 2 \\ 0 & -4 & -3 & -6 \\ 0 & -1 & -3 & 3 \end{vmatrix}$$

$$= \begin{vmatrix} -4 & -7 & 2 \\ -4 & -3 & -6 \\ -1 & -3 & 3 \end{vmatrix} \xrightarrow{-r_1+r_2} \begin{vmatrix} -4 & -7 & 2 \\ 0 & 4 & -8 \\ -1 & -3 & 3 \end{vmatrix} = -4(-12) - 48 = 0,$$

所以 $\alpha_1, \alpha_2, \alpha_3, \alpha_4$ 线性相关. □

从定理 3.5 立即得到以下基本结果.

定理 3.6 n 个 n 维向量 $\alpha_1, \alpha_2, \cdots, \alpha_n$ 线性无关的充要条件是 $|A| \neq 0$, 其中
$$A = (\alpha_1 \ \alpha_2 \ \cdots \ \alpha_n).$$

例 3.7 设 $a_1, a_2, \cdots, a_n$ 是两两不同的数, 令

$$\alpha_1 = \begin{pmatrix} 1 \\ a_1 \\ a_1^2 \\ \vdots \\ a_1^{n-1} \end{pmatrix}, \quad \alpha_2 = \begin{pmatrix} 1 \\ a_2 \\ a_2^2 \\ \vdots \\ a_2^{n-1} \end{pmatrix}, \quad \cdots, \quad \alpha_n = \begin{pmatrix} 1 \\ a_n \\ a_n^2 \\ \vdots \\ a_n^{n-1} \end{pmatrix},$$

证明: $\alpha_1, \alpha_2, \cdots, \alpha_n$ 线性无关.

证明 因为行列式

$$|A| = \begin{vmatrix} 1 & 1 & \cdots & 1 \\ a_1 & a_2 & \cdots & a_n \\ a_1^2 & a_2^2 & \cdots & a_n^2 \\ \vdots & \vdots & & \vdots \\ a_1^{n-1} & a_2^{n-1} & \cdots & a_n^{n-1} \end{vmatrix}$$

是范德蒙德行列式, 所以由已知条件和习题 2.5 中的第 5 题第 (3) 小题的结果得

$$|A| = \prod_{1 \leqslant j < i \leqslant n} (a_i - a_j) \neq 0.$$

从而再由定理 3.6 知 $\alpha_1, \alpha_2, \cdots, \alpha_n$ 线性无关. □

习　题　3.1

1. 在 $\mathbb{R}^3$ 中, 设

$$\alpha_1 = \begin{pmatrix} 1 \\ 2 \\ -3 \end{pmatrix}, \quad \alpha_2 = \begin{pmatrix} 5 \\ -5 \\ 12 \end{pmatrix}, \quad \alpha_3 = \begin{pmatrix} 1 \\ -3 \\ 6 \end{pmatrix}, \quad \beta = \begin{pmatrix} 2 \\ -1 \\ 3 \end{pmatrix},$$

判断 β 能否由 $\alpha_1, \alpha_2, \alpha_3$ 线性表出, 如果可以线性表出, 写出其线性表示式.

2. 在 $\mathbb{F}^4$ 中, 判断 β 能否由 $\alpha_1, \alpha_2, \alpha_3$ 线性表出, 如果可以线性表出, 写出其线性表示式.

(1) $\alpha_1 = \begin{pmatrix} -1 \\ 3 \\ 0 \\ -5 \end{pmatrix}, \alpha_2 = \begin{pmatrix} 2 \\ 0 \\ 7 \\ -3 \end{pmatrix}, \alpha_3 = \begin{pmatrix} -4 \\ 1 \\ -2 \\ 6 \end{pmatrix}, \beta = \begin{pmatrix} 8 \\ 3 \\ -1 \\ -25 \end{pmatrix};$

(2) $\alpha_1 = \begin{pmatrix} -2 \\ 7 \\ 1 \\ 3 \end{pmatrix}, \alpha_2 = \begin{pmatrix} 3 \\ -5 \\ 0 \\ -2 \end{pmatrix}, \alpha_3 = \begin{pmatrix} -5 \\ -6 \\ 3 \\ -1 \end{pmatrix}, \beta = \begin{pmatrix} -8 \\ -3 \\ 7 \\ -10 \end{pmatrix}.$

3. 在 $\mathbb{F}^6$ 中, 设

$$\alpha_1 = \begin{pmatrix} 1 \\ 1 \\ 0 \\ -3 \\ -1 \\ 2 \end{pmatrix}, \quad \alpha_2 = \begin{pmatrix} 1 \\ -1 \\ 2 \\ -1 \\ 0 \\ 1 \end{pmatrix}, \quad \alpha_3 = \begin{pmatrix} 4 \\ -2 \\ 6 \\ 3 \\ -4 \\ 8 \end{pmatrix}, \quad \alpha_4 = \begin{pmatrix} 2 \\ 4 \\ -2 \\ 4 \\ -7 \\ 9 \end{pmatrix},$$

判断 α_4 能否由 $\alpha_1, \alpha_2, \alpha_3$ 线性表出, 如果可以线性表出, 写出其线性表示式.

4. 线性方程组 $\begin{cases} x + 2y + 3z + 4w = -3, \\ x + 2y \qquad - 5w = 1, \\ 2x + 4y - 3z - 19w = 6, \\ 3x + 6y - 3z - 24w = 7 \end{cases}$ 中是否有某些方程是 "多余" 的, 即去掉它

们而得的新线性方程组与原线性方程组同解?

5. 证明: 向量组 $\alpha_1, \alpha_2, \cdots, \alpha_m$ 中任一向量 α_i 可以由这个向量组线性表出.

6. 判断下列向量组是线性相关还是线性无关, 如果线性相关, 试找出其中一个向量, 使得它们可以由其余向量线性表出, 并且写出它的一种表示式.

(1) $\alpha_1 = \begin{pmatrix} 2 \\ -1 \\ 3 \\ 1 \end{pmatrix}, \alpha_2 = \begin{pmatrix} 4 \\ -2 \\ 5 \\ 4 \end{pmatrix}, \alpha_3 = \begin{pmatrix} 0 \\ 0 \\ 1 \\ -2 \end{pmatrix};$

(2) $\alpha_1 = \begin{pmatrix} 1 \\ -2 \\ 0 \\ 3 \end{pmatrix}, \alpha_2 = \begin{pmatrix} 2 \\ 5 \\ -1 \\ 0 \end{pmatrix}, \alpha_3 = \begin{pmatrix} 3 \\ 4 \\ 1 \\ 2 \end{pmatrix};$

(3) $\alpha_1 = \begin{pmatrix} 3 \\ 4 \\ -2 \\ 5 \end{pmatrix}, \alpha_2 = \begin{pmatrix} 2 \\ -5 \\ 0 \\ -3 \end{pmatrix}, \alpha_3 = \begin{pmatrix} 5 \\ 0 \\ -1 \\ 2 \end{pmatrix}, \alpha_4 = \begin{pmatrix} 3 \\ 3 \\ -3 \\ 5 \end{pmatrix}.$

7. 下述说法对吗? 为什么?

(1) 对向量组 $\alpha_1, \alpha_2, \cdots, \alpha_m$, 如果有全为零的数 $k_1, k_2, \cdots, k_m$, 使得 $k_1\alpha_1 + k_2\alpha_2 + \cdots + k_m\alpha_m = 0$, 则 $\alpha_1, \alpha_2, \cdots, \alpha_m$ 线性无关.

(2) 如果有一组不全为零的数 $k_1, k_2, \cdots, k_m$, 使得 $k_1\alpha_1 + k_2\alpha_2 + \cdots + k_m\alpha_m \neq 0$, 则 $\alpha_1, \alpha_2, \cdots, \alpha_m$ 线性无关.

(3) 如果向量组 $\alpha_1, \alpha_2, \cdots, \alpha_m (m \geqslant 2)$ 线性相关, 则其中每一个向量都可以由其余向量线性表出.

(4) 如果向量组 $\alpha_1, \alpha_2, \cdots, \alpha_m$ 线性无关, 且向量 α_{m+1} 不能由 $\alpha_1, \alpha_2, \cdots, \alpha_m$ 线性表出, 则 $\alpha_1, \alpha_2, \cdots, \alpha_m, \alpha_{m+1}$ 线性相关.

(5) 如果 α_1, α_2 线性相关, β_1, β_2 线性相关, 则 $\alpha_1 + \beta_1, \alpha_2 + \beta_2$ 线性相关.

(6) 如果 β 不能由 $\alpha_1, \alpha_2, \cdots, \alpha_m$ 线性表出, 则 $\alpha_1, \alpha_2, \cdots, \alpha_m, \beta$ 线性无关.

8. 设向量组 α, β, γ 线性无关, 证明 $\alpha + \beta, \beta + \gamma, \gamma + \alpha$ 也线性无关.

9. 设向量组 $\alpha_1, \alpha_2, \cdots, \alpha_m (m \geqslant 2)$ 线性无关, 证明: 向量组 $\beta_1 = \alpha_1 + k_1\alpha_m, \beta_2 = \alpha_2 + k_2\alpha_m, \cdots, \beta_{m-1} = \alpha_{m-1} + k_{m-1}\alpha_m, \alpha_m (k_1, \cdots, k_{m-1} \in \mathbb{F})$ 也线性无关.

10. 设 A 为 n 阶方阵, α 是 n 维向量, 如果 $A^{m-1}\alpha \neq 0, A^m\alpha = 0$, 证明: $\alpha, A\alpha, \cdots, A^{m-1}\alpha$ 线性无关.

11. 已知 $\alpha_1 = (1, 2, -1, 4)^{\mathrm{T}}, \alpha_2 = (0, -1, a, 3)^{\mathrm{T}}, \alpha_3 = (2, 5, 3, 5)^{\mathrm{T}}$ 线性无关, 求 a 的值.

12. 设向量组 $\alpha_1, \alpha_2, \cdots, \alpha_m$ 线性相关, 但其中任意 $m - 1$ 个向量都线性无关, 证明: 必存在 m 个全不为零的数 $k_1, k_2, \cdots, k_m$ 使得 $k_1\alpha_1 + k_2\alpha_2 + \cdots + k_m\alpha_m = 0$.

13. 设 $\alpha_1, \alpha_2, \cdots, \alpha_m$ 线性无关, 并且

$$\beta_1 = a_{11}\alpha_1 + \cdots + a_{1m}\alpha_m,$$

$$\cdots\cdots$$

$$\beta_m = a_{m1}\alpha_1 + \cdots + a_{mm}\alpha_m.$$

证明: $\beta_1, \beta_2, \cdots, \beta_m$ 线性无关的充要条件是

$$\begin{vmatrix} a_{11} & a_{21} & \cdots & a_{m1} \\ a_{12} & a_{22} & \cdots & a_{m2} \\ \vdots & \vdots & & \vdots \\ a_{1m} & a_{2m} & \cdots & a_{mm} \end{vmatrix} \neq 0.$$

14. 判断向量组

$$\alpha_1 = \begin{pmatrix} 1 \\ 0 \\ \vdots \\ 0 \\ a_{1,r+1} \\ \vdots \\ a_{1n} \end{pmatrix}, \quad \alpha_2 = \begin{pmatrix} 0 \\ 1 \\ \vdots \\ 0 \\ a_{2,r+1} \\ \vdots \\ a_{2n} \end{pmatrix}, \quad \cdots, \quad \alpha_r = \begin{pmatrix} 0 \\ 0 \\ \vdots \\ 1 \\ a_{r,r+1} \\ \vdots \\ a_{rn} \end{pmatrix}$$

是否线性相关.

15. 设给定了一个线性无关的 r 维向量组

$$\alpha_1 = \begin{pmatrix} a_{11} \\ a_{12} \\ \vdots \\ a_{1r} \end{pmatrix}, \quad \alpha_2 = \begin{pmatrix} a_{21} \\ a_{22} \\ \vdots \\ a_{2r} \end{pmatrix}, \quad \cdots, \quad \alpha_m = \begin{pmatrix} a_{m1} \\ a_{m2} \\ \vdots \\ a_{mr} \end{pmatrix}, \quad m \leqslant r.$$

假如对每一个向量, 增加 $n-r$ 个数, 而把它变成 n 维 "延伸" 向量:

$$\alpha_1^* = \begin{pmatrix} a_{11} \\ a_{12} \\ \vdots \\ a_{1r} \\ a_{1,r+1} \\ \vdots \\ a_{1n} \end{pmatrix}, \quad \alpha_2^* = \begin{pmatrix} a_{21} \\ a_{22} \\ \vdots \\ a_{2r} \\ a_{2,r+1} \\ \vdots \\ a_{2n} \end{pmatrix}, \quad \cdots, \quad \alpha_m^* = \begin{pmatrix} a_{m1} \\ a_{m2} \\ \vdots \\ a_{mr} \\ a_{m,r+1} \\ \vdots \\ a_{mn} \end{pmatrix}.$$

证明: "延伸" 向量组 $\alpha_1^*, \alpha_2^*, \cdots, \alpha_m^*$ 线性无关.

16. 设 $a_1, a_2, \cdots, a_m$ 是两两不同的数, $m < n$, 令

$$\alpha_1 = \begin{pmatrix} 1 \\ a_1 \\ a_1^2 \\ \vdots \\ a_1^{n-1} \end{pmatrix}, \quad \alpha_2 = \begin{pmatrix} 1 \\ a_2 \\ a_2^2 \\ \vdots \\ a_2^{n-1} \end{pmatrix}, \quad \cdots, \quad \alpha_m = \begin{pmatrix} 1 \\ a_m \\ a_m^2 \\ \vdots \\ a_m^{n-1} \end{pmatrix}.$$

证明: $\alpha_1, \alpha_2, \cdots, \alpha_m$ 线性无关.

3.2　向量组的秩与矩阵的秩

我们在用高斯消元法求解线性方程组 $AX = \beta$ 时, 需要用行初等变换把线性方程组的增广矩阵 $(A \quad \beta)$ 化成阶梯阵, 线性方程组的求解定理 (定理 2.2) 告诉我

们, 如果线性方程组有解, 那么它的解的性质由简化阶梯阵中非零行的个数 r 完全确定: 当 r 等于未知量的个数 n 时, 线性方程组有唯一解; 当 $r < n$ 时, 线性方程组有无穷多解, 此时用来表示这无穷多解的自由未知量的个数便是 $n - r$. 这个有些神秘的数 r 其实就是系数矩阵 A 的行向量组 (或列向量组) 中线性无关向量的个数, 它被称为 "秩".

3.2.1　向量组的线性表出

如果 $\mathbb{F}^n$ 中的向量组 $\beta_1, \beta_2, \cdots, \beta_s$ 的每个向量都可由向量组 $\alpha_1, \alpha_2, \cdots, \alpha_m$ **线性表出**, 那么就称向量组 $\beta_1, \beta_2, \cdots, \beta_s$ 可由向量组 $\alpha_1, \alpha_2, \cdots, \alpha_m$ **线性表出**. 例如在例 3.5 中, $\beta_1 = \alpha_1 + \alpha_2, \beta_2 = \alpha_2 + \alpha_3, \beta_3 = \alpha_3 + \alpha_1$ 就是向量组线性表出的例子, 还有习题 3.1 中的第 9 题和第 13 题也涉及向量组的线性表出. 关于向量组的线性表出, 有以下基本定理.

> **定理 3.7**　设向量组 $\beta_1, \beta_2, \cdots, \beta_s$ 可由向量组 $\alpha_1, \alpha_2, \cdots, \alpha_m$ 线性表出, 并且 $s > m$, 那么 $\beta_1, \beta_2, \cdots, \beta_s$ 必线性相关.

证明　由已知条件, 可设

$$\beta_j = \sum_{i=1}^{m} c_{ij}\alpha_i, \quad j = 1, 2, \cdots, s, \tag{3.18}$$

为了证明 $\beta_1, \beta_2, \cdots, \beta_s$ 线性相关, 下面设法找到不全为零的数 $k_1, k_2, \cdots, k_s$ 使得

$$k_1\beta_1 + k_2\beta_2 + \cdots + k_s\beta_s = 0. \tag{3.19}$$

将 (3.18) 式中 β_j 的表示式代入 (3.19) 式, 可得

$$\begin{aligned}
k_1\beta_1 + k_2\beta_2 + \cdots + k_s\beta_s &= \sum_{j=1}^{s} k_j\beta_j = \sum_{j=1}^{s} k_j \left(\sum_{i=1}^{m} c_{ij}\alpha_i \right) \\
&= \sum_{j=1}^{s} \left(\sum_{i=1}^{m} c_{ij}k_j\alpha_i \right) = \sum_{i=1}^{m} \left(\sum_{j=1}^{s} c_{ij}k_j\alpha_i \right) \\
&= \sum_{i=1}^{m} \left(\sum_{j=1}^{s} c_{ij}k_j \right) \alpha_i, \tag{3.20}
\end{aligned}$$

其中第 4 个等号用到了 "双重求和可以交换求和顺序" 的性质. 如果我们能找到不全为零的数 $k_1, k_2, \cdots, k_s$ 使得 (3.20) 式右端 α_i 前的系数

$$\sum_{j=1}^{s} c_{ij}k_j = 0, \quad i = 1, 2, \cdots, m,$$

那么 (3.20) 式右边为零向量, 从而也就证明了 $\beta_1, \beta_2, \cdots, \beta_s$ 线性相关. 这样, 问题就转化为: 齐次线性方程组

$$\sum_{j=1}^{s} c_{ij} x_j = 0, \quad i = 1, 2, \cdots, m \tag{3.21}$$

是否有非零解 $x_1 = k_1, x_2 = k_2, \cdots, x_s = k_s$. 因为已知 $s > m$, 所以线性方程组 (3.21) 的方程个数 m 小于未知量的个数 s, 因此由定理 2.3 得知线性方程组 (3.21) 确有非零解. $\square$

可以在 $\mathbb{R}^3$ 空间中理解定理 3.7 的几何意义: 如果 3 个 (及以上的) 向量 β_j 都是不共线的两个向量 α_1 与 α_2 的线性组合, 那么这些向量 β_j 一定是共面的. 从定理 3.7 立即得到下面这个与其等价的基本定理.

定理 3.8 如果向量组 $\beta_1, \beta_2, \cdots, \beta_s$ 可由 $\alpha_1, \alpha_2, \cdots, \alpha_m$ 线性表出, 并且 $\beta_1, \beta_2, \cdots, \beta_s$ 线性无关, 那么 $s \leqslant m$.

如果向量组 $\beta_1, \beta_2, \cdots, \beta_s$ 不仅可由 $\alpha_1, \alpha_2, \cdots, \alpha_m$ 线性表出, 向量组 $\alpha_1, \alpha_2, \cdots, \alpha_m$ 也可由 $\beta_1, \beta_2, \cdots, \beta_s$ 线性表出, 那么就称这两个向量组是**等价**的. 例 3.5 中的向量组 $\beta_1, \beta_2, \beta_3$ 不仅可由 $\alpha_1, \alpha_2, \alpha_3$ 线性表出 ((3.14) 式), 而且向量组 $\alpha_1, \alpha_2, \alpha_3$ 也可由 $\beta_1, \beta_2, \beta_3$ 线性表出 ((3.15) 式), 因此这两个向量组等价. 又如, 在 $\mathbb{F}^2$ 中有向量组 $\alpha_1 = \begin{pmatrix} 0 \\ 1 \end{pmatrix}, \alpha_2 = \begin{pmatrix} 0 \\ 0 \end{pmatrix}$ 和向量组 $\beta_1 = \begin{pmatrix} 2 \\ 1 \end{pmatrix}, \beta_2 = \begin{pmatrix} 3 \\ 1 \end{pmatrix}$, 因为

$$\alpha_1 = 3\beta_1 - 2\beta_2, \quad \alpha_2 = 0\beta_1 + 0\beta_2,$$

所以 α_1, α_2 可由 β_1, β_2 线性表出.

但是反过来, 由于 α_1 与 α_2 的第 1 个分量都是 0, 所以它们的所有线性组合向量的第 1 个分量总是 0, 因此 β_1 与 β_2 都不可能由 α_1, α_2 线性表出, 即 α_1, α_2 与 β_1, β_2 不等价.

等价的向量组具有某种相同的性质. 在例 3.5 的两组向量中, 从 $\beta_1, \beta_2, \beta_3$ 线性无关出发, 可推导出 $\alpha_1, \alpha_2, \alpha_3$ 也线性无关, 反过来假定 $\alpha_1, \alpha_2, \alpha_3$ 线性无关, 则从

$$l_1\beta_1 + l_2\beta_2 + l_3\beta_3 = 0$$

出发, 代入 $\beta_1 = \alpha_1 + \alpha_2, \beta_2 = \alpha_2 + \alpha_3, \beta_3 = \alpha_3 + \alpha_1$ 后可得

$$(l_1 + l_3)\alpha_1 + (l_1 + l_2)\alpha_2 + (l_2 + l_3)\alpha_3 = 0,$$

由于 $\alpha_1, \alpha_2, \alpha_3$ 线性无关, 所以 $l_1 + l_3 = l_1 + l_2 = l_2 + l_3 = 0$, 从中解得 $l_1 = l_2 = l_3 = 0$, 即 $\beta_1, \beta_2, \beta_3$ 是线性无关的. 在后面我们将看到, 如果这两个等价的向量组中有一个向量组是线性无关的, 那么另外一个向量组也一定线性无关 (这是因为等价的向量组有相同的 "秩").

容易证明, 向量组的线性表出具有传递性, 即若 $\alpha_1, \alpha_2, \cdots, \alpha_m$ 可由 $\beta_1, \beta_2, \cdots,$ β_s 线性表出, 并且 $\beta_1, \beta_2, \cdots, \beta_s$ 可由 $\gamma_1, \gamma_2, \cdots, \gamma_p$ 线性表出, 那么 $\alpha_1, \alpha_2, \cdots, \alpha_m$ 也可由 $\gamma_1, \gamma_2, \cdots, \gamma_p$ 线性表出. 这是因为

$$\alpha_i = \sum_{j=1}^s k_{ij}\beta_j, \quad i = 1, 2, \cdots, m$$

和

$$\beta_j = \sum_{t=1}^p l_{jt}\gamma_t, \quad j = 1, 2, \cdots, s,$$

就意味着

$$\alpha_i = \sum_{j=1}^s k_{ij}\left(\sum_{t=1}^p l_{jt}\gamma_t\right) = \sum_{t=1}^p \left(\sum_{j=1}^s k_{ij}l_{jt}\right)\gamma_t, \quad i = 1, 2, \cdots, m,$$

于是每个 α_i 都可由 $\gamma_1, \gamma_2, \cdots, \gamma_p$ 线性表出.

从向量组的线性表出的传递性立即可以推出向量组等价关系的传递性, 即如果 $\alpha_1, \alpha_2, \cdots, \alpha_m$ 与 $\beta_1, \beta_2, \cdots, \beta_s$ 等价, 并且 $\beta_1, \beta_2, \cdots, \beta_s$ 与 $\gamma_1, \gamma_2, \cdots, \gamma_p$ 等价, 那么 $\alpha_1, \alpha_2, \cdots, \alpha_m$ 必与 $\gamma_1, \gamma_2, \cdots, \gamma_p$ 等价.

定理 3.9　两个等价的线性无关向量组必含有相同个数的向量.

证明　设向量组 $\alpha_1, \alpha_2, \cdots, \alpha_m$ 与向量组 $\beta_1, \beta_2, \cdots, \beta_s$ 等价, 并且它们都是线性无关的, 则由定理 3.8 可得 $m \leqslant s$ 和 $s \leqslant m$, 所以 $m = s$. 　□

3.2.2　极大无关组与向量组的秩

就像在线性方程组中去掉多余的方程不会影响方程组的解一样, 在一个向量组中去掉一些 "多余" 的向量也不影响向量组的一些整体性质. 例如, 对例 3.2 中的向量组 $\alpha_1 = (-1, 0, 1, 2)^T, \alpha_2 = (3, 4, -2, 5)^T, \alpha_3 = (0, 4, 1, 11)^T$ 来说, 由于有等式 $3\alpha_1 + \alpha_2 - \alpha_3 = 0$, 并且这些向量的分量都不成比例, 所以去掉这 3 个向量中的任何一个向量, 剩下的两个向量总是线性无关的, 而且都是个数最大的线性无关部分组 (单个向量作为部分组总是线性无关的), 如 α_1, α_2 就是这样的线性无关部分组, 一旦添加进 α_3 后, 就线性相关了, 其他两个部分组 α_1, α_3 和 α_2, α_3 也都有这样的性质.

定义 3.8　极大无关组

n 维向量组的一个部分组称为极大无关组, 如果这个部分组本身是线性无关的, 但从这个向量组的其余向量 (如果有的话) 中任取一个添进去, 得到的新的部分组线性相关.

按此定义, 例 3.2 中向量组 $\alpha_1, \alpha_2, \alpha_3$ 的极大无关组共有 3 个, 它们分别是: 第一组 α_1, α_2; 第二组 α_1, α_3; 第三组 α_2, α_3. 从中还可以看到: 同一个向量组内的各个极大无关组所含向量的个数是相同的.

定理 3.10 向量组的任意两个极大无关组所含向量的个数相等.

证明 首先证明向量组和它的每一个极大无关组等价. 不妨设 $\alpha_1, \alpha_2, \cdots, \alpha_p,$ $\alpha_{p+1}, \cdots, \alpha_m$ 的一个极大无关组是 $\alpha_1, \alpha_2, \cdots, \alpha_p$. 由于对每个 $\alpha_i (1 = 1, 2, \cdots, p)$, 都有

$$\alpha_i = 0\alpha_1 + \cdots + 0\alpha_{i-1} + 1\alpha_i + 0\alpha_{i+1} + \cdots + 0\alpha_m,$$

所以 $\alpha_1, \alpha_2, \cdots, \alpha_p$ 可由 $\alpha_1, \alpha_2, \cdots, \alpha_p, \cdots, \alpha_m$ 线性表出. 又因为对 $\alpha_{i+1}, \cdots, \alpha_m$ 中的每个向量 α_j, 由极大无关组的定义可知 $\alpha_1, \alpha_2, \cdots, \alpha_p, \alpha_j$ 是线性相关的, 然而 $\alpha_1, \alpha_2, \cdots, \alpha_p$ 线性无关, 因此由定理 3.3 得知, α_j 可由 $\alpha_1, \alpha_2, \cdots, \alpha_p$ 线性表出, 因此 $\alpha_1, \alpha_2, \cdots, \alpha_p, \cdots, \alpha_m$ 可由 $\alpha_1, \alpha_2, \cdots, \alpha_p$ 线性表出, 从而 $\alpha_1, \alpha_2, \cdots, \alpha_p, \cdots, \alpha_m$ 与 $\alpha_1, \alpha_2, \cdots, \alpha_p$ 等价. 接下来, 由于向量组中任意两个极大无关组都与向量组等价, 所以由向量组等价关系的传递性可知这两个极大无关组等价, 最后由定理 3.9 可得这两个极大无关组含有相同个数的向量. $\square$

定理 3.10 告诉我们: 一个向量组的极大无关组所包含的向量个数可以作为刻画这个向量组的一个本质特征.

定义 3.9 **向量组的秩**
n 维向量组 $\alpha_1, \alpha_2, \cdots, \alpha_m$ 的极大无关组所含向量的个数称为这个向量组的**秩**, 记为 $\text{rank}\{\alpha_1, \alpha_2, \cdots, \alpha_m\}$.

显然, 线性无关的向量组的极大无关组就是它本身, 由此可得向量组 $\alpha_1, \alpha_2, \cdots, \alpha_m$ 线性无关的一个充要条件是

$$\text{rank}\{\alpha_1, \alpha_2, \cdots, \alpha_m\} = m,$$

并且向量组 $\alpha_1, \alpha_2, \cdots, \alpha_m$ 线性相关的一个充要条件是

$$\text{rank}\{\alpha_1, \alpha_2, \cdots, \alpha_m\} < m.$$

为了有效地计算向量组的极大无关组, 我们需要以下的定理.

定理 3.11 矩阵的行初等变换不改变矩阵列向量组中各向量之间的线性关系.

证明 设矩阵 A 按列向量分块, 写成了 $A = (\alpha_1 \ \alpha_2 \ \cdots \ \alpha_m)$, 从定理 3.4 可知,

A 的列向量组 $\alpha_1, \alpha_2, \cdots, \alpha_m$ 中各向量之间的线性关系反映在了下列线性方程组

$$(\alpha_1 \ \alpha_2 \ \cdots \ \alpha_m) \begin{pmatrix} x_1 \\ x_2 \\ \vdots \\ x_m \end{pmatrix} = A \begin{pmatrix} x_1 \\ x_2 \\ \vdots \\ x_m \end{pmatrix} = 0 \tag{3.22}$$

是否有非零解上, 而根据定理 2.9 和定理 2.10, 对矩阵 A 作行初等变换, 相当于用一系列初等矩阵左乘 A, 其结果就是用一个可逆矩阵 P 左乘 A. 现在令矩阵

$$B = PA = (\beta_1 \ \beta_2 \ \cdots \ \beta_m),$$

其中 $\beta_1, \beta_2, \cdots, \beta_m$ 依次是 B 的 m 个列向量, 则由 (3.22) 式得

$$PA \begin{pmatrix} x_1 \\ x_2 \\ \vdots \\ x_m \end{pmatrix} = (\beta_1 \ \beta_2 \ \cdots \ \beta_m) \begin{pmatrix} x_1 \\ x_2 \\ \vdots \\ x_m \end{pmatrix} = 0,$$

即有线性方程组

$$x_1\beta_1 + x_2\beta_2 + \cdots + x_m\beta_m = 0. \tag{3.23}$$

由于 P 是可逆矩阵, 所以反过来也可由 (3.23) 式推出 (3.22) 式, 因此这两个线性方程组同解, 也就是说, A 与 B 的列向量组具有相同的线性相关性.　　　　□

　　在少数简单的情形中, 极大无关组是很容易看出来的, 下面就是一个例子.

　　例 3.8　求下列 4 维向量组

$$\beta_1 = \begin{pmatrix} 1 \\ 0 \\ 0 \\ 0 \end{pmatrix}, \quad \beta_2 = \begin{pmatrix} 0 \\ 1 \\ 0 \\ 0 \end{pmatrix}, \quad \beta_3 = \begin{pmatrix} 1 \\ -2 \\ 0 \\ 0 \end{pmatrix}, \quad \beta_4 = \begin{pmatrix} 0 \\ 0 \\ 1 \\ 0 \end{pmatrix}, \quad \beta_5 = \begin{pmatrix} 1 \\ 3 \\ -5 \\ 0 \end{pmatrix}$$

的秩, 以及它的一个极大无关组, 并且将其余的向量写成该极大无关组的线性组合.

　　解　容易看出 $\beta_1, \beta_2, \beta_4$ 这三个单位向量组成了一个极大无关组, 这是因为它们本身是线性无关的, 并且由于这 5 个向量的第 4 个分量全为零, 所以都可以用 $\beta_1, \beta_2, \beta_4$ 来线性表出:

$$
\beta_3 = \begin{pmatrix} 1 \\ 0 \\ 0 \\ 0 \end{pmatrix} + \begin{pmatrix} 0 \\ -2 \\ 0 \\ 0 \end{pmatrix} = \beta_1 - 2\beta_2,
$$

$$
\beta_5 = \begin{pmatrix} 1 \\ 0 \\ 0 \\ 0 \end{pmatrix} + \begin{pmatrix} 0 \\ 3 \\ 0 \\ 0 \end{pmatrix} + \begin{pmatrix} 0 \\ 0 \\ -5 \\ 0 \end{pmatrix} = \beta_1 + 3\beta_2 - 5\beta_4,
$$

因此, 向量组的秩 $\mathrm{rank}\{\beta_1, \beta_2, \beta_3, \beta_4, \beta_5\} = 3$. □

在一般的向量组 $\alpha_1, \alpha_2, \cdots, \alpha_m$ 中寻找极大无关组的过程是: 先将它们依次作为列向量合成一个矩阵

$$
A = (\alpha_1 \ \alpha_2 \ \cdots \ \alpha_m),
$$

然后用行初等变换将 A 化成简化阶梯阵

$$
B = (\beta_1 \ \beta_2 \ \cdots \ \beta_m),
$$

其中 $\beta_1, \beta_2, \cdots, \beta_m$ 是 B 的列向量, 它们依次对应了 $\alpha_1, \alpha_2, \cdots, \alpha_m$. 此时, 由于 B 是简化阶梯阵, 它的列向量组就像例 3.8 中的向量组一样, 极大无关组由所有的单位向量组成, 其余的列向量很容易写成这些单位向量的线性组合. 再根据定理 3.11 的结论, 矩阵 A 与 B 的列向量组有相同的线性相关性, 从而就可得到向量组 $\alpha_1, \alpha_2, \cdots, \alpha_m$ 的极大无关组, 以及其余向量由极大无关组线性表出的表示式.

例 3.9 求向量组

$$
\alpha_1 = \begin{pmatrix} -2 \\ 1 \\ 3 \\ 1 \end{pmatrix}, \quad \alpha_2 = \begin{pmatrix} -5 \\ 3 \\ 11 \\ 7 \end{pmatrix}, \quad \alpha_3 = \begin{pmatrix} 8 \\ -5 \\ -19 \\ -13 \end{pmatrix}, \quad \alpha_4 = \begin{pmatrix} 0 \\ 1 \\ 7 \\ 5 \end{pmatrix}, \quad \alpha_5 = \begin{pmatrix} -17 \\ 5 \\ 1 \\ -3 \end{pmatrix}
$$

的秩和一个极大无关组, 并将其余的向量用该极大无关组来线性表出.

解 以 $\alpha_1, \alpha_2, \alpha_3, \alpha_4, \alpha_5$ 为列向量构造矩阵

$$
A = \begin{pmatrix} -2 & -5 & 8 & 0 & -17 \\ 1 & 3 & -5 & 1 & 5 \\ 3 & 11 & -19 & 7 & 1 \\ 1 & 7 & -13 & 5 & -3 \end{pmatrix},
$$

用行初等变换把 A 化成简化阶梯阵:

$$A \xrightarrow[\substack{-r_2+r_4 \\ r_1 \leftrightarrow r_2}]{\substack{2r_2+r_1 \\ -3r_2+r_3}} \begin{pmatrix} 1 & 3 & -5 & 1 & 5 \\ 0 & 1 & -2 & 2 & -7 \\ 0 & 2 & -4 & 4 & -14 \\ 0 & 4 & -8 & 4 & -8 \end{pmatrix} \xrightarrow[\substack{-4r_2+r_4 \\ r_3 \leftrightarrow r_4}]{-2r_2+r_3} \begin{pmatrix} 1 & 3 & -5 & 1 & 5 \\ 0 & 1 & -2 & 2 & -7 \\ 0 & 0 & 0 & -4 & 20 \\ 0 & 0 & 0 & 0 & 0 \end{pmatrix}$$

$$\xrightarrow[-\frac{1}{4}r_3]{-3r_2+r_1} \begin{pmatrix} 1 & 0 & 1 & -5 & 26 \\ 0 & 1 & -2 & 2 & -7 \\ 0 & 0 & 0 & 1 & -5 \\ 0 & 0 & 0 & 0 & 0 \end{pmatrix} \xrightarrow[-2r_3+r_2]{5r_3+r_1} \begin{pmatrix} 1 & 0 & 1 & 0 & 1 \\ 0 & 1 & -2 & 0 & 3 \\ 0 & 0 & 0 & 1 & -5 \\ 0 & 0 & 0 & 0 & 0 \end{pmatrix} = B.$$

设 $B = (\beta_1 \ \beta_2 \ \beta_3 \ \beta_4 \ \beta_5)$, 由例 3.8 的结果可知 $\beta_1, \beta_2, \beta_4$ 是 B 的列向量组的极大无关组, 并且其余向量的线性表示式是

$$\beta_3 = \beta_1 - 2\beta_2, \qquad \beta_5 = \beta_1 + 3\beta_2 - 5\beta_4,$$

从而由定理 3.11 知, $\alpha_1, \alpha_2, \alpha_4$ 也是向量组 $\alpha_1, \alpha_2, \alpha_3, \alpha_4, \alpha_5$ 的极大无关组, 即

$$\text{rank}\{\alpha_1, \alpha_2, \alpha_3, \alpha_4, \alpha_5\} = 3,$$

并且

$$\alpha_3 = \alpha_1 - 2\alpha_2, \qquad \alpha_5 = \alpha_1 + 3\alpha_2 - 5\alpha_4. \qquad \square$$

下面进一步给出关于向量组的秩的一个基本结果.

定理 3.12　设向量组 $\beta_1, \beta_2, \cdots, \beta_s$ 可由向量组 $\alpha_1, \alpha_2, \cdots, \alpha_m$ 线性表出, 则有

$$\text{rank}\{\beta_1, \beta_2, \cdots, \beta_s\} \leqslant \text{rank}\{\alpha_1, \alpha_2, \cdots, \alpha_m\}.$$

证明　不妨设 $\beta_1, \beta_2, \cdots, \beta_t$ 是 $\beta_1, \beta_2, \cdots, \beta_t, \cdots, \beta_s$ 的一个极大无关组, $\alpha_1, \alpha_2, \cdots, \alpha_p$ 是 $\alpha_1, \alpha_2, \cdots, \alpha_p, \cdots, \alpha_m$ 的一个极大无关组, 则由条件可知极大无关组 $\beta_1, \beta_2, \cdots, \beta_t$ 可由 $\alpha_1, \alpha_2, \cdots, \alpha_m$ 线性表出, 又由定理 3.10 的证明过程可知 $\alpha_1, \alpha_2, \cdots, \alpha_m$ 可由它的极大无关组 $\alpha_1, \alpha_2, \cdots, \alpha_p$ 线性表出, 因此根据向量组线性表出的传递性, $\beta_1, \beta_2, \cdots, \beta_t$ 也可由 $\alpha_1, \alpha_2, \cdots, \alpha_p$ 线性表出, 而 $\beta_1, \beta_2, \cdots, \beta_t$ 是线性无关的向量组, 所以由定理 3.8 得 $t \leqslant p$, 即

$$\text{rank}\{\beta_1, \beta_2, \cdots, \beta_s\} \leqslant \text{rank}\{\alpha_1, \alpha_2, \cdots, \alpha_m\}. \qquad \square$$

从定理 3.12 立即可以得到以下推论.

定理 3.13　等价的向量组有相同的秩.

例 3.10 证明:

$$\text{rank}\{\alpha_1, \alpha_2, \cdots, \alpha_m, \beta_1, \beta_2, \cdots, \beta_s\} \leqslant \text{rank}\{\alpha_1, \alpha_2, \cdots, \alpha_m\} + \text{rank}\{\beta_1, \beta_2, \cdots, \beta_s\}.$$

证明 可设 $\alpha_1, \alpha_2, \cdots, \alpha_p$ 是 $\alpha_1, \alpha_2, \cdots, \alpha_p, \cdots, \alpha_m$ 的极大无关组, $\beta_1, \beta_2, \cdots, \beta_t$ 是 $\beta_1, \beta_2, \cdots, \beta_t, \cdots, \beta_s$ 的极大无关组, 同样由定理 3.10 的证明过程得知 $\alpha_1, \alpha_2, \cdots, \alpha_m$ 可由 $\alpha_1, \alpha_2, \cdots, \alpha_p$ 线性表出, $\beta_1, \beta_2, \cdots, \beta_s$ 可由 $\beta_1, \beta_2, \cdots, \beta_t$ 线性表出, 因此, 合起来的向量组 $\alpha_1, \alpha_2, \cdots, \alpha_m, \beta_1, \beta_2, \cdots, \beta_s$ 就一定可由 $\alpha_1, \alpha_2, \cdots, \alpha_p, \beta_1, \beta_2, \cdots, \beta_t$ 来线性表出, 这样, 由定理 3.12 可得

$$\text{rank}\{\alpha_1, \alpha_2, \cdots, \alpha_m, \beta_1, \beta_2, \cdots, \beta_s\}$$
$$\leqslant \text{rank}\{\alpha_1, \alpha_2, \cdots, \alpha_p, \beta_1, \beta_2, \cdots, \beta_t\}$$
$$\leqslant p + t = \text{rank}\{\alpha_1, \alpha_2, \cdots, \alpha_m\} + \text{rank}\{\beta_1, \beta_2, \cdots, \beta_s\}. \qquad \square$$

3.2.3 矩阵的秩

一个矩阵的行向量组的秩称为**行秩**, 列向量组的秩称为**列秩**. 那么, 这两个秩相等吗? 例如, 对于矩阵

$$A = \begin{pmatrix} 1 & -2 & 3 \\ 2 & -4 & 6 \end{pmatrix}$$

来说, 由于第 1 行与第 2 行的元素对应成比例, 所以 A 的行秩是 1, 而 A 的列向量组是

$$\begin{pmatrix} 1 \\ 2 \end{pmatrix}, \quad \begin{pmatrix} -2 \\ -4 \end{pmatrix}, \quad \begin{pmatrix} 3 \\ 6 \end{pmatrix}.$$

它们的分量也是对应成比例, 因此 A 的列秩也是 1.

下面先证明一个基本事实.

定理 3.14 行初等变换不改变矩阵的行秩.

证明 设 A 是 $s \times m$ 矩阵, $\gamma_1, \gamma_2, \cdots, \gamma_s$ 是 A 的 s 个行向量. 显然, 第一种行初等变换 (某一行乘非零常数) 和第二种行初等变换 (交换某两行) 都不会改变 $\gamma_1, \gamma_2, \cdots, \gamma_s$ 的秩, 而进行第三种行初等变换 (第 i 行的 d 倍加到第 j 行) 后, A 的行向量组变成 $\gamma_1, \gamma_2, \cdots, \gamma_i, \cdots, \gamma_j + d\gamma_i, \cdots, \gamma_s$, 容易看到它与 $\gamma_1, \gamma_2, \cdots, \gamma_s$ 是等价的 (习题 3.2 第 7 题), 因此由定理 3.13 得

$$\text{rank}\{\gamma_1, \gamma_2, \cdots, \gamma_i, \cdots, \gamma_j + d\gamma_i, \cdots, \gamma_s\} = \text{rank}\{\gamma_1, \gamma_2, \cdots, \gamma_s\},$$

即第三种行初等变换不改变 A 的行秩. $\qquad \square$

例 3.11　求下列矩阵 A 的行秩和列秩:

$$A = \begin{pmatrix} 2 & 4 & 6 & 8 & -6 \\ 1 & 2 & 0 & -5 & 1 \\ 2 & 4 & -3 & -19 & 6 \\ 3 & 6 & -3 & -24 & 7 \end{pmatrix}.$$

解　首先对矩阵 A 作行初等变换:

$$A \xrightarrow[\substack{-3r_2+r_4 \\ r_1 \leftrightarrow r_2}]{\substack{-2r_2+r_1 \\ -2r_2+r_3}} \begin{pmatrix} 1 & 2 & 0 & -5 & 1 \\ 0 & 0 & 6 & 18 & -8 \\ 0 & 0 & -3 & -9 & 4 \\ 0 & 0 & -3 & -9 & 4 \end{pmatrix} \xrightarrow[\substack{r_2 \leftrightarrow r_3 \\ -\frac{1}{3}r_2}]{\substack{2r_3+r_2 \\ -r_3+r_4}} \begin{pmatrix} 1 & 2 & 0 & -5 & 1 \\ 0 & 0 & 1 & 3 & -\dfrac{4}{3} \\ 0 & 0 & 0 & 0 & 0 \\ 0 & 0 & 0 & 0 & 0 \end{pmatrix}.$$

由于 A 所化成的简化阶梯阵中两个非零行向量组成 "阶梯形" 向量组, 所以它们线性无关 (可用类似例 3.4 的方法来证明), 从而阶梯阵的行秩是 2, 又因为由定理 3.14 可知, 行初等变换不改变矩阵的行秩, 因此 A 的行秩也是 2. 另一方面, A 所化成的简化阶梯阵的列向量组中有一个极大无关组是 $(1,0,0,0)^{\mathrm{T}}, (0,1,0,0)^{\mathrm{T}}$, 因此阶梯阵的列秩是 2, 再根据定理 3.11 可知, 行初等变换不改变矩阵列向量组的秩, 所以 A 的列秩也是 2.　　　　　　　　　　　　　　□

以上这个例子预示着下面定理中的一般结论.

定理 3.15　矩阵的行秩和列秩相等.

证明　设任意一个矩阵 A 经过行初等变换后化成了如下的阶梯矩阵:

$$B = \begin{pmatrix} 0 & \cdots & 0 & c_{1i_1} & \cdots & c_{1i_2} & \cdots & c_{1i_r} & \cdots & * \\ 0 & \cdots & 0 & 0 & \cdots & c_{2i_2} & \cdots & c_{2i_r} & \cdots & * \\ \vdots & & \vdots & \vdots & & \vdots & & \vdots & & \vdots \\ 0 & \cdots & 0 & 0 & \cdots & 0 & \cdots & c_{ri_r} & \cdots & * \\ 0 & \cdots & 0 & 0 & \cdots & 0 & \cdots & 0 & \cdots & 0 \\ \vdots & & \vdots & \vdots & & \vdots & & \vdots & & \vdots \\ 0 & \cdots & 0 & 0 & \cdots & 0 & \cdots & 0 & \cdots & 0 \end{pmatrix},$$

其中, 前 r 行的首个元素 $c_{1i_1}, c_{2i_2}, \cdots, c_{ri_r}$ 都不为零, 由于行初等变换不改变 A 的行秩 (定理 3.14), 并且阶梯阵 B 的前 r 个行向量形成了 "阶梯形" 向量组, 因此线性无关 (证明与例 3.4 相仿), 所以有

$$A \text{ 的行秩 } = B \text{ 的行秩 } = r.$$

接着用行初等变换将矩阵 B 化成简化阶梯阵:

$$M = \begin{pmatrix} 0 & \cdots & 0 & 1 & \cdots & 0 & \cdots & 0 & \cdots & * \\ 0 & \cdots & 0 & 0 & \cdots & 1 & \cdots & 0 & \cdots & * \\ \vdots & & \vdots & \vdots & & \vdots & & \vdots & & \vdots \\ 0 & \cdots & 0 & 0 & \cdots & 0 & \cdots & 1 & \cdots & * \\ 0 & \cdots & 0 & 0 & \cdots & 0 & \cdots & 0 & \cdots & 0 \\ \vdots & & \vdots & \vdots & & \vdots & & \vdots & & \vdots \\ 0 & \cdots & 0 & 0 & \cdots & 0 & \cdots & 0 & \cdots & 0 \end{pmatrix},$$

容易看到简化阶梯阵 M 的第 i_1 列, 第 i_2 列, $\cdots$, 第 i_r 列这 r 个单位向量形成了 M 的列向量组的一个极大无关组, 因此 M 的列秩等于 r. 最后再由定理 3.11 可知, 行初等变换不改变矩阵的列秩, 从而得到

$$A \text{ 的列秩 } = M \text{ 的列秩 } = r.$$

所以 A 的行秩与列秩相等. □

定义 3.10 矩阵的秩

矩阵 A 的行秩与列秩统称为 A 的秩, 记作 $\mathrm{rank}(A)$.

对于例 3.11 中的矩阵 A 来说, 用行初等变换将其化成阶梯阵是计算矩阵秩最常采用的方法. 实际上, 如果只是为了求矩阵的秩, 那么只需要将矩阵化到阶梯阵就可以了, 因为其中非零行的个数就是矩阵的秩, 而不必求出简化阶梯阵.

例 3.12 已知 $\mathrm{rank}(A) = 3$, 其中

$$A = \begin{pmatrix} 1 & 1 & 1 & 1 \\ 0 & 1 & -1 & b \\ 2 & 3 & a & 4 \\ 3 & 5 & 1 & 7 \end{pmatrix},$$

求 a, b 的值.

解 对矩阵 A 作行初等变换如下:

$$A \xrightarrow[\substack{-3r_1+r_4}]{-2r_1+r_3} \begin{pmatrix} 1 & 1 & 1 & 1 \\ 0 & 1 & -1 & b \\ 0 & 1 & a-2 & 2 \\ 0 & 2 & -2 & 4 \end{pmatrix} \xrightarrow[\substack{-2r_2+r_4}]{-r_2+r_3} \begin{pmatrix} 1 & 1 & 1 & 1 \\ 0 & 1 & -1 & b \\ 0 & 0 & a-1 & 2-b \\ 0 & 0 & 0 & 4-2b \end{pmatrix} = B,$$

因为 $\mathrm{rank}(A) = \mathrm{rank}(B) = 3$, 即阶梯阵 B 的非零行必须为 3 个, 因此或者 $4-2b = 0$ 与 $a-1 \neq 0$ 同时成立, 或者 $a = 1$ 与 $2-b \neq 0$ 同时成立 (此时矩阵的第 4 行可化成全零行), 所以 $a \neq 1, b = 2$ 或 $a = 1, b \neq 2$. □

例 3.13　设 A, B 是 $m \times n$ 矩阵, 证明:

$$\operatorname{rank}(A + B) \leqslant \operatorname{rank}(A) + \operatorname{rank}(B).$$

证明　将 A, B 分别按列向量分块写成

$$A = (\alpha_1, \alpha_2, \cdots, \alpha_n), \quad B = (\beta_1, \beta_2, \cdots, \beta_n),$$

则

$$A + B = (\alpha_1 + \beta_1, \alpha_2 + \beta_2, \cdots, \alpha_n + \beta_n),$$

所以 $A+B$ 的列向量可由 $\alpha_1, \alpha_2, \cdots, \alpha_n, \beta_1, \beta_2, \cdots, \beta_n$ 线性表出, 现在由定理 3.12、例 3.10 的结论和定义 3.10 可得

$$
\begin{aligned}
\operatorname{rank}(A + B) &= \operatorname{rank}\{\alpha_1 + \beta_1, \alpha_2 + \beta_2, \cdots, \alpha_n + \beta_n\} \\
&\leqslant \operatorname{rank}\{\alpha_1, \alpha_2, \cdots, \alpha_n, \beta_1, \beta_2, \cdots, \beta_n\} \\
&\leqslant \operatorname{rank}\{\alpha_1, \alpha_2, \cdots, \alpha_n\} + \operatorname{rank}\{\beta_1, \beta_2, \cdots, \beta_n\} \\
&= \operatorname{rank}(A) + \operatorname{rank}(B).
\end{aligned}
$$

□

例 3.14　设 A 是 $m \times n$ 矩阵, B 是 $n \times s$ 矩阵, 证明:

$$\operatorname{rank}(AB) \leqslant \min\{\operatorname{rank}(A), \operatorname{rank}(B)\}.$$

证明　先证 $\operatorname{rank}(AB) \leqslant \operatorname{rank}(A)$. 将 A 按列向量分块写成 $A = (\alpha_1, \alpha_2, \cdots, \alpha_n)$, 且设 $B = (b_{ij})_{n \times s}$, 则有

$$
\begin{aligned}
AB &= (\alpha_1, \alpha_2, \cdots, \alpha_n) \begin{pmatrix} b_{11} & b_{12} & \cdots & b_{1s} \\ b_{21} & b_{22} & \cdots & b_{2s} \\ \vdots & \vdots & & \vdots \\ b_{n1} & b_{n2} & \cdots & b_{ns} \end{pmatrix} \\
&= \left(\sum_{i=1}^{n} b_{i1}\alpha_i, \sum_{i=1}^{n} b_{i2}\alpha_i, \cdots, \sum_{i=1}^{n} b_{is}\alpha_i \right).
\end{aligned}
$$

此式表明 AB 的每个列向量都可由 A 的列向量组 $\alpha_1, \alpha_2, \cdots, \alpha_n$ 线性表出, 所以由定理 3.12 和定义 3.10 可得

$$\operatorname{rank}(AB) \leqslant \operatorname{rank}\{\alpha_1, \alpha_2, \cdots, \alpha_n\} = \operatorname{rank}(A). \tag{3.24}$$

再由 (3.24) 式进一步可得

$$\operatorname{rank}(AB) = \operatorname{rank}((AB)^{\mathrm{T}}) = \operatorname{rank}(B^{\mathrm{T}} A^{\mathrm{T}})$$

$$\leqslant \mathrm{rank}(B^{\mathrm{T}}) = \mathrm{rank}(B), \tag{3.25}$$

(3.25) 式的第一个等号和最后一个等号的成立是因为矩阵的行秩等于列秩, 所以矩阵的转置不改变矩阵的秩. 这样 (3.24) 与 (3.25) 两式合起来就证得了结论. □

3.2.4 矩阵秩的行列式判别法

矩阵的秩除了用向量组的秩来定义, 它还可以用行列式来刻画.

定理 3.16 n 阶方阵 A 的行列式 $|A| = 0$ 的充要条件是 $\mathrm{rank}(A) < n$.

证明 当 $|A| = 0$ 时, 由定理 3.5 知 A 的 n 个列向量线性相关, 从而由矩阵秩的定义可知

$$\mathrm{rank}(A) = A \text{ 的列秩 } < n.$$

反过来, 假设 $\mathrm{rank}(A) < n$, 若此时有 $|A| \neq 0$, 则由定理 3.6 知 A 的列向量组线性无关, 因此有

$$\mathrm{rank}(A) = A \text{ 的列秩 } = n.$$

但是这与条件 $\mathrm{rank}(A) < n$ 是矛盾的, 所以此时只能有 $|A| = 0$. □

从定理 3.16 立即得出以下常用定理.

定理 3.17 n 阶方阵 A 的行列式 $|A| \neq 0$ 的充要条件是 $\mathrm{rank}(A) = n$.

对于一般的 $m \times n$ 矩阵 A, 可以通过考察它的子块的行列式是否为零来确定 A 的秩.

定义 3.11 矩阵的子块与子式

设 A 是 $m \times n$ 矩阵, 任取 A 的 k 行与 k 列, 位于这些行与列交点上的 k^2 个元素按其原来的顺序组成一个 k 阶方阵, 称其为 A 的一个 k 阶**子块**, 这个子块的行列式称为矩阵 A 的一个 k 阶**子式**, 在这里 $k \leqslant \min\{m, n\}$.

例如, 在矩阵

$$A = \begin{pmatrix} 4 & -2 & 6 & 3 \\ 0 & 0 & 1 & -1 \\ 0 & 0 & 0 & 0 \end{pmatrix} \tag{3.26}$$

中, 选取第 $1, 2, 3$ 行和第 $1, 2, 4$ 列的子块是

$$\begin{pmatrix} 4 & -2 & 3 \\ 0 & 0 & -1 \\ 0 & 0 & 0 \end{pmatrix},$$

相应的三阶子式是

$$\begin{vmatrix} 4 & -2 & 3 \\ 0 & 0 & -1 \\ 0 & 0 & 0 \end{vmatrix} = 0.$$

又如, 选取第 $1, 2$ 行和第 $2, 3$ 列所得的子块是

$$\begin{pmatrix} -2 & 6 \\ 0 & 1 \end{pmatrix},$$

相应的二阶子式是

$$\begin{vmatrix} -2 & 6 \\ 0 & 1 \end{vmatrix} = -2.$$

显然, (3.26) 式中矩阵 A 的秩为 2, 而由于它的第 3 行是全零行, 因此所有的三阶子式都等于零, 并且 A 中至少有一个二阶子式不为零. 从这个简单的例子可以猜想到以下定理中的结论.

定理 3.18　设 A 是 $m \times n$ 矩阵, 则 $\mathrm{rank}(A) = r$ 的充要条件是 A 中有一个 r 阶子式不为零, 同时所有的 $r + 1$ 阶子式全为零.

证明　先证必要性. 设矩阵

$$A = \begin{pmatrix} a_{11} & a_{12} & \cdots & a_{1n} \\ a_{21} & a_{22} & \cdots & a_{2n} \\ \vdots & \vdots & & \vdots \\ a_{m1} & a_{m2} & \cdots & a_{mn} \end{pmatrix}$$

的秩为 r, A 的 n 个列向量依次为 $\alpha_1, \alpha_2, \cdots, \alpha_n$, 不妨设 $\alpha_1, \cdots, \alpha_r$ 是 $\alpha_1, \cdots, \alpha_r,$ $\cdots, \alpha_n$ 的极大无关组, 则 A 中任意 $r + 1$ 个列向量都可由 $\alpha_1, \cdots, \alpha_r$ 线性表出, 由定理 3.7 可知这任意 $r + 1$ 个列向量必线性相关, 从而 A 的任意 $r + 1$ 阶子式的列向量组也线性相关 (请读者思考其中的理由). 这样, 由定理 3.5 可知这种 $r + 1$ 阶子式全为零. 现在将极大无关组向量 $\alpha_1, \cdots, \alpha_r$ 重新合成了一个新矩阵:

$$A_1 = (\alpha_1\ \alpha_2\ \cdots\ \alpha_r),$$

因为由定理 3.15,

$$A_1\ \text{的行秩} = A_1\ \text{的列秩} = r,$$

所以在矩阵 A_1 中有 r 行线性无关, 不妨可设它的前 r 行线性无关, 则由定理 3.6 得 A 的 r 阶子式

$$\begin{vmatrix} a_{11} & \cdots & a_{1r} \\ \vdots & & \vdots \\ a_{r1} & \cdots & a_{rr} \end{vmatrix} \neq 0.$$

再证充分性. 设 A 中有一个 r 阶子式不为零, 并且所有的 $r+1$ 阶子式全为零. 设 $\mathrm{rank}(A) = t$, 若 $t < r$, 则由必要性, 所有的 $t+1 (\leqslant r)$ 阶子式全为零. 而由行列式的定义, 可推出所有的 $t+2$ 阶子式都为零, 接着所有的 $t+3$ 阶子式都为零, $\cdots$, 从而所有阶数大于 t 的子式都等于零, 但是这与假设条件 (A 有一个 r 阶子式不为零) 相矛盾, 所以必有 $t \geqslant r$. 若 $t > r$, 则再由必要性, A 有一个 t 阶子式不为零, 然而由行列式的定义, 从 $r+1$ 阶子式全为零的假设条件出发可以推出所有阶数大于 r 的子式都为零, 因此这同样是不可能的. 这样, 就只能有 $t = r$, 即 $\mathrm{rank}(A) = r$.

$\square$

习　题　3.2

1. 求下列向量组的秩及一个极大无关组, 并将其余向量用极大无关组线性表出:

(1) $\alpha_1 = \begin{pmatrix} 1 \\ 0 \\ 2 \\ 1 \end{pmatrix}$, $\alpha_2 = \begin{pmatrix} 1 \\ 2 \\ 0 \\ 1 \end{pmatrix}$, $\alpha_3 = \begin{pmatrix} 2 \\ 1 \\ 3 \\ 0 \end{pmatrix}$, $\alpha_4 = \begin{pmatrix} 2 \\ 5 \\ -1 \\ 4 \end{pmatrix}$, $\alpha_5 = \begin{pmatrix} 1 \\ -1 \\ 3 \\ -1 \end{pmatrix}$;

(2) $\alpha_1 = \begin{pmatrix} 1 \\ -1 \\ 2 \\ 4 \end{pmatrix}$, $\alpha_2 = \begin{pmatrix} 0 \\ 3 \\ 1 \\ 2 \end{pmatrix}$, $\alpha_3 = \begin{pmatrix} 3 \\ 0 \\ 7 \\ 14 \end{pmatrix}$, $\alpha_4 = \begin{pmatrix} 1 \\ -1 \\ 2 \\ 0 \end{pmatrix}$, $\alpha_5 = \begin{pmatrix} 2 \\ 1 \\ 5 \\ 0 \end{pmatrix}$;

(3) $\alpha_1 = \begin{pmatrix} -1 \\ 3 \\ 2 \\ 0 \end{pmatrix}$, $\alpha_2 = \begin{pmatrix} 4 \\ 1 \\ 2 \\ -3 \end{pmatrix}$, $\alpha_3 = \begin{pmatrix} 6 \\ 2 \\ 4 \\ -2 \end{pmatrix}$, $\alpha_4 = \begin{pmatrix} 3 \\ -2 \\ 0 \\ 1 \end{pmatrix}$;

(4) $\alpha_1 = \begin{pmatrix} 6 \\ 4 \\ 1 \\ -1 \\ 2 \end{pmatrix}$, $\alpha_2 = \begin{pmatrix} 1 \\ 0 \\ 2 \\ 3 \\ -4 \end{pmatrix}$, $\alpha_3 = \begin{pmatrix} 1 \\ 4 \\ -9 \\ -16 \\ 22 \end{pmatrix}$, $\alpha_4 = \begin{pmatrix} 7 \\ 1 \\ 0 \\ -1 \\ 3 \end{pmatrix}$.

2. 已知向量组 $\alpha_1, \alpha_2, \alpha_3$ 的秩为 3, 向量组 $\alpha_1, \alpha_2, \alpha_3, \alpha_4$ 的秩为 3, 向量组 $\alpha_1, \alpha_2, \alpha_3, \alpha_5$ 的秩为 4, 证明: $\mathrm{rank}\{\alpha_1, \alpha_2, \alpha_3, \alpha_5 - \alpha_4\} = 4$.

3. 设 $\alpha_1, \alpha_2, \cdots, \alpha_n$ 是一组 n 维向量, 已知单位向量 $\varepsilon_1, \varepsilon_2, \cdots, \varepsilon_n$ 可被它们线性表出, 证明: $\alpha_1, \alpha_2, \cdots, \alpha_n$ 线性无关.

4. 证明: 如果 n 维向量 $\alpha_1, \alpha_2, \cdots, \alpha_n$ 线性无关, 则任一 n 维向量 β 都可以由 $\alpha_1, \alpha_2, \cdots, \alpha_n$ 线性表出.

5. 证明: 如果向量组 $\alpha_1, \alpha_2, \cdots, \alpha_m$ 与向量组 $\alpha_1, \alpha_2, \cdots, \alpha_m, \beta$ 有相同的秩, 则 β 可以由 $\alpha_1, \alpha_2, \cdots, \alpha_m$ 线性表出.

6. 证明两个向量组等价的充要条件是: 它们的秩相等, 并且其中一个向量组可以由另一个向量组线性表出.

7. 证明: 若 d 是一个数, 则向量组 $\gamma_1, \cdots, \gamma_i, \cdots, \gamma_j + d\gamma_i, \cdots, \gamma_s$ 与向量组 $\gamma_1, \cdots, \gamma_i,$ $\cdots, \gamma_j, \cdots, \gamma_s$ 等价.

8. 设 $\beta_1 = \alpha_2 + \alpha_3 + \cdots + \alpha_m, \beta_2 = \alpha_1 + \alpha_3 + \cdots + \alpha_m, \cdots, \beta_m = \alpha_1 + \alpha_2 + \cdots + \alpha_{m-1}(m >$ $1)$, 证明:

$$\operatorname{rank}\{\beta_1, \beta_2, \cdots, \beta_m\} = \operatorname{rank}\{\alpha_1, \alpha_2, \cdots, \alpha_m\}.$$

9. 计算下列矩阵的秩:

(1) $\begin{pmatrix} 1 & -1 & 2 & 1 & 0 \\ 2 & -2 & 4 & -2 & 0 \\ 3 & 0 & 6 & -1 & 1 \\ 0 & 3 & 0 & 0 & 0 \end{pmatrix}$;

(2) $\begin{pmatrix} 0 & 1 & 1 & -1 & 2 \\ 0 & 2 & -2 & -2 & 0 \\ 0 & -1 & -1 & 1 & 1 \\ 1 & 1 & 0 & 1 & -1 \end{pmatrix}$;

(3) $\begin{pmatrix} 1 & 0 & 0 & 1 & 4 \\ 0 & 1 & 0 & 2 & 5 \\ 0 & 0 & 1 & 3 & 6 \\ 1 & 2 & 3 & 14 & 32 \\ 4 & 5 & 6 & 32 & 77 \end{pmatrix}$;

(4) $\begin{pmatrix} 14 & 12 & 6 & 8 & 2 \\ 6 & 104 & 21 & 9 & 17 \\ 7 & 6 & 3 & 4 & 1 \\ 35 & 30 & 15 & 20 & 5 \end{pmatrix}$;

(5) $\begin{pmatrix} 1 & 0 & 1 & 0 & 0 \\ 1 & 1 & 0 & 0 & 0 \\ 0 & 1 & 1 & 0 & 0 \\ 0 & 0 & 1 & 1 & 0 \\ 0 & 1 & 0 & 1 & 1 \end{pmatrix}$.

10. 设 $s \times n$ 矩阵 A 为

$$A = \begin{pmatrix} 1 & a & a^2 & \cdots & a^{n-1} \\ 1 & a^2 & a^4 & \cdots & a^{2(n-1)} \\ \vdots & \vdots & \vdots & & \vdots \\ 1 & a^s & a^{2s} & \cdots & a^{s(n-1)} \end{pmatrix},$$

其中 $s \leqslant n, a \neq 0$, 且当 $0 < r < s$ 时, $a^r \neq 1$, 求 A 的秩和它的列向量组的一个极大无关组.

11. 设 A 是 $m \times n$ 矩阵, B 是 $n \times m$ 矩阵, 且 $n < m$, 证明: 行列式 $|AB| = 0$.

12. 证明:

$$\operatorname{rank} \begin{pmatrix} A & 0 \\ 0 & B \end{pmatrix} = \operatorname{rank}(A) + \operatorname{rank}(B),$$

其中 A 是 $s \times n$ 矩阵, B 是 $l \times m$ 矩阵.

13. 设 A 是 $m \times n$ 矩阵, B 是 $m \times p$ 矩阵, 证明: 分块矩阵 $(A \quad B)$ 的秩满足下列不等式:

$$\max\{\operatorname{rank}(A), \operatorname{rank}(B)\} \leqslant \operatorname{rank}(A \quad B) \leqslant \operatorname{rank}(A) + \operatorname{rank}(B).$$

14. 设 A 是 n 阶可逆矩阵, B 是 $n \times p$ 矩阵, C 是 p 阶可逆矩阵, 证明:

$$\operatorname{rank}(AB) = \operatorname{rank}(B) = \operatorname{rank}(BC).$$

3.3 线性方程组解的结构

在有了向量组的线性相关性和矩阵秩的理论后, 就可以彻底地弄清楚线性方程组解的结构了.

3.3.1 齐次线性方程组解的结构

运用矩阵秩的概念, 可以把第 2 章前面关于齐次线性方程组存在非零解的判定定理 (定理 2.3) 改进如下.

定理 3.19 如果齐次线性方程组

$$\begin{cases} a_{11}x_1 + a_{12}x_2 + \cdots + a_{1n}x_n = 0, \\ a_{21}x_1 + a_{22}x_2 + \cdots + a_{2n}x_n = 0, \\ \qquad\qquad \cdots\cdots \\ a_{m1}x_1 + a_{m2}x_2 + \cdots + a_{mn}x_n = 0 \end{cases} \tag{3.27}$$

的系数矩阵

$$A = \begin{pmatrix} a_{11} & a_{12} & \cdots & a_{1n} \\ a_{21} & a_{22} & \cdots & a_{2n} \\ \vdots & \vdots & & \vdots \\ a_{m1} & a_{m2} & \cdots & a_{mn} \end{pmatrix}$$

的秩 $r < n$, 那么它有非零解.

证明 因为 $\operatorname{rank}(A) = r$, 所以由定理 3.18 知 A 有一个 r 阶子式不为零, 不妨设 A 的左上角子式

$$\begin{vmatrix} a_{11} & \cdots & a_{1r} \\ \vdots & & \vdots \\ a_{r1} & \cdots & a_{rr} \end{vmatrix} \neq 0,$$

则又由条件 $r < n$, 可将 A 化成简化阶梯阵为

$$\begin{pmatrix} 1 & 0 & \cdots & 0 & c_{1,r+1} & c_{1,r+2} & \cdots & c_{1n} \\ 0 & 1 & \cdots & 0 & c_{2,r+1} & c_{2,r+2} & \cdots & c_{2n} \\ \vdots & \vdots & & \vdots & \vdots & \vdots & & \vdots \\ 0 & 0 & \cdots & 1 & c_{r,r+1} & c_{r,r+2} & \cdots & c_{rn} \\ 0 & 0 & \cdots & 0 & 0 & 0 & \cdots & 0 \\ \vdots & \vdots & & \vdots & \vdots & \vdots & & \vdots \\ 0 & 0 & \cdots & 0 & 0 & 0 & \cdots & 0 \end{pmatrix},$$

从而可得与原方程组 (3.27) 同解的线性方程组

$$
\begin{cases}
x_1 \qquad\qquad + c_{1,r+1}x_{r+1} + c_{1,r+2}x_{r+2} + \cdots + c_{1n}x_n = 0, \\
\qquad x_2 \qquad + c_{2,r+1}x_{r+1} + c_{2,r+2}x_{r+2} + \cdots + c_{2n}x_n = 0, \\
\qquad\qquad\qquad\qquad \cdots\cdots \\
\qquad\qquad x_r + c_{r,r+1}x_{r+1} + c_{r,r+2}x_{r+2} + \cdots + c_{rn}x_n = 0,
\end{cases}
\tag{3.28}
$$

由于方程的个数 r 小于未知量个数 n, 所以由定理 2.3, 它显然有非零解.   □

我们可将线性方程组 (3.28) 中带自由未知量 $x_{r+1}, x_{r+2}, \cdots, x_n$ 的项全部移到等式的右边, 并且令它们分别取任意值为 $x_{r+1} = k_1$, $x_{r+2} = k_2, \cdots, x_n = x_{r+(n-r)} = k_{n-r}$, 则得到齐次线性方程组 (3.27) 的通解为

$$
\begin{aligned}
x_1 &= -c_{1,r+1}k_1 - c_{1,r+2}k_2 - \cdots - c_{1n}k_{n-r}, \\
x_2 &= -c_{2,r+1}k_1 - c_{2,r+2}k_2 - \cdots - c_{2n}k_{n-r}, \\
&\qquad\qquad \cdots\cdots \\
x_r &= -c_{r,r+1}k_1 - c_{r,r+2}k_2 - \cdots - c_{rn}k_{n-r}, \\
x_{r+1} &= \qquad k_1, \\
x_{r+2} &= \qquad\qquad k_2, \\
&\qquad\qquad \cdots\cdots \\
x_n &= \qquad\qquad\qquad\qquad k_{n-r}.
\end{aligned}
$$

把上面 n 个等式写成 n 维向量形式:

$$
X = \begin{pmatrix} x_1 \\ x_2 \\ \vdots \\ x_r \\ x_{r+1} \\ x_{r+2} \\ \vdots \\ x_n \end{pmatrix}
= \begin{pmatrix} -c_{1,r+1}k_1 \\ -c_{2,r+1}k_1 \\ \vdots \\ -c_{r,r+1}k_1 \\ k_1 \\ 0 \\ \vdots \\ 0 \end{pmatrix}
+ \begin{pmatrix} -c_{1,r+2}k_2 \\ -c_{2,r+2}k_2 \\ \vdots \\ -c_{r,r+2}k_2 \\ 0 \\ k_2 \\ \vdots \\ 0 \end{pmatrix}
+ \cdots +
\begin{pmatrix} -c_{1n}k_{n-r} \\ -c_{2n}k_{n-r} \\ \vdots \\ -c_{rn}k_{n-r} \\ 0 \\ 0 \\ \vdots \\ k_{n-r} \end{pmatrix}
$$

$$= k_1 \begin{pmatrix} -c_{1,r+1} \\ -c_{2,r+1} \\ \vdots \\ -c_{r,r+1} \\ 1 \\ 0 \\ \vdots \\ 0 \end{pmatrix} + k_2 \begin{pmatrix} -c_{1,r+2} \\ -c_{2,r+2} \\ \vdots \\ -c_{r,r+2} \\ 0 \\ 1 \\ \vdots \\ 0 \end{pmatrix} + \cdots + k_{n-r} \begin{pmatrix} -c_{1n} \\ -c_{2n} \\ \vdots \\ -c_{rn} \\ 0 \\ 0 \\ \vdots \\ 1 \end{pmatrix}$$

$$= k_1\eta_1 + k_2\eta_2 + \cdots + k_{n-r}\eta_{n-r},$$

其中 $n-r$ 个向量 $\eta_1, \eta_2, \cdots, \eta_{n-r}$ 由于是线性无关的 $n-r$ 维向量组

$$(1, 0, \cdots, 0)^{\mathrm{T}}, (0, 1, \cdots, 0)^{\mathrm{T}}, \cdots, (0, 0, \cdots, 1)^{\mathrm{T}}$$

的延伸向量组, 所以也线性无关 (习题 3.1 的第 15 题), 并且齐次线性方程组 (3.27) 的任一个解向量 X 都可以由 $\eta_1, \eta_2, \cdots, \eta_{n-r}$ 线性表出. 为此, 我们引入以下的定义.

定义 3.12 基础解系

向量组 $\eta_1, \eta_2, \cdots, \eta_t$ 称为齐次线性方程组 $AX = 0$ 的一个**基础解系**, 如果
 (1) $AX = 0$ 的任一解向量都可由 $\eta_1, \eta_2, \cdots, \eta_t$ 线性表出;
 (2) $\eta_1, \eta_2, \cdots, \eta_t$ 是 $AX = 0$ 的一组线性无关的解向量.

由此定义可以看到, 解齐次线性方程组实际上就是求出其基础解系向量, 而通解就是基础解系向量的所有线性组合. 上面的分析可总结为下列定理.

定理 3.20 (齐次线性方程组解的结构定理) 设 A 是 $m \times n$ 矩阵, $\mathrm{rank}(A) = r < n$, 则齐次线性方程组 $AX = 0$ 的基础解系含有 $n-r$ 个向量.

应该指出, 基础解系并不唯一. 实际上, 任何一个与某个基础解系等价的线性无关向量组都是基础解系.

例 3.15 解线性方程组

$$\begin{cases} x + 3y - 5z - w + 2u = 0, \\ 2x + 6y - 8z + 5w + 3u = 0, \\ x + 3y - 3z + 6w + u = 0. \end{cases}$$

解 前面的求解步骤与第 2 章中的解线性方程组方法是一样的, 即先对增广

矩阵作行初等变换, 求出它的简化阶梯阵:

$$
\begin{pmatrix}
1 & 3 & -5 & -1 & 2 & 0 \\
2 & 6 & -8 & 5 & 3 & 0 \\
1 & 3 & -3 & 6 & 1 & 0
\end{pmatrix}
\xrightarrow[\substack{-r_1+r_3 \\ -r_2+r_3}]{-2r_1+r_2}
\begin{pmatrix}
1 & 3 & -5 & -1 & 2 & 0 \\
0 & 0 & 2 & 7 & -1 & 0 \\
0 & 0 & 0 & 0 & 0 & 0
\end{pmatrix}
$$

$$
\xrightarrow[5r_2+r_1]{\frac{1}{2}r_2}
\begin{pmatrix}
1 & 3 & 0 & \dfrac{33}{2} & -\dfrac{1}{2} & 0 \\
0 & 0 & 1 & \dfrac{7}{2} & -\dfrac{1}{2} & 0 \\
0 & 0 & 0 & 0 & 0 & 0
\end{pmatrix},
$$

然后在相对应的同解方程组

$$
\begin{cases}
x + 3y \quad + \dfrac{33}{2}w - \dfrac{1}{2}u = 0, \\
\qquad\qquad z + \dfrac{7}{2}w - \dfrac{1}{2}u = 0
\end{cases}
$$

中令未知量分别取任意值 $y = k_1, w = k_2, u = k_3$, 再把通解按未知量的顺序写成

$$
\begin{aligned}
x &= -3k_1 - \frac{33}{2}k_2 + \frac{1}{2}k_3, \\
y &= \quad k_1, \\
z &= \qquad\quad -\frac{7}{2}k_2 + \frac{1}{2}k_3, \\
w &= \qquad\quad k_2, \\
u &= \qquad\qquad\qquad k_3.
\end{aligned}
$$

在做完了以上的步骤后, 就可从解的向量形式

$$
X = \begin{pmatrix} x \\ y \\ z \\ w \\ u \end{pmatrix}
= k_1 \begin{pmatrix} -3 \\ 1 \\ 0 \\ 0 \\ 0 \end{pmatrix}
+ k_2 \begin{pmatrix} -\dfrac{33}{2} \\ 0 \\ -\dfrac{7}{2} \\ 1 \\ 0 \end{pmatrix}
+ k_3 \begin{pmatrix} \dfrac{1}{2} \\ 0 \\ \dfrac{1}{2} \\ 0 \\ 1 \end{pmatrix}
$$

中得知基础解系是 $\eta_1 = (-3, 1, 0, 0, 0)^{\mathrm{T}}$, $\eta_2 = \left(-\dfrac{33}{2}, 0, -\dfrac{7}{2}, 1, 0\right)^{\mathrm{T}}$, $\eta_3 = \left(\dfrac{1}{2}, 0, \dfrac{1}{2}, 0, 1\right)^{\mathrm{T}}$, 从而通解是 $X = k_1\eta_1 + k_2\eta_2 + k_3\eta_3$. □

3.3.2 运用齐次线性方程组来证明矩阵秩的性质

由于线性方程组与矩阵具有天然的内在联系, 所以一些有关矩阵秩的性质的证明就可以借助于齐次线性方程组解的结构定理 (定理 3.20) 来完成.

例 3.16 设 A 是 $m \times n$ 矩阵, B 是 $n \times s$ 矩阵, 如果 $AB = 0$, 证明:

$$\operatorname{rank}(A) + \operatorname{rank}(B) \leqslant n.$$

证明 若 $A = 0$, 则结论显然成立. 下面设 $A \neq 0$, 将 B 按列向量分块写成 $B = (\beta_1 \quad \beta_2 \quad \cdots \quad \beta_s)$, 因为 $AB = 0$, 或者

$$A(\beta_1 \quad \beta_2 \quad \cdots \quad \beta_s) = (A\beta_1 \quad A\beta_2 \quad \cdots \quad A\beta_s) = 0,$$

所以每个列向量 β_j 都是齐次线性方程组 $AX = 0$ 的解. 由定理 3.20, $AX = 0$ 的基础解系含有 $t = n - \operatorname{rank}(A)$ 个向量, 而向量组 $\beta_1, \beta_2, \cdots, \beta_s$ 可由基础解系中 t 个线性无关的向量 $\eta_1, \eta_2, \cdots, \eta_t$ 来线性表出, 则由定理 3.12 得

$$\operatorname{rank}(B) = \operatorname{rank}\{\beta_1, \beta_2, \cdots, \beta_s\} \leqslant \operatorname{rank}\{\eta_1, \eta_2, \cdots, \eta_t\}$$
$$= t = n - \operatorname{rank}(A),$$

即有

$$\operatorname{rank}(A) + \operatorname{rank}(B) \leqslant n. \qquad \square$$

例 3.17 设 A 是 $m \times n$ 矩阵, B 是 $n \times s$ 矩阵, 证明:

$$\operatorname{rank}(AB) \geqslant \operatorname{rank}(A) + \operatorname{rank}(B) - n.$$

证明 当 $A = 0$ 或 $B = 0$ 时, 结论显然成立.

下设 $A \neq 0$ 且 $B \neq 0$. 将 B 按向量分块记为 $B = (\beta_1 \quad \beta_2 \quad \cdots \quad \beta_s)$, 则 $AB = (A\beta_1 \quad A\beta_2 \quad \cdots \quad A\beta_s)$. 不妨设 $A\beta_1, A\beta_2, \cdots, A\beta_s$ 的极大无关组是 $A\beta_1$, $A\beta_2, \cdots, A\beta_t$, 即有 $t = \operatorname{rank}(AB)$, 并且 AB 的每个列向量 $A\beta_j$ 都是 $A\beta_1, A\beta_2, \cdots$, $A\beta_t$ 的线性组合:

$$A\beta_j = b_{1j}A\beta_1 + \cdots + b_{tj}A\beta_t,$$

上式可写成

$$A(\beta_j - b_{1j}\beta_1 - \cdots - b_{tj}\beta_t) = 0,$$

所以对 $j = 1, 2, \cdots, s, \beta_j - b_{1j}\beta_1 - \cdots - b_{tj}\beta_t$ 都是齐次线性方程组 $AX = 0$ 的解. 设 $r = \operatorname{rank}(A)$, 则由定理 3.20 可知 $AX = 0$ 有基础解系 $\eta_1, \eta_2, \cdots, \eta_{n-r}$, 因此对所有的 $j = 1, 2, \cdots, s$, 有

$$\beta_j - b_{1j}\beta_1 - \cdots - b_{tj}\beta_t = k_{1j}\eta_1 + \cdots + k_{n-r,j}\eta_{n-r},$$

或者

$$\beta_j = b_{1j}\beta_1 + \cdots + b_{tj}\beta_t + k_{1j}\eta_1 + \cdots + k_{n-r,j}\eta_{n-r},$$

即所有的 β_j 都可由向量组 $\beta_1, \beta_2, \cdots, \beta_t, \eta_1, \eta_2, \cdots, \eta_{n-r}$ 线性表出. 由定理 3.12, 有

$$\mathrm{rank}(B) = \mathrm{rank}\{\beta_1, \beta_2, \cdots, \beta_s\} \leqslant \mathrm{rank}\{\beta_1, \beta_2, \cdots, \beta_t, \eta_1, \eta_2, \cdots, \eta_{n-r}\}$$
$$\leqslant t + (n-r) = \mathrm{rank}(AB) + n - \mathrm{rank}(A),$$

即有

$$\mathrm{rank}(AB) \geqslant \mathrm{rank}(A) + \mathrm{rank}(B) - n. \qquad\qquad \square$$

3.3.3　非齐次线性方程组解的结构

同样运用矩阵秩的概念, 可以把第 2 章中的非齐次线性方程组求解定理 (定理 2.2) 改进如下.

> **定理 3.21**　非齐次线性方程组
>
> $$\begin{cases} a_{11}x_1 + a_{12}x_2 + \cdots + a_{1n}x_n = b_1, \\ a_{21}x_1 + a_{22}x_2 + \cdots + a_{2n}x_n = b_2, \\ \qquad\qquad \cdots\cdots \\ a_{m1}x_1 + a_{m2}x_2 + \cdots + a_{mn}x_n = b_m \end{cases} \tag{3.29}$$
>
> 有解的充要条件是它的系数矩阵
>
> $$A = \begin{pmatrix} a_{11} & a_{12} & \cdots & a_{1n} \\ a_{21} & a_{22} & \cdots & a_{2n} \\ \vdots & \vdots & & \vdots \\ a_{m1} & a_{m2} & \cdots & a_{mn} \end{pmatrix}$$
>
> 与增广矩阵 $\overline{A} = (A \quad \beta)$ 有相同的秩, 其中的 $\beta = (b_1, b_2, \cdots, b_m)^{\mathrm{T}}$ 是常数项向量.

　　证明　记系数矩阵 A 的秩 $\mathrm{rank}(A) = r$, 则由定理 3.18 可知 A 有一个 r 阶子式不为零, 不妨设 A 的左上角子式

$$\begin{vmatrix} a_{11} & \cdots & a_{1r} \\ \vdots & & \vdots \\ a_{r1} & \cdots & a_{rr} \end{vmatrix} \neq 0.$$

现在对增广矩阵 $\overline{A} = (A \quad \beta)$ 作行初等变换, 得到它的简化阶梯阵, 有两种可能:

(1) $\overline{A}$ 的简化阶梯阵是

$$B = \begin{pmatrix} 1 & 0 & \cdots & 0 & c_{1,r+1} & c_{1,r+2} & \cdots & c_{1n} & d_1 \\ 0 & 1 & \cdots & 0 & c_{2,r+1} & c_{2,r+2} & \cdots & c_{2n} & d_2 \\ \vdots & \vdots & & \vdots & \vdots & \vdots & & \vdots & \vdots \\ 0 & 0 & \cdots & 1 & c_{r,r+1} & c_{r,r+2} & \cdots & c_{rn} & d_r \\ 0 & 0 & \cdots & 0 & 0 & 0 & \cdots & 0 & 0 \\ \vdots & \vdots & & \vdots & \vdots & \vdots & & \vdots & \vdots \\ 0 & 0 & \cdots & 0 & 0 & 0 & \cdots & 0 & 0 \end{pmatrix},$$

由定理 3.14 可知行初等变换不改变矩阵的秩, 因此有

$$\mathrm{rank}(\overline{A}) = \mathrm{rank}(B) = r = \mathrm{rank}(A),$$

并且由定理 2.2 可知此时线性方程组 (3.29) 有解.

(2) $\overline{A}$ 的简化阶梯阵是

$$B_1 = \begin{pmatrix} 1 & 0 & \cdots & 0 & c_{1,r+1} & c_{1,r+2} & \cdots & c_{1n} & 0 \\ 0 & 1 & \cdots & 0 & c_{2,r+1} & c_{2,r+2} & \cdots & c_{2n} & 0 \\ \vdots & \vdots & & \vdots & \vdots & \vdots & & \vdots & \vdots \\ 0 & 0 & \cdots & 1 & c_{r,r+1} & c_{r,r+2} & \cdots & c_{rn} & 0 \\ 0 & 0 & \cdots & 0 & 0 & 0 & \cdots & 0 & 1 \\ \vdots & \vdots & & \vdots & \vdots & \vdots & & \vdots & \vdots \\ 0 & 0 & \cdots & 0 & 0 & 0 & \cdots & 0 & 0 \end{pmatrix},$$

此时对应的同解线性方程组含有 "0 = 1" 这样的矛盾方程, 所以原线性方程组 (3.29) 无解, 而此时有

$$\mathrm{rank}(\overline{A}) = \mathrm{rank}(B_1) = r + 1 > r = \mathrm{rank}(A),$$

因此定理的结论成立. □

例 3.18 a, b 取何值时下列线性方程组有解? 并求其解.

$$\begin{cases} x + y + z + w + u = 1, \\ 3x + 2y + z + w - 3u = a, \\ y + 2z + 2w + 6u = 3, \\ 5x + 4y + 3z + 3w - u = b. \end{cases} \tag{3.30}$$

解　对增广矩阵作行初等变换:

$$\overline{A} = \begin{pmatrix} 1 & 1 & 1 & 1 & 1 & 1 \\ 3 & 2 & 1 & 1 & -3 & a \\ 0 & 1 & 2 & 2 & 6 & 3 \\ 5 & 4 & 3 & 3 & -1 & b \end{pmatrix} \xrightarrow[-5r_1+r_4]{-3r_1+r_2} \begin{pmatrix} 1 & 1 & 1 & 1 & 1 & 1 \\ 0 & -1 & -2 & -2 & -6 & a-3 \\ 0 & 1 & 2 & 2 & 6 & 3 \\ 0 & -1 & -2 & -2 & -6 & b-5 \end{pmatrix}$$

$$\xrightarrow[-r_2+r_4]{r_2+r_3} \begin{pmatrix} 1 & 1 & 1 & 1 & 1 & 1 \\ 0 & -1 & -2 & -2 & -6 & a-3 \\ 0 & 0 & 0 & 0 & 0 & a \\ 0 & 0 & 0 & 0 & 0 & b-a-2 \end{pmatrix}, (3.31)$$

从中得到系数矩阵 A 的秩 $\mathrm{rank}(A) = 2$. 当 $a \neq 0$ 或 $b \neq 2$ 时, $\mathrm{rank}(\overline{A}) = 3$, 所以根据定理 3.21, 线性方程组 (3.30) 无解. 当 $a = 0$ 且 $b = 2$ 时, $\mathrm{rank}(\overline{A}) = \mathrm{rank}(A) = 2$, 所以线性方程组 (3.30) 有解, 此时, 对矩阵 (3.31) 进一步作行初等变换, 化成简化阶梯阵为

$$\begin{pmatrix} 1 & 0 & -1 & -1 & -5 & -2 \\ 0 & 1 & 2 & 2 & 6 & 3 \\ 0 & 0 & 0 & 0 & 0 & 0 \\ 0 & 0 & 0 & 0 & 0 & 0 \end{pmatrix}. \tag{3.32}$$

它们对应的同解方程组为

$$\begin{cases} x & - z - w - 5u = -2, \\ & y + 2z + 2w + 6u = 3. \end{cases}$$

令其中的自由未知量取任意值: $z = k_1, w = k_2, u = k_3$, 从而得到非齐次线性方程组

$$\begin{cases} x + y + z + w + u = 1, \\ 3x + 2y + z + w - 3u = 0, \\ y + 2z + 2w + 6u = 3, \\ 5x + 4y + 3z + 3w - u = 2 \end{cases} \tag{3.33}$$

的通解是 $x = -2 + k_1 + k_2 + 5k_3, y = 3 - 2k_1 - 2k_2 - 6k_3, z = k_1, w = k_2, u = k_3$.

$\square$

为了弄清楚非齐次线性方程组解集合的结构, 我们也需要把通解写成向量形式. 以线性方程组 (3.33) 为例, 它的通解的向量形式是

$$X = \begin{pmatrix} x \\ y \\ z \\ w \\ u \end{pmatrix} = \begin{pmatrix} -2 & +k_1 & +k_2 & +5k_3 \\ 3 & -2k_1 & -2k_2 & -6k_3 \\ & k_1 & & \\ & & k_2 & \\ & & & k_3 \end{pmatrix}$$

$$= \begin{pmatrix} -2 \\ 3 \\ 0 \\ 0 \\ 0 \end{pmatrix} + k_1 \begin{pmatrix} 1 \\ -2 \\ 1 \\ 0 \\ 0 \end{pmatrix} + k_2 \begin{pmatrix} 1 \\ -2 \\ 0 \\ 1 \\ 0 \end{pmatrix} + k_3 \begin{pmatrix} 5 \\ -6 \\ 0 \\ 0 \\ 1 \end{pmatrix}. \tag{3.34}$$

容易看出, 解 $\eta_0 = (-2, 3, 0, 0, 0)$ 是当 $k_1 = k_2 = k_3 = 0$ 时的一个特解. 如果我们称与非齐次线性方程组 (3.33) 对应的齐次线性方程组

$$\begin{cases} x + y + z + w + u = 0, \\ 3x + 2y + z + w - 3u = 0, \\ y + 2z + 2w + 6u = 0, \\ 5x + 4y + 3z + 3w - u = 0 \end{cases} \tag{3.35}$$

为 (3.33) 式的**导出组**, 那么很明显: 出现在 (3.34) 式中的三个线性无关的向量

$$\eta_1 = \begin{pmatrix} 1 \\ -2 \\ 1 \\ 0 \\ 0 \end{pmatrix}, \quad \eta_2 = \begin{pmatrix} 1 \\ -2 \\ 0 \\ 1 \\ 0 \end{pmatrix}, \quad \eta_3 = \begin{pmatrix} 5 \\ -6 \\ 0 \\ 0 \\ 1 \end{pmatrix}$$

正好是 (3.33) 式的导出组 (3.35) 的一个基础解系 (把 (3.32) 式矩阵中的第 6 列换成零向量就可以看出这个事实). 这个例子说明了一个普遍成立的事实: 非齐次线性方程组的解由两个向量相加而成, 其中第一个向量是非齐次线性方程组的一个特解, 另一个向量是对应的导出组的任意一个解 (它写成了导出组基础解系的线性组合).

> **定理 3.22** (非齐次线性方程组解的结构定理) 设非齐次线性方程组 $AX = \beta$ 有解, 且已知 $\mathrm{rank}(A) = r$, $\eta_1, \eta_2, \cdots, \eta_{n-r}$ 是 $AX = \beta$ 的导出组 $AX = 0$ 的基础解系, 以及 η_0 是 $AX = \beta$ 的一个已知特解, 那么非齐次线性方程组 $AX = \beta$ 的通解是
> $$X = \eta_0 + k_1\eta_1 + k_2\eta_2 + \cdots + k_{n-r}\eta_{n-r}, \quad k_i \in \mathbb{F}, \quad i = 1, 2, \cdots, n-r.$$

证明 设 η 是 $AX = \beta$ 的任一个解, 则有 $A\eta = \beta$. 又因为 $A\eta_0 = \beta$, 所以两式的两边相减得

$$A(\eta - \eta_0) = 0,$$

因此 $\eta - \eta_0$ 是导出组 $AX = 0$ 的解. 由定理 3.20 可知存在 $n-r$ 个数 $k_1, k_2, \cdots, k_{n-r}$

使得

$$\eta - \eta_0 = k_1\eta_1 + k_2\eta_2 + \cdots + k_{n-r}\eta_{n-r},$$

即有

$$\eta = \eta_0 + k_1\eta_1 + k_2\eta_2 + \cdots + k_{n-r}\eta_{n-r}. \qquad \square$$

例 3.19   求线性方程组

$$\begin{cases} x + y \quad\quad - 3w - u = 2, \\ x - y + 2z - w \quad\quad = 1, \\ 4x - 2y + 6z + 3w - 4u = 8, \\ 2x + 4y - 2z + 4w - 7u = 9 \end{cases} \qquad (3.36)$$

的通解.

解   此题就是例 2.5, 在那里已经用高斯消元法求出了通解为

$$x = \frac{13}{6} - p + \frac{7}{6}q, \quad y = \frac{5}{6} + p + \frac{5}{6}q, \quad z = p, \quad w = \frac{1}{3} + \frac{1}{3}q, \quad u = q,$$

现在需要写成解向量的形式:

$$\begin{pmatrix} x \\ y \\ z \\ w \\ u \end{pmatrix} = \begin{pmatrix} \frac{13}{6} & -p & \frac{7}{6}q \\ \frac{5}{6} & p & \frac{5}{6}q \\ 0 & p & 0 \\ \frac{1}{3} & 0 & \frac{1}{3}q \\ 0 & 0 & q \end{pmatrix} = \begin{pmatrix} \frac{13}{6} \\ \frac{5}{6} \\ 0 \\ \frac{1}{3} \\ 0 \end{pmatrix} + p \begin{pmatrix} -1 \\ 1 \\ 1 \\ 0 \\ 0 \end{pmatrix} + q \begin{pmatrix} \frac{7}{6} \\ \frac{5}{6} \\ 0 \\ \frac{1}{3} \\ 1 \end{pmatrix},$$

其中, $\eta_0 = \left(\dfrac{13}{6}, \dfrac{5}{6}, 0, \dfrac{1}{3}, 0\right)^{\mathrm{T}}$ 是线性方程组 (3.36) 的一个特解,

$$\eta_1 = (-1, 1, 1, 0, 0)^{\mathrm{T}}, \quad \eta_2 = \left(\frac{7}{6}, \frac{5}{6}, 0, \frac{1}{3}, 1\right)^{\mathrm{T}}$$

是导出组的一个基础解系. $\square$

例 3.20   设矩阵 $A = (\alpha_1 \ \alpha_2 \ \alpha_3 \ \alpha_4)$, 其中向量 $\alpha_2, \alpha_3, \alpha_4$ 线性无关, $\alpha_1 = 2\alpha_2 - \alpha_3$, 且已知 $\beta = \alpha_1 + \alpha_2 + \alpha_3 + \alpha_4$, 求线性方程组 $AX = \beta$ 的通解.

解   因为向量等式 $\beta = \alpha_1 + \alpha_2 + \alpha_3 + \alpha_4$ 可以写成

$$A \begin{pmatrix} 1 \\ 1 \\ 1 \\ 1 \end{pmatrix} = (\alpha_1 \quad \alpha_2 \quad \alpha_3 \quad \alpha_4) \begin{pmatrix} 1 \\ 1 \\ 1 \\ 1 \end{pmatrix} = \beta,$$

所以 $\eta_0 = (1,1,1,1)^{\mathrm{T}}$ 是 $AX = \beta$ 的一个特解. 又因为 $\alpha_2, \alpha_3, \alpha_4$ 线性无关, 所以

$$\mathrm{rank}(A) \geqslant \mathrm{rank}\{\alpha_2, \alpha_3, \alpha_4\} = 3.$$

另一方面, 由 $\alpha_1 = 2\alpha_2 - \alpha_3$ 知向量组 $\alpha_1, \alpha_2, \alpha_3$ 线性相关, 从而向量组 $\alpha_1, \alpha_2,$ α_3, α_4 线性相关, 因此有

$$\mathrm{rank}(A) = \mathrm{rank}\{\alpha_1, \alpha_2, \alpha_3, \alpha_4\} < 4,$$

所以 $\mathrm{rank}(A) = 3$. 再由定理 3.20 知导出组 $AX = 0$ 的基础解系只有 $4 - 3 = 1$ 个向量, 并且从 $\alpha_1 = 2\alpha_2 - \alpha_3$ 还可以知道

$$A \begin{pmatrix} 1 \\ -2 \\ 1 \\ 0 \end{pmatrix} = (\alpha_1 \quad \alpha_2 \quad \alpha_3 \quad \alpha_4) \begin{pmatrix} 1 \\ -2 \\ 1 \\ 0 \end{pmatrix} = 0,$$

因此 $\eta_1 = (1, -2, 1, 0)^{\mathrm{T}}$ 是导出组的基础解系. 最后, 由非齐次线性方程组解的结构定理, 可知 $AX = \beta$ 的通解为

$$X = \begin{pmatrix} 1 \\ 1 \\ 1 \\ 1 \end{pmatrix} + k \begin{pmatrix} 1 \\ -2 \\ 1 \\ 0 \end{pmatrix},$$

其中 k 为任意数. □

习 题 3.3

1. 求下列齐次线性方程组的一个基础解系和通解:

(1) $\begin{cases} x + y - 3w = 0, \\ 4x - 2y + 6z + 3w - 4u = 0, \\ x - y + 2z - w = 0, \\ 2x + 4y - 2z + 4w - 7u = 0; \end{cases}$
(2) $\begin{cases} x - 2y + z + w - u = 0, \\ 2x + y - z - w - u = 0, \\ x + 7y - 5z - 5w + 5u = 0, \\ 3x - y - 2z + w - u = 0; \end{cases}$

(3) $\begin{cases} x - 2y + z - w + u = 0, \\ 2x + y - z + 2w - 3u = 0, \\ 3x - 2y - z + w - 2u = 0, \\ 2x - 5y + z - 2w + 2u = 0; \end{cases}$
(4) $\begin{cases} x + 2y - 5w + u = 0, \\ x + 2y + 3z + 4w - 5u = 0, \\ x + 2y + 2z + w - 3u = 0, \\ 2x + 4y - 3z - 19w + 8u = 0, \\ 3x + 6y - 3z - 24w + 9u = 0. \end{cases}$

2. 设 $\eta_1, \eta_2, \cdots, \eta_t$ 是齐次线性方程组 $AX = 0$ 的一个基础解系, 证明: 与 $\eta_1, \eta_2, \cdots, \eta_t$ 等价的线性无关的向量组也是 $AX = 0$ 的基础解系.

3. 设 n 元齐次线性方程组 $AX = 0$ 的系数矩阵 A 的秩为 $r(r < n)$, 证明:

(1) $AX = 0$ 的任意 $n - r$ 个线性无关的解向量都是它的一个基础解系;

(2) 若 $\alpha_1, \alpha_2, \cdots, \alpha_m$ 是 $AX = 0$ 的解向量, 则 $\mathrm{rank}\{\alpha_1, \alpha_2, \cdots, \alpha_m\} \leqslant n - r$.

4. 设具有 $n - 1$ 个方程的 n 元齐次线性方程组 $(n \geqslant 2)$ 的系数矩阵为 A, D_i 是 A 中划去第 i 列所得的 $n - 1$ 阶子式, 令

$$\eta_1 = \begin{pmatrix} D_1 \\ -D_2 \\ \vdots \\ (-1)^{n-1} D_n \end{pmatrix}.$$

证明:

(1) η_1 是齐次线性方程组 $AX = 0$ 的一个解;

(2) 若 $\mathrm{rank}(A) = n - 1$, 则 η_1 是 $AX = 0$ 的一个基础解系.

5. 设 A 是 $m \times n$ 矩阵, 且 $\mathrm{rank}(A) = n$, B 是 $n \times s$ 矩阵, 证明:

$$\mathrm{rank}(AB) = \mathrm{rank}(B).$$

6. 设 A 是 $m \times n$ 矩阵, 证明: 存在非零的 $n \times s$ 矩阵 B 使得 $AB = 0$ 的充分必要条件是

$$\mathrm{rank}(A) < n.$$

7. 设 A 是 $m \times n$ 矩阵, B 是 $n \times s$ 矩阵, 且 $\mathrm{rank}(B) = n$, 证明: 对任何 $m \times n$ 矩阵 C, 如果 $AB = CB$, 那么 $A = C$.

8. 设 A 是 n 阶方阵, 且 $A^2 = A$, 证明:

$$\mathrm{rank}(A) + \mathrm{rank}(A - I) = n.$$

9. 设 A 与 B 都是 $m \times n$ 矩阵, 证明:

$$\mathrm{rank}(A - B) \leqslant \mathrm{rank}(A) + \mathrm{rank}(B).$$

10. 设 A 是 n 阶方阵, 且 $A^2 = I$, 证明:

$$\mathrm{rank}(A + I) + \mathrm{rank}(A - I) = n.$$

11. 设 n 阶方阵

$$A = \begin{pmatrix} 1 & 1 & \cdots & 1 \\ 1 & 1 & \cdots & 1 \\ \vdots & \vdots & & \vdots \\ 1 & 1 & \cdots & 1 \end{pmatrix},$$

$B = I_n - \dfrac{1}{n} A$, 证明: B 是奇异矩阵.

12. 设 A 是 n 阶方阵 $(n \geqslant 2)$, 证明:

$$\mathrm{rank}(A^*) = \begin{cases} n, & \mathrm{rank}(A) = n, \\ 1, & \mathrm{rank}(A) = n-1, \\ 0, & \mathrm{rank}(A) < n-1. \end{cases}$$

13. 设 A 是三阶方阵, 且 $\mathrm{rank}(A) = 1$, 求 $\mathrm{rank}(A^*)$.

14. 设 A, B, A^* 均为 n 阶非零矩阵, 且 $AB = 0$, 证明: $\mathrm{rank}(B) = 1$.

15. 设 A 是 n 阶方阵, $n > 2$, 证明:

$$(A^*)^* = |A|^{n-2} A.$$

16. 设 A 是 $m \times n$ 实矩阵, 证明:

$$\mathrm{rank}(A^{\mathrm{T}} A) = \mathrm{rank}(A).$$

17. 求下列非齐次线性方程组的通解, 并指出一个特解和导出组的一个基础解系:

(1) $\begin{cases} x + 2y + 3z + w = 3, \\ x + 4y + 5z + 2w = 2, \\ 2x + 9y + 8z + 3w = 7, \\ 3x + 7y + 7z + 2w = 12; \end{cases}$
(2) $\begin{cases} x - 5y + 2z - 3w = 11, \\ -3x + y - 4z + 2w = -5, \\ -x - 9y - 4w = 17, \\ 5x + 3y + 6z - w = -1; \end{cases}$

(3) $\begin{cases} 3x + 2y + z + w + u = 7, \\ 3x + 2y + z + w - 3u = -2, \\ 5x + 4y + 3z + 3w - u = 12; \end{cases}$
(4) $x - 4y + 2z - 3w + 6u = 4.$

18. 已知 4 元线性方程组 $AX = \beta$ 的三个解向量是 ξ_1, ξ_2, ξ_3, 且 $\xi_1 = (1, 2, 3, 4)^{\mathrm{T}}$, $\xi_2 + \xi_3 = (3, 5, 7, 9)^{\mathrm{T}}$, $\mathrm{rank}(A) = 3$, 求此线性方程组的通解.

19. 已知 4 元线性方程组 $AX = \beta$ 的三个解向量是 ξ_1, ξ_2, ξ_3, 且 $\xi_1 = (1, -2, -3, 4)^{\mathrm{T}}$, $5\xi_2 - 2\xi_3 = (2, 0, 0, 8)^{\mathrm{T}}$, $\mathrm{rank}(A) = 3$, 求此线性方程组的通解.

20. 设

$$A = \begin{pmatrix} 1 & 1 & -1 \\ 2 & a+2 & -3 \\ 0 & -3a & a+2 \end{pmatrix}, \quad \beta = \begin{pmatrix} 1 \\ 3 \\ -3 \end{pmatrix},$$

讨论 a 为何值时, 线性方程组 $AX = \beta$ 无解、有唯一解、有无穷多解, 有解时求其解.

21. 设有线性方程组

$$\begin{cases} x + a_1 y + a_1^2 z = a_1^3, \\ x + a_2 y + a_2^2 z = a_2^3, \\ x + a_3 y + a_3^2 z = a_3^3, \\ x + a_4 y + a_4^2 z = a_4^3. \end{cases}$$

(1) 证明: 当 a_1, a_2, a_3, a_4 互异时, 此方程组无解;

(2) 设 $a_1 = a_3 = k$, $a_2 = a_4 = -k$ 且 $\eta = (-1, 1, 1)^{\mathrm{T}}$ 是此方程组的解, 求此方程组的全部解.

22. 设 A 是 $m \times n$ 矩阵, B 是 $m \times s$ 矩阵, 且 $\text{rank}(A) = \text{rank}(A\ B)$, 证明: 存在 $n \times s$ 矩阵 C 使得 $AC = B$.

23. 设 $\alpha_i = (a_{i1}, a_{i2}, \cdots, a_{in})$, $i = 1, 2, \cdots, s$, $\beta = (b_1, b_2, \cdots, b_n)$, 证明: 如果线性方程组

$$\begin{cases} a_{11}x_1 + a_{12}x_2 + \cdots + a_{1n}x_n = 0, \\ a_{21}x_1 + a_{22}x_2 + \cdots + a_{2n}x_n = 0, \\ \qquad\qquad \cdots \\ a_{s1}x_1 + a_{s2}x_2 + \cdots + a_{sn}x_n = 0 \end{cases}$$

的解全是方程 $b_1x_1 + b_2x_2 + \cdots + b_nx_n = 0$ 的解, 那么 β 可由 $\alpha_1, \alpha_2, \cdots, \alpha_s$ 线性表出.

24. 设 η_0 是线性方程组 $AX = \beta$ 的一个解, $\eta_1, \eta_2, \cdots, \eta_t$ 是它的导出组 $AX = 0$ 的一个基础解系, 令

$$\gamma_1 = \eta_0, \gamma_2 = \eta_1 + \eta_0, \cdots, \gamma_{t+1} = \eta_t + \eta_0,$$

证明: 线性方程组 $AX = \beta$ 的任一个解 γ 都可表示成

$$\gamma = u_1\gamma_1 + u_2\gamma_2 + \cdots + u_{t+1}\gamma_{t+1},$$

其中 $u_1 + u_2 + \cdots + u_{t+1} = 1$.

3.4　分块矩阵方法的进一步运用

分块矩阵是研究矩阵性质的有力工具. 在前面几节中常用到分块矩阵的方法, 特别是它与线性方程组的联系, 可使我们简洁明快地解决一些问题. 本节进一步介绍分块矩阵的有关知识.

3.4.1　矩阵的等价标准形

在第 2 章已经知道, 任何矩阵经过行初等变换后, 都可以化成简化阶梯阵, 并且不改变矩阵的秩. 现在我们继续作列的初等变换, 可将简化阶梯阵化成更简单的矩阵.

我们以三阶方阵 $A = (a_{ij})$ 为例, 观察列初等变换与右乘初等矩阵的联系, 先看第二种初等变换, 例如交换 A 的第 1 列与第 2 列:

$$AE(1,2) = \begin{pmatrix} a_{11} & a_{12} & a_{13} \\ a_{21} & a_{22} & a_{23} \\ a_{31} & a_{32} & a_{33} \end{pmatrix} \begin{pmatrix} 0 & 1 & 0 \\ 1 & 0 & 0 \\ 0 & 0 & 1 \end{pmatrix} = \begin{pmatrix} a_{12} & a_{11} & a_{13} \\ a_{22} & a_{21} & a_{23} \\ a_{32} & a_{31} & a_{33} \end{pmatrix}.$$

一般来说, 右乘 $E(i,j)$ 后交换 A 的第 i 列与第 j 列. 第一种初等变换的例子是

$$AE(3(2)) = \begin{pmatrix} a_{11} & a_{12} & a_{13} \\ a_{21} & a_{22} & a_{23} \\ a_{31} & a_{32} & a_{33} \end{pmatrix} \begin{pmatrix} 1 & 0 & 0 \\ 0 & 1 & 0 \\ 0 & 0 & 2 \end{pmatrix} = \begin{pmatrix} a_{11} & a_{12} & 2a_{13} \\ a_{21} & a_{22} & 2a_{23} \\ a_{31} & a_{32} & 2a_{33} \end{pmatrix},$$

即右乘 $E(3(2))$ 后, A 的第 3 列每一元素都乘 2, 一般来说, 若 $c \neq 0$, 右乘 $E(i(c))$ 后, A 的第 i 列每一个元素都乘以 c, 再看第三种初等变换:

$$AE(3(4),2) = \begin{pmatrix} a_{11} & a_{12} & a_{13} \\ a_{21} & a_{22} & a_{23} \\ a_{31} & a_{32} & a_{33} \end{pmatrix} \begin{pmatrix} 1 & 0 & 0 \\ 0 & 1 & 4 \\ 0 & 0 & 1 \end{pmatrix} = \begin{pmatrix} a_{11} & a_{12} & a_{13} + 4a_{12} \\ a_{21} & a_{22} & a_{23} + 4a_{22} \\ a_{31} & a_{32} & a_{33} + 4a_{32} \end{pmatrix},$$

即右乘 $E(3(4),2)$ 后将 A 的第 2 列的 4 倍加到第 3 列上, 一般来说, 右乘 $E(j(c),i)$ 后, 将 A 的第 i 列的 c 倍加到第 j 列上. 总而言之, 对 A 作列初等变换就相当于在 A 的右边乘上相应的初等矩阵, 并且和行初等变换一样, 可以证明, 列初等变换也不改变矩阵的秩 (因此右乘可逆矩阵不改变矩阵的秩, 见习题 3.2 的 14 题).

定理 3.23 对于任意一个 $m \times n$ 矩阵 A, 总存在 m 阶可逆矩阵 P 和 n 阶可逆矩阵 Q, 使得

$$PAQ = \begin{pmatrix} I_r & 0 \\ 0 & 0 \end{pmatrix},$$

其中的 I_r 是 r 阶单位矩阵, 并且 $r = \operatorname{rank}(A)$.

证明 先用行初等变换把 $m \times n$ 矩阵 A 化成简化阶梯阵, 即存在 m 阶可逆矩阵 P(它是所有左乘的初等变换矩阵的乘积) 使得

$$PA = \begin{pmatrix} 0 & \cdots & 0 & 1 & \cdots & 0 & \cdots & 0 & \cdots & * \\ 0 & \cdots & 0 & 0 & \cdots & 1 & \cdots & 0 & \cdots & * \\ \vdots & & \vdots & \vdots & & \vdots & & \vdots & & \vdots \\ 0 & \cdots & 0 & 0 & \cdots & 0 & \cdots & 1 & \cdots & * \\ 0 & \cdots & 0 & 0 & \cdots & 0 & \cdots & 0 & & 0 \\ \vdots & & \vdots & \vdots & & \vdots & & \vdots & & \vdots \\ 0 & \cdots & 0 & 0 & \cdots & 0 & \cdots & 0 & & 0 \end{pmatrix}.$$

由于 $\operatorname{rank}(A) = r$, 所以简化阶梯阵 PA 有 r 个非零行, 并且其中的 r 个主元 1 从左至右依次位于第 $i_1, i_2, \cdots, i_r$ 列. 现在继续对 PA 作列初等变换, 让这 r 个 1 分别乘适当的数后加到位于其右边的各列, 使得所有位于 1 右边的元素都化为零. 最后, 再把第 i_1 列换到第 1 列, 把第 i_2 列换到第 2 列, $\cdots$, 把第 i_r 列换到第 r 列, 就把 PA 化成了左上角是 I_r, 其余元素都是零的 $m \times n$ 矩阵, 而把所有右乘的初等矩阵的乘积记为 Q, 它显然也是可逆的 n 阶方阵, 这样就有了等式

$$PAQ = \begin{pmatrix} I_r & 0 \\ 0 & 0 \end{pmatrix}. \qquad \Box$$

如果矩阵 A 经过一系列初等变换后化成了另一个同型的矩阵 B, 那么我们就

称 A 与 B 是**等价**的. 此时显然也存在可逆矩阵 P_1 和 Q_1, 使得

$$P_1 A Q_1 = B.$$

矩阵的等价关系是矩阵行等价关系的推广, 它也具有传递性. 定理 3.23 中与 A 等价的矩阵

$$\begin{pmatrix} I_r & 0 \\ 0 & 0 \end{pmatrix}$$

称为矩阵 A 的**等价标准形**.

例 3.21　用初等变换将下列矩阵化为等价标准形:

$$A = \begin{pmatrix} 0 & 1 & 2 & -1 \\ 1 & 1 & -1 & -1 \\ 2 & 4 & 2 & -4 \end{pmatrix},$$

并且求出可逆矩阵 P 和 Q, 使得 PAQ 为 A 的等价标准形.

解　先把 A 化成简化阶梯阵:

$$A \xrightarrow[-2r_1+r_3]{r_1 \leftrightarrow r_2} \begin{pmatrix} 1 & 1 & -1 & -1 \\ 0 & 1 & 2 & -1 \\ 0 & 2 & 4 & -2 \end{pmatrix} \xrightarrow[-r_2+r_1]{-2r_2+r_3} \begin{pmatrix} 1 & 0 & -3 & 0 \\ 0 & 1 & 2 & -1 \\ 0 & 0 & 0 & 0 \end{pmatrix}, \tag{3.37}$$

再继续作列初等变换 (第 j 列记为 c_j, 初等变换的其他约定记号照旧):

$$\begin{pmatrix} 1 & 0 & -3 & 0 \\ 0 & 1 & 2 & -1 \\ 0 & 0 & 0 & 0 \end{pmatrix} \xrightarrow[c_2+c_4]{\substack{3c_1+c_3 \\ -2c_2+c_3}} \begin{pmatrix} 1 & 0 & 0 & 0 \\ 0 & 1 & 0 & 0 \\ 0 & 0 & 0 & 0 \end{pmatrix}, \tag{3.38}$$

与 (3.37) 中所作的行初等变换相对应的初等矩阵的乘积是

$$P = \begin{pmatrix} 1 & -1 & 0 \\ 0 & 1 & 0 \\ 0 & 0 & 1 \end{pmatrix} \begin{pmatrix} 1 & 0 & 0 \\ 0 & 1 & 0 \\ 0 & -2 & 1 \end{pmatrix} \begin{pmatrix} 1 & 0 & 0 \\ 0 & 1 & 0 \\ -2 & 0 & 1 \end{pmatrix} \begin{pmatrix} 0 & 1 & 0 \\ 1 & 0 & 0 \\ 0 & 0 & 1 \end{pmatrix} = \begin{pmatrix} -1 & 1 & 0 \\ 1 & 0 & 0 \\ -2 & -2 & 1 \end{pmatrix},$$

与 (3.38) 中所作的列初等变换相对应的初等矩阵的乘积是

$$Q = \begin{pmatrix} 1 & 0 & 3 & 0 \\ 0 & 1 & 0 & 0 \\ 0 & 0 & 1 & 0 \\ 0 & 0 & 0 & 1 \end{pmatrix} \begin{pmatrix} 1 & 0 & 0 & 0 \\ 0 & 1 & -2 & 0 \\ 0 & 0 & 1 & 0 \\ 0 & 0 & 0 & 1 \end{pmatrix} \begin{pmatrix} 1 & 0 & 0 & 0 \\ 0 & 1 & 0 & 1 \\ 0 & 0 & 1 & 0 \\ 0 & 0 & 0 & 1 \end{pmatrix} = \begin{pmatrix} 1 & 0 & 3 & 0 \\ 0 & 1 & -2 & 1 \\ 0 & 0 & 1 & 0 \\ 0 & 0 & 0 & 1 \end{pmatrix},$$

并且有等式

$$PAQ = \begin{pmatrix} 1 & 0 & 0 & 0 \\ 0 & 1 & 0 & 0 \\ 0 & 0 & 0 & 0 \end{pmatrix}. \qquad \square$$

从矩阵的等价标准形可知: 等价的矩阵有相同的秩.

矩阵的等价标准形是一个分块矩阵, 它在理论证明中有不少用处, 这里举几个例子说明.

例 3.22 设 A 是 $(n+1) \times n$ 矩阵, 且 $\mathrm{rank}(A) = n$, 证明: 存在 $n \times (n+1)$ 矩阵 B, 使得 $BA = I_n$, 并且 $\mathrm{rank}(B) = n$.

证明 由已知条件和定理 3.23, 存在 $n+1$ 阶可逆矩阵 P 和 n 阶可逆矩阵 Q, 使得

$$PAQ = \begin{pmatrix} I_n \\ 0_{1 \times n} \end{pmatrix},$$

其中的 $0_{1 \times n}$ 表示 $1 \times n$ 零矩阵. 如果用 $0_{n \times 1}$ 表示 $n \times 1$ 零矩阵, 则由分块矩阵的乘法可得

$$(I_n \quad 0_{n \times 1}) PAQ = (I_n \quad 0_{n \times 1}) \begin{pmatrix} I_n \\ 0_{1 \times n} \end{pmatrix} = I_n,$$

现在, 对上式的两边左乘 Q , 再右乘 Q^{-1}, 得

$$Q(I_n \quad 0_{n \times 1}) PA = I_n,$$

令 $B = Q(I_n \quad 0_{n \times 1}) P$, 则分块矩阵 $(I_n \quad 0_{n \times 1})$ 是 B 的标准形, 因此 $\mathrm{rank}(B) = n$, 并且有 $BA = I_n$. □

例 3.23 证明:

$$\mathrm{rank} \begin{pmatrix} A & 0 \\ C & B \end{pmatrix} \geqslant \mathrm{rank}(A) + \mathrm{rank}(B).$$

证明 设 $\mathrm{rank}(A) = r, \mathrm{rank}(B) = s$, 则由定理 3.23 可知, 分别存在可逆矩阵 P_1, Q_1, P_2, Q_2, 使得

$$P_1 A Q_1 = \begin{pmatrix} I_r & 0 \\ 0 & 0 \end{pmatrix}, \quad P_2 B Q_2 = \begin{pmatrix} I_s & 0 \\ 0 & 0 \end{pmatrix}.$$

因为 P_1, P_2 可逆, 所以分块矩阵

$$P = \begin{pmatrix} P_1 & 0 \\ 0 & P_2 \end{pmatrix}$$

也可逆, 这是因为由分块矩阵的乘法规则, 有

$$\begin{pmatrix} P_1 & 0 \\ 0 & P_2 \end{pmatrix} \begin{pmatrix} P_1^{-1} & 0 \\ 0 & P_2^{-1} \end{pmatrix} = \begin{pmatrix} P_1 P_1^{-1} & 0 \\ 0 & P_2 P_2^{-1} \end{pmatrix} = I.$$

同理, 分块矩阵

$$Q = \begin{pmatrix} Q_1 & 0 \\ 0 & Q_2 \end{pmatrix}$$

也是可逆矩阵. 现在

$$P\begin{pmatrix} A & 0 \\ C & B \end{pmatrix}Q = \begin{pmatrix} P_1 & 0 \\ 0 & P_2 \end{pmatrix}\begin{pmatrix} A & 0 \\ C & B \end{pmatrix}\begin{pmatrix} Q_1 & 0 \\ 0 & Q_2 \end{pmatrix} = \begin{pmatrix} P_1A & 0 \\ P_2C & P_2B \end{pmatrix}\begin{pmatrix} Q_1 & 0 \\ 0 & Q_2 \end{pmatrix}$$

$$= \begin{pmatrix} P_1AQ_1 & 0 \\ P_2CQ_1 & P_2BQ_2 \end{pmatrix} = \begin{pmatrix} I_r & 0 & 0 & 0 \\ 0 & 0 & 0 & 0 \\ * & * & I_s & 0 \\ * & * & 0 & 0 \end{pmatrix} = M.$$

容易看出, 矩阵 M 中至少有一个 $r + s$ 阶子式

$$\begin{vmatrix} I_r & 0 \\ * & I_s \end{vmatrix} = 1 \neq 0.$$

因此由定理 3.18 可知,

$$\mathrm{rank}(M) \geqslant r + s.$$

由于乘可逆矩阵不改变矩阵的秩 (习题 3.2 的第 14 题), 所以

$$\mathrm{rank}\begin{pmatrix} A & 0 \\ C & B \end{pmatrix} = \mathrm{rank}(M) \geqslant r + s = \mathrm{rank}(A) + \mathrm{rank}(B). \qquad \Box$$

　　下面这个例题的结论其实是例 3.14 结论的一部分, 在那里是运用矩阵列向量组的秩来证明的.

　　例 3.24　设 A 是 $m \times n$ 矩阵, B 是 $n \times s$ 矩阵, 用分块矩阵的方法证明:

$$\mathrm{rank}(AB) \leqslant \mathrm{rank}(A).$$

　　证明　设 $\mathrm{rank}(A) = r$, 则由定理 3.23 知, 存在可逆矩阵 P 和 Q, 使得

$$PAQ = \begin{pmatrix} I_r & 0 \\ 0 & 0 \end{pmatrix},$$

在上式的两边右乘 Q^{-1} 得

$$PA = \begin{pmatrix} I_r & 0 \\ 0 & 0 \end{pmatrix}Q^{-1},$$

再右乘 B, 得

$$PAB = \begin{pmatrix} I_r & 0 \\ 0 & 0 \end{pmatrix}Q^{-1}B.$$

为了证明 $\mathrm{rank}(PAB) \leqslant r$, 将 $n \times s$ 矩阵 $Q^{-1}B$ 分拆成上下两个矩阵 B_1 与 B_2, 使得 B_1 是 $r \times s$ 矩阵, B_2 是 $(n - r) \times s$ 矩阵, 从而有

$$PAB = \begin{pmatrix} I_r & 0 \\ 0 & 0 \end{pmatrix}\begin{pmatrix} B_1 \\ B_2 \end{pmatrix} = \begin{pmatrix} B_1 \\ 0 \end{pmatrix}.$$

因此 $m \times s$ 矩阵 PAB 除了前 r 行, 其余的行都是全零行, 这样就得到了

$$\text{rank}(AB) = \text{rank}(PAB) \leqslant r = \text{rank}(A). \qquad \square$$

对于 $m \times n$ 矩阵 A, 如果 $m = n$, 且 $\text{rank}(A) = n$, 则称 A 为**满秩**方阵. 如果 $\text{rank}(A) = m < n$, 则称 A 为行满秩矩阵, 它的行向量组线性无关; 如果 $\text{rank}(A) = n < m$, 则称 A 为列满秩矩阵, 此时它的列向量组是线性无关的.

例 3.25 设 A 是秩为 r 的 $m \times n$ 矩阵, 证明: $A = HL$, 其中 H 是一个 $m \times r$ 的列满秩矩阵, L 是一个 $r \times n$ 的行满秩矩阵.

证明 由定理 3.23 可知, 存在 m 阶可逆矩阵 P 和 n 阶可逆矩阵 Q, 使得

$$A = P^{-1} \begin{pmatrix} I_r & 0 \\ 0 & 0 \end{pmatrix} Q^{-1}. \qquad (3.39)$$

再把 P^{-1} 和 Q^{-1} 进行如下的拆分:

$$P^{-1} = (H \quad H_1), \quad Q^{-1} = \begin{pmatrix} L \\ L_1 \end{pmatrix},$$

其中的 H 和 H_1 分别是 $m \times r$ 矩阵和 $m \times (m-r)$ 矩阵, L 和 L_1 分别是 $r \times n$ 矩阵和 $(n-r) \times n$ 矩阵, 将它们代入 (3.39) 式, 得

$$A = (H \quad H_1) \begin{pmatrix} I_r & 0 \\ 0 & 0 \end{pmatrix} \begin{pmatrix} L \\ L_1 \end{pmatrix}$$

$$= (H \quad 0) \begin{pmatrix} L \\ L_1 \end{pmatrix} = HL.$$

由于 P^{-1} 和 Q^{-1} 都可逆, 所以 P^{-1} 的前 r 列与 Q^{-1} 的前 r 行都线性无关, 因此有

$$\text{rank}(H) = \text{rank}(L) = r. \qquad \square$$

3.4.2 分块矩阵的初等变换

分块矩阵的奇妙之处在于它本身也可以有 "初等变换", 即把原来的以数作为 "元素" 的初等变换扩大为以分块矩阵作为元素的初等变换.

先看一个矩阵相乘的例子. 如果按矩阵乘法的定义进行计算, 则得下面的乘积:

$$FM = \begin{pmatrix} 1 & 0 & 0 & 0 \\ 0 & 1 & 0 & 0 \\ -1 & 2 & 1 & 0 \\ 1 & 1 & 0 & 1 \end{pmatrix} \begin{pmatrix} 1 & 1 & -1 \\ 2 & 0 & 1 \\ 1 & -1 & 0 \\ -2 & 3 & 1 \end{pmatrix} = \begin{pmatrix} 1 & 1 & -1 \\ 2 & 0 & 1 \\ 4 & -2 & 3 \\ 1 & 4 & 1 \end{pmatrix}. \qquad (3.40)$$

现在记

$$A = \begin{pmatrix} 1 \\ 2 \end{pmatrix}, \quad B = \begin{pmatrix} 1 & -1 \\ 0 & 1 \end{pmatrix}, \quad C = \begin{pmatrix} 1 \\ -2 \end{pmatrix}, \quad D = \begin{pmatrix} -1 & 0 \\ 3 & 1 \end{pmatrix}, \quad Q = \begin{pmatrix} -1 & 2 \\ 1 & 1 \end{pmatrix},$$

则 (3.40) 式实际上就是分块矩阵的乘积:

$$FM = \begin{pmatrix} I & 0 \\ Q & I \end{pmatrix} \begin{pmatrix} A & B \\ C & D \end{pmatrix} = \begin{pmatrix} A & B \\ QA+C & QB+D \end{pmatrix}. \tag{3.41}$$

事实上, 乘积 FM 中主要的改变是在 "第 2 行":

$$QA + C = \begin{pmatrix} -1 & 2 \\ 1 & 1 \end{pmatrix} \begin{pmatrix} 1 \\ 2 \end{pmatrix} + \begin{pmatrix} 1 \\ -2 \end{pmatrix} = \begin{pmatrix} 4 \\ 1 \end{pmatrix},$$

$$QB + D = \begin{pmatrix} -1 & 2 \\ 1 & 1 \end{pmatrix} \begin{pmatrix} 1 & -1 \\ 0 & 1 \end{pmatrix} + \begin{pmatrix} -1 & 0 \\ 3 & 1 \end{pmatrix} = \begin{pmatrix} -2 & 3 \\ 4 & 1 \end{pmatrix}.$$

我们可以将 (3.41) 式看成: 用分块的 "初等矩阵" F 左乘 M, 其作用是将 M 的 "第 1 行" 的 "元素" 都左乘 Q 以后加到 M 的 "第 2 行" 上, 这和以前数字矩阵的第三种行初等变换在形式上是完全一致的.

以下仅给出适用于分块 "2×2" 矩阵的初等变换公式:

(1) 第一种初等变换: 用可逆矩阵 P 乘以分块矩阵的某一行 (例如第 1 行)

$$\begin{pmatrix} P & 0 \\ 0 & I \end{pmatrix} \begin{pmatrix} A & B \\ C & D \end{pmatrix} = \begin{pmatrix} PA & PB \\ C & D \end{pmatrix}.$$

(2) 第二种初等变换: 交换矩阵的两行

$$\begin{pmatrix} 0 & I_t \\ I_s & 0 \end{pmatrix} \begin{pmatrix} A & B \\ C & D \end{pmatrix} = \begin{pmatrix} C & D \\ A & B \end{pmatrix},$$

其中 t 是矩阵 C 的行数, s 是矩阵 A 的行数.

(3) 第三种初等变换: 把分块矩阵的某一行都左乘 Q 后加到另一行 (例如, 第 2 行左乘 Q 后加到第 1 行)

$$\begin{pmatrix} I_t & Q \\ 0 & I_s \end{pmatrix} \begin{pmatrix} A & B \\ C & D \end{pmatrix} = \begin{pmatrix} A+QC & B+QD \\ C & D \end{pmatrix}, \tag{3.42}$$

其中 t 是矩阵 A 的行数, s 是矩阵 C 的行数.

用分块的初等矩阵右乘分块矩阵的结果是类似的, 也就是进行分块矩阵的列初等变换 (读者可以自行尝试写出来). 此外, 可以证明分块矩阵的初等矩阵都是可逆矩阵.

容易看到, 当分块矩阵是方阵时, 如果对 (3.42) 式的两边取行列式, 那么由行列式的乘法公式和

$$\begin{vmatrix} I_t & Q \\ 0 & I_s \end{vmatrix} = 1$$

可得

$$\begin{vmatrix} A & B \\ C & D \end{vmatrix} = \begin{vmatrix} A+QC & B+QD \\ C & D \end{vmatrix},$$

即第三种初等变换不改变分块矩阵的行列式.

例 3.26 设

$$M = \begin{pmatrix} A & 0 \\ C & D \end{pmatrix},$$

并且 A 和 D 都是可逆矩阵, 求 M 的逆矩阵 M^{-1}.

解 记 t 是 A 的行数, s 是 C 的行数, 则为了将矩阵 C 变成零矩阵, 将 M 的第 1 行左乘 $(-CA^{-1})$ 后加到第 2 行, 即有

$$\begin{pmatrix} I_t & 0 \\ -CA^{-1} & I_s \end{pmatrix} \begin{pmatrix} A & 0 \\ C & D \end{pmatrix} = \begin{pmatrix} A & 0 \\ 0 & D \end{pmatrix},$$

或者写成

$$M = \begin{pmatrix} A & 0 \\ C & D \end{pmatrix} = \begin{pmatrix} I_t & 0 \\ -CA^{-1} & I_s \end{pmatrix}^{-1} \begin{pmatrix} A & 0 \\ 0 & D \end{pmatrix},$$

由于 A 和 D 都可逆, 所以由例 3.23 的证明过程可知 "准对角矩阵"

$$\begin{pmatrix} A & 0 \\ 0 & D \end{pmatrix}$$

也可逆, 因此分块矩阵 M 是可逆矩阵, 并且由可逆矩阵的性质得

$$\begin{aligned}
M^{-1} &= \left(\begin{pmatrix} I_t & 0 \\ -CA^{-1} & I_s \end{pmatrix}^{-1} \begin{pmatrix} A & 0 \\ 0 & D \end{pmatrix} \right)^{-1} \\
&= \begin{pmatrix} A & 0 \\ 0 & D \end{pmatrix}^{-1} \begin{pmatrix} I_t & 0 \\ -CA^{-1} & I_s \end{pmatrix} = \begin{pmatrix} A^{-1} & 0 \\ 0 & D^{-1} \end{pmatrix} \begin{pmatrix} I_t & 0 \\ -CA^{-1} & I_s \end{pmatrix} \\
&= \begin{pmatrix} A^{-1} & 0 \\ -D^{-1}CA^{-1} & D^{-1} \end{pmatrix}.
\end{aligned}$$ □

下面两个例子都是涉及分块矩阵的秩的问题.

例 3.27 设 A 是 $m \times n$ 矩阵, B 是 $n \times s$ 矩阵, 证明:

$$\operatorname{rank} \begin{pmatrix} A & 0 \\ I_n & B \end{pmatrix} = \operatorname{rank} \begin{pmatrix} I_n & B \\ 0 & AB \end{pmatrix}.$$

证明   先交换等式左边分块矩阵的两行:

$$\begin{pmatrix} 0 & I_n \\ I_m & 0 \end{pmatrix}\begin{pmatrix} A & 0 \\ I_n & B \end{pmatrix} = \begin{pmatrix} I_n & B \\ A & 0 \end{pmatrix},$$

再将第 1 行左乘 $(-A)$ 后加到第 2 行, 得

$$\begin{pmatrix} I_n & 0 \\ -A & I_m \end{pmatrix}\begin{pmatrix} I_n & B \\ A & 0 \end{pmatrix} = \begin{pmatrix} I_n & B \\ 0 & -AB \end{pmatrix},$$

最后把第 2 行左乘 $(-I_m)$ 得

$$\begin{pmatrix} I_n & 0 \\ 0 & -I_m \end{pmatrix}\begin{pmatrix} I_n & B \\ 0 & -AB \end{pmatrix} = \begin{pmatrix} I_n & B \\ 0 & AB \end{pmatrix},$$

由于所作的三次初等变换都不改变分块矩阵的秩, 所以有

$$\operatorname{rank}\begin{pmatrix} A & 0 \\ I_n & B \end{pmatrix} = \operatorname{rank}\begin{pmatrix} I_n & B \\ 0 & AB \end{pmatrix}. \qquad \square$$

例 3.28   设矩阵 A 可逆, 证明:

(1) $\operatorname{rank}\begin{pmatrix} A & B \\ 0 & D \end{pmatrix} = \operatorname{rank}(A) + \operatorname{rank}(D)$;

(2) $\operatorname{rank}\begin{pmatrix} A & B \\ C & D \end{pmatrix} = \operatorname{rank}(A) + \operatorname{rank}(D - CA^{-1}B)$.

证明   (1) 对分块矩阵

$$\begin{pmatrix} A & B \\ 0 & D \end{pmatrix}$$

作列初等变换, 目的是把矩阵 B 化为零矩阵, 由于 A 可逆, 所以将第 1 列右乘 $(-A^{-1}B)$ 后加到第 2 列, 得

$$\begin{pmatrix} A & B \\ 0 & D \end{pmatrix}\begin{pmatrix} I_t & -A^{-1}B \\ 0 & I_s \end{pmatrix} = \begin{pmatrix} A & 0 \\ 0 & D \end{pmatrix},$$

其中 t 是方阵 A 的阶数, s 是 B 的列数. 又由习题 3.2 第 12 题的结论可得

$$\operatorname{rank}\begin{pmatrix} A & 0 \\ 0 & D \end{pmatrix} = \operatorname{rank}(A) + \operatorname{rank}(D),$$

从而再由初等变换不改变分块矩阵的秩, 得到

$$\operatorname{rank}\begin{pmatrix} A & B \\ 0 & D \end{pmatrix} = \operatorname{rank}\begin{pmatrix} A & 0 \\ 0 & D \end{pmatrix} = \operatorname{rank}(A) + \operatorname{rank}(D).$$

(2) 为了把分块矩阵

$$\begin{pmatrix} A & B \\ C & D \end{pmatrix}$$

中的矩阵 C 化为零矩阵 (以便运用 (1) 的结论), 作行初等变换, 即把第 1 行左乘 $(-CA^{-1})$ 后加到第 2 行, 得

$$\begin{pmatrix} I_t & 0 \\ -CA^{-1} & I_s \end{pmatrix} \begin{pmatrix} A & B \\ C & D \end{pmatrix} = \begin{pmatrix} A & B \\ 0 & D - CA^{-1}B \end{pmatrix}, \tag{3.43}$$

再由 A 可逆、行初等变换不改变分块矩阵的秩, 以及 (1) 的结论便得

$$\mathrm{rank} \begin{pmatrix} A & B \\ C & D \end{pmatrix} = \mathrm{rank} \begin{pmatrix} A & B \\ 0 & D - CA^{-1}B \end{pmatrix} = \mathrm{rank}(A) + \mathrm{rank}(D - CA^{-1}B). \quad \square$$

3.4.3 分块矩阵的行列式

先证明常用的分块矩阵行列式公式

$$\begin{vmatrix} A & 0 \\ C & B \end{vmatrix} = |A||B|, \tag{3.44}$$

其中的矩阵 A, B 都是方阵. 公式 (3.44) 的特殊情形是下列公式

$$\begin{vmatrix} A & 0 \\ C & I \end{vmatrix} = |A|. \tag{3.45}$$

而 (3.45) 式的证明是十分容易的, 即按照行列式

$$\begin{vmatrix} A & 0 \\ C & I \end{vmatrix} \tag{3.46}$$

的最后一列展开得到一个低一阶的 (3.46) 式形状的行列式, 再反复按照最后一列展开, 最终将得到行列式 $|A|$, 因此 (3.45) 式成立. 同理还可以证明

$$\begin{vmatrix} I & 0 \\ 0 & B \end{vmatrix} = |B| \tag{3.47}$$

也成立 (读者自己完成证明).

现在为了要证明公式 (3.44), 对分块矩阵

$$\begin{pmatrix} A & 0 \\ C & I \end{pmatrix}$$

右乘一个类似于第一种初等变换的矩阵, 可得等式

$$\begin{pmatrix} A & 0 \\ C & B \end{pmatrix} = \begin{pmatrix} A & 0 \\ C & I \end{pmatrix} \begin{pmatrix} I & 0 \\ 0 & B \end{pmatrix}.$$

两边取行列式, 再运用公式 (3.45) 和 (3.47), 就得到

$$\begin{vmatrix} A & 0 \\ C & B \end{vmatrix} = |A||B|.$$

公式 (3.44) 的另一个特殊情形是

$$\begin{vmatrix} A & 0 \\ 0 & B \end{vmatrix} = |A||B|.$$

有了公式 (3.44), 就可以利用行列式转置不变的性质推导出另一公式:

$$\begin{vmatrix} A & C \\ 0 & B \end{vmatrix} = |A||B|, \tag{3.48}$$

其中的 A, B 都是方阵. 推导如下:

$$\begin{vmatrix} A & C \\ 0 & B \end{vmatrix} = \left| \begin{pmatrix} A & C \\ 0 & B \end{pmatrix}^{\mathrm{T}} \right| = \begin{vmatrix} A^{\mathrm{T}} & 0 \\ C^{\mathrm{T}} & B^{\mathrm{T}} \end{vmatrix} = |A^{\mathrm{T}}||B^{\mathrm{T}}| = |A||B|.$$

例 3.29　设在分块矩阵

$$M = \begin{pmatrix} A & B \\ C & D \end{pmatrix}$$

中, A, D 都是方阵, 且 A 可逆, 证明:

$$|M| = |A||D - CA^{-1}B|.$$

证明　在前面例 3.28 中 (3.43) 式的两边取行列式, 得

$$\begin{vmatrix} A & B \\ C & D \end{vmatrix} = \begin{vmatrix} A & B \\ 0 & D - CA^{-1}B \end{vmatrix},$$

再由公式 (3.48) 就得到

$$|M| = |A||D - CA^{-1}B|. \qquad \square$$

例 3.30　设 A 是 $m \times n$ 矩阵, B 是 $n \times m$ 矩阵, 证明:

$$|I_n - BA| = |I_m - AB|. \tag{3.49}$$

证明　先构造一个方阵

$$\begin{pmatrix} I_m & A \\ B & I_n \end{pmatrix}, \tag{3.50}$$

然后把矩阵 B 化为零矩阵. 为此, 第 1 行左乘 $(-B)$ 后加到第 2 行, 得

$$\begin{pmatrix} I_m & 0 \\ -B & I_n \end{pmatrix} \begin{pmatrix} I_m & A \\ B & I_n \end{pmatrix} = \begin{pmatrix} I_m & A \\ 0 & I_n - BA \end{pmatrix}. \tag{3.51}$$

另一方面, 也可以对分块矩阵 (3.50) 作列初等变换, 把 B 化成零矩阵, 为此, 第 2 列右乘 $(-B)$ 加到第 1 列, 得

$$\begin{pmatrix} I_m & A \\ B & I_n \end{pmatrix} \begin{pmatrix} I_m & 0 \\ -B & I_n \end{pmatrix} = \begin{pmatrix} I_m - AB & A \\ 0 & I_n \end{pmatrix}, \tag{3.52}$$

现在将 (3.51) 式与 (3.52) 式的两边都取行列式, 并利用行列式公式 (3.48), 便得到

$$|I_n - BA| = \begin{vmatrix} I_m & A \\ B & I_n \end{vmatrix} = |I_m - AB|. \qquad \square$$

(3.49) 式也可以看作一个行列式计算公式, 这是因为如果 n 远大于 m, 它就可以把一个 n 阶的高阶行列式化成一个低阶 (m 阶) 的行列式, 从而达到事半功倍的效果. 下面就是一个很好的例子.

$$\begin{vmatrix} a_1^2 & 1+a_1a_2 & \cdots & 1+a_1a_n \\ 1+a_2a_1 & a_2^2 & \cdots & 1+a_2a_n \\ \vdots & \vdots & & \vdots \\ 1+a_na_1 & 1+a_na_2 & \cdots & a_n^2 \end{vmatrix}$$

$$= \begin{vmatrix} \begin{pmatrix} 1+a_1^2 & 1+a_1a_2 & \cdots & 1+a_1a_n \\ 1+a_2a_1 & 1+a_2^2 & \cdots & 1+a_2a_n \\ \vdots & \vdots & & \vdots \\ 1+a_na_1 & 1+a_na_2 & \cdots & 1+a_n^2 \end{pmatrix} - \begin{pmatrix} 1 & 0 & \cdots & 0 \\ 0 & 1 & \cdots & 0 \\ \vdots & \vdots & & \vdots \\ 0 & 0 & \cdots & 1 \end{pmatrix} \end{vmatrix}$$

$$= \begin{vmatrix} \begin{pmatrix} 1 & a_1 \\ 1 & a_2 \\ \vdots & \vdots \\ 1 & a_n \end{pmatrix} \begin{pmatrix} 1 & 1 & \cdots & 1 \\ a_1 & a_2 & \cdots & a_n \end{pmatrix} - I_n \end{vmatrix}$$

$$= (-1)^n \begin{vmatrix} I_n - \begin{pmatrix} 1 & a_1 \\ 1 & a_2 \\ \vdots & \vdots \\ 1 & a_n \end{pmatrix} \begin{pmatrix} 1 & 1 & \cdots & 1 \\ a_1 & a_2 & \cdots & a_n \end{pmatrix} \end{vmatrix}$$

$$= (-1)^n \begin{vmatrix} I_2 - \begin{pmatrix} 1 & 1 & \cdots & 1 \\ a_1 & a_2 & \cdots & a_n \end{pmatrix} \begin{pmatrix} 1 & a_1 \\ 1 & a_2 \\ \vdots & \vdots \\ 1 & a_n \end{pmatrix} \end{vmatrix}$$

$$= (-1)^n \left| \begin{pmatrix} 1 & 0 \\ 0 & 1 \end{pmatrix} - \begin{pmatrix} n & \sum\limits_{i=1}^{n} a_i \\ \sum\limits_{i=1}^{n} a_i & \sum\limits_{i=1}^{n} a_i^2 \end{pmatrix} \right|$$

$$= (-1)^n \left| \begin{pmatrix} 1-n & -\sum\limits_{i=1}^{n} a_i \\ -\sum\limits_{i=1}^{n} a_i & 1-\sum\limits_{i=1}^{n} a_i^2 \end{pmatrix} \right|$$

$$= (-1)^n \left((n-1) \left(\sum\limits_{i=1}^{n} a_i^2 - 1 \right) - \left(\sum\limits_{i=1}^{n} a_i \right)^2 \right).$$

习　题　3.4

1. 设

$$A = \begin{pmatrix} 0 & 1 & -1 & -1 \\ 1 & 1 & 0 & 1 \\ -1 & -2 & 1 & 0 \end{pmatrix},$$

求可逆矩阵 P 和 Q, 使得 PAQ 成为 A 的标准形.

2. 设 A 是 $m \times n$ 矩阵, $\mathrm{rank}(A) = r$, 证明: 存在 m 阶方阵 P, 使得 PA 的后 $m-r$ 行全为零.

3. 设 A 是 $m \times n$ 矩阵, B 是 $n \times s$ 矩阵, 并且 $AB = 0$, 用分块矩阵方法证明:

$$\mathrm{rank}(A) + \mathrm{rank}(B) \leqslant n.$$

4. 设 A 是 n 阶方阵, $\mathrm{rank}(A) = r$, 证明: 存在 n 阶可逆矩阵 P 使得

$$P^{-1}AP = \begin{pmatrix} B \\ 0 \end{pmatrix},$$

其中 B 是 $r \times n$ 行满秩矩阵.

5. 设 A 是 $m \times n$ 矩阵, 证明: A 是列满秩的充要条件为存在 m 阶可逆矩阵 P, 使得

$$A = P \begin{pmatrix} I_n \\ 0 \end{pmatrix};$$

同样地, A 是行满秩的充要条件为存在 n 阶可逆矩阵 Q, 使得

$$A = (I_m \quad 0)Q.$$

6. 设 $m \times n$ 矩阵 A 是列满秩矩阵, 证明: 存在 $n \times m$ 行满秩矩阵 B, 使得 $BA = I_n$.

7. 设 B 是 $n \times r$ 列满秩矩阵, 证明: 存在 $n \times (n-r)$ 列满秩矩阵 C, 使得 $A = (B \quad C)$ 为 n 阶可逆矩阵.

8. 求准对角矩阵

$$Q = \begin{pmatrix} 2 & 1 & 0 & 0 \\ 1 & 1 & 0 & 0 \\ 0 & 0 & 2 & 5 \\ 0 & 0 & 1 & 3 \end{pmatrix}$$

的逆矩阵 Q^{-1}.

9. 已知 A, B 都是可逆矩阵, 求分块矩阵

$$M = \begin{pmatrix} 0 & A \\ B & 0 \end{pmatrix}$$

的逆矩阵 M^{-1}, 并用此结果求矩阵

$$C = \begin{pmatrix} 0 & 0 & \cdots & 0 & a_0 \\ a_1 & 0 & \cdots & 0 & 0 \\ 0 & a_2 & \cdots & 0 & 0 \\ \vdots & \vdots & & \vdots & \vdots \\ 0 & 0 & \cdots & a_n & 0 \end{pmatrix}$$

的逆矩阵 C^{-1}, 其中 $a_i \neq 0, \ i = 0, 1, 2, \cdots, n$.

10. 设 A, B, C, D 都是 n 阶方阵, A 是可逆矩阵, $AC = CA, AD = -CB$, 证明:

$$\text{rank} \begin{pmatrix} A & B \\ C & D \end{pmatrix} = n + \text{rank}(D).$$

11. 设 A 是 n 阶方阵, 且有 $\text{rank}(A) + \text{rank}(A - I) = n$, 证明: $A^2 = A$.

12. 设 A 是 n 阶方阵, 且有 $\text{rank}(A) = n$, α 是 n 维列向量, b 是常数, 设有分块矩阵:

$$P = \begin{pmatrix} I_n & 0 \\ -\alpha^{\mathrm{T}} A^* & |A| \end{pmatrix} , \quad Q = \begin{pmatrix} A & \alpha \\ \alpha^{\mathrm{T}} & b \end{pmatrix}.$$

试通过计算 PQ 证明 Q 可逆的充要条件是 $\alpha^{\mathrm{T}} A^{-1} \alpha \neq b$.

13. 设 A 是 n 阶可逆的反对称矩阵 (即满足 $A^{\mathrm{T}} = -A$ 的矩阵), α 是 n 维列向量, 证明:

$$\text{rank} \begin{pmatrix} A & \alpha \\ \alpha^{\mathrm{T}} & 0 \end{pmatrix} = n.$$

14. 设 A, B 都是 n 阶方阵, 证明:

$$\begin{vmatrix} A & B \\ B & A \end{vmatrix} = |A + B||A - B|.$$

15. 设 A, B, C, D 都是 n 阶方阵, 且 $AC = CA$, A 是可逆矩阵, 证明:

$$\begin{vmatrix} A & B \\ C & D \end{vmatrix} = |AD - CB|.$$

16. 证明:

$$\begin{vmatrix} C & A \\ B & 0 \end{vmatrix} = (-1)^{nm}|A||B|,$$

其中 A 是 n 阶方阵, B 是 m 阶方阵.

17. 设 A, B, C, D 都是 n 阶方阵, 且 A 可逆, 求 $2n$ 阶可逆矩阵 P 和 Q, 使得矩阵

$$P \begin{pmatrix} A & B \\ C & D \end{pmatrix} Q$$

具有形式

$$\begin{pmatrix} A & 0 \\ 0 & D_1 \end{pmatrix},$$

其中 D_1 是某个 n 阶方阵.

18. 设 A 是 $m \times n$ 矩阵, B 是 $n \times s$ 矩阵, 用分块矩阵的方法证明:

$$\operatorname{rank}(AB) \geqslant \operatorname{rank}(A) + \operatorname{rank}(B) - n.$$

19. 计算行列式

$$\begin{vmatrix} 1 + a_1 b_1 & a_1 b_2 & \cdots & a_1 b_n \\ a_2 b_1 & 1 + a_2 b_2 & \cdots & a_2 b_n \\ \vdots & \vdots & & \vdots \\ a_n b_1 & a_n b_2 & \cdots & 1 + a_n b_n \end{vmatrix}.$$

第4章 多 项 式

4.1 多项式的整除

多项式作为最重要和最基本的初等函数, 不仅是中学代数的主要内容, 也是大学高等代数的一个基本研究对象. 本章将对一元多项式理论进行比较系统的学习与研究.

4.1.1 数论初步

在高等代数中有时也会用到一点初等数论的知识, 这里作一些必要的介绍. 初等数论主要研究整数集 $\mathbb{Z}$ 和它的运算规律. 设 $a,b \in \mathbb{Z}$, 如果存在 $q \in \mathbb{Z}$, 使得 $a = qb$, 那么称 b 整除 a, 记为 $b|a$, 并称 b 是 a 的因子 (或 a 是 b 的倍数). 例如, $3|24$. 然而在大多数情况下, 整除的情形并不会发生, 此时会存在满足条件 $0 < r < |b|$ 的正整数 r, 使得 $a = qb + r$. 例如, 258 除以 15 商为 17, 余 3, 写成 $258 = 17(15) + 3$.

在本章的后面将会用到最大公因子的概念. 设 $a, b \in \mathbb{Z}$, a 与 b 的最大公因子 d 需要满足两个条件: ①$d \mid a$ 且 $d \mid b$, 即 d 是 a 与 b 的公因子; ②任何 a 与 b 的公因子 c 一定也是 d 的因子, 即 $c|d$. 我们一般记 a 与 b 的非负的最大公因子为 (a,b). 求最大公因子的常用方法是辗转相除法, 它的基本原理依据了以下定理.

定理 4.1 若整数 a, b, c, q 满足 $a = qb + c$, 则 $(a,b) = (b,c)$.

证明 记 $d = (a,b)$, 则由 $d|a$, $d|b$ 以及 $a = qb + c$, 有 $d|c$. 因此 d 是 b 和 c 的公因子. 设 m 是 b 和 c 的任一公因子, 再由等式 $a = qb + c$ 得 $m|a$, 即 m 是 a 和 b 的公因子, 从而有 $m|d$. 这就是说 $d = (b,c)$. □

已知 $a, b \in \mathbb{Z}$, 求 (a,b) 的辗转相除法过程是反复进行如下的除法运算, 直至出现整除的情形:

$$
\begin{aligned}
a &= q_1 b + r_1, \quad 0 < r_1 < b(\text{假定}\ b > 1), \\
b &= q_2 r_1 + r_2, \quad 0 < r_2 < r_1, \\
r_1 &= q_3 r_2 + r_3, \quad 0 < r_3 < r_2, \\
&\cdots\cdots \\
r_{k-2} &= q_k r_{k-1} + r_k, \quad 0 < r_k < r_{k-1}, \\
r_{k-1} &= q_{k+1} r_k.
\end{aligned}
\tag{4.1}
$$

因为 $0 < r_k < r_{k-1} < \cdots < r_2 < r_1 < b$, 所以经过有限次除法后, 这一过程必结束, 且由定理 4.1 可知

$$(a,b) = (b,r_1) = (r_1,r_2) = \cdots = (r_{k-1},r_k) = r_k,$$

即 r_k 就是最大公因子 (a,b).

　　例 4.1　求 $(10780, 4200)$.

　　解　进行辗转相除计算如下:

$$10780 = 2(4200) + 2380,$$
$$4200 = 2380 + 1820,$$
$$2380 = 1820 + 560,$$
$$1820 = 3(560) + 140,$$
$$560 = 4(140),$$

所以 $(10780, 4200) = 140$.　　　　　　　　　　　　　　　　　　　　　　　□

　　我们可以从这里倒数第二个式子出发, 逐个往前进行回代, 最后就能将最大公因子 140 写成原来两数 10780, 4200 的 "线性组合" 形式:

$$140 = 1820 - 3(560) = 1820 - 3(2380 - 1820)$$
$$= -3(2380) + 4(1820) = -3(2380) + 4(4200 - 2380)$$
$$= 4(4200) - 7(2380) = 4(4200) - 7(10780 - 2(4200))$$
$$= -7(10780) + 18(4200).$$

　　一般来说, 运用完全相同的回代方法, 就可以从 (4.1) 式的倒数第 2 个式子出发, 最后将 (a,b) 写成 a 和 b 的线性组合形式, 这样就得到了以下基本定理.

　　定理 4.2　设 $a, b \in \mathbb{Z}$, 则存在 $u, v \in \mathbb{Z}$ 使 $(a,b) = ua + vb$.

　　当 $(a,b) = 1$ 时, 称 a 与 b 互素, 即它们没有大于 1 的公因子, 例如, $(121, 13) = 1$. 从定理 4.2 立即得以下定理.

　　定理 4.3　如果 $a,b \in \mathbb{Z}$ 且 $(a,b) = 1$, 则存在 $u, v \in \mathbb{Z}$, 使 $ua + vb = 1$. 反之亦然.

　　证明　只需证当存在 $u, v \in \mathbb{Z}$ 使 $ua + vb = 1$ 时, a 与 b 互素. 若对 $\forall c \in \mathbb{Z}$ 满足 $c|a$ 与 $c|b$, 由于 c 能整除 $ua + vb = 1$ 的左边, 所以 $c|1$, 因此 $c = \pm 1$, 即 $(a,b) = 1$.

　　　　　　　　　　　　　　　　　　　　　　　　　　　　　　　　　　　　□

对于 $(121, 13) = 1$ 来说, 容易推算出 $-3(121) + 28(13) = 1$, 即此时对应的 $u = -3, v = 28$.

定理 4.4 若 $a, b, c \in \mathbb{Z}$ 且有 $(a, b) = 1$ 与 $(a, c) = 1$, 则 $(a, bc) = 1$ 且对任意正整数 n, $(a, b^n) = 1$.

证明 由定理 4.3 和已知条件, 存在 $u, v, s, t \in \mathbb{Z}$ 使得 $ua + vb = 1$ 和 $sa + tc = 1$. 将此二等式的两边分别相乘得

$$(usa + utc + vbs)a + vt(bc) = 1.$$

再由定理 4.3 得到 $(a, bc) = 1$. 接下来容易用第一数学归纳法证得 $(a, b^n) = 1$. □

定理 4.5 若 $a, b, c \in \mathbb{Z}$, 满足 $a|bc$ 与 $(a, b) = 1$, 则 $a|c$.

证明 由 $(a, b) = 1$ 和定理 4.3, 存在 $u, v \in \mathbb{Z}$ 使 $ua + vb = 1$, 两边乘 c 得

$$u(ac) + v(bc) = c.$$

因为 $a|bc$, 且 a 又整除左边第一项, 所以有 $a|c$. □

定理 4.6 若 $a, b, c \in \mathbb{Z}$ 满足 $a|c, b|c$ 及 $(a, b) = 1$, 则 $ab|c$.

证明 由 $a|c$ 知存在 $t \in \mathbb{Z}$, 使 $c = at$, 因此条件 $b|c$ 就是 $b|at$. 又由 $(a, b) = 1$ 和定理 4.5, 可知 $b|t$, 这样就存在 $s \in \mathbb{Z}$, 使 $t = bs$, 将其代入 $c = at$ 得到 $c = abs$, 此即 $ab|c$. □

定理 4.6 中的条件 $(a, b) = 1$ 是不可缺少的, 例如虽然 $6|24$ 和 $8|24$, 但是 24 不被 6 和 8 的乘积 48 整除.

例 4.2 证明: 一个整数 a 如果既不能被 2 整除, 也不能被 3 整除, 则 $24|(a^2 - 1)$.

证明 因为 a 不被 2 整除, 所以 a 是奇数, 可设 $a = 2k + 1$, $a^2 - 1 = 4k(k + 1)$. 由于 $2|k(k + 1)$, 所以 $8|(a^2 - 1)$. 又因为 a 不被 3 整除, 可设 $a = 3m \pm 1$, $a^2 - 1 = 3(3m^2 \pm 2m)$, 即 $3|(a^2 - 1)$, 再由 $(8, 3) = 1$ 和定理 4.6, 得到 $24|(a^2 - 1)$. □

两个整数的最大公因子概念, 也可以推广到多个整数的情形, 我们用 $(a_1, a_2, \cdots, a_n)$ 表示 n 个整数 $a_1, a_2, \cdots, a_n$ 的最大公因子, 它表示这 n 个整数的公因子中最大的一个, 例如, $(9, 30, 12, 6) = 3$, 以及 $(3, 6, 17) = 1$ (虽然此时 $(3, 6) = 3$).

最后再介绍关于素数的几个基本定理, 设 $a > 1$ 是一个整数, 如果除去 1 和本身外, a 没有其他的因子, 那么就称 a 为素数 (也叫质数), 否则 a 就是合数, 素数有无穷多个: $2, 3, 5, 7, 11, 13, 17, \cdots$. 初等数论中著名的 "算术基本定理" 是说: 任何大于 1 的整数都可以唯一地写成素因子的乘积, 所以说素数是构成整数的基本 "砖块".

定理 4.7　设 p 是素数, 则对 $\forall a \in \mathbb{Z}$, 有 $p|a$, 或者 $(p, a) = 1$.

证明　因为 $(p, a) > 0$, 并且 $(p, a)|p$, 所以由素数的定义可知, 或者 $(p, a) = p$, 或者 $(p, a) = 1$, 而 $(p, a) = p$ 就是 $p \mid a$. □

定理 4.8　设 p 是素数, 若 $p|ab$, 则 $p|a$ 或 $p|b$.

证明　如果 a 不能被 p 整除, 则由定理 4.7 可知 $(p, a) = 1$. 从而再由 $p|ab$ 和定理 4.5 得 $p|b$. □

4.1.2　多项式的加法和乘法

设 $\mathbb{F}$ 是数域, 例如, $\mathbb{F} = \mathbb{Q}, \mathbb{R}$ 或 $\mathbb{C}$, x 是一个形式记号 (或称为不定元), n 是非负整数, $a_0, a_1, \cdots, a_n \in \mathbb{F}$. 我们称

$$f(x) = a_n x^n + a_{n-1} x^{n-1} + \cdots + a_1 x + a_0 \tag{4.2}$$

为系数在数域 $\mathbb{F}$ 上的一元多项式, 数域 $\mathbb{F}$ 上的一元多项式全体组成的集合记为 $\mathbb{F}[x]$, 例如, 实数域 $\mathbb{R}$ 上的多项式集合记为 $\mathbb{R}[x]$. 两个多项式称为相等当且仅当它们各次项的系数相等.

如果在 (4.2) 式中 $a_n \neq 0$, 则称 $a_n x^n$ 为多项式 (4.2) 的首项, 称 n 为 $f(x)$ 的次数, 记作 $\partial(f(x))$. 系数全为零的多项式称为零多项式, 记为 0. 设

$$f(x) = a_n x^n + a_{n-1} x^{n-1} + \cdots + a_1 x + a_0 = \sum_{i=0}^{n} a_i x^i,$$

$$g(x) = b_m x^m + b_{m-1} x^{m-1} + \cdots + b_1 x + b_0 = \sum_{j=0}^{m} b_j x^j,$$

其中不妨假设 $n \geqslant m$. 如果 $n = m$, 定义加法为

$$f(x) + g(x) = \sum_{j=0}^{m} (a_j + b_j) x^j.$$

如果 $n > m$, 则定义加法

$$f(x) + g(x) = a_n x^n + \cdots + a_{m+1} x^{m+1} + \sum_{j=0}^{m} (a_j + b_j) x^j. \tag{4.3}$$

一般我们要求将运算结果写成降幂排列的形式. 由上式显然有

$$\partial(f(x) + g(x)) \leqslant \max\{\partial(f(x)), \partial(g(x))\}.$$

我们定义 $f(x)$ 与 $g(x)$ 的乘法为

$$f(x)g(x) = a_n b_m x^{n+m} + (a_n b_{m-1} + a_{n-1} b_m) x^{n+m-1} + \cdots + (a_1 b_0 + a_0 b_1) x + a_0 b_0$$

$$= \sum_{k=0}^{n+m} \left(\sum_{i+j=k} a_i b_j \right) x^k. \tag{4.4}$$

从乘法的定义容易看出, 如果 $f(x) \neq 0$, $g(x) \neq 0$, 则 $f(x)g(x) \neq 0$, 并且

$$\partial(f(x)g(x)) = \partial(f(x)) + \partial(g(x)).$$

例 4.3 设 $f(x) = 2x^3 + x - 1$, $g(x) = x^4 - x^3 - 3x^2 + x + 2$. 求 $f(x) \pm g(x)$ 和 $f(x)g(x)$.

解

$$f(x) + g(x) = x^4 + x^3 - 3x^2 + 2x + 1,$$
$$f(x) - g(x) = -x^4 + 3x^3 + 3x^2 - 3,$$
$$f(x)g(x) = 2x^7 - 2x^6 - 5x^5 + 2x^3 + 4x^2 + x - 2. \qquad \square$$

例 4.4 设 $f(x) = x^4 + ax^3 + bx^2 + ax + 1$ 是 $g(x) = x^2 + cx + d$ 的平方, 试证: $a^2 = 4b \pm 8$.

证明 因为 $f(x) = (g(x))^2$, 两个相等的多项式的各项系数都相同, 故有 $a = 2c, b = c^2 + 2d, a = 2cd, d^2 = 1$, 从而有 $a^2 = 4c^2 = 4(b - 2d) = 4b \pm 8$. $\qquad \square$

4.1.3 多项式的除法

下面给出的 "带余除法" 定理是对多项式作除法运算的一个基本结果.

定理 4.9 (带余除法) 设 $f(x), g(x) \in \mathbb{F}[x]$, 其中 $g(x) \neq 0$, 则存在唯一的 $q(x), r(x) \in \mathbb{F}[x]$, 使得

$$f(x) = q(x)g(x) + r(x), \tag{4.5}$$

并且 $\partial(r(x)) < \partial(g(x))$, 或者 $r(x) = 0$.

证明 先证明存在性. 若 $f(x) = 0$, 则取

$$q(x) = r(x) = 0.$$

设 $f(x) \neq 0$, 若 $\partial(f(x)) = 0$, 此时如果 $\partial(g(x)) = 0$, 则取 $q(x) = \dfrac{f(x)}{g(x)}$, $r(x) = 0$; 如果 $\partial(g(x)) > 0$, 则取 $q(x) = 0, r(x) = f(x)$.

现在设 $\partial(f(x)) > 0$, 对次数 $\partial(f(x))$ 作 (第二) 数学归纳法. 假设 $\partial(f(x)) < n$ 时, 命题真. 下面证明当 $\partial(f(x)) = n$ 时, 命题也真. 令

$$f(x) = a_n x^n + a_{n-1} x^{n-1} + \cdots + a_1 x + a_0, \quad a_n \neq 0,$$
$$g(x) = b_m x^m + b_{m-1} x^{m-1} + \cdots + b_1 x + b_0, \quad b_m \neq 0.$$

如果 $m > n$, 则取 $q(x) = 0, r(x) = f(x)$, 命题结论成立. 如果 $m \leqslant n$, 令

$$f_1(x) = f(x) - \frac{a_n}{b_m} x^{n-m} g(x),$$

那么 $\partial(f_1(x)) < n$. 根据归纳假设, 存在 $q_1(x), r(x) \in \mathbb{F}[x]$, 使得

$$f_1(x) = q_1(x)g(x) + r(x),$$

其中 $\partial(r(x)) < \partial(g(x))$ 或者 $r(x) = 0$. 这样

$$f(x) = f_1(x) + \frac{a_n}{b_m} x^{n-m} g(x) = \left(q_1(x) + \frac{a_n}{b_m} x^{n-m} \right) g(x) + r(x).$$

令

$$q(x) = q_1(x) + \frac{a_n}{b_m} x^{n-m},$$

则有

$$f(x) = q(x)g(x) + r(x).$$

上式说明定理的结论对 n 次多项式 $f(x)$ 是成立的, 由第二数学归纳法原理, 定理结论对所有次数的多项式 $f(x), g(x)$ 都成立 (这里建议思考为什么不能用第一数学归纳法).

再证明唯一性. 如果还有另外两个多项式 $q_0(x)$ 和 $r_0(x)$, 也满足 $f(x) = q_0(x)g(x) + r_0(x)$, 其中 $\partial(r_0(x)) < \partial(g(x))$ 或 $r_0(x) = 0$, 则

$$q(x)g(x) + r(x) = q_0(x)g(x) + r_0(x),$$

移项得

$$(q(x) - q_0(x))g(x) = r_0(x) - r(x).$$

若 $q(x) - q_0(x) \neq 0$, 则 $\partial(q(x) - q_0(x)) \geqslant 0$, 于是

$$\partial(r_0(x) - r(x)) = \partial(q(x) - q_0(x)) + \partial(g(x)) \geqslant \partial(g(x)),$$

但是这与 $\partial(r_0(x) - r(x)) < \partial(g(x))$ 矛盾. 所以 $q(x) = q_0(x), r(x) = r_0(x)$. □

在 (4.5) 式中, 我们称 $q(x)$ 为商式, $r(x)$ 为余式. 当 $r(x) = 0$ 时, $f(x) = q(x)g(x)$, 这时 $g(x)$ **整除** $f(x)$, 记作 $g(x)|f(x)$, 称 $g(x)$ 为 $f(x)$ 的**因式**. 我们也用 $h(x) \nmid f(x)$ 表示 $h(x)$ 不整除 $f(x)$.

例 4.5 已知 $f(x) = x^4 + 3x^3 - x^2 - 4x - 3, g(x) = 3x^3 + 10x^2 + 2x - 3$. 求 $g(x)$ 除 $f(x)$ 的商式和余式.

解 用长除法

$$
\begin{array}{r}
\frac{1}{3}\,x - \frac{1}{9} \\
3x^3 + 10x^2 + 2x - 3 \overline{\smash{\big)}\, x^4 + 3\,x^3 - x^2 - 4\,x - 3} \\
x^4 + \frac{10}{3}x^3 + \frac{2}{3}x^2 - x \\
\hline
-\frac{1}{3}\,x^3 - \frac{5}{3}\,x^2 - 3\,x - 3 \\
-\frac{1}{3}\,x^3 - \frac{10}{9}\,x^2 - \frac{2}{9}\,x + \frac{1}{3} \\
\hline
-\frac{5}{9}\,x^2 - \frac{25}{9}x - \frac{10}{3}
\end{array}
$$

$$
f(x) = \left(\frac{1}{3}x - \frac{1}{9} \right) g(x) + \left(-\frac{5}{9}x^2 - \frac{25}{9}x - \frac{10}{3} \right),
$$

所以商式 $q(x) = \dfrac{1}{3}x - \dfrac{1}{9}$, 余式 $r(x) = -\dfrac{5}{9}x^2 - \dfrac{25}{9}x - \dfrac{10}{3}$. □

例 4.6 已知 $f(x) = x^3 + px + q$, $g(x) = x^2 + mx - 1$. 当 p, q, m 适合什么条件时会有 $g(x)|f(x)$.

解 当 $g(x)|f(x)$ 时, 存在多项式 $x - a$, 使 $f(x) = (x-a)g(x)$, 即

$$
x^3 + px + q = (x-a)(x^2 + mx - 1) = x^3 + (m-a)x^2 + (-am-1)x + a.
$$

由两边系数相等, 可得 $m = a$, $p = -am - 1$, $q = a$, 从而得条件 $m = q$ 和 $m^2 + p + 1 = 0$. □

例 4.7 证明: 若 $x|(f(x))^5$, 则 $x|f(x)$.

证明 用反证法. 如果结论不成立, 即 x 不能整除 $f(x)$, 则由带余除法定理, 存在非零的常数 c, 使得 $f(x) = xq(x) + c$, 从而

$$
\begin{aligned}
(f(x))^5 &= (xq(x) + c)^5 = x^5(q(x))^5 + 5cx^4(q(x))^4 + \cdots + 5c^4 x q(x) + c^5 \\
&= x[x^4(q(x))^5 + 5cx^3(q(x))^4 + \cdots + 5c^4 q(x)] + c^5.
\end{aligned}
$$

因为 $c \neq 0$, 所以 $c^5 \neq 0$, 上式与条件 $x|(f(x))^5$ 矛盾, 故结论成立. □

当 $g(x)$ 是一次多项式时, 有如下常用定理, 它们的证明是非常容易的, 不过在此之前我们需要定义多项式 $f(x)$ 当 x 取某个值时的 "函数值" (由于 x 是一个形式符号, $f(x)$ 还不是真正的函数). 现在对 (4.2) 式中的多项式 $f(x)$ 和任何 $b \in \mathbb{F}$, 定义

$$
f(b) = a_n b^n + a_{n-1} b^{n-1} + \cdots + a_1 b + a_0 \in \mathbb{F},
$$

我们称 $f(b)$ 为 $f(x)$ 在 b 处的取值, 这样多项式 $f(x)$ 就可以看成数域 $\mathbb{F}$ 上的函数了.

定理 4.10 (余数定理)　设 $f(x) \in \mathbb{F}[x]$, $a \in \mathbb{F}$, 则存在唯一的 $q(x) \in \mathbb{F}[x]$, 使得

$$f(x) = (x - a)q(x) + f(a).$$

由带余除法定理知道存在唯一的多项式 $q(x)$ 和常数 $c_0 \in \mathbb{F}$, 使得

$$f(x) = (x - a)q(x) + c_0,$$

然后在上式两边都取 $x = a$ 的值后, 可得 $c_0 = f(a)$. 由定理 4.10 的结论马上得到下面的定理.

定理 4.11 (因式定理)　设 $f(x) \in \mathbb{F}[x]$, $c \in \mathbb{F}$, 则 $f(c) = 0$ 的充要条件是 $(x - c) | f(x)$.

当 $f(c) = 0$ 且 $c \in \mathbb{F}$ 时, 称 c 是多项式 $f(x)$ 在 $\mathbb{F}$ 中的一个**根**, 求多项式在数域 $\mathbb{F}$ 中的根相当于求它的形如 $x - c$ 的因式, 而要判断 $x - c$ 是不是 $f(x)$ 的因式, 可以运用多项式除法. 由于此时用长除法比较繁琐, 人们发明了更简单的 "综合除法".

设

$$f(x) = a_n x^n + a_{n-1} x^{n-1} + \cdots + a_1 x + a_0, \quad g(x) = x - c,$$

并设

$$q(x) = b_{n-1} x^{n-1} + \cdots + b_1 x + b_0, \quad f(c) = r,$$

则由余数定理, 有

$$f(x) = (x - c)q(x) + r.$$

比较上式两边 x 的同次项系数, 得到

$$a_n = b_{n-1}, a_{n-1} = b_{n-2} - cb_{n-1}, \cdots, a_1 = b_0 - cb_1, a_0 = r - cb_0,$$

由此得出

$$b_{n-1} = a_n, b_{n-2} = a_{n-1} + cb_{n-1}, \cdots, b_0 = a_1 + cb_1, r = a_0 + cb_0.$$

我们可以用以下表格来很快地算出商式的各项系数和余数:

c	a_n	a_{n-1}	a_{n-2}	$\cdots$	a_2	a_1	a_0
		cb_{n-1}	cb_{n-2}	$\cdots$	cb_2	cb_1	cb_0
	b_{n-1}	b_{n-2}	b_{n-3}	$\cdots$	b_1	b_0	r

写表格的方法是: 先抄好第一行, 然后从左到右, 先写 b_{n-1}(就是 a_n), 然后将其与左端的 c 相乘后的结果写入第二行的第二列, 再将它与上面 a_{n-1} 相加后的结果写在它下面, 接下来重复这个过程, 直至算出所有的系数和余数 r.

例 4.8 求 $x - 2$ 除 $f(x) = 3x^4 - 4x^3 - 12x - 5$ 所得的商式和余数.

解 用综合除法, 得

$$
\begin{array}{r|rrrrr}
 & 3 & -4 & 0 & -12 & -5 \\
2 & & 6 & 4 & 8 & -8 \\
\hline
 & 3 & 2 & 4 & -4 & -13
\end{array}
$$

所以, 商式 $q(x) = 3x^3 + 2x^2 + 4x - 4$, 余数 $r = -13$. □

例 4.9 已知 $f(x) = x^3 - 4x^2 - 5x + 2$, 求 $f(-3)$.

解 除了可以用 $x = -3$ 直接代入计算的方法外, 还可以用综合除法和余数定理, 这是因为 $f(-3)$ 就是 $x + 3$ 除 $f(x)$ 的余数.

$$
\begin{array}{r|rrrr}
 & 1 & -4 & -5 & 2 \\
-3 & & -3 & 21 & -48 \\
\hline
 & 1 & -7 & 16 & -46
\end{array}
$$

因此 $f(-3) = -46$. □

在运用综合除法时, 如果所除的一次多项式中 x 的系数不是 1, 可以作如下的微小改动. 设 $a \neq 0$, 则存在商式 $q(x)$ 和余数 r, 使

$$f(x) = (ax + b)q(x) + r = \left(x + \frac{b}{a}\right)(aq(x)) + r.$$

因此, 多项式 $f(x)$ 除 $x + \dfrac{b}{a}$ 得到商式 $aq(x)$ 后, 再让其除以 a 就得到商式 $q(x)$, 而余数不改变.

例 4.10 求 $2x + 3$ 除 $f(x) = x^4 + 2x^3 - x + 5$ 所得的商式和余数.

解 先由综合除法

$$
\begin{array}{r|rrrrr}
 & 1 & 2 & 0 & -1 & 5 \\
-\dfrac{3}{2} & & -\dfrac{3}{2} & -\dfrac{3}{4} & \dfrac{9}{8} & -\dfrac{3}{16} \\
\hline
 & 1 & \dfrac{1}{2} & -\dfrac{3}{4} & \dfrac{1}{8} & \dfrac{77}{16}
\end{array}
$$

得商式 $x^3 + \dfrac{1}{2}x^2 - \dfrac{3}{4}x + \dfrac{1}{8}$, 从而得原所求商式 $q(x) = \dfrac{1}{2}\left(x^3 + \dfrac{1}{2}x^2 - \dfrac{3}{4}x + \dfrac{1}{8}\right) = \dfrac{1}{2}x^3 + \dfrac{1}{4}x^2 - \dfrac{3}{8}x + \dfrac{1}{16}$, 余数 $r = \dfrac{77}{16}$. □

习 题 4.1

1. 已知 $(169, 121) = (13^2, 11^2) = 1$, 试求 $u, v \in \mathbb{Z}$ 使 $169u + 121v = 1$.

2. 设 n 是奇数, 证明: $16 \mid (n^4 + 4n^2 + 11)$.

3. 求 $(7696, 4144)$, 并求 u, v, c 使 $7696u + 4144v = (7696, 4144)$.

4. 证明: 若 $a, b, c \in \mathbb{Z}$ 满足 $c \mid ab$, 且 $(c, a) = d$, 则 $c \mid db$.

5. 证明: 若 n 是合数, 则 $2^n - 1$ 也是合数. 反过来当 $2^n - 1$ 是合数时, n 一定是合数吗?

6. 证明: $(a_1 + a_2 + a_3 + \cdots + a_n)^2 = a_1^2 + a_2^2 + a_3^2 + \cdots + a_n^2 + 2(a_1 a_2 + a_1 a_3 + \cdots + a_{n-1} a_n)$.

7. 求 $f(x)$ 除以 $g(x)$ 所得的商式 $q(x)$ 和余式 $r(x)$:

(1) $f(x) = x^4 - 5x^3 + 24x - 31, g(x) = x^2 - 3x + 4$;

(2) $f(x) = 6x^3 + 3x^2 - 11x + 4, g(x) = 2x - 1$;

(3) $f(x) = x^5 + x^4 + x^2 + 1, g(x) = x^3 + x + 1$.

8. 设 $f(x) = x^4 + px^2 + q, g(x) = x^2 + mx + 1$, 试问 p, q, m 适合什么条件时, $g(x)$ 能整除 $f(x)$?

9. 试证: $x^d - 1$ 整除 $x^n - 1$ 的充要条件是 d 整除 n.

10. 试证: 若 $(x - 1) \mid f(x^n)$, 则 $(x^n - 1) \mid f(x^n)$.

11. 求 $ax + c$ 除 $f(x)$ 所得的商式 $q(x)$ 和余数 r:

(1) $f(x) = x^4 + x^2 + 4x - 9, a = 1, c = 3$;

(2) $f(x) = 2x^4 - 5x^3 + 4x^2 - 3x + 1, a = 2, c = -3$;

(3) $f(x) = 2x^4 + 3x^2 - 5x + 7, a = 1, c = 1$.

12. 求 k, 使 $f(x) = x^4 - 5x^3 + 5x^2 + kx + 3$ 能被 $x - 3$ 所整除.

13. 证明: 对任何正整数 n, $(x^2 + x + 1) \mid (x^{n+2} + (x + 1)^{2n+1})$.

4.2 最大公因式

4.2.1 最大公因式的计算

两个多项式的最大公因式类似于两个整数的最大公因子, 它是多项式整除理论中的一个基本概念. 如果多项式 $h(x)$ 既是 $f(x)$ 的因式, 又是 $g(x)$ 的因式, 那么 $h(x)$ 称为 $f(x)$ 与 $g(x)$ 的一个公因式.

定义 4.1 最大公因式

设 $f(x), g(x), d(x) \in \mathbb{F}[x]$, 如果满足条件:

(1) $d(x)$ 是 $f(x)$ 与 $g(x)$ 的公因式;

(2) $f(x)$ 与 $g(x)$ 的公因式都是 $d(x)$ 的因式,

则称 $d(x)$ 为 $f(x)$ 与 $g(x)$ 的**最大公因式**.

例如

$$f(x) = 3(x-2)^2(x+1), g(x) = 9(x-2)(x+1)^2,$$

则 $x-2$ 是 $f(x)$ 与 $g(x)$ 的公因式, 但不是最大公因式, 最大公因式是 $(x-2)(x+1)$ 或 $3(x-2)(x+1)$. 最大公因式可以相差一个非零常数因子. 用 $(f(x), g(x))$ 表示 $f(x)$ 与 $g(x)$ 首项系数为 1 的最大公因式.

我们一般用辗转相除法 (也称欧几里得算法) 来求最大公因式, 这种方法之所以奏效是因为有下面的定理.

定理 4.12 设 $f(x), g(x), q(x), r(x) \in \mathbb{F}[x]$ 且有 $f(x) = q(x)g(x) + r(x)$, 则

$$(f(x), g(x)) = (g(x), r(x)). \tag{4.6}$$

证明 记 $d(x) = (f(x), g(x))$, 要证明 $d(x)$ 是 $g(x)$ 与 $r(x)$ 的公因式, 就是要验证定义 4.1 中的两个条件. 首先 $d(x)|g(x)$, 其次由于 $d(x)|f(x)$ 和 $r(x) = f(x) - q(x)g(x)$, 有 $d(x)|r(x)$, 因此 $d(x)$ 是 $g(x)$ 与 $r(x)$ 的公因式. 又设 $h(x)$ 是 $g(x)$ 与 $r(x)$ 的任一公因式, 则因为有

$$f(x) = q(x)g(x) + r(x),$$

所以 $h(x)|f(x)$, 即 $h(x)$ 也是 $f(x)$ 与 $g(x)$ 的公因式. 由于 $d(x)$ 是 $f(x)$ 与 $g(x)$ 的最大公因式, 得到 $h(x)|d(x)$, 从而 $d(x) = (g(x), r(x))$. $\square$

求 $(f(x), g(x))$ 的辗转相除法是这样的: 不妨设 $\partial(f(x)) \geqslant \partial(g(x))$, $g(x)$ 的首项系数为 1, 由带余除法, 有

$$f(x) = q_1(x)g(x) + r_1(x). \tag{4.7}$$

如果 $r_1(x) = 0$, 则 $(f(x), g(x)) = g(x)$. 但如果 $r_1(x) \neq 0$, 则有 $\partial(r_1(x)) < \partial(g(x))$, 此时由定理 4.12, 有

$$(f(x), g(x)) = (g(x), r_1(x)),$$

这个等式右边较低次数多项式的最大公因式计算要比左边的最大公因式计算简单一些, 接下来再进行第二次带余除法, 有

$$g(x) = q_2(x)r_1(x) + r_2(x). \tag{4.8}$$

如果 $r_2(x) = 0$, 不妨设 $r_1(x)$ 的首项系数为 1, 那么

$$r_1(x) = (g(x), r_1(x)) = (f(x), g(x)),$$

否则若 $r_2(x) \neq 0$, 则 $\partial(r_2(x)) < \partial(r_1(x))$, 且由 (4.6) 式, 有

$$(g(x), r_1(x)) = (r_1(x), r_2(x)),$$

这个等式右边的计算比左边的计算更简单. 反复进行这样的带余除法, 最终就能求出 $(f(x), g(x))$.

例 4.11   设 $f(x) = x^4 + x^3 - x^2 - 2x + 1, g(x) = x^3 + 2x^2 - 3$. 求最大公因式 $(f(x), g(x))$.

解   作如下的带余除法:

$$f(x) = (x - 1)g(x) + (x^2 + x - 2),$$
$$g(x) = (x + 1)(x^2 + x - 2) + (x - 1), \tag{4.9}$$
$$x^2 + x - 2 = (x + 2)(x - 1).$$

从这里的第三个等式得知 $(f(x), g(x)) = x - 1$. $\square$

4.2.2   最大公因式的性质

关于两个多项式的最大公因式有以下基本定理.

> **定理 4.13**   若 $d(x)$ 是多项式 $f(x)$ 和 $g(x)$ 的最大公因式, 那么存在 $u(x), v(x) \in \mathbb{F}[x]$, 使得
> $$d(x) = u(x)f(x) + v(x)g(x). \tag{4.10}$$

证明   设 $\partial(f(x)) \geqslant \partial(g(x))$, 由前面所说的辗转相除法的过程, 从 (4.7) 式, (4.8) 式开始,

$$r_1(x) = q_3(x)r_2(x) + r_3(x),$$
$$\cdots\cdots$$
$$r_{t-2}(x) = q_t(x)r_{t-1}(x) + r_t(x),$$
$$r_{t-1}(x) = q_{t+1}(x)r_t(x).$$

并且根据前面的分析, $r_t(x)$ 就是 $f(x)$ 与 $g(x)$ 的最大公因式 $d(x)$. 从上面的倒数第二个式子可以得到

$$d(x) = r_t(x) = r_{t-2}(x) - q_t(x)r_{t-1}(x),$$

再由倒数第三个式子知道, $r_{t-1}(x) = r_{t-3}(x) - q_{t-1}(x)r_{t-2}(x)$, 代入上式可以消去 $r_{t-1}(x)$, 得到

$$d(x) = r_t(x) = (1 + q_t(x)q_{t-1}(x))r_{t-2}(x) - q_t(x)r_{t-3}(x).$$

根据同样的方法可以逐个消去 $r_{t-2}(x), \cdots, r_1(x)$, 经过并项后得到

$$d(x) = u(x)f(x) + v(x)g(x).$$ $\square$

对例 4.11 中最大公因式 $x - 1$, 可以这样来求出定理 4.13 中的函数 $u(x)$ 和 $v(x)$: 先由 (4.9) 式得

$$x - 1 = g(x) - (x+1)(x^2 + x - 2)$$
$$= g(x) - (x+1)(f(x) - (x-1)g(x))$$
$$= -(x+1)f(x) + x^2 g(x),$$

所以 $u(x) = -x - 1, v(x) = x^2$.

例 4.12 设 $f(x) = 4x^4 - 2x^3 - 16x^2 + 5x + 9, g(x) = 2x^3 - x^2 - 5x + 4$. 求多项式 $u(x)$ 和 $v(x)$ 使得 $(f(x), g(x)) = u(x)f(x) + v(x)g(x)$.

解 先进行辗转相除:

$$4x^4 - 2x^3 - 16x^2 + 5x + 9 = (2x^3 - x^2 - 5x + 4)2x - 6x^2 - 3x + 9,$$
$$2x^3 - x^2 - 5x + 4 = (-6x^2 - 3x + 9)\left(-\frac{1}{3}x + \frac{1}{3}\right) + (-x + 1),$$
$$-6x^2 - 3x + 9 = (-x + 1)(6x + 9) + 0.$$

由于约定的最大公因式首项系数为 1, 所以取 $(f(x), g(x)) = x - 1$. 再因为

$$f(x) = 2xg(x) + (-6x^2 - 3x + 9),$$
$$g(x) = \left(-\frac{1}{3}x + \frac{1}{3}\right)(-6x^2 - 3x + 9) - (x - 1),$$

所以

$$(f(x), g(x)) = x - 1 = \left(-\frac{1}{3}x + \frac{1}{3}\right)(-6x^2 - 3x + 9) - g(x),$$
$$= \left(-\frac{1}{3}x + \frac{1}{3}\right)(f(x) - 2xg(x)) - g(x),$$
$$= \left(-\frac{1}{3}x + \frac{1}{3}\right)f(x) + \left(\frac{2}{3}x^2 - \frac{2}{3}x - 1\right)g(x),$$

因此 $u(x) = -\frac{1}{3}x + \frac{1}{3}, v(x) = \frac{2}{3}x^2 - \frac{2}{3}x - 1$. □

4.2.3 多项式的互素

在许多场合, $f(x)$ 与 $g(x)$ 的最大公因式仅是非零常数, 此时它们称为**互素**, 并且按首项系数为 1 的约定, 当 $f(x)$ 与 $g(x)$ 互素时, 有 $(f(x), g(x)) = 1$. 下面就是互素多项式的例子.

例 4.13 设 $f(x) = x^4 - 4x^3 + 1, g(x) = x^3 - 3x^2 + 1$, 求最大公因式 $(f(x), g(x))$.

解　由辗转相除法, 得

$$x^4 - 4x^3 + 1 = (x^3 - 3x^2 + 1)(x - 1) - 3x^2 - x + 2,$$

$$x^3 - 3x^2 + 1 = (-3x^2 - x + 2)\left(-\frac{1}{3}x + \frac{10}{9}\right) + \frac{16}{9}x - \frac{11}{9},$$

$$-3x^2 - x + 2 = \left(\frac{16}{9}x - \frac{11}{9}\right)\left(-\frac{27}{16}x - \frac{441}{256}\right) - \frac{27}{256},$$

因此, $(f(x), g(x)) = 1$.　　　　　　　　　　　　　　　　　　　　　　　　□

> **定理 4.14**　$\mathbb{F}[x]$ 中的两个多项式 $f(x)$ 与 $g(x)$ 互素的充分必要条件是存在 $u(x), v(x) \in \mathbb{F}[x]$, 使得
>
> $$u(x)f(x) + v(x)g(x) = 1.$$

证明　必要性是定理 4.13 的直接推论. 下面证充分性, 设存在 $u(x)$ 和 $v(x)$ 使得

$$u(x)f(x) + v(x)g(x) = 1.$$

如果 $h(x)$ 是 $f(x)$ 与 $g(x)$ 的最大公因式, 则 $h(x)|f(x), h(x)|g(x)$, 从而由上式得 $h(x)|1$, 即

$$(f(x), g(x)) = 1.$$　　　　　　　　　　　　　　　　　　　　　　　□

例 4.14　设 $(f(x), g(x)) = 1$. 证明 $((f(x))^2, (g(x))^3) = 1$.

证明　由已知条件和定理 4.14 的必要性, 存在 $u(x)$ 和 $v(x)$ 使

$$u(x)f(x) + v(x)g(x) = 1.$$

现在将上式两边四次方, 得

$$(u(x))^4(f(x))^4 + 4(u(x))^3(f(x))^3v(x)g(x) + 6(u(x))^2(f(x))^2(v(x))^2(g(x))^2$$
$$+ 4u(x)f(x)(v(x))^3(g(x))^3 + (v(x))^4(g(x))^4 = 1.$$

左边可以写成

$$[(u(x))^4(f(x))^2 + 4(u(x))^3f(x)v(x)g(x) + 6(u(x))^2(v(x))^2(g(x))^2](f(x))^2$$
$$+ [4u(x)f(x)(v(x))^3 + (v(x))^4g(x)](g(x))^3 = 1.$$

再运用定理 4.14 的充分性, 可得 $((f(x))^2, (g(x))^3) = 1$.　　　　　　　　□

> **定理 4.15**　如果 $(f(x), g(x)) = 1$, 并且 $f(x)|g(x)h(x)$, 则 $f(x)|h(x)$.

证明 因为 $(f(x), g(x)) = 1$, 由定理 4.14, 存在 $u(x)$ 和 $v(x)$ 使得

$$u(x)f(x) + v(x)g(x) = 1.$$

上式两边乘 $h(x)$, 得到

$$u(x)f(x)h(x) + v(x)g(x)h(x) = h(x).$$

由于 $f(x)|g(x)h(x)$, 所以 $f(x)$ 可整除上式左边, 从而 $f(x)|h(x)$. □

定理 4.15 是下一节因式分解定理的基础. 与定理 4.6 类似的定理是以下定理.

定理 4.16 如果 $f_1(x)|g(x), f_2(x)|g(x)$, 并且 $(f_1(x), f_2(x)) = 1$, 则 $f_1(x)f_2(x)|g(x)$.

证明 因为 $f_1(x)|g(x)$, 所以存在 $h_1(x)$ 使得

$$g(x) = f_1(x)h_1(x). \tag{4.11}$$

又因为 $f_2(x)|g(x)$, 即 $f_2(x)|f_1(x)h_1(x)$, 且由条件 $(f_1(x), f_2(x)) = 1$ 及定理 4.15, 可得 $f_2(x)|h_1(x)$, 即存在 $h_2(x)$, 使得

$$h_1(x) = f_2(x)h_2(x).$$

将此式代入 (4.11) 式中即得

$$g(x) = f_1(x)f_2(x)h_2(x),$$

从而有 $f_1(x)f_2(x)|g(x)$. □

例 4.15 证明: $(x^2 + x + 1)|(x^{3m} + x^{3n+1} + x^{3p+2})$, 其中 m, n, p 是任意正整数.

证明 (证法一) 首先进行拆分:

$$x^{3m} + x^{3n+1} + x^{3p+2} = (x^{3m} - 1) + (x^{3n+1} - x) + (x^{3p+2} - x^2) + (x^2 + x + 1). \tag{4.12}$$

然后利用公式 $a^n - b^n = (a - b)(a^{n-1} + a^{n-2}b + \cdots + ab^{n-2} + b^{n-1})$ 可得

$$x^{3m} - 1 = (x^3 - 1)((x^3)^{m-1} + (x^3)^{m-2} + \cdots + x^3 + 1) = (x^2 + x + 1)f(x),$$

$$x^{3n+1} - x = x(x^{3n} - 1) = x(x^3 - 1)((x^3)^{n-1} + \cdots + x^3 + 1) = (x^2 + x + 1)g(x),$$

$$x^{3p+2} - x^2 = x^2(x^{3p} - 1) = x^2(x^3 - 1)((x^3)^{p-1} + \cdots + x^3 + 1) = (x^2 + x + 1)h(x),$$

这里 $f(x), g(x)$ 和 $h(x)$ 都是已知的多项式. 将上面的三式代入 (4.12) 式, 可得

$$x^{3m} + x^{3n+1} + x^{3p+2} = (x^2 + x + 1)(f(x) + g(x) + h(x) + 1),$$

即 $(x^2 + x + 1)|(x^{3m} + x^{3n+1} + x^{3p+2})$.

(证法二) 我们利用因式定理 (定理 4.11) 来证. 首先在复数域 $\mathbb{C}$ 上有分解式

$$x^2 + x + 1 = (x - \omega_1)(x - \omega_2),$$

其中 $\omega_1 = \dfrac{-1 + \sqrt{3}\mathrm{i}}{2}, \omega_2 = \dfrac{-1 - \sqrt{3}\mathrm{i}}{2}$. 记

$$q(x) = x^{3m} + x^{3n+1} + x^{3p+2},$$

则由于

$$\omega_i^3 - 1 = (\omega_i - 1)(\omega_i^2 + \omega_i + 1) = 0 \quad (i = 1, 2),$$

有 $\omega_i^3 = 1$, 因此

$$q(\omega_i) = \omega_i^{3m} + \omega_i^{3n+1} + \omega_i^{3p+2} = \omega_i^2 + \omega_i + 1 = 0.$$

由因式定理 $(x - \omega_i)|q(x)$, 再运用 $(x - \omega_1, x - \omega_2) = 1$ 和定理 4.16, 可得

$$(x - \omega_1)(x - \omega_2)|q(x).$$

这就是 $(x^2 + x + 1)|(x^{3m} + x^{3n+1} + x^{3p+2})$. □

习 题 4.2

1. 试对以下的 $f(x)$ 和 $g(x)$, 分别求出 $u(x)$ 和 $v(x)$, 使 $(f(x), g(x)) = u(x)f(x) + v(x)g(x)$:

(1) $f(x) = 3x^5 + 5x^4 - 16x^3 - 6x^2 - 5x - 6, g(x) = 3x^4 - 4x^3 - x^2 - x - 2$;

(2) $f(x) = x^4 + 2x^3 - x^2 - 4x - 2, g(x) = x^4 + x^3 - x^2 - 2x - 2$;

(3) $f(x) = x^4 - 3x^3 - 4x^2 + 4x + 1, g(x) = x^2 - x - 1$.

2. 设 $f(x)$ 与 $g(x)$ 不全为零, 且 $f(x) = d(x)q_1(x), g(x) = d(x)q_2(x)$. 试证: $d(x)$ 是 $f(x)$ 与 $g(x)$ 的最大公因式当且仅当

$$(q_1(x), q_2(x)) = 1.$$

3. 设 $f(x)$ 与 $g(x)$ 不全为零, $ad - bc \neq 0$. 试证:

$$(f(x), g(x)) = (af(x) + bg(x), cf(x) + dg(x)).$$

4. 求 $f(x) = x^3 + 2x^2 + 2x + 1$ 与 $g(x) = x^4 + x^3 + 2x^2 + x + 1$ 的公共根.

5. 证明: 对任意非负整数 n, 都有

$$(x^2 + x + 1) \mid (x^{n+2} + (x+1)^{2n+1}).$$

4.3 因式分解定理

4.3.1 不可约多项式

在中学代数里, 我们已经学过多项式因式分解的一些方法. 事实上, 多项式能否因式分解与系数所在的数域有关. 例如, 在有理数域 $\mathbb{Q}$ 上 $x^4 - 9$ 只能分解为 $x^4 - 9 = (x^2 - 3)(x^2 + 3)$, 而在实数域 $\mathbb{R}$ 上, 它可以进一步分解成 $x^4 - 9 = (x - \sqrt{3})(x + \sqrt{3})(x^2 + 3)$, 但是 $x^2 + 3$ 在实数域 $\mathbb{R}$ 上是不能再分解了 (当然在复数域上 $\mathbb{C}$ 还可以再分解), 这种不能分解的因式称为**不可约因式**.

> **定义 4.2　不可约多项式**
>
> 设 $f(x) \in \mathbb{F}[x]$, 且 $\partial(f(x)) > 0$. 若存在 $h(x), g(x) \in \mathbb{F}[x]$, 使 $f(x) = g(x)h(x)$, 其中 $\partial(g(x)) > 0, \partial(h(x)) > 0$, 那么称 $f(x)$ 在 $\mathbb{F}$ 上是**可约**的. 否则, 就称 $f(x)$ 为 $\mathbb{F}$ 上的**不可约多项式**.

例 4.16　在实数域 $\mathbb{R}$ 上将 $x^4 + 1$ 分解成不可约因式乘积.

解

$$
\begin{aligned}
x^4 + 1 &= x^4 + 2x^2 + 1 - 2x^2 \\
&= (x^2 + 1)^2 - (\sqrt{2}x)^2 \\
&= (x^2 + \sqrt{2}x + 1)(x^2 - \sqrt{2}x + 1),
\end{aligned}
$$

由于这两个二次三项式的判别式都小于零, 所以它们在实数域 $\mathbb{R}$ 上都不可约.　□

不可约多项式的作用类似整数中的素数, 以下几个定理都是素数有关性质 (定理 4.7 与定理 4.8) 的类比和推广.

> **定理 4.17**　如果 $p(x)$ 在 $\mathbb{F}$ 上不可约, 则对于任意 $f(x) \in \mathbb{F}[x]$, 有 $(p(x), f(x)) = 1$, 或者 $p(x)|f(x)$.

证明　设 $(p(x), f(x)) = d(x) \neq 1$, 则由 $d(x)|p(x)$ 得 $p(x) = g(x)d(x)$, 其中 $g(x) \in \mathbb{F}[x]$. 这里由于 $p(x)$ 不可约和 $\partial(d(x)) > 0$, 得到 $g(x) = c \neq 0$, 其中 $c \in \mathbb{F}$, 即有 $p(x) = cd(x)$. 又因为 $d(x)|f(x)$, 所以 $p(x)|f(x)$.　□

> **定理 4.18**　设 $p(x)$ 在 $\mathbb{F}$ 上不可约, 则对于任意 $f(x), g(x) \in \mathbb{F}[x]$, 如果 $p(x)|f(x)g(x)$, 则有 $p(x)|f(x)$, 或者 $p(x)|g(x)$.

证明　若 $p(x) \nmid f(x)$, 则由上述定理 4.17 得 $(p(x), f(x)) = 1$, 于是由定理 4.15, 即得 $p(x)|g(x)$.　□

利用数学归纳法, 容易把上面这个定理推广成任意多个多项式乘积的情形.

定理 4.19 如果 $p(x)$ 在 $\mathbb{F}$ 上不可约, 并且成立 $p(x)|f_1(x)f_2(x)\cdots f_t(x)$, 其中 $f_i(x) \in \mathbb{F}[x](i=1,2,\cdots,t)$, 则存在某个 $j(1 \leqslant j \leqslant t)$, 使得 $p(x)|f_j(x)$.

和初等数论中的 "算术基本定理" 类似的定理是以下的多项式因式分解定理.

定理 4.20 $\mathbb{F}[x]$ 中任何一个次数大于零的多项式 $f(x)$ 都可以唯一地分解成数域 $\mathbb{F}$ 上不可约因式的乘积.

证明 先证分解式的存在性, 对 $f(x)$ 的次数作 (第二) 数学归纳法.

当 $n=1$ 时, 一次多项式是不可约的. 假设结论对次数小于 n 的多项式成立, 那么当 $\partial(f(x))=n$ 时, 如果 $f(x)$ 是不可约多项式, 则命题成立. 如果 $f(x)$ 是可约多项式, 则存在 $f_1(x), f_2(x) \in \mathbb{F}[x]$ 使得

$$f(x) = f_1(x)f_2(x),$$

并且有 $0 < \partial(f_1(x)) < n$ 和 $0 < \partial(f_2(x)) < n$. 由归纳假设, $f_1(x)$ 和 $f_2(x)$ 都可以分解成不可约因式的乘积, 它们合起来就使 $f(x)$ 分解成一些不可约多项式的乘积, 从而由数学归纳法原理知因式分解的存在性对 $\mathbb{F}[x]$ 中的任何多项式 $f(x)$ 都成立.

再证唯一性. 假设 $f(x)$ 有两个分解式:

$$f(x) = p_1(x)p_2(x)\cdots p_s(x) = q_1(x)q_2(x)\cdots q_t(x), \tag{4.13}$$

其中的 $p_i(x)(i=1,2,\cdots,s)$ 和 $q_j(x)(j=1,2,\cdots,t)$ 在数域 $\mathbb{F}$ 上都是不可约的. 从上式得到

$$p_1(x)|q_1(x)q_2(x)\cdots q_t(x).$$

由定理 4.19, 存在某个 $j(1 \leqslant j \leqslant t)$ 使得 $p_1(x)|q_j(x)$, 不妨设 $j=1$, 则有

$$q_1(x) = h_1(x)p_1(x).$$

但是由于 $q_1(x)$ 不可约, 所以 $h_1(x) = c_1 \neq 0, c_1 \in \mathbb{F}$, 这样 $q_1(x) = c_1 p_1(x)$. 在 (4.13) 式的两边约去 $p_1(x)$, 得到

$$p_2(x)\cdots p_s(x) = c_1 q_2(x)\cdots q_t(x).$$

按照同样的方法继续做下去, 经过适当的调整顺序后有 $q_i(x) = c_i p_i(x)(i=1,2,\cdots,s)$ 且 $s=t$, 其中的所有常数 $c_i \in \mathbb{F}$. $\qquad\square$

一般来说, 由定理 4.20 可知 $\mathbb{F}[x]$ 中任意一个多项式 $f(x)$ 都可以写成下面形式:

$$f(x) = p_1^{r_1}(x)p_2^{r_2}(x)\cdots p_s^{r_s}(x),$$

其中 $r_i(i=1,2,\cdots,s)$ 是正整数且 $p_i(x)(i=1,2,\cdots,s)$ 是互不相同的不可约因式, 我们把这样的分解式称为多项式 $f(x)$ 在数域 $\mathbb{F}$ 上的**标准分解式**.

4.3.2 复数域和实数域上的因式分解

下面我们分别给出在复数域 $\mathbb{C}$ 和实数域 $\mathbb{R}$ 上的多项式因式分解的基本结果.

对于复数域 $\mathbb{C}$ 上的多项式来说, 最基本的结果就是**代数基本定理**: 每个次数大于零的复系数多项式在复数域中至少有一个根. 这个基本定理的证明需要用到复变函数论的有关定理. 这个定理加上因式定理可以推出, 在复数域里只有一次因式是不可约的, 任何高于一次的多项式 $f(x)$ 都是一次因式的乘积:

$$f(x) = c(x-c_1)^{r_1}(x-c_2)^{r_2}\cdots(x-c_s)^{r_s},$$

其中 $c \in \mathbb{C}, c_1, c_2, \cdots, c_s \in \mathbb{C}$ 且互异, $r_1, r_2, \cdots, r_s$ 是正整数且

$$\sum_{i=1}^{s} r_i = n,$$

由此可得下面的定理.

定理 4.21 若 $f(x) \in \mathbb{C}[x]$, 则 $f(x) = 0$ 恰有 n 个复根 (包括重根).

例 4.17 求 $f(x) = x^n - 1$ 在复数域中的标准分解式.

解 记 $f(x) = 0$ 的根为 $\alpha = \rho(\cos\varphi + \mathrm{i}\sin\varphi)$, 则

$$\rho^n(\cos n\varphi + \mathrm{i}\sin n\varphi) = 1.$$

从而有 $\rho^n\cos n\varphi = 1, \rho^n\sin n\varphi = 0$, 由此得 $\rho = 1$ 和 $\varphi = \dfrac{2k\pi}{n}(k = 0, 1, 2, \cdots, n-1)$. 记 n 个根为

$$\omega_k = \cos\frac{2k\pi}{n} + \mathrm{i}\sin\frac{2k\pi}{n}, \quad k = 0, 1, 2, \cdots, n-1.$$

这些根均匀地分布在复平面中的单位圆上, 称它们为 n 次单位根. 如果记 $\omega = \omega_1$, 则 $\omega_k = \omega^k (k = 0, 1, 2, \cdots, n-1)$, 并且有分解式

$$f(x) = x^n - 1 = (x-1)(x-\omega)(x-\omega^2)\cdots(x-\omega^{n-1}) = \prod_{k=0}^{n-1}(x-\omega^k). \qquad \Box$$

此外由于

$$x^n - 1 = (x-1)(x^{n-1} + x^{n-2} + \cdots + x + 1),$$

所以 $\omega, \omega^2, \cdots, \omega^{n-1}$ 也是方程 $x^{n-1} + x^{n-2} + \cdots + x + 1 = 0$ 的根. 当 n 是素数时, 这个方程称为分圆方程.

实数域上的因式分解要比复数域上的因式分解复杂一些, 不可约多项式的次数可以是 2 (例如例 4.16), 其原因在于实系数多项式的复根总是成对出现的.

定理 4.22 设 $f(x) \in \mathbb{R}[x], c \in \mathbb{C}$, 若 $f(c) = 0$, 则 $f(\bar{c}) = 0$, 其中 $\bar{c}$ 是 c 的共轭复数.

证明 设

$$f(x) = a_n x^n + a_{n-1} x^{n-1} + \cdots + a_1 x + a_0,$$

其中 $a_i \in \mathbb{R}, i = 0, 1, 2, \cdots, n$. 由条件知

$$f(c) = a_n c^n + a_{n-1} c^{n-1} + \cdots + a_1 c + a_0 = 0.$$

等式两边取共轭, 有

$$a_n \bar{c}^n + a_{n-1} \bar{c}^{n-1} + \cdots + a_1 \bar{c} + a_0 = 0,$$

即 $f(\bar{c}) = 0$. □

例 4.18 已知 $f(x) = 2x^3 - 9x^2 + 30x - 13$ 有一个根为 $2 + 3\mathrm{i}$, 求 $f(x)$ 的其余的根.

解 由定理 4.22, $f(x) = 0$ 的另一根为 $2 - 3\mathrm{i}$. 由因式定理, $f(x)$ 含有因式

$$(x - (2 + 3\mathrm{i}))(x - (2 - 3\mathrm{i})) = x^2 - 4x + 13.$$

再用长除法计算出 $f(x)$ 的另一因式 $2x - 1$, 因此 $f(x) = 0$ 的第三个根为 $\dfrac{1}{2}$. □

定理 4.23 设 $f(x) \in \mathbb{R}[x], \partial(f(x)) = n \geqslant 1$, 则

$$f(x) = c \prod_{k=1}^{s} (x - c_k)^{r_k} \prod_{j=1}^{t} (x^2 + p_j x + q_j)^{m_j},$$

其中 $c \in \mathbb{R}, c_1, c_2, \cdots, c_s \in \mathbb{R}$ 且互异, $p_j, q_j \in \mathbb{R}$ 且 $p_j^2 - 4q_j < 0 (j = 1, 2, \cdots, t)$, $r_k(k = 1, 2, \cdots, s)$ 与 $m_j(j = 1, 2, \cdots, t)$ 都是正整数, 以及

$$\sum_{k=1}^{s} r_k + \sum_{j=1}^{t} 2m_j = n.$$

证明 对 $f(x)$ 的次数作数学归纳法, 当 $n = 1$ 时结论显然成立. 假设定理对次数小于 n 的多项式成立. 现在设 $\partial(f(x)) = n$, 由代数基本定理, $f(x) = 0$ 有一个复根 α, 如果 α 是实数, 则由因式分解定理, 有

$$f(x) = (x - \alpha)f_1(x),$$

其中由于 $f(x) \in \mathbb{R}[x]$, 必有 $f_1(x) \in \mathbb{R}[x]$ (否则会产生矛盾). 如果 α 不是实数, 由定理 4.22 及条件 $f(x) \in \mathbb{R}[x]$, $\bar{\alpha}$ 也是 $f(x) = 0$ 的根, 因此由因式定理, 有

$$f(x) = (x - \alpha)(x - \overline{\alpha})f_2(x) = (x^2 - (\alpha + \overline{\alpha})x + \alpha\overline{\alpha})f_2(x).$$

这里, $\alpha + \overline{\alpha} \in \mathbb{R}, \alpha\overline{\alpha} \in \mathbb{R}$, 并且由于 α 虚部 $b \neq 0$, 所以上式中二次三项式的判别式

$$\Delta = (\alpha + \overline{\alpha})^2 - 4\alpha\overline{\alpha} = (\alpha - \overline{\alpha})^2$$
$$= (2b\mathrm{i})^2 = -4b^2 < 0,$$

因此 $x^2 - (\alpha + \overline{\alpha})x + \alpha\overline{\alpha}$ 是一个实数系不可约多项式, 再由 $f(x) \in \mathbb{R}[x]$, 可知 $f_2(x) \in \mathbb{R}[x]$. 最后由归纳法假设, 对于次数小于 n 的多项式 $f_1(x)$ 和 $f_2(x)$ 来说, 定理的结论都成立, 所以该结论对 $f(x)$ 也成立. $\qquad\square$

例 4.19 求 $f(x) = x^n - 1$ 在实数域中的标准分解式.

解 由例 4.17 得知 $f(x)$ 在复数域中的分解是

$$f(x) = x^n - 1 = (x - 1)(x - \omega_1) \cdots (x - \omega_{n-1}),$$

其中

$$\omega_k = \cos\frac{2k\pi}{n} + \mathrm{i}\sin\frac{2k\pi}{n}, \quad k = 0, 1, 2, \cdots, n - 1.$$

由于 $\overline{\omega_k} = \omega_{n-k}$, 所以

$$\omega_k + \omega_{n-k} = \omega_k + \overline{\omega_k} = 2\cos\frac{2k\pi}{n}$$

是一个实数, 并且

$$(\omega_k + \omega_{n-k})^2 - 4 = 4\left(\cos\frac{2k\pi}{n}\right)^2 - 4 < 0,$$

因此 $x^2 - (\omega_k + \omega_{n-k})x + 1$ 是实数域上的不可约二次多项式. 于是当 n 是奇数时, $f(x) = x^n - 1$ 在实数域上的分解式为

$$
\begin{aligned}
&x^n - 1 \\
={}& (x - 1)(x^2 - (\omega_1 + \omega_{n-1})x + 1) \\
&\times (x^2 - (\omega_2 + \omega_{n-2})x + 1) \cdots (x^2 - (\omega_{\frac{n-1}{2}} + \omega_{\frac{n+1}{2}})x + 1) \\
={}& (x - 1)\left(x^2 - 2x\cos\frac{2\pi}{n} + 1\right)\left(x^2 - 2x\cos\frac{4\pi}{n} + 1\right) \cdots \left(x^2 - 2x\cos\frac{(n-1)\pi}{n} + 1\right) \\
={}& (x - 1)\prod_{k=1}^{\frac{n-1}{2}}\left(x^2 - 2x\cos\frac{2k\pi}{n} + 1\right).
\end{aligned}
$$

当 n 是偶数时, $f(x) = x^n - 1$ 的分解式为

$$
\begin{aligned}
& x^n - 1 \\
={} & (x-1)(x+1)(x^2 - (\omega_1 + \omega_{n-1})x + 1) \\
& \times (x^2 - (\omega_2 + \omega_{n-2})x + 1) \cdots (x^2 - (\omega_{\frac{n-2}{2}} + \omega_{\frac{n+2}{2}})x + 1) \\
={} & (x-1)(x+1)\left(x^2 - 2x\cos\frac{2\pi}{n} + 1\right) \\
& \times \left(x^2 - 2x\cos\frac{4\pi}{n} + 1\right) \cdots \left(x^2 - 2x\cos\frac{(n-2)\pi}{n} + 1\right) \\
={} & (x-1)(x+1)\prod_{k=1}^{\frac{n-2}{2}}\left(x^2 - 2x\cos\frac{2k\pi}{n} + 1\right). \qquad\square
\end{aligned}
$$

习　题　4.3

1. 求以下多项式在复数域上的标准分解式:

(1) $x^3 - 1$;　(2) $x^4 - 1$;　(3) $x^5 - 2$;　(4) $x^n - 3$.

2. 求以下多项式在实数域上的标准分解式:

(1) $x^5 - 1$;　(2) $x^6 - 1$;　(3) $x^n - 2$;　(4) $x^4 + x^2 - 2$.

3. 利用因式分解定理证明: $g(x)|f(x)$ 当且仅当 $g^2(x)|f^2(x)$.

4. 证明: 如果 $(h(x), f(x)) = 1$, 且 $(h(x), g(x)) = 1$, 则

$$
(h(x), f(x)g(x)) = 1.
$$

5. 设 $p(x) \in \mathbb{F}[x]$ 且 $\partial(p(x)) > 0$, 如果对于 x 中任意多项式 $f(x)$, 都有 $p(x)|f(x)$ 或 $(p(x), f(x)) = 1$, 试证: $p(x)$ 是不可约多项式.

6. 证明: 数域 $\mathbb{F}$ 上的 n 次多项式 $f(x)$ 在数域 $\mathbb{F}$ 上的根不可能多于 n 个 (重根按重数计算).

7. 设 $f(x), g(x) \in \mathbb{F}[x]$ 是两个次数不超过 n 的多项式, 如果存在 $\mathbb{F}$ 中的互不相同的 $n+1$ 个数 $c_1, c_2, \cdots, c_{n+1}$, 使得

$$
f(c_i) = g(c_i) \quad (i = 1, 2, \cdots, n+1),
$$

证明: $f(x) = g(x)$.

8. 设 $a_1, a_2, \cdots, a_{n+1}$ 是数域 $\mathbb{F}$ 上 $n+1$ 个不同的数, 证明: 对数域 $\mathbb{F}$ 上任意 $n+1$ 个数 $b_1, b_2, \cdots, b_{n+1}$, 存在唯一的次数不超过 n 的多项式 $f(x) \in \mathbb{F}[x]$, 使得

$$
f(a_i) = b_i \quad (i = 1, 2, \cdots, n+1).
$$

4.4 有理数域上的多项式

4.4.1 多项式的有理根

由于有理系数多项式 $f(x) \in \mathbb{Q}[x]$ 乘以一个适当的常数 k 后, 就可以使 $kf(x)$ 变成整系数多项式, 所以我们可以将有理数域上的多项式因式分解问题看成系数取自整数集 $\mathbb{Z}$ 的多项式的因式分解 (或求根) 的问题. 我们将证明 $f(x) \in \mathbb{Q}[x]$ 在 $\mathbb{Q}$ 中可约与它在 $\mathbb{Z}$ 中可约两者是等价的. 例如, 对 $f(x) = \dfrac{1}{3}x^2 + \dfrac{1}{2}x - 1$, 可以考察整系数多项式 $6f(x) = 2x^2 + 3x - 6$, 它的判别式为 57, 从而它的两个根都是无理数, 因此 $f(x)$ 尽管在实数域上可约, 但在有理数域和整数集上都不可约.

在高等代数的学习中, 经常需要求解一些低次的整系数多项式的有理根的问题. 虽然对于三、四次方程来说也有求根公式, 但是它们并不实用. 以下这个比较简单的定理是经常使用的.

定理 4.24 (有理根判别法)　设 $f(x) \in \mathbb{Z}(x)$ 且

$$f(x) = a_n x^n + a_{n-1}x^{n-1} + \cdots + a_1 x + a_0.$$

若 $f\left(\dfrac{r}{s}\right) = 0$, 其中 $r, s \in \mathbb{Z}$, 且最大公因子 $(r, s) = 1$, 则

$$r \mid a_0 \ , \ s \mid a_n.$$

证明　因为

$$f\left(\frac{r}{s}\right) = a_n \left(\frac{r}{s}\right)^n + a_{n-1}\left(\frac{r}{s}\right)^{n-1} + \cdots + a_1 \left(\frac{r}{s}\right) + a_0 = 0,$$

所以

$$a_n r^n + a_{n-1}r^{n-1}s + \cdots + a_1 r s^{n-1} = -a_0 s^n.$$

由于 r 能整除等式的左边, 也能整除等式的右边, 即

$$r \mid a_0 s^n,$$

但是 $(r, s) = 1$, 所以由定理 4.4 知 $(r, s^n) = 1$, 从而再由定理 4.5 得 $r \mid a_0$. 同理可证 $s \mid a_n$. 　□

例 4.20　求三次方程 $x^3 - 4x^2 + 2x + 4 = 0$ 所有的根.

解　由上述定理, 这个方程如果有有理根 $\dfrac{r}{s}$, 那么由于首项系数为 1, $s = 1$, 所以有理根必为整数 r, 且有 $r \mid 4$. 可能的根有 $\pm 1, \pm 2, \pm 4$. 用综合除法先对 $x + 1$ 和

$x - 1$ 进行尝试, 都不能整除. 再对 $x - 2$ 进行尝试:

$$
\begin{array}{r|rrrr}
  & 1 & -4 & 2 & 4 \\
2 &   & 2 & -4 & -4 \\
\hline
  & 1 & -2 & -2 & 0
\end{array}
$$

因此由因式定理, $x = 2$ 是它的一个根, 并且由最后一行知道该方程其余的根满足方程 $x^2 - 2x - 2 = 0$, 从而求出该方程所有的根为 $2, 1 \pm \sqrt{3}$.

例 4.21　求 $f(x) = 3x^4 + 5x^3 + x^2 + 5x - 2$ 的有理根.

解　由上述定理, 这个多项式的有理根只可能是 $\pm 1, \pm 2, \pm \dfrac{1}{3}, \pm \dfrac{2}{3}$. 先用综合除法对 $x + 1, x - 1$ 和 $x - 2$ 进行尝试, 都不能整除. 再对 $x + 2$ 进行尝试:

$$
\begin{array}{r|rrrrr}
   & 3 & 5 & 1 & 5 & -2 \\
-2 &   & -6 & 2 & -6 & 2 \\
\hline
   & 3 & -1 & 3 & -1 & 0
\end{array}
$$

所以 $x = -2$ 是 $f(x)$ 的一个有理根, 接下来让由最后一行确定的多项式 $f_1(x) = 3x^3 - x^2 + 3x - 1$ 对 $x + 2$ 进行尝试 (因为 $x + 1, x - 1$ 和 $x - 2$ 已经不可能是 $f_1(x)$ 的因式), 不能整除. 再让 $f_1(x)$ 除以 $x - \dfrac{1}{3}$:

$$
\begin{array}{r|rrrr}
            & 3 & -1 & 3 & -1 \\
\frac{1}{3} &   & 1 & 0 & 1 \\
\hline
            & 3 & 0 & 3 & 0
\end{array}
$$

从而 $x = \dfrac{1}{3}$ 也是 $f(x)$ 的一个有理根, 此时我们看到 $f(x)$ 除以 $(x + 2)\left(x - \dfrac{1}{3}\right)$ 后的商式为 $3x^2 + 3$, 它显然已经没有有理根了. 故原多项式 $f(x)$ 只有两个有理根 -2 和 $\dfrac{1}{3}$.　　　　　　　　　　　　　　　　　　　　　　　　　　　□

例 4.22　证明 $f(x) = x^3 + 3x - 1$ 在 $\mathbb{Q}[x]$ 中不可约.

证明　若可约, $f(x)$ 一定含有一个一次因式, 且这个一次因式的系数都是有理数. 由因式定理, $f(x)$ 就至少有一个有理根. 但是由定理 4.24 知, 这个有理根只可能为 ± 1. 而由 $f(\pm 1) \neq 0$ 可知 $f(x)$ 没有有理根, 因此 $f(x)$ 在 $\mathbb{Q}[x]$ 中不可约.　　　　　　　　　　　　　　　　　　　　　　　　　　　　　　　　□

例 4.23　求 $f(x) = 6x^4 + 5x^3 + 3x^2 - 3x - 2$ 在有理数域中的因式分解.

解　由定理 4.24, $f(x)$ 的有理根只可能是 $\pm 1, \pm 2, \pm \dfrac{1}{2}, \pm \dfrac{1}{3}, \pm \dfrac{2}{3}, \pm \dfrac{1}{6}$. 先用综合除法依次试验 $x - 1, x + 1, x - 2, x + 2$ 和 $x - \dfrac{1}{2}$ 是否整除 $f(x)$, 结果都不行. 再用

$x + \dfrac{1}{2}$ 去除 $f(x)$:

$$
\begin{array}{r|rrrrr}
 & 6 & 5 & 3 & -3 & -2 \\
-\dfrac{1}{2} & & -3 & -1 & -1 & 2 \\
\hline
 & 6 & 2 & 2 & -4 & 0
\end{array}
$$

因此

$$f(x) = \left(x + \frac{1}{2}\right)(6x^3 + 2x^2 + 2x - 4) = (2x+1)(3x^3 + x^2 + x - 2).$$

继续用综合除法让 $3x^3 + x^2 + x - 2$ 除以 $x + \dfrac{1}{2}$, $x - \dfrac{1}{3}$ 和 $x + \dfrac{1}{3}$, 结果也都不能整除. 接下来除以 $x - \dfrac{2}{3}$:

$$
\begin{array}{r|rrrr}
 & 3 & 1 & 1 & -2 \\
\dfrac{2}{3} & & 2 & 2 & 2 \\
\hline
 & 3 & 3 & 3 & 0
\end{array}
$$

所以有

$$f(x) = (2x+1)\left(x - \frac{2}{3}\right)(3x^2 + 3x + 3) = (2x+1)(3x-2)(x^2 + x + 1),$$

这就是 $f(x)$ 在有理数域中的因式分解. □

4.4.2 艾森斯坦判别法

例 4.22 给出了一个在有理数域上 3 次不可约多项式的例子. 实际上, 与复数域和实数域上分别只有一次和二次不可约多项式不同, 在有理数域上, 存在着任意次的不可约多项式. 这方面的一个简单例子是多项式 $f(x) = x^n + 5$, 其中的 n 是任意正整数. 这个事实的确立依靠了以下著名的定理.

> **定理 4.25** (艾森斯坦判别法) 设 $f(x) = a_n x^n + a_{n-1} x^{n-1} + \cdots + a_1 x + a_0 \in \mathbb{Z}[x]$, 如果存在一个素数 p, 使得
> (1) p 不整除 a_n;
> (2) $p \mid a_0, a_1, \cdots, a_{n-1}$;
> (3) p^2 不整除 a_0,
> 那么 $f(x)$ 在有理数域上不可约.

对于多项式 $f(x) = x^n + 5$ 来说, $a_n = 1, a_{n-1} = \cdots = a_1 = 0, a_0 = 5$, 我们取素数 $p = 5$, 则它满足艾森斯坦判别法中的 3 个条件, 因此 $f(x) = x^n + 5$ 在有理数

域中确实不可约. 艾森斯坦判别法的证明具体来说分为三步. 第一步是证明所谓的
"高斯引理".

定理 4.26 (高斯引理) 两个本原多项式的乘积仍是本原多项式.

这里所说的本原多项式是指各项系数是互素 (即各项系数的最大公因子为 1)
的多项式. 例如,

$$f(x) = 6x^3 + 3x^2 + 4$$

就是一个本原多项式, 这是由于 $(6, 3, 4) = 1$, 而 $g(x) = 4x^2 + 6x + 2$ 就不是本
原多项式, 这是因为 $(4, 6, 2) = 2 \neq 1$. 现在将这里的 $f(x)$ 与另一个本原多项式
$h(x) = 2x + 3$ 相乘, 它们的乘积是

$$f(x)h(x) = 12x^4 + 24x^3 + 9x^2 + 8x + 12,$$

由于上式 5 个系数的最大公因子 $(12, 24, 9, 8, 12) = 1$, 所以乘积 $f(x)h(x)$ 还是一个
本原多项式. 这就是高斯引理的含义.

证明 我们用反证法. 假设两个本原多项式

$$f(x) = a_n x^n + a_{n-1} x^{n-1} + \cdots + a_i x^i + \cdots + a_1 x + a_0,$$
$$g(x) = b_m x^m + b_{m-1} x^{m-1} + \cdots + b_j x^j + \cdots + b_1 x + b_0$$

的乘积

$$f(x)g(x) = c_{n+m} x^{n+m} + c_{n+m-1} x^{n+m-1} + \cdots + c_1 x + c_0$$

不是一个本原多项式. 那么一定存在一个素数 p, 它整除所有系数 $c_{n+m}, c_{n+m-1},$
$\cdots, c_1, c_0$. 由于 $f(x)$ 和 $g(x)$ 都是本原多项式, p 不能整除 $f(x)$ 的所有系数, 也不
能整除 $g(x)$ 的所有系数, 不妨假设 a_i 和 b_j 分别是第一个不能被 p 整除的 $f(x)$ 和
$g(x)$ 的系数. 现在考虑 $f(x)g(x)$ 的系数 c_{i+j}, 由多项式乘积公式 (4.4), 可将 c_{i+j}
写成

$$c_{i+j} = \cdots + a_{i-1} b_{j+1} + a_i b_j + a_{i+1} b_{j-1} + \cdots.$$

根据 a_i 和 b_j 的选取条件, 有 $p | a_0, \cdots, a_{i-1}, b_0, \cdots, b_{j-1}$, 并且根据反证假设, 有
$p | c_{i+j}$, 这样, 从上式就可以推得 $p | a_i b_j$, 再由定理 4.8 知 $p | a_i$ 或 $p | b_j$, 但是这与假设
"a_i 和 b_j 都不被 p 整除" 矛盾, 所以 $f(x)g(x)$ 是本原多项式.   □

证明艾森斯坦判别法的第二步是证明以下的定理.

定理 4.27 如果 $f(x) \in \mathbb{Z}[x]$ 在有理数域上可约, 那么它在整数集 $\mathbb{Z}$ 上也
可约.

证明　设 $f(x) = g(x)h(x)$, 其中 $g(x), h(x) \in \mathbb{Q}[x]$, 并且 $\partial(g(x)) < \partial(f(x))$, $\partial(h(x)) < \partial(f(x))$. 现在通过提出系数, 可将这三个函数写成 $f(x) = af_1(x), g(x) = rg_1(x), h(x) = sh_1(x)$ 的形式, 其中 $f_1(x), g_1(x), h_1(x)$ 都是本原多项式, $a \in \mathbb{Z}, r, s \in \mathbb{Q}$. 于是

$$af_1(x) = (rsg_1(x))h_1(x).$$

由高斯引理, $g_1(x)h_1(x)$ 是本原多项式, 从而 $rs = \pm a$ 是一个整数. 因此, 有

$$f(x) = (rsg_1(x))h_1(x).$$

这里 $rsg_1(x)$ 和 $h_1(x)$ 都是整系数多项式, 且次数都低于 $f(x)$ 的次数.　　　□

第三步就可以来证艾森斯坦判别法了.

定理 4.25 的证明　也是用反证法. 假设 $f(x)$ 在 $\mathbb{Q}[x]$ 中可约, 那么由上述定理 4.27, $f(x)$ 在 $\mathbb{Z}[x]$ 可约, 即

$$
\begin{aligned}
f(x) &= a_n x^n + a_{n-1} x^{n-1} + \cdots + a_i x^i + \cdots + a_1 x + a_0 \\
&= (b_k x^k + b_{k-1} x^{k-1} + \cdots + b_1 x + b_0)(c_t x^t + c_{t-1} x^{t-1} + \cdots + c_1 x + c_0), \quad (4.14)
\end{aligned}
$$

其中 $a_0, \cdots, a_n, b_0, \cdots, b_k, c_0, \cdots, c_t \in \mathbb{Z}$, 并且 $k + t = n(k, t < n)$. 将上式右边的乘积打开, 有 $a_0 = b_0 c_0$ 和 $a_n = b_k c_t$. 因为 $p | a_0$, 即 $p | b_0 c_0$, 由定理 4.8 知 $p | b_0$ 或 $p | c_0$. 但是 a_0 不被 p^2 整除, 所以 $p | b_0$ 与 $p | c_0$ 不能同时成立. 不妨设 $p | b_0$, 而 c_0 不被 p 整除, 又因为 a_n 不被 p 整除, 所以 b_k 不被 p 整除 (不然, 若 $p | b_k$, 则由 $a_n = b_k c_t$ 可以推出 $p | a_n$). 于是 p 不能整除所有的 b_j, 记 $b_0, b_1, \cdots, b_k$ 中第一个不能被 p 整除的系数是 $b_i(0 < i \leqslant k)$. 现在考虑乘积中相应的 x^i 项的系数, 由 (4.14) 式和多项式乘积公式 (4.4) 得

$$a_i = b_0 c_i + \cdots + b_{i-1} c_1 + b_i c_0,$$

其中当 $i > t$ 时, 可设 $c_i = 0$. 因为 $i \leqslant k < n$, 所以由条件知 $p | a_i$, 再由 $p | b_0, p | b_1, \cdots, p | b_{i-1}$ 就可以从上式推出 $p | b_i c_0$. 于是由定理 4.8 知 $p | b_i$ 或 $p | c_0$, 而这与前面说的 "b_i 不被 p 整除" 与 "c_0 不被 p 整除" 相矛盾. 因此 $f(x)$ 在 $\mathbb{Q}[x]$ 中不可约.　　　□

例 4.24　试判断 $f(x) = x^4 + 4x^3 + 6x^2 + 4x + 2$ 在 $\mathbb{Q}[x]$ 中是否可约.

解　取素数 $p = 2$, 则 $f(x)$ 满足艾森斯坦判别法的三个条件, 因此 $f(x)$ 在 $\mathbb{Q}[x]$ 中不可约.　　　□

例 4.25　试判断 $f(x) = 1 + x + \dfrac{x^2}{2!} + \dfrac{x^3}{3!} + \dfrac{x^4}{4!} + \dfrac{x^5}{5!}$ 在 $\mathbb{Q}[x]$ 中是否可约.

解　先提出常数 $\dfrac{1}{5!}$ 得

$$f(x) = \frac{1}{5!}(x^5 + 5x^4 + 20x^3 + 60x^2 + 120x + 120).$$

取素数 $p = 5$, 则对多项式 $5! f(x) = 120 f(x)$ 来说, 它满足艾森斯坦判别法的条件, 因此 $120 f(x)$ 在 $\mathbb{Q}[x]$ 中不可约, 也就是 $f(x)$ 在 $\mathbb{Q}[x]$ 中不可约. □

例 4.26 试判断 $f(x) = x^7 - 7x + 13$ 在 $\mathbb{Q}[x]$ 中是否可约.

解 此题不能直接用艾森斯坦判别法, 这时可以考虑另一个多项式 $g(y) = f(y + 1)$, 即在 $f(x)$ 中令 $x = y + 1$, 进行换元后得到

$$g(y) = f(y + 1) = (y + 1)^7 - 7(y + 1) + 13$$
$$= y^7 + 7y^6 + 21y^5 + 35y^4 + 35y^3 + 21y^2 + 7.$$

取 $p = 7$, 则 $g(y)$ 满足艾森斯坦判别法的三个条件, 因此它不可约. 由此可以断言 $f(x)$ 也不可约, 因为若有 $f(x) = f_1(x) f_2(x)$, 其中 $f_1(x)$ 满足 $0 < \partial(f_1(x)) < 7$, $f_2(x)$ 满足 $0 < \partial(f_2(x)) < 7$, 则

$$g(y) = f(y + 1) = f_1(y + 1) f_2(y + 1),$$

$f_1(y + 1), f_2(y + 1)$ 的次数分别与 $f_1(y), f_2(y)$ 的次数相同, 这就与 $g(y)$ 可约产生矛盾. □

有时候作代换 $x = y + 1$ 也不能解决问题, 例如, 对 $f(x) = x^3 + 3x + 1$ 来说, $f(y + 1) = y^3 + 3y^2 + 6y + 5$, 它也不能用艾森斯坦判别法, 此时可以尝试其他的代换 (例如 $x = y - 1$), 或者也可以直接用前面的有理根判别法 (定理 4.24) 来做.

例 4.27 用艾森斯坦判别法证明 $\sqrt{2}$ 是无理数.

证明 与初等数论中用反证法证明 $\sqrt{2}$ 是无理数不同, 这里是构造一个二次多项式 $f(x) = x^2 - 2$, 它有两个根 $\pm \sqrt{2}$. 如果能证明 $f(x)$ 在有理数域 $\mathbb{Q}$ 上不可约, 即不可能有 $f(x) = (x - r_1)(x - r_2)$, 其中 $r_1, r_2 \in \mathbb{Q}$, 则 $\sqrt{2}$ 不可能是有理数. 而用艾森斯坦判别法证明 $f(x) = x^2 - 2$ 在 $\mathbb{Q}$ 上不可约是十分容易的 (取 $p = 2$). □

用与上例完全相同的方法可以证明: 对任何素数 p, $\sqrt{p}$ 都是无理数.

习 题 4.4

1. 求 $f(x) = x^5 - 5x^4 + 7x^3 + x^2 - 8x + 4$ 在有理数域上的标准分解式.

2. 求下列多项式的有理根:

(1) $f(x) = x^3 - 6x^2 + 15x - 14$;

(2) $f(x) = 2x^4 - 5x^3 + 3x^2 + 4x - 6$;

(3) $f(x) = 3x^4 + 5x^3 + x^2 + 5x - 2$;

(4) $f(x) = x^5 - x^4 - \dfrac{5}{2}x^3 + 2x^2 - \dfrac{1}{2}x - 2$;

(5) $f(x) = x^4 - \dfrac{7}{4}x^2 - \dfrac{5}{4}x - \dfrac{1}{4}$;

(6) $f(x) = x^5 - x^4 - \dfrac{5}{2}x^3 + 2x^2 - \dfrac{1}{2}x - 3$.

3. 证明以下多项式在有理数域上不可约:

(1) $f(x) = x^5 - 4x^3 + 2x + 2$;

(2) $f(x) = 2x^5 + 18x^4 + 12x^2 + 12$;

(3) $f(x) = x^2 + 1$;

(4) $f(x) = x^4 - x^3 + 2x + 1$;

(5) $f(x) = x^p + px + 1$, 其中 p 是奇素数;

(6) $f(x) = x^6 + x^3 + 1$.

4. 证明: 若 $p_1, p_2, \cdots, p_t$ 是 t 个不同的素数, n 是一个大于 1 的整数, 则 $\sqrt[n]{p_1 p_2 \cdots p_t}$ 是无理数.

5. 设 $f(x) = a_n x^n + a_{n-1} x^{n-1} + \cdots + a_1 x + a_0$ 是一个整系数多项式, a_n, a_0 均为奇数, 且 $f(1)$ 与 $f(-1)$ 中至少有一个为奇数, 证明: $f(x)$ 没有有理根.

4.5　复数域上多项式的重根

4.5.1　多项式的导数及其性质

前面的因式定理告诉我们: a 是多项式 $f(x)$ 的根的充要条件是 $x - a$ 可以整除 $f(x)$. 如果 $x - a$ 可以整除 $f(x)$, 但是 $(x-a)^2$ 不能整除 $f(x)$, 则 a 称为多项式 $f(x)$ 的**单根**.

如果 $k > 1$ 且 $(x-a)^k$ 可以整除 $f(x)$, 而 $(x-a)^{k+1}$ 不能整除 $f(x)$, 则称 a 为多项式 $f(x)$ 的 k **重根**, 此时称 $x-a$ 是 $f(x)$ 的**重因式**. 例如, 对 $f(x) = x^2(x-1)(x+2)^3$ 来说, 它有一个单根 $x = 1$, 一个 2 重根 $x = 0$ 和一个 3 重根 $x = -2$. 对于已经分解成不可约因式乘积形式的多项式来说, 判别它是否有重根 (或重因式) 是一目了然的, 但是对一般的多项式, 判断其是否有重根不是一件容易的事情. 我们需要借助于另一个由 $f(x)$ 确定的多项式 —— $f(x)$ 的导数 $f'(x)$.

定义 4.3　导数

对于 $\mathbb{F}[x]$ 中的多项式

$$f(x) = a_n x^n + a_{n-1} x^{n-1} + \cdots + a_2 x^2 + a_1 x + a_0, \tag{4.15}$$

我们把 $\mathbb{F}[x]$ 中的多项式

$$na_n x^{n-1} + (n-1)a_{n-1} x^{n-2} + \cdots + 2a_2 x + a_1 \tag{4.16}$$

叫做 $f(x)$ 的**导数**, 记为 $f'(x)$ 或 $(f(x))'$.

由 (4.16) 式可知多项式导数最基本的公式是

$$(x^n)' = nx^{n-1},$$

例如

$$(x^3)' = 3x^2, \quad (x^2)' = 2x, \quad (x)' = 1$$

等等. 常数的导数永远为零: $(c)' = 0$.

此外, 由于多项式 $f(x)$ 的导数 $f'(x)$ 仍是多项式, 因此可以求 $f'(x)$ 的导数, 得到 $f(x)$ 的二阶导数 $f^{(2)}(x) = (f'(x))'$. 类似可得 $f(x)$ 的三阶导数 $f^{(3)}(x) = (f^{(2)}(x))'$ 及任意 k 阶导数 $f^{(k)}(x)(k \geqslant 1)$.

例 4.28 已知 $f(x) = x^5 - 6x^4 + 11x^3 - 2x^2 - 12x + 8$, 求 $f'(x)$.

解 $f'(x) = 5x^4 - 24x^3 + 33x^2 - 4x - 12$.   □

定理 4.28 对任何 $\mathbb{F}[x]$ 中的多项式 $f(x), g(x)$ 和任何 $c, a \in \mathbb{F}$, 有
(1) $(cf(x))' = cf'(x)$;
(2) $(f(x) + g(x))' = f'(x) + g'(x)$;
(3) 对任何正整数 n, $((x-a)^n g(x))' = n(x-a)^{n-1}g(x) + (x-a)^n g'(x)$.

证明   (1) 设 $f(x)$ 写成 (4.15) 式, 则

$$\begin{aligned}
(cf(x))' &= (ca_n x^n + ca_{n-1}x^{n-1} + \cdots + ca_2 x^2 + ca_1 x + ca_0)' \\
&= nca_n x^{n-1} + (n-1)ca_{n-1}x^{n-2} + \cdots + 2ca_2 x + ca_1 \\
&= c(na_n x^{n-1} + (n-1)a_{n-1}x^{n-2} + \cdots + 2a_2 x + a_1) \\
&= cf'(x).
\end{aligned}$$

(2) 设 $f(x) + g(x)$ 写成 (4.3) 式, 即

$$g(x) = b_m x^m + b_{m-1}x^{m-1} + \cdots + b_1 x + b_0, \qquad m \leqslant n,$$

则

$$\begin{aligned}
(f(x) + g(x))' &= \left(a_n x^n + \cdots + a_{m+1}x^{m+1} + \sum_{j=0}^{m}(a_j + b_j)x^j \right)' \\
&= na_n x^{n-1} + \cdots + (m+1)a_{m+1}x^m + \sum_{j=1}^{m} j(a_j + b_j)x^{j-1} \\
&= (na_n x^{n-1} + (n-1)a_{n-1}x^{n-2} + \cdots + 2a_2 x + a_1) \\
&\quad + (mb_m x^{m-1} + (m-1)b_{m-1}x^{m-2} + \cdots + 2b_2 x + b_1) \\
&= f'(x) + g'(x).
\end{aligned}$$

(3) 用第一数学归纳法证明. 当 $n = 1$ 时, 对上述 $g(x)$ 有

$$
\begin{aligned}
((x-a)g(x))' &= (b_m x^{m+1} + (b_{m-1} - ab_m)x^m + \cdots \\
&\quad + (b_1 - ab_2)x^2 + (b_0 - ab_1)x - ab_0)' \\
&= (m+1)b_m x^m + m(b_{m-1} - ab_m)x^{m-1} + \cdots \\
&\quad + 2(b_1 - ab_2)x + (b_0 - ab_1),
\end{aligned}
$$

又因为

$$
\begin{aligned}
g(x) + (x-a)g'(x) &= b_m x^m + b_{m-1}x^{m-1} + \cdots + b_1 x + b_0 \\
&\quad + (x-a)(mb_m x^{m-1} + \cdots + 2b_2 x + b_1) \\
&= (m+1)b_m x^m + m(b_{m-1} - ab_m)x^{m-1} + \cdots \\
&\quad + 2(b_1 - ab_2)x + (b_0 - ab_1),
\end{aligned}
$$

所以有

$$
((x-a)g(x))' = g(x) + (x-a)g'(x), \tag{4.17}
$$

从而命题对 $n = 1$ 成立.

假设命题对 $n = k$ 时成立, 即有

$$
((x-a)^k g(x))' = k(x-a)^{k-1}g(x) + (x-a)^k g'(x), \tag{4.18}
$$

则当 $n = k + 1$ 时, 由 (4.17) 式和 (4.18) 式可得

$$
\begin{aligned}
((x-a)^{k+1}g(x))' &= ((x-a)^k((x-a)g(x)))' \\
&= k(x-a)^{k-1}((x-a)g(x)) + (x-a)^k((x-a)g(x))' \\
&= k(x-a)^k g(x) + (x-a)^k(g(x) + (x-a)g'(x)) \\
&= k(x-a)^k g(x) + (x-a)^k g(x) + (x-a)^{k+1}g'(x) \\
&= (k+1)(x-a)^k g(x) + (x-a)^{k+1}g'(x),
\end{aligned}
$$

所以命题对 $n = k + 1$ 也成立, 因此对任何正整数 n 都成立. $\qquad\square$

4.5.2 多项式重根的判别条件

现在就可以用多项式的导数来判断多项式是否有重根了. 主要的依据是下面的三个定理.

定理 4.29 (1) 多项式的单根不是它的导数的根;
(2) 多项式的重根是它的导数的根, 但重数少 1.

证明   (1) 设 a 是 $f(x)$ 的单根, 则有 $f(x) = (x - a)g(x)$, 但 $g(x)$ 不被 $x - a$ 整除, 即 $g(a) \neq 0$. 由定理 4.28 的 (3) 得

$$f'(x) = g(x) + (x - a)g'(x)$$

代入 $x = a$ 后得 $f'(a) = g(a) \neq 0$, 所以 a 不是 $f'(x) = 0$ 的根.

(2) 设 a 是 $f(x)$ 的 k 重根, 则有 $f(x) = (x - a)^k h(x)$, 其中 $k > 1$, 并且 $h(x)$ 不被 $x - a$ 整除, 即有 $h(a) \neq 0$. 同样由定理 4.28 的 (3), 得到

$$\begin{aligned}
f'(x) &= k(x - a)^{k-1} h(x) + (x - a)^k h'(x) \\
&= (x - a)^{k-1}(kh(x) + (x - a)h'(x)) \\
&= (x - a)^{k-1} h_1(x),
\end{aligned}$$

其中 $h_1(x) = kh(x) + (x - a)h'(x)$. 因为 $h_1(a) = kh(a) \neq 0$, 所以 $h_1(x)$ 不能被 $x - a$ 整除, 即当 $k = 2$ 时, a 是单根, 而当 $k > 2$ 时, a 是 $f'(x)$ 的 $k - 1$ 重根.   □

定理 4.30 a 是 $f(x)$ 的重根的充要条件是 $x - a$ 是 $f(x)$ 与 $f'(x)$ 的公因式.

证明   若 a 是 $f(x)$ 的重根, 则由定理 4.29 的 (2), a 是 $f'(x)$ 的根, 从而 $x - a$ 是 $f(x)$ 与 $f'(x)$ 的公因式.

反过来当 $x - a$ 是 $f(x)$ 与 $f'(x)$ 的公因式时, a 是 $f(x)$ 的根, 如果 a 是 $f(x)$ 的单根, 则由定理 4.29 的 (1) 可知: a 不是 $f'(x)$ 的根, 但这与 $x - a$ 整除 $f'(x)$ 相矛盾, 所以 a 一定是 $f(x)$ 的重根.   □

定理 4.31 $f(x)$ 没有重根的充要条件是 $(f(x), f'(x)) = 1$.

证明   若 $f(x)$ 没有重根, 则由定理 4.29 的 (1), $f(x)$ 与 $f'(x)$ 没有公共的根, 即有

$$(f(x), f'(x)) = 1.$$

反之, 如果 $(f(x), f'(x)) = 1$, 则 $f(x)$ 一定没有重根, 因为假如 $f(x)$ 有重根 a, 则由定理 4.30 可知 $x - a$ 是 $f(x)$ 与 $f'(x)$ 的公因式, 这与条件 $(f(x), f'(x)) = 1$ 相矛盾.   □

以上两个定理说明, 可以通过求 $f(x)$ 与 $f'(x)$ 的最大公因式来判断一个多项式是否有重根 (或重因式).

例 4.29   判断 $f(x) = x^4 - 5x^3 + 9x^2 - 7x + 2$ 是否有重因式.

解   先求出 $f(x)$ 的导数

$$f'(x) = 4x^3 - 15x^2 + 18x - 7,$$

然后将 $f(x)$ 与 $f'(x)$ 进行辗转相除, 以求出最大公因式 $(f(x), f'(x))$.

$$x^4 - 5x^3 + 9x^2 - 7x + 2 = (4x^3 - 15x^2 + 18x - 7)\left(\frac{1}{4}x - \frac{5}{16}\right) - \frac{3}{16}x^2 + \frac{3}{8}x - \frac{3}{16},$$

$$4x^3 - 15x^2 + 18x - 7 = \left(-\frac{3}{16}x^2 + \frac{3}{8}x - \frac{3}{16}\right)\left(-\frac{64}{3}x + \frac{112}{3}\right),$$

因此最大公因式 $(f(x), f'(x)) = x^2 - 2x + 1 = (x-1)^2$, 由此可知 $f(x)$ 有一个 3 重因式 $(x-1)^3$. □

例 4.30 判断 $f(x) = x^4 + 4x^2 - 4x + 3$ 是否有重根.

解 $f(x)$ 的导数是 $f'(x) = 4x^3 + 8x - 4$, 将 $f(x)$ 与 $f'(x)$ 进行辗转相除后, 得到最大公因式 $(f(x), f'(x)) = 1$(请读者写出计算过程), 因此由定理 4.31 知 $f(x)$ 没有重根. □

例 4.31 证明 $f(x) = 1 - x + \dfrac{x^2}{2!} - \dfrac{x^3}{3!} + \dfrac{x^4}{4!} - \dfrac{x^5}{5!} + \dfrac{x^6}{6!}$ 没有重根.

证明 $f(x)$ 的导数是

$$f'(x) = -1 + x - \frac{x^2}{2!} + \frac{x^3}{3!} - \frac{x^4}{4!} + \frac{x^5}{5!}.$$

这个多项式比较特殊, 可以不必进行辗转相除. 由于

$$f(x) = -f'(x) + \frac{x^6}{6!},$$

所以如果 $f(x)$ 有重根 α, 那么

$$f(\alpha) = f'(\alpha) = 0,$$

从而由上式可知 $\dfrac{\alpha^6}{6!} = 0$, 即 $\alpha = 0$. 但是它显然不是 $f(x)$ 的根, 因此 $f(x)$ 没有重根. □

例 4.32 求 t 的值, 使得多项式 $f(x) = x^3 - 3x^2 + tx - 1$ 有重根.

解 $f(x)$ 的导数是

$$f'(x) = 3x^2 - 6x + t.$$

进行辗转相除, 得

$$f(x) = \left(\frac{x}{3} - \frac{1}{3}\right)f'(x) + \left(\frac{2t-6}{3}x + \frac{t-3}{3}\right),$$

当 $t = 3$ 时, 余式 $\dfrac{2t-6}{3}x + \dfrac{t-3}{3} = 0$, 此时有 $f(x) = \left(\dfrac{x}{3} - \dfrac{1}{3}\right)f'(x)$, 得 $(f(x), f'(x)) = (x-1)^2$, $f(x)$ 有 3 重根 $x = 1$. 下面再设 $t \neq 3$. 继续刚才做的辗转相除, 得

$$f'(x) = \left(\frac{9}{2(t-3)}x - \frac{45}{4(t-3)}\right)\left(\frac{2t-6}{3}x + \frac{t-3}{3}\right) + t + \frac{15}{4},$$

所以当 $t = -\dfrac{15}{4}$ 时,

$$
\begin{aligned}
\frac{2t-6}{3}x + \frac{t-3}{3} &= \frac{2\left(-\dfrac{15}{4}\right)-6}{3}x + \frac{-\dfrac{15}{4}-3}{3} \\
&= -\frac{9}{2}x - \frac{9}{4} = -\frac{9}{2}\left(x + \frac{1}{2}\right),
\end{aligned}
$$

即有 $(f(x), f'(x)) = x + \dfrac{1}{2}$. 这样, 当 $t = 3$ 或 $t = -\dfrac{15}{4}$ 时, $f(x)$ 分别有重根 $x = 1$ 和 $x = -\dfrac{1}{2}$. □

习 题 4.5

1. 求 $f(x) = x^5 - 10x^3 - 20x^2 - 15x - 4$ 的重因式, 并判断重数.
2. 判断 $f(x) = x^5 + 2x^4 - 2x^3 - 8x^2 - 7x - 2$ 是否有重根.
3. 当 λ 取什么数时, $f(x) = x^3 - 3x + \lambda$ 有重根?
4. 已知 $f(x) = x^3 + 6x^2 + 3tx + 8$, 试确定 t 的值, 使 $f(x)$ 有重根, 并求出它的所有根.
5. 当 a, b 满足什么条件时, $f(x) = x^4 + 4ax + b$ 有重根?
6. 求 $f(x) = x^5 - 5x^4 + 8x^3 - 8x^2 + 7x - 3$ 在实数域 $\mathbb{R}$ 上的标准分解式.
7. 求 $f(x) = x^5 - 3x^4 + x^3 + 5x^2 - 6x + 2$ 在有理数域 $\mathbb{Q}$ 上的标准分解式.
8. 证明: $f(x) = 1 + x + \dfrac{x^2}{2!} + \cdots + \dfrac{x^n}{n!}$ 没有重根.

4.6 多项式的根与系数关系

4.6.1 三次多项式根与系数的关系

在中学我们已经学过二次代数方程 $x^2 + a_1 x + a_2 = 0$ 的根与系数的关系等式 (即韦达定理), 设 α_1 与 α_2 是这个二次方程的两个根, 则有

$$
\begin{aligned}
a_1 &= -(\alpha_1 + \alpha_2), \\
a_2 &= \alpha_1 \alpha_2.
\end{aligned}
\tag{4.19}
$$

对于三次代数方程 $x^3 + a_1 x^2 + a_2 x + a_3 = 0$, 设 $\alpha_1, \alpha_2, \alpha_3$ 是其在复数域 $\mathbb{C}$ 中的三个根, 则有

$$
x^3 + a_1 x^2 + a_2 x + a_3 = (x - \alpha_1)(x - \alpha_2)(x - \alpha_3).
$$

展开上式的右边, 得

$$
x^3 + a_1 x^2 + a_2 x + a_3 = x^3 - (\alpha_1 + \alpha_2 + \alpha_3)x^2 + (\alpha_1\alpha_2 + \alpha_1\alpha_3 + \alpha_2\alpha_3)x - \alpha_1\alpha_2\alpha_3.
$$

比较两边同次项的系数, 得

$$a_1 = -(\alpha_1 + \alpha_2 + \alpha_3),$$
$$a_2 = \alpha_1\alpha_2 + \alpha_1\alpha_3 + \alpha_2\alpha_3, \qquad (4.20)$$
$$a_3 = -\alpha_1\alpha_2\alpha_3,$$

这就是三次方程的根与系数关系. 它们可以用来解决一些与三次方程有关的问题.

例 4.33 k 为何值时, $x^3 - 13x^2 - 65x + k = 0$ 的根中有一根是另一根的 3 倍? 并求解此方程.

解 设此方程的三个根为 $\alpha_1, \alpha_2, \alpha_3$, 并且不妨设 $\alpha_2 = 3\alpha_1$, 由 (4.20) 得

$$\begin{cases} \alpha_1 + \alpha_2 + \alpha_3 = 4\alpha_1 + \alpha_3 = 13, & ① \\ \alpha_1\alpha_2 + \alpha_1\alpha_3 + \alpha_2\alpha_3 = 3\alpha_1^2 + 4\alpha_1\alpha_3 = -65, & ② \\ \alpha_1\alpha_2\alpha_3 = 3\alpha_1^2\alpha_3 = -k. & ③ \end{cases}$$

从①与②中消去 α_3 后得

$$3\alpha_1^2 + 4\alpha_1(13 - 4\alpha_1) = -65,$$

由此解出 $\alpha_1 = 5$ 或 -1. 再从①可以得到原方程的两组解:

(1) $\alpha_1 = 5, \alpha_2 = 15, \alpha_3 = -7$, 此时 $k = 525$;

(2) $\alpha_1 = -1, \alpha_2 = -3, \alpha_3 = 17$, 此时 $k = -51$. □

例 4.34 已知方程 $x^3 - 9\sqrt{2}x^2 + 46x - 30\sqrt{2} = 0$ 的三个根成等差数列, 试求它的三个根.

解 设方程的三个根为 $\alpha - d, \alpha, \alpha + d$, 则由 (4.20) 式得

$$\alpha - d + \alpha + \alpha + d = 9\sqrt{2}, \quad \alpha(\alpha^2 - d^2) = 30\sqrt{2},$$

由此解得 $\alpha = 3\sqrt{2}, d = \pm 2\sqrt{2}$, 所以原方程的三个根为 $\sqrt{2}, 3\sqrt{2}, 5\sqrt{2}$. □

例 4.35 设 $\alpha_1, \alpha_2, \alpha_3$ 是方程 $x^3 + px^2 + qx + r = 0$ 的根, 其中 $r \neq 0$, 求下列各式的值:

(1) $\dfrac{1}{\alpha_1} + \dfrac{1}{\alpha_2} + \dfrac{1}{\alpha_3}$; (2) $\alpha_1^2 + \alpha_2^2 + \alpha_3^2$.

解 (1) 由根与系数的关系得

$$\alpha_1 + \alpha_2 + \alpha_3 = -p,$$
$$\alpha_1\alpha_2 + \alpha_1\alpha_3 + \alpha_2\alpha_3 = q,$$
$$\alpha_1\alpha_2\alpha_3 = -r.$$

因此有

$$\frac{1}{\alpha_1} + \frac{1}{\alpha_2} + \frac{1}{\alpha_3} = \frac{\alpha_1\alpha_2 + \alpha_1\alpha_3 + \alpha_2\alpha_3}{\alpha_1\alpha_2\alpha_3} = -\frac{q}{r}.$$

(2) 同样得

$$\alpha_1^2 + \alpha_2^2 + \alpha_3^2 = (\alpha_1 + \alpha_2 + \alpha_3)^2 - 2(\alpha_1\alpha_2 + \alpha_1\alpha_3 + \alpha_2\alpha_3)$$
$$= (-p)^2 - 2q = p^2 - 2q. \qquad \square$$

4.6.2　n 次多项式根与系数的关系

现在讨论一般的 n 次代数方程

$$x^n + a_1 x^{n-1} + a_2 x^{n-2} + \cdots + a_{n-1}x + a_n = 0$$

的根与系数关系. 设 $\alpha_1, \alpha_2, \cdots, \alpha_n$ 是它在复数域 $\mathbb{C}$ 中的 n 个根, 则有

$$x^n + a_1 x^{n-1} + a_2 x^{n-2} + \cdots + a_{n-1}x + a_n = (x - \alpha_1)(x - \alpha_2)\cdots(x - \alpha_n).$$

同样将上式的右边的括号相乘后展开, 并且与左边比较同次项的系数, 那么可以得到与 (4.19) 式和 (4.20) 式类似的 n 个根与系数关系的等式:

$$
\begin{aligned}
a_1 &= -(\alpha_1 + \alpha_2 + \alpha_3 + \cdots + \alpha_n),\\
a_2 &= \alpha_1\alpha_2 + \alpha_1\alpha_3 + \cdots + \alpha_{n-1}\alpha_n,\\
a_3 &= -(\alpha_1\alpha_2\alpha_3 + \alpha_1\alpha_2\alpha_4 + \cdots + \alpha_{n-2}\alpha_{n-1}\alpha_n),\\
&\qquad\cdots\cdots\\
a_{n-1} &= (-1)^{n-1}(\alpha_1\alpha_2\cdots\alpha_{n-1} + \cdots + \alpha_2\alpha_3\cdots\alpha_n),\\
a_n &= (-1)^n \alpha_1\alpha_2\alpha_3\cdots\alpha_n.
\end{aligned}
\tag{4.21}
$$

例 4.36　已知方程 $3x^4 - 40x^3 + 130x^2 - 120x + 27 = 0$ 的四个根成等比数列, 求这四个根.

解　首先写出四次代数方程的根与系数关系:

$$a_1 = -\frac{40}{3} = -(\alpha_1 + \alpha_2 + \alpha_3 + \alpha_4), \qquad \text{①}$$

$$a_2 = \frac{130}{3} = \alpha_1\alpha_2 + \alpha_1\alpha_3 + \alpha_1\alpha_4 + \alpha_2\alpha_3 + \alpha_2\alpha_4 + \alpha_3\alpha_4, \quad \text{②}$$

$$a_3 = -40 = -(\alpha_1\alpha_2\alpha_3 + \alpha_1\alpha_2\alpha_4 + \alpha_1\alpha_3\alpha_4 + \alpha_2\alpha_3\alpha_4), \qquad \text{③}$$

$$a_4 = 9 = \alpha_1\alpha_2\alpha_3\alpha_4. \qquad \text{④}$$

其次可设这四个成等比数列的根为 $\dfrac{\alpha}{r^3}, \dfrac{\alpha}{r}, \alpha r, \alpha r^3$ $\left(\text{如果设成 } \dfrac{\alpha}{r^2}, \dfrac{\alpha}{r}, \alpha, \alpha r, \text{很难}\right.$ 利用上述等式来求根$\Big)$, 代入④式, 马上得到 $\alpha^4 = 9$ 或 $\alpha^2 = 3$. 再将这些根的表达式代入②式, 得到

$$\frac{\alpha^2}{r^4} + \frac{\alpha^2}{r^2} + \alpha^2 + \alpha^2 + \alpha^2 r^2 + \alpha^2 r^4 = \frac{130}{3}.$$

由 $\alpha^2 = 3$, 得

$$\frac{1}{r^4} + \frac{1}{r^2} + 2 + r^2 + r^4 = \frac{130}{9}.$$

这个关于 r 的方程可以写成

$$\left(\frac{1}{r^2} + r^2\right)^2 + \left(\frac{1}{r^2} + r^2\right) - \frac{130}{9} = 0.$$

解此关于 $\dfrac{1}{r^2} + r^2$ 的一元二次方程可得

$$\frac{1}{r^2} + r^2 = \frac{10}{3},$$

再解此 "双二次方程" 得到 $r^2 = 3$ 或 $\dfrac{1}{3}$, 从而求出原方程的四个根为 $\dfrac{1}{3}, 1, 3, 9$. $\qquad\square$

例 4.37 已知 n 次方程 $x^n + p_1 x^{n-1} + p_2 x^{n-2} + \cdots + p_{n-1} x + p_n = 0$ 中所有的根成等差数列, 证明: 可以用这些系数 $p_i(i = 1, 2, \cdots, n)$ 逐个将这 n 个根求出来.

证明 设这 n 个根为

$$\alpha, \alpha + d, \alpha + 2d, \alpha + 3d, \cdots, \alpha + (n-1)d,$$

则由 (4.21) 式中第一个等式, 得

$$\begin{aligned} -p_1 &= \alpha + (\alpha + d) + (\alpha + 2d) + (\alpha + 3d) + \cdots + (\alpha + (n-1)d), \\ &= n\alpha + (1 + 2 + 3 + \cdots + (n-1))d = n\alpha + \frac{1}{2}n(n-1)d. \end{aligned} \tag{4.22}$$

又因为有恒等式

$$\begin{aligned} (\alpha_1 + \alpha_2 + \alpha_3 + \cdots + \alpha_n)^2 &= \alpha_1^2 + \alpha_2^2 + \alpha_3^2 + \cdots + \alpha_n^2 \\ &\quad + 2(\alpha_1\alpha_2 + \alpha_1\alpha_3 + \cdots + \alpha_{n-1}\alpha_n) \end{aligned}$$

成立 (习题 4.1 第 6 题), 所以由 (4.21) 式中前两个等式得

$$p_1^2 - 2p_2 = \alpha^2 + (\alpha + d)^2 + (\alpha + 2d)^2 + (\alpha + 3d)^2 + \cdots + (\alpha + (n-1)d)^2$$

$$= n\alpha^2 + 2(1 + 2 + 3 + \cdots + (n-1))\alpha d + (1^2 + 2^2 + 3^2 + \cdots + (n-1)^2)d^2$$

$$= n\alpha^2 + n(n-1)\alpha d + \frac{1}{6}n(n-1)(2n-1)d^2. \tag{4.23}$$

现在用 n 乘 (4.23) 式的两边, 得

$$np_1^2 - 2np_2 = n^2\alpha^2 + n^2(n-1)\alpha d + \frac{1}{6}n^2(n-1)(2n-1)d^2, \tag{4.24}$$

再将 (4.22) 式的两边平方, 得

$$p_1^2 = n^2\alpha^2 + n^2(n-1)\alpha d + \frac{1}{4}n^2(n-1)^2 d^2, \tag{4.25}$$

用 (4.24) 式的两边分别减去 (4.25) 式的两边, 最终得到

$$(n-1)p_1^2 - 2np_2 = \frac{1}{12}n^2(n^2-1)d^2,$$

所以可以先通过

$$d^2 = \frac{12(n-1)p_1^2 - 24np_2}{n^2(n^2-1)}$$

求出 d, 再将这个 d 代入 (4.22) 式求出 α, 从而求出原方程所有的 n 个根.   □

习 题 4.6

1. 已知 $2x^3 - 5x^2 - 4x + 12 = 0$ 有一个 2 重根, 解此方程.
2. 已知 $1 - \mathrm{i}$ 是 $x^4 - 4x^3 + 5x^2 - 2x - 2 = 0$ 的一个根, 解此方程.
3. 已知 $2x^5 - 7x^4 + 8x^3 - 2x^2 + 6x + 5 = 0$ 有两根 $2 - \mathrm{i}$ 和 i, 解此方程.
4. 已知 $x^3 - 5x^2 - 16x + 80 = 0$ 的三个根中有两根的和为零, 解此方程.
5. 已知 $x^4 + 2x^3 - 21x^2 - 22x + 40 = 0$ 的四个根成等差数列, 解此方程.
6. 已知 $x^4 + 15x^3 + 70x^2 + 120x + 64 = 0$ 的四个根成等比数列, 解此方程.
7. 证明: 三次方程 $x^3 + a_1 x^2 + a_2 x + a_3 = 0$ 的三个根成等差数列的充要条件为

$$2a_1^3 - 9a_1 a_2 + 27a_3 = 0.$$

8. 设 $1, \alpha_1, \alpha_2, \cdots, \alpha_{2n}$ 是多项式 $x^{2n+1} - 1$ 在复数域内的全部根. 证明:

$$(1 - \alpha_1)(1 - \alpha_2) \cdots (1 - \alpha_{2n}) = 2n + 1.$$

第 5 章　矩阵的相似与若尔当标准形

5.1　矩阵的对角化

对于矩阵的乘法来说, 对角矩阵是最容易计算的. 矩阵的对角化就是试图将所有的方阵都与一个对角矩阵 (或与对角矩阵最接近的简单矩阵) 联系起来, 从而就能把复杂的矩阵乘法转化为简单的对角矩阵乘法.

5.1.1　计算方阵的高次幂

在数学的某些应用中, 有时需要计算一个方阵 A 的高次幂 A^m. 例如, 对二阶方阵 $A = \begin{pmatrix} 1 & 1 \\ -2 & 4 \end{pmatrix}$, 如果要计算 A^6, 虽然可以逐次进行计算

$$A^2 = \begin{pmatrix} 1 & 1 \\ -2 & 4 \end{pmatrix} \begin{pmatrix} 1 & 1 \\ -2 & 4 \end{pmatrix} = \begin{pmatrix} -1 & 5 \\ -10 & 14 \end{pmatrix},$$

$$A^6 = A^2 A^2 A^2 = \begin{pmatrix} -1 & 5 \\ -10 & 14 \end{pmatrix} \begin{pmatrix} -1 & 5 \\ -10 & 14 \end{pmatrix} \begin{pmatrix} -1 & 5 \\ -10 & 14 \end{pmatrix}$$

$$= \begin{pmatrix} -49 & 65 \\ -130 & 146 \end{pmatrix} \begin{pmatrix} -1 & 5 \\ -10 & 14 \end{pmatrix} = \begin{pmatrix} -601 & 665 \\ -1330 & 1394 \end{pmatrix},$$

但是这样的计算过程显然是缺乏效率的 (例如要计算 A^{100} 就很繁杂).

由于对角矩阵的高次幂是很容易计算的, 人们自然就想到能否找到一个对角矩阵 $\begin{pmatrix} \lambda_1 & 0 \\ 0 & \lambda_2 \end{pmatrix}$ 和一个可逆矩阵 P, 使得

$$A = P \begin{pmatrix} \lambda_1 & 0 \\ 0 & \lambda_2 \end{pmatrix} P^{-1}, \tag{5.1}$$

因为这样可以很容易地计算 A 的 m 次幂了:

$$A^m = \underbrace{AA\cdots A}_{m\uparrow} = P \begin{pmatrix} \lambda_1 & 0 \\ 0 & \lambda_2 \end{pmatrix} P^{-1} P \begin{pmatrix} \lambda_1 & 0 \\ 0 & \lambda_2 \end{pmatrix} P^{-1} \cdots P \begin{pmatrix} \lambda_1 & 0 \\ 0 & \lambda_2 \end{pmatrix} P^{-1}$$

$$= P \underbrace{\begin{pmatrix} \lambda_1 & 0 \\ 0 & \lambda_2 \end{pmatrix} \begin{pmatrix} \lambda_1 & 0 \\ 0 & \lambda_2 \end{pmatrix} \cdots \begin{pmatrix} \lambda_1 & 0 \\ 0 & \lambda_2 \end{pmatrix}}_{m\uparrow} P^{-1} = P \begin{pmatrix} \lambda_1^m & 0 \\ 0 & \lambda_2^m \end{pmatrix} P^{-1}. \tag{5.2}$$

因此问题就转化为如何来求出两个对角元素 λ_1, λ_2 和可逆矩阵 P. 现在将 (5.1) 式写成

$$AP = P \begin{pmatrix} \lambda_1 & 0 \\ 0 & \lambda_2 \end{pmatrix}.$$

再设二阶可逆方阵 P 的两个非零列向量依次是 α_1 和 α_2, 则由分块矩阵的乘法及上式得

$$(A\alpha_1 \quad A\alpha_2) = A (\alpha_1 \quad \alpha_2) = (\alpha_1 \quad \alpha_2) \begin{pmatrix} \lambda_1 & 0 \\ 0 & \lambda_2 \end{pmatrix} = (\lambda_1\alpha_1 \quad \lambda_2\alpha_2),$$

这样就得到两个基本的矩阵等式

$$A\alpha_1 = \lambda_1\alpha_1 \quad 和 \quad A\alpha_2 = \lambda_2\alpha_2. \tag{5.3}$$

从这两个等式就可以求出 λ_1, λ_2 和可逆矩阵 P. 具体而言, 将 (5.3) 式重新写成

$$(\lambda_1 I - A)\alpha_1 = 0 \quad 和 \quad (\lambda_2 I - A)\alpha_2 = 0,$$

因此 α_1 和 α_2 分别是下面两个齐次线性方程组

$$(\lambda_1 I - A)X = 0 \quad 和 \quad (\lambda_2 I - A)X = 0 \tag{5.4}$$

的非零解, 而这两个方程组有非零解的充要条件是它们的系数行列式都等于零, 因此可以得到

$$|\lambda_1 I - A| = 0 \quad 和 \quad |\lambda_2 I - A| = 0,$$

即 λ_1 和 λ_2 都是以 λ 作为未知量的一元二次方程 $|\lambda I - A| = 0$ 的根. 在前面求二阶方阵 A 的高次幂的问题中, 将 $A = \begin{pmatrix} 1 & 1 \\ -2 & 4 \end{pmatrix}$ 代入后, 得到一元二次方程为

$$\left| \lambda \begin{pmatrix} 1 & 0 \\ 0 & 1 \end{pmatrix} - \begin{pmatrix} 1 & 1 \\ -2 & 4 \end{pmatrix} \right| = \begin{vmatrix} \lambda - 1 & -1 \\ 2 & \lambda - 4 \end{vmatrix} = \lambda^2 - 5\lambda + 6 = (\lambda - 2)(\lambda - 3) = 0,$$

从中解得 $\lambda_1 = 2, \lambda_2 = 3$. 再将它们分别代入 (5.4) 式中的两个线性方程组, 就是

$$\begin{pmatrix} 1 & -1 \\ 2 & -2 \end{pmatrix} \begin{pmatrix} x_1 \\ x_2 \end{pmatrix} = 0 \quad 和 \quad \begin{pmatrix} 2 & -1 \\ 2 & -1 \end{pmatrix} \begin{pmatrix} x_1 \\ x_2 \end{pmatrix} = 0,$$

从而求得了可逆矩阵 P 的两个列向量 $\alpha_1 = (1,1)^{\mathrm{T}}$ 和 $\alpha_2 = (1,2)^{\mathrm{T}}$, 它们确实是线性无关的. 这样, 可逆矩阵 P 及其逆矩阵是

$$P = \begin{pmatrix} 1 & 1 \\ 1 & 2 \end{pmatrix}, \quad P^{-1} = \begin{pmatrix} 2 & -1 \\ -1 & 1 \end{pmatrix}.$$

为了求出 A^6, 将这两个矩阵及 $\lambda_1 = 2, \lambda_2 = 3$ 代入 (5.2) 式, 得

$$A^6 = P \begin{pmatrix} \lambda_1^6 & 0 \\ 0 & \lambda_2^6 \end{pmatrix} P^{-1} = \begin{pmatrix} 1 & 1 \\ 1 & 2 \end{pmatrix} \begin{pmatrix} 2^6 & 0 \\ 0 & 3^6 \end{pmatrix} \begin{pmatrix} 2 & -1 \\ -1 & 1 \end{pmatrix}$$

$$= \begin{pmatrix} 2 \cdot 2^6 - 3^6 & 3^6 - 2^6 \\ 2 \cdot 2^6 - 2 \cdot 3^6 & 2 \cdot 3^6 - 2^6 \end{pmatrix} = \begin{pmatrix} -601 & 665 \\ -1330 & 1394 \end{pmatrix},$$

这与前面的计算结果完全一致. 而如果要计算 A^{100}, 则同样由 (5.2) 式可得

$$A^{100} = \begin{pmatrix} 1 & 1 \\ 1 & 2 \end{pmatrix} \begin{pmatrix} 2^{100} & 0 \\ 0 & 3^{100} \end{pmatrix} \begin{pmatrix} 2 & -1 \\ -1 & 1 \end{pmatrix} = \begin{pmatrix} 2^{101} - 3^{100} & 3^{100} - 2^{100} \\ 2^{101} - 2 \cdot 3^{100} & 2 \cdot 3^{100} - 2^{100} \end{pmatrix}.$$

我们在后面一般将等式 (5.1) 式重新写成

$$P^{-1}AP = \begin{pmatrix} \lambda_1 & 0 \\ 0 & \lambda_2 \end{pmatrix}$$

的形式. 对于 n 阶方阵 A 来说, 如果存在对角矩阵 D 和可逆矩阵 P, 使得 $P^{-1}AP = D$, 那么我们就称 n 阶矩阵 A **可对角化**. 此时, 和 (5.2) 式一样可以推出 $A^m = PD^mP^{-1}$, 从而极大简化了方阵高次幂的计算过程.

矩阵的对角化在数学中有不少应用. 在本章的后面, 我们将运用矩阵的对角化来处理递归数列和线性常微分方程组. 在第 7 章中讲二次型的化简时, 将用矩阵的对角化来求出平面二次曲线和空间二次曲面的标准方程.

5.1.2 特征值与特征向量

在上面对二阶方阵 A 进行对角化计算的过程中, (5.3) 式中的两个矩阵等式起着基本的作用, 因为对角矩阵中的对角元素 λ_1, λ_2 和可逆矩阵 P 就是从这两个矩阵等式中求出的. 为此我们引入下面的基本定义.

定义 5.1 特征值与特征向量

设 $A = (a_{ij})$ 是数域 $\mathbb{F}$ 上的 n 阶方阵, 如果对于 $\mathbb{F}$ 内的一个数 λ_0, 存在非零向量 $\alpha \in \mathbb{F}^n$, 使得 $A\alpha = \lambda_0\alpha$, 那么就称 λ_0 是 A 的一个**特征值**, 并且称 α 是 A 的属于 λ_0 的一个**特征向量**.

这样, 前面对于二阶矩阵 A 求出的对角元素 2 和 3 都是 A 的特征值, α_1 是 A 的属于 2 的特征向量, α_2 是 A 的属于 3 的特征向量, α_1 和 α_2 作为列向量合起来组成了可逆矩阵 P. 这个二阶方阵对角化的过程可以平行推广到任意 n 阶方阵.

对于 n 阶方阵 $A = (a_{ij})$, 由于 $A\alpha = \lambda_0\alpha$ 等价于 $(\lambda_0 I - A)\alpha = 0$, 所以非零的特征向量 α 是 n 个未知量 n 个方程的齐次线性方程组

$$(\lambda_0 I - A)X = 0 \tag{5.5}$$

的解, 这个线性方程组称为 λ_0 的**特征方程组**. 这个特征方程组有非零解的充要条件是它的系数行列式 $|\lambda_0 I - A| = 0$, 即 λ_0 是以 λ 作为未知量的一元 n 次方程

$$|\lambda I - A| = \begin{vmatrix} \lambda - a_{11} & -a_{12} & \cdots & -a_{1n} \\ -a_{21} & \lambda - a_{22} & \cdots & -a_{2n} \\ \vdots & \vdots & & \vdots \\ -a_{n1} & -a_{n2} & \cdots & \lambda - a_{nn} \end{vmatrix} = 0$$

的根, 而这个方程左端的行列式展开后是一个以 λ 作为变量的 n 次多项式, 记作 $f_A(\lambda)$, 它称为 A 的**特征多项式**. 显然, 矩阵 A 的特征值就是 A 的特征多项式的根. 在通过特征方程组 (5.5) 求特征向量 α 之前, 首先要求出 A 的特征值 λ_0, 也就是求解一元 n 次方程 $f_A(\lambda) = 0$.

例 5.1 求矩阵

$$A = \begin{pmatrix} 3 & 2 & -1 \\ -2 & -2 & 2 \\ 3 & 6 & -1 \end{pmatrix}$$

的特征值.

解 由 A 是三阶方阵可知, $f_A(\lambda) = 0$ 是 3 次方程. 为了避免解 3 次方程, 应尽量利用行 (列) 初等变换来得到 $f_A(\lambda)$ 的标准分解式:

$$f_A(\lambda) = |\lambda I - A| = \begin{vmatrix} \lambda - 3 & -2 & 1 \\ 2 & \lambda + 2 & -2 \\ -3 & -6 & \lambda + 1 \end{vmatrix} \xrightarrow{\underline{2r_1 + r_2}} \begin{vmatrix} \lambda - 3 & -2 & 1 \\ 2\lambda - 4 & \lambda - 2 & 0 \\ -3 & -6 & \lambda + 1 \end{vmatrix}$$

$$\xrightarrow{\underline{-2c_2 + c_1}} \begin{vmatrix} \lambda + 1 & -2 & 1 \\ 0 & \lambda - 2 & 0 \\ 9 & -6 & \lambda + 1 \end{vmatrix} = (\lambda - 2)(\lambda^2 + 2\lambda - 8) = (\lambda - 2)^2(\lambda + 4)$$

(这里 "$-2c_2 + c_1$" 表示第 2 列乘 (-2) 加到第 1 列), 因此 A 有两个特征值 $\lambda_1 = -4, \lambda_2 = 2(2$ 重根$)$. □

如果用初等变换方法无法得到 $f_A(\lambda)$ 的标准分解式, 那么可以尝试运用第 4 章中学过的多项式有理根的判别法.

例 5.2 求矩阵

$$A = \begin{pmatrix} 3 & -2 & 0 \\ -1 & 3 & -1 \\ -5 & 7 & -1 \end{pmatrix}$$

的特征值.

解 按第 1 行展开 $f_A(\lambda)$ 中的行列式, 得

$$f_A(\lambda) = \begin{vmatrix} \lambda - 3 & 2 & 0 \\ 1 & \lambda - 3 & 1 \\ 5 & -7 & \lambda + 1 \end{vmatrix} = (\lambda - 3)(\lambda^2 - 2\lambda + 4) - 2(\lambda - 4)$$

$$= \lambda^3 - 5\lambda^2 + 8\lambda - 4.$$

由定理 4.24 可知 $f_A(\lambda)$ 可能的有理根是 $\pm 1, \pm 2$ 和 ± 4, 用综合除法尝试后得

$$f_A(\lambda) = (\lambda - 1)(\lambda^2 - 4\lambda + 4) = (\lambda - 1)(\lambda - 2)^2,$$

所以 A 的特征值是 $\lambda_1 = 1, \lambda_2 = 2$ (2 重根). □

作为一元 n 次代数方程 $f_A(\lambda) = 0$ 的解, 矩阵 A 的特征值有可能是复数. 例如, 矩阵 $A = \begin{pmatrix} 0 & 1 \\ -1 & 0 \end{pmatrix}$ 的特征多项式是 $f_A(\lambda) = \lambda^2 + 1$, 所以 A 有两个复特征值 $\lambda_1 = \mathrm{i}, \lambda_2 = -\mathrm{i}$.

求出特征值 λ_i 以后, 代入 (5.5) 式得 λ_i 的特征方程组 $(\lambda_i I - A)X = 0$, 从中可求出 A 的属于 λ_i 的特征向量 α_i. 设 k 是任意非零的数, 则由于 $A(k\alpha_i) = k(A\alpha_i) = k(\lambda_i \alpha_i) = \lambda_i(k\alpha_i)$, 且 $k\alpha_i \neq 0$, 所以 $k\alpha_i$ 也是 A 的属于 λ_i 的特征向量. 不仅如此, 如果 λ_i 的特征方程组的基础解系是 $\alpha_{i1}, \alpha_{i2}, \cdots, \alpha_{ir_i}$, 那么这 r_i 个线性无关向量的所有非零线性组合

$$k_1 \alpha_{i1} + k_2 \alpha_{i2} + \cdots + k_{r_i} \alpha_{ir_i}$$

(其中 $k_1, k_2, \cdots, k_{r_i}$ 不全为零) 也都是 A 的属于 λ_i 的特征向量, 这是因为 $A\alpha_{ij} = \lambda_i \alpha_{ij}(1 \leqslant j \leqslant r_i)$, 所以

$$A(k_1 \alpha_{i1} + k_2 \alpha_{i2} + \cdots + k_{r_i} \alpha_{ir_i}) = k_1(A\alpha_{i1}) + k_2(A\alpha_{i2}) + \cdots + k_{r_i}(A\alpha_{ir_i})$$

$$= k_1(\lambda_i \alpha_{i1}) + k_2(\lambda_i \alpha_{i2}) + \cdots + k_{r_i}(\lambda_i \alpha_{ir_i}) = \lambda_i(k_1 \alpha_{i1} + k_2 \alpha_{i2} + \cdots + k_{r_i} \alpha_{ir_i}),$$

并且 $k_1 \alpha_{i1} + k_2 \alpha_{i2} + \cdots + k_{r_i} \alpha_{ir_i}$ 是非零向量 (若 $k_1 \alpha_{i1} + k_2 \alpha_{i2} + \cdots + k_{r_i} \alpha_{ir_i} = 0$, 则由 $\alpha_{i1}, \alpha_{i2}, \cdots, \alpha_{ir_i}$ 线性无关可知 $k_1 = k_2 = \cdots = k_{r_i} = 0$, 但这与 $k_1, k_2, \cdots, k_{r_i}$ 不全为零矛盾).

例 5.3 求矩阵

$$A = \begin{pmatrix} 3 & 2 & -1 \\ -2 & -2 & 2 \\ 3 & 6 & -1 \end{pmatrix}$$

的特征向量.

解 例 5.1 中已经求出了矩阵 A 的全部特征值是 $\lambda_1 = -4, \lambda_2 = 2(2$ 重根$)$. λ_1 的特征方程组是

$$(-4I - A)X = \begin{pmatrix} -7 & -2 & 1 \\ 2 & -2 & -2 \\ -3 & -6 & -3 \end{pmatrix} \begin{pmatrix} x_1 \\ x_2 \\ x_3 \end{pmatrix} = 0,$$

这个齐次线性方程组的解是 $\alpha_1 = (1, -2, 3)^{\mathrm{T}}$. 属于 $\lambda_1 = -4$ 的所有特征向量是 $k_1\alpha_1(k_1 \neq 0)$.

λ_2 的特征方程组是

$$(2I - A)X = \begin{pmatrix} -1 & -2 & 1 \\ 2 & 4 & -2 \\ -3 & -6 & 3 \end{pmatrix} \begin{pmatrix} x_1 \\ x_2 \\ x_3 \end{pmatrix} = 0,$$

它的基础解系是 $\alpha_2 = (-2, 1, 0)^{\mathrm{T}}, \alpha_3 = (1, 0, 1)^{\mathrm{T}}$, 因此属于 $\lambda_2 = 2$ 的所有特征向量是 $k_2\alpha_2 + k_3\alpha_3(k_2, k_3$ 不全为零$)$. □

从以上这个例子, 可以总结出求 n 阶方阵 A 的特征值与特征向量的步骤:

(1) 通过解 n 次方程 $f_A(\lambda) = |\lambda I - A| = 0$, 求出 A 在数域 $\mathbb{F}$ 上全部不同的特征值 $\lambda_1, \lambda_2, \cdots, \lambda_m$ $(m \leqslant n)$;

(2) 分别对每一个特征值 λ_i $(i = 1, 2, \cdots, m)$, 求出其特征方程组 $(\lambda_i I - A)X = 0$ 的一个基础解系 $\alpha_{i1}, \alpha_{i2}, \cdots, \alpha_{ir_i}$, 则 A 的属于 λ_i 的所有特征向量是 $k_1\alpha_{i1} + k_2\alpha_{i2} + \cdots + k_{r_i}\alpha_{ir_i}(k_1, k_2, \cdots, k_{r_i}$ 不全为零$)$.

求出方阵 A 的特征值与特征向量的目的是为了将 A 对角化, 下面就是一个求三阶矩阵高次幂的例子.

例 5.4 对例 5.3 中的矩阵 A, 求 A^{100}.

解 在例 5.3 中已经求出了矩阵 A 的属于特征值 $\lambda_1 = -4$ 的特征向量 $\alpha_1 = (1, -2, 3)^{\mathrm{T}}$, 以及属于特征值 $\lambda_2 = 2$ 的两个线性无关的特征向量 $\alpha_2 = (-2, 1, 0)^{\mathrm{T}}$, $\alpha_3 = (1, 0, 1)^{\mathrm{T}}$, 这些特征值与特征向量满足等式

$$A\alpha_1 = -4\alpha_1, \quad A\alpha_2 = 2\alpha_2, \quad A\alpha_3 = 2\alpha_3. \tag{5.6}$$

以这 3 个特征向量作为列向量的三阶方阵

$$P = (\alpha_1 \quad \alpha_2 \quad \alpha_3) = \begin{pmatrix} 1 & -2 & 1 \\ -2 & 1 & 0 \\ 3 & 0 & 1 \end{pmatrix}$$

是一个可逆矩阵. 这是因为 P 的行列式 $|P| = -6 \neq 0$. 现在, 把 (5.6) 式中的三个

等式合并写成一个矩阵等式

$$A\left(\begin{array}{ccc}\alpha_1 & \alpha_2 & \alpha_3\end{array}\right)=\left(\begin{array}{ccc}A\alpha_1 & A\alpha_2 & A\alpha_3\end{array}\right)=\left(\begin{array}{ccc}-4\alpha_1 & 2\alpha_2 & 2\alpha_3\end{array}\right)$$

$$=\left(\begin{array}{ccc}\alpha_1 & \alpha_2 & \alpha_3\end{array}\right)\begin{pmatrix}-4 & & \\ & 2 & \\ & & 2\end{pmatrix},$$

即有

$$AP=P\begin{pmatrix}-4 & & \\ & 2 & \\ & & 2\end{pmatrix},$$

再分别用 P^{-1} 右乘和左乘上式的两边, 得到

$$A=P\begin{pmatrix}-4 & & \\ & 2 & \\ & & 2\end{pmatrix}P^{-1} \quad 和 \quad P^{-1}AP=\begin{pmatrix}-4 & & \\ & 2 & \\ & & 2\end{pmatrix},$$

因此 A 是可对角化矩阵. 用初等变换方法可求出 P 的逆矩阵为

$$P^{-1}=\begin{pmatrix}-\dfrac{1}{6} & -\dfrac{1}{3} & \dfrac{1}{6} \\ -\dfrac{1}{3} & \dfrac{1}{3} & \dfrac{1}{3} \\ \dfrac{1}{2} & 1 & \dfrac{1}{2}\end{pmatrix},$$

从而由公式 $A^m=PD^mP^{-1}$ 得

$$A^{100}=P\begin{pmatrix}(-4)^{100} & & \\ & 2^{100} & \\ & & 2^{100}\end{pmatrix}P^{-1}=2^{100}P\begin{pmatrix}2^{100} & & \\ & 1 & \\ & & 1\end{pmatrix}P^{-1}$$

$$=2^{100}\begin{pmatrix}1 & -2 & 1 \\ -2 & 1 & 0 \\ 3 & 0 & 1\end{pmatrix}\begin{pmatrix}2^{100} & & \\ & 1 & \\ & & 1\end{pmatrix}\begin{pmatrix}-\dfrac{1}{6} & -\dfrac{1}{3} & \dfrac{1}{6} \\ -\dfrac{1}{3} & \dfrac{1}{3} & \dfrac{1}{3} \\ \dfrac{1}{2} & 1 & \dfrac{1}{2}\end{pmatrix}$$

$$=\dfrac{2^{100}}{6}\begin{pmatrix}7-2^{100} & 2-2^{101} & 2^{100}-1 \\ 2^{101}-2 & 2^{102}+2 & 2-2^{101} \\ 3-3\cdot2^{100} & 6-3\cdot2^{101} & 3\cdot2^{100}+3\end{pmatrix}. \qquad \square$$

5.1.3　矩阵可对角化的条件

应该指出, 不是所有的方阵都是可对角化的. 例如, 方阵 $\begin{pmatrix} 0 & 0 \\ 1 & 0 \end{pmatrix}$ 就是不可对

角化的. 如果有可逆矩阵 $P = \begin{pmatrix} a & b \\ c & d \end{pmatrix}$ 和对角矩阵 $\begin{pmatrix} k & 0 \\ 0 & l \end{pmatrix}$ 使得

$$P^{-1} \begin{pmatrix} 0 & 0 \\ 1 & 0 \end{pmatrix} P = \begin{pmatrix} k & 0 \\ 0 & l \end{pmatrix} \quad \text{或者} \quad \begin{pmatrix} 0 & 0 \\ 1 & 0 \end{pmatrix} \begin{pmatrix} a & b \\ c & d \end{pmatrix} = \begin{pmatrix} a & b \\ c & d \end{pmatrix} \begin{pmatrix} k & 0 \\ 0 & l \end{pmatrix},$$

由于 P 可逆, 所以这个对角矩阵的秩只能为 1, 不妨设 $k \neq 0, l = 0$, 则上面右边等
式的两边矩阵相乘可得

$$\begin{pmatrix} 0 & 0 \\ a & b \end{pmatrix} = \begin{pmatrix} ak & 0 \\ ck & 0 \end{pmatrix},$$

因为 $k \neq 0$, 所以由 $ak = 0$ 得 $a = 0$, 又 $b = 0$, 所以 P 的第 1 行元素全是零, 但这
与 P 是可逆矩阵矛盾.

那么一个可对角化的矩阵应该满足什么条件呢? 如果 n 阶方阵 A 是可对角
化矩阵, 那么就存在可逆矩阵 $P = (\begin{matrix} \alpha_1 & \alpha_2 & \cdots & \alpha_n \end{matrix})$ 和对角矩阵 $D = \text{diag}(\lambda_1,$
$\lambda_2, \cdots, \lambda_n)$, 使得 $P^{-1}AP = D$, 或者写成

$$AP = PD,$$

其中 $\alpha_1, \alpha_2, \cdots, \alpha_n$ 依次是 P 的 n 个线性无关的列向量. 将上式两边的矩阵相
乘, 得

$$(\begin{matrix} A\alpha_1 & A\alpha_2 & \cdots & A\alpha_n \end{matrix}) = A(\begin{matrix} \alpha_1 & \alpha_2 & \cdots & \alpha_n \end{matrix}) = AP$$

$$= PD = (\begin{matrix} \alpha_1 & \alpha_2 & \cdots & \alpha_n \end{matrix}) \begin{pmatrix} \lambda_1 & & & \\ & \lambda_2 & & \\ & & \ddots & \\ & & & \lambda_n \end{pmatrix}$$

$$= (\begin{matrix} \lambda_1\alpha_1 & \lambda_2\alpha_2 & \cdots & \lambda_n\alpha_n \end{matrix}), \tag{5.7}$$

因此对 $i = 1, 2, \cdots, n$ 有 $A\alpha_i = \lambda_i\alpha_i$, 所以 $\alpha_1, \alpha_2, \cdots, \alpha_n$ 分别是 A 的属于 $\lambda_1,$
$\lambda_2, \cdots, \lambda_n$ 的特征向量. 反过来, 若 n 阶方阵 A 有 n 个线性无关的特征向量
$\alpha_1, \alpha_2, \cdots, \alpha_n$, 满足 $A\alpha_i = \lambda_i\alpha_i, i = 1, 2, \cdots, n$, 那么令 $P = (\begin{matrix} \alpha_1 & \alpha_2 & \cdots & \alpha_n \end{matrix})$,
则 P 是可逆矩阵, 且由 (5.7) 式可知 $AP = PD$ 成立, 其中 $D = \text{diag}(\lambda_1, \lambda_2, \cdots, \lambda_n)$.
因此有 $P^{-1}AP = D$, 即 A 是可对角化矩阵. 这样, 我们就证明了下面的定理.

定理 5.1　n 阶方阵 A 可对角化的充要条件是 A 有 n 个线性无关的特征
向量.

例 5.4 中的三阶方阵 A 之所以可对角化, 就是因为 A 有 3 个线性无关的特征向量 $\alpha_1, \alpha_2, \alpha_3$ (以它们作为列向量的三阶方阵 P 是可逆矩阵). 另一方面, 对前面那个不可对角化的二阶方阵 $\begin{pmatrix} 0 & 0 \\ 1 & 0 \end{pmatrix}$ 来说, 它的特征值只有 $\lambda = 0$, 并且由其特征方程组

$$\begin{pmatrix} 0 & 0 \\ -1 & 0 \end{pmatrix} \begin{pmatrix} x_1 \\ x_2 \end{pmatrix} = 0$$

只能解出一个线性无关的特征向量 $\alpha = (0, 1)^{\mathrm{T}}$, 这是这个二阶方阵不能对角化的内在原因.

下面三个定理进一步给出了判断一个方阵是否可对角化的细化条件.

定理 5.2 设 $\lambda_1, \lambda_2, \cdots, \lambda_m$ 是 n 阶方阵 A 的不同特征值, $\alpha_1, \alpha_2, \cdots, \alpha_m$ 是 A 的依次分别属于 $\lambda_1, \lambda_2, \cdots, \lambda_m$ 的特征向量, 则 $\alpha_1, \alpha_2, \cdots, \alpha_m$ 线性无关.

证明 对特征值的个数 m 作数学归纳法. 当 $m = 1$ 时, 由于特征向量 $\alpha_1 \neq 0$, 所以 α_1 线性无关. 假设定理的结论对 $m = k$ 成立, 即 A 的依次属于 k 个不同特征值的 k 个特征向量线性无关, 那么对于 A 的分别属于 $k+1$ 个不同特征值 $\lambda_1, \cdots, \lambda_k, \lambda_{k+1}$ 的特征向量 $\alpha_1, \cdots, \alpha_k, \alpha_{k+1}$, 若有数 $a_1, \cdots, a_k, a_{k+1}$ 使得

$$a_1 \alpha_1 + \cdots + a_k \alpha_k + a_{k+1} \alpha_{k+1} = 0, \tag{5.8}$$

用矩阵 $\lambda_{k+1} I - A$ 左乘上式的两边, 由于 $A\alpha_i = \lambda_i \alpha_i \ (i = 1, 2, \cdots, k+1)$, 所以

$$a_1(\lambda_{k+1} - \lambda_1)\alpha_1 + a_2(\lambda_{k+1} - \lambda_2)\alpha_2 + \cdots + a_k(\lambda_{k+1} - \lambda_k)\alpha_k = 0.$$

因为 $\lambda_1, \lambda_2, \cdots, \lambda_k$ 全不相同, 所以由归纳假设可知 $\alpha_1, \alpha_2, \cdots, \alpha_k$ 线性无关, 因此

$$a_1(\lambda_{k+1} - \lambda_1) = a_2(\lambda_{k+1} - \lambda_2) = \cdots = a_k(\lambda_{k+1} - \lambda_k) = 0,$$

但是由 $\lambda_1, \lambda_2, \cdots, \lambda_k, \lambda_{k+1}$ 全不相同可知 $\lambda_{k+1} - \lambda_i \neq 0 (i = 1, 2, \cdots, k)$, 所以 $a_1 = a_2 = \cdots = a_k = 0$, 将它们都代入 (5.8) 式可得 $a_{k+1}\alpha_{k+1} = 0$, 而 $\alpha_{k+1} \neq 0$, 因此 $a_{k+1} = 0$. 这样, $\alpha_1, \cdots, \alpha_k, \alpha_{k+1}$ 确实是线性无关的. 由归纳法原理, 定理的结论对任意 m 个特征值的情形都成立. $\qquad \square$

定理 5.3 如果 n 阶方阵 A 有 n 个不同的特征值, 则 A 可对角化.

证明 设 $\lambda_1, \lambda_2, \cdots, \lambda_n$ 是 A 的 n 个不同的特征值, 于是 A 必有依次分别属于 $\lambda_1, \cdots, \lambda_n$ 的特征向量 $\alpha_1, \alpha_2, \cdots, \alpha_n$, 由定理 5.2 可知 $\alpha_1, \alpha_2, \cdots, \alpha_n$ 线性无关, 再由定理 5.1 知道矩阵 A 可对角化. $\qquad \square$

例 5.5　判断矩阵

$$A = \begin{pmatrix} 1 & 4 \\ 1 & 1 \end{pmatrix}$$

是否可对角化. 若 A 可对角化, 求可逆矩阵 P, 使 $P^{-1}AP$ 为对角矩阵.

解　因为 A 的特征多项式

$$f_A(\lambda) = |\lambda I - A| = \begin{vmatrix} \lambda - 1 & -4 \\ -1 & \lambda - 1 \end{vmatrix} = \lambda^2 - 2\lambda - 3 = (\lambda + 1)(\lambda - 3),$$

所以这个二阶方阵 A 有两个不同的特征值 $\lambda_1 = -1, \lambda_2 = 3$, 由定理 5.3 可知 A 可对角化. 从 $\lambda_1 = -1$ 的特征方程组

$$(-I - A)X = \begin{pmatrix} -2 & -4 \\ -1 & -2 \end{pmatrix} \begin{pmatrix} x_1 \\ x_2 \end{pmatrix} = 0$$

解出一个特征向量 $\alpha_1 = (2, -1)^{\mathrm{T}}$; 再从 $\lambda_2 = 3$ 的特征方程组

$$(3I - A)X = \begin{pmatrix} 2 & -4 \\ -1 & 2 \end{pmatrix} \begin{pmatrix} x_1 \\ x_2 \end{pmatrix} = 0$$

解出另一个特征向量 $\alpha_2 = (2, 1)^{\mathrm{T}}$. 这样就可得到可逆矩阵

$$P = (\, \alpha_1 \quad \alpha_2 \,) = \begin{pmatrix} 2 & 2 \\ -1 & 1 \end{pmatrix}$$

和它的逆矩阵

$$P^{-1} = \begin{pmatrix} \dfrac{1}{4} & -\dfrac{1}{2} \\ \dfrac{1}{4} & \dfrac{1}{2} \end{pmatrix},$$

从而

$$P^{-1}AP = \begin{pmatrix} \dfrac{1}{4} & -\dfrac{1}{2} \\ \dfrac{1}{4} & \dfrac{1}{2} \end{pmatrix} \begin{pmatrix} 1 & 4 \\ 1 & 1 \end{pmatrix} \begin{pmatrix} 2 & 2 \\ -1 & 1 \end{pmatrix} = \begin{pmatrix} -1 & 0 \\ 0 & 3 \end{pmatrix}$$

是对角矩阵 (对角元素正是特征值 -1 和 3).　　　　　　　　　　　　□

在这里, 可逆矩阵 P 的取法并不是唯一的. 例如, 如果取可逆矩阵 $P = (\, \alpha_2 \quad \alpha_1 \,)$, 那么一定有

$$P^{-1}AP = \begin{pmatrix} 3 & 0 \\ 0 & -1 \end{pmatrix}.$$

定理 5.4　设 $\lambda_1, \lambda_2, \cdots, \lambda_m$ 是 n 阶方阵 A 的不同特征值, 并且对每个 $i = 1, 2, \cdots, m$ 来说, 向量组 $\alpha_{i1}, \cdots, \alpha_{ir_i}$ 是 A 的属于特征值 λ_i 的线性无关的特征向量, 则向量组 $\alpha_{11}, \cdots, \alpha_{1r_1}, \cdots, \alpha_{m1}, \cdots, \alpha_{mr_m}$ 线性无关.

证明 设有数 $a_{11}, \cdots, a_{1r_1}, \cdots, a_{m1}, \cdots, a_{mr_m}$ 使得

$$a_{11}\alpha_{11} + \cdots + a_{1r_1}\alpha_{1r_1} + \cdots + a_{m1}\alpha_{m1} + \cdots + a_{mr_m}\alpha_{mr_m} = 0,$$

记 $\beta_i = a_{i1}\alpha_{i1} + \cdots + a_{ir_i}\alpha_{ir_i}, i = 1, 2, \cdots, m$, 则上式可写成

$$\beta_1 + \beta_2 + \cdots + \beta_m = 0. \tag{5.9}$$

现在我们断言: 所有的 $\beta_i = 0 (i = 1, 2, \cdots, m)$. 如果不是这样, 那么可以重新编号, 使对某个满足 $1 \leqslant k \leqslant m$ 的 k, 当 $1 \leqslant i \leqslant k$ 时 $\beta_i \neq 0$, 当 $i > k$ 时 $\beta_i = 0$. 由于对所有满足 $1 \leqslant i \leqslant k$ 的 i, 非零向量 β_i 满足

$$A\beta_i = A(a_{i1}\alpha_{i1} + \cdots + a_{ir_i}\alpha_{ir_i}) = \lambda_i(a_{i1}\alpha_{i1} + \cdots + a_{ir_i}\alpha_{ir_i}) = \lambda_i\beta_i,$$

所以 β_i 是 A 的属于 λ_i 的特征向量 $(i = 1, 2, \cdots, k)$, 并且 (5.9) 式可以写成

$$\beta_1 + \beta_2 + \cdots + \beta_k = 0. \tag{5.10}$$

但是另一方面, 由定理 5.2 知, A 的分别属于不同特征值的特征向量 $\beta_1, \beta_2, \cdots, \beta_k$ 线性无关, 这就与 (5.10) 式产生矛盾. 因此对所有的 $i = 1, 2, \cdots, m$ 都有

$$\beta_i = a_{i1}\alpha_{i1} + \cdots + a_{ir_i}\alpha_{ir_i} = 0.$$

再由于 $\alpha_{i1}, \cdots, \alpha_{ir_i}$ 线性无关, 所以得到 $a_{i1} = \cdots = a_{ir_i} = 0 (i = 1, 2, \cdots, m)$. 这就是说, 向量组 $\alpha_{11}, \cdots, \alpha_{1r_1}, \cdots, \alpha_{m1}, \cdots, \alpha_{mr_m}$ 是线性无关的. $\qquad \square$

根据这个定理, 求出矩阵 A 的属于每个特征值的线性无关的特征向量, 然后把它们合在一起还是线性无关的. 如果它们的个数等于方阵 A 的阶数, 那么 A 就是可对角化矩阵. 在例 5.4 中, 我们是用行列式不为零来确定三阶方阵 A 的特征向量 $\alpha_1, \alpha_2, \alpha_3$ 线性无关, 现在由定理 5.4 可以直接得到这个结论, 并且此时线性无关特征向量的个数等于 A 的阶数 3, 所以 A 就可对角化了.

一般来说, 如果 n 阶方阵 A 的全部不同的特征值是 $\lambda_1, \cdots, \lambda_m$, 对每个 $i = 1, 2, \cdots, m$, λ_i 的特征方程组的基础解系是 $\alpha_{i1}, \cdots, \alpha_{ir_i}$, 并且各个基础解系的向量个数之和 $r_1 + r_2 + \cdots + r_m = n$, 那么由定理 5.4 可知, A 有 n 个线性无关的特征向量, 因此 A 就可以对角化. 此时可令可逆矩阵

$$P = (\alpha_{11} \quad \cdots \quad \alpha_{1r_1} \quad \cdots \quad \alpha_{m1} \quad \cdots \quad \alpha_{mr_m}),$$

则由定理 5.1 的证明过程可得

$$P^{-1}AP = \begin{pmatrix} \lambda_1 \\ & \ddots \\ & & \lambda_1 \\ & & & \lambda_2 \\ & & & & \ddots \\ & & & & & \lambda_2 \\ & & & & & & \ddots \\ & & & & & & & \lambda_m \\ & & & & & & & & \ddots \\ & & & & & & & & & \lambda_m \end{pmatrix} \begin{matrix} \left.\begin{matrix} \\ \\ \end{matrix}\right\} r_1 \\ \left.\begin{matrix} \\ \\ \end{matrix}\right\} r_2 \\ \\ \left.\begin{matrix} \\ \\ \end{matrix}\right\} r_m \end{matrix} . \quad (5.11)$$

如果各个基础解系个数之和 $r_1 + r_2 + \cdots + r_m < n$, 那么 A 就没有 n 个线性无关的特征向量, 从而不能对角化.

例 5.6　判断 n 阶方阵

$$A = \begin{pmatrix} a & \cdots & a \\ \vdots & & \vdots \\ a & \cdots & a \end{pmatrix} \quad (a \neq 0)$$

是否可对角化. 若 A 可对角化, 求可逆矩阵 P, 使 $P^{-1}AP$ 为对角矩阵.

解　矩阵 A 的特征多项式是

$$f_A(\lambda) = |\lambda I - A| = \begin{vmatrix} \lambda - a & -a & \cdots & -a \\ -a & \lambda - a & \cdots & -a \\ \vdots & \vdots & & \vdots \\ -a & -a & \cdots & \lambda - a \end{vmatrix} = \begin{vmatrix} \lambda - na & -a & \cdots & -a \\ \lambda - na & \lambda - a & \cdots & -a \\ \vdots & \vdots & & \vdots \\ \lambda - na & -a & \cdots & \lambda - a \end{vmatrix}$$

$$= (\lambda - na) \begin{vmatrix} 1 & -a & \cdots & -a \\ 1 & \lambda - a & \cdots & -a \\ \vdots & \vdots & & \vdots \\ 1 & -a & \cdots & \lambda - a \end{vmatrix} = (\lambda - na) \begin{vmatrix} 1 & -a & \cdots & -a \\ 0 & \lambda & \cdots & 0 \\ \vdots & \vdots & & \vdots \\ 0 & 0 & \cdots & \lambda \end{vmatrix}$$

$$= \lambda^{n-1}(\lambda - na),$$

因此 A 的特征值是 $\lambda_1 = 0$ ($n-1$ 重根) 和 $\lambda_2 = na$. 从 $\lambda_1 = 0$ 的特征方程组

$$-AX = \begin{pmatrix} -a & \cdots & -a \\ \vdots & & \vdots \\ -a & \cdots & -a \end{pmatrix} \begin{pmatrix} x_1 \\ \vdots \\ x_n \end{pmatrix} = 0$$

解出它的一个基础解系是

$$\alpha_1 = \begin{pmatrix} -1 \\ 1 \\ 0 \\ \vdots \\ 0 \end{pmatrix}, \quad \alpha_2 = \begin{pmatrix} -1 \\ 0 \\ 1 \\ \vdots \\ 0 \end{pmatrix}, \quad \cdots, \quad \alpha_{n-1} = \begin{pmatrix} -1 \\ 0 \\ 0 \\ \vdots \\ 1 \end{pmatrix}.$$

再从 $\lambda_2 = na$ 的特征方程组

$$(naI - A)X = \begin{pmatrix} (n-1)a & -a & \cdots & -a \\ -a & (n-1)a & \cdots & -a \\ \vdots & \vdots & & \vdots \\ -a & -a & \cdots & (n-1)a \end{pmatrix} \begin{pmatrix} x_1 \\ x_2 \\ \vdots \\ x_n \end{pmatrix} = 0$$

解出它的一个基础解系是 $\alpha_n = (1, \cdots, 1)^{\mathrm{T}}$, 因此由定理 5.4 可知 A 有 n 个线性无关的特征向量, 从而 A 可对角化. 令可逆矩阵

$$P = \begin{pmatrix} \alpha_1 & \alpha_2 & \cdots & \alpha_{n-1} & \alpha_n \end{pmatrix} = \begin{pmatrix} -1 & -1 & \cdots & -1 & 1 \\ 1 & 0 & \cdots & 0 & 1 \\ 0 & 1 & \cdots & 0 & 1 \\ \vdots & \vdots & & \vdots & \vdots \\ 0 & 0 & \cdots & 1 & 1 \end{pmatrix},$$

它的逆矩阵是

$$P^{-1} = \begin{pmatrix} -\dfrac{1}{n} & 1-\dfrac{1}{n} & -\dfrac{1}{n} & \cdots & -\dfrac{1}{n} \\ -\dfrac{1}{n} & -\dfrac{1}{n} & 1-\dfrac{1}{n} & \cdots & -\dfrac{1}{n} \\ \vdots & \vdots & \vdots & & \vdots \\ -\dfrac{1}{n} & -\dfrac{1}{n} & -\dfrac{1}{n} & \cdots & 1-\dfrac{1}{n} \\ \dfrac{1}{n} & \dfrac{1}{n} & \dfrac{1}{n} & \cdots & \dfrac{1}{n} \end{pmatrix},$$

并且

$$P^{-1}AP = \begin{pmatrix} 0 & & & \\ & \ddots & & \\ & & 0 & \\ & & & na \end{pmatrix}$$

是对角矩阵. □

习　题　5.1

1. 对矩阵

$$A = \begin{pmatrix} 3 & 2 \\ 1 & 4 \end{pmatrix},$$

求 A^{100}.

2. 求下列矩阵的特征值与特征向量:

(1) $A = \begin{pmatrix} 1 & 2 \\ 3 & 2 \end{pmatrix}$;　　　　　(2) $A = \begin{pmatrix} 5 & 0 & 0 \\ 0 & 3 & -2 \\ 0 & -2 & 3 \end{pmatrix}$;　　　(3) $A = \begin{pmatrix} 5 & 6 & -3 \\ -1 & 0 & 1 \\ 1 & 2 & -1 \end{pmatrix}$;

(4) $A = \begin{pmatrix} 2 & 2 & -2 \\ 2 & 5 & -4 \\ 2 & -4 & 5 \end{pmatrix}$;　　(5) $A = \begin{pmatrix} 1 & 1 & 1 & 1 \\ 1 & 1 & -1 & -1 \\ 1 & -1 & 1 & -1 \\ 1 & -1 & -1 & 1 \end{pmatrix}$.

3. 对下列矩阵 A, 求 A^{100}:

(1) $A = \begin{pmatrix} 3 & -4 & -4 \\ 0 & 2 & 0 \\ 2 & -2 & -3 \end{pmatrix}$;　　　　　　(2) $A = \begin{pmatrix} 1 & 2 & 2 \\ 2 & 1 & 2 \\ 2 & 2 & 1 \end{pmatrix}$.

4. 设 λ_1, λ_2 是矩阵 A 的两个不同的特征值, 且 α_1, α_2 是 A 的依次分别属于 λ_1, λ_2 的特征向量, 证明: $\alpha_1 + \alpha_2$ 不是 A 的特征向量.

5. 设 n 阶方阵 $A \neq 0$, 且 $A^k = 0(k$ 为大于 1 的整数), 证明: A 不能对角化.

6. 设 A 是可逆矩阵, 证明:

(1) 如果 A 有特征值, 则 A 的特征值不等于 0;

(2) 如果 λ_0 是 A 的一个特征值, 则 λ_0^{-1} 是 A^{-1} 的一个特征值.

7. 判断下列矩阵 A 是否可对角化, 若可对角化, 求可逆矩阵 P, 使 $P^{-1}AP$ 为对角矩阵:

(1) $A = \begin{pmatrix} 3 & -2 & 0 \\ -1 & 3 & -1 \\ -5 & 7 & -1 \end{pmatrix}$;　　　　　(2) $A = \begin{pmatrix} 1 & -2 & 3 \\ 3 & -6 & 9 \\ -2 & 4 & -6 \end{pmatrix}$;

(3) n 阶方阵 $A = \begin{pmatrix} 1 & a & \cdots & a \\ a & 1 & \cdots & a \\ \vdots & \vdots & & \vdots \\ a & a & \cdots & 1 \end{pmatrix}$ $(a \neq 0)$.

8. 已知向量 $\alpha = (-1, 1, 1)^{\mathrm{T}}$ 是矩阵

$$A = \begin{pmatrix} -2 & 3 & 1 \\ a & -4 & -1 \\ 4 & b & -1 \end{pmatrix}$$

的特征向量,

(1) 求 a,b 及特征向量 α 所对应的特征值;

(2) 判断 A 是否可对角化, 若可对角化, 求可逆矩阵 P, 使 $P^{-1}AP$ 为对角矩阵.

9. 已知矩阵

$$A = \begin{pmatrix} 7 & 4 & -1 \\ 4 & 7 & -1 \\ -4 & -4 & a \end{pmatrix}$$

的特征值是 $\lambda_1 = 3(2\ \text{重根})$ 和 $\lambda_2 = 12$, 求 a 的值及 A 的特征向量.

10. 已知三阶方阵 A 的特征值是 $2, 1, -1$, 并且依次属于 $2, 1, -1$ 的特征向量是 $\alpha_1 = (1, 0, -1)^{\mathrm{T}}$, $\alpha_2 = (1, -1, 0)^{\mathrm{T}}$, $\alpha_3 = (1, 0, 1)^{\mathrm{T}}$, 求方阵 A.

11. 求 n 阶方阵

$$A = \begin{pmatrix} 0 & 1 & 0 & \cdots & 0 \\ 0 & 0 & 1 & \cdots & 0 \\ \vdots & \vdots & \vdots & & \vdots \\ 0 & 0 & 0 & \cdots & 1 \\ 1 & 0 & 0 & \cdots & 0 \end{pmatrix}$$

的特征值.

12. 设 $\alpha = (a_1, a_2, \cdots, a_n)^{\mathrm{T}} \in \mathbb{R}^n$, 其中 $a_1 \neq 0$, 求矩阵 $A = \alpha\alpha^{\mathrm{T}}$ 的特征值和特征向量.

5.2 特征多项式的性质

5.2.1 特征值的性质

本节进一步研究数域 $\mathbb{F}$ 上 n 阶矩阵的特征多项式的基本性质. 设 $A = (a_{ij})$ 是 n 阶方阵, 我们来展开矩阵 A 的特征多项式中的 n 阶行列式:

$$f_A(\lambda) = |\lambda I - A| = \begin{vmatrix} \lambda - a_{11} & -a_{12} & \cdots & -a_{1n} \\ -a_{21} & \lambda - a_{22} & \cdots & -a_{2n} \\ \vdots & \vdots & & \vdots \\ -a_{n1} & -a_{n2} & \cdots & \lambda - a_{nn} \end{vmatrix}. \tag{5.12}$$

这个多项式的最高次项 λ^n 出现在主对角元素的乘积

$$(\lambda - a_{11})(\lambda - a_{22}) \cdots (\lambda - a_{nn}) \tag{5.13}$$

里, 而其余的项最多只含 $n-2$ 个主对角线元素, 因此 $f_A(\lambda)$ 中次数大于 $n-2$ 的项只出现在乘积 (5.13) 式中, 所以矩阵 A 的特征多项式的 n 次项是 λ^n, $n-1$ 次项是 $-(a_{11} + a_{22} + \cdots + a_{nn})\lambda^{n-1}$. 此外在特征多项式 (5.12) 中令 $\lambda = 0$, 就得到它的常数项是 $f_A(0) = |-A| = (-1)^n|A|$. 这样就得到特征多项式最常用到的三项:

$$f_A(\lambda) = \lambda^n - (a_{11} + a_{22} + \cdots + a_{nn})\lambda^{n-1} + \cdots + (-1)^n|A|. \tag{5.14}$$

另一方面, 如果 $f_A(\lambda)$ 在数域 $\mathbb{F}$ 上能分解成一次因式的乘积, 并且记 λ_1, $\lambda_2, \cdots, \lambda_n$ 是矩阵 A 的全部特征值, 则有

$$f_A(\lambda) = (\lambda - \lambda_1)(\lambda - \lambda_2) \cdots (\lambda - \lambda_n)$$
$$= \lambda^n - (\lambda_1 + \lambda_2 + \cdots + \lambda_n)\lambda^{n-1} + \cdots + (-1)^n \lambda_1 \lambda_2 \cdots \lambda_n,$$

这个式子与 (5.14) 式相比较, 就得到特征值的两个基本性质:

如果数域 $\mathbb{F}$ 上的 n 阶方阵 A 的特征多项式 $f_A(\lambda) = (\lambda - \lambda_1)(\lambda - \lambda_2) \cdots (\lambda - \lambda_n)$, 则

(1) $\lambda_1 \lambda_2 \cdots \lambda_n = |A|$;

(2) $\lambda_1 + \lambda_2 + \cdots + \lambda_n = a_{11} + a_{22} + \cdots + a_{nn}$.

如果我们把方阵 $A = (a_{ij})$ 的主对角元素的和记为 $\mathrm{tr}(A) = a_{11} + a_{22} + \cdots + a_{nn}$ (也称为矩阵 A 的**迹**), 那么性质 (2) 是说, 如果方阵 A 的特征多项式在数域 $\mathbb{F}$ 上能分解成一次因式的乘积, 则 A 的所有特征值之和等于 A 的迹:

$$\lambda_1 + \lambda_2 + \cdots + \lambda_n = \mathrm{tr}(A).$$

例 5.7　已知四阶方阵 A 的特征值是 $1, 2, 3, -1$, 求 A 的伴随矩阵 A^* 的行列式 $|A^*|$ 的值.

解　由特征值的性质 (1), A 的行列式值 $|A| = 2 \cdot 3 \cdot (-1) = -6$. 再由等式 $AA^* = |A|I$ 及矩阵乘积的行列式公式 (定理 2.20) 得

$$|A||A^*| = |AA^*| = ||A|I| = |A|^4,$$

所以 $|A^*| = |A|^3 = (-6)^3 = -216$.　　　　　　　　　　　　　　　　□

例 5.8　已知矩阵

$$A = \begin{pmatrix} 2 & a & 2 \\ 5 & b & 3 \\ -1 & 1 & -1 \end{pmatrix}$$

有特征值 $\lambda_1 = 1$ 和 $\lambda_2 = -1$, 判断 A 是否可对角化.

解　由于特征值是特征多项式 $f_A(\lambda) = |\lambda I - A|$ 的根, 所以有

$$|I - A| = 0 \quad \text{和} \quad |-I - A| = 0.$$

另一方面由行列式的性质可得

$$|I - A| = \begin{vmatrix} -1 & -a & -2 \\ -5 & 1-b & -3 \\ 1 & -1 & 2 \end{vmatrix} \xlongequal{-2c_1+c_3} \begin{vmatrix} -1 & -a & 0 \\ -5 & 1-b & 7 \\ 1 & -1 & 0 \end{vmatrix} = -7(a+1),$$

$$|-I - A| = \begin{vmatrix} -3 & -a & -2 \\ -5 & -1-b & -3 \\ 1 & -1 & 0 \end{vmatrix} \xlongequal{c_1+c_2} \begin{vmatrix} -3 & -a-3 & -2 \\ -5 & -b-6 & -3 \\ 1 & 0 & 0 \end{vmatrix} = 3a - 2b - 3,$$

所以从 $-7(a+1) = 0$ 和 $3a - 2b - 3 = 0$ 解得 $a = -1, b = -3$, 因此矩阵 A 就是

$$A = \begin{pmatrix} 2 & -1 & 2 \\ 5 & -3 & 3 \\ -1 & 1 & -1 \end{pmatrix},$$

再由特征值的性质 (2) 可知, $\lambda_1 + \lambda_2 + \lambda_3 = \text{tr}(A) = 2 + (-3) + (-1) = -2$, 将 $\lambda_1 = 1, \lambda_2 = -1$ 代入可得 $\lambda_3 = -2$. 由于 A 有三个不同的特征值, 从而由定理 5.3 可知三阶矩阵 A 可对角化. □

例 5.9 已知 n 阶方阵 A 的 n 个特征值是 $\lambda_1, \lambda_2, \cdots, \lambda_n$, 求行列式 $|2I - A|$ 的值.

解 先设法求出矩阵 $2I - A$ 的特征值. 这个矩阵的特征多项式是

$$|\lambda I - (2I - A)| = |(\lambda - 2)I + A| = |-((2-\lambda)I - A)|$$
$$= (-1)^n |(2 - \lambda)I - A|. \tag{5.15}$$

由于已经知道 $\lambda_1, \lambda_2, \cdots, \lambda_n$ 是 A 的全部特征值, 所以可以将 A 的特征多项式写成

$$|xI - A| = (x - \lambda_1)(x - \lambda_2) \cdots (x - \lambda_n),$$

然后在这个式子中令 $x = 2 - \lambda$, 得

$$|(2-\lambda)I - A| = ((2-\lambda) - \lambda_1)((2-\lambda) - \lambda_2) \cdots ((2-\lambda) - \lambda_n)$$
$$= (2 - \lambda - \lambda_1)(2 - \lambda - \lambda_2) \cdots (2 - \lambda - \lambda_n),$$

再将此结果代入 (5.15) 式, 得

$$|\lambda I - (2I - A)| = (\lambda + \lambda_1 - 2)(\lambda + \lambda_2 - 2) \cdots (\lambda + \lambda_n - 2)$$
$$= (\lambda - (2 - \lambda_1))(\lambda - (2 - \lambda_2)) \cdots (\lambda - (2 - \lambda_n)),$$

因此矩阵 $2I - A$ 的全部特征值是 $2 - \lambda_1, 2 - \lambda_2, \cdots, 2 - \lambda_n$. 从而由特征值的性质 (1) 得

$$|2I - A| = (2 - \lambda_1)(2 - \lambda_2) \cdots (2 - \lambda_n). \qquad \square$$

5.2.2　几何重数与代数重数

特征多项式还可以帮助我们加深对矩阵对角化问题的理解.

设数域 $\mathbb{F}$ 上的 n 阶方阵 A 的特征多项式 $f_A(\lambda)$ 在数域 $\mathbb{F}$ 上能分解成一次因式的乘积, 并且 A 的全部相异的特征值是 $\lambda_1, \lambda_2, \cdots, \lambda_m$, 那么 A 的特征多项式可写成

$$f_A(\lambda) = (\lambda - \lambda_1)^{n_1}(\lambda - \lambda_2)^{n_2} \cdots (\lambda - \lambda_m)^{n_m},$$

其中的各个指数 n_i 是特征值 λ_i 的重数, 它也称为 λ_i 的**代数重数**, 显然有

$$n_1 + n_2 + \cdots + n_m = n.$$

对 $i = 1, 2, \cdots, m$, 设 λ_i 的特征方程组 $(\lambda_i I - A)X = 0$ 的基础解系是 α_{i1}, $\alpha_{i2}, \cdots, \alpha_{ir_i}$, 即 A 只有 r_i 个线性无关的特征向量属于 λ_i, r_i 称为特征值 λ_i 的**几何重数**.

从观察一些矩阵的过程中, 我们可以得出一个结论: 特征值的几何重数总是小于或等于其代数重数. 例如, 对于例 5.3 中的三阶方阵 A 来说, 它有两个相异的特征值 $\lambda_1 = -4, \lambda_2 = 2$ (2 重根), 因此它们的代数重数分别是 $n_1 = 1, n_2 = 2$, 并且它们的几何重数分别是 $r_1 = 1, r_2 = 2$, 由于 $r_1 + r_2 = 1 + 2 = 3$, 此时 A 可对角化. 而对于习题 5.1 第 7 题 (1) 中的三阶方阵 A 来说, 它也有两个相异的特征值 $\lambda_1 = 1, \lambda_2 = 2$ (2 重根), 即有 $n_1 = 1, n_2 = 2$, 但是这两个特征值的几何重数分别是 $r_1 = 1, r_2 = 1$, 此时 $r_1 + r_2 = 2 < 3$ 导致 A 不能对角化.

> **定理 5.5**　设数域 $\mathbb{F}$ 上的 n 阶方阵 A 的特征多项式 $f_A(\lambda)$ 在数域 $\mathbb{F}$ 上能分解成一次因式的乘积, 并且 A 的全部相异的特征值是 $\lambda_1, \lambda_2, \cdots, \lambda_m$, 则对于每一个 λ_i 来说, 总有 $r_i \leqslant n_i$.

证明　首先将特征值 λ_i 的特征方程组的基础解系 $\alpha_{i1}, \alpha_{i2}, \cdots, \alpha_{ir_i}$ 扩充成 $\mathbb{F}^n$ 的一个具有 n 个向量的线性无关的向量组 $\alpha_{i1}, \cdots, \alpha_{ir_i}, \beta_{r_i+1}, \cdots, \beta_n$. 根据习题 3.2 中第 4 题的结论, $\mathbb{F}^n$ 中任何向量都可以由 $\alpha_{i1}, \cdots, \alpha_{ir_i}, \beta_{r_i+1}, \cdots, \beta_n$ 线性表出, 因此对 $j = r_i + 1, r_i + 2, \cdots, n$, 有

$$A\beta_j = b_{1j}\alpha_{i1} + \cdots + b_{r_i,j}\alpha_{ir_i} + b_{r_i+1,j}\beta_{r_i+1} + \cdots + b_{nj}\beta_n. \tag{5.16}$$

把这 $n - r_i$ 个矩阵等式与下面 r_i 个矩阵等式

$$A\alpha_{i1} = \lambda_i \alpha_{i1}, \cdots, A\alpha_{ir_i} = \lambda_i \alpha_{ir_i}$$

合起来写成一个矩阵等式

$$A\left(\begin{matrix}\alpha_{i1} & \cdots & \alpha_{ir_i} & \beta_{r_i+1} & \cdots & \beta_n\end{matrix}\right) = \left(\begin{matrix}A\alpha_{i1} & \cdots & A\alpha_{ir_i} & A\beta_{r_i+1} & \cdots & A\beta_n\end{matrix}\right)$$
$$= \left(\begin{matrix}\lambda_i\alpha_{i1} & \cdots & \lambda_i\alpha_{ir_i} & A\beta_{r_i+1} & \cdots & A\beta_n\end{matrix}\right)$$
$$= \left(\begin{matrix}\alpha_{i1} & \cdots & \alpha_{ir_i} & \beta_{r_i+1} & \cdots & \beta_n\end{matrix}\right)\begin{pmatrix}\lambda_i I_{r_i} & B_1 \\ 0 & B_2\end{pmatrix}, \tag{5.17}$$

其中 I_{r_i} 是 r_i 阶单位矩阵, B_1 和 B_2 分别是由 (5.16) 式中各个系数 b_{kj} 组成的 $r_i \times (n-r_i)$ 和 $(n-r_i) \times (n-r_i)$ 矩阵. 因为向量组 $\alpha_{i1}, \cdots, \alpha_{ir_i}, \beta_{r_i+1}, \cdots, \beta_n$ 线性无关, 所以由定理 3.17 知, 以它们作为列向量组的 n 阶方阵

$$P = \left(\begin{matrix}\alpha_{i1} & \cdots & \alpha_{ir_i} & \beta_{r_i+1} & \cdots & \beta_n\end{matrix}\right)$$

是可逆矩阵. 这样, 由 (5.17) 式可得

$$A = P\begin{pmatrix}\lambda_i I_{r_i} & B_1 \\ 0 & B_2\end{pmatrix}P^{-1},$$

因而由矩阵乘积的行列式公式可知, A 的特征多项式是

$$f_A(\lambda) = |\lambda I - A| = \left|\lambda PP^{-1} - P\begin{pmatrix}\lambda_i I_{r_i} & B_1 \\ 0 & B_2\end{pmatrix}P^{-1}\right|$$
$$= \left|P\left(\lambda I - \begin{pmatrix}\lambda_i I_{r_i} & B_1 \\ 0 & B_2\end{pmatrix}\right)P^{-1}\right| = |P||P^{-1}|\left|\lambda I - \begin{pmatrix}\lambda_i I_{r_i} & B_1 \\ 0 & B_2\end{pmatrix}\right|$$
$$= \left|\begin{pmatrix}\lambda I_{r_i} & 0 \\ 0 & \lambda I_{n-r_i}\end{pmatrix} - \begin{pmatrix}\lambda_i I_{r_i} & B_1 \\ 0 & B_2\end{pmatrix}\right| = \left|\begin{matrix}(\lambda-\lambda_i)I_{r_i} & -B_1 \\ 0 & \lambda I_{n-r_i} - B_2\end{matrix}\right|$$
$$= |(\lambda-\lambda_i)I_{r_i}||\lambda I_{n-r_i} - B_2| = (\lambda-\lambda_i)^{r_i}|\lambda I_{n-r_i} - B_2|,$$

所以 A 的特征多项式必有因式 $(\lambda-\lambda_i)^{r_i}$, 而它本来就含有因式 $(\lambda-\lambda_i)^{n_i}$, 因此有 $r_i \leqslant n_i, i = 1, 2, \cdots, m$. □

同样从例 5.3 这样的例题可以想到: 当一个方阵的每个特征值的几何重数与代数重数相等时, 这个方阵就是可对角化矩阵.

定理 5.6 设 A 是满足定理 5.5 条件的 n 阶方阵, 那么以下命题等价:

(1) A 可对角化;

(2) A 的所有相异特征值的几何重数之和 $r_1 + r_2 + \cdots + r_m = n$;

(3) A 的每个特征值的几何重数与代数重数相等.

证明 (1)⇒(2): 设 n 阶方阵 A 是可对角化矩阵, 则由定理 5.1 可知 A 有 n 个线性无关的特征向量, 因此由几何重数的定义可知, A 的所有相异特征值 $\lambda_1, \lambda_2, \cdots,$

λ_m 的几何重数之和

$$r_1 + r_2 + \cdots + r_m \geqslant n.$$

而另一方面, 由定理 5.5 可知, 对 $i = 1, 2, \cdots, m$ 有 $r_i \leqslant n_i$, 所以

$$n \leqslant r_1 + r_2 + \cdots + r_m \leqslant n_1 + n_2 + \cdots + n_m = n,$$

因此必有 $r_1 + r_2 + \cdots + r_m = n$.

(2)⇒(3): 假如有 A 的某个特征值的几何重数小于其代数重数, 不妨设 $r_1 < n_1$, 则同样由定理 5.5 可得

$$n = r_1 + r_2 + \cdots + r_m < n_1 + r_2 + \cdots + r_m \leqslant n_1 + n_2 + \cdots + n_m = n,$$

这是一个矛盾, 因此对 $i = 1, 2, \cdots, m$, 都有 $r_i = n_i$.

(3)⇒(1): 当对每个 $i = 1, 2, \cdots, m, r_i = n_i$ 都成立时, 则有

$$r_1 + r_2 + \cdots + r_m = n_1 + n_2 + \cdots + n_m = n.$$

由定理 5.4 可知 A 有 n 个线性无关的特征向量, 从而由定理 5.1 得知 A 是可对角化矩阵. □

例 5.10　判断矩阵

$$A = \begin{pmatrix} 0 & 1 & 0 \\ 0 & 0 & 2 \\ 0 & 0 & 0 \end{pmatrix}$$

是否可对角化.

解　因为 A 的特征多项式是

$$f_A(\lambda) = |\lambda I - A| = \begin{vmatrix} \lambda & -1 & 0 \\ 0 & \lambda & -2 \\ 0 & 0 & \lambda \end{vmatrix} = \lambda^3,$$

所以 A 的特征值只有 $\lambda_1 = 0(3$ 重根$)$, 由于从 $\lambda_1 = 0$ 的特征方程组

$$-AX = \begin{pmatrix} 0 & -1 & 0 \\ 0 & 0 & -2 \\ 0 & 0 & 0 \end{pmatrix} \begin{pmatrix} x_1 \\ x_2 \\ x_3 \end{pmatrix} = 0$$

只能求出一个线性无关的特征向量 $\alpha_1 = (1, 0, 0)^{\mathrm{T}}$, 因此特征值 $\lambda_1 = 0$ 的几何重数 $r_1 = 1$ 不同于它的代数重数 $n_1 = 3$, 所以由定理 5.6 可知 A 不能对角化. □

定理 5.6 可以换一种说法. 因为 n 阶方阵 A 的特征值 λ_i 的几何重数 r_i 是 λ_i 的特征方程组

$$(\lambda_i I - A)X = 0$$

的基础解系的向量个数, 而据定理 3.20 可知, 基础解系个数 $r_i = n - \mathrm{rank}(\lambda_i I - A)$, 因此当每个特征值的几何重数与代数重数相等, 即 $r_i = n_i$ 时, 有 $n_i = n - \mathrm{rank}(\lambda_i I - A)$, 或者写成 $\mathrm{rank}(\lambda_i I - A) = n - n_i$, 这样就得到了下面的定理.

定理 5.7 设 A 是满足定理 5.5 条件的 n 阶方阵, 则 A 可对角化的充要条件是对每个 k 重特征值 λ_0 来说, $\mathrm{rank}(\lambda_0 I - A) = n - k$.

上面的例 5.10 也可以用定理 5.7 的方法做: 因为对 3 重特征值 $\lambda_1 = 0$, 有

$$\mathrm{rank}(\lambda_1 I - A) = \mathrm{rank}(-A) = 2 \neq n - k = 3 - 3 = 0,$$

所以 A 不能对角化.

例 5.11 已知矩阵

$$A = \begin{pmatrix} 1 & -1 & 1 \\ a & 4 & b \\ -3 & -3 & 5 \end{pmatrix}$$

有 3 个线性无关的特征向量, $\lambda_0 = 2$ 是 A 的 2 重特征值, 求 a, b 的值.

解 因为三阶方阵 A 有 3 个线性无关的特征向量, 所以由定理 5.1 可知 A 可对角化, 又已知 $\lambda_0 = 2$ 是 A 的 2 重特征值, 即此时有 $k = 2, n = 3$, 又因为 A 可对角化, 所以容易看出 A 的特征多项式可以分解成一次因式的乘积, 因此由定理 5.7 得知 $\mathrm{rank}(2I - A) = 3 - 2 = 1$, 即矩阵 $2I - A$ 的秩为 1, 对 $2I - A$ 作行初等变换:

$$2I - A = \begin{pmatrix} 1 & 1 & -1 \\ -a & -2 & -b \\ 3 & 3 & -3 \end{pmatrix} \xrightarrow[-3r_1 + r_3]{ar_1 + r_2} \begin{pmatrix} 1 & 1 & -1 \\ 0 & a-2 & -a-b \\ 0 & 0 & 0 \end{pmatrix},$$

因为初等变换不改变矩阵的秩, 所以上式右端矩阵的秩也是 1, 故得 $a - 2 = 0$, $-a - b = 0$, 即 $a = 2, b = -2$. □

例 5.12 设 A 是 n 阶方阵, 并且 $A^2 = I$, 证明: A 可对角化.

证明 设 λ_0 是 A 的特征值, α 是 A 的属于 λ_0 的特征向量, 则有 $\lambda_0 \alpha = A\alpha$, 用 A 左乘此式后得

$$\lambda_0^2 \alpha = \lambda_0(\lambda_0 \alpha) = \lambda_0(A\alpha) = A(\lambda_0 \alpha) = A(A\alpha) = A^2 \alpha = I\alpha = \alpha,$$

由于 $\alpha \neq 0$, 所以 $\lambda_0^2 = 1$, 因此 A 的特征值只能是 $\lambda_1 = 1$ 与 $\lambda_2 = -1$. 它们的几何重数分别是

$$r_1 = n - \mathrm{rank}(\lambda_1 I - A) = n - \mathrm{rank}(I - A)$$

和

$$r_2 = n - \text{rank}(\lambda_2 I - A) = n - \text{rank}(-I - A),$$

因为 $\text{rank}(I-A) = \text{rank}(-(A-I)) = \text{rank}(A-I)$ 及 $\text{rank}(-I-A) = \text{rank}(-(A+I)) = \text{rank}(A+I)$, 所以有

$$r_1 = n - \text{rank}(A - I) \quad \text{和} \quad r_2 = n - \text{rank}(A + I).$$

再由习题 3.3 第 10 题的结论知

$$\text{rank}(A + I) + \text{rank}(A - I) = n,$$

所以 A 的所有相异特征值的几何重数之和

$$r_1 + r_2 = 2n - (\text{rank}(A + I) + \text{rank}(A - I)) = 2n - n = n,$$

又因为 A 的特征值只有 1 与 -1, 所以 A 的特征多项式可以分解成一次因式的乘积

$$f_A(\lambda) = (\lambda - 1)^{n_1}(\lambda + 1)^{n_2},$$

从而由定理 5.6 可知 A 是可对角化矩阵. □

5.2.3 凯莱–哈密顿定理

下面再给出特征多项式的一个重要性质. 在例 2.13 中, 曾经对于二阶矩阵 $A = \begin{pmatrix} a & b \\ c & d \end{pmatrix}$ 证明过一个矩阵等式

$$A^2 - (a+d)A + (ad - bc)I = 0, \tag{5.18}$$

这个等式说明: 矩阵 A 满足 2 次方程 $\lambda^2 - (a + d)\lambda + (ad - bc) = 0$, 这个方程的左端正是矩阵 A 的特征多项式 $f_A(\lambda)$, 此时 $\text{tr}(A) = a + d$, $|A| = ad - bc$. 例如, 对矩阵 $A = \begin{pmatrix} 1 & 2 \\ 3 & 4 \end{pmatrix}$ 来说, 它的特征多项式 $f_A(\lambda) = \lambda^2 - 5\lambda - 2$, 由 $A^2 = \begin{pmatrix} 1 & 2 \\ 3 & 4 \end{pmatrix}\begin{pmatrix} 1 & 2 \\ 3 & 4 \end{pmatrix} = \begin{pmatrix} 7 & 10 \\ 15 & 22 \end{pmatrix}$, 得

$$f_A(A) = A^2 - 5A - 2I = \begin{pmatrix} 7 & 10 \\ 15 & 22 \end{pmatrix} - \begin{pmatrix} 5 & 10 \\ 15 & 20 \end{pmatrix} - \begin{pmatrix} 2 & 0 \\ 0 & 2 \end{pmatrix} = 0.$$

矩阵等式 (5.18) 对一般 n 阶方阵的推广就是下面的著名定理.

定理 5.8 (凯莱–哈密顿定理)　设 A 是数域 $\mathbb{F}$ 上的 n 阶方阵, $f_A(\lambda)$ 是 A 的特征多项式, 则成立矩阵等式

$$f_A(A) = 0.$$

证明　先记 A 的特征多项式是

$$f_A(\lambda) = |\lambda I - A| = \lambda^n + a_1\lambda^{n-1} + a_2\lambda^{n-2} + \cdots + a_{n-1}\lambda + a_n,$$

然后在关于方阵 C 的矩阵等式 $C^*C = |C|I$ 中取 $C = \lambda I - A$(λ 是一个变量), 则 $|C| = f_A(\lambda)$. 由于伴随矩阵 C^* 的元素是行列式 $|\lambda I - A|$ 的各个代数余子式, 因此都是 λ 的多项式, 并且它们的次数不超过 $n-1$, 所以 C^* 实际上是变量为 λ 的矩阵多项式 (参见 5.7 节开头给出的矩阵多项式的例子):

$$C^* = I\lambda^{n-1} + B_1\lambda^{n-2} + B_2\lambda^{n-3} + \cdots + B_{n-2}\lambda + B_{n-1},$$

其中的 $B_1, B_2, \cdots, B_{n-1}$ 都是 n 阶方阵. 将所有相关矩阵代入 $|C|I = C^*C$, 展开得

$$I\lambda^n + a_1 I\lambda^{n-1} + a_2 I\lambda^{n-2} + \cdots + a_{n-1}I\lambda + a_n I$$
$$= I\lambda^n + B_1\lambda^{n-1} + B_2\lambda^{n-2} + \cdots + B_{n-2}\lambda^2 + B_{n-1}\lambda$$
$$- A\lambda^{n-1} - B_1 A\lambda^{n-2} - B_2 A\lambda^{n-3} - \cdots - B_{n-2}A\lambda - B_{n-1}A,$$

和一般多项式一样, 两个矩阵多项式相等就意味着它们的矩阵 "系数" 相等, 因此得到下列 $n+1$ 个矩阵等式:

$$\begin{aligned}
I &= I, \\
a_1 I &= B_1 - A, \\
a_2 I &= B_2 - B_1 A, \\
&\cdots\cdots \\
a_{n-1}I &= B_{n-1} - B_{n-2}A, \\
a_n I &= -B_{n-1}A,
\end{aligned}$$

(5.19)

现在用 $A^n, A^{n-1}, A^{n-2}, \cdots, A, I$ 依次从右边乘 (5.19) 式中的第 1 式, 第 2 式, 第 3 式, $\cdots$, 第 n 式, 第 $n+1$ 式, 得

$$A^n = A^n$$

$$a_1 A^{n-1} = B_1 A^{n-1} - A^n$$

$$a_2 A^{n-2} = B_2 A^{n-2} - B_1 A^{n-1}$$

$$\cdots\cdots \tag{5.20}$$

$$a_{n-1} A = B_{n-1} A - B_{n-2} A^2$$

$$a_n I = -B_{n-1} A,$$

再把 (5.20) 式中的 $n+1$ 个式子左右都相加, 右边是零矩阵, 左边就是 $f_A(A)$, 所以 $f_A(A) = 0$. □

例 5.13　求矩阵

$$A = \begin{pmatrix} 1 & 1 & 1 \\ 0 & 1 & 1 \\ 0 & 0 & 1 \end{pmatrix}$$

的逆矩阵.

解　A 的特征多项式

$$f_A(\lambda) = |\lambda I - A| = \begin{vmatrix} \lambda - 1 & -1 & -1 \\ 0 & \lambda - 1 & -1 \\ 0 & 0 & \lambda - 1 \end{vmatrix} = (\lambda - 1)^3,$$

由凯莱–哈密顿定理得

$$f_A(A) = (A - I)^3 = A^3 - 3A^2 + 3A - I = 0,$$

因此

$$A(A^2 - 3A + 3I) = I,$$

所以

$$A^{-1} = A^2 - 3A + 3I = \begin{pmatrix} 1 & 2 & 3 \\ 0 & 1 & 2 \\ 0 & 0 & 1 \end{pmatrix} - \begin{pmatrix} 3 & 3 & 3 \\ 0 & 3 & 3 \\ 0 & 0 & 3 \end{pmatrix} + \begin{pmatrix} 3 & 0 & 0 \\ 0 & 3 & 0 \\ 0 & 0 & 3 \end{pmatrix}$$

$$= \begin{pmatrix} 1 & -1 & 0 \\ 0 & 1 & -1 \\ 0 & 0 & 1 \end{pmatrix}. \qquad\qquad □$$

习 题 5.2

1. 已知方阵 A 满足等式 $|3I + 2A| = 0$, 求 A 的一个特征值.

2. 设 $A = (a_{ij})$ 是 n 阶上三角矩阵, 证明:

(1) 若 $a_{ii} \neq a_{jj}(i \neq j)$, 则 A 可对角化;

(2) 若 $a_{11} = a_{22} = \cdots = a_{nn}$, 且至少有一个 $a_{ij} \neq 0$ $(i \neq j)$, 则 A 不能对角化.

3. 证明: 方阵 A 与 A^{T} 有相同的特征多项式, 从而它们有相同的特征值.

4. 设 A 是 n 阶方阵, 若有正整数 m, 使 $(A + I)^m = 0$, 证明 A 是可逆矩阵, 并求其行列式 $|A|$ 的值.

5. 设向量 $\alpha = (a_1, a_2, \cdots, a_n)^{\mathrm{T}}$, $\beta = (b_1, b_2, \cdots, b_n)^{\mathrm{T}}$, 且

$$\alpha^{\mathrm{T}}\beta = a_1 b_1 + a_2 b_2 + \cdots + a_n b_n = a \neq 0,$$

令 $A = \alpha\beta^{\mathrm{T}}$, 证明 A 可对角化.

6. 已知 $A = \begin{pmatrix} 3 & a & 2 \\ 6 & -7 & 3 \\ 8 & b & 3 \end{pmatrix}$ 可对角化, 且 $\lambda = -1$ 是 A 的 2 重特征值, 求可逆矩阵 P, 使 $P^{-1}AP$ 为对角矩阵.

7. 设 A 是 n 阶可逆矩阵, 证明 A^{-1} 可以写成 $I_n, A, A^2, \cdots, A^{n-1}$ 的 "线性组合", 即存在数 $k_0, k_1, k_2, \cdots, k_{n-1}$, 使得

$$A^{-1} = k_0 I_n + k_1 A + k_2 A^2 + \cdots + k_{n-1} A^{n-1}.$$

8. 证明 λ_0 不是方阵 A 的特征值的充要条件是 $\lambda_0 I - A$ 是可逆矩阵.

9. 设 A 是 n 阶方阵, 且满足 $A^2 = A$, 证明 A 可对角化.

5.3 相 似 矩 阵

前面讲的将方阵 A 对角化的过程是: 设法寻找一个对角矩阵 D 和一个可逆矩阵 P, 使得

$$P^{-1}AP = D,$$

从这里可以引出相似矩阵的基本概念.

定义 5.2 相似矩阵

设 A, B 是数域 $\mathbb{F}$ 上的两个 n 阶方阵, 如果存在一个可逆矩阵 P, 使得

$$P^{-1}AP = B,$$

则称矩阵 A 相似于 B, 记为 $A \sim B$.

这样, 方阵 A 的对角化就是设法找到一个与 A 相似的对角矩阵 D.

容易证明矩阵的相似关系具有以下三个最基本的性质:

(1) 反身性: 每一个 n 阶方阵 A 都与它本身相似, 这是因为 $I^{-1}AI = A$;

(2) 对称性: 如果 $A \sim B$, 那么 $B \sim A$, 这是因为由 $P^{-1}AP = B$ 可得

$$(P^{-1})^{-1}BP^{-1} = A;$$

(3) 传递性: 如果 $A \sim B$ 且 $B \sim C$, 那么 $A \sim C$, 这是因为由 $P^{-1}AP = B$ 和 $T^{-1}BT = C$ 可得

$$(PT)^{-1}APT = T^{-1}(P^{-1}AP)T = T^{-1}BT = C.$$

在数学理论中, 一般把满足反身性、对称性和传递性的关系称为**等价关系**. 矩阵相似这种等价关系的作用是: 将所有的 n 阶方阵划分成不同的**等价类**, 使得每一个等价类中的矩阵彼此相似, 而不在同一个等价类中的矩阵则互不相似. 由于相似的矩阵有不少相同的性质 (例如具有完全相同的特征值), 所以我们往往就在每一个等价类的矩阵中选择一个最简单的矩阵 (例如对角矩阵), 来作为整个等价类中所有矩阵的代表, 即用简单矩阵的运算来代替复杂矩阵的运算. 矩阵的对角化就是这方面一个很好的例子.

下面进一步给出相似矩阵的一些常用性质.

> (1) 如果 $A \sim B$, 且 $f(\lambda)$ 是任意一个多项式, 则有 $f(A) \sim f(B)$. 特别地, 有 $A^m \sim B^m$, 其中 m 是任意正整数.

证明　设 $f(\lambda) = a_n\lambda^n + a_{n-1}\lambda^{n-1} + \cdots + a_1\lambda + a_0$. 因为 $A \sim B$, 所以存在可逆矩阵 P, 使 $P^{-1}AP = B$, 因此对任意的正整数 m,

$$B^m = \underbrace{BB\cdots B}_{m\uparrow} = P^{-1}APP^{-1}AP\cdots P^{-1}AP$$
$$= P^{-1}\underbrace{AA\cdots A}_{m\uparrow}P = P^{-1}A^mP,$$

所以对矩阵 $f(B)$, 有

$$f(B) = a_nB^n + a_{n-1}B^{n-1} + \cdots + a_1B + a_0I$$
$$= a_nP^{-1}A^nP + a_{n-1}P^{-1}A^{n-1}P + \cdots + a_1P^{-1}AP + a_0P^{-1}P$$
$$= P^{-1}(a_nA^n + a_{n-1}A^{n-1} + \cdots + a_1A + a_0I)P = P^{-1}f(A)P,$$

即 $f(A) \sim f(B)$.　　　　　　　　　　　　　　　　　　　　　　　□

(2) 如果 $A \sim B$ 和 $C \sim D$(A 和 C 不一定是同阶方阵), 则有

$$\begin{pmatrix} A & 0 \\ 0 & C \end{pmatrix} \sim \begin{pmatrix} B & 0 \\ 0 & D \end{pmatrix}.$$

证明 因为 $A \sim B$ 和 $C \sim D$, 所以存在可逆矩阵 P_1 和 P_2, 使得 $P_1^{-1}AP_1 = B$ 和 $P_2^{-1}CP_2 = D$. 现构造准对角矩阵

$$P = \begin{pmatrix} P_1 & 0 \\ 0 & P_2 \end{pmatrix},$$

则由例 3.26 的结论可知, P 是可逆矩阵, 并且它的逆矩阵是

$$P^{-1} = \begin{pmatrix} P_1^{-1} & 0 \\ 0 & P_2^{-1} \end{pmatrix},$$

因为

$$P^{-1}\begin{pmatrix} A & 0 \\ 0 & C \end{pmatrix}P = \begin{pmatrix} P_1^{-1} & 0 \\ 0 & P_2^{-1} \end{pmatrix}\begin{pmatrix} A & 0 \\ 0 & C \end{pmatrix}\begin{pmatrix} P_1 & 0 \\ 0 & P_2 \end{pmatrix}$$

$$= \begin{pmatrix} P_1^{-1}AP_1 & 0 \\ 0 & P_2^{-1}CP_2 \end{pmatrix} = \begin{pmatrix} B & 0 \\ 0 & D \end{pmatrix},$$

所以结论成立.

这个关于两对相似矩阵的性质可以推广到 m 对相似矩阵的情形 (见习题 5.3 第 9 题). □

(3) 如果 $A \sim B$, 则 $f_A(\lambda) = f_B(\lambda)$, 从而两个相似矩阵具有完全相同的特征值.

证明 因为 $A \sim B$, 所以存在可逆矩阵 P, 使得 $P^{-1}AP = B$, 于是有

$$f_B(\lambda) = |\lambda I - B| = |\lambda P^{-1}P - P^{-1}AP| = |P^{-1}(\lambda I - A)P|$$

$$= |P^{-1}||\lambda I - A||P| = |P^{-1}||P||\lambda I - A| = |\lambda I - A| = f_A(\lambda). \quad \square$$

例 5.14 设矩阵 A 与 B 相似, 其中

$$A = \begin{pmatrix} -2 & 0 & 0 \\ 2 & a & 2 \\ 3 & 1 & 1 \end{pmatrix}, \quad B = \begin{pmatrix} -1 & 0 & 0 \\ 0 & 2 & 0 \\ 0 & 0 & b \end{pmatrix}.$$

(1) 求 a, b 的值;

(2) 求可逆矩阵 P, 使 $P^{-1}AP = B$.

解　(1) 因为 $A \sim B$, 所以 $f_A(\lambda) = f_B(\lambda)$, 即对所有 λ 的取值, 等式

$$|\lambda I - A| = |\lambda I - B|$$

都成立. 将这个等式

$$\begin{vmatrix} \lambda + 2 & 0 & 0 \\ -2 & \lambda - a & -2 \\ -3 & -1 & \lambda - 1 \end{vmatrix} = \begin{vmatrix} \lambda + 1 & 0 & 0 \\ 0 & \lambda - 2 & 0 \\ 0 & 0 & \lambda - b \end{vmatrix}$$

两边展开得

$$(\lambda + 2)(\lambda^2 - (a + 1)\lambda + a - 2) = (\lambda + 1)(\lambda - 2)(\lambda - b),$$

取 $\lambda = 0$, 得 $2(a - 2) = 2b$, 即 $a - 2 = b$, 再取 $\lambda = -1$, 得 $2a = 0$, 即 $a = 0$, 因此 $b = -2$.

(2) 由于

$$A = \begin{pmatrix} -2 & 0 & 0 \\ 2 & 0 & 2 \\ 3 & 1 & 1 \end{pmatrix},$$

所以它的特征多项式

$$f_A(\lambda) = \begin{vmatrix} \lambda + 2 & 0 & 0 \\ -2 & \lambda & -2 \\ -3 & -1 & \lambda - 1 \end{vmatrix} = (\lambda + 2)(\lambda^2 - \lambda - 2)$$
$$= (\lambda + 1)(\lambda - 2)(\lambda + 2).$$

因此 A 的特征值是 $\lambda_1 = -1, \lambda_2 = 2, \lambda_3 = -2$, 可以分别求出各特征值所对应的特征向量为

$$\alpha_1 = (0, 2, -1)^{\mathrm{T}}, \quad \alpha_2 = (0, 1, 1)^{\mathrm{T}}, \quad \alpha_3 = (1, 0, -1)^{\mathrm{T}},$$

从而得可逆矩阵

$$P = (\alpha_1 \quad \alpha_2 \quad \alpha_3) = \begin{pmatrix} 0 & 0 & 1 \\ 2 & 1 & 0 \\ -1 & 1 & -1 \end{pmatrix}$$

和它的逆矩阵

$$P^{-1} = \begin{pmatrix} -\dfrac{1}{3} & \dfrac{1}{3} & -\dfrac{1}{3} \\ \dfrac{2}{3} & \dfrac{1}{3} & \dfrac{2}{3} \\ 1 & 0 & 0 \end{pmatrix},$$

使得 $P^{-1}AP = B = \mathrm{diag}(-1, 2, -2)$. $\qquad\square$

例 5.15 已知矩阵

$$A = \begin{pmatrix} 0 & 0 & 2 \\ 0 & 3 & 0 \\ 2 & 0 & 0 \end{pmatrix},$$

并且矩阵 B 与 A 相似, 求 $\mathrm{rank}(B^2 - 3B + 2I)$.

解 由于 A 的特征多项式

$$f_A(\lambda) = \begin{vmatrix} \lambda & 0 & -2 \\ 0 & \lambda - 3 & 0 \\ -2 & 0 & \lambda \end{vmatrix} = (\lambda - 3)(\lambda + 2)(\lambda - 2),$$

因此 A 的特征值是 $3, -2, 2$. 因为 $A \sim B$, 所以 B 的特征值也是 $3, -2, 2$. 设 λ_0 是矩阵 B 的任一特征值, α 是 B 的属于 λ_0 的特征向量, 即 $B\alpha = \lambda_0\alpha$, 从而有

$$B^2\alpha = B(B\alpha) = B(\lambda_0\alpha) = \lambda_0 B\alpha = \lambda_0(\lambda_0\alpha) = \lambda_0^2\alpha,$$

以及

$$\begin{aligned}
(B^2 - 3B + 2I)\alpha &= B^2\alpha - 3B\alpha + 2\alpha \\
&= \lambda_0^2\alpha - 3\lambda_0\alpha + 2\alpha = (\lambda_0^2 - 3\lambda_0 + 2)\alpha,
\end{aligned}$$

所以 $B^2 - 3B + 2I$ 的特征值是 $\lambda_0^2 - 3\lambda_0 + 2$. 因此当 λ_0 分别取值 $3, -2, 2$ 时, 可得三阶矩阵 $B^2 - 3B + 2I$ 的三个特征值是 $3^2 - 3(3) + 2 = 2$, $(-2)^2 - 3(-2) + 2 = 12$, $2^2 - 3(2) + 2 = 0$. 由于这三个特征值相异, 所以由定理 5.3 可知矩阵 $B^2 - 3B + 2I$ 可以对角化. 因此存在可逆矩阵 P, 使得

$$P^{-1}(B^2 - 3B + 2I)P = \begin{pmatrix} 2 & & \\ & 12 & \\ & & 0 \end{pmatrix},$$

而上式右端对角矩阵的秩为 2, 并且乘可逆矩阵不改变矩阵的秩, 所以

$$\mathrm{rank}(B^2 - 3B + 2I) = 2. \qquad\square$$

习　题　5.3

1. 设 A, B 是 n 阶方阵, 且 A 是可逆矩阵, 证明: AB 与 BA 相似.

2. 如果 $A \sim B$, 证明:

(1) $\operatorname{rank}(A) = \operatorname{rank}(B)$;

(2) $|A| = |B|$;

(3) $\operatorname{tr}(A) = \operatorname{tr}(B)$;

(4) $A^{-1} \sim B^{-1}$;

(5) $(\lambda I - A)^k \sim (\lambda I - B)^k$.

3. 已知四阶方阵 A 相似于矩阵 B, 且 A 的特征值是 $-1, \dfrac{1}{2}, \dfrac{1}{3}, 1$, 求行列式 $|3B^{-1} - I|$ 的值.

4. 已知 n 阶方阵 A 的 n 个特征值是 $0, 1, 2, \cdots, n-1$, 且 n 阶方阵 B 与 A 相似, 求行列式 $|I + B|$.

5. 设 λ_0 是 n 阶方阵 A 的一个特征值, 证明:

(1) 对任意的正整数 m, $\lambda_0{}^m$ 是矩阵 A^m 的一个特征值;

(2) 对于多项式 $f(\lambda) = a_m\lambda^m + a_{m-1}\lambda^{m-1} + \cdots + a_1\lambda + a_0$, $f(\lambda_0)$ 是矩阵 $f(A) = a_mA^m + a_{m-1}A^{m-1} + \cdots + a_1A + a_0I$ 的一个特征值.

6. 已知 n 阶方阵 A 与 $\operatorname{diag}(\lambda_1, \lambda_2, \cdots, \lambda_n)$ 相似, 且 $f(\lambda)$ 是多项式, 求行列式 $|f(A)|$ 的值.

7. 证明方阵 A 只与自身相似的充要条件是 $A = cI$, c 是常数.

8. 若 A 与 B 都是 n 阶对角矩阵, 证明 A 与 B 相似的充要条件是 A 与 B 的主对角元素除排列顺序外是完全相同的.

9. 证明: 如果对 $i = 1, 2, \cdots, m$, 有 $A_i \sim B_i$ (这里 $A_1, A_2, \cdots, A_m$ 不一定是同阶方阵), 则准对角矩阵

$$\operatorname{diag}(A_1, A_2, \cdots, A_m) \sim \operatorname{diag}(B_1, B_2, \cdots, B_m).$$

10. 证明: 当 $n \geqslant 2$ 时, n 阶方阵

$$A = \begin{pmatrix} a & 1 & 0 & \cdots & 0 & 0 \\ 0 & a & 1 & \cdots & 0 & 0 \\ 0 & 0 & a & \cdots & 0 & 0 \\ \vdots & \vdots & \vdots & & \vdots & \vdots \\ 0 & 0 & 0 & \cdots & a & 1 \\ 0 & 0 & 0 & \cdots & 0 & a \end{pmatrix}$$

不能对角化.

11. 证明矩阵

$$N = \begin{pmatrix} 0 & 1 & 0 & \cdots & 0 & 0 \\ 0 & 0 & 1 & \cdots & 0 & 0 \\ 0 & 0 & 0 & \cdots & 0 & 0 \\ \vdots & \vdots & \vdots & & \vdots & \vdots \\ 0 & 0 & 0 & \cdots & 0 & 1 \\ 0 & 0 & 0 & \cdots & 0 & 0 \end{pmatrix}$$

与 N^{T} 相似.

5.4　相似矩阵的应用

5.4.1　相似矩阵与递归数列

斐波那契数列 $\{F_n\}$

$$1, 1, 2, 3, 5, 8, 13, 21, 34, 55, 89, \cdots$$

是由以下线性递归关系所定义的:

$$F_{n+2} = F_{n+1} + F_n, \quad n \geqslant 0, \quad F_0 = 1, \quad F_1 = 1.$$

斐波那契数列在很多领域里都有着广泛的应用. 下面我们借助相似矩阵的理论推导出斐波那契数列的通项公式 (见习题 2.1 第 5 题).

假设

$$A = \begin{pmatrix} 1 & 1 \\ 1 & 0 \end{pmatrix}$$

是一个二阶方阵. 由斐波那契数列的递归关系容易得到

$$A \begin{pmatrix} F_n \\ F_{n-1} \end{pmatrix} = \begin{pmatrix} F_{n+1} \\ F_n \end{pmatrix}, \quad n \geqslant 1.$$

因此

$$A^n \begin{pmatrix} 1 \\ 1 \end{pmatrix} = \begin{pmatrix} F_{n+1} \\ F_n \end{pmatrix}.$$

为了处理 A^n, 我们需要考虑计算 A 的特征值和特征向量. 直接计算可得矩阵 A 的两个特征值分别为

$$\lambda_1 = \frac{1 + \sqrt{5}}{2}, \quad \lambda_2 = \frac{1 - \sqrt{5}}{2}.$$

对应于 λ_1 和 λ_2 的两个特征向量分别为

$$\alpha_1 = \begin{pmatrix} \lambda_1 \\ 1 \end{pmatrix}, \quad \alpha_2 = \begin{pmatrix} \lambda_2 \\ 1 \end{pmatrix}.$$

根据定理 5.3, 矩阵 A 可以对角化, 且

$$A = P \begin{pmatrix} \lambda_1 & 0 \\ 0 & \lambda_2 \end{pmatrix} P^{-1},$$

这里

$$P = \begin{pmatrix} \lambda_1 & \lambda_2 \\ 1 & 1 \end{pmatrix}, \quad P^{-1} = \frac{1}{\lambda_1 - \lambda_2} \begin{pmatrix} 1 & -\lambda_2 \\ -1 & \lambda_1 \end{pmatrix}.$$

再利用 $\lambda_1 + \lambda_2 = 1$, 可以得到

$$\begin{pmatrix} F_{n+1} \\ F_n \end{pmatrix} = A^n \begin{pmatrix} 1 \\ 1 \end{pmatrix} = P \begin{pmatrix} \lambda_1^n & 0 \\ 0 & \lambda_2^n \end{pmatrix} P^{-1} \begin{pmatrix} 1 \\ 1 \end{pmatrix} = \frac{1}{\lambda_1 - \lambda_2} \begin{pmatrix} \lambda_1^{n+2} - \lambda_2^{n+2} \\ \lambda_1^{n+1} - \lambda_2^{n+1} \end{pmatrix}.$$

从而

$$F_n = \frac{\lambda_1^{n+1} - \lambda_2^{n+1}}{\lambda_1 - \lambda_2} = \frac{1}{\sqrt{5}} \left(\left(\frac{1+\sqrt{5}}{2} \right)^{n+1} - \left(\frac{1-\sqrt{5}}{2} \right)^{n+1} \right), \quad n \geqslant 0.$$

我们可以把以上的过程推广到更一般的线性递归数列

$$A_n = a_0 A_{n-1} + a_1 A_{n-2} + \cdots + a_k A_{n-k-1}, \quad n-1 \geqslant k \geqslant 0, \quad a_i \in \mathbb{F}.$$

但需要注意的是对应的矩阵可能并不相似于对角矩阵, 因此情况会更复杂一些.

5.4.2 　相似矩阵与常微分方程组

微分方程是含有未知函数及其导数 (或偏导数) 的方程, 其中只含有一元未知函数及其导数的方程称为常微分方程, 而含有多元函数及其偏导数的方程称为偏微分方程.

例如, $\dfrac{\mathrm{d}x}{\mathrm{d}t} = kx$ 就是一个最简单的一阶常微分方程, 其中 k 是一个常数. 这个微分方程描述了许多自然与社会现象 (例如生物种群的数量), 这些现象的一个突出特点是: 随时间 t 而变化的动态数量函数 $x(t)$ 的变化率 (即导数) 与数量 $x(t)$ 成正比. 求解这个微分方程的方法是一个被称为 "分离变量法" 的积分方法, 首先将方程的变量 "分离" 开来, 使得等式的一边只含一个变量, 即把原方程写成

$$\frac{\mathrm{d}x}{x} = k \, \mathrm{d}t,$$

然后两边积分, 得 $\ln x = kt + c'$, 其中 c' 是一个任意常数, 再写成 $x = c\mathrm{e}^{kt}$, 其中 $c = \mathrm{e}^{c'}$ 也是一个任意常数. 我们可以将解出的函数 $x = c\mathrm{e}^{kt}$ 代入原方程 $\dfrac{\mathrm{d}x}{\mathrm{d}t} = kx$, 它确实满足该方程 (使得等式成立). $x = c\mathrm{e}^{kt}$ 称为该微分方程的**通解**, 随着 c 取不

同的值, 它包含了满足该方程的所有解. 人们常说的某些生物种群 "呈指数增长" 的理由就是由这个通解公式来的.

与具有多个未知量的线性方程组类似, 在自然科学和社会科学中也出现了含有多个一元未知函数及其导数的线性常微分方程组. 例如, 一阶微分方程组

$$\begin{cases} \dfrac{\mathrm{d}x}{\mathrm{d}t} = x + y, \\ \dfrac{\mathrm{d}y}{\mathrm{d}t} = -2x + 4y \end{cases} \tag{5.21}$$

就是一个最简单的线性常微分方程组, 它的解是两个一元函数 $x = x(t)$, $y = y(t)$. 例如, 读者可以求导验证 $x = \mathrm{e}^{2t} - \mathrm{e}^{3t}$, $y = \mathrm{e}^{2t} - 2\mathrm{e}^{3t}$ 是这个微分方程组的一组解.

求解线性常微分方程组的基本思路也和解线性方程组一样: 先设法进行 "消元", 形成只含一个未知函数导数的一阶微分方程, 然后再用分离变量法求解. 而这个 "消元" 过程正是通过相似矩阵来完成的.

我们把上述微分方程组写成矩阵形式

$$\begin{pmatrix} \dfrac{\mathrm{d}x}{\mathrm{d}t} \\ \dfrac{\mathrm{d}y}{\mathrm{d}t} \end{pmatrix} = \begin{pmatrix} 1 & 1 \\ -2 & 4 \end{pmatrix} \begin{pmatrix} x \\ y \end{pmatrix}, \tag{5.22}$$

其中的系数矩阵 $A = \begin{pmatrix} 1 & 1 \\ -2 & 4 \end{pmatrix}$ 就是 5.1 节中求矩阵高次幂时出现的二阶方阵, 在那里已经求出了对角矩阵 $\begin{pmatrix} 2 & 0 \\ 0 & 3 \end{pmatrix}$、可逆矩阵 $P = \begin{pmatrix} 1 & 1 \\ 1 & 2 \end{pmatrix}$ 及其逆矩阵 $P^{-1} = \begin{pmatrix} 2 & -1 \\ -1 & 1 \end{pmatrix}$, 使得

$$A = P \begin{pmatrix} 2 & 0 \\ 0 & 3 \end{pmatrix} P^{-1}.$$

将此式代入原微分方程组 (5.22), 得

$$\begin{pmatrix} \dfrac{\mathrm{d}x}{\mathrm{d}t} \\ \dfrac{\mathrm{d}y}{\mathrm{d}t} \end{pmatrix} = P \begin{pmatrix} 2 & 0 \\ 0 & 3 \end{pmatrix} P^{-1} \begin{pmatrix} x \\ y \end{pmatrix},$$

用 P^{-1} 左乘上式得

$$P^{-1} \begin{pmatrix} \dfrac{\mathrm{d}x}{\mathrm{d}t} \\ \dfrac{\mathrm{d}y}{\mathrm{d}t} \end{pmatrix} = \begin{pmatrix} 2 & 0 \\ 0 & 3 \end{pmatrix} P^{-1} \begin{pmatrix} x \\ y \end{pmatrix}, \tag{5.23}$$

再令向量

$$\begin{pmatrix} u \\ v \end{pmatrix} = P^{-1} \begin{pmatrix} x \\ y \end{pmatrix} = \begin{pmatrix} 2 & -1 \\ -1 & 1 \end{pmatrix} \begin{pmatrix} x \\ y \end{pmatrix} = \begin{pmatrix} 2x - y \\ y - x \end{pmatrix}, \tag{5.24}$$

由此所得的两个函数是 $u = 2x - y,\ v = y - x$, 则由求导法则可得

$$\begin{pmatrix} \dfrac{\mathrm{d}u}{\mathrm{d}t} \\[3mm] \dfrac{\mathrm{d}v}{\mathrm{d}t} \end{pmatrix} = \begin{pmatrix} 2\dfrac{\mathrm{d}x}{\mathrm{d}t} - \dfrac{\mathrm{d}y}{\mathrm{d}t} \\[3mm] \dfrac{\mathrm{d}y}{\mathrm{d}t} - \dfrac{\mathrm{d}x}{\mathrm{d}t} \end{pmatrix} = \begin{pmatrix} 2 & -1 \\ -1 & 1 \end{pmatrix} \begin{pmatrix} \dfrac{\mathrm{d}x}{\mathrm{d}t} \\[3mm] \dfrac{\mathrm{d}y}{\mathrm{d}t} \end{pmatrix} = P^{-1} \begin{pmatrix} \dfrac{\mathrm{d}x}{\mathrm{d}t} \\[3mm] \dfrac{\mathrm{d}y}{\mathrm{d}t} \end{pmatrix},$$

因此, 微分方程组 (5.23) 就变成了

$$\begin{pmatrix} \dfrac{\mathrm{d}u}{\mathrm{d}t} \\[3mm] \dfrac{\mathrm{d}v}{\mathrm{d}t} \end{pmatrix} = \begin{pmatrix} 2 & 0 \\ 0 & 3 \end{pmatrix} \begin{pmatrix} u \\ v \end{pmatrix} = \begin{pmatrix} 2u \\ 3v \end{pmatrix},$$

其中这个对角矩阵 $\begin{pmatrix} 2 & 0 \\ 0 & 3 \end{pmatrix}$ 产生了两个最简单的一阶微分方程: $\dfrac{\mathrm{d}u}{\mathrm{d}t} = 2u$ 和 $\dfrac{\mathrm{d}v}{\mathrm{d}t} = 3v$. 运用前面微分方程 $\dfrac{\mathrm{d}x}{\mathrm{d}t} = kx$ 的通解公式 $x = c\mathrm{e}^{kt}$, 可以立即写出它们的通解为 $u = c_1\mathrm{e}^{2t},\ v = c_2\mathrm{e}^{3t}$ (其中的 $c_1,\ c_2$ 都是任意常数), 从而由 (5.24) 式可知原微分方程组 (5.21) 的通解为

$$\begin{pmatrix} x \\ y \end{pmatrix} = P \begin{pmatrix} u \\ v \end{pmatrix} = \begin{pmatrix} 1 & 1 \\ 1 & 2 \end{pmatrix} \begin{pmatrix} u \\ v \end{pmatrix} = \begin{pmatrix} u + v \\ u + 2v \end{pmatrix} = \begin{pmatrix} c_1\mathrm{e}^{2t} + c_2\mathrm{e}^{3t} \\ c_1\mathrm{e}^{2t} + 2c_2\mathrm{e}^{3t} \end{pmatrix}.$$

或者写成 $x = c_1\mathrm{e}^{2t} + c_2\mathrm{e}^{3t},\ y = c_1\mathrm{e}^{2t} + 2c_2\mathrm{e}^{3t}$. 这就是当微分方程组的系数矩阵可对角化时, 求解微分方程组的基本方法.

如果一个线性常微分方程组的系数矩阵不能对角化, 那么就要设法找出一个与它相似的并且最接近对角矩阵的简单矩阵, 从而可以把问题转化为求解这个系数矩阵为 "最接近对角矩阵" 的微分方程组.

具体来说, 设 A 是一个在数域 $\mathbb{F}$ 上有两个特征值但不能对角化的非零二阶方阵, 则 A 只能有一个 2 重特征值 a(这是因为如果 A 有两个相异特征值, 那么由定理 5.3 知道 A 可对角化). 再记 A 的属于 a 的一个特征向量是 α_1, 则有 $A\alpha_1 = a\alpha_1$. 为了能找到一个二阶可逆矩阵, 在 $\mathbb{F}^2$ 中取一个分量与 α_1 分量不成比例的向量 α_2, 则 $\alpha_1,\ \alpha_2$ 线性无关, 因此 $A\alpha_2$ 可以表示成 α_1 与 α_2 的线性组合 (理由见习题 3.2 第 4 题的结论):

$$A\alpha_2 = b_1\alpha_1 + b_2\alpha_2, \tag{5.25}$$

从而有矩阵等式

$$A \begin{pmatrix} \alpha_1 & \alpha_2 \end{pmatrix} = \begin{pmatrix} A\alpha_1 & A\alpha_2 \end{pmatrix} = \begin{pmatrix} a\alpha_1 & b_1\alpha_1 + b_2\alpha_2 \end{pmatrix}$$
$$= \begin{pmatrix} \alpha_1 & \alpha_2 \end{pmatrix} \begin{pmatrix} a & b_1 \\ 0 & b_2 \end{pmatrix}.$$

如果记可逆矩阵 $P_1 = \begin{pmatrix} \alpha_1 & \alpha_2 \end{pmatrix}$, 则 A 与上式右端的上三角矩阵相似:

$$P_1^{-1}AP_1 = \begin{pmatrix} a & b_1 \\ 0 & b_2 \end{pmatrix},$$

由于上三角矩阵的特征值就是其所有的主对角元素, 并且相似矩阵有相同的特征值, 所以主对角元素 $b_2 = a$, 并且 $b_1 \neq 0$(否则 A 可对角化). 令向量 $\beta_1 = b_1\alpha_1$, $\beta_2 = \alpha_2$, 则显然二阶方阵 $P = \begin{pmatrix} \beta_1 & \beta_2 \end{pmatrix}$ 仍是可逆矩阵, 且有

$$A\beta_1 = A(b_1\alpha_1) = b_1 A\alpha_1 = b_1(a\alpha_1) = a(b_1\alpha_1) = a\beta_1,$$

此时, (5.25) 式变成了

$$A\beta_2 = \beta_1 + a\beta_2,$$

因此

$$A \begin{pmatrix} \beta_1 & \beta_2 \end{pmatrix} = \begin{pmatrix} A\beta_1 & A\beta_2 \end{pmatrix} = \begin{pmatrix} a\beta_1 & \beta_1 + a\beta_2 \end{pmatrix}$$
$$= \begin{pmatrix} \beta_1 & \beta_2 \end{pmatrix} \begin{pmatrix} a & 1 \\ 0 & a \end{pmatrix},$$

这样就得到了

$$P^{-1}AP = \begin{pmatrix} a & 1 \\ 0 & a \end{pmatrix}.$$

上式右端的矩阵 $\begin{pmatrix} a & 1 \\ 0 & a \end{pmatrix}$ 就是与 A 相似并且 "最接近对角矩阵的简单矩阵", 它称为二阶方阵 A 的**若尔当标准形**. 由以上的推理, 我们便得到了下面的定理.

定理 5.9 设数域 $\mathbb{F}$ 上的二阶方阵 A 有一个 2 重的特征值 a, 并且不能对角化, 则 A 与一个对角元素为 a 的若尔当标准形相似, 即存在二阶可逆矩阵 P, 使得

$$P^{-1}AP = \begin{pmatrix} a & 1 \\ 0 & a \end{pmatrix}.$$

例 5.16   求矩阵

$$A = \begin{pmatrix} 0 & 3 \\ -3 & 6 \end{pmatrix}$$

的若尔当标准形 J, 并求可逆矩阵 P, 使 $P^{-1}AP = J$.

解   因为 A 的特征多项式是

$$f_A(\lambda) = |\lambda I - A| = \begin{vmatrix} \lambda & -3 \\ 3 & \lambda - 6 \end{vmatrix} = \lambda^2 - 6\lambda + 9 = (\lambda - 3)^2,$$

所以 $a = 3$ 是 A 的 2 重特征值, 由它的代数重数 $k = 2$, 可得 $\mathrm{rank}(3I - A) = 1 \neq n - k = 2 - 2 = 0$, 因此 A 不能对角化. 由定理 5.9 可知, A 与它的若尔当标准形

$$J = \begin{pmatrix} 3 & 1 \\ 0 & 3 \end{pmatrix}$$

相似, 即存在可逆矩阵 P, 使 $P^{-1}AP = J$. 设 $P = (\alpha_1 \quad \alpha_2)$, 其中 α_1, α_2 是两个待求的线性无关列向量, 由于 $AP = PJ$, 或写成

$$(A\alpha_1 \quad A\alpha_2) = A(\alpha_1 \quad \alpha_2) = (\alpha_1 \quad \alpha_2) \begin{pmatrix} 3 & 1 \\ 0 & 3 \end{pmatrix} = (3\alpha_1 \quad \alpha_1 + 3\alpha_2),$$

于是有

$$A\alpha_1 = 3\alpha_1, \quad A\alpha_2 = \alpha_1 + 3\alpha_2, \tag{5.26}$$

其中属于特征值 3 的特征向量 α_1 是 3 的特征方程组

$$(3I - A)X = 0 \quad \text{或} \quad \begin{pmatrix} 3 & -3 \\ 3 & -3 \end{pmatrix} \begin{pmatrix} x_1 \\ x_2 \end{pmatrix} = 0$$

的解, 由此得到 $\alpha_1 = (1,1)^{\mathrm{T}}$, 将它代入 (5.26) 式中的第二个等式, 得知 α_2 是非齐次线性方程组

$$(3I - A)X = -\alpha_1$$

的一个解, 在这个线性方程组

$$\begin{pmatrix} 3 & -3 \\ 3 & -3 \end{pmatrix} \begin{pmatrix} x_1 \\ x_2 \end{pmatrix} = \begin{pmatrix} -1 \\ -1 \end{pmatrix}$$

的全部解中取出一个分量与 α_1 的分量不成比例的向量 $\alpha_2 = \left(-\dfrac{1}{3}, 0\right)^{\mathrm{T}}$, 便得到可逆矩阵

$$P = (\alpha_1 \quad \alpha_2) = \begin{pmatrix} 1 & -\dfrac{1}{3} \\ 1 & 0 \end{pmatrix}$$

和它的逆矩阵

$$P^{-1} = \begin{pmatrix} 0 & 1 \\ -3 & 3 \end{pmatrix},$$

从而有

$$P^{-1}AP = \begin{pmatrix} 0 & 1 \\ -3 & 3 \end{pmatrix} \begin{pmatrix} 0 & 3 \\ -3 & 6 \end{pmatrix} \begin{pmatrix} 1 & -\dfrac{1}{3} \\ 1 & 0 \end{pmatrix} = \begin{pmatrix} 3 & 1 \\ 0 & 3 \end{pmatrix}. \qquad \square$$

如前所述, 当我们把系数矩阵不能对角化的微分方程组转变为以若尔当标准形 $\begin{pmatrix} a & 1 \\ 0 & a \end{pmatrix}$ 作为系数矩阵的微分方程组后, 问题就归结为求解以下的微分方程组

$$\begin{cases} \dfrac{\mathrm{d}x}{\mathrm{d}t} = ax + y, \\ \dfrac{\mathrm{d}y}{\mathrm{d}t} = \quad ay. \end{cases} \tag{5.27}$$

它的通解可以这样来求: 首先容易求出第二个方程 $\dfrac{\mathrm{d}y}{\mathrm{d}t} = ay$ 的通解是 $y = c_1 \mathrm{e}^{at}$ (其中 c_1 是任意常数), 将其代入第一个方程得

$$\frac{\mathrm{d}x}{\mathrm{d}t} = ax + c_1 \mathrm{e}^{at},$$

如果对函数 $x\mathrm{e}^{-at}$ 关于自变量 t 进行求导, 并利用上式和乘积函数求导法则, 得

$$\begin{aligned} \frac{\mathrm{d}}{\mathrm{d}t}(x\mathrm{e}^{-at}) &= \frac{\mathrm{d}x}{\mathrm{d}t}\mathrm{e}^{-at} - ax\mathrm{e}^{-at} \\ &= (ax + c_1 \mathrm{e}^{at})\mathrm{e}^{-at} - ax\mathrm{e}^{-at} = c_1, \end{aligned}$$

然后对上式的两边进行积分, 得

$$x\mathrm{e}^{-at} = c_1 t + c_2, \quad c_2 \text{ 是任意常数},$$

所以

$$x = (c_1 t + c_2)\mathrm{e}^{at},$$

从而得到微分方程组 (5.27) 的通解是

$$\begin{pmatrix} x \\ y \end{pmatrix} = \begin{pmatrix} (c_1 t + c_2)\mathrm{e}^{at} \\ c_1 \mathrm{e}^{at} \end{pmatrix}. \tag{5.28}$$

现在就来求解一个系数矩阵不能对角化的微分方程组.

例 5.17　求微分方程组

$$
\begin{cases}
\dfrac{\mathrm{d}x}{\mathrm{d}t} = y, \\[2mm]
\dfrac{\mathrm{d}y}{\mathrm{d}t} = -x - 2y
\end{cases}
\tag{5.29}
$$

的通解.

解　这个微分方程组的系数矩阵 $A = \begin{pmatrix} 0 & 1 \\ -1 & -2 \end{pmatrix}$ 的特征多项式是

$$
f_A(\lambda) = |\lambda I - A| = \begin{vmatrix} \lambda & -1 \\ 1 & \lambda + 2 \end{vmatrix} = (\lambda + 1)^2,
$$

因此 $a = -1$ 是 A 的 $k = 2$ 重特征值, 从 $\mathrm{rank}(-I - A) = 1 \neq n - k = 2 - 2 = 0$ 可知, A 不能对角化. 再由定理 5.9 知, A 与若尔当标准形 $J = \begin{pmatrix} -1 & 1 \\ 0 & -1 \end{pmatrix}$ 相似, 即存在可逆矩阵 P, 使 $P^{-1}AP = J$. 设 $P = (\alpha_1 \quad \alpha_2)$, 其中 α_1, α_2 是两个待求的线性无关列向量, 则由 $AP = PJ$ 可得

$$
(A\alpha_1 \quad A\alpha_2) = A(\alpha_1 \quad \alpha_2) = (\alpha_1 \quad \alpha_2)\begin{pmatrix} -1 & 1 \\ 0 & -1 \end{pmatrix} = (-\alpha_1 \quad \alpha_1 - \alpha_2),
$$

因此有

$$
A\alpha_1 = -\alpha_1, \quad A\alpha_2 = \alpha_1 - \alpha_2,
\tag{5.30}
$$

其中属于特征值 -1 的特征向量 α_1 是 -1 的特征方程组

$$
(-I - A)X = 0 \quad \text{或} \quad \begin{pmatrix} -1 & -1 \\ 1 & 1 \end{pmatrix}\begin{pmatrix} x_1 \\ x_2 \end{pmatrix} = 0
$$

的解, 由此得 $\alpha_1 = (1, -1)^{\mathrm{T}}$, 再将它代入 (5.30) 式中的第二个等式, 可知 α_2 是非齐次线性方程组

$$
(-I - A)X = -\alpha_1 \quad \text{或} \quad \begin{pmatrix} -1 & -1 \\ 1 & 1 \end{pmatrix}\begin{pmatrix} x_1 \\ x_2 \end{pmatrix} = \begin{pmatrix} -1 \\ 1 \end{pmatrix}
$$

的一个解, 可以取 $\alpha_2 = (1, 0)^{\mathrm{T}}$, 从而得到可逆矩阵

$$
P = (\alpha_1 \quad \alpha_2) = \begin{pmatrix} 1 & 1 \\ -1 & 0 \end{pmatrix}
$$

和它的逆矩阵

$$
P^{-1} = \begin{pmatrix} 0 & -1 \\ 1 & 1 \end{pmatrix}.
$$

接下来, 把 $P^{-1}AP = J$ 写成 $A = PJP^{-1}$, 然后代入微分方程组 (5.29) 的矩阵形式

$$\begin{pmatrix} \dfrac{\mathrm{d}x}{\mathrm{d}t} \\ \dfrac{\mathrm{d}y}{\mathrm{d}t} \end{pmatrix} = A \begin{pmatrix} x \\ y \end{pmatrix},$$

得

$$\begin{pmatrix} \dfrac{\mathrm{d}x}{\mathrm{d}t} \\ \dfrac{\mathrm{d}y}{\mathrm{d}t} \end{pmatrix} = PJP^{-1} \begin{pmatrix} x \\ y \end{pmatrix}.$$

用 P^{-1} 左乘上式两边得

$$P^{-1} \begin{pmatrix} \dfrac{\mathrm{d}x}{\mathrm{d}t} \\ \dfrac{\mathrm{d}y}{\mathrm{d}t} \end{pmatrix} = JP^{-1} \begin{pmatrix} x \\ y \end{pmatrix}. \tag{5.31}$$

再令向量

$$\begin{pmatrix} u \\ v \end{pmatrix} = P^{-1} \begin{pmatrix} x \\ y \end{pmatrix} = \begin{pmatrix} 0 & -1 \\ 1 & 1 \end{pmatrix} \begin{pmatrix} x \\ y \end{pmatrix} = \begin{pmatrix} -y \\ x+y \end{pmatrix},$$

由于对 u, v 两个函数关于 t 求导可以得到

$$\begin{pmatrix} \dfrac{\mathrm{d}u}{\mathrm{d}t} \\ \dfrac{\mathrm{d}v}{\mathrm{d}t} \end{pmatrix} = \begin{pmatrix} -\dfrac{\mathrm{d}y}{\mathrm{d}t} \\ \dfrac{\mathrm{d}x}{\mathrm{d}t} + \dfrac{\mathrm{d}y}{\mathrm{d}t} \end{pmatrix} = \begin{pmatrix} 0 & -1 \\ 1 & 1 \end{pmatrix} \begin{pmatrix} \dfrac{\mathrm{d}x}{\mathrm{d}t} \\ \dfrac{\mathrm{d}y}{\mathrm{d}t} \end{pmatrix} = P^{-1} \begin{pmatrix} \dfrac{\mathrm{d}x}{\mathrm{d}t} \\ \dfrac{\mathrm{d}y}{\mathrm{d}t} \end{pmatrix},$$

所以微分方程组 (5.31) 就变成了

$$\begin{pmatrix} \dfrac{\mathrm{d}u}{\mathrm{d}t} \\ \dfrac{\mathrm{d}v}{\mathrm{d}t} \end{pmatrix} = J \begin{pmatrix} u \\ v \end{pmatrix} \quad \text{或} \quad \begin{cases} \dfrac{\mathrm{d}u}{\mathrm{d}t} = -u + v, \\ \dfrac{\mathrm{d}v}{\mathrm{d}t} = \quad\ -v, \end{cases}$$

即变成了系数矩阵是若尔当标准形的形如 (5.27) 式的微分方程组 (此时 $a = -1$). 这样, 由通解公式 (5.28) 直接得到

$$\begin{pmatrix} u \\ v \end{pmatrix} = \begin{pmatrix} (c_1 t + c_2)\mathrm{e}^{-t} \\ c_1 \mathrm{e}^{-t} \end{pmatrix},$$

从而原微分方程组 (5.29) 的通解是

$$\begin{aligned} \begin{pmatrix} x \\ y \end{pmatrix} &= P \begin{pmatrix} u \\ v \end{pmatrix} = \begin{pmatrix} 1 & 1 \\ -1 & 0 \end{pmatrix} \begin{pmatrix} (c_1 t + c_2)\mathrm{e}^{-t} \\ c_1 \mathrm{e}^{-t} \end{pmatrix} \\ &= \begin{pmatrix} (c_1 t + c_1 + c_2)\mathrm{e}^{-t} \\ -(c_1 t + c_2)\mathrm{e}^{-t} \end{pmatrix}, \end{aligned}$$

其中 c_1, c_2 都是任意常数.　　　　　　　　　　　　　　　　　　　　　　　　　□

习　题　5.4

1. 利用相似矩阵求递归数列 $a_{n+2} = 3a_{n+1} - 2a_n, a_0 = 1, a_1 = 1, n \geqslant 0$ 的通项公式.

2. 利用相似矩阵求解下列微分方程组:

$$(1) \begin{cases} \dfrac{\mathrm{d}x}{\mathrm{d}t} = 3x + 4y, \\ \dfrac{\mathrm{d}y}{\mathrm{d}t} = 5x + 2y; \end{cases} \qquad (2) \begin{cases} \dfrac{\mathrm{d}x}{\mathrm{d}t} = \qquad -y, \\ \dfrac{\mathrm{d}y}{\mathrm{d}t} = -x; \end{cases} \qquad (3) \begin{cases} \dfrac{\mathrm{d}x}{\mathrm{d}t} = \qquad -2y, \\ \dfrac{\mathrm{d}y}{\mathrm{d}t} = 2x + 4y; \end{cases}$$

$$(4) \begin{cases} \dfrac{\mathrm{d}x}{\mathrm{d}t} = \qquad 3y, \\ \dfrac{\mathrm{d}y}{\mathrm{d}t} = -3x + 6y; \end{cases} \qquad (5) \begin{cases} \dfrac{\mathrm{d}x}{\mathrm{d}t} = \qquad y, \\ \dfrac{\mathrm{d}y}{\mathrm{d}t} = \qquad \qquad z, \\ \dfrac{\mathrm{d}z}{\mathrm{d}t} = 6x - y - 4z. \end{cases}$$

3. 求 A^n, 其中 $A = \begin{pmatrix} -3 & 16 \\ -1 & 5 \end{pmatrix}$.

5.5　三阶方阵的若尔当标准形

和二阶方阵一样, 如果三阶方阵 A 不能对角化, 也可以让其相似于最接近对角矩阵的若尔当标准形 (为了简化讨论, 本节假设所有三阶的方阵都是复数域上的矩阵). 具体来说, 分以下三种情形:

---

(1) 当 A 只有一个特征值 a(3 重根), 且它的几何重数为 2 时,

$$A \sim \begin{pmatrix} a & 1 & 0 \\ 0 & a & 0 \\ 0 & 0 & a \end{pmatrix} \quad \text{或} \quad \begin{pmatrix} a & 0 & 0 \\ 0 & a & 1 \\ 0 & 0 & a \end{pmatrix}; \qquad (5.32)$$

(2) 当 A 只有一个特征值 a(3 重根), 且它的几何重数为 1 时,

$$A \sim \begin{pmatrix} a & 1 & 0 \\ 0 & a & 1 \\ 0 & 0 & a \end{pmatrix}; \qquad (5.33)$$

(3) 当 A 有两个不同的特征值 a(2 重根), b, 且它们的几何重数都为 1 时,

$$A \sim \begin{pmatrix} a & 1 & 0 \\ 0 & a & 0 \\ 0 & 0 & b \end{pmatrix} \text{ 或 } \begin{pmatrix} b & 0 & 0 \\ 0 & a & 1 \\ 0 & 0 & a \end{pmatrix}. \tag{5.34}$$

上面三个式子中与 A 相似的这些矩阵都称为**若尔当标准形**, 三阶方阵为什么只有这三种情形的理由将在后面给出.

在本节中, 我们将采用一种间接的方法来求出任意一个三阶方阵的若尔当标准形. 首先定义三阶方阵 A 的**特征矩阵**为 $\lambda I - A$, 其中的 λ 是一个变量, 因此在特征矩阵 $\lambda I - A$ 中, 所有的对角元素都是 λ 的 1 次多项式, 而非对角元素仍是普通的数字. 特征矩阵 $\lambda I - A$ 的概念来源于特征方程组的系数矩阵, 它的行列式 $|\lambda I - A|$ 就是我们所熟悉的 A 的特征多项式.

当矩阵 A 与 B 相似时, 一定存在可逆矩阵 P, 使得 $P^{-1}AP = B$, 从而就有

$$P^{-1}(\lambda I - A)P = \lambda P^{-1}P - P^{-1}AP = \lambda I - B.$$

上式右端是三阶方阵 B 的特征矩阵. 反过来, 如果存在可逆矩阵 P, Q, 使得

$$Q(\lambda I - A)P = \lambda I - B \tag{5.35}$$

成立, 则由于 λ 是变量, 和多项式相等时系数相同类似, 此时必有 $QP = I$ 和 $QAP = B$, 因此 $Q = P^{-1}$, 从而 $P^{-1}AP = B$, 即 A 与 B 相似.

这样, 我们就可以把 A 与 B 相似的问题转化为 (5.35) 式是否成立. 由于 P 与 Q 都是可逆矩阵, 所以它们都可以写成初等矩阵的乘积, 而从第 2 章知, 左 (右) 乘初等矩阵相当于对特征矩阵实施行 (列) 初等变换.

当然, 此时的特征矩阵不再是以前的数字矩阵, 其中的元素实际上是 λ 的多项式 (这种矩阵被称为λ-**矩阵**), 因此现在要将初等变换的含义稍加拓广, 即将第 3 种初等变换 "把第 i 行 (列) 的 d 倍加到第 j 行 (列)" 改为 "把第 i 行 (列) 的 $f(\lambda)$ 倍加到第 j 行 (列)" (其中的 $f(\lambda)$ 是多项式), 其他的两种初等变换 (某行 (列) 乘一个非零常数和交换两行 (列)) 保持不变. 如果特征矩阵 $\lambda I - A$ 经过了一系列这样的新初等变换以后变成了 $\lambda I - B$, 那么我们就称 A 的特征矩阵 $\lambda I - A$ 与 B 的特征矩阵 $\lambda I - B$ 是**等价**的, 这显然是一种等价关系 (即具有自反性、对称性和传递性). 在下节我们将会严格证明一个定理:

$$A \text{ 与 } B \text{ 相似的充要条件是 } \lambda I - A \text{ 与 } \lambda I - B \text{ 等价.} \tag{5.36}$$

从而就把矩阵 A 与 B 相似的问题间接地转化成了它们的特征矩阵是否等价.

例如, 设有三阶矩阵

$$A = \begin{pmatrix} 3 & 0 & 0 \\ 0 & 0 & 1 \\ 0 & -1 & -2 \end{pmatrix} \quad \text{和} \quad B = \begin{pmatrix} 3 & 0 & 0 \\ 0 & -1 & 1 \\ 0 & 0 & -1 \end{pmatrix},$$

则对 A 的特征矩阵 $\lambda I - A$ 进行如下的初等变换, 可得

$$\lambda I - A = \begin{pmatrix} \lambda - 3 & 0 & 0 \\ 0 & \lambda & -1 \\ 0 & 1 & \lambda + 2 \end{pmatrix} \xrightarrow{r_2 + r_3} \begin{pmatrix} \lambda - 3 & 0 & 0 \\ 0 & \lambda & -1 \\ 0 & \lambda + 1 & \lambda + 1 \end{pmatrix}$$

$$\xrightarrow{(-1)c_3 + c_2} \begin{pmatrix} \lambda - 3 & 0 & 0 \\ 0 & \lambda + 1 & -1 \\ 0 & 0 & \lambda + 1 \end{pmatrix} = \lambda I - B,$$

即 $\lambda I - A$ 与 $\lambda I - B$ 等价, 因此由式 (5.36) 可知 $A \sim B$.

但是, 对一般的三阶方阵 A 来说, 要对其特征矩阵 $\lambda I - A$ 作初等变换, 以变成另一个方阵的特征矩阵, 是一件十分困难的事情. 为避开此困难, 我们需要用初等变换把 $\lambda I - A$ 化成某些被称为**标准 λ-矩阵**的特殊对角矩阵, 而另一方面, 我们又可证明 (5.32), (5.33), (5.34) 这三式中某个若尔当标准形 J 的特征矩阵 $\lambda I - J$ 也等价于这个标准 λ-矩阵, 这样, 由等价关系的传递性可知 $\lambda I - A$ 与 $\lambda I - J$ 等价, 于是便得到 $A \sim J$ 的结论.

我们先来推导三阶若尔当标准形的特征矩阵经过初等变换后所化成的标准 λ-矩阵:

(1) 当 J 是 (5.32) 式中的两个若尔当标准形时, $\lambda I - J$ 等价于

$$\begin{pmatrix} 1 & 0 & 0 \\ 0 & \lambda - a & 0 \\ 0 & 0 & (\lambda - a)^2 \end{pmatrix};$$

(2) 当 J 是 (5.33) 式中的若尔当标准形时, $\lambda I - J$ 等价于

$$\begin{pmatrix} 1 & 0 & 0 \\ 0 & 1 & 0 \\ 0 & 0 & (\lambda - a)^3 \end{pmatrix};$$

(3) 当 J 是 (5.34) 式中的两个若尔当标准形时, $\lambda I - J$ 等价于

$$\begin{pmatrix} 1 & 0 & 0 \\ 0 & 1 & 0 \\ 0 & 0 & (\lambda - a)^2(\lambda - b) \end{pmatrix}.$$

(注意这 3 个标准 λ-矩阵的左上角元素都是 1, 位于上方的对角元素总是能整除下方的对角元素, 并且 $\lambda-a, (\lambda-a)^2, (\lambda-a)^3, \lambda-b$ 这 4 个因式被称为**初等因子**, 每个标准 λ-矩阵所包含的初等因子的总次数都等于方阵的阶数 3.)

证明   (1) 设

$$J = \begin{pmatrix} a & 1 & 0 \\ 0 & a & 0 \\ 0 & 0 & a \end{pmatrix},$$

则

$$\lambda I - J = \begin{pmatrix} \lambda-a & -1 & 0 \\ 0 & \lambda-a & 0 \\ 0 & 0 & \lambda-a \end{pmatrix} \xrightarrow{(\lambda-a)r_1+r_2} \begin{pmatrix} \lambda-a & -1 & 0 \\ (\lambda-a)^2 & 0 & 0 \\ 0 & 0 & \lambda-a \end{pmatrix}$$

$$\xrightarrow{(\lambda-a)c_2+c_1} \begin{pmatrix} 0 & -1 & 0 \\ (\lambda-a)^2 & 0 & 0 \\ 0 & 0 & \lambda-a \end{pmatrix} \xrightarrow{c_2 \leftrightarrow c_1} \begin{pmatrix} -1 & 0 & 0 \\ 0 & (\lambda-a)^2 & 0 \\ 0 & 0 & \lambda-a \end{pmatrix}$$

$$\xrightarrow[r_2 \leftrightarrow r_3]{(-1)r_1} \begin{pmatrix} 1 & 0 & 0 \\ 0 & 0 & \lambda-a \\ 0 & (\lambda-a)^2 & 0 \end{pmatrix} \xrightarrow{c_2 \leftrightarrow c_3} \begin{pmatrix} 1 & 0 & 0 \\ 0 & \lambda-a & 0 \\ 0 & 0 & (\lambda-a)^2 \end{pmatrix}.$$

(2) 证明请读者完成, 见习题 5.5 第 2 题.

(3) 设

$$J = \begin{pmatrix} a & 1 & 0 \\ 0 & a & 0 \\ 0 & 0 & b \end{pmatrix},$$

则

$$\lambda I - J = \begin{pmatrix} \lambda-a & -1 & 0 \\ 0 & \lambda-a & 0 \\ 0 & 0 & \lambda-b \end{pmatrix} \xrightarrow{(\lambda-a)r_1+r_2} \begin{pmatrix} \lambda-a & -1 & 0 \\ (\lambda-a)^2 & 0 & 0 \\ 0 & 0 & \lambda-b \end{pmatrix}$$

$$\xrightarrow{(\lambda-a)c_2+c_1} \begin{pmatrix} 0 & -1 & 0 \\ (\lambda-a)^2 & 0 & 0 \\ 0 & 0 & \lambda-b \end{pmatrix} \xrightarrow[(-1)r_1]{c_1 \leftrightarrow c_2} \begin{pmatrix} 1 & 0 & 0 \\ 0 & (\lambda-a)^2 & 0 \\ 0 & 0 & \lambda-b \end{pmatrix}$$

$$\xrightarrow{r_3+r_2} \begin{pmatrix} 1 & 0 & 0 \\ 0 & (\lambda-a)^2 & \lambda-b \\ 0 & 0 & \lambda-b \end{pmatrix},$$

此处运用多项式的带余除法可得

$$(\lambda-a)^2 = \lambda^2 - 2a\lambda + a^2 = (\lambda-b)(\lambda+b-2a) + (a-b)^2.$$

因此继续进行初等变换可得

$$\lambda I - J \to \begin{pmatrix} 1 & 0 & 0 \\ 0 & (\lambda-a)^2 & \lambda-b \\ 0 & 0 & \lambda-b \end{pmatrix} \xrightarrow{-(\lambda+b-2a)c_3+c_2} \begin{pmatrix} 1 & 0 & 0 \\ 0 & (a-b)^2 & \lambda-b \\ 0 & (a-b)^2-(\lambda-a)^2 & \lambda-b \end{pmatrix}$$

$$\xrightarrow{(-1)r_2+r_3} \begin{pmatrix} 1 & 0 & 0 \\ 0 & (a-b)^2 & \lambda-b \\ 0 & -(\lambda-a)^2 & 0 \end{pmatrix}$$

$$\xrightarrow{\frac{(\lambda-a)^2}{(a-b)^2}r_2+r_3} \begin{pmatrix} 1 & 0 & 0 \\ 0 & (a-b)^2 & \lambda-b \\ 0 & 0 & \dfrac{(\lambda-a)^2(\lambda-b)}{(a-b)^2} \end{pmatrix}$$

$$\xrightarrow[(a-b)^2 r_3]{\frac{1}{(a-b)^2}c_2} \begin{pmatrix} 1 & 0 & 0 \\ 0 & 1 & \lambda-b \\ 0 & 0 & (\lambda-a)^2(\lambda-b) \end{pmatrix} \xrightarrow{(b-\lambda)c_2+c_3} \begin{pmatrix} 1 & 0 & 0 \\ 0 & 1 & 0 \\ 0 & 0 & (\lambda-a)^2(\lambda-b) \end{pmatrix}. \square$$

有了以上的准备工作之后, 我们就可以来求所有三阶方阵 A 的若尔当标准形. 具体的做法是先用初等变换把 A 的特征矩阵 $\lambda I - A$ 化成其所等价的标准 λ-矩阵, 然后根据以上 3 条结论, 就可以直接写出与 A 相似的若尔当标准形了.

例 5.18　求矩阵

$$A = \begin{pmatrix} 3 & 0 & 8 \\ 3 & -1 & 6 \\ -2 & 0 & -5 \end{pmatrix}$$

的若尔当标准形.

解　对 A 的特征矩阵 $\lambda I - A$ 作如下的初等变换:

$$\lambda I - A = \begin{pmatrix} \lambda-3 & 0 & -8 \\ -3 & \lambda+1 & -6 \\ 2 & 0 & \lambda+5 \end{pmatrix} \xrightarrow{(-1)r_2+r_1} \begin{pmatrix} \lambda & -\lambda-1 & -2 \\ -3 & \lambda+1 & -6 \\ 2 & 0 & \lambda+5 \end{pmatrix}$$

$$\xrightarrow{c_2+c_1} \begin{pmatrix} -1 & -\lambda-1 & -2 \\ \lambda-2 & \lambda+1 & -6 \\ 2 & 0 & \lambda+5 \end{pmatrix} \xrightarrow{(-1)r_1} \begin{pmatrix} 1 & \lambda+1 & 2 \\ \lambda-2 & \lambda+1 & -6 \\ 2 & 0 & \lambda+5 \end{pmatrix}$$

$$\xrightarrow[(-2)r_1+r_3]{(2-\lambda)r_1+r_2} \begin{pmatrix} 1 & \lambda+1 & 2 \\ 0 & -\lambda^2+2\lambda+3 & -2\lambda-2 \\ 0 & -2\lambda-2 & \lambda+1 \end{pmatrix}$$

$$\xrightarrow[(-\lambda-1)c_1+c_2]{(-1)r_2,(-2)c_1+c_3} \begin{pmatrix} 1 & 0 & 0 \\ 0 & \lambda^2-2\lambda-3 & 2\lambda+2 \\ 0 & -2\lambda-2 & \lambda+1 \end{pmatrix}$$

$$\xrightarrow{2c_3+c_2} \begin{pmatrix} 1 & 0 & 0 \\ 0 & (\lambda+1)^2 & 2\lambda+2 \\ 0 & 0 & \lambda+1 \end{pmatrix} \xrightarrow{(-2)r_3+r_2} \begin{pmatrix} 1 & 0 & 0 \\ 0 & (\lambda+1)^2 & 0 \\ 0 & 0 & \lambda+1 \end{pmatrix}$$

$$\xrightarrow{r_2 \leftrightarrow r_3} \begin{pmatrix} 1 & 0 & 0 \\ 0 & 0 & \lambda+1 \\ 0 & (\lambda+1)^2 & 0 \end{pmatrix} \xrightarrow{c_2 \leftrightarrow c_3} \begin{pmatrix} 1 & 0 & 0 \\ 0 & \lambda+1 & 0 \\ 0 & 0 & (\lambda+1)^2 \end{pmatrix}.$$

上式最后那个矩阵是 (1) 中的标准 λ-矩阵, 因此 $\lambda I - A$ 与 (5.32) 式中若尔当标准形 J 的特征矩阵 $\lambda I - J$ 等价, 并且其中的 $a = -1$, 从而得到

$$A \sim \begin{pmatrix} -1 & 1 & 0 \\ 0 & -1 & 0 \\ 0 & 0 & -1 \end{pmatrix}.$$

(注意这里也可以写 A 相似于 (5.32) 式中的另一个若尔当标准形.) □

有时, 不仅要求计算与 A 相似的若尔当标准形 J, 还需要求出使得 $P^{-1}AP = J$ 成立的可逆矩阵 P.

例 5.19 求线性常微分方程组

$$\begin{cases} \dfrac{\mathrm{d}x}{\mathrm{d}t} = 4x + 3y - 4z, \\ \dfrac{\mathrm{d}y}{\mathrm{d}t} = -x \qquad + 2z, \\ \dfrac{\mathrm{d}z}{\mathrm{d}t} = \ x + \ y \end{cases}$$

的通解.

解 记这个微分方程组的系数矩阵是

$$A = \begin{pmatrix} 4 & 3 & -4 \\ -1 & 0 & 2 \\ 1 & 1 & 0 \end{pmatrix},$$

则原微分方程组可写成

$$\begin{pmatrix} \dfrac{\mathrm{d}x}{\mathrm{d}t} \\ \dfrac{\mathrm{d}y}{\mathrm{d}t} \\ \dfrac{\mathrm{d}z}{\mathrm{d}t} \end{pmatrix} = A \begin{pmatrix} x \\ y \\ z \end{pmatrix}. \tag{5.37}$$

由于 A 的特征多项式是

$$|\lambda I - A| = \begin{vmatrix} \lambda - 4 & -3 & 4 \\ 1 & \lambda & -2 \\ -1 & -1 & \lambda \end{vmatrix} = (\lambda - 2)(\lambda - 1)^2,$$

所以 A 的特征值是 $\lambda_1 = 2, \lambda_2 = 1 (2$ 重根$)$. $\lambda_1 = 2$ 的特征方程组系数矩阵经初等变换后变成

$$\lambda_1 I - A = 2I - A = \begin{pmatrix} -2 & -3 & 4 \\ 1 & 2 & -2 \\ -1 & -1 & 2 \end{pmatrix} \xrightarrow[r_2+r_3]{2r_2+r_1} \begin{pmatrix} 0 & 1 & 0 \\ 1 & 2 & -2 \\ 0 & 1 & 0 \end{pmatrix},$$

因此该矩阵的秩为 2, 从而 $\lambda_1 = 2$ 的几何重数为 1, 属于 λ_1 的线性无关特征向量是 $\alpha_1 = (2, 0, 1)^{\mathrm{T}}$. $\lambda_2 = 1$ 的特征方程组系数矩阵经初等变换后变成

$$\lambda_2 I - A = I - A = \begin{pmatrix} -3 & -3 & 4 \\ 1 & 1 & -2 \\ -1 & -1 & 1 \end{pmatrix} \xrightarrow[r_2+r_3]{3r_2+r_1} \begin{pmatrix} 0 & 0 & -2 \\ 1 & 1 & -2 \\ 0 & 0 & -1 \end{pmatrix}.$$

因此这个矩阵的秩也为 2, 从而 $\lambda_2 = 1$ 的几何重数也是 1, 而属于 λ_2 的线性无关特征向量是 $\alpha_2 = (1, -1, 0)^{\mathrm{T}}$, 但是 $\lambda_2 = 1$ 的代数重数是 2, 所以 A 是不可对角化矩阵. 对 A 的特征矩阵 $\lambda I - A$ 作以下的初等变换:

$$\lambda I - A = \begin{pmatrix} \lambda - 4 & -3 & 4 \\ 1 & \lambda & -2 \\ -1 & -1 & \lambda \end{pmatrix} \xrightarrow{r_1 \leftrightarrow r_2} \begin{pmatrix} 1 & \lambda & -2 \\ \lambda - 4 & -3 & 4 \\ -1 & -1 & \lambda \end{pmatrix}$$

$$\xrightarrow[r_1+r_3]{(4-\lambda)r_1+r_2} \begin{pmatrix} 1 & \lambda & -2 \\ 0 & 4\lambda - \lambda^2 - 3 & 2\lambda - 4 \\ 0 & \lambda - 1 & \lambda - 2 \end{pmatrix} \xrightarrow[2c_1+c_3]{(-\lambda)c_1+c_2} \begin{pmatrix} 1 & 0 & 0 \\ 0 & 4\lambda - \lambda^2 - 3 & 2\lambda - 4 \\ 0 & \lambda - 1 & \lambda - 2 \end{pmatrix}$$

$$\xrightarrow{(-1)c_3+c_2} \begin{pmatrix} 1 & 0 & 0 \\ 0 & -\lambda^2 + 2\lambda + 1 & 2\lambda - 4 \\ 0 & 1 & \lambda - 2 \end{pmatrix} \xrightarrow{r_2 \leftrightarrow r_3} \begin{pmatrix} 1 & 0 & 0 \\ 0 & 1 & \lambda - 2 \\ 0 & -\lambda^2 + 2\lambda + 1 & 2\lambda - 4 \end{pmatrix}$$

$$\xrightarrow{(\lambda^2 - 2\lambda - 1)r_2 + r_3} \begin{pmatrix} 1 & 0 & 0 \\ 0 & 1 & \lambda - 2 \\ 0 & 0 & (\lambda - 1)^2(\lambda - 2) \end{pmatrix} \xrightarrow{(2-\lambda)c_2+c_3} \begin{pmatrix} 1 & 0 & 0 \\ 0 & 1 & 0 \\ 0 & 0 & (\lambda - 1)^2(\lambda - 2) \end{pmatrix}.$$

对照 (3) 中的标准 λ-矩阵, 可知 A 相似于若尔当标准形

$$J = \begin{pmatrix} 1 & 1 & 0 \\ 0 & 1 & 0 \\ 0 & 0 & 2 \end{pmatrix}.$$

为了化简原微分方程组, 还需要求出使得 $P^{-1}AP = J$ 成立的可逆矩阵 P, 目前除了已知的线性无关特征向量 α_1, α_2 可以作为 P 的列向量外, 需要人为构造一个被称为 $\lambda_2 = 1$ 的**广义特征向量**的 α_3, 使得 $\alpha_1, \alpha_2, \alpha_3$ 线性无关, 由于已经有

$$A\alpha_1 = 2\alpha_1 \quad 和 \quad A\alpha_2 = \alpha_2,$$

并且所求的可逆矩阵 P 满足 $AP = PJ$, 因此应当取 $P = (\,\alpha_2 \quad \alpha_3 \quad \alpha_1\,)$, 使得

$$AP = (\,A\alpha_2 \quad A\alpha_3 \quad A\alpha_1\,) = (\,\alpha_2 \quad \alpha_3 \quad \alpha_1\,) \begin{pmatrix} 1 & 1 & 0 \\ 0 & 1 & 0 \\ 0 & 0 & 2 \end{pmatrix},$$

所以 α_3 应满足 $A\alpha_3 = \alpha_2 + \alpha_3$, 或者写成 $(I - A)\alpha_3 = -\alpha_2$, 即 α_3 应是线性方程组 $(I - A)x = -\alpha_2$ 的解. 解此方程组

$$\begin{pmatrix} -3 & -3 & 4 \\ 1 & 1 & -2 \\ -1 & -1 & 1 \end{pmatrix} \begin{pmatrix} x_1 \\ x_2 \\ x_3 \end{pmatrix} = - \begin{pmatrix} 1 \\ -1 \\ 0 \end{pmatrix},$$

得到一个广义特征向量 $\alpha_3 = (-1, 0, -1)^{\mathrm{T}}$, 容易验证 $\alpha_1, \alpha_2, \alpha_3$ 线性无关, 这样就求出了满足 $P^{-1}AP = J$ 的可逆矩阵:

$$P = (\,\alpha_2 \quad \alpha_3 \quad \alpha_1\,) = \begin{pmatrix} 1 & -1 & 2 \\ -1 & 0 & 0 \\ 0 & -1 & 1 \end{pmatrix}.$$

现在对原微分方程组作换元变换, 即把 $A = PJP^{-1}$ 代入 (5.37) 式, 可得

$$P^{-1} \begin{pmatrix} \dfrac{\mathrm{d}x}{\mathrm{d}t} \\ \dfrac{\mathrm{d}y}{\mathrm{d}t} \\ \dfrac{\mathrm{d}z}{\mathrm{d}t} \end{pmatrix} = JP^{-1} \begin{pmatrix} x \\ y \\ z \end{pmatrix}.$$

令函数向量

$$\begin{pmatrix} u \\ v \\ w \end{pmatrix} = P^{-1} \begin{pmatrix} x \\ y \\ z \end{pmatrix}, \tag{5.38}$$

则由函数求导法则可知

$$\begin{pmatrix} \dfrac{\mathrm{d}u}{\mathrm{d}t} \\ \dfrac{\mathrm{d}v}{\mathrm{d}t} \\ \dfrac{\mathrm{d}w}{\mathrm{d}t} \end{pmatrix} = P^{-1} \begin{pmatrix} \dfrac{\mathrm{d}x}{\mathrm{d}t} \\ \dfrac{\mathrm{d}y}{\mathrm{d}t} \\ \dfrac{\mathrm{d}z}{\mathrm{d}t} \end{pmatrix},$$

于是原微分方程组 (5.37) 变成了

$$\begin{pmatrix} \dfrac{\mathrm{d}u}{\mathrm{d}t} \\[2mm] \dfrac{\mathrm{d}v}{\mathrm{d}t} \\[2mm] \dfrac{\mathrm{d}w}{\mathrm{d}t} \end{pmatrix} = J \begin{pmatrix} u \\ v \\ w \end{pmatrix} = \begin{pmatrix} 1 & 1 & 0 \\ 0 & 1 & 0 \\ 0 & 0 & 2 \end{pmatrix} \begin{pmatrix} u \\ v \\ w \end{pmatrix} = \begin{pmatrix} u+v \\ v \\ 2w \end{pmatrix},$$

从而得到更简单的微分方程组

$$\begin{cases} \dfrac{\mathrm{d}u}{\mathrm{d}t} = u + v, \\[2mm] \dfrac{\mathrm{d}v}{\mathrm{d}t} = \quad\ \ v, \\[2mm] \dfrac{\mathrm{d}w}{\mathrm{d}t} = \quad\quad 2w. \end{cases}$$

再由通解公式 (5.28) 得

$$\begin{pmatrix} u \\ v \\ w \end{pmatrix} = \begin{pmatrix} (c_1 t + c_2)\mathrm{e}^t \\ c_1 \mathrm{e}^t \\ c_3 \mathrm{e}^{2t} \end{pmatrix}.$$

最后从 (5.38) 式可得原微分方程组的通解是

$$\begin{pmatrix} x \\ y \\ z \end{pmatrix} = P \begin{pmatrix} u \\ v \\ w \end{pmatrix} = \begin{pmatrix} 1 & -1 & 2 \\ -1 & 0 & 0 \\ 0 & -1 & 1 \end{pmatrix} \begin{pmatrix} (c_1 t + c_2)\mathrm{e}^t \\ c_1 \mathrm{e}^t \\ c_3 \mathrm{e}^{2t} \end{pmatrix}$$

$$= \begin{pmatrix} c_1(t-1)\mathrm{e}^t + c_2\mathrm{e}^t + 2c_3\mathrm{e}^{2t} \\ -c_1 t\mathrm{e}^t - c_2\mathrm{e}^t \\ -c_1\mathrm{e}^t + c_3\mathrm{e}^{2t} \end{pmatrix},$$

其中的 c_1, c_2, c_3 都是任意常数. (注意这里 α_3 的取法并不唯一, 从而可逆矩阵 P 也不唯一. α_3 之所以被称为 $\lambda_2 = 1$ 的广义特征向量, 是因为 A 的属于 $\lambda_2 = 1$ 的特征向量 α_2 满足 $(I - A)\alpha_2 = 0$, 因此由 $(I - A)\alpha_3 = -\alpha_2$ 可得

$$(I - A)^2 \alpha_3 = (I - A)(I - A)\alpha_3 = -(I - A)\alpha_2 = 0,$$

这与 $(I - A)\alpha_2 = 0$ 比较接近.)　　　　　　　　　　　　　　　　　　　　□

习　题　5.5

1. 求下列矩阵的若尔当标准形:

(1) $\begin{pmatrix} -1 & -2 & 6 \\ -1 & 0 & 3 \\ -1 & -1 & 4 \end{pmatrix}$;

(2) $\begin{pmatrix} 1 & -1 & 0 \\ 0 & -1 & 0 \\ -1 & 2 & 1 \end{pmatrix}$;

(3) $\begin{pmatrix} 9 & -6 & -2 \\ 18 & -12 & -3 \\ 18 & -9 & -6 \end{pmatrix}$;

(4) $\begin{pmatrix} 4 & 5 & -2 \\ -2 & -2 & 1 \\ -1 & -1 & 1 \end{pmatrix}$.

2. 证明:

$$J = \begin{pmatrix} a & 1 & 0 \\ 0 & a & 1 \\ 0 & 0 & a \end{pmatrix}$$

的特征矩阵 $\lambda I - J$ 的标准 λ-矩阵是

$$J = \begin{pmatrix} 1 & 0 & 0 \\ 0 & 1 & 0 \\ 0 & 0 & (\lambda - a)^3 \end{pmatrix}.$$

3. 证明以下两矩阵 A 与 B 相似:

$$A = \begin{pmatrix} 3 & 2 & -5 \\ 2 & 6 & -10 \\ 1 & 2 & -3 \end{pmatrix}, \quad B = \begin{pmatrix} 6 & 20 & -34 \\ 6 & 32 & -51 \\ 4 & 20 & -32 \end{pmatrix}.$$

4. 求解下列微分方程组:

(1) $\begin{cases} \dfrac{\mathrm{d}x}{\mathrm{d}t} = y + z, \\ \dfrac{\mathrm{d}y}{\mathrm{d}t} = x + z, \\ \dfrac{\mathrm{d}z}{\mathrm{d}t} = x - y; \end{cases}$

(2) $\begin{cases} \dfrac{\mathrm{d}x}{\mathrm{d}t} = 13x + 16y + 16z, \\ \dfrac{\mathrm{d}y}{\mathrm{d}t} = -5x - 7y - 6z, \\ \dfrac{\mathrm{d}z}{\mathrm{d}t} = -6x - 8y - 7z. \end{cases}$

5. 对下列矩阵 A, 求 A^{100}:

(1) $A = \begin{pmatrix} 17 & 0 & -25 \\ 0 & 3 & 0 \\ 9 & 0 & -13 \end{pmatrix}$;

(2) $A = \begin{pmatrix} 2 & -1 & -1 \\ 2 & -1 & -2 \\ -1 & 1 & 2 \end{pmatrix}$.

5.6　n 阶方阵的若尔当标准形

从 5.5 节可以看到, 对三阶方阵的特征矩阵作初等变换, 能够很快求出三阶方阵的若尔当标准形, 本节用类似的方法求出任意 n 阶复方阵的若尔当标准形. 在本节, 我们所考虑的数域都是复数域 $\mathbb{C}$, 即所有的方阵都是复方阵.

5.6.1　n 阶方阵的若尔当标准形

在三阶方阵的若尔当标准形 (5.32), (5.33) 和 (5.34) 中, 可以看出它们实际上是由形如

$$(a),\quad \begin{pmatrix} a & 1 \\ 0 & a \end{pmatrix},\quad \begin{pmatrix} a & 1 & 0 \\ 0 & a & 1 \\ 0 & 0 & a \end{pmatrix}$$

这样的特殊矩阵所构成的准对角矩阵, 由此我们给出如下的定义.

定义 5.3　若尔当块

如下形式的 k 阶矩阵称为属于数 λ_0 的 k 阶**若尔当块**, 记为

$$J_k(\lambda_0) = \begin{pmatrix} \lambda_0 & 1 & & & \\ & \lambda_0 & 1 & & \\ & & \ddots & \ddots & \\ & & & \ddots & 1 \\ & & & & \lambda_0 \end{pmatrix}.$$

若尔当块 $J_k(\lambda_0)$ 的主对角线元素是同一个数 λ_0, 同时在上方的次对角线上的元素全为 1, 并且它的其余元素全是零. 属于 λ_0 的一阶若尔当块就是数 λ_0 本身.

由若尔当块构成的 n 阶准对角矩阵

$$J = \begin{pmatrix} J_{k_1}(\lambda_1) & & & \\ & J_{k_2}(\lambda_2) & & \\ & & \ddots & \\ & & & J_{k_s}(\lambda_s) \end{pmatrix} \tag{5.39}$$

称为**若尔当标准形**(或**若尔当矩阵**), 其中的数 $\lambda_1, \lambda_2, \cdots, \lambda_s$ 可以相同, 并且各个若尔当块的阶数之和自然就等于若尔当矩阵 J 的阶数 n:

$$k_1 + k_2 + \cdots + k_s = n.$$

下面证明: 任何一个复方阵 A 都与一个若尔当标准形 J 相似, 因此, 矩阵 J 实际上是 A 的相似不变量, 此时 J 的对角线元素 λ_i 显然就是 A 的特征值.

当若尔当矩阵 J 中各个若尔当块的阶数都为 1 时, J 就是对角矩阵, 所以我们也可以把若尔当矩阵看成最接近对角矩阵的简单矩阵.

例如, 下面的七阶若尔当矩阵

$$\begin{pmatrix} 2 & 1 & 0 & & & & \\ 0 & 2 & 1 & & & & \\ 0 & 0 & 2 & & & & \\ & & & 2 & & & \\ & & & & 0 & 1 & \\ & & & & 0 & 0 & \\ & & & & & & -3 \end{pmatrix}$$

就由下列 4 个若尔当块所构成:

$$\begin{pmatrix} 2 & 1 & 0 \\ 0 & 2 & 1 \\ 0 & 0 & 2 \end{pmatrix}, \quad (2), \quad \begin{pmatrix} 0 & 1 \\ 0 & 0 \end{pmatrix}, \quad (-3).$$

另一种可能的情形是整个 n 阶若尔当矩阵 J 只有一个若尔当块, 此时有 $J = J_{k_1}(\lambda_1) = J_n(\lambda_1)$.

5.6.2 为什么把特征矩阵化成对角矩阵

为了得到 n 阶方阵 A 的若尔当标准形, 与三阶方阵的特征矩阵类似, 我们定义 A 的特征矩阵为 $\lambda I - A$. 这是一个多项式矩阵, 这种矩阵的元素都是变量为 λ 的多项式 (即属于 $\mathbb{C}[\lambda]$). 具体来说, 特征矩阵 $\lambda I - A$ 的主对角线元素 $\lambda - a_{ii}$ 都是一次多项式, 其余元素 $-a_{ij}(i \neq j)$ 是零次多项式. 集合 $M_n(\mathbb{C}[\lambda])$ 中的多项式矩阵一般用 $A(\lambda), B(\lambda)$ 等记号来表示, 它们也称为 λ-矩阵, 下面的二阶 λ-矩阵就是一个典型的例子:

$$U(\lambda) = \begin{pmatrix} 4\lambda^3 + \lambda & -3\lambda^2 + 2\lambda + 1 \\ -\lambda^3 & \lambda^3 + \lambda^2 - 2\lambda \end{pmatrix}. \tag{5.40}$$

当 λ-矩阵中的元素都是零次多项式时, 就称其为数字矩阵.

对一个 λ-矩阵来说, 同样可以计算它的行列式 $|A(\lambda)|$, 根据行列式的定义将 $|A(\lambda)|$ 展开后得到一个变量为 λ 的多项式. 例如, n 阶方阵 A 的特征矩阵 $\lambda I - A$ 的行列式就是 A 的特征多项式 $f_A(\lambda) = |\lambda I - A|$, 这是一个 n 次多项式.

对于 λ-矩阵$A(\lambda)$, 如果存在另一个 λ-矩阵$B(\lambda)$, 使得

$$A(\lambda)B(\lambda) = B(\lambda)A(\lambda) = I,$$

那么就称 $A(\lambda)$ 是**可逆**的, $B(\lambda)$ 称为 $A(\lambda)$ 的逆矩阵, 记为 $A^{-1}(\lambda)$.

与数字矩阵类似, 可对 λ-矩阵施行以下三种行 (列) 初等变换:

(1) 用一个非零的数乘 λ-矩阵的某一行 (列);

(2) 交换 λ-矩阵中的两行 (列);

(3) 将 λ-矩阵某一行 (列) 的 $f(\lambda)$ 倍加到另一行 (列) 上, 其中 $f(\lambda) \in \mathbb{C}[\lambda]$.

我们还可以写出与这三种初等变换对应的初等 λ-矩阵, 并且容易证明对 λ-矩阵施行一次行 (列) 初等变换相当于左 (右) 乘一个初等 λ-矩阵, 以及初等 λ-矩阵都是可逆的 (习题 5.6 第 1 题).

如果一个 λ-矩阵 $A(\lambda)$ 可以经过若干次初等变换化成另一个 λ-矩阵 $B(\lambda)$, 我们就称 $A(\lambda)$ 与 $B(\lambda)$ **等价** (显然, 这个等价关系也具有反身性、对称性和传递性), 此时存在一系列初等 λ-矩阵 $P_1, P_2, \cdots, P_m, Q_1, Q_2, \cdots, Q_l$, 使得

$$B(\lambda) = P_1 P_2 \cdots P_m A(\lambda) Q_1 Q_2 \cdots Q_l,$$

现在记 $P(\lambda) = P_1 P_2 \cdots P_m, Q(\lambda) = Q_1 Q_2 \cdots Q_l$, 则 $P(\lambda)$ 和 $Q(\lambda)$ 都是可逆的 λ-矩阵, 且有

$$B(\lambda) = P(\lambda) A(\lambda) Q(\lambda). \tag{5.41}$$

这样便证得了以下定理.

定理 5.10　　如果 n 阶 λ-矩阵 $A(\lambda)$ 与 $B(\lambda)$ 等价, 则存在可逆的 λ-矩阵 $P(\lambda)$ 和 $Q(\lambda)$, 使得 (5.41) 式成立.

本节将要介绍的求 n 阶方阵的若尔当标准形的方法, 主要依赖于下面这个关键的定理.

定理 5.11　　设 A, B 是两个 n 阶方阵, 则 A 与 B 相似的充要条件是它们的特征矩阵 $\lambda I - A$ 与 $\lambda I - B$ 等价.

证明　　(必要性) 设 A 与 B 相似, 则存在可逆的数字矩阵 P, 使得

$$B = P^{-1} A P,$$

于是有

$$\lambda I - B = \lambda I - P^{-1} A P = P^{-1} (\lambda I - A) P.$$

另一方面, 由定理 2.10 可知, 可逆矩阵 P^{-1} 和 P 都可以写成初等矩阵的乘积, 而左 (右) 乘初等矩阵相当于进行行 (列) 初等变换, 因此特征矩阵 $\lambda I - A$ 可以经过一系列初等变换变成特征矩阵 $\lambda I - B$, 即 $\lambda I - A$ 与 $\lambda I - B$ 等价.　　□

由于这个定理的充分性证明比较复杂, 为了不影响主题, 我们把充分性证明延后到下一节做.

从定理 5.11 可以知道, 对于 n 阶方阵 A 来说, 如果能找到一个 n 阶的若尔当矩阵 J, 使得 $\lambda I - A$ 与 $\lambda I - J$ 等价, 那么 A 就相似于 J, 这个 J 正是我们所找的 A 的若尔当标准形.

我们在求三阶方阵 A 的若尔当标准形时, 都是用初等变换把 A 的特征矩阵 $\lambda I - A$ 化成了以下三种对角的 λ-矩阵之一:

$$
\begin{pmatrix} 1 & 0 & 0 \\ 0 & \lambda - a & 0 \\ 0 & 0 & (\lambda - a)^2 \end{pmatrix}, \quad
\begin{pmatrix} 1 & 0 & 0 \\ 0 & 1 & 0 \\ 0 & 0 & (\lambda - a)^3 \end{pmatrix}, \quad
\begin{pmatrix} 1 & 0 & 0 \\ 0 & 1 & 0 \\ 0 & 0 & (\lambda - a)^2(\lambda - b) \end{pmatrix}.
\tag{5.42}
$$

而另一方面, 5.5 节已经证明了所有的三阶若尔当矩阵 J 的特征矩阵 $\lambda I - J$ 都等价于以上三种对角的 λ-矩阵之一, 因此由 λ-矩阵等价关系的传递性可知 $\lambda I - A$ 与 $\lambda I - J$ 等价, 从而得到了 A 的若尔当标准形 J.

现在仔细观察 (5.42) 式中的三个矩阵, 它们的主要特点是主对角线元素都不为零, 并且位于上方的主对角元素总能够整除位于下方的主对角元素 (例如, 在左边的矩阵中有 $\lambda - a$ 整除 $(\lambda - a)^2$). 这种对角矩阵被称为标准 λ-矩阵 (或 λ-矩阵的史密斯标准形), 一般的 n 阶**标准 λ-矩阵**是一个对角的 **λ-矩阵**

$$
\begin{pmatrix} d_1(\lambda) & & & \\ & d_2(\lambda) & & \\ & & \ddots & \\ & & & d_n(\lambda) \end{pmatrix},
\tag{5.43}
$$

其中的对角元素满足以下两个性质:

(1) 每个多项式 $d_i(\lambda)$ 都可被 $d_{i-1}(\lambda)$ 所整除;

(2) 每个 $d_i(\lambda)$ 都不为零, 并且它们的首项系数都为 1.

我们将在 5.7 节证明下面的定理.

定理 5.12 任何一个行列式不为零的 n 阶 λ-矩阵 $A(\lambda)$ 都等价于唯一的标准 λ-矩阵 (5.43).

对于 n 阶方阵 A 来说, 由于它的特征多项式 $|\lambda I - A|$ 不为零, 所以我们可以对 A 的特征矩阵 $\lambda I - A$ 运用定理 5.12, 此时因为矩阵 $\lambda I - A$ 的大多数元素都是零次多项式, 所以在经过了初等变换后而得到的标准 λ-矩阵中, 主对角元素很可能会出现一些零次多项式, 根据性质 (2), 它们全部等于 1, 并且由性质 (1) 可知, 这些 1 都位于主对角线的上方. 这样便得到了下面的定理.

定理 5.13 每个 n 阶方阵 A 的特征矩阵 $\lambda I - A$ 都等价于唯一的标准 λ-矩阵

$$
\begin{pmatrix}
1 & & & & & & \\
& \ddots & & & & & \\
& & 1 & & & & \\
& & & d_{n-q+1}(\lambda) & & & \\
& & & & \ddots & & \\
& & & & & d_{n-1}(\lambda) & \\
& & & & & & d_n(\lambda)
\end{pmatrix}, \tag{5.44}
$$

其中的 q 满足 $1 \leqslant q \leqslant n$, 并且 $d_i(\lambda)(i = n-q+1, \cdots, n-1, n)$ 是首项系数为 1 的多项式, 它们满足整除关系

$$
d_{i-1}(\lambda) | d_i(\lambda), \quad i = n-q+2, \cdots, n-1, n.
$$

这个定理中字母 q 的含义将在后面定理 5.16 的证明过程中解释清楚.

定理 5.13 中唯一的多项式 $d_{n-q+1}(\lambda), \cdots, d_{n-1}(\lambda), d_n(\lambda)$ 称为矩阵 A 的**不变因子**, 由于它们被矩阵 A 所唯一确定, 因此反映了 A(及与 A 相似的矩阵) 的本质特征. 例如, (5.42) 左边矩阵的不变因子是 $\lambda - a$ 和 $(\lambda - a)^2$, 中间矩阵的不变因子是 $(\lambda - a)^3$, 右边矩阵的不变因子是 $(\lambda - a)^2(\lambda - b)$.

定理 5.11 和定理 5.13 告诉了我们为什么要把特征矩阵 $\lambda I - A$ 化成对角矩阵: 只要某个若尔当矩阵 J 的特征矩阵 $\lambda I - J$ 也与标准 λ-矩阵 (5.44) 等价 (也就是它们有相同的不变因子), 那么 A 就与 J 相似.

5.6.3　初等因子决定了若尔当标准形

为了顺利找到与矩阵 A 有相同不变因子的若尔当矩阵, 我们再把 A 的各个不变因子进一步分解成互不相同的一次因式方幂的乘积 (由于是在复数域上讨论, 这样的分解是可以做到的), 所有这些一次因式方幂都称为 A 的**初等因子**. 例如, (5.42) 式左边矩阵的初等因子是 $\lambda - a$ 和 $(\lambda - a)^2$(与不变因子相同), 中间矩阵的初等因子是 $(\lambda - a)^3$(也与不变因子相同), 而右边矩阵的初等因子却是 $(\lambda - a)^2$ 和 $\lambda - b$.

这样, 找到其特征矩阵等价于标准 λ-矩阵 (5.44) 的若尔当矩阵 J 的任务就转化为寻找若尔当矩阵 J 的初等因子的问题. 为此我们先来考察最简单的若尔当块的初等因子. 首先注意到三阶若尔当块

$$
\begin{pmatrix}
a & 1 & 0 \\
0 & a & 1 \\
0 & 0 & a
\end{pmatrix}
$$

的特征矩阵经过初等变换后可以化成 (5.42) 式中间的矩阵, 因此它的初等因子是 $(\lambda - a)^3$. 一般来说, 有以下的结论.

定理 5.14 k 阶若尔当块 $J_k(\lambda_0)$ 的初等因子是 $(\lambda - \lambda_0)^k$.

证明 对若尔当块 $J_k(\lambda_0)$ 的特征矩阵进行如下的初等变换:

$$\lambda I_k - J_k(\lambda_0) = \begin{pmatrix} \lambda - \lambda_0 & -1 & & & \\ & \lambda - \lambda_0 & -1 & & \\ & & \ddots & \ddots & \\ & & & \ddots & -1 \\ & & & & \lambda - \lambda_0 \end{pmatrix}$$

$$\xrightarrow[\begin{subarray}{l} (\lambda-\lambda_0)r_1+r_2 \\ (\lambda-\lambda_0)r_2+r_3 \\ \cdots\cdots \\ (\lambda-\lambda_0)r_{k-1}+r_k \end{subarray}]{} \begin{pmatrix} \lambda - \lambda_0 & -1 & 0 & \cdots & 0 \\ (\lambda - \lambda_0)^2 & 0 & -1 & \cdots & 0 \\ \vdots & \vdots & \vdots & & \vdots \\ (\lambda - \lambda_0)^{k-1} & 0 & 0 & \cdots & -1 \\ (\lambda - \lambda_0)^k & 0 & 0 & \cdots & 0 \end{pmatrix}$$

$$\xrightarrow[\begin{subarray}{l} (\lambda-\lambda_0)c_2+c_1 \\ (\lambda-\lambda_0)^2c_3+c_1 \\ \cdots\cdots \\ (\lambda-\lambda_0)^{k-1}c_k+c_1 \end{subarray}]{} \begin{pmatrix} 0 & -1 & 0 & \cdots & 0 \\ 0 & 0 & -1 & \cdots & 0 \\ \vdots & \vdots & \vdots & & \vdots \\ 0 & 0 & 0 & \cdots & -1 \\ (\lambda - \lambda_0)^k & 0 & 0 & \cdots & 0 \end{pmatrix}$$

$$\xrightarrow[\text{在第} 1,2,\cdots,k-1 \text{行乘} (-1)]{\text{经过适当的列交换}} \begin{pmatrix} 1 & & & \\ & \ddots & & \\ & & 1 & \\ & & & (\lambda - \lambda_0)^k \end{pmatrix}, \quad (5.45)$$

因此 $J_k(\lambda_0)$ 的不变因子是 $(\lambda - \lambda_0)^k$, 从而它的初等因子也是 $(\lambda - \lambda_0)^k$. □

接下来, 我们需要下面的定理.

定理 5.15 如果 $\mathbb{C}[\lambda]$ 中 m 个多项式 $f_1(\lambda), f_2(\lambda), \cdots, f_m(\lambda)$ 两两互素, 那么下面两个 m 阶的 λ-矩阵

$$
\begin{pmatrix} f_1(\lambda) & & & & \\ & f_2(\lambda) & & & \\ & & \ddots & & \\ & & & f_{m-1}(\lambda) & \\ & & & & f_m(\lambda) \end{pmatrix} \quad \text{与} \quad \begin{pmatrix} 1 & & & & \\ & 1 & & & \\ & & \ddots & & \\ & & & 1 & \\ & & & & \prod_{i=1}^{m} f_i(\lambda) \end{pmatrix}
$$

等价.

证明   用数学归纳法证明. 当 $m = 2$ 时, 因为 $f_1(\lambda)$ 与 $f_2(\lambda)$ 互素, 所以存在 $u_1(\lambda), u_2(\lambda) \in \mathbb{C}[\lambda]$, 使得

$$
u_1(\lambda)f_1(\lambda) + u_2(\lambda)f_2(\lambda) = 1,
$$

于是有

$$
\begin{pmatrix} f_1(\lambda) & 0 \\ 0 & f_2(\lambda) \end{pmatrix} \xrightarrow{u_1(\lambda)c_1 + c_2} \begin{pmatrix} f_1(\lambda) & u_1(\lambda)f_1(\lambda) \\ 0 & f_2(\lambda) \end{pmatrix}
$$

$$
\xrightarrow{u_2(\lambda)r_2 + r_1} \begin{pmatrix} f_1(\lambda) & u_1(\lambda)f_1(\lambda) + u_2(\lambda)f_2(\lambda) \\ 0 & f_2(\lambda) \end{pmatrix} = \begin{pmatrix} f_1(\lambda) & 1 \\ 0 & f_2(\lambda) \end{pmatrix}
$$

$$
\xrightarrow{c_1 \leftrightarrow c_2} \begin{pmatrix} 1 & f_1(\lambda) \\ f_2(\lambda) & 0 \end{pmatrix} \xrightarrow{-f_2(\lambda)r_1 + r_2} \begin{pmatrix} 1 & f_1(\lambda) \\ 0 & -f_1(\lambda)f_2(\lambda) \end{pmatrix}
$$

$$
\xrightarrow[(-1)r_2]{-f_1(\lambda)c_1 + c_2} \begin{pmatrix} 1 & 0 \\ 0 & f_1(\lambda)f_2(\lambda) \end{pmatrix},
$$

因此定理的结论对 $m = 2$ 成立. 用类似的方法可以从归纳假设 (即假设当 $m = k$ 时结论成立) 推出定理的结论对 $m = k + 1$ 也成立 (见习题 5.6 第 2 题), 所以定理的结论对任何正整数 m 都成立.   ☐

现在来考察 (5.39) 式中一般的 n 阶若尔当矩阵 J 的初等因子. 矩阵 J 的特征矩阵是

$$
\lambda I - J = \begin{pmatrix} \lambda I_{k_1} - J_{k_1}(\lambda_1) & & & \\ & \lambda I_{k_2} - J_{k_2}(\lambda_2) & & \\ & & \ddots & \\ & & & \lambda I_{k_s} - J_{k_s}(\lambda_s) \end{pmatrix}, \quad (5.46)
$$

设 J 的各个若尔当块属于下面不同的数: $\lambda_1, \lambda_2, \cdots, \lambda_t$, 这里 $t \leqslant s$, 再设有 q_i 个若尔当块属于数 $\lambda_i (i = 1, 2, \cdots, t)$, 且设这 q_i 个若尔当块的阶数从大到小可排列为

$$
k_{i1} \geqslant k_{i2} \geqslant \cdots \geqslant k_{iq_i}. \quad (5.47)
$$

当我们对特征矩阵 (5.46) 的某一个若尔当块特征矩阵 $\lambda I_{k_j} - J_{k_j}(\lambda_j)$ 进行初等变换时, 不会对其他若尔当块特征矩阵产生任何影响, 因此从定理 5.14 的证明过程知, 可以用初等变换把特征矩阵 $\lambda I - J$ 中的每一个若尔当块特征矩阵 $\lambda I_{k_j} - J_{k_j}(\lambda_j)(j = 1, 2, \cdots, s)$ 都化成 (5.45) 式右端矩阵的形式, 也就是说, 特征矩阵 $\lambda I - J$ 与这样的对角 λ-矩阵等价: 它的主对角线元素除了 1 以外, 还有对应于矩阵 J 的各个若尔当块的下列一次因式方幂:

$$
\begin{cases}
(\lambda - \lambda_1)^{k_{11}}, (\lambda - \lambda_1)^{k_{12}}, \cdots, (\lambda - \lambda_1)^{k_{1q_1}}; \\
(\lambda - \lambda_2)^{k_{21}}, (\lambda - \lambda_2)^{k_{22}}, \cdots, (\lambda - \lambda_2)^{k_{2q_2}}; \\
\qquad\qquad\qquad \cdots\cdots \\
(\lambda - \lambda_t)^{k_{t1}}, (\lambda - \lambda_t)^{k_{t2}}, \cdots, (\lambda - \lambda_t)^{k_{tq_t}}.
\end{cases}
\tag{5.48}
$$

值得注意的是, 上述这些一次因式方幂在主对角线上的位置其实是无关紧要的, 这是因为在任何对角 λ-矩阵中, 可以通过行的交换及相同号码的列的交换, 来任意调换对角元素.

接下来为了运用定理 5.15 的结论, 用初等变换将 (5.48) 式中每一列的一次因式方幂调换在一起, 并记 q 是数 $q_i(i = 1, 2, \cdots, t)$ 中最大的, 用 $d'_{n-j+1}(\lambda)$ 表示 (5.48) 式中第 j 列的一次因式方幂的乘积 $(j = 1, 2, \cdots, q)$, 即

$$
d'_{n-j+1}(\lambda) = \prod_{i=1}^{t} (\lambda - \lambda_i)^{k_{ij}}.
\tag{5.49}
$$

在这里, 可能对于某些 i 有 $q_i < j$, 此时在第 j 列有空位, 我们就把 (5.49) 式中对应的因式看成 1. 因为数 $\lambda_1, \lambda_2, \cdots, \lambda_t$ 两两不同, 所以在 (5.48) 所排列的式中, 第 j 列的各个一次因式方幂是两两互素的, 从而由定理 5.15 知, 可以用初等变换把第 j 列的这些一次因式方幂换为它们的乘积 $d'_{n-j+1}(\lambda)$ 和若干个 1, 从而整个特征矩阵 $\lambda I - J$ 必等价于下面的对角 λ-矩阵

$$
\begin{pmatrix}
1 & & & & & & \\
& \ddots & & & & & \\
& & 1 & & & & \\
& & & d'_{n-q+1}(\lambda) & & & \\
& & & & \ddots & & \\
& & & & & d'_{n-1}(\lambda) & \\
& & & & & & d'_n(\lambda)
\end{pmatrix}.
\tag{5.50}
$$

由于矩阵 (5.50) 的主对角线上每个多项式的首项系数都为 1, 并且由条件 (5.47) 可知这些多项式中的每一个都能被前一个整除, 所以对角矩阵 (5.50) 确实是一个标准

λ-矩阵, 再由定理 5.13 中标准 λ-矩阵的唯一性可知, 多项式 $d'_{n-q+1}(\lambda), \cdots, d'_{n-1}(\lambda)$, $d'_n(\lambda)$ 正是若尔当矩阵 J 的不变因子, 从而 (5.48) 中所列出的一次因式方幂就是 J 的全部初等因子. 此外这里字母 q 的含义是若尔当矩阵 J 中属于同一个 λ_i 的若尔当块的最大个数.

例 5.20　求 9 阶若尔当矩阵

$$
J = \begin{pmatrix}
5 & 1 & 0 & & & & & & \\
0 & 5 & 1 & & & & & & \\
0 & 0 & 5 & & & & & & \\
& & & 5 & & & & & \\
& & & & 8 & 1 & & & \\
& & & & 0 & 8 & & & \\
& & & & & & 8 & 1 & \\
& & & & & & 0 & 8 & \\
& & & & & & & & 5
\end{pmatrix}
$$

的不变因子.

解　从矩阵 J 可列出对应于 (5.48) 式的初等因子式:

$$
\begin{cases}
(\lambda - 5)^3, \lambda - 5, \lambda - 5; \\
(\lambda - 8)^2, (\lambda - 8)^2.
\end{cases}
$$

由此按照列相乘就能写出 J 的不变因子为

$$
d'_9(\lambda) = (\lambda - 5)^3(\lambda - 8)^2, \quad d'_8(\lambda) = (\lambda - 5)(\lambda - 8)^2, \quad d'_7(\lambda) = \lambda - 5. \qquad \Box
$$

注意, 在这个例子中, 属于特征值 5 的若尔当块个数最多, 达到 $q = 3$, 而 $n = 9$, 因此 J 的不变因子中最小的下标是 $n - q + 1 = 9 - 3 + 1 = 7$, 即不变因子只有 $d'_7(\lambda), d'_8(\lambda), d'_9(\lambda)$ 这三个.

由这个例子可以想到, 虽然若尔当矩阵 J 的初等因子组 (5.48) 是由矩阵 J 导出的, 然而反过来也可以用初等因子组 (5.48) 来确定若尔当矩阵 J, 这是因为每个初等因子都对应了一个若尔当块, 如果将所有的若尔当块作为主对角 "元素", 就可得到准对角矩阵 J (此时若尔当块的次序是无关紧要的). 现在回头看 (5.42) 式中的 3 个标准 λ-矩阵的初等因子, 就容易理解为什么三阶方阵 A 的若尔当标准形分别是 (5.32), (5.33) 和 (5.34) 了.

5.6.4　求 n 阶矩阵的若尔当标准形的例子

为了求出任意 n 阶矩阵 A 的若尔当标准形 J, 先用初等变换把 A 的特征矩阵 $\lambda I - A$ 化成标准 λ-矩阵 (5.44), 从而得到 A 的不变因子 $d_i(\lambda)(i = n - q + 1, \cdots, n -$

$1, n)$, 再将这些不变因子因式分解, 便得到 A 的初等因子, 然后就由这些初等因子来确定一个若尔当矩阵 J. 由 5.6.3 小节的分析可以知道, J 的特征矩阵 $\lambda I - J$ 与标准 λ-矩阵 (5.44) 一定等价, 且由定理 5.13 可知特征矩阵 $\lambda I - A$ 也与矩阵 (5.44) 等价, 所以由等价关系的传递性可以推导出 $\lambda I - A$ 与 $\lambda I - J$ 等价, 这样就找到了与矩阵 A 相似的若尔当标准形 J.

以上的所有分析实际上已经证明了下面的基本定理.

定理 5.16 任意一个 n 阶复矩阵 A 都与一个形如 (5.39) 式的若尔当矩阵 J 相似, 即存在可逆矩阵 P, 使得 $P^{-1}AP = J$. 如果不计 J 的各个若尔当块的次序, 则这个若尔当矩阵是唯一的.

例 5.21 求四阶矩阵

$$A = \begin{pmatrix} 0 & 1 & -1 & 1 \\ -1 & 2 & -1 & 1 \\ -1 & 1 & 1 & 0 \\ -1 & 1 & 0 & 1 \end{pmatrix}$$

的若尔当标准形 J.

解 对 A 的特征矩阵 $\lambda I - A$ 作如下的初等变换:

$$\lambda I - A = \begin{pmatrix} \lambda & -1 & 1 & -1 \\ 1 & \lambda - 2 & 1 & -1 \\ 1 & -1 & \lambda - 1 & 0 \\ 1 & -1 & 0 & \lambda - 1 \end{pmatrix}$$

$$\xrightarrow[(1-\lambda)c_1 + c_4]{c_1 + c_2} \begin{pmatrix} \lambda & \lambda - 1 & 1 & -\lambda^2 + \lambda - 1 \\ 1 & \lambda - 1 & 1 & -\lambda \\ 1 & 0 & \lambda - 1 & 1 - \lambda \\ 1 & 0 & 0 & 0 \end{pmatrix}$$

$$\xrightarrow[\substack{(-1)r_4 + r_3 \\ r_1 \leftrightarrow r_4}]{\substack{(-\lambda)r_4 + r_1 \\ (-1)r_4 + r_2}} \begin{pmatrix} 1 & 0 & 0 & 0 \\ 0 & \lambda - 1 & 1 & -\lambda \\ 0 & 0 & \lambda - 1 & 1 - \lambda \\ 0 & \lambda - 1 & 1 & -\lambda^2 + \lambda - 1 \end{pmatrix}$$

$$\xrightarrow[(-1)r_2 + r_4]{\substack{c_3 + c_4 \\ c_2 + c_4}} \begin{pmatrix} 1 & 0 & 0 & 0 \\ 0 & \lambda - 1 & 1 & 0 \\ 0 & 0 & \lambda - 1 & 0 \\ 0 & 0 & 0 & -(\lambda - 1)^2 \end{pmatrix}$$

$$\xrightarrow[(1-\lambda)r_2+r_3]{(1-\lambda)c_3+c_2} \begin{pmatrix} 1 & 0 & 0 & 0 \\ 0 & 0 & 1 & 0 \\ 0 & -(\lambda-1)^2 & 0 & 0 \\ 0 & 0 & 0 & -(\lambda-1)^2 \end{pmatrix}$$

$$\xrightarrow[\substack{(-1)r_3 \\ (-1)r_4}]{c_2 \leftrightarrow c_3} \begin{pmatrix} 1 & 0 & 0 & 0 \\ 0 & 1 & 0 & 0 \\ 0 & 0 & (\lambda-1)^2 & 0 \\ 0 & 0 & 0 & (\lambda-1)^2 \end{pmatrix},$$

于是得到 A 的初等因子为 $(\lambda-1)^2,(\lambda-1)^2$, 它们对应的若尔当块分别是 $\begin{pmatrix} 1 & 1 \\ 0 & 1 \end{pmatrix}$ 和 $\begin{pmatrix} 1 & 1 \\ 0 & 1 \end{pmatrix}$, 从而得到 A 的若尔当标准形是

$$J = \begin{pmatrix} 1 & 1 & & \\ 0 & 1 & & \\ & & 1 & 1 \\ & & 0 & 1 \end{pmatrix}. \qquad \qquad \square$$

例 5.22　设 A 是 n 阶方阵, 且满足 $A^2 = A$, 证明: A 与对角矩阵

$$\begin{pmatrix} 1 & & & & & & \\ & \ddots & & & & & \\ & & 1 & & & & \\ & & & 0 & & & \\ & & & & \ddots & & \\ & & & & & 0 \end{pmatrix}$$

相似.

证明　设 A 的若尔当标准形是

$$J = \begin{pmatrix} J_{k_1}(\lambda_1) & & & \\ & J_{k_2}(\lambda_2) & & \\ & & \ddots & \\ & & & J_{k_s}(\lambda_s) \end{pmatrix},$$

则由定理 5.16 可知存在可逆矩阵 P, 使得 $P^{-1}AP = J$, 由于 $A^2 = A$, 所以有

$$J^2 = (P^{-1}AP)^2 = P^{-1}A^2P = P^{-1}AP = J,$$

从而对 $i = 1, \cdots, s$, 有 $J_{k_i}^2(\lambda_i) = J_{k_i}(\lambda_i)$, 即有

$$\begin{pmatrix} \lambda_i^2 & 2\lambda_i & 1 & & \\ & \lambda_i^2 & \ddots & \ddots & \\ & & \ddots & \ddots & 1 \\ & & & \ddots & 2\lambda_i \\ & & & & \lambda_i^2 \end{pmatrix} = \begin{pmatrix} \lambda_i & 1 & & & \\ & \lambda_i & \ddots & & \\ & & \ddots & \ddots & \\ & & & \ddots & 1 \\ & & & & \lambda_i \end{pmatrix},$$

上式只有当 $J_{k_i}(\lambda_i)$ 为一阶矩阵时才成立 (即 J 是对角矩阵), 且此时还有 $\lambda_i^2 = \lambda_i (i = 1, 2, \cdots, n)$, 因此 $\lambda_i = 1$ 或 0, 再适当地调换主对角线元素的次序, 可知结论成立. $\qquad\square$

习 题 5.6

1. 写出分别对应于三种 λ-矩阵初等变换的三种 n 阶初等 λ-矩阵, 并求出它们的逆矩阵.

2. 完成定理 5.15 的数学归纳法证明.

3. 求下列矩阵的若尔当标准形:

(1) $\begin{pmatrix} 3 & 1 & 0 & 0 \\ -4 & -1 & 0 & 0 \\ 7 & 1 & 2 & 1 \\ -7 & -6 & -1 & 0 \end{pmatrix}$;

(2) $\begin{pmatrix} 1 & -3 & 0 & 3 \\ -2 & 6 & 0 & 13 \\ 0 & -3 & 1 & 3 \\ -1 & 2 & 0 & 8 \end{pmatrix}$;

(3) $\begin{pmatrix} 0 & 1 & 0 & \cdots & 0 & 0 \\ 0 & 0 & 1 & \cdots & 0 & 0 \\ \vdots & \vdots & \vdots & & \vdots & \vdots \\ 0 & 0 & 0 & \cdots & 0 & 1 \\ 1 & 0 & 0 & \cdots & 0 & 0 \end{pmatrix}$.

4. 证明: 对任何一个 n 阶复方阵 A, 都存在可逆矩阵 P, 使得 $P^{-1}AP$ 为下三角矩阵.

5. 设 A 是一个 n 阶复方阵, 且有正整数 m, 使得 $A^m = I$, 证明: A 与对角矩阵相似.

6. 设 A 是一个 n 阶方阵, 且满足条件 $A^2 + A = 2I$, 证明: A 与对角矩阵相似.

5.7 若尔当标准形的一些理论推导

本节的主要内容是证明定理 5.11 的充分性部分和定理 5.12.

5.7.1 定理 5.11 的充分性证明

先来证明一个预备定理, 其中会涉及把一个 λ-矩阵写成 "系数为数字矩阵的多

项式" 的形式, 例如, 可以把 (5.40) 式中的二阶 λ-矩阵写成这样的形式:

$$
\begin{pmatrix} 4\lambda^3 + \lambda & -3\lambda^2 + 2\lambda + 1 \\ -\lambda^3 & \lambda^3 + \lambda^2 - 2\lambda \end{pmatrix} = \begin{pmatrix} 4 & 0 \\ -1 & 1 \end{pmatrix} \lambda^3 + \begin{pmatrix} 0 & -3 \\ 0 & 1 \end{pmatrix} \lambda^2 + \begin{pmatrix} 1 & 2 \\ 0 & -2 \end{pmatrix} \lambda + \begin{pmatrix} 0 & 1 \\ 0 & 0 \end{pmatrix}.
$$

类似这样的 "多项式" 也被称为**矩阵多项式**. 一般来说, 任何一个 λ-矩阵总可以展开成矩阵多项式.

定理 5.17　对于任何不为零矩阵的 n 阶数字方阵 A 和 n 阶 λ-矩阵 $U(\lambda)$ 与 $V(\lambda)$, 一定存在 λ-矩阵 $Q(\lambda)$ 与 $R(\lambda)$ 以及数字矩阵 U_0 和 V_0, 使得

$$
U(\lambda) = (\lambda I - A)Q(\lambda) + U_0, \quad V(\lambda) = R(\lambda)(\lambda I - A) + V_0.
$$

证明　先把 λ-矩阵 $U(\lambda)$ 展开成矩阵多项式:

$$
U(\lambda) = D_0 \lambda^m + D_1 \lambda^{m-1} + \cdots + D_{m-1} \lambda + D_m = \sum_{k=0}^{m} D_k \lambda^{m-k}, \tag{5.51}
$$

这里 $D_0, D_1, \cdots, D_m$ 都是 n 阶数字矩阵, 并且 $D_0 \neq 0$. 若 $m = 0$, 则 $U(\lambda)$ 就成为数字矩阵 D_0, 此时如果令 $Q(\lambda) = 0$ 及 $U_0 = D_0$, 则它们满足定理的要求. 下面设 $m > 0$. 根据 (5.51) 式中的已知矩阵 $D_k(k = 0, 1, \cdots, m)$, 我们构造一个新的 λ-矩阵 $Q(\lambda)$:

$$
Q(\lambda) = Q_0 \lambda^{m-1} + Q_1 \lambda^{m-2} + \cdots + Q_{m-2} \lambda + Q_{m-1} = Q_0 \lambda^{m-1} + \sum_{k=1}^{m-1} Q_k \lambda^{m-1-k}, \tag{5.52}
$$

其中的各个 "系数" 数字矩阵定义为

$$
Q_0 = D_0, \ Q_1 = D_1 + AQ_0, \ Q_2 = D_2 + AQ_1, \ \cdots, Q_{m-1} = D_{m-1} + AQ_{m-2},
$$

而新的数字矩阵 U_0 可定义为

$$
U_0 = D_m + AQ_{m-1}. \tag{5.53}
$$

于是有

$$
\begin{aligned}
&(\lambda I - A)Q(\lambda) + U_0 \\
&= (\lambda I - A)\left(Q_0 \lambda^{m-1} + \sum_{k=1}^{m-1} Q_k \lambda^{m-1-k} \right) + (D_m + AQ_{m-1}) \\
&= Q_0 \lambda^m + \sum_{k=1}^{m-1} Q_k \lambda^{m-k} - AQ_0 \lambda^{m-1} - A \sum_{k=1}^{m-1} Q_k \lambda^{m-1-k} + D_m + AQ_{m-1}
\end{aligned}
$$

$$= D_0\lambda^m + \sum_{k=1}^{m-1}(D_k + AQ_{k-1})\lambda^{m-k} - AQ_0\lambda^{m-1}$$

$$-A\sum_{k=1}^{m-1}Q_k\lambda^{m-1-k} + D_m + AQ_{m-1}$$

$$= D_0\lambda^m + \sum_{k=1}^{m-1}D_k\lambda^{m-k} + D_m$$

$$= U(\lambda),$$

因此, (5.52) 式和 (5.53) 式分别确定的 $Q(\lambda)$ 与 U_0 满足定理的要求. 用类似的方法可以确定 $R(\lambda)$ 和 V_0 (见习题 5.7 第 1 题). □

定理 5.11 的充分性证明 已知两个 n 阶方阵 A, B 的特征矩阵 $\lambda I - A$ 与 $\lambda I - B$ 等价 (证明的目标是 A 与 B 相似), 则由定理 5.10 可知, 存在可逆的 λ-矩阵 $U(\lambda)$ 和 $V(\lambda)$, 使得

$$\lambda I - A = U(\lambda)(\lambda I - B)V(\lambda).$$

由此导出以下两个等式

$$U^{-1}(\lambda)(\lambda I - A) = (\lambda I - B)V(\lambda), \tag{5.54}$$

$$U(\lambda)(\lambda I - B) = (\lambda I - A)V^{-1}(\lambda). \tag{5.55}$$

根据定理 5.17, 存在 λ-矩阵 $Q(\lambda), R(\lambda)$ 和数字矩阵 U_0, V_0, 使得

$$U(\lambda) = (\lambda I - A)Q(\lambda) + U_0, \tag{5.56}$$

$$V(\lambda) = R(\lambda)(\lambda I - A) + V_0, \tag{5.57}$$

现在把 (5.57) 式代入 (5.54) 式, 得

$$U^{-1}(\lambda)(\lambda I - A) = (\lambda I - B)(R(\lambda)(\lambda I - A) + V_0),$$

再展开、移项及合并后, 得

$$(U^{-1}(\lambda) - (\lambda I - B)R(\lambda))(\lambda I - A) = (\lambda I - B)V_0, \tag{5.58}$$

仔细比较上式两边的 λ-矩阵的次数, 因为右边的次数小于 2, 所以左边的 λ-矩阵 $U^{-1}(\lambda) - (\lambda I - B)R(\lambda)$ 一定是次数为零的数字矩阵 (否则左边的次数至少为 2, 这将导致 (5.58) 式两边次数不相等), 将这个数字矩阵记为 P, 即有等式

$$U^{-1}(\lambda) - (\lambda I - B)R(\lambda) = P. \tag{5.59}$$

在上式两边左乘 $U(\lambda)$ 后, 上式可重新写成

$$I = U(\lambda)P + U(\lambda)(\lambda I - B)R(\lambda),$$

然后将 (5.55) 和 (5.56) 两式代入上式右边, 得

$$I = ((\lambda I - A)Q(\lambda) + U_0)P + (\lambda I - A)V^{-1}(\lambda)R(\lambda)$$
$$= U_0P + (\lambda I - A)(Q(\lambda)P + V^{-1}(\lambda)R(\lambda)).$$

再仔细观察上式两边, 由于左边的单位矩阵 I 是零次矩阵多项式, 所以右边的第 2 项必须是零矩阵 (否则上式右边矩阵多项式的次数将大于零). 这样便得到

$$I = U_0P,$$

即数字矩阵 P 是可逆矩阵. 另一方面, 当我们把 (5.59) 式代入 (5.58) 式后, 可得

$$P(\lambda I - A) = (\lambda I - B)V_0,$$

或把两边写成矩阵多项式的形式:

$$P\lambda - PA = V_0\lambda - BV_0,$$

和普通多项式等式两边相等可导出系数相等一样, 从矩阵多项式等式的两边相等也可以导出 "系数" 数字矩阵相等, 因此得到

$$P = V_0 \quad 和 \quad PA = BV_0,$$

将前者代入后者, 立即得到 $A = P^{-1}BP$, 所以矩阵 A 与 B 相似.　　　　　　□

5.7.2　定理 5.12 的存在性证明

定理 5.12 是说: 任何一个行列式不为零的 n 阶 λ-矩阵 $A(\lambda)$ 都等价于唯一的标准 λ-矩阵

$$\begin{pmatrix} d_1(\lambda) & & & \\ & d_2(\lambda) & & \\ & & \ddots & \\ & & & d_n(\lambda) \end{pmatrix}, \tag{5.60}$$

其中的 n 个首项系数为 1 的多项式 $d_i(\lambda)$ 满足 $d_{i-1}(\lambda)|d_i(\lambda)$ $(i = 2, 3 \cdots, n)$. 这个定理的证明可以分为 "存在性" 和 "唯一性" 这两部分, 我们先来证明标准 λ-矩阵 (5.60) 的存在性.

定理 5.12 的存在性证明　　我们对 λ-矩阵 $A(\lambda)$ 的阶数 n 用数学归纳法. 当 $n = 1$ 时, $A(\lambda) = (a(\lambda))$, 此时因为 $A(\lambda)$ 的行列式 $|A(\lambda)| = a(\lambda)$ 不为零, 所以可用

$a(\lambda)$ 的首项系数去除 $a(\lambda)$, 就得到首项系数为 1 的多项式, 即经过第一种初等变换得到了一个一阶的标准 λ-矩阵, 因此定理的结论对 $n = 1$ 是成立的.

接下来假定定理的结论对 $n = k$ 成立, 现在考虑 $k+1$ 阶 λ-矩阵 $A(\lambda)$. 由已知条件行列式 $|A(\lambda)| \neq 0$ 推出 $A(\lambda)$ 至少有一个非零元素, 可以通过交换 $A(\lambda)$ 的行或列, 把这个非零元素变到左上角, 然后我们在所有与 $A(\lambda)$ 等价, 且左上角元素非零的 λ-矩阵集合中选取一个使得左上角非零元素的次数最小的 λ-矩阵

$$B(\lambda) = \begin{pmatrix} d_1(\lambda) & a_{12}(\lambda) & \cdots & a_{1,k+1}(\lambda) \\ a_{21}(\lambda) & a_{22}(\lambda) & \cdots & a_{2,k+1}(\lambda) \\ \vdots & \vdots & & \vdots \\ a_{k+1,1}(\lambda) & a_{k+1,2}(\lambda) & \cdots & a_{k+1,k+1}(\lambda) \end{pmatrix},$$

其中可设次数最小的非零多项式 $d_1(\lambda)$ 的首项系数为 1. 我们可以断言: λ-矩阵 $B(\lambda)$ 的第一行和第一列的元素全部可被 $d_1(\lambda)$ 整除, 这是因为如果有某个 $a_{1j}(\lambda)$ $(1 < j \leqslant k+1, a_{i1}$ 的情形类似) 不能被 $d_1(\lambda)$ 整除, 则由多项式带余除法定理 (定理 4.9) 可知, 存在多项式 $q(\lambda), r(\lambda) \in \mathbb{C}[\lambda]$, 使得

$$a_{1j}(\lambda) = q(\lambda)d_1(\lambda) + r(\lambda),$$

并且非零多项式 $r(\lambda)$ 的次数满足 $0 \leqslant \partial(r(\lambda)) < \partial(d_1(\lambda))$, 此时对 λ-矩阵 $B(\lambda)$ 作如下的初等变换:

$$\begin{pmatrix} d_1(\lambda) & \cdots & a_{1j}(\lambda) & \cdots & a_{1,k+1}(\lambda) \\ \vdots & & \vdots & & \vdots \\ a_{k+1,1}(\lambda) & \cdots & a_{k+1,j}(\lambda) & \cdots & a_{k+1,k+1}(\lambda) \end{pmatrix}$$

$$\xrightarrow[c_1 \leftrightarrow c_j]{(-q(\lambda))c_1 + c_j} \begin{pmatrix} r(\lambda) & \cdots & d_1(\lambda) & \cdots & a_{1,k+1}(\lambda) \\ \vdots & & \vdots & & \vdots \\ * & \cdots & a_{k+1,1}(\lambda) & \cdots & a_{k+1,k+1}(\lambda) \end{pmatrix},$$

就得到了一个与 $A(\lambda)$ 等价, 且左上角非零元素的次数比 $d_1(\lambda)$ 还要小的 λ-矩阵, 但是这与多项式 $d_1(\lambda)$ 的选法相矛盾.

由于 λ-矩阵 $B(\lambda)$ 的第 1 行和第 1 列的所有元素都可以被 $d_1(\lambda)$ 整除, 则经过适当的初等变换后, 可将 λ-矩阵 $B(\lambda)$ 化成下面的 λ-矩阵:

$$C(\lambda) = \begin{pmatrix} d_1(\lambda) & 0 & \cdots & 0 \\ 0 & a'_{22}(\lambda) & \cdots & a'_{2,k+1}(\lambda) \\ \vdots & \vdots & & \vdots \\ 0 & a'_{k+1,2}(\lambda) & \cdots & a'_{k+1,k+1}(\lambda) \end{pmatrix}.$$

从行列式的性质容易看出, 由于 $A(\lambda)$ 的行列式不为零, 所以经过用非零数乘某一行 (列), 交换两行 (列) 和将某行 (列) 的 $f(\lambda)$ 倍加到另一行 (列) 这三种初等变换后而得到的与 $A(\lambda)$ 等价的 λ-矩阵的行列式都不为零, 因此 $C(\lambda)$ 的行列式不为零. 又从行列式的定义可得

$$|C(\lambda)| = d_1(\lambda) \begin{vmatrix} a'_{22}(\lambda) & \cdots & a'_{2,k+1}(\lambda) \\ \vdots & & \vdots \\ a'_{k+1,2}(\lambda) & \cdots & a'_{k+1,k+1}(\lambda) \end{vmatrix} \neq 0,$$

从而由 $d_1(\lambda) \neq 0$ 可知 k 阶 λ-矩阵

$$\begin{pmatrix} a'_{22}(\lambda) & \cdots & a'_{2,k+1}(\lambda) \\ \vdots & & \vdots \\ a'_{k+1,2}(\lambda) & \cdots & a'_{k+1,k+1}(\lambda) \end{pmatrix} \tag{5.61}$$

的行列式也不等于零. 于是由归纳假设可知 k 阶 λ-矩阵 (5.61) 等价于一个标准 λ-矩阵:

$$\begin{pmatrix} d_2(\lambda) & & \\ & \ddots & \\ & & d_{k+1}(\lambda) \end{pmatrix},$$

其中的 k 个首项系数为 1 的多项式 $d_i(\lambda)$ 满足 $d_{i-1}(\lambda)|d_i(\lambda)(i = 3, \cdots, k, k+1)$, 而在对矩阵 $C(\lambda)$ 中的分块矩阵 (5.61) 作初等变换时, 完全不会影响 λ-矩阵 $C(\lambda)$ 的第 1 行和第 1 列, 这样, 与 $C(\lambda)$ 等价的矩阵 $A(\lambda)$ 就一定等价于对角 λ-矩阵

$$\begin{pmatrix} d_1(\lambda) & & & \\ & d_2(\lambda) & & \\ & & \ddots & \\ & & & d_{k+1}(\lambda) \end{pmatrix}, \tag{5.62}$$

并且一定有 $d_1(\lambda)|d_2(\lambda)$, 如若不然, 则存在 $q'(\lambda), r'(\lambda) \in \mathbb{C}[\lambda]$, 使得

$$d_2(\lambda) = q'(\lambda)d_1(\lambda) + r'(\lambda),$$

其中的非零多项式 $r'(\lambda)$ 的次数比 $d_1(\lambda)$ 的次数小, 再对 (5.62) 矩阵作如下的初等变换:

$$\begin{pmatrix} d_1(\lambda) & & & \\ & d_2(\lambda) & & \\ & & \ddots & \\ & & & d_{k+1}(\lambda) \end{pmatrix}$$

$$\xrightarrow[\substack{-q'(\lambda))c_1+c_2 \\ r_2+r_1}]{} \begin{pmatrix} d_1(\lambda) & r'(\lambda) & & & \\ & d_2(\lambda) & & & \\ & & \ddots & & \\ & & & d_{k+1}(\lambda) & \end{pmatrix}$$

$$\xrightarrow[\substack{c_1 \leftrightarrow c_2}]{} \begin{pmatrix} r'(\lambda) & d_1(\lambda) & & & \\ d_2(\lambda) & 0 & & & \\ & & \ddots & & \\ & & & d_{k+1}(\lambda) & \end{pmatrix},$$

此时得到的 λ-矩阵不仅与 $A(\lambda)$ 等价, 且它的左上角非零元素 $r'(\lambda)$ 的次数小于 $d_1(\lambda)$ 的次数, 这又与 $d_1(\lambda)$ 的次数最小相矛盾, 所以必有 $d_1(\lambda)|d_2(\lambda)$. 这就是说, λ-矩阵 (5.62) 确实是一个与 $A(\lambda)$ 等价的标准 λ-矩阵. 因此定理的结论对 $n = k+1$ 也是成立的, 从而定理的结论对任意正整数 n 都成立. □

5.7.3 行列式因子与定理 5.12 的唯一性证明

第 4 章曾经介绍了两个多项式的最大公因式, 这个概念可以推广到多个多项式的情形. 设 $f_1(x), f_2(x), \cdots, f_m(x)(m > 2)$ 是 $\mathbb{F}[x]$ 的 m 个多项式, 如果存在多项式 $d_m(x)$, 使得: ① $d_m(x)|f_i(x)(i = 1, \cdots, m)$; ② 对于任意满足 $g(x)|f_i(x)(i = 1, \cdots, m)$ 的多项式 $g(x)$, 都有 $g(x) \mid d_m(x)$, 那么就称 $d_m(x)$ 是 $f_1(x), f_2(x), \cdots, f_m(x)$ 的**最大公因式**.

在对定理 5.12 进行唯一性证明时 (即证明 $A(\lambda)$ 只等价于唯一的标准 λ-矩阵 (5.60)), 我们还需要一个被称为 "行列式因子" 的概念. 设 $A(\lambda)$ 是一个行列式不为零的 n 阶 λ-矩阵, 对任一满足 $1 \leqslant k \leqslant n$ 的正整数 k, $A(\lambda)$ 中全部 k 阶子式的首项系数为 1 的最大公因式就称为 $A(\lambda)$ 的 k 阶**行列式因子**, 记为 $D_k(\lambda)$. 例如, 对三阶特征矩阵

$$A(\lambda) = \begin{pmatrix} \lambda+1 & -1 & 0 \\ 4 & \lambda-3 & 0 \\ -1 & 0 & \lambda-2 \end{pmatrix}$$

来说, 它有 3 个一阶子式都是非零常数, 因此 $D_1(\lambda) = 1$. 由于存在两个互素的二阶子式

$$\begin{vmatrix} \lambda+1 & -1 \\ 4 & \lambda-3 \end{vmatrix} = (\lambda-1)^2, \quad \begin{vmatrix} \lambda-3 & 0 \\ 0 & \lambda-2 \end{vmatrix} = (\lambda-2)(\lambda-3),$$

所以 $D_2(\lambda) = 1$, $A(\lambda)$ 的三阶行列式因子就是 $A(\lambda)$ 的行列式

$$D_3(\lambda) = |A(\lambda)| = \begin{vmatrix} \lambda+1 & -1 & 0 \\ 4 & \lambda-3 & 0 \\ -1 & 0 & \lambda-2 \end{vmatrix} = (\lambda-1)^2(\lambda-2).$$

由于 λ-矩阵的各阶子式只有有限个, 所以一般而言, 行列式不为零的 n 阶 λ-矩阵 $A(\lambda)$ 唯一确定了 n 个行列式因子

$$D_1(\lambda), D_2(\lambda), \cdots, D_n(\lambda),$$

其中阶数最小的行列式因子 $D_1(\lambda)$ 是 $A(\lambda)$ 的所有元素的最大公因式 (它的首项系数为 1), 而阶数最大的行列式因子 $D_n(\lambda)$ 就是 $A(\lambda)$ 的行列式 $|A(\lambda)|$ 除以 $|A(\lambda)|$ 的首项系数. 行列式因子的主要性质如下.

定理 5.18 初等变换不改变 λ-矩阵的各阶行列式因子.

证明 设 $A(\lambda)$ 是行列式不为零的 n 阶 λ-矩阵, 当我们对 $A(\lambda)$ 作第一种初等变换 (用非零常数乘某一行 (列)) 时, 它最多导致改变一些子式的首项系数, 而作为同阶子式的最大公因式的行列式因子, 由于其首项系数总是 1, 因此不会受到任何影响. 如果对 $A(\lambda)$ 作第二种初等变换 (交换两行 (列)), 那么它只改变一些子式的正负号, 这显然不会改变 $A(\lambda)$ 的各阶行列式因子. 而当我们把 $A(\lambda)$ 的第 i 行的 $f(\lambda)$ 倍加到第 j 行时 (这里 $i \neq j$, 关于列的变换类似), 若记经此第三种初等变换后得到的 λ-矩阵为 $B(\lambda)$, 并且记 $B(\lambda)$ 的各阶行列式因子为

$$D_1'(\lambda), D_2'(\lambda), \cdots, D_n'(\lambda),$$

则那些不含有第 j 行的子式并没有改变, 又由行列式的性质知道, 那些既含有第 i 行又含有第 j 行的子式也不改变. 再看那些只包含第 j 行而不包含第 i 行的 k 阶子式, 记

$$M = \begin{vmatrix} \vdots \\ r_j \\ \vdots \end{vmatrix}$$

是 $A(\lambda)$ 中这样的一个子式 (其中 r_j 表示 $A(\lambda)$ 的第 j 行在子式 M 中的部分), 它在 $B(\lambda)$ 中对应的子式记为 M', 则由行列式的性质, 可得

$$M' = \begin{vmatrix} \vdots \\ r_j + f(\lambda)r_i \\ \vdots \end{vmatrix} = \begin{vmatrix} \vdots \\ r_j \\ \vdots \end{vmatrix} + f(\lambda) \begin{vmatrix} \vdots \\ r_i \\ \vdots \end{vmatrix} = M + f(\lambda) \begin{vmatrix} \vdots \\ r_i \\ \vdots \end{vmatrix}.$$

由 k 阶行列式因子 $D_k(\lambda)$ 的定义可知, 上式右端的第 1 项 M 显然被 $D_k(\lambda)$ 所整除, 而上式右端第 2 项中的 k 阶子式是将 $A(\lambda)$ 的第 j 行元素换为第 i 行元素后得到的, 因此可以看成 $A(\lambda)$ 的某个含有 r_i 行的 k 阶子式 (它不含 r_j 行), 或者是由这个子式交换两行后得到的, 这样它同样可以被 $D_k(\lambda)$ 所整除, 从而得到 $D_k(\lambda)|M'$, 即 $B(\lambda)$ 中所有的 k 阶子式都能被 $D_k(\lambda)$ 整除, 再由多个多项式的最大公因式定义可知, 此时必有

$$D_k(\lambda)|D'_k(\lambda).$$

另一方面, 由于 λ-矩阵 $B(\lambda)$ 也可以通过第三种初等变换变为 $A(\lambda)$, 因此经由相同的推理也可以得到

$$D'_k(\lambda)|D_k(\lambda),$$

而 $D_k(\lambda)$ 和 $D'_k(\lambda)$ 的首项系数都是 1, 所以得到 $D_k(\lambda) = D'_k(\lambda)$. 这样我们就证明了第三种初等变换不改变 λ-矩阵的各阶行列式因子. □

定理 5.12 的唯一性证明 设行列式不为零的 n 阶 λ-矩阵 $A(\lambda)$ 的唯一行列式因子依次为

$$D_1(\lambda), D_2(\lambda), \cdots, D_n(\lambda), \tag{5.63}$$

则由定理 5.18 可知, 所有与 $A(\lambda)$ 等价的 λ-矩阵的行列式因子都是 (5.63) 式中的 n 个多项式, 特别是与 $A(\lambda)$ 等价的标准 λ-矩阵

$$\begin{pmatrix} d_1(\lambda) & & & \\ & d_2(\lambda) & & \\ & & \ddots & \\ & & & d_n(\lambda) \end{pmatrix} \tag{5.64}$$

的行列式因子同样是 (5.63) 式中的 n 个多项式. 由于 λ-矩阵 (5.64) 的全部一阶子式除了非对角元素 0 以外, 只有主对角线上的首项系数为 1 的多项式 $d_i(\lambda)(i = 1, 2, \cdots, n)$, 并且它们满足性质:

$$d_{i-1}(\lambda)|d_i(\lambda) \quad (i = 2, 3, \cdots, n), \tag{5.65}$$

因此 λ-矩阵 (5.64) 的一阶行列式因子是 $D_1(\lambda) = d_1(\lambda)$, 二阶行列式因子显然是 $d_1(\lambda), d_2(\lambda), \cdots, d_n(\lambda)$ 中任意两个相乘所得乘积的最大公因式, 并且这些多项式 $d_i(\lambda)$ 还满足性质 (5.65), 所以可得

$$D_2(\lambda) = d_1(\lambda)d_2(\lambda),$$

由类似的推理可知对任何 $k = 1, 2, \cdots, n$, 都成立等式

$$D_k(\lambda) = d_1(\lambda)d_2(\lambda)\cdots d_k(\lambda),$$

其中包括了等式

$$D_n(\lambda) = d_1(\lambda)d_2(\lambda)\cdots d_n(\lambda). \tag{5.66}$$

从这些等式就可以得到行列式因子与 $d_i(\lambda)$ 的关系式:

$$d_1(\lambda) = D_1(\lambda), \quad d_2(\lambda) = \frac{D_2(\lambda)}{D_1(\lambda)}, \quad \cdots, \quad d_n(\lambda) = \frac{D_n(\lambda)}{D_{n-1}(\lambda)}. \tag{5.67}$$

上述这 n 个关系式表明: $A(\lambda)$ 的标准 λ-矩阵 (5.64) 的主对角元素 $d_i(\lambda)$ 是由 $A(\lambda)$ 的各阶行列式因子 $D_i(\lambda)(i = 1, 2, \cdots, n)$ 唯一确定的, 这样, $A(\lambda)$ 的标准 λ-矩阵 (5.64) 也就是唯一的.   □

当我们将定理 5.12 的结论运用到 n 阶特征矩阵 $\lambda I - A$ 时, 得到 $\lambda I - A$ 唯一的标准 λ-矩阵是 (见定理 5.13):

$$\begin{pmatrix} 1 & & & & & & \\ & \ddots & & & & & \\ & & 1 & & & & \\ & & & d_{n-q+1}(\lambda) & & & \\ & & & & \ddots & & \\ & & & & & d_{n-1}(\lambda) & \\ & & & & & & d_n(\lambda) \end{pmatrix},$$

此时 $\lambda I - A$ 的 n 阶行列式因子 $D_n(\lambda)$ 就是矩阵 A 的特征多项式 $|\lambda I - A|$, 这样从 (5.66) 式就可以得到以下等式

$$|\lambda I - A| = d_{n-q+1}(\lambda)\cdots d_{n-1}(\lambda)d_n(\lambda),$$

即 A 的不变因子的乘积等于 $|\lambda I - A|$, 而由于 A 的初等因子的乘积等于 A 的不变因子的乘积, 所以 A 的初等因子的乘积也是特征多项式 $|\lambda I - A|$. 考虑到 $|\lambda I - A|$ 是 n 次多项式, 我们也得到了下面的结论:

A 的不变因子的次数之和 $= A$ 的初等因子的次数之和 $= A$ 的阶数 n.

在一些涉及若尔当标准形的证明与计算问题中, 有时会用到关系式 (5.67).

例 5.23　求四阶矩阵

$$A = \begin{pmatrix} 1 & 2 & 3 & 4 \\ 0 & 1 & 2 & 3 \\ 0 & 0 & 1 & 2 \\ 0 & 0 & 0 & 1 \end{pmatrix}$$

的若尔当标准形.

解 在 A 的特征矩阵

$$\lambda I - A = \begin{pmatrix} \lambda-1 & -2 & -3 & -4 \\ 0 & \lambda-1 & -2 & -3 \\ 0 & 0 & \lambda-1 & -2 \\ 0 & 0 & 0 & \lambda-1 \end{pmatrix}$$

中, 右下角和右上角的两个三阶子式分别是

$$\begin{vmatrix} \lambda-1 & -2 & -3 \\ 0 & \lambda-1 & -2 \\ 0 & 0 & \lambda-1 \end{vmatrix} = (\lambda-1)^3, \quad \begin{vmatrix} -2 & -3 & -4 \\ \lambda-1 & -2 & -3 \\ 0 & \lambda-1 & -2 \end{vmatrix} = -4\lambda(\lambda+1),$$

由于这两个三阶子式互素, 所以 $D_3(\lambda) = 1$, 从而有 $D_1(\lambda) = D_2(\lambda) = 1$, 又因为

$$D_4(\lambda) = |\lambda I - A| = (\lambda-1)^4,$$

所以由关系式 (5.67) 得

$$d_1(\lambda) = d_2(\lambda) = d_3(\lambda) = 1, \quad d_4(\lambda) = (\lambda-1)^4,$$

因此 A 的不变因子和初等因子都是 $(\lambda-1)^4$, 从而 A 的若尔当标准形是

$$J = \begin{pmatrix} 1 & 1 & 0 & 0 \\ 0 & 1 & 1 & 0 \\ 0 & 0 & 1 & 1 \\ 0 & 0 & 0 & 1 \end{pmatrix}. \qquad \square$$

例 5.24 设 $C \in M_n(\mathbb{C})$ 是可逆矩阵, 证明: 存在矩阵 $A \in M_n(\mathbb{C})$, 使得 $A^2 = C$.

证明 设矩阵 C 的若尔当标准形是 J, 即存在可逆矩阵 P, 使得

$$C = PJP^{-1} = P \begin{pmatrix} J_{k_1}(\lambda_1) & & & \\ & J_{k_2}(\lambda_2) & & \\ & & \ddots & \\ & & & J_{k_s}(\lambda_s) \end{pmatrix} P^{-1},$$

这里的分块矩阵 $J_{k_i}(\lambda_i)$ 是 k_i 阶若尔当块, 并且 $\sum_{i=1}^s k_i = n$. 现在令矩阵

$$B = \begin{pmatrix} J_{k_1}(\sqrt{\lambda_1}) & & & \\ & J_{k_2}(\sqrt{\lambda_2}) & & \\ & & \ddots & \\ & & & J_{k_s}(\sqrt{\lambda_s}) \end{pmatrix},$$

其中的若尔当块是

$$J_{k_i}(\sqrt{\lambda_i}) = \begin{pmatrix} \sqrt{\lambda_i} & 1 & & \\ & \sqrt{\lambda_i} & \ddots & \\ & & \ddots & 1 \\ & & & \sqrt{\lambda_i} \end{pmatrix},$$

它的平方是

$$J_{k_i}^2(\sqrt{\lambda_i}) = \begin{pmatrix} \lambda_i & 2\sqrt{\lambda_i} & 1 & & \\ & \lambda_i & 2\sqrt{\lambda_i} & \ddots & \\ & & \ddots & \ddots & 1 \\ & & & \ddots & 2\sqrt{\lambda_i} \\ & & & & \lambda_i \end{pmatrix}.$$

显然, 特征矩阵 $\lambda I - J_{k_i}^2(\sqrt{\lambda_i})$ 有一个 $k_i - 1$ 阶子式

$$\begin{vmatrix} \lambda - \lambda_i & -2\sqrt{\lambda_i} & -1 & & \\ & \lambda - \lambda_i & -2\sqrt{\lambda_i} & \ddots & \\ & & \ddots & \ddots & -1 \\ & & & \ddots & -2\sqrt{\lambda_i} \\ & & & & \lambda - \lambda_i \end{vmatrix} = (\lambda - \lambda_i)^{k_i - 1},$$

同时它还有另一个 $k_i - 1$ 阶子式

$$g(\lambda) = \begin{vmatrix} -2\sqrt{\lambda_i} & -1 & & \\ \lambda - \lambda_i & -2\sqrt{\lambda_i} & \ddots & \\ & \ddots & \ddots & -1 \\ & & \lambda - \lambda_i & -2\sqrt{\lambda_i} \end{vmatrix},$$

因为 C 是可逆矩阵, 所以 $|C| \neq 0$, 再由 $|C| = \lambda_1\lambda_2\cdots\lambda_n$ 可知 C 的所有特征值 λ_i 不为零, 这样就有

$$g(\lambda_i) = \begin{vmatrix} -2\sqrt{\lambda_i} & -1 & & \\ & -2\sqrt{\lambda_i} & \ddots & \\ & & \ddots & -1 \\ & & & -2\sqrt{\lambda_i} \end{vmatrix} = (-2\sqrt{\lambda_i})^{k_i - 1} \neq 0,$$

因此由定理 4.11 知多项式 $g(\lambda)$ 不被 $\lambda - \lambda_i$ 整除, 即 $g(\lambda)$ 与 $(\lambda - \lambda_i)^{k_i - 1}$ 互素, 从而 $\lambda I - J_{k_i}^2(\sqrt{\lambda_i})$ 的 $k_i - 1$ 阶行列式因子 $D_{k_i-1}(\lambda) = 1$, 由此可知 $J_{k_i}^2(\sqrt{\lambda_i})$ 的不变

因子只有

$$d_{k_i}(\lambda) = D_{k_i}(\lambda) = (\lambda - \lambda_i)^{k_i},$$

这也就是说, $J_{k_i}^2(\sqrt{\lambda_i})$ 的初等因子是 $(\lambda - \lambda_i)^{k_i}$. 这样, $J_{k_i}^2(\sqrt{\lambda_i})$ 的若尔当标准形还是 $J_{k_i}(\lambda_i)$, 于是便得到 $B^2 \sim J$, 即存在可逆矩阵 Q, 使得

$$Q^{-1}B^2Q = J = P^{-1}CP,$$

因此得到 $PQ^{-1}B^2QP^{-1} = C$. 现在令 $N = QP^{-1}$, 则 N 仍是可逆矩阵, 且有

$$N^{-1}B^2N = (N^{-1}BN)(N^{-1}BN) = C,$$

我们取 $A = N^{-1}BN$, 便得到 $A^2 = C$. $\qquad\square$

习题 5.7

1. 证明定理 5.17 的另一半结论: 存在 λ-矩阵 $R(\lambda)$ 和数字矩阵 V_0, 使得

$$V(\lambda) = R(\lambda)(\lambda I - A) + V_0.$$

2. 用初等变换方法把 5.7.3 小节开头给出的三阶特征矩阵 $A(\lambda)$ 化成标准 λ-矩阵, 从而求出 $d_1(\lambda), d_2(\lambda), d_3(\lambda)$, 然后据此求出 $A(\lambda)$ 的行列式因子 $D_1(\lambda), D_2(\lambda), D_3(\lambda)$.

3. 用关系式 (5.67) 证明定理 5.14.

4. 求下列矩阵的若尔当标准形:

(1) $\begin{pmatrix} 8 & -3 & 6 \\ 3 & -2 & 0 \\ -4 & 2 & -2 \end{pmatrix}$;

(2) $\begin{pmatrix} 1 & 2 & 0 & 0 \\ -2 & 1 & 0 & 0 \\ -1 & 0 & 1 & 2 \\ 0 & -1 & -2 & 1 \end{pmatrix}$.

5. 设 A 是一个 n 阶复方阵, A 的秩 $\mathrm{rank}(A) = r$, 并且 A 也是一个幂零矩阵 (即存在正整数 m, 使得 $A^m = 0$), 证明: $A^{r+1} = 0$.

6. 设 A 是一个 n 阶复方阵,

(1) 证明: A 相似于上三角矩阵;

(2) 用 (1) 证明: 如果 $f_A(\lambda)$ 是 A 的特征多项式, 则 $f_A(A) = 0$.

7. 设 A 是一个 n 阶复方阵, A 有零特征值, 并且满足 $\mathrm{rank}(A^k) = \mathrm{rank}(A^{k+1})$, 证明: A 的零特征值对应的初等因子的次数不超过 k.

部分习题答案

习 题 1.1

1. (1) -1;   (4) 74;   (7) $2xyz$.

2. (5) $x = \dfrac{23}{29}, y = \dfrac{19}{29}$;   (8) $x = 5, y = 0, z = 3$.

习 题 1.2

1. $2(x\mathbf{b} - y\mathbf{a})$.

3. $\mathbf{x} = \dfrac{1}{17}(3\mathbf{a} + 4\mathbf{b})$.

6. $A(-1, 2, 4)$, $B(8, -4, -2)$.

7. (1) 不共面;   (3) 共面, $\mathbf{c} = 2\mathbf{a} - \mathbf{b}$.

9. $\left(\dfrac{x_1 + x_2 + x_3}{3}, \dfrac{y_1 + y_2 + y_3}{3}, \dfrac{z_1 + z_2 + z_3}{3} \right)^{\mathrm{T}}$.

习 题 1.3

1. (1) 5;   (2) -3;   (3) $\dfrac{11}{2}$;   (4) 11.

2. $-\dfrac{3}{2}$.

3. $\sqrt{14}$, $\arccos \dfrac{\sqrt{14}}{14}$, $\arccos \dfrac{2\sqrt{14}}{14}$, $\arccos \dfrac{3\sqrt{14}}{14}$.

5. 40.

6. (2) $\sqrt{10}, \sqrt{14}, \dfrac{\pi}{2}$.

习 题 1.4

1. (1) 4;   (2) 64;   (3) 144.

3. (2) $\left(\dfrac{35}{6}, \dfrac{25}{6}, \dfrac{5}{6} \right)^{\mathrm{T}}$.

4. (2) $\dfrac{3\sqrt{21}}{7}, \dfrac{3\sqrt{462}}{77}$.

9. (1) 共面;　　　　　　　　　　　　(2) 不共面, $V = 2$.

10. (1) 共面;　　　　　　　　　　　　(2) 不共面, $V = \dfrac{58}{3}, h = \dfrac{29}{7}$.

12. $(3, 4, -5)^{\mathrm{T}}, (-1, 2, -1)^{\mathrm{T}}$.

习　题　1.5

2. (1) $4x - 3y + 2z - 7 = 0$;　　(2) $7x - 2y - 17 = 0$;　　(3) $z - 1 = 0$;
(4) $12x + 8y + 19z + 24 = 0$;　　(5) $2x + 5z = 0$;　　(6) $2x + 9y - 6z - 121 = 0$;
(13) $x \pm \sqrt{26}y + 3z - 3 = 0$.

3. $\dfrac{1}{3}$.

习　题　1.6

1. (1) $\begin{cases} \dfrac{x+3}{1} = \dfrac{y}{-1}, \\ z = 1; \end{cases}$　　(2) $\dfrac{x-1}{1} = \dfrac{y}{1} = \dfrac{z+2}{2}$;　　(3) $\dfrac{x-2}{6} = \dfrac{y+3}{-3} = \dfrac{z+5}{-5}$.

2. (1) $x + 5y + z - 1 = 0$;　　　　　　(3) $x - 8y - 13z + 9 = 0$;

3. (1) $(9, 12, 20)$ 与 $\left(-\dfrac{117}{7}, -\dfrac{6}{7}, -\dfrac{130}{7} \right)$;　　(2) $(0, 2, 7)$.

4. 14.

9. $\dfrac{x-4}{15} = \dfrac{y}{3} = \dfrac{z+1}{-8}$.

习　题　2.1

7. (1) 无解;　　　　　　　　(2) $x = 3, y = -4, z = -1, w = 1$;

(7) $x = \dfrac{1}{6}, y = \dfrac{1}{6}, z = \dfrac{1}{6}, w = 0$.

习　题　2.2

1. (3) $\begin{pmatrix} 6 & 2 & -2 \\ 6 & 1 & 0 \\ 8 & -1 & 2 \end{pmatrix}$;　　(8) $\begin{pmatrix} 7 & 4 & 4 \\ 9 & 4 & 3 \\ 3 & 3 & 4 \end{pmatrix}$;　　(9) $\begin{pmatrix} 3 & -2 \\ 4 & 8 \end{pmatrix}$;　　(10) $\begin{pmatrix} 1 & n \\ 0 & 1 \end{pmatrix}$;

(11) $\begin{pmatrix} \cos n\theta & -\sin n\theta \\ \sin n\theta & \cos n\theta \end{pmatrix}$.

3. $\begin{pmatrix} 5 & 1 & 3 \\ 8 & 0 & 3 \\ -2 & 1 & -2 \end{pmatrix}$.

4. $\begin{pmatrix} a & b & c \\ 0 & a & b \\ 0 & 0 & a \end{pmatrix}$, 其中 a, b, c 为任意数.

习　题　2.4

25. (2) $\begin{pmatrix} -\dfrac{5}{2} & 1 & -\dfrac{1}{2} \\ 5 & -1 & 1 \\ -\dfrac{3}{2} & 0 & -\dfrac{1}{2} \end{pmatrix}$;

(6) $\dfrac{1}{4} \begin{pmatrix} 1 & 1 & 1 & 1 \\ 1 & 1 & -1 & -1 \\ 1 & -1 & 1 & -1 \\ 1 & -1 & -1 & 1 \end{pmatrix}$;

(8) $\begin{pmatrix} 1 & 1 & -1 & 0 & 1 \\ 0 & 1 & 1 & -1 & 0 \\ 0 & 0 & 1 & 1 & -1 \\ 0 & 0 & 0 & 1 & 1 \\ 0 & 0 & 0 & 0 & 1 \end{pmatrix}$.

习　题　2.5

1. (2) 211;

(4) $x^n + (-1)^{n+1} y^n$.

3. (3) 0;

(6) $\dfrac{3}{8}$.

4. (2) $6(n-3)!$ $(n \geqslant 3)$;

(5) $(-1)^{n-1} n a_1 a_2 \cdots a_{n-1}$;

(6) 当 $n = 1$ 时, $a_1 - b_1$, 当 $n = 2$ 时, $(a_1 - a_2)(b_1 - b_2)$, 当 $n \geqslant 3$ 时, 0.

习　题　2.6

17. (1) $\begin{pmatrix} 4 & -2 & -2 \\ -2 & 2 & 2 \\ -6 & 6 & 4 \end{pmatrix}$.

18. $\begin{pmatrix} 0 & -2 & 0 & 0 \\ -6 & 0 & 0 & 0 \\ 0 & 0 & 0 & -3 \\ 0 & 0 & 3 & 0 \end{pmatrix}$.

19. (1) $x = 1, y = 2, z = 3, w = -1$;

(2) $x = 1, y = 2, z = -1, w = -2$.

20. $x_k = \dfrac{(a_n - b) \cdots (a_{k+1} - b)(b - a_{k-1}) \cdots (b - a_1)}{(a_n - a_k) \cdots (a_{k+1} - a_k)(a_k - a_{k-1})(a_k - a_1)}$, $k = 1, \cdots, n$.

习　题　3.1

1. $\beta = \dfrac{1}{3} \alpha_1 + \dfrac{1}{3} \alpha_2$.

6. (1) 线性相关; (2) 线性无关.

习 题 3.2

1. (4) 秩为 3.

9. (2) 4; (3) 3; (5) 5.

习 题 3.3

1. (2) $\eta = \left(2, 4, \dfrac{8}{3}, \dfrac{13}{3}, 1\right)^{\mathrm{T}}$.

21. (2) $(-1, 1, 1)^{\mathrm{T}} + k(-1, 0, 1)^{\mathrm{T}}$, k 是任意常数.

习 题 4.1

7. (1) $q(x) = x^2 - 2x - 10, r(x) = 2x + 9$; (2) $q(x) = 3x^2 + 3x - 4, r(x) = 0$.

11. (1) $q(x) = x^3 - 3x^2 + 10x - 26, r = 69$; (2) $q(x) = x^3 - x^2 + \dfrac{1}{2}x - \dfrac{3}{4}, r = -\dfrac{5}{4}$.

12. $k = 2$.

习 题 4.2

1. (2) $u(x) = -x - 1, v(x) = x + 2$; (3) $u(x) = \dfrac{3x - 7}{19}, v(x) = -\dfrac{3x^3 - 13x^2 - x + 26}{19}$.

习 题 4.3

1. (2) $(x + 1)(x - 1)(x + \mathrm{i})(x - \mathrm{i})$; (4) $\displaystyle\prod_{k=0}^{n} \left(x - \sqrt[n]{3}\left(\cos\dfrac{2k\pi}{n} + \mathrm{i}\sin\dfrac{2k\pi}{n}\right)\right)$.

习 题 4.4

2. (1) 2; (2) $-1, \dfrac{3}{2}$; (4) 没有有理根.

习 题 4.5

2. $(x - 2)(x + 1)^4$.

3. ± 2.

习　题　5.1

2. (2) $\lambda_1 = 1, \alpha_1 = (0,1,1)^{\mathrm{T}}$, 特征向量是 $k_1\alpha_1(k_1 \neq 0)$, $\lambda_2 = 5(2重), \alpha_2 = (1,0,0)^{\mathrm{T}}$, $\alpha_3 = (0,-1,1)^{\mathrm{T}}$, 特征向量是 $k_2\alpha_2 + k_3\alpha_3(k_2, k_3$ 不全为零);

(3) $\lambda_1 = 2, \alpha_1 = (-2,1,0)^{\mathrm{T}}$, 特征向量是 $k_1\alpha_1(k_1 \neq 0)$, $\lambda_2 = 1 + \sqrt{3}, \alpha_2 = (3,-1,2-\sqrt{3})^{\mathrm{T}}$, 特征向量是 $k_2\alpha_2(k_2 \neq 0)$, $\lambda_3 = 1 - \sqrt{3}, \alpha_3 = (3,-1,2+\sqrt{3})^{\mathrm{T}}$, 特征向量是 $k_3\alpha_3$ $(k_3 \neq 0)$.

7. (1) 不可对角化.

8. (1) $a = 1, b = -1, \lambda_0 = -6$.

9. $a = 4$.

习　题　5.5

1. (2) $\begin{pmatrix} -1 & 0 & 0 \\ 0 & 1 & 1 \\ 0 & 0 & 1 \end{pmatrix}$;　　(3) $\begin{pmatrix} -3 & 0 & 0 \\ 0 & -3 & 1 \\ 0 & 0 & -3 \end{pmatrix}$;　　(4) $\begin{pmatrix} 1 & 1 & 0 \\ 0 & 1 & 1 \\ 0 & 0 & 1 \end{pmatrix}$.

习　题　5.6

3. (1) $\begin{pmatrix} 1 & 1 & 0 & 0 \\ 0 & 1 & 1 & 0 \\ 0 & 0 & 1 & 1 \\ 0 & 0 & 0 & 1 \end{pmatrix}$;　　(2) $\begin{pmatrix} 1 & 1 & 0 & 0 \\ 0 & 1 & 0 & 0 \\ 0 & 0 & 7+\sqrt{30} & 0 \\ 0 & 0 & 0 & 7-\sqrt{30} \end{pmatrix}$.

参 考 文 献

北京大学数学系前代数小组. 2013. 高等代数. 4 版. 王萼芳, 石生明修订. 北京: 高等教育出版社.

陈志杰. 2008. 高等代数与解析几何 (上、下). 2 版. 北京: 高等教育出版社.

樊恽, 刘宏伟. 2009. 线性代数与解析几何教程 (上、下). 北京: 科学出版社.

蓝以中. 2007. 高等代数简明教程 (上、下). 2 版. 北京: 北京大学出版社.

吕林根, 许子道. 2006. 解析几何. 4 版. 北京: 高等教育出版社.

孟道骥. 2014. 高等代数与解析几何 (上、下). 3 版. 北京: 科学出版社.

丘维声. 2015. 高等代数 (上、下). 3 版. 北京: 高等教育出版社.

同济大学数学系. 2016. 高等代数与解析几何. 2 版. 北京: 高等教育出版社.

王心介. 2002. 高等代数与解析几何. 北京: 科学出版社.

姚慕生, 吴泉水, 谢启鸿. 2014. 高等代数学. 3 版. 上海: 复旦大学出版社.

易忠. 2007. 高等代数与解析几何 (上、下). 北京: 清华大学出版社.

俞正光, 鲁自群, 林润亮. 2014. 线性代数与几何 (上、下). 2 版. 北京: 清华大学出版社.

张禾瑞, 郝𬭚新. 2007. 高等代数. 5 版. 北京: 高等教育出版社.

庄瓦金. 2013. 高等代数教程. 北京: 科学出版社.

Friedberg S H, Insel A J, Spence L E. 2007. Linear Algebra. 北京: 高等教育出版社.

高等代数与解析几何

（下册）

陈　跃　裴玉峰　编著

科　学　出　版　社

北　京

内 容 简 介

本书是作者根据多年从事高等代数与解析几何课程教学的经验编写而成的. 本书分上、下两册. 上册主要包括: 空间向量、平面与直线、矩阵初步与 n 阶行列式、矩阵的秩与线性方程组、多项式、矩阵的相似与若尔当标准形; 下册主要包括: 常用曲面、二次型与矩阵的合同、线性空间、线性变换、欧氏空间. 本书在编写中将二次型及其矩阵的特征值这一历史上的经典问题作为引入整个课程内容的一条叙述主线, 将高等代数与解析几何有机地结合起来. 本书合理地引入了每一个重要概念, 给出了主要定理的推理步骤, 设置了不少经典例题和习题来指导学生理解和运用这些定理.

本书可以作为高等院校数学专业本科生的教材, 也可以作其他相关专业的教学参考书.

图书在版编目(CIP)数据

高等代数与解析几何: 全 2 册/陈跃, 裴玉峰编著. —北京: 科学出版社, 2019.8

ISBN 978-7-03-061309-7

Ⅰ. ①高⋯ Ⅱ. ①陈⋯ ②裴⋯ Ⅲ. ①高等代数-高等学校-教材②解析几何-高等学校-教材 Ⅳ. ①O15②O182

中国版本图书馆 CIP 数据核字(2019) 第 102958 号

责任编辑: 张中兴 梁 清/责任校对: 杨聪敏
责任印制: 赵 博/封面设计: 迷底书装

科 学 出 版 社 出版

北京东黄城根北街 16 号
邮政编码: 100717
http://www.sciencep.com

三河市骏杰印刷有限公司印刷
科学出版社发行 各地新华书店经销
*

2019 年 8 月第 一 版 开本: 720 × 1000 1/16
2024 年 7 月第十一次印刷 印张: 37 3/4
字数: 756 000

定价: **98.00 元(上下册)**
(如有印装质量问题, 我社负责调换)

目　　录

第 6 章　常 用 曲 面

6.1　空间曲面与曲线的方程

6.1.1　曲面的一般方程

本书上册第 1 章讲了空间平面的一般方程 $Ax + By + Cz + D = 0$, 这是三个变量 x, y, z 的一次方程. 一般来说, 如果三元函数 $F(x, y, z)$ 是一个连续的函数, 那么方程

$$F(x, y, z) = 0 \tag{6.1}$$

就确定了空间的一个曲面 S, 也称为这个曲面 S 的**隐式方程**(或**一般方程**). 例如, 从空间两点的距离公式可以得出球心在原点, 半径为 r 的球面方程为

$$x^2 + y^2 + z^2 = r^2. \tag{6.2}$$

此时的函数 $F(x, y, z) = x^2 + y^2 + z^2 - r^2$, 球面的方程是一个二次方程, 从方程 (6.2) 可以将变量 z 解出来, 得到两个二元函数

$$z = \sqrt{r^2 - x^2 - y^2} \quad \text{和} \quad z = -\sqrt{r^2 - x^2 - y^2}.$$

它们分别对应了上半球面和下半球面. 同样, 由方程 (6.1) 确定的二元函数

$$z = f(x, y) \tag{6.3}$$

也是曲面 S 的方程, 称为**显式方程**. 就像从一元函数 $y = f(x)$ 容易作出在平面坐标系中的图像一样, 从曲面的显式方程也容易作出曲面的图像, 即用 x, y 的值代入 $z = f(x, y)$ 后计算得出坐标 z, 就可以作出点 $(x, y, f(x, y))$, 在作出了足够多的曲面上的点之后, 将它们连起来就得到曲面的整体图像 (图 6.1). 当然在许多情况下, 求不出曲面的显式方程.

6.1.2　球面的方程

球面是空间中除平面外最简单的曲面. 如果球面的球心不在原点, 设球心坐标为 $Q(x_0, y_0, z_0)$, 半径为 r, $P(x, y, z)$ 是球面上的任意一点 (图 6.2), 则由两点距离公式得

$$|\overrightarrow{PQ}| = \sqrt{(x - x_0)^2 + (y - y_0)^2 + (z - z_0)^2} = r$$

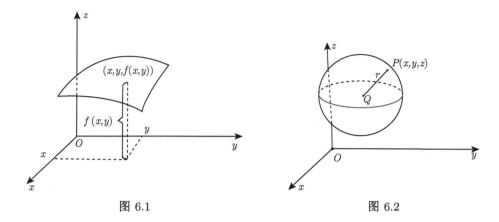

图 6.1   图 6.2

或者

$$(x - x_0)^2 + (y - y_0)^2 + (z - z_0)^2 = r^2. \tag{6.4}$$

上式称为球面的标准方程. 将方程 (6.4) 中括号打开整理后可得球面的一般方程:

$$x^2 + y^2 + z^2 + ax + by + cz + d = 0. \tag{6.5}$$

它的特点是平方项 x^2, y^2, z^2 的系数都相等, 并且没有二次混合项 xy, yz, xz. 当然, 方程 (6.5) 并不都代表球面, 例如, 方程 $x^2 + y^2 + z^2 - 2x + 4y + 5 = 0$ 经过配方后得

$$(x - 1)^2 + (y + 2)^2 + z^2 = 0,$$

它仅表示空间的一个点 $(1, -2, 0)$. 不过, 球面的一般方程有时可用来求球面的方程.

例 6.1 求通过四点 $A(0,0,0), B(4,0,0), C(1,3,0), D(0,0,-4)$ 的球面方程, 并求出其球心坐标和半径.

解 设所求的球面方程为 $x^2 + y^2 + z^2 + ax + by + cz + d = 0$, 代入四点坐标得

$$\begin{cases} d = 0, \\ 4a + d + 16 = 0, \\ a + 3b + d + 10 = 0, \\ -4c + d + 16 = 0. \end{cases}$$

从中解出 $a = -4, b = -2, c = 4, d = 0$, 即球面的方程为

$$x^2 + y^2 + z^2 - 4x - 2y + 4z = 0.$$

再配方后得到标准方程为

$$(x - 2)^2 + (y - 1)^2 + (z + 2)^2 = 9,$$

因此球心坐标是 $(2, 1, -2)$, 半径为 3. □

　　下面两个例题都是有关球面的切平面的问题, 此时, 球心到切平面的距离就等于球半径.

　　例 6.2　设一个球面与平面 $x + 2y + 2z + 3 = 0$ 相切于点 $M(1, 1, -3)$, 并且已知球的半径为 3, 求这个球面的方程.

　　解　只要求出球心的坐标, 就可以得到球面的方程. 而因为球与平面相切于点 M, 所以球心必在通过切点 M 且垂直于平面的直线上, 容易求得该直线的方程为

$$\frac{x - 1}{1} = \frac{y - 1}{2} = \frac{z + 3}{2},$$

则球心的坐标 (x_0, y_0, z_0) 应满足

$$\frac{x_0 - 1}{1} = \frac{y_0 - 1}{2} = \frac{z_0 + 3}{2}. \tag{6.6}$$

又因为球心到点 M 的距离为 3, 所以有

$$\sqrt{(x_0 - 1)^2 + (y_0 - 1)^2 + (z_0 + 3)^2} = 3, \tag{6.7}$$

从 (6.6) 式和 (6.7) 式可得球心的坐标为 $(2, 3, -1)$ 或 $(0, -1, -5)$, 这样就得到两个球面方程

$$(x - 2)^2 + (y - 3)^2 + (z + 1)^2 = 9 \quad 和 \quad x^2 + (y + 1)^2 + (z + 5)^2 = 9. \quad □$$

　　例 6.3　平面 $2x + 3y + 6z - 4 = 0$ 和三个坐标面围成了一个四面体, 求该四面体内切球面的方程.

　　解　由于该内切球面与三个坐标面相切, 所以球心与三个坐标面的距离都等于球面的半径 r, 因此可设球心的坐标为 (r, r, r). 又因为该球面与平面

$$2x + 3y + 6z - 4 = 0$$

相切, 所以球心 (r, r, r) 到这个平面的距离也是 r, 由点到平面的距离公式, 得

$$\frac{|2r + 3r + 6r - 4|}{\sqrt{2^2 + 3^2 + 6^2}} = r,$$

从中解得 $r = \dfrac{2}{9}$ 或 $r = 1$, 考虑到该内切球面的实际大小 (图 6.3), 舍弃解 $r = 1$ (请考虑它的几何意义), 从而得到该四面体内切球面的方程为

$$\left(x - \frac{2}{9}\right)^2 + \left(y - \frac{2}{9}\right)^2 + \left(z - \frac{2}{9}\right)^2 = \frac{4}{81}. \quad □$$

6.1.3 曲面的参数方程

在地球表面上确定一个点的位置时, 往往不用直角坐标 (x, y, z), 而是用很方便的经纬度. 设球面的球心在原点, 半径为 r (图 6.4). $P(x, y, z)$ 是球面上的任一点, P 在 xOy 坐标面上的投影点是 M, 而 M 在 x 轴上的投影点是 Q. 设从 x 轴正向到 OM 的有向角是 φ, OM 到 OP 的有向角是 θ(如果 x 轴的正向是本初子午线的方向, 那么角 φ 就是经度, 角 θ 是纬度), 则容易得到这两个角与 P 点的三个坐标之间的关系是

$$x = |\overrightarrow{OM}| \cos \varphi = r \cos \theta \cos \varphi,$$
$$y = |\overrightarrow{OM}| \sin \varphi = r \cos \theta \sin \varphi,$$
$$z = r \sin \theta.$$

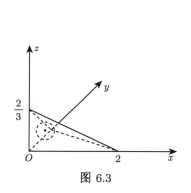

图 6.3

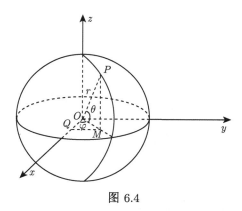

图 6.4

方程

$$\begin{cases} x = r \cos \theta \cos \varphi, \\ y = r \cos \theta \sin \varphi, \\ z = r \sin \theta \end{cases} \tag{6.8}$$

称为球面 (6.4) 的参数方程, 其中的两个参数 θ 和 φ 的取值范围是 $-\dfrac{\pi}{2} \leqslant \theta \leqslant \dfrac{\pi}{2}$ 与 $-\pi \leqslant \varphi < \pi$. 将球面的参数方程 (6.8) 代入球面的直角坐标方程的左边, 一定等于右边的常数 r^2, 并且当 θ 与 φ 取遍上述不等式中每一值时, 就可以确定球面上的每一个点.

一般来说, 曲面 $F(x, y, z) = 0$ 的 **参数方程** 可以写成

$$\begin{cases} x = x(\mu, \nu), \\ y = y(\mu, \nu), \\ z = z(\mu, \nu), \end{cases} \tag{6.9}$$

其中的变量 μ 与 ν 是两个参数. 它们取值于 $\mu\nu$ 平面的某一区域 D 中, 而 $x(\mu,\nu)$, $y(\mu,\nu)$ 和 $z(\mu,\nu)$ 分别是 μ 与 ν 的二元函数. 当参数 μ 与 ν 取遍区域 D 中的每一值时, 方程 (6.9) 就可以确定曲面上的每一个点的位置, 并且满足方程 $F(x,y,z)=0$, 即有恒等式

$$F(x(\mu,\nu),y(\mu,\nu),z(\mu,\nu)) \equiv 0$$

成立. 注意曲面的参数方程并不唯一, 例如, 平面 $4x-3y+2z-7=0$ 的参数方程可以是

$$\begin{cases} x = 3 - 2\mu - \nu, \\ y = 1 - 2\mu, \\ z = -1 + \mu + 2\nu, \end{cases}$$

也可以是

$$\begin{cases} x = \mu, \\ y = \nu, \\ z = \dfrac{7}{2} - 2\mu + \dfrac{3}{2}\nu. \end{cases}$$

6.1.4 空间曲线的方程

下面我们来给出空间曲线的方程. 与描述空间直线需要两个方程一样, 空间曲线也需要两个方程来加以确定. 两个曲面 $F_1(x,y,z)=0$ 与 $F_2(x,y,z)=0$ 相交于一条空间曲线 L, 这条曲线上的每一个点同时落在这两个曲面上, 因此这个点的坐标必须满足方程组

$$\begin{cases} F_1(x,y,z) = 0, \\ F_2(x,y,z) = 0. \end{cases} \tag{6.10}$$

反过来满足方程组 (6.10) 的任何一个解所决定的点, 一定同时在两个曲面上, 也就是在空间曲线 L 上. 我们把方程 (6.10) 称为空间曲线 L 的**一般方程**. 例如, xOy 坐标面上半径为 r, 圆心在原点的圆可以看成球面 $x^2+y^2+z^2=r^2$ 与坐标面 $z=0$ 的交线, 它的方程是

$$\begin{cases} x^2 + y^2 + z^2 = r^2, \\ z = 0. \end{cases} \tag{6.11}$$

为了与以前平面解析几何中所讨论的圆相区别, 有时我们就称方程 (6.11) 这样的圆为 "空间圆".

例 6.4 求空间圆

$$\begin{cases} x^2 + y^2 + z^2 - 2x + 4z - 4 = 0, \\ 2x - 2y - z + 2 = 0 \end{cases}$$

的圆心坐标和半径.

解 经过配方, 题中的球面标准方程是

$$(x-1)^2 + y^2 + (z+2)^2 = 9,$$

因此球心是 $(1,0,-2)$, 球的半径 $R=3$(图 6.5), 过球心且与平面 $2x-2y-z+2=0$ 垂直的直线参数方程为

$$\begin{cases} x = 1 + 2t, \\ y = -2t, \\ z = -2 - t. \end{cases} \tag{6.12}$$

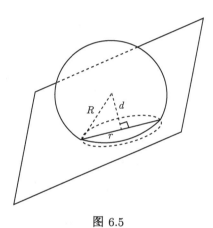

图 6.5

将其代入平面的方程, 得

$$2(1+2t) + 4t - (-2-t) + 2 = 0,$$

即 $9t + 6 = 0$, 解得 $t = -\dfrac{2}{3}$. 再从参数方程 (6.12) 可得圆心坐标为 $\left(-\dfrac{1}{3}, \dfrac{4}{3}, -\dfrac{4}{3}\right)$. 又因为球心 $(1,0,-2)$ 到平面 $2x-2y-z+2=0$ 的距离

$$d = \frac{|2+2+2|}{\sqrt{2^2 + (-2)^2 + (-1)^2}} = 2,$$

所以由勾股定理知圆的半径

$$r = \sqrt{R^2 - d^2} = \sqrt{3^2 - 2^2} = \sqrt{5}. \qquad \square$$

空间曲线也像空间直线那样, 可用它的参数方程来表达. 空间曲线的**参数方程**

是

$$\begin{cases} x = f(t), \\ y = g(t), \\ z = h(t), \end{cases} \tag{6.13}$$

其中 t 为参数, 而 $f(t), g(t)$ 和 $h(t)$ 都是区间 $[a, b]$ 上的实值连续函数. 我们可以将空间曲线 (6.13) 理解成一个移动的点 $(f(t), g(t), h(t))$ 在时刻 t 所处的位置. 例如, 参数方程

$$\begin{cases} x = \cos t, \\ y = \sin t, \\ z = t \end{cases} \tag{6.14}$$

所描述的空间曲线就是一条圆柱螺线 (图 6.6). 这是因为这条曲线上的每一个点 (x, y, z) 在 xOy 坐标面上的投影点是 $(x, y, 0)$, 并且满足 $x^2 + y^2 = \cos^2 t + \sin^2 t = 1$, 所以投影点 $(x, y, 0)$ 在绕着原点作逆时针的旋转, 同时, 随着 t 在增加, 坐标 $z = t$ 也在 "匀速" 增加, 因此就形成了落在圆柱面上的螺线. 在生物学中, 圆柱螺线已经成为描述遗传学中 DNA 分子结构最基本的几何模型.

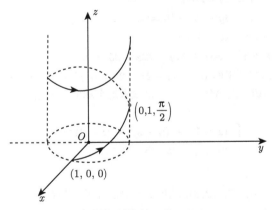

图 6.6

例 6.5 求空间圆

$$\begin{cases} x^2 + y^2 = 4, \\ x + z = 3 \end{cases}$$

的参数方程.

解 从曲面方程 $x^2 + y^2 = 4$ 得知这条空间曲线在 xOy 平面上的投影是半径为 2 的圆, 受圆柱螺线 (6.14) 的启发, 可设

$$x = 2\cos t, \quad y = 2\sin t \quad (0 \leqslant t \leqslant 2\pi).$$

从另一个平面方程可得

$$z = 3 - x = 3 - 2\cos t,$$

这样就得到了这条空间曲线的参数方程为

$$\begin{cases} x = 2\cos t, \\ y = 2\sin t, \qquad (0 \leqslant t \leqslant 2\pi). \\ z = 3 - 2\cos t \end{cases}$$

$\square$

习　题　6.1

1. 求下列各球面的方程:

(1) 球心是 $(2, -1, 3)$, 半径为 6;

(2) 球心是原点, 且经过点 $(6, -2, 3)$;

(3) 球的一条直径的两个端点是 $(2, -3, 5)$ 与 $(4, 1, -3)$.

2. 求下列各球面的球心坐标与半径:

(1) $x^2 + y^2 + z^2 - 6x + 8y + 2z + 10 = 0$;

(2) $x^2 + y^2 + z^2 + 2x - 4y - 4 = 0$;

(3) $36x^2 + 36y^2 + 36z^2 - 36x + 24y - 72z - 95 = 0$.

3. 已知一球面与两平行平面 $6x - 3y - 2z - 35 = 0$ 和 $6x - 3y - 2z + 63 = 0$ 都相切, 并且与其中的一个平面相切于点 $M(5, -1, -1)$, 试求这个球面的方程.

4. 试求空间圆

$$\begin{cases} (x+1)^2 + (y-2)^2 + (z-3)^2 = 9, \\ 2x + y - 2z + 3 = 0 \end{cases}$$

的圆心坐标与半径.

5. 求由三点 $A(1, 0, 0)$, $B(0, 2, 0)$, $C(0, 0, 3)$ 确定的空间圆的方程.

6. 求球心在点 $M(a, b, c)$, 半径为 r 的球面的参数方程.

7. 求空间曲线

$$\begin{cases} x = \cos \pi t, \\ y = \sin \pi t, \\ z = t \end{cases}$$

与曲面 $x^2 + y^2 + z^2 = 10$ 的交点坐标.

8. 要证明空间曲线

$$\begin{cases} x = f(t), \\ y = g(t), \\ z = h(t) \end{cases}$$

完全在曲面 $F(x, y, z) = 0$ 上, 应该用什么方法? 试用这个方法证明参数方程为

$$\begin{cases} x = t, \\ y = 2t, \\ z = 2t^2 \end{cases}$$

所表示的曲线完全在曲面 $2(x^2 + y^2) = 5z$ 上.

9. 求空间曲线

$$\begin{cases} y^2 - 4z = 0, \\ x + z^2 = 0 \end{cases}$$

的参数方程.

10. 把下列曲线的参数方程化为一般方程:

(1) $\begin{cases} x = 6t + 1, \\ y = (t + 1)^2, \quad (-\infty < t < +\infty); \\ z = 2t \end{cases}$ (2) $\begin{cases} x = 3 \sin t, \\ y = 5 \sin t, \quad (0 \leqslant t < 2\pi). \\ z = 4 \cos t \end{cases}$

6.2 柱面、锥面与旋转面

我们已经对平面和球面这两种最简单的曲面有了一些了解. 本章研究其他曲面的一般方法: 用平行于坐标面的一些平面去截曲面, 然后观察这些截线的形状, 以此来推断整个曲面的形状.

6.2.1 柱面的方程

首先讨论柱面, 空间中由平行于定方向且与一条定曲线相交的一族平行直线 (称为**母线**) 所产生的曲面叫**柱面**. 为了使柱面的方程简单, 这里总是取坐标轴的方向作为柱面的定方向.

例 6.6 求以 y 轴作为对称轴, 半径为 2 的圆柱面 (图 6.7) 方程.

解 设 $P(x, y, z)$ 是圆柱面上任意一点, 则 P 到 y 轴的距离都等于圆柱的半径 2, 由点到空间直线的距离公式, 得

$$d = \frac{|\mathbf{e}_2 \times \overrightarrow{OP}|}{|\mathbf{e}_2|} = \sqrt{x^2 + z^2} = 2,$$

这样就得到了圆柱面的方程是

$$x^2 + z^2 = 4. \qquad \square$$

注意这个圆柱面的方程中缺少了变量 y, 这意味着用任何平行于 xOz 坐标面的平面 $y = k$ 去截这个圆柱面, 得到的截线形状与 y 的大小无关, 它们都是半径为 2 的圆, 这个圆柱面可以看成由一条始终与 y 轴平行的动直线沿着 xOz 坐标面

上的那个定圆移动而产生的, 并且所有的母线都与 y 轴平行. 实际上这里出现的是一个普遍规律: 只要曲面的一般方程中缺少了一个变量, 那么曲面一定是一个柱面, 并且母线所平行的坐标轴与所缺的变量同名. 例如, 6.1 节讲的圆柱螺线所在的曲面就是一个圆柱面: $x^2 + y^2 = 1$, 虽然这个方程在以前平面解析几何中表示的是一个单位圆, 但在这里却表示一个对称轴为 z 轴的圆柱面 (图 6.8), 它的所有母线都与 z 轴平行, 并且用任何平行于 xOy 坐标面的平面 $z = k$ 去截这个曲面, 得到的截线全都是单位圆:

$$\begin{cases} x^2 + y^2 = 1, \\ z = k. \end{cases}$$

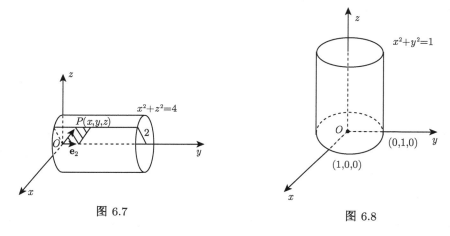

图 6.7   图 6.8

例 6.7　画出方程为 $z = y^2$ 的曲面图形.

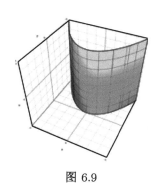

图 6.9

解　这个方程缺少变量 x, 因此如果用 $x = k$ 这样的平面去截这个曲面, 得到的截线都是相同形状的抛物线, 并且母线的方向平行于 x 轴. 可以先在 xOz 坐标面上画出定曲线抛物线

$$\begin{cases} z = y^2, \\ x = 0. \end{cases}$$

然后将其沿着 x 轴平行移动一段距离, 再加上三条打轮廓的直母线, 就画出了曲面的大致图形 (图 6.9).　　　　　□

我们称图 6.9 中的曲面为**抛物柱面**, 类似地, 还有**椭圆柱面**和**双曲柱面**(图 6.10). 这三种柱面统称为**二次柱面**.

在多元微积分的计算中, 射影柱面的概念比较有用. 设空间曲线 L 由两个曲面 $F(x, y, z) = 0$ 与 $G(x, y, z) = 0$ 相交而成, 则通过空间曲线 L 可以分别作出三个柱面, 使得它们的母线分别平行于坐标轴 x 轴, y 轴和 z 轴, 记这三个柱面方程分别为

$$F_1(y, z) = 0, \quad F_2(x, z) = 0, \quad F_3(x, y) = 0. \tag{6.15}$$

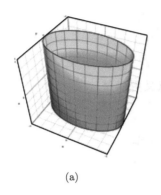 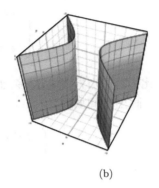

(a)   (b)

图 6.10

这三个柱面分别叫做曲线 L 对 yOz, xOz 和 xOy 坐标面的射影柱面. 可以从空间曲线 L 的一般方程

$$\begin{cases} F(x, y, z) = 0, \\ G(x, y, z) = 0 \end{cases} \tag{6.16}$$

中分别消去一个变量, 就得到 (6.15) 式中的一个射影柱面方程, 并且还能用这些射影柱面方程来重新写出空间曲线 L 的更简单的方程.

例如, 在用多元微积分中的二重积分求两个球体 $x^2 + y^2 + z^2 \leqslant r^2$ 与 $x^2 + y^2 + z^2 \leqslant 2rz$ 所围成的公共部分 (图 6.11) 的体积时, 就需要知道通过这两个球面的交线及母线平行于 z 轴的射影柱面方程.

现在从两个球面的交线方程

$$\begin{cases} x^2 + y^2 + z^2 = r^2, \\ x^2 + y^2 + z^2 = 2rz \end{cases} \tag{6.17}$$

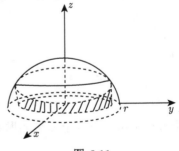

图 6.11

中消去变量 z 就可以得到所需的射影柱面方程, 将两个方程左右边分别相减, 得 $2rz - r^2 = 0$ 或 $z = \dfrac{r}{2}$. 再代回第一个球面方程, 得射影柱面的方程为

$$x^2 + y^2 = \frac{3}{4}r^2, \tag{6.18}$$

这其实也是 xOy 坐标面上画有阴影的圆的方程. 有时, 我们也把空间曲线方程 (6.16) 中的变量 z 消去后得到的方程称为该空间曲线在 xOy 坐标面上的**投影曲线方程**, 这样, 空间曲线 (6.17) 在 xOy 坐标面上的投影曲线就是 (6.18) 式中的圆. 此外, 空间曲线 (6.17) 实际上是一个空间圆, 它的方程也可以写成

$$\begin{cases} x^2 + y^2 = \dfrac{3}{4}r^2, \\ z = \dfrac{r}{2}. \end{cases} \tag{6.19}$$

方程 (6.19) 比方程 (6.17) 简单得多, 且几何意义更清楚.

例 6.8   画出空间曲线

$$\begin{cases} 2x^2 + z^2 + 4y = 4z, \\ x^2 + 3z^2 - 8y = 12z \end{cases}$$

的图形.

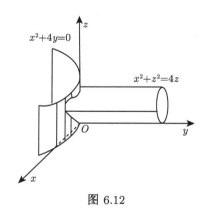

图 6.12

解   从曲线方程分别消去 y 和 z, 得 $x^2 + z^2 = 4z$ 和 $x^2 + 4y = 0$, 这是两个都通过这条空间曲线的曲面方程, 它们联立起来同样能确定这条空间曲线, 即该曲线的方程也可以写成

$$\begin{cases} x^2 + z^2 = 4z, \\ x^2 + 4y = 0. \end{cases}$$

由这个更简单的方程容易画出该空间曲线的图形 (图 6.12), 其中第一个方程是母线平行于 y 轴的圆柱面方程:

$$x^2 + (z - 2)^2 = 4,$$

第二个方程是母线平行于 z 轴的抛物柱面. 这条空间曲线是一条封闭的曲线.   □

6.2.2   锥面的方程

接下来考察锥面的方程. 在空间中, 通过一定点且与定曲线相交的一族直线 (称为母线) 所产生的曲面叫做**锥面**, 那个定点叫锥面的顶点. 为简单起见, 这里只讨论顶点在原点的锥面.

例 6.9   求顶点在原点, 母线与对称轴的夹角为 $\dfrac{\pi}{6}$ 的圆锥面方程.

解 设 $P(x,y,z)$ 是圆锥面上的任意一点 (图 6.13), $\mathbf{e}_3$ 是 z 轴上的单位向量, 由向量的夹角公式可得

$$\frac{\sqrt{3}}{2} = \cos\frac{\pi}{6} = \pm\frac{\mathbf{e}_3 \cdot \overrightarrow{OP}}{|\mathbf{e}_3||\overrightarrow{OP}|} = \pm\frac{z}{\sqrt{x^2+y^2+z^2}},$$

两边平方后整理得到圆锥面的方程为 $3x^2 + 3y^2 - z^2 = 0$. □

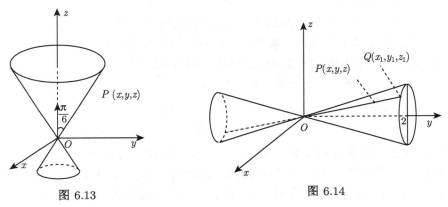

图 6.13　　　　　图 6.14

例 6.10 求顶点在原点, 与母线相交的定曲线为

$$\begin{cases} 4x^2 + z^2 = 1, \\ y = 2 \end{cases}$$

的锥面方程.

解 设 $P(x,y,z)$ 是锥面上的任意一点 (图 6.14), 过 P 点的母线与定曲线 (椭圆) 相交于 $Q(x_1,y_1,z_1)$, 由于 Q 点坐标满足定曲线方程, 所以有

$$4x_1^2 + z_1^2 = 1, \quad y_1 = 2.$$

将 $\overrightarrow{OQ} = \begin{pmatrix} x_1 \\ y_1 \\ z_1 \end{pmatrix}$ 作为过 P 点的母线的方向向量, 得母线的方程为

$$\frac{x}{x_1} = \frac{y}{y_1} = \frac{z}{z_1}.$$

将 $y_1 = 2$ 代入可解出

$$x_1 = \frac{2x}{y}, \quad z_1 = \frac{2z}{y}.$$

再将它们代入 $4x_1^2 + z_1^2 = 1$, 就得到锥面的方程为 $16x^2 - y^2 + 4z^2 = 0$. □

一般来说, 方程为二次齐次方程

$$ax^2 + by^2 + cz^2 = 0 \quad (abc \neq 0, \ b, c \text{不同号})$$

的曲面称为**二次锥面**, 它们的顶点都在原点, 并且垂直于对称轴的平面 (除坐标平面外) 与二次锥面的截线都是椭圆. 例 6.9 和例 6.10 都是二次锥面的例子.

6.2.3　旋转面的方程

以上的球面、圆柱面和圆锥面也都属于旋转面. 在空间中, 一条平面曲线 (称为母线) 绕着同平面内的一条直线 (称为旋转轴) 旋转一周所产生的曲面叫**旋转面**. 为简单起见, 这里旋转轴都取成坐标轴, 并且母线也在坐标面上.

设 yOz 坐标面上有一条平面曲线 L:

$$\begin{cases} f(y, z) = 0, \\ x = 0. \end{cases}$$

先让曲线 L 绕着 y 轴旋转一周生成一个旋转面 (图 6.15), 曲线 L 上每一个点经过旋转后都生成了一个圆, 称为**纬圆**, 因此旋转面实际上是无数个纬圆组成的. 现在设 $P(x, y, z)$ 是旋转面上任意一点, 则必有一个纬圆通过 P 点, 并与曲线 L 交于一点 $Q(x_1, y_1, z_1)$. 暂时将 Q 作为已知点, 可以写出作为空间圆的这个纬圆方程为

$$\begin{cases} x^2 + y^2 + z^2 = x_1^2 + y_1^2 + z_1^2, \\ y = y_1, \end{cases}$$

其中的球面以原点为球心, $\left|\overrightarrow{OQ}\right|$ 为半径. 又因为 $Q(x_1, y_1, z_1)$ 在曲线 L 上, 有

$$f(y_1, z_1) = 0 \quad \text{和} \quad x_1 = 0.$$

从这四个等式消去 x_1, y_1, z_1, 得到旋转面的方程为

$$f(y, \pm\sqrt{x^2 + z^2}) = 0.$$

现在再让曲线 L 绕着 z 轴旋转一周形成另一个旋转面 (图 6.16). 用同样的方法可以求得该旋转面的方程为 (见习题 6.2 的第 6 题)

$$f(\pm\sqrt{x^2 + y^2}, z) = 0.$$

从中可以发现一个规律: 将曲线 L 在坐标面里的方程 $f(y, z) = 0$ 保留和旋转轴同名的变量, 再用其余两个变量的平方和的平方根来代替方程 $f(y, z) = 0$ 中的另一个变量, 就可以得到相应的旋转面方程. 例如, 如果要求出双曲线 L

$$\begin{cases} \dfrac{y^2}{4} - \dfrac{z^2}{9} = 1, \\ x = 0 \end{cases}$$

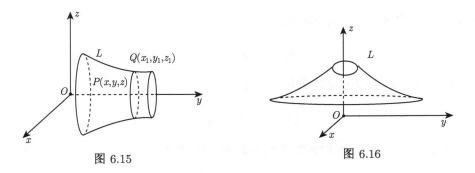

图 6.15　　　　　　　　　　　图 6.16

绕 z 轴旋转所产生的旋转面方程, 那么按照这个规律, 该旋转面的方程是

$$\frac{(\pm\sqrt{x^2+y^2})^2}{4}-\frac{z^2}{9}=1,\quad \text{即}\frac{x^2}{4}+\frac{y^2}{4}-\frac{z^2}{9}=1, \tag{6.20}$$

这是一个单叶双曲面 (图 6.17). 但是如果双曲线 L 是绕着 y 轴旋转的, 那么按照规律, 这个旋转面的方程是

$$\frac{y^2}{4}-\frac{(\pm\sqrt{x^2+z^2})^2}{9}=1,\quad \text{即}-\frac{x^2}{9}+\frac{y^2}{4}-\frac{z^2}{9}=1.$$

这是一个双叶双曲面 (图 6.18), 它有两张分开的曲面.

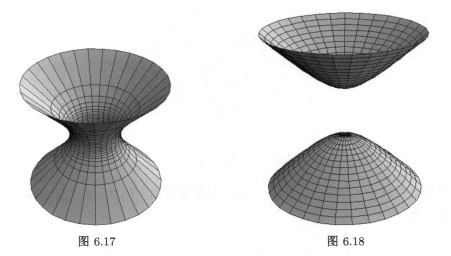

图 6.17　　　　　　　　　　　图 6.18

对于由 xOz 和 xOy 坐标面上的母线所生成的旋转面, 它们的方程也有着和上述旋转面方程类似的规律. 例如, 由 xOy 坐标面上的母线

$$\begin{cases} g(x,y)=0, \\ z=0 \end{cases}$$

绕 x 轴旋转生成的旋转面方程是

$$g(x, \pm\sqrt{y^2 + z^2}) = 0. \tag{6.21}$$

而它绕 y 轴旋转生成的旋转面方程则是

$$g(\pm\sqrt{x^2 + z^2}, y) = 0. \tag{6.22}$$

在多元微积分中, 有时还需要用到旋转面的参数方程. 设 xOy 坐标面上的一条曲线是

$$\begin{cases} y = h(x), \\ z = 0 \end{cases} (a \leqslant x \leqslant b),$$

并且假定在区间 $[a,b]$ 上 $h(x) > 0$, 让这条曲线绕 x 轴旋转一周生成一个旋转面 (图 6.19), 则由旋转面公式 (6.21), 得到旋转面的一般方程是

$$\pm\sqrt{y^2 + z^2} = h(x), \quad 即 y^2 + z^2 = (h(x))^2.$$

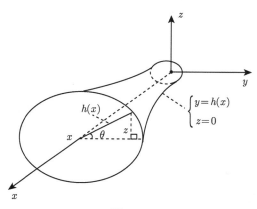

图 6.19

现在从图 6.19 中可以看到, 如果 (x, y, z) 是该旋转面上任意一点, 则该旋转面的参数方程是

$$\begin{cases} x = x, \\ y = h(x)\cos\theta, \quad (a \leqslant x \leqslant b, 0 \leqslant \theta < 2\pi). \\ z = h(x)\sin\theta \end{cases}$$

习　题　6.2

1. 画出下列方程所表示的曲面的图形:

(1) $4x^2 + 9y^2 = 36$;

(2) $y^2 - z^2 = 4$;

(3) $x^2 = 4z$;

(4) $x^2 - 2x + y = 0$.

2. 指出下列曲面与三个坐标面的交线分别是什么曲线:

(1) $x^2 + y^2 + 16z^2 = 64$;

(2) $x^2 + 4y^2 - 16z^2 = 64$;

(3) $x^2 - 4y^2 - 16z^2 = 64$;

(4) $x^2 + 9y^2 = 10z$;

(5) $x^2 - 9y^2 = 10z$;

(6) $x^2 + 4y^2 - 16z^2 = 0$.

3. 求下列空间曲线对三个坐标面的射影柱面方程:

(1) $\begin{cases} x^2 + y^2 - z = 0, \\ z = x + 1; \end{cases}$

(2) $\begin{cases} x^2 + y^2 - 3yz - 2x + 3z - 3 = 0, \\ y - z + 1 = 0; \end{cases}$

(3) $\begin{cases} x + 2y + 6z = 5, \\ 3x - 2y - 10z = 7; \end{cases}$

(4) $\begin{cases} x^2 + y^2 + z^2 = 1, \\ x^2 + (y-1)^2 + (z-1)^2 = 1. \end{cases}$

4. 求以三坐标轴为母线的圆锥面方程.

5. 求顶点为原点, 与所有母线相交的定曲线是

$$\begin{cases} x^2 - 2z + 1 = 0, \\ y - z + 1 = 0 \end{cases}$$

的锥面方程.

6. 证明: yOz 坐标面上的曲线

$$\begin{cases} f(y, z) = 0, \\ x = 0 \end{cases}$$

绕着 z 轴旋转一周所产生的旋转面方程是 $f(\pm\sqrt{x^2 + y^2}, z) = 0$.

7. 证明: xOy 坐标面上的曲线

$$\begin{cases} g(x, y) = 0, \\ z = 0 \end{cases}$$

绕着 x 轴旋转一周所产生的旋转面方程是 $g(x, \pm\sqrt{y^2 + z^2}) = 0$.

8. 求 xOy 坐标面内的抛物线

$$\begin{cases} y = x^2, \\ z = 0 \end{cases}$$

分别绕着 x 轴和 y 轴旋转所产生的旋转面方程.

9. 求圆

$$\begin{cases} (y-3)^2 + z^2 = 4, \\ x = 0 \end{cases}$$

绕着 z 轴旋转一周所产生的旋转面方程.

10. 求锥面 $z = 2\sqrt{x^2 + y^2}$ 的参数方程.

11. 求参数方程为

$$\begin{cases} x = 2\cos\mu, \\ y = \nu, \\ z = 2\sin\mu \end{cases}$$

的曲面的一般方程, 并画出该曲面的图形.

12. 求 xOy 坐标面上的正弦曲线

$$\begin{cases} y = \sin x, \\ z = 0 \end{cases}$$

绕着 x 轴旋转所产生的旋转面的参数方程.

13. 平面上一个半径为 a 的圆绕着同平面内的圆外一直线 l 旋转一周产生的旋转面称为圆环面, 试建立空间直角坐标系 (以 l 为 z 轴, 圆心在 y 轴上, 圆心距原点的距离 $b > a$), 并求出圆环面的一般方程和参数方程.

6.3 二 次 曲 面

空间 $\mathbb{R}^3$ 中的**二次曲面**是指方程为

$$ax^2 + by^2 + cz^2 + 2dxy + 2hxz + 2kyz + 2lx + 2py + 2qz + r = 0 \tag{6.23}$$

的空间曲面. 二次曲面是 $\mathbb{R}^2$ 平面中二次曲线的推广, 在平面解析几何中, 二次曲线的一般方程

$$a_{11}x^2 + 2a_{12}xy + a_{22}y^2 + b_1 x + b_2 y + c = 0$$

经过平面直角坐标系的平移和旋转后 (详见 7.1 节) 可以化简为

$$Ax^2 + By^2 + C = 0 \quad \text{或者} \quad Ax^2 + Dy = 0,$$

从而再根据各系数的正负号, 就可以确定二次曲线主要包括了椭圆、双曲线和抛物线这三种熟悉的圆锥曲线. 同样, 我们也可以通过空间直角坐标系的平移和旋转 (详见 7.3 节), 将二次曲面的方程 (6.23) 化简为

$$a_1 x^2 + b_1 y^2 + c_1 z^2 + r_1 = 0 \quad \text{或者} \quad a_1 x^2 + b_1 y^2 + 2q_1 z = 0,$$

然后再根据 a_1, b_1, c_1, r_1, q_1 这五个系数的正负号, 就得到椭球面、单叶双曲面、双叶双曲面、椭圆抛物面和双曲抛物面这 5 种 "非退化" 的二次曲面, 如果允许这五个系数中的某些系数为零, 则会得到像二次柱面、二次锥面和双平面 (例如 $x^2 - y^2 = 0$) 这样的 "退化" 二次曲面.

下面举例说明 5 种非退化二次曲面的标准方程与它们的几何形状.

例 6.11 画出以下二次曲面的图形:

(1) $x^2 + \dfrac{y^2}{9} + \dfrac{z^2}{4} = 1$;   (2) $\dfrac{x^2}{9} + \dfrac{y^2}{4} - \dfrac{z^2}{6} = 1$;

(3) $-\dfrac{x^2}{4} + \dfrac{y^2}{16} - \dfrac{z^2}{9} = 1$;   (4) $z = y^2 - x^2$;

(5) $\dfrac{x^2}{4} + \dfrac{y^2}{9} = z$.

解 (1) 先求出该曲面与三个坐标面的截线, 它们都是椭圆, 其次观察曲面与平面 $z = k(|k| < 2)$ 的截线

$$\begin{cases} x^2 + \dfrac{y^2}{9} = 1 - \dfrac{k^2}{4}, \\ z = k. \end{cases}$$

它们也全是椭圆. 当 k 从 -2 到 2 时, 椭圆截线从小变到最大 ($k = 0$ 时), 再从最大逐渐变小, 由此可画出曲面图形如蛋形一样 (图 6.20). 该曲面称为椭球面, 其图形关于 x 轴、y 轴及 z 轴都对称.

(2) 先画出曲面与三个坐标面的截线, 其中有两条双曲线:

$$\begin{cases} \dfrac{y^2}{4} - \dfrac{z^2}{6} = 1, \\ x = 0 \end{cases} \quad \text{与} \quad \begin{cases} \dfrac{x^2}{9} - \dfrac{z^2}{6} = 1, \\ y = 0. \end{cases}$$

还有一条截线是椭圆:

$$\begin{cases} \dfrac{x^2}{9} + \dfrac{y^2}{4} = 1, \\ z = 0. \end{cases} \tag{6.24}$$

再观察该曲面与 $z = k$ 这一组平面的截线:

$$\begin{cases} \dfrac{x^2}{9} + \dfrac{y^2}{4} = 1 + \dfrac{k^2}{6}, \\[2mm] z = k. \end{cases}$$

它们都是椭圆, 并且当 k 的绝对值越大时, 椭圆也越大, 当 $k = 0$ 时得到最小的椭圆方程 (6.24)(称为 "腰椭圆"). 由此画出中间细、两头粗、上下无限延伸的柱状曲面 (图 6.21). 注意这个曲面虽然和曲面 (6.20) 很像, 但曲面 (6.20) 是旋转面, 而这个曲面不是旋转面. 该曲面称为单叶双曲面 (我们称曲面 (6.20) 为单叶旋转双曲面), 其图形关于 z 轴对称.

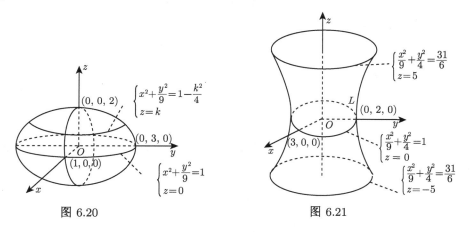

图 6.20   图 6.21

(3) 先画出曲面与两个坐标面的双曲线截线

$$\begin{cases} \dfrac{y^2}{16} - \dfrac{z^2}{9} = 1, \\[2mm] x = 0 \end{cases} \quad \text{和} \quad \begin{cases} \dfrac{y^2}{16} - \dfrac{x^2}{4} = 1, \\[2mm] z = 0, \end{cases}$$

注意此时曲面与 xOz 坐标面没有截线 (将 $y = 0$ 代入曲面方程的左边得矛盾 "方程"). 然后再画出两条椭圆截线

$$\begin{cases} \dfrac{x^2}{12} + \dfrac{z^2}{27} = 1, \\[2mm] y = -8 \end{cases} \quad \text{和} \quad \begin{cases} \dfrac{x^2}{12} + \dfrac{z^2}{27} = 1, \\[2mm] y = 8, \end{cases}$$

以及该曲面与 y 轴的两个交点 $(0, 4, 0)$ 与 $(0, -4, 0)$, 最后连接轮廓线, 就得到曲面的大致图形 (图 6.22), 该曲面称为双叶双曲面, 其图形关于 y 轴对称.

(4) 用 $z = k$ 这组平面截该曲面, 得出的截线基本上都是双曲线:

$$\begin{cases} y^2 - x^2 = k, \\ z = k, \end{cases}$$

当 $k > 0$ 时, 该双曲线的实轴与 y 轴平行, 当 $k < 0$ 时, 实轴与 x 轴平行, 而当 $k = 0$ 时, 得到两条相交于原点, 且位于 xOy 坐标面上的两条直线 (图 6.23):

$$\begin{cases} y + x = 0, \\ z = 0 \end{cases} \quad 和 \quad \begin{cases} y - x = 0, \\ z = 0. \end{cases} \tag{6.25}$$

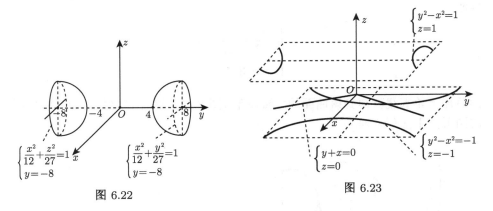

图 6.22

图 6.23

再画出该曲面与 yOz 坐标面和 xOy 坐标面的交线

$$\begin{cases} y^2 = z, \\ x = 0 \end{cases} \quad 和 \quad \begin{cases} -x^2 = z, \\ y = 0. \end{cases}$$

这是两条抛物线. 最后, 从平面 $y = k$ 与曲面的截线

$$\begin{cases} k^2 - x^2 = z, \\ y = k \end{cases}$$

都是开口方向朝下的抛物线就能确定这是一个马鞍形状的曲面 (图 6.24), 它称为双曲抛物面. 值得注意的是该曲面包含了两条直线 (6.25), 像这样完全落在曲面上的直线被称为**直母线**. 我们在 6.4 节将看到: 每一个双曲抛物面都包含了无穷多条直母线.

(5) 由于曲面方程

$$\frac{x^2}{4} + \frac{y^2}{9} = z$$

的左边是非负的, 所以 $z \geqslant 0$, 因此曲面只能在 xOy 坐标面的上方. 用平面 $z = k(k \geqslant 0)$ 截该曲面, 当 $k > 0$ 时是椭圆

$$\begin{cases} \dfrac{x^2}{4k} + \dfrac{y^2}{9k} = 1, \\ z = k, \end{cases}$$

并且随着 k 逐渐变小趋于 0, 椭圆也越来越小, 最后变成原点 (这个点也称为顶点). 此外, 用 $x = k$ 或 $y = k$ 去截这个曲面, 得到的都是开口向上的抛物线, 因此曲面的形状呈碗状. 在画该曲面时, 只要确定曲面上的一个椭圆即可. 例如, 可以画出椭圆

$$\begin{cases} \dfrac{x^2}{12} + \dfrac{y^2}{27} = 1, \\ z = 3, \end{cases}$$

然后加上轮廓线就得到该曲面的大致图形 (图 6.25). 这种曲面称为椭圆抛物面, 它的图形关于 z 轴对称. □

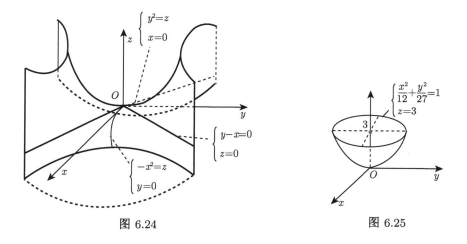

图 6.24   图 6.25

上例给出的 5 个曲面实际上代表了所有非退化的二次曲面. 表 6-1 总结了这 5 种二次曲面的几何性质. 要注意的是: 如果对称轴改变了, 那么相应的曲面标准方程也要改变, 例如表 6-1 中的双叶双曲面的对称轴是 z 轴, 因此它的标准方程就与例 6.11 的第 (3) 小题中以 y 轴为对称轴的双叶双曲面标准方程不同.

表 6-1

名称与标准方程	几何图形	主要性质
椭球面 $$\frac{x^2}{a^2} + \frac{y^2}{b^2} + \frac{z^2}{c^2} = 1$$		平面 $x=k, y=k, z=k$ 的截线都是椭圆 (如果相交) 对称轴与坐标轴重合 当 $a=b=c$ 时称为半径为 a 的球面
单叶双曲面 $$\frac{x^2}{a^2} + \frac{y^2}{b^2} - \frac{z^2}{c^2} = 1$$		平面 $z=k$ 的截线是椭圆 平面 $x=k(k \neq a)$ 的截线是双曲线 平面 $y=k(k \neq b)$ 的截线是双曲线 对称轴与带负号项的变量同名
双叶双曲面 $$-\frac{x^2}{a^2} - \frac{y^2}{b^2} + \frac{z^2}{c^2} = 1$$		平面 $z=k(k>c$ 或 $k<-c)$ 的截线是椭圆 平面 $x=k, y=k$ 的截线都是双曲线 对称轴与带正号项的变量同名
椭圆抛物面 $$\frac{x^2}{a^2} + \frac{y^2}{b^2} = z$$		平面 $z=k(k>0)$ 的截线是椭圆 平面 $x=k, y=k$ 的截线都是抛物线 对称轴与一次项的变量同名. 顶点是原点
双曲抛物面 $$\frac{x^2}{a^2} - \frac{y^2}{b^2} = z$$		平面 $z=k(k \neq 0)$ 的截线是双曲线 平面 $x=k, y=k$ 的截线都是抛物线 马鞍的方向朝着与带正号项变量同名的坐标轴

例 6.12 确定方程为 $x^2 - y^2 + z^2 - 2x + 2y + 4z + 2 = 0$ 的二次曲面的名称, 并画出其图形.

解 先进行配方得到

$$(x-1)^2 - (y-1)^2 + (z-2)^2 = 2.$$

经过坐标系的平移为

$$\begin{cases} x = x' + 1, \\ y = y' + 1, \\ z = z' + 2 \end{cases}$$

曲面的方程是

$$\frac{x'^2}{2} - \frac{y'^2}{2} + \frac{z'^2}{2} = 1.$$

这是一个以 y' 轴为对称轴的单叶双曲面, 画出的图形是图 6.26.   □

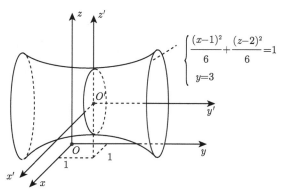

图 6.26

例 6.13 用一组平行平面 $z = h$ (h 为任意实数) 截单叶双曲面 $\dfrac{x^2}{9} + \dfrac{y^2}{4} - \dfrac{z^2}{6} = 1$ 得一族椭圆, 求这些椭圆焦点的轨迹.

解 这一族椭圆的方程是

$$\begin{cases} \dfrac{x^2}{9\left(1 + \dfrac{h^2}{6}\right)} + \dfrac{y^2}{4\left(1 + \dfrac{h^2}{6}\right)} = 1, \\ z = h, \end{cases}$$

椭圆的长半轴是 $3\sqrt{1 + \dfrac{h^2}{6}}$, 短半轴是 $2\sqrt{1 + \dfrac{h^2}{6}}$, 所以椭圆焦点的坐标为 $\left(\pm\sqrt{5\left(1 + \dfrac{h^2}{6}\right)}, 0, h\right)$, 从而焦点轨迹是参数方程为

$$\begin{cases} x = \pm\sqrt{5\left(1 + \dfrac{h^2}{6}\right)}, \\ y = 0, \\ z = h \end{cases}$$

的空间曲线. 再消去参数 h 得

$$\begin{cases} \dfrac{x^2}{5} - \dfrac{z^2}{6} = 1, \\ y = 0. \end{cases}$$

这是在 xOz 坐标面上的一条双曲线, 它的实轴为 x 轴, 虚轴为 z 轴.　　　□

习　题　6.3

1. 已知椭球面的对称轴与坐标轴重合, 且通过椭圆

$$\begin{cases} \dfrac{x^2}{9} + \dfrac{y^2}{16} = 1, \\ z = 0 \end{cases}$$

与点 $M(1, 2, \sqrt{23})$, 求这个椭球面的方程.

2. 设动点 $P(x, y, z)$ 与点 $A(1, 0, 0)$ 的距离等于从点 P 到平面 $x = 4$ 的距离的一半, 求此动点的轨迹方程.

3. 已知单叶双曲面 $\dfrac{x^2}{4} + \dfrac{y^2}{9} - \dfrac{z^2}{4} = 1$. 试求平面的方程, 使该平面平行于 xOz 坐标面 (yOz 坐标面) 且与曲面的交线是一对相交直线.

4. 求单叶双曲面 $\dfrac{x^2}{16} + \dfrac{y^2}{4} - \dfrac{z^2}{5} = 1$ 与平面 $x - 2z + 3 = 0$ 的交线对 xOy 坐标面的射影柱面.

5. 给定方程 $\dfrac{x^2}{A - \lambda} + \dfrac{y^2}{B - \lambda} - \dfrac{z^2}{C - \lambda} = 1 (A > B > C > 0)$, 试问当 λ 取异于 A, B, C 的各种数值时, 它表示怎样的曲面?

6. 已知椭圆抛物面的顶点在原点, 对称轴为 z 轴, 且过点 $(1, 2, 6)$ 与 $\left(\dfrac{1}{3}, -1, 1 \right)$, 求这个椭圆抛物面的方程.

7. 画出以下曲面的图形:

(1) $x^2 + 4y^2 + 9z^2 = 1$;   (2) $9x^2 + 4y^2 + z^2 = 1$;

(3) $x^2 - y^2 + z^2 = 1$;   (4) $-x^2 + y^2 - z^2 = 1$;

(5) $y = 2x^2 + z^2$;   (6) $y = x^2 - z^2$;

(7) $x^2 + 2z^2 - 6x - y + 10 = 0$.

8. 画出以下各组曲面围成的立体的图形:

(1) $x^2 + y^2 = z$, 三个坐标面, $x + y = 1$;   (2) $3(x^2 + y^2) = 16z$, $z = \sqrt{25 - x^2 - y^2}$;

(3) $z = \sqrt{4 - x^2 - y^2}$, $z = \sqrt{x^2 + y^2}$;   (4) $x^2 + y^2 = z$, $z = 4$.

9. 已知椭球面 $\dfrac{x^2}{9} + \dfrac{y^2}{16} + \dfrac{z^2}{4} = 1$, 试求过 x 轴且与曲面的交线是圆的平面方程.

6.4 直 纹 曲 面

由一族直线组成的曲面称为直纹曲面, 其上的每一条直线称为直母线. 例如, 柱面和锥面都是直纹曲面, 除此之外, 二次曲面中的双曲抛物面和单叶双曲面实际上也是直纹曲面.

6.4.1 双曲抛物面上的直母线

首先考虑双曲抛物面

$$\frac{x^2}{a^2} - \frac{y^2}{b^2} = z, \tag{6.26}$$

其中 a, b 是正的常数, 把 (6.26) 式改写为

$$\left(\frac{x}{a} + \frac{y}{b}\right)\left(\frac{x}{a} - \frac{y}{b}\right) = z. \tag{6.27}$$

引入参数 λ, 考虑方程组

$$\begin{cases} \dfrac{x}{a} + \dfrac{y}{b} = \lambda, \\ \lambda\left(\dfrac{x}{a} - \dfrac{y}{b}\right) = z, \end{cases} \tag{6.28}$$

当 λ 取各种不同实数值时, 方程组 (6.28) 都表示直线, 它们都被称为 λ 族直线.

现在证明所有的直母线 (6.28) 合在一起, 组成了双曲抛物面 (6.26). 首先, (6.28) 式中的两个方程两边相乘后得

$$\lambda\left(\frac{x}{a} + \frac{y}{b}\right)\left(\frac{x}{a} - \frac{y}{b}\right) = \lambda z.$$

所以当 $\lambda \neq 0$ 时, 两边约去 λ 后就得到双曲抛物面的方程 (6.26), 即直线 (6.28) 上的点都在曲面 (6.26) 上. 而当 $\lambda = 0$ 时, (6.28) 式成为直线

$$\begin{cases} \dfrac{x}{a} + \dfrac{y}{b} = 0, \\ z = 0. \end{cases} \tag{6.29}$$

从曲面方程 (6.27) 知道, 直线 (6.29) 上的点也在曲面 (6.26) 上.

其次, 设 (x_0, y_0, z_0) 是双曲抛物面 (6.26) 上任意一点, 则由方程 (6.27) 得

$$\left(\frac{x_0}{a} + \frac{y_0}{b}\right)\left(\frac{x_0}{a} - \frac{y_0}{b}\right) = z_0.$$

记 $\lambda_0 = \dfrac{x_0}{a} + \dfrac{y_0}{b}$, 则有

$$\lambda_0\left(\frac{x_0}{a} - \frac{y_0}{b}\right) = z_0,$$

因此点 (x_0, y_0, z_0) 确实是在 $\lambda = \lambda_0$ 时的直线 (6.28) 上, 即曲面 (6.26) 上的任意一点一定在 λ 族直线的某一条直线上. 这样就证明了双曲抛物面 (6.26) 确实是由全体 λ 族直线组成的.

用同样的方法可以类似证明: 另一族直母线

$$\begin{cases} \dfrac{x}{a} - \dfrac{y}{b} = \mu, \\ \mu\left(\dfrac{x}{a} + \dfrac{y}{b}\right) = z \end{cases} \tag{6.30}$$

也构成了双曲抛物面 (6.26). 我们称直母线族 (6.30) 为 μ 族直线. 双曲抛物面的两族直母线的示意图见图 6.27.

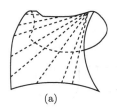 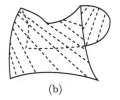

(a)　　　　　　　　　　(b)

图 6.27

例 6.14 在双曲抛物面 $\dfrac{x^2}{9} - \dfrac{y^2}{4} = z$ 上, 求通过点 $D\left(2, \dfrac{2}{3}, \dfrac{1}{3}\right)$ 的两条直母线方程.

解 将 D 点坐标分别代入 λ 族直线

$$\begin{cases} \dfrac{x}{3} + \dfrac{y}{2} = \lambda, \\ \lambda\left(\dfrac{x}{3} - \dfrac{y}{2}\right) = z \end{cases}$$

和 μ 族直线

$$\begin{cases} \dfrac{x}{3} - \dfrac{y}{2} = \mu, \\ \mu\left(\dfrac{x}{3} + \dfrac{y}{2}\right) = z \end{cases}$$

可得 $\lambda = 1$ 和 $\mu = \dfrac{1}{3}$, 再代入上述两个方程组, 得到通过点 D 的两条直母线是

$$\begin{cases} \dfrac{x}{3} + \dfrac{y}{2} = 1, \\ \dfrac{x}{3} - \dfrac{y}{2} = z \end{cases} \quad \text{和} \quad \begin{cases} \dfrac{x}{3} - \dfrac{y}{2} = \dfrac{1}{3}, \\ \dfrac{1}{3}\left(\dfrac{x}{3} + \dfrac{y}{2}\right) = z. \end{cases}$$

它们的标准方程为

$$\dfrac{x-2}{3} = \dfrac{y - \dfrac{2}{3}}{-2} = \dfrac{z - \dfrac{1}{3}}{2} \quad \text{和} \quad \dfrac{x-2}{9} = \dfrac{y - \dfrac{2}{3}}{6} = \dfrac{z - \dfrac{1}{3}}{2}. \qquad \square$$

例 6.15 证明双曲抛物面 $\dfrac{x^2}{a^2} - \dfrac{y^2}{b^2} = z$ 上同族的全体直母线平行于同一平面.

证明 这里只证 λ 族的全体直母线 (6.28) 平行于同一平面. 先将方程组 (6.28) 写成

$$\begin{cases} bx + ay - \lambda ab = 0, \\ \lambda bx - \lambda ay - abz = 0, \end{cases}$$

然后求出它的方向向量

$$\mathbf{v} = \begin{vmatrix} \mathbf{e}_1 & \mathbf{e}_2 & \mathbf{e}_3 \\ b & a & 0 \\ \lambda b & -\lambda a & -ab \end{vmatrix} = -ab \begin{pmatrix} a \\ -b \\ 2\lambda \end{pmatrix},$$

这个向量的前两个分量与 λ 无关, 所以平面 $bx + ay = 0$ 的法向量 $\mathbf{n} = \begin{pmatrix} b \\ a \\ 0 \end{pmatrix}$ 必

与向量 $\mathbf{v}$ 垂直, 也就是全体 λ 族直线都平行于平面 $bx + ay = 0$. □

6.4.2　单叶双曲面上的直母线

将单叶双曲面方程

$$\frac{x^2}{a^2} + \frac{y^2}{b^2} - \frac{z^2}{c^2} = 1 \tag{6.31}$$

左边第二项移到等式右边后因式分解得

$$\left(\frac{x}{a} + \frac{z}{c} \right) \left(\frac{x}{a} - \frac{z}{c} \right) = \left(1 + \frac{y}{b} \right) \left(1 - \frac{y}{b} \right), \tag{6.32}$$

与双曲抛物面只引入一个参数 λ (或 μ) 来表示其上的直母线不同, 为了避免遗漏直母线, 这里必须引入双参数 u 和 w, 即考虑直线方程

$$\begin{cases} w \left(\dfrac{x}{a} + \dfrac{z}{c} \right) = u \left(1 + \dfrac{y}{b} \right), \\ u \left(\dfrac{x}{a} - \dfrac{z}{c} \right) = w \left(1 - \dfrac{y}{b} \right), \end{cases} \tag{6.33}$$

其中 u, w 不同时为零. 这种直线被称为单叶双曲面 (6.31) 上的 w 族直线. 显然, 只有比值 $u : w$ 才唯一确定了一条 w 族直线.

现在证明所有的 w 族直线 (6.33) 组成了单叶双曲面 (6.31). 当 u, w 都不为零时, 方程组 (6.33) 中的两个方程两边相乘后得

$$uw \left(\frac{x}{a} + \frac{z}{c} \right) \left(\frac{x}{a} - \frac{z}{c} \right) = uw \left(1 + \frac{y}{b} \right) \left(1 - \frac{y}{b} \right),$$

两边约去 uw 后就得到方程 (6.32) 或 (6.31), 所以直线 (6.33) 上的点都在曲面 (6.31) 上. 如果 u, w 中只有一个不为零, 不妨设 $u = 0, w \neq 0$, 则直线方程 (6.33) 可变为

$$\begin{cases} \dfrac{x}{a} + \dfrac{z}{c} = 0, \\ 1 - \dfrac{y}{b} = 0. \end{cases} \tag{6.34}$$

从曲面方程 (6.32) 知道, 直线 (6.34) 上的点也在曲面 (6.31) 上. 这样, 所有的 w 族直线 (6.33) 都在单叶双曲面 (6.31) 上.

再设 (x_0, y_0, z_0) 是单叶双曲面 (6.31) 上的任意一点, 则由方程 (6.32) 得

$$\left(\frac{x_0}{a} + \frac{z_0}{c}\right)\left(\frac{x_0}{a} - \frac{z_0}{c}\right) = \left(1 + \frac{y_0}{b}\right)\left(1 - \frac{y_0}{b}\right). \tag{6.35}$$

如果 $\dfrac{x_0}{a} + \dfrac{z_0}{c} \neq 0$ 和 $1 + \dfrac{y_0}{b} \neq 0$, 则取两个非零的数 u_0 与 w_0, 使得它们的比值为

$$\frac{u_0}{w_0} = \frac{\dfrac{x_0}{a} + \dfrac{z_0}{c}}{1 + \dfrac{y_0}{b}}. \tag{6.36}$$

将 $\dfrac{x_0}{a} + \dfrac{z_0}{c} = \dfrac{u_0}{w_0}\left(1 + \dfrac{y_0}{b}\right)$ 代入 (6.35) 式后, 可通过化简后得到

$$u_0\left(\frac{x_0}{a} - \frac{z_0}{c}\right) = w_0\left(1 - \frac{y_0}{b}\right), \tag{6.37}$$

(6.36) 式与 (6.37) 式说明点 (x_0, y_0, z_0) 在 $u = u_0, w = w_0$ 时的直母线 (6.33) 上. 而若 $\dfrac{x_0}{a} + \dfrac{z_0}{c} \neq 0$, 则有 $1 + \dfrac{y_0}{b} = 0$, 则由 (6.35) 式知此时必有

$$\frac{x_0}{a} - \frac{z_0}{c} = 0.$$

从而点 (x_0, y_0, z_0) 在 $u = 1, w = 0$ 时的直母线 (6.33) 上. 如果

$$\frac{x_0}{a} + \frac{z_0}{c} = 0 \quad \text{与} \quad 1 + \frac{y_0}{b} \neq 0$$

同时成立, 则由 (6.35) 式知道这时必有 $1 - \dfrac{y_0}{b} = 0$, 即点 (x_0, y_0, z_0) 在 $u = 0, w = 1$ 时的直母线 (6.33) 上. 这样, 单叶双曲面 (6.31) 上任意一点必在 w 族直线的某一条直线上, 从而证明了单叶双曲面 (6.31) 确实由 w 族直线构成.

我们同样可以证明: 单叶双曲面 (6.31) 还由另一族直母线

$$\begin{cases} t\left(\dfrac{x}{a} + \dfrac{z}{c}\right) = v\left(1 - \dfrac{y}{b}\right), \\ v\left(\dfrac{x}{a} - \dfrac{z}{c}\right) = t\left(1 + \dfrac{y}{b}\right) \end{cases} \tag{6.38}$$

构成 (其中 v, t 不全为零), 称为单叶双曲面 (6.31) 的 t 族直线. 对于单叶双曲面上的每一点, 都有分别属于 w 族直线和 t 族直线的两条直母线通过它 (图 6.28). 这一几何性质被运用于建造全世界几乎所有的发电厂的冷却塔 (图 6.29), 这是因为从建筑学知识知道, 当曲面上有两族不同的直母线来作为钢筋骨架时, 可使曲面建筑达到最大的强度, 而在所有的旋转曲面中, 具有两族直母线的曲面只有单叶双曲面这一种.

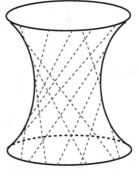

图 6.28

图 6.29

例 6.16   在单叶双曲面 $\dfrac{x^2}{4} + \dfrac{y^2}{9} - \dfrac{z^2}{16} = 1$ 上,

(1) 求通过点 $M(2, -3, 4)$ 的直母线方程;

(2) 求平行于平面 $6x + 4y + 3z = 0$ 的直母线方程.

解   (1) 将 M 点坐标分别代入 w 族直线

$$\begin{cases} w\left(\dfrac{x}{2} + \dfrac{z}{4}\right) = u\left(1 + \dfrac{y}{3}\right), \\[2mm] u\left(\dfrac{x}{2} - \dfrac{z}{4}\right) = w\left(1 - \dfrac{y}{3}\right) \end{cases} \tag{6.39}$$

和 t 族直线

$$\begin{cases} t\left(\dfrac{x}{2} + \dfrac{z}{4}\right) = v\left(1 - \dfrac{y}{3}\right), \\[2mm] v\left(\dfrac{x}{2} - \dfrac{z}{4}\right) = t\left(1 + \dfrac{y}{3}\right), \end{cases} \tag{6.40}$$

可得 $w = 0$ 和 $t = v$, 令 $u = 1$ 和 $t = v = 1$, 则得到过 M 点的两条直母线为

$$\begin{cases} 1 + \dfrac{y}{3} = 0, \\[2mm] \dfrac{x}{2} - \dfrac{z}{4} = 0, \end{cases} \quad \text{和} \quad \begin{cases} \dfrac{x}{2} + \dfrac{y}{3} + \dfrac{z}{4} - 1 = 0, \\[2mm] \dfrac{x}{2} - \dfrac{y}{3} - \dfrac{z}{4} - 1 = 0, \end{cases}$$

它们的标准方程是

$$\begin{cases} \dfrac{x}{1} = \dfrac{z}{2}, \\[2mm] y + 3 = 0, \end{cases} \quad \text{和} \quad \begin{cases} \dfrac{y}{3} = \dfrac{z}{-4}, \\[2mm] x - 2 = 0. \end{cases}$$

(2) 由条件, 所求直母线的方向向量应与已知平面的法向量 $\mathbf{n} = \begin{pmatrix} 6 \\ 4 \\ 3 \end{pmatrix}$ 垂直.

将 w 族直线 (6.39) 和 t 族直线 (6.40) 都写成直线的一般方程形式:

$$\begin{cases} 6wx - 4uy + 3wz - 12u = 0, \\ 6ux + 4wy - 3uz - 12w = 0 \end{cases} \quad 和 \quad \begin{cases} 6tx + 4vy + 3tz - 12v = 0, \\ 6vx - 4ty - 3vz - 12t = 0. \end{cases}$$

它们的方向向量分别是

$$\mathbf{v}_1 = \begin{pmatrix} u^2 - w^2 \\ 3uw \\ 2(u^2 + w^2) \end{pmatrix} \quad 和 \quad \mathbf{v}_2 = \begin{pmatrix} t^2 - v^2 \\ 3tv \\ -2(t^2 + v^2) \end{pmatrix},$$

由垂直条件 $\mathbf{v}_1 \cdot \mathbf{n} = \mathbf{v}_2 \cdot \mathbf{n} = 0$ 可得 $u(u + w) = 0$ 和 $v(t - v) = 0$, 从而得到 4 条直母线的方程:

$$\begin{cases} 2x + z = 0, \\ y - 3 = 0; \end{cases} \quad \begin{cases} 6x + 4y + 3z + 12 = 0, \\ 6x - 4y - 3z + 12 = 0; \end{cases}$$

$$\begin{cases} 2x + z = 0, \\ y + 3 = 0; \end{cases} \quad \begin{cases} 6x + 4y + 3z - 12 = 0, \\ 6x - 4y - 3z - 12 = 0. \end{cases}$$

它们的标准方程分别是

$$\begin{cases} \dfrac{x}{1} = \dfrac{z}{-2}, \\ y - 3 = 0; \end{cases} \quad \begin{cases} \dfrac{y}{3} = \dfrac{z}{-4}, \\ x + 2 = 0; \end{cases} \quad \begin{cases} \dfrac{x}{1} = \dfrac{z}{-2}, \\ y + 3 = 0; \end{cases} \quad \begin{cases} \dfrac{y}{3} = \dfrac{z}{-4}, \\ x - 2 = 0. \end{cases} \quad \square$$

习 题 6.4

1. 求下列直纹曲面上过点 M 的直母线方程:

(1) $x^2 - y^2 = z$, 过点 $M(1, -1, 0)$;

(2) $\dfrac{x^2}{4} - \dfrac{y^2}{9} = z$, 过点 $M(4, 0, 2)$;

(3) $x^2 + y^2 - z^2 = 1$, 过点 $M(0, 1, 0)$;

(4) $\dfrac{x^2}{9} + \dfrac{y^2}{4} - \dfrac{z^2}{16} = 1$, 过点 $M(6, 2, 8)$.

2. 在双曲抛物面 $\dfrac{x^2}{16} - \dfrac{y^2}{4} = z$ 上求平行于平面 $3x + 2y - 4z = 0$ 的直母线方程.

3. 证明双曲抛物面 $\dfrac{x^2}{a^2} - \dfrac{y^2}{b^2} = z$ 上 μ 族的全体直母线

$$\begin{cases} \dfrac{x}{a} - \dfrac{y}{b} = \mu, \\ \mu\left(\dfrac{x}{a} + \dfrac{y}{b}\right) = z \end{cases}$$

(1) 组成了该双曲抛物面;   (2) 它们都平行于同一平面.

4. 证明双曲抛物面 $\dfrac{x^2}{a^2} - \dfrac{y^2}{b^2} = z(a \neq b)$ 上互相垂直的直母线的交点轨迹是一条双曲线.

5. 求通过双曲抛物面 $y^2 - x^2 = z$ 上任意一点 (x_0, y_0, z_0) 的直母线的参数方程.

6. 求下列直纹曲面的直母线族方程:

(1) $x^2 + y^2 - z^2 = 0$;   (2) $z = xy$.

7. 求下列直线族所组成的曲面方程 (式中的 λ 为参数):

(1) $\begin{cases} \dfrac{x - \lambda^2}{1} = \dfrac{y}{-1}, \\ z - \lambda = 0; \end{cases}$
    (2) $\begin{cases} x + 2\lambda y + 4z = 4\lambda, \\ \lambda x - 2y - 4\lambda z = 4. \end{cases}$

8. 求与直线 $\dfrac{x-6}{3} = \dfrac{y}{2} = \dfrac{z-1}{1}$, $\dfrac{x}{3} = \dfrac{y-8}{2} = \dfrac{z+4}{-2}$ 都相交, 并且与平面 $2x + 3y - 5 = 0$ 平行的直线的轨迹方程.

9. 证明: 单叶双曲面 $\dfrac{x^2}{a^2} + \dfrac{y^2}{b^2} - \dfrac{z^2}{c^2} = 1$ 的任意一条直母线 xOy 坐标面上的投影直线一定是其腰椭圆的切线.

第 7 章 二次型与矩阵的合同

7.1 平面二次曲线方程的化简

本节将用坐标变换来使平面二次曲线的方程在新坐标系中具有最简单的标准方程形式, 然后在此基础上进行平面二次曲线的分类.

7.1.1 直角坐标轴的平移

在平面解析几何中, 二次曲线的一般方程是

$$a_{11}x^2 + 2a_{12}xy + a_{22}y^2 + b_1x + b_2y + c = 0. \tag{7.1}$$

由于

$$a_{11}x^2 + 2a_{12}xy + a_{22}y^2 = x(a_{11}x + a_{12}y) + y(a_{12}x + a_{22}y)$$

$$= (x \quad y)\begin{pmatrix} a_{11}x + a_{12}y \\ a_{12}x + a_{22}y \end{pmatrix} = (x \quad y)\begin{pmatrix} a_{11} & a_{12} \\ a_{12} & a_{22} \end{pmatrix}\begin{pmatrix} x \\ y \end{pmatrix},$$

如果记

$$A = \begin{pmatrix} a_{11} & a_{12} \\ a_{12} & a_{22} \end{pmatrix}, \quad \alpha = \begin{pmatrix} b_1 \\ b_2 \end{pmatrix}, \quad X = \begin{pmatrix} x \\ y \end{pmatrix},$$

那么方程 (7.1) 可以写成更简洁的矩阵形式

$$X^{\mathrm{T}}AX + \alpha^{\mathrm{T}}X + c = 0, \tag{7.2}$$

其中假定对称矩阵 $A \neq 0$(否则就不表示二次曲线). 在这个方程中, 对二次曲线性质起决定作用的二次项的和

$$X^{\mathrm{T}}AX = a_{11}x^2 + 2a_{12}xy + a_{22}y^2$$

称为二次曲线方程 (7.1) 的**二次型**, 而 A 称为该二次型的矩阵.

例 7.1 把二次曲线方程 $8x^2 + 3xy + 5y^2 + 8x - 16 = 0$ 写成矩阵方程的形式.

解 注意方程 (7.1) 中含 xy 的混合项系数是 $2a_{12}$. 该曲线的矩阵方程是

$$(x \quad y)\begin{pmatrix} 8 & \dfrac{3}{2} \\ \dfrac{3}{2} & 5 \end{pmatrix}\begin{pmatrix} x \\ y \end{pmatrix} + (8 \quad 0)\begin{pmatrix} x \\ y \end{pmatrix} - 16 = 0. \qquad \square$$

如果在方程 (7.1) 中 $a_{12} = 0$, 即混合项 $2a_{12}xy$ 不出现, 则利用直角坐标轴的平移 (简称移轴), 可以很快得到二次曲线的标准方程. 记平面内任意一点 P 的旧坐标和新坐标分别为 (x, y) 和 (x', y'), 那么移轴公式 (图 7.1) 为

$$
\begin{cases}
x = x' + x_0, \\
y = y' + y_0,
\end{cases}
\tag{7.3}
$$

式中的 x_0 和 y_0 分别是新坐标系原点 O' 在旧坐标系中的横坐标和纵坐标. 将公式 (7.3) 代入二次曲线原方程 (7.1) 后, 就得到该曲线在新坐标系下的方程.

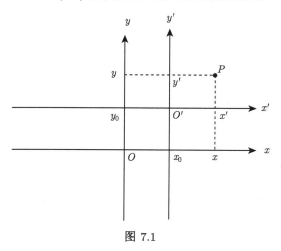

图 7.1

例 7.2　化简二次曲线 $9x^2 + 4y^2 - 18x + 16y - 11 = 0$ 的方程, 并画出其图形.
解　先配方得

$$
9(x^2 - 2x + 1) + 4(y^2 + 4y + 4) = 36,
$$

即

$$
\frac{(x-1)^2}{4} + \frac{(y+2)^2}{9} = 1.
$$

作移轴

$$
\begin{cases}
x - 1 = x', \\
y + 2 = y',
\end{cases}
\tag{7.4}
$$

得标准方程

$$
\frac{(x')^2}{4} + \frac{(y')^2}{9} = 1.
$$

再将 (7.3) 式与 (7.4) 式比较可得 $x_0 = 1, y_0 = -2$, 因此新坐标原点 O' 在旧坐标系的坐标是 $(1, -2)$, 由此就可画出该曲线的图形, 这是一个椭圆 (图 7.2).　　　　□

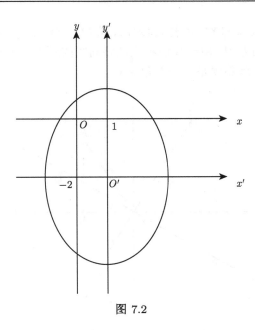

图 7.2

7.1.2 直角坐标系的旋转

下面设二次曲线方程 (7.1) 中系数 $a_{12} \neq 0$, 此时需要将直角坐标轴绕原点 O 旋转一个适当的角 θ, 得到新坐标系 (图 7.3). 在新坐标系中, 二次曲线的新方程将不再出现混合项, 从而就可以像上例那样通过配方得到曲线的标准方程. 记平面内任意一点 P 的新旧坐标分别是 (x', y') 和 (x, y), 从 P 分别作 x 轴和 x' 轴的垂线, 得垂足 M 点和 Q 点. 再记 $\angle POQ = \varphi$, 则由三角公式可得

$$x = r\cos(\varphi + \theta) = (r\cos\varphi)\cos\theta - (r\sin\varphi)\sin\theta$$
$$= x'\cos\theta - y'\sin\theta,$$

$$y = r\sin(\varphi + \theta) = (r\cos\varphi)\sin\theta + (r\sin\varphi)\cos\theta$$
$$= x'\sin\theta + y'\cos\theta,$$

从而得到直角坐标系的转轴公式

$$\begin{cases} x = x'\cos\theta - y'\sin\theta, \\ y = x'\sin\theta + y'\cos\theta \end{cases} \quad \text{或} \quad \begin{pmatrix} x \\ y \end{pmatrix} = \begin{pmatrix} \cos\theta & -\sin\theta \\ \sin\theta & \cos\theta \end{pmatrix} \begin{pmatrix} x' \\ y' \end{pmatrix}. \quad (7.5)$$

记

$$Q = \begin{pmatrix} \cos\theta & -\sin\theta \\ \sin\theta & \cos\theta \end{pmatrix}, \quad X' = \begin{pmatrix} x' \\ y' \end{pmatrix},$$

则转轴公式可写成 $X = QX'$. 同样将转轴公式 (7.5) 代入二次曲线原方程后, 可得该曲线在新坐标下的方程. 由于我们希望在该曲线的新方程中不出现混合项, 所以新方程的二次型的矩阵必须是一个对角矩阵.

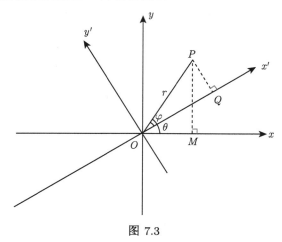

图 7.3

现在, 将转轴公式 $X = QX'$ 代入二次曲线方程 (7.2), 它的二次型变为

$$X^{\mathrm{T}}AX = (QX')^{\mathrm{T}}A(QX') = X'^{\mathrm{T}}(Q^{\mathrm{T}}AQ)X'. \tag{7.6}$$

新二次型的矩阵是

$$Q^{\mathrm{T}}AQ = \begin{pmatrix} \cos\theta & \sin\theta \\ -\sin\theta & \cos\theta \end{pmatrix} \begin{pmatrix} a_{11} & a_{12} \\ a_{12} & a_{22} \end{pmatrix} \begin{pmatrix} \cos\theta & -\sin\theta \\ \sin\theta & \cos\theta \end{pmatrix}$$

$$= \begin{pmatrix} a_{11}\cos^2\theta + a_{12}\sin2\theta + a_{22}\sin^2\theta & a_{12}\cos2\theta - \dfrac{1}{2}(a_{11} - a_{22})\sin2\theta \\ a_{12}\cos2\theta - \dfrac{1}{2}(a_{11} - a_{22})\sin2\theta & a_{11}\sin^2\theta - a_{12}\sin2\theta + a_{22}\cos^2\theta \end{pmatrix}. \tag{7.7}$$

为了使这个矩阵成为对角矩阵, 我们只能令

$$a_{12}\cos2\theta - \frac{1}{2}(a_{11} - a_{22})\sin2\theta = 0,$$

这样就得到了旋转角公式 (注意此时有 $a_{12} \neq 0$)

$$\cot2\theta = \frac{a_{11} - a_{22}}{2a_{12}}. \tag{7.8}$$

在作了这个坐标轴旋转后, 若再记

$$a = a_{11}\cos^2\theta + a_{12}\sin2\theta + a_{22}\sin^2\theta, \quad b = a_{11}\sin^2\theta - a_{12}\sin2\theta + a_{22}\cos^2\theta,$$

则 (7.7) 式就是

$$Q^{\mathrm{T}}AQ = \begin{pmatrix} a & 0 \\ 0 & b \end{pmatrix}.$$

从而新二次型 (7.6) 就是一个没有混合项的二次型:

$$X^{\mathrm{T}}AX = (x' \quad y') \begin{pmatrix} a & 0 \\ 0 & b \end{pmatrix} \begin{pmatrix} x' \\ y' \end{pmatrix} = a(x')^2 + b(y')^2.$$

这样, 经过转轴 (7.5), 得到了二次曲线在新坐标系下的方程为

$$a(x')^2 + b(y')^2 + (b_1 \quad b_2) \begin{pmatrix} \cos\theta & -\sin\theta \\ \sin\theta & \cos\theta \end{pmatrix} \begin{pmatrix} x' \\ y' \end{pmatrix} + c = 0,$$

或者写成

$$a(x')^2 + b(y')^2 + c_1 x' + c_2 y' + c = 0, \tag{7.9}$$

其中 $c_1 = b_1\cos\theta + b_2\sin\theta, c_2 = b_2\cos\theta - b_1\sin\theta$ 是两个常数. 然后, 再像例 7.2 那样进行配方和移轴, 就能得到二次曲线的标准方程. 这个过程可简称为 "先旋转, 后平移".

例 7.3 化简二次曲线方程 $x^2 - 4xy - 2y^2 + 10x + 4y = 0$, 并画出其图形.

解 先作转轴, 由旋转角公式得

$$\cot 2\theta = \frac{1-(-2)}{-4} = -\frac{3}{4},$$

再由三角公式得

$$\cot 2\theta = \frac{1-\tan^2\theta}{2\tan\theta} = -\frac{3}{4},$$

从而有

$$2\tan^2\theta - 3\tan\theta - 2 = 0.$$

取一个正根 $\tan\theta = 2$, 它表明旋转角 $\theta = \arctan 2$ 是一个正向角 (虽然也可以取另一个负向角 $-\arctan\frac{1}{2}$, 但最后画出的图形是一样的). 现在作一个直角边是 $1, 2$ 的辅助三角形 (图 7.4), 从中可得

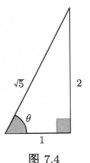

图 7.4

$$\sin\theta = \frac{2}{\sqrt{5}} \quad \text{和} \quad \cos\theta = \frac{1}{\sqrt{5}}.$$

将它们代入转轴公式 (7.5) 得

$$\begin{cases} x = \dfrac{1}{\sqrt{5}}(x' - 2y'), \\ y = \dfrac{1}{\sqrt{5}}(2x' + y'). \end{cases}$$

把上式代入原二次曲线方程, 得到在新坐标系下的方程为

$$-3(x')^2 + 2(y')^2 + \frac{18}{\sqrt{5}}x' - \frac{16}{\sqrt{5}}y' = 0.$$

然后进行配方, 得

$$-3\left(x' - \frac{3}{\sqrt{5}}\right)^2 + 2\left(y' - \frac{4}{\sqrt{5}}\right)^2 - 1 = 0,$$

作移轴

$$\begin{cases} x' - \dfrac{3}{\sqrt{5}} = x'', \\ y' - \dfrac{4}{\sqrt{5}} = y''. \end{cases}$$

与移轴公式 (7.3) 比较知新原点 O'' 的旧坐标是 $\left(\dfrac{3}{\sqrt{5}}, \dfrac{4}{\sqrt{5}}\right)$, 并且二次曲线的标准方程是

$$-\frac{(x'')^2}{\dfrac{1}{3}} + \frac{(y'')^2}{\dfrac{1}{2}} = 1,$$

这是一条双曲线 (图 7.5). (注意画图时旋转角要根据图 7.4 中的辅助三角形来确定, 并且这条双曲线通过旧坐标系的原点, 它的实轴是 y'' 轴.) □

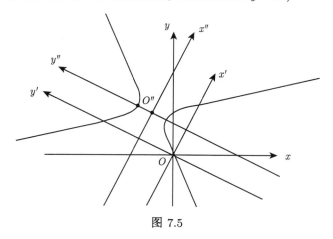

图 7.5

例 7.4 化简二次曲线方程 $x^2 + 2xy + y^2 + 2x + y = 0$, 并画出其图形.

解 由旋转角公式 (7.8) 得

$$\cot 2\theta = \frac{1-1}{2} = 0,$$

因此可取旋转角 $\theta = \dfrac{\pi}{4}$, 转轴公式为

$$\begin{cases} x = \dfrac{1}{\sqrt{2}}(x' - y'), \\[2mm] y = \dfrac{1}{\sqrt{2}}(x' + y'). \end{cases} \tag{7.10}$$

再把上式代入原方程化简得

$$2(x')^2 + \frac{3\sqrt{2}}{2}x' - \frac{\sqrt{2}}{2}y' = 0.$$

再配方得

$$2\left(x' + \frac{3\sqrt{2}}{8}\right)^2 = \frac{\sqrt{2}}{2}\left(y' + \frac{9\sqrt{2}}{16}\right),$$

作移轴

$$\begin{cases} x' + \dfrac{3\sqrt{2}}{8} = x'', \\[2mm] y' + \dfrac{9\sqrt{2}}{16} = y'', \end{cases}$$

便得到曲线的标准方程

$$(x'')^2 = \frac{\sqrt{2}}{4}y'',$$

这是一条抛物线. 作图时, 先把坐标轴朝逆时针方向旋转 45°, 然后找出新坐标系的原点 $O''\left(-\dfrac{3\sqrt{2}}{8}, -\dfrac{9\sqrt{2}}{16}\right)$ 和抛物线的对称轴 (y'' 轴), 就可以画出抛物线 (图 7.6), 它也通过旧坐标系下的原点. □

例 7.5 化简二次曲线方程 $x^2 + 2xy + y^2 - 2x - 2y - 3 = 0$, 并画出其图形.

解 同前例一样可取旋转角 $\theta = \dfrac{\pi}{4}$, 将转轴公式 (7.10) 代入原方程后化简得

$$2(x')^2 - 2\sqrt{2}x' - 3 = 0,$$

或者写成

$$(\sqrt{2}x' + 1)(\sqrt{2}x' - 3) = 0.$$

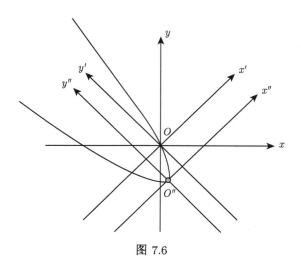

图 7.6

因此该曲线其实由两条平行直线组成 (图 7.7). (在这里, 如果不作坐标变换, 而是直接对原方程进行因式分解:

$$(x+y)^2 - 2(x+y) - 3 = 0,$$

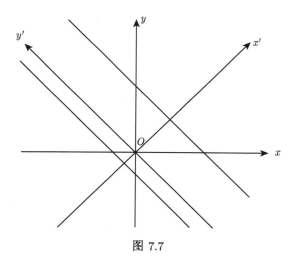

图 7.7

即

$$(x+y-3)(x+y+1) = 0,$$

也能画出两条一样的直线.)   □

7.1.3 二次曲线的分类

直角坐标系的转轴与移轴可以帮助我们弄清楚平面二次曲线包含的所有曲线类型.

> **定理 7.1** 当二阶实对称矩阵 $A \neq 0$ 时, 平面二次曲线的方程 (7.2) 经过直角坐标系的转轴和移轴, 总能够化成下列 9 种标准方程中的一个:
>
> (1) $\dfrac{x^2}{k^2} + \dfrac{y^2}{h^2} = 1$ (椭圆);
>
> (2) $\dfrac{x^2}{k^2} + \dfrac{y^2}{h^2} = -1$ (虚椭圆);
>
> (3) $\dfrac{x^2}{k^2} + \dfrac{y^2}{h^2} = 0$ (点椭圆或一个实点);
>
> (4) $\dfrac{x^2}{k^2} - \dfrac{y^2}{h^2} = 1$ (双曲线);
>
> (5) $\dfrac{x^2}{k^2} - \dfrac{y^2}{h^2} = 0$ (两相交直线);
>
> (6) $x^2 = 2py$ (抛物线);
>
> (7) $x^2 = k^2$ (两平行直线);
>
> (8) $x^2 = -k^2$ (两平行虚直线);
>
> (9) $x^2 = 0$ (两重合直线).

证明 设二次曲线 (7.2) 经过转轴后, 化成了 (7.9) 式: $a(x')^2 + b(y')^2 + c_1 x' + c_2 y' + c = 0$. 因为 $A \neq 0$, 所以 $\operatorname{rank}(A) = 1, 2$. 下面分别讨论:

（Ⅰ） 当 $\operatorname{rank}(A) = 2$ 时, 由 (7.8) 式 $Q^{\mathrm{T}} A Q = \operatorname{diag}(a, b)$ 可知 $a \neq 0, b \neq 0$. 对 (7.9) 式进行配方得

$$a \left(x' + \frac{c_1}{2a} \right)^2 + b \left(y' + \frac{c_2}{2b} \right)^2 + d = 0,$$

其中 $d = c - \dfrac{c_1^2}{4a} - \dfrac{c_2^2}{4b}$. 再作移轴, 可得

$$a(x'')^2 + b(y'')^2 + d = 0. \tag{7.11}$$

此时可分以下 5 种情形:

(1) 当 $ab > 0$ 且 $ad < 0$, 即 a 与 b 同号且 a 与 d 异号时, 方程 (7.11) 表示的曲线是椭圆;

(2) 当 $ab > 0$ 且 $ad > 0$, 即 a, b, d 都同号时, 方程 (7.11) 表示的曲线是虚椭圆;

(3) 当 $ab > 0$ 且 $d = 0$, 即 a 与 b 同号且 $d = 0$ 时, 方程 (7.11) 表示一个实点;

(4) 当 $ab < 0$ 且 $d \neq 0$, 即 a 与 b 异号且 $d \neq 0$ 时, 方程 (7.11) 表示的曲线是双曲线;

(5) 当 $ab < 0$ 且 $d = 0$, 即 a 与 b 异号且 $d = 0$ 时, 方程 (7.11) 表示一对相交的直线.

(II) 当 $\mathrm{rank}(A) = 1$ 时, (7.8) 式中的 a 与 b 有且只有一个为零, 不妨设 $a \neq 0$, $b = 0$. 则 (7.9) 式变成了

$$a(x')^2 + c_1 x' + c_2 y' + c = 0,$$

对变量 x' 进行配方得

$$a \left(x' + \frac{c_1}{2a} \right)^2 + c_2 y' + d_1 = 0, \tag{7.12}$$

其中 $d_1 = c - \dfrac{c_1^2}{4a}$, 此时又分以下 4 种情况:

(1) 当 $c_2 \neq 0$ 时, (7.12) 式可写成

$$a \left(x' + \frac{c_1}{2a} \right)^2 = -c_2 \left(y' + \frac{d_1}{c_2} \right),$$

此时再作一个移轴, 便可得抛物线的标准方程, 即 (7.12) 表示的曲线是抛物线;

(2) 当 $c_2 = 0$ 且 $ad_1 < 0 (a$ 与 d_1 异号) 时, 经过移轴后可知 (7.12) 表示两条平行的直线;

(3) 当 $c_2 = 0$ 且 $ad_1 > 0 (a$ 与 d_1 同号) 时, 经过移轴后可知 (7.12) 表示两条平行的虚直线;

(4) 当 $c_2 = d_1 = 0$ 时, 经过移轴后可知 (7.12) 表示两条重合的直线.　　　□

习　题　7.1

1. 化简下列二次曲线的方程, 并画出它们的图形:

(1) $x^2 - xy + y^2 + 2x - 4y = 0$;

(2) $x^2 - 3xy + y^2 + 10x - 10y + 21 = 0$;

(3) $x^2 + 2xy + y^2 - 4x + y - 1 = 0$;

(4) $5x^2 + 4xy + 2y^2 - 24x - 12y + 18 = 0$;

(5) $4x^2 - 4xy + y^2 + 6x - 8y + 3 = 0$;

(6) $4x^2 - 4xy + y^2 + 4x - 2y = 0$.

2. 已知二次曲线 $ax^2 + 2bxy + ay^2 = c$ 是一个椭圆 $(a \neq 0, c \neq 0)$, 证明它的两条对称轴的方程是 $x^2 - y^2 = 0$, 并且两半轴的长分别是 $\sqrt{\left| \dfrac{c}{a+b} \right|}$ 和 $\sqrt{\left| \dfrac{c}{a-b} \right|}$.

7.2　正交矩阵与 n 维向量空间 $\mathbb{R}^n$ 中的施密特正交化

7.2.1　二阶正交矩阵的概念

在平面二次曲线方程 $X^{\mathrm{T}}AX + \alpha^{\mathrm{T}}X + c = 0$ 的化简过程中, 关键的步骤是该方程的二次型 $X^{\mathrm{T}}AX$ 经过转轴 $X = QX'$ 后变成了新二次型 $a(x')^2 + b(y')^2$, 它称为二次型 $X^{\mathrm{T}}AX$ 的**标准形**.

旋转矩阵 Q 是一种很特别的矩阵, 它的主要性质是满足等式

$$Q^{\mathrm{T}}Q = \left(\begin{array}{cc} \cos\theta & \sin\theta \\ -\sin\theta & \cos\theta \end{array} \right) \left(\begin{array}{cc} \cos\theta & -\sin\theta \\ \sin\theta & \cos\theta \end{array} \right) = I,$$

因此可逆矩阵 Q 的逆矩阵正好就是它的转置矩阵:

$$Q^{\mathrm{T}} = Q^{-1},$$

这样, (7.8) 式也可以写成

$$Q^{-1}AQ = \left(\begin{array}{cc} a & 0 \\ 0 & b \end{array} \right).$$

用第 5 章的术语来说就是: 实对称矩阵 A 相似于对角矩阵. 因此, a 和 b 实际上是 A 的两个特征值, 而组成矩阵 Q 的两个列向量

$$\alpha_1 = \left(\begin{array}{c} \cos\theta \\ \sin\theta \end{array} \right) \quad \text{和} \quad \alpha_2 = \left(\begin{array}{c} -\sin\theta \\ \cos\theta \end{array} \right)$$

分别是属于 a 和 b 的特征向量. 它们有两个明显的特点, 第一个特点是互相垂直:

$$\alpha_1^{\mathrm{T}}\alpha_2 = (\cos\theta \quad \sin\theta) \left(\begin{array}{c} -\sin\theta \\ \cos\theta \end{array} \right) = 0,$$

第二个特点是它们都是单位向量. 列向量满足这两个条件的二阶实矩阵称为二阶**正交矩阵**.

为了将 n 个变量的二次型化成标准形, 本节将引入 n 阶正交矩阵的概念, 并介绍计算正交矩阵的施密特正交化方法.

7.2.2　n 维向量空间 $\mathbb{R}^n$ 中的正交向量组

在第 3 章的开头部分, 我们曾简单地介绍过 4 维向量空间 $\mathbb{R}^4$ 中的垂直概念. 在高维的几何空间中, 两个垂直的向量一般称为**正交**的向量. 设 $\alpha = (x_1, \cdots, x_n)^{\mathrm{T}}$

和 $\beta = (y_1, \cdots, y_n)^T$ 是 $\mathbb{R}^n$ 中的任意两个向量, 把这两个向量看成 $n \times 1$ 的矩阵, 那么矩阵的乘积

$$\alpha^T \beta = (x_1, \cdots, x_n) \begin{pmatrix} y_1 \\ \vdots \\ y_n \end{pmatrix} = x_1 y_1 + \cdots + x_n y_n$$

是一个实数, 它称为 α 与 β 的**内积**. 显然成立以下的常用等式

$$\alpha^T \beta = \beta^T \alpha.$$

例如, 若 $\alpha = (2, -1, -2, -1, 2)^T$, $\beta = (3, 5, 5, 4, 3)^T$, 则 α 与 β 的内积是

$$\alpha^T \beta = 2(3) - 5 - 2(5) - 4 + 2(3) = -7.$$

有了内积以后, 就可以定义 $\mathbb{R}^n$ 空间中每个向量 α 的**长度**为

$$|\alpha| = \sqrt{\alpha^T \alpha} = \sqrt{x_1^2 + x_2^2 + \cdots + x_n^2},$$

例如, 上面 5 维向量 α 的长度是

$$|\alpha| = \sqrt{2^2 + (-1)^2 + (-2)^2 + (-1)^2 + 2^2} = \sqrt{14}.$$

对于 $\mathbb{R}^n$ 中任何非零的向量 α, 一定有

$$\alpha^T \alpha = |\alpha|^2 = x_1^2 + x_2^2 + \cdots + x_n^2 \neq 0.$$

定义 7.1　正交向量和正交组

　　$\mathbb{R}^n$ 中的向量 α 与 β 若满足 $\alpha^T \beta = 0$, 则称 α 与 β **正交**. 如果 $\alpha_1, \cdots, \alpha_m$ 都是 $\mathbb{R}^n$ 中的非零向量, 并且对任何 $i \neq j$, 有 $\alpha_i^T \alpha_j = 0$, 则称这 m 个向量的集合 $\alpha_1, \cdots, \alpha_m$ 是 $\mathbb{R}^n$ 中的一个**正交组**.

　　例如, 向量 $(2, 4, 3, -1)^T$ 与 $(-2, -1, 3, 1)^T$ 是 $\mathbb{R}^4$ 中的两个正交向量. 又如, 向量组 $(3, 1, 1)^T, (-1, 2, 1)^T, (-1, -4, 7)^T$ 是 $\mathbb{R}^3$ 中的一个正交组, 这是因为

$$(3, 1, 1) \begin{pmatrix} -1 \\ 2 \\ 1 \end{pmatrix} = 0, \quad (3, 1, 1) \begin{pmatrix} -1 \\ -4 \\ 7 \end{pmatrix} = 0, \quad (-1, 2, 1) \begin{pmatrix} -1 \\ -4 \\ 7 \end{pmatrix} = 0.$$

　　在 $\mathbb{R}^3$ 空间中, 线性无关的三个向量 $\mathbf{e}_1 = (1, 0, 0)^T, \mathbf{e}_2 = (0, 1, 0)^T, \mathbf{e}_3 = (0, 0, 1)^T$ 组成了一个正交组, 反过来也可以说, 任何一个正交组中的向量一定也线性无关, 这是由于有下面这个定理.

定理 7.2　若 $\alpha_1, \alpha_2, \cdots, \alpha_m$ 是 $\mathbb{R}^n$ 中的一个正交组, 则向量组 $\alpha_1, \alpha_2, \cdots, \alpha_m$ 线性无关.

证明　假设有 $k_i \in \mathbb{R}(i = 1, 2, \cdots, m)$ 使得

$$k_1\alpha_1 + k_2\alpha_2 + \cdots + k_m\alpha_m = 0,$$

让上式两边与每个 $\alpha_j(j = 1, 2, \cdots, m)$ 作内积, 得

$$k_1\alpha_j^{\mathrm{T}}\alpha_1 + k_2\alpha_j^{\mathrm{T}}\alpha_2 + \cdots + k_m\alpha_j^{\mathrm{T}}\alpha_m = 0.$$

由正交组的定义可得 $\alpha_j^{\mathrm{T}}\alpha_i = 0, i = 1, \cdots, j-1, j+1, \cdots, m$, 因此有

$$k_j\alpha_j^{\mathrm{T}}\alpha_j = 0, \quad j = 1, 2, \cdots, m,$$

但是每个 α_j 都是非零向量, 所以 $\alpha_j^{\mathrm{T}}\alpha_j \neq 0$, 这样就有 $k_j = 0, j = 1, 2, \cdots, m$, 即 $\alpha_1, \alpha_2, \cdots, \alpha_m$ 线性无关. $\qquad\square$

为了得到正交矩阵, 我们还需要将正交组中的每个向量都变成单位向量, 这个过程称为 "单位化".

定义 7.2　标准正交组
如果一个正交组中的每个向量都是单位向量, 那么称此正交组为**标准正交组**.

很明显, 向量组 $\beta_1, \cdots, \beta_m$ 成为标准正交组的充要条件是

$$\beta_i^{\mathrm{T}}\beta_j = \delta_{ij}, \quad i, j = 1, 2, \cdots, m,$$

其中

$$\delta_{ij} = \begin{cases} 1, & i = j, \\ 0, & i \neq j. \end{cases}$$

当已知 $\alpha_1, \cdots, \alpha_m$ 是正交组时, 我们可以构造一个标准正交组如下:

$$\beta_i = \frac{1}{|\alpha_i|}\alpha_i, \quad i = 1, 2, \cdots, m.$$

例如, 对于上述那个 $\mathbb{R}^3$ 中的正交组 $\alpha_1 = (3, 1, 1)^{\mathrm{T}}, \alpha_2 = (-1, 2, 1)^{\mathrm{T}}, \alpha_3 = (-1, -4, 7)^{\mathrm{T}}$, 令

$$\begin{aligned} \beta_1 &= \frac{1}{|\alpha_1|}\alpha_1 = \frac{1}{\sqrt{11}}(3, 1, 1)^{\mathrm{T}}, \\ \beta_2 &= \frac{1}{|\alpha_2|}\alpha_2 = \frac{1}{\sqrt{6}}(-1, 2, 1)^{\mathrm{T}}, \\ \beta_3 &= \frac{1}{|\alpha_3|}\alpha_3 = \frac{1}{\sqrt{66}}(-1, -4, 7)^{\mathrm{T}}, \end{aligned} \qquad (7.13)$$

则 $\beta_1, \beta_2, \beta_3$ 就是一个标准正交组.

注意 $\mathbb{R}^n$ 空间中一个正交组所包含的向量个数 m 可以小于 n, 而当 $m = n$, 并且正交组是标准正交组时, 我们就称该正交组为 **标准正交基**. 当 $\alpha_1, \cdots, \alpha_n$ 是 $\mathbb{R}^n$ 的一个标准正交基时, 由定理 7.2 可知 $\alpha_1, \cdots, \alpha_n$ 线性无关, 此时, $\mathbb{R}^n$ 中任何其他向量都能够唯一地表示成 $\alpha_1, \cdots, \alpha_n$ 的线性组合 (见习题 3.2 中的第 4 题). 例如, (7.13) 中的向量组 $\beta_1, \beta_2, \beta_3$ 就是 $\mathbb{R}^3$ 的一个标准正交基.

7.2.3 n 阶正交矩阵

定义 7.3　正交矩阵

如果 n 阶实方阵 Q 的 n 个列向量是 $\mathbb{R}^n$ 的一个标准正交基, 则称 Q 是一个**正交矩阵**.

例如, 由 (7.13) 中的向量组 $\beta_1, \beta_2, \beta_3$ 作为列向量而组成的方阵

$$Q = \begin{pmatrix} \dfrac{3}{\sqrt{11}} & -\dfrac{1}{\sqrt{6}} & -\dfrac{1}{\sqrt{66}} \\ \dfrac{1}{\sqrt{11}} & \dfrac{2}{\sqrt{6}} & -\dfrac{4}{\sqrt{66}} \\ \dfrac{1}{\sqrt{11}} & \dfrac{1}{\sqrt{6}} & \dfrac{7}{\sqrt{66}} \end{pmatrix} \tag{7.14}$$

是一个三阶正交矩阵. 又如, $\mathbb{R}^n$ 空间中的向量组 $\varepsilon_1 = (1, 0, \cdots, 0)^{\mathrm{T}}, \varepsilon_2 = (0, 1, \cdots, 0)^{\mathrm{T}}, \cdots, \varepsilon_n = (0, 0, \cdots, 1)^{\mathrm{T}}$ 是一个标准正交基, 因而由它们作为列向量组成的单位矩阵 I_n 也是一个正交矩阵.

定理 7.3　n 阶方阵 Q 是正交矩阵的充要条件是 $Q^{\mathrm{T}} Q = I$.

证明　假设 n 阶方阵 Q 是正交矩阵, 并设 Q 的第 i 个列向量是 α_i, 则由定义 7.3 可知, 向量组 $\alpha_1, \cdots, \alpha_n$ 是 $\mathbb{R}^n$ 的标准正交基, 因此有

$$\alpha_i^{\mathrm{T}} \alpha_j = \delta_{ij}, \quad i, j = 1, 2, \cdots, n, \tag{7.15}$$

从而有

$$Q^{\mathrm{T}} Q = \begin{pmatrix} \alpha_1^{\mathrm{T}} \\ \alpha_2^{\mathrm{T}} \\ \vdots \\ \alpha_n^{\mathrm{T}} \end{pmatrix} (\alpha_1 \quad \alpha_2 \quad \cdots \quad \alpha_n) = \begin{pmatrix} \alpha_1^{\mathrm{T}} \alpha_1 & \alpha_1^{\mathrm{T}} \alpha_2 & \cdots & \alpha_1^{\mathrm{T}} \alpha_n \\ \alpha_2^{\mathrm{T}} \alpha_1 & \alpha_2^{\mathrm{T}} \alpha_2 & \cdots & \alpha_2^{\mathrm{T}} \alpha_n \\ \vdots & \vdots & & \vdots \\ \alpha_n^{\mathrm{T}} \alpha_1 & \alpha_n^{\mathrm{T}} \alpha_2 & \cdots & \alpha_n^{\mathrm{T}} \alpha_n \end{pmatrix}$$

$$= \begin{pmatrix} 1 & 0 & \cdots & 0 \\ 0 & 1 & \cdots & 0 \\ \vdots & \vdots & & \vdots \\ 0 & 0 & \cdots & 1 \end{pmatrix} = I. \tag{7.16}$$

反过来, 从 (7.16) 式成立即可得 (7.15) 也成立, 因此 $\alpha_1, \alpha_2, \cdots, \alpha_n$ 是标准正交基, 即方阵 Q 是正交矩阵. □

请读者验证: (7.14) 中的矩阵 Q 满足 $Q^{\mathrm{T}} Q = I$.

从定理 7.3 可知, 正交矩阵是可逆矩阵, 并且其逆矩阵就是其转置矩阵. 正交矩阵的常用性质总结在下一定理中.

定理 7.4 设 Q 是 n 阶正交矩阵, 则有以下性质成立:
(1) $Q^{\mathrm{T}} = Q^{-1}$;
(2) Q 的行列式 $|Q| = 1$ 或 -1;
(3) 对 $\mathbb{R}^n$ 中的任何向量 α, β, 有 $(Q\alpha)^{\mathrm{T}}(Q\beta) = \alpha^{\mathrm{T}}\beta$;
(4) 对 $\mathbb{R}^n$ 中的任何向量 α, 有 $|Q\alpha| = |\alpha|$.

证明 (1) 这是定理 7.3 的一个简单推论;
(2) 由 $Q^{\mathrm{T}} Q = I$ 和矩阵乘积的行列式公式 (定理 2.20), 得

$$|Q|^2 = |Q||Q| = |Q^{\mathrm{T}}||Q| = |Q^{\mathrm{T}} Q| = |I| = 1,$$

所以 $|Q| = 1$ 或 -1;
(3) 同样由 $Q^{\mathrm{T}} Q = I$ 得

$$(Q\alpha)^{\mathrm{T}}(Q\beta) = \alpha^{\mathrm{T}}(Q^{\mathrm{T}} Q)\beta = \alpha^{\mathrm{T}}\beta;$$

(4) 在 (3) 中取 $\beta = \alpha$, 则

$$|Q\alpha|^2 = (Q\alpha)^{\mathrm{T}}(Q\alpha) = \alpha^{\mathrm{T}}\alpha = |\alpha|^2,$$

因此 $|Q\alpha| = |\alpha|$. □

我们从习题 2.4 的第 23 题还知道: 当实方阵 A 与 B 都是正交矩阵时, 逆矩阵 A^{-1} 和乘积矩阵 AB 也都是正交矩阵.

7.2.4 施密特正交化

为了构造一个 n 阶正交矩阵, 一个基本的方法是从 $\mathbb{R}^n$ 空间中已知的 n 个线性无关的向量出发, 逐步得到 $\mathbb{R}^n$ 空间的一个标准正交基, 再以这个基中的各个向量作为列向量即可组成一个 n 阶的正交矩阵.

下面以 3 维的向量空间 $\mathbb{R}^3$ 为例来介绍这个基本方法. 设 $\alpha_1, \alpha_2, \alpha_3$ 是 $\mathbb{R}^3$ 空间中给定的线性无关 (即不共面) 向量. 先令 $\beta_1 = \alpha_1$, 由于 α_2 与 α_1 不共线, 按照 1.3 节讲的向量 $\mathbf{a}$ 在另一向量 $\mathbf{b}$ 方向上的投影向量公式

$$\mathbf{a_b} = \left(\frac{\mathbf{a} \cdot \mathbf{b}}{\mathbf{b} \cdot \mathbf{b}} \right) \mathbf{b},$$

可知 α_2 在 $\beta_1 = \alpha_1$ 方向上的投影向量是

$$\frac{\alpha_2^{\mathrm{T}} \beta_1}{\beta_1^{\mathrm{T}} \beta_1} \beta_1.$$

如果记向量

$$\beta_2 = \alpha_2 - \frac{\alpha_2^{\mathrm{T}} \beta_1}{\beta_1^{\mathrm{T}} \beta_1} \beta_1, \tag{7.17}$$

那么 β_2 一定与 β_1 垂直 (图 7.8), 这从内积运算也可得到验证:

$$\beta_1 \cdot \beta_2 = \beta_1^{\mathrm{T}} \beta_2 = \beta_1^{\mathrm{T}} \left(\alpha_2 - \frac{\alpha_2^{\mathrm{T}} \beta_1}{\beta_1^{\mathrm{T}} \beta_1} \beta_1 \right)$$

$$= \beta_1^{\mathrm{T}} \alpha_2 - \frac{\alpha_2^{\mathrm{T}} \beta_1}{\beta_1^{\mathrm{T}} \beta_1} \beta_1^{\mathrm{T}} \beta_1 = \alpha_2^{\mathrm{T}} \beta_1 - \alpha_2^{\mathrm{T}} \beta_1 = 0,$$

并且 $\beta_2 \neq 0$(否则 α_1, α_2 共线, 与假设矛盾). 接下来, 为了构造同时与 β_1, β_2 都垂直的向量 β_3, 再由投影向量公式可得 α_3 在 β_1, β_2 这两个方向上的投影向量分别为

$$\frac{\alpha_3^{\mathrm{T}} \beta_1}{\beta_1^{\mathrm{T}} \beta_1} \beta_1 \quad \text{和} \quad \frac{\alpha_3^{\mathrm{T}} \beta_2}{\beta_2^{\mathrm{T}} \beta_2} \beta_2,$$

现在记 α_3 与这两个投影向量之和的差向量为 β_3(图 7.9):

$$\beta_3 = \alpha_3 - \left(\frac{\alpha_3^{\mathrm{T}} \beta_1}{\beta_1^{\mathrm{T}} \beta_1} \beta_1 + \frac{\alpha_3^{\mathrm{T}} \beta_2}{\beta_2^{\mathrm{T}} \beta_2} \beta_2 \right), \tag{7.18}$$

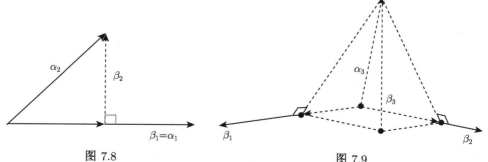

图 7.8   图 7.9

则可验证 β_3 一定与 β_1, β_2 都垂直 (请读者计算验证), 并且 $\beta_3 \neq 0$(否则 α_3 与 β_1, β_2 共面, 即 α_3 与 α_1, α_2 共面, 这与假设矛盾). 这样就从 $\alpha_1, \alpha_2, \alpha_3$ 构造出了两两互相垂直的向量 $\beta_1, \beta_2, \beta_3$, 然后进行单位化, 得到 $\mathbb{R}^3$ 空间中的一个标准正交基:

$$\eta_1 = \frac{1}{|\beta_1|}\beta_1, \quad \eta_2 = \frac{1}{|\beta_2|}\beta_2, \quad \eta_3 = \frac{1}{|\beta_3|}\beta_3.$$

例 7.6 已知 $\mathbb{R}^3$ 中三个线性无关向量 $\alpha_1 = (0, -1, 1)^{\mathrm{T}}$, $\alpha_2 = (1, 0, -1)^{\mathrm{T}}$, $\alpha_3 = (0, 0, 1)^{\mathrm{T}}$, 试以 $\alpha_1, \alpha_2, \alpha_3$ 为基础, 用上述计算过程求一个三阶正交矩阵.

解 取 $\beta_1 = \alpha_1 = (0, -1, 1)^{\mathrm{T}}$, 由公式 (7.17) 得

$$\beta_2 = \alpha_2 - \frac{\alpha_2^{\mathrm{T}}\beta_1}{\beta_1^{\mathrm{T}}\beta_1}\beta_1 = \begin{pmatrix} 1 \\ 0 \\ -1 \end{pmatrix} + \frac{1}{2}\begin{pmatrix} 0 \\ -1 \\ 1 \end{pmatrix} = \begin{pmatrix} 1 \\ -\dfrac{1}{2} \\ -\dfrac{1}{2} \end{pmatrix},$$

再由公式 (7.18) 得

$$\beta_3 = \alpha_3 - \frac{\alpha_3^{\mathrm{T}}\beta_1}{\beta_1^{\mathrm{T}}\beta_1}\beta_1 - \frac{\alpha_3^{\mathrm{T}}\beta_2}{\beta_2^{\mathrm{T}}\beta_2}\beta_2 = \begin{pmatrix} 0 \\ 0 \\ 1 \end{pmatrix} - \frac{1}{2}\begin{pmatrix} 0 \\ -1 \\ 1 \end{pmatrix} + \frac{1}{3}\begin{pmatrix} 1 \\ -\dfrac{1}{2} \\ -\dfrac{1}{2} \end{pmatrix} = \begin{pmatrix} \dfrac{1}{3} \\ \dfrac{1}{3} \\ \dfrac{1}{3} \end{pmatrix},$$

然后进行单位化, 得到 $\mathbb{R}^3$ 的一个标准正交基

$$\eta_1 = \frac{1}{|\beta_1|}\beta_1 = \frac{1}{\sqrt{2}}\begin{pmatrix} 0 \\ -1 \\ 1 \end{pmatrix}, \quad \eta_2 = \frac{1}{|\beta_2|}\beta_2 = \frac{2}{\sqrt{6}}\begin{pmatrix} 1 \\ -\dfrac{1}{2} \\ -\dfrac{1}{2} \end{pmatrix}, \quad \eta_3 = \frac{1}{|\beta_3|}\beta_3 = \sqrt{3}\begin{pmatrix} \dfrac{1}{3} \\ \dfrac{1}{3} \\ \dfrac{1}{3} \end{pmatrix},$$

从而得到一个三阶正交矩阵

$$Q = (\eta_1 \quad \eta_2 \quad \eta_3) = \begin{pmatrix} 0 & \dfrac{2}{\sqrt{6}} & \dfrac{1}{\sqrt{3}} \\ -\dfrac{1}{\sqrt{2}} & -\dfrac{1}{\sqrt{6}} & \dfrac{1}{\sqrt{3}} \\ \dfrac{1}{\sqrt{2}} & -\dfrac{1}{\sqrt{6}} & \dfrac{1}{\sqrt{3}} \end{pmatrix}.$$ □

将公式 (7.17) 和公式 (7.18) 推广到 n 维向量空间 $\mathbb{R}^n$, 就得到下面的定理.

定理 7.5　设 $\alpha_1, \alpha_2, \cdots, \alpha_m$ 是 $\mathbb{R}^n$ 中 m 个线性无关向量, 令

$$
\begin{aligned}
\beta_1 &= \alpha_1, \\
\beta_2 &= \alpha_2 - \frac{\alpha_2^{\mathrm{T}} \beta_1}{\beta_1^{\mathrm{T}} \beta_1} \beta_1, \\
&\cdots\cdots \\
\beta_m &= \alpha_m - \sum_{i=1}^{m-1} \frac{\alpha_m^{\mathrm{T}} \beta_i}{\beta_i^{\mathrm{T}} \beta_i} \beta_i,
\end{aligned}
\tag{7.19}
$$

则 $\beta_1, \beta_2, \cdots, \beta_m$ 是 $\mathbb{R}^n$ 中的正交组, 并且 $\beta_1, \beta_2, \cdots, \beta_m$ 与 $\alpha_1, \alpha_2, \cdots, \alpha_m$ 等价.

证明　对向量组 $\alpha_1, \alpha_2, \cdots, \alpha_m$ 的个数 m 作数学归纳法.

当 $m = 1$ 时, 向量组 $\alpha_1 \neq 0$ 为一个向量, 此时令 $\beta_1 = \alpha_1$, 则 β_1 是正交组, 并且与 α_1 等价.

假设结论对 $m = k$ 成立, 则对 $k+1$ 个线性无关的向量 $\alpha_1, \cdots, \alpha_k, \alpha_{k+1}$ 来说, 由于 $\alpha_1, \cdots, \alpha_k$ 也线性无关, 所以由归纳假设, 存在按 (7.19) 式构造的正交向量组 $\beta_1, \cdots, \beta_k$, 它与 $\alpha_1, \cdots, \alpha_k$ 是等价的, 现在令向量

$$
\beta_{k+1} = \alpha_{k+1} - \sum_{i=1}^{k} \frac{\alpha_{k+1}^{\mathrm{T}} \beta_i}{\beta_i^{\mathrm{T}} \beta_i} \beta_i,
\tag{7.20}
$$

则 $\beta_{k+1} \neq 0$(否则 α_{k+1} 可由 $\beta_1, \cdots, \beta_k$ 线性表出, 从而可以由 $\alpha_1, \cdots, \alpha_k$ 线性表出, 这不可能), 并且对 $j = 1, 2, \cdots, k$, 有

$$
\begin{aligned}
\beta_j^{\mathrm{T}} \beta_{k+1} &= \beta_j^{\mathrm{T}} \alpha_{k+1} - \sum_{i=1}^{k} \frac{\alpha_{k+1}^{\mathrm{T}} \beta_i}{\beta_i^{\mathrm{T}} \beta_i} \beta_j^{\mathrm{T}} \beta_i \\
&= \alpha_{k+1}^{\mathrm{T}} \beta_j - \frac{\alpha_{k+1}^{\mathrm{T}} \beta_j}{\beta_j^{\mathrm{T}} \beta_j} \beta_j^{\mathrm{T}} \beta_j \\
&= \alpha_{k+1}^{\mathrm{T}} \beta_j - \alpha_{k+1}^{\mathrm{T}} \beta_j = 0,
\end{aligned}
$$

其中用到了 $\beta_j^{\mathrm{T}} \beta_i = \delta_{ij}(i, j = 1, 2, \cdots, k)$, 因此 β_{k+1} 与每个 $\beta_j(j = 1, 2, \cdots, k)$ 正交, 即 $\beta_1, \cdots, \beta_k, \beta_{k+1}$ 也是正交组. 另一方面, 由 (7.20) 式可知, α_{k+1} 可由 $\beta_1, \cdots, \beta_k, \beta_{k+1}$ 线性表出, 从而 $\alpha_1, \cdots, \alpha_k, \alpha_{k+1}$ 可由 $\beta_1, \cdots, \beta_k, \beta_{k+1}$ 线性表出, 反过来同样由 (7.20) 式可知 $\beta_1, \cdots, \beta_k, \beta_{k+1}$ 可由 $\alpha_1, \cdots, \alpha_k, \alpha_{k+1}$ 线性表出, 这样,

向量组 $\beta_1, \cdots, \beta_k, \beta_{k+1}$ 就与 $\alpha_1, \cdots, \alpha_k, \alpha_{k+1}$ 等价, 所以定理的结论对 $m = k+1$ 也成立, 从而定理的结论对任意小于或等于 n 的正整数 m 都成立.   □

注意在这个定理中, 线性无关向量组 $\alpha_1, \cdots, \alpha_m$ 的个数 m 可以小于向量空间 $\mathbb{R}^n$ 的维数 n, 此时构造出的正交组 $\beta_1, \cdots, \beta_m$ 不能再通过单位化后成为 $\mathbb{R}^n$ 的标准正交基, 它只是一个与 $\alpha_1, \cdots, \alpha_m$ 等价的正交组. 如果 $m = n$, 那么所构造的正交组 $\beta_1, \cdots, \beta_n$ 通过单位化后就成为 $\mathbb{R}^n$ 的标准正交基.

用 (7.19) 式构造正交组的计算过程称为**施密特**(Schmidt) **正交化**.

例 7.7 求与齐次线性方程组

$$\begin{cases} 2x + y - z + w - 3u = 0, \\ x + y - z \quad\quad + u = 0 \end{cases}$$

的基础解系等价的正交向量组.

解 现将方程组的增广矩阵作行初等变换, 得到它的简化阶梯阵

$$\begin{pmatrix} 2 & 1 & -1 & 1 & -3 & 0 \\ 1 & 1 & -1 & 0 & 1 & 0 \end{pmatrix} \rightarrow \begin{pmatrix} 0 & -1 & 1 & 1 & -5 & 0 \\ 1 & 1 & -1 & 0 & 1 & 0 \end{pmatrix}$$

$$\rightarrow \begin{pmatrix} 1 & 1 & -1 & 0 & 1 & 0 \\ 0 & -1 & 1 & 1 & -5 & 0 \end{pmatrix} \rightarrow \begin{pmatrix} 1 & 0 & 0 & 1 & -4 & 0 \\ 0 & 1 & -1 & -1 & 5 & 0 \end{pmatrix},$$

然后将对应的同解线性方程组

$$\begin{cases} x \quad\quad + w - 4u = 0, \\ y - z - w + 5u = 0 \end{cases}$$

写成通解形式:

$$\begin{pmatrix} x \\ y \\ z \\ w \\ u \end{pmatrix} = \begin{pmatrix} -w + 4u \\ z + w - 5u \\ z \\ w \\ u \end{pmatrix} = z\begin{pmatrix} 0 \\ 1 \\ 1 \\ 0 \\ 0 \end{pmatrix} + w\begin{pmatrix} -1 \\ 1 \\ 0 \\ 1 \\ 0 \end{pmatrix} + u\begin{pmatrix} 4 \\ -5 \\ 0 \\ 0 \\ 1 \end{pmatrix},$$

因此方程组的基础解系为 $\alpha_1 = (0, 1, 1, 0, 0)^{\mathrm{T}}, \alpha_2 = (-1, 1, 0, 1, 0)^{\mathrm{T}}, \alpha_3 = (4, -5, 0, 0, 1)^{\mathrm{T}}$. 再对向量组 $\alpha_1, \alpha_2, \alpha_3$ 运用施密特正交化方法, 得到与 $\alpha_1, \alpha_2, \alpha_3$ 等价的正

交向量组如下:

$$\beta_1 = \alpha_1 = (0, 1, 1, 0, 0)^{\mathrm{T}},$$

$$\beta_2 = \alpha_2 - \frac{\alpha_2^{\mathrm{T}}\beta_1}{\beta_1^{\mathrm{T}}\beta_1}\beta_1 = \begin{pmatrix} -1 \\ 1 \\ 0 \\ 1 \\ 0 \end{pmatrix} - \frac{1}{2}\begin{pmatrix} 0 \\ 1 \\ 1 \\ 0 \\ 0 \end{pmatrix} = \begin{pmatrix} -1 \\ \dfrac{1}{2} \\ -\dfrac{1}{2} \\ 1 \\ 0 \end{pmatrix},$$

$$\beta_3 = \alpha_3 - \frac{\alpha_3^{\mathrm{T}}\beta_1}{\beta_1^{\mathrm{T}}\beta_1}\beta_1 - \frac{\alpha_3^{\mathrm{T}}\beta_2}{\beta_2^{\mathrm{T}}\beta_2}\beta_2 = \begin{pmatrix} 4 \\ -5 \\ 0 \\ 0 \\ 1 \end{pmatrix} + \frac{5}{2}\begin{pmatrix} 0 \\ 1 \\ 1 \\ 0 \\ 0 \end{pmatrix} + \frac{13}{5}\begin{pmatrix} -1 \\ \dfrac{1}{2} \\ -\dfrac{1}{2} \\ 1 \\ 0 \end{pmatrix} = \begin{pmatrix} \dfrac{7}{5} \\ -\dfrac{6}{5} \\ \dfrac{6}{5} \\ \dfrac{13}{5} \\ 1 \end{pmatrix}.$$

$\square$

习　题　7.2

1. 已知下列向量 $\alpha, \beta \in \mathbb{R}^4$, 求它们的内积:

(1) $\alpha = (-1, 0, 3, -4)^{\mathrm{T}}, \beta = (4, -3, 0, 2)^{\mathrm{T}}$;

(2) $\alpha = \left(\dfrac{\sqrt{3}}{2}, -\dfrac{1}{3}, \dfrac{\sqrt{3}}{4}, -1\right)^{\mathrm{T}}, \beta = \left(-\dfrac{\sqrt{3}}{2}, -2, \sqrt{3}, \dfrac{2}{3}\right)^{\mathrm{T}}$.

2. 将下列向量单位化:

(1) $\alpha = (3, 0, -1, 2)^{\mathrm{T}}$;　(2) $\alpha = (-5, -1, 2, 0)^{\mathrm{T}}$.

3. 判断下列矩阵是否为正交矩阵:

(1) $\begin{pmatrix} \dfrac{\sqrt{2}}{2} & \dfrac{\sqrt{2}}{2} \\ -\dfrac{\sqrt{2}}{2} & \dfrac{\sqrt{2}}{2} \end{pmatrix}$;　　　(2) $\begin{pmatrix} -\dfrac{1}{2} & -\dfrac{\sqrt{3}}{2} \\ \dfrac{\sqrt{3}}{2} & -\dfrac{1}{2} \end{pmatrix}$;　　　(3) $\begin{pmatrix} 1 & 1 \\ -1 & 1 \end{pmatrix}$;

(4) $\begin{pmatrix} -\dfrac{1}{3} & -\dfrac{2}{3} & \dfrac{2}{3} \\ -\dfrac{2}{\sqrt{5}} & \dfrac{1}{\sqrt{5}} & 0 \\ \dfrac{2}{3\sqrt{5}} & \dfrac{4}{3\sqrt{5}} & \dfrac{5}{3\sqrt{5}} \end{pmatrix}$;　(5) $\dfrac{1}{2}\begin{pmatrix} 1 & 1 & -1 & 1 \\ 1 & 1 & 1 & -1 \\ 1 & -1 & -1 & -1 \\ 1 & -1 & 1 & 1 \end{pmatrix}$.

4. 求第 3 题中每个矩阵的行列式.

5. 证明: 如果 A 是 n 阶实对称矩阵, Q 是正交矩阵, 则 $Q^{-1}AQ$ 是对称矩阵.

6. 证明: 如果 A 是 n 阶正交矩阵, 则它的伴随矩阵 Q^* 也是正交矩阵.

7. 对 $\mathbb{R}^3$ 中三个线性无关向量 $\alpha_1 = (1,1,0)^{\mathrm{T}}, \alpha_2 = (1,3,1)^{\mathrm{T}}, \alpha_3 = (2,2,3)^{\mathrm{T}}$, 用施密特正交化方法求一个三阶正交矩阵.

8. 在 $\mathbb{R}^3$ 中求与下列向量组 α_1, α_2 等价的标准正交组:

(1) $\alpha_1 = (3,0,-1)^{\mathrm{T}}, \alpha_2 = (8,5,-6)^{\mathrm{T}}$;

(2) $\alpha_1 = (2,-1,0)^{\mathrm{T}}, \alpha_2 = (2,0,1)^{\mathrm{T}}$;

(3) $\alpha_1 = (2,-5,1)^{\mathrm{T}}, \alpha_2 = (4,-1,2)^{\mathrm{T}}$.

9. 在 $\mathbb{R}^4$ 中求与下列向量组 $\alpha_1, \alpha_2, \alpha_3$ 等价的标准正交组:

(1) $\alpha_1 = (1,1,0,0)^{\mathrm{T}}, \alpha_2 = (1,0,1,0)^{\mathrm{T}}, \alpha_3 = (1,0,0,-1)^{\mathrm{T}}$;

(2) $\alpha_1 = (1,1,1,1)^{\mathrm{T}}, \alpha_2 = (0,1,1,1)^{\mathrm{T}}, \alpha_3 = (0,0,1,1)^{\mathrm{T}}$.

10. 求与齐次线性方程组

$$\begin{cases} x & -u = 0, \\ y+z & = 0, \\ x-y & -w & = 0 \end{cases}$$

的基础解系等价的标准正交组.

11. 求与齐次线性方程组

$$\begin{cases} 2x-y-z+w+3u = 0, \\ x+y+z & +u = 0 \end{cases}$$

的基础解系等价的标准正交组.

12. 证明: 在 $\mathbb{R}^n$ 中, 如果 β 与 $\alpha_1, \cdots, \alpha_m$ 都正交, 则 β 与 $\alpha_1, \cdots, \alpha_m$ 的任一线性组合也正交.

13. 证明: 如果上三角矩阵是正交矩阵, 则必为对角矩阵, 并且主对角线上元素为 1 或 -1.

14. 设 A 是实可逆矩阵, 证明: A 可以分解成两个方阵的乘积

$$A = QB,$$

其中 Q 是正交矩阵, B 是上三角矩阵, B 的主对角线上元素都为正数, 并且这种分解是唯一的.

7.3　二次型与主轴定理

7.3.1　二次曲面方程的化简

与平面二次曲线方程的化简问题类似, 在 3 维空间 $\mathbb{R}^3$ 中, 也需要将二次曲面的一般方程化成标准方程. 二次曲面的一般方程是

$$a_{11}x^2 + a_{22}y^2 + a_{33}z^2 + 2a_{12}xy + 2a_{13}xz + 2a_{23}yz + b_1x + b_2y + b_3z + c = 0, \quad (7.21)$$

如果记

$$A = \begin{pmatrix} a_{11} & a_{12} & a_{13} \\ a_{12} & a_{22} & a_{23} \\ a_{13} & a_{23} & a_{33} \end{pmatrix}, \quad \beta = \begin{pmatrix} b_1 \\ b_2 \\ b_3 \end{pmatrix}, \quad X = \begin{pmatrix} x \\ y \\ z \end{pmatrix},$$

则方程 (7.21) 可以写成矩阵方程的形式 (请读者推导):

$$X^{\mathrm{T}}AX + \beta^{\mathrm{T}}X + c = 0, \tag{7.22}$$

其中的 $X^{\mathrm{T}}AX$ 也称为二次曲面方程 (7.22) 的二次型. 如果对称矩阵 A 是一个对角矩阵 (即 $a_{12} = a_{13} = a_{23} = 0$), 那么就和二次曲线的类似情形一样, 可以用配方加移轴的方法把曲面的一般方程 (7.21) 化成标准方程. 但是如果 A 不是对角矩阵, 那么就和 7.1 节一样, 要通过空间直角坐标系的 "转轴" 来把二次曲面方程的二次型 $X^{\mathrm{T}}AX$ 变成标准形 $a(x')^2 + b(y')^2 + d(z')^2$, 即设法找到一个三阶的正交矩阵 Q, 使得经过正交线性替换 $X = QX'$ $(X' = (x', y', z')^{\mathrm{T}})$ 以后, 二次型化成

$$\begin{aligned} X^{\mathrm{T}}AX &= (QX')^{\mathrm{T}}A(QX') = X'^{\mathrm{T}}(Q^{\mathrm{T}}AQ)X' \\ &= a(x')^2 + b(y')^2 + d(z')^2, \end{aligned}$$

因此有

$$Q^{\mathrm{T}}AQ = \begin{pmatrix} a & & \\ & b & \\ & & d \end{pmatrix}. \tag{7.23}$$

由于 Q 是正交矩阵, 所以 $Q^{\mathrm{T}} = Q^{-1}$, 代入 (7.23) 式后可以看出这又是一个将矩阵 A 相似对角化的问题, 即 a, b, d 是 A 的全部特征值, 而组成正交矩阵 Q 的 3 个列向量分别是属于 a, b, d 的特征向量. 当经过这样的空间直角坐标系的 "转轴" 之后, 原二次曲面方程 (7.22) 化成了新坐标下的方程

$$a(x')^2 + b(y')^2 + d(z')^2 + b_1'x' + b_2'y' + b_3'z' + c = 0,$$

然后就可通过配方和移轴, 得到原二次曲面的标准方程.

　　虽然我们也可以写出这个表示空间 "转轴" 的正交矩阵 Q 及有关旋转角的公式, 但它们十分复杂. 所以下面主要采用更有效的求特征向量和施密特正交化的方法, 来获得正交矩阵 Q 和二次曲面方程中二次型的标准形. 由于这种方法可以很容易地推广到把 n 个变量的二次型化为其标准形的问题中, 所以我们就直接来考虑 n 元二次型的化简问题.

7.3.2 n 元二次型及其标准形

我们先定义一般的 n 个变量的二次型 (或称 n 元二次型).

定义 7.4 二次型

含有 n 个变量的二次齐次多项式

$$f(x_1, x_2, \cdots, x_n) = f(X) = a_{11}x_1^2 + a_{22}x_2^2 + \cdots + a_{nn}x_n^2 + 2a_{12}x_1x_2 + \cdots$$
$$+ 2a_{1n}x_1x_n + 2a_{23}x_2x_3 + \cdots + 2a_{n-1,n}x_{n-1}x_n$$
$$= \sum_{i=1}^{n} a_{ii}x_i^2 + 2 \sum_{1 \leqslant i < j \leqslant n} a_{ij}x_ix_j \tag{7.24}$$

称为数域 $\mathbb{F}$ 上的**二次型**, 其中所有系数 a_{ij} 都取自数域 $\mathbb{F}$, 且 $X = (x_1, x_2, \cdots, x_n)^{\mathrm{T}}$. 当系数 a_{ij} 全取自实数域 $\mathbb{R}$(或复数域 $\mathbb{C}$) 时, 称 $f(X)$ 为**实二次型**(或**复二次型**).

同样可以用 n 阶对称矩阵

$$A = \begin{pmatrix} a_{11} & a_{12} & \cdots & a_{1n} \\ a_{12} & a_{22} & \cdots & a_{2n} \\ \vdots & \vdots & & \vdots \\ a_{1n} & a_{2n} & \cdots & a_{nn} \end{pmatrix}$$

将二次型 (7.24) 表示成矩阵形式 (请读者参照 (7.2) 式推导):

$$f(X) = X^{\mathrm{T}}AX, \tag{7.25}$$

我们称 A 是**二次型的矩阵**, 对称矩阵 A 的秩 $\mathrm{rank}(A)$ 也称为二次型 (7.25) 的**秩**. 在确定二次型的矩阵时, 要注意 (7.24) 式中所有的混合项 (即含 x_ix_j 的项, $i < j$) 都有系数 2.

例 7.8 写出二次型

$$f(x, y, z, w) = 3x^2 + y^2 - z^2 + 2xy - xz + 4yz + yw$$

的矩阵.

解 由于 x, y, z, w 依次是第1, 2, 3, 4 个变元, 所以 $a_{11} = 3, a_{22} = 1, a_{33} = -1, a_{44} = 0, a_{12} = 1, a_{13} = -\dfrac{1}{2}, a_{14} = 0, a_{23} = 2, a_{24} = \dfrac{1}{2}, a_{34} = 0$, 因此该二次型的矩阵是

$$A = \begin{pmatrix} 3 & 1 & -\dfrac{1}{2} & 0 \\[2mm] 1 & 1 & 2 & \dfrac{1}{2} \\[2mm] -\dfrac{1}{2} & 2 & -1 & 0 \\[2mm] 0 & \dfrac{1}{2} & 0 & 0 \end{pmatrix}.$$

$\square$

本节的任务是: 针对 n 元实二次型 (7.25), 寻找 n 阶正交矩阵 Q, 使得经过 $\mathbb{R}^n$ 空间中的 "转轴" (即正交线性替换)

$$X = QY, \quad Y = (y_1, y_2, \cdots, y_n)^{\mathrm{T}}$$

后, 二次型变成以 $y_i (i = 1, 2, \cdots, n)$ 为变量的新二次型, 它只含有平方项:

$$\begin{aligned} f(X) &= X^{\mathrm{T}} A X = (QY)^{\mathrm{T}} A (QY) = Y^{\mathrm{T}} (Q^{\mathrm{T}} A Q) Y \\ &= \lambda_1 y_1^2 + \lambda_2 y_2^2 + \cdots + \lambda_n y_n^2, \end{aligned} \quad (7.26)$$

也就是成立矩阵等式

$$Q^{\mathrm{T}} A Q = \operatorname{diag}(\lambda_1, \lambda_2, \cdots, \lambda_n). \quad (7.27)$$

(7.26) 式右端的新二次型称为原二次型 $f(X)$ 的**标准形**.

现在, 由于 Q 是正交矩阵, 所以有 $Q^{\mathrm{T}} = Q^{-1}$, 代入 (7.27) 式得

$$Q^{-1} A Q = \operatorname{diag}(\lambda_1, \lambda_2, \cdots, \lambda_n),$$

因此矩阵 A 相似于以 λ_i 为对角元素的对角矩阵. 若记正交矩阵 Q 的 n 个列向量为 $\alpha_1, \alpha_2, \cdots, \alpha_n$, 则从定理 5.1 的证明过程可以知道,

$$A\alpha_i = \lambda_i \alpha_i, \quad i = 1, 2, \cdots, n,$$

即组成正交矩阵 Q 的 n 个列向量正好是二次型矩阵 A 的 n 个线性无关的特征向量, 并且二次型 $f(X)$ 的标准形的各项系数正好是矩阵 A 相应的特征值. 因此, 化实二次型为标准形的问题其实就是对二次型的实对称矩阵进行相似对角化的问题.

在历史上, 19 世纪的法国数学家柯西正是在研究化二次曲面方程为标准方程的问题时, 首次引入了二次型、特征值、特征向量等基本概念, 并且把化 3 元二次型为标准形的特征向量方法进一步推广到 n 元二次型的化简问题中, 得到了下面将要介绍的主轴定理 (定理 7.7).

7.3.3 主轴定理

在考虑实对称矩阵 A 的相似对角化时, 首先要确认所相似的对角矩阵也是实矩阵. 由于对角元素都是 A 的特征值, 而作为特征方程 (它是一元 n 次方程) 的根, 特征值是有可能为复数的. 下面这个定理保证了这种情况不会发生.

> **定理 7.6** n 阶实对称矩阵 A 的特征值都是实数.

证明 设 λ_0 是 A 的任一特征值, 于是存在非零向量 $\alpha = (c_1, c_2, \cdots, c_n)^{\mathrm{T}}$, 使得 $A\alpha = \lambda_0\alpha$. 在此等式两边取复数共轭, 由于 A 是实矩阵, 所以对 A 的所有元素取共轭而得的矩阵 $\bar{A} = A$, 因此有

$$A\bar{\alpha} = \bar{\lambda}_0\bar{\alpha},$$

在上式两边左乘矩阵 α^{T}, 得

$$\alpha^{\mathrm{T}}A\bar{\alpha} = \bar{\lambda}_0\alpha^{\mathrm{T}}\bar{\alpha}. \tag{7.28}$$

另一方面, 在 $A\alpha = \lambda_0\alpha$ 两边取矩阵的转置, 由于 $A^{\mathrm{T}} = A$, 所以

$$\alpha^{\mathrm{T}}A = \lambda_0\alpha^{\mathrm{T}},$$

在上式两边右乘矩阵 $\bar{\alpha}$, 得

$$\alpha^{\mathrm{T}}A\bar{\alpha} = \lambda_0\alpha^{\mathrm{T}}\bar{\alpha},$$

将此式与 (7.28) 式比较, 得 $\bar{\lambda}_0\alpha^{\mathrm{T}}\bar{\alpha} = \lambda_0\alpha^{\mathrm{T}}\bar{\alpha}$, 即有

$$(\bar{\lambda}_0 - \lambda_0)\alpha^{\mathrm{T}}\bar{\alpha} = 0,$$

但是因为 $\alpha \neq 0$, 所以

$$\alpha^{\mathrm{T}}\bar{\alpha} = c_1\bar{c}_1 + c_2\bar{c}_2 + \cdots + c_n\bar{c}_n = |c_1|^2 + |c_2|^2 + \cdots + |c_n|^2 \neq 0,$$

从而 $\bar{\lambda}_0 - \lambda_0 = 0$, 或 $\bar{\lambda}_0 = \lambda_0$, 即 λ_0 是实数. □

我们知道在 3 维空间 $\mathbb{R}^3$ 中, 椭球面 $\dfrac{x^2}{a^2} + \dfrac{y^2}{b^2} + \dfrac{z^2}{c^2} = 1$ 的对称轴是 3 条坐标轴: x 轴, y 轴和 z 轴, 这个椭球面之所以能用最简单的标准方程来表示 (即这个方程的二次型是标准形), 就是因为已经将它的对称轴取作了直角坐标轴. 在一般的 n 维空间 $\mathbb{R}^n$ 中, 我们称 n 元二次超曲面

$$X^{\mathrm{T}}AX + \xi^{\mathrm{T}}X + c = 0$$

(其中 A 是 n 阶实对称矩阵, $X = (x_1, \cdots, x_n)^{\mathrm{T}}, \xi = (b_1, \cdots, b_n)^{\mathrm{T}}$) 的对称轴为主轴, 通过 "旋转" $\mathbb{R}^n$ 空间中的 "直角坐标系" (即作正交线性替换), 使之与二次超

曲面的 n 条主轴重合, 也就是将 n 条主轴作为新的 "直角坐标轴", 这样就可以消去原二次超曲面方程中二次型 $X^{\mathrm{T}}AX$ 的所有混合项 (即把这个二次型化成了标准形), 从而再进行适当的配方和移轴后, 得到在新坐标系下的二次超曲面标准方程.

定理 7.7 (主轴定理)　设 $f(X) = X^{\mathrm{T}}AX$ 是一个 n 元实二次型, 那么总可以通过正交线性替换

$$X = QY, \quad Y = (y_1, y_2, \cdots, y_n)^{\mathrm{T}}$$

化为标准形

$$f(X) = \lambda_1 y_1^2 + \lambda_2 y_2^2 + \cdots + \lambda_n y_n^2,$$

这里 Q 是一个正交矩阵, 而 $\lambda_1, \lambda_2, \cdots, \lambda_n \in \mathbb{R}$ 是二次型的矩阵 A 的全部特征值.

证明　由 (7.26) 和 (7.27) 两式可知, 我们只需要证明以下结论就可以了:

若 A 是一个 n 阶实对称矩阵, 则存在一个正交矩阵 Q, 使得

$$Q^{\mathrm{T}}AQ = \mathrm{diag}(\lambda_1, \lambda_2, \cdots, \lambda_n),$$

其中 $\lambda_1, \lambda_2, \cdots, \lambda_n \in \mathbb{R}$ 是 A 的全部特征值, 并且组成正交矩阵 Q 的 n 个列向量正是分别属于这些特征值的特征向量.

我们对实对称矩阵 A 的阶数 n 作数学归纳法.

当 $n = 1$ 时, $A = (a)$ 已经是对角矩阵, 且有 1 阶单位矩阵 I_1 使得 $I_1^{\mathrm{T}}(a)I_1 = (a)$;

假设结论对 $n = k$ 成立, 则对 $k + 1$ 阶实对称矩阵 A 来说, 由定理 7.6 可知 A 的特征值都是实数. 设 λ_1 是 A 的一个特征值, α_1 是长度为 1 且属于 λ_1 的实特征向量, 将 α_1 扩充为 $\mathbb{R}^{k+1}$ 空间的一个基 $\alpha_1, \gamma_1, \cdots, \gamma_k$, 再由定理 7.5 知从基 $\alpha_1, \gamma_1, \cdots, \gamma_k$ 可以构造出 $\mathbb{R}^{k+1}$ 的一个标准正交基 $\alpha_1, \alpha_2, \cdots, \alpha_{k+1}$, 则由这些向量组成的 $k + 1$ 阶方阵 $Q_1 = (\alpha_1 \ \alpha_2 \ \cdots \ \alpha_{k+1})$ 是一个正交矩阵, 并且对每个 $\alpha_i(i = 2, \cdots, k + 1)$, $A\alpha_i$ 都可写成 $\alpha_1, \alpha_2, \cdots, \alpha_{k+1}$ 的线性组合, 因此有

$$
\begin{aligned}
AQ_1 &= (A\alpha_1 \quad A\alpha_2 \quad \cdots \quad A\alpha_{k+1}) \\
&= (\lambda_1\alpha_1 \quad A\alpha_2 \quad \cdots \quad A\alpha_{k+1}) \\
&= (\alpha_1 \quad \alpha_2 \quad \cdots \quad \alpha_{k+1}) \begin{pmatrix} \lambda_1 & \mu^{\mathrm{T}} \\ 0 & A_1 \end{pmatrix},
\end{aligned} \tag{7.29}
$$

其中的列向量 $\mu \in \mathbb{R}^k$, k 阶方阵 $A_1 \in M_k(\mathbb{R})$. 因为 Q_1 是正交矩阵, 所以 $Q_1^{-1} = Q_1^{\mathrm{T}}$.

这样, 用 Q_1^{-1} 左乘 (7.29) 式的两边后, 可得

$$Q_1^{\mathrm{T}} A Q_1 = \begin{pmatrix} \lambda_1 & \mu^{\mathrm{T}} \\ 0 & A_1 \end{pmatrix},$$

对上式两边取转置, 由 A 是对称矩阵又得到

$$Q_1^{\mathrm{T}} A Q_1 = \begin{pmatrix} \lambda_1 & 0 \\ \mu & A_1^{\mathrm{T}} \end{pmatrix},$$

比较以上两式立即得到 $\mu = 0$, $A_1^{\mathrm{T}} = A_1$ 和

$$Q_1^{\mathrm{T}} A Q_1 = \begin{pmatrix} \lambda_1 & 0 \\ 0 & A_1 \end{pmatrix}. \tag{7.30}$$

再由 A_1 是 k 阶实对称矩阵及归纳假设可知, 存在 k 阶正交矩阵 Q_2, 使得

$$Q_2^{\mathrm{T}} A_1 Q_2 = \mathrm{diag}(\lambda_2, \cdots, \lambda_{k+1}). \tag{7.31}$$

现在令

$$Q = Q_1 \begin{pmatrix} 1 & 0 \\ 0 & Q_2 \end{pmatrix},$$

则 Q 仍是正交矩阵, 并且由 (7.30) 式和 (7.31) 式可得

$$Q^{\mathrm{T}} A Q = \begin{pmatrix} 1 & 0 \\ 0 & Q_2^{\mathrm{T}} \end{pmatrix} Q_1^{\mathrm{T}} A Q_1 \begin{pmatrix} 1 & 0 \\ 0 & Q_2 \end{pmatrix} = \begin{pmatrix} 1 & 0 \\ 0 & Q_2^{\mathrm{T}} \end{pmatrix} \begin{pmatrix} \lambda_1 & 0 \\ 0 & A_1 \end{pmatrix} \begin{pmatrix} 1 & 0 \\ 0 & Q_2 \end{pmatrix}$$

$$= \begin{pmatrix} \lambda_1 & 0 \\ 0 & Q_2^{\mathrm{T}} A_1 Q_2 \end{pmatrix} = \begin{pmatrix} \lambda_1 & & & \\ & \lambda_2 & & \\ & & \ddots & \\ & & & \lambda_{k+1} \end{pmatrix},$$

其中的 $\lambda_2, \cdots, \lambda_{k+1}$ 也是 A 的特征值 (请读者证明). 这样, 定理的结论对 $n = k+1$ 也成立, 由归纳法原理, 定理的结论对任意 n 阶实对称矩阵 A 都成立. □

在运用主轴定理具体计算 n 阶正交矩阵 Q 时, 考虑到 Q 的列向量是由矩阵 A 的相互正交的特征向量组成的, 所以采用下列步骤:

(1) 求出 n 阶实对称矩阵 A 的所有不同的特征值 $\lambda_1, \lambda_2, \cdots, \lambda_m (m \leqslant n)$;

(2) 求出属于每个特征值 λ_i 的所有线性无关的特征向量 $\alpha_{i1}, \alpha_{i2}, \cdots, \alpha_{ir_i}$(由主轴定理可知 A 是可以对角化的, 再由定理 5.1 可知 A 有 n 个线性无关的特征向量, 因此这里有 $r_1 + r_2 + \cdots + r_m = n$);

(3) 对每个 i, 用施密特正交化方法求出与向量组 $\alpha_{i1}, \alpha_{i2}, \cdots, \alpha_{ir_i}$ 等价的正交组 $\beta_{i1}, \beta_{i2}, \cdots, \beta_{ir_i}$, 再单位化得标准正交组 $\eta_{i1}, \eta_{i2}, \cdots, \eta_{ir_i}$(容易证明它们也是 A 的属于 λ_i 的特征向量);

(4) 由下面将要证明的定理 7.8 的结论 ($\mathbb{R}^n$ 中属于 A 的不同特征值的特征向量必正交) 可知, $\eta_{11}, \cdots, \eta_{1r_1}, \cdots, \eta_{m1}, \cdots, \eta_{mr_m}$ 是 $\mathbb{R}^n$ 的一个标准正交基, 以它们作为列向量, 便得到所求的正交矩阵 Q.

例 7.9 用主轴定理将实二次型 $f(x, y, z) = 2x^2 + 2y^2 + 2z^2 + 2xy + 2xz + 2yz$ 化成标准形.

解 二次型的矩阵是

$$A = \begin{pmatrix} 2 & 1 & 1 \\ 1 & 2 & 1 \\ 1 & 1 & 2 \end{pmatrix},$$

A 的特征方程是

$$|\lambda I - A| = \begin{vmatrix} \lambda - 2 & -1 & -1 \\ -1 & \lambda - 2 & -1 \\ -1 & -1 & \lambda - 2 \end{vmatrix} = (\lambda - 1)^2 (\lambda - 4) = 0,$$

因此 A 的特征值是 $1(2$ 重$)$, 4. 当 $\lambda = 1$ 时, 解得两个特征向量 $\alpha_1 = (-1, 1, 0)^{\mathrm{T}}$, $\alpha_2 = (-1, 0, 1)^{\mathrm{T}}$, 再进行施密特正交化法, 得正交向量 $\beta_1 = \alpha_1$ 和

$$\beta_2 = \alpha_2 - \frac{\alpha_2^{\mathrm{T}} \beta_1}{\beta_1^{\mathrm{T}} \beta_1} \beta_1 = \begin{pmatrix} -1 \\ 0 \\ 1 \end{pmatrix} - \frac{1}{2} \begin{pmatrix} -1 \\ 1 \\ 0 \end{pmatrix} = \begin{pmatrix} -\frac{1}{2} \\ -\frac{1}{2} \\ 1 \end{pmatrix}.$$

然后进行单位化, 得到两个正交的单位特征向量

$$\eta_1 = \frac{1}{|\beta_1|} \beta_1 = \begin{pmatrix} -\frac{1}{\sqrt{2}} \\ \frac{1}{\sqrt{2}} \\ 0 \end{pmatrix}, \quad \eta_2 = \frac{1}{|\beta_2|} \beta_2 = \begin{pmatrix} -\frac{1}{\sqrt{6}} \\ -\frac{1}{\sqrt{6}} \\ \frac{2}{\sqrt{6}} \end{pmatrix}.$$

当 $\lambda = 4$ 时, 解得特征向量 $\alpha_3 = (1, 1, 1)^{\mathrm{T}}$, 通过计算内积得知它与 α_1, α_2(因

此与 η_1, η_2) 都正交, 经过单位化后得单位特征向量

$$\eta_3 = \frac{1}{|\alpha_3|}\alpha_3 = \begin{pmatrix} \dfrac{1}{\sqrt{3}} \\ \dfrac{1}{\sqrt{3}} \\ \dfrac{1}{\sqrt{3}} \end{pmatrix}.$$

由于 η_1, η_2, η_3 是 $\mathbb{R}^3$ 的一个标准正交基, 所以得正交矩阵

$$Q = (\eta_1 \quad \eta_2 \quad \eta_3) = \begin{pmatrix} -\dfrac{1}{\sqrt{2}} & -\dfrac{1}{\sqrt{6}} & \dfrac{1}{\sqrt{3}} \\ \dfrac{1}{\sqrt{2}} & -\dfrac{1}{\sqrt{6}} & \dfrac{1}{\sqrt{3}} \\ 0 & \dfrac{2}{\sqrt{6}} & \dfrac{1}{\sqrt{3}} \end{pmatrix}.$$

原二次型在作了以下正交线性替换

$$\begin{cases} x = -\dfrac{1}{\sqrt{2}}x' - \dfrac{1}{\sqrt{6}}y' + \dfrac{1}{\sqrt{3}}z', \\ y = \dfrac{1}{\sqrt{2}}x' - \dfrac{1}{\sqrt{6}}y' + \dfrac{1}{\sqrt{3}}z', \\ z = \phantom{-\dfrac{1}{\sqrt{2}}x'} \dfrac{2}{\sqrt{6}}y' + \dfrac{1}{\sqrt{3}}z' \end{cases}$$

后, 化为了标准形

$$f(x, y, z) = (x')^2 + (y')^2 + 4(z')^2. \qquad \square$$

在这个例题中, 特征向量 α_3 与 α_1, α_2 都正交并不是偶然现象, 事实上有以下定理.

定理 7.8 设 A 是 n 阶实对称矩阵, 则 $\mathbb{R}^n$ 中属于 A 的不同特征值的特征向量必正交.

证明 设 λ_1, λ_2 是 A 的两个不同特征值, α_1, α_2 分别属于 λ_1, λ_2 的特征向量, 即有 $A\alpha_1 = \lambda_1\alpha_1, A\alpha_2 = \lambda_2\alpha_2$, 于是由 $A^{\mathrm{T}} = A$ 可得

$$(A\alpha_1)^{\mathrm{T}}\alpha_2 = \alpha_1^{\mathrm{T}}A^{\mathrm{T}}\alpha_2 = \alpha_1^{\mathrm{T}}A\alpha_2 = \alpha_1^{\mathrm{T}}(\lambda_2\alpha_2) = \lambda_2\alpha_1^{\mathrm{T}}\alpha_2.$$

另一方面还有

$$(A\alpha_1)^{\mathrm{T}}\alpha_2 = (\lambda_1\alpha_1)^{\mathrm{T}}\alpha_2 = \lambda_1\alpha_1^{\mathrm{T}}\alpha_2,$$

因此 $\lambda_1\alpha_1^{\mathrm{T}}\alpha_2 = \lambda_2\alpha_1^{\mathrm{T}}\alpha_2$, 从而有 $(\lambda_1 - \lambda_2)\alpha_1^{\mathrm{T}}\alpha_2 = 0$, 但是 $\lambda_1 \neq \lambda_2$, 所以 $\alpha_1^{\mathrm{T}}\alpha_2 = 0$, 即 α_1 与 α_2 正交. $\qquad \square$

例 7.10　用主轴定理求二次曲面 $x^2 + 4y^2 + z^2 - 4xy - 8xz - 4yz - 2\sqrt{5}x + 4\sqrt{5}y + 4 = 0$ 的标准方程, 并指出它是何种曲面.

解　二次曲面方程的二次型是 $f(x,y,z) = x^2 + 4y^2 + z^2 - 4xy - 8xz - 4yz$, 它的矩阵是

$$A = \begin{pmatrix} 1 & -2 & -4 \\ -2 & 4 & -2 \\ -4 & -2 & 1 \end{pmatrix},$$

A 的特征方程是

$$|\lambda I - A| = \begin{vmatrix} \lambda - 1 & 2 & 4 \\ 2 & \lambda - 4 & 2 \\ 4 & 2 & \lambda - 1 \end{vmatrix} = (\lambda - 5)^2(\lambda + 4) = 0,$$

所以 A 的特征值是 5(2 重), -4. 当 $\lambda = 5$ 时, 解得两个特征向量 $\alpha_1 = (1, -2, 0)^{\mathrm{T}}$, $\alpha_2 = (0, -2, 1)^{\mathrm{T}}$, 令 $\beta_1 = \alpha_1$ 和

$$\beta_2 = \alpha_2 - \frac{\alpha_2^{\mathrm{T}}\beta_1}{\beta_1^{\mathrm{T}}\beta_1}\beta_1 = \begin{pmatrix} 0 \\ -2 \\ 1 \end{pmatrix} - \frac{4}{5}\begin{pmatrix} 1 \\ -2 \\ 0 \end{pmatrix} = \begin{pmatrix} -\dfrac{4}{5} \\ -\dfrac{2}{5} \\ 1 \end{pmatrix},$$

则 β_1 与 β_2 正交, 且都为 A 的特征向量. 再进行单位化, 得到两个正交的单位特征向量

$$\eta_1 = \frac{1}{|\beta_1|}\beta_1 = \begin{pmatrix} \dfrac{1}{\sqrt{5}} \\ -\dfrac{2}{\sqrt{5}} \\ 0 \end{pmatrix}, \quad \eta_2 = \frac{1}{|\beta_2|}\beta_2 = \begin{pmatrix} -\dfrac{4}{3\sqrt{5}} \\ -\dfrac{2}{3\sqrt{5}} \\ \dfrac{\sqrt{5}}{3} \end{pmatrix}.$$

当 $\lambda = -4$ 时, 解得特征向量 $\alpha_3 = (2, 1, 2)^{\mathrm{T}}$, 单位化后得 A 的单位特征向量

$$\eta_3 = \frac{1}{|\alpha_3|}\alpha_3 = \begin{pmatrix} \dfrac{2}{3} \\ \dfrac{1}{3} \\ \dfrac{2}{3} \end{pmatrix}.$$

因此正交矩阵是

$$Q = (\eta_1 \quad \eta_2 \quad \eta_3) = \begin{pmatrix} \dfrac{1}{\sqrt{5}} & -\dfrac{4}{3\sqrt{5}} & \dfrac{2}{3} \\ -\dfrac{2}{\sqrt{5}} & -\dfrac{2}{3\sqrt{5}} & \dfrac{1}{3} \\ 0 & \dfrac{\sqrt{5}}{3} & \dfrac{2}{3} \end{pmatrix},$$

现在作正交线性替换

$$\begin{cases} x = \quad \dfrac{1}{\sqrt{5}}x' - \dfrac{4}{3\sqrt{5}}y' + \dfrac{2}{3}z', \\ y = -\dfrac{2}{\sqrt{5}}x' - \dfrac{2}{3\sqrt{5}}y' + \dfrac{1}{3}z', \\ z = \quad\quad\quad \dfrac{\sqrt{5}}{3}y' + \dfrac{2}{3}z', \end{cases} \tag{7.32}$$

则二次型 $f(x,y,z)$ 可化成标准形

$$f(x,y,z) = 5(x')^2 + 5(y')^2 - 4(z')^2.$$

再将正交线性替换式 (7.32) 代入原二次曲面方程中的两个一次项, 得到二次曲面在新坐标系下的方程为

$$5(x')^2 + 5(y')^2 - 4(z')^2 - 10x' + 4 = 0,$$

然后经过配方得

$$5(x'-1)^2 + 5(y')^2 - 4(z')^2 - 1 = 0,$$

作移轴

$$\begin{cases} x' - 1 = x'', \\ y' = y'', \\ z' = z'' \end{cases}$$

后, 得到二次曲面的标准方程

$$\frac{(x'')^2}{\dfrac{1}{5}} + \frac{(y'')^2}{\dfrac{1}{5}} - \frac{(z'')^2}{\dfrac{1}{4}} = 1,$$

这是一个单叶双曲面. $\quad\square$

7.3.4　用主轴定理化简二次曲线方程

平面二次曲线方程中的二次型是最简单的二次型, 它当然也可以使用主轴定理来化简. 例如, 对于例 7.3 中的二次曲线 $x^2 - 4xy - 2y^2 + 10x + 4y = 0$, 它的二次型 $x^2 - 4xy - 2y^2$ 的矩阵是

$$A = \begin{pmatrix} 1 & -2 \\ -2 & -2 \end{pmatrix}.$$

从特征方程

$$|\lambda I - A| = \begin{vmatrix} \lambda - 1 & 2 \\ 2 & \lambda + 2 \end{vmatrix} = (\lambda + 3)(\lambda - 2) = 0$$

可知 A 的特征值是 -3 和 2. 当 $\lambda = -3$ 时, 解得特征向量 $\alpha_1 = (1, 2)^{\mathrm{T}}$, 单位化后得

$$\eta_1 = \frac{1}{|\beta_1|}\beta_1 = \begin{pmatrix} \dfrac{1}{\sqrt{5}} \\ \dfrac{2}{\sqrt{5}} \end{pmatrix}.$$

当 $\lambda = 2$ 时, 得特征向量 $\alpha_2 = (-2, 1)^{\mathrm{T}}$, 单位化后得

$$\eta_2 = \frac{1}{|\beta_2|}\beta_2 = \begin{pmatrix} -\dfrac{2}{\sqrt{5}} \\ \dfrac{1}{\sqrt{5}} \end{pmatrix}.$$

这样就得到正交矩阵

$$Q = (\eta_1 \quad \eta_2) = \begin{pmatrix} \dfrac{1}{\sqrt{5}} & -\dfrac{2}{\sqrt{5}} \\ \dfrac{2}{\sqrt{5}} & \dfrac{1}{\sqrt{5}} \end{pmatrix}.$$

在作了正交线性替换

$$\begin{cases} x = \dfrac{1}{\sqrt{5}}(x' - 2y'), \\ y = \dfrac{1}{\sqrt{5}}(2x' + y') \end{cases}$$

后, 原二次曲线方程为

$$-3(x')^2 + 2(y')^2 + \frac{18}{\sqrt{5}}x' - \frac{16}{\sqrt{5}}y' = 0.$$

这和 7.1 节中采用旋转坐标轴方法所得到的新方程是完全一致的, 而两个特征向量 α_1, α_2 所指的方向正是新的 x' 轴、y' 轴的方向, 据此不难作出 x' 轴和 y' 轴, 接下

来的配方、移轴、作图和以前一样. 这个简单的例子可以帮助我们加深对主轴定理中的特征向量几何意义的理解: 这些特征向量的方向恰好是相关二次曲线 (或二次曲面) 的主轴方向.

当然, 在这里如果交换两个特征值的顺序, 那么可能得到另一个正交矩阵

$$Q_1 = \begin{pmatrix} -\dfrac{2}{\sqrt{5}} & \dfrac{1}{\sqrt{5}} \\ \dfrac{1}{\sqrt{5}} & \dfrac{2}{\sqrt{5}} \end{pmatrix},$$

但是它的行列式 $|Q_1| = -1$, 而旋转矩阵

$$\begin{pmatrix} \cos\theta & -\sin\theta \\ \sin\theta & \cos\theta \end{pmatrix}$$

的行列式为 1. 所以正交矩阵 Q_1 不表示坐标轴的旋转 (如果用 Q_1 来作正交线性替换, 那么新坐标系中 x' 轴就是图 7.5 中的 y' 轴, 新的 y' 轴是图 7.5 中的 x' 轴, 此时从新 x' 轴正方向出发要转负 90° 才到 y' 轴的正方向). 因此, 在选择正交矩阵化简二次曲线方程时, 要选取行列式值为 1 的正交矩阵. 注意: 即使选取行列式为 1 的正交矩阵, 也不能保证化简后的二次曲线标准方程是唯一的 (例如, 坐标轴旋转 30° 能到达主轴方向, 那么旋转 210° 也能到达主轴方向, 这时虽然经过两种旋转化简后得到的曲线标准方程不同, 然而最后作出的原二次曲线的图形是完全一样的).

习 题 7.3

1. 写出以下二次型的矩阵:

(1) $f(x,y,z) = 2x^2 + 3y^2 - z^2 + 6xy - 4yz$;

(2) $f(x,y,z,w) = x^2 - z^2 + 2w^2 + 3xy - 4xz - yz + 6zw$;

(3) $f(x,y,z,w) = xy - 4xz + 2yz$;

(4) $f(x,y,z) = \begin{pmatrix} x & y & z \end{pmatrix} \begin{pmatrix} 1 & 2 & 3 \\ 4 & 5 & 6 \\ 7 & 8 & 9 \end{pmatrix} \begin{pmatrix} x \\ y \\ z \end{pmatrix}$;

(5) $f(x_1,\cdots,x_n) = \sum\limits_{i=1}^{n} x_i^2 + \sum\limits_{i=1}^{n-1} x_i x_{i+1}$;

(6) $f(x_1,\cdots,x_n) = (a_1 x_1 + a_2 x_2 + \cdots + a_n x_n)^2$.

2. 用主轴定理化下列实二次型为标准形:

(1) $f(x,y,z) = 2x^2 + 2y^2 + 2z^2 - 2xy - 2xz - 2yz$;

(2) $f(x,y,z) = 2x^2 + 5y^2 + 5z^2 - 4xy - 4xz - 8yz$;

(3) $f(x,y,z) = 2xy + 2xz + 2yz$;

(4) $f(x,y,z,w) = 2xy - 2zw$;

(5) $f(x, y, z, w) = 2xy + 2xz - 2xw - 2yz + 2yw + 2zw$.

3. 用主轴定理求下列二次曲面的标准方程, 并指出它们是何种曲面:

(1) $2x^2 + 6y^2 + 2z^2 + 8xz - 1 = 0$;

(2) $3x^2 + 5y^2 + 3z^2 - 2xy + 2xz - 2yz - 15 = 0$;

(3) $x^2 + y^2 + z^2 - 2xz + 4x + 2y - 4z - 5 = 0$;

(4) $4x^2 + y^2 - 8z^2 + 4xy - 4xz + 8yz - 8x - 4y + 4z + 4 = 0$;

(5) $x^2 + 2y^2 + 2z^2 - 4yz - 2x + 2\sqrt{2}y - 6\sqrt{2}z + 5 = 0$.

4. 对下列对称矩阵 A, 求正交矩阵 Q, 使得 $Q^{\mathrm{T}}AQ$ 为对角矩阵:

$$(1)\ A = \begin{pmatrix} 1 & -2 & 0 \\ -2 & 2 & -2 \\ 0 & -2 & 3 \end{pmatrix}; \qquad (2)\ A = \begin{pmatrix} 0 & -1 & 1 \\ -1 & 0 & 1 \\ 1 & 1 & 0 \end{pmatrix};$$

$$(3)\ A = \begin{pmatrix} 1 & 1 & 2 \\ 1 & 2 & 1 \\ 2 & 1 & 1 \end{pmatrix}; \qquad (4)\ A = \begin{pmatrix} 0 & 1 & 0 & 0 \\ 1 & 0 & 0 & 0 \\ 0 & 0 & 0 & 1 \\ 0 & 0 & 1 & 0 \end{pmatrix};$$

$$(5)\ A = \begin{pmatrix} -1 & -3 & 3 & -3 \\ -3 & -1 & -3 & 3 \\ 3 & -3 & -1 & -3 \\ -3 & 3 & -3 & -1 \end{pmatrix}.$$

5. 用主轴定理求下列二次曲线的标准方程, 并指出它们是何种曲线:

(1) $x^2 - xy + y^2 + 2x - 4y = 0$;

(2) $5x^2 + 12xy - 22x - 12y - 19 = 0$;

(3) $x^2 - xy + y^2 + 6x - 6y + 8 = 0$.

6. 用主轴定理求下列二次曲线的标准方程, 并画出它们的图形:

(1) $8x^2 + 4xy + 5y^2 + 8x - 16y - 16 = 0$;

(2) $x^2 - 2xy + y^2 - 4x = 0$.

7. 设 A 是一个 n 阶实矩阵, 证明: 如果有正交矩阵 Q, 使得 $Q^{-1}AQ$ 是对角矩阵, 那么 A 是一个对称矩阵.

8. 设 A, B 都是实对称矩阵, 证明: 存在正交矩阵 Q, 使得 $Q^{\mathrm{T}}AQ = B$ 的充要条件是 A 与 B 有相同的特征值.

9. 设 $f(X) = X^{\mathrm{T}}AX$ 是一个 n 元实二次型, 并且它的矩阵 A 的全部特征值 $\lambda_1, \lambda_2, \cdots, \lambda_n$ 满足 $\lambda_1 \leqslant \lambda_2 \leqslant \cdots \leqslant \lambda_n$, 证明: 对任一 $X \in \mathbb{R}^n$, 有

$$\lambda_1 X^{\mathrm{T}}X \leqslant X^{\mathrm{T}}AX \leqslant \lambda_n X^{\mathrm{T}}X.$$

10. 已知实二次型 $f(x, y, z) = 2x^2 + 3y^2 + 3z^2 + 2ayz$(常数 $a > 0$) 通过正交线性替换化成了标准形 $f(x, y, z) = (x')^2 + 2(y')^2 + 5(z')^2$, 求 a 的值及所用的正交线性替换.

11. 已知实二次型 $f(x, y, z) = -4x^2 + 4y^2 + 4z^2 - 6xy + 2axz + 2byz$ 经过正交线性替换化成了标准形 $f(x, y, z) = 5(x')^2 + 5(y')^2 - 6(z')^2$, 求 a, b 的值和所用的正交矩阵 Q.

12. 设 A 是三阶实对称矩阵, 且 A 的特征值是 0 和 3(2 重), 已知属于特征值 0 的特征向量为 $\alpha_1 = (1, 1, 1)^{\mathrm{T}}$, 属于特征值 3 的一个特征向量为 $\alpha_2 = (-1, 1, 0)^{\mathrm{T}}$, 求矩阵 A.

13. 已知二次曲面 $x^2 + ay^2 + z^2 + 2bxy + 2xz + 2yz = 4$ 经过正交线性替换化成了标准方程 $(y')^2 + 4(z')^2 = 4$, 求 a, b 的值和所用的正交矩阵 Q.

7.4　二次型的其他标准形与矩阵的合同

7.4.1　非退化线性替换 (配方法)

我们在用主轴定理化二次曲线 (或二次曲面) 方程为标准方程时, 需要通过求特征向量来构造正交矩阵, 这个过程有不小的计算量. 但是如果不要求算出标准方程, 而只是判断一下二次曲线 (或二次曲面) 的类型, 那么还有一种更加简便的配方法. 例如, 要判断二次曲线 $x^2 - 3xy + y^2 = 1$ 是何种曲线, 可以对方程进行如下的配方:

$$x^2 - 3xy + \left(\frac{3}{2}y\right)^2 - \left(\frac{3}{2}y\right)^2 + y^2 = 1,$$

即有

$$\left(x - \frac{3}{2}y\right)^2 - \frac{5}{4}y^2 = 1.$$

如果作线性替换 (也就是新旧坐标的变换)

$$\begin{cases} x - \dfrac{3}{2}y = x', \\ y = y', \end{cases} \quad 即 \quad \begin{cases} x = x' + \dfrac{3}{2}y', \\ y = \qquad y', \end{cases} \tag{7.33}$$

则可得双曲线的标准方程

$$\frac{(x')^2}{1} - \frac{(y')^2}{\dfrac{4}{5}} = 1,$$

因此原二次曲线 $x^2 - 3xy + y^2 = 1$ 一定是双曲线. 这是因为线性替换式中的系数矩阵

$$\begin{pmatrix} 1 & \dfrac{3}{2} \\ 0 & 1 \end{pmatrix} \tag{7.34}$$

是一个可逆矩阵, 它保证了新旧坐标之间的对应是一一对应, 并且不改变曲线的连通拓扑性质 (例如, 双曲线具有分离的两条分支曲线这样的性质). 与正交线性替换把直角坐标系变成直角坐标系不同, 如 (7.33) 式这样的线性替换把直角坐标系变成

了 "斜坐标系" (也称为 "仿射坐标系", 图 7.10), 其中将点 $(1, 0)$ 变成 $(1, 0)$, $(0, 1)$ 变成 $\left(-\dfrac{3}{2}, 1\right)$. 这将导致几何图形的变形, 所以这种坐标变换一般不用到曲线 (或曲面) 的作图问题中.

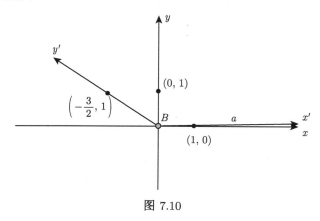

图 7.10

　　尽管有图像变形的缺点, 但是像 (7.33) 式这样的线性替换也有两个很明显的优点: 一是它可以很轻松地把一个复杂的二次型化成只有平方项的标准形 $\Bigg($ 例如, (7.33) 式把二次型 $x^2 - 3xy + y^2$ 化成了它的标准形 $(x')^2 - \dfrac{5}{4}(y')^2 \Bigg)$; 二是这种线性替换不仅能化简实二次型, 也能够化简系数在任意数域 $\mathbb{F}$ 上的二次型, 而正交线性替换只适用于实二次型.

　　设 $f(X) = X^{\mathrm{T}}AX$ 是 n 元二次型, 其中 A 是数域 $\mathbb{F}$ 上的对称矩阵. 若 P 是数域 $\mathbb{F}$ 上一个 n 阶可逆矩阵, 则线性替换

$$X = PY, \text{ 其中 } Y = (y_1, y_2, \cdots, y_n)^{\mathrm{T}}$$

称为**非退化线性替换**("非退化" 是指矩阵 P 可逆, 因此有的书也称其为 "可逆线性替换"), 如果它把二次型 $f(X)$ 化成标准形 (即只有平方项, 没有混合项的二次型), 则有

$$\begin{aligned} f(X) &= X^{\mathrm{T}}AX = (PY)^{\mathrm{T}}A(PY) = Y^{\mathrm{T}}(P^{\mathrm{T}}AP)Y \\ &= d_1 y_1^2 + d_2 y_2^2 + \cdots + d_n y_n^2, \end{aligned}$$

其中 $d_i \in \mathbb{F}(i = 1, 2, \cdots, n)$, 从而就有等式

$$P^{\mathrm{T}}AP = \mathrm{diag}(d_1, d_2, \cdots, d_n). \tag{7.35}$$

但是在这里要特别注意: 由于 P 不再是正交矩阵, 所以不成立等式 $P^{\mathrm{T}} = P^{-1}$, 因此不能像 7.3 节那样推导出 "$d_1, d_2, \cdots, d_n$ 是 A 的特征值" 这样特别强的结论 (例

如, 二次型 $x^2 - 3xy + y^2$ 的标准形的两个系数 $1, -\dfrac{5}{4}$ 不是这个二次型的矩阵的特征值).

例 7.11 用配方法化二次型 $f(x, y, z) = x^2 + 2y^2 - z^2 + 4xy - 4xz - 4yz$ 为标准形, 并写出所用的非退化线性替换.

解 先以第一个平方项的变元 x 作为关注点来构造完全平方式, 即对所有含 x 的项配方 (运用 "加一项, 减一项" 的技巧), 得到

$$
\begin{aligned}
f(x, y, z) &= x^2 + 4x(y - z) + (2(y - z))^2 - (2(y - z))^2 + 2y^2 - z^2 - 4yz \\
&= (x + 2(y - z))^2 - 4(y^2 - 2yz + z^2) + 2y^2 - z^2 - 4yz \\
&= (x + 2y - 2z)^2 - 2y^2 + 4yz - 5z^2.
\end{aligned}
$$

再以第二个平方项的变元 y 作为关注点继续配方, 得

$$
\begin{aligned}
f(x, y, z) &= (x + 2y - 2z)^2 - 2(y^2 - 2yz + z^2 - z^2) - 5z^2 \\
&= (x + 2y - 2z)^2 - 2(y - z)^2 - 3z^2.
\end{aligned}
$$

令

$$
\begin{aligned}
x' &= x + 2y - 2z, \\
y' &= y - z, \\
z' &= z,
\end{aligned}
\tag{7.36}
$$

则得到二次型的标准形

$$
f(x, y, z) = (x')^2 - 2(y')^2 - 3(z')^2.
$$

再从 (7.36) 式中解出原变元 x, y, z, 就得到线性替换式

$$
\begin{cases}
x = x' - 2y', \\
y = \, y' + z', \\
z = \, z',
\end{cases}
\tag{7.37}
$$

由于上式的系数矩阵行列式

$$
\begin{vmatrix}
1 & -2 & 0 \\
0 & 1 & 1 \\
0 & 0 & 1
\end{vmatrix} \neq 0,
$$

所以系数矩阵可逆, 因此 (7.37) 式是非退化线性替换式. $\qquad\square$

例 7.12   用配方法化二次型 $f(x, y, z) = xy - 2xz + 4yz$ 为标准形, 并写出所用的非退化线性替换.

解   为了能够配方, 首先要形成平方项, 因此先作非退化线性替换

$$\begin{cases} x = x' + y', \\ y = x' - y', \\ z = \qquad\quad z', \end{cases} \tag{7.38}$$

则可进行如下的配方

$$\begin{aligned} f(x, y, z) &= (x' + y')(x' - y') - 2(x' + y')z' + 4(x' - y')z' \\ &= (x')^2 - (y')^2 + 2x'z' - 6y'z' \\ &= (x')^2 + 2x'z' + (z')^2 - (z')^2 - ((y')^2 + 6y'z' + (3z')^2 - (3z')^2) \\ &= (x' + z')^2 - (y' + 3z')^2 + 8(z')^2. \end{aligned}$$

令

$$\begin{cases} x'' = x' \qquad + z', \\ y'' = \qquad y' + 3z', \\ z'' = \qquad\qquad z', \end{cases} \tag{7.39}$$

则得二次型的标准形

$$f(x, y, z) = (x'')^2 - (y'')^2 + 8(z'')^2.$$

为了写出非退化线性替换, 先从 (7.39) 式解出 x', y', z', 得

$$\begin{cases} x' = x'' \qquad - z'', \\ y' = \qquad y'' - 3z'', \\ z' = \qquad\qquad z'', \end{cases} \tag{7.40}$$

然后将 (7.40) 式代入 (7.38) 式, 得到使原二次型一步化成其标准形的线性替换式

$$\begin{cases} x = x'' + y'' - 4z'', \\ y = x'' - y'' + 2z'', \\ z = \qquad\qquad z''. \end{cases}$$

容易验证上式的系数矩阵行列式不等于零, 因此它是非退化线性替换.   □

下面的定理指出: 所有的二次型都可用配方法来化成标准形.

定理 7.9   任何一个二次型都可通过非退化线性替换化成标准形.

证明　我们对二次型 $f(X) = X^{\mathrm{T}} A X$ 的变元个数 n 作数学归纳法证明.

当 $n = 1$ 时, $f(x_1) = a_{11}(x_1)^2$, 它已经是标准形.

假设结论对 $n = k$ 成立, 那么对 $k + 1$ 元二次型

$$
\begin{aligned}
f(x_1, \cdots, x_{k+1}) = {} & a_{11}(x_1)^2 + a_{22}(x_2)^2 + \cdots + a_{k+1,k+1}(x_{k+1})^2 \\
& + 2a_{12}x_1 x_2 + \cdots + 2a_{k,k+1}x_k x_{k+1}
\end{aligned}
\tag{7.41}
$$

来说, 有两种可能的情形:

(1) $f(x_1, \cdots, x_{k+1})$ 至少有一个平方项. 不妨设 $a_{11} \neq 0$, 对 (7.41) 式右边所有含 x_1 的项进行配方, 并将 (7.41) 式右边所有不含 x_1 的项的和记为 $g(x_2, \cdots, x_{k+1})$, 则有

$$
\begin{aligned}
f(x_1, \cdots, x_{k+1}) = {} & \frac{1}{a_{11}}((a_{11}x_1)^2 + 2a_{11}x_1(a_{12}x_2 + \cdots + a_{1,k+1}x_{k+1}) \\
& + (a_{12}x_2 + \cdots + a_{1,k+1}x_{k+1})^2 - (a_{12}x_2 + \cdots + a_{1,k+1}x_{k+1})^2) \\
& + g(x_2, \cdots, x_{k+1}) \\
= {} & \frac{1}{a_{11}}(a_{11}x_1 + a_{12}x_2 + \cdots + a_{1,k+1}x_{k+1})^2 + h(x_2, \cdots, x_{k+1}),
\end{aligned}
$$

其中 $h(x_2, \cdots, x_{k+1}) = g(x_2, \cdots, x_{k+1}) - \dfrac{1}{a_{11}}(a_{12}x_2 + \cdots + a_{1,k+1}x_{k+1})^2$ 是 k 个变元的二次型, 令

$$
\begin{aligned}
y_1 &= a_{11}x_1 + a_{12}x_2 + \cdots + a_{1,k+1}x_{k+1}, \\
y_2 &= \phantom{a_{11}x_1 + {}} x_2, \\
&\quad \cdots\cdots \\
y_{k+1} &= \phantom{a_{11}x_1 + a_{12}x_2 + \cdots + {}} x_{k+1},
\end{aligned}
$$

则经过非退化线性替换

$$
\begin{cases}
x_1 = \dfrac{1}{a_{11}}(y_1 - a_{12}y_2 - \cdots - a_{1,k+1}y_{k+1}), \\
x_2 = \phantom{\dfrac{1}{a_{11}}(y_1} y_2, \\
\quad \cdots\cdots \\
x_{k+1} = \phantom{\dfrac{1}{a_{11}}(y_1 - a_{12}y_2 - \cdots - {}} y_{k+1},
\end{cases}
$$

二次型 $f(x_1, \cdots, x_{k+1})$ 化成了

$$
f(x_1, \cdots, x_{k+1}) = \frac{1}{a_{11}}y_1^2 + h(y_2, \cdots, y_{k+1}).
$$

由归纳假设, 存在非退化线性替换

$$\begin{cases} y_2 = & c_{11}z_2 + \cdots + c_{1k}z_{k+1}, \\ & \cdots\cdots \\ y_{k+1} = & c_{k1}z_2 + \cdots + c_{kk}z_{k+1}, \end{cases}$$

使得 k 元二次型 $h(y_2, \cdots, y_{k+1})$ 化成标准形

$$h(y_2, \cdots, y_{k+1}) = d_1 z_2^2 + \cdots + d_k z_{k+1}^2,$$

于是, 经过非退化线性替换

$$\begin{cases} y_1 = z_1, \\ y_2 = & c_{11}z_2 + \cdots + c_{1k}z_{k+1}, \\ & \cdots\cdots \\ y_{k+1} = & c_{k1}z_2 + \cdots + c_{kk}z_{k+1}, \end{cases}$$

二次型 $f(x_1, \cdots, x_{k+1})$ 也化成了标准形

$$f(x_1, \cdots, x_{k+1}) = \frac{1}{a_{11}} z_1^2 + d_1 z_2^2 + \cdots + d_k z_{k+1}^2,$$

因此定理的结论对本情形的 $n = k+1$ 成立.

(2) $f(x_1, \cdots, x_{k+1})$ 不含平方项. 观察 (7.41) 式可知, 若所有的 $a_{1j} = 0(j = 2, \cdots, k+1)$, 那么此时 $f(x_1, \cdots, x_{k+1})$ 只含有 k 个变元 $x_2, \cdots, x_{k+1}$, 因此由归纳假设, 存在非退化线性替换, 可将 $f(x_1, \cdots, x_{k+1})$ 化成标准形. 因此下面只要看至少有一个 $a_{1j} \neq 0(j > 1)$ 的情形就可以了, 不妨设 $a_{12} \neq 0$, 为了形成平方项, 作非退化线性替换

$$\begin{cases} x_1 = y_1 + y_2, \\ x_2 = y_1 - y_2, \\ x_3 = & y_3, \\ & \cdots\cdots \\ x_{k+1} = & y_{k+1}, \end{cases}$$

则由 (7.41) 式可得

$$\begin{aligned} f(x_1, \cdots, x_{k+1}) &= 2a_{12}(y_1 + y_2)(y_1 - y_2) + \cdots \\ &= 2a_{12}y_1^2 - 2a_{12}y_2^2 + \cdots, \end{aligned}$$

这时上式右端是 $y_1, y_2, \cdots, y_{k+1}$ 的二次型, 并且 y_1^2 的系数不为零, 但这又回到了第一种情形. 因此定理的结论对第二种情形的 $n = k+1$ 也成立.

这样, 由归纳法原理, 定理的结论对任何 n 元二次型都成立.　　　　　□

7.4.2 矩阵的合同

用配方法化二次型为标准形的过程也可以用矩阵形式来描述. 例如, 在例 7.11 中, 由 (7.37) 式可知, 非退化线性替换的可逆矩阵是

$$P = \begin{pmatrix} 1 & -2 & 0 \\ 0 & 1 & 1 \\ 0 & 0 & 1 \end{pmatrix}.$$

化该二次型为标准形的配方过程其实就是

$$P^{\mathrm{T}}AP = \begin{pmatrix} 1 & 0 & 0 \\ -2 & 1 & 0 \\ 0 & 1 & 1 \end{pmatrix} \begin{pmatrix} 1 & 2 & -2 \\ 2 & 2 & -2 \\ -2 & -2 & -1 \end{pmatrix} \begin{pmatrix} 1 & -2 & 0 \\ 0 & 1 & 1 \\ 0 & 0 & 1 \end{pmatrix} = \begin{pmatrix} 1 & 0 & 0 \\ 0 & -2 & 0 \\ 0 & 0 & -3 \end{pmatrix},$$
$$\tag{7.42}$$

这与矩阵等式 (7.35) 是一致的.

从这里我们可以抽象出反映两个同型方阵之间的一种被称为 "合同" 关系的概念. 设二次型 $f(X) = X^{\mathrm{T}}AX$ 经过非退化线性替换 $X = PY$ 后变成新二次型

$$f(X) = X^{\mathrm{T}}AX = (PY)^{\mathrm{T}}A(PY) = Y^{\mathrm{T}}(P^{\mathrm{T}}AP)Y,$$

若记这个新二次型的矩阵为 B, 则有 $P^{\mathrm{T}}AP = B$, 并且 $f(X) = Y^{\mathrm{T}}BY$. 容易证明 B 也是一个对称矩阵.

定义 7.5　矩阵的合同

给定两个 n 阶方阵 A 和 B, 如果存在可逆矩阵 P, 使得

$$P^{\mathrm{T}}AP = B,$$

则称 A 与 B **合同**.

注意这个定义并不要求 A, B 是对称矩阵, 并且在这里可逆矩阵 P 的元素取自矩阵 A, B 的元素所在的同一数域.

由矩阵合同的定义和 (7.42) 式, 可知例 7.11 中二次型的矩阵 A 合同于对角矩阵. 又从主轴定理知, 任何实对称矩阵 A 都与一个对角元素全为 A 的特征值的对角矩阵合同.

另一方面, 连续进行两次非退化线性替换的结果相当于两个可逆矩阵的乘积. 例如, 在例 7.12 中, 非退化线性替换 (7.38) 和 (7.40) 两式可用矩阵形式写成

$$\begin{pmatrix} x \\ y \\ z \end{pmatrix} = \begin{pmatrix} 1 & 1 & 0 \\ 1 & -1 & 0 \\ 0 & 0 & 1 \end{pmatrix} \begin{pmatrix} x' \\ y' \\ z' \end{pmatrix} \quad \text{和} \quad \begin{pmatrix} x' \\ y' \\ z' \end{pmatrix} = \begin{pmatrix} 1 & 0 & -1 \\ 0 & 1 & -3 \\ 0 & 0 & 1 \end{pmatrix} \begin{pmatrix} x'' \\ y'' \\ z'' \end{pmatrix},$$

那时将 (7.40) 式代入 (7.38) 式求非退化线性替换的过程, 现在可由两个可逆矩阵的乘法来实现:

$$\begin{pmatrix} x \\ y \\ z \end{pmatrix} = \begin{pmatrix} 1 & 1 & 0 \\ 1 & -1 & 0 \\ 0 & 0 & 1 \end{pmatrix} \begin{pmatrix} 1 & 0 & -1 \\ 0 & 1 & -3 \\ 0 & 0 & 1 \end{pmatrix} \begin{pmatrix} x'' \\ y'' \\ z'' \end{pmatrix} = \begin{pmatrix} 1 & 1 & -4 \\ 1 & -1 & 2 \\ 0 & 0 & 1 \end{pmatrix} \begin{pmatrix} x'' \\ y'' \\ z'' \end{pmatrix}.$$

一般来说, 如果设 n 元二次型 $f(X) = X^{\mathrm{T}}AX$ 经过了 k 次非退化线性替换

$$X = P_1 Y_1, Y_1 = P_2 Y_2, \cdots, Y_{k-1} = P_k Y_k$$

后化成了标准形

$$\begin{aligned} f(X) = X^{\mathrm{T}}AX &= Y_1^{\mathrm{T}}(P_1^{\mathrm{T}}AP_1)Y_1 = (P_2 Y_2)^{\mathrm{T}}(P_1^{\mathrm{T}}AP_1)(P_2 Y_2) \\ &= Y_2^{\mathrm{T}}(P_2^{\mathrm{T}}P_1^{\mathrm{T}}AP_1 P_2)Y_2 = \cdots = Y_k^{\mathrm{T}}(P_k^{\mathrm{T}}\cdots P_2^{\mathrm{T}}P_1^{\mathrm{T}}AP_1 P_2 \cdots P_k)Y_k \\ &= Y_k^{\mathrm{T}} \begin{pmatrix} d_1 & & & \\ & d_2 & & \\ & & \ddots & \\ & & & d_n \end{pmatrix} Y_k, \end{aligned}$$

若记 $P = P_1 P_2 \cdots P_k$, 则 P 一定是可逆矩阵, 并且有

$$P^{\mathrm{T}}AP = \begin{pmatrix} d_1 & & & \\ & d_2 & & \\ & & \ddots & \\ & & & d_n \end{pmatrix}.$$

因此, 运用配方法将一个二次型化成标准形的过程, 可以看成不断寻找与原二次型的矩阵合同的对称矩阵, 并且最终得到一个与原二次型的矩阵合同的对角矩阵的过程. 这样, 定理 7.9 的结论用矩阵语言来表述就是下面这个定理.

定理 7.10　任何一个 n 阶对称矩阵 A 都与一个对角矩阵合同, 即总存在可逆矩阵 P, 使得

$$P^{\mathrm{T}}AP = \mathrm{diag}(d_1, d_2, \cdots, d_n).$$

例 7.13 已知对称矩阵

$$A = \begin{pmatrix} 0 & \dfrac{1}{2} & -1 \\[2mm] \dfrac{1}{2} & 0 & 2 \\[2mm] -1 & 2 & 0 \end{pmatrix}.$$

求一个可逆矩阵 P, 使得 $P^{\mathrm{T}}AP$ 成为对角矩阵, 并写出这个对角矩阵.

解 先构造一个以 A 作为矩阵的二次型 $f(x,y,z) = xy - 2xz + 4yz$. 例 7.12 中, 已经用配方法把这个二次型化成了标准形, 即用非退化线性替换

$$\begin{pmatrix} x \\ y \\ z \end{pmatrix} = \begin{pmatrix} 1 & 1 & -4 \\ 1 & -1 & 2 \\ 0 & 0 & 1 \end{pmatrix} \begin{pmatrix} x'' \\ y'' \\ z'' \end{pmatrix}$$

可将二次型 $f(x,y,z)$ 化成标准形

$$f(x,y,z) = (x'')^2 - (y'')^2 + 8(z'')^2.$$

因此, 可逆矩阵 P 和对角矩阵分别是

$$P = \begin{pmatrix} 1 & 1 & -4 \\ 1 & -1 & 2 \\ 0 & 0 & 1 \end{pmatrix} \text{ 和 } \begin{pmatrix} 1 & 0 & 0 \\ 0 & -1 & 0 \\ 0 & 0 & 8 \end{pmatrix}.$$

它们满足等式

$$P^{\mathrm{T}}AP = \begin{pmatrix} 1 & 0 & 0 \\ 0 & -1 & 0 \\ 0 & 0 & 8 \end{pmatrix}. \qquad \square$$

关于矩阵的合同关系, 还有下列性质:

(1) 自反性: 任意方阵 A 都与其自身合同, 这是因为 $I^{\mathrm{T}}AI = A$;

(2) 对称性: 若 B 与 A 合同, 则 A 与 B 合同, 这是因为若有 $P^{\mathrm{T}}BP = A$, 则有 $(P^{-1})^{\mathrm{T}}AP^{-1} = B$;

(3) 传递性: 若 C 与 B 合同, 且 B 与 A 合同, 则 C 与 A 合同, 这是因为若有 $P_1^{\mathrm{T}}CP_1 = B$ 和 $P_2^{\mathrm{T}}BP_2 = A$, 则有 $A = P_2^{\mathrm{T}}(P_1^{\mathrm{T}}CP_1)P_2 = (P_1P_2)^{\mathrm{T}}C(P_1P_2)$.

此外, 由于乘以可逆矩阵不会改变矩阵的秩 (习题 3.2 的第 14 题), 所以合同的矩阵具有相同的秩, 这相当于, 作任何非退化线性替换都不会改变二次型的秩.

例 7.14   证明: 实对角矩阵

$$A = \begin{pmatrix} a_1 & & & \\ & a_2 & & \\ & & \ddots & \\ & & & a_n \end{pmatrix} \tag{7.43}$$

与 I 合同的充要条件是每个 $a_i > 0$.

证明   (必要性) 因为实矩阵 A 与 I 合同, 所以由矩阵合同的定义, 存在实可逆矩阵 $P = (p_{ij})$, 使得

$$A = P^{\mathrm{T}} I P = P^{\mathrm{T}} P = \begin{pmatrix} p_{11} & p_{21} & \cdots & p_{n1} \\ p_{12} & p_{22} & \cdots & p_{n2} \\ \vdots & \vdots & & \vdots \\ p_{1n} & p_{2n} & \cdots & p_{nn} \end{pmatrix} \begin{pmatrix} p_{11} & p_{12} & \cdots & p_{1n} \\ p_{21} & p_{22} & \cdots & p_{2n} \\ \vdots & \vdots & & \vdots \\ p_{n1} & p_{n2} & \cdots & p_{nn} \end{pmatrix}$$

$$= \begin{pmatrix} p_{11}^2 + \cdots + p_{n1}^2 & * & \cdots & * \\ * & p_{12}^2 + \cdots + p_{n2}^2 & \cdots & * \\ \vdots & \vdots & & \vdots \\ * & * & \cdots & p_{1n}^2 + \cdots + p_{nn}^2 \end{pmatrix},$$

再与 (7.43) 式中的矩阵 A 相比较, 可得 $a_i = p_{1i}^2 + \cdots + p_{ni}^2 (i = 1, 2, \cdots, n)$, 即这 n 个数 a_i 正好就是组成可逆矩阵 P 的 n 个列向量的长度平方, 而这 n 个列向量都不是零向量, 所以每个 $a_i > 0$.

(充分性) 因为每个 $a_i > 0$, 所以可构造一个可逆矩阵

$$P = \begin{pmatrix} \sqrt{a_1} & & & \\ & \sqrt{a_2} & & \\ & & \ddots & \\ & & & \sqrt{a_n} \end{pmatrix},$$

从而有 $A = P^{\mathrm{T}} I P$, 即 A 与 I 合同.   □

7.4.3   复二次型的典范形

在用非退化线性替换化复二次型为标准形时, 我们可以得到各项系数都为 1 的标准形, 它称为复二次型的**典范形**. 例如, 如果把例 7.11 中的二次型 $f(x, y, z) = x^2 + 2y^2 - z^2 + 4xy - 4xz - 4yz$ 看成复二次型 (即变元 x, y, z 可以取复数值), 那么它在化成的标准形

$$f(x, y, z) = (x')^2 - 2(y')^2 - 3(z')^2$$

基础上, 还可以继续化简. 现在作非退化线性替换

$$
\begin{cases}
x' = x'', \\
y' = \dfrac{1}{\sqrt{2}i} y'', \\
z' = \dfrac{1}{\sqrt{3}i} z'',
\end{cases}
$$

则二次型 $f(x, y, z)$ 可写成

$$
f(x, y, z) = (x'')^2 + (y'')^2 + (z'')^2.
$$

这就是 $f(x, y, z)$ 的典范形, 它的特点是所有非零平方项的系数都是 1, 并且非零平方项的个数就是复二次型 $f(x, y, z)$ 的秩 (即 $f(x, y, z)$ 的矩阵 A 的秩 $\mathrm{rank}(A)$), 对这个二次型来说, 它的秩 $= \mathrm{rank}(A) = 3$.

对于一般的复二次型 $f(X) = X^{\mathrm{T}} A X$ 来说, 假定 $\mathrm{rank}(A) = r$, 则由定理 7.9 和定理 7.10 可知, $f(X)$ 可通过非退化线性替换化为标准形, 或 A 与一个对角矩阵合同. 又因为合同的矩阵秩相等, 并且对角矩阵的秩等于主对角线上非零元素的个数, 所以可将 $f(X)$ 的标准形写成

$$
f(X) = d_1 y_1^2 + d_2 y_2^2 + \cdots + d_r y_r^2, \text{ 其中 } d_i \neq 0, i = 1, 2, \cdots, r, \tag{7.44}
$$

这是因为与 A 合同的对角矩阵的非零对角元素恰好有 r 个, 并且用初等矩阵作为非退化线性替换的系数矩阵, 总能使该对角矩阵的前 r 个对角元素不为零 (见习题 7.4 第 6 题). 由于 $d_i (i = 1, 2, \cdots, r)$ 都是非零复数, 并且复数总可以开平方, 所以再作非退化线性替换

$$
\begin{cases}
y_1 = \dfrac{1}{\sqrt{d_1}} z_1, \\
\quad \cdots\cdots \\
y_r = \dfrac{1}{\sqrt{d_r}} z_r, \\
y_{r+1} = z_{r+1}, \\
\quad \cdots\cdots \\
y_n = z_n,
\end{cases}
$$

代入 (7.44) 式后得到

$$
f(X) = z_1^2 + z_2^2 + \cdots + z_r^2. \tag{7.45}
$$

形如 (7.45) 式右端的二次型称为复二次型 $f(X)$ 的**典范形**. 显然, 复二次型的典范形由复二次型的秩所唯一确定, 这样就证明了以下定理.

定理 7.11　任何一个复二次型总可以经过一个适当的非退化线性替换后化成典范形, 并且典范形是唯一的.

定理 7.11 换成矩阵的语言, 就是下面的定理.

定理 7.12　任何一个复对称矩阵 A 都合同于一个形为

$$\begin{pmatrix} I_r & 0 \\ 0 & 0 \end{pmatrix}$$

的对角矩阵, 其中 $r = \mathrm{rank}(A)$.

习　题　7.4

1. 用配方法化下列二次型为标准形, 并写出所用的非退化线性替换:

(1) $f(x, y, z) = x^2 + 2xy + 2xz + 3yz$;

(2) $f(x, y, z) = x^2 + 2y^2 + 4z^2 + 2xy + 4yz$;

(3) $f(x, y, z) = z^2 + 2xy - 6xz + 2yz$;

(4) $f(x, y, z, w) = x^2 + xy + xw$;

(5) $f(x, y, z) = xy + xz + yz$;

(6) $f(x_1, \cdots, x_{2n}) = x_1 x_2 + x_3 x_4 + \cdots + x_{2n-1} x_{2n}$;

(7) $f(x_1, \cdots, x_n) = \sum\limits_{i=1}^{n} x_i^2 + \sum\limits_{1 \leqslant i < j \leqslant n} x_i x_j$.

2. 用配方法化例 7.9 中的二次型为标准形 (此题说明实二次型的标准形不唯一).

3. 对下列对称矩阵 A, 分别求可逆矩阵 P, 使得 $P^{\mathrm{T}} A P$ 为对角矩阵, 并写出这个对角矩阵:

(1) $A = \begin{pmatrix} 1 & 2 & 1 \\ 2 & 1 & 1 \\ 1 & 1 & 3 \end{pmatrix}$;　　　　　(2) $A = \begin{pmatrix} 0 & 1 & 1 \\ 1 & 0 & -1 \\ 1 & -1 & 0 \end{pmatrix}$;

(3) $A = \begin{pmatrix} 0 & 1 & 1 & 1 \\ 1 & 0 & 1 & 1 \\ 1 & 1 & 0 & 1 \\ 1 & 1 & 1 & 0 \end{pmatrix}$.

4. 求下列复二次型的典范形, 并写出所用的非退化线性替换:

(1) $f(x, y, z) = x^2 + 3y^2 - 2z^2 - 4xy + 4xz - 2yz$;

(2) $f(x, y) = (-1 - \mathrm{i})xy + 2\mathrm{i}y^2$;

(3) $f(x, y, z) = (1 + \mathrm{i})x^2 - (\sqrt{2} + 2\mathrm{i})y^2 - 3\mathrm{i}z^2$.

5. 证明: 秩等于 r 的对称矩阵可以表示成 r 个秩等于 1 的对称矩阵的和.

6. 设以下两个 n 阶对角矩阵的对角元素除了第 i, j 这两个元素对调外, 其余的元素都相同:

$$
\begin{pmatrix}
a_1 & & & & & & \\
& \ddots & & & & & \\
& & a_i & & & & \\
& & & \ddots & & & \\
& & & & a_j & & \\
& & & & & \ddots & \\
& & & & & & a_n
\end{pmatrix},
\begin{pmatrix}
a_1 & & & & & & \\
& \ddots & & & & & \\
& & a_j & & & & \\
& & & \ddots & & & \\
& & & & a_i & & \\
& & & & & \ddots & \\
& & & & & & a_n
\end{pmatrix}.
$$

证明这两个矩阵合同.

7. 设 S 是 n 阶复对称矩阵, 证明: 存在一个复矩阵 A, 使得 $S = A^{\mathrm{T}}A$.

7.5 实二次型的惯性定理

n 元实二次型 $f(X) = X^{\mathrm{T}}AX$ 经过非退化线性替换后可以化成标准形, 再适当地调整变元的顺序, 让正平方项写在前面, 负平方项写在后面:

$$
f(X) = c_1 y_1^2 + \cdots + c_p y_p^2 - c_{p+1} y_{p+1}^2 - \cdots - c_r y_r^2, \tag{7.46}
$$

其中每个 $c_i > 0 (i = 1, 2, \cdots, r)$, 并且 $r = \mathrm{rank}(A)$. 由于在实数域中, 正实数总可以开平方, 所以我们再作一次非退化线性替换

$$
\begin{cases}
y_1 = \dfrac{1}{\sqrt{c_1}} z_1, \\
\quad\cdots\cdots \\
y_r = \dfrac{1}{\sqrt{c_r}} z_r, \\
\quad\cdots\cdots \\
y_n = z_n,
\end{cases}
$$

那么 (7.46) 式就变成

$$
f(X) = z_1^2 + \cdots + z_p^2 - z_{p+1}^2 - \cdots - z_r^2. \tag{7.47}
$$

上式右端的二次型称为实二次型 $f(X) = X^{\mathrm{T}}AX$ 的**典范形**, 其中正平方项的个数 p 称为**正惯性指数**, 负平方项的个数 $r - p$ 称为**负惯性指数**, 两个指数的和就是对称矩阵 A 的秩 r.

例如, 例 7.12 中的二次型 $f(x,y,z) = xy - 2xz + 4yz$ 经过非退化线性替换

$$\begin{cases} x = x' + y' - 4z', \\ y = x' - y' + 2z', \\ z = \qquad\qquad z' \end{cases}$$

后化成了标准形 $f(x,y,z) = (x')^2 - (y')^2 + 8(z')^2$, 所以这个二次型的秩 $r = 3$. 现在, 把这个二次型看成实二次型, 并再作一次包含调换变元的非退化线性替换

$$\begin{cases} x' = x'', \\ y' = \qquad\qquad z'', \\ z' = \qquad \dfrac{1}{\sqrt{8}} y'', \end{cases}$$

则可得该二次型的典范形

$$f(x,y,z) = (x'')^2 + (y'')^2 - (z'')^2, \tag{7.48}$$

因此二次型 $f(x,y,z)$ 的正惯性指数是 $p = 2$, 负惯性指数是 $r - p = 3 - 2 = 1$.

　　值得指出的是, 作为实二次型的例 7.12 中的 $f(x,y,z) = xy - 2xz + 4yz$, 它还可以化成其他只含有平方项的标准形. 例如, 作非退化线性替换

$$\begin{cases} x = x' - \dfrac{1}{2} y' - 4z', \\ y = x' + \dfrac{1}{2} y' + 2z', \\ z = \qquad\qquad z', \end{cases}$$

则可得 $f(x,y,z)$ 的另一个标准形

$$f(x,y,z) = (x')^2 - \frac{1}{4}(y')^2 + 8(z')^2, \tag{7.49}$$

这可以通过矩阵的乘法来验证:

$$P^{\mathrm{T}}AP = \begin{pmatrix} 1 & 1 & 0 \\ -\dfrac{1}{2} & \dfrac{1}{2} & 0 \\ -4 & 2 & 1 \end{pmatrix} \begin{pmatrix} 0 & \dfrac{1}{2} & -1 \\ \dfrac{1}{2} & 0 & 2 \\ -1 & 2 & 0 \end{pmatrix} \begin{pmatrix} 1 & -\dfrac{1}{2} & -4 \\ 1 & \dfrac{1}{2} & 2 \\ 0 & 0 & 1 \end{pmatrix} = \begin{pmatrix} 1 & 0 & 0 \\ 0 & -\dfrac{1}{4} & 0 \\ 0 & 0 & 8 \end{pmatrix}.$$

因此, 实二次型的标准形不是唯一的. 然而, 我们在 (7.49) 式中看到, 二次型 $f(x,y,z)$ 的这个标准形的正、负惯性指数也分别为 2 和 1, 这与前一标准形是完全一致的,

并且不难构造一个非退化线性替换, 它也把 (7.49) 式右端的标准形化成 (7.48) 式右端的典范形 (习题 7.5 第 2 题). 这种现象预示着一种规律: 尽管实二次型的标准形可以不唯一, 但其典范形应该是唯一的. 不管作何种非退化线性替换, 实二次型最终化成的典范形就只有一个, 就好像它有一种 "惯性" 一样.

定理 7.13 (惯性定理) 任何一个实二次型总可以经过一个适当的非退化线性替换化成典范形, 并且典范形是唯一的.

证明 本节开头关于实二次型的讨论实际上已经证明了典范形的存在性, 下面证明典范形的唯一性. 由于作非退化线性替换不改变二次型的秩 r, 所以这里的关键是确定典范形中的正惯性指数 p 是否唯一. 假设 n 元实二次型 $f(X) = X^{\mathrm{T}}AX$ 经过非退化线性替换 $X = PZ(Z = (z_1, \cdots, z_n)^{\mathrm{T}})$ 和 $X = MU(U = (u_1, \cdots, u_n)^{\mathrm{T}})$ 分别化成了两个典范形

$$f(X) = z_1^2 + \cdots + z_p^2 - z_{p+1}^2 - \cdots - z_r^2 \tag{7.50}$$

和

$$f(X) = u_1^2 + \cdots + u_q^2 - u_{q+1}^2 - \cdots - u_r^2. \tag{7.51}$$

假如 $p < q$, 则由 $Z = P^{-1}X$ 和 $U = M^{-1}X$, 可设

$$\begin{cases} z_1 = b_{11}x_1 + b_{12}x_2 + \cdots + b_{1n}x_n, \\ \quad\quad\quad \cdots\cdots \\ z_n = b_{n1}x_1 + b_{n2}x_2 + \cdots + b_{nn}x_n \end{cases} \tag{7.52}$$

和

$$\begin{cases} u_1 = c_{11}x_1 + c_{12}x_2 + \cdots + c_{1n}x_n, \\ \quad\quad\quad \cdots\cdots \\ u_n = c_{n1}x_1 + c_{n2}x_2 + \cdots + c_{nn}x_n. \end{cases} \tag{7.53}$$

现在构造一个齐次线性方程组

$$\begin{cases} b_{11}y_1 + b_{12}y_2 + \cdots + b_{1n}y_n = 0, \\ \quad\quad\quad \cdots\cdots \\ b_{p1}y_1 + b_{p2}y_2 + \cdots + b_{pn}y_n = 0, \\ c_{q+1,1}y_1 + c_{q+1,2}y_2 + \cdots + c_{q+1,n}y_n = 0, \\ \quad\quad\quad \cdots\cdots \\ c_{n1}y_1 + c_{n2}y_2 + \cdots + c_{nn}y_n = 0. \end{cases} \tag{7.54}$$

这个方程组有 $p + (n - q)$ 个方程, n 个未知量. 由于 $p < q$, 所以

$$p + (n - q) = n + (p - q) < n,$$

即方程个数小于未知量个数. 由定理 2.3, 齐次线性方程组 (7.54) 有非零解 $X_0 = (a_1, a_2, \cdots, a_n)^\mathrm{T}$. 我们在 (7.52) 和 (7.53) 两式中都取 $x_1 = a_1, x_2 = a_2, \cdots, x_n = a_n$, 由于这个非零解满足 (7.54) 式, 所以若记

$$Z_0 = P^{-1} X_0 = (z_1^0, \cdots, z_n^0)^\mathrm{T} \quad 和 \quad U_0 = M^{-1} X_0 = (u_1^0, \cdots, u_n^0)^\mathrm{T},$$

则有 $z_1^0 = z_2^0 = \cdots = z_p^0 = 0$ 和 $u_{q+1}^0 = u_{q+2}^0 = \cdots = u_n^0 = 0$. 又因为矩阵 P 和 M 都可逆, 所以由 $X_0 \neq 0$ 可知

$$Z_0 = (0, \cdots, 0, z_{p+1}^0, \cdots, z_n^0)^\mathrm{T} \neq 0$$

和

$$U_0 = (u_1^0, \cdots, u_q^0, 0, \cdots, 0)^\mathrm{T} \neq 0.$$

然后我们将 Z_0 的分量代入 (7.50) 式的右端 (这时的左端是 $f(X_0)$), 得

$$f(X_0) = -(z_{p+1}^0)^2 - \cdots - (z_r^0)^2 \leqslant 0, \tag{7.55}$$

再将 U_0 的分量代入 (7.51) 式的右端 (这时的左端也是 $f(X_0)$), 得

$$f(X_0) = (u_1^0)^2 + \cdots + (u_q^0)^2 > 0,$$

但是这与 (7.55) 式矛盾, 所以 $p \geqslant q$. 同理可证 $q \geqslant p$, 因此有 $p = q$. □

由惯性定理知道, 实二次型的典范形 (7.47) 式中的正惯性指数 p 和负惯性指数 $r - p$ 是由该二次型唯一确定的. 正惯性指数减去负惯性指数的差 $p - (r - p) = 2p - r$ 称为**符号差**. 例如, 从例 7.12 的实二次型的典范形 (7.48) 式可知, 该二次型的符号差为 $2 - 1 = 1$.

惯性定理若用矩阵的语言来表达, 就是下面的定理.

定理 7.14　任何 n 阶实对称矩阵 A 都合同于一个对角矩阵

$$\begin{pmatrix} I_p & & \\ & -I_{r-p} & \\ & & 0 \end{pmatrix},$$

其中对角线上 1 的个数 p 和 -1 的个数 $r-p$(r 为 A 的秩) 都是唯一确定的 (它们也称为 A 的正、负惯性指数), 或者可以说, 存在一个实可逆矩阵 P, 使得

$$P^{\mathrm{T}}AP = \begin{pmatrix} I_p & & \\ & -I_{r-p} & \\ & & 0 \end{pmatrix}.$$

例 7.15 设 n 阶实对称矩阵 A 满足 $A^3 - 2A^2 - 3A = 0$, 且 A 的秩 r 和 A 的正惯性指数 p 满足 $0 < p < r < n$, 求行列式 $|2I - A|$ 的值.

解 设 λ 是 A 的特征值, α 是属于 λ 的特征向量, 因为 $A\alpha = \lambda\alpha$, 所以有

$$0 = (A^3 - 2A^2 - 3A)\alpha = (\lambda^3 - 2\lambda^2 - 3\lambda)\alpha.$$

由 $\alpha \neq 0$ 可得 $\lambda^3 - 2\lambda^2 - 3\lambda = \lambda(\lambda + 1)(\lambda - 3) = 0$, 因此 A 的不同特征值是 $0, -1, 3$.

因为 A 是 n 阶实对称矩阵, 由主轴定理 (定理 7.7) 可知存在一个正交矩阵 Q_1, 使得

$$Q_1^{\mathrm{T}}AQ_1 = \mathrm{diag}(\lambda_1, \cdots, \lambda_n), \tag{7.56}$$

其中 $\lambda_1, \cdots, \lambda_n$ 是 A 的全部特征值, 这也就是说, A 与对角矩阵 $\mathrm{diag}(\lambda_1, \cdots, \lambda_n)$ 合同. 根据惯性定理, 以及 A 的秩, 正惯性指数 p 满足 $0 < p < r < n$, 可知 A 的全部特征值中必有 p 个正值, $r-p$ 个负值, $n-r$ 个零, 而 A 的特征值只有 $3, -1, 0$, 所以 3 是 A 的 p 重特征值, -1 是 A 的 $r-p$ 重特征值, 0 是 A 的 $n-r$ 重特征值. 另一方面, 一定存在调换特征值顺序的正交矩阵 Q_2(请读者想一想为什么), 使得

$$Q_2^{\mathrm{T}}\begin{pmatrix} \lambda_1 & & \\ & \ddots & \\ & & \lambda_n \end{pmatrix}Q_2 = \begin{pmatrix} 3I_p & & \\ & -I_{r-p} & \\ & & 0 \end{pmatrix}, \tag{7.57}$$

将 (7.56) 式代入 (7.57) 式, 可得

$$Q_2^{\mathrm{T}}Q_1^{\mathrm{T}}AQ_1Q_2 = \begin{pmatrix} 3I_p & & \\ & -I_{r-p} & \\ & & 0 \end{pmatrix}. \tag{7.58}$$

记上式右端的对角矩阵为 D, 并且记 $Q = Q_1Q_2$, 则 Q 也是正交矩阵, 因此满足 $Q^{\mathrm{T}} = Q^{-1}$ 和 $QQ^{-1} = I$, 这样, (7.58) 式就变成

$$Q^{-1}AQ = Q^{\mathrm{T}}AQ = D \quad \text{或} \quad A = QDQ^{-1}.$$

从而再由矩阵乘积的行列式公式 (定理 2.20), 得

$$
\begin{aligned}
|2I - A| &= |2QQ^{-1} - QDQ^{-1}| = |Q(2I - D)Q^{-1}| \\
&= |Q||2I - D||Q^{-1}| = |Q||Q^{-1}||2I - D| = |QQ^{-1}||2I - D| \\
&= |2I - D| = \left| \begin{array}{ccc} -I_p & & \\ & 3I_{r-p} & \\ & & 2I_{n-r} \end{array} \right| = (-1)^p 3^{r-p} 2^{n-r}. \qquad \square
\end{aligned}
$$

习　题　7.5

1. 用配方法把下列实二次型化成标准形, 并求非退化线性替换式和二次型的符号差:

(1) $f(x,y,z) = x^2 + y^2 + z^2 + xy + xz + yz$;

(2) $f(x,y,z) = x^2 + yz$;

(3) $f(x,y,z) = 2xy + 4xz + 3yz$;

(4) $f(x,y,z,w) = x^2 + 3y^2 + 4w^2 + 4xy - 2xw - 2yz - 6yw + 2zw$.

2. 证明: 可以构造非退化线性替换, 把实二次型 (7.49)

$$
f(x,y,z) = (x')^2 - \frac{1}{4}(y')^2 + 8(z')^2
$$

进一步化成典范形 (7.48)

$$
f(x,y,z) = (x'')^2 + (y'')^2 - (z'')^2.
$$

3. 求实二次型 $f(x,y,z) = (x-y)^2 + (y-z)^2 + (x-z)^2$ 的秩和符号差.

4. 求实二次型 $f(x,y,z) = axy + bxz + cyz$ 的秩和符号差, 其中 $ab \neq 0$.

5. 设 A 是 n 阶实对称矩阵, 且 $A^2 = I$, 证明: 存在正交矩阵 Q, 使得

$$
Q^{\mathrm{T}} A Q = \begin{pmatrix} I_r & \\ & -I_{n-r} \end{pmatrix}.
$$

6. 设 A 是 n 阶实对称矩阵, 且 $|A| < 0$, 证明: 必存在向量 $X_0 \in \mathbb{R}^n$, 使得 $X_0^{\mathrm{T}} A X_0 < 0$.

7. 设 $f(X) = X^{\mathrm{T}} A X$ 是 n 元实二次型, 若有向量 $X_1, X_2 \in \mathbb{R}^n$, 使得 $X_1^{\mathrm{T}} A X_1 > 0$, $X_2^{\mathrm{T}} A X_2 < 0$, 证明: 必存在向量 $X_0 \in \mathbb{R}^n$, 使得 $X_0^{\mathrm{T}} A X_0 = 0$.

8. 证明: 一个 n 元实二次型 $f(x_1, \cdots, x_n)$ 可以分解成两个实系数 n 元一次多项式的乘积的充要条件是它的秩等于 2 并且符号差等于 0, 或者 $f(x_1, \cdots, x_n)$ 的秩等于 1.

7.6　正定二次型与正定矩阵

在不少数学应用的问题中, 经常用到实二次型中一种特殊的二次型——正定二次型. 例如, 在多元微积分中求多元函数的极值 (最大值或最小值) 时, 就会遇到正

定二次型. 本节将给出正定二次型的定义及判别条件, 并研究与正定二次型密切相关的正定矩阵的各种性质, 以及一些相关的其他类型的实二次型.

7.6.1 正定二次型的概念

先考察最简单的二元二次型

$$f(x, y) = ax^2 + 2bxy + cy^2.$$

在 7.1 节已经知道, 如果让平面直角坐标系作一个适当的旋转, 也就是作一个正交线性替换

$$\begin{pmatrix} x \\ y \end{pmatrix} = Q \begin{pmatrix} x' \\ y' \end{pmatrix}, \tag{7.59}$$

就可以将这个二次型化成标准形

$$f(x, y) = \lambda_1 (x')^2 + \lambda_2 (y')^2, \tag{7.60}$$

其中 λ_1, λ_2 是二次型 $f(x, y)$ 的矩阵的特征值. 这时, 由二次型 $f(x, y)$ 所确定的二元函数 $z = f(x, y)$ 的取值就完全被这两个特征值 λ_1, λ_2 控制. 假设这两个特征值都不为零, 下面分三种情形进行讨论:

(1) 当 $\lambda_1 > 0$ 且 $\lambda_2 > 0$ 时, 从 (7.60) 式可知 $f(x, y) \geqslant 0$, 并且对任何 $X = (x, y)^\mathrm{T} \neq 0$, 由 (7.59) 式中正交矩阵 Q 可逆知, X 对应的 $X' = (x', y')^\mathrm{T} \neq 0$, 从而再由 (7.60) 式可知 $z = f(x, y) > 0$, 此时称二次型 $f(x, y)$ 是**正定**的二次型. 例如, 当 $\lambda_1 = 3, \lambda_2 = 5$ 时, 二元函数 $z = 3(x')^2 + 5(y')^2$ 的图形是一个开口向上的椭圆抛物面 (图 7.11), 该曲面全部位于 $x'y'$ 坐标平面的上方, 并且与 $x'y'$ 坐标平面只相交于原点 O. 因此除原点 $(0, 0)$ 外, 二元函数 $z = f(x, y)$ 的取值都是正值.

(2) 当 $\lambda_1 < 0$ 且 $\lambda_2 < 0$ 时, 从 (7.60) 式可知 $f(x, y) \leqslant 0$, 并且对任何 $X = (x, y)^\mathrm{T} \neq 0$, 同样可得 $f(x, y) < 0$, 此时称二次型 $f(x, y)$ 是**负定**的二次型. 例如当 $\lambda_1 = -3, \lambda_2 = -5$ 时, 二元函数 $z = -3(x')^2 - 5(y')^2$ 的图形是一个开口向下的椭圆抛物面, 并且全部位于 $x'y'$ 坐标平面的下方. 除了原点 $(0, 0)$ 外, 二元函数 $z = f(x, y)$ 的取值都是负值.

(3) 当 $\lambda_1 > 0$ 且 $\lambda_2 < 0(\lambda_1 < 0$ 且 $\lambda_2 > 0$ 的情形类似) 时, 二元函数 $z = f(x, y)$ 既可取正值, 也可取负值, 此时称二次型 $f(x, y)$ 是**不定**的二次型. 例如, 当 $\lambda_1 = 3, \lambda_2 = -5$ 时, 二元函数 $z = 3(x')^2 - 5(y')^2$ 在 $(1, 0)$ 处取值 3, 在 $(0, 1)$ 处取值 -5, 它的图形是一个双曲抛物面 (图 7.12). 这个曲面的一部分在 $x'y'$ 坐标平面的上方, 一部分在 $x'y'$ 坐标平面的下方.

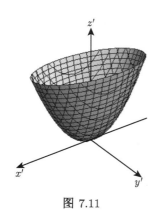

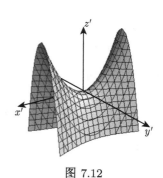

图 7.11   图 7.12

若将这三种情形推广至一般的 n 元实二次型, 便得到下面的定义.

定义 7.6　正定 (负定、不定) 二次型和正定 (负定、不定) 矩阵

设 $f(X) = X^{\mathrm{T}}AX$ 是 n 元实二次型, 若对所有的 $X \neq 0$, 恒有 $f(X) > 0$, 则称 $f(X)$ 为**正定**二次型, 此时二次型 $f(X)$ 的矩阵 A 称为**正定矩阵**; 若对所有的 $X \neq 0$, 恒有 $f(X) < 0$, 则称 $f(X)$ 为**负定**二次型, 此时二次型 $f(X)$ 的矩阵 A 称为**负定矩阵**; 若 $f(X)$ 既可取正值, 又可取负值, 则称 $f(X)$ 是**不定**二次型, 此时二次型 $f(X)$ 的矩阵 A 称为**不定矩阵**.

显然, n 元二次型 $f(X) = x_1^2 + x_2^2 + \cdots + x_n^2$ 是正定二次型, n 元二次型 $f(X) = -x_1^2 - x_2^2 - \cdots - x_n^2$ 是负定二次型, 而当 $1 \leqslant p < n$ 时, n 元二次型 $f(X) = x_1^2 + \cdots + x_p^2 - x_{p+1}^2 - \cdots - x_n^2$ 是不定二次型.

然而, 要判断其他一般的 n 元实二次型是否为正定 (负定, 不定) 二次型, 并不是一件容易的事. 上面用特征值来确定二元二次型 $f(x,y)$ 是否为正定 (负定、不定) 二次型的做法不失为一个可行的方法.

定理 7.15　设 $f(X) = X^{\mathrm{T}}AX$ 是 n 元实二次型, 则

(1) $f(X)$ 是正定二次型当且仅当 A 的所有特征值全为正值;

(2) $f(X)$ 是负定二次型当且仅当 A 的所有特征值全为负值;

(3) $f(X)$ 是不定二次型当且仅当 A 的所有特征值中有些是正的, 有些是负的.

证明　由主轴定理 (定理 7.7) 得知, 存在正交线性替换

$$X = QY \quad (Y = (y_1, \cdots, y_n)^{\mathrm{T}}), \tag{7.61}$$

把 $f(X)$ 化成了标准形

$$f(X) = X^{\mathrm{T}}AX = \lambda_1 y_1^2 + \lambda_2 y_2^2 + \cdots + \lambda_n y_n^2, \tag{7.62}$$

其中 $\lambda_1, \lambda_2, \cdots, \lambda_n$ 是 A 的全部特征值. 因为正交矩阵 Q 可逆, 所以在 (7.61) 式中当且仅当 $X \neq 0$ 时有 $Y \neq 0$, 同时在 (7.62) 式中可以看到, 二次型 $f(X)$ 的取值完全受特征值的正负所控制, 因而定理中的三个结果都是成立的.　　□

例 7.16　　判断下列二次型是否正定:

(1) $f(x, y) = x^2 + y^2 - xy$;

(2) $f(x, y, z) = x^2 + 2y^2 + 3z^2 - 4xy - 4yz$.

解　　(1) 二次型 $f(x, y)$ 的矩阵是

$$A = \begin{pmatrix} 1 & -\dfrac{1}{2} \\ -\dfrac{1}{2} & 1 \end{pmatrix},$$

它的特征方程是

$$|\lambda I - A| = \begin{vmatrix} \lambda - 1 & \dfrac{1}{2} \\ \dfrac{1}{2} & \lambda - 1 \end{vmatrix} = \left(\lambda - \dfrac{1}{2} \right) \left(\lambda - \dfrac{3}{2} \right) = 0,$$

因此 A 的特征值是 $\dfrac{1}{2}, \dfrac{3}{2}$, 它们全为正值, 所以二次型 $f(x, y)$ 正定.

(2) 二次型 $f(x, y, z)$ 的矩阵是

$$A = \begin{pmatrix} 1 & -2 & 0 \\ -2 & 2 & -2 \\ 0 & -2 & 3 \end{pmatrix},$$

它的特征方程是

$$|\lambda I - A| = \begin{vmatrix} \lambda - 1 & 2 & 0 \\ 2 & \lambda - 2 & 2 \\ 0 & 2 & \lambda - 3 \end{vmatrix} = (\lambda - 2)(\lambda - 5)(\lambda + 1) = 0,$$

因此 A 的特征值是 $2, 5, -1$, 它们不全为正, 于是二次型 $f(x, y, z)$ 不是正定的. 事实上, 它是不定二次型.　　□

7.6.2　正定矩阵的性质

对于判断一个二次型是否正定的问题, 还有比求特征值更简便的方法. 为了导出这个方法, 我们需要正定矩阵的一些常用性质.

设 n 元实二次型 $f(X) = X^{\mathrm{T}} A X$ 是正定二次型, 并且用正交线性替换化成了标准形 (7.62), 由定理 7.15 可知, A 的所有特征值全为正值, 因此正定二次型 $f(X)$

的秩和正惯性指数都等于变元的个数 n. 反过来, 从秩和正惯性指数都等于 n, 可知二次型 $f(X)$ 的典范形是

$$f(X) = z_1^2 + z_2^2 + \cdots + z_n^2, \tag{7.63}$$

即存在非退化线性替换

$$X = PZ \quad (Z = (z_1, \cdots, z_n)^\mathrm{T}), \tag{7.64}$$

使得 (7.63) 式成立, 则对所有的 $X \neq 0$, 由矩阵 P 可逆知道, (7.64) 式中对应的 $Z = (z_1, \cdots, z_n)^\mathrm{T} \neq 0$, 从而由 (7.63) 式可知 $f(X) > 0$, 即二次型 $f(X)$ 正定. 这样就证明了一下定理.

定理 7.16 n 元实二次型正定的充要条件是正惯性指数 $p = n$.

这个定理的结论如果用矩阵的语言来表达, 那么由定理 7.14 可得出下一个定理.

定理 7.17   实对称矩阵 A 正定的充要条件是 A 与 I 合同.

"实对称矩阵 A 与 I 合同" 用数学式子写出来就是: 存在可逆矩阵 C, 使得

$$A = C^\mathrm{T} I C = C^\mathrm{T} C, \tag{7.65}$$

于是又得到以下定理.

定理 7.18   实对称矩阵 A 正定的充要条件是存在实可逆矩阵 C, 使得 $A = C^\mathrm{T} C$.

我们在 (7.65) 式两边取行列式, 可得

$$|A| = |C^\mathrm{T}||C| = |C|^2 > 0,$$

因此, 正定矩阵的行列式必大于零. 但是反过来从 "对称矩阵的行列式大于零" 不能得出该矩阵正定的结论, 例如, 二阶对称矩阵

$$A = \begin{pmatrix} -1 & 0 \\ 0 & -1 \end{pmatrix} \tag{7.66}$$

的行列式大于零, 但是以 A 作为矩阵的实二次型 $f(x, y) = -x^2 - y^2$ 显然不是正定的.

这样, A 的行列式大于零只是 A 正定的必要条件. 那么对称矩阵 A 还要满足什么条件, 才能保证 A 正定呢?

我们再来分析二元二次型 $f(x,y) = ax^2 + 2bxy + cy^2$ 的情形. 设 $a \neq 0$, 运用配方法可得

$$f(x,y) = \frac{1}{a}((ax)^2 + 2(ax)(by) + (by)^2 - (by)^2 + acy^2)$$
$$= \frac{1}{a}(ax + by)^2 + \frac{ac - b^2}{a}y^2.$$

当 $a > 0$ 且 $ac - b^2 > 0$ 时, 有 $f(x,y) \geqslant 0$, 并且当 $f(x,y) = 0$ 时, $ax + by = 0$ 与 $y = 0$ 同时成立, 从而有 $x = y = 0$, 因此当 x 与 y 不全为零时, $f(x,y) > 0$, 即二次型 $f(x,y)$ 正定. 反过来, 如果二次型 $f(x,y)$ 正定, 那么由 "正定矩阵的行列式大于零" 的性质, 可知 $f(x,y)$ 的矩阵的行列式

$$\begin{vmatrix} a & b \\ b & c \end{vmatrix} = ac - b^2 > 0,$$

并且当 $x = 1, y = 0$ 时, $f(1,0) = a > 0$, 所以

$$a > 0 \quad 且 \quad ac - b^2 = \begin{vmatrix} a & b \\ b & c \end{vmatrix} > 0 \tag{7.67}$$

确实是二次型 $f(x,y)$ 正定的充要条件. 而 (7.66) 式中的矩阵 A 之所以不正定, 就是因为它的左上角元素 (-1) 不大于零.

像 (7.67) 式这样的判定正定二次型 (或正定矩阵) 的充要条件可以推广到 n 元二次型的情形. 先给出一个相关的定义.

定义 7.7　顺序主子式

设 $A = (a_{ij})$ 是 n 阶方阵, 子式

$$M_k = \begin{vmatrix} a_{11} & a_{12} & \cdots & a_{1k} \\ a_{21} & a_{22} & \cdots & a_{2k} \\ \vdots & \vdots & & \vdots \\ a_{k1} & a_{k2} & \cdots & a_{kk} \end{vmatrix}, \quad k = 1, 2, \cdots, n$$

称为矩阵 A 的 k 阶**顺序主子式**.

由定义可知, 方阵 A 的顺序主子式是位于 A 的左上角的 $1, 2, \cdots, n$ 阶子式, 最后一个顺序主子式就是 A 的行列式 $|A|$.

以上判定二元二次型 $f(x,y)$ 正定的充要条件即 (7.67) 式的推广就是下面的判定定理.

定理 7.19   实二次型 $f(X) = X^\mathrm{T} A X$ 正定的充要条件是 A 的各阶顺序主子式 $M_k > 0, k = 1, 2, \cdots, n$.

证明   (必要性) 设 n 元二次型 $f(x_1, \cdots, x_n)$ 正定. 对每个 $k(1 \leqslant k \leqslant n)$, 令 $x_{k+1} = \cdots = x_n = 0$, 则得到 k 元二次型

$$f_k(x_1, \cdots, x_k) = f(x_1, \cdots, x_k, 0, \cdots, 0),$$

由于 $f(x_1, \cdots, x_n)$ 正定, 所以对于任意一组不全为零的实数 $c_1, \cdots, c_k$, 有

$$f_k(c_1, \cdots, c_k) = f(c_1, \cdots, c_k, 0, \cdots, 0) > 0,$$

因此 $f_k(x_1, \cdots, x_k)$ 是正定二次型. 由 "正定矩阵的行列式大于零" 的性质, 以及 $f_k(x_1, \cdots, x_k)$ 的矩阵的行列式恰好是顺序主子式 M_k, 可得 $M_k > 0$, 此即矩阵 A 的顺序主子式全大于零.

(充分性) 我们对矩阵 A 的阶数 n 作数学归纳.

当 $n = 1$ 时, 二次型 $f(x_1) = a_{11} x_1^2$, 由条件 $a_{11} > 0$ 可知 $f(x_1)$ 正定.

假设结论对 $n - 1$ 元二次型成立. 现在来证明 n 元二次型 $f(X) = X^\mathrm{T} A X$ 的矩阵 $A = (a_{ij})$ 是正定矩阵. 先将对称矩阵 A 写成以下分块矩阵的形式:

$$A = \begin{pmatrix} A_1 & \alpha \\ \alpha^\mathrm{T} & a_{nn} \end{pmatrix},$$

其中的矩阵 A_1 和 α 分别是

$$A_1 = \begin{pmatrix} a_{11} & \cdots & a_{1,n-1} \\ \vdots & & \vdots \\ a_{1,n-1} & \cdots & a_{n-1,n-1} \end{pmatrix}, \quad \alpha = \begin{pmatrix} a_{1,n} \\ \vdots \\ a_{n-1,n} \end{pmatrix}.$$

因为 A 的顺序主子式全大于零, 所以 $n - 1$ 阶对称矩阵 A_1 的顺序主子式也全部大于零, 由归纳假设, A_1 是正定矩阵, 从而由定理 7.17 可知 A_1 与 I_{n-1} 合同, 于是存在 $n - 1$ 阶可逆矩阵 G, 使得

$$G^\mathrm{T} A_1 G = I_{n-1}. \tag{7.68}$$

现在令

$$C_1 = \begin{pmatrix} G & 0 \\ 0 & 1 \end{pmatrix},$$

则 C_1 是 n 阶可逆矩阵, 且由 (7.68) 式可得

$$
\begin{aligned}
C_1^{\mathrm{T}}AC_1 &= \begin{pmatrix} G^{\mathrm{T}} & 0 \\ 0 & 1 \end{pmatrix} \begin{pmatrix} A_1 & \alpha \\ \alpha^{\mathrm{T}} & a_{nn} \end{pmatrix} \begin{pmatrix} G & 0 \\ 0 & 1 \end{pmatrix} \\
&= \begin{pmatrix} G^{\mathrm{T}}A_1G & G^{\mathrm{T}}\alpha \\ \alpha^{\mathrm{T}}G & a_{nn} \end{pmatrix} = \begin{pmatrix} I_{n-1} & G^{\mathrm{T}}\alpha \\ \alpha^{\mathrm{T}}G & a_{nn} \end{pmatrix}.
\end{aligned} \tag{7.69}
$$

再让分块 "初等矩阵"

$$
C_2 = \begin{pmatrix} I_{n-1} & -G^{\mathrm{T}}\alpha \\ 0 & 1 \end{pmatrix}
$$

对 (7.69) 式作初等变换 (目的是使 (7.69) 式右端的分块矩阵变成 "准对角矩阵"), 得

$$
\begin{aligned}
C_2^{\mathrm{T}}C_1^{\mathrm{T}}AC_1C_2 &= \begin{pmatrix} I_{n-1} & 0 \\ -\alpha^{\mathrm{T}}G & 1 \end{pmatrix} \begin{pmatrix} I_{n-1} & G^{\mathrm{T}}\alpha \\ \alpha^{\mathrm{T}}G & a_{nn} \end{pmatrix} \begin{pmatrix} I_{n-1} & -G^{\mathrm{T}}\alpha \\ 0 & 1 \end{pmatrix} \\
&= \begin{pmatrix} I_{n-1} & 0 \\ 0 & a_{nn} - \alpha^{\mathrm{T}}GG^{\mathrm{T}}\alpha \end{pmatrix}.
\end{aligned}
$$

记 $C = C_1C_2$, 则 C 也是 n 阶可逆矩阵, 再记 $a = a_{nn} - \alpha^{\mathrm{T}}GG^{\mathrm{T}}\alpha$, 则上式可写成

$$
C^{\mathrm{T}}AC = \begin{pmatrix} I_{n-1} & 0 \\ 0 & a \end{pmatrix}, \tag{7.70}
$$

两边取行列式得

$$
|C|^2|A| = a,
$$

因为 n 阶顺序主子式 $|A| > 0$, 所以 $a > 0$, 这样就得到

$$
\begin{pmatrix} I_{n-1} & 0 \\ 0 & a \end{pmatrix} = \begin{pmatrix} I_{n-1} & 0 \\ 0 & \sqrt{a} \end{pmatrix} \begin{pmatrix} I_{n-1} & 0 \\ 0 & 1 \end{pmatrix} \begin{pmatrix} I_{n-1} & 0 \\ 0 & \sqrt{a} \end{pmatrix}, \tag{7.71}
$$

最后, 由 (7.70) 和 (7.71) 两式及矩阵合同关系的传递性可知, 对称矩阵 A 与 I_n 合同. 再由定理 7.17 可知 A 是正定矩阵. 由归纳法原理, 定理的结论对任意 n 阶对称矩阵 (或 n 元二次型) 都成立. □

例 7.17　判别下列二次型是否正定:

(1) $f(x,y,z) = 5x^2 + y^2 + 5z^2 + 4xy - 8xz - 4yz$;

(2) $f(x,y,z) = x^2 + 2y^2 + 3z^2 - 4xy - 4yz$.

解　(1) 二次型的矩阵是

$$A = \begin{pmatrix} 5 & 2 & -4 \\ 2 & 1 & -2 \\ -4 & -2 & 5 \end{pmatrix},$$

由于它的顺序主子式

$$5 > 0, \quad \begin{vmatrix} 5 & 2 \\ 2 & 1 \end{vmatrix} = 1 > 0, \quad \begin{vmatrix} 5 & 2 & -4 \\ 2 & 1 & -2 \\ -4 & -2 & 5 \end{vmatrix} = 1 > 0,$$

所以二次型 $f(x, y, z)$ 正定.

　　(2) 这个二次型在例 7.16 中是用特征值判别的, 现在运用定理 7.19 来判别. 该二次型的矩阵是

$$A = \begin{pmatrix} 1 & -2 & 0 \\ -2 & 2 & -2 \\ 0 & -2 & 3 \end{pmatrix},$$

前两个顺序主子式是

$$1 > 0, \quad \begin{vmatrix} 1 & -2 \\ -2 & 2 \end{vmatrix} = -2 < 0,$$

因此不用计算第 3 个顺序主子式, 也能知道二次型 $f(x, y, z)$ 不是正定的.　　　□

　　例 7.18　求参数 λ 的范围, 使二次型 $f(x, y, z) = 2x^2 + 2y^2 + 2z^2 - 2\lambda xy - 2\lambda xz - 2\lambda yz$ 为正定二次型.

　　解　二次型的矩阵是

$$A = \begin{pmatrix} 2 & -\lambda & -\lambda \\ -\lambda & 2 & -\lambda \\ -\lambda & -\lambda & 2 \end{pmatrix},$$

若 $f(x, y, z)$ 是正定二次型, 那么它的顺序主子式应该满足

$$2 > 0, \quad \begin{vmatrix} 2 & -\lambda \\ -\lambda & 2 \end{vmatrix} = 4 - \lambda^2 > 0, \quad \begin{vmatrix} 2 & -\lambda & -\lambda \\ -\lambda & 2 & -\lambda \\ -\lambda & -\lambda & 2 \end{vmatrix} = -2(\lambda + 2)^2(\lambda - 1) > 0,$$

所以 λ 的范围是 $-2 < \lambda < 1$.　　　□

例 7.19 设 $A \in M_{m,n}(\mathbb{R})$, 且 $\text{rank}(A) = n$, 证明: $A^{\text{T}}A$ 是正定矩阵.

证明 由于 $(A^{\text{T}}A)^{\text{T}} = A^{\text{T}}A$, 所以 $A^{\text{T}}A$ 是 n 阶实对称矩阵. 现在构造一个以 $A^{\text{T}}A$ 为矩阵的二次型 $f(X) = X^{\text{T}}(A^{\text{T}}A)X$, 那么对任何 $X \in \mathbb{R}^n$, 有

$$f(X) = (AX)^{\text{T}}(AX) = |AX|^2 \geqslant 0,$$

这里的长度是 $\mathbb{R}^m$ 空间中的长度. 当 $f(X) = 0$ 时, $AX = 0$. 而由于 $\text{rank}(A) = n$, 所以齐次线性方程组 $AX = 0$ 只有零解 (请读者想一想为什么), 从而由 $AX = 0$ 可得 $X = 0$, 这样, $f(X)$ 是正定二次型, 即 $A^{\text{T}}A$ 是正定矩阵. $\square$

7.6.3 其他类型的实二次型

我们在定义 7.6 中定义了负定二次型. 显然, 实二次型 $f(X)$ 负定的充要条件是二次型 $-f(X)$ 为正定二次型 (即 $-A$ 为正定矩阵), 由此可得负定二次型 (或负定矩阵) 的判定定理如下.

> **定理 7.20** (1) n 元二次型 $f(X) = X^{\text{T}}AX$ 负定的充要条件是它的负惯性指数等于 n;
>
> (2) n 元二次型 $f(X) = X^{\text{T}}AX$ 负定的充要条件是 A 的奇数阶顺序主子式小于零, 偶数阶顺序主子式大于零.

证明 这里只证明 (2). 设 $A = (a_{ij})$ 是 n 阶实对称矩阵, 它的第 k 个顺序主子式是 $M_k (k = 1, 2, \cdots, n)$, 则 $-A = (-a_{ij})$, 并且由定理 7.19 可知, $-A$ 正定的充要条件是它的每一个 k 阶顺序主子式满足

$$\begin{vmatrix} -a_{11} & -a_{12} & \cdots & -a_{1k} \\ -a_{12} & -a_{22} & \cdots & -a_{2k} \\ \vdots & \vdots & & \vdots \\ -a_{1k} & -a_{2k} & \cdots & -a_{kk} \end{vmatrix} = (-1)^k \begin{vmatrix} a_{11} & a_{12} & \cdots & a_{1k} \\ a_{12} & a_{22} & \cdots & a_{2k} \\ \vdots & \vdots & & \vdots \\ a_{1k} & a_{2k} & \cdots & a_{kk} \end{vmatrix} = (-1)^k M_k > 0,$$

其中 $k = 1, 2, \cdots, n$. 于是当 k 为奇数时, $M_k < 0$, 而当 k 为偶数时, $M_k > 0$. $\square$

例 7.20 判别二次型 $f(x, y, z) = -2x^2 - 3y^2 - 3z^2 + 4xy - 2xz + 4yz$ 是否负定.

解 二次型的矩阵是

$$A = \begin{pmatrix} -2 & 2 & -1 \\ 2 & -3 & 2 \\ -1 & 2 & -3 \end{pmatrix},$$

由于它的顺序主子式

$$-2 < 0, \quad \begin{vmatrix} -2 & 2 \\ 2 & -3 \end{vmatrix} = 2 > 0, \quad \begin{vmatrix} -2 & 2 & -1 \\ 2 & -3 & 2 \\ -1 & 2 & -3 \end{vmatrix} = -3 < 0,$$

所以该二次型负定.   □

下面我们再给出一类比较特殊的二次型. 先看一个简单的例子: $f(x,y) = 3x^2$, 这个二次型虽然取值非负, 但是它在非零向量 $(x,y)^{\mathrm{T}} = (0,k)^{\mathrm{T}} (k \neq 0)$ 处的取值全为零, 因此它不是正定二次型. 我们有必要拓展正定二次型的范围, 以便将这些二次型也包含在内.

> **定义 7.8   半正定 (负正定) 二次型**
>
> 设 $f(X) = X^{\mathrm{T}} A X$ 是 n 元实二次型, 若对所有的 $X \in \mathbb{R}^n$, 恒有 $f(X) \geqslant 0$, 则称 $f(X)$ 为**半正定**二次型, 此时 $f(X)$ 的矩阵 A 称为**半正定**矩阵. 若对所有的 $X \in \mathbb{R}^n$, 恒有 $f(X) \leqslant 0$, 则称 $f(X)$ 为**半负定**二次型, 此时 $f(X)$ 的矩阵 A 称为**半负定**矩阵.

显然, 正定二次型一定是半正定二次型, 或者可以说, 半正定型是正定型条件的一种弱化. 例如, 虽然二次型 $f(x,y) = 3x^2$ 不是正定二次型, 但却属于半正定二次型.

例 7.21   判别二次型 $f(x,y,z) = x^2 + 2y^2 + 4z^2 + 2xy + 4yz$ 所属的类型.

解   用配方法可得

$$f(x,y,z) = (x+y)^2 + (y+2z)^2 \geqslant 0,$$

因此 $f(x,y,z)$ 是半正定二次型. 另外, $f(x,y,z)$ 的矩阵是

$$A = \begin{pmatrix} 1 & 1 & 0 \\ 1 & 2 & 2 \\ 0 & 2 & 4 \end{pmatrix},$$

由于它的顺序主子式

$$1 > 0, \quad \begin{vmatrix} 1 & 1 \\ 1 & 2 \end{vmatrix} = 1 > 0, \quad \begin{vmatrix} 1 & 1 & 0 \\ 1 & 2 & 2 \\ 0 & 2 & 4 \end{vmatrix} = 0,$$

所以 $f(x,y,z)$ 不是正定二次型.   □

下面这个定理的证明请读者完成 (见本节习题第 12 题).

> **定理 7.21**　设 $f(X) = X^{\mathrm{T}}AX$ 是 n 元实二次型, 则以下命题等价:
> (1) $f(X)$ 是半正定二次型 (或 A 是半正定矩阵);
> (2) $f(X)$ 的正惯性指数与秩相等;
> (3) 存在 n 阶实矩阵 C, 使得 $A = C^{\mathrm{T}}C$;
> (4) A 的所有特征值非负.

例 7.22　设 A 是 n 阶实对称矩阵, 且 $A^2 = I$, 证明: $A + I$ 是半正定矩阵.

证明　设 λ 是 A 的特征值, α 是属于 λ 的特征向量, 因为 $A\alpha = \lambda\alpha$, 所以有 $A^2\alpha = \lambda^2\alpha$. 又因为 $A^2 = I$, 因此 $A^2\alpha = \alpha$, 从而有 $(\lambda^2 - 1)\alpha = 0$, 但是 $\alpha \neq 0$, 所以 $\lambda^2 = 1$, 即 $\lambda = 1$ 或 -1. 由定理 7.7, 存在一个正交矩阵 Q, 使得

$$Q^{\mathrm{T}}AQ = \mathrm{diag}(\lambda_1, \cdots, \lambda_n),$$

其中 λ_i 是 A 的特征值 $1, -1$. 现在我们在上式两边都加 n 阶单位矩阵 I, 则得

$$Q^{\mathrm{T}}AQ + Q^{\mathrm{T}}IQ = \mathrm{diag}(\lambda_1, \cdots, \lambda_n) + I,$$

或者写成

$$Q^{\mathrm{T}}(A + I)Q = \mathrm{diag}(\lambda_1 + 1, \cdots, \lambda_n + 1),$$

即矩阵 $A + I$ 合同于对角矩阵 $\mathrm{diag}(\lambda_1 + 1, \cdots, \lambda_n + 1)$, 而因为对所有的 i, 都有 $\lambda_i + 1 \geqslant 0$, 所以由惯性定理知 $A + I$ 的正惯性指数与秩相等, 这样, 由定理 7.21 可知 $A + I$ 是半正定矩阵. □

习　题　7.6

1. 用特征值判断下列二次型是否正定:
(1) $f(x, y) = 7x^2 + y^2 - 2xy$;
(2) $f(x, y, z) = x^2 + y^2 + z^2 - 6yz$.

2. 判断下列二次型是否正定:
(1) $f(x, y, z) = x^2 + 2y^2 + 6z^2 + 2xy + 2xz + 4yz$;
(2) $f(x, y, z) = x^2 + 2y^2 + 2xy + 5xz + 3yz$;
(3) $f(x, y, z) = x^2 + 5y^2 + 9z^2 + 4xy + xz - 6yz$;
(4) $f(x, y, z, w) = x^2 + 4y^2 + z^2 + 2w^2 + 4xy - 6xz + 2yw$;
(5) $f(x_1, \cdots, x_n) = \sum\limits_{i=1}^{n} x_i^2 + \sum\limits_{1 \leqslant i < j \leqslant n} x_i x_j$;
(6) $f(x_1, \cdots, x_n) = \sum\limits_{i=1}^{n} x_i^2 + \sum\limits_{i=1}^{n-1} x_i x_{i+1}$.

3. 判断下列矩阵是否正定:

$$(1)\ A = \begin{pmatrix} 1 & -1 & 1 \\ -1 & 2 & 0 \\ 1 & 0 & 1 \end{pmatrix}; \quad (2)\ A = \begin{pmatrix} \frac{1}{2} & \frac{1}{4} & 1 \\ \frac{1}{4} & 1 & -1 \\ 1 & -1 & 2 \end{pmatrix}.$$

4. λ 取何值时, 下列二次型是正定的:

(1) $f(x, y, z) = 2x^2 + y^2 + 3z^2 + 2\lambda xy + 2xz$;

(2) $f(x, y, z) = x^2 + y^2 + 4z^2 + 2xy + 10xz - \lambda yz$;

(3) $f(x, y, z, w) = \lambda(x^2 + y^2 + z^2) + w^2 + 2xy + 2xz - 2yz$;

(4) $f(x_1, \cdots, x_n) = a \sum\limits_{i=1}^{n} x_i^2 + 2\lambda \sum\limits_{1 \leqslant i < j \leqslant n} x_i x_j (a > 0, n \geqslant 2)$.

5. 若 A 是一个正定矩阵, 证明: A^{-1} 也是正定矩阵.

6. 若 A 是一个 n 阶正定矩阵, 证明: 存在一个正定矩阵 S, 使得 $A = S^2$.

7. 若 A 是一个 n 阶实可逆矩阵, 证明: 存在一个正定矩阵 B 和一个正交矩阵 Q, 使得 $A = QB$.

8. 设 n 阶实矩阵 A 写成了分块矩阵的形式:

$$A = \begin{pmatrix} Q & \alpha \\ \alpha^{\mathrm{T}} & r \end{pmatrix},$$

其中 Q 是 $n-1$ 阶正定矩阵, $\alpha \in \mathbb{R}^{n-1}$, 证明: A 正定的充要条件是 $r > \alpha^{\mathrm{T}} Q^{-1} \alpha$.

9. 设 $A \in M_{m,n}(\mathbb{R})$, 且 $m < n$, 证明: AA^{T} 为正定矩阵的充要条件是 $\mathrm{rank}(A) = m$.

10. 若 A, B 都是 n 阶实对称矩阵, 其中 A 是正定矩阵, 证明: 存在一个 n 阶实可逆矩阵 P, 使得 $P^{\mathrm{T}} A P$ 与 $P^{\mathrm{T}} B P$ 同时成为对角矩阵.

11. 判断在下列 4 个矩阵中, 哪个是正定矩阵?

$$A = \begin{pmatrix} 1 & 2 & a \\ 2 & 5 & b \\ a & b & -3 \end{pmatrix}; \quad B = \begin{pmatrix} 1 & a & b \\ a & a^2 & b \\ b & b & a \end{pmatrix};$$

$$C = \begin{pmatrix} a & b & 3a \\ b & 4b & 3b \\ 3a & 3b & 9a \end{pmatrix}; \quad D_n = \begin{pmatrix} 3 & 2 & \cdots & 2 \\ 2 & 3 & \cdots & 2 \\ \vdots & \vdots & & \vdots \\ 2 & 2 & \cdots & 3 \end{pmatrix}.$$

12. 证明定理 7.21.

13. 设 A 是 n 阶实对称矩阵, 且 A 是半正定矩阵, 证明:

(1) 行列式 $|A + I| \geqslant 1$;

(2) 等号成立的充要条件是 $A = 0$.

14. 当 a 取何值时, 二次型 $f(x, y, z, w) = x^2 + y^2 + z^2 + 9w + 2a(xy + xz + yz)$ 为正定、半正定和不定?

15. 设 A 是一个 n 阶正定矩阵, 证明: 实二次型

$$f(x_1,\cdots,x_n) = \begin{vmatrix} a_{11} & \cdots & a_{1n} & x_1 \\ \vdots & & \vdots & \vdots \\ a_{1n} & \cdots & a_{nn} & x_n \\ x_1 & \cdots & x_n & 0 \end{vmatrix}$$

是负定二次型.

16. 设 $A = (a_{ij})$ 是一个 n 阶正定矩阵, 证明: $|A| \leqslant a_{11}a_{22}\cdots a_{nn}$ 当且仅当 A 是对角矩阵时, 等号成立.

17. 设 $A = (a_{ij})$ 是 n 阶实矩阵, 证明: $|A|^2 \leqslant \prod_{i=1}^{n}(a_{1i}^2 + a_{2i}^2 + \cdots + a_{ni}^2)$.

18. 设 A 是 n 阶实可逆矩阵, 证明: 存在 n 阶正交矩阵 Q_1 和 Q_2, 使得

$$Q_1AQ_2 = \mathrm{diag}(c_1,\cdots,c_n),$$

其中 $c_1^2,\cdots,c_n^2$ 是 $A^{\mathrm{T}}A$ 的特征值.

第8章 线性空间

8.1 线性空间的定义和基本性质

8.1.1 为什么要引入线性空间

我们在学习微积分时, 经常需要把复杂的函数用简单的函数表示出来, 也就是把复杂函数写成简单函数的 "线性组合", 以达到化繁为简的效果. 例如, 在计算不定积分 $\int \sin^4 x \mathrm{d}x$ 时, 先用三角恒等式将被积函数 $\sin^4 x$ 化简如下:

$$
\begin{aligned}
\sin^4 x = (\sin^2 x)^2 = \left(\frac{1 - \cos 2x}{2}\right)^2 &= \frac{1}{4} - \frac{1}{2}\cos 2x + \frac{1}{4}\cos^2 2x \\
&= \frac{1}{4} - \frac{1}{2}\cos 2x + \frac{1}{8}(1 + \cos 4x) \\
&= \frac{3}{8} - \frac{1}{2}\cos 2x + \frac{1}{8}\cos 4x.
\end{aligned} \tag{8.1}
$$

然后利用不定积分的性质可得

$$
\begin{aligned}
\int \sin^4 x \mathrm{d}x &= \int \left(\frac{3}{8} - \frac{1}{2}\cos 2x + \frac{1}{8}\cos 4x\right) \mathrm{d}x \\
&= \frac{3}{8}x - \frac{1}{4}\sin 2x + \frac{1}{32}\sin 4x + c,
\end{aligned}
$$

其中的 c 是任意常数. 在 (8.1) 式中, 不能直接积分的函数 $\sin^4 x$ 被写成了可以直接积分的函数 $1, \cos 2x, \cos 4x$ 的 "线性组合". 类似的想法在泰勒展开式中也表现得十分明显: 它把各种复杂的可微函数写成了简单的幂函数 x^n 的 "线性组合", 例如

$$
\mathrm{e}^x = 1 + x + \frac{x^2}{2!} + \frac{x^3}{3!} + \cdots + \frac{1}{n!}x^n + \cdots = \sum_{k=1}^{\infty} \frac{1}{k!}x^k.
$$

这种表达式的好处之一是把所有复杂的计算都归结为简单的加法和乘法运算, 以利于让计算机来执行相关的运算, 因此在这个意义上可以说, 泰勒展开式是所有现代数学计算的基础.

然而, 泰勒展开式只适用于无限可微的函数, 在现代数学分析理论中, 还需要把各种不可微或不连续的函数写成简单的周期函数 $\sin kx, \cos kx$ 及常数函数的 "线

性组合", 这就是 19 世纪数学家傅里叶的伟大发现: 任何一个函数 $f(x)$ 都可以写成 $1, \cos kx, \sin kx(k = 1, 2, 3 \cdots)$ 的 "线性组合"

$$f(x) = \frac{a_0}{2} + \sum_{k=1}^{\infty}(a_k \cos kx + b_k \sin kx).$$

这个展开式称为 $f(x)$ 的傅里叶级数, 其中的 $a_0, a_k, b_k(k = 1, 2, 3, \cdots)$ 都是由 $f(x)$ 确定的常数, 它们很像 3 维空间 $\mathbb{R}^3$ 里向量表示式 $\mathbf{r} = x\mathbf{e}_1 + y\mathbf{e}_2 + z\mathbf{e}_3$ 中的坐标 x, y, z, 而 $1, \cos kx, \sin kx$ 则很像 $\mathbf{e}_1, \mathbf{e}_2, \mathbf{e}_3$. 人们可以很自然地想到: 如果把每一个函数 $f(x)$ 都看成一个 "向量", 那么它就需要用无穷多个最基本的 "向量" $1, \cos kx, \sin kx(k = 1, 2, 3, \cdots)$ 来 "线性表出", 因此这种 "向量空间" 就是 "无限维" 的.

由于在偏微分方程的求解过程中很需要傅里叶级数, 所以人们除了在 "数学分析" 课程中仔细研究这种级数的收敛性外, 还要在本课程中建立一种比 n 维向量空间 $\mathbb{F}^n$ 更加抽象的**线性空间**的理论, 其中的 "向量" 不再只限于 n 维数组向量 $(a_1, \cdots, a_n)^{\mathrm{T}}$, 它可以是一个函数, 甚至是一个矩阵等, 由它们组成的 "向量组" 也有 "线性相关" 与 "线性无关" 之分. 我们要弄清楚以下问题: 任何一个 "向量" 是否都可以由一些最基本的 "向量" "线性表出"? 表出的系数与这个 "向量" 是什么关系? 它们是唯一确定的吗? 当然, 在构建这一抽象理论的过程中, 我们可以从已经熟悉的 $\mathbb{F}^n$ 空间理论中获得很好的指引.

8.1.2 线性空间的定义和例子

线性空间在有的书中仍被称为 "向量空间", "线性" 这个形容词实际上是指这种新空间所具有的 "加法" 和 "数乘" 两种运算, 定理 3.1 所总结和证明的 n 维空间 $\mathbb{F}^n$ 中数组向量加法和数乘运算的 8 个最基本性质, 被用来作为确定新 "加法" 和 "数乘" 所必须满足的最低要求, 它们也被称为**公理**, 从这 8 条不证自明的公理出发, 可以推导出一系列有关线性空间的定理来.

定义 8.1　线性空间

设 V 是一个非空集合, $\mathbb{F}$ 是数域, 如果在 V 中定义了两种运算 (分别称为**加法和数乘**), 即对 V 中任意两个元素 α, β, 存在 V 中唯一的元素 $\alpha + \beta$(称为加法封闭), 以及对 V 中任意一个元素 α 和 $\mathbb{F}$ 中任意一个数 k, 存在 V 中唯一的元素 $k\alpha$(称为数乘封闭), 并且这两种运算必须满足以下 8 条公理:

(1) 对 V 中任意两个元素 α, β, $\alpha + \beta = \beta + \alpha$ (加法的交换律);

(2) 对 V 中任意三个元素 α, β, γ, $(\alpha + \beta) + \gamma = \alpha + (\beta + \gamma)$ (加法的结合律);

(3) V 中存在一个记为 0 的元素, 使得对 V 中任一元素 α, 都有 $\alpha + 0 = \alpha$;

　　(4) 对 V 中每个元素 α, 都存在 V 中的元素 β(称为 α 的负元素), 使得 $\alpha + \beta = 0$;

　　(5) 对 V 中每个元素 α, $1\alpha = \alpha$;

　　(6) 对 $\mathbb{F}$ 中任意两个数 k, l 和 V 中每个元素 α, $(kl)\alpha = k(l\alpha)$;

　　(7) 对 $\mathbb{F}$ 中每个数 k 和 V 中任意两个元素 α, β, $k(\alpha + \beta) = k\alpha + k\beta$;

　　(8) 对 $\mathbb{F}$ 中任意两个数 k, l 和 V 中每个元素 α, $(k + l)\alpha = k\alpha + l\alpha$,

那么就称 V 是数域 $\mathbb{F}$ 上的**线性空间**, 其中元素 $\alpha + \beta$ 称为 α 与 β 的**和**, $k\alpha$ 称为 k 与 α 的**乘积**.

　　在本书中, 我们将按照习惯把线性空间的元素称为向量, 零元素称为零向量, 负元素称为负向量. 由线性空间定义中的加法结合律可知, 任意有限个向量的相加都有明确的意义, 从而不必用括号来表示加法的顺序.

　　下面给出一些常用线性空间的例子.

　　例 8.1　显然 n 维向量空间 $\mathbb{F}^n$ 是一个线性空间, 我们经常使用的实向量空间 $\mathbb{R}^n$ 是 $\mathbb{F}^n$ 的特殊情形. 在现代几何中, 有时还需要考虑复向量空间 $\mathbb{C}^n$, 例如, 在 $\mathbb{C}^2$ 中, 可以进行如下的加法和数乘:

$$(2, 1 - 3\mathrm{i}) + (3\mathrm{i}, 4 + \mathrm{i}) = (2 + 3\mathrm{i}, 5 - 2\mathrm{i}),$$

$$\mathrm{i}(2, 1 - 3\mathrm{i}) = (2\mathrm{i}, 3 + \mathrm{i}),$$

由于 $\mathbb{C}^2 = \{(a + b\mathrm{i}, c + d\mathrm{i}) | a, b, c, d \in \mathbb{R}\}$, 所以 $\mathbb{C}^2$ 实际上可以看成实 4 维向量空间 $\mathbb{R}^4$, 因此无法在我们的 3 维几何空间中画出 $\mathbb{C}^2$ 上的 "曲线" $f(x, y) = 0$ 的几何图形.

　　例 8.2　设 $\mathbb{F}$ 是一个数域, 元素都取自 $\mathbb{F}$ 的 $m \times n$ 矩阵的全体所组成的集合, $M_{m,n}(\mathbb{F})$ 在定义了通常的矩阵加法和数乘后, 容易验证 8 条公理是成立的, 因此 $M_{m,n}(\mathbb{F})$ 是一个线性空间. 在 $m = n$ 时, $M_n(\mathbb{F})$ 也是线性空间.

　　例 8.3　系数取自数域 $\mathbb{F}$ 的次数小于或等于 n 的全体一元多项式 (包括零多项式) 的集合 $\mathbb{F}[x]_n$ 在通常多项式的加法与数乘下, 容易验证 8 条公理是成立的, 因此 $\mathbb{F}[x]_n$ 是一个线性空间. 同样, 由全体系数取自数域 $\mathbb{F}$ 的一元多项式组成的集合 $\mathbb{F}[x]$ 在通常多项式加法和数乘下也组成一个线性空间.

　　例 8.4　设 $a, b \in \mathbb{R}$ 且满足 $a < b$, 由所有定义在闭区间 $[a, b]$ 上的连续实函数组成的集合 $C[a, b]$, 在通常的函数加法和数乘下, 构成一个实数域 $\mathbb{R}$ 上的线性空间. 这是因为如果 $f(x), g(x)$ 都是 $[a, b]$ 上的连续函数, 那么 $f(x) + g(x)$ 和 $kf(x)(k \in \mathbb{R})$ 都是 $[a, b]$ 上的连续函数, 并且容易验证定义 8.1 中的 8 条公理成立.

　　下面这个有点人为构造出来的空间例子, 可以帮助我们加深对线性空间概念的理解.

例 8.5 设 $\mathbb{R}^+$ 是全体正实数的集合, 在此集合中定义加法和数乘如下:

$$a[+]b = ab, \quad k \circ a = a^k, \quad (a, b \in \mathbb{R}^+, k \in \mathbb{R}),$$

证明: $\mathbb{R}^+$ 对运算 $[+]$ 和 $\circ$ 构成实数域 $\mathbb{R}$ 上的线性空间.

证明 因为当 $a > 0, b > 0$ 时, 有 $ab > 0$ 和 $a^k > 0$, 所以 $a[+]b \in \mathbb{R}^+$(加法封闭), $k \circ a \in \mathbb{R}^+$(数乘封闭). 下面依次证明 $[+]$ 和 $\circ$ 这两个运算满足 8 条公理 (注意这里的 "加法" 其实是 $\mathbb{R}$ 中的乘法, "数乘" 是 $\mathbb{R}$ 中的 "求幂运算"):

(1) 对任何 $a, b \in \mathbb{R}^+$, $a[+]b = ab = ba = b[+]a$;

(2) 对任何 $a, b, c \in \mathbb{R}^+$, $(a[+]b)[+]c = ab[+]c = (ab)c = a(bc) = a[+]bc = a[+](b[+]c)$;

(3) 对任何 $a \in \mathbb{R}^+$, 存在 $1 \in \mathbb{R}^+$ 使得 $a[+]1 = a \cdot 1 = a$(1 是 $\mathbb{R}^+$ 中的零向量);

(4) 对任何 $a \in \mathbb{R}^+$, 存在 $a^{-1} = \dfrac{1}{a} \in \mathbb{R}^+$, 使得 $a[+]a^{-1} = aa^{-1} = 1$(a^{-1} 是 a 的负向量);

(5) 对任何 $a \in \mathbb{R}^+$, $1 \circ a = a^1 = a$;

(6) 对任何 $a \in \mathbb{R}^+$ 和 $k, l \in \mathbb{R}$, $(kl) \circ a = a^{kl} = (a^l)^k = k \circ a^l = k \circ (l \circ a)$;

(7) 对任何 $a, b \in \mathbb{R}^+$ 和 $k \in \mathbb{R}$,

$$k \circ (a[+]b) = k \circ ab = (ab)^k = a^k b^k = a^k[+]b^k = (k \circ a)[+](k \circ b);$$

(8) 对任何 $a \in \mathbb{R}^+$ 和 $k, l \in \mathbb{R}$,

$$(k + l) \circ a = a^{k+l} = a^k a^l = a^k[+]a^l = (k \circ a)[+](l \circ a).$$

因此 $\mathbb{R}^+$ 是 $\mathbb{R}$ 上的线性空间 (即这里的每个正实数都是一个向量). $\qquad\square$

如果在一个定义了加法和数乘的集合中, 这两种线性运算至少有一个不封闭, 或者两种线性运算封闭但是定义 8.1 中的 8 条公理中至少有一条不满足, 那么这个集合就不能成为线性空间. 下面就是一些例子:

（Ⅰ） 次数等于正整数 n 的全体实系数一元多项式的集合, 在多项式的加法和实数乘多项式的数乘运算下不是线性空间, 这是因为加法运算不封闭, 例如 $f(x) = 1 + x^n, g(x) = 1 - x^n$, 则 $f(x) + g(x) = 2$ 就不是 n 次多项式.

（Ⅱ） 非齐次线性方程组 $AX = \beta$ 的全体解向量的集合不是线性空间, 这是因为如果 α 是 $AX = \beta$ 的解, 即有 $A\alpha = \beta$, 并且 $\alpha \neq 0$(否则从 $\alpha = 0$ 可推出 $\beta = 0$, 与非齐次线性方程组矛盾), 然而 $(-1)\alpha = -\alpha$ 却不是 $AX = \beta$ 的解. 这是因为如果 $-\alpha$ 是解, 则有

$$0 = A\alpha - A\alpha = A\alpha + A(-\alpha) = \beta + \beta = 2\beta,$$

由此可得 $\beta = 0$, 这同样与非齐次线性方程组矛盾. 因此这个解向量的集合对数乘运算不封闭, 从而不能成为线性空间.

(III) 设 $\mathbb{F}$ 是一个数域, $N = \{(x, y)^{\mathrm{T}} | x, y \in \mathbb{F}\}$, 定义加法是 $(x_1, y_1)^{\mathrm{T}} + (x_2, y_2)^{\mathrm{T}} = (x_1 + x_2, y_1 + y_2)^{\mathrm{T}}$, 数乘是 $k(x, y)^{\mathrm{T}} = (x, 0)^{\mathrm{T}}$(其中 $k \in \mathbb{F}$), 尽管 N 对加法和数乘都封闭, 并且线性空间定义中的第 (1), (2), (3), (4), (6), (7) 条公理都成立, 但是第 (5), (8) 条公理不成立, 例如当 $y \neq 0$ 时, $1 \cdot (x, y)^{\mathrm{T}} = (x, 0)^{\mathrm{T}} \neq (x, y)^{\mathrm{T}}$, 因此 N 不是线性空间.

8.1.3 线性空间定义的一些简单推论

由线性空间的定义, 不难证明以下常用的定理.

定理 8.1(加法的消去律) 设 V 是线性空间, 如果 α, β, γ 是 V 中满足 $\alpha + \gamma = \beta + \gamma$ 的任意向量, 则 $\alpha = \beta$.

证明   由线性空间定义中的第 (4) 公理, 存在 γ 的负向量 η, 使得 $\gamma + \eta = 0$, 再由第 (2), (3) 公理及条件 $\alpha + \gamma = \beta + \gamma$ 可得

$$\alpha = \alpha + 0 = \alpha + (\gamma + \eta) = (\alpha + \gamma) + \eta = (\beta + \gamma) + \eta$$
$$= \beta + (\gamma + \eta) = \beta + 0 = \beta. \qquad \Box$$

由定理 8.1 立即可推出线性空间 V 中的零向量只有一个, 这是因为如果除了 0 以外, 还有一个零向量 0_1, 那么就有 $0 + \alpha = \alpha = 0_1 + \alpha$, 从而由定理 8.1 可得 $0 = 0_1$.

由定理 8.1 可以推出第 (4) 公理中每个向量 α 的负向量也是唯一的, 这是因为如果 α 的负向量除了 β 使得 $\alpha + \beta = 0$ 以外, 还有另一个负向量 β_1 使得 $\alpha + \beta_1 = 0$, 那么就有 $\beta + \alpha = 0 = \beta_1 + \alpha$, 再由定理 8.1 可知 $\beta = \beta_1$. 我们将把 α 的负向量记为 $-\alpha$, 并且定义 α 与 β 的差为 $\alpha - \beta = \alpha + (-\beta)$. 可以证明 $\alpha + \beta = \gamma$ 的充要条件是 $\alpha = \gamma - \beta$(见本节习题第 2 题), 即移项变号的规则在线性空间中成立.

下面的定理给出了关于数乘的几个常用结论.

定理 8.2   在数域 $\mathbb{F}$ 上的线性空间 V 中, 下列结论成立:
(1) 对 V 中任何向量 α, $0\alpha = 0$(注意左边是数字 0, 右边是零向量);
(2) 对 V 中任何向量 α 和 $\mathbb{F}$ 中任何数 k, $(-k)\alpha = -k\alpha = k(-\alpha)$;
(3) 对 $\mathbb{F}$ 中的任何数 k 和 V 的零向量 0, $k0 = 0$;
(4) 如果对 $k \in \mathbb{F}$ 和 $\alpha \in V$, 有 $k\alpha = 0$ 成立, 那么 $k = 0$ 或者 $\alpha = 0$.

证明   (1) 由线性空间定义中的第 (1), (3), (8) 条公理, 得

$$0\alpha + 0\alpha = (0 + 0)\alpha = 0\alpha = 0\alpha + 0 = 0 + 0\alpha,$$

再由定理 8.1 得 $0\alpha = 0$.

(2) 由线性空间定义中的第 (8) 条公理以及这里 (1) 的结论, 得

$$k\alpha + (-k)\alpha = (k + (-k))\alpha = 0\alpha = 0.$$

因此 $(-k)\alpha$ 是 $k\alpha$ 的负向量, 即有 $(-k)\alpha = -k\alpha$. 再取 $k = 1$, 则由第 (5) 条公理, 得

$$(-1)\alpha = -1\alpha = -\alpha,$$

从而再由第 (6) 条公理得

$$k(-\alpha) = k((-1)\alpha) = (k(-1))\alpha = (-k)\alpha.$$

(3) 在 V 中取一个向量 α, 则由线性空间定义中的第 (1), (3), (7) 条公理, 可得

$$k0 + k\alpha = k(0 + \alpha) = k(\alpha + 0) = k\alpha = k\alpha + 0 = 0 + k\alpha,$$

再由定理 8.1 得 $k0 = 0$.

(4) 如果 $k\alpha = 0$, 并且有 $k \neq 0$, 那么由线性空间定义中的第 (5), (6) 条公理及这里 (3) 的结论, 得

$$\alpha = 1\alpha = \left(\frac{1}{k}k\right)\alpha = \frac{1}{k}(k\alpha) = \frac{1}{k}0 = 0. \qquad \square$$

习　题　8.1

1. 检验以下集合 V 对于所指的线性运算是否构成实数域上的线性空间 (如果 V 不是线性空间, 请指出哪个线性运算不封闭, 或线性空间定义中的哪条公理不满足):

(1) $V = \{(x, y, 0)^{\mathrm{T}} | x, y \in \mathbb{R}\}$, 线性运算与 $\mathbb{R}^3$ 中的线性运算相同;

(2) $V = \{(x, y, 1)^{\mathrm{T}} | x, y \in \mathbb{R}\}$, 线性运算与 $\mathbb{R}^3$ 中的线性运算相同;

(3) $V = \{(x, y)^{\mathrm{T}} | x, y \in \mathbb{R}\}$, 加法是 $(x_1, y_1)^{\mathrm{T}} + (x_2, y_2)^{\mathrm{T}} = (x_1 + x_2, y_1 + y_2)^{\mathrm{T}}$, 数乘是 $k(x, y)^{\mathrm{T}} = (kx, y)^{\mathrm{T}}$;

(4) $V = \{A = (a_{ij}) \in M_n(\mathbb{R}) | $ 全部 $a_{ij} > 0\}$, 加法与数乘是通常矩阵的加法与数乘;

(5) $V = \{A \in M_n(\mathbb{R}) | A$ 是对称矩阵$\}$, 加法与数乘是通常矩阵的加法与数乘;

(6) $V = \{A \in M_n(\mathbb{R}) | A$ 是可逆矩阵$\}$, 加法与数乘是通常矩阵的加法与数乘;

(7) $V = \{A \in M_n(\mathbb{R}) | A^2 = I\}$, 加法与数乘是通常矩阵的加法与数乘;

(8) $V = \{A \in M_n(\mathbb{R}) | A$ 的主对角线元素全为零$\}$, 加法与数乘是通常矩阵的加法与数乘;

(9) V 是由全体定义在 $(-\infty, +\infty)$ 上且满足 $f(0) = 0$ 的实函数组成的集合, 加法与数乘是通常函数的加法 $f(x) + g(x)$ 和数乘 $kf(x)(k \in \mathbb{R})$;

(10) V 是由全体定义在 $(-\infty, +\infty)$ 上且满足 $f(0) = 1$ 的实函数组成的集合, 加法与数乘是通常函数的加法 $f(x) + g(x)$ 和数乘 $kf(x)(k \in \mathbb{R})$;

(11) V 是由全体定义在 $(-\infty, +\infty)$ 上且对所有 x 满足 $f(x) > 0$ 的实函数组成的集合, 加法与数乘是通常函数的加法 $f(x) + g(x)$ 和数乘 $kf(x)(k \in \mathbb{R})$;

(12) V 是由全体定义在 $(-\infty, +\infty)$ 上且对所有 x 满足 $f(x) > 0$ 的实函数组成的集合, 加法是 $f(x)[+]g(x) = f(x)g(x)$, 数乘是 $k \circ f(x) = (f(x))^k (k \in \mathbb{R})$.

2. 证明在数域 $\mathbb{F}$ 上的线性空间 V 中, 下列结论成立:

(1) 对任何 $\alpha, \beta \in V, k \in \mathbb{F}, k(\alpha - \beta) = k\alpha - k\beta$;

(2) 对任何 $\alpha \in V, k, l \in \mathbb{F}, (k - l)\alpha = k\alpha - l\alpha$;

(3) 已知 $\alpha, \beta, \gamma \in V$, 则 $\alpha + \beta = \gamma$ 的充要条件是 $\alpha = \gamma - \beta$.

3. 证明: 数域 $\mathbb{F}$ 上的一个线性空间 V 如果含有一个非零向量, 那么 V 一定含有无穷多个向量.

4. 设集合 $V = \{(a, b) | a, b \in \mathbb{F}\}$, 其中 $\mathbb{F}$ 是一个数域, 在集合 V 中定义加法为

$$(a, b)[+](c, d) = (a + c, b + d + ac),$$

定义数乘为 $(k \in \mathbb{F})$:

$$k \circ (a, b) = \left(ka, kb + \frac{k(k-1)}{2}a^2\right),$$

证明: V 是 $\mathbb{F}$ 上的线性空间.

8.2 线性空间的基与维数

8.2.1 线性相关与线性无关

本节将把第 3 章关于空间中 n 维数组向量的线性相关与线性无关理论推广到一般的线性空间, 这个理论揭示了加法与数乘这两个线性运算所具有的最基本性质 (至于线性空间的元素是否为 n 维数组向量则是无关紧要的). 以下若无特别说明, 总是用 V 来表示数域 $\mathbb{F}$ 上的一个线性空间.

线性空间的一个本质特征是: 可以用很少的一些向量来线性表出其所有的向量. 设 $\alpha_1, \alpha_2, \cdots, \alpha_m$ 是 V 中的一个向量组, 任给 $\mathbb{F}$ 中的一组数 $k_1, k_2, \cdots, k_m$, 向量 $k_1\alpha_1 + k_2\alpha_2 + \cdots + k_m\alpha_m$ 称为 $\alpha_1, \alpha_2, \cdots, \alpha_m$ 的一个**线性组合**, 其中的 $k_1, k_2, \cdots, k_m$ 称为系数. 对于 V 中的一个向量 β, 如果有 $\mathbb{F}$ 中的一组数 $c_1, c_2, \cdots, c_m$, 使得

$$\beta = c_1\alpha_1 + c_2\alpha_2 + \cdots + c_m\alpha_m,$$

则称 β 可以由 $\alpha_1, \alpha_2, \cdots, \alpha_m$ **线性表出**.

> **定义 8.2　线性相关与线性无关**
>
> 对于 V 中的向量组 $\alpha_1, \alpha_2, \cdots, \alpha_m$, 如果存在 $\mathbb{F}$ 中 m 个不全为零的数 k_1, $k_2, \cdots, k_m$, 使得
>
> $$k_1\alpha_1 + k_2\alpha_2 + \cdots + k_m\alpha_m = 0, \tag{8.2}$$
>
> 则称向量组 $\alpha_1, \alpha_2, \cdots, \alpha_m$ 是**线性相关的**, 否则就称 $\alpha_1, \alpha_2, \cdots, \alpha_m$ **线性无关**.

向量组 $\alpha_1, \alpha_2, \cdots, \alpha_m$ 线性无关的等价说法是: 如果 (8.2) 式成立, 则必有 $k_1 = k_2 = \cdots = k_m = 0$.

例如, 在线性空间 $\mathbb{F}[x]_2$ 中, 向量组 $1, x, 1+x$ 是线性相关的, 这是因为有

$$(-1)(1) + (-1)x + 1(1+x) = 0.$$

而另一个向量组 $1, x, x^2$ 则是线性无关的, 这是因为如果有数 $k_1, k_2, k_3 \in \mathbb{F}$, 使得

$$k_1(1) + k_2 x + k_3 x^2 = 0,$$

则 $f(x) = k_3 x^2 + k_2 x + k_1(1)$ 是一个零多项式. 由于一个多项式是零多项式的充要条件是它的各项系数全为零, 所以 $k_1 = k_2 = k_3 = 0$. 同样可以证明在线性空间 $\mathbb{F}[x]_n$ 中, 向量组 $1, x, x^2, \cdots, x^n$ 是线性无关的 (习题 8.2 第 2 题).

例 8.6　证明: 在线性空间 $M_2(\mathbb{F})$ 中, 向量组

$$\begin{pmatrix} 1 & 1 \\ 1 & 0 \end{pmatrix}, \begin{pmatrix} 1 & 1 \\ 0 & 1 \end{pmatrix}, \begin{pmatrix} 1 & 0 \\ 1 & 1 \end{pmatrix}, \begin{pmatrix} 0 & 1 \\ 1 & 1 \end{pmatrix}$$

是线性无关的.

证明　设有数 $k_1, k_2, k_3, k_4 \in \mathbb{F}$, 使得

$$k_1 \begin{pmatrix} 1 & 1 \\ 1 & 0 \end{pmatrix} + k_2 \begin{pmatrix} 1 & 1 \\ 0 & 1 \end{pmatrix} + k_3 \begin{pmatrix} 1 & 0 \\ 1 & 1 \end{pmatrix} + k_4 \begin{pmatrix} 0 & 1 \\ 1 & 1 \end{pmatrix} = 0,$$

则有

$$\begin{pmatrix} k_1 + k_2 + k_3 & k_1 + k_2 + k_4 \\ k_1 + k_3 + k_4 & k_2 + k_3 + k_4 \end{pmatrix} = 0.$$

从而可得齐次线性方程组

$$\begin{cases} k_1 + k_2 + k_3 & = 0, \\ k_1 + k_2 & + k_4 = 0, \\ k_1 + & k_3 + k_4 = 0, \\ & k_2 + k_3 + k_4 = 0. \end{cases}$$

由于它的系数矩阵行列式

$$\begin{vmatrix} 1 & 1 & 1 & 0 \\ 1 & 1 & 0 & 1 \\ 1 & 0 & 1 & 1 \\ 0 & 1 & 1 & 1 \end{vmatrix} = -3 \neq 0,$$

所以该齐次线性方程组只有零解 $k_1 = k_2 = k_3 = k_4 = 0$, 从而结论成立.   □

例 8.7   设 V 是由全体定义在 $(-\infty, +\infty)$ 上的连续实函数组成的实数域上的线性空间, 线性运算是通常的函数加法 $f(x) + g(x)$ 和数乘 $kf(x)(k \in \mathbb{R})$, 判断以下的向量组是否线性相关:

(1) $1, \sin x, \sin 2x$;

(2) $1, \cos x, \cos 2x, \cos 3x, \cos^3 x$.

解   (1) 设有数 $k_1, k_2, k_3 \in \mathbb{R}$, 使得

$$k_1 + k_2 \sin x + k_3 \sin 2x = 0,$$

分别让 $x = 0, \dfrac{\pi}{2}, \dfrac{\pi}{4}$, 得到齐次线性方程组

$$\begin{cases} k_1 & = 0, \\ k_1 + & k_2 & = 0, \\ k_1 + \dfrac{\sqrt{2}}{2} k_2 + k_3 = 0, \end{cases}$$

从中解得 $k_1 = k_2 = k_3 = 0$, 因此 $1, \sin x, \sin 2x$ 线性无关.

(2) 因为

$$\cos^3 x = \cos x \cdot \cos^2 x = \cos x \cdot \frac{1 + \cos 2x}{2} = \frac{1}{2} \cos x + \frac{1}{2} \cos 2x \cos x$$

$$= \frac{1}{2} \cos x + \frac{1}{4}(\cos x + \cos 3x) = \frac{3}{4} \cos x + \frac{1}{4} \cos 3x,$$

所以有

$$0(1) + \frac{3}{4} \cos x + 0(\cos 2x) + \frac{1}{4} \cos 3x + (-1) \cos^3 x = 0,$$

即向量组 $1, \cos x, \cos 2x, \cos 3x, \cos^3 x$ 线性相关.   □

下面两个基本定理的证明和 3.1 节中关于 $\mathbb{F}^n$ 空间的定理 3.2 与定理 3.3 的证明是类似的, 请读者写出它们的证明 (习题 8.2 第 5 题).

定理 8.3 V 中的向量组 $\alpha_1, \alpha_2, \cdots, \alpha_m (m \geqslant 2)$ 线性相关的充要条件是 $\alpha_1, \alpha_2, \cdots, \alpha_m$ 中有一向量 α_i 可由其余的向量 $\alpha_1, \cdots, \alpha_{i-1}, \alpha_{i+1}, \cdots, \alpha_m$ 线性表出.

定理 8.4 设 $\alpha_1, \alpha_2, \cdots, \alpha_m, \beta$ 是 V 中的向量, 如果 $\alpha_1, \alpha_2, \cdots, \alpha_m$ 线性无关, 并且 $\alpha_1, \alpha_2, \cdots, \alpha_m, \beta$ 线性相关, 则 β 可由 $\alpha_1, \alpha_2, \cdots, \alpha_m$ 线性表出, 且表示法唯一.

和第 3 章的 n 维向量空间 $\mathbb{F}^n$ 一样, 可以在 V 中定义不同向量组之间的线性表出与等价. 设 $\alpha_1, \cdots, \alpha_m$ 和 $\beta_1, \cdots, \beta_s$ 是 V 中的两组向量, 如果每个 $\alpha_i (i = 1, 2, \cdots, m)$ 都可以由向量组 $\beta_1, \cdots, \beta_s$ 线性表出, 则称向量组 $\alpha_1, \cdots, \alpha_m$ 可由向量组 $\beta_1, \cdots, \beta_s$ **线性表出**. 如果两个向量组可以互相线性表出, 就称这两个向量组**等价**. 例如, 在线性空间 $\mathbb{F}[x]_2$ 中, $1, x, x^2$ 与 $1, x-1, x^2+1$ 等价. 容易证明 V 中向量组等价关系的反身性、对称性和传递性.

下面 3 个关于 V 中两向量组之间线性表出与等价的定理, 与 3.2 节中关于 $\mathbb{F}^n$ 空间的定理 3.7—定理 3.9 类似, 也请读者写出它们的证明 (习题 8.2 第 7 题).

定理 8.5 设 $\alpha_1, \cdots, \alpha_m$ 和 $\beta_1, \cdots, \beta_s$ 是 V 中两组向量, $\beta_1, \cdots, \beta_s$ 可由 $\alpha_1, \cdots, \alpha_m$ 线性表出, 并且 $s > m$, 则 $\beta_1, \cdots, \beta_s$ 线性相关.

定理 8.6 设 $\alpha_1, \cdots, \alpha_m$ 和 $\beta_1, \cdots, \beta_s$ 是 V 中两组向量, $\beta_1, \cdots, \beta_s$ 可由 $\alpha_1, \cdots, \alpha_m$ 线性表出, 并且 $\beta_1, \cdots, \beta_s$ 线性无关, 那么 $s \leqslant m$.

定理 8.7 V 中两个等价的线性无关向量组含有相同个数的向量.

8.2.2 基与维数

在 $\mathbb{R}^3$ 空间中任一向量 $\mathbf{r}$ 都可以由三个坐标轴上的单位向量 $\mathbf{e}_1, \mathbf{e}_2, \mathbf{e}_3$ 来线性表出: $\mathbf{r} = x\mathbf{e}_1 + y\mathbf{e}_2 + z\mathbf{e}_3$, 并且 $\mathbf{e}_1, \mathbf{e}_2, \mathbf{e}_3$ 是线性无关的, 同样, 在 $\mathbb{F}^n$ 空间中, 线性无关的单位向量组 $\varepsilon_1 = (1, 0, \cdots, 0)^{\mathrm{T}}, \varepsilon_2 = (0, 1, 0, \cdots, 0)^{\mathrm{T}}, \cdots, \varepsilon_n = (0, \cdots, 0, 1)^{\mathrm{T}}$ 也能够线性表出 $\mathbb{F}^n$ 中的任何向量 $(x_1, x_2, \cdots, x_n)^{\mathrm{T}}$:

$$(x_1, x_2, \cdots, x_n)^{\mathrm{T}} = x_1\varepsilon_1 + x_2\varepsilon_2 + \cdots + x_n\varepsilon_n.$$

用一个线性无关向量组来线性表出线性空间中所有向量的例子还有齐次线性方程组 $AX = 0$ 的基础解系. 若设 α, β 是 $AX = 0$ 的任意两个解向量, k 是任意的数, 则由于

$$A(\alpha + \beta) = A\alpha + A\beta = 0, \quad A(k\alpha) = kA\alpha = 0,$$

并且容易验证线性空间的 8 条公理成立, 所以 $AX = 0$ 的所有解向量的集合组成了一个线性空间 V_1 (称为解空间), 如果设 $m \times n$ 的系数矩阵 A 的秩 $\mathrm{rank}(A) = r < n$,

那么根据定理 3.20, 在 $AX = 0$ 的解空间 V_1 中有 $n - r$ 个线性无关的解向量 $\eta_1, \cdots, \eta_{n-r}$, 并且这个解空间里的任何一个解向量都可以由 $\eta_1, \cdots, \eta_{n-r}$ 来线性表出. 因此, 只要得到了这 $n - r$ 个被称为基础解系的解向量, 就等于掌控了该齐次线性方程组的解空间.

我们把以上这些线性空间中都有的既能够线性表出所有其他向量, 本身又线性无关的关键向量组的现象提炼出来, 形成以下的基本定义.

> **定义 8.3   线性空间的基与维数**
>
> V 中满足下列两个条件的向量组 $\alpha_1, \cdots, \alpha_m$ 称为 V 的一个**基**:
> (1) $\alpha_1, \cdots, \alpha_m$ 线性无关;
> (2) V 中每个向量都可以由 $\alpha_1, \cdots, \alpha_m$ 线性表出.
> 此时, 我们称这个基所含的向量个数 m 为 V 的**维数**, 记为 $\dim V$.

一个线性空间如果有基, 可以有不止一个基, 例如在 $\mathbb{R}^3$ 中, 除了 $\mathbf{e}_1, \mathbf{e}_2, \mathbf{e}_3$ 这个基外, $(1,0,0)^{\mathrm{T}}, (1,1,0)^{\mathrm{T}}, (1,1,1)^{\mathrm{T}}$ 也是一个基 (请读者验证). 由基的定义, V 的任意两个基都是等价的, 因此由定理 8.7 可知, V 的任意两个基所含的向量个数是相同的, 因而这个维数的定义是合理的.

这样, 向量组 $\varepsilon_1, \varepsilon_2, \cdots, \varepsilon_n$ 是 $\mathbb{F}^n$ 空间的一个基 (它称为 $\mathbb{F}^n$ 的标准基), 并且 $\dim \mathbb{F}^n = n$. 另一方面, 上面的基础解系 $\eta_1, \cdots, \eta_{n-r}$ 是 $AX = 0$ 的解空间 V_1 的一个基, 而且 $\dim V_1 = n - r$.

在线性空间 $\mathbb{F}[x]_n$ 中, 由于任何向量 $f(x)$ 都可以写成

$$f(x) = a_n x^n + a_{n-1} x^{n-1} + \cdots + a_1 x + a_0,$$

并且向量组 $1, x, x^2, \cdots, x^{n-1}, x^n$ 是线性无关的, 所以 $1, x, x^2, \cdots, x^{n-1}, x^n$ 是 $\mathbb{F}[x]_n$ 的一个基, 并且有 $\dim \mathbb{F}[x]_n = n + 1$.

例 8.8   证明: 在线性空间 $M_{m,n}(\mathbb{F})$ 中, 以下 mn 个矩阵

$$E_{ij} = \begin{pmatrix} & & 0 & & & & \\ & & \vdots & & & & \\ & & 0 & & & & \\ 0 & \cdots & 0 & 1 & 0 & \cdots & 0 \\ & & 0 & & & & \\ & & \vdots & & & & \\ & & 0 & & & & \end{pmatrix} \text{第 } i \text{ 行}, \quad i = 1, \cdots, m; j = 1, \cdots, n$$

$$\underset{\text{第 } j \text{ 列}}{}$$

是一个基, 因此 $\dim M_{m,n}(\mathbb{F}) = mn$.

证明 由于在 E_{ij} 中, 除了第 i 行第 j 列位置上的元素是 1 外, 其余位置上的元素都是 0, 所以每一个 $m \times n$ 矩阵 $A = (a_{ij})$ 都可以表示成

$$A = \sum_{i=1}^{m} \sum_{j=1}^{n} a_{ij} E_{ij},$$

并且如果有 mn 个数 $k_{ij} \in \mathbb{F}$, 使得

$$\sum_{i=1}^{m} \sum_{j=1}^{n} k_{ij} E_{ij} = (k_{ij}) = 0,$$

那么 $m \times n$ 矩阵 (k_{ij}) 就是一个零矩阵, 从而每个 $k_{ij} = 0$, 此即向量组 $E_{ij}(i = 1, \cdots, m; j = 1, \cdots, n)$ 线性无关, 从而这个向量组是 $M_{m,n}(\mathbb{F})$ 的一个基. $\quad\square$

定理 8.8 如果 $\dim V = n$, 则 V 中任意 $n+1$ 个向量都线性相关.

证明 设 $\beta_1, \cdots, \beta_{n+1}$ 是 V 中的一个向量组, 因为 $\dim V = n$, 所以存在 V 的一个基 $\alpha_1, \cdots, \alpha_n$, 使得 $\beta_1, \cdots, \beta_{n+1}$ 可由 $\alpha_1, \cdots, \alpha_n$ 线性表出, 由定理 8.5 可知 $\beta_1, \cdots, \beta_{n+1}$ 线性相关. $\quad\square$

定理 8.9 如果 $\dim V = n$, 则 V 中任意 n 个线性无关的向量都是 V 的一个基.

证明 设 $\alpha_1, \cdots, \alpha_n$ 是 V 中线性无关的向量组, 那么对 V 中的任何向量 β, 由定理 8.8 可知向量组 $\alpha_1, \cdots, \alpha_n, \beta$ 线性相关, 再由定理 8.4 得知 β 可由 $\alpha_1, \cdots, \alpha_n$ 线性表出, 因此 $\alpha_1, \cdots, \alpha_n$ 是 V 的一个基. $\quad\square$

当一个线性空间含有无穷多个线性无关的向量时, 就称其为**无限维线性空间**. 例如, 包含全部一元多项式的线性空间 $\mathbb{F}[x]$ 是无限维的, 这是因为对任何正整数 n, 向量组 $1, x, x^2, \cdots, x^n$ 都是线性无关的. 此外, $C[a,b]$ 也是无限维线性空间. 在 "泛函分析" 这门数学课程中, 将系统地研究无限维线性空间.

8.2.3 线性空间中向量的坐标

线性空间 V 中任意一个向量 β 在由 V 的一个基 $\alpha_1, \cdots, \alpha_n$ 线性表出时, 由定理 8.4 可知表示式

$$\beta = k_1 \alpha_1 + k_2 \alpha_2 + \cdots + k_n \alpha_n$$

中的系数 $k_1, k_2, \cdots, k_n$ 是唯一确定的, 它们所组成的 n 维数组向量 $(k_1, \cdots, k_n)^{\mathrm{T}}$ 称为 β 在基 $\alpha_1, \cdots, \alpha_n$ 下的**坐标**, 这个概念是 $\mathbb{R}^3$ 空间中几何向量 $\mathbf{r} = x\mathbf{e}_1 + y\mathbf{e}_2 + z\mathbf{e}_3$ 的坐标 $(x, y, z)^{\mathrm{T}}$ 的推广. 例如, 在线性空间 $\mathbb{F}[x]_3$ 中, 任何一个多项式 $f(x) = ax^3 + bx^2 + cx + d$ 在基 $1, x, x^2, x^3$ 下的坐标是 $(d, c, b, a)^{\mathrm{T}}$.

例 8.9   在线性空间 $\mathbb{F}^3$ 中, 求向量 $\beta = (a, b, c)^{\mathrm{T}}$ 在基 $\alpha_1 = (1, 0, 0)^{\mathrm{T}}, \alpha_2 = (1, 1, 0)^{\mathrm{T}}, \alpha_3 = (1, 1, 1)^{\mathrm{T}}$ 下的坐标.

解   设 $\beta = x_1\alpha_1 + x_2\alpha_2 + x_3\alpha_3$, 则有线性方程组

$$\begin{cases} x_1 + x_2 + x_3 = a, \\ x_2 + x_3 = b, \\ x_3 = c, \end{cases}$$

可以解得 $x_1 = a - b, x_2 = b - c, x_3 = c$, 因此 β 在基 $\alpha_1, \alpha_2, \alpha_3$ 下的坐标是 $(a - b, b - c, c)^{\mathrm{T}}$.   □

例 8.10   在线性空间 $\mathbb{F}[x]_n$ 中, 证明向量组 $1, x - a, (x - a)^2, \cdots, (x - a)^n$ 是一个基, 并且求 $\mathbb{F}[x]_n$ 中任一向量 $f(x)$ 在这个基下的坐标.

解   先证明这个向量组线性无关. 设有数 $k_0, k_1, \cdots, k_n \in \mathbb{F}$, 使得

$$k_0 + k_1(x - a) + k_2(x - a)^2 + \cdots + k_{n-1}(x - a)^{n-1} + k_n(x - a)^n = 0.$$

上式左右两端对 x 求 n 次导数, 得到 $n!k_n = 0$, 即 $k_n = 0$. 同理我们可以解得 $k_0 = k_1 = \cdots = k_{n-1} = 0$, 即向量组 $1, x - a, (x - a)^2, \cdots, (x - a)^n$ 线性无关. 由定理 8.9 可知该向量组是 $\mathbb{F}[x]_n$ 的一个基. 再设 $f(x)$ 是 $\mathbb{F}[x]_n$ 中任意一个多项式, 由于 $1, x - a, (x - a)^2, \cdots, (x - a)^n$ 是 $\mathbb{F}[x]_n$ 的一个基, 所以有线性表示

$$f(x) = c_0 + c_1(x - a) + c_2(x - a)^2 + c_3(x - a)^3 + \cdots + c_n(x - a)^n,$$

其中 $c_i \in \mathbb{F}(i = 0, 1, \cdots, n)$. 令 $x = a$, 则得到 $c_0 = f(a)$. 对上式两边求导, 得

$$f'(x) = c_1 + 2c_2(x - a) + 3c_3(x - a)^2 + \cdots + nc_n(x - a)^{n-1},$$

代入 $x = a$, 得到 $c_1 = f'(a)$. 再对上式两边求导得

$$f''(x) = 2!c_2 + 3!c_3(x - a) + \cdots + n(n - 1)c_n(x - a)^{n-2},$$

再次代入 $x = a$, 得到 $c_2 = \dfrac{1}{2!}f''(a)$. 继续这个过程, 可以依次得到

$$c_3 = \frac{1}{3!}f^{(3)}(a), \quad c_4 = \frac{1}{4!}f^{(4)}(a), \quad \cdots, \quad c_n = \frac{1}{n!}f^{(n)}(a).$$

从而有

$$f(x) = f(a) + f'(a)(x - a) + \frac{f^{(2)}(a)}{2!}(x - a)^2 + \cdots + \frac{f^{(n)}(a)}{n!}(x - a)^n,$$

这样就得到了 $f(x)$ 在基 $1, x - a, (x - a)^2, \cdots, (x - a)^n$ 下的坐标是

$$\left(f(a), f'(a), \frac{f^{(2)}(a)}{2!}, \cdots, \frac{f^{(n)}(a)}{n!} \right)^{\mathrm{T}}. \qquad \square$$

习 题 8.2

1. 证明: 在线性空间 $\mathbb{F}[x]_1$ 中, 向量组 $1+x, 1-x$ 是线性无关的.

2. 证明: 在线性空间 $\mathbb{F}[x]_n$ 中向量组 $1, x, x^2, \cdots, x^n$ 是线性无关的.

3. 在线性空间 $\mathbb{F}[x]_n$ 中, 对 $k = 0, 1, 2, \cdots, n$, 记 $p_k(x) = x^k + x^{k+1} + \cdots + x^n$, 证明: 向量组 $p_0(x), p_1(x), \cdots, p_n(x)$ 线性无关.

4. 设 V 是由全体定义在 $(-\infty, +\infty)$ 上的连续实函数组成的实数域上的线性空间, 线性运算是通常的函数加法 $f(x) + g(x)$ 和数乘 $kf(x)(k \in \mathbb{R})$, 判断以下 V 中的向量组是否线性相关:

(1) $1, \cos^2 x, \cos 2x$;

(2) $1, \cos x, \cos 2x, \cos 3x$;

(3) $1, \sin x, \cos x$;

(4) $\sin x, \cos x, \sin^2 x, \cos^2 x$;

(5) $1, \mathrm{e}^x, \mathrm{e}^{2x}, \mathrm{e}^{3x}$;

(6) $\cos x, \cos 2x, \cdots, \cos nx, \cos^n x(n \geqslant 2)$.

5. 证明定理 8.3 和定理 8.4.

6. 在线性空间 $M_2(\mathbb{R})$ 中, 根据 a 的不同取值, 讨论向量组

$$\begin{pmatrix} a & 1 \\ 1 & 1 \end{pmatrix}, \begin{pmatrix} 1 & a \\ 1 & 1 \end{pmatrix}, \begin{pmatrix} 1 & 1 \\ a & 1 \end{pmatrix}, \begin{pmatrix} 1 & 1 \\ 1 & a \end{pmatrix}$$

何时线性相关或线性无关.

7. 证明定理 8.5、定理 8.6 和定理 8.7.

8. 求下列线性空间的一个基和维数:

(1) $M_n(\mathbb{F})$;

(2) $M_n(\mathbb{F})$ 中由全体对称矩阵组成的数域 $\mathbb{F}$ 上的线性空间;

(3) 实数域上由矩阵

$$A = \begin{pmatrix} 1 & 0 & 0 \\ 0 & \omega & 0 \\ 0 & 0 & \omega^2 \end{pmatrix}$$

的全体实系数多项式组成的线性空间, 其中 $\omega = \dfrac{-1 + \sqrt{3}\mathrm{i}}{2}$.

9. 证明: 在数域 $\mathbb{F}$ 上的 n 维线性空间 V 中, 如果每一个向量都可由 $\alpha_1, \alpha_2, \cdots, \alpha_n$ 线性表出, 则 $\alpha_1, \alpha_2, \cdots, \alpha_n$ 是 V 的一个基.

10. 在 $\mathbb{F}^4$ 中求向量 $\beta = (1, 2, 1, 1)^{\mathrm{T}}$ 在基 $\alpha_1 = (1, 1, 1, 1)^{\mathrm{T}}$, $\alpha_2 = (1, 1, -1, -1)^{\mathrm{T}}$, $\alpha_3 = (1, -1, 1, -1)^{\mathrm{T}}$, $\alpha_4 = (1, -1, -1, 1)^{\mathrm{T}}$ 下的坐标.

11. 在 $M_2(\mathbb{F})$ 中, 求向量 $\begin{pmatrix} 1 & 2 \\ 3 & 4 \end{pmatrix}$ 在基

$$\begin{pmatrix} 1 & 1 \\ 1 & 0 \end{pmatrix}, \begin{pmatrix} 1 & 1 \\ 0 & 1 \end{pmatrix}, \begin{pmatrix} 1 & 0 \\ 1 & 1 \end{pmatrix}, \begin{pmatrix} 0 & 1 \\ 1 & 1 \end{pmatrix}$$

下的坐标.

12. 在 $M_2(\mathbb{F})$ 中, 证明向量组

$$\begin{pmatrix} 1 & 1 \\ 0 & 1 \end{pmatrix}, \begin{pmatrix} 2 & 1 \\ 3 & 1 \end{pmatrix}, \begin{pmatrix} 1 & 1 \\ 0 & 0 \end{pmatrix}, \begin{pmatrix} 0 & 1 \\ -1 & -1 \end{pmatrix}$$

是一个基, 并求向量 $\begin{pmatrix} 0 & 0 \\ 0 & 1 \end{pmatrix}$ 在这个基下的坐标.

13. 在 $\mathbb{F}^n$ 中证明向量组 $\alpha_1 = (1,1,\cdots,1)^{\mathrm{T}}, \alpha_2 = (0,1,\cdots,1)^{\mathrm{T}}, \cdots, \alpha_n = (0,0,\cdots,1)^{\mathrm{T}}$ 是一个基, 并且求向量 $\beta = (a_1, a_2, \cdots, a_n)^{\mathrm{T}}$ 在这个基下的坐标.

14. 证明: 集合 $V = \left\{ \begin{pmatrix} \alpha & \beta \\ -\bar{\beta} & \bar{\alpha} \end{pmatrix} \middle| \alpha, \beta \in \mathbb{C} \right\}$ 对于通常的矩阵加法和数乘构成实数域 $\mathbb{R}$ 上的线性空间, 并求 V 的一个基和 $\dim V$.

8.3 过渡矩阵与坐标变换

如果在 n 维线性空间 V 中给定了两个基, 那么 V 中每一个向量在这两个基下就有两个坐标. 本节研究这两个基之间的关系, 以及其对向量坐标的影响.

8.3.1 向量组线性表出的形式矩阵写法

对于 3 维线性空间 $\mathbb{F}^3$ 来说, 除了有 $\alpha_1 = (1,0,0)^{\mathrm{T}}, \alpha_2 = (1,1,0)^{\mathrm{T}}, \alpha_3 = (1,1,1)^{\mathrm{T}}$ 这个基以外, 还有标准基 $\varepsilon_1 = (1,0,0)^{\mathrm{T}}, \varepsilon_2 = (0,1,0)^{\mathrm{T}}, \varepsilon_3 = (0,0,1)^{\mathrm{T}}$, 它们之间的联系是

$$\alpha_1 = \varepsilon_1, \quad \alpha_2 = \varepsilon_1 + \varepsilon_2, \quad \alpha_3 = \varepsilon_1 + \varepsilon_2 + \varepsilon_3.$$

一般我们都把这种联系用矩阵乘积的形式来表达, 为此先将 α_1 写成

$$\alpha_1 = \varepsilon_1 \cdot 1 + \varepsilon_2 \cdot 0 + \varepsilon_3 \cdot 0 = (\varepsilon_1, \varepsilon_2, \varepsilon_3) \begin{pmatrix} 1 \\ 0 \\ 0 \end{pmatrix}.$$

同理有

$$\alpha_2 = (\varepsilon_1, \varepsilon_2, \varepsilon_3) \begin{pmatrix} 1 \\ 1 \\ 0 \end{pmatrix}, \quad \alpha_3 = (\varepsilon_1, \varepsilon_2, \varepsilon_3) \begin{pmatrix} 1 \\ 1 \\ 1 \end{pmatrix},$$

然后合在一起写成

$$(\alpha_1, \alpha_2, \alpha_3) = (\varepsilon_1, \varepsilon_2, \varepsilon_3) \begin{pmatrix} 1 & 1 & 1 \\ 0 & 1 & 1 \\ 0 & 0 & 1 \end{pmatrix}. \tag{8.3}$$

上式右边的三阶方阵完全刻画了两个基之间的联系, 它称为由基 $\varepsilon_1, \varepsilon_2, \varepsilon_3$ 到基 $\alpha_1,$ α_2, α_3 的过渡矩阵. 这是一个可逆矩阵, 它的逆矩阵是

$$\begin{pmatrix} 1 & -1 & 0 \\ 0 & 1 & -1 \\ 0 & 0 & 1 \end{pmatrix}. \tag{8.4}$$

现在用这个逆矩阵右乘 (8.3) 式两边, 右边变成 $(\varepsilon_1, \varepsilon_2, \varepsilon_3)$, 将其写在左边, 得到

$$(\varepsilon_1, \varepsilon_2, \varepsilon_3) = (\alpha_1, \alpha_2, \alpha_3) \begin{pmatrix} 1 & -1 & 0 \\ 0 & 1 & -1 \\ 0 & 0 & 1 \end{pmatrix}.$$

上式显示: 矩阵 (8.4) 就是由基 $\alpha_1, \alpha_2, \alpha_3$ 到基 $\varepsilon_1, \varepsilon_2, \varepsilon_3$ 的过渡矩阵. 将上式右端的矩阵乘积打开可得

$$\varepsilon_1 = \alpha_1, \quad \varepsilon_2 = \alpha_2 - \alpha_1, \quad \varepsilon_3 = \alpha_3 - \alpha_2,$$

这就是基向量组 $\varepsilon_1, \varepsilon_2, \varepsilon_3$ 由基向量组 $\alpha_1, \alpha_2, \alpha_3$ 线性表出的式子.

由此我们看到, 用矩阵形式可以有效地描述两个基之间的联系. 注意在 (8.3) 式中, "行向量" $(\alpha_1, \alpha_2, \alpha_3)$ 其实是分块矩阵, 其中的 "元素" $\alpha_1, \alpha_2, \alpha_3$ 都是 3 维数组列向量. 然而, 如果从一般的 n 维线性空间 V 中取出 n 个向量 $\alpha_1, \alpha_2, \cdots, \alpha_n$, 以它们作为元素写成的 "矩阵"

$$(\alpha_1, \alpha_2, \cdots, \alpha_n) \tag{8.5}$$

其实是没有意义的, 因为矩阵的元素只能是数, 或者是分块矩阵. 因此 (8.5) 式只是一个 "形式矩阵", 下面我们将引入这种写法, 目的只是为了简化涉及线性空间两个基之间的有关计算过程 (这里的情形类似于第 1 章中外积计算公式 (1.29), 在那里的 "形式行列式" 中, 第 1 行的元素不是数, 而是向量 $\mathbf{e}_1, \mathbf{e}_2, \mathbf{e}_3$).

设在 n 维线性空间 V 中, 向量组 $\beta_1, \beta_2, \cdots, \beta_m$ 可由向量组 $\alpha_1, \cdots, \alpha_n$ 线性表出:

$$\beta_j = a_{1j}\alpha_1 + a_{2j}\alpha_2 + \cdots + a_{nj}\alpha_n = \sum_{i=1}^{n} a_{ij}\alpha_i, \quad j = 1, 2, \cdots, m. \tag{8.6}$$

我们约定对任何 V 中的向量 α 和数域 $\mathbb{F}$ 中的任何数 l, 有 $l\alpha = \alpha l$, 这样 (8.6) 式就可以写成

$$\beta_j = \alpha_1 a_{1j} + \alpha_2 a_{2j} + \cdots + \alpha_n a_{nj} = (\alpha_1, \alpha_2, \cdots, \alpha_n) \begin{pmatrix} a_{1j} \\ a_{2j} \\ \vdots \\ a_{nj} \end{pmatrix}, \quad j = 1, 2, \cdots, m,$$

从而有

$$(\beta_1, \beta_2, \cdots, \beta_m) = (\alpha_1, \alpha_2, \cdots, \alpha_n) \begin{pmatrix} a_{11} & a_{12} & \cdots & a_{1m} \\ a_{21} & a_{22} & \cdots & a_{2m} \\ \vdots & \vdots & & \vdots \\ a_{n1} & a_{n2} & \cdots & a_{nm} \end{pmatrix},$$

现在将上式右边的 $n \times m$ 矩阵记为 A, 则可将向量组线性表出的 m 个式子 (8.6) 式写成形式矩阵等式:

$$(\beta_1, \beta_2, \cdots, \beta_m) = (\alpha_1, \alpha_2, \cdots, \alpha_n)A. \tag{8.7}$$

如果 V 中另有第三个向量组 $\gamma_1, \gamma_2, \cdots, \gamma_t$ 可由向量组 $\beta_1, \beta_2, \cdots, \beta_m$ 线性表出:

$$\gamma_k = b_{1k}\beta_1 + b_{2k}\beta_2 + \cdots + b_{mk}\beta_m = \sum_{j=1}^{m} b_{jk}\beta_j, \quad k = 1, 2, \cdots, t, \tag{8.8}$$

那么由 (8.6) 式可得

$$\gamma_k = \sum_{j=1}^{m} b_{jk}\left(\sum_{i=1}^{n} a_{ij}\alpha_i\right) = \sum_{i=1}^{n}\left(\sum_{j=1}^{m} a_{ij}b_{jk}\right)\alpha_i, \quad k = 1, 2, \cdots, t,$$

因此若记由 (8.8) 式中各系数 b_{jk} 组成的 $m \times t$ 矩阵为 B, 则上式可用形式矩阵写成

$$(\gamma_1, \gamma_2, \cdots, \gamma_t) = (\alpha_1, \alpha_2, \cdots, \alpha_n)AB. \tag{8.9}$$

另一方面, (8.8) 式本身又可写成

$$(\gamma_1, \gamma_2, \cdots, \gamma_t) = (\beta_1, \beta_2, \cdots, \beta_m)B,$$

再将 (8.7) 式代入上式得

$$(\gamma_1, \gamma_2, \cdots, \gamma_t) = ((\alpha_1, \alpha_2, \cdots, \alpha_n)A)B, \tag{8.10}$$

所以由 (8.9) 和 (8.10) 两式便得到常用的形式矩阵等式

$$((\alpha_1, \alpha_2, \cdots, \alpha_n)A)B = (\alpha_1, \alpha_2, \cdots, \alpha_n)AB. \tag{8.11}$$

8.3.2 线性空间两个基之间的过渡矩阵

在本节开头所说的 $\mathbb{F}^3$ 空间中, 由基 $\varepsilon_1, \varepsilon_2, \varepsilon_3$ 到基 $\alpha_1, \alpha_2, \alpha_3$ 的过渡矩阵是一个可逆矩阵 (见 (8.3) 式). 一般而言, 有以下定理.

定理 8.10 设 $\alpha_1, \alpha_2, \cdots, \alpha_n$ 是 n 维线性空间 V 的一个基, 并且向量组 $\beta_1, \beta_2, \cdots, \beta_n$ 可由 $\alpha_1, \alpha_2, \cdots, \alpha_n$ 线性表出:

$$(\beta_1, \beta_2, \cdots, \beta_n) = (\alpha_1, \alpha_2, \cdots, \alpha_n)A, \tag{8.12}$$

则 $\beta_1, \beta_2, \cdots, \beta_n$ 是 V 的一个基的充要条件是 A 为可逆矩阵.

证明 (充分性) 设 $A = (a_{ij})$ 是 n 阶可逆矩阵, 若有数 $k_1, k_2, \cdots, k_n \in \mathbb{F}$, 使得

$$k_1\beta_1 + k_2\beta_2 + \cdots + k_n\beta_n = 0, \tag{8.13}$$

由条件可得

$$\beta_j = \sum_{i=1}^{n} a_{ij}\alpha_i, \quad j = 1, 2, \cdots, n.$$

将上式代入 (8.13) 式可得

$$\sum_{j=1}^{n} k_j\beta_j = \sum_{j=1}^{n} k_j \left(\sum_{i=1}^{n} a_{ij}\alpha_i \right) = \sum_{i=1}^{n} \left(\sum_{j=1}^{n} a_{ij}k_j \right) \alpha_i = 0.$$

由于 $\alpha_1, \alpha_2, \cdots, \alpha_n$ 线性无关, 所以得

$$\sum_{j=1}^{n} a_{ij}k_j = 0, \quad i = 1, 2, \cdots, n,$$

即 $k_1, k_2, \cdots, k_n$ 是齐次线性方程组 $AX = 0$ 的解. 因为 A 可逆, 所以 $AX = 0$ 只有零解, 因此 $k_1 = k_2 = \cdots = k_n = 0$. 这就是说 $\beta_1, \beta_2, \cdots, \beta_n$ 线性无关, 再由定理 8.9 可知 $\beta_1, \beta_2, \cdots, \beta_n$ 是 V 的一个基.

(必要性) 设 $\beta_1, \beta_2, \cdots, \beta_n$ 是 V 的一个基, 则 $\alpha_1, \alpha_2, \cdots, \alpha_n$ 可由 $\beta_1, \beta_2, \cdots, \beta_n$ 线性表出, 即存在 n 阶方阵 B, 使得

$$(\alpha_1, \alpha_2, \cdots, \alpha_n) = (\beta_1, \beta_2, \cdots, \beta_n)B. \tag{8.14}$$

现在将已知等式 (8.12) 代入上式, 由形式矩阵等式 (8.11) 可得

$$(\alpha_1, \alpha_2, \cdots, \alpha_n) = ((\alpha_1, \alpha_2, \cdots, \alpha_n)A)B = (\alpha_1, \alpha_2, \cdots, \alpha_n)AB.$$

如果设 AB 的第 j 个列向量为 $c_j(j = 1, 2, \cdots, n)$, 则由上式可以推出

$$\alpha_j = (\alpha_1, \cdots, \alpha_j, \cdots, \alpha_n)c_j, \quad j = 1, 2, \cdots, n.$$

因为 $\alpha_1, \alpha_2, \cdots, \alpha_n$ 线性无关, 所以 $c_j = \varepsilon_j(j = 1, 2, \cdots, n)$. 因此 $AB = I$, 即 A 是可逆矩阵. □

从上面的证明过程可知, 当 (8.12) 式中的矩阵 A 可逆时, 从 (8.14) 式及 $AB = I$ 可以推出

$$(\alpha_1, \alpha_2, \cdots, \alpha_n) = (\beta_1, \beta_2, \cdots, \beta_n)A^{-1}.$$

此时称矩阵 A 为由基 $\alpha_1, \alpha_2, \cdots, \alpha_n$ 到基 $\beta_1, \beta_2, \cdots, \beta_n$ 的**过渡矩阵**, 而 A^{-1} 就是由基 $\beta_1, \beta_2, \cdots, \beta_n$ 到基 $\alpha_1, \alpha_2, \cdots, \alpha_n$ 的过渡矩阵. 由定理 8.10 可知过渡矩阵一定是可逆矩阵.

例 8.11 在线性空间 $\mathbb{F}[x]_4$ 中, 写出由基 $\alpha_1 = 1, \alpha_2 = x, \alpha_3 = x^2, \alpha_4 = x^3, \alpha_5 = x^4$ 到基 $\beta_1 = 1, \beta_2 = x - a, \beta_3 = (x-a)^2, \beta_4 = (x-a)^3, \beta_5 = (x-a)^4$ 的过渡矩阵.

解 因为

$$\beta_1 = 1 = \alpha_1,$$
$$\beta_2 = x - a = \alpha_2 - a\alpha_1,$$
$$\beta_3 = x^2 - 2ax + a^2 = \alpha_3 - 2a\alpha_2 + a^2\alpha_1,$$
$$\beta_4 = x^3 - 3ax^2 + 3a^2x - a^3 = \alpha_4 - 3a\alpha_3 + 3a^2\alpha_2 - a^3\alpha_1,$$
$$\beta_5 = x^4 - 4ax^3 + 6a^2x^2 - 4a^3x + a^4 = \alpha_5 - 4a\alpha_4 + 6a^2\alpha_3 - 4a^3\alpha_2 + a^4\alpha_1,$$

所以

$$(\beta_1, \beta_2, \beta_3, \beta_4, \beta_5) = (\alpha_1, \alpha_2, \alpha_3, \alpha_4, \alpha_5)\begin{pmatrix} 1 & -a & a^2 & -a^3 & a^4 \\ 0 & 1 & -2a & 3a^2 & -4a^3 \\ 0 & 0 & 1 & -3a & 6a^2 \\ 0 & 0 & 0 & 1 & -4a \\ 0 & 0 & 0 & 0 & 1 \end{pmatrix}.$$

上式右边的 5 阶可逆方阵就是所求的过渡矩阵. □

有时候, 不能直接写出 V 的两个基 $\alpha_1, \cdots, \alpha_n$ 与 $\beta_1, \cdots, \beta_n$ 之间的过渡矩阵, 但是较容易得到它们各自与第三个基 $\eta_1, \cdots, \eta_n$ 之间的过渡矩阵:

$$(\alpha_1, \cdots, \alpha_n) = (\eta_1, \cdots, \eta_n)A \quad \text{和} \quad (\beta_1, \cdots, \beta_n) = (\eta_1, \cdots, \eta_n)B,$$

此时, 把左边的式子写成 $(\eta_1, \cdots, \eta_n) = (\alpha_1, \cdots, \alpha_n)A^{-1}$, 再将其代入右边的式子, 便由 (8.11) 式可得

$$(\beta_1, \cdots, \beta_n) = ((\alpha_1, \cdots, \alpha_n)A^{-1})B = (\alpha_1, \cdots, \alpha_n)A^{-1}B, \tag{8.15}$$

因此, 由基 $\alpha_1, \cdots, \alpha_n$ 到基 $\beta_1, \cdots, \beta_n$ 的过渡矩阵是 $A^{-1}B$.

例 8.12 在线性空间 $\mathbb{F}[x]_3$ 中, 已知向量组 $\alpha_1 = x^3, \alpha_2 = x^3 - x^2, \alpha_3 = x^3 + x^2 + x, \alpha_4 = x^3 - x^2 + x - 1$ 和向量组 $\beta_1 = x + 1, \beta_2 = x^2 + x + 1, \beta_3 = 2x^3 + x, \beta_4 = x^2 - x$.

(1) 证明 $\alpha_1, \alpha_2, \alpha_3, \alpha_4$ 和 $\beta_1, \beta_2, \beta_3, \beta_4$ 都是 $\mathbb{F}[x]_3$ 的基;

(2) 写出由基 $\alpha_1, \alpha_2, \alpha_3, \alpha_4$ 到基 $\beta_1, \beta_2, \beta_3, \beta_4$ 的过渡矩阵.

解 (1) 因为

$$(\alpha_1, \alpha_2, \alpha_3, \alpha_4) = (1, x, x^2, x^3) \begin{pmatrix} 0 & 0 & 0 & -1 \\ 0 & 0 & 1 & 1 \\ 0 & -1 & 1 & -1 \\ 1 & 1 & 1 & 1 \end{pmatrix} = (1, x, x^2, x^3)A,$$

$$(\beta_1, \beta_2, \beta_3, \beta_4) = (1, x, x^2, x^3) \begin{pmatrix} 1 & 1 & 0 & 0 \\ 1 & 1 & 1 & -1 \\ 0 & 1 & 0 & 1 \\ 0 & 0 & 2 & 0 \end{pmatrix} = (1, x, x^2, x^3)B,$$

并且两个矩阵 A 与 B 的行列式 $|A| = 1, |B| = -2$, 所以 A 和 B 都是可逆矩阵, 于是由定理 8.10 可知, $\alpha_1, \alpha_2, \alpha_3, \alpha_4$ 与 $\beta_1, \beta_2, \beta_3, \beta_4$ 都是 $\mathbb{F}[x]_3$ 的基.

(2) 由 (8.15) 式可知, 由基 $\alpha_1, \alpha_2, \alpha_3, \alpha_4$ 到基 $\beta_1, \beta_2, \beta_3, \beta_4$ 的过渡矩阵是 $A^{-1}B$, 为了求出这个矩阵, 可用 A^{-1} 左乘分块矩阵 $(A \ \ B)$ 得到

$$A^{-1}(A \ \ B) = (I \ \ A^{-1}B),$$

而左乘一个可逆矩阵相当于对分块矩阵 $(A \ \ B)$ 作 "行初等变换", 从上式可知, 当运用行初等变换把 $(A \ \ B)$ 中左边的矩阵 A 变成单位矩阵 I 时, 右边的矩阵就是所求的矩阵 $A^{-1}B$. 下面给出了行初等变换的详细计算过程:

$$\left(A \vdots B \right) = \begin{pmatrix} 0 & 0 & 0 & -1 & \vdots & 1 & 1 & 0 & 0 \\ 0 & 0 & 1 & 1 & \vdots & 1 & 1 & 1 & -1 \\ 0 & -1 & 1 & -1 & \vdots & 0 & 1 & 0 & 1 \\ 1 & 1 & 1 & 1 & \vdots & 0 & 0 & 2 & 0 \end{pmatrix}$$

$$\xrightarrow[r_2 \leftrightarrow r_3]{r_1 \leftrightarrow r_4} \begin{pmatrix} 1 & 1 & 1 & 1 & \vdots & 0 & 0 & 2 & 0 \\ 0 & -1 & 1 & -1 & \vdots & 0 & 1 & 0 & 1 \\ 0 & 0 & 1 & 1 & \vdots & 1 & 1 & 1 & -1 \\ 0 & 0 & 0 & -1 & \vdots & 1 & 1 & 0 & 0 \end{pmatrix}$$

$$\xrightarrow[\substack{r_4+r_1,-r_4}]{r_4+r_3,-r_4+r_2}} \begin{pmatrix} 1 & 1 & 1 & 0 & \vdots & 1 & 1 & 2 & 0 \\ 0 & -1 & 1 & 0 & \vdots & -1 & 0 & 0 & 1 \\ 0 & 0 & 1 & 0 & \vdots & 2 & 2 & 1 & -1 \\ 0 & 0 & 0 & 1 & \vdots & -1 & -1 & 0 & 0 \end{pmatrix}$$

$$\xrightarrow[\substack{-r_3+r_1}]{-r_3+r_2}} \begin{pmatrix} 1 & 1 & 0 & 0 & \vdots & -1 & -1 & 1 & 1 \\ 0 & -1 & 0 & 0 & \vdots & -3 & -2 & -1 & 2 \\ 0 & 0 & 1 & 0 & \vdots & 2 & 2 & 1 & -1 \\ 0 & 0 & 0 & 1 & \vdots & -1 & -1 & 0 & 0 \end{pmatrix}$$

$$\xrightarrow[\substack{-r_2}]{r_2+r_1}} \begin{pmatrix} 1 & 0 & 0 & 0 & \vdots & -4 & -3 & 0 & 3 \\ 0 & 1 & 0 & 0 & \vdots & 3 & 2 & 1 & -2 \\ 0 & 0 & 1 & 0 & \vdots & 2 & 2 & 1 & -1 \\ 0 & 0 & 0 & 1 & \vdots & -1 & -1 & 0 & 0 \end{pmatrix}.$$

这样, 由基 $\alpha_1, \alpha_2, \alpha_3, \alpha_4$ 到基 $\beta_1, \beta_2, \beta_3, \beta_4$ 的过渡矩阵是

$$A^{-1}B = \begin{pmatrix} -4 & -3 & 0 & 3 \\ 3 & 2 & 1 & -2 \\ 2 & 2 & 1 & -1 \\ -1 & -1 & 0 & 0 \end{pmatrix}. \qquad \square$$

8.3.3   向量的坐标变换

设 $\alpha_1, \cdots, \alpha_n$ 和 $\beta_1, \cdots, \beta_n$ 是 V 的两个基, 那么 V 中任何一个向量 γ 关于这两个基都有两个坐标, 记 γ 在基 $\alpha_1, \cdots, \alpha_n$ 下的坐标是 $(x_1, \cdots, x_n)^{\mathrm{T}}$, 即有

$$\gamma = x_1 \alpha_1 + \cdots + x_n \alpha_n = (\alpha_1, \cdots, \alpha_n) \begin{pmatrix} x_1 \\ \vdots \\ x_n \end{pmatrix}. \tag{8.16}$$

再记 γ 在基 $\beta_1, \cdots, \beta_n$ 下的坐标是 $(y_1, \cdots, y_n)^{\mathrm{T}}$, 即有

$$\gamma = y_1 \beta_1 + \cdots + y_n \beta_n = (\beta_1, \cdots, \beta_n) \begin{pmatrix} y_1 \\ \vdots \\ y_n \end{pmatrix}. \tag{8.17}$$

如果由基 $\alpha_1, \cdots, \alpha_n$ 到基 $\beta_1, \cdots, \beta_n$ 的过渡矩阵是 A, 即

$$(\beta_1, \cdots, \beta_n) = (\alpha_1, \cdots, \alpha_n)A,$$

将此式代入 (8.17) 式, 且利用形式矩阵等式 (8.11), 得

$$\gamma = ((\alpha_1, \cdots, \alpha_n)A) \begin{pmatrix} y_1 \\ \vdots \\ y_n \end{pmatrix} = (\alpha_1, \cdots, \alpha_n)A \begin{pmatrix} y_1 \\ \vdots \\ y_n \end{pmatrix},$$

从而再由 (8.16) 式得

$$(\alpha_1, \cdots, \alpha_n) \begin{pmatrix} x_1 \\ \vdots \\ x_n \end{pmatrix} = \gamma = (\alpha_1, \cdots, \alpha_n)A \begin{pmatrix} y_1 \\ \vdots \\ y_n \end{pmatrix}.$$

由于 $\alpha_1, \cdots, \alpha_n$ 线性无关, 所以推得两个坐标之间转换公式:

$$\begin{pmatrix} x_1 \\ \vdots \\ x_n \end{pmatrix} = A \begin{pmatrix} y_1 \\ \vdots \\ y_n \end{pmatrix} \quad \text{或者} \quad \begin{pmatrix} y_1 \\ \vdots \\ y_n \end{pmatrix} = A^{-1} \begin{pmatrix} x_1 \\ \vdots \\ x_n \end{pmatrix}. \tag{8.18}$$

现在我们用这个坐标转换公式来重新推导 7.1 节中的直角坐标旋转公式

$$\begin{pmatrix} x \\ y \end{pmatrix} = \begin{pmatrix} \cos\theta & -\sin\theta \\ \sin\theta & \cos\theta \end{pmatrix} \begin{pmatrix} x' \\ y' \end{pmatrix}. \tag{8.19}$$

设平面 $\mathbb{R}^2$ 上新坐标系 $x'Oy'$ 是将旧坐标系 xOy 绕原点 O 旋转 θ 角度而得到的 (图 8.1), $\mathbf{e}_1, \mathbf{e}_2$ 作为 x 轴, y 轴上的单位向量, 构成了 $\mathbb{R}^2$ 的一个基, $\mathbf{u}_1, \mathbf{u}_2$ 作为 x' 轴, y' 轴上的单位向量, 也是 $\mathbb{R}^2$ 的一个基, $\mathbb{R}^2$ 中任一向量 $\mathbf{r}$ 在基 $\mathbf{e}_1, \mathbf{e}_2$ 下的坐标 是 $(x, y)^{\mathrm{T}}$, 它在基 $\mathbf{u}_1, \mathbf{u}_2$ 下的坐标是 $(x', y')^{\mathrm{T}}$. 从图 8.1 中容易看出以下的线性表 示式

$$\mathbf{u}_1 = (\cos\theta)\mathbf{e}_1 + (\sin\theta)\mathbf{e}_2, \quad \mathbf{u}_2 = (-\sin\theta)\mathbf{e}_1 + (\cos\theta)\mathbf{e}_2,$$

它们合在一起可写成

$$(\mathbf{u}_1, \mathbf{u}_2) = (\mathbf{e}_1, \mathbf{e}_2) \begin{pmatrix} \cos\theta & -\sin\theta \\ \sin\theta & \cos\theta \end{pmatrix}.$$

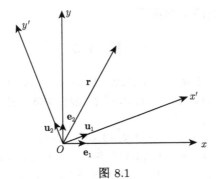

图 8.1

从而得到了上式右边的二阶过渡矩阵. 这样, 由坐标转换公式 (8.18) 立即可得直角坐标旋转公式 (8.19).

例 8.13　在线性空间 $\mathbb{F}^n$ 中, 求向量 $\alpha = (a_1, \cdots, a_n)^{\mathrm{T}}$ 在基

$$\alpha_1 = (1, 0, \cdots, 0)^{\mathrm{T}}, \alpha_2 = (1, 1, 0, \cdots, 0)^{\mathrm{T}}, \cdots, \alpha_n = (1, 1, \cdots, 1)^{\mathrm{T}}$$

下的坐标.

解　首先容易写出由 $\mathbb{F}^n$ 的标准基 $\varepsilon_1, \cdots, \varepsilon_n$ 到基 $\alpha_1, \cdots, \alpha_n$ 的过渡矩阵:

$$(\alpha_1, \alpha_2, \cdots, \alpha_n) = (\varepsilon_1, \varepsilon_2, \cdots, \varepsilon_n) \begin{pmatrix} 1 & 1 & \cdots & 1 \\ 0 & 1 & \cdots & 1 \\ \vdots & \vdots & & \vdots \\ 0 & 0 & \cdots & 1 \end{pmatrix} = (\varepsilon_1, \varepsilon_2, \cdots, \varepsilon_n) A.$$

然后就可运用 (8.18) 式右边的坐标转换公式求出 α 在基 $\alpha_1, \cdots, \alpha_n$ 下的坐标. 为此先用初等变换方法求出该过渡矩阵 A 的逆矩阵为

$$A^{-1} = \begin{pmatrix} 1 & -1 & 0 & \cdots & 0 \\ 0 & 1 & -1 & \cdots & 0 \\ 0 & 0 & 1 & \cdots & 0 \\ \vdots & \vdots & \vdots & & \vdots \\ 0 & 0 & 0 & \cdots & 1 \end{pmatrix}.$$

由于 α 在基 $\varepsilon_1, \cdots, \varepsilon_n$ 下的坐标是 $(a_1, \cdots, a_n)^{\mathrm{T}}$, 因此它在基 $\alpha_1, \cdots, \alpha_n$ 下的坐标是

$$\begin{pmatrix} y_1 \\ y_2 \\ y_3 \\ \vdots \\ y_n \end{pmatrix} = A^{-1} \begin{pmatrix} a_1 \\ a_2 \\ a_3 \\ \vdots \\ a_n \end{pmatrix} = \begin{pmatrix} 1 & -1 & 0 & \cdots & 0 \\ 0 & 1 & -1 & \cdots & 0 \\ 0 & 0 & 1 & \cdots & 0 \\ \vdots & \vdots & \vdots & & \vdots \\ 0 & 0 & 0 & \cdots & 1 \end{pmatrix} \begin{pmatrix} a_1 \\ a_2 \\ a_3 \\ \vdots \\ a_n \end{pmatrix} = \begin{pmatrix} a_1 - a_2 \\ a_2 - a_3 \\ a_3 - a_4 \\ \vdots \\ a_n \end{pmatrix}.$$

这个结果是例 8.9 中相关结论的推广.　　　　　　　　　　　　　　　　　　□

习　题　8.3

1. 在线性空间 $\mathbb{F}^3$ 中, 证明 $\alpha_1 = (1, 2, -1)^{\mathrm{T}}, \alpha_2 = (0, -1, 3)^{\mathrm{T}}, \alpha_3 = (1, -1, 0)^{\mathrm{T}}$ 和 $\beta_1 = (2, 1, 5)^{\mathrm{T}}, \beta_2 = (-2, 3, 1)^{\mathrm{T}}, \beta_3 = (1, 3, 2)^{\mathrm{T}}$ 都是基, 并求由基 $\alpha_1, \alpha_2, \alpha_3$ 到基 $\beta_1, \beta_2, \beta_3$ 的过渡矩阵.

2. 在线性空间 $\mathbb{F}^4$ 中, 求由基 $\alpha_1 = (1, 2, -1, 0)^{\mathrm{T}}, \alpha_2 = (1, -1, 1, 1)^{\mathrm{T}}, \alpha_3 = (-1, 2, 1, 1)^{\mathrm{T}}, \alpha_4 = (-1, -1, 0, 1)^{\mathrm{T}}$ 到基 $\beta_1 = (2, 1, 0, 1)^{\mathrm{T}}, \beta_2 = (0, 1, 2, 2)^{\mathrm{T}}, \beta_3 = (-2, 1, 1, 2)^{\mathrm{T}}, \beta_4 = (1, 3, 1, 2)^{\mathrm{T}}$ 的过渡矩阵, 并求 $\gamma = (1, 0, 0, 1)^{\mathrm{T}}$ 在基 $\beta_1, \beta_2, \beta_3, \beta_4$ 下的坐标.

3. 在线性空间 $\mathbb{F}^4$ 中, 证明: $\alpha_1 = (2,1,-1,1)^{\mathrm{T}}, \alpha_2 = (0,3,1,0)^{\mathrm{T}}, \alpha_3 = (5,3,2,1)^{\mathrm{T}}, \alpha_4 = (6,6,1,3)^{\mathrm{T}}$ 是一个基, 并求一个非零向量 β, 它在这个基和标准基 $\varepsilon_1, \varepsilon_2, \varepsilon_3, \varepsilon_4$ 下有相同的坐标.

4. 设 $\alpha_1 = x^3+x^2+x+1, \alpha_2 = x^3+x^2+x, \alpha_3 = x^3+x^2, \alpha_4 = x^3, \beta_1 = -x^3-x+1, \beta_2 = x+1, \beta_3 = -x^2+x+1, \beta_4 = x^2-x+1.$

(1) 证明: $\alpha_1, \alpha_2, \alpha_3, \alpha_4$ 和 $\beta_1, \beta_2, \beta_3, \beta_4$ 都是线性空间 $\mathbb{F}[x]_3$ 的基;

(2) 求由基 $\alpha_1, \alpha_2, \alpha_3, \alpha_4$ 到基 $\beta_1, \beta_2, \beta_3, \beta_4$ 的过渡矩阵;

(3) 如果 $\mathbb{F}[x]_3$ 中的向量 $f(x)$ 在基 $\alpha_1, \alpha_2, \alpha_3, \alpha_4$ 下的坐标是 $(1,-2,0,1)^{\mathrm{T}}$, 求 $f(x)$ 在基 $\beta_1, \beta_2, \beta_3, \beta_4$ 下的坐标.

5. 设 $\alpha_1, \alpha_2, \cdots, \alpha_n$ 是 V 的一个基, 求由这个基到基 $\alpha_2, \cdots, \alpha_n, \alpha_1$ 的过渡矩阵.

6. 设 $\alpha_1, \alpha_2, \cdots, \alpha_n$ 是 V 的一个基, 又设

$$\beta_1 = \alpha_1+\alpha_2+\cdots+\alpha_n, \beta_2 = \alpha_2+\cdots+\alpha_n, \cdots, \beta_n = \alpha_n.$$

(1) 证明: $\beta_1, \beta_2, \cdots, \beta_n$ 是 V 的一个基;

(2) 求由基 $\alpha_1, \alpha_2, \cdots, \alpha_n$ 到基 $\beta_1, \beta_2, \cdots, \beta_n$ 的过渡矩阵;

(3) 设向量 γ 在基 $\alpha_1, \alpha_2, \cdots, \alpha_n$ 下的坐标是 $(c_1, c_2, \cdots, c_n)^{\mathrm{T}}$, 求 γ 在基 $\beta_1, \beta_2, \cdots, \beta_n$ 下的坐标.

8.4 子 空 间

8.4.1 子空间的定义及例子

为了进一步弄清楚线性空间的内部结构, 我们还必须引入子空间的概念.

在通常的 3 维几何空间 $\mathbb{R}^3$ 中, 任意一个通过原点 O 的平面 W 本身也构成了一个线性空间, 这是因为 W 中的所有向量对于 $\mathbb{R}^3$ 中的加法和数乘是封闭的, 并且容易验证线性空间定义中的 8 条公理成立, 若在 W 中取定两个不共线的非零向量 α, β, 则 W 中所有向量都可以写成 α, β 的线性组合, 因此 W 一方面是 $\mathbb{R}^3$ 的子集, 另一方面它本身也是一个 2 维的线性空间. 同样, $\mathbb{R}^3$ 中通过原点 O 的直线可以证明是 1 维的线性空间.

又如, 在 n 维向量空间 $\mathbb{F}^n$ 中, 齐次线性方程 $AX = 0$ 的解空间 V_1 一方面是 $\mathbb{F}^n$ 的子集, 另一方面也是一个 $n-r$ 维的线性空间, 其中 r 是系数矩阵 A 的秩.

从这些例子中可以看出一个普遍成立的事实.

定理 8.11 设 W 是数域 $\mathbb{F}$ 上线性空间 V 的一个非空子集, 如果 W 对 V 的加法和数乘封闭, 那么 W 本身也是 $\mathbb{F}$ 上的一个线性空间.

证明 W 对 V 的加法和数乘封闭保证了线性空间定义中对加法和数乘的封闭性, 并且既然线性空间定义中的第 (1), (2), (5), (6), (7), (8) 条公理对 V 中任意

向量都是成立的, 那么对于 W 中的向量也成立. 由于 W 是非空的, 所以存在一个向量 $\alpha \in W$, 再由定理 8.2 中 (1) 的结论及 W 对数乘的封闭性, 得 $0 = 0\alpha \in W$, 因此 V 中的零向量自然也是 W 的零向量, 从而第 (3) 条公理是成立的. 又对 W 中的任意 α, 从定理 8.2 中 (2) 的结论及 W 对数乘的封闭性, 得到 $-\alpha = (-1)\alpha \in W$, 并且有 $\alpha + (-\alpha) = 0$, 所以第 (4) 条公理也满足. 因此 W 确实是 $\mathbb{F}$ 上的线性空间. □

> **定义 8.4   子空间**
>
> 设 W 是数域 $\mathbb{F}$ 上线性空间 V 的一个非空子集, 如果 W 对于 V 的加法和数乘封闭, 那么就称 W 是 V 的一个**子空间**.

由定理 8.11 可知, V 的一个子空间也是 $\mathbb{F}$ 上的一个线性空间, 并且 V 的零向量也是 W 的零向量.

显然 V 本身作为 V 的非空子集, 应是 V 的一个子空间. 另一方面, 仅由 V 的零向量组成的集合 $\{0\}$ 对于 V 的加法和数乘封闭, 因此也是 V 的一个子空间, 称为**零子空间**. 通常称 V 和 $\{0\}$ 这两个子空间为 V 的**平凡子空间**.

以下是一些常见子空间的例子:

(1) 由全体系数取自数域 $\mathbb{F}$ 且次数不超过 n 的一元多项式组成的线性空间 $\mathbb{F}[x]_n$ 是 $\mathbb{F}[x]$ 的子空间;

(2) 闭区间 $[a,b]$ 上全体可微实函数组成了线性空间 $C[a,b]$ 的一个子空间;

(3) $\mathbb{F}^n$ 中全体形如 $(0, a_1, \cdots, a_{n-1})^{\mathrm{T}}$ 的向量组成了 $\mathbb{F}^n$ 的一个子空间.

> **定理 8.12**   数域 $\mathbb{F}$ 上线性空间 V 的一个非空子集 W 是 V 的子空间的充要条件是: 对任何 $k, l \in \mathbb{F}$ 和任何 $\alpha, \beta \in W$, 都有 $k\alpha + l\beta \in W$.

证明   (必要性) 设 W 是 V 的子空间, 由于 W 对 V 的数乘是封闭的, 所以对任何 $k, l \in \mathbb{F}$ 和任何 $\alpha, \beta \in W$, 都有 $k\alpha \in W$, $l\beta \in W$, 再由 W 对 V 的加法封闭, 得到 $k\alpha + l\beta \in W$.

(充分性) 因为对任何 $k, l \in \mathbb{F}$ 和任何 $\alpha, \beta \in W$, 都有 $k\alpha + l\beta \in W$, 所以当取 $k = l = 1$ 时, 得到 $\alpha + \beta \in W$, 当取 $l = 0$ 时, 得到 $k\alpha \in W$, 从而 W 对 V 的加法和数乘封闭, 因此 W 是 V 的一个子空间. □

例 8.14   判断以下 $M_2(\mathbb{R})$ 的子集中, 哪些是子空间:

(1) $W_1 = \left\{ A = (a_{ij}) \in M_2(\mathbb{R}) \,\middle|\, \sum_{i,j=1}^{2} a_{ij} = 0 \right\}$;

(2) $W_2 = \left\{ A \in M_2(\mathbb{R}) \mid |A| = 0 \right\}$.

解 (1) 设 $A = (a_{ij}) \in W_1$ 及 $B = (b_{ij}) \in W_1$, 则有

$$\sum_{i,j=1}^{2} a_{ij} = \sum_{i,j=1}^{2} b_{ij} = 0,$$

这样, 对任何 $k, l \in \mathbb{R}$, 有

$$\sum_{i,j=1}^{2} (ka_{ij} + lb_{ij}) = k \sum_{i,j=1}^{2} a_{ij} + l \sum_{i,j=1}^{2} b_{ij} = 0,$$

因此 $kA + lB = (ka_{ij} + lb_{ij}) \in W_1$, 由定理 8.12 可知 W_1 是 $M_2(\mathbb{R})$ 的子空间.

(2) 令

$$A = \begin{pmatrix} 1 & 0 \\ 0 & 0 \end{pmatrix}, \quad B = \begin{pmatrix} 0 & 0 \\ 0 & 1 \end{pmatrix},$$

则 $|A| = |B| = 0$, 即 $A, B \in W_2$, 但是

$$|A + B| = \begin{vmatrix} 1 & 0 \\ 0 & 1 \end{vmatrix} = 1 \neq 0,$$

于是 $A + B \notin W_2$, 因此 W_2 不是 $M_2(\mathbb{R})$ 的子空间. □

8.4.2 子空间的基与维数

关于 V 的子空间的一个基本事实: 子空间的维数不能超过 V 的维数.

定理 8.13 设 W 是域 $\mathbb{F}$ 上 n 维线性空间 V 的一个子空间, 则 $\dim W \leqslant n$.

证明 因为 $\dim V = n$, 所以由定理 8.8 可知, V 中任何 $n + 1$ 个向量都线性相关, 因此 W 的一个基所含向量的个数一定小于或等于 n, 即有 $\dim W \leqslant n$. □

定理 8.14 设 W 是域 $\mathbb{F}$ 上 n 维线性空间 V 的子空间, 且 $\dim W = \dim V$, 则 $W = V$.

证明 因为 $\dim W = \dim V = n$, 所以 W 的一个基 $\alpha_1, \alpha_2, \cdots, \alpha_n$ 就是 V 的一个基, 从而 V 中的任一向量 α 都可以由 $\alpha_1, \alpha_2, \cdots, \alpha_n$ 线性表出, 即有 $V \subseteq W$, 而另一方面显然有 $W \subseteq V$, 所以 $W = V$. □

例 8.15 在线性空间 $\mathbb{F}^n$ 中, 求齐次线性方程组

$$\begin{cases} x_1 + x_2 - x_3 & = 0, \\ \quad\quad x_2 + x_3 - x_4 & = 0, \\ \quad\quad\quad \cdots\cdots \\ \quad\quad\quad\quad x_{n-2} + x_{n-1} - x_n & = 0 \end{cases} \tag{8.20}$$

的解空间 W 的维数.

解　因为在这个齐次线性方程组的 $(n-2) \times n$ 系数矩阵

$$A = \begin{pmatrix} 1 & 1 & -1 & 0 & \cdots & 0 & 0 & 0 \\ 0 & 1 & 1 & -1 & \cdots & 0 & 0 & 0 \\ 0 & 0 & 1 & 1 & \cdots & 0 & 0 & 0 \\ \vdots & \vdots & \vdots & \vdots & & \vdots & \vdots & \vdots \\ 0 & 0 & 0 & 0 & \cdots & 1 & -1 & 0 \\ 0 & 0 & 0 & 0 & \cdots & 1 & 1 & -1 \end{pmatrix}$$

中, 由第 1 至 $n-2$ 行与第 1 至 $n-2$ 列确定的 $n-2$ 阶子式等于 1, 所以 $\mathrm{rank}\,(A) = n-2$. 齐次线性方程组 $AX = 0$ 的基础解系含有 $n - \mathrm{rank}\,(A) = n - (n-2) = 2$ 个向量, 即有 $\dim W = 2$.　□

例 8.16　证明: 全体二阶实对称矩阵的集合

$$W = \{A \in M_2(\mathbb{R}) \mid A^{\mathrm{T}} = A\}$$

对于 $M_2(\mathbb{R})$ 的加法与数乘是 $M_2(\mathbb{R})$ 的子空间, 并求 W 的维数和一个基.

解　对任何 $A, B \in W$ 和任何 $k, l \in \mathbb{R}$, 由于

$$(kA + lB)^{\mathrm{T}} = (kA)^{\mathrm{T}} + (lB)^{\mathrm{T}} = kA^{\mathrm{T}} + lB^{\mathrm{T}} = kA + lB,$$

所以 $kA + lB \in W$, 因此由定理 8.12 可知 W 是 $M_2(\mathbb{R})$ 的子空间. 由于对任何 $A = (a_{ij}) \in W$, 有 $a_{12} = a_{21}$, 所以可将 A 表示成

$$A = \begin{pmatrix} a_{11} & a_{12} \\ a_{21} & a_{22} \end{pmatrix} = a_{11} \begin{pmatrix} 1 & 0 \\ 0 & 0 \end{pmatrix} + a_{12} \begin{pmatrix} 0 & 1 \\ 1 & 0 \end{pmatrix} + a_{22} \begin{pmatrix} 0 & 0 \\ 0 & 1 \end{pmatrix},$$

并且若有 $k_1, k_2, k_3 \in \mathbb{R}$ 使得

$$k_1 \begin{pmatrix} 1 & 0 \\ 0 & 0 \end{pmatrix} + k_2 \begin{pmatrix} 0 & 1 \\ 1 & 0 \end{pmatrix} + k_3 \begin{pmatrix} 0 & 0 \\ 0 & 1 \end{pmatrix} = \begin{pmatrix} k_1 & k_2 \\ k_2 & k_3 \end{pmatrix} = 0,$$

则有 $k_1 = k_2 = k_3 = 0$. 因此向量组 $\begin{pmatrix} 1 & 0 \\ 0 & 0 \end{pmatrix}, \begin{pmatrix} 0 & 1 \\ 1 & 0 \end{pmatrix}, \begin{pmatrix} 0 & 0 \\ 0 & 1 \end{pmatrix}$ 线性无关, 它可以成为 W 的一个基, 于是 $\dim W = 3$.　□

8.4.3　生成子空间

许多子空间可以用很少的一些向量来线性生成. 设 V 是数域 $\mathbb{F}$ 上的线性空间, 且 $\alpha_1, \alpha_2, \cdots, \alpha_n \in V$, 考虑 $\alpha_1, \alpha_2, \cdots, \alpha_n$ 的全体线性组合所形成的集合

$$W = \{k_1 \alpha_1 + k_2 \alpha_2 + \cdots + k_n \alpha_n \mid k_i \in \mathbb{F}, i = 1, 2, \cdots, n\}.$$

由于对 W 中的任何两个向量

$$\alpha = a_1\alpha_1 + a_2\alpha_2 + \cdots + a_n\alpha_n, \quad \beta = b_1\alpha_1 + b_2\alpha_2 + \cdots + b_n\alpha_n$$

及任何 $k, l \in \mathbb{F}$, 都有

$$k\alpha + l\beta = (ka_1 + lb_1)\alpha_1 + \cdots + (ka_n + lb_n)\alpha_n \in W,$$

并且 W 显然是非空的, 所以由定理 8.12 可知 W 是 V 的子空间, 称为由 α_1, $\alpha_2, \cdots, \alpha_n$ **生成的子空间**, 记为

$$W = L(\alpha_1, \alpha_2, \cdots, \alpha_n),$$

其中的向量 $\alpha_1, \alpha_2, \cdots, \alpha_n$ 称为**生成元**(此时, 向量组 $\alpha_1, \alpha_2, \cdots, \alpha_n$ 不一定线性无关).

例如, 在例 8.16 中的子空间 W, 可以看成由向量组 $\begin{pmatrix} 1 & 0 \\ 0 & 0 \end{pmatrix}, \begin{pmatrix} 0 & 1 \\ 1 & 0 \end{pmatrix}, \begin{pmatrix} 0 & 0 \\ 0 & 1 \end{pmatrix}$ 生成的子空间.

有一类重要的生成子空间与特征向量有关. 设 $A \in M_n(\mathbb{F})$, 如果 A 的互异的特征值 $\lambda_1, \lambda_2, \cdots, \lambda_m$ 都属于数域 $\mathbb{F}$, 并且对每个 $i = 1, 2, \cdots, m$ 来说, 线性方程组 $(\lambda_i I - A)X = 0$ 的基础解系是 $\alpha_{i1}, \cdots, \alpha_{ir_i}$, 那么由它们生成的 $\mathbb{F}^n$ 的子空间

$$\overline{V}_{\lambda_i} = L(\alpha_{i1}, \cdots, \alpha_{ir_i}) = \{k_1\alpha_{i1} + \cdots + k_{r_i}\alpha_{ir_i} \mid k_1, \cdots, k_{r_i} \in \mathbb{F}\}$$

称为 A 的属于 λ_i 的**特征子空间**, 这个子空间的全部非零向量就是 A 的属于 λ_i 的全部特征向量.

例如, 对例 5.3 中的三阶方阵 A 来说, 它有两个特征值 $\lambda_1 = -4, \lambda_2 = 2(2$ 重$)$, A 的属于 λ_1 的特征向量是 $\alpha_1 = (1, -2, 3)^T$, 属于 λ_2 的线性无关的特征向量组是 $\alpha_2 = (-2, 1, 0)^T, \alpha_3 = (1, 0, 1)^T$, 则 A 的特征子空间是

$$\overline{V}_{\lambda_1} = L(\alpha_1), \quad \overline{V}_{\lambda_2} = L(\alpha_2, \alpha_3),$$

且有 $\dim \overline{V}_{\lambda_1} = 1$ 和 $\dim \overline{V}_{\lambda_2} = 2$, 这两个维数实际上分别是 λ_1 和 λ_2 的几何重数.

在有限维线性空间 V 中, 任何子空间实际上都可以看成生成子空间. 这是因为若 W 是 V 的一个子空间, 那么 W 也是有限维的, 即存在 W 的一个基 $\alpha_1, \alpha_2, \cdots, \alpha_r$, 使得

$$W = L(\alpha_1, \alpha_2, \cdots, \alpha_r),$$

其中 r 是 W 的维数.

例 8.17   在 $\mathbb{F}^4$ 中, 求由向量组 $\alpha_1 = (1, 2, 1, 5)^{\mathrm{T}}, \alpha_2 = (5, 3, -9, 4)^{\mathrm{T}}, \alpha_3 = (3, 7, 5, 18)^{\mathrm{T}}, \alpha_4 = (3, 5, 1, 12)^{\mathrm{T}}, \alpha_5 = (-2, 1, 8, 5)^{\mathrm{T}}$ 生成的子空间的一个基和维数.

解   由于这 5 个向量都属于 $\mathbb{F}^4$ 空间, 所以可运用第 3 章的方法求出这个向量组的极大无关组, 而由极大无关组的定义 (定义 3.8) 知道, 这个极大无关组实际上就可以作为生成子空间 $W = L(\alpha_1, \alpha_2, \alpha_3, \alpha_4, \alpha_5)$ 的一个基. 现在对以 $\alpha_1, \alpha_2, \alpha_3, \alpha_4, \alpha_5$ 作为列向量的 4×5 矩阵 A 进行行初等变换, 得到这个矩阵的阶梯形矩阵 B:

$$A = \begin{pmatrix} 1 & 5 & 3 & 3 & -2 \\ 2 & 3 & 7 & 5 & 1 \\ 1 & -9 & 5 & 1 & 8 \\ 5 & 4 & 18 & 12 & 5 \end{pmatrix} \xrightarrow[\substack{-2r_1+r_2 \\ -r_1+r_3 \\ -5r_1+r_4}]{} \begin{pmatrix} 1 & 5 & 3 & 3 & -2 \\ 0 & -7 & 1 & -1 & 5 \\ 0 & -14 & 2 & -2 & 10 \\ 0 & -21 & 3 & -3 & 15 \end{pmatrix}$$

$$\xrightarrow[\substack{-2r_2+r_3 \\ -3r_2+r_4}]{} \begin{pmatrix} 1 & 5 & 3 & 3 & -2 \\ 0 & -7 & 1 & -1 & 5 \\ 0 & 0 & 0 & 0 & 0 \\ 0 & 0 & 0 & 0 & 0 \end{pmatrix} \xrightarrow{-3r_2+r_1} \begin{pmatrix} 1 & 26 & 0 & 6 & -17 \\ 0 & -7 & 1 & -1 & 5 \\ 0 & 0 & 0 & 0 & 0 \\ 0 & 0 & 0 & 0 & 0 \end{pmatrix} = B,$$

由于行初等变换不改变 A 的列向量之间的线性关系 (见定理 3.11), 从阶梯形矩阵 B 中可以看出极大无关组是 α_1, α_3, 并且 $\alpha_2, \alpha_4, \alpha_5$ 都可以写成 α_1, α_3 的线性组合:

$$\alpha_2 = 26\alpha_1 - 7\alpha_3, \quad \alpha_4 = 6\alpha_1 - \alpha_3, \quad \alpha_5 = 5\alpha_3 - 17\alpha_1,$$

从而有 $W = L(\alpha_1, \alpha_3)$, 即 α_1, α_3 是 W 的一个基, 且 $\dim W = 2$.   □

例 8.18   在线性空间 $M_2(\mathbb{R})$ 中, 求由向量组 $\begin{pmatrix} 1 & 0 \\ 1 & 0 \end{pmatrix}, \begin{pmatrix} 2 & 1 \\ -1 & 3 \end{pmatrix}, \begin{pmatrix} 3 & 1 \\ 1 & 3 \end{pmatrix},$ $\begin{pmatrix} 1 & 1 \\ -3 & 3 \end{pmatrix}$ 生成的子空间的一个基和维数.

解   可以将 $M_2(\mathbb{R})$ 中的向量 $\begin{pmatrix} a_{11} & a_{12} \\ a_{21} & a_{22} \end{pmatrix}$ 看成 $\mathbb{R}^4$ 空间中的向量 $(a_{11}, a_{12}, a_{21}, a_{22})^{\mathrm{T}}$, 此时 $M_2(\mathbb{R})$ 中加法和数乘分别对应了 $\mathbb{R}^4$ 中的加法和数乘, 这决定了两个线性空间线性的结构是完全一致的 (即两个对应的向量组同时线性相关或线性无关). 这样就能把原问题转化为在 $\mathbb{R}^4$ 空间中求由向量组 $\beta_1 = (1, 0, 1, 0)^{\mathrm{T}}, \beta_2 = (2, 1, -1, 3)^{\mathrm{T}}, \beta_3 = (3, 1, 1, 3)^{\mathrm{T}}, \beta_4 = (1, 1, -3, 3)^{\mathrm{T}}$ 所生成的子空间 W_1 的一个基和维数. 先求向量组 $\beta_1, \beta_2, \beta_3, \beta_4$ 的极大无关组:

$$\begin{pmatrix} 1 & 2 & 3 & 1 \\ 0 & 1 & 1 & 1 \\ 1 & -1 & 1 & -3 \\ 0 & 3 & 3 & 3 \end{pmatrix} \xrightarrow{-r_1+r_3} \begin{pmatrix} 1 & 2 & 3 & 1 \\ 0 & 1 & 1 & 1 \\ 0 & -3 & -2 & -4 \\ 0 & 3 & 3 & 3 \end{pmatrix} \xrightarrow[\substack{3r_2+r_3 \\ -3r_2+r_4}]{} \begin{pmatrix} 1 & 2 & 3 & 1 \\ 0 & 1 & 1 & 1 \\ 0 & 0 & 1 & -1 \\ 0 & 0 & 0 & 0 \end{pmatrix},$$

这时从最后的阶梯阵就可以看出 $\beta_1, \beta_2, \beta_3$ 是极大无关组 (而不必继续求简化阶梯阵), 即 W_1 的一个基是 $\beta_1, \beta_2, \beta_3$, 并且 $\dim W_1 = 3$. 再将这些线性关系对应回 $M_2(\mathbb{R})$ 空间, 如果记由向量组 $\alpha_1 = \begin{pmatrix} 1 & 0 \\ 1 & 0 \end{pmatrix}, \alpha_2 = \begin{pmatrix} 2 & 1 \\ -1 & 3 \end{pmatrix}, \alpha_3 = \begin{pmatrix} 3 & 1 \\ 1 & 3 \end{pmatrix},$ $\alpha_4 = \begin{pmatrix} 1 & 1 \\ -3 & 3 \end{pmatrix}$ 生成的子空间为 W, 那么 W 的一个基就是 $\alpha_1, \alpha_2, \alpha_3$, 并且 $\dim W = 3$. $\qquad\qquad\qquad\qquad\qquad\qquad\qquad\qquad\qquad\qquad\qquad\qquad\quad\Box$

习　题　8.4

1. 在 $\mathbb{R}^3$ 中, 求由线性方程组

$$\begin{cases} x - 2y + z = 0, \\ 2x - 3y + z = 0 \end{cases}$$

确定的解空间的一个基与维数.

2. 在 $\mathbb{F}^4$ 中, 求由齐次线性方程组

$$\begin{cases} 3x + 2y - \ 5z + \ 4w = 0, \\ 3x - \ y + \ 3z - \ 3w = 0, \\ 3x + 5y - 13z + 11w = 0 \end{cases}$$

确定的解空间的一个基与维数.

3. 设 $W = \{A \in M_n(\mathbb{R}) \mid A^{\mathrm{T}} = -A\}$, 求 $\dim W$.

4. 求下列子空间的维数:

(1) $L(\alpha_1, \alpha_2, \alpha_3) \subseteq \mathbb{R}^3$, 其中 $\alpha_1 = (2, -3, 1)^{\mathrm{T}}, \alpha_2 = (1, 4, 2)^{\mathrm{T}}, \alpha_3 = (5, -2, 4)^{\mathrm{T}}$;

(2) $L(x-1, 1-x^2, x^2-x) \subseteq \mathbb{F}[x]$;

(3) $L(\mathrm{e}^x, \mathrm{e}^{2x}, \mathrm{e}^{3x}) \subseteq C[a, b]$.

5. 在 $\mathbb{F}^4$ 中, 求由向量组 $\alpha_1 = (2, 1, 3, 1)^{\mathrm{T}}, \alpha_2 = (1, 2, 0, 1)^{\mathrm{T}}, \alpha_3 = (-1, 1, -3, 0)^{\mathrm{T}}, \alpha_4 = (1, 1, 1, 1)^{\mathrm{T}}$ 生成的子空间的一个基与维数.

6. 在 $\mathbb{F}^4$ 中, 求由向量组 $\alpha_1 = (2, 1, 3, -1)^{\mathrm{T}}, \alpha_2 = (-1, 1, -3, 1)^{\mathrm{T}}, \alpha_3 = (4, 5, 3, -1)^{\mathrm{T}}, \alpha_4 = (1, 5, -3, 1)^{\mathrm{T}}$ 生成的子空间的一个基与维数.

7. 在线性空间 $M_2(\mathbb{R})$ 中, 求由向量组 $\alpha_1 = \begin{pmatrix} -3 & 1 \\ 1 & 1 \end{pmatrix}, \alpha_2 = \begin{pmatrix} 1 & -3 \\ 1 & 1 \end{pmatrix}, \alpha_3 = \begin{pmatrix} 1 & 1 \\ -3 & 1 \end{pmatrix},$ $\alpha_4 = \begin{pmatrix} 1 & 1 \\ 1 & -3 \end{pmatrix}$ 生成的子空间的一个基与维数.

8. 把向量组 $(2, 1, -1, 3)^{\mathrm{T}}, (-1, 0, 1, 2)^{\mathrm{T}}$ 扩充为 $\mathbb{R}^4$ 的一个基.

9. 设线性空间 V 中有向量 $\alpha_1, \alpha_2, \cdots, \alpha_m, \alpha$, 且

$$V_1 = L(\alpha_1, \alpha_2, \cdots, \alpha_m) \quad \text{和} \quad V_2 = L(\alpha_1, \alpha_2, \cdots, \alpha_m, \alpha).$$

(1) 试找出关于向量 α 的使得 $\dim V_1 = \dim V_2$ 成立的充要条件, 并证明;

(2) 试找出并证明涉及 $\dim V_1$ 与 $\dim V_2$ 的一个关系, 使得 $\dim V_1 \neq \dim V_2$.

10. 设 W 是 $\mathbb{R}^n$ 的一个非零子空间, 并且对于 W 的每一个向量 $(a_1, a_2, \cdots, a_n)^{\mathrm{T}}$ 来说, 要么 $a_1 = a_2 = \cdots = a_n = 0$, 要么每一个 a_i 都不为零, 证明: $\dim W = 1$.

11. 证明 $M_n(\mathbb{F})$ 中由全体迹为零的矩阵组成的集合 W 是 $M_n(\mathbb{F})$ 的一个子空间, 并求 W 的一个基与维数.

12. 设 A 是 n 阶实方阵, 证明: 全体与 A 可交换的矩阵组成 $M_n(\mathbb{R})$ 的一个子空间, 记为 $Z(A)$; 并且分别对 $A = I, A = \mathrm{diag}(1, 2, \cdots, n)$ 及

$$A = \begin{pmatrix} 1 & 1 & 1 & \cdots & 1 \\ 0 & 1 & 1 & \cdots & 1 \\ 0 & 0 & 1 & \cdots & 1 \\ \vdots & \vdots & \vdots & & \vdots \\ 0 & 0 & 0 & \cdots & 1 \end{pmatrix}$$

的情形, 求 $Z(A)$ 的一个基与维数.

8.5　子空间的交与和

8.5.1　子空间交与和的概念与性质

子空间的交与和是构造新的子空间的常用方法.

在 $\mathbb{R}^3$ 空间中, 两个过原点 O 的不同平面 π_1 与 π_2 相交于一条过原点 O 的直线 $\pi_1 \cap \pi_2$(图 8.2), 而直线 $\pi_1 \cap \pi_2$ 仍是 $\mathbb{R}^3$ 的一个子空间.

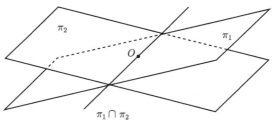

图 8.2

一般来说, 若 V_1 和 V_2 是数域 $\mathbb{F}$ 上线性空间 V 的两个子空间, 则它们的**交** $V_1 \cap V_2$ 也一定是 V 的子空间. 这首先是因为 V_1, V_2 都含有 V 的零向量, 所以 $V_1 \cap V_2 \neq \varnothing$, 其次是因为对任何 $\alpha, \beta \in V_1 \cap V_2$ 和任何 $k, l \in \mathbb{F}$, 由 V_1 和 V_2 都是子空间可知 $k\alpha + l\beta \in V_1$ 和 $k\alpha + l\beta \in V_2$, 所以 $k\alpha + l\beta \in V_1 \cap V_2$, 于是由定理 8.12 可知 $V_1 \cap V_2$ 是 V 的子空间.

例如, 若用 V_1 表示齐次线性方程组 $AX = 0$ 的解空间 (其中 A 是 $m \times n$ 矩阵), 用 V_2 表示齐次线性方程组 $BX = 0$ 的解空间 (其中 B 是 $t \times n$ 矩阵), 则 $V_1 \cap V_2$

就是齐次线性方程组

$$\begin{pmatrix} A \\ B \end{pmatrix} X = 0$$

的解空间, 其中的系数矩阵是 $(m+t) \times n$ 矩阵. 因此, 用子空间的交可以很方便地描述线性方程组的解空间.

虽然 V 的两个子空间 V_1 与 V_2 的交集仍是 V 的一个子空间, 但是它们的并集 $V_1 \cup V_2$ 在很多时候不是 V 的子空间. 例如, 在 $\mathbb{R}^2$ 平面中, 从 x 轴和 y 轴这两个子空间中各取一个向量 $(1, 0)$, $(0, 1)$, 它们的和 $(1, 1)$ 既不属于 x 轴, 也不属于 y 轴, 因此向量 $(1, 1)$ 不在这两个 1 维子空间的并集中.

现在考虑 V 的两个子空间 V_1 与 V_2 的和

$$V_1 + V_2 = \{\alpha_1 + \alpha_2 \in V \mid \alpha_1 \in V_1, \alpha_2 \in V_2\},$$

由于 $0 = 0 + 0 \in V_1 + V_2$, 所以 $V_1 + V_2 \neq \varnothing$, 并且对任何 $\alpha, \beta \in V_1 + V_2$ 有 $\alpha = \alpha_1 + \alpha_2$, $\beta = \beta_1 + \beta_2$, 其中 $\alpha_1, \beta_1 \in V_1$, $\alpha_2, \beta_2 \in V_2$, 于是对任何 $k, l \in \mathbb{F}$, 由 $k\alpha_1 + l\beta_1 \in V_1$ 和 $k\alpha_2 + l\beta_2 \in V_2$ 可得

$$k\alpha + l\beta = (k\alpha_1 + l\beta_1) + (k\alpha_2 + l\beta_2) \in V_1 + V_2,$$

因此由定理 8.12 可知 $V_1 + V_2$ 是 V 的子空间.

对于图 8.2 中的两个平面 π_1 与 π_2, 它们的和 $\pi_1 + \pi_2$ 是整个 $\mathbb{R}^3$ 空间, 即有 $\mathbb{R}^3 = \pi_1 + \pi_2$.

下面的关于生成子空间和的定理是经常用到的.

定理 8.15 设 $\alpha_1, \cdots, \alpha_m$ 和 $\beta_1, \cdots, \beta_r$ 是域 $\mathbb{F}$ 上线性空间 V 的两个向量组, 则

$$L(\alpha_1, \cdots, \alpha_m) + L(\beta_1, \cdots, \beta_r) = L(\alpha_1, \cdots, \alpha_m, \beta_1, \cdots, \beta_r).$$

证明 由生成子空间的定义可得

$$L(\alpha_1, \cdots, \alpha_m) + L(\beta_1, \cdots, \beta_r)$$
$$= \{(k_1\alpha_1 + \cdots + k_m\alpha_m) + (l_1\beta_1 + \cdots + l_r\beta_r) \mid k_i, l_j \in \mathbb{F}, 1 \leqslant i \leqslant m, 1 \leqslant j \leqslant r\}$$
$$= L(\alpha_1, \cdots, \alpha_m, \beta_1, \cdots, \beta_r). \qquad \square$$

例 8.19 设 $V = \mathbb{F}^n$, 其中 $\mathbb{F}$ 是数域, 设 V 的两个子空间是

$$V_1 = \{(x_1, x_2, \cdots, x_n)^{\mathrm{T}} \in \mathbb{F}^n \mid x_n = 0\}$$

和

$$V_2 = \{(x_1, x_2, \cdots, x_n)^{\mathrm{T}} \in \mathbb{F}^n \mid x_1 = x_2 = \cdots = x_{n-1} = 0\}.$$

证明: $V = V_1 + V_2$, 并且 $V_1 \cap V_2 = \{0\}$.

证明 由于对任何 $(a_1, a_2, \cdots, a_n)^{\mathrm{T}} \in \mathbb{F}^n$, 总是有

$$(a_1, a_2, \cdots, a_n)^{\mathrm{T}} = (a_1, a_2, \cdots, a_{n-1}, 0)^{\mathrm{T}} + (0, 0, \cdots, 0, a_n)^{\mathrm{T}} \in V_1 + V_2,$$

所以 $V \subseteq V_1 + V_2$. 而另一方面, 显然有 $V_1 + V_2 \subseteq V$, 因此 $V = V_1 + V_2$. 又对任何 $(b_1, b_2, \cdots, b_n)^{\mathrm{T}} \in V_1 \cap V_2$, 由 $(b_1, b_2, \cdots, b_n)^{\mathrm{T}} \in V_1$ 可知 $b_n = 0$, 由 $(b_1, b_2, \cdots, b_n)^{\mathrm{T}} \in V_2$ 可得 $b_1 = b_2 = \cdots = b_{n-1} = 0$, 因此 $(b_1, b_2, \cdots, b_n)^{\mathrm{T}} = 0$, 即有 $V_1 \cap V_2 = \{0\}$. (读者可直观想象 $\mathbb{F} = \mathbb{R}, n = 3$ 时的情形.) $\qquad\square$

8.5.2 子空间交与和的维数公式

在例 8.19 中, 由于 $\mathbb{F}^n = V_1 + V_2$, 所以 $\dim(V_1 + V_2) = \dim \mathbb{F}^n = n$, 另一方面容易看出 $\dim V_1 = n - 1$ 和 $\dim V_2 = 1$, 因此这里有

$$\dim(V_1 + V_2) = \dim V_1 + \dim V_2.$$

一般来说, 这个等式不一定成立, 这里之所以成立是因为这个例题还有一个结论: $V_1 \cap V_2 = \{0\}$, 此时显然有 $\dim(V_1 \cap V_2) = 0$.

而在图 8.2 的情形中, $\dim(\pi_1 + \pi_2) = \dim \mathbb{R}^3 = 3$, $\dim \pi_1 = \dim \pi_2 = 2$, $\dim(\pi_1 \cap \pi_2) = 1$, 此时正好成立等式

$$\dim(\pi_1 + \pi_2) = \dim \pi_1 + \dim \pi_2 - \dim(\pi_1 \cap \pi_2).$$

以上两个关于子空间交与和的维数关系式都可以从下面这个一般性定理推导出来.

定理 8.16(子空间交与和的维数公式) 设 V_1 与 V_2 都是数域 $\mathbb{F}$ 上线性空间 V 的有限维子空间, 则 $V_1 + V_2$ 也是 V 的有限维子空间, 并且有

$$\dim(V_1 + V_2) = \dim V_1 + \dim V_2 - \dim(V_1 \cap V_2).$$

证明 先考虑 $\dim(V_1 \cap V_2) = 0$ 的情形, 此时有 $V_1 \cap V_2 = \{0\}$, 设 $\dim V_1 = r$, $\dim V_2 = m$, 并且 $\beta_1, \cdots, \beta_r$ 是 V_1 的一个基, $\gamma_1, \cdots, \gamma_m$ 是 V_2 的一个基, 那么由定理 8.15 可得

$$V_1 + V_2 = L(\beta_1, \cdots, \beta_r) + L(\gamma_1, \cdots, \gamma_m) = L(\beta_1, \cdots, \beta_r, \gamma_1, \cdots, \gamma_m),$$

即 $V_1 + V_2$ 中的任何向量都可由 $\beta_1, \cdots, \beta_r, \gamma_1, \cdots, \gamma_m$ 线性表出. 若有数 $b_1, \cdots, b_r, c_1, \cdots, c_m \in \mathbb{F}$, 使得

$$b_1 \beta_1 + \cdots + b_r \beta_r + c_1 \gamma_1 + \cdots + c_m \gamma_m = 0,$$

则由

$$b_1\beta_1 + \cdots + b_r\beta_r = -c_1\gamma_1 - \cdots - c_m\gamma_m \in V_1 \cap V_2$$

及 $V_1 \cap V_2 = \{0\}$ 可得

$$b_1\beta_1 + \cdots + b_r\beta_r = 0 \quad \text{和} \quad c_1\gamma_1 + \cdots + c_m\gamma_m = 0.$$

再由 $\beta_1, \cdots, \beta_r$ 和 $\gamma_1, \cdots, \gamma_m$ 分别是 V_1 和 V_2 的基可知 $b_1 = \cdots = b_r = c_1 = \cdots = c_m = 0$, 因此向量组 $\beta_1, \cdots, \beta_r, \gamma_1, \cdots, \gamma_m$ 线性无关. 于是该向量组是 $V_1 + V_2$ 的一个基, 并且有 $\dim(V_1 + V_2) = r + m = \dim V_1 + \dim V_2$.

再考虑 $\dim(V_1 \cap V_2) > 0$ 的情形, 此时设 $\dim V_1 = r$, $\dim V_2 = m$, $\dim(V_1 \cap V_2) = t$, 并且设 $\alpha_1, \alpha_2, \cdots, \alpha_t$ 是 $V_1 \cap V_2$ 的一个基, 将其扩充成 V_1 的一个基: $\alpha_1, \cdots, \alpha_t, \beta_1, \cdots, \beta_{r-t}$, 同样也将其扩充成 V_2 的一个基: $\alpha_1, \cdots, \alpha_t, \gamma_1, \cdots, \gamma_{m-t}$, 则由定理 8.15 可得

$$\begin{aligned}
V_1 + V_2 &= L(\alpha_1, \cdots, \alpha_t, \beta_1, \cdots, \beta_{r-t}) + L(\alpha_1, \cdots, \alpha_t, \gamma_1, \cdots, \gamma_{m-t}) \\
&= L(\alpha_1, \cdots, \alpha_t, \beta_1, \cdots, \beta_{r-t}, \alpha_1, \cdots, \alpha_t, \gamma_1, \cdots, \gamma_{m-t}) \\
&= L(\alpha_1, \cdots, \alpha_t, \beta_1, \cdots, \beta_{r-t}, \gamma_1, \cdots, \gamma_{m-t}),
\end{aligned}$$

即 $V_1 + V_2$ 中的任何向量都可由 $\alpha_1, \cdots, \alpha_t, \beta_1, \cdots, \beta_{r-t}, \gamma_1, \cdots, \gamma_{m-t}$ 线性表出.

若有数 $a_1, \cdots, a_t, b_1, \cdots, b_{r-t}, c_1, \cdots, c_{m-t} \in \mathbb{F}$ 使得

$$a_1\alpha_1 + \cdots + a_t\alpha_t + b_1\beta_1 + \cdots + b_{r-t}\beta_{r-t} + c_1\gamma_1 + \cdots + c_{m-t}\gamma_{m-t} = 0, \quad (8.21)$$

则由

$$c_1\gamma_1 + \cdots + c_{m-t}\gamma_{m-t} = -a_1\alpha_1 - \cdots - a_t\alpha_t - b_1\beta_1 - \cdots - b_{r-t}\beta_{r-t} \in V_1 \cap V_2$$

及 $\alpha_1, \cdots, \alpha_t$ 是 $V_1 \cap V_2$ 的一个基可知, 一定存在数 $d_1, \cdots, d_t \in \mathbb{F}$ 使得

$$c_1\gamma_1 + \cdots + c_{m-t}\gamma_{m-t} = d_1\alpha_1 + \cdots + d_t\alpha_t.$$

由于 $\alpha_1, \cdots, \alpha_t, \gamma_1, \cdots, \gamma_{m-t}$ 是 V_2 的一个基, 所以线性无关. 因此由上式可得 $c_1 = \cdots = c_{m-t} = 0$, 代入 (8.21) 式后得

$$a_1\alpha_1 + \cdots + a_t\alpha_t + b_1\beta_1 + \cdots + b_{r-t}\beta_{r-t} = 0.$$

而 $\alpha_1, \cdots, \alpha_t, \beta_1, \cdots, \beta_{r-t}$ 作为 V_1 的一个基, 也是线性无关的, 因此从上式又得到 $a_1 = \cdots = a_t = b_1 = \cdots = b_{r-t} = 0$. 这样向量组 $\alpha_1, \cdots, \alpha_t, \beta_1, \cdots, \beta_{r-t}, \gamma_1, \cdots, \gamma_{m-t}$ 就线性无关了. 于是该向量组是 $V_1 + V_2$ 的一个基, 从而有

$$\begin{aligned}
\dim(V_1 + V_2) &= t + (r-t) + (m-t) = r + m - t \\
&= \dim V_1 + \dim V_2 - \dim(V_1 \cap V_2). \qquad \Box
\end{aligned}$$

例 8.20　设 $\mathbb{F}$ 是数域, 在线性空间 $M_2(\mathbb{F})$ 中, 记

$$V_1 = \left\{ \begin{pmatrix} a & b \\ c & a \end{pmatrix} \in M_2(\mathbb{F}) \,\middle|\, a, b, c \in \mathbb{F} \right\},$$

$$V_2 = \left\{ \begin{pmatrix} 0 & a \\ -a & b \end{pmatrix} \in M_2(\mathbb{F}) \,\middle|\, a, b \in \mathbb{F} \right\}.$$

证明 V_1 和 V_2 都是 $M_2(\mathbb{F})$ 的子空间, 并且分别求 $V_1 \cap V_2$, $V_1 + V_2$ 的一个基与维数.

解　在 V_1 中任取两个向量 $\begin{pmatrix} a & b \\ c & a \end{pmatrix}$ 和 $\begin{pmatrix} a_1 & b_1 \\ c_1 & a_1 \end{pmatrix}$, 则对任何 $k, l \in \mathbb{F}$, 有

$$k \begin{pmatrix} a & b \\ c & a \end{pmatrix} + l \begin{pmatrix} a_1 & b_1 \\ c_1 & a_1 \end{pmatrix} = \begin{pmatrix} ka + la_1 & kb + lb_1 \\ kc + lc_1 & ka + la_1 \end{pmatrix} \in V_1,$$

因此由定理 8.12 可知 V_1 是 $M_2(\mathbb{F})$ 的子空间, 同理可证 V_2 也是 $M_2(\mathbb{F})$ 的子空间. 由于 V_1 中的任一向量都可以写成

$$\begin{pmatrix} a & b \\ c & a \end{pmatrix} = a \begin{pmatrix} 1 & 0 \\ 0 & 1 \end{pmatrix} + b \begin{pmatrix} 0 & 1 \\ 0 & 0 \end{pmatrix} + c \begin{pmatrix} 0 & 0 \\ 1 & 0 \end{pmatrix},$$

并且容易证明向量组 $\alpha_1 = \begin{pmatrix} 1 & 0 \\ 0 & 1 \end{pmatrix}$, $\alpha_2 = \begin{pmatrix} 0 & 1 \\ 0 & 0 \end{pmatrix}$, $\alpha_3 = \begin{pmatrix} 0 & 0 \\ 1 & 0 \end{pmatrix}$ 线性无关, 因此 $\alpha_1, \alpha_2, \alpha_3$ 是 V_1 的一组基, 且有 $\dim V_1 = 3$. 又因为 V_2 中的任一向量都可以写成

$$\begin{pmatrix} 0 & a \\ -a & b \end{pmatrix} = a \begin{pmatrix} 0 & 1 \\ -1 & 0 \end{pmatrix} + b \begin{pmatrix} 0 & 0 \\ 0 & 1 \end{pmatrix},$$

容易证明向量组 $\beta_1 = \begin{pmatrix} 0 & 1 \\ -1 & 0 \end{pmatrix}$, $\beta_2 = \begin{pmatrix} 0 & 0 \\ 0 & 1 \end{pmatrix}$ 线性无关. 因此 β_1, β_2 是 V_2 的一组基, 且有 $\dim V_2 = 2$. 再设 $V_1 \cap V_2$ 中的任一向量是 $\begin{pmatrix} x & y \\ z & w \end{pmatrix}$, 则由 $\begin{pmatrix} x & y \\ z & w \end{pmatrix} \in V_1$ 可得 $x = w$, 而由 $\begin{pmatrix} x & y \\ z & w \end{pmatrix} \in V_2$ 可得 $x = 0$ 和 $z = -y$, 因此有 $w = x = 0$, 从而得到

$$\begin{pmatrix} x & y \\ z & w \end{pmatrix} = \begin{pmatrix} 0 & y \\ -y & 0 \end{pmatrix} = y \begin{pmatrix} 0 & 1 \\ -1 & 0 \end{pmatrix} = y\beta_1.$$

这就是说 $V_1 \cap V_2 = L(\beta_1)$, 即 β_1 是 $V_1 \cap V_2$ 的一个基, 且 $\dim(V_1 \cap V_2) = 1$. 于是由定理 8.16 得

$$\begin{aligned}
\dim(V_1 + V_2) &= \dim V_1 + \dim V_2 - \dim(V_1 \cap V_2) \\
&= 3 + 2 - 1 = 4 = \dim M_2(\mathbb{F}).
\end{aligned}$$

然后由 $V_1 + V_2 \subseteq M_2(\mathbb{F})$ 及定理 8.14 推得 $V_1 + V_2 = M_2(\mathbb{F})$, 因此它的一个基是

$$\begin{pmatrix} 1 & 0 \\ 0 & 0 \end{pmatrix}, \begin{pmatrix} 0 & 1 \\ 0 & 0 \end{pmatrix}, \begin{pmatrix} 0 & 0 \\ 1 & 0 \end{pmatrix}, \begin{pmatrix} 0 & 0 \\ 0 & 1 \end{pmatrix}. \qquad \square$$

在计算 $\mathbb{F}^n$ 空间中两个生成子空间 $V_1 = L(\alpha_1, \cdots, \alpha_r), V_2 = L(\beta_1, \cdots, \beta_t)$ 的交与和的基与维数时, 先由定理 8.15 知

$$V_1 + V_2 = L(\alpha_1, \cdots, \alpha_r) + L(\beta_1, \cdots, \beta_t) = L(\alpha_1, \cdots, \alpha_r, \beta_1, \cdots, \beta_t).$$

接下来依次以 $\alpha_1, \cdots, \alpha_r, \beta_1, \cdots, \beta_t$ 作为列向量构造 $n \times (r + t)$ 矩阵

$$A = (\alpha_1 \quad \cdots \quad \alpha_r \quad \beta_1 \quad \cdots \quad \beta_t).$$

然后对 A 进行行初等变换, 得到它的简化阶梯阵 B. 那么 B 的非零行的行数就是子空间的和 $V_1 + V_2$ 的维数, B 的主元所对应的 A 的列向量就是向量组 $\alpha_1, \cdots, \alpha_r$, $\beta_1, \cdots, \beta_t$ 的极大无关组, 它可以作为 $V_1 + V_2$ 的一个基. 同时从 B 中也可以得到子空间 V_1, V_2 的基与维数的信息. 下一步由子空间交与和的维数公式求出子空间交的维数 $\dim(V_1 \cap V_2)$, 如果 $\dim(V_1 \cap V_2) \neq 0$, 再从简化阶梯阵 B 给出的 A 中 (除 $V_1 + V_2$ 的基向量外的向量) 由基向量线性表出的式子出发, 整理成左边都属于 V_1, 右边都属于 V_2 的向量等式:

$$k_1 \alpha_1 + \cdots + k_r \alpha_r = l_1 \beta_1 + \cdots + l_t \beta_t,$$

于是等式左边确定的非零向量 $\gamma = k_1 \alpha_1 + \cdots + k_r \alpha_r$ (它也就是右边确定的向量 $\gamma = l_1 \beta_1 + \cdots + l_t \beta_t$) 既在 V_1 中, 又在 V_2 中, 因此有 $\gamma \in V_1 \cap V_2$, 从而 γ 可作为 $V_1 \cap V_2$ 的基向量.

例 8.21 在 $\mathbb{R}^4$ 空间中, $V_1 = L(\alpha_1, \alpha_2, \alpha_3)$, $V_2 = L(\beta_1, \beta_2, \beta_3)$, 其中

$$\alpha_1 = \begin{pmatrix} 1 \\ 1 \\ 0 \\ 2 \end{pmatrix}, \quad \alpha_2 = \begin{pmatrix} 1 \\ 1 \\ -1 \\ 3 \end{pmatrix}, \quad \alpha_3 = \begin{pmatrix} 1 \\ 2 \\ 1 \\ -2 \end{pmatrix},$$

$$\beta_1 = \begin{pmatrix} 1 \\ 2 \\ 0 \\ -6 \end{pmatrix}, \quad \beta_2 = \begin{pmatrix} 1 \\ -2 \\ 2 \\ 4 \end{pmatrix}, \quad \beta_3 = \begin{pmatrix} 2 \\ 3 \\ 1 \\ -5 \end{pmatrix},$$

分别求 $V_1 + V_2, V_1 \cap V_2$ 的一个基与维数.

解 因为由定理 8.15 可知

$$V_1 + V_2 = L(\alpha_1, \alpha_2, \alpha_3) + L(\beta_1, \beta_2, \beta_3) = L(\alpha_1, \alpha_2, \alpha_3, \beta_1, \beta_2, \beta_3),$$

所以向量组 $\alpha_1, \alpha_2, \alpha_3, \beta_1, \beta_2, \beta_3$ 的一个极大无关组就是 $V_1 + V_2$ 的一个基. 构造 4×6 矩阵 A, 然后作行初等变换, 化成简化阶梯阵 B:

$$A = \begin{pmatrix} 1 & 1 & 1 & 1 & 1 & 2 \\ 1 & 1 & 2 & 2 & -2 & 3 \\ 0 & -1 & 1 & 0 & 2 & 1 \\ 2 & 3 & -2 & -6 & 4 & -5 \end{pmatrix} \longrightarrow \begin{pmatrix} 1 & 0 & 0 & 0 & 10 & 2 \\ 0 & 1 & 0 & 0 & -6 & -1 \\ 0 & 0 & 1 & 0 & -4 & 0 \\ 0 & 0 & 0 & 1 & 1 & 1 \end{pmatrix} = B.$$

由于行初等变换不改变 A 的列向量之间的线性关系 (见定理 3.11), 所以从 B 可以看出 A 的前 4 个列向量 $\alpha_1, \alpha_2, \alpha_3, \beta_1$ 是 $V_1 + V_2$ 的一个基, 因此 $\dim(V_1 + V_2) = 4$, 并且由于 $\alpha_1, \alpha_2, \alpha_3$ 线性无关, 所以它是 V_1 的一个基, 于是 $\dim V_1 = 3$, 又因为由简化阶梯阵 B 的第 $2, 3, 4$ 行, 第 $4, 5, 6$ 列确定的三阶子式

$$\begin{vmatrix} 0 & -6 & -1 \\ 0 & -4 & 0 \\ 1 & 1 & 1 \end{vmatrix} = -4 \neq 0,$$

所以 V_2 中的向量组 $\beta_1, \beta_2, \beta_3$ 必线性无关, 于是可以作为 V_2 的一个基, 因此 $\dim V_2 = 3$. 再由子空间交与和的维数公式可知

$$\dim(V_1 \cap V_2) = \dim V_1 + \dim V_2 - \dim(V_1 + V_2) = 3 + 3 - 4 = 2.$$

现在, 同样是因为行初等变换不改变 A 的列向量之间的线性关系, 从 B 的第 $5, 6$ 列各元素可以得出 A 的第 $5, 6$ 个列向量 β_2, β_3 由基向量 $\alpha_1, \alpha_2, \alpha_3, \beta_1$ 线性表出的式子:

$$\beta_2 = 10\alpha_1 - 6\alpha_2 - 4\alpha_3 + \beta_1, \quad \beta_3 = 2\alpha_1 - \alpha_2 + \beta_1.$$

将这两个式子整理成左边向量属于 V_1, 右边属于 V_2 的等式

$$10\alpha_1 - 6\alpha_2 - 4\alpha_3 = \beta_2 - \beta_1, \quad 2\alpha_1 - \alpha_2 = \beta_3 - \beta_1.$$

则 $\beta_2 - \beta_1 \in V_1 \cap V_2, \beta_3 - \beta_1 \in V_1 \cap V_2$, 经过计算可得 $\beta_2 - \beta_1 = (0, -4, 2, 10)^{\mathrm{T}}, \beta_3 - \beta_1 = (1, 1, 1, 1)^{\mathrm{T}}$, 这两个向量显然线性无关, 它们可以作为 2 维子空间 $V_1 \cap V_2$ 的一个基. $\qquad \square$

习 题 8.5

1. 在线性空间 $M_2(\mathbb{R})$ 中, 记

$$V_1 = \left\{ \begin{pmatrix} a & a \\ b & 0 \end{pmatrix} \middle| a, b \in \mathbb{R} \right\} \quad \text{和} \quad V_2 = \left\{ \begin{pmatrix} a & b \\ a & c \end{pmatrix} \middle| a, b, c \in \mathbb{R} \right\}.$$

分别求 $V_1 + V_2, V_1 \cap V_2$ 的一个基与维数.

2. 在 $\mathbb{R}^4$ 中, $V_1 = L(\alpha_1, \alpha_2), V_2 = L(\beta_1, \beta_2)$, 其中 $\alpha_1 = (1,1,0,0)^{\mathrm{T}}, \alpha_2 = (1,0,1,1)^{\mathrm{T}}$, $\beta_1 = (0,0,1,1)^{\mathrm{T}}, \beta_2 = (0,1,1,0)^{\mathrm{T}}$, 分别求 $V_1 + V_2, V_1 \cap V_2$ 的一个基与维数.

3. 在 $\mathbb{R}^4$ 中, $V_1 = L(\alpha_1, \alpha_2, \alpha_3), V_2 = L(\beta_1, \beta_2)$, 其中 $\alpha_1 = (1,-1,2,3)^{\mathrm{T}}, \alpha_2 = (-1,2,-1,1)^{\mathrm{T}}, \alpha_3 = (-1,0,-3,5)^{\mathrm{T}}, \beta_1 = (-1,4,0,-2)^{\mathrm{T}}, \beta_2 = (0,9,5,-14)^{\mathrm{T}}$, 分别求 $V_1 + V_2, V_1 \cap V_2$ 的一个基与维数.

4. 在 $\mathbb{R}^4$ 中, $V_1 = L(\alpha_1, \alpha_2), V_2 = L(\beta_1, \beta_2, \beta_3)$, 其中 $\alpha_1 = (1,-1,2,3)^{\mathrm{T}}, \alpha_2 = (-1,2,-1,1)^{\mathrm{T}}, \beta_1 = (-1,4,0,-2)^{\mathrm{T}}, \beta_2 = (0,9,5,-14)^{\mathrm{T}}, \beta_3 = (1,-1,3,7)^{\mathrm{T}}$, 分别求 $V_1 + V_2, V_1 \cap V_2$ 的一个基与维数.

5. 在 $\mathbb{R}^4$ 中, $V_1 = L(\alpha_1, \alpha_2, \alpha_3), V_2 = L(\beta_1, \beta_2, \beta_3)$, 其中 $\alpha_1 = (1,0,0,1)^{\mathrm{T}}, \alpha_2 = (3,3,1,-2)^{\mathrm{T}}, \alpha_3 = (1,3,0,-3)^{\mathrm{T}}, \beta_1 = (2,0,1,1)^{\mathrm{T}}, \beta_2 = (1,0,2,0)^{\mathrm{T}}, \beta_3 = (1,0,-1,1)^{\mathrm{T}}$, 分别求 $V_1 + V_2, V_1 \cap V_2$ 的一个基与维数.

6. 在 $\mathbb{F}^5$ 中, 分别求子空间

$$V_1 = \{(x_1, x_2, x_3, x_4, x_5)^{\mathrm{T}} \in \mathbb{F}^5 \mid x_1 - x_3 - x_4 = 0\}$$

和

$$V_2 = \{(x_1, x_2, x_3, x_4, x_5)^{\mathrm{T}} \in \mathbb{F}^5 \mid x_2 = x_3 = x_4 \text{ 且 } x_1 + x_5 = 0\}$$

的一个基与维数, 再分别求 $V_1 + V_2, V_1 \cap V_2$ 的一个基与维数.

7. 在线性空间 $M_n(\mathbb{F})$ 中, 记

$$S = \{A \in M_n(\mathbb{F}) \mid A^{\mathrm{T}} = A\} \quad \text{和} \quad T = \{A \in M_n(\mathbb{F}) \mid A^{\mathrm{T}} = -A\},$$

其中 $\mathbb{F}$ 是数域, 证明 S 和 T 都是 $M_n(\mathbb{F})$ 的子空间, 并且有

$$M_n(\mathbb{F}) = S + T, \quad S \cap T = \{0\}.$$

8. 设 V_1, V_2 都是线性空间 V 的子空间, 证明以下三个命题等价:

(1) $V_1 \subseteq V_2$;

(2) $V_1 \cap V_2 = V_1$;

(3) $V_1 + V_2 = V_2$.

9. 设 V_1, V_2 都是线性空间 V 的子空间, 证明: 如果 V 的一个子空间既包含 V_1, 又包含 V_2, 那么它一定包含 $V_1 + V_2$.

10. 设 V_1, V_2, W 都是线性空间 V 的子空间, 其中 $V_1 \subseteq V_2$, 且 $W \cap V_1 = W \cap V_2, W + V_1 = W + V_2$, 证明: $V_1 = V_2$.

11. 设 V_1, V_2 都是有限维线性空间 V 的子空间, 并且

$$\dim(V_1 + V_2) = \dim(V_1 \cap V_2) + 1,$$

证明: $V_1 \subseteq V_2$ 或者 $V_2 \subseteq V_1$.

12. 设 V_1, V_2 都是有限维线性空间 V 的子空间, 试找出关于 V_1 与 V_2 的使得 $\dim(V_1 \cap V_2) = \dim V_1$ 成立的充要条件, 并证明.

13. 设 V_1, V_2 都是线性空间 V 的子空间, 并且 $V_i \neq V, i = 1, 2$, 证明: 在 V 中存在一个向量 β, 使得 $\beta \notin V_1 \cup V_2$.

14. 设 $V_1, V_2, \cdots, V_m$ 都是线性空间 V 的子空间, 令 $\bigcap_{i=1}^m V_i$ 是这些子空间的交, $V_1 + V_2 + \cdots + V_m = \left\{ \sum_{i=1}^m \alpha_i \,\middle|\, \alpha_i \in V_i, i = 1, 2, \cdots, m \right\}$ 是这些子空间的和, 证明: $\bigcap_{i=1}^m V_i$ 和 $V_1 + V_2 + \cdots + V_m$ 都是 V 的子空间.

8.6 子空间的直和

8.6.1 两个子空间的直和

两个子空间的直和是两个子空间和的一个常见特殊情形. 例如, 在例 8.19 中, 如果考虑 $n = 3, \mathbb{F} = \mathbb{R}$ 的情形, 则有 $\mathbb{R}^3 = V_1 + V_2$, 其中 V_1 是平面 $z = 0$(即 xOy 坐标面), V_2 是 z 轴, 并且 $V_1 \cap V_2 = \{0\}$(图 8.3), 此时, $\mathbb{R}^3$ 空间中任一向量 α 都可以唯一地写成 α_1 与 α_2 的和, 其中 $\alpha_1 \in V_1, \alpha_2 \in V_2$. 由于 $\dim(V_1 \cap V_2) = 0$, 所以由子空间交与和的维数公式, 可得 $\dim(V_1 + V_2) = \dim(V_1) + \dim(V_2)$.

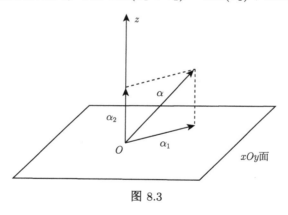

图 8.3

定义 8.5 两个子空间的直和

设 V_1, V_2 是线性空间 V 的子空间, 如果 $V_1 + V_2$ 中每个向量 α 都可以唯一地表示成

$$\alpha = \alpha_1 + \alpha_2, \text{ 其中 } \alpha_1 \in V_1, \alpha_2 \in V_2,$$

则称 $V_1 + V_2$ 是**直和**, 记作 $V_1 \oplus V_2$.

这样, 在例 8.19 的 $n = 3, \mathbb{F} = \mathbb{R}$ 的情形中, 就有 $\mathbb{R}^3 = V_1 \oplus V_2$, 即把 $\mathbb{R}^3$ 空间

"分解" 成了 xOy 面与 z 轴的直和. 除了这种直和分解之外, 由于 $\mathbb{R}^3$ 空间中的任一向量 α 都可以唯一地写成 $\alpha = x\mathbf{e}_1 + y\mathbf{e}_2 + z\mathbf{e}_3$, 而 $x\mathbf{e}_1, y\mathbf{e}_2, z\mathbf{e}_3$ 分别属于 x 轴, y 轴, z 轴, 所以 $\mathbb{R}^3$ 也可以分解成 3 个坐标轴 (1 维子空间) 的直和. 一般来说, 通过对线性空间 V 进行直和分解, 可以对 V 的内部结构有比较透彻的了解.

当然, 并不是所有的子空间和都是直和. 例如在图 8.2 的情形中, 虽然有 $\mathbb{R}^3 = \pi_1 + \pi_2$, 但是两个过原点的平面的和 $\pi_1 + \pi_2$ 却不是直和, 这里不妨取

$$\pi_1 = \{(x, y, 0)^{\mathrm{T}} \in \mathbb{R}^3 \mid x, y \in \mathbb{R}\}$$

为 xOy 面,

$$\pi_2 = \{(x, 0, z)^{\mathrm{T}} \in \mathbb{R}^3 \mid x, z \in \mathbb{R}\}$$

为 xOz 面, 则 $\mathbb{R}^3$ 中的任一向量 $\alpha = (x, y, z)^{\mathrm{T}}$ 既可以写成 $(x, y, 0)^{\mathrm{T}} + (0, 0, z)^{\mathrm{T}}$, 也可以写成 $(0, y, 0)^{\mathrm{T}} + (x, 0, z)^{\mathrm{T}}$(请读者在空间直角坐标系中画出这两个向量和), 因此 α 不能唯一地表示成 π_1 中的向量和 π_2 中的向量和, 此时我们注意到两平面的交 $\pi_1 \cap \pi_2 \neq \{0\}$, 从而 $\dim(\pi_1 + \pi_2) \neq \dim \pi_1 + \dim \pi_2$.

定理 8.17 设 V_1, V_2 都是数域 $\mathbb{F}$ 上线性空间 V 的有限维子空间, 则以下命题等价:

(1) $V_1 + V_2$ 是直和;

(2) $V_1 + V_2$ 中零向量表示法唯一;

(3) V_1 的一个基与 V_2 的一个基合起来是 $V_1 + V_2$ 的一个基;

(4) $\dim(V_1 + V_2) = \dim V_1 + \dim V_2$;

(5) $V_1 \cap V_2 = \{0\}$.

证明 (1)$\Rightarrow$(2): 因为 $V_1 + V_2$ 是直和, 且有 $0 + 0 = 0$, 所以如果有 $0 = \alpha_1 + \alpha_2$, 其中 $\alpha_1 \in V_1, \alpha_2 \in V_2$, 则必有 $\alpha_1 = \alpha_2 = 0$.

(2)$\Rightarrow$(3): 设 V_1 的一个基是 $\alpha_1, \cdots, \alpha_m$, V_2 的一个基是 $\beta_1, \cdots, \beta_r$, 则由定理 8.15 可知,

$$V_1 + V_2 = L(\alpha_1, \cdots, \alpha_m) + L(\beta_1, \cdots, \beta_r) = L(\alpha_1, \cdots, \alpha_m, \beta_1, \cdots, \beta_r),$$

即 $V_1 + V_2$ 中的每一个向量都可由 $\alpha_1, \cdots, \alpha_m, \beta_1, \cdots, \beta_r$ 线性表出. 若有数 $k_1, \cdots, k_m, l_1, \cdots, l_r \in \mathbb{F}$ 使得

$$(k_1\alpha_1 + \cdots + k_m\alpha_m) + (l_1\beta_1 + \cdots + l_r\beta_r) = 0,$$

那么由于 $k_1\alpha_1 + \cdots + k_m\alpha_m \in V_1, l_1\beta_1 + \cdots + l_r\beta_r \in V_2$ 以及 $V_1 + V_2$ 中零向量的表示法唯一, 所以有

$$k_1\alpha_1 + \cdots + k_m\alpha_m = 0, \quad l_1\beta_1 + \cdots + l_r\beta_r = 0.$$

再由 $\alpha_1, \cdots, \alpha_m$ 线性无关可得 $k_1 = \cdots = k_m = 0$, 同理有 $l_1 = \cdots = l_r = 0$, 因此向量组 $\alpha_1, \cdots, \alpha_m, \beta_1, \cdots, \beta_r$ 线性无关, 从而由基的定义可知 $\alpha_1, \cdots, \alpha_m, \beta_1, \cdots, \beta_r$ 是 $V_1 + V_2$ 的一个基.

(3)$\Rightarrow$(4): 结论是显然成立的.

(4)$\Rightarrow$(5): 由子空间交与和的维数定理 (定理 8.16) 和条件立即可得

$$\dim(V_1 \cap V_2) = 0,$$

此即 $V_1 \cap V_2 = \{0\}$.

(5)$\Rightarrow$(1): 任取 $\alpha \in V_1 + V_2$, 假设有两种表示法

$$\alpha = \alpha_1 + \alpha_2 = \beta_1 + \beta_2, \ 其中\alpha_1, \beta_1 \in V_1, \alpha_2, \beta_2 \in V_2,$$

则有 $\alpha_1 - \beta_1 = \beta_2 - \alpha_2 \in V_1 \cap V_2$, 由于 $V_1 \cap V_2 = \{0\}$, 所以 $\alpha_1 - \beta_1 = \beta_2 - \alpha_2 = 0$, 即 $\alpha_1 = \beta_1, \alpha_2 = \beta_2$, 因此 $V_1 + V_2$ 是直和. $\qquad\square$

8.6.2　子空间的直和补

设 V_1, V_2 都是线性空间的子空间, 如果 $V_1 \oplus V_2 = V$, 那么就称 V_1 是 V_2 的一个**直和补**, 反过来也称 V_2 是 V_1 的一个直和补.

定理 8.18　设 W 是 n 维线性空间 V 的一个非平凡子空间, 则存在 W 的直和补.

证明　在 W 中取一个基 $\alpha_1, \cdots, \alpha_m$, 把它扩充成 V 的一个基 $\alpha_1, \cdots, \alpha_m, \alpha_{m+1}, \cdots, \alpha_n$, 则由定理 8.15 得

$$V = L(\alpha_1, \cdots, \alpha_m, \alpha_{m+1}, \cdots, \alpha_n) = L(\alpha_1, \cdots, \alpha_m) + L(\alpha_{m+1}, \cdots, \alpha_n)$$
$$= W + L(\alpha_{m+1}, \cdots, \alpha_n).$$

再由定理 8.17 的 (3) 可知 $V = W \oplus L(\alpha_{m+1}, \cdots, \alpha_n)$, 即 $L(\alpha_{m+1}, \cdots, \alpha_n)$ 是 W 的直和补. $\qquad\square$

下面给出一个涉及直和补证明的常用定理.

定理 8.19　设 V_1, V_2 都是有限维线性空间 V 的非平凡子空间, 如果 $\dim V_1 + \dim V_2 = \dim V$, 并且 $V_1 \cap V_2 = \{0\}$, 则 $V = V_1 \oplus V_2$.

证明　因为 $V_1 \cap V_2 = \{0\}$, 所以由定理 8.17 可知 $V_1 + V_2$ 是直和, 并且有

$$\dim(V_1 + V_2) = \dim V_1 + \dim V_2,$$

又因为 $\dim V_1 + \dim V_2 = \dim V$, 所以有 $\dim(V_1 + V_2) = \dim V$, 由于 $V_1 + V_2 \subseteq V$, 因此由定理 8.14 得 $V = V_1 + V_2$, 即有 $V = V_1 \oplus V_2$. $\qquad\qquad$ □

例如在 $\mathbb{R}^3$ 空间中, 有两个非平凡子空间 $V_1 = \{x + y + z = 0 \mid x, y, z \in \mathbb{R}\}$ 和 $V_2 = \{x = y = z \mid x, y, z \in \mathbb{R}^3\}$, 容易知道 $\dim V_1 + \dim V_2 = 2 + 1 = 3 = \dim \mathbb{R}^3$, 并且 $V_1 \cap V_2 = \{0\}$, 所以由定理 8.19 可知 $\mathbb{R}^3 = V_1 \oplus V_2$.

例 8.22 设 V 是数域 $\mathbb{F}$ 上的 n 维线性空间, $\alpha_1, \alpha_2, \cdots, \alpha_n$ 是 V 的一个基, 用 V_1 表示由 $\alpha_1 + \alpha_2 + \cdots + \alpha_n$ 生成的子空间, 并且令

$$V_2 = \left\{ \sum_{i=1}^{n} k_i \alpha_i \,\middle|\, \sum_{i=1}^{n} k_i = 0, k_i \in \mathbb{F}, i = 1, 2, \cdots, n \right\}.$$

证明: V_2 是 V_1 的直和补.

证明 先证明 V_2 是 V 的子空间. 在 V_2 中任取 $\displaystyle\sum_{i=1}^{n} k_i \alpha_i$ 和 $\displaystyle\sum_{i=1}^{n} l_i \alpha_i$, 由于 $\displaystyle\sum_{i=1}^{n} k_i = \sum_{i=1}^{n} l_i = 0$, 所以对任何 $k, l \in \mathbb{F}$, 向量

$$k\left(\sum_{i=1}^{n} k_i \alpha_i \right) + l\left(\sum_{i=1}^{n} l_i \alpha_i \right) = \sum_{i=1}^{n} (kk_i + ll_i)\alpha_i$$

中的各系数之和

$$\sum_{i=1}^{n} (kk_i + ll_i) = k\sum_{i=1}^{n} k_i + l\sum_{i=1}^{n} l_i = 0,$$

因此有 $k\left(\displaystyle\sum_{i=1}^{n} k_i \alpha_i \right) + l\left(\displaystyle\sum_{i=1}^{n} l_i \alpha_i \right) \in V_2$, 并且 $0 \in V_2$, 于是 V_2 是 V 的子空间. 容易看出 V_2 是 V 的非平凡子空间 (例如 $\alpha_1 - \alpha_2 \in V_2, \alpha_1 + \alpha_2 \notin V_2$). 又因为对任何 $k_1, k_2, \cdots, k_{n-1} \in \mathbb{F}$, 有

$$k_1 \alpha_1 + k_2 \alpha_2 + \cdots + k_{n-1} \alpha_{n-1} - (k_1 + k_2 + \cdots + k_{n-1})\alpha_n$$
$$= k_1(\alpha_1 - \alpha_n) + k_2(\alpha_2 - \alpha_n) + \cdots + k_{n-1}(\alpha_{n-1} - \alpha_n) \in V_2,$$

并且容易由 $\alpha_1, \cdots, \alpha_n$ 线性无关证得向量组 $\alpha_1 - \alpha_n, \alpha_2 - \alpha_n, \cdots, \alpha_{n-1} - \alpha_n$ 线性无关, 所以

$$\dim V_2 = \dim L(\alpha_1 - \alpha_n, \alpha_2 - \alpha_n, \cdots, \alpha_{n-1} - \alpha_n) = n - 1.$$

另一方面, 若设 $\beta \in V_1 \cap V_2$, 则存在 $k, k_1, k_2, \cdots, k_n \left(\text{其中} \displaystyle\sum_{i=1}^{n} k_i = 0 \right)$ 使得

$$\beta = k(\alpha_1 + \alpha_2 + \cdots + \alpha_n) = k_1 \alpha_1 + k_2 \alpha_2 + \cdots + k_n \alpha_n,$$

即有

$$(k - k_1)\alpha_1 + (k - k_2)\alpha_2 + \cdots + (k - k_n)\alpha_n = 0,$$

同样由 $\alpha_1, \cdots, \alpha_n$ 线性无关得 $k - k_i = 0, i = 1, 2, \cdots, n$, 因此有 $k_1 = k_2 = \cdots = k_n = k$, 再代入 $\sum\limits_{i=1}^{n} k_i = 0$ 得 $k = 0$, 这样便得 $\beta = 0$, 即 $V_1 \cap V_2 = \{0\}$. 于是, 由 $\dim V_1 + \dim V_2 = 1 + (n-1) = n = \dim V$ 及定理 8.19, 得到 $V = V_1 \oplus V_2$, 即 V_2 是 V_1 的直和补. □

8.6.3 多个子空间的直和

两个子空间的概念可以推广到多个子空间的情形. 设 $V_1, V_2, \cdots, V_m$ 都是线性空间 V 的子空间. 那么我们在习题 8.5 第 14 题中, 已经证明了这些子空间的和 $V_1 + V_2 + \cdots + V_m$ 也是 V 的子空间.

定义 8.6　多个子空间的直和

设 $V_1, V_2, \cdots, V_m$ 都是线性空间 V 的子空间, 如果 $V_1 + V_2 + \cdots + V_m$ 中每一个向量 α 都可以唯一地表示成

$$\alpha = \alpha_1 + \alpha_2 + \cdots + \alpha_m, \text{ 其中 } \alpha_i \in V_i, i = 1, 2, \cdots, m,$$

则称 $V_1 + V_2 + \cdots + V_m$ 是**直和**, 记为 $V_1 \oplus V_2 \oplus \cdots \oplus V_m$.

下面的定理是定理 8.17 的直接推广.

定理 8.20　设 $V_1, V_2, \cdots, V_m$ 都是数域 $\mathbb{F}$ 上线性空间 V 的有限维子空间, 则以下命题等价:

(1) $V_1 + V_2 + \cdots + V_m$ 是直和;

(2) $V_1 + V_2 + \cdots + V_m$ 中零向量的表示法唯一;

(3) 把 V_1 的一个基, V_2 的一个基, $\cdots$, V_m 的一个基全部合起来, 是 $V_1 + V_2 + \cdots + V_m$ 的一个基;

(4) $\dim(V_1 + V_2 + \cdots + V_m) = \dim V_1 + \dim V_2 + \cdots + \dim V_m$;

(5) 对任何 $i = 2, 3, \cdots, m, V_i \cap (V_1 + \cdots + V_{i-1}) = \{0\}$.

证明　(1)$\Rightarrow$(2): 由于 $V_1 + V_2 + \cdots + V_m$ 是直和, 且有 $0 = 0 + 0 + \cdots + 0$, 因此如果 $0 = \alpha_1 + \alpha_2 + \cdots + \alpha_m$(其中 $\alpha_i \in V_i, i = 1, 2, \cdots, m$), 那么一定有 $\alpha_i = 0, i = 1, 2, \cdots, m$.

(2)$\Rightarrow$(3): 设 $V_1, V_2, \cdots, V_m$ 的基依次是

$$\alpha_{11}, \cdots, \alpha_{1r_1}, \alpha_{21}, \cdots, \alpha_{2r_2}, \cdots, \alpha_{m1}, \cdots, \alpha_{mr_m}, \tag{8.22}$$

若有数 $k_{11}, \cdots, k_{1r_1}, k_{21}, \cdots, k_{2r_2}, \cdots, k_{m1}, \cdots, k_{mr_m} \in \mathbb{F}$ 使得

$$(k_{11}\alpha_{11} + \cdots + k_{1r_1}\alpha_{1r_1}) + (k_{21}\alpha_{21} + \cdots + k_{2r_2}\alpha_{2r_2}) + \cdots$$
$$+ (k_{m1}\alpha_{m1} + \cdots + k_{mr_m}\alpha_{mr_m}) = 0,$$

则由于 $k_{11}\alpha_{11} + \cdots + k_{1r_1}\alpha_{1r_1} \in V_1, k_{21}\alpha_{21} + \cdots + k_{2r_2}\alpha_{2r_2} \in V_2, \cdots, k_{m1}\alpha_{m1} + \cdots + k_{mr_m}\alpha_{mr_m} \in V_m$, 以及 $V_1 + V_2 + \cdots + V_m$ 中零向量的表示法唯一, 所以有

$$k_{11}\alpha_{11} + \cdots + k_{1r_1}\alpha_{1r_1} = 0, k_{21}\alpha_{21} + \cdots + k_{2r_2}\alpha_{2r_2} = 0,$$

$$\cdots, k_{m1}\alpha_{m1} + \cdots + k_{mr_m}\alpha_{mr_m} = 0,$$

再由 $\alpha_{11}, \cdots, \alpha_{1r_1}$ 线性无关, $\alpha_{21}, \cdots, \alpha_{2r_2}$ 线性无关, $\cdots, \alpha_{m1}, \cdots, \alpha_{mr_m}$ 线性无关, 可得 $k_{11} = \cdots = k_{1r_1} = k_{21} = \cdots = k_{2r_2} = \cdots = k_{m1} = \cdots = k_{mr_m} = 0$, 这样, (8.22) 式中的向量组就线性无关了. 另一方面, 由定理 8.15 及数学归纳法可得

$$V_1 + V_2 + \cdots + V_m = L(\alpha_{11}, \cdots, \alpha_{1r_1}) + L(\alpha_{21}, \cdots, \alpha_{2r_1}) + \cdots + L(\alpha_{m1}, \cdots, \alpha_{mr_m})$$
$$= L(\alpha_{11}, \cdots, \alpha_{1r_1}, \alpha_{21}, \cdots, \alpha_{2r_1}, \cdots, \alpha_{m1}, \cdots, \alpha_{mr_m}), \quad (8.23)$$

即 $V_1 + V_2 + \cdots + V_m$ 中的每个向量都可由 (8.22) 式中的向量组来线性表出, 从而由基的定义可知 (8.22) 式中的向量组确实是 $V_1 + V_2 + \cdots + V_m$ 的一个基.

(3)⇒(4): 结论是显然成立的.

(4)⇒(5): 仍设 $V_1, V_2, \cdots, V_m$ 的基依次如 (8.22) 式中的向量组, 则同样由定理 8.15 及数学归纳法可知 (8.23) 式成立, 即 $V_1 + V_2 + \cdots + V_m$ 中每一个向量都可以由 (8.22) 式中的向量组线性表出, 并且这个向量组有 $r_1 + r_2 + \cdots + r_m$ 个向量. 由于此时有

$$\dim(V_1 + V_2 + \cdots + V_m) = \dim V_1 + \dim V_2 + \cdots + \dim V_m$$
$$= r_1 + r_2 + \cdots + r_m,$$

所以由习题 8.2 中第 9 题的结论可知 (8.22) 式中的向量组是 $V_1 + V_2 + \cdots + V_m$ 的一个基, 这样, 这个向量组便线性无关了, 从而对任何 $i = 2, 3, \cdots, m$, 向量组 $\alpha_{11}, \cdots, \alpha_{1r_1}, \alpha_{21}, \cdots, \alpha_{2r_1}, \cdots, \alpha_{i1}, \cdots, \alpha_{ir_i}$ 都线性无关. 现在, 如果 $\beta \in V_i \cap (V_1 + \cdots + V_{i-1})$, 则存在数 $l_{11}, \cdots, l_{1r_1}, \cdots, l_{i-1,1}, \cdots, l_{i-1,r_{i-1}}, l_{i1}, \cdots, l_{ir_i} \in \mathbb{F}$ 使得

$$\beta = l_{i1}\alpha_{i1} + \cdots + l_{ir_i}\alpha_{ir_i}$$
$$= l_{11}\alpha_{11} + \cdots + l_{1r_1}\alpha_{1r_1} + \cdots + l_{i-1,1}\alpha_{i-1,1} + \cdots + l_{i-1,r_{i-1}}\alpha_{i-1,r_{i-1}}.$$

由于向量组 $\alpha_{11}, \cdots, \alpha_{1r_1}, \cdots, \alpha_{i-1,1}, \cdots, \alpha_{i-1,r_{i-1}}, \alpha_{i1}, \cdots, \alpha_{ir_i}$ 线性无关, 所以上式中所有系数 $l_{11} = \cdots = l_{1r_1} = \cdots = l_{i-1,1} = \cdots = l_{i-1,r_{i-1}} = l_{i1} = \cdots = l_{ir_i} = 0$, 于是 $\beta = 0$, 即有

$$V_i \cap (V_1 + \cdots + V_{i-1}) = \{0\}.$$

(5)$\Rightarrow$(1): 设 α 是 $V_1 + V_2 + \cdots + V_m$ 中的任一向量, 如果有两种表示法

$$\alpha = \alpha_1 + \alpha_2 + \cdots + \alpha_m = \beta_1 + \beta_2 + \cdots + \beta_m,$$

其中 $\alpha_i, \beta_i \in V_i, i = 1, 2, \cdots, m$, 则有

$$\alpha_m - \beta_m = (\beta_1 - \alpha_1) + (\beta_2 - \alpha_2) + \cdots + (\beta_{m-1} - \alpha_{m-1}), \tag{8.24}$$

由于 $\beta_i - \alpha_i \in V_i \ (i = 1, 2, \cdots, m-1)$ 及 $\alpha_m - \beta_m \in V_m$, 所以

$$\alpha_m - \beta_m \in V_m \cap (V_1 + V_2 + \cdots + V_{m-1}),$$

而由条件 $V_m \cap (V_1 + V_2 + \cdots + V_{m-1}) = \{0\}$, 可知 $\alpha_m - \beta_m = 0$(即 $\alpha_m = \beta_m$), 将此式代入 (8.24) 式, 可得

$$\alpha_{m-1} - \beta_{m-1} = (\beta_1 - \alpha_1) + (\beta_2 - \alpha_2) + \cdots + (\beta_{m-2} - \alpha_{m-2}). \tag{8.25}$$

同理有

$$\alpha_{m-1} - \beta_{m-1} \in V_{m-1} \cap (V_1 + V_2 + \cdots + V_{m-2}).$$

再由条件 $V_{m-1} \cap (V_1 + V_2 + \cdots + V_{m-2}) = \{0\}$, 可知 $\alpha_{m-1} - \beta_{m-1} = 0$(即 $\alpha_{m-1} = \beta_{m-1}$), 将此式代入 (8.25) 式, 可得

$$\alpha_{m-2} - \beta_{m-2} = (\beta_1 - \alpha_1) + (\beta_2 - \alpha_2) + \cdots + (\beta_{m-3} - \alpha_{m-3}), \tag{8.26}$$

继续用同样的方法, 可得 $\alpha_{m-2} = \beta_{m-2}, \cdots, \alpha_2 = \beta_2, \alpha_1 = \beta_1$, 因此 $V_1 + V_2 + \cdots + V_m$ 是直和. $\qquad\square$

从定理 8.20 可以立即推出下面的常用定理.

　　定理 8.21　设 $V_1, V_2, \cdots, V_m$ 都是有限维线性空间 V 的子空间, 则 $V = V_1 \oplus V_2 \oplus \cdots \oplus V_m$ 的充要条件是将 $V_1, V_2, \cdots, V_m$ 各自的一个基全部合起来后便是 V 的一个基.

运用这个定理, 就可以把一个有限维线性空间 V 分解成它的一系列子空间的直和, 这样, V 的内部结构就十分清楚了.

习 题 8.6

1. 设 $A \in M_n(\mathbb{R})$, $V_1 = \{\alpha \in \mathbb{R}^n \mid A\alpha = 3\alpha\}$, $V_2 = \{\alpha \in \mathbb{R}^n \mid A\alpha = -2\alpha\}$, 证明: $V_1 + V_2$ 是直和.

2. 设 W 是由 $M_n(\mathbb{F})$ 中全体迹为零的矩阵组成的子空间 (习题 8.4 第 11 题), 证明:

$$M_n(\mathbb{F}) = W \oplus L(I),$$

其中 $L(I)$ 是由单位矩阵 I 生成的子空间.

3. 设 V_1, V_2 分别表示由数域 $\mathbb{F}$ 上所有 n 阶对称矩阵、反对称矩阵组成的子空间, 证明: $M_n(\mathbb{F}) = V_1 \oplus V_2$.

4. 用不同于定理 8.17 中各命题的证明顺序重新证明定理 8.17.

5. 设 V_1 是线性空间 $\mathbb{F}[x]$ 中全体这样的多项式

$$f(x) = a_n x^n + a_{n-1}x^{n-1} + \cdots + a_1 x + a_0,$$

它满足当 i 为偶数时 $a_i = 0$; 类似地, 设 V_2 是线性空间 $\mathbb{F}[x]$ 中全体这样的多项式

$$g(x) = b_m x^m + b_{m-1}x^{m-1} + \cdots + b_1 x + b_0,$$

它满足当 i 为奇数时 $b_i = 0$. 证明: $\mathbb{F}[x] = V_1 \oplus V_2$.

6. 设线性空间 $V = \mathbb{F}^n$, 其中 $\mathbb{F}$ 是数域, 记齐次线性方程组

$$x_1 + x_2 + \cdots + x_n = 0$$

的解空间为 V_1, 齐次线性方程组

$$\begin{cases} x_1 - x_2 & = 0, \\ x_1 & - x_3 & = 0, \\ & \cdots\cdots \\ x_1 & - x_n = 0 \end{cases}$$

的解空间为 V_2, 证明: $V = V_1 \oplus V_2$.

7. 设线性空间 $V = \mathbb{R}^4$, $W = L(\alpha_1, \alpha_2)$, 其中 $\alpha_1 = (1, -1, 2, 3)^{\mathrm{T}}$, $\alpha_2 = (-1, 2, -1, 1)^{\mathrm{T}}$, 求 W 在 V 中的一个直和补.

8. 设 W 是 n 维线性空间 V 的一个非平凡子空间, 证明: W 在 V 中有不止一个的直和补.

9. 设 $A \in M_n(\mathbb{F})$, 且 $A^2 = A$, 证明: $\mathbb{F}^n$ 可以分解为 $AX = 0$ 的解空间与 $(A - I)X = 0$ 的解空间的直和.

10. 设 $W = L(\alpha_1, \cdots, \alpha_r)$ 是 n 维线性空间 V 的一个 r 维子空间 $(r < n)$, 其直和补是 $W' = L(\beta_1, \cdots, \beta_{n-r})$, 又设 $M = L(\eta_1, \cdots, \eta_{n-r})$ 是 V 的一个 $n - r$ 维子空间, 并且成立等式

$$(\eta_1, \cdots, \eta_{n-r}) = (\alpha_1, \cdots, \alpha_r, \beta_1, \cdots, \beta_{n-r}) \begin{pmatrix} A \\ B \end{pmatrix},$$

其中 A 是 $r \times (n-r)$ 矩阵, B 是 $(n-r) \times (n-r)$ 矩阵, 证明: M 是 W 的直和补的充要条件是 $|B| \neq 0$.

11. 证明: 如果 $V = V_1 \oplus V_2$, $V_1 = V_3 \oplus V_4$, 则 $V = V_3 \oplus V_4 \oplus V_2$.

12. 证明: 每一个 n 维线性空间 V 都是 n 个 1 维子空间的直和.

13. 设 $V_1, V_2, \cdots, V_m$ 都是线性空间 V 的有限维子空间, 证明: $V_1 + V_2 + \cdots + V_m$ 是直和的充要条件是对任何 $i = 1, 2, \cdots, m$, 都有

$$V_i \cap (V_1 + \cdots + V_{i-1} + V_{i+1} + \cdots + V_m) = \{0\}.$$

14. 设 $A \in M_n(\mathbb{F})$, 这里 $\mathbb{F}$ 是数域, 并且 A 的特征多项式 $f_A(\lambda)$ 在 $\mathbb{F}$ 上可以分解成一次因式的乘积

$$f_A(\lambda) = (\lambda - \lambda_1)^{n_1} (\lambda - \lambda_2)^{n_2} \cdots (\lambda - \lambda_m)^{n_m},$$

其中 $\lambda_1, \lambda_2, \cdots, \lambda_m$ 是 A 的全部不同特征值, 用 $\overline{V}_{\lambda_i}$ 表示 A 的属于 λ_i 的特征子空间, 证明: A 可对角化的充要条件是

$$\mathbb{F}^n = \overline{V}_{\lambda_1} \oplus \overline{V}_{\lambda_2} \oplus \cdots \oplus \overline{V}_{\lambda_m}.$$

第 9 章　线 性 变 换

在第 8 章中, 我们初步研究了有限维线性空间的结构. 让人感到有些意外的是, 为了进一步揭示线性空间的内在性质, 还需借助于线性空间到其自身的映射 —— 线性变换.

先介绍有关映射的几个最基本的概念. 设 A, B 是两个非空集合, A 到 B 的**映射**是一个对应法则: 对于 A 中的每一个元素 α, 在 B 中有唯一的元素 β 与之对应, 映射常用 σ 等希腊字母表示, 记为 $\sigma : A \to B$, 上述两个元素的对应关系记成 $\sigma(\alpha) = \beta$, β 称为 α 在映射 σ 下的**像**, 而 α 则称为 β 的一个原像. A 到 A 本身的映射称为 A 上的**变换**. 在映射 $\sigma : A \to B$ 中, 如果对 A 中任意两个不同的元素 α_1, α_2 有 $\sigma(\alpha_1) \neq \sigma(\alpha_2)$, 则称 σ 是**单射**. 对于映射 $\sigma : A \to B$ 来说, 所有 A 中元素的像的集合是 B 的一个子集, 它称为 σ 的**值域**, 记为 $\mathrm{Im}(\sigma)$, 即 $\mathrm{Im}(\sigma) = \{\sigma(\alpha) | \alpha \in A\}$, 如果 $\mathrm{Im}(\sigma) = B$, 那么称 σ 是**满射**. 如果映射 $\sigma : A \to B$ 既是单射又是满射, 则称 σ 是**双射**(或**一一对应**), 此时对 B 中的任一元素 β, 都有 A 中唯一的元素 α 与之对应, 因此可以定义逆映射 $\sigma^{-1} : B \to A$, 它使 $\sigma^{-1}(\beta) = \alpha$.

9.1　线性变换的概念

9.1.1　初等几何中的仿射变换

线性变换的概念来源于经典的欧氏几何、仿射几何与射影几何中的图形变换. 这里举一个中学平面几何中求面积的例子: 设 E 和 F 分别是平行四边形 $ABCD$ 两边 DC 和 BC 的中点 (图 9.1), 连接 AE, BE, 与连线 DF 分别交于 P, Q 两点, 问三角形 EPQ 与平行四边形 $ABCD$ 的面积之比是多少?

平面几何中有一种把平行线变成平行线, 并且保持两平行线段长度之比 (例如保持中点) 不变的**仿射变换**, 可以证明仿射变换保持两块图形面积之比不变. 我们可以用一个仿射变换把平行四边形 $ABCD$ 变成正方形 $A'B'C'D'$, 此时 E 和 F 的对应点 E' 和 F' 仍是相关线段的中点 (图 9.2). 这样, 问题就转化为求三角形 $E'P'Q$ 与正方形 $A'B'C'D'$ 的面积之比, 再设该正方形的边长为 1, 则问题就变成求三角形 $E'P'Q'$ 的面积了. 用初等几何方法容易求出三角形 $E'P'Q'$ 的面积是 $\frac{1}{30}$(习题 9.1 第 1 题), 因此原来的三角形 EPQ 与平行四边形 $ABCD$ 的面积之比也等于 $\frac{1}{30}$.

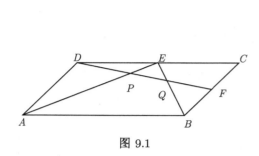

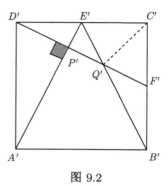

图 9.1   图 9.2

从这个例子可以看到, 仿射变换的好处是把一个比较困难的问题化成了一个简单的问题.

平面仿射变换可以很方便地用平面直角坐标来表示和进行计算. 例如, 变换式

$$\begin{cases} x' = x - \dfrac{a}{b}y, \\ y' = \quad\ \dfrac{1}{b}y \end{cases} \tag{9.1}$$

就可以把图 9.3 中的平行四边形 $OABC$ 变成单位边长的正方形 $OADE$: 把 C 点坐标 $x = a, y = b$ 代入 (9.1) 式右边, 得 E 点的坐标 $x' = 0, y' = 1$, 同理 B 点变成了 D 点, 并且 O 点和 A 点在此变换下保持不动 (其实 x 轴上所有点都不动). 容易验证 (9.1) 式把平行直线变成平行直线, 并且保持两平行线段的长度之比 (习题 9.1第 14 题).

一般来说, 保持原点不动的平面仿射变换的变换式是

$$\begin{cases} x' = a_{11}x + a_{12}y, \\ y' = a_{21}x + a_{22}y, \end{cases} \quad 其中 \begin{vmatrix} a_{11} & a_{12} \\ a_{21} & a_{22} \end{vmatrix} \neq 0, \tag{9.2}$$

它实际上包括了一些常见的几何变换:

(1) 伸缩变换. 例如

$$\begin{cases} x' = \dfrac{x}{\sqrt{3}}, \\ y' = \dfrac{y}{\sqrt{2}} \end{cases}$$

就是一个把椭圆 $\dfrac{x^2}{3} + \dfrac{y^2}{2} = 1$ 进行 "压缩" 变成了圆 $x^2 + y^2 = 1$ 的仿射变换.

(2) 关于 x 轴的反射变换

$$\begin{cases} x' = x, \\ y' = -y. \end{cases}$$

(3) 绕原点逆时针方向旋转 θ 角的旋转变换

$$\begin{cases} x' = x\cos\theta - y\sin\theta, \\ y' = x\sin\theta + y\cos\theta. \end{cases}$$

推导过程是 (图 9.4): 由 $x = r\cos\varphi, y = r\sin\varphi$ 得到

$$x' = r\cos(\theta + \varphi) = r\cos\theta\cos\varphi - r\sin\theta\sin\varphi, = x\cos\theta - y\sin\theta,$$

$$y' = r\sin(\theta + \varphi) = r\sin\theta\cos\varphi + r\cos\theta\sin\varphi = x\sin\theta + y\cos\theta.$$

(注意这里的旋转变换式与坐标轴旋转公式 (7.5) 的区别, 在这里, 除原点外, 每一点经过变换后位置都改变, 而在坐标轴旋转时, 每一点的位置都是不动的.)

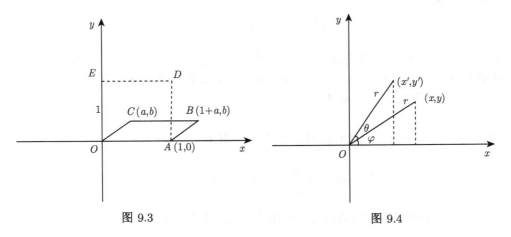

图 9.3   图 9.4

9.1.2   线性变换的定义及例子

我们一般把仿射变换式 (9.2) 写成矩阵形式, 并且用 σ 来表示这个变换, 这样, (9.2) 式就可以写成

$$\sigma\begin{pmatrix} x \\ y \end{pmatrix} = \begin{pmatrix} x' \\ y' \end{pmatrix} = \begin{pmatrix} a_{11}x + a_{12}y \\ a_{21}x + a_{22}y \end{pmatrix} = \begin{pmatrix} a_{11} & a_{12} \\ a_{21} & a_{22} \end{pmatrix}\begin{pmatrix} x \\ y \end{pmatrix}.$$

变换 $\sigma : \mathbb{R}^2 \to \mathbb{R}^2$ 的一个本质特征是它满足以下两个条件:

(1) 对任何 $\alpha = (x, y)^{\mathrm{T}}, \beta = (u, v)^{\mathrm{T}} \in \mathbb{R}^2, \sigma(\alpha + \beta) = \sigma(\alpha) + \sigma(\beta)$;

(2) 对任何 $k \in \mathbb{R}$ 和任何 $\alpha = (x, y)^{\mathrm{T}} \in \mathbb{R}^2, \sigma(k\alpha) = k\sigma(\alpha)$.

验证是容易的:

$$\sigma(\alpha + \beta) = \sigma \begin{pmatrix} x + u \\ y + v \end{pmatrix} = \begin{pmatrix} a_{11} & a_{12} \\ a_{21} & a_{22} \end{pmatrix} \begin{pmatrix} x + u \\ y + v \end{pmatrix}$$

$$= \begin{pmatrix} a_{11} & a_{12} \\ a_{21} & a_{22} \end{pmatrix} \begin{pmatrix} x \\ y \end{pmatrix} + \begin{pmatrix} a_{11} & a_{12} \\ a_{21} & a_{22} \end{pmatrix} \begin{pmatrix} u \\ v \end{pmatrix}$$

$$= \sigma \begin{pmatrix} x \\ y \end{pmatrix} + \sigma \begin{pmatrix} u \\ v \end{pmatrix} = \sigma(\alpha) + \sigma(\beta),$$

$$\sigma(k\alpha) = \sigma \begin{pmatrix} kx \\ ky \end{pmatrix} = \begin{pmatrix} a_{11} & a_{12} \\ a_{21} & a_{22} \end{pmatrix} \begin{pmatrix} kx \\ ky \end{pmatrix} = k \begin{pmatrix} a_{11} & a_{12} \\ a_{21} & a_{22} \end{pmatrix} \begin{pmatrix} x \\ y \end{pmatrix} = k\sigma(\alpha).$$

实际上, 还有许多其他的变换也满足这两个条件. 例如, 在线性空间 $C[a,b]$ 上的积分变换

$$\tau(f(x)) = \int_a^x f(t)\mathrm{d}t = F(x)$$

就把 $[a,b]$ 上任何一个实连续函数 $f(x)$ 映成了它的一个原函数 $F(x)$(即 $F(x)$ 的导函数是 $f(x)$, 因此 $F(x)$ 一定在 $[a,b]$ 上连续). 由定积分的性质可知, 对任何 $f(x)$, $g(x) \in C[a,b]$ 和任何 $k \in \mathbb{R}$, 有

$$\tau(f(x) + g(x)) = \int_a^x (f(t) + g(t))\mathrm{d}t = \int_a^x f(t)\mathrm{d}t + \int_a^x g(t)\mathrm{d}t = \tau(f(x)) + \tau(g(x)),$$

$$\tau(kf(x)) = \int_a^x kf(t)\mathrm{d}t = k \int_a^x f(t)\mathrm{d}t = k\tau(f(x)).$$

将这些不同变换中的共同点抽象出来, 就形成了下面的基本定义.

定义 9.1　线性变换

设 V 是数域 $\mathbb{F}$ 上的线性空间, σ 是 V 上的一个变换, 如果它满足条件:

(1) 对任何 $\alpha, \beta \in V, \sigma(\alpha + \beta) = \sigma(\alpha) + \sigma(\beta)$;

(2) 对任何 $\alpha \in V$ 和任何 $k \in \mathbb{F}$, $\sigma(k\alpha) = k\sigma(\alpha)$, 则称 σ 是 V 上的**线性变换**.

以下是一些常用的线性变换:

(1) 在线性空间 $\mathbb{F}^n$ 中, 令变换

$$\sigma \begin{pmatrix} x_1 \\ x_2 \\ \vdots \\ x_n \end{pmatrix} = \begin{pmatrix} a_{11}x_1 + a_{12}x_2 + \cdots + a_{1n}x_n \\ a_{21}x_1 + a_{22}x_2 + \cdots + a_{2n}x_n \\ \vdots \\ a_{n1}x_1 + a_{n2}x_2 + \cdots + a_{nn}x_n \end{pmatrix},$$

其中 $a_{ij} \in \mathbb{F}(i, j = 1, 2, \cdots, n)$, 和仿射变换式 (9.2) 一样容易验证 $\sigma : \mathbb{F}^n \to \mathbb{F}^n$ 是线性变换, 并且可以将这个线性变换写成矩阵形式: $\sigma(X) = AX$, 其中 $A = (a_{ij})_{n \times n}$, $X = (x_1, x_2, \cdots, x_n)^{\mathrm{T}}$. 例如当 $n = 3$ 时,

$$\sigma \begin{pmatrix} x \\ y \\ z \end{pmatrix} = \begin{pmatrix} 2x + y + z \\ x - y + z \\ 3y - z \end{pmatrix} = \begin{pmatrix} 2 & 1 & 1 \\ 1 & -1 & 1 \\ 0 & 3 & -1 \end{pmatrix} \begin{pmatrix} x \\ y \\ z \end{pmatrix} \tag{9.3}$$

就是 $\mathbb{F}^3$ 上的一个线性变换.

(2) 在线性空间 $\mathbb{F}[x]$ (或 $\mathbb{F}[x]_n$) 中, 求多项式的导数显然是一个线性变换: 对任何 $f(x) \in \mathbb{F}[x]$ (或 $\mathbb{F}[x]_n$), 令

$$D(f(x)) = f'(x).$$

例如, 当 $f(x) = ax^3 + bx^2 + cx + d$ 时, $D(f(x)) = 3ax^2 + 2bx + c$.

(3) 设 V 是数域 $\mathbb{F}$ 上的线性空间, $k \in \mathbb{F}$ 是固定的数, 定义 V 上的**数乘变换**如下: 对任何 $\alpha \in V$,

$$\rho(\alpha) = k\alpha.$$

容易验证 ρ 是一个线性变换. 当 $k = 1$ 时, 我们得到**恒等变换** ε: 对任何 $\alpha \in V$, $\varepsilon(\alpha) = \alpha$. 当 $k = 0$ 时, 则得到**零变换** θ: 对任何 $\alpha \in V, \theta(\alpha) = 0$.

(4) 在线性空间 $M_2(\mathbb{F})$ 中, 对任何 $Z \in M_2(\mathbb{F})$, 记变换

$$\sigma(Z) = MZ - ZM, \quad \text{其中} M = \begin{pmatrix} 3 & -2 \\ 4 & 1 \end{pmatrix}.$$

则由于对任何 $Y, Z \in M_2(\mathbb{F})$ 和任何 $k \in \mathbb{F}$, 有

$$\begin{aligned} \sigma(Y + Z) &= M(Y + Z) - (Y + Z)M \\ &= (MY - YM) + (MZ - ZM) = \sigma(Y) + \sigma(Z), \\ \sigma(kZ) &= M(kZ) - kZM = k(MZ - ZM) = k\sigma(Z), \end{aligned}$$

所以 σ 是 $M_2(\mathbb{F})$ 上的线性变换.

(5) 在 $\mathbb{R}^3$ 几何空间中, 向量 **a** 在一个固定非零向量 **b** 方向上的投影向量是 (见 (1.22) 式):

$$\mathbf{a_b} = \left(\frac{\mathbf{a} \cdot \mathbf{b}}{\mathbf{b} \cdot \mathbf{b}} \right) \mathbf{b},$$

它可以看成 $\mathbb{R}^3$ 中的一个变换, 这个变换把 $\mathbb{R}^3$ 中的任一向量 **a** 映成 **a** 在 **b** 方向上的投影向量 $\mathbf{a_b}$, 称为直线投影变换, 记成

$$\pi_{\mathbf{b}}(\mathbf{a}) = \mathbf{a_b} = \left(\frac{\mathbf{a} \cdot \mathbf{b}}{\mathbf{b} \cdot \mathbf{b}} \right) \mathbf{b}.$$

由于对任何 $\mathbf{a}, \mathbf{c} \in \mathbb{R}^3$ 和任何 $k \in \mathbb{R}$ 都有

$$\pi_{\mathbf{b}}(\mathbf{a} + \mathbf{c}) = \left(\frac{(\mathbf{a} + \mathbf{c}) \cdot \mathbf{b}}{\mathbf{b} \cdot \mathbf{b}} \right) \mathbf{b} = \left(\frac{\mathbf{a} \cdot \mathbf{b} + \mathbf{c} \cdot \mathbf{b}}{\mathbf{b} \cdot \mathbf{b}} \right) \mathbf{b}$$

$$= \left(\frac{\mathbf{a} \cdot \mathbf{b}}{\mathbf{b} \cdot \mathbf{b}} \right) \mathbf{b} + \left(\frac{\mathbf{c} \cdot \mathbf{b}}{\mathbf{b} \cdot \mathbf{b}} \right) \mathbf{b} = \pi_{\mathbf{b}}(\mathbf{a}) + \pi_{\mathbf{b}}(\mathbf{c}), \tag{9.4}$$

$$\pi_{\mathbf{b}}(k\mathbf{a}) = \left(\frac{(k\mathbf{a}) \cdot \mathbf{b}}{\mathbf{b} \cdot \mathbf{b}} \right) \mathbf{b} = k \left(\frac{\mathbf{a} \cdot \mathbf{b}}{\mathbf{b} \cdot \mathbf{b}} \right) \mathbf{b} = k\pi_{\mathbf{b}}(\mathbf{a}), \tag{9.5}$$

所以直线投影变换 $\pi_{\mathbf{b}}$ 是一个线性变换.

下面的两个变换虽然和线性变换 (9.3) 有些接近, 但却不是线性变换:

(1) 在线性空间 $\mathbb{R}^2$ 中, 有变换

$$\varphi \begin{pmatrix} x \\ y \end{pmatrix} = \begin{pmatrix} 2x \\ y^2 \end{pmatrix},$$

由于对 $\alpha = (0,1)^{\mathrm{T}}, \beta = (0,2)^{\mathrm{T}}$ 来说 $\varphi(\alpha) = (0,1)^{\mathrm{T}}, \varphi(\beta) = (0,4)^{\mathrm{T}}, \varphi(\alpha + \beta) = (0,9)^{\mathrm{T}} \neq \varphi(\alpha) + \varphi(\beta)$, 所以 φ 不是 $\mathbb{R}^2$ 上的线性变换.

(2) 在线性空间 $\mathbb{R}^3$ 中, 有变换

$$\psi \begin{pmatrix} x \\ y \\ z \end{pmatrix} = \begin{pmatrix} x - 1 \\ y \\ 2z \end{pmatrix},$$

由于对 $\alpha = (1,0,0)$, 有 $\psi(\alpha) = 0$, 并且 $\psi(2\alpha) = (1,0,0)^{\mathrm{T}} \neq 2\psi(\alpha)$, 所以 ψ 不是线性变换.

9.1.3 线性变换的一些简单性质

设 σ 是数域 $\mathbb{F}$ 上线性空间 V 中的线性变换, 则从线性变换的定义可以直接推导出以下一些简单性质:

(1) $\sigma(0) = 0$, 且对任何 $\alpha \in V$, $\sigma(-\alpha) = -\sigma(\alpha)$. 这是因为

$$\sigma(0) = \sigma(0\alpha) = 0\sigma(\alpha) = 0,$$

$$\sigma(-\alpha) = \sigma((-1)\alpha) = (-1)\sigma(\alpha) = -\sigma(\alpha).$$

(2) 线性变换保持向量组的线性组合与线性相关性质不变. 这是因为若设

$$\beta = k_1\alpha_1 + k_2\alpha_2 + \cdots + k_m\alpha_m,$$

其中 $k_i \in \mathbb{F}(i = 1, 2, \cdots, m)$, 则由数学归纳法得

$$\sigma(\beta) = \sigma(k_1\alpha_1 + k_2\alpha_2 + \cdots + k_m\alpha_m)$$

$$= \sigma(k_1\alpha_1) + \sigma(k_2\alpha_2) + \cdots + \sigma(k_m\alpha_m)$$

$$= k_1\sigma(\alpha_1) + k_2\sigma(\alpha_2) + \cdots + k_m\sigma(\alpha_m),$$

因此 $\sigma(\beta)$ 也是 $\sigma(\alpha_1), \sigma(\alpha_2), \cdots, \sigma(\alpha_m)$ 的线性组合. 如果向量组 $\alpha_1, \alpha_2, \cdots, \alpha_m$ 线性相关, 即存在不全为零的数 $l_1, l_2, \cdots, l_m$, 使得

$$l_1\alpha_1 + l_2\alpha_2 + \cdots + l_m\alpha_m = 0,$$

则由 $\sigma(0) = 0$ 可得

$$l_1\sigma(\alpha_1) + l_2\sigma(\alpha_2) + \cdots + l_m\sigma(\alpha_m) = \sigma(l_1\alpha_1 + l_2\alpha_2 + \cdots + l_m\alpha_m) = \sigma(0) = 0,$$

因此向量组 $\sigma(\alpha_1), \sigma(\alpha_2), \cdots, \sigma(\alpha_m)$ 线性相关. 不过应该注意线性变换也可能把线性无关的向量组变成线性相关的向量组. 例如, 在 $\mathbb{R}^2$ 中的线性变换

$$\sigma\begin{pmatrix} x \\ y \end{pmatrix} = \begin{pmatrix} x \\ 0 \end{pmatrix}$$

就把不共线的向量组 $(1,2)^{\mathrm{T}}, (2,1)^{\mathrm{T}}$ 变成了共线的向量组 $(1,0)^{\mathrm{T}}, (2,0)^{\mathrm{T}}$.

9.1.4 线性变换的加法及数乘

不同线性变换之间的一些关系可以通过线性变换的加法与数乘运算表示出来. 例如在 $\mathbb{R}^3$ 几何空间中, 考虑任一向量 $\mathbf{a}$ 在以向量 $\mathbf{b}$ 作为法向量的平面 γ 上的投影变换 $\pi(\mathbf{a})$(图 9.5),

这个变换可以这样来产生: 先将 $\mathbf{a}$ 投影到法向量 $\mathbf{b}$ 的方向上, 得到向量 $\pi_{\mathbf{b}}(\mathbf{a})$, 然后与 $\mathbf{a}$ 相减, 得到平面 γ 内的投影向量

$$\pi(\mathbf{a}) = \mathbf{a} - \pi_{\mathbf{b}}(\mathbf{a}),$$

我们称 π 为平面投影变换, 它是恒等变换 ε 与直线投影变换 $\pi_{\mathbf{b}}$ 的差:

$$\pi = \varepsilon - \pi_{\mathbf{b}}. \tag{9.6}$$

容易证明平面投影变换 π 是 $\mathbb{R}^3$ 上的一个线性变换 (习题 9.1 第 3 题).

不仅如此, $\mathbb{R}^3$ 中每个向量 $\mathbf{a}$ 对于固定平面 γ 的反射 $\pi'(\mathbf{a})$ 也是 $\mathbb{R}^3$ 上的一个线性变换 (图 9.6), 这是因为有

$$\pi'(\mathbf{a}) = \mathbf{a} - 2\pi_{\mathbf{b}}(\mathbf{a}),$$

并且对任何 $\mathbf{a}, \mathbf{c} \in \mathbb{R}^3$ 和任何 $k \in \mathbb{R}$, 由 (9.4), (9.5) 两式可得

$$\pi'(\mathbf{a} + \mathbf{c}) = (\mathbf{a} + \mathbf{c}) - 2\pi_{\mathbf{b}}(\mathbf{a} + \mathbf{c})$$

$$= (\mathbf{a} - 2\pi_{\mathbf{b}}(\mathbf{a})) + (\mathbf{c} - 2\pi_{\mathbf{b}}(\mathbf{c})) = \pi'(\mathbf{a}) + \pi'(\mathbf{c}),$$

$$\pi'(k\mathbf{a}) = k\mathbf{a} - 2\pi_{\mathbf{b}}(k\mathbf{a}) = k\mathbf{a} - 2k\pi_{\mathbf{b}}(\mathbf{a}) = k(\mathbf{a} - 2\pi_{\mathbf{b}}(\mathbf{a})) = k\pi'(\mathbf{a}).$$

从这里我们看到, 用两个线性变换 ε 和 $\pi_{\mathbf{b}}$ 进行适当的相加与数乘运算之后, 可以产生新的有用的线性变换 (例如 $\varepsilon + (-1)\pi_{\mathbf{b}} = \pi$).

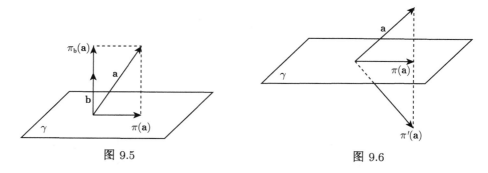

图 9.5　　　　　　　　　　　　　　　　　　　图 9.6

一般而言, 记数域 $\mathbb{F}$ 上的线性空间 V 的所有线性变换的集合为 $\mathfrak{L}(V)$, 对任何 $\sigma, \tau \in \mathfrak{L}(V)$, 定义它们的**和**$\sigma + \tau$ 为

$$(\sigma + \tau)(\alpha) = \sigma(\alpha) + \tau(\alpha), \quad \text{对任何}\, \alpha \in V,$$

则 $\sigma + \tau$ 仍是 V 上的线性变换, 这是因为对任何 $\alpha, \beta \in V$ 和任何 $k \in \mathbb{F}$, 有

$$\begin{aligned}
(\sigma + \tau)(\alpha + \beta) &= \sigma(\alpha + \beta) + \tau(\alpha + \beta) = \sigma(\alpha) + \sigma(\beta) + \tau(\alpha) + \tau(\beta) \\
&= (\sigma(\alpha) + \tau(\alpha)) + (\sigma(\beta) + \tau(\beta)) = (\sigma + \tau)(\alpha) + (\sigma + \tau)(\beta), \\
(\sigma + \tau)(k\alpha) &= \sigma(k\alpha) + \tau(k\alpha) = k\sigma(\alpha) + k\tau(\alpha) \\
&= k(\sigma(\alpha) + \tau(\alpha)) = k(\sigma + \tau)(\alpha).
\end{aligned}$$

再对任何 $\sigma \in \mathfrak{L}(V)$ 和任何 $k \in \mathbb{F}$, 定义 k 与 σ 的**数乘**$k\sigma$ 为

$$\text{对任何}\, \alpha \in V, \quad (k\sigma)(\alpha) = k\sigma(\alpha),$$

则 $k\alpha$ 还是 V 上的线性变换, 这是因为对任何 $\alpha, \beta \in V$ 和任何 $l \in \mathbb{F}$, 有

$$\begin{aligned}
(k\sigma)(\alpha + \beta) &= k\sigma(\alpha + \beta) = k\sigma(\alpha) + k\sigma(\beta) = (k\sigma)(\alpha) + (k\sigma)(\beta), \\
(k\sigma)(l\alpha) &= k\sigma(l\alpha) = kl\sigma(\alpha) = l(k\sigma)(\alpha) = l((k\sigma)(\alpha)).
\end{aligned}$$

例 9.1　对 $\mathbb{R}^3$ 中的两个线性变换

$$\sigma \begin{pmatrix} x \\ y \\ z \end{pmatrix} = \begin{pmatrix} 0 \\ x \\ y \end{pmatrix} \quad \text{与} \quad \tau \begin{pmatrix} x \\ y \\ z \end{pmatrix} = \begin{pmatrix} x \\ z \\ 0 \end{pmatrix},$$

求线性变换 $\sigma + \tau$ 和 5σ.

解 由线性变换的和与数乘定义可得

$$(\sigma + \tau)\begin{pmatrix} x \\ y \\ z \end{pmatrix} = \sigma\begin{pmatrix} x \\ y \\ z \end{pmatrix} + \tau\begin{pmatrix} x \\ y \\ z \end{pmatrix} = \begin{pmatrix} 0 \\ x \\ y \end{pmatrix} + \begin{pmatrix} x \\ z \\ 0 \end{pmatrix} = \begin{pmatrix} x \\ x + z \\ y \end{pmatrix},$$

$$(5\sigma)\begin{pmatrix} x \\ y \\ z \end{pmatrix} = 5\sigma\begin{pmatrix} x \\ y \\ z \end{pmatrix} = 5\begin{pmatrix} 0 \\ x \\ y \end{pmatrix} = \begin{pmatrix} 0 \\ 5x \\ 5y \end{pmatrix}. \qquad \square$$

9.1.5 线性变换的乘法及多项式

类似于微积分中由两个函数 $f(x)$ 与 $g(x)$ 复合而成的复合函数 $(f \circ g)(x) = f(g(x))$, 我们也可以定义 $\mathfrak{L}(V)$ 中任意两个线性变换 σ 与 τ 的 "复合" 线性变换 $\sigma\tau$:

$$(\sigma\tau)(\alpha) = \sigma(\tau(\alpha)), \quad 对任何 \alpha \in V.$$

首先要证明 $\sigma\tau$ 确实是一个线性变换, 即对任何的 $\alpha, \beta \in V$ 和任何 $k \in \mathbb{F}$, 有

$$(\sigma\tau)(\alpha + \beta) = \sigma(\tau(\alpha + \beta)) = \sigma(\tau(\alpha) + \tau(\beta))$$
$$= \sigma(\tau(\alpha)) + \sigma(\tau(\beta)) = (\sigma\tau)(\alpha) + (\sigma\tau)(\beta),$$
$$(\sigma\tau)(k\alpha) = \sigma(\tau(k\alpha)) = \sigma(k\tau(\alpha)) = k\sigma(\tau(\alpha)) = k(\sigma\tau)(\alpha).$$

这样, $\sigma\tau \in \mathfrak{L}(V)$, 我们称 $\sigma\tau$ 为 σ 与 τ 的**乘积**, 后面将看到线性变换的这种乘法与矩阵的乘法有着十分紧密的联系. 下面把乘积 $\sigma\sigma$ 记为 σ^2.

例 9.2 对例 9.1 中的线性变换 σ 与 τ, 求乘积 $\sigma\tau, \tau\sigma, \sigma^2$ 及 $(\sigma + \tau)^2$.

解 由乘积的定义可得

$$(\sigma\tau)\begin{pmatrix} x \\ y \\ z \end{pmatrix} = \sigma\left(\tau\begin{pmatrix} x \\ y \\ z \end{pmatrix}\right) = \sigma\begin{pmatrix} x \\ z \\ 0 \end{pmatrix} = \begin{pmatrix} 0 \\ x \\ z \end{pmatrix},$$

$$(\tau\sigma)\begin{pmatrix} x \\ y \\ z \end{pmatrix} = \tau\left(\sigma\begin{pmatrix} x \\ y \\ z \end{pmatrix}\right) = \tau\begin{pmatrix} 0 \\ x \\ y \end{pmatrix} = \begin{pmatrix} 0 \\ y \\ 0 \end{pmatrix},$$

$$\sigma^2\begin{pmatrix} x \\ y \\ z \end{pmatrix} = \sigma\left(\sigma\begin{pmatrix} x \\ y \\ z \end{pmatrix}\right) = \sigma\begin{pmatrix} 0 \\ x \\ y \end{pmatrix} = \begin{pmatrix} 0 \\ 0 \\ x \end{pmatrix},$$

再由例 9.1 中的结果, 得

$$(\sigma + \tau)^2 = (\sigma + \tau)\left((\sigma + \tau)\begin{pmatrix} x \\ y \\ z \end{pmatrix}\right) = (\sigma + \tau)\begin{pmatrix} x \\ x + z \\ y \end{pmatrix} = \begin{pmatrix} x \\ x + y \\ x + z \end{pmatrix}. \qquad \square$$

从这个例子可以看到, 一般来说 $\sigma\tau = \tau\sigma$ 不能成立, 即线性变换的乘法是不可交换的. 不过 $\mathfrak{L}(V)$ 中所有的线性变换 σ 都与恒等变换 ε 可交换, 即有 $\varepsilon\sigma = \sigma\varepsilon = \sigma$.

接下来我们可以证明线性变换的乘法满足结合律, 即对任何 $\sigma, \tau, \rho \in \mathfrak{L}(V)$, 有

$$(\sigma\tau)\rho = \sigma(\tau\rho).$$

这是因为对任何 $\alpha \in V$,

$$((\sigma\tau)\rho)(\alpha) = (\sigma\tau)(\rho(\alpha)) = \sigma(\tau(\rho(\alpha))) = \sigma((\tau\rho)(\alpha)) = (\sigma(\tau\rho))(\alpha).$$

此外还可以证明线性变换的乘法对加法有左右分配律 (习题 9.1 第 9 题), 即对任何 $\sigma, \tau, \rho \in \mathfrak{L}(V)$, 有

$$\sigma(\tau + \rho) = \sigma\tau + \sigma\rho \quad 和 \quad (\tau + \rho)\sigma = \tau\sigma + \rho\sigma.$$

建议读者用 $(\sigma + \tau)^2 = \sigma^2 + \sigma\tau + \tau\sigma + \tau^2$ 来重新计算例 9.2 中的 $(\sigma + \tau)^2$(习题 9.1 第 8 题).

由于线性变换的乘法满足结合律, 所以当 n 个线性变换 σ 重复相乘时, 其最终结果与相乘的顺序无关, 这个结果用 σ^n 来表示, 并称为 σ 的n **次幂**, 另外再定义 $\sigma^0 = \varepsilon$. 显然在这里指数法则

$$\sigma^m\sigma^n = \sigma^{m+n} \quad 和 \quad (\sigma^m)^n = \sigma^{mn}$$

是成立的. 不过由于线性变换的乘法不满足交换律, 所以一般来说 $(\sigma\tau)^n \neq \sigma^n\tau^n$.

有了线性变换 σ 的正整数幂, 就可以定义 σ 的多项式了. 设

$$f(x) = a_n x^n + a_{n-1} x^{n-1} + \cdots + a_1 x + a_0$$

是 $\mathbb{F}[x]$ 中的一个多项式, $\sigma \in \mathfrak{L}(V)$. 现在定义变换

$$f(\sigma) = a_n \sigma^n + a_{n-1} \sigma^{n-1} + \cdots + a_1 \sigma + a_0 \varepsilon.$$

容易验证 $f(\sigma)$ 是线性空间 V 上的一个线性变换, 它称为 σ 的**多项式**. 如果 $g(x) \in \mathbb{F}[x]$, 则对多项式 $h(x) = f(x) + g(x)$ 和 $p(x) = f(x)g(x)$ 来说, 必有

$$h(\sigma) = f(\sigma) + g(\sigma) \quad 和 \quad p(\sigma) = f(\sigma)g(\sigma).$$

由于 $p(x) = g(x)f(x)$, 所以进一步有

$$f(\sigma)g(\sigma) = g(\sigma)f(\sigma),$$

即同一个线性变换的多项式乘法是可以交换的.

在一元微积分中, 如果函数 $y = f(x)$ 有反函数 $x = f^{-1}(y)$, 那么它一定满足

$$f(f^{-1}(y)) = y \quad \text{和} \quad f(f^{-1}(x)) = x.$$

类似地, 线性空间 V 上的线性变换 σ 也可能有 "反" 变换: 如果存在 $\tau \in \mathfrak{L}(V)$, 使得

$$\sigma\tau = \tau\sigma = \varepsilon,$$

那么就称线性变换 σ 是**可逆**的, 此时线性变换 τ 称为 σ 的**逆变换**, 记为 σ^{-1}. 例如, 对于线性空间 $\mathbb{R}^2$ 中的线性变换

$$\sigma \begin{pmatrix} x \\ y \end{pmatrix} = \begin{pmatrix} 2x + y \\ 3x - y \end{pmatrix},$$

若记 $x' = 2x + y, y' = 3x - y$, 那么就可以从中解出

$$x = \frac{1}{5}x' + \frac{1}{5}y', \quad y = \frac{3}{5}x' - \frac{2}{5}y',$$

然后按照自变量仍用 x, y, 因变量仍用 x', y' 的习惯 (这与求 $y = f(x)$ 的反函数一样), 将上面两式所表示的逆变换 σ^{-1} 写成

$$x' = \frac{1}{5}x + \frac{1}{5}y, \quad y' = \frac{3}{5}x - \frac{2}{5}y. \tag{9.7}$$

我们可以验证 $\sigma\sigma^{-1} = \varepsilon$:

$$(\sigma\sigma^{-1}) \begin{pmatrix} x \\ y \end{pmatrix} = \sigma \left(\sigma^{-1} \begin{pmatrix} x \\ y \end{pmatrix} \right) = \sigma \begin{pmatrix} \dfrac{1}{5}x + \dfrac{1}{5}y \\ \dfrac{3}{5}x - \dfrac{2}{5}y \end{pmatrix}$$

$$= \begin{pmatrix} 2 \left(\dfrac{1}{5}x + \dfrac{1}{5}y \right) + \left(\dfrac{3}{5}x - \dfrac{2}{5}y \right) \\ 3 \left(\dfrac{1}{5}x + \dfrac{1}{5}y \right) - \left(\dfrac{3}{5}x - \dfrac{2}{5}y \right) \end{pmatrix} = \begin{pmatrix} x \\ y \end{pmatrix}.$$

同理可验证 $\sigma^{-1}\sigma = \varepsilon$(请读者验证). 从上面的 (9.7) 式可知, σ 的逆变换 σ^{-1} 确实是线性变换.

习 题 9.1

1. 用初等几何方法求图 9.2 中三角形 $E'P'Q'$ 的面积.

2. 判别下面所定义的变换, 哪些是线性的, 哪些不是:

(1) 在线性空间 V 中, $\sigma(\alpha) = \alpha + \xi$, 其中 $\xi \in V$ 是一个固定的向量;

(2) 在线性空间 V 中, $\sigma(\alpha) = \xi$, 其中 $\xi \in V$ 是一个固定的向量;

(3) 在 $\mathbb{F}^3$ 中,

$$\sigma \begin{pmatrix} x \\ y \\ z \end{pmatrix} = \begin{pmatrix} x+y \\ y^2 \\ z \end{pmatrix};$$

(4) 在 $\mathbb{F}^3$ 中,

$$\sigma \begin{pmatrix} x \\ y \\ z \end{pmatrix} = \begin{pmatrix} x-y \\ y+2z \\ x \end{pmatrix};$$

(5) 在 $\mathbb{F}[x]$ 中, $\sigma(f(x)) = f(x-1)$;

(6) 在 $\mathbb{F}[x]$ 中, $\sigma(f(x)) = f(x_0)$, 其中 $x_0 \in \mathbb{F}$ 是一个固定的数;

(7) 把复数域看成复数域上的线性空间, $\sigma(\alpha) = \bar{\alpha}$;

(8) 在 $M_n(\mathbb{F})$ 中, $\sigma(Z) = AZB$, 其中 $A, B \in M_n(\mathbb{F})$ 是两个固定的矩阵.

3. 证明: (9.6) 式中的平面投影变换 π 是 $\mathbb{R}^3$ 上的一个线性变换.

4. 设 V_1 和 V_2 是线性空间 V 的两个子空间, 且 $V = V_1 \oplus V_2$, 则对任何 $\alpha \in V$, 存在唯一的 $\alpha_1 \in V_1$ 和 $\alpha_2 \in V_2$, 使得 $\alpha = \alpha_1 + \alpha_2$, 现定义变换 $\sigma(\alpha) = \alpha_1$, 证明:

(1) σ 是线性变换;

(2) $\sigma^2 = \sigma$.

5. 设 V 是线性空间, $\sigma \in \mathfrak{L}(V)$, 且 $\alpha \in V$, 如果 $\alpha, \sigma(\alpha), \cdots, \sigma^{k-1}(\alpha)$ 都不等于零向量, 但 $\sigma^k(\alpha) = 0$, 证明: $\alpha, \sigma(\alpha), \cdots, \sigma^{k-1}(\alpha)$ 线性无关.

6. 设在线性空间 $\mathbb{R}[x]$ 中, 有线性变换 $D(f(x)) = f'(x)$ 和 $\sigma(f(x)) = \int_0^x f(t)\mathrm{d}t$, 试举例说明: 一般来说, $D\sigma \neq \sigma D$.

7. 已知 $\mathbb{R}^2$ 中的线性变换

$$\sigma \begin{pmatrix} x \\ y \end{pmatrix} = \begin{pmatrix} x+y \\ 2x \end{pmatrix} \quad \text{和} \quad \tau \begin{pmatrix} x \\ y \end{pmatrix} = \begin{pmatrix} -y \\ x \end{pmatrix},$$

求线性变换 $\sigma\tau, \tau\sigma, (\sigma+\tau)^2$.

8. 用展开式 $(\sigma+\tau)^2 = \sigma^2 + \sigma\tau + \tau\sigma + \tau^2$ 重新计算例 9.2 中的线性变换 $(\sigma+\tau)^2$, 并与那里的结果进行比较.

9. 设 V 是线性空间, 证明: 对任何 $\sigma, \tau, \rho \in \mathfrak{L}(V)$, 有

$$\sigma(\tau+\rho) = \sigma\tau + \sigma\rho \quad \text{和} \quad (\tau+\rho)\sigma = \tau\sigma + \rho\sigma.$$

10. 在 $\mathbb{F}[x]$ 中, 设线性变换 $\sigma(f(x)) = f'(x), \tau(f(x)) = xf(x)$, 证明:

$$\sigma\tau - \tau\sigma = \varepsilon.$$

11. 设 V 是线性空间, $\sigma, \tau \in \mathfrak{L}(V)$, 如果 $\sigma\tau - \tau\sigma = \varepsilon$, 证明:

$$\sigma^n \tau - \tau \sigma^n = n\sigma^{n-1} \quad (n > 1).$$

12. 已知 $\mathbb{R}^3$ 中的线性变换:

$$\sigma \begin{pmatrix} x \\ y \\ z \end{pmatrix} = \begin{pmatrix} z \\ y+z \\ x+y+z \end{pmatrix},$$

证明 σ 是可逆的, 并求 σ^{-1}.

13. 设 $\alpha_1, \alpha_2, \cdots, \alpha_n$ 是线性空间 V 的一个基, $\sigma \in \mathfrak{L}(V)$, 证明: σ 可逆的充要条件是 $\sigma(\alpha_1), \sigma(\alpha_2), \cdots, \sigma(\alpha_n)$ 线性无关.

14. 证明平面变换式 (9.1) 把平行直线映成平行直线, 并且保持两平行线段的长度之比.

15. 画出在仿射变换

$$\begin{cases} x' = \dfrac{5}{4}x + \dfrac{1}{3}y, \\ y' = \dfrac{2}{7}x + \dfrac{3}{4}y \end{cases}$$

下, 正方形 $OABC$ 所变成的平行四边形 $OA'B'C'$, 这里的 O 是坐标系原点, A, B, C 点坐标分别是 $(1, 0), (1, 1), (0, 1)$.

16. 设 $\alpha_1, \alpha_2, \cdots, \alpha_n$ 是 n 维线性空间 V 的一个基, 证明: 对于 V 中任意 n 个向量 $\beta_1, \beta_2, \cdots, \beta_n$, 存在唯一的线性变换 σ, 使得

$$\sigma(\alpha_i) = \beta_i \quad (i = 1, 2, \cdots, n).$$

17. 设 V 是数域 $\mathbb{F}$ 上的线性空间, 证明: V 上全体线性变换的集合 $\mathfrak{L}(V)$ 对于线性变换的加法和数乘构成 $\mathbb{F}$ 上的一个线性空间.

18. 设 V, W 是数域 $\mathbb{F}$ 上的两个线性空间, V 到 W 的一个映射 σ 称为 V 到 W 的一个**线性映射**, 如果:

(1) 对任何 $\alpha, \beta \in V$, 有 $\sigma(\alpha + \beta) = \sigma(\alpha) + \sigma(\beta)$;

(2) 对任何 $\alpha \in V$ 和任何 $k \in \mathbb{F}$, 有 $\sigma(k\alpha) = k\sigma(\alpha)$. 现在, 对于 $\mathbb{F}^n$ 中的每个向量 $\alpha = (x_1, x_2, \cdots, x_n)^{\mathrm{T}}$, 定义映射

$$\sigma(\alpha) = \left(\sum a_{1i}x_i, \sum a_{2i}x_i, \cdots, \sum a_{mi}x_i \right)^{\mathrm{T}} \in \mathbb{F}^m,$$

其中每个 a_{ij} 都是 $\mathbb{F}$ 中的常数, 证明: $\sigma : \mathbb{F}^n \to \mathbb{F}^m$ 是线性映射.

19. 设 V, W 是数域 $\mathbb{F}$ 上的两个线性空间, σ 是 V 到 W 的一个线性映射, 证明:

(1) $\sigma(0) = 0$;

(2) 对任何 $\alpha \in V, \sigma(-\alpha) = -\sigma(\alpha)$;

(3) 对任何 $\alpha_i \in V$ 和任何 $k_i \in \mathbb{F}(i = 1, 2, \cdots, n)$,

$$\sigma(k_1\alpha_1 + \cdots + k_n\alpha_n) = k_1\sigma(\alpha_1) + \cdots + k_n\sigma(\alpha_n);$$

(4) 如果 σ 是单射, 那么当 V 中的向量组 $\alpha_1, \cdots, \alpha_m$ 线性无关时, W 中的向量组 $\sigma(\alpha_1), \cdots, \sigma(\alpha_m)$ 也线性无关.

20. 设 V, W 是数域 $\mathbb{F}$ 上的两个线性空间, σ 是 V 到 W 的一个线性映射, 并且 σ 还是一个双射, 则称 σ 是一个**同构**, 证明: 此时必有 $\dim V = \dim W$.

9.2   线性变换的矩阵

9.2.1   线性变换在一个基下的矩阵

从本节开始, 我们将运用矩阵这一有力的工具来表示线性变换, 并进行相关的计算.

设 V 是数域 $\mathbb{F}$ 上的线性空间, σ 是 V 的一个线性变换, 取定 V 的一个基 $\alpha_1, \alpha_2, \cdots, \alpha_n$, 则 V 中每一个向量

$$\alpha = x_1\alpha_1 + x_2\alpha_2 + \cdots + x_n\alpha_n$$

在线性变换 σ 下的像是

$$\sigma(\alpha) = x_1\sigma(\alpha_1) + x_2\sigma(\alpha_2) + \cdots + x_n\sigma(\alpha_n). \tag{9.8}$$

因此, 只要知道了 n 个基向量的像 $\sigma(\alpha_1), \sigma(\alpha_2), \cdots, \sigma(\alpha_n)$, 那么线性变换 σ 就完全确定了 (即 V 中所有向量的像都可以通过 (9.8) 式来得到).

由于 $\alpha_1, \alpha_2, \cdots, \alpha_n$ 是线性空间 V 的基, 所以有

$$\sigma(\alpha_1) = a_{11}\alpha_1 + a_{21}\alpha_2 + \cdots + a_{n1}\alpha_n = (\alpha_1, \alpha_2, \cdots, \alpha_n) \begin{pmatrix} a_{11} \\ a_{21} \\ \vdots \\ a_{n1} \end{pmatrix},$$

$$\sigma(\alpha_2) = a_{12}\alpha_1 + a_{22}\alpha_2 + \cdots + a_{n2}\alpha_n = (\alpha_1, \alpha_2, \cdots, \alpha_n) \begin{pmatrix} a_{12} \\ a_{22} \\ \vdots \\ a_{n2} \end{pmatrix},$$

$$\cdots\cdots$$

$$\sigma(\alpha_n) = a_{1n}\alpha_1 + a_{2n}\alpha_2 + \cdots + a_{nn}\alpha_n = (\alpha_1, \alpha_2, \cdots, \alpha_n) \begin{pmatrix} a_{1n} \\ a_{2n} \\ \vdots \\ a_{nn} \end{pmatrix},$$

其中的系数 $a_{ij} \in \mathbb{F}(i, j = 1, 2, \cdots, n)$. 现在运用形式矩阵的写法, 将这 n 个向量等式合起来写成

$$(\sigma(\alpha_1), \sigma(\alpha_2), \cdots, \sigma(\alpha_n)) = (\alpha_1, \alpha_2, \cdots, \alpha_n) \begin{pmatrix} a_{11} & a_{12} & \cdots & a_{1n} \\ a_{21} & a_{22} & \cdots & a_{2n} \\ \vdots & \vdots & & \vdots \\ a_{n1} & a_{n2} & \cdots & a_{nn} \end{pmatrix}. \quad (9.9)$$

如果记 n 阶方阵

$$A = \begin{pmatrix} a_{11} & a_{12} & \cdots & a_{1n} \\ a_{21} & a_{22} & \cdots & a_{2n} \\ \vdots & \vdots & & \vdots \\ a_{n1} & a_{n2} & \cdots & a_{nn} \end{pmatrix},$$

则 (9.9) 式可写成

$$(\sigma(\alpha_1), \sigma(\alpha_2), \cdots, \sigma(\alpha_n)) = (\alpha_1, \alpha_2, \cdots, \alpha_n)A,$$

我们称矩阵 A 为线性变换 σ 在基 $\alpha_1, \alpha_2, \cdots, \alpha_n$ 下的矩阵. 只要知道了这个矩阵, 那么就可以计算 V 中每一个向量 α 在线性变换 σ 下的像 $\sigma(\alpha)$ 的坐标了.

例 9.3 设 $\alpha_1, \alpha_2, \alpha_3$ 是 3 维线性空间 V 的一个基, 并且 V 上的线性变换 σ 将这 3 个基向量分别映成 $\sigma(\alpha_1) = 2\alpha_1 + \alpha_3, \sigma(\alpha_2) = 3\alpha_2 - 4\alpha_3, \sigma(\alpha_3) = \alpha_1$, 如果 V 中的向量 α 在这个基下的坐标是 $(2, -1, 1)^{\mathrm{T}}$, 求 $\sigma(\alpha)$ 在这个基下的坐标.

解 由条件可知 $\alpha = 2\alpha_1 - \alpha_2 + \alpha_3$, 因此

$$\begin{aligned} \sigma(\alpha) &= 2\sigma(\alpha_1) - \sigma(\alpha_2) + \sigma(\alpha_3) \\ &= 2(2\alpha_1 + \alpha_3) - (3\alpha_2 - 4\alpha_3) + \alpha_1 = 5\alpha_1 - 3\alpha_2 + 6\alpha_3, \end{aligned}$$

即 $\sigma(\alpha)$ 在这个基下的坐标是 $(5, -3, 6)^{\mathrm{T}}$. □

这个计算也可以利用线性变换 σ 在已知基下的矩阵来完成, 这个矩阵见下式的右端:

$$(\sigma(\alpha_1), \sigma(\alpha_2), \sigma(\alpha_3)) = (\alpha_1, \alpha_2, \alpha_3) \begin{pmatrix} 2 & 0 & 1 \\ 0 & 3 & 0 \\ 1 & -4 & 0 \end{pmatrix},$$

再由 $\sigma(\alpha) = 2\sigma(\alpha_1) - \sigma(\alpha_2) + \sigma(\alpha_3)$ 得到

$$\sigma(\alpha) = (\sigma(\alpha_1), \sigma(\alpha_2), \sigma(\alpha_3)) \begin{pmatrix} 2 \\ -1 \\ 1 \end{pmatrix}$$

$$= (\alpha_1, \alpha_2, \alpha_3) \begin{pmatrix} 2 & 0 & 1 \\ 0 & 3 & 0 \\ 1 & -4 & 0 \end{pmatrix} \begin{pmatrix} 2 \\ -1 \\ 1 \end{pmatrix}$$

$$= (\alpha_1, \alpha_2, \alpha_3) \begin{pmatrix} 5 \\ -3 \\ 6 \end{pmatrix}.$$

定理 9.1 设线性空间 V 上线性变换 σ 在 V 的一个基 $\alpha_1, \alpha_2, \cdots, \alpha_n$ 下的矩阵是 A, V 中向量 α 在基 $\alpha_1, \alpha_2, \cdots, \alpha_n$ 下的坐标是 $(x_1, x_2, \cdots, x_n)^{\mathrm{T}}$, 则 $\sigma(\alpha)$ 在基 $\alpha_1, \alpha_2, \cdots, \alpha_n$ 下的坐标 $(y_1, y_2, \cdots, y_n)^{\mathrm{T}}$ 可以按公式

$$\begin{pmatrix} y_1 \\ y_2 \\ \vdots \\ y_n \end{pmatrix} = A \begin{pmatrix} x_1 \\ x_2 \\ \vdots \\ x_n \end{pmatrix} \tag{9.10}$$

计算.

证明 因为一方面有

$$\sigma(\alpha) = y_1\alpha_1 + y_2\alpha_2 + \cdots + \alpha_n\alpha_n = (\alpha_1, \alpha_2, \cdots, \alpha_n) \begin{pmatrix} y_1 \\ y_2 \\ \vdots \\ y_n \end{pmatrix},$$

另一方面由 (9.8), (9.9) 两式及形式矩阵等式 (8.11) 可得

$$\sigma(\alpha) = (\sigma(\alpha_1), \sigma(\alpha_2), \cdots, \sigma(\alpha_n)) \begin{pmatrix} x_1 \\ x_2 \\ \vdots \\ x_n \end{pmatrix}$$

$$= ((\alpha_1, \alpha_2, \cdots, \alpha_n)A) \begin{pmatrix} x_1 \\ x_2 \\ \vdots \\ x_n \end{pmatrix}$$

$$= (\alpha_1, \alpha_2, \cdots, \alpha_n)A \begin{pmatrix} x_1 \\ x_2 \\ \vdots \\ x_n \end{pmatrix},$$

所以由 $\sigma(\alpha)$ 关于基 $\alpha_1, \alpha_2, \cdots, \alpha_n$ 线性表出的唯一性, 就得到计算公式 (9.10). □

这个定理可以从两个角度来理解: 一是以前用一个矩阵乘以一个向量的运算实际上是在作线性变换 (或线性映射); 二是线性变换虽然是对这种矩阵乘法运算的极大推广, 但它本质上还是可以归结为简单的矩阵乘法, 因此线性变换的矩阵对于刻画线性变换来说就是不可或缺的. 下面再举两个求线性变换矩阵的例子.

例 9.4 设线性空间 $M_2(\mathbb{F})$ 上的线性变换 σ 为

$$\sigma(Z) = \begin{pmatrix} -1 & 2 \\ 4 & 3 \end{pmatrix} Z,$$

求 σ 在基 $E_{11}, E_{12}, E_{21}, E_{22}$ 下的矩阵.

解
$$\sigma(E_{11}) = \begin{pmatrix} -1 & 2 \\ 4 & 3 \end{pmatrix} \begin{pmatrix} 1 & 0 \\ 0 & 0 \end{pmatrix} = \begin{pmatrix} -1 & 0 \\ 4 & 0 \end{pmatrix}$$

$$= -E_{11} + 4E_{21} = (E_{11}, E_{12}, E_{21}, E_{22}) \begin{pmatrix} -1 \\ 0 \\ 4 \\ 0 \end{pmatrix}.$$

同理可得

$$\sigma(E_{12}) = (E_{11}, E_{12}, E_{21}, E_{22}) \begin{pmatrix} 0 \\ -1 \\ 0 \\ 4 \end{pmatrix},$$

$$\sigma(E_{21}) = (E_{11}, E_{12}, E_{21}, E_{22}) \begin{pmatrix} 2 \\ 0 \\ 3 \\ 0 \end{pmatrix},$$

$$\sigma(E_{22}) = (E_{11}, E_{12}, E_{21}, E_{22}) \begin{pmatrix} 0 \\ 2 \\ 0 \\ 3 \end{pmatrix},$$

因此将这 4 个列向量依次合起来写成一个 4 阶方阵, 从而得到 σ 在基 E_{11}, E_{12}, E_{21}, E_{22} 下的矩阵是

$$\begin{pmatrix} -1 & 0 & 2 & 0 \\ 0 & -1 & 0 & 2 \\ 4 & 0 & 3 & 0 \\ 0 & 4 & 0 & 3 \end{pmatrix}. \qquad \square$$

例 9.5   设线性空间 $\mathbb{R}[x]_n$ 上的线性变换为求导变换 $D(f(x)) = f'(x)$, 求 D 在基 $1, x, x^2, \cdots, x^n$ 下的矩阵.

解   由题意知

$$D(1) = 0 = \left(1, x, x^2, \cdots, x^n\right) \begin{pmatrix} 0 \\ 0 \\ 0 \\ \vdots \\ 0 \end{pmatrix},$$

$$D(x) = 1 = \left(1, x, x^2, \cdots, x^n\right) \begin{pmatrix} 1 \\ 0 \\ 0 \\ \vdots \\ 0 \end{pmatrix},$$

$$D(x^2) = 2x = \left(1, x, x^2, \cdots, x^n\right) \begin{pmatrix} 0 \\ 2 \\ 0 \\ \vdots \\ 0 \end{pmatrix},$$

$$\cdots\cdots$$

$$D(x^n) = nx^{n-1} = \left(1, x, x^2, \cdots, x^n\right) \begin{pmatrix} 0 \\ \vdots \\ 0 \\ n \\ 0 \end{pmatrix},$$

这样, D 在基 $1, x, x^2, \cdots, x^n$ 下的矩阵是如下的 $n+1$ 阶方阵:

$$\begin{pmatrix} 0 & 1 & 0 & \cdots & 0 & 0 \\ 0 & 0 & 2 & \cdots & 0 & 0 \\ 0 & 0 & 0 & \cdots & 0 & 0 \\ \vdots & \vdots & \vdots & & \vdots & \vdots \\ 0 & 0 & 0 & \cdots & n-1 & 0 \\ 0 & 0 & 0 & \cdots & 0 & n \\ 0 & 0 & 0 & \cdots & 0 & 0 \end{pmatrix}.$$

9.2.2   线性变换在两个基下的矩阵之间的关系

线性变换的矩阵是由线性空间中的一个基来确定的, 随着基的不同, 所得到的线性变换的矩阵也会不同, 这些矩阵之间有什么联系呢?

设线性空间 V 上的线性变换 σ 在 V 的两个基 $\alpha_1, \cdots, \alpha_n$ 与 $\beta_1, \cdots, \beta_n$ 下的矩阵分别是 A 与 B, 并设由基 $\alpha_1, \cdots, \alpha_n$ 到基 $\beta_1, \cdots, \beta_n$ 的可逆过渡矩阵是 $P = (p_{ij})_{n \times n}$, 即有

$$(\beta_1, \cdots, \beta_n) = (\alpha_1, \cdots, \alpha_n) P, \tag{9.11}$$

或写成

$$\beta_1 = (\alpha_1, \cdots, \alpha_n) \begin{pmatrix} p_{11} \\ \vdots \\ p_{n1} \end{pmatrix} = p_{11}\alpha_1 + \cdots + p_{n1}\alpha_n,$$

$$\cdots\cdots$$

$$\beta_n = (\alpha_1, \cdots, \alpha_n) \begin{pmatrix} p_{1n} \\ \vdots \\ p_{nn} \end{pmatrix} = p_{1n}\alpha_1 + \cdots + p_{nn}\alpha_n.$$

因为 σ 是线性变换, 所以有

$$\sigma(\beta_1) = p_{11}\sigma(\alpha_1) + \cdots + p_{n1}\sigma(\alpha_n) = (\sigma(\alpha_1), \cdots, \sigma(\alpha_n)) \begin{pmatrix} p_{11} \\ \vdots \\ p_{n1} \end{pmatrix},$$

$$\cdots\cdots$$

$$\sigma(\beta_n) = p_{1n}\sigma(\alpha_1) + \cdots + p_{nn}\sigma(\alpha_n) = (\sigma(\alpha_1), \cdots, \sigma(\alpha_n)) \begin{pmatrix} p_{1n} \\ \vdots \\ p_{nn} \end{pmatrix}.$$

从而这 n 个式子可以合起来写成

$$(\sigma(\beta_1), \cdots, \sigma(\beta_n)) = (\sigma(\alpha_1), \cdots, \sigma(\alpha_n)) \begin{pmatrix} p_{11} & \cdots & p_{1n} \\ \vdots & & \vdots \\ p_{n1} & \cdots & p_{nn} \end{pmatrix}$$

$$= (\sigma(\alpha_1), \cdots, \sigma(\alpha_n)) P. \tag{9.12}$$

现在将

$$(\sigma(\alpha_1), \cdots, \sigma(\alpha_n)) = (\alpha_1, \cdots, \alpha_n) A \quad \text{和} \quad (\sigma(\beta_1), \cdots, \sigma(\beta_n)) = (\beta_1, \cdots, \beta_n) B$$

分别代入 (9.12) 式的左边和右边, 并且利用等式 (8.11), 得到

$$(\beta_1, \cdots, \beta_n) B = ((\alpha_1, \cdots, \alpha_n) A) P = (\alpha_1, \cdots, \alpha_n) AP,$$

再将 (9.11) 式代入上式左边, 并且再利用等式 (8.11) 得

$$(\alpha_1, \cdots, \alpha_n) PB = (\alpha_1, \cdots, \alpha_n) AP.$$

由于向量组 $\alpha_1, \cdots, \alpha_n$ 线性无关, 所以从被它们线性表出向量的唯一性可知 $PB = AP$, 即有 $B = P^{-1}AP$. 这样, 我们就证明了下面的定理.

> **定理 9.2**　设线性空间 V 上的线性变换 σ 在 V 的两个基 $\alpha_1, \cdots, \alpha_n$ 与 $\beta_1, \cdots, \beta_n$ 下的矩阵分别是 A 与 B, 并且由基 $\alpha_1, \cdots, \alpha_n$ 到基 $\beta_1, \cdots, \beta_n$ 的过渡矩阵是 P, 则有
> $$B = P^{-1}AP.$$

　　这就是我们在第 5 章中学习过的相似矩阵的几何意义: 线性空间上同一个线性变换在不同基下的矩阵是相似的, 反过来也可以证明, 如果两个矩阵相似, 那么它们可以看作同一个线性变换在某两个基下所对应的矩阵 (本节习题第 11 题). 相似矩阵的几何意义也使我们对矩阵的对角化有了更进一步的认识: 矩阵 A 的对角化过程其实可以看成寻找某个线性空间的一个基, 使得以 A 为矩阵的线性变换在这个基下的矩阵是对角矩阵, 这些将在 9.5 节和 9.6 节进一步阐明.

　　例 9.6　设 $\alpha_1, \alpha_2, \alpha_3, \alpha_4$ 是线性空间 V 的一个基, 并且 V 上的线性变换 σ 在这个基下的矩阵是

$$A = \begin{pmatrix} -1 & -2 & -2 & -2 \\ 2 & 6 & 5 & 2 \\ 0 & 0 & -1 & -2 \\ 0 & 0 & 2 & 6 \end{pmatrix},$$

设 $\beta_1 = \alpha_1, \beta_2 = -\alpha_1 + \alpha_2, \beta_3 = -\alpha_2 + \alpha_3, \beta_4 = -\alpha_3 + \alpha_4$.

(1) 证明向量组 $\beta_1, \beta_2, \beta_3, \beta_4$ 也是 V 的一个基;

(2) 求 σ 在基 $\beta_1, \beta_2, \beta_3, \beta_4$ 下的矩阵 B;

(3) 设 $\gamma = 3\alpha_1 - \alpha_2 + \alpha_4$, 求 $\sigma(\gamma)$ 在基 $\beta_1, \beta_2, \beta_3, \beta_4$ 下的坐标.

　　解　(1) 由条件可得

$$(\beta_1, \beta_2, \beta_3, \beta_4) = (\alpha_1, \alpha_2, \alpha_3, \alpha_4) \begin{pmatrix} 1 & -1 & 0 & 0 \\ 0 & 1 & -1 & 0 \\ 0 & 0 & 1 & -1 \\ 0 & 0 & 0 & 1 \end{pmatrix}, \tag{9.13}$$

因为其中的矩阵

$$P = \begin{pmatrix} 1 & -1 & 0 & 0 \\ 0 & 1 & -1 & 0 \\ 0 & 0 & 1 & -1 \\ 0 & 0 & 0 & 1 \end{pmatrix}$$

是可逆矩阵, 所以由定理 8.10 可知 $\beta_1, \beta_2, \beta_3, \beta_4$ 是 V 的一个基, 并且 P 是由基 $\alpha_1, \alpha_2, \alpha_3, \alpha_4$ 到基 $\beta_1, \beta_2, \beta_3, \beta_4$ 的过渡矩阵.

(2) 由定理 9.2 可得 σ 在基 $\beta_1, \beta_2, \beta_3, \beta_4$ 下的矩阵

$$B = P^{-1}AP = \begin{pmatrix} 1 & 1 & 1 & 1 \\ 0 & 1 & 1 & 1 \\ 0 & 0 & 1 & 1 \\ 0 & 0 & 0 & 1 \end{pmatrix} \begin{pmatrix} -1 & -2 & -2 & -2 \\ 2 & 6 & 5 & 2 \\ 0 & 0 & -1 & -2 \\ 0 & 0 & 2 & 6 \end{pmatrix} \begin{pmatrix} 1 & -1 & 0 & 0 \\ 0 & 1 & -1 & 0 \\ 0 & 0 & 1 & -1 \\ 0 & 0 & 0 & 1 \end{pmatrix}$$

$$= \begin{pmatrix} 1 & 3 & 0 & 0 \\ 2 & 4 & 0 & 0 \\ 0 & 0 & 1 & 3 \\ 0 & 0 & 2 & 4 \end{pmatrix}.$$

(3) 先求 γ 在基 $\beta_1, \beta_2, \beta_3, \beta_4$ 下的坐标, 由 (9.13) 式可得

$$(\alpha_1, \alpha_2, \alpha_3, \alpha_4) = (\beta_1, \beta_2, \beta_3, \beta_4) P^{-1} = (\beta_1, \beta_2, \beta_3, \beta_4) \begin{pmatrix} 1 & 1 & 1 & 1 \\ 0 & 1 & 1 & 1 \\ 0 & 0 & 1 & 1 \\ 0 & 0 & 0 & 1 \end{pmatrix},$$

因此得

$$\gamma = 3\alpha_1 - \alpha_2 + \alpha_4 = (\alpha_1, \alpha_2, \alpha_3, \alpha_4) \begin{pmatrix} 3 \\ -1 \\ 0 \\ 1 \end{pmatrix} = (\beta_1, \beta_2, \beta_3, \beta_4) P^{-1} \begin{pmatrix} 3 \\ -1 \\ 0 \\ 1 \end{pmatrix}$$

$$= (\beta_1, \beta_2, \beta_3, \beta_4) \begin{pmatrix} 1 & 1 & 1 & 1 \\ 0 & 1 & 1 & 1 \\ 0 & 0 & 1 & 1 \\ 0 & 0 & 0 & 1 \end{pmatrix} \begin{pmatrix} 3 \\ -1 \\ 0 \\ 1 \end{pmatrix} = (\beta_1, \beta_2, \beta_3, \beta_4) \begin{pmatrix} 3 \\ 0 \\ 1 \\ 1 \end{pmatrix},$$

即 γ 在基 $\beta_1, \beta_2, \beta_3, \beta_4$ 下的坐标是 $(3, 0, 1, 1)^{\mathrm{T}}$, 再由定理 9.1 可得 γ 的像 $\sigma(\gamma)$ 的坐标是

$$\begin{pmatrix} y_1 \\ y_2 \\ y_3 \\ y_4 \end{pmatrix} = B \begin{pmatrix} 3 \\ 0 \\ 1 \\ 1 \end{pmatrix} = \begin{pmatrix} 1 & 3 & 0 & 0 \\ 2 & 4 & 0 & 0 \\ 0 & 0 & 1 & 3 \\ 0 & 0 & 2 & 4 \end{pmatrix} \begin{pmatrix} 3 \\ 0 \\ 1 \\ 1 \end{pmatrix} = \begin{pmatrix} 3 \\ 6 \\ 4 \\ 6 \end{pmatrix}.$$

(注意这里也可以先求 $\sigma(\gamma)$ 在基 $\alpha_1, \alpha_2, \alpha_3, \alpha_4$ 下的坐标, 然后再求 $\sigma(\gamma)$ 在基 β_1, β_2, β_3, β_4 下的坐标, 建议读者完成相关的计算并作比较.) □

9.2.3 线性变换与矩阵的对应

在有限维线性空间 V 中取定一个基后, 每一个 V 上的线性变换就与它在这个基下的矩阵对应起来, 不仅如此, 此时不同线性变换之间的加、减、数乘、乘法, 求逆变换的运算也可以和对应矩阵的加、减、数乘、乘法, 求逆矩阵的运算全方位地对应起来, 这就是以下定理的结论.

定理 9.3 设 $\alpha_1, \alpha_2, \cdots, \alpha_n$ 是数域 $\mathbb{F}$ 上线性空间 V 的一个基, 则对任何 $\sigma, \tau \in \mathfrak{L}(V)$ 和任何 $k \in \mathbb{F}$, 如果 σ 与 τ 在这个基下的矩阵分别是 A 与 B, 那么

(1) $\sigma + \tau$ 在这个基下的矩阵是 $A + B$;

(2) $k\sigma$ 在这个基下的矩阵是 kA(由此及 (1) 可得 $\sigma - \tau$ 在这个基下的矩阵是 $A - B$);

(3) $\sigma\tau$ 在这个基下的矩阵是 AB;

(4) σ 可逆的充要条件是 A 可逆, 并且 σ^{-1} 在这个基下的矩阵是 A^{-1}.

证明 (1) 由条件可知

$$(\sigma(\alpha_1), \cdots, \sigma(\alpha_n)) = (\alpha_1, \cdots, \alpha_n) A \quad \text{和} \quad (\tau(\alpha_1), \cdots, \tau(\alpha_n)) = (\alpha_1, \cdots, \alpha_n) B,$$

若把 A 与 B 分别按列向量分块, 即写成 $A = (A_1, \cdots, A_n)$ 与 $B = (B_1, \cdots, B_n)$, 则对每个 $i = 1, 2, \cdots, n$, 由线性变换的和的定义可得

$$\begin{aligned}
(\sigma + \tau)(\alpha_i) &= \sigma(\alpha_i) + \tau(\alpha_i) = (\alpha_1, \cdots, \alpha_n) A_i + (\alpha_1, \cdots, \alpha_n) B_i \\
&= (\alpha_1, \cdots, \alpha_n)(A_i + B_i),
\end{aligned}$$

将这 n 个式子合起来写, 就可得到

$$((\sigma + \tau)(\alpha_1), \cdots, (\sigma + \tau)(\alpha_n)) = (\alpha_1, \cdots, \alpha_n)(A + B).$$

(2) 同样由线性变换的数乘定义可知, 对每个 $i = 1, 2, \cdots, n$, 有

$$(k\sigma)(\alpha_i) = k\sigma(\alpha_i) = k(\alpha_1, \cdots, \alpha_n) A_i = (\alpha_1, \cdots, \alpha_n)(kA_i),$$

再将这 n 个式子合起来写成

$$((k\sigma)(\alpha_1), \cdots, (k\sigma)(\alpha_n)) = (\alpha_1, \cdots, \alpha_n)(kA).$$

(3) 若记 $\beta_i = \tau(\alpha_i)(i = 1, 2, \cdots, n)$, 则由 $\beta_i = (\alpha_1, \cdots, \alpha_n) B_i$ 容易推得

$$\sigma(\beta_i) = (\sigma(\alpha_1), \cdots, \sigma(\alpha_n)) B_i,$$

因此由线性变换乘积的定义及 (8.11) 式可知对每个 $i = 1, 2, \cdots, n$, 有

$$(\sigma\tau)(\alpha_i) = \sigma(\tau(\alpha_i)) = \sigma(\beta_i) = (\sigma(\alpha_1), \cdots, \sigma(\alpha_n)) B_i$$
$$= ((\alpha_1, \cdots, \alpha_n) A) B_i = (\alpha_1, \cdots, \alpha_n) A B_i.$$

再将这 n 个式子合起来写成

$$((\sigma\tau)(\alpha_1), \cdots, (\sigma\tau)(\alpha_n)) = (\alpha_1, \cdots, \alpha_n) (A B_1 \cdots A B_n) = (\alpha_1, \cdots, \alpha_n) AB.$$

(4) 如果 σ 可逆, 记 σ^{-1} 在基 $\alpha_1, \alpha_2, \cdots, \alpha_n$ 下的矩阵是 C, 则由 (3) 可知, $\sigma\sigma^{-1}$ 在基 $\alpha_1, \alpha_2, \cdots, \alpha_n$ 下的矩阵为 AC, 但是 $\sigma\sigma^{-1} = \varepsilon$, 而 ε 在基 $\alpha_1, \alpha_2, \cdots, \alpha_n$ 下的矩阵是 I, 所以 $AC = I$, 即 A 是可逆的, 并且 $C = A^{-1}$.

反过来设 A 是可逆矩阵, 现在构造线性变换 τ 如下:

$$(\tau(\alpha_1), \cdots, \tau(\alpha_n)) = (\alpha_1, \cdots, \alpha_n) A^{-1}$$

(这是因为线性变换由它作用在基向量的像唯一确定), 则由 (3) 可知线性变换 $\sigma\tau$ 在基 $\alpha_1, \alpha_2, \cdots, \alpha_n$ 下的矩阵是 $A A^{-1} = I$, 因此必有 $\sigma\tau = \varepsilon$, 同理有 $\tau\sigma = \varepsilon$, 这样, σ 就是可逆线性变换. $\qquad\square$

线性变换与矩阵的这种对应关系给研究线性变换带来很大的方便. 我们往往通过证明对应的矩阵满足某个性质, 就可以推导出原线性变换也有这个性质 (或者反过来通过线性变换来证明矩阵的某些性质, 见例 9.9). 例如在第 5 章中曾经证明过凯莱-哈密顿定理 (定理 5.8): 任何 n 阶方阵 A 都满足一个矩阵等式

$$f_A(A) = 0, \tag{9.14}$$

其中 $f_A(\lambda) = |\lambda I - A|$ 是矩阵 A 的多项式. 如果记 $f_A(\lambda) = \lambda^n + a_1 \lambda^{n-1} + \cdots + a_{n-1}\lambda + a_n$, 那么 (9.14) 式就是

$$f_A(A) = A^n + a_1 A^{n-1} + \cdots + a_{n-1}A + a_n I = 0,$$

上式右端是 n 阶零矩阵. 设 σ 是数域 $\mathbb{F}$ 上 n 维线性空间 V 中的任一线性变换, 并且 σ 在 V 的一个确定的基下的矩阵是 A, 则由定理 9.3 可知 σ 也满足等式

$$f_A(\sigma) = \sigma^n + a_1 \sigma^{n-1} + \cdots + a_{n-1}\sigma + a_n\varepsilon = \theta.$$

于是就有了下面的定理.

定理 9.4 (线性变换的凯莱-哈密顿定理) 　设 V 是有限维线性空间, $\sigma \in \mathfrak{L}(V)$, 如果 σ 在 V 的一个基下的矩阵是 A, 则有 $f_A(\sigma) = \theta$, 其中 $f_A(\lambda)$ 是 A 的特征多项式.

在这里, 我们不用担心线性变换 σ 在 V 的不同基下的矩阵会影响到定理 9.4 结论的成立. 这是因为由定理 9.2 可知 σ 在 V 的不同基下的矩阵都是相似的, 而从 5.3 节可知相似矩阵都有相同的特征多项式, 因此定理 9.4 的结论不受基的选取的影响.

习 题 9.2

1. 设 $\mathbb{R}^3$ 中的线性变换 σ 是

$$\sigma \begin{pmatrix} x \\ y \\ z \end{pmatrix} = \begin{pmatrix} 3x + y \\ 2y - z \\ x \end{pmatrix},$$

求 σ 在标准基 $\varepsilon_1 = (1, 0, 0)^{\mathrm{T}}, \varepsilon_2 = (0, 1, 0)^{\mathrm{T}}, \varepsilon_3 = (0, 0, 1)^{\mathrm{T}}$ 下的矩阵.

2. 设线性空间 $M_2(\mathbb{F})$ 上的线性变换 σ 为 $\sigma(Z) = MZ - ZM$, 其中 $M = \begin{pmatrix} 1 & 2 \\ 0 & 3 \end{pmatrix}$, 求 σ 在基 $E_{11}, E_{12}, E_{21}, E_{22}$ 下的矩阵.

3. 求下列线性变换在所指定的一个基下的矩阵:

(1) $M_2(\mathbb{F})$ 上的线性变换 $\sigma(Z) = AZA, \tau(Z) = AZ$, 其中 $A = \begin{pmatrix} a & b \\ c & d \end{pmatrix}$ 是固定矩阵, 分别求 σ, τ 在基 $E_{11}, E_{12}, E_{21}, E_{22}$ 下的矩阵;

(2) 6 个函数

$$f_1(x) = \mathrm{e}^{ax}\cos bx, \quad f_2(x) = \mathrm{e}^{ax}\sin bx, \quad f_3(x) = x\mathrm{e}^{ax}\cos bx,$$

$$f_4(x) = x\mathrm{e}^{ax}\sin bx, \quad f_5(x) = \frac{1}{2}x^2\mathrm{e}^{ax}\cos bx, \quad f_6(x) = \frac{1}{2}x^2\mathrm{e}^{ax}\sin bx$$

的所有实系数线性组合构成 $\mathbb{R}$ 上的一个 6 维线性空间, 写出求导变换 D 在基 $f_1(x), f_2(x)$, $f_3(x), f_4(x), f_5(x), f_6(x)$ 下的矩阵;

(3) 在线性空间 $\mathbb{R}[x]_n$ 中, 设线性变换为 $\sigma(f(x)) = f(x + 1) - f(x)$, 求 σ 在基

$$\alpha_1 = 1, \quad \alpha_2 = x, \quad \alpha_3 = \frac{x(x-1)}{2!}, \quad \alpha_4 = \frac{x(x-1)(x-2)}{3!}, \cdots,$$

$$\alpha_{n+1} = \frac{x(x-1)(x-2)\cdots(x-n+1)}{n!}$$

下的矩阵.

4. 已知线性空间 V 上的线性变换 σ 在 V 的一个基 $\alpha_1, \alpha_2, \alpha_3$ 下的矩阵是

$$A = \begin{pmatrix} 15 & -11 & 5 \\ 20 & -15 & 8 \\ 8 & -7 & 6 \end{pmatrix},$$

设 $\beta_1 = 2\alpha_1 + 3\alpha_2 + \alpha_3, \beta_2 = 3\alpha_1 + 4\alpha_2 + \alpha_3, \beta_3 = \alpha_1 + 2\alpha_2 + 2\alpha_3$.

(1) 证明向量组 $\beta_1, \beta_2, \beta_3$ 也是 V 的一个基;

(2) 求 σ 在基 $\beta_1, \beta_2, \beta_3$ 下的矩阵;

(3) 设 $\gamma = 2\alpha_1 + \alpha_2 - \alpha_3$, 求 $\sigma(\gamma)$ 在基 $\beta_1, \beta_2, \beta_3$ 下的坐标.

5. 在 $\mathbb{R}^3$ 中, 线性变换 σ 在基 $\alpha_1 = (-1,1,1)^{\mathrm{T}}, \alpha_2 = (1,0,-1)^{\mathrm{T}}, \alpha_3 = (0,1,1)^{\mathrm{T}}$ 下的矩阵是

$$A = \begin{pmatrix} 1 & 0 & 1 \\ 1 & 1 & 0 \\ -1 & 2 & 1 \end{pmatrix},$$

求 σ 在标准基 $\varepsilon_1, \varepsilon_2, \varepsilon_3$ 下的矩阵.

6. 设数域 $\mathbb{F}$ 上的线性空间 V 中的线性变换 σ 在 V 的一个基 $\alpha_1, \alpha_2, \alpha_3$ 下的矩阵是

$$A = \begin{pmatrix} a_{11} & a_{12} & a_{13} \\ a_{21} & a_{22} & a_{23} \\ a_{31} & a_{32} & a_{33} \end{pmatrix}.$$

(1) 求 σ 在基 $\alpha_3, \alpha_2, \alpha_1$ 下的矩阵;

(2) 求 σ 在基 $\alpha_1, k\alpha_2, \alpha_3$ 下的矩阵 $(k \in \mathbb{F}, k \neq 0)$;

(3) 求 σ 在基 $\alpha_1 + \alpha_2, \alpha_2, \alpha_3$ 下的矩阵.

7. 给定 $\mathbb{R}^3$ 的两个基 $\alpha_1 = (1,0,1)^{\mathrm{T}}, \alpha_2 = (2,1,0)^{\mathrm{T}}, \alpha_3 = (1,1,1)^{\mathrm{T}}$ 与 $\beta_1 = (1,2,-1)^{\mathrm{T}}$, $\beta_2 = (2,2,1)^{\mathrm{T}}, \beta_3 = (2,-1,-1)^{\mathrm{T}}$, 设 σ 是 $\mathbb{R}^3$ 上使得

$$\sigma(\alpha_i) = \beta_i \quad (i = 1,2,3)$$

的线性变换.

(1) 写出由基 $\alpha_1, \alpha_2, \alpha_3$ 到 $\beta_1, \beta_2, \beta_3$ 的过渡矩阵 P;

(2) 不用计算, 证明 σ 在 $\alpha_1, \alpha_2, \alpha_3$ 下的矩阵和 σ 在基 $\beta_1, \beta_2, \beta_3$ 下的矩阵都是 P.

8. 给定 $\mathbb{R}[x]_2$ 的两个基 $f_1 = 1 + 2x^2, f_2 = x + 2x^2, f_3 = 1 + 2x + 5x^2$ 与 $g_1 = 1 - x, g_2 = 1 + x^2, g_3 = x + 2x^2$, 设 σ 是 $\mathbb{R}[x]_2$ 上使得

$$\sigma(f_1) = 2 + x^2, \quad \sigma(f_2) = x, \quad \sigma(f_3) = 1 + x + x^2$$

的线性变换.

(1) 求由基 f_1, f_2, f_3 到基 g_1, g_2, g_3 的过渡矩阵;

(2) 求 σ 在基 g_1, g_2, g_3 下的矩阵 A;

(3) 设 $f = 1 + 3x + 2x^2$, 求 f 在 σ 下的像 $\sigma(f)$.

9. 设 σ 是数域 $\mathbb{F}$ 上 n 维线性空间 V 的一个线性变换, 证明: 如果 σ 在 V 的任意一个基下的矩阵都相同, 那么 σ 是数乘变换 (即存在 $k \in \mathbb{F}$, 使得 $\sigma = k\varepsilon$).

10. 设 σ 是数域 $\mathbb{F}$ 上 n 维线性空间 V 的一个线性变换, 证明:

(1) 在 $\mathbb{F}[x]$ 中有次数 $\leqslant n^2$ 的多项式 $f(x)$, 使得 $f(\sigma) = \theta$;

(2) 设 $g(x), h(x) \in \mathbb{F}[x]$ 使得 $g(\sigma) = \theta, h(\sigma) = \theta$, 并且 $d(x) = (g(x), h(x))$, 则有 $d(\sigma) = \theta$;

(3) σ 可逆的充要条件是存在一个常数项不为零的多项式 $f_1(x) \in \mathbb{F}[x]$, 使得 $f_1(\sigma) = \theta$.

11. 设 n 阶方阵 A 与 B 相似, 证明它们可以看作同一个线性变换在某两个基下所对应的矩阵.

12. 设 V, W 是数域 $\mathbb{F}$ 上的两个线性空间, σ 是 V 到 W 的一个线性映射 (定义见习题 9.1 第 18 题), 已知 $\alpha_1, \cdots, \alpha_n$ 是 V 的一个基, $\beta_1, \cdots, \beta_m$ 是 W 的一个基, 则可设

$$\sigma(\alpha_1) = a_{11}\beta_1 + a_{21}\beta_2 + \cdots + a_{m1}\beta_m,$$

$$\sigma(\alpha_2) = a_{12}\beta_1 + a_{22}\beta_2 + \cdots + a_{m2}\beta_m,$$

$$\cdots\cdots$$

$$\sigma(\alpha_n) = a_{1n}\beta_1 + a_{2n}\beta_2 + \cdots + a_{mn}\beta_m.$$

我们称 $m \times n$ 矩阵

$$A = \begin{pmatrix} a_{11} & a_{12} & \cdots & a_{1n} \\ a_{21} & a_{22} & \cdots & a_{2n} \\ \vdots & \vdots & & \vdots \\ a_{m1} & a_{m2} & \cdots & a_{mn} \end{pmatrix}$$

为 σ 在 V 的基 $\alpha_1, \cdots, \alpha_n$ 与 W 的基 $\beta_1, \cdots, \beta_m$ 下的矩阵, 现在已知从 $\mathbb{R}^3$ 到 $\mathbb{R}^2$ 的线性映射 σ 如下

$$\sigma \begin{pmatrix} x \\ y \\ z \end{pmatrix} = \begin{pmatrix} 2x - z \\ y \end{pmatrix},$$

并且 $\alpha_1 = (-1, 1, 1)^{\mathrm{T}}, \alpha_2 = (1, 0, -1)^{\mathrm{T}}, \alpha_3 = (1, -1, 1)^{\mathrm{T}}$ 是 $\mathbb{R}^3$ 的一个基, $\beta_1 = (1, 0)^{\mathrm{T}}, \beta_2 = (1, 1)^{\mathrm{T}}$ 是 $\mathbb{R}^2$ 的一个基, 求 σ 在 $\mathbb{R}^3$ 的基 $\alpha_1, \alpha_2, \alpha_3$ 与 $\mathbb{R}^2$ 的基下的 β_1, β_2 下的矩阵 A.

9.3　线性变换的核与值域

9.3.1　线性变换的核

本节将运用线性变换的语言, 把第 3 章中关于 n 个未知量的齐次线性方程组 $AX = 0$ 基础解系的基本定理 (定理 3.20) 推广到一般的线性空间, 这个定理是说: 如果 $\mathrm{rank}(A) = r < n$, 那么 $AX = 0$ 的基础解系有 $n - r$ 个向量, 换句话说, $AX = 0$ 的解空间是 $\mathbb{F}^n$ 中由 $n - r$ 个线性无关的基础解系向量生成的子空间.

这里先暂时假定 A 是一个 n 阶方阵, 则求 $AX = 0$ 的解空间的问题实际上就是在 $\mathbb{F}^n$ 的线性变换

$$\sigma(X) = AX$$

下, 找出零向量的全体原像的问题. 零向量的全体原像也称为线性变换的核.

> **定义 9.2　线性变换的核**
>
> 设 σ 是数域 $\mathbb{F}$ 上线性空间 V 的线性变换, 所有被 σ 映成零向量的向量集合称为 σ 的**核**, 记为 $\mathrm{Ker}(\sigma)$, 即
>
> $$\mathrm{Ker}(\sigma) = \{\alpha \in V | \sigma(\alpha) = 0\}.$$

例如, 考虑线性空间 $\mathbb{F}[x]_n$ 上的求导变换 D, 则从导数的性质可知 $\mathrm{Ker}(D) = \mathbb{F}$.

线性变换 σ 的核 $\mathrm{Ker}(\sigma)$ 是 V 的子空间, 这是因为对任何 $\alpha, \beta \in \mathrm{Ker}(D)$ 和任何 $k, l \in \mathbb{F}$, 由 $\sigma(\alpha) = \sigma(\beta) = 0$ 可得

$$\sigma(k\alpha + l\beta) = k\sigma(\alpha) + l\sigma(\beta) = 0,$$

因此 $k\alpha + l\beta \in \mathrm{Ker}(\sigma)$, 此外由于 $\sigma(0) = 0$, 所以 $\mathrm{Ker}(\sigma)$ 是非空集合, 于是由定理 8.12 可知 $\mathrm{Ker}(\sigma)$ 是 V 的子空间.

例 9.7 在 $\mathbb{F}^3$ 中, 从线性变换

$$\sigma \begin{pmatrix} x \\ y \\ z \end{pmatrix} = \begin{pmatrix} x + 2y - z \\ y + z \\ x + y - 2z \end{pmatrix} = 0$$

得到线性方程组

$$\begin{cases} x + 2y - z = 0, \\ y + z = 0, \\ x + y - 2z = 0, \end{cases}$$

从中解得基础解系是 $\alpha = (3, -1, 1)^{\mathrm{T}}$, 因此 $\mathrm{Ker}(\sigma) = L(\alpha)$, 这个 1 维子空间的基就是 α.

9.3.2 线性变换的值域

对 $\mathbb{F}^n$ 中的线性变换 $\sigma(X) = AX$ 来说, 如果记 n 阶方阵 A 的 n 个列向量依次是 $A_1, A_2, \cdots, A_n$, 并且记 $X = (x_1, x_2, \cdots, x_n)^{\mathrm{T}}$, 则

$$AX = (A_1 \ A_2 \ \cdots \ A_n) \begin{pmatrix} x_1 \\ x_2 \\ \vdots \\ x_n \end{pmatrix} = x_1 A_1 + x_2 A_2 + \cdots + x_n A_n.$$

随着各个 x_i 取不同的数值, 在线性变换 σ 下所有向量的像形成了 $\mathbb{F}^n$ 中的生成子空间

$$L(A_1, A_2, \cdots, A_n).$$

它的维数是列向量组 $A_1, A_2, \cdots, A_n$ 中极大无关组所包含向量的个数, 也就是矩阵 A 的秩 $\mathrm{rank}(A)$.

定义 9.3 线性变换的值域

设 σ 是数域 $\mathbb{F}$ 上线性空间 V 的线性变换, σ 的全体像的集合称为 σ 的**值域**, 记为 $\mathrm{Im}(\sigma)$, 即

$$\mathrm{Im}(\sigma) = \{\sigma(\alpha) | \alpha \in V\}.$$

显然, 对于线性空间 $\mathbb{F}[x]_n$ 上的求导变换 D, 有 $\mathrm{Im}(D) = \mathbb{F}[x]_{n-1}$. 类似于线性变换 σ 的核, 可以证明 σ 的值域 $\mathrm{Im}(\sigma)$ 也是 V 的子空间 (习题 9.3 第 8 题).

例 9.8　求例 9.7 中 $\mathbb{F}^3$ 的线性变换 σ 的值域 $\mathrm{Im}(\sigma)$ 及它的一个基.

解　若将线性变换 σ 写成矩阵形式 $\sigma(X) = AX$:

$$\sigma\begin{pmatrix} x \\ y \\ z \end{pmatrix} = \begin{pmatrix} 1 & 2 & -1 \\ 0 & 1 & 1 \\ 1 & 1 & -2 \end{pmatrix} \begin{pmatrix} x \\ y \\ z \end{pmatrix},$$

则 A 的 3 个列向量是

$$A_1 = \begin{pmatrix} 1 \\ 0 \\ 1 \end{pmatrix}, \quad A_2 = \begin{pmatrix} 2 \\ 1 \\ 1 \end{pmatrix}, \quad A_3 = \begin{pmatrix} -1 \\ 1 \\ -2 \end{pmatrix},$$

这样, 根据前面的分析可得 $\mathrm{Im}(\sigma) = L(A_1, A_2, A_3)$, 由于 $A_3 = A_2 - 3A_1$, 所以 A 的列向量组的极大无关组是 A_1, A_2, 它们是 $\mathrm{Im}(\sigma)$ 的一个基, 此时可写 $\mathrm{Im}(\sigma) = L(A_1, A_2)$. 　□

对于一般的线性变换 σ, 可以用线性空间 V 的一个基来明确表示 σ 的值域, 并通过 σ 在这个基下的矩阵来计算 $\mathrm{Im}(\sigma)$ 的维数.

> **定理 9.5**　设 σ 是数域 $\mathbb{F}$ 上 n 维线性空间 V 的线性变换, $\alpha_1, \alpha_2, \cdots, \alpha_n$ 是 V 的一个基, 并且 A 是 σ 在这个基下的矩阵, 则
> (1) $\mathrm{Im}(\sigma) = L(\sigma(\alpha_1), \sigma(\alpha_2), \cdots, \sigma(\alpha_n))$;
> (2) $\dim(\mathrm{Im}(\sigma)) = \mathrm{rank}(A)$.

证明　(1) 设 α 是 V 中的任一向量, 则其可用 $\alpha_1, \alpha_2, \cdots, \alpha_n$ 线性表出: $\alpha = k_1\alpha_1 + k_2\alpha_2 + \cdots + k_n\alpha_n$, 因此

$$\sigma(\alpha) = k_1\sigma(\alpha_1) + k_2\sigma(\alpha_2) + \cdots + k_n\sigma(\alpha_n),$$

从而得到 $\mathrm{Im}(\sigma) \subseteq L(\sigma(\alpha_1), \sigma(\alpha_2), \cdots, \sigma(\alpha_n))$. 另一方面, 对任何 $\beta \in L(\sigma(\alpha_1), \sigma(\alpha_2), \cdots, \sigma(\alpha_n))$, 存在 $l_1, l_2, \cdots, l_n \in \mathbb{F}$, 使得

$$\begin{aligned} \beta &= l_1\sigma(\alpha_1) + l_2\sigma(\alpha_2) + \cdots + l_n\sigma(\alpha_n) \\ &= \sigma(l_1\alpha_1 + l_2\alpha_2 + \cdots + l_n\alpha_n) \in \mathrm{Im}(\sigma), \end{aligned}$$

因此 $L(\sigma(\alpha_1), \sigma(\alpha_2), \cdots, \sigma(\alpha_n)) \subseteq \mathrm{Im}(\sigma)$, 所以结论成立.

(2) 记 $\mathrm{rank}(A) = r$, 并把 A 按列向量分块后得到 $A = (A_1 \ A_2 \ \cdots \ A_n)$, 不妨设 $A_1, \cdots, A_r$ 是 $A_1, A_2, \cdots, A_n$ 的极大无关组, 若有 $k_1, \cdots, k_r \in \mathbb{F}$, 使得

$$k_1\sigma(\alpha_1) + \cdots + k_r\sigma(\alpha_r) = 0, \tag{9.15}$$

则从 $(\sigma(\alpha_1), \cdots, \sigma(\alpha_n)) = (\alpha_1, \cdots, \alpha_n)\, A$ 可得

$$(\sigma(\alpha_1), \cdots, \sigma(\alpha_r)) = (\alpha_1, \cdots, \alpha_n)\, (A_1 \ \cdots \ A_r),$$

从而由 (8.11) 式、(9.15) 式及上式可得

$$(\alpha_1, \cdots, \alpha_n)\left((A_1 \ \cdots \ A_r) \begin{pmatrix} k_1 \\ \vdots \\ k_r \end{pmatrix} \right) = ((\alpha_1, \cdots, \alpha_n)\,(A_1 \ \cdots \ A_r)) \begin{pmatrix} k_1 \\ \vdots \\ k_r \end{pmatrix}$$

$$= (\sigma(\alpha_1), \cdots, \sigma(\alpha_r)) \begin{pmatrix} k_1 \\ \vdots \\ k_r \end{pmatrix} = k_1 \sigma(\alpha_1) + \cdots + k_r \sigma(\alpha_r) = 0.$$

由于 $\alpha_1, \cdots, \alpha_n$ 线性无关, 所以从上式可得

$$k_1 A_1 + \cdots + k_r A_r = (A_1 \ \cdots \ A_r) \begin{pmatrix} k_1 \\ \vdots \\ k_r \end{pmatrix} = 0.$$

再由 $A_1, \cdots, A_r$ 线性无关, 得到 $k_1 = \cdots = k_r = 0$, 因此向量组 $\sigma(\alpha_1), \cdots, \sigma(\alpha_r)$ 线性无关. 下面证明对满足 $r < j \leqslant n$ 的任何 j, $\sigma(\alpha_j)$ 都可由 $\sigma(\alpha_1), \cdots, \sigma(\alpha_r)$ 线性表出. 因为 $A_1, \cdots, A_r$ 是 $A_1, \cdots, A_n$ 的极大无关组, 所以存在 $l_1, \cdots, l_r \in \mathbb{F}$, 使得 $A_j = l_1 A_1 + \cdots + l_r A_r$, 因此有

$$(A_1 \ \cdots \ A_r \ A_j) \begin{pmatrix} l_1 \\ \vdots \\ l_r \\ -1 \end{pmatrix} = l_1 A_1 + \cdots + l_r A_r - A_j = 0,$$

从而由 (8.11) 式及上式得

$$l_1 \sigma(\alpha_1) + \cdots + l_r \sigma(\alpha_r) - \sigma(\alpha_j) = (\sigma(\alpha_1), \cdots, \sigma(\alpha_r), \sigma(\alpha_j)) \begin{pmatrix} l_1 \\ \vdots \\ l_r \\ -1 \end{pmatrix}$$

$$= ((\alpha_1, \cdots, \alpha_n)\,(A_1 \ \cdots \ A_r \ A_j)) \begin{pmatrix} l_1 \\ \vdots \\ l_r \\ -1 \end{pmatrix}$$

$$= (\alpha_1, \cdots, \alpha_n) \, (A_1 \ \cdots \ A_r \ A_j) \begin{pmatrix} l_1 \\ \vdots \\ l_r \\ -1 \end{pmatrix} = 0,$$

即有

$$\sigma(\alpha_j) = l_1 \sigma(\alpha_1) + \cdots + l_r \sigma(\alpha_r).$$

于是由 (1) 可知 $\sigma(\alpha_1), \cdots, \sigma(\alpha_r)$ 是 $\mathrm{Im}(\sigma)$ 的一个基, 并且 $\dim(\mathrm{Im}(\sigma)) = r = \mathrm{rank}(A)$. $\qquad\qquad\square$

例 9.9   设 $A \in M_n(\mathbb{F})$, 如果 $\mathrm{rank}(A) + \mathrm{rank}(A - I) = n$, 证明: $A^2 = A$.

证明   这是习题 3.4 第 11 题所证明的结论, 在那里是用分块矩阵的初等变换方法证明的, 现在运用线性变换的方法来证明. 由于 $\mathrm{rank}(A - I) = \mathrm{rank}(I - A)$, 所以可将条件改为

$$\mathrm{rank}(A) + \mathrm{rank}(I - A) = n. \tag{9.16}$$

设 V 是 n 维线性空间, 取 V 的一个基 $\alpha_1, \cdots, \alpha_n$, 定义 V 上的线性变换 σ 为 $(\sigma(\alpha_1), \cdots, \sigma(\alpha_n)) = (\alpha_1, \cdots, \alpha_n) \, A$, 则有

$$((\varepsilon - \sigma)(\alpha_1), \cdots, (\varepsilon - \sigma)(\alpha_n)) = (\alpha_1, \cdots, \alpha_n) \, (I - A).$$

由定理 9.5 可知

$$\dim(\mathrm{Im}(\sigma)) = \mathrm{rank}(A) \quad \text{和} \quad \dim(\mathrm{Im}(\varepsilon - \sigma)) = \mathrm{rank}(I - A),$$

这样条件 (9.16) 就是

$$\dim(\mathrm{Im}(\sigma)) + \dim(\mathrm{Im}(\varepsilon - \sigma)) = n. \tag{9.17}$$

因为对任何 $\alpha \in V$,

$$\alpha = \sigma(\alpha) + (\alpha - \sigma(\alpha)) = \sigma(\alpha) + (\varepsilon - \sigma)(\alpha) \in \mathrm{Im}(\sigma) + \mathrm{Im}(\varepsilon - \sigma),$$

所以 $V \subseteq \mathrm{Im}(\sigma) + \mathrm{Im}(\varepsilon - \sigma)$, 而另一方面显然有 $\mathrm{Im}(\sigma) + \mathrm{Im}(\varepsilon - \sigma) \subseteq V$, 于是得

$$V = \mathrm{Im}(\sigma) + \mathrm{Im}(\varepsilon - \sigma).$$

由定理 8.17 与 (9.17) 式可知这个子空间的和是直和, 即有 $V = \mathrm{Im}(\sigma) \oplus \mathrm{Im}(\varepsilon - \sigma)$. 再由定理 8.17 可知

$$\mathrm{Im}(\sigma) \cap \mathrm{Im}(\varepsilon - \sigma) = \{0\}. \tag{9.18}$$

另一方面, 对任何 $\alpha \in V$, 既有

$$(\sigma - \sigma^2)(\alpha) = (\sigma(\varepsilon - \sigma))(\alpha) = \sigma((\varepsilon - \sigma)(\alpha)) \in \text{Im}(\sigma),$$

又有

$$(\sigma - \sigma^2)(\alpha) = ((\varepsilon - \sigma)\sigma)(\alpha) = (\varepsilon - \sigma)(\sigma(\alpha)) \in \text{Im}(\varepsilon - \sigma),$$

从而由 (9.18) 式得

$$\sigma(\alpha) - \sigma^2(\alpha) = (\sigma - \sigma^2)(\alpha) = 0,$$

即有 $\sigma^2 = \sigma$, 再由定理 9.3 得到 $A^2 = A$ 的结论. □

9.3.3 线性变换核与值域的维数公式

定理 3.20 告诉我们, $\mathbb{F}^n$ 的线性变换 $\sigma(X) = AX$ 的核 $\text{Ker}(\sigma)$ 的维数是 $n - r$, 其中 r 是矩阵 A 的秩, 而另一方面, 由定理 9.5 可知 σ 的值域 $\text{Im}(\sigma)$ 的维数等于 r, 因此就有

$$\dim(\text{Ker}(\sigma)) + \dim(\text{Im}(\sigma)) = (n - r) + r = n.$$

一般来说, 下面的结论成立.

定理 9.6 设 σ 是数域 $\mathbb{F}$ 上 n 维线性空间 V 的线性变换, 则有

$$\dim(\text{Ker}(\sigma)) + \dim(\text{Im}(\sigma)) = n.$$

证明 这个定理分以下三种情形来证明:

(1) 当 $\dim(\text{Ker}(\sigma)) = 0$ 时, 有 $\text{Ker}(\sigma) = \{0\}$. 此时设 $\alpha_1, \alpha_2, \cdots, \alpha_n$ 是 V 的一个基, 则由定理 9.5 可知

$$\text{Im}(\sigma) = L(\sigma(\alpha_1), \sigma(\alpha_2), \cdots, \sigma(\alpha_n)).$$

若有 $k_1, k_2, \cdots, k_n \in \mathbb{F}$ 使得

$$k_1\sigma(\alpha_1) + k_2\sigma(\alpha_2) + \cdots + k_n\sigma(\alpha_n) = 0,$$

则有

$$\sigma(k_1\alpha_1 + k_2\alpha_2 + \cdots + k_n\alpha_n) = 0.$$

因为 $\text{Ker}(\sigma) = \{0\}$, 所以

$$k_1\alpha_1 + k_2\alpha_2 + \cdots + k_n\alpha_n = 0.$$

再由 $\alpha_1, \alpha_2, \cdots, \alpha_n$ 线性无关, 得到 $k_1 = k_2 = \cdots = k_n = 0$, 于是基像组 $\sigma(\alpha_1)$, $\sigma(\alpha_2), \cdots, \sigma(\alpha_n)$ 线性无关, 它们是 $\mathrm{Im}(\sigma)$ 的一个基, 因此 $\dim(\mathrm{Im}(\sigma)) = n$, 定理结论成立.

(2) 当 $0 < \dim(\mathrm{Ker}(\sigma)) < n$ 时, 记 $\dim(\mathrm{Ker}(\sigma)) = t$, 在子空间 $\mathrm{Ker}(\sigma)$ 中取一个基 $\alpha_1, \cdots, \alpha_t$, 然后把它扩充为 V 的一个基 $\alpha_1, \cdots, \alpha_t, \alpha_{t+1}, \cdots, \alpha_n$, 由定理 9.5 及核的定义可知

$$\mathrm{Im}(\sigma) = L(\sigma(\alpha_1), \cdots, \sigma(\alpha_t), \sigma(\alpha_{t+1}), \cdots, \sigma(\alpha_n))$$
$$= L(0, \cdots, 0, \sigma(\alpha_{t+1}), \cdots, \sigma(\alpha_n)) = L(\sigma(\alpha_{t+1}), \cdots, \sigma(\alpha_n)),$$

下面证 $\sigma(\alpha_{t+1}), \cdots, \sigma(\alpha_n)$ 线性无关. 若有 $l_{t+1}, \cdots, l_n \in \mathbb{F}$ 使得

$$l_{t+1}\sigma(\alpha_{t+1}) + \cdots + l_n\sigma(\alpha_n) = 0,$$

则有

$$\sigma(l_{t+1}\alpha_{t+1} + \cdots + l_n\alpha_n) = 0.$$

因此 $l_{t+1}\alpha_{t+1} + \cdots + l_n\alpha_n \in \mathrm{Ker}(\sigma)$, 于是它可以由 $\mathrm{Ker}(\sigma)$ 的基 $\alpha_1, \cdots, \alpha_t$ 线性表出, 即存在 $l_1, \cdots, l_t \in \mathbb{F}$ 使得

$$l_{t+1}\alpha_{t+1} + \cdots + l_n\alpha_n = l_1\alpha_1 + \cdots + l_t\alpha_t.$$

但是向量组 $\alpha_1, \cdots, \alpha_n$ 线性无关, 所以 $l_1 = l_2 = \cdots = l_n = 0$, 因此 $\sigma(\alpha_{t+1}), \cdots,$ $\sigma(\alpha_n)$ 线性无关, 它们组成 $\mathrm{Im}(\sigma)$ 的一个基, 这样就有 $\dim(\mathrm{Im}(\sigma)) = n - t = n - \dim(\mathrm{Ker}(\sigma))$, 定理结论成立.

(3) 当 $\dim(\mathrm{Ker}(\sigma)) = n$ 时, 由定理 8.14 可知 $\mathrm{Ker}(\sigma) = V$, 从而对任何 $\alpha \in V$, 都有 $\sigma(\alpha) = 0$, 因此 $\mathrm{Im}(\sigma) = \{0\}$, 于是 $\dim(\mathrm{Im}(\sigma)) = 0$, 此时定理的结论也是成立的. $\square$

前面关于线性方程组 $AX = 0$ 基础解系的讨论都只局限于系数矩阵 A 是方阵的情形, 如果 A 是 $m \times n$ 矩阵, 那么 $\sigma(X) = AX$ 就是从 $\mathbb{F}^n$ 到 $\mathbb{F}^m$ 的线性映射 (定义见习题 9.1 第 18 题). 对于线性映射, 也有某种相应的核与值域的概念, 以及它们的维数公式 (习题 9.3 第 13 题), 后者也可以看成定理 3.20 的推广.

习 题 9.3

1. 已知 $\mathbb{F}^3$ 的线性变换

$$\sigma \begin{pmatrix} x \\ y \\ z \end{pmatrix} = \begin{pmatrix} 1 & -1 & -1 \\ 3 & -1 & 1 \\ 1 & 3 & 7 \end{pmatrix} \begin{pmatrix} x \\ y \\ z \end{pmatrix},$$

求 σ 的核与值域, 以及它们的维数.

2. 已知 $\mathbb{F}^3$ 的线性变换

$$\sigma \begin{pmatrix} x \\ y \\ z \end{pmatrix} = \begin{pmatrix} z \\ y+z \\ x+y+z \end{pmatrix},$$

求 σ 的核与值域, 以及它们的维数.

3. 已知 $\mathbb{F}^4$ 的线性变换

$$\sigma \begin{pmatrix} x \\ y \\ z \\ w \end{pmatrix} = \begin{pmatrix} x+y-3w \\ x-y+2z-w \\ 4x-2y+6z+3w \\ 2x+4y-2z+4w \end{pmatrix},$$

求 $\dim(\mathrm{Ker}(\sigma))$ 和 $\dim(\mathrm{Im}(\sigma))$.

4. 已知 $\mathbb{F}^4$ 的线性变换 σ 在标准基 $\varepsilon_1, \varepsilon_2, \varepsilon_3, \varepsilon_4$ 下的矩阵是

$$A = \begin{pmatrix} 1 & 0 & 2 & 1 \\ -1 & 2 & 1 & 3 \\ 1 & 2 & 5 & 5 \\ 2 & -2 & 1 & -2 \end{pmatrix}.$$

(1) 求 σ 的核与值域的维数和一个基;

(2) 分别将 (1) 中求出的 σ 的核与值域的基扩充为 $\mathbb{F}^4$ 的基.

5. 设 $M_2(\mathbb{F})$ 上的线性变换 $\sigma(Z) = \begin{pmatrix} 1 & 2 \\ 2 & 4 \end{pmatrix} Z$, 求 σ 的值域的维数.

6. 已知 $M_2(\mathbb{F})$ 上的线性变换 $\sigma(Z) = MZ - ZM$, 其中 $M = \begin{pmatrix} -2 & 1 \\ 1 & 0 \end{pmatrix}$, 求 σ 的核与值域的维数和一个基.

7. 已知 $\mathbb{F}^n$ 的线性变换

$$\sigma \begin{pmatrix} x_1 \\ x_2 \\ x_3 \\ \vdots \\ x_n \end{pmatrix} = \begin{pmatrix} 0 \\ x_1 \\ x_2 \\ \vdots \\ x_{n-1} \end{pmatrix}.$$

(1) 证明 $\sigma^n = \theta$;

(2) 求 $\mathrm{Ker}(\sigma)$ 和 $\mathrm{Im}(\sigma)$ 的维数.

8. 设 σ 是数域 $\mathbb{F}$ 上线性空间 V 的线性变换, 用定理 8.12 证明 σ 的值域 $\mathrm{Im}(\sigma)$ 是 V 的子空间.

9. 设 σ 是数域 $\mathbb{F}$ 上 n 维线性空间 V 的线性变换, 证明下列五个命题等价:

(1) σ 是满射;

(2) $\mathrm{Ker}(\sigma) = \{0\}$;

(3) σ 是可逆线性变换;

(4) σ 是单射.

(5) σ 把线性无关的向量组变成线性无关的向量组.

10. 设 σ 是线性空间 V 的线性变换, 证明:

(1) $\mathrm{Im}(\sigma) \subseteq \mathrm{Ker}(\sigma)$ 的充要条件是 $\sigma^2 = \theta$;

(2) $\mathrm{Ker}(\sigma) \subseteq \mathrm{Ker}(\sigma^2) \subseteq \mathrm{Ker}(\sigma^3) \subseteq \cdots$;

(3) $\mathrm{Im}(\sigma) \supseteq \mathrm{Im}(\sigma^2) \supseteq \mathrm{Im}(\sigma^3) \supseteq \cdots$.

11. 设 σ, τ 是数域 $\mathbb{F}$ 上 n 维线性空间 V 的线性变换, 证明:

$$\dim(\mathrm{Im}(\sigma\tau)) \geqslant \dim(\mathrm{Im}(\sigma)) + \dim(\mathrm{Im}(\tau)) - n.$$

由这个结论可以推导出关于 $\dim(\mathrm{Ker}(\sigma\tau)), \dim(\mathrm{Ker}(\sigma)), \dim(\mathrm{Ker}(\tau))$ 的什么结论?

12. 设 $A \in M_n(\mathbb{F})$, 如果 $\mathrm{rank}(A^k) = \mathrm{rank}(A^{k+1})$ 对某个正整数 k 成立, 证明: $\mathrm{rank}(A^k) = \mathrm{rank}(A^{k+m})$ 对所有正整数 m 成立.

13. 设 σ 是从数域 $\mathbb{F}$ 上 n 维线性空间 V 到数域 $\mathbb{F}$ 上 m 维线性空间 W 的一个线性映射, 证明:

(1) $\mathrm{Ker}(\sigma) = \{\alpha \in V | \sigma(\alpha) = 0\}$ 是 V 的一个子空间 (称为 σ 的**核**);

(2) $\mathrm{Im}(\sigma) = \{\sigma(\alpha) \in W | \alpha \in V\}$ 是 W 的一个子空间 (称为 σ 的**值域**);

(3) $\dim(\mathrm{Ker}(\sigma)) + \dim(\mathrm{Im}(\sigma)) = n$.

14. 已知 σ 是从 $\mathbb{F}^5$ 到 $\mathbb{F}^4$ 的线性映射:

$$\sigma \begin{pmatrix} x \\ y \\ z \\ w \\ u \end{pmatrix} = \begin{pmatrix} 1 & -1 & 2 & 0 & 3 \\ 1 & 2 & -1 & -3 & -4 \\ 2 & 1 & 1 & -3 & -1 \\ 0 & -1 & 1 & 1 & 2 \end{pmatrix} \begin{pmatrix} x \\ y \\ z \\ w \\ u \end{pmatrix}.$$

(1) 求 σ 的核与值域的维数和一个基;

(2) 分别将 σ 的核与值域的基扩充为 $\mathbb{F}^5$ 和 $\mathbb{F}^4$ 的基.

9.4 线性变换的不变子空间

为了使线性变换的矩阵更简单, 我们需要不变子空间的概念.

> **定义 9.4   不变子空间**
>
> 设 σ 是线性空间 V 的线性变换, W 是 V 的子空间, 如果对任何 $\alpha \in W$, 都有 $\sigma(\alpha) \in W$, 则称 W 是线性变换 σ 的**不变子空间**.

容易看出, 对线性空间 V 的一个线性变换 σ 来说, σ 的核与值域都是 σ 的不变子空间. 这是因为对任何 $\alpha \in \mathrm{Ker}(\sigma)$, 有 $\sigma(\alpha) = 0 \in \mathrm{Ker}(\sigma)$, 以及对任何 $\beta \in \mathrm{Im}(\sigma)$,

总有 $\sigma(\beta) \in \mathrm{Im}(\sigma)$. 显然, V 和零空间 $\{0\}$ 是 V 上任何线性变换的不变子空间, 它们是平凡的不变子空间.

例 9.10 在 $\mathbb{F}^3$ 中有线性变换

$$\sigma \begin{pmatrix} x \\ y \\ z \end{pmatrix} = \begin{pmatrix} 0 & 0 & 1 \\ 0 & 1 & 0 \\ 1 & 0 & 0 \end{pmatrix} \begin{pmatrix} x \\ y \\ z \end{pmatrix},$$

判断 $V_1 = \{(0, x_2, 0)^{\mathrm{T}} \mid x_2 \in \mathbb{F}\}$ 和 $V_2 = \{(x_1, x_2, 0)^{\mathrm{T}} \mid x_1, x_2 \in \mathbb{F}\}$ 是否为 σ 的不变子空间.

解 因为对任何 $(0, x_2, 0)^{\mathrm{T}} \in V_1$, 有

$$\sigma \begin{pmatrix} 0 \\ x_2 \\ 0 \end{pmatrix} = \begin{pmatrix} 0 & 0 & 1 \\ 0 & 1 & 0 \\ 1 & 0 & 0 \end{pmatrix} \begin{pmatrix} 0 \\ x_2 \\ 0 \end{pmatrix} = \begin{pmatrix} 0 \\ x_2 \\ 0 \end{pmatrix} \in V_1,$$

所以 V_1 是 σ 的不变子空间. 又因为对向量 $\varepsilon_1 = (1, 0, 0) \in V_2$, 有

$$\sigma(\varepsilon_1) = \begin{pmatrix} 0 & 0 & 1 \\ 0 & 1 & 0 \\ 1 & 0 & 0 \end{pmatrix} \begin{pmatrix} 1 \\ 0 \\ 0 \end{pmatrix} = \begin{pmatrix} 0 \\ 0 \\ 1 \end{pmatrix},$$

所以 $\sigma(\varepsilon_1)$ 不在 V_2 中, 因此 V_2 不是 σ 的不变子空间. □

设 σ 是 n 维线性空间 V 的线性变换, W 是 σ 的非平凡不变子空间, 在 W 中取定一个基 $\alpha_1, \cdots, \alpha_r$, 并把它扩充为 V 的一个基 $\alpha_1, \cdots, \alpha_r, \alpha_{r+1}, \cdots, \alpha_n$, 由于 W 是 σ 的不变子空间, 所以它的基像组 $\sigma(\alpha_1), \cdots, \sigma(\alpha_r)$ 仍在 W 中, 因此它们可以由 W 的基 $\alpha_1, \cdots, \alpha_r$ 线性表出:

$$\sigma(\alpha_1) = a_{11}\alpha_1 + \cdots + a_{r1}\alpha_r, \cdots, \sigma(\alpha_r) = a_{1r}\alpha_1 + \cdots + a_{rr}\alpha_r, \tag{9.19}$$

而 V 的其他基像组向量的线性表示式是

$$\sigma(\alpha_{r+1}) = a_{1,r+1}\alpha_1 + \cdots + a_{r,r+1}\alpha_r + a_{r+1,r+1}\alpha_{r+1} + \cdots + a_{n,r+1}\alpha_n,$$
$$\cdots \cdots \tag{9.20}$$
$$\sigma(\alpha_n) = a_{1n}\alpha_1 + \cdots + a_{rn}\alpha_r + a_{r+1,n}\alpha_{r+1} + \cdots + a_{nn}\alpha_n,$$

现在将 (9.19), (9.20) 两式中的 n 个式子合起来写成

$$(\sigma(\alpha_1), \cdots, \sigma(\alpha_r), \sigma(\alpha_{r+1}), \cdots, \sigma(\alpha_n)) = (\alpha_1, \cdots, \alpha_r, \alpha_{r+1}, \cdots, \alpha_n) A,$$

则可以看到其中 n 阶方阵

$$A = \begin{pmatrix} a_{11} & \cdots & a_{1r} & a_{1,r+1} & \cdots & a_{1n} \\ \vdots & & \vdots & \vdots & & \vdots \\ a_{r1} & \cdots & a_{rr} & a_{r,r+1} & \cdots & a_{rn} \\ 0 & \cdots & 0 & a_{r+1,r+1} & \cdots & a_{r+1,n} \\ \vdots & & \vdots & \vdots & & \vdots \\ 0 & \cdots & 0 & a_{n,r+1} & \cdots & a_{nn} \end{pmatrix}$$

就大为简化了. 如果进一步要求由向量 $\alpha_{r+1}, \cdots, \alpha_n$ 生成的子空间

$$N = L(\alpha_{r+1}, \cdots, \alpha_n)$$

也是 σ 的不变子空间, 那么 $\sigma(\alpha_{r+1}), \cdots, \sigma(\alpha_n)$ 可以由 N 的基向量 $\alpha_{r+1}, \cdots, \alpha_n$ 线性表出, 此时 (9.20) 式就变成

$$\sigma(\alpha_{r+1}) = a_{r+1,r+1}\alpha_{r+1} + \cdots + a_{n,r+1}\alpha_n, \cdots, \sigma(\alpha_n) = a_{r+1,n}\alpha_{r+1} + \cdots + a_{nn}\alpha_n,$$

这样, σ 在基 $\alpha_1, \cdots, \alpha_r, \alpha_{r+1}, \cdots, \alpha_n$ 下的矩阵是一个更简单的准对角矩阵

$$A = \begin{pmatrix} a_{11} & \cdots & a_{1r} & 0 & \cdots & 0 \\ \vdots & & \vdots & \vdots & & \vdots \\ a_{r1} & \cdots & a_{rr} & 0 & \cdots & 0 \\ 0 & \cdots & 0 & a_{r+1,r+1} & \cdots & a_{r+1,n} \\ \vdots & & \vdots & \vdots & & \vdots \\ 0 & \cdots & 0 & a_{n,r+1} & \cdots & a_{n,n} \end{pmatrix}. \tag{9.21}$$

此时由于 V 中的任何向量都显然可以写成 W 中向量与 N 中向量的和, 并且 W 的基 $\alpha_1, \cdots, \alpha_r$ 与 N 的基 $\alpha_{r+1}, \cdots, \alpha_n$ 合起来是 V 的基, 所以由定理 8.17 可知 $V = W \oplus N$, 即 V 可以分解成两个 σ 的不变子空间的直和. 一般来说, 我们可以证明下面的定理.

定理 9.7 设 σ 是数域 $\mathbb{F}$ 上 n 维线性空间 V 的线性变换, 则在 V 内存在一个基 $\alpha_1, \alpha_2, \cdots, \alpha_n$, 使得 σ 在这个基下的矩阵是准对角矩阵的充要条件是 V 可以分解成 σ 的不变子空间 $V_1, V_2, \cdots, V_m$ 的直和

$$V = V_1 \oplus V_2 \oplus \cdots \oplus V_m,$$

其中每个 V_i 的维数等于准对角矩阵中对应的分块矩阵的阶数 $(i = 1, 2, \cdots, m)$.

证明 (充分性) 设 $V = V_1 \oplus V_2 \oplus \cdots \oplus V_m$, 其中各个 V_i 都是 σ 的不变子空间, 且记 $\dim V_i = r_i$, 则有 $\sum\limits_{i=1}^{m} r_i = n$. 我们在每个 V_i 中取一个基, 然后依次合并成一个向量组, 于是由定理 8.21 可知这个合并向量组是 V 的一个基. 由于每个 V_i 都是 σ 的不变子空间, 所以就和 V 分解为两个不变子空间直和时, 得到准对角矩阵 (9.21) 一样, 现在的线性变换 σ 在这个合并基下的矩阵必为准对角矩阵

$$A = \begin{pmatrix} A_1 & & & \\ & A_2 & & \\ & & \ddots & \\ & & & A_m \end{pmatrix}, \tag{9.22}$$

并且其中每个 A_i 的阶数分别是 $r_i (i = 1, 2, \cdots, m)$.

(必要性) 如果 σ 在 V 的基 $\alpha_1, \alpha_2, \cdots, \alpha_n$ 下的矩阵是准对角矩阵 (9.22), 那么把这个基分成与分块矩阵 $A_1, A_2, \cdots, A_m$ 相对应的 m 段:

$$\alpha_{11}, \cdots, \alpha_{1r_1}, \alpha_{21}, \cdots, \alpha_{2r_2}, \cdots, \alpha_{m1}, \cdots, \alpha_{mr_m}, \tag{9.23}$$

其中 $r_i (i = 1, 2, \cdots, m)$ 是 A_i 的阶数, 因此有 $\sum\limits_{i=1}^{m} r_i = n$. 从已知条件

$$(\sigma(\alpha_1), \cdots, \sigma(\alpha_n)) = (\alpha_1, \cdots, \alpha_n) A$$

和 (9.22) 式可知: 对 $i = 1, 2, \cdots, m$, 有

$$(\sigma(\alpha_{i1}), \cdots, \sigma(\alpha_{ir_i})) = (\alpha_{i1}, \cdots, \alpha_{ir_i}) A_i, \tag{9.24}$$

记 $V_i = L(\alpha_{i1}, \cdots, \alpha_{ir_i})$, 则对任何 $\alpha \in V_i$, 存在 $k_1, \cdots, k_{ir_i} \in \mathbb{F}$, 使得 $\alpha = \sum\limits_{j=1}^{r_i} k_j \alpha_{ij}$, 从而得 $\sigma(\alpha) = \sum\limits_{j=1}^{r_i} k_j \sigma(\alpha_{ij})$, 但是由 (9.24) 式知, 每一个 $\sigma(\alpha_{ij})$ 都可由 $\alpha_{i1}, \cdots, \alpha_{ir_i}$ 线性表出, 因此 $\sigma(\alpha) \in V_i$, 即每一个 V_i 都是 σ 的不变子空间, 并且 V 中任一向量都可以写成 (9.23) 式中基向量组的线性组合, 从而就可以写成各个 V_i 中向量的和, 即有

$$V = V_1 + V_2 + \cdots + V_m,$$

其中 $\dim(V_i) = r_i (i = 1, 2, \cdots, m)$, 再由 $\sum\limits_{i=1}^{m} \dim(V_i) = \sum\limits_{i=1}^{m} r_i = n$ 和定理 8.20 可得

$$V = V_1 \oplus V_2 \oplus \cdots \oplus V_m. \qquad \square$$

例 9.11 如果线性空间 V 上的两个线性变换 σ 与 τ 满足 $\sigma\tau = \tau\sigma$, 证明 τ 的核与值域都是 σ 的不变子空间.

证明 对任何 $\alpha \in \mathrm{Ker}(\tau)$, 由条件可得

$$\tau(\sigma(\alpha)) = (\tau\sigma)(\alpha) = (\sigma\tau)(\alpha) = \sigma(\tau(\alpha)) = \sigma(0) = 0,$$

因此 $\sigma(\alpha) \in \mathrm{Ker}(\tau)$, 即 $\mathrm{Ker}(\tau)$ 是 σ 的不变子空间. 又对任何 $\beta \in \mathrm{Im}(\tau)$, 存在 $\gamma \in V$, 使得 $\beta = \tau(\gamma)$, 于是由条件可得

$$\sigma(\beta) = \sigma(\tau(\gamma)) = (\sigma\tau)(\gamma) = (\tau\sigma)(\gamma) = \tau(\sigma(\gamma)) \in \mathrm{Im}(\tau),$$

即 $\mathrm{Im}(\tau)$ 也是 σ 的不变子空间. □

由于 σ 的多项式 $f(\sigma)$ 是与 σ 可交换的 (即 $f(\sigma)\sigma = \sigma f(\sigma)$), 所以由上例的结论可知 $f(\sigma)$ 的核与值域都是 σ 的不变子空间.

习 题 9.4

1. 设 3 维线性空间 V 上的线性变换 σ 在 V 的一个基 $\alpha_1, \alpha_2, \alpha_3$ 下的矩阵是

$$A = \begin{pmatrix} 1 & 2 & 2 \\ 2 & 1 & 2 \\ 2 & 2 & 1 \end{pmatrix},$$

证明: 子空间 $W = L(\alpha_2 - \alpha_1, \alpha_3 - \alpha_1)$ 是 σ 的不变子空间.

2. 设 σ 是 n 维线性空间 V 的线性变换, 并且 σ 在 V 的一个基 $\alpha_1, \alpha_2, \cdots, \alpha_n$ 下的矩阵是

$$A = \begin{pmatrix} 0 & 1 & & \\ & 0 & \ddots & \\ & & \ddots & 1 \\ & & & 0 \end{pmatrix},$$

求 σ 的所有不变子空间.

3. 设 σ 是数域 $\mathbb{F}$ 上线性空间 V 的一个数乘变换 (即存在 $k \in \mathbb{F}$, 使得 $\sigma = k\varepsilon$), 证明: V 的每一个子空间都是 σ 的不变子空间.

4. 设 σ 是数域 $\mathbb{F}$ 上线性空间 V 的一个线性变换, W 是 V 中 σ 的不变子空间, 证明:

$$\sigma(W) = \{\alpha \in W | 存在 \beta \in W, 使得 \alpha = \sigma(\beta)\}$$

也是 σ 的不变子空间.

5. 设 σ 是数域 $\mathbb{F}$ 上线性空间 V 的一个线性变换, W 是 V 的 σ 的不变子空间, $\sigma(W)$ 的定义同上述第 4 题, 证明:

$$\dim \sigma(W) + \dim(\mathrm{Ker}(\sigma) \cap W) = \dim W.$$

9.5 线性变换的对角化

对于线性空间 V 上的一个线性变换 σ, 我们自然希望找到 V 的一个基 α_1, $\alpha_2, \cdots, \alpha_n$, 使得 σ 在这个基下的矩阵是一个对角矩阵. 如果不能做到这一点, 则这个矩阵至少是若尔当标准形. 这个寻找线性变换的最简单矩阵的过程称为线性变换的**对角化**.

9.5.1 线性变换的特征值和特征向量

在上册第 5 章中, 我们从矩阵的对角化需求出发引入了矩阵的特征值与特征向量, 并且证明了相似的矩阵具有完全相同的特征值. 现在我们已经从线性变换角度看到, 相似矩阵只是同一个线性变换 σ 在线性空间 V 的不同基下的矩阵, 这些相似矩阵的特征值实际上反映了线性变换 σ 本身的性质, 因此可以直接定义线性变换 σ 的特征值, 它将与 σ 在 V 的所有基下的矩阵的特征值完全相同.

> **定义 9.5   线性变换的特征值与特征向量**
>
> 设 σ 是数域 $\mathbb{F}$ 上 n 维线性空间 V 的一个线性变换, 如果对于 $\mathbb{F}$ 中的一个数 λ_0, 存在非零向量 $\alpha \in V$, 使得
>
> $$\sigma(\alpha) = \lambda_0 \alpha, \tag{9.25}$$
>
> 则称 λ_0 是线性变换 σ 的一个**特征值**, α 是 σ 的属于特征值 λ_0 的一个**特征向量**.

对于任何非零的 $k \in \mathbb{F}$, 由 (9.25) 式可得

$$\sigma(k\alpha) = k\sigma(\alpha) = k(\lambda_0\alpha) = \lambda_0(k\alpha),$$

因此特征向量不被特征值唯一确定, 它们可以相差一个非零倍数.

为了求出线性变换 σ 的特征值 λ_0 及其特征向量 α, 可以取定 V 的一个基 $\alpha_1, \alpha_2, \cdots, \alpha_n$, 线性变换 σ 在这个基下的矩阵是 $A = (a_{ij})_{n \times n}$, 并且记 α 在这个基下的坐标是 $X = (x_1, x_2, \cdots, x_n)^{\mathrm{T}}$, 即有

$$\alpha = x_1\alpha_1 + x_2\alpha_2 + \cdots + x_n\alpha_n, \tag{9.26}$$

则由定理 9.1 可知 $\sigma(\alpha)$ 在基 $\alpha_1, \alpha_2, \cdots, \alpha_n$ 下的坐标是 AX, 而 $\lambda_0\alpha$ 在这个基下的坐标显然是 $\lambda_0 X$, 所以由 (9.25) 式和 $\alpha_1, \alpha_2, \cdots, \alpha_n$ 线性无关, 得到

$$AX = \lambda_0 X, \tag{9.27}$$

这样, 求线性变换 σ 的特征值与特征向量的问题就立即转化为求矩阵 A 的特征值与特征向量的问题了. 只是要注意: 在求出矩阵 A 的属于 λ_0 的特征向量 $X =$

$(x_1, x_2, \cdots, x_n)^\mathrm{T}$ 后, 还要将其代入 (9.26) 式, 才能最终得到线性变换 σ 的属于 λ_0 的特征向量 α. 反过来, 从 (9.27) 式的成立马上就能推导出 (9.25) 式成立, 因此我们实际上已经证明了下面的定理.

定理 9.8　设 σ 是数域 $\mathbb{F}$ 上 n 维线性空间 V 的一个线性变换, 并且 σ 在 V 的一个基 $\alpha_1, \alpha_2, \cdots, \alpha_n$ 下的矩阵是 A, 则有

(1) λ_0 是 σ 的特征值的充要条件是 λ_0 为 A 的特征值;

(2) $\alpha = x_1\alpha_1 + x_2\alpha_2 + \cdots + x_n\alpha_n$ 是 σ 的属于 λ_0 的特征向量的充要条件是 $(x_1, x_2, \cdots, x_n)^\mathrm{T}$ 为 A 的属于 λ_0 的特征向量.

例 9.12　设线性空间 $M_2(\mathbb{R})$ 上的线性变换如下:

$$对任何 Z = \begin{pmatrix} a & b \\ c & d \end{pmatrix} \in M_2(\mathbb{R}), \quad \sigma(Z) = \begin{pmatrix} 2a-b & -3a \\ 3d & 3c \end{pmatrix},$$

求 σ 的特征值与特征向量.

解　先求 σ 在 $M_2(\mathbb{R})$ 的一个基 $E_{11}, E_{12}, E_{21}, E_{22}$ 下的矩阵 A. 因为

$$\sigma(E_{11}) = \begin{pmatrix} 2 & -3 \\ 0 & 0 \end{pmatrix} = 2E_{11} - 3E_{12}, \quad \sigma(E_{12}) = \begin{pmatrix} -1 & 0 \\ 0 & 0 \end{pmatrix} = -E_{11},$$

$$\sigma(E_{21}) = \begin{pmatrix} 0 & 0 \\ 0 & 3 \end{pmatrix} = 3E_{22}, \qquad \sigma(E_{22}) = \begin{pmatrix} 0 & 0 \\ 3 & 0 \end{pmatrix} = 3E_{21},$$

所以从

$$(\sigma(E_{11}), \sigma(E_{12}), \sigma(E_{21}), \sigma(E_{22})) = (E_{11}, E_{12}, E_{21}, E_{22})A$$

得到矩阵

$$A = \begin{pmatrix} 2 & -1 & 0 & 0 \\ -3 & 0 & 0 & 0 \\ 0 & 0 & 0 & 3 \\ 0 & 0 & 3 & 0 \end{pmatrix},$$

A 的特征多项式是

$$f_A(\lambda) = |\lambda I - A| = \begin{vmatrix} \lambda-2 & 1 & & \\ 3 & \lambda & & \\ & & \lambda & -3 \\ & & -3 & \lambda \end{vmatrix} = (\lambda+1)(\lambda+3)(\lambda-3)^2,$$

因此 A(即 σ) 的特征值是 $\lambda_1 = -1, \lambda_2 = -3, \lambda_3 = 3$(2 重根). 由 λ_1 的特征方程组

$$\begin{pmatrix} -3 & 1 & & \\ 3 & -1 & & \\ & & -1 & -3 \\ & & -3 & -1 \end{pmatrix} \begin{pmatrix} x_1 \\ x_2 \\ x_3 \\ x_4 \end{pmatrix} = 0$$

解得 A 的属于 λ_1 的特征向量是 $X_1 = (1, 3, 0, 0)^{\mathrm{T}}$; 由 λ_2 的特征方程组

$$\begin{pmatrix} -5 & 1 & & \\ 3 & -3 & & \\ & & -3 & -3 \\ & & -3 & -3 \end{pmatrix} \begin{pmatrix} x_1 \\ x_2 \\ x_3 \\ x_4 \end{pmatrix} = 0$$

解得 A 的属于 λ_2 的特征向量是 $X_2 = (0, 0, 1, -1)^{\mathrm{T}}$; 由 λ_3 的特征方程组

$$\begin{pmatrix} 1 & 1 & & \\ 3 & 3 & & \\ & & 3 & -3 \\ & & -3 & 3 \end{pmatrix} \begin{pmatrix} x_1 \\ x_2 \\ x_3 \\ x_4 \end{pmatrix} = 0$$

解得 A 的属于 λ_3 的线性无关的特征向量是 $X_3 = (1, -1, 0, 0)^{\mathrm{T}}$ 和 $X_4 = (0, 0, 1, 1)^{\mathrm{T}}$. 再从 A 的这 4 个特征向量 X_1, X_2, X_3, X_4 可得 σ 的属于 λ_1 的特征向量是

$$\alpha_1 = (E_{11}, E_{12}, E_{21}, E_{22})X_1 = E_{11} + 3E_{12} = \begin{pmatrix} 1 & 3 \\ 0 & 0 \end{pmatrix}.$$

同理可得 σ 的属于 λ_2 的特征向量是

$$\alpha_2 = E_{21} - E_{22} = \begin{pmatrix} 0 & 0 \\ 1 & -1 \end{pmatrix},$$

σ 的属于 λ_3 的线性无关的特征向量是

$$\alpha_3 = E_{11} - E_{12} = \begin{pmatrix} 1 & -1 \\ 0 & 0 \end{pmatrix} \quad \text{和} \quad \alpha_4 = E_{21} + E_{22} = \begin{pmatrix} 0 & 0 \\ 1 & 1 \end{pmatrix},$$

因此 σ 的属于 λ_1 的所有特征向量是 $k_1 \begin{pmatrix} 1 & 3 \\ 0 & 0 \end{pmatrix}$(其中 $k_1 \neq 0$), σ 的属于 λ_2 的所有特征向量是 $k_2 \begin{pmatrix} 0 & 0 \\ 1 & -1 \end{pmatrix}$(其中 $k_2 \neq 0$), σ 的属于 λ_3 的所有特征向量是 $k_3 \begin{pmatrix} 1 & -1 \\ 0 & 0 \end{pmatrix} + k_4 \begin{pmatrix} 0 & 0 \\ 1 & 1 \end{pmatrix}$(其中 k_3, k_4 不全为零). $\qquad\square$

9.5.2　线性变换的对角化

第 5 章曾经证明: 数域 $\mathbb{F}$ 上 n 阶方阵 A 可对角化的充要条件是 A 有 n 个线性无关的特征向量, 对线性变换来说也有相同的结论. 设 σ 是 n 维线性空间 V 的一个线性变换, 如果存在 V 的一个基 $\alpha_1, \alpha_2, \cdots, \alpha_n$, 使得 σ 在这个基下的矩阵是对角矩阵, 那么就称 σ 是**可对角化**的线性变换.

定理 9.9　设 V 是数域 $\mathbb{F}$ 上 n 维线性空间, σ 是 V 上的一个线性变换, 则 σ 可对角化的充要条件是 σ 有 n 个线性无关的特征向量, 即存在 V 的一个基 $\alpha_1, \alpha_2, \cdots, \alpha_n$, 使得 $\sigma(\alpha_i) = \lambda_i \alpha_i (i = 1, 2, \cdots, n)$, 这里所有的 $\lambda_i \in \mathbb{F}$.

证明　(充分性) 设 σ 有 n 个线性无关的特征向量 $\alpha_1, \alpha_2, \cdots, \alpha_n$, 由于 $\dim V = n$, 所以 $\alpha_1, \alpha_2, \cdots, \alpha_n$ 是 V 的一个基, 并且存在 $\lambda_1, \lambda_2, \cdots, \lambda_n \in \mathbb{F}$, 使得 $\sigma(\alpha_i) = \lambda_i \alpha_i (i = 1, 2, \cdots, n)$, 因此有

$$(\sigma(\alpha_1), \sigma(\alpha_2), \cdots, \sigma(\alpha_n)) = (\alpha_1, \alpha_2, \cdots, \alpha_n) \begin{pmatrix} \lambda_1 & & & \\ & \lambda_2 & & \\ & & \ddots & \\ & & & \lambda_n \end{pmatrix},$$

即 σ 是可对角化的线性变换.

(必要性) 设 σ 在 V 的一个基 $\alpha_1, \alpha_2, \cdots, \alpha_n$ 下的矩阵是对角矩阵 $\mathrm{diag}(\mu_1, \mu_2, \cdots, \mu_n)$, 则有 $\sigma(\alpha_i) = \mu_i \alpha_i (i = 1, 2, \cdots, n)$, 其中 $\mu_i \in \mathbb{F}$, 因此 σ 有 n 个线性无关的特征向量 $\alpha_1, \alpha_2, \cdots, \alpha_n$. □

请读者参照定理 5.2 和定理 5.4 的证明方法, 证明下面这个关于线性变换的特征值与特征向量的基本定理 (习题 9.5 第 7 题).

定理 9.10　设 σ 是数域 $\mathbb{F}$ 上 n 维线性空间 V 的线性变换, 则 σ 的属于不同特征值的特征向量是线性无关的, 进一步, 设 $\lambda_1, \lambda_2, \cdots, \lambda_m$ 是 σ 的不同特征值, 并且对每个 $i = 1, 2, \cdots, m$ 来说, $\alpha_{i1}, \cdots, \alpha_{ir_i}$ 是 σ 的属于 λ_i 的线性无关的特征向量, 则向量组 $\alpha_{11}, \cdots, \alpha_{1r_1}, \alpha_{21}, \cdots, \alpha_{2r_2}, \cdots, \alpha_{m1}, \cdots, \alpha_{mr_m}$ 也是线性无关的.

下面的定理更加明确地给出了线性变换对角化与矩阵对角化之间的一致关系.

定理 9.11　设 σ 是数域 $\mathbb{F}$ 上 n 维线性空间 V 的线性变换, 并且 σ 在 V 的一个基 $\alpha_1, \alpha_2, \cdots, \alpha_n$ 下的矩阵是 A, 则 σ 可对角化的充要条件是 A 可对角化.

证明　(充分性) 设矩阵 A 可对角化, 即存在可逆矩阵 $P \in M_n(\mathbb{F})$, 使得

$$P^{-1}AP = \mathrm{diag}(\lambda_1, \lambda_2, \cdots, \lambda_n), \tag{9.28}$$

其中 $\lambda_i \in \mathbb{F}(i = 1, 2, \cdots, n)$, 现在令 V 中的向量组 $\beta_1, \beta_2, \cdots, \beta_n$ 满足

$$(\beta_1, \beta_2, \cdots, \beta_n) = (\alpha_1, \alpha_2, \cdots, \alpha_n)\,P,$$

因为 P 是可逆矩阵, 所以由定理 8.10 可知 $\beta_1, \beta_2, \cdots, \beta_n$ 是 V 的一个基, 并且 P 是由基 $\alpha_1, \alpha_2, \cdots, \alpha_n$ 到基 $\beta_1, \beta_2, \cdots, \beta_n$ 的过渡矩阵, 从而再由定理 9.2 可知线性变换 σ 在基 $\beta_1, \beta_2, \cdots, \beta_n$ 下的矩阵是对角矩阵 (9.28), 因此 σ 可对角化.

(必要性) 因为 σ 可对角化, 所以存在 V 的一个基 $\eta_1, \eta_2, \cdots, \eta_n$, 使得 σ 在这个基下的矩阵是对角矩阵

$$\mathrm{diag}(a_1, a_2, \cdots, a_n),$$

其中 $a_i \in \mathbb{F}(i = 1, \cdots, n)$. 另一方面, 设由基 $\alpha_1, \cdots, \alpha_n$ 到基 $\eta_1, \cdots, \eta_n$ 的过渡矩阵是 T, 则由定理 8.10 可知 T 是可逆矩阵, 并且由定理 9.2 可知线性变换 σ 在基 $\eta_1, \cdots, \eta_n$ 下的矩阵是 $T^{-1}AT$, 这样便得到

$$T^{-1}AT = \mathrm{diag}(a_1, a_2, \cdots, a_n),$$

所以 A 是可对角化矩阵. $\qquad\qquad\qquad\qquad\qquad\qquad\qquad\qquad\qquad\qquad\square$

9.5.3 线性变换的特征子空间

8.4 节引入了矩阵的特征子空间的概念, 并且在习题 8.6 第 14 题中, 将线性空间 $\mathbb{F}^n$ 分解成了一个在数域 $\mathbb{F}$ 上可对角化矩阵的所有特征子空间的直和. 现在我们对线性空间上的线性变换也可以引入特征子空间的概念, 并得到类似的结论.

设 σ 是数域 $\mathbb{F}$ 上 n 维线性空间 V 的线性变换, 并且 λ_0 是 σ 的一个特征值, 如果 $\alpha, \beta \in V$ 都是 σ 的属于 λ_0 的特征向量, 则对任何 $k, l \in \mathbb{F}$, 有

$$\sigma(k\alpha + l\beta) = k\sigma(\alpha) + l\sigma(\beta) = k(\lambda_0\alpha) + l(\lambda_0\beta) = \lambda_0(k\alpha + l\beta),$$

因此 σ 的属于 λ_0 的特征向量全体加上零向量组成了 V 的子空间, 记为

$$V_{\lambda_0} = \{\alpha \in V \mid \sigma(\alpha) = \lambda_0\alpha\},$$

并称其为 σ 的属于特征值 λ_0 的**特征子空间**. 显然, V_{λ_0} 是 σ 的不变子空间.

例 9.13 线性空间 $\mathbb{R}[x]_2$ 上的线性变换 σ 定义如下:

$$\sigma(f(x)) = f(1) + f'(0)x + (f'(0) + f^{(2)}(0))x^2,$$

求 σ 的特征值及其特征子空间.

解　由于在线性变换 σ 下, $\mathbb{R}[x]_2$ 的基向量 $1, x, x^2$ 的像分别是

$$\sigma(1) = 1, \quad \sigma(x) = 1 + x + x^2, \quad \sigma(x^2) = 1 + 2x^2,$$

所以从

$$\big(\sigma(1), \sigma(x), \sigma(x^2)\big) = (1, x, x^2) \begin{pmatrix} 1 & 1 & 1 \\ 0 & 1 & 0 \\ 0 & 1 & 2 \end{pmatrix}$$

得到 σ 在基 $1, x, x^2$ 下的矩阵是

$$A = \begin{pmatrix} 1 & 1 & 1 \\ 0 & 1 & 0 \\ 0 & 1 & 2 \end{pmatrix}.$$

A 的特征多项式是

$$f_A(\lambda) = |\lambda I - A| = \begin{vmatrix} \lambda - 1 & -1 & -1 \\ 0 & \lambda - 1 & 0 \\ 0 & -1 & \lambda - 2 \end{vmatrix} = (\lambda - 1)^2(\lambda - 2),$$

因此 A(即 σ) 的特征值是 $\lambda_1 = 2, \lambda_2 = 1$(2 重根), 从 λ_1 的特征方程组

$$\begin{pmatrix} 1 & -1 & -1 \\ 0 & 1 & 0 \\ 0 & -1 & 0 \end{pmatrix} \begin{pmatrix} x_1 \\ x_2 \\ x_3 \end{pmatrix} = 0$$

可解得 A 的属于 λ_1 的特征向量是 $X_1 = (1, 0, 1)^{\mathrm{T}}$, 再从 λ_2 的特征方程组

$$\begin{pmatrix} 0 & -1 & -1 \\ 0 & 0 & 0 \\ 0 & -1 & -1 \end{pmatrix} \begin{pmatrix} x_1 \\ x_2 \\ x_3 \end{pmatrix} = 0$$

可解得 A 的属于 λ_2 的特征向量是 $X_2 = (1, 0, 0)^{\mathrm{T}}, X_3 = (0, -1, 1)^{\mathrm{T}}$. 于是 σ 的属于 $\lambda_1 = 2$ 的特征向量是

$$\alpha_1 = (1, x, x^2) X_1 = 1 \cdot 1 + 0 \cdot x + 1 \cdot x^2 = x^2 + 1,$$

因此 σ 的属于 λ_1 的特征子空间是由 α_1 生成的子空间

$$V_{\lambda_1} = L(\alpha_1) = L(x^2 + 1).$$

同理得 σ 的属于 $\lambda_2 = 1$ 的线性无关的特征向量是

$$\alpha_2 = 1 \cdot 1 + 0 \cdot x + 0 \cdot x^2 = 1 \quad \text{和} \quad \alpha_3 = 0 \cdot 1 + (-1) \cdot x + 1 \cdot x^2 = x^2 - x,$$

因此 σ 的属于 λ_2 的特征子空间是由 α_2, α_3 生成的子空间

$$V_{\lambda_2} = L(\alpha_2, \alpha_3) = L(1, x^2 - x). \qquad \square$$

在这个例子中, 由于 3 维线性空间 $\mathbb{R}[x]_2$ 上的线性变换 σ 有 3 个线性无关的特征向量, 所以根据定理 9.9, σ 是可对角化的线性变换. 此时对 σ 的两个特征子空间 $V_{\lambda_1}, V_{\lambda_2}$ 来说, 有

$$\dim V_{\lambda_1} + \dim V_{\lambda_2} = 1 + 2 = 3 = \dim \mathbb{R}[x]_2.$$

另外对任何 $\beta \in V_{\lambda_1} \cap V_{\lambda_2}$, 同时有 $\sigma(\beta) = 2\beta$ 和 $\sigma(\beta) = \beta$, 因此得 $\beta = 0$, 即有

$$V_{\lambda_1} \cap V_{\lambda_2} = \{0\}.$$

所以由定理 8.19 可知

$$\mathbb{R}[x]_2 = V_{\lambda_1} \oplus V_{\lambda_2},$$

即线性空间 $\mathbb{R}[x]_2$ 可以分解为 σ 的两个特征子空间的直和. 一般地, 我们有以下定理.

> **定理 9.12**　设 σ 是数域 $\mathbb{F}$ 上 n 维线性空间 V 的线性变换, $\lambda_1, \lambda_2, \cdots, \lambda_m$ 是 σ 的全部不同的特征值, 它们的特征子空间分别是 $V_{\lambda_1}, V_{\lambda_2}, \cdots, V_{\lambda_m}$, 则成立以下结论:
> (1) $V_{\lambda_1} + V_{\lambda_2} + \cdots + V_{\lambda_m} = V_{\lambda_1} \oplus V_{\lambda_2} \oplus \cdots \oplus V_{\lambda_m}$;
> (2) σ 可对角化的充要条件是
>
> $$V = V_{\lambda_1} \oplus V_{\lambda_2} \oplus \cdots \oplus V_{\lambda_m}. \qquad (9.29)$$

证明　(1) 由多个子空间的直和定理 (定理 8.20), 只要证明 $V_{\lambda_1}, V_{\lambda_2}, \cdots, V_{\lambda_m}$ 的和中的零向量的表示法唯一就可以了. 设

$$0 = \alpha_1 + \alpha_2 + \cdots + \alpha_m, \quad \text{其中 } \alpha_i \in V_{\lambda_i}(i = 1, 2, \cdots, m),$$

如果不是所有的向量 α_i 都为零向量, 那么可以重新编号, 使得对某个满足 $1 \leqslant k \leqslant m$ 的 k, 当 $1 \leqslant i \leqslant k$ 时, $\alpha_i \neq 0$, 当 $k < i \leqslant m$ 时, $\alpha_i = 0$, 这样便有

$$\alpha_1 + \alpha_2 + \cdots + \alpha_k = 0. \qquad (9.30)$$

但是这个等式左边的每个向量都是 σ 的属于不同特征值的特征向量, 因此由定理 9.10 知向量组 $\alpha_1, \alpha_2, \cdots, \alpha_k$ 线性无关, 但这与 (9.30) 式矛盾, 所以只能有 $\alpha_1 = \alpha_2 = \cdots = \alpha_k = 0$, 即零向量的表示法唯一, 从而 $V_{\lambda_1}, V_{\lambda_2}, \cdots, V_{\lambda_m}$ 的和是直和.

(2) (充分性) 设 (9.29) 式成立, 则从每个 V_{λ_i} 中取一个基, 然后将它们合并组成一个向量组, 由定理 8.21 可知这个合并的向量组是 V 的一个基. 由于这个基全部由 σ 的特征向量组成, 因此 σ 在这个基下的矩阵显然是对角矩阵, 于是 σ 就是可对角化的线性变换.

(必要性) 设 σ 可对角化, 则 σ 在 V 的一个基 $\alpha_1, \alpha_2, \cdots, \alpha_n$ 下的矩阵是对角矩阵, 由此容易推导出这里的每个基向量 α_i 都是 σ 的特征向量, 因而必属于 σ 的某个特征子空间 V_{λ_j}. 现在记子空间

$$W = V_{\lambda_1} \oplus V_{\lambda_2} \oplus \cdots \oplus V_{\lambda_m} \subseteq V,$$

则有 $\alpha_i \in V_{\lambda_j} \subseteq W$, 即所有的基向量都在 W 中. 由于 V 中的任何向量都可以写成 $\alpha_1, \alpha_2, \cdots, \alpha_n$ 的线性组合, 所以也必在 W 中, 这样便有 $V \subseteq W$, 于是有

$$V = W = V_{\lambda_1} \oplus V_{\lambda_2} \oplus \cdots \oplus V_{\lambda_m}. \qquad \square$$

下面用定理 9.12 来重新证明一个结论: 设 A 是 n 阶方阵, 且满足 $A^2 = A$, 则 A 可对角化 (习题 5.2 第 9 题).

证明　取一个数域 $\mathbb{F}$ 上的 n 维线性空间 V, 并在 V 中指定一个基 $\alpha_1, \alpha_2, \cdots,$ α_n, 定义 V 上的线性变换 σ 如下:

$$(\sigma(\alpha_1), \sigma(\alpha_2), \cdots, \sigma(\alpha_n)) = (\alpha_1, \alpha_2, \cdots, \alpha_n) A,$$

因为 $A^2 = A$, 所以由定理 9.3 可知 $\sigma^2 = \sigma$, 若 λ_0 是 σ 的特征值, 则存在非零向量 $\alpha \in V$, 使得 $\sigma(\alpha) = \lambda_0 \alpha$, 由于 $\sigma^2 = \sigma$, 所以有

$$\lambda_0^2 \alpha = \lambda_0(\lambda_0 \alpha) = \lambda_0 \sigma(\alpha) = \sigma(\lambda_0 \alpha) = \sigma(\sigma(\alpha)) = \sigma^2(\alpha) = \sigma(\alpha) = \lambda_0 \alpha,$$

因此得 $(\lambda_0^2 - \lambda_0)\alpha = 0$, 而 $\alpha \neq 0$, 所以 $\lambda_0^2 - \lambda_0 = 0$, 即得 σ 的特征值 $\lambda_1 = 0, \lambda_2 = 1$. 由定理 9.12 的 (1) 可知两个特征子空间的和 $V_{\lambda_1} + V_{\lambda_2}$ 是直和, 即 $V_{\lambda_1} + V_{\lambda_2} = V_{\lambda_1} \oplus V_{\lambda_2}$. 又对任何 $\beta \in V$, 有

$$\beta = (\beta - \sigma(\beta)) + \sigma(\beta), \qquad (9.31)$$

其中由 $\sigma^2 = \sigma$, 可得

$$\sigma(\beta - \sigma(\beta)) = \sigma(\beta) - \sigma^2(\beta) = \sigma(\beta) - \sigma(\beta) = 0 = \lambda_1(\beta - \sigma(\beta)),$$

因此 $\beta - \sigma(\beta) \in V_{\lambda_1}$. 同样由 $\sigma^2 = \sigma$ 可得

$$\sigma(\sigma(\beta)) = \sigma^2(\beta) = \sigma(\beta) = \lambda_2 \sigma(\beta),$$

因此 $\sigma(\beta) \in V_{\lambda_2}$. 这样就由 (9.31) 式得到 $\beta \in V_{\lambda_1} + V_{\lambda_2}$, 因此有 $V \subseteq V_{\lambda_1} + V_{\lambda_2}$, 从而有

$$V = V_{\lambda_1} + V_{\lambda_2} = V_{\lambda_1} \oplus V_{\lambda_2}.$$

再由定理 9.12 的 (2) 可知 σ 是可对角化的线性变换, 于是由定理 9.11 知矩阵 A 可对角化. □

9.5.4 特征值的代数重数与几何重数

我们可以把第 5 章中关于矩阵特征值的代数重数与几何重数的概念推广到线性变换.

由定理 9.8 知, 数域 $\mathbb{F}$ 上 n 维线性空间 V 的线性变换 σ 的特征值与 σ 在 V 的任何一个基下的矩阵 A 的特征值是完全一致, 因此我们就可以把 A 的特征多项式 $f_A(\lambda)$ 作为线性变换 σ 的特征多项式, 记为 $f_\sigma(\lambda)$, 即有

$$f_\sigma(\lambda) = f_A(\lambda).$$

如果设 σ 的特征多项式在数域 $\mathbb{F}$ 上能分解成一次因式的乘积, 并且 σ 的全部相异的特征值是 $\lambda_1, \lambda_2, \cdots, \lambda_m$, 则有

$$f_\sigma(\lambda) = (\lambda - \lambda_1)^{n_1}(\lambda - \lambda_2)^{n_2} \cdots (\lambda - \lambda_m)^{n_m}, \tag{9.32}$$

其中的指数 n_i 就是特征值 λ_i 的**代数重数**, 此时必有 $n_1 + n_2 + \cdots + n_m = n$.

另一方面, 由于特征值 λ_i 的特征子空间 V_{λ_i} 的维数就是属于 λ_i 的线性无关特征向量的最大个数, 这些线性无关的特征向量又是通过 λ_i 的特征方程组

$$(\lambda_i I - A)X = 0$$

的基础解系来得到 (其中 A 是 σ 在 V 的某个基下的矩阵), 因此特征子空间 V_{λ_i} 的维数就等于这个基础解系中所含向量个数, 而后者正是作为矩阵 A 的特征值 λ_i 的几何重数 r_i, 即有

$$\dim V_{\lambda_i} = r_i \quad (i = 1, 2, \cdots, m).$$

由于 $r_i = n - \mathrm{rank}(\lambda_i I - A)$, 当 B 是 σ 在另外一个基下的矩阵时, 它与 A 相似, 即存在可逆矩阵 P, 使得 $P^{-1}BP = A$, 此时有

$$\mathrm{rank}(\lambda_i I - A) = \mathrm{rank}(P^{-1}(\lambda_i I - B)P) = \mathrm{rank}(\lambda_i I - B),$$

因此 B 的特征值 λ_i 的几何重数也是 r_i, 所以 r_i 实际上就只由线性变换 σ 来确定, 它与基的选取没有关系. 于是在这里我们可以把线性变换 σ 的特征子空间 V_{λ_i} 的维数定义为 σ 的特征值 λ_i 的**几何重数**, 并且仍记为 r_i.

由以上的分析及定理 5.5(矩阵特征值的几何重数不超过代数重数), 马上得到下面的定理.

> **定理 9.13**　设 σ 是数域 $\mathbb{F}$ 上 n 维线性空间 V 的线性变换, 如果 σ 的特征多项式 $f_\sigma(\lambda)$ 在 $\mathbb{F}$ 上能分解成一次因式的乘积 (9.32) 式, 并且其中的 $\lambda_1, \lambda_2, \cdots, \lambda_m$ 两两不同, 那么对每一个特征值 λ_i 来说, 总有
>
> $$r_i \leqslant n_i \quad (i = 1, 2, \cdots, m).$$

与判断可对角化矩阵的定理 5.6 类似, 运用特征值的代数重数和几何重数, 我们也可以给出可对角化线性变换的一个清晰的判别条件.

> **定理 9.14**　设数域 $\mathbb{F}$ 上 n 维线性空间 V 的线性变换 σ 满足定理 9.13 的条件, 则 σ 可对角化的充要条件是 $r_i = n_i (i = 1, 2, \cdots, m)$.

证明　(充分性) 因为对每个 $i = 1, 2, \cdots, m$, 有 $\dim V_{\lambda_i} = r_i = n_i$, 所以

$$r_1 + r_2 + \cdots + r_m = n_1 + n_2 + \cdots + n_m = n.$$

现在从每个特征子空间 V_{λ_i} 中各取一个基 $\alpha_{i1}, \cdots, \alpha_{ir_i}$, 则由定理 9.10 可知, 由这 m 个基合并而成的向量组 $\alpha_{11}, \cdots, \alpha_{1r_1}, \alpha_{21}, \cdots, \alpha_{2r_2}, \cdots, \alpha_{m1}, \cdots, \alpha_{mr_m}$ 线性无关, 并且它包含了 $r_1 + r_2 + \cdots + r_m = n$ 个向量, 因此我们得到了 σ 的 n 个线性无关的特征向量, 从而由定理 9.9 可知 σ 可对角化.

(必要性) 设 σ 可对角化, 则由定理 9.9 可知 σ 有 n 个线性无关的特征向量, 这样便得

$$n \leqslant \sum_{i=1}^{m} \dim V_{\lambda_i} = \sum_{i=1}^{m} r_i,$$

又从定理 9.13 知 $r_i \leqslant n_i (i = 1, 2, \cdots, m)$, 所以得到

$$n \leqslant \sum_{i=1}^{m} r_i \leqslant \sum_{i=1}^{m} n_i = n,$$

于是就有 $\sum\limits_{i=1}^{m} r_i = \sum\limits_{i=1}^{m} n_i$, 或者写成

$$\sum_{i=1}^{m} (n_i - r_i) = 0,$$

但是每一项 $n_i - r_i \geqslant 0$, 因此对 $i = 1, 2, \cdots, m$ 都有 $r_i = n_i$. $\qquad \square$

习 题 9.5

1. 已知下列矩阵 A 是 3 维线性空间 V 的线性变换 σ 在 V 的一个基 $\alpha_1, \alpha_2, \alpha_3$ 下的矩阵, 求这些 σ 的特征值和特征向量:

(1) $A = \begin{pmatrix} 4 & 6 & 0 \\ -3 & -5 & 0 \\ -3 & -6 & 1 \end{pmatrix}$; (2) $A = \begin{pmatrix} 3 & 5 & 5 \\ 5 & 3 & 5 \\ -5 & -5 & -7 \end{pmatrix}$.

2. 已知线性空间 $M_2(\mathbb{R})$ 的一个线性变换 σ: 对任何 $Z \in M_2(\mathbb{R})$,

$$\sigma(Z) = AZB, \quad 其中 A = \begin{pmatrix} 1 & 0 \\ 1 & 1 \end{pmatrix}, B = \begin{pmatrix} 1 & -1 \\ -1 & 1 \end{pmatrix},$$

求 σ 的特征值与特征向量.

3. 设 $\alpha_1, \alpha_2, \alpha_3, \alpha_4$ 是线性空间 V 的一个基, V 上的线性变换 σ 在这个基下的矩阵为

$$A = \begin{pmatrix} 5 & -2 & -4 & 3 \\ 3 & -1 & -3 & 2 \\ -3 & \frac{1}{2} & \frac{9}{2} & -\frac{5}{2} \\ -10 & 3 & 11 & -7 \end{pmatrix}.$$

(1) 求 σ 在 V 的一个基 $\beta_1, \beta_2, \beta_3, \beta_4$ 下的矩阵, 其中 $\beta_1 = \alpha_1 + 2\alpha_2 + \alpha_3 + \alpha_4, \beta_2 = 2\alpha_1 + 3\alpha_2 + \alpha_3, \beta_3 = \alpha_3, \beta_4 = \alpha_4$;

(2) 求 σ 的特征值与特征向量;

(3) 求一个可逆矩阵 P, 使得 $P^{-1}AP$ 为对角矩阵.

4. 设 σ 是 3 维线性空间 V 的一个线性变换, 它在 V 的一个基 $\alpha_1, \alpha_2, \alpha_3$ 下的矩阵为

$$A = \begin{pmatrix} 15 & -32 & 16 \\ 6 & -13 & 6 \\ -2 & 4 & -3 \end{pmatrix}.$$

(1) 求 V 的一个基, 使得 σ 在这个基下的矩阵为对角矩阵;

(2) 求三阶可逆矩阵 P, 使得 $P^{-1}AP$ 为对角矩阵.

5. 已知线性空间 $\mathbb{R}[x]_3$ 上的线性变换 σ: 对任何

$$f(x) = a_3 x^3 + a_2 x^2 + a_1 x + a_0 \in \mathbb{R}[x]_3,$$

$$\sigma(f(x)) = (3a_3 - 4a_2)x^3 + (2a_2 - 3a_3)x^2 + (2a_1 - 3a_0)x + (a_0 - 2a_1),$$

求 σ 的特征值与特征向量, 并判断 σ 是否可对角化.

6. 已知线性空间 $\mathbb{R}[x]_2$ 的下列线性变换, 分别求它们的特征值与特征子空间:

(1) 对任何 $f(x) = a_2 x^2 + a_1 x + a_0 \in \mathbb{R}[x]_2$,

$$\sigma(f(x)) = (a_2 - 3a_1 - a_0)x^2 - (a_2 + 2a_0)x + (a_2 - 2a_1);$$

(2) 对任何 $f(x) = a_2x^2 + a_1x + a_0 \in \mathbb{R}[x]_2$,

$$\tau(f(x)) = (2a_2 - 6a_1 + 2a_0)x^2 - (2a_1 + 3a_0)x + (3a_1 + 4a_0).$$

7. 证明定理 9.10.

8. 设 V 是数域 $\mathbb{F}$ 上 n 维线性空间, σ 是 V 上的线性变换, 且对任何 $a \in \mathbb{F}$, 有 $\sigma \neq a\varepsilon$, 若 $\sigma^2 = 4\varepsilon$, 证明:

(1) $\lambda_1 = 2$ 和 $\lambda_2 = -2$ 都是 σ 的特征值;

(2) $V = V_{\lambda_1} \oplus V_{\lambda_2}$.

9. 设 σ 是 V 上的线性变换, 证明:

(1) 若 σ 有特征值 λ, 则 σ^m 有特征值 $\lambda^m (m > 1$ 是正整数);

(2) 若 $\sigma^3 = \sigma$, 则 σ 的特征值只能是 $0, \pm 1$.

10. 已知在数域 $\mathbb{F}$ 上 n 维线性空间 V 中, 线性变换 σ 以每个非零向量作为它的特征向量, 证明: σ 是数乘变换.

11. 设 σ 是 V 上的线性变换, 如果存在正整数 $m \geqslant 1$, 使得 $\sigma^m = 0$, 则称 σ 是幂零变换, 证明:

(1) σ 是幂零变换的充要条件是 σ 的特征值全为零;

(2) 幂零变换 σ 可对角化的充要条件是 $\sigma = 0$.

12. 设 σ 是实数域 $\mathbb{R}$ 上 3 维线性空间 V 的一个线性变换. 对 V 的一个基 $\alpha_1, \alpha_2, \alpha_3$ 有 $\sigma(\alpha_1) = 3\alpha_1 + 6\alpha_2 + 6\alpha_3, \sigma(\alpha_2) = 4\alpha_1 + 3\alpha_2 + 4\alpha_3, \sigma(\alpha_3) = -5\alpha_1 - 4\alpha_2 - 6\alpha_3$.

(1) 求 σ 的特征值与特征向量;

(2) 设 $\tau = \sigma^3 - 5\sigma$, 求 τ 的一个非平凡不变子空间.

13. 设 V 是复数域上的线性空间, $\sigma, \tau \in \mathfrak{L}(V)$ 且 $\sigma\tau = \tau\sigma$, 证明:

(1) σ 的每一个特征子空间都是 τ 的不变子空间;

(2) σ 和 τ 在 V 中至少有一个公共特征向量.

14. 设 n 阶方阵 A 满足 $A^2 = I$, 用线性变换方法证明:

$$A \sim \operatorname{diag}(\underbrace{1, \cdots, 1}_{r \text{个}}, \underbrace{-1, \cdots, -1}_{n-r \text{个}}), \text{ 这里} 0 \leqslant r \leqslant n.$$

9.6　从线性变换角度看若尔当标准形

我们在定理 9.12 中看到, 当线性空间 V 上的线性变换 σ 可对角化时, 可以将 V 分解成 σ 的所有特征子空间的直和

$$V = V_{\lambda_1} \oplus V_{\lambda_2} \oplus \cdots \oplus V_{\lambda_m}.$$

本节将把这一结论推广到线性变换 σ 不可对角化的情形, 即若 $\lambda_1, \lambda_2, \cdots, \lambda_m$ 是 V 上任意一个线性变换 σ 的全部不同的特征值, 则 V 可以分解成 m 个 σ 的不变子

空间的直和

$$V = W_1 \oplus W_2 \oplus \cdots \oplus W_m,$$

其中的每一个 W_i 又称为特征值 λ_i 的根子空间, 由于当 σ 可对角化时, $W_i = V_{\lambda_i}$, 所以 W_i 实际上是 λ_i 的特征子空间的一种推广. 在此基础上, 我们就可以对第 5 章中矩阵的若尔当标准形给出一个透彻的几何解释.

9.6.1   线性变换的根子空间

在证明线性空间可分解为根子空间的直和时, 需要一个关于多项式的预备定理.

> **定理 9.15**   如果 $\mathbb{F}[x]$ 中 m 个多项式 $f_1(x), f_2(x), \cdots, f_m(x)(m \geqslant 2)$ 的最大公因式是 $d_m(x)$, 则存在 m 个多项式 $u_1(x), u_2(x), \cdots, u_m(x) \in \mathbb{F}[x]$, 使得
>
> $$\sum_{i=1}^{m} u_i(x) f_i(x) = d_m(x).$$

证明   当 $m = 2$ 时, 定理的结论已经证明 (见定理 4.13). 假设结论对 $m = k$ 成立, 设 $k+1$ 个多项式 $f_1(x), \cdots, f_k(x), f_{k+1}(x)$ 的最大公因式是 $d_{k+1}(x)$, 则由归纳假设, 存在多项式 $u_1(x), \cdots, u_k(x) \in \mathbb{F}[x]$, 使得

$$u_1(x) f_1(x) + \cdots + u_k(x) f_k(x) = d_k(x), \tag{9.33}$$

其中的 $d_k(x)$ 是 $f_1(x), \cdots, f_k(x)$ 的最大公因式, 由于 $d_k(x)$ 与 $f_{k+1}(x)$ 的最大公因式还是 $d_{k+1}(x)$(见习题 9.6 第 1 题), 所以由定理 4.13 可知存在 $u(x), v(x) \in \mathbb{F}[x]$, 使得

$$u(x) d_k(x) + v(x) f_{k+1}(x) = d_{k+1}(x),$$

将 (9.33) 式代入上式得

$$(u(x) u_1(x)) f_1(x) + \cdots + (u(x) u_k(x)) f_k(x) + v(x) f_{k+1}(x) = d_{k+1}(x),$$

即结论对 $m = k+1$ 也成立. 由归纳法原理, 定理的结论对任何大于 2 的正整数 m 都成立. □

当 m 个多项式 $f_1(x), \cdots, f_m(x)(m \geqslant 2)$ 的最大公因式为 1 时, $f_1(x), \cdots, f_m(x)$ 就是互素的, 此时由定理 9.15 可得推论: 存在 m 个多项式 $u_1(x), \cdots, u_m(x)$ 使得

$$u_1(x) f_1(x) + \cdots + u_m(x) f_m(x) = 1.$$

下面给出本节的主要定理.

定理 9.16 设数域 $\mathbb{F}$ 上 n 维线性空间 V 的线性变换 σ 的特征多项式是

$$f_\sigma(\lambda) = (\lambda - \lambda_1)^{n_1}(\lambda - \lambda_2)^{n_2} \cdots (\lambda - \lambda_m)^{n_m},$$

其中 $\lambda_1, \lambda_2, \cdots, \lambda_m$ 两两不同, 则 V 可分解为不变子空间的直和

$$V = W_1 \oplus W_2 \oplus \cdots \oplus W_m, \tag{9.34}$$

这里对每个 $i = 1, 2, \cdots, m$ 来说, $W_i = \{\alpha \in V | (\sigma - \lambda_i\varepsilon)^{n_i}(\alpha) = 0\}$, 它称为特征值 λ_i 的根子空间, 而 (9.34) 式称为 σ 的根子空间分解.

证明 对 $i = 1, 2, \cdots, m$, 记多项式

$$f_i(\lambda) = \frac{f_\sigma(\lambda)}{(\lambda - \lambda_i)^{n_i}} = (\lambda - \lambda_1)^{n_1} \cdots (\lambda - \lambda_{i-1})^{n_{i-1}}(\lambda - \lambda_{i+1})^{n_{i+1}} \cdots (\lambda - \lambda_m)^{n_m},$$

并对每个 i, 记

$$W_i = \mathrm{Im}(f_i(\sigma))$$

是线性变换 $f_i(\sigma)$ 的值域, 由 9.4 节知 W_i 是 σ 的不变子空间, 并且因为

$$(\lambda - \lambda_i)^{n_i} f_i(\lambda) = f_\sigma(\lambda),$$

所以由线性变换的凯莱-哈密顿定理 (定理 9.4) 可得

$$(\sigma - \lambda_i\varepsilon)^{n_i} f_i(\sigma) = f_\sigma(\sigma) = f_A(\sigma) = \theta, \tag{9.35}$$

其中 A 是 σ 在 V 的某个基下的矩阵. 定理的证明分为以下四个步骤:

(1) 证明对 $i = 1, 2, \cdots, m$, 有

$$W_i \subseteq \{\alpha \in V | (\sigma - \lambda_i\varepsilon)^{n_i}(\alpha) = 0\}. \tag{9.36}$$

对任何 $\gamma \in W_i = \mathrm{Im}(f_i(\sigma))$, 存在 $\alpha \in V$, 使得 $\gamma = f_i(\sigma)(\alpha)$, 由 (9.35) 式可得

$$(\sigma - \lambda_i\varepsilon)^{n_i}(\gamma) = (\sigma - \lambda_i\varepsilon)^{n_i}(f_i(\sigma))(\alpha) = ((\sigma - \lambda_i\varepsilon)^{n_i} f_i(\sigma))(\alpha) = (f_\sigma(\sigma))(\alpha) = 0,$$

于是 $\gamma \in \{\alpha \in V | (\sigma - \lambda_i\varepsilon)^{n_i}(\alpha) = 0\}$, 即 (9.36) 式成立.

(2) 证明 $V = W_1 + W_2 + \cdots + W_m$.

由于 σ 的特征多项式 $f_\sigma(\lambda)$ 中的特征值 $\lambda_1, \lambda_2, \cdots, \lambda_m$ 两两不同, 所以多项式 $f_1(\lambda)$, $f_2(\lambda)$, $\cdots$, $f_m(\lambda)$ 互素, 因此由定理 9.15 后面的推论可知存在多项式 $u_1(\lambda), u_2(\lambda), \cdots, u_m(\lambda) \in \mathbb{F}[\lambda]$, 使得

$$u_1(\lambda)f_1(\lambda) + u_2(\lambda)f_2(\lambda) + \cdots + u_m(\lambda)f_m(\lambda) = 1,$$

于是有

$$u_1(\sigma)f_1(\sigma) + u_2(\sigma)f_2(\sigma) + \cdots + u_m(\sigma)f_m(\sigma) = \varepsilon,$$

从而对任何 $\alpha \in V$, 有

$$\alpha = (u_1(\sigma)f_1(\sigma))(\alpha) + (u_2(\sigma)f_2(\sigma))(\alpha) + \cdots + (u_m(\sigma)f_m(\sigma))(\alpha)$$

$$= f_1(\sigma)(u_1(\sigma)(\alpha)) + f_2(\sigma)(u_2(\sigma)(\alpha)) + \cdots + f_m(\sigma)(u_m(\sigma)(\alpha)),$$

这里后一个等式成立是用到了 9.1 节中关于同一个线性变换多项式的乘法可交换的性质. 由于对每个 $i = 1, 2, \cdots, m$, 都有

$$f_i(\sigma)(u_i(\sigma)(\alpha)) \in \mathrm{Im}(f_i(\sigma)) = W_i,$$

所以有 $\alpha \in W_1 + W_2 + \cdots + W_m$, 即有 $V \subseteq W_1 + W_2 + \cdots + W_m$, 但是显然有 $W_1 + W_2 + \cdots + W_m \subseteq V$, 因此得到 $V = W_1 + W_2 + \cdots + W_m$.

(3) 证明 $W_1 + W_2 + \cdots + W_m = W_1 \oplus W_2 \oplus \cdots \oplus W_m$.
设

$$\alpha_1 + \alpha_2 + \cdots + \alpha_m = 0, \tag{9.37}$$

其中 $\alpha_i \in W_i (i = 1, 2, \cdots, m)$, 则由 (9.36) 式可知, 对每个 $j = 1, 2, \cdots, m$, 都有

$$(\sigma - \lambda_j \varepsilon)^{n_j}(\alpha_j) = 0. \tag{9.38}$$

另一方面, 对 $j \neq i$ 有 $(\lambda - \lambda_j)^{n_j} | f_i(\lambda)$, 即存在多项式 $h(\lambda) \in \mathbb{F}[\lambda]$, 使得

$$f_i(\lambda) = h(\lambda)(\lambda - \lambda_j)^{n_j},$$

所以由 (9.38) 式得 $f_i(\sigma)(\alpha_j) = h(\sigma)((\sigma - \lambda_j \varepsilon)^{n_j}(\alpha_j)) = 0 \ (j \neq i)$. 这样, 用 $f_i(\sigma)$ 作用 (9.37) 式的两边后, 可得

$$f_i(\sigma)(\alpha_i) = 0 \quad (i = 1, 2, \cdots, m). \tag{9.39}$$

再由 $(f_i(\lambda), (\lambda - \lambda_i)^{n_i}) = 1$, 由定理 4.14 可知存在 $u(\lambda), v(\lambda) \in \mathbb{F}[\lambda]$, 使得

$$u(\lambda)f_i(\lambda) + v(\lambda)(\lambda - \lambda_i)^{n_i} = 1,$$

从而有等式

$$u(\sigma)f_i(\sigma) + v(\sigma)(\sigma - \lambda_i \varepsilon)^{n_i} = \varepsilon, \tag{9.40}$$

于是对 $i = 1, 2, \cdots, m$, 由上式和 (9.38), (9.39) 两式可得

$$\alpha_i = u(\sigma)(f_i(\sigma)(\alpha_i)) + v(\sigma)((\sigma - \lambda_i \varepsilon)^{n_i}(\alpha_i)) = 0,$$

所以 $W_1, W_2, \cdots, W_m$ 的和是直和, 这与 (2) 的结论一起便证明了

$$V = W_1 \oplus W_2 \oplus \cdots \oplus W_m.$$

(4) 证明 $W_i = \{\alpha \in V | (\sigma - \lambda_i \varepsilon)^{n_i}(\alpha) = 0\}(i = 1, 2, \cdots, m)$, 从而得 (9.34) 式. 由于已经有了包含关系式 (9.36), 所以只需证明: 对每个 $i = 1, 2, \cdots, m$, 有

$$\{\alpha \in V | (\sigma - \lambda_i \varepsilon)^{n_i}(\alpha) = 0\} \subseteq W_i. \tag{9.41}$$

现在对任何 $\beta \in \{\alpha \in V | (\sigma - \lambda_i \varepsilon)^{n_i}(\alpha) = 0\}$, 有

$$(\sigma - \lambda_i \varepsilon)^{n_i}(\beta) = 0, \tag{9.42}$$

并且由 (2) 的结论可知存在 $\beta_i \in W_i (i = 1, 2, \cdots, m)$, 使得

$$\beta = \beta_1 + \beta_2 + \cdots + \beta_m, \tag{9.43}$$

再由 (9.36) 式可知对每个 $j = 1, 2, \cdots, m$, 有

$$(\sigma - \lambda_j \varepsilon)^{n_j}(\beta_j) = 0. \tag{9.44}$$

另一方面对 $j \neq i$, 有 $(\lambda - \lambda_j)^{n_j} | f_i(\lambda)$, 所以 $f_i(\lambda) = h(\lambda)(\lambda - \lambda_j)^{n_j}$, 从而由 (9.44) 式得

$$f_i(\sigma)(\beta_j) = h(\sigma)((\sigma - \lambda_j \varepsilon)^{n_j}(\beta_j)) = 0. \tag{9.45}$$

将 $f_i(\sigma)$ 作用于 (9.43) 式的两边, 则由 (9.45) 式得

$$f_i(\sigma)(\beta) = f_i(\sigma)(\beta_i) \quad \text{或者} \quad f_i(\sigma)(\beta - \beta_i) = 0,$$

再由 (9.40) 式, (9.42) 式, (9.44) 式及上式, 得

$$\beta - \beta_i = u(\sigma)(f_i(\sigma)(\beta - \beta_i)) + v(\sigma)((\sigma - \lambda_i \varepsilon)^{n_i}(\beta - \beta_i)) = 0,$$

因此得到 $\beta = \beta_i \in W_i (i = 1, 2, \cdots, m)$, 即包含关系式 (9.41) 成立. □

我们通过下面的例题来初步熟悉根子空间的概念.

例 9.14　设 $\mathbb{R}^3$ 中的线性变换 σ 在标准基 $\varepsilon_1, \varepsilon_2, \varepsilon_3$ 下的矩阵是

$$A = \begin{pmatrix} -3 & 2 & 0 \\ 1 & -3 & 1 \\ 5 & -7 & 1 \end{pmatrix},$$

求 σ 的根子空间分解, 并且求一个基, 使得 σ 在这个基下的矩阵是若尔当标准形.

解 σ 的特征多项式是

$$f_\sigma(\lambda) = f_A(\lambda) = |\lambda I - A| = \begin{vmatrix} \lambda+3 & -2 & 0 \\ -1 & \lambda+3 & -1 \\ -5 & 7 & \lambda-1 \end{vmatrix} = (\lambda+1)(\lambda+2)^2,$$

因此 σ 的全部特征值是 $\lambda_1 = -1, \lambda_2 = -2(2$ 重根$)$, 由 λ_1 的特征方程组

$$\begin{pmatrix} 2 & -2 & 0 \\ -1 & 2 & -1 \\ -5 & 7 & -2 \end{pmatrix} \begin{pmatrix} x_1 \\ x_2 \\ x_3 \end{pmatrix} = 0$$

解得 σ 的属于 λ_1 的特征向量是 $\alpha_1 = (1,1,1)^{\mathrm{T}}$; 再由 λ_2 的特征方程组

$$\begin{pmatrix} 1 & -2 & 0 \\ -1 & 1 & -1 \\ -5 & 7 & -3 \end{pmatrix} \begin{pmatrix} x_1 \\ x_2 \\ x_3 \end{pmatrix} = 0$$

解得 σ 的属于 λ_2 的特征向量是 $\alpha_2 = (2,1,-1)^{\mathrm{T}}$, 因此 λ_2 的几何重数是 1, 不等于它的代数重数, 所以 σ(以及 A) 不能对角化. 此时 λ_1 的特征子空间是

$$V_{\lambda_1} = L(\alpha_1) = \{\alpha \in \mathbb{R}^3 | A\alpha = -\alpha\},$$

λ_2 的特征子空间是

$$V_{\lambda_2} = L(\alpha_2) = \{\alpha \in \mathbb{R}^3 | A\alpha = -2\alpha\},$$

此时 3 维线性空间 $\mathbb{R}^3$ 不能分解成这两个 1 维特征子空间的直和. 但由定理 9.16, $\mathbb{R}^3$ 可以分解成 λ_1 的根子空间 W_1 与 λ_2 的根子空间 W_2 的直和, 其中

$$\begin{aligned} W_1 &= \{\alpha \in \mathbb{R}^3 | (\sigma - \lambda_1 \varepsilon)(\alpha) = 0\} = \{\alpha \in \mathbb{R}^3 | (A - \lambda_1 I)\alpha = 0\} \\ &= \{\alpha \in \mathbb{R}^3 | (A+I)\alpha = 0\} = V_{\lambda_1} = L(\alpha_1) \end{aligned} \tag{9.46}$$

就是 λ_1 的特征子空间, 但是在

$$\begin{aligned} W_2 &= \{\alpha \in \mathbb{R}^3 | (\sigma - \lambda_2 \varepsilon)^2(\alpha) = 0\} = \{\alpha \in \mathbb{R}^3 | (A - \lambda_2 I)^2 \alpha = 0\} \\ &= \{\alpha \in \mathbb{R}^3 | (A+2I)^2 \alpha = 0\} \end{aligned}$$

中, 由于矩阵 $A + 2I$ 的平方是

$$(A+2I)^2 = \begin{pmatrix} -1 & 2 & 0 \\ 1 & -1 & 1 \\ 5 & -7 & 3 \end{pmatrix} \begin{pmatrix} -1 & 2 & 0 \\ 1 & -1 & 1 \\ 5 & -7 & 3 \end{pmatrix} = \begin{pmatrix} 3 & -4 & 2 \\ 3 & -4 & 2 \\ 3 & -4 & 2 \end{pmatrix},$$

所以解线性方程组 $(A + 2I)^2 X = 0$, 即

$$\begin{pmatrix} 3 & -4 & 2 \\ 3 & -4 & 2 \\ 3 & -4 & 2 \end{pmatrix} \begin{pmatrix} x_1 \\ x_2 \\ x_3 \end{pmatrix} = 0,$$

可得 λ_2 的根子空间 W_2 中两个线性无关的向量 $\beta_1 = (4, 3, 0)^{\mathrm{T}}$ 和 $\beta_2 = (2, 0, -3)^{\mathrm{T}}$, 因此有

$$W_2 = L(\beta_1, \beta_2).$$

由以 $\alpha_2, \beta_1, \beta_2$ 作为列向量组成的方阵行列式

$$\begin{vmatrix} 2 & 4 & 2 \\ 1 & 3 & 0 \\ -1 & 0 & -3 \end{vmatrix} = 0$$

中看出 α_2 可以写成 β_1 与 β_2 的线性组合 $\left(事实上有 \alpha_2 = \dfrac{1}{3}\beta_1 + \dfrac{1}{3}\beta_2\right)$, 因此有 $\alpha_2 \in W_2$, 从而有

$$V_{\lambda_2} = L(\alpha_2) \subseteq W_2. \tag{9.47}$$

为了得到使 σ 的矩阵是若尔当标准形的 $\mathbb{R}^3$ 的基, 由 $\mathbb{R}^3 = W_1 \oplus W_2$ 和定理 8.17 可知这个基要由 W_1 的一个基与 W_2 的一个基合并而成, 1 维的 W_1 的基就是 σ 的特征向量 α_1, 另外由于

$$\sigma(\beta_1) = A\beta_1 = \begin{pmatrix} -3 & 2 & 0 \\ 1 & -3 & 1 \\ 5 & -7 & 1 \end{pmatrix} \begin{pmatrix} 4 \\ 3 \\ 0 \end{pmatrix} = \begin{pmatrix} -6 \\ -5 \\ -1 \end{pmatrix} = -\frac{5}{3}\beta_1 + \frac{1}{3}\beta_2,$$

所以 σ 在基 $\alpha_1, \beta_1, \beta_2$ 下的矩阵不可能是若尔当标准形. 为了在 W_2 中找一个合适的基, 我们需要在 W_2 的基向量 β_1, β_2 中找一个不在特征子空间 V_{λ_2} 里的向量 (这总能做到, 因为由 $\dim V_{\lambda_2} = 1, \dim W_2 = 2$ 可知 $V_{\lambda_2} \neq W_2$), 用它来产生 W_2 中的另一个基向量, 例如, $\beta_1 = (4, 3, 0)^{\mathrm{T}}$ 就不在 V_{λ_2} 中 (与 α_2 不共线), 这时由于

$$(A + 2I)^2 \beta_1 = 0,$$

所以如果令

$$\beta_3 = (\sigma + 2\varepsilon)(\beta_1) = (A + 2I)\beta_1 = \begin{pmatrix} -1 & 2 & 0 \\ 1 & -1 & 1 \\ 5 & -7 & 3 \end{pmatrix} \begin{pmatrix} 4 \\ 3 \\ 0 \end{pmatrix} = \begin{pmatrix} 2 \\ 1 \\ -1 \end{pmatrix}, \tag{9.48}$$

则一定有 $(A + 2I)\beta_3 = 0$(事实上 β_3 就是特征向量 α_2), 即有

$$\sigma(\beta_3) = A\beta_3 = -2\beta_3.$$

又由 (9.48) 式得

$$\sigma(\beta_1) = A\beta_1 = \beta_3 - 2\beta_1,$$

这两个式子与 $\sigma(\alpha_1) = A\alpha_1 = -\alpha_1$ 合起来写成

$$(\sigma(\alpha_1), \sigma(\beta_3), \sigma(\beta_1)) = (\alpha_1, \beta_3, \beta_1) \begin{pmatrix} -1 & 0 & 0 \\ 0 & -2 & 1 \\ 0 & 0 & -2 \end{pmatrix},$$

因此 $\alpha_1, \beta_3, \beta_1$ 就是要找的 $\mathbb{R}^3$ 的基, 线性变换 σ 在这个基下的矩阵是一个若尔当标准形. $\qquad\square$

下面的例子比较特别, 其中的线性变换只有一个根子空间.

例 9.15 设 $\mathbb{R}^3$ 中的线性变换 σ 在标准基 $\varepsilon_1, \varepsilon_2, \varepsilon_3$ 下的矩阵是

$$\begin{pmatrix} -4 & 2 & 10 \\ -4 & 3 & 7 \\ -3 & 1 & 7 \end{pmatrix},$$

求 σ 的根子空间分解, 并且求一个基, 使得 σ 在这个基下的矩阵是若尔当标准形.

解 σ 的特征多项式是

$$f_\sigma(\lambda) = f_A(\lambda) = |\lambda I - A| = \begin{vmatrix} \lambda + 4 & -2 & -10 \\ 4 & \lambda - 3 & -7 \\ 3 & -1 & \lambda - 7 \end{vmatrix} = (\lambda - 2)^3.$$

因此 σ 的全部特征值是 $\lambda_1 = 2$(3 重根), 从它的特征方程组

$$\begin{pmatrix} 6 & -2 & -10 \\ 4 & -1 & -7 \\ 3 & -1 & -5 \end{pmatrix} \begin{pmatrix} x_1 \\ x_2 \\ x_3 \end{pmatrix} = 0$$

只能解得一个线性无关的特征向量 $\alpha_1 = (2, 1, 1)^T$, 即 λ_1 的几何重数为 1, 所以 σ 不能对角化. 此时 σ 唯一的特征子空间是 $V_{\lambda_1} = L(\alpha_1)$. 由定理 9.16 可知 σ 的根子空间分解是

$$\mathbb{R}^3 = W_1 = \{\alpha \in \mathbb{R}^3 | (\sigma - \lambda_1 \varepsilon)^3(\alpha) = 0\} = \{\alpha \in \mathbb{R}^3 | (A - 2I)^3 \alpha = 0\},$$

在这里容易验证

$$(A-2I)^3 = \begin{pmatrix} -6 & 2 & 10 \\ -4 & 1 & 7 \\ -3 & 1 & 5 \end{pmatrix} \begin{pmatrix} -6 & 2 & 10 \\ -4 & 1 & 7 \\ -3 & 1 & 5 \end{pmatrix} \begin{pmatrix} -6 & 2 & 10 \\ -4 & 1 & 7 \\ -3 & 1 & 5 \end{pmatrix} = 0. \qquad (9.49)$$

为了得到若尔当标准形, 取一个不在特征子空间 V_{λ_1} 中的向量 $\varepsilon_1 = (1,0,0)^{\mathrm{T}}$, 并且令

$$\alpha_2 = (A-2I)\varepsilon_1 = \begin{pmatrix} -6 & 2 & 10 \\ -4 & 1 & 7 \\ -3 & 1 & 5 \end{pmatrix} \begin{pmatrix} 1 \\ 0 \\ 0 \end{pmatrix} = \begin{pmatrix} -6 \\ -4 \\ -3 \end{pmatrix}. \qquad (9.50)$$

由于 (9.49) 式成立, 下面所构造的向量

$$\alpha_3 = (A-2I)\alpha_2 = \begin{pmatrix} -6 & 2 & 10 \\ -4 & 1 & 7 \\ -3 & 1 & 5 \end{pmatrix} \begin{pmatrix} -6 \\ -4 \\ -3 \end{pmatrix} = \begin{pmatrix} -2 \\ -1 \\ -1 \end{pmatrix} \qquad (9.51)$$

就一定是 σ 的特征向量, 这是因为

$$(\sigma - \lambda_1\varepsilon)(\alpha_3) = (A-2I)\alpha_3 = (A-2I)^2\alpha_2 = (A-2I)^3\varepsilon_1 = 0. \qquad (9.52)$$

从 (9.50)—(9.52) 三式可得

$$\begin{aligned} \sigma(\alpha_3) &= A\alpha_3 = 2\alpha_3, \\ \sigma(\alpha_2) &= A\alpha_2 = \alpha_3 + 2\alpha_2, \\ \sigma(\varepsilon_1) &= A\varepsilon_1 = \alpha_2 + 2\varepsilon_1, \end{aligned} \qquad (9.53)$$

将它们合起来写, 得到

$$(\sigma(\alpha_3), \sigma(\alpha_2), \sigma(\varepsilon_1)) = (\alpha_3, \alpha_2, \varepsilon_1) \begin{pmatrix} 2 & 1 & 0 \\ 0 & 2 & 1 \\ 0 & 0 & 2 \end{pmatrix},$$

容易看出 $\alpha_3, \alpha_2, \varepsilon_1$ 线性无关, 因此 σ 在基 $\alpha_3, \alpha_2, \varepsilon_1$ 下的矩阵是一个若尔当标准形.   □

在这个例子中, 可以将 (9.53) 式中后面两式重新写成

$$\alpha_2 = (\sigma - 2\varepsilon)(\varepsilon_1) \quad 和 \quad \alpha_3 = (\sigma - 2\varepsilon)(\alpha_2) = (\sigma - 2\varepsilon)^2(\varepsilon_1),$$

因此 W_1(即 $\mathbb{R}^3$) 其实是由 $(\sigma - 2\varepsilon)^2(\varepsilon_1), (\sigma - 2\varepsilon)(\varepsilon_1), \varepsilon_1$ 生成的子空间. 一般来说, 如果 σ 是 n 维线性空间 V 上的线性变换, λ_i 是 σ 的一个特征值, 并且 V 的 m 维子空间 W 是由向量组

$$\alpha, (\sigma - \lambda_i\varepsilon)(\alpha), \cdots, (\sigma - \lambda_i\varepsilon)^{m-2}(\alpha), (\sigma - \lambda_i\varepsilon)^{m-1}(\alpha)$$

所生成 (α 满足 $(\sigma - \lambda_i \varepsilon)^m(\alpha) = 0$), 则称 W 是 $\sigma - \lambda_i \varepsilon$ 的**循环子空间**, 其中的向量 α 称为**生成元**. 这样, 上例中的 W_1 就是一个 3 维的循环子空间 (其实这个循环子空间是 $\mathbb{R}^3$ 本身), 而例 9.14 中的根子空间 W_1 和 W_2 分别是 1 维和 2 维的循环子空间 (其中 W_2 由 $(\sigma + 2\varepsilon)(\beta_1), \beta_1$ 生成).

9.6.2 根子空间是特征子空间的推广

从以上两个例子中的 (9.46) 式和 (9.47) 式可以看到: 对满足定理 9.16 条件的线性变换 σ 来说, 特征值 λ_i 的根子空间总是包含 λ_i 的特征子空间, 即有

$$V_{\lambda_i} \subseteq W_i \quad (i = 1, 2, \cdots, m).$$

这是因为对任何 $\beta \in V_{\lambda_i} = \{\alpha \in V | (\sigma - \lambda_i \varepsilon)(\alpha) = 0\}$, 有 $(\sigma - \lambda_i \varepsilon)(\beta) = 0$, 这样便有

$$(\sigma - \lambda_i \varepsilon)^{n_i}(\beta) = (\sigma - \lambda_i \varepsilon)^{n_i - 1}((\sigma - \lambda_i \varepsilon)(\beta)) = 0,$$

因此得到 $\beta \in W_i$, 即 $V_{\lambda_i} \subseteq W_i$, 或者可以说特征子空间 V_{λ_i} 是根子空间 W_i 的子空间.

下面我们将证明: 当满足定理 9.16 条件的线性变换 σ 是可对角化的线性变换时,

$$V_{\lambda_i} = W_i \quad (i = 1, 2, \cdots, m), \tag{9.54}$$

因此根子空间确实是当 σ 不可对角化时, 对特征子空间的一种推广.

作为准备, 先证明下面的定理.

> **定理 9.17** 设数域 $\mathbb{F}$ 上 n 维线性空间 V 的线性变换 σ 的特征多项式是
>
> $$f_\sigma(\lambda) = (\lambda - \lambda_1)^{n_1}(\lambda - \lambda_2)^{n_2} \cdots (\lambda - \lambda_m)^{n_m},$$
>
> 其中的特征值 $\lambda_1, \lambda_2, \cdots, \lambda_m$ 两两不同, 它们的根子空间分别是
>
> $$W_i = \{\alpha \in V | (\sigma - \lambda_i \varepsilon)^{n_i}(\alpha) = 0\} \quad (i = 1, 2, \cdots, m),$$
>
> 则 $\dim W_i = n_i (i = 1, 2, \cdots, m)$.

证明 因为对每个 $i = 1, 2, \cdots, m$ 来说, 根子空间 W_i 都是 σ 的不变子空间, 即 W_i 中的向量在线性变换 σ 映射下的像仍在 W_i 中, 这样, 在线性空间 W_i 中就有了一个线性变换, 记为 σ_i (或者记为 $\sigma|_{w_i}$), 即对任何 $\alpha \in W_i$, 有 $\sigma_i(\alpha) = \sigma(\alpha)$, 线性变换 σ_i 称为 σ 在 W_i 上的**限制**. 记 $f_i(\lambda)$ 是 σ_i 的特征多项式, 并且设 $\alpha_1, \cdots, \alpha_{t_i}$ 是 W_i 的一个基, 将它扩充为 V 的一个基 $\alpha_1, \cdots, \alpha_{t_i}, \alpha_{t_i+1}, \cdots, \alpha_n$, 记 σ 在 V 的

这个基下的矩阵是 A, 记 σ_i 在 W_i 的基 $\alpha_1, \cdots, \alpha_{t_i}$ 下的矩阵是 A_1, 则由类似于 (9.19) 式、(9.20) 式这样的等式可知

$$A = \begin{pmatrix} A_1 & B_1 \\ 0 & B_2 \end{pmatrix},$$

其中 B_1 是 $t_i \times (n-t_i)$ 矩阵, B_2 是 $(n-t_i) \times (n-t_i)$ 矩阵. 于是 σ 的特征多项式是

$$f_\sigma(\lambda) = f_A(\lambda) = |\lambda I - A| = \begin{vmatrix} \lambda I_{t_i} - A_1 & -B_1 \\ 0 & \lambda I_{n-t_i} - B_2 \end{vmatrix}$$
$$= |\lambda I_{t_i} - A_1| \, |\lambda I_{n-t_i} - B_2| = f_i(\lambda) \, |\lambda I_{n-t_i} - B_2|,$$

因此 $f_i(\lambda) | f_\sigma(\lambda)$. 接下来要证明: σ_i 的特征值只有 λ_i. 假如不是这样, 那么线性变换 σ_i 还有除 λ_i 以外的特征值 $\lambda_j (\lambda_i \neq \lambda_j)$, 即在根子空间 W_i 中存在非零向量 β, 使得 $\sigma_i(\beta) = \sigma(\beta) = \lambda_j\beta$, 或者写成

$$(\sigma - \lambda_j\varepsilon)(\beta) = 0. \tag{9.55}$$

因为 $\beta \in W_i$, 所以 $(\sigma - \lambda_i\varepsilon)^{n_i}(\beta) = 0$, 记 p 是使 $(\sigma - \lambda_i\varepsilon)^p(\beta) = 0$ 成立的最小正整数, 即若记向量 $\gamma = (\sigma - \lambda_i\varepsilon)^{p-1}(\beta)$, 则 $\gamma \neq 0$, 并且有

$$(\sigma - \lambda_i\varepsilon)(\gamma) = (\sigma - \lambda_i\varepsilon)^p(\beta) = 0. \tag{9.56}$$

另一方面, 由 (9.55) 式及同一线性变换多项式乘法的可交换性质, 得

$$(\sigma - \lambda_j\varepsilon)(\gamma) = (\sigma - \lambda_j\varepsilon)((\sigma - \lambda_i\varepsilon)^{p-1}(\beta)) = (\sigma - \lambda_i\varepsilon)^{p-1}((\sigma - \lambda_j\varepsilon)(\beta)) = 0.$$

由上式和 (9.56) 式可得

$$\sigma(\gamma) = \lambda_i\gamma = \lambda_j\gamma,$$

所以 $(\lambda_i - \lambda_j)\gamma = 0$, 从 $\gamma \neq 0$ 可得 $\lambda_i = \lambda_j$, 但是这与 $\lambda_i \neq \lambda_j$ 矛盾, 因此 σ_i 的特征值只有 λ_i, 这样它的特征多项式只能是 $f_i(\lambda) = (\lambda - \lambda_i)^{t_i}$. 再由 $f_i(\lambda) | f_\sigma(\lambda)$ 及 $f_\sigma(\lambda)$ 有因式 $(\lambda - \lambda_i)^{n_i}$, 可以推得 $t_i \leqslant n_i$, 即 $\dim W_i \leqslant n_i (i = 1, 2, \cdots, m)$.

现在, 由定理 9.16 可知 $V = W_1 \oplus W_2 \oplus \cdots \oplus W_m$, 又根据定理 8.20 得

$$\dim W_1 + \dim W_2 + \cdots + \dim W_m = \dim V = n = n_1 + n_2 + \cdots + n_m,$$

因此有

$$\sum_{i=1}^{m} (n_i - \dim W_i) = 0,$$

再由 $n_i - \dim W_i \geqslant 0 (i = 1, 2, \cdots, m)$ 和上式得

$$n_i - \dim W_i = 0 \quad (i = 1, 2, \cdots, m),$$

即 $\dim W_i = n_i (i = 1, 2, \cdots, m)$.

现在可以证明 (9.54) 式了.

> **定理 9.18** 设满足定理 9.16 条件的线性变换 σ 是可对角化的线性变换, 则有
>
> $$V_{\lambda_i} = W_i \quad (i = 1, 2, \cdots, m).$$

证明 因为 σ 是可对角化线性变换, 所以由定理 9.14 和定理 9.17 得

$$\dim V_{\lambda_i} = r_i = n_i = \dim W_i \quad (i = 1, 2, \cdots, m),$$

而 V_{λ_i} 又是 W_i 的子空间, 因此由定理 8.14 可知 $V_{\lambda_i} = W_i (i = 1, 2, \cdots, m)$. □

我们可将有关线性变换对角化问题的各个定理总结如下: 当线性空间 V 上的线性变换 σ 可对角化时, 由于 V 可以分解为 σ 的特征子空间的直和, 因此可以取特征向量组作为 V 的基, 使得 σ 在该基下的矩阵为对角矩阵. 而当 σ 不可对角化时, 由于 V 可以分解为根子空间的直和, 所以我们就可以用各个根子空间中的基向量来组成 V 的基, 此时因为各个根子空间都是 σ 的不变子空间, 所以由定理 9.7 可知 σ 在此基下的矩阵为准对角矩阵, 而若尔当标准形就是最简单的准对角矩阵.

9.6.3 若尔当标准形的几何解释

在 5.6 节, 我们用 λ-矩阵的方法证明了每个 n 阶的复方阵 A 都相似于一个若尔当标准形

$$J = \begin{pmatrix} J_{k_1}(\lambda_1) & & & \\ & J_{k_2}(\lambda_2) & & \\ & & \ddots & \\ & & & J_{k_s}(\lambda_s) \end{pmatrix}, \tag{9.57}$$

其中 $J_{k_i}(\lambda_i)$ 为 k_i 阶若尔当块矩阵 $(k_1 + k_2 + \cdots + k_s = n)$:

$$J_{k_i}(\lambda_i) = \begin{pmatrix} \lambda_i & 1 & & \\ & \lambda_i & \ddots & \\ & & \ddots & 1 \\ & & & \lambda_i \end{pmatrix}.$$

如果换成线性变换的语言, 就相当于已经证明了下面的定理.

定理 9.19 设 V 是复数域上的 n 维线性空间, σ 是 V 上的线性变换, 则在 V 中存在一个基, 使得 σ 在这个基下的矩阵是若尔当标准形 (9.57).

设线性空间 V 和线性变换 σ 都如定理 9.19 所述, σ 的特征多项式是

$$f_\sigma(\lambda) = (\lambda - \lambda_1)^{n_1}(\lambda - \lambda_2)^{n_2} \cdots (\lambda - \lambda_m)^{n_m}, \tag{9.58}$$

其中特征值 $\lambda_1, \lambda_2, \cdots, \lambda_m$ 两两不同, 并且定理结论中所存在的基是 $\alpha_1, \alpha_2, \cdots, \alpha_n$, 则有

$$(\sigma(\alpha_1), \sigma(\alpha_2), \cdots, \sigma(\alpha_n)) = (\alpha_1, \alpha_2, \cdots, \alpha_n) J,$$

这里 J 是若尔当标准形 (9.57), 其中的特征值 $\lambda_1, \lambda_2, \cdots, \lambda_s$ 是可以重复的. 为了与 (9.58) 式保持一致, 我们对若尔当标准形 J 重新分块, 写成准对角矩阵

$$J = \begin{pmatrix} J_1 & & & \\ & J_2 & & \\ & & \ddots & \\ & & & J_m \end{pmatrix}, \tag{9.59}$$

使得对每个 $i = 1, 2, \cdots, m$, 分块矩阵 J_i 的对角元素都是 λ_i(此时 $\lambda_1, \lambda_2, \cdots, \lambda_m$ 两两不同), 因此 J_i 的阶数是 n_i, 并且各个 J_i 又可写成

$$J_i = \begin{pmatrix} J_{i1} & & & \\ & J_{i2} & & \\ & & \ddots & \\ & & & J_{ir_i} \end{pmatrix},$$

这里的 J_{ij} 才是以 λ_i 作为对角元素的若尔当块, 即由 λ_i 作成的若尔当块有 r_i 个.

由于 σ 在基 $\alpha_1, \alpha_2, \cdots, \alpha_n$ 下的矩阵 (9.59) 是一个准对角矩阵, 所以由定理 9.7 知线性空间 V 可以分解为 σ 的不变子空间的直和:

$$V = V_1 \oplus V_2 \oplus \cdots \oplus V_m, \tag{9.60}$$

并且 $\dim V_i = n_i (i = 1, 2, \cdots, m)$. 因为每个子空间 V_i 对应了准对角矩阵 J_i, 所以 V_i 又进一步分解成了对应于各个若尔当块 J_{ij} 的不变子空间 V_{ij} 的直和

$$V_i = V_{i1} \oplus V_{i2} \oplus \cdots \oplus V_{ir_i} \quad (i = 1, 2, \cdots, m). \tag{9.61}$$

对每个 V_{ij} 来说, 记 $\alpha_1, \alpha_2, \cdots, \alpha_n$ 中属于 V_{ij} 的基向量是 $\alpha_{t+1}, \cdots, \alpha_{t+k}$, 则有

$$(\sigma(\alpha_{t+1}), \sigma(\alpha_{t+2}), \cdots, \sigma(\alpha_{t+k})) = (\alpha_{t+1}, \alpha_{t+2}, \cdots, \alpha_{t+k}) \begin{pmatrix} \lambda_i & 1 & & \\ & \lambda_i & \ddots & \\ & & \ddots & 1 \\ & & & \lambda_i \end{pmatrix},$$

由上式可得下面 k 个等式

$$\sigma(\alpha_{t+1}) = \lambda_i \alpha_{t+1},$$
$$\sigma(\alpha_{t+2}) = \alpha_{t+1} + \lambda_i \alpha_{t+2},$$
$$\cdots\cdots$$
$$\sigma(\alpha_{t+k-1}) = \alpha_{t+k-2} + \lambda_i \alpha_{t+k-1},$$
$$\sigma(\alpha_{t+k}) = \alpha_{t+k-1} + \lambda_i \alpha_{t+k}.$$

现在记 $\alpha = \alpha_{t+k}$, 则可将这些等式重新写成

$$\alpha_{t+k-1} = (\sigma - \lambda_i \varepsilon)(\alpha),$$
$$\alpha_{t+k-2} = (\sigma - \lambda_i \varepsilon)(\alpha_{t+k-1}) = (\sigma - \lambda_i \varepsilon)^2(\alpha),$$
$$\cdots\cdots$$
$$\alpha_{t+1} = (\sigma - \lambda_i \varepsilon)(\alpha_{t+2}) = \cdots = (\sigma - \lambda_i \varepsilon)^{k-1}(\alpha),$$
$$(\sigma - \lambda_i \varepsilon)(\alpha_{t+1}) = 0,$$

从而有

$$(\sigma - \lambda_i \varepsilon)^k(\alpha) = (\sigma - \lambda_i \varepsilon)((\sigma - \lambda_i \varepsilon)^{k-1}(\alpha)) = (\sigma - \lambda_i \varepsilon)(\alpha_{t+1}) = 0, \qquad (9.62)$$

因此 V_{ij} 其实是由 $(\sigma - \lambda_i \varepsilon)^{k-1}(\alpha), \cdots, (\sigma - \lambda_i \varepsilon)(\alpha), \alpha$ 生成的子空间, 或者称为 $\sigma - \lambda_i \varepsilon$ 的循环子空间, 并且由 (9.62) 式可知循环子空间 V_{ij} 中的任何向量 β 都满足

$$(\sigma - \lambda_i \varepsilon)^k(\beta) = 0, \qquad (9.63)$$

其中的 k 是 V_{ij} 的维数. 简言之, 每一个若尔当块都对应了一个循环子空间.

在 V_{ij} 这个循环子空间中, 显然属于 σ 的线性无关的特征向量只有 α_{t+1} 这一个, 所以若尔当标准形 J 中由 λ_i 作成的若尔当块 (它们全在矩阵 J_i 中) 的个数就等于 λ_i 的几何重数 r_i, 而它们的阶数之和 (即 J_i 的阶数) 就等于 λ_i 的代数重数 n_i.

另一方面, 由定理 9.16 可知 V 还可以分解为根子空间的直和:

$$V = W_1 \oplus W_2 \oplus \cdots \oplus W_m, \qquad (9.64)$$

其中对 $i = 1, 2, \cdots, m$, 有

$$W_i = \{\alpha \in V | (\sigma - \lambda_i \varepsilon)^{n_i}(\alpha) = 0\}.$$

下面我们要证明: 对每个 $i = 1, 2, \cdots, m$ 来说, $V_i = W_i$. 即 V 的两个直和分解式 (9.60) 式与 (9.64) 式是完全一致的. 这样一来, 若尔当标准形 (9.59) 中每一个 J_i 就对应了 λ_i 的根子空间 W_i.

首先由 (9.61) 式知, V_i 中的各个不变子空间 V_{ij} 的维数都不超过 V_i 的维数 n_i, 并且对任何 $\alpha \in V_i$, 由 (9.61) 式知存在 $\beta_j \in V_{ij}(j = 1, 2, \cdots, r_i)$, 使得

$$\alpha = \beta_1 + \beta_2 + \cdots + \beta_{r_i},$$

从而由 (9.63) 式可知

$$(\sigma - \lambda_i \varepsilon)^{n_i}(\alpha) = (\sigma - \lambda_i \varepsilon)^{n_i}(\beta_1) + (\sigma - \lambda_i \varepsilon)^{n_i}(\beta_2) + \cdots + (\sigma - \lambda_i \varepsilon)^{n_i}(\beta_{r_i}) = 0,$$

由此得到 $\alpha \in W_i$, 这样便证明了 $V_i \subseteq W_i(i = 1, 2, \cdots, m)$, 从中又可得到

$$\dim V_i \leqslant \dim W_i \quad (i = 1, 2, \cdots, m). \tag{9.65}$$

于是由 (9.60), (9.64) 两式及定理 8.20 得

$$\dim V = \dim V_1 + \dim V_2 + \cdots + \dim V_m \leqslant \dim W_1 + \dim W_2 + \cdots + \dim W_m = \dim V,$$

因此得到

$$\sum_{i=1}^{m} (\dim W_i - \dim V_i) = 0.$$

又由 (9.65) 式可知对每个 $i = 1, 2, \cdots, m$, 有 $\dim W_i - \dim V_i \geqslant 0$, 所以从上式得到 $\dim W_i = \dim V_i(i = 1, 2, \cdots, m)$. 再由 $V_i \subseteq W_i$ 和定理 8.14 得到

$$V_i = W_i \quad (i = 1, 2, \cdots, m).$$

这样我们就证明了每个根子空间 W_i 都是 $\sigma - \lambda_i \varepsilon$ 的循环子空间的直和

$$W_i = V_{i1} \oplus V_{i2} \oplus \cdots \oplus V_{ir_i}.$$

上述推理过程实际上证明了下面的定理.

定理 9.20 设 σ 是复数域上 n 维线性空间 V 的线性变换, σ 的特征多项式是

$$f_\sigma(\lambda) = (\lambda - \lambda_1)^{n_1}(\lambda - \lambda_2)^{n_2} \cdots (\lambda - \lambda_m)^{n_m},$$

其中的特征值 $\lambda_1, \lambda_2, \cdots, \lambda_m$ 两两不同, 则 V 可以分解为 σ 的全部根子空间的

直和
$$V = W_1 \oplus W_2 \oplus \cdots \oplus W_m,$$

这里的 W_i 是 λ_i 的根子空间 ($\dim W_i = n_i$), 并且每个根子空间 W_i 还可以进一步分解为 $\sigma - \lambda_i \varepsilon$ 的循环子空间的直和

$$W_i = V_{i1} \oplus V_{i2} \oplus \cdots \oplus V_{ir_i} \quad (i = 1, 2, \cdots, m),$$

其中的 r_i 是特征值 λ_i 的几何重数. 另外, 由若尔当标准形的唯一性可知这里的空间直和分解除去循环子空间的排列顺序外也是唯一的.

这个定理就是对若尔当标准形 (9.59) 的几何解释.

习　题　9.6

1. 设 $k+1$ 个多项式 $f_1(x), f_2(x), \cdots, f_k(x), f_{k+1}(x)$ 的最大公因式为 $d_{k+1}(x)$, 并且记前 k 个多项式 $f_1(x), f_2(x), \cdots, f_k(x)$ 的最大公因式为 $d_k(x)$, 证明: $d_k(x)$ 与 $f_{k+1}(x)$ 的最大公因式是 $d_{k+1}(x)$.

2. 下面的矩阵 A 分别是 $\mathbb{R}^3$ 的线性变换 σ 在标准基 $\varepsilon_1, \varepsilon_2, \varepsilon_3$ 下的矩阵, 求 σ 的根子空间分解, 并且求一个基, 使得 σ 在这个基下的矩阵是若尔当标准形:

$$(1)\ A = \begin{pmatrix} -1 & 1 & 0 \\ -4 & 3 & 0 \\ 1 & 0 & 2 \end{pmatrix}; \qquad (2)\ A = \begin{pmatrix} 3 & 1 & -2 \\ -1 & 0 & 5 \\ -1 & -1 & 4 \end{pmatrix};$$

$$(3)\ A = \begin{pmatrix} 1 & 2 & 3 \\ 0 & 1 & 2 \\ 0 & 0 & 1 \end{pmatrix}; \qquad (4)\ A = \begin{pmatrix} -1 & -1 & 0 \\ 0 & -1 & -2 \\ 0 & 0 & -1 \end{pmatrix}.$$

3. 已知一个 10 阶方阵 A 相似于若尔当标准形:

$$\begin{pmatrix} \lambda_1 & 1 & & & & & & & & \\ & \lambda_1 & 1 & & & & & & & \\ & & \lambda_1 & & & & & & & \\ & & & \lambda_1 & & & & & & \\ & & & & \lambda_2 & 1 & & & & \\ & & & & & \lambda_2 & & & & \\ & & & & & & \lambda_3 & 1 & & \\ & & & & & & & \lambda_3 & & \\ & & & & & & & & \lambda_3 & \\ & & & & & & & & & \lambda_4 \end{pmatrix},$$

求 A 的各个特征值的代数重数和几何重数.

4. 设 λ_0 是数域 $\mathbb{F}$ 上 n 阶方阵 A 的特征值, $B = A - \lambda_0 I$, 如果向量 α 适合 $B^k\alpha = 0$, 但是 $B^{k-1}\alpha \neq 0$, 则称 α 为属于特征值 λ_0 的权 k 的根向量, 特征向量就是权为 1 的根向量, 再记 $H_k = \{\alpha \in \mathbb{F}^n | B^k\alpha = 0\}$.

(1) 证明 H_k 是 $\mathbb{F}^n$ 的子空间, 并且 $H_i \supseteq H_{i-1}(i = 1, 2, \cdots)$;

(2) 如果存在正整数 t 使得 $H_t = H_{t+1}$, 证明对任意正整数 $m \geqslant t$, 有 $H_m = H_t$;

(3) 如果存在可逆矩阵 $P = (\alpha_1 \quad \alpha_2 \quad \cdots \quad \alpha_n)$, 使得

$$P^{-1}AP = \begin{pmatrix} \lambda_0 & 1 & & \\ & \lambda_0 & \ddots & \\ & & \ddots & 1 \\ & & & \lambda_0 \end{pmatrix},$$

证明: $\alpha_i(i = 1, 2, \cdots, n)$ 是 A 的属于特征值 λ_0 的权 i 的根向量.

5. 设 V 是复数域上 n 维线性空间, σ 是 V 上的线性变换, 如果 σ 在 V 的一个基 $\alpha_1, \alpha_2, \cdots, \alpha_n$ 下的矩阵是一个若尔当块, 证明:

(1) V 中包含 α_n 的不变子空间只有 V 自身;

(2) V 中任一不平凡不变子空间都包含 α_1;

(3) V 不能分解为两个非平凡不变子空间的直和.

6. 设 $f_i(x)(i = 1, 2, \cdots, m) \in \mathbb{F}[x]$ 且它们两两互素, V 是 $\mathbb{F}$ 上 n 维线性空间, σ 是 V 上的线性变换, 则

$$\mathrm{Ker}\left(\prod_{i=1}^{m} f_i(\sigma)\right) = \mathrm{Ker}\,(f_1(\sigma)) \oplus \mathrm{Ker}\,(f_2(\sigma)) \oplus \cdots \oplus \mathrm{Ker}\,(f_m(\sigma)).$$

7. 设 V 是数域 $\mathbb{F}$ 上 n 维线性空间, σ 是 V 上的线性变换. 假设 σ 的特征多项式 $f_\sigma(\lambda)$ 的标准分解式为

$$f_\sigma(\lambda) = p_1^{r_1}(\lambda)p_2^{r_2}(\lambda)\cdots p_m^{r_m}(\lambda),$$

其中 $r_i \geqslant 1, p_i(\lambda)(i = 1, \cdots, m)$ 是 $\mathbb{F}$ 上互不相同的不可约多项式. 证明: V 可以分解为 σ 的不变子空间的直和

$$V = \mathrm{Ker}\,(p_1^{r_1}(\sigma)) \oplus \mathrm{Ker}\,(p_2^{r_2}(\sigma)) \oplus \cdots \oplus \mathrm{Ker}\,(p_m^{r_m}(\sigma)).$$

第 10 章 欧 氏 空 间

欧氏空间是一种赋予了度量的特殊的线性空间, 它也是在现代科学技术中很有用的线性空间. 在欧氏空间中的线性变换一般都具有很好的性质 (例如可以对角化等). 本章约定线性空间 V 的数域总是取实数域 $\mathbb{R}$(当然也可以在复数域上定义欧氏空间).

10.1 欧氏空间的定义与基本性质

10.1.1 内积的定义及欧氏空间的例子

为了要在线性空间 V 中引入长度、角度、面积和体积等涉及度量的概念, 首先要定义内积. 在我们熟悉的 $\mathbb{R}^3$ 空间中, 两个向量 $\alpha = (a_1, a_2, a_3)^{\mathrm{T}}, \beta = (b_1, b_2, b_3)^{\mathrm{T}}$ 的内积定义为一个实数

$$\alpha \cdot \beta = a_1 b_1 + a_2 b_2 + a_3 b_3,$$

由此就可以得到向量的长度与两个非零向量之间的夹角是

$$|\alpha| = \sqrt{\alpha \cdot \alpha} \quad \text{和} \quad \theta = \arccos \frac{\alpha \cdot \beta}{|\alpha| \, |\beta|} \ (0 \leqslant \theta < \pi), \tag{10.1}$$

然后才有面积与体积等概念.

这个内积定义可以直接推广到高维向量空间 $\mathbb{R}^n$, 即定义两个向量 $\alpha = (a_1, a_2, \cdots, a_n)^{\mathrm{T}}, \beta = (b_1, b_2, \cdots, b_n)^{\mathrm{T}}$ 的内积是

$$\alpha^{\mathrm{T}} \beta = a_1 b_1 + a_2 b_2 + \cdots + a_n b_n, \tag{10.2}$$

此时 $\mathbb{R}^n$ 空间中向量的长度及两个非零向量之间的夹角公式也和 (10.1) 式一样.

怎样才能把内积的概念推广到一般的线性空间 V? 显然不能用式 (10.2) 来定义 V 中两个向量 α 与 β 的内积. 这是因为 $\mathbb{R}^n$ 空间有一个标准基 $\varepsilon_1, \varepsilon_2, \cdots, \varepsilon_n$, 它可以唯一地确定每个向量的坐标, 从而可以用 (10.2) 式唯一地确定两个向量的内积. 如果在 V 中通过指定某个基来得到 α 与 β 的坐标, 然后用 (10.2) 式来定义 α 与 β 的 "内积", 那么这个 "内积" 将依赖于那个指定的基, 因而是不确定的.

在现代数学理论中, 将一个基本的定义进行推广的主要方法是公理化方法, 也就是把所要定义的对象的主要性质提炼出来, 然后用极少量的最基本的几条性质来定义一个对象, 接下来再用逻辑推理的方法从定义出发推导出该对象所具有的大量

性质定理. 第 8 章的线性空间定义和第 9 章的线性变换定义都是这样形成的, 这里也用公理化方法在线性空间中定义内积.

回顾定理 1.9, 该定理给出了 $\mathbb{R}^3$ 空间中内积 $\alpha \cdot \beta$ 的 4 条最基本的性质:

(1) $\alpha \cdot \beta = \beta \cdot \alpha$;

(2) $(\alpha + \beta) \cdot \gamma = \alpha \cdot \gamma + \beta \cdot \gamma$;

(3) $(k\alpha) \cdot \beta = k(\alpha \cdot \beta)$;

(4) 当 $\alpha \neq 0$ 时, $\alpha \cdot \alpha > 0$.

我们用这 4 条性质来定义一般线性空间中的内积.

> **定义 10.1　内积与欧氏空间**
>
> 设 V 是实数域上的线性空间, 如果在 V 中定义了一个二元实函数, 称为**内积**, 并记为 $\langle \alpha, \beta \rangle$, 它具有以下性质:
>
> (1) $\langle \alpha, \beta \rangle = \langle \beta, \alpha \rangle$(对称性);
>
> (2) $\langle \alpha + \beta, \gamma \rangle = \langle \alpha, \gamma \rangle + \langle \beta, \gamma \rangle$(加法线性);
>
> (3) $\langle k\alpha, \beta \rangle = k\langle \alpha, \beta \rangle$(数乘线性);
>
> (4) 当 $\alpha \neq 0$ 时, $\langle \alpha, \alpha \rangle > 0$(正定性),
>
> 这里 α, β, γ 是 V 中的任意向量, k 是任意实数, 那么 V 称为**欧氏空间**.

容易验证, (10.2) 式所给出的 $\mathbb{R}^n$ 的内积 $\alpha^\mathrm{T}\beta$ 满足上述定义中的 4 条性质, 因此 $\mathbb{R}^n$ 是欧氏空间, 从而我们最熟悉的 $\mathbb{R}^2$ 和 $\mathbb{R}^3$ 都是欧氏空间, 内积 $\alpha^\mathrm{T}\beta$ 也称为 $\mathbb{R}^n$ 的标准内积.

然而在 $\mathbb{R}^n$ 中不是只有一种内积, 例如, 对任何 $\alpha = (a_1, a_2, \cdots, a_n)^\mathrm{T}, \beta = (b_1, b_2, \cdots, b_n)^\mathrm{T} \in \mathbb{R}^n$, 定义

$$\langle \alpha, \beta \rangle = na_1b_1 + (n-1)a_2b_2 + \cdots + 2a_{n-1}b_{n-1} + a_nb_n. \tag{10.3}$$

则显然有 $\langle \alpha, \beta \rangle = \langle \beta, \alpha \rangle$ 和 $\langle k\alpha, \beta \rangle = k\langle \alpha, \beta \rangle$ 且对任何 $\gamma = (c_1, c_2, \cdots, c_n)^\mathrm{T} \in \mathbb{R}^n$, 有

$$\begin{aligned}
\langle \alpha + \beta, \gamma \rangle &= n(a_1 + b_1)c_1 + (n-1)(a_2 + b_2)c_2 + \cdots + (a_n + b_n)c_n \\
&= (na_1c_1 + (n-1)a_2c_2 + \cdots + a_nc_n) + (nb_1c_1 + (n-1)b_2c_2 + \cdots + b_nc_n) \\
&= \langle \alpha, \gamma \rangle + \langle \beta, \gamma \rangle.
\end{aligned}$$

当 $\alpha = (a_1, a_2, \cdots, a_n)^\mathrm{T} \neq 0$ 时, 必有

$$\langle \alpha, \alpha \rangle = na_1^2 + (n-1)a_2^2 + \cdots + 2a_{n-1}^2 + a_n^2 > 0.$$

所以在内积 (10.3) 下, $\mathbb{R}^n$ 也是一个欧氏空间. 事实上, 只要 $m_1, m_2, \cdots, m_n$ 是任意 n 个固定的正整数 (或正数), 那么可以证明赋予了内积

$$\langle \alpha, \beta \rangle = m_1 a_1 b_1 + m_2 a_2 b_2 + \cdots + m_n a_n b_n \tag{10.4}$$

的 $\mathbb{R}^n$ 还是一个欧氏空间 (习题 10.1 第 1 题). 因此在同一个线性空间 V 上, 通过赋予许多不同的内积, 可以产生许多不同的欧氏空间 V(由于还是用记号 V, 因此要注意其中定义了什么内积).

在 $\mathbb{R}^n$ 上其实还可以定义比 (10.4) 式更复杂的内积. 下面对 $n = 2$ 的情形给出一个例子.

例 10.1 在 $\mathbb{R}^2$ 中对任意两个向量 $\alpha = (a_1, a_2)^{\mathrm{T}}, \beta = (b_1, b_2)^{\mathrm{T}}$, 定义

$$\langle \alpha, \beta \rangle = a_1 b_1 - a_2 b_1 - a_1 b_2 + 3 a_2 b_2, \tag{10.5}$$

证明: 在此内积下 $\mathbb{R}^2$ 构成一个欧氏空间.

证明 显然对任何实数 k, 有 $\langle k\alpha, \beta \rangle = k(a_1 b_1 - a_2 b_1 - a_1 b_2 + 3 a_2 b_2) = k\langle \alpha, \beta \rangle$, 并且

$$\langle \beta, \alpha \rangle = b_1 a_1 - b_2 a_1 - b_1 a_2 + 3 b_2 a_2 = \langle \alpha, \beta \rangle.$$

又对任何 $\gamma = (c_1, c_2)^{\mathrm{T}} \in \mathbb{R}^2$, 有

$$\begin{aligned}
\langle \alpha + \beta, \gamma \rangle &= (a_1 + b_1)c_1 - (a_2 + b_2)c_1 - (a_1 + b_1)c_2 + 3(a_2 + b_2)c_2 \\
&= (a_1 c_1 - a_2 c_1 - a_1 c_2 + 3 a_2 c_2) + (b_1 c_1 - b_2 c_1 - b_1 c_2 + 3 b_2 c_2) \\
&= \langle \alpha, \gamma \rangle + \langle \beta, \gamma \rangle.
\end{aligned}$$

再看第 4 条性质, 当 $\alpha = (a_1, a_2)^{\mathrm{T}} \neq 0$ 时,

$$\langle \alpha, \alpha \rangle = a_1^2 - 2 a_1 a_2 + 3 a_2^2 = (a_1 - a_2)^2 + 2 a_2^2.$$

如果 $\langle \alpha, \alpha \rangle = 0$, 则有 $a_1 - a_2 = a_2 = 0$, 从而得 $\alpha = 0$, 这与假设不符, 因此必有 $\langle \alpha, \alpha \rangle > 0$. 这样, $\mathbb{R}^2$ 在 (10.5) 式定义的内积下构成一个欧氏空间. □

经常用到的欧氏空间是以函数作为向量的函数空间, 下面就是一个例子.

例 10.2 在由全体实数域上 2 次多项式组成的线性空间 $\mathbb{R}[x]_2$ 里定义内积如下: 对任何 $f(x), g(x) \in \mathbb{R}[x]_2$,

$$\langle f(x), g(x) \rangle = \int_0^1 f(t)g(t)\mathrm{d}t. \tag{10.6}$$

证明: 在此内积下 $\mathbb{R}[x]_2$ 构成一个欧氏空间.

证明　因为对任何 $f(x), g(x), h(x) \in \mathbb{R}[x]_2$ 和任何 $k \in \mathbb{R}$, 由定积分的性质可得

$$\langle f(x), g(x) \rangle = \int_0^1 f(t)g(t)\mathrm{d}t = \int_0^1 g(t)f(t)\mathrm{d}t = \langle g(x), f(x) \rangle,$$

$$\langle kf(x), g(x) \rangle = \int_0^1 kf(t)g(t)\mathrm{d}t = k\int_0^1 f(t)g(t)\mathrm{d}t = k\langle f(x), g(x) \rangle,$$

$$\langle f(x) + g(x), h(x) \rangle = \int_0^1 (f(t) + g(t))h(t)\mathrm{d}t = \int_0^1 f(t)h(t)\mathrm{d}t + \int_0^1 g(t)h(t)\mathrm{d}t$$
$$= \langle f(x), h(x) \rangle + \langle g(x), h(x) \rangle,$$

并且由闭区间上非负连续函数的性质可知, 若

$$\langle f(x), f(x) \rangle = \int_0^1 f^2(t)\mathrm{d}t = 0,$$

则在 $[0, 1]$ 上, $f^2(x) = 0$, 从而在 $[0, 1]$ 上, $f(x) = 0$, 即当 $f(x) \neq 0$ 时, $\langle f(x), f(x) \rangle > 0$, 所以在内积 (10.6) 下 $\mathbb{R}[x]_2$ 构成一个欧氏空间. $\qquad\square$

另一个函数空间的例子是由全体在闭区间 $[a, b]$ 上的连续实函数组成的欧氏空间 $C[a, b]$, 其中定义的内积是: 对任何 $f(x), g(x) \in C[a, b]$,

$$\langle f(x), g(x) \rangle = \int_a^b f(t)g(t)\mathrm{d}t. \tag{10.7}$$

证明的过程与例 10.2 类似 (习题 10.1 第 2 题).

从内积的定义出发, 可以立即推导出以下几个关于内积的简单性质: 设 V 是定义了内积 $\langle \alpha, \beta \rangle$ 的欧氏空间, 对任何 $\alpha, \beta, \gamma \in V$ 和任何 $k \in \mathbb{R}$,

(1) $\langle 0, \beta \rangle = \langle \alpha, 0 \rangle = \langle 0, 0 \rangle = 0$, 例如, $\langle 0, \beta \rangle = \langle 0\alpha, \beta \rangle = 0\langle \alpha, \beta \rangle = 0$;

(2) $\langle \alpha, k\beta \rangle = k\langle \alpha, \beta \rangle$, $\langle \alpha, \beta + \gamma \rangle = \langle \alpha, \beta \rangle + \langle \alpha, \gamma \rangle$;

(3) 当 $\langle \alpha, \alpha \rangle = 0$ 时, $\alpha = 0$;

(4) 如果对任何 $\beta \in V$, 都有 $\langle \alpha, \beta \rangle = 0$, 那么一定有 $\alpha = 0$. 这可以通过令 $\beta = \alpha$ 及性质 (3) 得到.

(5) $\left\langle \sum_{i=1}^m k_i\alpha_i, \sum_{j=1}^n l_j\beta_j \right\rangle = \sum_{i=1}^m \sum_{j=1}^n k_i l_j \langle \alpha_i, \beta_j \rangle$ (其中各个 $\alpha_i, \beta_j \in V$, 各个 $k_i, l_j \in \mathbb{R}$), 这可以用数学归纳法证明.

10.1.2 向量的长度和夹角

设 V 是欧氏空间, 则对任何 $\alpha \in V$, 有 $\langle \alpha, \alpha \rangle \geqslant 0$, 因此 $\sqrt{\langle \alpha, \alpha \rangle}$ 在实数域上是有意义的. 和 $\mathbb{R}^3$ 空间中向量的长度一样, 我们称非负实数 $\sqrt{\langle \alpha, \alpha \rangle}$ 为向量 α 的**长度** (或**范数**), 记为 $\|\alpha\|$. 这样便有 $\|\alpha\|^2 = \langle \alpha, \alpha \rangle$. 显然, 只有零向量的长度才是 0, 非零向量的长度都是正数. 如果 k 是任意实数, 因为

$$\|k\alpha\| = \sqrt{\langle k\alpha, k\alpha \rangle} = \sqrt{k^2 \langle \alpha, \alpha \rangle} = |k| \sqrt{\langle \alpha, \alpha \rangle},$$

所以有公式

$$\|k\alpha\| = |k| \, \|\alpha\|.$$

长度为 1 的向量称为**单位向量**. 如果 $\alpha \neq 0$, 则由上式可知向量

$$\frac{1}{\|\alpha\|} \alpha$$

是一个单位向量, 由 α 变成上面这个单位向量的过程称为把 α**单位化**. 在欧氏空间 $\mathbb{R}^2$(标准内积) 中, 向量 $\alpha = (2, -1)^{\mathrm{T}}$ 经过单位化后变成了与其同方向的单位向量 $\frac{1}{\sqrt{5}}(2, -1)^{\mathrm{T}}$, 而在赋予了例 10.1 中内积 (10.5) 的欧氏空间 $\mathbb{R}^2$, 同样对于向量 $\alpha = (2, -1)^{\mathrm{T}}$ 来说, 由于

$$\langle \alpha, \alpha \rangle = 2(2) - 2(-1) - 2(-1) + 3(-1)^2 = 11,$$

所以 α 经过单位化后变成的单位向量是 $\frac{1}{\sqrt{11}}(2, -1)^{\mathrm{T}}$.

为了在下面定义两个向量 α, β 的夹角, 首先要在欧氏空间 V 中证明一个基本的不等式: 对任何 $\alpha, \beta \in V$,

$$|\langle \alpha, \beta \rangle| \leqslant \|\alpha\| \, \|\beta\|. \tag{10.8}$$

(这个不等式是对像 $(ab + cd)^2 \leqslant (a^2 + c^2)(b^2 + d^2)$ 这样的不等式的极大推广). 如果 $\beta = 0$, 则不等式 (10.8) 自然成立. 假定 $\beta \neq 0$, 则对任何 $t \in \mathbb{R}$, 有

$$0 \leqslant \|\alpha - t\beta\|^2 = \langle \alpha - t\beta, \alpha - t\beta \rangle = \langle \alpha, \alpha \rangle - 2t \langle \alpha, \beta \rangle + t^2 \langle \beta, \beta \rangle.$$

特别地, 取

$$t = \frac{\langle \alpha, \beta \rangle}{\langle \beta, \beta \rangle},$$

则得

$$0 \leqslant \langle \alpha, \alpha \rangle - \frac{\langle \alpha, \beta \rangle^2}{\langle \beta, \beta \rangle} = \|\alpha\|^2 - \frac{\langle \alpha, \beta \rangle}{\|\beta\|^2}.$$

因此有

$$|\langle \alpha, \beta \rangle|^2 \leqslant \|\alpha\|^2 \|\beta\|^2,$$

两边开方后便得不等式 (10.8).

在我们熟悉的欧氏空间 $\mathbb{R}^3$(标准内积) 中, 有两个向量 α, β 的内积公式 $\alpha \cdot \beta = |\alpha||\beta| \cos \theta$, 其中的 θ 是 α 与 β 的夹角. 由于在一般的欧氏空间 V 中已经有了不等式 (10.8), 也就是对任意两个非零向量 α, β 来说, 有不等式

$$\left| \frac{\langle \alpha, \beta \rangle}{\|\alpha\| \|\beta\|} \right| \leqslant 1,$$

所以我们就可以定义 α 与 β 的**夹角**为

$$\theta = \arccos \frac{\langle \alpha, \beta \rangle}{\|\alpha\| \|\beta\|}, \tag{10.9}$$

在这里约定 $0 \leqslant \theta \leqslant \pi$. 这样, 在欧氏空间中也有内积公式 $\langle \alpha, \beta \rangle = \|\alpha\| \|\beta\| \cos \theta$. 特别地, 当 $\langle \alpha, \beta \rangle = 0$ 时, α 与 β 的夹角 $\theta = \dfrac{\pi}{2}$, 此时称向量 α, β 是**正交**(或**垂直**) 的.

例 10.3　对例 10.2 中的欧氏空间 $\mathbb{R}[x]_2$, 计算两个向量 $x^2 + x + 1$ 与 $x^2 - 2x + 1$ 的内积, 并求出它们的夹角.

解　由题意知

$$\langle x^2 + x + 1, x^2 - 2x + 1 \rangle = \int_0^1 (t^2 + t + 1)(t^2 - 2t + 1) \mathrm{d}t = \frac{9}{20},$$

因为

$$\|x^2 + x + 1\|^2 = \langle x^2 + x + 1, x^2 + x + 1 \rangle = \int_0^1 (t^2 + t + 1)^2 \mathrm{d}t = \frac{37}{10},$$

所以 $\|x^2 + x + 1\| = \sqrt{\dfrac{37}{10}}$, 又因为

$$\|x^2 - 2x + 1\|^2 = \langle x^2 - 2x + 1, x^2 - 2x + 1 \rangle = \int_0^1 (t^2 - 2t + 1)^2 \mathrm{d}t = \frac{1}{5},$$

所以 $\|x^2 - 2x + 1\| = \dfrac{1}{\sqrt{5}}$, 从而由 (10.9) 式得夹角为

$$\theta = \arccos \frac{\langle x^2 + x + 1, x^2 - 2x + 1 \rangle}{\|x^2 + x + 1\| \|x^2 - 2x + 1\|} = \arccos \frac{9}{2\sqrt{74}}. \qquad \Box$$

例 10.4　已知欧氏空间 $\mathbb{R}^4$ 中的内积是: 对任何 $\alpha = (x_1, x_2, x_3, x_4)^\mathrm{T}, \beta = (y_1, y_2, y_3, y_4)^\mathrm{T} \in \mathbb{R}^4$,

$$\langle \alpha, \beta \rangle = (x_1, x_2, x_3, x_4) \begin{pmatrix} 2 & 1 & 0 & -1 \\ 1 & 2 & -1 & 0 \\ 0 & -1 & 2 & 1 \\ -1 & 0 & 1 & 3 \end{pmatrix} \begin{pmatrix} y_1 \\ y_2 \\ y_3 \\ y_4 \end{pmatrix},$$

求与 $\alpha_1 = (1, 1, -1, 1)^{\mathrm{T}}, \alpha_2 = (1, -1, -1, 1)^{\mathrm{T}}, \alpha_3 = (2, 1, 1, 3)^{\mathrm{T}}$ 都正交的单位向量.

解 设 $\gamma = (z_1, z_2, z_3, z_4)^{\mathrm{T}}$ 是与 $\alpha_1, \alpha_2, \alpha_3$ 都正交的向量, 则有

$$0 = \langle \gamma, \alpha_1 \rangle$$

$$= (z_1, z_2, z_3, z_4) \begin{pmatrix} 2 & 1 & 0 & -1 \\ 1 & 2 & -1 & 0 \\ 0 & -1 & 2 & 1 \\ -1 & 0 & 1 & 3 \end{pmatrix} \begin{pmatrix} 1 \\ 1 \\ -1 \\ 1 \end{pmatrix}$$

$$= (z_1, z_2, z_3, z_4) \begin{pmatrix} 2 \\ 4 \\ -2 \\ 1 \end{pmatrix}$$

$$= 2z_1 + 4z_2 - 2z_3 + z_4.$$

同理得 $0 = \langle \gamma, \alpha_2 \rangle = z_4$ 和 $0 = \langle \gamma, \alpha_3 \rangle = 2z_1 + 3z_2 + 4z_3 + 8z_4$, 再从线性方程组

$$\begin{cases} 2z_1 + 4z_2 - 2z_3 + z_4 = 0, \\ z_4 = 0, \\ 2z_1 + 3z_2 + 4z_3 + 8z_4 = 0 \end{cases}$$

解得 $\gamma = k(-11, 6, 1, 0)^{\mathrm{T}} = k\alpha$, 接下来为了进行单位化, 还要再计算 α 的长度, 因为

$$\|\alpha\|^2 = \langle \alpha, \alpha \rangle = (-11, 6, 1, 0) \begin{pmatrix} 2 & 1 & 0 & -1 \\ 1 & 2 & -1 & 0 \\ 0 & -1 & 2 & 1 \\ -1 & 0 & 1 & 3 \end{pmatrix} \begin{pmatrix} -11 \\ 6 \\ 1 \\ 0 \end{pmatrix} = 172,$$

所以 $\|\alpha\| = \sqrt{172} = 2\sqrt{43}$, 从而得到与 $\alpha_1, \alpha_2, \alpha_3$ 都正交的单位向量是

$$\gamma = \pm \frac{1}{\|\alpha\|} \alpha = \pm \frac{1}{2\sqrt{43}} (-11, 6, 1, 0)^{\mathrm{T}}. \qquad \square$$

习 题 10.1

1. 对 $\mathbb{R}^n$ 空间中任意两个向量 $\alpha = (a_1, a_2, \cdots, a_n)^{\mathrm{T}}$ 与 $\beta = (b_1, b_2, \cdots, b_n)^{\mathrm{T}}$, 定义它们的内积是

$$\langle \alpha, \beta \rangle = m_1 a_1 b_1 + m_2 a_2 b_2 + \cdots + m_n a_n b_n,$$

其中 $m_1, m_2, \cdots, m_n$ 是任意 n 个固定的正整数 (或正数), 证明: 在此内积下 $\mathbb{R}^n$ 构成一个欧氏空间.

2. 设 $f(x)$ 是闭区间 $[a, b]$ 上的非负连续实函数, 且满足条件 $\int_a^b f(t)\mathrm{d}t = 0$, 证明: 在 $[a, b]$ 上 $f(x) = 0$; 再用这个结果证明: 由 $[a, b]$ 上全体连续实函数组成的线性空间 $C[a, b]$ 在内积

$$\langle f(x), g(x) \rangle = \int_a^b f(t)g(t)\mathrm{d}t \quad (f(x), g(x) \in C[a, b])$$

下构成一个欧氏空间.

3. 在 $\mathbb{R}^2$ 空间中, 对任意两个向量 $\alpha = (a_1, a_2)^{\mathrm{T}}$ 与 $\beta = (b_1, b_2)^{\mathrm{T}}$, 定义它们的内积是

$$\langle \alpha, \beta \rangle = 5a_1 b_1 + 2a_1 b_2 + 2a_2 b_1 + a_2 b_2 = \alpha^{\mathrm{T}} \begin{pmatrix} 5 & 2 \\ 2 & 1 \end{pmatrix} \beta,$$

证明: 在此内积下 $\mathbb{R}^2$ 构成一个欧氏空间, 并求 $\alpha = (1, 1)^{\mathrm{T}}$ 与 $\beta = (1, 2)^{\mathrm{T}}$ 的长度及它们的夹角.

4. 在 $\mathbb{R}^2$ 空间中, 对任意两个向量 $\alpha = (a_1, a_2)^{\mathrm{T}}$ 与 $\beta = (b_1, b_2)^{\mathrm{T}}$, 定义二元实函数是

$$\langle \alpha, \beta \rangle = a_1 b_1 + a_1 b_2 + a_2 b_1 - a_2 b_2 = \alpha^{\mathrm{T}} \begin{pmatrix} 1 & 1 \\ 1 & -1 \end{pmatrix} \beta,$$

给出这个二元函数不是内积的理由.

5. 在欧氏空间 $\mathbb{R}^4$(标准内积) 中, 已知 $\alpha_1 = (1, 1, -1, 1)^{\mathrm{T}}, \alpha_2 = (1, -1, 1, 1)^{\mathrm{T}}, \alpha_3 = (1, 1, 1, 1)^{\mathrm{T}}$, 求单位向量 β, 使得 β 与 $L(\alpha_1, \alpha_2, \alpha_3)$ 中每个向量都正交.

6. 在欧氏空间 $\mathbb{R}^4$ 中定义的内积是: 对任何 $\alpha = (x_1, x_2, x_3, x_4)^{\mathrm{T}}, \beta = (y_1, y_2, y_3, y_4)^{\mathrm{T}} \in \mathbb{R}^4$,

$$\langle \alpha, \beta \rangle = \alpha^{\mathrm{T}} \begin{pmatrix} 2 & 1 & 0 & 0 \\ 1 & 2 & 1 & 0 \\ 0 & 1 & 2 & 1 \\ 0 & 0 & 1 & 2 \end{pmatrix} \beta.$$

(1) 求向量 $\beta_1 = (1, -1, 1, -1)^{\mathrm{T}}$ 与 $\beta_2 = (0, 1, 1, 0)^{\mathrm{T}}$ 的内积;

(2) 求单位向量 γ, 使得 γ 与 $L(\alpha_1, \alpha_2, \alpha_3)$ 中每个向量都正交, 其中 $\alpha_1 = (1, 1, -1, -1)^{\mathrm{T}}$, $\alpha_2 = (1, 1, 1, 0)^{\mathrm{T}}, \alpha_3 = (-1, 1, 1, 1)^{\mathrm{T}}$.

7. 设 α, β 是欧氏空间 V 中的向量, 满足 $\|\alpha\| = \|\beta\| = \|\alpha - \beta\| = 1$, 求 α 与 β 的夹角.

8. 设 A 是一个正定矩阵, 在 $\mathbb{R}^n$ 中定义内积为: 对任何 $\alpha = (x_1, x_2, \cdots, x_n)^{\mathrm{T}}, \beta = (y_1, y_2, \cdots, y_n)^{\mathrm{T}} \in \mathbb{R}^n$,

$$\langle \alpha, \beta \rangle = \alpha^{\mathrm{T}} A \beta,$$

证明: 在此内积下 $\mathbb{R}^n$ 构成一个欧氏空间.

9. 在欧氏空间 V 中, 证明以下的等式与不等式: 对任何 $\alpha, \beta \in V$,

(1) $\|\alpha + \beta\| \leqslant \|\alpha\| + \|\beta\|$;

(2) 当 α 与 β 正交时, $\|\alpha + \beta\|^2 = \|\alpha\|^2 + \|\beta\|^2$ (欧氏空间的勾股定理);

(3) $\|\alpha + \beta\|^2 + \|\alpha - \beta\|^2 = 2\|\alpha\|^2 + 2\|\beta\|^2$;

(4) $\langle \alpha, \beta \rangle = \dfrac{1}{4}\|\alpha + \beta\|^2 - \dfrac{1}{4}\|\alpha - \beta\|^2$.

10. 对例 10.2 中的欧氏空间 $\mathbb{R}[x]_2$, 分别计算以下两个向量的内积, 并求出它们的夹角:

(1) $\langle 1 + x^2, 4x \rangle$;

(2) $\langle x + 2, x^2 - x + 1 \rangle$.

11. 在线性空间 $\mathbb{R}[x]_2$ 中, 对任意的 $f(x), g(x) \in \mathbb{R}[x]_2$, 以下定义的二元函数

$$\langle f(x), g(x) \rangle = \int_0^1 f'(t)g(t)\mathrm{d}t$$

是内积吗? 试给出具体的理由.

12. 在线性空间 $M_n(\mathbb{R})$ 中, 对任意两个矩阵 $A, B \in M_n(\mathbb{R})$, 定义内积为

$$\langle A, B \rangle = \mathrm{tr}(A^{\mathrm{T}}B).$$

(1) 证明: 在此内积下 $M_n(\mathbb{R})$ 构成一个欧氏空间;

(2) 在欧氏空间 $M_3(\mathbb{R})$ 中, 用这个内积定义计算以下内积:

$$\left\langle \begin{pmatrix} 1 & 2 & 3 \\ 0 & 4 & 0 \\ 0 & 1 & 3 \end{pmatrix}, \begin{pmatrix} 4 & 0 & 1 \\ 2 & 1 & 0 \\ 1 & 1 & 4 \end{pmatrix} \right\rangle \quad 和 \quad \left\langle \begin{pmatrix} 1 & 1 & 1 \\ 0 & 1 & 0 \\ 1 & 0 & 1 \end{pmatrix}, \begin{pmatrix} 1 & 0 & 1 \\ 0 & 0 & 0 \\ 1 & 0 & 1 \end{pmatrix} \right\rangle.$$

13. 证明: 在不等式 (10.8) 中, 等号成立的充要条件是向量组 α, β 线性相关.

14. 设 $\alpha_1, \alpha_2, \cdots, \alpha_m$ 是 n 维欧氏空间 V 的一组向量, 令

$$A = \begin{pmatrix} \langle \alpha_1, \alpha_1 \rangle & \langle \alpha_1, \alpha_2 \rangle & \cdots & \langle \alpha_1, \alpha_m \rangle \\ \langle \alpha_2, \alpha_1 \rangle & \langle \alpha_2, \alpha_2 \rangle & \cdots & \langle \alpha_2, \alpha_m \rangle \\ \vdots & \vdots & & \vdots \\ \langle \alpha_m, \alpha_1 \rangle & \langle \alpha_m, \alpha_2 \rangle & \cdots & \langle \alpha_m, \alpha_m \rangle \end{pmatrix}.$$

称 A 是向量组 $\alpha_1, \alpha_2, \cdots, \alpha_m$ 的**格拉姆矩阵**, 记作 $G(\alpha_1, \alpha_2, \cdots, \alpha_m)$. 特别地, 当 $\alpha_1,$ $\alpha_2, \cdots, \alpha_m$ 是 V 的一个基时, 称 A 为基 $\alpha_1, \alpha_2, \cdots, \alpha_m$ 的**度量矩阵**.

(1) 证明: $|G(\alpha_1, \alpha_2, \cdots, \alpha_m)| \geqslant 0$, 等号成立当且仅当 $\alpha_1, \alpha_2, \cdots, \alpha_m$ 线性相关;

(2) 证明: V 的任意两个基的度量矩阵一定合同.

10.2 标准正交基

在第 7 章中, 为了构造正交矩阵的需要, 我们在欧氏空间 $\mathbb{R}^n$ (标准内积) 中引入了标准正交基和施密特正交化方法, 本节将把这些概念和方法推广到一般的欧氏空间.

10.2.1　标准正交组的概念

标准正交基是欧氏空间中性质最好的基. 例如, 在欧氏空间 $\mathbb{R}^3$(标准内积) 中, $\varepsilon_1 = (1,0,0)^{\mathrm{T}}, \varepsilon_2 = (0,1,0)^{\mathrm{T}}, \varepsilon_3 = (0,0,1)^{\mathrm{T}}$ 就是一组最常用的标准正交基, 它不仅可以线性表出 $\mathbb{R}^3$ 中所有的向量 $\alpha = (x,y,z)^{\mathrm{T}}$, 即 $\alpha = x\varepsilon_1 + y\varepsilon_2 + z\varepsilon_3$, 而且 α 在这个基下的坐标都可以写成 α 与基向量的内积, 这就是 $x = \alpha \cdot \varepsilon_1, y = \alpha \cdot \varepsilon_2, z = \alpha \cdot \varepsilon_3$, 所以有

$$\alpha = (\alpha \cdot \varepsilon_1)\varepsilon_1 + (\alpha \cdot \varepsilon_2)\varepsilon_2 + (\alpha \cdot \varepsilon_3)\varepsilon_3.$$

在一般的欧氏空间中, 标准正交基也有这个基本的性质.

> **定义 10.2**　正交向量组、正交基、标准正交基与标准正交组
>
> 在欧氏空间 V 中, 如果一组非零的向量两两正交, 就称为一个**正交向量组**. 如果 V 是 n 维欧氏空间, 那么由 n 个向量组成的正交向量组称为**正交基**, 由单位向量组成的正交基称为**标准正交基**, 而由单位向量组成的正交向量组称为**标准正交组**.

设 $\alpha_1, \alpha_2, \cdots, \alpha_n$ 是欧氏空间 V 的一个不包含零向量的正交向量组, 则 $\alpha_1, \alpha_2, \cdots, \alpha_n$ 一定是线性无关的. 这是因为若有 $k_1, k_2, \cdots, k_n \in \mathbb{R}$ 使得

$$k_1\alpha_1 + k_2\alpha_2 + \cdots + k_n\alpha_n = 0,$$

当 $i \neq j$ 时, 有 $\langle \alpha_i, \alpha_j \rangle = 0$, 所以让上式两边的向量与 α_i 作内积, 得到

$$k_i\langle \alpha_i, \alpha_i \rangle = \sum_{j=1}^{n} k_j\langle \alpha_j, \alpha_i \rangle = 0,$$

但是 $\langle \alpha_i, \alpha_i \rangle \neq 0$, 所以只能有 $k_i = 0(i = 1,2,\cdots,n)$, 因此 $\alpha_1, \alpha_2, \cdots, \alpha_n$ 线性无关, 此时如果 V 是 n 维欧氏空间, 那么 $\alpha_1, \alpha_2, \cdots, \alpha_n$ 就是 V 的一个正交基.

例 10.5　证明: 在定义了内积 (10.7) 的欧氏空间 $C[0,2\pi]$ 中, 函数组 $1, \cos x$, $\sin x, \cos 2x, \sin 2x, \cdots, \cos nx, \sin nx, \cdots$ 是一个正交向量组, 并将它们单位化后求出标准正交组.

证明　因为

$$\langle 1, \cos nx \rangle = \int_0^{2\pi} \cos nt\, dt = \frac{1}{n}\sin nt\Big|_0^{2\pi} = 0,$$

所以 1 与 $\cos nx$ 正交 $(n = 1,2,3,\cdots)$, 又因为当 $m \neq n(m,n = 1,2,3,\cdots)$ 时

$$\langle \cos mx, \cos nx \rangle = \int_0^{2\pi} \cos mt \cos nt \mathrm{d}t$$

$$= \frac{1}{2} \int_0^{2\pi} (\cos(m+n)t + \cos(m-n)t)\mathrm{d}t$$

$$= \frac{1}{2(m+n)} \sin(m+n)t\big|_0^{2\pi} + \frac{1}{2(m-n)} \sin(m-n)t\big|_0^{2\pi}$$

$$= 0,$$

所以 $\cos mx$ 与 $\cos nx$ 正交. 同理可证 1 与 $\sin nx$ 正交 $(n = 1, 2, 3, \cdots)$. 当 $m \neq n(m, n = 1, 2, 3, \cdots)$ 时, $\sin mx$ 与 $\sin nx$ 正交, 以及 $\cos mx$ 与 $\sin nx$ 正交 $(m, n = 1, 2, 3, \cdots)$(习题 10.2 第 1 题), 因此该函数组是一个正交向量组. 接下来计算该向量组中每一个向量的长度, 先有

$$\langle 1, 1 \rangle = \int_0^{2\pi} \mathrm{d}t = 2\pi, \quad \text{即} \ \|1\| = \sqrt{2\pi},$$

再由

$$\langle \cos nx, \cos nx \rangle = \int_0^{2\pi} \cos^2 nt \mathrm{d}t = \frac{1}{2} \int_0^{2\pi} (1 + \cos 2nt)\mathrm{d}t$$

$$= \pi + \frac{1}{4n} \sin 2nt\big|_0^{2\pi} = \pi$$

得

$$\|\cos nx\| = \sqrt{\pi} \quad (n = 1, 2, 3, \cdots).$$

同理可得 $\|\sin nx\| = \sqrt{\pi}(n = 1, 2, 3, \cdots)$(习题 10.2 第 1 题), 因此标准正交组是

$$\frac{1}{\sqrt{2\pi}}, \frac{1}{\sqrt{\pi}} \cos x, \frac{1}{\sqrt{\pi}} \sin x, \frac{1}{\sqrt{\pi}} \cos 2x, \frac{1}{\sqrt{\pi}} \sin 2x, \cdots, \frac{1}{\sqrt{\pi}} \cos nx, \frac{1}{\sqrt{\pi}} \sin nx, \cdots. \quad \square$$

10.2.2 施密特正交化方法

本章讨论的欧氏空间主要是有限维欧氏空间, 例如, 例 10.2 中的欧氏空间 $\mathbb{R}[x]_2$ 就是一个 3 维的欧氏空间. 然而, 这个空间的基 $1, x, x^2$ 却不是一个正交基, 这是因为有

$$\langle 1, x \rangle = \int_0^1 t\mathrm{d}t = \frac{1}{2}, \quad \langle 1, x^2 \rangle = \int_0^1 t^2 \mathrm{d}t = \frac{1}{3}, \quad \langle x, x^2 \rangle = \int_0^1 t^3 \mathrm{d}t = \frac{1}{4},$$

因此这 3 个基向量互相之间都不正交. 在第 7 章中, 我们已经介绍了如何把 $\mathbb{R}^n$ 空间中的一个线性无关向量组变成正交组的施密特正交化方法, 这个方法可以原封不

动地搬到一般的欧氏空间. 设 V 是 n 维欧氏空间, $\alpha_1, \alpha_2, \cdots, \alpha_m (m \leqslant n)$ 是 V 中线性无关的向量组, 和 (7.19) 式一样, 令

$$
\begin{aligned}
\beta_1 &= \alpha_1, \\
\beta_2 &= \alpha_2 - \frac{\langle \alpha_2, \beta_1 \rangle}{\langle \beta_1, \beta_1 \rangle} \beta_1, \\
\beta_3 &= \alpha_3 - \frac{\langle \alpha_3, \beta_1 \rangle}{\langle \beta_1, \beta_1 \rangle} \beta_1 - \frac{\langle \alpha_3, \beta_2 \rangle}{\langle \beta_2, \beta_2 \rangle} \beta_2, \\
&\quad \cdots\cdots \\
\beta_m &= \alpha_m - \sum_{i=1}^{m-1} \frac{\langle \alpha_m, \beta_i \rangle}{\langle \beta_i, \beta_i \rangle} \beta_i,
\end{aligned}
\tag{10.10}
$$

则可以和定理 7.5 一样, 用数学归纳法证明如此构造出来的向量组 $\beta_1, \beta_2, \cdots, \beta_m$ 是一个正交组 (习题 10.2 第 6 题), 而当 $\alpha_1, \alpha_2, \cdots, \alpha_n$ 是 V 的一个基时, 用这个施密特正交化公式 (10.10) 构造出来的 $\beta_1, \beta_2, \cdots, \beta_n$ 则是 V 的一个正交基.

例 10.6　在欧氏空间 $\mathbb{R}[x]_2$ (内积同例 10.2) 中, 对它的基 $1, x, x^2$ 运用施密特正交化方法, 求出 $\mathbb{R}[x]_2$ 的一个标准正交基.

解　先进行正交化. 由公式 (10.10) 得

$$
\begin{aligned}
\beta_1 &= 1, \\
\beta_2 &= x - \frac{\langle x, \beta_1 \rangle}{\langle \beta_1, \beta_1 \rangle} \beta_1, \\
\beta_3 &= x^2 - \frac{\langle x^2, \beta_1 \rangle}{\langle \beta_1, \beta_1 \rangle} \beta_1 - \frac{\langle x^2, \beta_2 \rangle}{\langle \beta_2, \beta_2 \rangle} \beta_2,
\end{aligned}
\tag{10.11}
$$

由 $\beta_1 = 1$ 可计算 (10.11) 式中前两个内积:

$$
\langle x, \beta_1 \rangle = \langle x, 1 \rangle = \int_0^1 t \mathrm{d}t = \frac{1}{2}, \quad \langle \beta_1, \beta_1 \rangle = \langle 1, 1 \rangle = \int_0^1 \mathrm{d}t = 1,
$$

由此可得 $\beta_2 = x - \dfrac{1}{2}$. 再计算 (10.11) 式中另外 3 个内积:

$$
\begin{aligned}
\langle x^2, \beta_1 \rangle &= \langle x^2, 1 \rangle = \int_0^1 t^2 \mathrm{d}t = \frac{1}{3}, \\
\langle x^2, \beta_2 \rangle &= \left\langle x^2, x - \frac{1}{2} \right\rangle = \int_0^1 t^2 \left(t - \frac{1}{2} \right) \mathrm{d}t = \frac{1}{12}, \\
\langle \beta_2, \beta_2 \rangle &= \left\langle x - \frac{1}{2}, x - \frac{1}{2} \right\rangle = \int_0^1 \left(t - \frac{1}{2} \right)^2 \mathrm{d}t = \frac{1}{12},
\end{aligned}
$$

将这些内积代入 (10.11) 式中第 3 个式子, 得 $\beta_3 = x^2 - x + \dfrac{1}{6}$. 再进行单位化, 由

$\langle \beta_1, \beta_1 \rangle = 1$, 可得 $\|\beta_1\| = 1$, 再由 $\langle \beta_2, \beta_2 \rangle = \dfrac{1}{12}$, 得到 $\|\beta_2\| = \dfrac{1}{\sqrt{12}} = \dfrac{1}{2\sqrt{3}}$, 而 β_3 的长度平方是

$$\langle \beta_3, \beta_3 \rangle = \left\langle x^2 - x + \frac{1}{6}, x^2 - x + \frac{1}{6} \right\rangle = \int_0^1 \left(t^2 - t + \frac{1}{6} \right)^2 \mathrm{d}t = \frac{1}{180},$$

因此得到 $\|\beta_3\| = \dfrac{1}{\sqrt{180}} = \dfrac{1}{6\sqrt{5}}$, 于是就得到 $\mathbb{R}[x]_2$ 的一个标准正交基:

$$\begin{aligned}
\eta_1 &= \frac{1}{\|\beta_1\|} \beta_1 = 1, \\
\eta_2 &= \frac{1}{\|\beta_2\|} \beta_2 = 2\sqrt{3} \left(x - \frac{1}{2} \right), \\
\eta_3 &= \frac{1}{\|\beta_3\|} \beta_3 = 6\sqrt{5} \left(x^2 - x + \frac{1}{6} \right).
\end{aligned} \tag{10.12}$$

$\square$

10.2.3 标准正交基的作用

在 n 维欧氏空间 V 中, 设 $\alpha_1, \alpha_2, \cdots, \alpha_n$ 是一个标准正交基, 则有

$$\langle \alpha_i, \alpha_j \rangle = \delta_{ij} = \begin{cases} 1, & i = j, \\ 0, & i \neq j, \end{cases} \tag{10.13}$$

因此对任何 $\alpha \in V$, 如果 α 在基 $\alpha_1, \alpha_2, \cdots, \alpha_n$ 下的坐标是 $(x_1, x_2, \cdots, x_n)^{\mathrm{T}}$, 即有

$$\alpha = x_1 \alpha_1 + x_2 \alpha_2 + \cdots + x_n \alpha_n, \tag{10.14}$$

那么通过让上式两边的向量与 α_i 作内积, 由 (10.13) 式可得 $\langle \alpha, \alpha_i \rangle = x_i (i = 1, 2, \cdots, n)$, 从而 (10.14) 式就是

$$\alpha = \langle \alpha, \alpha_1 \rangle \alpha_1 + \langle \alpha, \alpha_2 \rangle \alpha_2 + \cdots + \langle \alpha, \alpha_n \rangle \alpha_n, \tag{10.15}$$

即 V 中每一个向量的坐标都可以用内积表示出来.

例 10.7 在欧氏空间 $\mathbb{R}[x]_2$(内积同例 10.2) 中, 求向量 $x^2 + 1$ 在 (10.12) 式的标准正交基 η_1, η_2, η_3 下的坐标.

解 由公式 (10.15) 可知

$$x^2 + 1 = \langle x^2 + 1, \eta_1 \rangle \eta_1 + \langle x^2 + 1, \eta_2 \rangle \eta_2 + \langle x^2 + 1, \eta_3 \rangle \eta_3,$$

因此 $x^2 + 1$ 在标准正交基 η_1, η_2, η_3 下的坐标是

$$(\langle x^2 + 1, \eta_1 \rangle, \langle x^2 + 1, \eta_2 \rangle, \langle x^2 + 1, \eta_3 \rangle)^{\mathrm{T}},$$

其中的分量分别是

$$\langle x^2 + 1, \eta_1 \rangle = \langle x^2 + 1, 1 \rangle = \int_0^1 (t^2 + 1)\mathrm{d}t = \frac{4}{3},$$

$$\langle x^2 + 1, \eta_2 \rangle = \left\langle x^2 + 1, 2\sqrt{3}\left(x - \frac{1}{2}\right) \right\rangle = 2\sqrt{3}\int_0^1 (t^2 + 1)\left(t - \frac{1}{2}\right)\mathrm{d}t = \frac{\sqrt{3}}{6},$$

$$\langle x^2 + 1, \eta_3 \rangle = \left\langle x^2 + 1, 6\sqrt{5}\left(x^2 - x + \frac{1}{6}\right) \right\rangle$$

$$= 6\sqrt{5}\int_0^1 \left(t^4 - t^3 + \frac{7}{6}t^2 - t + \frac{1}{6}\right)\mathrm{d}t = \frac{\sqrt{5}}{30},$$

所以向量 $x^2 + 1$ 在标准正交基 η_1, η_2, η_3 下的坐标是 $\left(\dfrac{4}{3}, \dfrac{\sqrt{3}}{6}, \dfrac{\sqrt{5}}{30}\right)^{\mathrm{T}}$.　□

标准正交基将极大简化涉及内积的计算过程. 例如在 n 维欧氏空间 V 中, 如果任意两个向量 α 和 β 在 V 的一个标准正交基 $\alpha_1, \alpha_2, \cdots, \alpha_n$ 下的坐标分别是 $(x_1, x_2, \cdots, x_n)^{\mathrm{T}}$ 和 $(y_1, y_2, \cdots, y_n)^{\mathrm{T}}$, 即有

$$\alpha = x_1\alpha_1 + x_2\alpha_2 + \cdots + x_n\alpha_n \quad \text{和} \quad \beta = y_1\alpha_1 + y_2\alpha_2 + \cdots + y_n\alpha_n,$$

则由 (10.13) 式得内积计算公式

$$\langle \alpha, \beta \rangle = \left\langle \sum_{i=1}^n x_i\alpha_i, \sum_{j=1}^n y_j\alpha_j \right\rangle = \sum_{i=1}^n x_i \left\langle \alpha_i, \sum_{j=1}^n y_j\alpha_j \right\rangle$$

$$= \sum_{i=1}^n x_i \left(\sum_{j=1}^n y_j\langle \alpha_i, \alpha_j \rangle \right) = \sum_{i=1}^n x_i \left(\sum_{j=1}^n y_j\delta_{ij} \right) = \sum_{i=1}^n x_iy_i,$$

从而也得到长度公式

$$\|\alpha\| = \sqrt{x_1^2 + x_2^2 + \cdots + x_n^2}$$

和

$$\|\alpha - \beta\| = \sqrt{(x_1 - y_1)^2 + (x_2 - y_2)^2 + \cdots + (x_n - y_n)^2},$$

这些公式都是 $\mathbb{R}^3$ (标准内积) 中相应公式的推广.

习　题　10.2

1. 在定义了内积 (10.7) 的欧氏空间 $C[0, 2\pi]$ 中, 有函数组 $1, \cos x, \sin x, \cdots, \cos nx,$ $\sin nx, \cdots$. 证明:

(1) 1 与 $\sin nx$ 正交 $(n = 1, 2, 3, \cdots)$;

(2) 当 $m \neq n(m, n = 1, 2, 3, \cdots)$ 时, $\sin mx$ 与 $\sin nx$ 正交;

(3) $\cos mx$ 与 $\sin nx$ 正交 $(m, n = 1, 2, 3, \cdots)$;

(4) $\langle \sin nx, \sin nx \rangle = \pi$ $(n = 1, 2, 3, \cdots)$.

2. 在定义了内积 (10.6) 的欧氏空间 $\mathbb{R}[x]_2$ 中, 证明: 向量组 $1, x - \dfrac{1}{2}, x^2 - x + \dfrac{1}{6}$ 是 $\mathbb{R}[x]_2$ 的一个正交基.

3. 设欧氏空间 $\mathbb{R}^4$ 的内积定义是: 对任何 $\alpha = (x_1, x_2, x_3, x_4)^{\mathrm{T}}, \beta = (y_1, y_2, y_3, y_4)^{\mathrm{T}} \in \mathbb{R}^4$,

$$\langle \alpha, \beta \rangle = x_1 y_1 + x_2 y_2 + x_3 y_3 + x_4 y_4,$$

在这个内积下, 对线性无关的向量组 $\alpha_1 = (1, 1, 1, 1)^{\mathrm{T}}, \alpha_2 = (0, 1, 1, 1)^{\mathrm{T}}, \alpha_3 = (0, 0, 1, 1)^{\mathrm{T}}$ 用施密特正交化方法求出一个标准正交组.

4. 在定义了内积 (10.7) 的欧氏空间 $C[-1, 1]$ 中, 对线性无关的向量组 $1, x, x^2, x^3$ 运用施密特正交化方法求出一个标准正交组.

5. 设 $\alpha_1, \alpha_2, \alpha_3, \alpha_4, \alpha_5$ 是 5 维欧氏空间 V 的一个标准正交基, $V_1 = L(\beta_1, \beta_2, \beta_3)$, 其中 $\beta_1 = \alpha_1 + \alpha_5, \beta_2 = \alpha_1 - \alpha_2 + \alpha_4, \beta_3 = 2\alpha_1 + \alpha_2 + \alpha_3$, 求 V_1 的一个标准正交基.

6. 证明: 用施密特正交化方法构造出来的 (10.10) 式中的向量组 $\beta_1, \beta_2, \cdots, \beta_m$ 是正交组.

7. 设 $\alpha_1, \alpha_2, \cdots, \alpha_n$ 是欧氏空间 V 的一个基, $\alpha = \sum\limits_{i=1}^{n} x_i \alpha_i$ 与 $\beta = \sum\limits_{i=1}^{n} y_i \alpha_i$ 是 V 中任意向量, 证明: $\langle \alpha, \beta \rangle = \sum\limits_{i=1}^{n} x_i y_i$ 的充要条件是 $\alpha_1, \alpha_2, \cdots, \alpha_n$ 是 V 的一个标准正交基.

8. 在定义了内积 (10.6) 的欧氏空间 $\mathbb{R}[x]_2$ 中, 求向量 $x + 1$ 在 $\mathbb{R}[x]_2$ 的标准正交基 $1, 2\sqrt{3}\left(x - \dfrac{1}{2}\right), 6\sqrt{5}\left(x^2 - x + \dfrac{1}{6}\right)$ 下的坐标.

9. 设 V 是 n 维欧氏空间, $\alpha_1, \alpha_2, \cdots, \alpha_n$ 是 V 的一个标准正交基, σ 是 V 上的一个线性变换, 且 σ 在这个基下的矩阵是 $A = (a_{ij})_{n \times n}$, 证明: $a_{ij} = \langle \sigma(\alpha_j), \alpha_i \rangle (i, j = 1, 2, \cdots, n)$.

10. 设 V 是 n 维欧氏空间, $\alpha_1, \alpha_2, \cdots, \alpha_n$ 是 V 的一个基. 证明: $\alpha_1, \alpha_2, \cdots, \alpha_n$ 是 V 的一个标准正交基的充要条件是 $\alpha_1, \alpha_2, \cdots, \alpha_n$ 的度量矩阵 (习题 10.1 第 14 题) 等于 n 阶单位矩阵.

11. 如果欧氏空间 V 到 V' 有一个双射 σ 使得对于任意的 $\alpha, \beta \in V, k \in \mathbb{R}$, 有

$$\sigma(\alpha + \beta) = \sigma(\alpha) + \sigma(\beta),$$

$$\sigma(k\alpha) = k\sigma(\alpha),$$

$$\langle \sigma(\alpha), \sigma(\beta) \rangle = \langle \alpha, \beta \rangle,$$

则称 σ 是欧氏空间 V 到 V' 的一个**同构映射**, 此时称 V 与 V' 是**同构的**. 证明: 两个欧氏空间同构的充分必要条件是它们的维数相同.

10.3　正交补与正交投影

10.3.1　子空间的正交补

在欧氏空间中, 可以把向量之间的正交关系推广到子空间之间. 例如在欧氏空间 $\mathbb{R}^3$(标准内积) 中, 记 π 是过原点 O 的一个平面, l 是过 O 点并且与 π 垂直的直线, 此时 $\mathbb{R}^3$ 显然可以分解为子空间 l 与 π 的直和, 不仅如此, l 中任一向量与 π 中任一向量都是垂直的, 我们可以称子空间 l 与 π 是正交的. 一般来说, 如果 V_1 和 V_2 是欧氏空间中两个子空间, 并且对于任意的 $\alpha \in V_1, \beta \in V_2$, 恒有 $\langle \alpha, \beta \rangle = 0$, 则称 V_1, V_2 是**正交**的, 记为 $V_1 \perp V_2$.

设 l_1 是位于上述平面 π 上且过 O 点的一条直线 (图 10.1). 由于 $l \perp \pi$, 所以一定有 $l \perp l_1$, 即子空间 l 与子空间 l_1 正交. 相比较而言, 我们更注重像 $l \perp \pi$ 这样的正交关系: 因为子空间 l 与 π 的和是整个欧氏空间 $\mathbb{R}^3$, 即

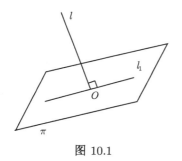

图 10.1

$$\mathbb{R}^3 = l + \pi = l \oplus \pi, \qquad (10.16)$$

此时, 称 π 是 l 的正交补, 记为 $\pi = l^\perp$, 反过来, 也称 l 是 π 的正交补, 记为 $l = \pi^\perp$. 另一方面, 虽然子空间 l 与 l_1 也正交, 但是它们的和 $l + l_1 \neq \mathbb{R}^3$, 此时 l_1 就不是 l 的正交补, 反过来 l 也不是 l_1 的正交补. 下面是正交补的正式定义.

定义 10.3　正交补

设 W 是欧氏空间 V 的子空间, α 是 V 中的一个向量, 如果对于任何 $\beta \in W$, 都有 $\langle \alpha, \beta \rangle = 0$, 则称 α 与子空间 W **正交**, 记为 $\alpha \perp W$. W 的**正交补**是

$$W^\perp = \{\alpha \in V | \alpha \perp W\}.$$

从 (10.16) 式可以猜想到下面的定理.

定理 10.1　设 W 是欧氏空间 V 的一个有限维子空间, 则以下结论成立:
(1) $W^\perp$ 是 V 的子空间;
(2) $V = W \oplus W^\perp$.

证明　(1) 由于对任何 $\beta \in W$, 都有 $\langle 0, \beta \rangle = 0$, 所以 $0 \perp W$, 即 $0 \in W^\perp$, 因此 $W^\perp$ 非空. 又对任何 $\beta \in W$ 及任何 $\alpha, \gamma \in W^\perp$, 都有 $\langle \alpha, \beta \rangle = \langle \gamma, \beta \rangle = 0$, 从而对任

何 $k_1, k_2 \in \mathbb{R}$, 有

$$\langle k_1\alpha + k_2\gamma, \beta \rangle = k_1\langle\alpha, \beta\rangle + k_2\langle\gamma, \beta\rangle = 0,$$

因此 $k_1\alpha + k_2\gamma \in W^\perp$, 所以 $W^\perp$ 是 V 的子空间.

(2) 当 $W = \{0\}$ 时, 显然 $W^\perp = V$, 又当 $W = V$ 时, 有 $W^\perp = \{0\}$, 在这两种情形下都有 $V = W \oplus W^\perp$. 下面设 W 是 V 的非平凡子空间, 此时可设 W 有一个标准正交基 $\alpha_1, \alpha_2, \cdots, \alpha_m$, 则对任何 $\alpha \in V$ 来说, 如果令向量

$$\beta = \sum_{j=1}^{m} \langle\alpha, \alpha_j\rangle\alpha_j, \tag{10.17}$$

并且记 $\gamma = \alpha - \beta$, 则有 $\beta \in W$ 和 $\alpha = \beta + \gamma$. 先证 $\gamma \in W^\perp$. 由于对任何 $1 \leqslant i \leqslant m$, 有

$$\langle\gamma, \alpha_i\rangle = \langle\alpha - \beta, \alpha_i\rangle = \langle\alpha, \alpha_i\rangle - \langle\beta, \alpha_i\rangle = \langle\alpha, \alpha_i\rangle - \left\langle \sum_{j=1}^{m} \langle\alpha, \alpha_j\rangle\alpha_j, \alpha_i \right\rangle$$

$$= \langle\alpha, \alpha_i\rangle - \sum_{j=1}^{m} \langle\alpha, \alpha_j\rangle\delta_{ji} = \langle\alpha, \alpha_i\rangle - \langle\alpha, \alpha_i\rangle = 0,$$

从而对任何 $\delta \in W$, 由于存在 $k_1, k_2, \cdots, k_m \in \mathbb{R}$, 使得 $\delta = k_1\alpha_1 + k_2\alpha_2 + \cdots + k_m\alpha_m$, 所以

$$\langle\gamma, \delta\rangle = \left\langle \gamma, \sum_{i=1}^{m} k_i\alpha_i \right\rangle = \sum_{i=1}^{m} k_i\langle\gamma, \alpha_i\rangle = 0,$$

因此 $\gamma \in W^\perp$. 于是由 $\alpha = \beta + \gamma$ 可知 $V = W + W^\perp$. 下面再证 $W + W^\perp$ 是直和 (按照直和的定义来证明). 现在对任何 $\alpha \in V$, 除了有上述的分解等式 $\alpha = \beta + \gamma(\beta \in W, \gamma \in W^\perp)$, 若还有分解式 $\alpha = \beta_1 + \gamma_1$, 其中 $\beta_1 \in W, \gamma_1 \in W^\perp$, 则从 $\beta + \gamma = \beta_1 + \gamma_1$ 可得

$$\beta - \beta_1 = \gamma_1 - \gamma,$$

记 $\xi = \beta - \beta_1 \in W$, 则由 $W^\perp$ 是子空间可知 $\xi = \gamma_1 - \gamma \in W^\perp$, 因此由正交补的定义得 $\langle\xi, \xi\rangle = 0$, 再由内积定义中的正定性得到 $\xi = 0$, 这样便得 $\beta = \beta_1, \gamma = \gamma_1$, 即 $W + W^\perp$ 是直和, 这就证明了 $V = W \oplus W^\perp$. □

10.3.2 向量在子空间上的正交投影

在定理 10.1 的证明过程中, 出现在 (10.17) 式中的向量

$$\beta = \langle\alpha, \alpha_1\rangle\alpha_1 + \langle\alpha, \alpha_2\rangle\alpha_2 + \cdots + \langle\alpha, \alpha_m\rangle\alpha_m \tag{10.18}$$

也称为欧氏空间 V 中的向量 α 在其 m 维子空间 W 上的**正交投影**, 其中的向量组 $\alpha_1, \alpha_2, \cdots, \alpha_m$ 是 W 的标准正交基. 正交投影的几何意义可见图 10.2. 设 W 是 $\mathbb{R}^3$

空间中通过原点 O 的一个平面, 那么 $W^\perp$ 就是过 O 点且与平面 W 垂直的直线,
而 $\mathbb{R}^3$ 中的任一向量 α 在平面 W 上的正交投影 β 必须满足条件:

$$\alpha - \beta \in W^\perp,$$

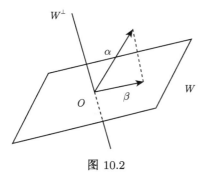

图 10.2

即如果记 $\alpha - \beta = \gamma$, 则 $\alpha = \beta + \gamma$, 其
中 $\beta \in W, \gamma \in W^\perp$, 并且由定理 10.1 可
知分解式 $\alpha = \beta + \gamma$ 是唯一的, 这也就
是说, (10.18) 式中的正交投影向量 β 是
被 α 和子空间 W 唯一确定的, 而要用
(10.18) 式来求 α 在子空间 W 上的正交
投影 β 时, 首先要找出 W 的一个标准正
交基 $\alpha_1, \alpha_2, \cdots, \alpha_m$.

例 10.8   在欧氏空间 $\mathbb{R}^4$(标准内积) 中, 求向量 $\alpha = (2, 4, 1, 2)^{\mathrm{T}}$ 在由向量组
$\gamma_1 = (1, -1, -1, 1)^{\mathrm{T}}, \gamma_2 = (1, -1, 0, 1)^{\mathrm{T}}, \gamma_3 = (1, -1, 1, 0)^{\mathrm{T}}$ 生成的子空间 W 上的正
交投影.

解   先在子空间 $W = L(\gamma_1, \gamma_2, \gamma_3)$ 中找出一个标准正交基, 为此运用施密特
正交化方法:

$$\beta_1 = \gamma_1 = (1, -1, -1, 1)^{\mathrm{T}},$$

$$\beta_2 = \gamma_2 - \frac{\langle \gamma_2, \beta_1 \rangle}{\langle \beta_1, \beta_1 \rangle}\beta_1 = (1, -1, 0, 1)^{\mathrm{T}} - \frac{3}{4}(1, -1, -1, 1)^{\mathrm{T}} = \frac{1}{4}(1, -1, 3, 1)^{\mathrm{T}},$$

$$\beta_3 = \gamma_3 - \frac{\langle \gamma_3, \beta_1 \rangle}{\langle \beta_1, \beta_1 \rangle}\beta_1 - \frac{\langle \gamma_3, \beta_2 \rangle}{\langle \beta_2, \beta_2 \rangle}\beta_2$$

$$= (1, -1, 1, 0)^{\mathrm{T}} - \frac{1}{4}(1, -1, -1, 1)^{\mathrm{T}} - \frac{5}{12}(1, -1, 3, 1)^{\mathrm{T}} = \frac{1}{3}(1, -1, 0, -2)^{\mathrm{T}},$$

再进行单位化, 得到 W 的一个标准正交基:

$$\alpha_1 = \frac{1}{\|\beta_1\|}\beta_1 = \frac{1}{2}(1, -1, -1, 1)^{\mathrm{T}},$$

$$\alpha_2 = \frac{1}{\|\beta_2\|}\beta_2 = \frac{1}{2\sqrt{3}}(1, -1, 3, 1)^{\mathrm{T}},$$

$$\alpha_3 = \frac{1}{\|\beta_3\|}\beta_3 = \frac{1}{\sqrt{6}}(1, -1, 0, -2)^{\mathrm{T}},$$

然后由公式 (10.18) 得 α 在子空间 W 上的正交投影是

$$\beta = \langle \alpha, \alpha_1 \rangle \alpha_1 + \langle \alpha, \alpha_2 \rangle \alpha_2 + \langle \alpha, \alpha_3 \rangle \alpha_3$$

$$= -\frac{1}{4}(1, -1, -1, 1)^{\mathrm{T}} + \frac{1}{4}(1, -1, 3, 1)^{\mathrm{T}} - (1, -1, 0, -2)^{\mathrm{T}}$$

$$= (-1, 1, 1, 2)^{\mathrm{T}}. \qquad\qquad \square$$

10.3.3 正交投影的性质

欧氏空间 V 的任一向量 α 在子空间 W 中的正交投影 β 具有很好的性质: 对任何 $\delta \in W$, 有

$$\|\alpha - \delta\| \geqslant \|\alpha - \beta\|, \tag{10.19}$$

即在欧氏空间中, α 到子空间 W 中各向量 δ 的距离, 以 "垂线" 的长度 $\|\alpha - \beta\|$ 为最短 (图 10.3). 这是因为如果记 $\alpha - \beta = \gamma$, 则由定理 10.1 的证明过程可知 $\gamma \in W^{\perp}$, 因此有 $\gamma \perp \beta - \delta$, 又由欧氏空间中的勾股定理 (习题 10.1 第 9 题) 得

$$\|\alpha - \delta\|^2 = \|(\beta + \gamma) - \delta\|^2 = \|(\beta - \delta) + \gamma\|^2$$

$$= \|\beta - \delta\|^2 + \|\gamma\|^2 \geqslant \|\gamma\|^2 = \|\alpha - \beta\|^2,$$

两边开方便得到不等式 (10.19). 当上式中的不等号成为等号时, 必有 $\|\beta - \delta\| = 0$, 即有 $\delta = \beta$, 因此正交投影 β 是子空间 W 中唯一的离 α 最近的向量.

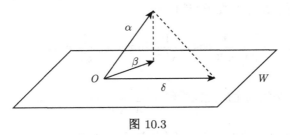

图 10.3

> **定理 10.2** 设 W 是欧氏空间 V 的一个有限维子空间, 则对于 V 中的任何向量 α, W 中向量 β 是 α 在 W 上的正交投影的充要条件是对任何 $\delta \in W$, 有
>
> $$\|\alpha - \delta\| \geqslant \|\alpha - \beta\|. \tag{10.20}$$

证明 在定理前面的分析实际上已经证明了必要性, 下面证充分性. 设 β' 是 α 在 W 上的正交投影, 则由必要性可知, 对任何 $\delta \in W$, 有 $\|\alpha - \delta\| \geqslant \|\alpha - \beta'\|$, 取 $\delta = \beta$, 得

$$\|\alpha - \beta\| \geqslant \|\alpha - \beta'\|. \tag{10.21}$$

另一方面, 由已知条件, 对任意的 $\delta \in W$, 有 $\|\alpha - \delta\| \geqslant \|\alpha - \beta\|$, 此时, 取 $\delta = \beta'$, 得

$$\|\alpha - \beta'\| \geqslant \|\alpha - \beta\|.$$

由上式及 (10.21) 式得到 $\|\alpha - \beta'\| = \|\alpha - \beta\|$, 从而再由 $(\alpha - \beta') \perp (\beta' - \beta)$(见定理 10.1 的证明过程) 和勾股定理 (习题 10.1 第 9 题), 得

$$\|\alpha - \beta\|^2 = \|(\alpha - \beta') + (\beta' - \beta)\|^2 = \|\alpha - \beta'\|^2 + \|\beta' - \beta\|^2$$
$$= \|\alpha - \beta\|^2 + \|\beta' - \beta\|^2,$$

因此得到 $\|\beta' - \beta\|^2 = 0$, 即 $\beta' = \beta$, 所以 α 在子空间 W 上的正交投影是 β.　　□

通过运用正交投影距离最短性质的 (10.20) 式, 我们可以推导出在数学的理论与应用中都十分重要的傅里叶级数表示式

$$f(x) = \frac{a_0}{2} + \sum_{k=1}^{\infty}(a_k \cos kx + b_k \sin kx) \tag{10.22}$$

中各项系数 $a_0, a_k, b_k(k = 1, 2, 3, \cdots)$ 的值. 在例 10.5 中已经求出了欧氏空间 $C[0, 2\pi]$ 的一组标准正交基 $\frac{1}{\sqrt{2\pi}}, \frac{1}{\sqrt{\pi}}\cos x, \frac{1}{\sqrt{\pi}}\sin x, \cdots, \frac{1}{\sqrt{\pi}}\cos nx, \frac{1}{\sqrt{\pi}}\sin nx, \cdots$. 现在构造一个与 n 有关的 $2n + 1$ 维子空间

$$W_n = L\left(\frac{1}{\sqrt{2\pi}}, \frac{1}{\sqrt{\pi}}\cos x, \frac{1}{\sqrt{\pi}}\sin x, \cdots, \frac{1}{\sqrt{\pi}}\cos nx, \frac{1}{\sqrt{\pi}}\sin nx\right)$$

$\bigg($显然这个生成子空间的生成元向量组 $\frac{1}{\sqrt{2\pi}}, \frac{1}{\sqrt{\pi}}\cos x, \frac{1}{\sqrt{\pi}}\sin x, \cdots, \frac{1}{\sqrt{\pi}}\cos nx, \frac{1}{\sqrt{\pi}}$

$\sin nx$ 是 W_n 的一组标准正交基$\bigg)$, 则由定理 10.2 可知, 对于任何 $f(x) \in C[0, 2\pi]$, 子空间 W_n 中最接近 $f(x)$ 的函数 (向量) 是 $f(x)$ 在 W_n 上的正交投影函数 (向量)$f_n(x)$. 根据正交投影公式 (10.18), 可得

$$f_n(x) = \left\langle f(x), \frac{1}{\sqrt{2\pi}} \right\rangle \frac{1}{\sqrt{2\pi}}$$

$$+ \left\langle f(x), \frac{1}{\sqrt{\pi}}\cos x \right\rangle \frac{1}{\sqrt{\pi}}\cos x + \left\langle f(x), \frac{1}{\sqrt{\pi}}\sin x \right\rangle \frac{1}{\sqrt{\pi}}\sin x + \cdots$$

$$+ \left\langle f(x), \frac{1}{\sqrt{\pi}}\cos nx \right\rangle \frac{1}{\sqrt{\pi}}\cos nx + \left\langle f(x), \frac{1}{\sqrt{\pi}}\sin nx \right\rangle \frac{1}{\sqrt{\pi}}\sin nx, \tag{10.23}$$

其中的各项内积系数是

$$\left\langle f(x), \frac{1}{\sqrt{2\pi}} \right\rangle = \frac{1}{\sqrt{2\pi}} \int_0^{2\pi} f(t)\mathrm{d}t,$$

$$\left\langle f(x), \frac{1}{\sqrt{\pi}} \cos kx \right\rangle = \frac{1}{\sqrt{\pi}} \int_0^{2\pi} f(t)\cos kt\mathrm{d}t \quad (k = 1, 2, 3, \cdots, n),$$

$$\left\langle f(x), \frac{1}{\sqrt{\pi}} \sin kx \right\rangle = \frac{1}{\sqrt{\pi}} \int_0^{2\pi} f(t)\sin kt\mathrm{d}t \quad (k = 1, 2, 3, \cdots, n).$$

将它们代入 (10.23) 式后便得到 $f(x)$ 的傅里叶级数的前 $2n+1$ 项的和

$$f_n(x) = \frac{a_0}{2} + \sum_{k=1}^n (a_k \cos kx + b_k \sin kx), \tag{10.24}$$

这里的 $2n+1$ 项的系数 (称为傅里叶系数) 是

$$a_0 = \frac{1}{\pi} \int_0^{2\pi} f(t)\mathrm{d}t,$$

$$a_k = \frac{1}{\pi} \int_0^{2\pi} f(t)\cos kt\mathrm{d}t \quad (k = 1, 2, 3, \cdots, n),$$

$$b_k = \frac{1}{\pi} \int_0^{2\pi} f(t)\sin kt\mathrm{d}t \quad (k = 1, 2, 3, \cdots, n).$$

可以证明: 如果 $f(x)$ 是无限可微函数, 则 (10.24) 式中的函数项数列 $\{f_n(x)\}$ 是欧氏空间 $C[0, 2\pi]$ 中的一个柯西序列, 当 $n \to \infty$ 时, $f_n(x) \to f(x)$, 从而得到等式 (10.22).

10.3.4　最小二乘法

下面再用 (10.20) 式来解决统计学中求回归直线系数的问题. 如果已知自变量 x 与因变量 y 之间存在着某种统计相关关系, 并且通过实验观察得到 m 对数据 $(x_1, y_1), (x_2, y_2), \cdots, (x_m, y_m)$, 将它们标在直角坐标系图上 (图 10.4), 然后寻找直线 $y = ax + b$, 使得直线与这些观察数据点的垂直误差的平方和达到最小, 即使得函数

$$f(a, b) = \sum_{i=1}^m (y_i - ax_i - b)^2 \tag{10.25}$$

取得最小值. 若二元函数 $f(a, b)$ 当 $a = a_0, b = b_0$ 时, 取得最小值, 那么直线 $y = a_0 x + b_0$ 称为最小二乘直线 (也称为回归直线). 在求出了这条最小二乘直线 (即求出了 a_0 与 b_0) 后, 就可以用它来进行预测: 将某个 x 的值代入回归直线方程右边计算后所得出的 y 值就是预测值.

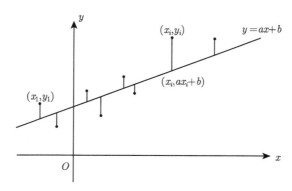

图 10.4

现在记

$$A = \begin{pmatrix} x_1 & 1 \\ x_2 & 1 \\ \vdots & \vdots \\ x_m & 1 \end{pmatrix}, \quad \alpha = \begin{pmatrix} y_1 \\ y_2 \\ \vdots \\ y_m \end{pmatrix}, \quad Y = \begin{pmatrix} a \\ b \end{pmatrix}, \quad X_0 = \begin{pmatrix} a_0 \\ b_0 \end{pmatrix},$$

则有

$$\alpha - AY = \begin{pmatrix} y_1 - ax_1 - b \\ y_2 - ax_2 - b \\ \vdots \\ y_m - ax_m - b \end{pmatrix},$$

从而 (10.25) 式就是

$$f(a,b) = \|\alpha - AY\|^2,$$

再把矩阵 A 的第 1 列记为 $\delta_1 = (x_1, x_2, \cdots, x_m)^{\mathrm{T}}$, A 的第 2 列记为 $\delta_2 = (1, 1, \cdots, 1)^{\mathrm{T}}$, 则当向量 $Y = (a, b)^{\mathrm{T}}$ 取遍 $\mathbb{R}^2$ 时, m 维向量

$$AY = \begin{pmatrix} \delta_1 & \delta_2 \end{pmatrix} \begin{pmatrix} a \\ b \end{pmatrix} = a\delta_1 + b\delta_2$$

就生成了欧氏空间 $\mathbb{R}^m$(标准内积) 的子空间 $W = L(\delta_1, \delta_2)$, 这也就是说 W 中的向量都可以写成 AY 的形式. 我们的任务是在 W 中找到一个向量 $\beta = AX_0$, 使得对任何 $\delta \in W$, 有

$$\|\alpha - \delta\| \geqslant \|\alpha - \beta\|,$$

即 α 到 β 的距离比到 W 中任何其他向量 δ 的距离都短. 由定理 10.2 可知, β 一定是 α 在子空间 W 上的正交投影, 也就是向量 $\alpha - \beta$ 必须正交于子空间 $W = L(\delta_1, \delta_2)$,

为此只需且必须

$$\langle \alpha - \beta, \delta_1 \rangle = 0 \quad \text{和} \quad \langle \alpha - \beta, \delta_2 \rangle = 0,$$

或者写成

$$\delta_1^{\mathrm{T}}(\alpha - \beta) = 0 \quad \text{和} \quad \delta_2^{\mathrm{T}}(\alpha - \beta) = 0,$$

将以上两式合并写成

$$\begin{pmatrix} \delta_1^{\mathrm{T}} \\ \delta_2^{\mathrm{T}} \end{pmatrix} (\alpha - \beta) = 0,$$

此式其实就是

$$A^{\mathrm{T}}(\alpha - \beta) = A^{\mathrm{T}}(\alpha - AX_0) = 0,$$

即有

$$A^{\mathrm{T}}AX_0 = A^{\mathrm{T}}\alpha,$$

因此 $X_0 = (a_0, b_0)^{\mathrm{T}}$ 是线性方程组

$$A^{\mathrm{T}}AX = A^{\mathrm{T}}\alpha \tag{10.26}$$

的解, 其中 $X = (x_1, x_2)^{\mathrm{T}}$ 是未知向量. 由于

$$A^{\mathrm{T}}A = \begin{pmatrix} x_1 & x_2 & \cdots & x_m \\ 1 & 1 & \cdots & 1 \end{pmatrix} \begin{pmatrix} x_1 & 1 \\ x_2 & 1 \\ \vdots & \vdots \\ x_m & 1 \end{pmatrix} = \begin{pmatrix} \sum x_i^2 & \sum x_i \\ \sum x_i & m \end{pmatrix},$$

$$A^{\mathrm{T}}\alpha = \begin{pmatrix} x_1 & x_2 & \cdots & x_m \\ 1 & 1 & \cdots & 1 \end{pmatrix} \begin{pmatrix} y_1 \\ y_2 \\ \vdots \\ y_m \end{pmatrix} = \begin{pmatrix} \sum x_i y_i \\ \sum y_i \end{pmatrix},$$

(这里的求和指标都是从 1 加到 m), 所以线性方程组 (10.26) 是

$$\begin{pmatrix} \sum x_i^2 & \sum x_i \\ \sum x_i & m \end{pmatrix} \begin{pmatrix} x_1 \\ x_2 \end{pmatrix} = \begin{pmatrix} \sum x_i y_i \\ \sum y_i \end{pmatrix}, \tag{10.27}$$

由习题 10.1 第 13 题的结果可知, 由于向量 $\delta_1 = (x_1, x_2, \cdots, x_m)^{\mathrm{T}}$ 与 $\delta_2 = (1, 1, \cdots, 1)^{\mathrm{T}}$ 显然线性无关, 所以有

$$\langle \delta_1, \delta_2 \rangle^2 < \|\delta_1\|^2 \|\delta_2\|^2,$$

即有 $\left(\sum x_i\right)^2 < m\sum x_i^2$, 因此线性方程组 (10.27) 的系数矩阵行列式不为零, 从而系数矩阵可逆, 于是得到线性方程组 (10.27) 的唯一解是

$$
\begin{pmatrix} a_0 \\ b_0 \end{pmatrix} = \begin{pmatrix} \sum x_i^2 & \sum x_i \\ \sum x_i & m \end{pmatrix}^{-1} \begin{pmatrix} \sum x_i y_i \\ \sum y_i \end{pmatrix}
$$

$$
= \frac{1}{m\sum x_i^2 - \left(\sum x_i\right)^2} \begin{pmatrix} m & -\sum x_i \\ -\sum x_i & \sum x_i^2 \end{pmatrix} \begin{pmatrix} \sum x_i y_i \\ \sum y_i \end{pmatrix}
$$

$$
= \frac{1}{m\sum x_i^2 - \left(\sum x_i\right)^2} \begin{pmatrix} m\sum x_i y_i - \left(\sum x_i\right)\left(\sum y_i\right) \\ \left(\sum x_i^2\right)\left(\sum y_i\right) - \left(\sum x_i\right)\left(\sum x_i y_i\right) \end{pmatrix},
$$

因此得到最小二乘直线 $y = a_0 x + b_0$ 的系数是

$$
a_0 = \frac{\sum x_i y_i - \dfrac{1}{m}\left(\sum x_i\right)\left(\sum y_i\right)}{\sum x_i^2 - \dfrac{1}{m}\left(\sum x_i\right)^2},
$$

$$
b_0 = \frac{\left(\sum x_i^2\right)\left(\sum y_i\right) - \left(\sum x_i\right)\left(\sum x_i y_i\right)}{m\sum x_i^2 - \left(\sum x_i\right)^2} = \frac{1}{m}\sum y_i - \frac{a_0}{m}\sum x_i. \tag{10.28}
$$

例 10.9　已知某地的地震震级 y 与该地的地应力值 x 有直接的联系, 表 10-1 列出了 8 对观察值, 根据这 8 对数据, 求回归直线方程.

表 10-1

i	1	2	3	4	5	6	7	8
x_i	1.2	1.5	2.0	3.0	3.8	4.0	4.9	4.8
y_i	2.8	2.9	3.0	3.2	3.3	3.7	4.1	4.3

解　因为

$$
\sum x_i = 25.2, \quad \sum y_i = 27.3, \quad \sum x_i y_i = 91.38, \quad \sum x_i^2 = 94.18,
$$

所以由公式 (10.28) 得

$$
a_0 = \frac{91.38 - \dfrac{1}{8}(25.2)(27.3)}{94.18 - \dfrac{1}{8}(25.2)^2} = 0.36,
$$

$$
b_0 = \frac{1}{8}(27.3) - \frac{0.36}{8}(25.2) = 2.28,
$$

因此回归直线方程是 $y = 0.36x + 2.28$. □

读者也可以运用多元微积分中求二元函数极值的方法, 来求出 (10.25) 式中二元函数 $f(a, b)$ 的最小值, 从而导出回归直线的系数公式 (10.28), 并对解决回归直线问题的代数与分析这两种方法进行比较.

习 题 10.3

1. 求线性方程组

$$\begin{cases} x - 2y + 3z - 4w = 0, \\ x + 5y + 3z + 3w = 0 \end{cases}$$

的解空间 W, 并求 W 在 $\mathbb{R}^4$(标准内积) 中的正交补 $W^{\perp}$.

2. 求以下线性方程组解空间的正交补 (标准内积) 的一个标准正交基:

$$(1) \begin{cases} x + y + z + w = 0, \\ x \qquad + w = 0, \\ \quad y + z \qquad = 0; \end{cases} \qquad (2) \begin{cases} x - 2y + z + w - u = 0, \\ 2x + y - z - w + u = 0. \end{cases}$$

3. 在欧氏空间 $\mathbb{R}^3$(标准内积) 中, 求向量 $\alpha = (3, 1, 2)^{\mathrm{T}}$ 在以下这个标准正交基

$$\alpha_1 = \frac{1}{\sqrt{2}}(0, 1, 1)^{\mathrm{T}}, \quad \alpha_2 = \frac{1}{\sqrt{3}}(1, -1, 1)^{\mathrm{T}}, \quad \alpha_3 = \frac{1}{\sqrt{6}}(2, 1, -1)^{\mathrm{T}}$$

下的坐标.

4. 设 V 是欧氏空间, $\alpha_1, \alpha_2, \cdots, \alpha_m$ 是 V 的非零正交向量组, 并且 $\alpha \in L(\alpha_1, \alpha_2, \cdots, \alpha_m)$, 证明:

$$\alpha = \sum_{i=1}^{m} \frac{\langle \alpha, \alpha_i \rangle}{\|\alpha_i\|^2} \alpha_i.$$

5. 在欧氏空间 $\mathbb{R}^4$(标准内积) 中, 求向量 $\beta = (1, 2, -1, 0)^{\mathrm{T}}$ 在由向量组 $\gamma_1 = (-1, 2, -1, 1)^{\mathrm{T}}, \gamma_2 = (2, -1, 1, 0)^{\mathrm{T}}, \gamma_3 = (0, 1, -1, 2)^{\mathrm{T}}$ 生成的子空间 $W = L(\gamma_1, \gamma_2, \gamma_3)$ 上的正交投影.

6. 在欧氏空间 $\mathbb{R}[x]_3$(内积同例 10.2) 中, 求向量 x^3 在子空间 $\mathbb{R}[x]_2$ 上的正交投影.

7. 设 V 是 n 维欧氏空间, 证明:

(1) 如果 W 是 V 的一个子空间, 则 $(W^{\perp})^{\perp} = W$;

(2) 如果 W_1, W_2 都是 V 的子空间, 且 $W_1 \subseteq W_2$, 则 $W_2^{\perp} \subseteq W_1^{\perp}$;

(3) 如果 W_1, W_2 都是 V 的子空间, 则 $(W_1 + W_2)^{\perp} = W_1^{\perp} \cap W_2^{\perp}$.

8. 证明: 实系数线性方程组 $\sum\limits_{j=1}^{n} a_{ij}x_j = b_i (i = 1, 2, \cdots, n)$ 有解的充要条件是向量 $\beta = (b_1, b_2, \cdots, b_n)^{\mathrm{T}}$ 与齐次线性方程组

$$\sum_{j=1}^{n} a_{ji}x_j = 0 \quad (i = 1, 2, \cdots, n)$$

的解空间正交.

9. 设

$$\begin{cases} a_{11}x_1 + a_{12}x_2 + \cdots + a_{1n}x_n = 0, \\ a_{21}x_1 + a_{22}x_2 + \cdots + a_{2n}x_n = 0, \\ \qquad\qquad\cdots\cdots \\ a_{m1}x_1 + a_{m2}x_2 + \cdots + a_{mn}x_n = 0 \end{cases}$$

是一个 n 元实系数齐次线性方程组, 用 V_1 表示其解空间, 令 $V_2 = L(\alpha_1, \alpha_2, \cdots, \alpha_m)$, 其中 $\alpha_1 = (a_{11}, a_{12}, \cdots, a_{1n})^{\mathrm{T}}, \alpha_2 = (a_{21}, a_{22}, \cdots, a_{2n})^{\mathrm{T}}, \cdots, \alpha_m = (a_{m1}, a_{m2}, \cdots, a_{mn})^{\mathrm{T}}$, 证明: $\mathbb{R}^n = V_1 \oplus V_2$.

10. 对以下两组关于 (x, y) 的实验数据, 分别求出它们的回归直线方程:

(1)

i	1	2	3	4	5
x_i	1	3	5	7	9
y_i	2	4	7	9	12

(2)

i	1	2	3	4	5
x_i	-2	-1	0	1	2
y_i	4	3	1	-1	-3

11. 设 $\alpha_1, \alpha_2, \cdots, \alpha_m$ 是欧氏空间 V 的一个标准正交组, 证明: 对任何 $\alpha \in V$, 总有

$$\sum_{i=1}^{m} \langle \alpha, \alpha_i \rangle^2 \leqslant \|\alpha\|^2.$$

12. 设 W_1, W_2 都是欧氏空间 V 的子空间, 且 $\dim W_1 < \dim W_2$, 证明 W_2 中必有一个非零向量正交于 W_1 中所有向量.

10.4 正交变换

正交变换是 $\mathbb{R}^2$(标准内积) 平面中旋转、反射等变换在欧氏空间中的一般推广, 它是欧氏空间中保持内积不变的线性变换. 由于内积决定了向量的长度与夹角, 所以正交变换也保持向量的长度与夹角不变, 从而保持了几何形状不变.

定义 10.4   正交变换

设 σ 是欧氏空间 V 上的线性变换, 如果对任何 $\alpha, \beta \in V$, 有

$$\langle \sigma(\alpha), \sigma(\beta) \rangle = \langle \alpha, \beta \rangle,$$

则称 σ 是**正交变换**.

$\mathbb{R}^2$(标准内积) 中的旋转变换和 $\mathbb{R}^3$(标准内积) 中关于一个固定平面的反射变换都是正交变换.

例 10.10 设 σ 是 $\mathbb{R}^2$(标准内积) 中绕原点按逆时针方向旋转 θ 角的旋转变换:

$$\sigma \begin{pmatrix} x \\ y \end{pmatrix} = \begin{pmatrix} x\cos\theta - y\sin\theta \\ x\sin\theta + y\cos\theta \end{pmatrix},$$

证明 σ 是正交变换.

证明 记

$$Q = \begin{pmatrix} \cos\theta & -\sin\theta \\ \sin\theta & \cos\theta \end{pmatrix},$$

则由于 $Q^{\mathrm{T}}Q = I$, 所以 Q 是正交矩阵, 并且对任何 $\alpha = (x,y)^{\mathrm{T}}, \beta = (x_1, y_1)^{\mathrm{T}} \in \mathbb{R}^2$, 有

$$\langle \sigma(\alpha), \sigma(\beta) \rangle = \left(Q \begin{pmatrix} x \\ y \end{pmatrix} \right)^{\mathrm{T}} Q \begin{pmatrix} x_1 \\ y_1 \end{pmatrix} = (x,y) Q^{\mathrm{T}} Q \begin{pmatrix} x_1 \\ y_1 \end{pmatrix} = (x,y) \begin{pmatrix} x_1 \\ y_1 \end{pmatrix}$$

$$= xx_1 + yy_1 = \langle \alpha, \beta \rangle,$$

因此 σ 是正交变换. □

例 10.11 设 π 是 $\mathbb{R}^3$(标准内积) 中过原点的固定平面, σ 是关于 π 的反射变换, 证明 σ 是正交变换.

证明 设 α_1, α_2 是子空间 π 的标准正交基, α_3 是垂直于平面 π 的单位向量, 则 $\alpha_1, \alpha_2, \alpha_3$ 是 $\mathbb{R}^3$ 的一个标准正交基, 并且有

$$\sigma(\alpha_1) = \alpha_1, \quad \sigma(\alpha_2) = \alpha_2, \quad \sigma(\alpha_3) = -\alpha_3.$$

这样, 对任何 $\alpha, \beta \in \mathbb{R}^3$, 设 $\alpha = x\alpha_1 + y\alpha_2 + z\alpha_3, \beta = x_1\alpha_1 + y_1\alpha_2 + z_1\alpha_3$, 那么由上式可得

$$\sigma(\alpha) = x\alpha_1 + y\alpha_2 - z\alpha_3 \quad \text{和} \quad \sigma(\beta) = x_1\alpha_1 + y_1\alpha_2 - z_1\alpha_3.$$

再由 $\langle \alpha_i, \alpha_j \rangle = \delta_{ij}(i, j = 1, 2, 3)$ 得

$$\langle \sigma(\alpha), \sigma(\beta) \rangle = xx_1 + yy_1 + zz_1 = \langle \alpha, \beta \rangle,$$

因此 σ 是正交变换. □

下面的定理显示了正交变换的良好性质.

定理 10.3 设 σ 是 n 维欧氏空间 V 的线性变换, 则以下命题等价:

(1) σ 是正交变换;

(2) σ 保持向量的长度不变, 即对任何 $\alpha \in V, \|\sigma(\alpha)\| = \|\alpha\|$;

(3) σ 把 V 的任一标准正交基都变成标准正交基;

(4) σ 在 V 的任一标准正交基下的矩阵都是正交矩阵.

证明　(1) ⇒ (2): 因为 σ 是正交变换, 所以对任何 $\alpha \in V$, 有

$$\|\sigma(\alpha)\| = \sqrt{\langle \sigma(\alpha), \sigma(\alpha) \rangle} = \sqrt{\langle \alpha, \alpha \rangle} = \|\alpha\|,$$

因此 σ 保持向量的长度不变.

(2) ⇒ (1): 由已知条件可知, 对任何 $\alpha, \beta \in V$, 有

$$\|\sigma(\alpha + \beta)\|^2 = \|\alpha + \beta\|^2 = \langle \alpha + \beta, \alpha + \beta \rangle = \langle \alpha, \alpha \rangle + 2\langle \alpha, \beta \rangle + \langle \beta, \beta \rangle$$
$$= \|\alpha\|^2 + 2\langle \alpha, \beta \rangle + \|\beta\|^2. \tag{10.29}$$

另一方面, 又因为 σ 是线性变换, 所以得到

$$\|\sigma(\alpha + \beta)\|^2 = \langle \sigma(\alpha + \beta), \sigma(\alpha + \beta) \rangle$$
$$= \langle \sigma(\alpha) + \sigma(\beta), \sigma(\alpha) + \sigma(\beta) \rangle$$
$$= \langle \sigma(\alpha), \sigma(\alpha) \rangle + 2\langle \sigma(\alpha), \sigma(\beta) \rangle + \langle \sigma(\beta), \sigma(\beta) \rangle$$
$$= \|\sigma(\alpha)\|^2 + 2\langle \sigma(\alpha), \sigma(\beta) \rangle + \|\sigma(\beta)\|^2.$$

再与 (10.29) 式比较, 且由 $\|\sigma(\alpha)\| = \|\alpha\|$ 和 $\|\sigma(\beta)\| = \|\beta\|$ 可得

$$\langle \sigma(\alpha), \sigma(\beta) \rangle = \langle \alpha, \beta \rangle,$$

因此 σ 是正交变换.

(1) ⇒ (3): 设 $\alpha_1, \alpha_2, \cdots, \alpha_n$ 是 V 的标准正交基, 则由于 σ 是正交变换, 可得

$$\langle \sigma(\alpha_i), \sigma(\alpha_j) \rangle = \langle \alpha_i, \alpha_j \rangle = \delta_{ij} \quad (i, j = 1, 2, \cdots, n),$$

因此 $\sigma(\alpha_1), \sigma(\alpha_2), \cdots, \sigma(\alpha_n)$ 也是 V 的标准正交基.

(3) ⇒ (1): 设 $\alpha_1, \alpha_2, \cdots, \alpha_n$ 是 V 的标准正交基, 则由条件可知 $\sigma(\alpha_1),$ $\sigma(\alpha_2), \cdots, \sigma(\alpha_n)$ 也是标准正交基, 即有

$$\langle \sigma(\alpha_i), \sigma(\alpha_j) \rangle = \delta_{ij} \quad (i, j = 1, 2, \cdots, n). \tag{10.30}$$

现在对任何 $\alpha, \beta \in V$, 它们在基 $\alpha_1, \alpha_2, \cdots, \alpha_n$ 下的坐标分别是 $(x_1, x_2, \cdots, x_n)^{\mathrm{T}}$ 和 $(y_1, y_2, \cdots, y_n)^{\mathrm{T}}$, 即有 $\alpha = x_1\alpha_1 + x_2\alpha_2 + \cdots + x_n\alpha_n$ 和 $\beta = y_1\alpha_1 + y_2\alpha_2 + \cdots + y_n\alpha_n$, 它们在 σ 下的像是

$$\sigma(\alpha) = x_1\sigma(\alpha_1) + \cdots + x_n\sigma(\alpha_n) \quad \text{和} \quad \sigma(\beta) = y_1\sigma(\alpha_1) + \cdots + y_n\sigma(\alpha_n),$$

从而由 (10.30) 式和 $\langle \alpha_i, \alpha_j \rangle = \delta_{ij}(i, j = 1, 2, \cdots, n)$ 可得

$$\langle \sigma(\alpha), \sigma(\beta) \rangle = x_1 y_1 + x_2 y_2 + \cdots + x_n y_n = \langle \alpha, \beta \rangle,$$

所以 σ 是正交变换.

(3) $\Rightarrow$ (4): 设 $\alpha_1, \alpha_2, \cdots, \alpha_n$ 是 V 的标准正交基, 并且线性变换 σ 在这个基下的矩阵是 $A = (a_{ij})_{n \times n}$, 即对每个 $i = 1, 2, \cdots, n$, 有 $\sigma(\alpha_i) = \sum\limits_{k=1}^{n} a_{ki} \alpha_k$, 则由于 $\sigma(\alpha_1), \sigma(\alpha_2), \cdots, \sigma(\alpha_n)$ 也是标准正交基, 所以对每个 $i, j = 1, 2, \cdots, n$, 有

$$\delta_{ij} = \langle \sigma(\alpha_i), \sigma(\alpha_j) \rangle = \left\langle \sum_{k=1}^{n} a_{ki} \alpha_k, \sum_{l=1}^{n} a_{lj} \alpha_l \right\rangle$$

$$= \sum_{k=1}^{n} \sum_{l=1}^{n} a_{ki} a_{lj} \langle \alpha_k, \alpha_l \rangle = \sum_{k=1}^{n} \sum_{l=1}^{n} a_{ki} a_{lj} \delta_{kl}$$

$$= \sum_{k=1}^{n} a_{ki} a_{kj},$$

因此矩阵 A 满足 $A^{\mathrm{T}} A = I$, 即 A 是正交矩阵.

(4) $\Rightarrow$ (3): 设 $\alpha_1, \alpha_2, \cdots, \alpha_n$ 是 V 的标准正交基, 则由已知条件知道线性变换 σ 在这个基下的矩阵是正交矩阵 $Q = (q_{ij})_{n \times n}$, 即有

$$\sum_{k=1}^{n} q_{ki} q_{kj} = \delta_{ij} \quad (i, j = 1, 2, \cdots, n), \tag{10.31}$$

于是对每个 $i, j = 1, 2, \cdots, n$, 有

$$\langle \sigma(\alpha_i), \sigma(\alpha_j) \rangle = \left\langle \sum_{k=1}^{n} q_{ki} \alpha_k, \sum_{l=1}^{n} q_{lj} \alpha_l \right\rangle = \sum_{k=1}^{n} \sum_{l=1}^{n} q_{ki} q_{lj} \langle \alpha_k, \alpha_l \rangle$$

$$= \sum_{k=1}^{n} \sum_{l=1}^{n} q_{ki} q_{lj} \delta_{kl} = \sum_{k=1}^{n} q_{ki} q_{kj} = \delta_{ij},$$

因此 $\sigma(\alpha_1), \sigma(\alpha_2), \cdots, \sigma(\alpha_n)$ 也是 V 的标准正交基. $\qquad \square$

习 题 10.4

1. 在欧氏空间 $\mathbb{R}^3$ (标准内积) 中的线性变换 σ 是

$$\sigma \begin{pmatrix} x \\ y \\ z \end{pmatrix} = \begin{pmatrix} x \\ \dfrac{\sqrt{2}}{2} y + \dfrac{\sqrt{2}}{2} z \\ \dfrac{\sqrt{2}}{2} y - \dfrac{\sqrt{2}}{2} z \end{pmatrix}.$$

证明: σ 是正交变换.

2. 设 V 是 n 维欧氏空间, $\xi \in V$ 是一个非零的固定向量, 对任何 $\alpha \in V$, 定义变换

$$\sigma(\alpha) = \alpha - \frac{2\langle \alpha, \xi \rangle}{\langle \xi, \xi \rangle}\xi,$$

证明:

(1) σ 是正交变换;

(2) $\sigma^2 = \varepsilon$;

(3) 存在 V 的标准正交基, σ 在这个基下的矩阵是 $A = \operatorname{diag}(-1, 1, \cdots, 1)$;

(4) 在 $V = \mathbb{R}^3$(标准内积) 的情形中说明 σ 的几何意义.

3. 证明: n 维欧氏空间上两个正交变换的乘积是正交变换, 正交变换的逆变换也是正交变换.

4. 证明: 欧氏空间的正交变换的特征值为 ± 1.

5. 举例说明:

(1) 欧氏空间中保持向量长度不变的变换不一定是正交变换;

(2) 欧氏空间中保持向量夹角不变的线性变换不一定是正交变换;

(3) 行列式为 1 或 -1 的实 n 阶方阵不一定是正交矩阵.

6. 设 σ 是 n 维欧氏空间 V 的一个正交变换, W 是 σ 的不变子空间, 证明: $W^{\perp}$ 也是 σ 的不变子空间.

10.5 对 称 变 换

除正交变换外, 在欧氏空间 V 上还有一类性质很好的变换 —— 对称变换, 这种变换在 V 的某个标准正交基下的矩阵是实对称矩阵, 而根据第 7 章的主轴定理 (定理 7.7), 实对称矩阵都正交相似于一个对角矩阵, 由此我们就能证明对称变换是可对角化的线性变换.

定义 10.5 对称变换

设 σ 是 n 维欧氏空间 V 的线性变换, 若 σ 在 V 的某个标准正交基下的矩阵是对称矩阵, 则称 σ 是 V 的一个**对称变换**.

例如, 欧氏空间 $\mathbb{R}^3$(标准内积) 上的线性变换式

$$\sigma \begin{pmatrix} x \\ y \\ z \end{pmatrix} = \begin{pmatrix} 2 & 1 & 1 \\ 1 & 2 & 1 \\ 1 & 1 & 2 \end{pmatrix} \begin{pmatrix} x \\ y \\ z \end{pmatrix} = A \begin{pmatrix} x \\ y \\ z \end{pmatrix}$$

中的矩阵 A 是一个对称矩阵, 容易看出 σ 在标准正交基 $\varepsilon_1, \varepsilon_2, \varepsilon_3$ 下的矩阵正是 A, 于是 σ 是一个对称变换. 另一方面, 由例 7.9 可知, A 的全部特征值是 $\lambda_1 = 1$(2 重

根), $\lambda_2 = 4$, 并且 A 的属于 $\lambda_1 = 1$ 的两个正交的单位特征向量是

$$\eta_1 = \left(-\frac{1}{\sqrt{2}}, \frac{1}{\sqrt{2}}, 0\right)^{\mathrm{T}} \quad \text{和} \quad \eta_2 = \left(-\frac{1}{\sqrt{6}}, -\frac{1}{\sqrt{6}}, \frac{2}{\sqrt{6}}\right)^{\mathrm{T}},$$

A 的属于 4 的单位特征向量是

$$\eta_3 = \left(\frac{1}{\sqrt{3}}, \frac{1}{\sqrt{3}}, \frac{1}{\sqrt{3}}\right)^{\mathrm{T}},$$

这 3 个特征向量组成了 $\mathbb{R}^3$ 的一个标准正交基. 由于 $\sigma(\eta_1) = \eta_1, \sigma(\eta_2) = \eta_2, \sigma(\eta_3) = 4\eta_3$, 所以得

$$(\sigma(\eta_1), \sigma(\eta_2), \sigma(\eta_3)) = (\eta_1, \eta_2, \eta_3) \begin{pmatrix} 1 & & \\ & 1 & \\ & & 4 \end{pmatrix},$$

即 σ 在标准正交基 η_1, η_2, η_3 下的矩阵是一个对角矩阵, 因此 σ 是可对角化的线性变换.

一般来说成立以下的定理, 它可以看成主轴定理在有限维欧氏空间中的推广.

定理 10.4　设 σ 是 n 维欧氏空间 V 的一个对称变换, 则存在 V 的一个标准正交基, 使得 σ 在这个基下的矩阵是对角矩阵, 并且其中的对角元素是 σ 的全部特征值.

证明　由条件可知, 对称变换 σ 在 V 的某个标准正交基 $\alpha_1, \alpha_2, \cdots, \alpha_n$ 下的矩阵 A 是实对称矩阵, 则由主轴定理 (定理 7.7) 知道存在一个正交矩阵 $Q = (q_{ij})_{n \times n}$, 使得

$$Q^{\mathrm{T}} A Q = \mathrm{diag}(\lambda_1, \lambda_2 \cdots, \lambda_n),$$

其中 $\lambda_1, \lambda_2 \cdots, \lambda_n$ 是 A(也是 σ) 的全部特征值, 并且由定理 7.6 可知所有这些特征值都是实数. 现在以 Q 为过渡矩阵构造另外一个向量组

$$(\beta_1, \beta_2 \cdots, \beta_n) = (\alpha_1, \alpha_2 \cdots, \alpha_n)Q, \tag{10.32}$$

则由定理 8.10 可知 $\beta_1, \beta_2, \cdots, \beta_n$ 是 V 的一个基, 再由定理 9.2 可知线性变换 σ 在基 $\beta_1, \beta_2, \cdots, \beta_n$ 下的矩阵正是对角矩阵

$$Q^{-1} A Q = Q^{\mathrm{T}} A Q = \mathrm{diag}(\lambda_1, \lambda_2 \cdots, \lambda_n).$$

接下来只要证明向量组 $\beta_1, \beta_2, \cdots, \beta_n$ 是标准正交基就可以了. 由 (10.32) 式可知, 对 $i = 1, 2, \cdots, n$, 有

$$\beta_i = \sum_{k=1}^{n} q_{ki} \alpha_k,$$

由于 $\alpha_1, \cdots, \alpha_n$ 是标准正交基, 所以有 $\langle \alpha_k, \alpha_l \rangle = \delta_{kl}(k, l = 1, 2, \cdots, n)$, 从而对每个 $i, j = 1, 2, \cdots, n$, 有

$$\langle \beta_i, \beta_j \rangle = \left\langle \sum_{k=1}^{n} q_{ki}\alpha_k, \sum_{l=1}^{n} q_{lj}\alpha_l \right\rangle = \sum_{k=1}^{n}\sum_{l=1}^{n} q_{ki}q_{lj}\langle \alpha_k, \alpha_l \rangle$$

$$= \sum_{k=1}^{n}\sum_{l=1}^{n} q_{ki}q_{lj}\delta_{kl} = \sum_{k=1}^{n} q_{ki}q_{kj} = \delta_{ij},$$

这里最后一个等式用到了 Q 是正交矩阵的性质 (10.31) 式, 这样, $\beta_1, \cdots, \beta_n$ 就是 V 的一个标准正交基. ☐

主轴定理不仅在有限维欧氏空间成立, 还被推广到了无限维的欧氏空间 —— 希尔伯特空间, 在那里, 对称变换被推广成了 "紧自伴算子", 而特征值被称为 "谱", 这样经典的主轴定理就变成了紧自伴算子的谱分解定理, 它在量子力学中起着基本的作用.

对称变换还有其他两个等价的描述 (因此它们都可以作为对称变换的定义).

定理 10.5　设 σ 是 n 维欧氏空间 V 的一个线性变换, 则以下命题等价:
(1) σ 是对称变换;
(2) 对任何 $\alpha, \beta \in V, \langle \sigma(\alpha), \beta \rangle = \langle \alpha, \sigma(\beta) \rangle$;
(3) σ 在 V 的任意一个标准正交基下的矩阵都是对称矩阵.

证明　(1) $\Rightarrow$ (2): 设 σ 是 n 维欧氏空间 V 的一个对称变换, 则 σ 在 V 的某个标准正交基 $\alpha_1, \alpha_2, \cdots, \alpha_n$ 下的矩阵是对称矩阵 $A = (a_{ij})_{n \times n}$, 其中对每个 $i, j = 1, 2, \cdots, n$, 都有 $a_{ij} = a_{ji}$. 现在对 V 中的任意两个向量 α 与 β, 它们在基 $\alpha_1, \alpha_2, \cdots, \alpha_n$ 下的坐标分别是 $(x_1, x_2, \cdots, x_n)^{\mathrm{T}}$ 和 $(y_1, y_2, \cdots, y_n)^{\mathrm{T}}$, 则有

$$\langle \sigma(\alpha), \beta \rangle = \left\langle \sum_{i=1}^{n} x_i\sigma(\alpha_i), \sum_{j=1}^{n} y_j\alpha_j \right\rangle = \sum_{i=1}^{n}\sum_{j=1}^{n} x_iy_j\langle \sigma(\alpha_i), \alpha_j \rangle$$

$$= \sum_{i=1}^{n}\sum_{j=1}^{n} x_iy_j\left\langle \sum_{k=1}^{n} a_{ki}\alpha_k, \alpha_j \right\rangle = \sum_{i=1}^{n}\sum_{j=1}^{n} x_iy_j\left(\sum_{k=1}^{n} a_{ki}\delta_{kj} \right)$$

$$= \sum_{i=1}^{n}\sum_{j=1}^{n} a_{ji}x_iy_j.$$

而另一方面有

$$\langle \alpha, \sigma(\beta) \rangle = \left\langle \sum_{i=1}^{n} x_i\alpha_i, \sum_{j=1}^{n} y_j\sigma(\alpha_j) \right\rangle = \sum_{i=1}^{n}\sum_{j=1}^{n} x_iy_j\langle \alpha_i, \sigma(\alpha_j) \rangle$$

$$= \sum_{i=1}^{n} \sum_{j=1}^{n} x_i y_j \left\langle \alpha_i, \sum_{k=1}^{n} a_{kj} \alpha_k \right\rangle = \sum_{i=1}^{n} \sum_{j=1}^{n} x_i y_j \left(\sum_{k=1}^{n} a_{kj} \delta_{ik} \right)$$

$$= \sum_{i=1}^{n} \sum_{j=1}^{n} a_{ij} x_i y_j,$$

由于 $a_{ij} = a_{ji} (i, j = 1, 2, \cdots, n)$, 所以得到

$$\langle \sigma(\alpha), \beta \rangle = \langle \alpha, \sigma(\beta) \rangle.$$

(2) $\Rightarrow$ (3): 设 $\beta_1, \beta_2, \cdots, \beta_n$ 是 V 的任意一个标准正交基, 并且 σ 在这个基下的矩阵是 $B = (b_{ij})_{n \times n}$, 由于对任何 $\alpha, \beta \in V$, 有 $\langle \sigma(\alpha), \beta \rangle = \langle \alpha, \sigma(\beta) \rangle$, 所以对每个 $i, j = 1, 2, \cdots, n$, 有

$$b_{ji} = \sum_{k=1}^{n} b_{ki} \delta_{kj} = \left\langle \sum_{k=1}^{n} b_{ki} \beta_k, \beta_j \right\rangle = \langle \sigma(\beta_i), \beta_j \rangle$$

$$= \langle \beta_i, \sigma(\beta_j) \rangle = \left\langle \beta_i, \sum_{l=1}^{n} b_{lj} \beta_l \right\rangle = \sum_{l=1}^{n} b_{lj} \delta_{il} = b_{ij},$$

因此 B 是对称矩阵.

(3) $\Rightarrow$ (1): 结论显然成立. □

习 题 10.5

1. 在欧氏空间 $\mathbb{R}^2$(标准内积) 中, 定义线性变换

$$\sigma \begin{pmatrix} x \\ y \end{pmatrix} = \begin{pmatrix} x + y \\ x + 2y \end{pmatrix},$$

证明 σ 是对称变换, 并求出 $\mathbb{R}^2$ 的一个标准正交基, 使得 σ 在这个基下的矩阵是对角矩阵.

2. 在欧氏空间 $\mathbb{R}^3$(标准内积) 中, 定义线性变换

$$\sigma \begin{pmatrix} x \\ y \\ z \end{pmatrix} = \begin{pmatrix} -y \\ -x + y + 2z \\ 2y \end{pmatrix},$$

证明 σ 是对称变换, 并求出 $\mathbb{R}^3$ 的一个标准正交基, 使得 σ 在这个基下的矩阵是对角矩阵.

3. 设 σ 是 n 维欧氏空间 V 的一个对称变换, λ, μ 是 σ 的特征值, 并且 $\lambda \neq \mu$, 如果 α 和 β 分别是属于 λ 和 μ 的特征向量, 证明 α 与 β 正交.

4. 设 σ 是 n 维欧氏空间 V 的一个对称变换, W 是 σ 的不变子空间, 证明: $W^\perp$ 也是 σ 的不变子空间.

5. 已知 σ, τ 是 n 维欧氏空间 V 的对称变换, 证明:

(1) $\sigma\tau + \tau\sigma$ 也是对称变换;

(2) $\sigma\tau$ 是对称变换的充要条件是 $\sigma\tau = \tau\sigma$.

6. 设 σ 是 n 维欧氏空间 V 的对称变换, 且是幂等的, 即 $\sigma^2 = \sigma$, 证明: 存在 V 的标准正交基, 使得 σ 在这个基下的矩阵是 $\mathrm{diag}(1, \cdots, 1, 0, \cdots, 0)$.

7. 设 V 是 n 维欧氏空间, σ 是 V 的一个线性变换, 如果 σ 在 V 的某个标准正交基下的矩阵 A 是反对称矩阵 (即 $A^{\mathrm{T}} = -A$), 则称 σ 为 V 的反对称变换, 证明以下命题等价:

(1) σ 是反对称变换;

(2) 对任何 $\alpha, \beta \in V, \langle \sigma(\alpha), \beta \rangle = -\langle \alpha, \sigma(\beta) \rangle$;

(3) σ 在 V 的任意一个标准正交基下的矩阵都是反对称矩阵.

部分习题答案

习　题　6.1

1. (1) $(x-2)^2 + (y+1)^2 + (z-3)^2 = 36$;　(3) $(x-3)^2 + (y+1)^2 + (z-1)^2 = 21$.

2. (2) $(-1, 2, 0)$, 3;　(3) $\left(\dfrac{1}{2}, -\dfrac{1}{3}, 1\right)$, 2.

7. $(-1, 0, 3), (-1, 0, -3)$.

9. $x = -t^4, y = 2t, z = t^2$.

10. (1) $\begin{cases} x = 3z + 1, \\ (z+2)^2 = 4y. \end{cases}$

习　题　6.2

3. (1) $x - z + 1 = 0$, $x^2 + y^2 - x - 1 = 0$, $y^2 + z^2 - 3z + 1 = 0$;　(3) $x - z - 3 = 0$, $7x + 2y - 23 = 0$, $2y + 7z - 2 = 0$.

5. $x^2 + y^2 - z^2 = 0$.

9. $(x^2 + y^2 + z^2 + 5)^2 = 36(x^2 + y^2)$.

习　题　6.3

1. $\dfrac{x^2}{9} + \dfrac{y^2}{16} + \dfrac{z^2}{36} = 1$.

2. $\dfrac{x^2}{4} + \dfrac{y^2}{3} + \dfrac{z^2}{3} = 1$.

4. $\dfrac{(x-12)^2}{260} + \dfrac{y^2}{13} = 1$.

习　题　6.4

1. (4) $\begin{cases} 4x - 12y + 3z - 24 = 0, \\ 4x + 3y - 3z - 6 = 0 \end{cases}$ 与 $\begin{cases} y - 2 = 0, \\ 4x - 3z = 0. \end{cases}$

2. $\begin{cases} x + 2y - 4 = 0, \\ x - 2y - 4z = 0 \end{cases}$ 与 $\begin{cases} x - 2y - 8 = 0, \\ x + 2y - 2z = 0. \end{cases}$

6. (1) $\begin{cases} w(x+y) = uz, \\ u(x-y) = wz \end{cases}$ (u, w 不全为零);　(2) $\begin{cases} x = u, \\ z = uy \end{cases}$ 与 $\begin{cases} y = v, \\ z = vx. \end{cases}$

8. $\dfrac{x^2}{18} - \dfrac{y^2}{8} = 2z.$

习 题 7.1

1. (1) $(x'')^2 + 3(y'')^2 = 8$;　(2) $(x'')^2 - 5(y'')^2 = 2$;　(3) $2\sqrt{2}(x'')^2 + 5y'' = 0$;

(4) $6(x'')^2 + (y'')^2 = 12.$

习 题 7.2

10. $\eta_1 = \dfrac{\sqrt{3}}{3}(1,0,0,1,1)^{\mathrm{T}}, \eta_2 = \dfrac{\sqrt{6}}{12}(1,3,-3,-2,1)^{\mathrm{T}}.$

习 题 7.3

1. (2) $\begin{pmatrix} 1 & \dfrac{3}{2} & -2 & 0 \\ \dfrac{3}{2} & 0 & -\dfrac{1}{2} & 0 \\ -2 & -\dfrac{1}{2} & -1 & 3 \\ 0 & 0 & 3 & 2 \end{pmatrix}$;　(6) $\begin{pmatrix} a_1^2 & a_1a_2 & \cdots & a_1a_n \\ a_1a_2 & a_2^2 & \cdots & a_2a_n \\ \vdots & \vdots & & \vdots \\ a_1a_n & a_2a_n & \cdots & a_n^2 \end{pmatrix}.$

2. (1) $f(x,y,z) = 3(x')^2 + 3(y')^2$;　(5) $f(x,y,z,w) = (x')^2 + (y')^2 + (z')^2 - 3(w')^2.$

3. (5) $(x'')^2 + 4(y'')^2 = 4z''.$

4. (5) $\begin{pmatrix} \dfrac{1}{\sqrt{2}} & -\dfrac{1}{\sqrt{6}} & \dfrac{\sqrt{3}}{6} & \dfrac{1}{2} \\ \dfrac{1}{\sqrt{2}} & \dfrac{1}{\sqrt{6}} & -\dfrac{\sqrt{3}}{6} & -\dfrac{1}{2} \\ 0 & \dfrac{2}{\sqrt{6}} & \dfrac{\sqrt{3}}{6} & \dfrac{1}{2} \\ 0 & 0 & \dfrac{\sqrt{3}}{2} & -\dfrac{1}{2} \end{pmatrix}.$

5. (1) $(x'')^2 + 3(y'')^2 = 8$;　(2) $9(x'')^2 - 4(y'')^2 = 36.$

6. (1) $9(x'')^2 + 4(y'')^2 = 36.$

习 题 7.4

1. (5) $f(x,y,z) = (x'')^2 - (y'')^2 - (z'')^2$;

(6) $f(x_1, \cdots, x_{2n}) = (x_1')^2 - (x_2')^2 + (x_3')^2 - (x_4')^2 + \cdots + (x_{2n-1}')^2 - (x_{2n}')^2$;

(7) $f(x_1, \cdots, x_n) = (x_1')^2 + \dfrac{3}{4}(x_2')^2 + \cdots + \dfrac{n}{2(n-1)}(x_{n-1}')^2 + \dfrac{n+1}{2n}(x_n')^2.$

3. (1) $P = \begin{pmatrix} 1 & -2 & -\dfrac{1}{3} \\ 0 & 1 & -\dfrac{1}{3} \\ 0 & 0 & 1 \end{pmatrix}$, $P^{\mathrm{T}}AP = \begin{pmatrix} 1 & 0 & 0 \\ 0 & -3 & 0 \\ 0 & 0 & \dfrac{7}{3} \end{pmatrix}$.

4. (2) $f(x, y) = (x'')^2 + (y'')^2$.

习　题　7.6

2. (1) 是;　(2) 不是;　(3) 不是;　(6) 是.

4. (1) $-\sqrt{\dfrac{5}{3}} < \lambda < \sqrt{\dfrac{5}{3}}$;　(2) 不存在.

习　题　8.2

8. (2) $\dfrac{n(n+1)}{2}$ 维;　(3) 3 维.

12. $(1, 0, -1, 0)^{\mathrm{T}}$.

14. $\begin{pmatrix} 1 & 0 \\ 0 & 1 \end{pmatrix}, \begin{pmatrix} \mathrm{i} & 0 \\ 0 & -\mathrm{i} \end{pmatrix}, \begin{pmatrix} 0 & 1 \\ -1 & 0 \end{pmatrix}, \begin{pmatrix} 0 & \mathrm{i} \\ \mathrm{i} & 0 \end{pmatrix}$ 是 V 的一个基, $\dim V = 4$.

习　题　8.3

2. $\begin{pmatrix} 1 & 0 & 0 & 1 \\ 1 & 1 & 0 & 1 \\ 0 & 1 & 1 & 1 \\ 0 & 0 & 1 & 0 \end{pmatrix}$.

6. (2) $\begin{pmatrix} 1 & 0 & 0 & \cdots & 0 \\ 1 & 1 & 0 & \cdots & 0 \\ 1 & 1 & 1 & \cdots & 0 \\ \vdots & \vdots & \vdots & & \vdots \\ 1 & 1 & 1 & \cdots & 1 \end{pmatrix}$;　(3) $(c_1, c_2 - c_1, \cdots, c_n - c_{n-1})^{\mathrm{T}}$.

习　题　8.4

3. $\dfrac{n(n-1)}{2}$ 维.

5. 3 维.

6. 2 维.

12. 当 $A = \mathrm{diag}(1, 2, \cdots, n)$ 时, $\dim Z(A) = n$.

习 题 8.5

2. $\dim(V_1 \cap V_2) = 0$.

3. $V_1 + V_2$ 的基是 $\alpha_1, \alpha_2, \alpha_3, \beta_1$, $V_1 \cap V_2$ 的一个基是 $(-4, 7, -5, 6)^{\mathrm{T}}$.

习 题 9.1

2. (6) 是; (7) 不是; (8) 是.

习 题 9.2

3. (2)
$$
\begin{pmatrix}
a & b & 1 & 0 & 0 & 0 \\
-b & a & 0 & 1 & 0 & 0 \\
0 & 0 & a & b & 1 & 0 \\
0 & 0 & -b & a & 0 & 1 \\
0 & 0 & 0 & 0 & a & b \\
0 & 0 & 0 & 0 & -b & a
\end{pmatrix}.
$$

4. (2)
$$
\begin{pmatrix}
1 & 0 & 0 \\
0 & 2 & 0 \\
0 & 0 & 3
\end{pmatrix};
$$
 (3) $(-5, 8, 0)^{\mathrm{T}}$.

6. (1)
$$
\begin{pmatrix}
a_{33} & a_{32} & a_{31} \\
a_{23} & a_{22} & a_{21} \\
a_{13} & a_{12} & a_{11}
\end{pmatrix}.
$$

习 题 9.3

4. (1) $\mathrm{Ker}(\sigma) = L(\alpha_1, \alpha_2)$, 其中 $\alpha_1 = \left(-2, -\dfrac{3}{2}, 1, 0\right)^{\mathrm{T}}$, $\alpha_2 = (-1, -2, 0, 1)^{\mathrm{T}}$,

$\mathrm{Im}(\sigma) = L(\sigma(\varepsilon_1), \sigma(\varepsilon_2))$.

习 题 9.5

1. (2) $\lambda_1 = -2(2\text{重})$, 特征向量是 $-(k_1 + k_2)\alpha_1 + k_1\alpha_2 + k_2\alpha_3 (k_1, k_2 \text{ 不全为零})$, $\lambda_2 = 3$, 特征向量是 $k_3(\alpha_3 - \alpha_1 - \alpha_2)(k_3 \neq 0)$.

3. (1)
$$
\begin{pmatrix}
0 & 0 & 6 & -5 \\
0 & 0 & -5 & 4 \\
0 & 0 & \dfrac{7}{2} & -\dfrac{3}{2} \\
0 & 0 & 5 & -2
\end{pmatrix};
$$
 (2) $\lambda_1 = 0(2 \text{ 重})$, $\lambda_2 = \dfrac{1}{2}$, $\lambda_3 = 1$;

(3) $P = \begin{pmatrix} 1 & 2 & 3 & -4 \\ 1 & 3 & 1 & -2 \\ 0 & 1 & 1 & 1 \\ -1 & 0 & -2 & 6 \end{pmatrix}$.

5. $\lambda_1 = 4$, 特征向量是 $-\dfrac{2}{3}k_1 + k_1 x \, (k_1 \neq 0)$, $\lambda_2 = 6$, 特征向量是 $-\dfrac{3}{4}k_2 x^2 + k_2 x^3 \, (k_2 \neq 0)$, $\lambda_3 = -1 (2\ \text{重})$, 特征向量是 $k_3(1 + x) + k_4(x^2 + x^3) \, (k_3, k_4\ \text{不全为零})$.

习 题 9.6

2. (1) $\mathbb{R}^3 = W_1 \oplus W_2$, 其中 $\lambda_1 = 2$ 的根子空间是 $W_1 = \{\alpha \in \mathbb{R}^3 \mid (2I - A)\alpha = 0\} = L(\alpha_1)$ (这里 $\alpha_1 = (0, 0, 1)^{\mathrm{T}}$), $\lambda_2 = 1$ 的根子空间是 $W_2 = \{\alpha \in \mathbb{R}^3 \mid (I - A)^2 \alpha = 0\} = L(\alpha_2, \alpha_3)$ (这里 $\alpha_2 = (2, -4, 2)^{\mathrm{T}}$, $\alpha_3 = (1, 0, 1)^{\mathrm{T}}$).

习 题 10.1

6. (1) 0;   (2) $\pm \dfrac{\sqrt{6}}{6}(1, 0, -1, 2)^{\mathrm{T}}$.

习 题 10.2

3. $\eta_1 = \dfrac{1}{2}(1, 1, 1, 1)^{\mathrm{T}}$, $\eta_2 = \dfrac{\sqrt{3}}{6}(-3, 1, 1, 1)^{\mathrm{T}}$, $\eta_3 = \dfrac{\sqrt{6}}{6}(0, -2, 1, 1)^{\mathrm{T}}$.

4. $\dfrac{\sqrt{2}}{2}, \dfrac{\sqrt{6}}{2}x, \dfrac{\sqrt{10}}{4}(3x^2 - 1), \dfrac{\sqrt{14}}{4}(5x^3 - 3x)$.

习 题 10.3

2. (2) $\eta_1 = \dfrac{\sqrt{2}}{4}(1, -2, 1, 1, -1)^{\mathrm{T}}$, $\eta_2 = \dfrac{\sqrt{110}}{220}(19, 2, -5, -5, 5)^{\mathrm{T}}$.

5. $\left(\dfrac{1}{2}, 2, 0, \dfrac{1}{2} \right)^{\mathrm{T}}$.

参 考 文 献

北京大学数学系前代数小组. 2013. 高等代数. 4 版. 王萼芳, 石生明修订. 北京: 高等教育出版社.

陈志杰. 2008. 高等代数与解析几何 (上、下). 2 版. 北京: 高等教育出版社.

樊恽, 刘宏伟. 2009. 线性代数与解析几何教程 (上、下). 北京: 科学出版社.

蓝以中. 2007. 高等代数简明教程 (上、下). 2 版. 北京: 北京大学出版社.

吕林根, 许子道. 2006. 解析几何. 4 版. 北京: 高等教育出版社.

孟道骥. 2014. 高等代数与解析几何 (上、下). 3 版. 北京: 科学出版社.

丘维声. 2015. 高等代数 (上、下). 3 版. 北京: 高等教育出版社.

同济大学数学系. 2016. 高等代数与解析几何. 2 版. 北京: 高等教育出版社.

王心介. 2002. 高等代数与解析几何. 北京: 科学出版社.

姚慕生, 吴泉水, 谢启鸿. 2014. 高等代数学. 3 版. 上海: 复旦大学出版社.

易忠. 2007. 高等代数与解析几何 (上、下). 北京: 清华大学出版社.

俞正光, 鲁自群, 林润亮. 2014. 线性代数与几何 (上、下). 2 版. 北京: 清华大学出版社.

张禾瑞, 郝钠新. 2007. 高等代数. 5 版. 北京: 高等教育出版社.

庄瓦金. 2013. 高等代数教程. 北京: 科学出版社.

Friedberg S H, Insel A J, Spence L E. 2007. Linear Algebra. 北京: 高等教育出版社.